现代通信电源技术

王 璐　　主编

杨贵恒
强生泽
王培文
王建立
涂晓静　　副主编

化学工业出版社

·北京·

内容简介

本书详细阐述了通信局（站）电源系统的结构组成与供电方式，各系统（交流供电系统、直流供电系统、防雷接地系统、机房空调系统、集中监控系统）的基本结构、技术要求、设备选择、安装调试以及常用通信电源设备（发电机组、高频开关电源、交流不间断电源和铅酸蓄电池）的基本结构、工作原理、维护保养、常见故障检修等有关通信电源系统的核心内容，充分反映了通信局（站）电源系统的基本理论、典型结构组成和技术发展趋势。

本书依据《全国通信专业技术人员职业水平考试大纲（动力与环境）》和通信电源（通信电力机务员）专业要求编写，既可作为全国通信专业技术人员职业水平考试（动力与环境）的教材，也可作为各级通信电力机务员职业技能鉴定的复习考试指南，还可作为普通高等院校相关专业和职业技术院校通信电源专业的教学参考用书，更是通信局（站）电源技术与管理人员必备的案头学习参考用书。

图书在版编目（CIP）数据

现代通信电源技术/王璐主编；杨贵恒等副主编. —北京：化学工业出版社，2023.1（2024.1重印）
ISBN 978-7-122-42348-1

Ⅰ.①现… Ⅱ.①王… ②杨… Ⅲ.①通信设备-电源 Ⅳ.①TN86

中国版本图书馆CIP数据核字（2022）第189368号

责任编辑：高墨荣　　文字编辑：宫丹丹　陈小滔
责任校对：宋　玮　　装帧设计：王晓宇

出版发行：化学工业出版社（北京市东城区青年湖南街13号　邮政编码100011）
印　　刷：北京云浩印刷有限责任公司
装　　订：三河市振勇印装有限公司
787mm×1092mm　1/16　印张32½　字数856千字　2024年1月北京第1版第2次印刷

购书咨询：010-64518888　　售后服务：010-64518899
网　　址：http://www.cip.com.cn
凡购买本书，如有缺损质量问题，本社销售中心负责调换。

定　　价：108.00元

前　言

电源系统是整个通信网的动力之源，稳定的供电质量是通信装（设）备发挥其优良性能的前提，也是确保通信畅通的必要条件，其作用是整体性、全局性和基础性的。虽然通信电源系统不是通信网的主流系统，但它却是整个通信网中最基本的一个组成部分。没有优质可靠的电源系统，任何先进的通信装（设）备或网络也只能处于瘫痪状态。

本书是编者在总结多年教学实践和学术研究经验的基础上，结合通信局（站）电源系统与设备的最新发展，参考大量文献资料，经过多次修订而成。

全书共分十章。第 1 章概述了通信电源系统的结构组成、类型及应用原则、一般要求和供电方式；第 2 章对高低压交流供电系统的结构组成、运行方式，常用高低压电气设备及其选择，改善供电质量的技术措施做了较为详细的介绍；第 3 章讨论了直流供电系统的配电方式和供电方式、典型直流供电系统的结构组成，并简要介绍了高压直流供电系统；第 4 章至第 7 章着重介绍了内燃发电机组、高频开关电源、交流不间断电源和铅酸蓄电池的基本结构、工作原理、维护保养、常见故障检修；第 8 章概述了通信电源系统中常用防雷装置或器件的工作机理、配置原则，介绍了主要电源设备的防雷措施，阐述了通信局（站）电源系统中接地的相关理论和技术；第 9 章主要讲述了机房环境要求、空调系统基础知识、空调的制冷系统、风冷式和水冷式机房空调系统的基本结构与工作原理、机房气流组织、空调系统的工程安装及维护注意事项；第 10 章介绍了通信电源集中监控系统建设的一般要求以及中兴集中监控系统的硬件构成与软件运用。

本书由重庆第二师范学院人工智能学院王璐任主编（第 1 章至第 8 章），陆军工程大学杨贵恒、强生泽、王培文、王建立以及涂晓静任副主编（第 9 章和第 10 章）， 63861 部队陈雨、重庆市公安局科技信息化总队杨玉祥、曹均灿、张瑞伟和赵英参编（第 9 章和第 10 章）。在编写过程中，吴兰珍、李光兰、温中珍、杨胜、汪二亮、杨蕾、杨沙沙、杨洪、杨楚渝、温廷文、杨昆明、杨新和邓红梅等做了大量的资料搜集与整理工作，在此一并致谢！

本书依据《全国通信专业技术人员职业水平考试大纲（动力与环境）》和通信电源（通信电力机务员）专业要求编写，既可作为全国通信专业技术人员职业水平考试（动力与环境）的教材，也可作为各级通信电力机务员职业技能鉴定的复习考试指南，还可作为普通高等院校相关专业和职业技术院校通信电源专业的教学参考用书，更是通信局（站）电源技术与管理人员必备的案头学习参考用书。

随着电源技术的快速发展，通信电源系统新理论、新技术、新系统不断涌现，限于编者水平，书中难免有疏漏和不妥之处，恳请广大读者批评指正。

编　者

目 录

第1章

通信电源系统概述

通信电源系统是整个通信网的动力之源，没有优质可靠的电源系统，任何先进的通信设备或网络也只能处于瘫痪状态。稳定的供电质量是通信设备发挥其优良性能的前提，也是确保通信畅通的必要条件，其作用是整体性、全局性和基础性的。

根据 YD/T 1051—2018《通信局（站）电源系统总技术要求》，通信局（站）根据其重要性、规模大小分为以下几类：

一类局（站）：具有承载国际或省际等全网性业务的机房、集中为全省提供业务及支撑的机房、超大型和大型数据中心机房等局（站）。

二类局（站）：具有承载本地网业务的机房、集中为全本地网提供业务及支撑的机房、中型数据中心机房等局（站）。

三类局（站）：具有承载本地网内区域性业务及支撑的机房和小型数据中心机房等局（站）。

四类局（站）：具有承载网络末梢接入业务的机房和基站、室内分布站等站点。

在建设各类通信局（站）过程中应把握以下几点总原则：

① 一、二类局（站）在建设初期应把外市电、变配电当作基础设施来建设。外市电的引入容量，以及变配电、发电机组、电力电池室的面积预留，应考虑远期负荷需求。变配电、发电机组的建设应考虑扩容方便。

② 新建局（站）根据国家环保要求应进行电磁兼容环境评估。

③ 通信局（站）应优先采用安全、节能的供电方式和电源设备。节能设备的应用不应以牺牲通信设备的寿命和降低系统的安全为代价。

④ 应建立通信局（站）电源系统的监控和集中维护管理系统，符合 YD/T 1363《通信局（站）电源、空调及环境集中监控管理系统》系列标准的规定，逐步实现少人或无人值守。

⑤ 通信局（站）应有可靠的过压和雷击防护功能，符合 GB 50689—2011《通信局（站）防雷与接地工程设计规范》的规定。改建和扩建的通信局（站），应根据规范的要求，对其接地与防雷设施加以完善，以确保通信的安全。

⑥ 电源系统的配置应满足可靠性指标的要求。

1.1 通信电源系统的结构组成

通信电源系统是指对局（站）内各种通信设备及建筑负荷等提供用电的设备及保证这些设备正常运行附属设备的总称。通信电源系统稳定、可靠、安全地供电，是保证通信系统正常运行的重要条件。通信用电质量不符合技术标准的要求，就有可能引发电话串杂音增大、误码率增加、通信延误和差错、通信质量下降等不利影响。现代通信系统对供电质量的新要求，不仅促进了通信电源系统性能的提升，而且通信电源系统在供电方式上也不断改进。从结构上看，通信电源系统主要由交流供电系统、直流供电系统、防雷接地系统、机房空调系统以及集中监控系统等组成，如图 1-1 所示。

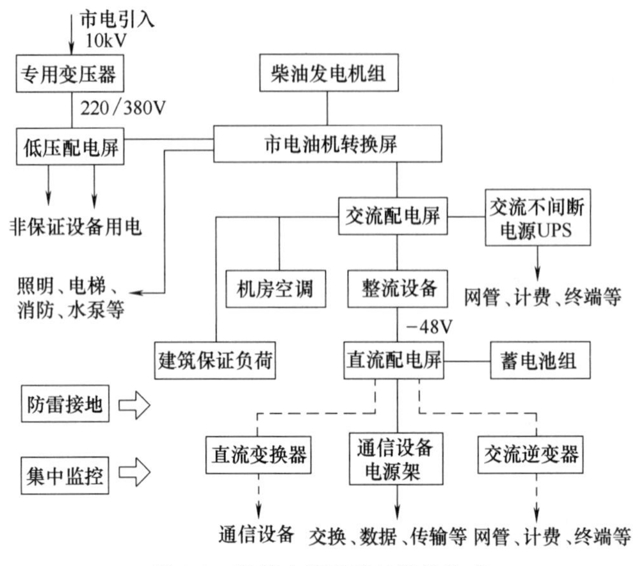

图 1-1　通信电源系统的结构构成

1.1.1　交流供电系统

交流供电系统，包括变配电系统、备用电源系统（发电系统）、不间断电源系统（UPS）以及相应的交流配电系统等。变配电系统，包括高、低压配电设备，变压器，操作电源，等。备用电源系统，包括发电机组及附属设备等。不间断电源系统（Uninterruptible Power System/Uninterruptible Power Supply，UPS)：包括 UPS、输入输出配电柜、蓄电池组等。

交流供电系统可以有三种交流电源：变电站供给的市电、柴油（汽油）发电机组供给的自备交流电、交流不间断电源（UPS）经蓄电池逆变后供给的后备交流电。

通信局（站）建设时应充分考虑市电的可靠性和分类，一类局（站）原则上应考虑采用一类市电引入；二类通信局（站）原则上考虑二类市电引入，具备外电条件且投资增长不大时可考虑一类市电引入；三类局（站），具备条件时引入二类市电，不具备条件时引入三类市电；四类局（站）可就近引入可靠的 380V 或 220V 电源。外市电的引入要考虑将来可扩容性。引入外市电的电压等级，可根据当地供电条件、局（站）用电容量、供电部门要求确定，在 220kV、110kV、66kV、35kV、20kV、10kV、380V 或 220V 电源中选择，经技术经济比较后确定。

为了达到不间断供电，通信局（站）内一般都配有自备发电机组（一般为柴油发电机组，小型台站也有配备汽油发电机组的）。当市电中断时，通信局（站）可由柴油发电机组提供自备交流电。如果配置的是自动化柴油发电机组，当市电中断后，机组能自行启动、调整并提供符合质量要求的交流应急电源。当然，由于市电比自备电站更经济可靠，所以在有市电供给的情况下，通信电源系统一般都由市电电网供电。

市电和柴油发电机组的转换通常在低压侧通过市电/油机转换屏（又称为 ATS 转换柜：Automatic Transfer Switching Equipment）自动（或人工手动）完成，并通过低压交流配电屏将低压交流电分别送到整流设备（高频开关电源）、空调设备和建筑保证负荷。在这一过程中，市电/油机转换屏具有监测交流电压和电流变化的作用，当市电中断或电压发生较大波动时，能够自动发出声（光）告警信号。

为了确保重要交流通信用电不中断、无瞬变，近年来，在通信电源系统中，交流不间断电源系统（UPS）被广泛采用。这种电源系统一般由整流器、蓄电池组、逆变器、静态开关以及检测控制电路等组成。市电正常时，市电经整流和逆变后，给交流通信设备供电，此时蓄电池处于并联浮充状态；当市电中断时，由蓄电池通过逆变器给通信设备供电，确保通信设备交流供电不中断。供电路径的转换由静态开关完成。

经由市电或备用发电机组（含移动电站）提供的交流电，通常称为通信局（站）用的交流基础电源。交流基础电源的标称电压为220/380V或10kV，频率为50Hz。使用低压交流电的通信设备和电源设备以及建筑用电设备，在其电源输入端子处测量的电压允许变动范围为：额定电压值的+10%～-15%。使用10kV高压交流电的用电设备，在其电源输入端子处测量的电压允许变动范围为：额定电压值的±10%。当市电供电电压不能满足上述规定或用电设备有更高要求时，可采用调压/稳压设备或UPS。交流基础电源的频率允许变动范围为额定值的±4%；电压波形正弦畸变率不应大于5%。

1.1.2 直流供电系统

直流供电系统主要由输入配电、(高频开关)整流器、蓄电池组、直流输出配电、直流-直流变换器等设备组成，直流供电系统的电压等级有-48V、240V、336V等。

向各种通信设备和二次变换电源设备或装置提供直流电压的电源，称为直流基础电源。通信设备受电端子（通信设备的直流输入端子）处电压允许变动范围如下：-48V系统为-40～-57V；240V系统为192～288V；336V系统为260～400V。

-48V直流电源（第一级）输出端子处测量的杂音电压指标满足YD/T 1058—2015《通信用高频开关电源系统》的要求：系统电话衡重杂音电压，在系统直流输出端的电话衡重杂音电压应不大于2mV。系统峰-峰值杂音电压，系统直流输出端在0～20MHz频带内的峰-峰值杂音电压应不大于200mV。

240V直流电源（第一级）输出端子处测量的杂音电压指标满足YD/T 2378—2020《通信用240V直流供电系统》的要求，整流模块在直流输出端0～20MHz频带内的峰-峰值杂音电压应不大于输出电压标称值的0.5%。

336V直流电源（第一级）输出端子处测量的杂音电压指标满足YD/T 3089—2016《通信用336V直流供电系统》的要求，系统直流输出端在0～20MHz频带内的峰-峰值杂音电压应不大于输出电压标称值的0.5%。

目前，大多数通信网局（站）仍采用直流-48V系统。整流器的交流电源由交流配电屏引入，整流器的输出端通过直流配电屏与蓄电池和负载连接。当通信设备需要多种不同数值的直流电压时，可以采用直流-直流变换器将基础电源的电压变换为所需的电压等级。对于小容量的交流通信负荷，也可以采用逆变器完成对直流基础电源的电能变换。因直流供电系统中配置了蓄电池组，故可保证通信供电不间断。

直流-48V系统广泛采用并联浮充供电方式。此供电方式是将整流器与蓄电池并联后对通信设备供电。在市电正常情况下，整流器一方面给通信设备供电，另一方面又给蓄电池浮充电，以补充蓄电池组因大电流瞬间放电而失去的电量。在并联浮充工作状态下，蓄电池还能起到一定的滤波作用。当市电中断时，蓄电池单独给通信设备供电。由于蓄电池通常都处于充足电的状态，所以当市电中断时，可以由蓄电池保证在一定时间内供电不间断。若市电中断时间长，应由备用机组提供交流电保证整流设备的电能供给。

并联浮充供电方式的优点是结构简单、工作可靠、供电效率高，但这种工作方式在浮充工作状态下系统输出电压较高，而当蓄电池单独供电时，系统输出电压较低，因此负载端的电压变化范围较大。随着电源技术的不断发展，许多通信设备直流电源输入电压的允许变化范围已经做得很宽（36～72V），不仅可以适应直流供电系统电压的大范围变化，也使传统的尾电池升压调压、硅二极管降压调压等系统电压调整方式成为历史。

直流基础电源选择的基本原则如下：通信网络接入侧站点采用－48V直流供电或交流供电。通信网络侧局（站）优先采用240V、336V直流基础电源。原有－48V直流基础电源逐步向240V、336V直流基础电源过渡。随着电源设备技术和通信设备技术的协调发展，通信网络侧ICT（Information and Communication Technology，信息与通信技术）设备可以采用由低压交流基础电源与240V、336V直流基础电源组成的双路混合供电方式。

1.1.3 防雷接地系统

为了提高通信质量、确保通信设备与人身的安全，通信局（站）的交流和直流供电系统都必须装设防雷接地系统（装置），构成多级防雷接地体系，如图1-2所示。

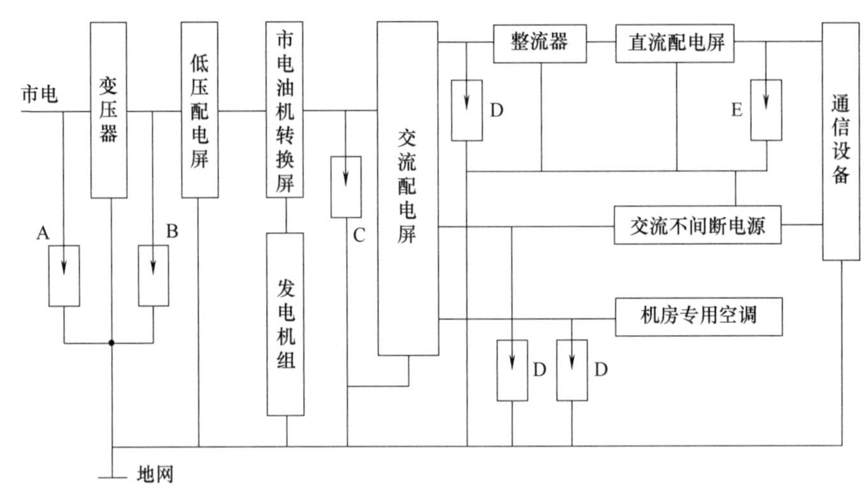

图1-2　通信局（站）电源系统防雷接地示意图

A，B，C，D—避雷器；E—浪涌吸收装置

通常，防雷和接地密不可分。接地系统主要由接地体、接地引入线、汇集排、楼层接地排、工作及保护接地线等组成。防雷系统主要由接闪器、雷电引下线、接地体、等电位连接、各级防雷保护器件［防雷器（避雷器）、防雷隔离变压器等］等组成。接地的主要类型包括：交流工作接地、直流工作接地、保护接地和防雷接地等。

（1）交流工作接地

通信局（站）一般都由三相交流电源供电，为了避免因三相负载不平衡而使各相电压差别过大，三相电源的中性点（即三相变压器或三相交流发电机的中性点）都应当直接接地，这种接地方式称为交流工作接地。接地装置与大地间的电阻称为接地电阻，当变压器容量在100kV·A以下时，接地电阻应不大于10Ω；当变压器容量在100kV·A及以上时，接地电阻应不大于4Ω。

（2）直流工作接地

在直流供电系统中，由于通信设备的需要，蓄电池组的正极（或负极）必须接地，这种接地方式称为直流工作接地。

(3) 保护接地

为了避免电源设备的金属外壳因绝缘损坏而带电，与带电部分绝缘的金属外壳或框架通常也必须接地，这种接地称为保护接地。一般情况下，保护接地的接地电阻应不大于10Ω。

(4) 防雷接地

在通信电源系统中，为了防止因雷电而产生的过电压损坏电源设备，还必须设置用于泄放雷电流突波能量的防雷接地装置，其接地电阻一般应小于10Ω。当电源系统遭受雷击时，防雷地线中的瞬时电流很大，在接地线上将产生很高的电压降。

在通信系统中，通信设备受到雷击的机会较多，需要在受到雷击时使各种设备的外壳和管路形成一个等电位面，由于多数通信设备在结构上都把直流工作接地和防雷接地相连，无法分开，因此通信局（站）中往往将各类通信设备的交流工作接地、直流工作接地、保护接地及防雷接地采用共用一组接地体的接地方式，构成联合接地系统。实践证明，这种接地方式具有良好的防雷和抗干扰作用。通信机房典型接地系统连接如图1-3所示。显然，不管是哪一种接地都要求接地点与接地体可靠连接，否则不但不能起到相应的作用，反而可能适得其反，对人身安全和设备的正常工作造成威胁。

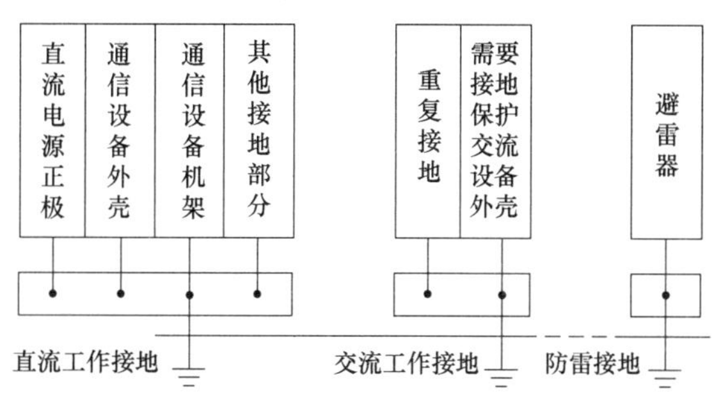

图1-3 通信机房典型接地系统

1.1.4 机房空调系统

要想通信电源系统处于理想的工作状态，就必须使机房环境（温度、湿度、洁净度等）处于设备能正常工作的范围内。否则，通信电源设备的技术性能会严重下降，甚至损坏。例如：如果温度过高，柴油发电机组会出现功率下降、机温过高，甚至停机等现象；如果温度过低，柴油发电机组会出现启动困难、排气冒白烟等故障现象。因此，在条件许可的情况下，机房应安装空调系统。

空调即空气调节（air conditioning），是指利用人工手段，对建筑/构筑物内环境空气的温度、湿度、洁净度、速度等参数进行调节和控制的过程。大型空气调节系统一般包括冷源/热源设备、冷热介质输配系统、末端装置以及其他辅助设备等。冷热介质输配系统主要包括水泵、风机和管路系统；末端装置则负责利用输配来的冷热量，具体处理空气，使目标环境的空气参数达到要求。我们日常使用的空调，就是一个小型的空气调节系统。

1.1.5 集中监控系统

集中监控系统亦称动力环境监控系统，主要由各种采集设备、网络传输设备、监控终端等组成。根据机房内的信息通信设备在网络中所处的地位、设备的重要性以及所服务用户的不同服务等级，机房分为以下几个类型：A类机房，例如承载国际、省际等全网性业务的机房，集中为全省提供业务及支撑的机房，超大型和大型IDC（Internet Data Center）机房等；B类机房，例如承载本地网业务的机房、集中为全本地网提供业务及支撑的机房（原则上对应地市级枢纽机房）、中型IDC机房等；C类机房，例如承载本地网内区域性业务及支撑的机房（原则上对应县级、本地网区域级机房）和小型IDC机房、动力机房等；D类机房，例如承载网络末梢接入业务的机房和基站机房等；E类机房，例如无机房建筑的站点、户外柜等。通信局（站）典型集中监控系统结构组成如图1-4所示。

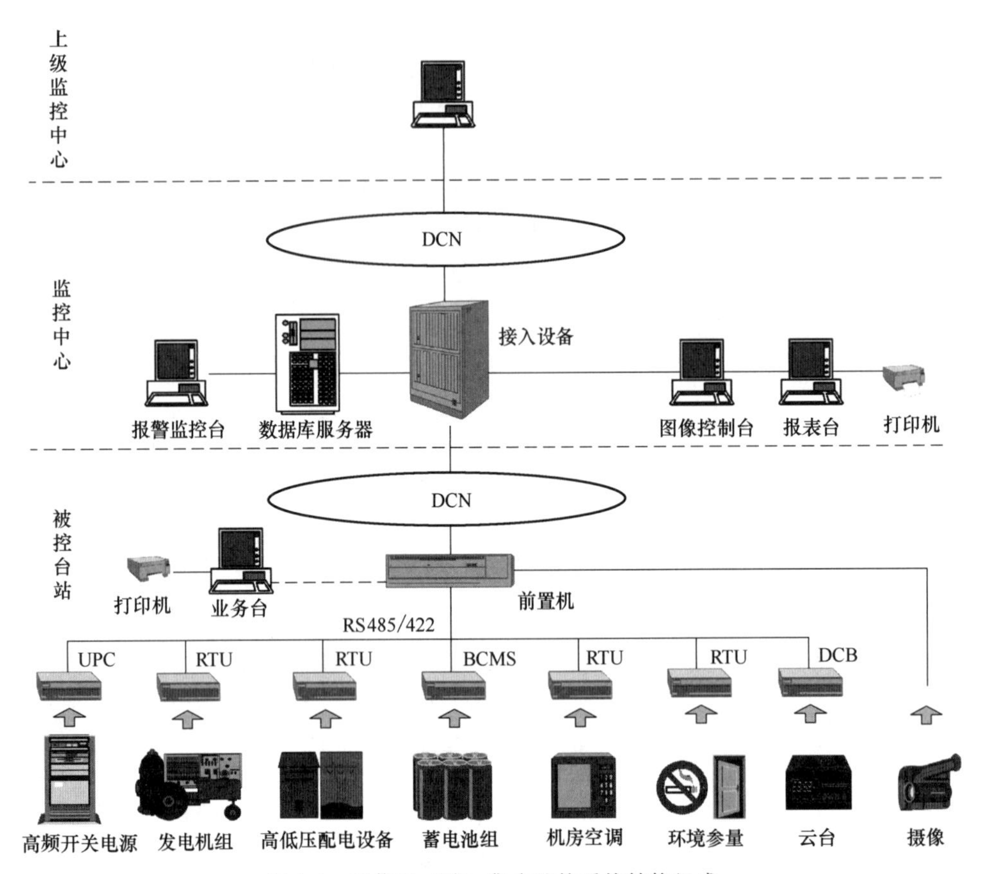

图 1-4 通信局（站）集中监控系统结构组成

DCN—Data Communication Network，数据通信网络；UPC—Universal Protocol Converter，通用协议转换器；RTU—Remote Terminal Unit，远程终端装置；BCMS—Battery Cell Measurement System，电池组监测系统；DCB—Device Control Block，设备控制器

通信电源的集中监控系统是一个分布式计算机控制系统，是整个通信电源系统控制和管理的核心。它通过对监控范围内的各种电源设备、空调设备以及机房环境进行遥测、遥信和遥控，实时监测系统和设备的工作状态，记录和处理相关数据，及时侦测系统或设备故障类型、性质并适时通知维护人员处理，进行必要的遥控操作，改变或调整设备的工作状态，按照上级监控系统或网管中心的要求提供相应的数据和报表，从而实现通信局（站）的少人或无人值守，实现电源、空调及环境的集中监控与维护管理，从而提高电源系统的可靠性和通信设备的安全性。

1.2 通信电源系统类型及应用原则

1.2.1 常用供电系统类型

通信局（站）电源系统应保证稳定、可靠、安全的供电。不同局（站）的电源系统有不同的结构方式和系统类型。

(1) 数据中心和枢纽楼供电系统类型

常见的数据中心和枢纽楼的供电系统类型根据备用电源的切换点不同，可以分为高压集中切换供电系统（如图 1-5 所示）、高压分散切换供电系统（如图 1-6 所示）、低压集中切换供电系统（如图 1-7 所示）以及低压分散切换供电系统（如图 1-8 所示），也可以根据具体局（站）的情况不同，分为既有集中又有分散的供电系统，或者既有高压备用电源又有低压备用电源系统的供电系统。

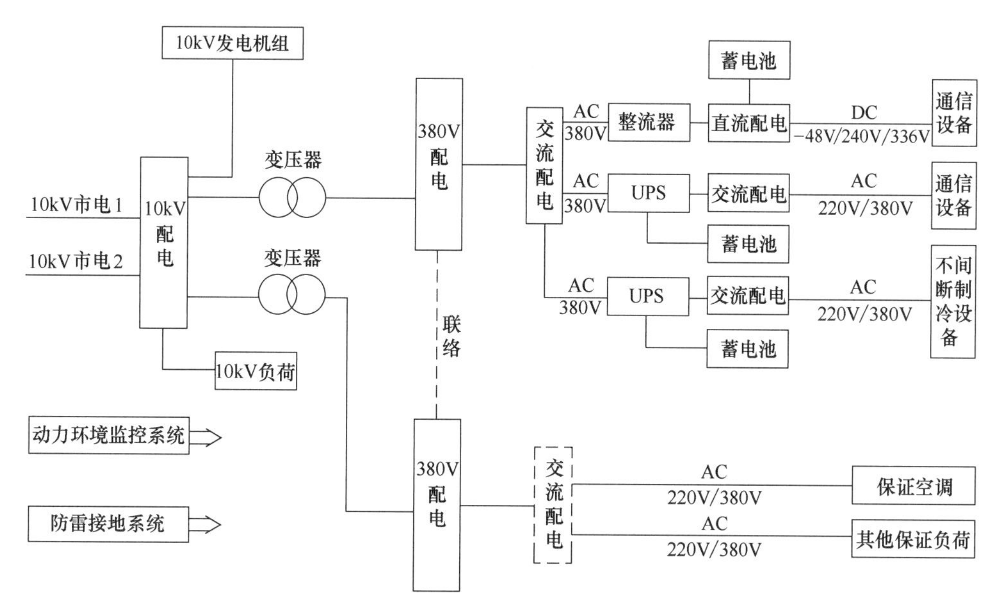

图 1-5　高压集中切换供电系统

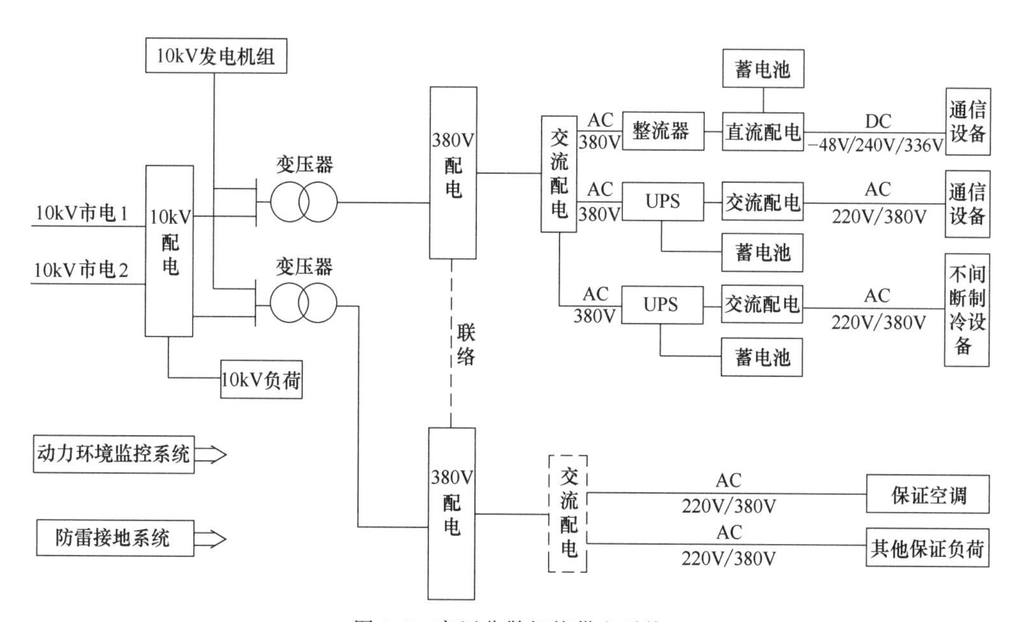

图 1-6　高压分散切换供电系统

（2）常用的多能源供电方式电源系统类型

如图 1-9 所示为多能源供电方式电源系统示意图，它采用交流电源和太阳能发电（或风力发电）相结合的供电方式。该系统由太阳能发电、风力发电、低压市电、蓄电池组、整流及配电设备以及移动电站组成。对于微波无人值守中继站，若通信负荷较大，不宜采用太阳能供电时，可采用市电与固定的无人值守自动化柴油发电机组及可靠性高的交、直流电源设

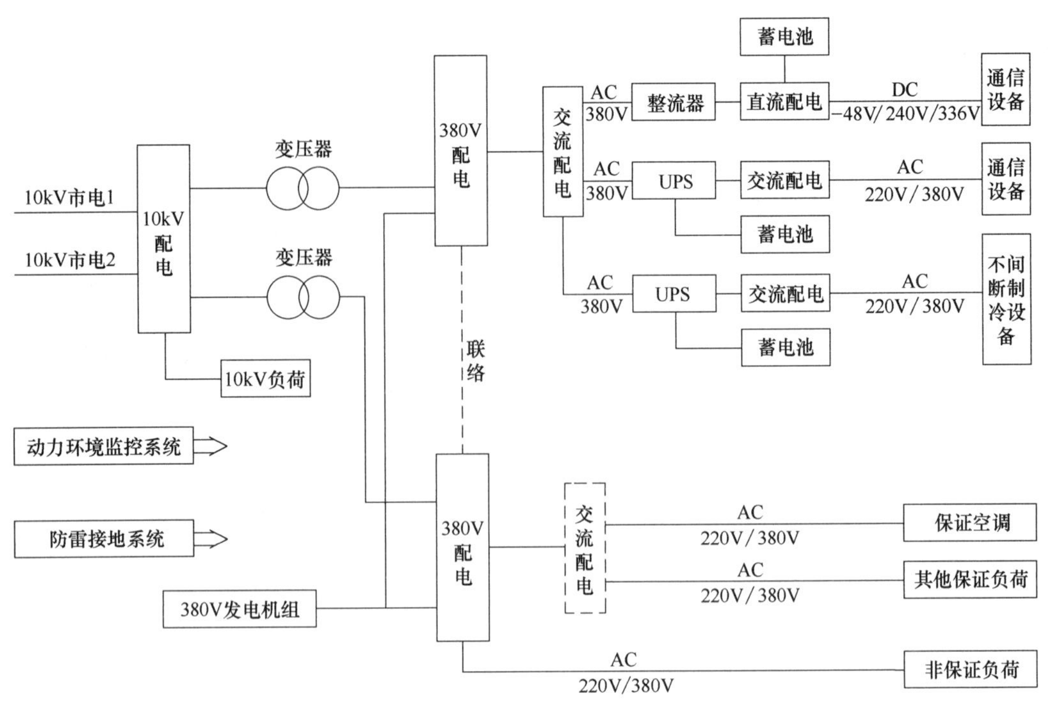

图 1-7　低压集中切换供电系统

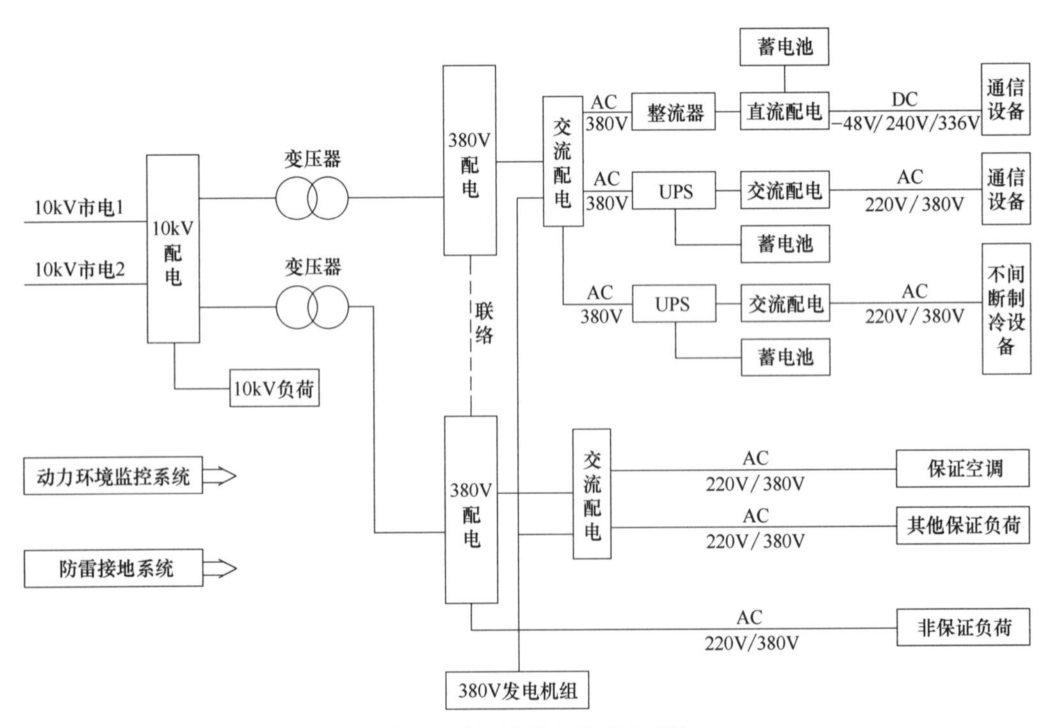

图 1-8　低压分散切换供电系统

备组成电源系统。

(3) 移动通信基站供电系统类型

如图 1-10 所示为移动通信基站供电系统示意图，其中的开关电源系统具备低电压二次下电（二级切断）功能。此种供电方式适合移动通信的宏基站（宏基站是指通信运营商的无

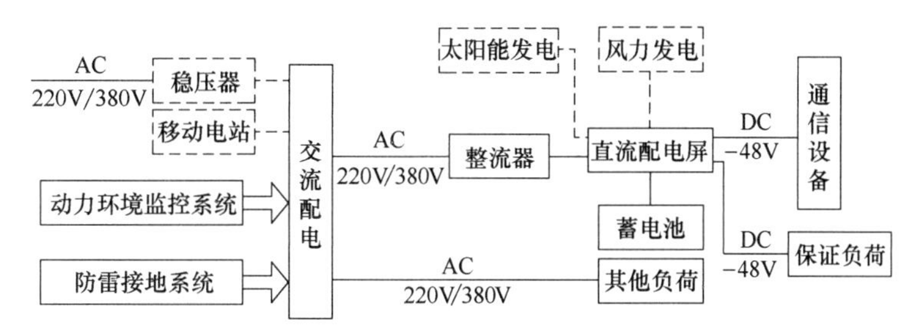

图 1-9　多能源供电方式电源系统示意图

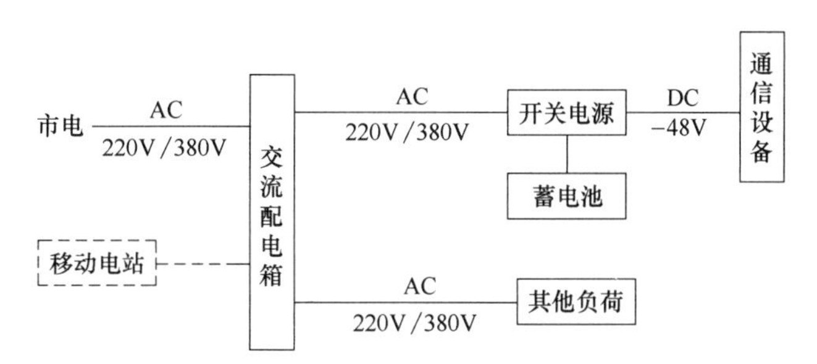

图 1-10　移动通信基站供电系统示意图

线信号发射基站，宏基站覆盖距离大，一般在 35km，适用于郊区话务量比较分散的地区，全向覆盖，功率较大）。

(4) 小型站常用的一体化组合电源系统类型

一体化组合电源系统包括两种类型：一体化 UPS 交流电源系统和一体化直流电源系统。

① 一体化 UPS 电源系统是指交流配电箱、UPS、蓄电池组和监控单元组合在同一个机架内，如图 1-11 所示。

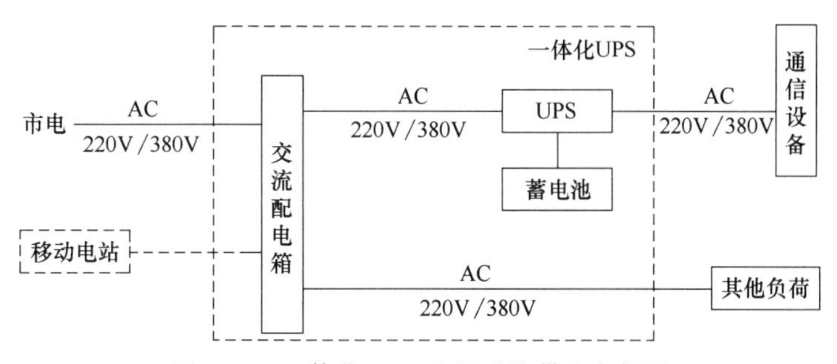

图 1-11　一体化 UPS 电源系统供电方框图

② 一体化直流电源系统是指交流配电箱、整流器（开关电源）、蓄电池组、直流配电和监控单元组合在同一个机架内，如图 1-12 所示。

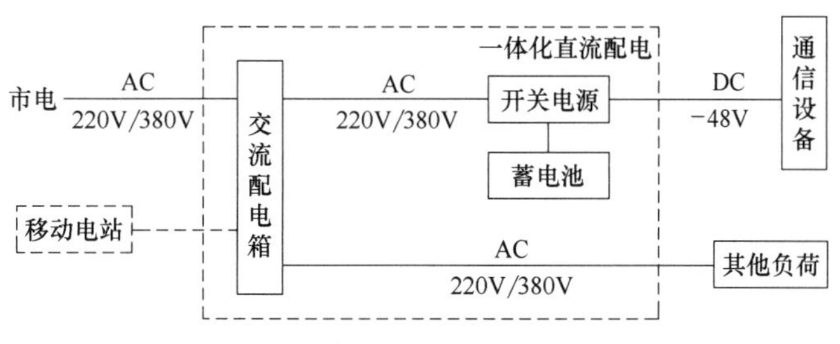

图 1-12　一体化直流电源供电方框图

一体化组合电源系统适合小型通信站，如接入网站、室内分布站、室外小基站等。容量较小的室外站采用一体化组合电源系统时，可采用铅酸或锂离子电池作为备用电源。

(5) 小型站常用的直流远供电源系统类型

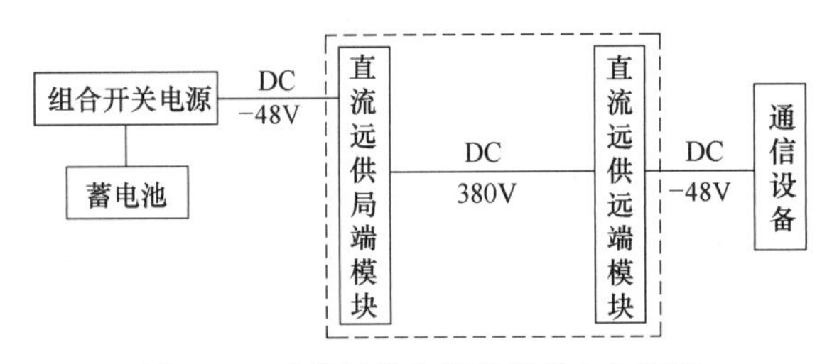

图 1-13　直流远供电源系统供电方框图

直流远供电源系统自移动通信宏基站组合开关电源取用 DC－48V，升压为 DC 380V 远距离传输，再变换为 DC－48V，输出为小型移动通信基站通信设备供电。直流远供电源系统由直流远供局端、远距离专用电缆和直流远供远端组成，如图 1-13 所示。远端设备输出电压满足－48V 直流基础电源的要求。

1.2.2　供电系统应用原则

通信电源供电系统应用原则主要包括以下几点：

① 一、二类局（站）宜采用变配电系统、备用电源系统相对集中，UPS 系统和直流供电系统相对分散的方式。三类局（站）若负荷较小，可采用 UPS、直流供电系统集中供电方式。同一局（站）需要安装多台变压器的，根据综合经济技术比较，推荐采用高压相对集中、变压器和低压配电分散供电，贴近负荷的方式进行布局。

② 通信局（站）在采用电容器进行无功功率补偿时，应根据负荷性质，串联一定比例的电抗器。通信局（站）的自然功率因数在 0.95 以上时，不宜采用电容器进行无功功率补偿。通信局（站）可能出现容性无功功率时，宜采用有源无功功率补偿装置。通信局（站）的容性无功功率过大时，可并联电抗器进行功率补偿。

③ 当变配电系统中的总谐波电流（Total Harmonic Distortion rate of current，THDI，也称电流谐波总畸变率）大于 10%时，应进行治理。

④ 低压交流供电系统的接线应简洁可靠，从变压器输出端开始，至 UPS、直流系统等机房电源设备或机房空调的配电级数应不超过三级。各级配电开关的参数应根据负荷情况整定，上下级开关之间应具有选择性。随着通信负荷的不断扩容，开关的脱扣整定值应进行相应调整。

1.3　通信电源系统的一般要求

随着通信技术的快速发展和通信设备的不断更新，现代通信网络对通信电源系统供电质量的要求也越来越高。这些要求主要体现在以下四个方面：可靠、稳定、安全、高效。

1.3.1　可靠

通信电源系统的可靠性，也称其为持续性。通信电源系统的可靠性是指在任何情况下都不允许供电中断的情况发生。可靠性要求是通信设备对通信电源的最基本要求。现今通信设备的数据传输速率非常高，任何因通信电源供电中断而引起的数据传输中断，都会带来巨大的损失，在任何情况下必须保证通信设备不发生供电中断。

可靠性反映的是设备综合技术水平，包括器件、材料、电路技术、热设计、电磁兼容（EMC）设计、制造工艺、质量控制等。可靠性要求各种电源设备、开关和配电设备安全可靠，具有很高的平均无故障时间。

通信电源系统的可靠性用“不可用度”指标来衡量。

(1) 市电供电方式的不可用度指标

① 一类市电供电方式。一类市电供电方式为从两个稳定可靠的独立电源各引入一路供电线，两路供电线不应有同时检修停电的供电方式。两路供电线宜配置备用电源自动投入装置。从两个以上独立电源构成的稳定可靠的环形网，或从具有两段母线的稳定可靠电源，引入两回线的供电方式，当其不可用度满足指标要求时，也可认为是一类供电方式。

一类市电供电方式的不可用度指标包括平均年停电次数不大于 0.74 次、平均年停电时间不大于 3.37h、市电的不可用度小于 3.85×10^{-4}。

市电的不可用度是指统计期内市电停电的时间与统计期时间的比，即

$$市电不可用度=\frac{市电停电时间}{统计期时间}$$

② 二类市电供电方式。二类市电供电方式为满足以下两个条件之一者：a. 从两个以上独立电源构成的稳定可靠的环形网上引入一路供电线的供电方式；b. 从一个稳定可靠的电源或从稳定可靠的输电线路上引入一路供电线的供电方式。

二类市电供电方式的不可用度指标包括平均年停电次数不大于 1.12 次、平均年停电时间不大于 4.29h、市电的不可用度小于 4.90×10^{-4}。

③ 三类市电供电方式。三类市电供电方式为从一个电源引入一路供电线的供电方式。

三类市电供电方式的不可用度指标包括平均年停电次数不大于 3.03 次、平均年停电时间不大于 12.7h、市电的不可用度小于 1.45×10^{-3}。

④ 四类市电供电方式。四类市电供电方式为满足以下两个条件之一者：a. 由一个电源引入一路供电线，经常昼夜停电，供电无保障，达不到第三类市电供电要求，市电的年不可用度大于 1.45×10^{-3}；b. 有季节性长时间停电或无市电可用。

(2) 通信电源系统的不可用度指标

电源系统的不可用度是指电源系统的故障时间同故障时间和正常供电时间之和的比，即

$$电源系统不可用度=\frac{故障时间}{故障时间+正常供电时间}$$

我国通信行业标准《通信局（站）电源系统总技术要求》（YD/T 1051—2018）中规定：

一类局（站）电源系统的不可用度应不大于 5×10^{-7}，即 20 年时间内，每个电源系统故障的累计时间应不大于 5min。

二类局（站）电源系统的不可用度应不大于 1×10^{-6}，即 20 年时间内，每个电源系统故障的累计时间应不大于 10min。

三类局（站）电源系统的不可用度应不大于 5×10^{-6}，即 20 年时间内，每个电源系统故障的累计时间应不大于 50min。

四类局（站）电源系统的不可用度参考值为 1×10^{-4}，即 1 年时间内，每个电源系统故障的累计时间参考值为 53min。

(3) 通信电源系统主要设备的可靠性指标

通信电源系统主要设备的可靠性，采用“平均失效间隔时间（MTBF）”指标来衡量，在 YD/T 1051—2018 中做了具体规定。

① 高压变、配电设备的可靠性指标。高压配电设备，在 20 年使用时间内，当主开关平均年动作次数不大于 12 次时，其平均失效间隔时间（MTBF）应不小于 1.4×10^{5}h；当主开关平均年动作次数大于 12 次时，其平均失效间隔时间（MTBF）应不小于 4.18×10^{4}h。变压器在 20 年使用时间内，其平均失效间隔时间（MTBF）应不小于 1.75×10^{5}h。

② 低压配电设备的可靠性指标。交流低压配电设备，在15年使用时间内，关键部件平均年动作次数不大于12次的，平均失效间隔时间（MTBF）应不小于5×10^5h；平均年动作次数大于12次的，平均失效间隔时间（MTBF）应不小于10^5h。直流配电设备，在15年使用时间内，平均失效间隔时间（MTBF）应不小10^6h。

③ 发电设备。柴油机发电机组，在10年使用时间或累计运行时间不超过大修要求的运行时间，平均失效间隔时间（MTBF）应不小于800h。在常温5～35℃下，启动失败率应不大于1%。

燃气轮机发电机组，在规定使用寿命期间内，在规定使用条件下，平均失效间隔时间（MTBF）应不小于2500h。启动失败率应不大于0.6%。

太阳能电池方阵的使用寿命应不小于1.31×10^5h。太阳能电池控制器在15年使用时间内，平均失效间隔时间（MTBF）应不小于5×10^4h。

④ 交流不间断电源设备。在8年使用寿命期间内，通信用交流不间断电源设备的平均失效间隔时间（MTBF）应不小于2×10^4h。在8年使用寿命期间内，通信用交流不间断电源系统的平均失效间隔时间（MTBF）应不小于10^5h。

⑤ 整流设备和直流/直流变换器设备。高频开关整流设备和直流/直流变换器设备，在10年使用时间内，平均失效间隔时间（MTBF）应不小于5×10^4h。

⑥ 蓄电池组。防酸式蓄电池组，全浮充工作方式在10年使用时间内，平均失效间隔时间（MTBF）应不小于7×10^5h。阀控式密封铅酸蓄电池组，全浮充工作方式在8年使用时间内，平均失效间隔时间（MTBF）应不小于3.5×10^5h。

为确保设备可靠供电，交流供电的通信设备应采用交流不间断电源；直流供电的通信设备应采用整流器与蓄电池组并联浮充的供电方式。为提高直流供电系统的供电可靠性，应采用多整流模块冗余备份并联的工作方式。

1.3.2 稳定

通信设备要求供电电源电压稳定，不允许超过限定范围，尤其是计算机控制的通信设备，数字电路工作速度高，频带宽，对电压波动、杂音电压、瞬变电压等非常敏感。供电电压过高会引起通信负载设备元器件损坏，供电电压过低会影响通信系统正常运行。直流供电系统的衡重杂音电压过高会影响电话通话质量。

通信设备用交流电供电时，在通信设备的电源输入端子处测量，电压允许波动范围为：额定电压值−10%～5%，即相电压198～231V、线电压343～400V。

通信电源设备及重要建筑用电设备采用交流电供电时，在设备的电源输入端子处测量，电压允许变动范围为：额定电压值−15%～10%，即相电压187～242V、线电压324～419V。当市电供电电压不能满足上述规定时，应采用调压、稳压或UPS设备来满足电压允许变动范围的要求。交流频率允许变动范围为额定值±4%，即48～52Hz。交流电压波形正弦畸变率应不大于5%。电压波形正弦畸变率是电压的谐波分量有效值（各谐波分量的方均根值）与总有效值（基波和各谐波分量的方均根值）之比的百分数。三相电压不平衡度应不大于4%。设置降压电力变压器的通信局（站），应安装无功功率补偿装置，使功率因数保持在0.9以上。

当通信设备采用−48V直流电源系统供电时，在通信设备受电端子上，电压允许变动范围为：−57～−40V。通信用直流电源电压的纹波用杂音电压来衡量，在直流配电屏输出端子处测量，电话衡重杂音电压≤2mV；峰-峰值≤200mV(0～20MHz)；3.4～150kHz宽频（有效值）<100mV；0.15～30MHz宽频（有效值）<30mV。供电回路全程最大允许压

降为3.2V。直流供电回路中每个接线端子（直流配电屏以外）的压降应符合下列要求：1000A以下，每百安接线端子压降不大于5mV；1000A以上，每百安接线端子压降不大于3mV。

1.3.3 安全

安全供电十分重要，它涉及面比较宽。例如，电源机房应按有关规定满足防火、抗震等防灾害要求，工作人员应严格遵守操作规程，安全生产管理应常抓不懈。就通信电源系统本身而言，为保证人身、设备和供电安全，应满足以下要求。

第一，通信局（站）电源系统应有完善的接地与防雷设施，具备可靠的过压和雷击防护功能，电源设备的金属壳体应可靠地保护接地；第二，通信电源设备及电源线应具有良好的电气绝缘，包括有足够大的绝缘电阻和绝缘强度；第三，通信电源设备应具有保护与告警性能。此外，电源设备还需满足外壳防护等级的要求。

例如，高频开关电源系统安全性方面的要求如下。

① 防雷。系统应具有三级防雷装置，在进网检验时，应能承受模拟雷击电压波形为10/700μs、幅值为5kV的冲击5次；承受雷击电流波形为8/20μs、幅值为20kA的冲击5次；每次冲击间隔时间不小于1min。在承受以上雷电冲击后，设备应能正常工作。

② 电气绝缘。《通信用高频开关电源系统》（YD/T 1058—2015）中规定：在环境温度为15～35℃、相对湿度为90%、试验电压为直流500V时，交流电路和直流电路对地、交流部分对直流部分的绝缘电阻均不低于2MΩ。对绝缘强度则要求：交流输入对地应能承受50Hz、有效值为1500V的正弦交流电压或等效其峰值的2121V直流电压1min且无击穿或飞弧现象。交流输入对直流输出应能承受50Hz、有效值为3000V的正弦交流电压或等效其峰值的4242V直流电压1min且无击穿或飞弧现象。直流输出对地应能承受50Hz、有效值为500V的正弦交流电压或等效其峰值的707V直流电压1min且无击穿或飞弧现象。

③ 保护与告警性能。《通信用高频开关电源系统》YD/T 1058—2015中规定：系统应具有交流输入过/欠电压及缺相保护、直流输出过/欠电压保护、直流输出限流保护及过电流与短路保护、蓄电池欠电压保护（可选）、负载下电功能（可选）、熔断器或断路器保护、温度过高保护等保护性能。在各种保护功能动作的同时，应能自动发出相应的可闻可见告警信号，并能通过通信接口将告警信号传送至监控设备。

1.3.4 高效

随着通信设备容量的日益增加，电源系统的负荷不断增大。为了节约电能，降低电源系统的运行维护费用，这就要求配置的电源设备应有较高的转换效率。效率高意味着设备本身的功耗小，机内温升低，元器件的使用寿命就会延长。这不仅节约了能源，而且也会使设备的热设计变得简单，对设备的小型化也十分有利。

需要说明的是，以上关于通信电源系统可靠（持续）、稳定、安全、高效的四项质量要求，既是对设备工艺质量、对系统设计的要求，也是对维护管理人员的要求。离开了良好的日常维护保养、精细的运行工况优化和娴熟的应急操作训练，要想充分发挥设备与系统的优越性能是不可能的。

1.4 通信电源系统的供电方式

随着信息技术的快速发展和数据业务的不断扩大，现代通信网络也在不断变革，这种变革主要表现为数据通信设备逐渐成为通信网络的重要组成部分。从供电体制看，使用交流电源的数据通信设备与传统的－48V直流电源系统并不兼容，因而对通信电源系统提出了新要求。除了既有的可靠、稳定、安全和高效的基本要求外，新型通信电源系统应能同时提供直流和交流电源，以便同时满足传统通信网络设备和数据通信设备的供电要求，这种多种供电电压等级并存、交直流同时提供的新需求，使通信电源系统供电方案设计应用呈现出多样性的特点。自20世纪90年代以来，国内外通信电源界一直关注和开展新的通信电源系统的研究，提出了许多新的电源系统结构。

1.4.1 直流供电方式

通信网络设备目前大多采用－48V直流供电系统（如图1-14所示），将－48V直流电源供电到通信设备的电源输入端。－48V供电系统属于安全特低电压（SELV——safety extra-low voltage）供电。供电系统由 $N+1$ 并联冗余高频开关整流模块和蓄电池组组成。通常采用全浮充运行方式，在交流电源正常时经由整流器与蓄电池组并联浮充工作，对通信设备供电；当交流电源停电时，由蓄电池组放电供电；在交流电恢复后，应实行带负荷恒压限流充电的供电方式。蓄电池备用时间为1～24h，典型值为1～3h。

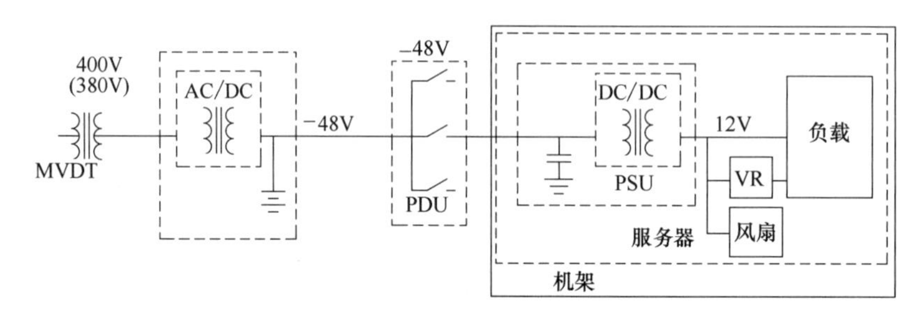

图1-14　－48V直流供电系统

MVDT—Medium Voltage Distribution Transformer，中压配电变压器；PDU—Power Distribution Unit，电源分配单元；PSU—Power Supply Units，电源装置；VR—Voltage Regulation，电压调节（调压）

当通信局（站）利用峰谷电价差，采用移峰填谷运行方式时，宜选用适合快速充电、循环应用的蓄电池。通信局（站）直流供电方式应保证稳定可靠供电，电源设备应靠近通信设备布置，使直流馈电线长度尽量缩短，以降低电能消耗、减少安装费用。供电系统的组成和电源设备的布置应当在通信局（站）增容时，电源设备能相应和灵活地扩充容量，并有利于设备的安装和维护。通信局（站）可设置多个独立的直流供电系统。

240V/336V直流供电系统在供电安全和节能方面具有优势，是未来电信和数据中心供电系统的发展方向。近年来，我国240V/336V直流供电系统发展比较迅速，在电信部门已经有示范性工程在多地运行。

1.4.2 交流供电方式

（1）变配电系统的工作方式

市电作为主用电源，市电停电时由发电机组启动供电。市电和发电机组的倒换可采用自动或手动。市电和发电机组应具备联锁功能，可采用带中间位的自动切换开关（Automatic Transfer Switch，ATS）、双掷刀闸或双空气断路器联锁。禁止使用双接触器搭接的开关进行两路电源的倒换。

（2）UPS供电系统的类型

UPS设备根据所供电对象重要程度设置不同的类型，主要有并联冗余、独立双总线等模式，如图 1-15 和图 1-16 所示。

UPS 供电系统的工作方式为：

① 市电正常时，UPS 跟踪市电并输出稳定的交流电；

② 市电停电时由蓄电池放电经逆变提供稳定交流电；

③ 若 UPS 出现故障，自动转备份 UPS 或旁路。

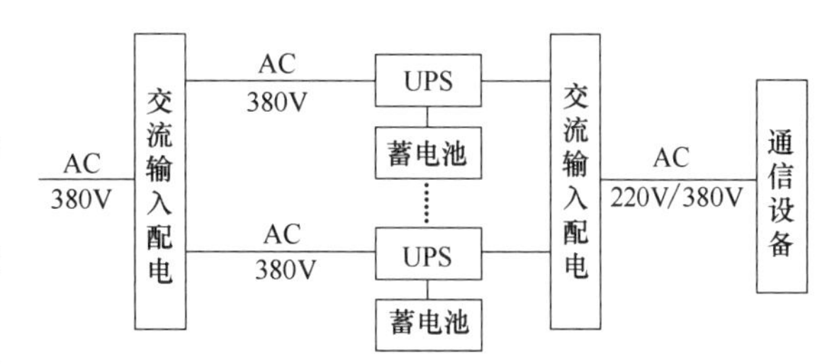

图 1-15　$N+1$ 并联冗余 UPS 供电系统方框图

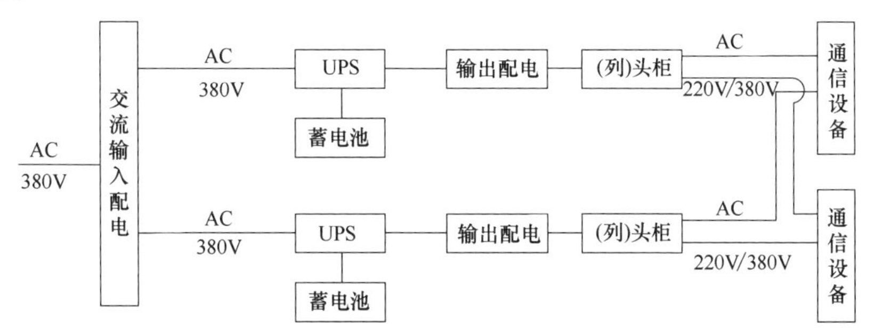

图 1-16　独立双总线 UPS 供电系统方框图

重要的负载采用双总线模式 UPS 系统供电，一般负载采用 $N+1$ 并联冗余模式 UPS 系统供电。UPS 负荷较大的局（站）应考虑谐波对发电机组的影响。随着交流并联技术逐步成熟，在模块化 UPS 的可靠性达到要求时可选用组成冗余供电系统。给末端通信设备（小区接入网设备、移动通信直放站等）供电的室外一体化 UPS 可采用单机工作方式。典型的 UPS 具有 15～30min 的蓄电池备用时间。

1.4.3 混合供电方式

(1)（双路）混合供电方式基本架构

通信局（站）电源系统可采用一路市电加一路保障电源的双路混合供电架构，如图 1-17 所示。保障电源可以选择 240V/336V 直流供电系统或交流 UPS 供电系统。

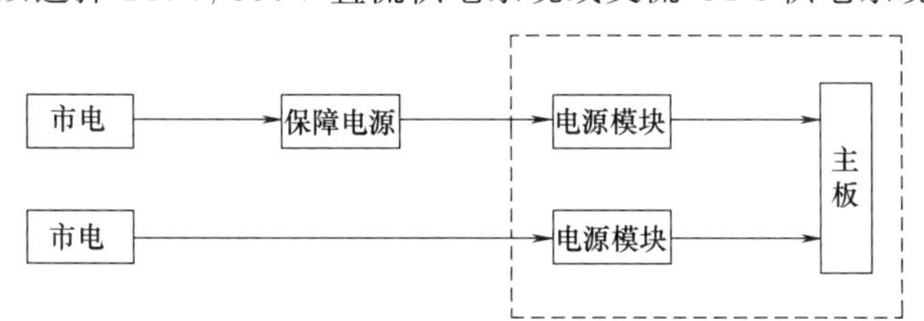

图 1-17　市电＋保障电源的供电系统框图

(2)（双路）混合供电方式的工作模式

可采用市电与保障电源均分或按比例分担负载的工作模式，也可采用市电负担全部负载，保障电源设备的主备工作模式，市电故障时由保障电源负担全部负载。主备工作模式应支持保障电源与市电在额定负载下无间断切换。原采用－48V 供电方式的通信设备，可参考如图 1-18 所示的供电架构，向双路混合供电方式转换。

高压分散切换供电系统，可在通信电源输入侧设置机架电源，将交流 220V、240V/336V 直流电源转换为－48V 直流电源，供通信设备使用。机架电源宜支持双路输入，整流模块需支持交流 220V、240V/336V 直流电源三种输入制式。双路输入的机架电源输出可采

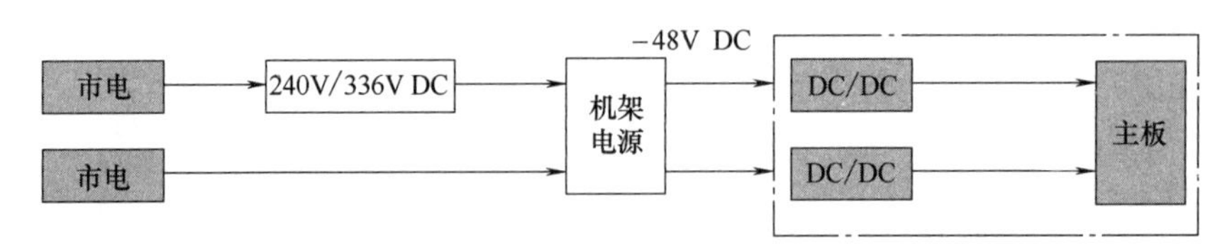

图 1-18　-48V 直流系统转换方案

用主备分区工作模式，主备分区整流模块配置一致。正常工作时由主分区负担全部负载，主分区出现故障时由备用分区负担全部负载。主备分区工作模式时机架电源的额定输出功率为整架电源额定功率的一半。主备分区工作模式时两个分区应支持额定功率条件下无间断切换。

习题与思考题

1. 简述通信局（站）电源系统的结构组成。
2. 通信局（站）根据其重要性、规模大小可以分为哪几类?
3. 简述常用通信供电系统的类型。
4. 简述通信供电系统的应用原则。
5. 简述通信电源系统的一般要求。
6. 简述通信电源系统的供电方式。
7. 简述市电不可用度和电源系统不可用度的基本概念。
8. 根据机房内的信息通信设备在网络中所处的地位、设备的重要性以及所服务用户的不同服务等级，机房分为哪几种类型?

第2章

交流供电系统

通信局（站）电源系统的主用交流电源是市电，备用交流电源通常是柴油发电机组。通信局（站）交流供电系统一般由高压供电系统与低压供电系统两部分组成。通信局（站）用电通常接入的是10kV市电电网，10kV高压线路及其所连接的高压变电所组成高压供电系统；而380/220V低压馈电线路与低压配电设备组成低压供电系统。

根据市电供电条件、线路引入方式及运行状态，可将市电根据其工作可靠性分为四类，其中一类市电的供电可靠性最高。通信局（站）电源系统一般要求引入二类以上市电作为主用交流电源，条件许可时还可从不同的市电电网引入两路市电，以提高供电可靠性。而柴油发电机组馈送至低压配电所的380/220V电源通常作为备用交流电源，仅限于在电网中断或检修期间启用。如图2-1所示为某通信局（站）交流负荷的受电过程。

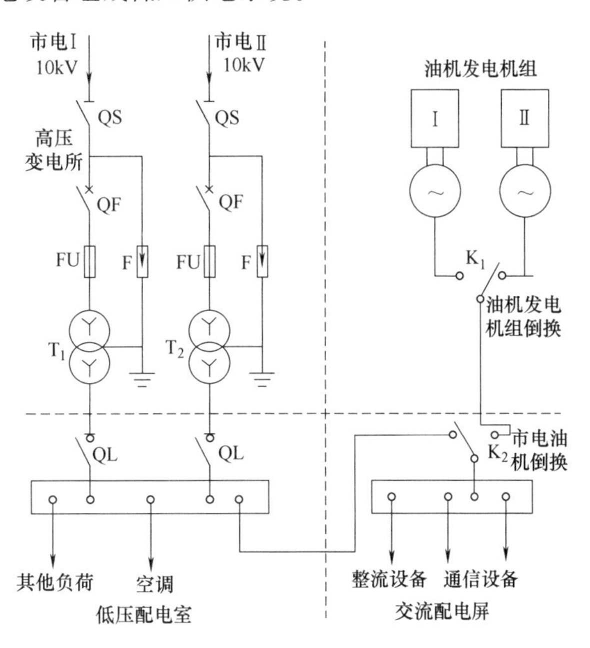

图2-1　通信局（站）交流负荷受电过程示意图

由图2-1可知，两路10kV高压市电由电缆引进局（站）内高压变电所，经高压隔离开关、高压断路器、高压熔断器，分别送至电力变压器降压后，再将380/220V的低压电馈送至低压配电室。低压市电与备用发电机组输出的交流电源经市电-油机转换分别馈送到交流配电屏，由其分配给整流器、交流通信设备以及通信保证交流负荷等。

2.1　高压交流供电系统

高压交流供电系统主要由高压供电线路、高压配电设备及变压器等组成。应根据通信局（站）的建设规模及用电负荷的特点建设不同类型的变电站。变电站作为通信局（站）的供电中枢，其设备的选用及系统的接线方式，直接影响通信电源系统的运行质量。基本要求是系统主接线应力求简单，能保证运行维护人员的操作安全；线路布局合理，便于在安全条件下进行维护，并适当考虑今后负荷容量的发展。

根据变压器的容量，可将高压交流供电系统划分为小容量高压供电系统和大容量高压供电系统两类。一般不含断路器的就是小容量高压供电系统；含有断路器的就是大容量高压供电系统。由于用电量不同，通信局（站）两类高压供电系统都有采用。

2.1.1 交流供电网络

通信局（站）电源系统接入的 10kV 市电电网属于高压电网。在电力系统中，各级电压的电力线路及其所联系的变电所称为电力网。通常用电压等级的高低来区分电网的种类，如电压在 220kV 以上者称为区域网，电压在 35～110kV 范围者称为地方电网，而包含配电线路和配电变电所、电压在 10kV 以下的电力系统称为配电网。

（1）电力系统中电能的传输过程

电力系统是指由发电厂、电力线路、变电所、电力用户所组成的供电系统。它肩负着发电、输电、变电、配电与用电的任务。如图 2-2 所示为通信局（站）所需电能由发电厂经区域电网、两级降压变压器后，作为通信局（站）电源系统引入市电的全过程。

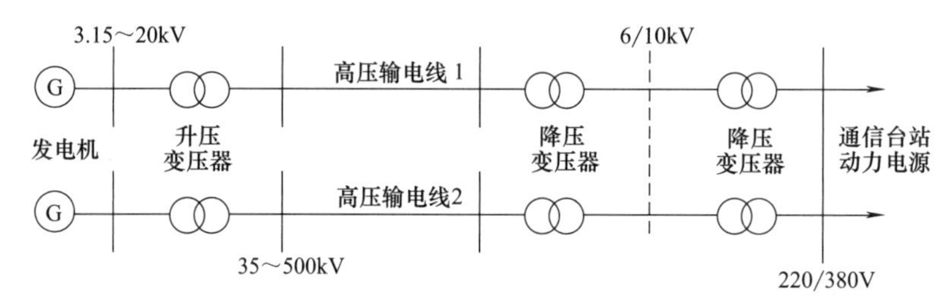

图 2-2 两路市电配电示意图

（2）电力系统的电压

电力系统中的所有电气设备，都是在一定的电压和频率条件下工作的。电力系统的电压和频率质量，直接影响电气设备的运行。可以说，电压和频率是衡量电力系统电能质量的两个基本参数。《全国供用电规则》规定，一般交流电力设备的额定频率为 50Hz，此频率一般称为“工频”，频率偏差一般不超过±0.5Hz。但频率的调整主要靠发电厂来完成，作为市电电网的一个用户节点，通信局（站）电源系统更关心的是市电电压的质量。

电气设备都是设计在额定电压下工作的。电气设备的额定电压就是设备正常运行且能获得最佳经济效果的电压，如果设备的端电压与其额定电压有偏差，则设备的工作性能和使用寿命将受到影响。GB/T 156—2017《标准电压》规定了三相交流电网和电力设备常用的额定电压，如表 2-1 所示。

表 2-1 电力系统与设备的额定电压

用电设备	电网和用电设备额定电压/kV	发电机额定电压/kV	电力变压器额定电压/kV	
			一次线圈	二次线圈
低压	0.22 0.38 0.66	0.23 0.40 0.69	0.22 0.38 0.66	0.23 0.40 0.69
高压	3 6 10 35 63 110 220 330 500 750	3.15 6.3 10.5 13.8,15.75,18,20 — — — — — —	3 及 3.15 6 及 6.3 10 及 10.5 13.8,15.75,18,20 63 110 220 330 500 750	3.15 及 3.3 6.3 及 6.6 10.5 及 11 38.5 69 121 242 363 550 —

电网（电力线路）的额定电压是国家根据国民经济发展的需要及电力工业水平，经全面的技术经济分析研究后确定的。它是确定其他各类电力设备额定电压的基本依据。

对于用电设备来说，其额定电压应与电网电压一致。由于同一电压线路一般允许的电压偏移是±5%，所以考虑到补偿负荷电流在线路上产生的压降损失，发电机的额定电压比电网电压要高5%。对变压器的二次线圈来讲，除上述补偿外，还要考虑变压器带额定负荷电流工作时其绕组上的压降损失，一般也按5%考虑，因此，变压器二次线圈的额定电压比电网和用电设备的额定电压要高10%。至于变压器初级线圈，因其接线端与电网直接相连，相当于一用电设备，故其额定电压与电网相同。

(3) 电网中性点运行方式

在三相交流电力系统中，电力系统的中性点（作为供电电源的发电机和变压器的中性点）有两种运行方式：一种是中性点非有效接地，或小电流接地；另一种是中性点有效接地，或直接接地，大电流接地。电源中性点不同的运行方式对电力系统的运行，特别是在系统发生最常见的单相接地故障时有明显的影响，还关系到电力系统二次侧保护装置或监察测量系统的选择与运行，因此有必要进行讨论和关注。

① 中性点不接地。通信局（站）电源系统接入的10kV市电电网多采取电源中性点非有效接地的运行方式。图2-3是其在正常运行时的电路图和系统电压、漏电流的相量图。

系统正常运行时，三相线路的相电压$\dot{U}_A$、$\dot{U}_B$、$\dot{U}_C$是对称的，三相线路的对地电容电流$\dot{I}_{C0}$也是平衡的，因此三相的电容电流的相量和为零，没有电流在地中流动。每相对地的电压，就等于其相电压。

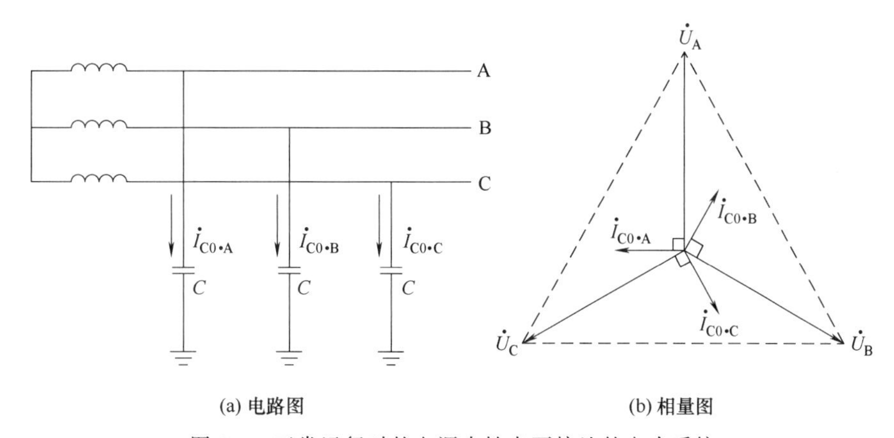

图2-3 正常运行时的电源中性点不接地的电力系统

当系统发生某相接地故障时，例如C相完全接地，系统电压平衡将被破坏，如图2-4（a）所示。这时C相对地电压降为零，而A相对地电压$\dot{U}'_A=\dot{U}_A+(-\dot{U}_C)=\dot{U}_{AC}$，B相对地电压$\dot{U}'_B=\dot{U}_B+(-\dot{U}_C)=\dot{U}_{BC}$，如图2-4（b）所示。可见，在C相完全接地时，完好的A相和B相对地电压都由原来的相电压升高到线电压，即升高$\sqrt{3}$倍。

另外，当C相完全接地时，系统的接地电流（电容电流）$\dot{I}_C$应为A、B两相对地电容电流之和。按图2-4（a）所示的电流方向，应有：

$$\dot{I}_C=-(\dot{I}_{C\cdot A}+\dot{I}_{C\cdot B})$$

从图2-4（b）的相量图可以看出，$\dot{I}_C$在相位上正好超前$\dot{U}_C$ 90°；而在量值上，由于$I_C=\sqrt{3}I_{C\cdot A}$，又$I_{C\cdot A}=U'_A/X_C=\sqrt{3}U_A/X_C=\sqrt{3}I_{C0}$，因此有：

$$I_C = 3C_0$$

即一相接地的电容电流为正常运行时每相对地电容电流的 3 倍。

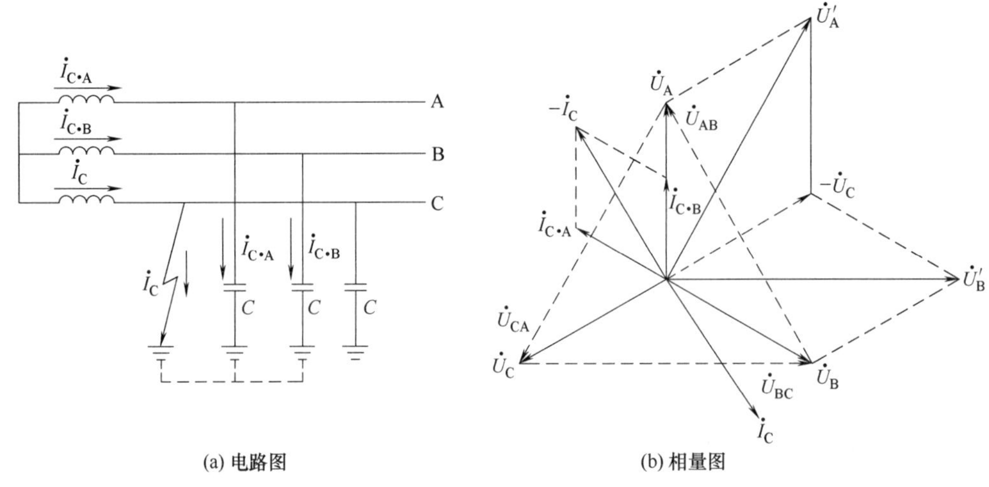

图 2-4　一相接地时的电源中性点不接地的电力系统

当然，在发生不完全接地（即经过一些接触电阻接地）故障时，故障相对地的电压将大于零而小于相电压。而其他完好的相，相对地的电压则大于相电压而小于线电压，接地电容电流也比计算值小。

应该指出，对上述电源中性点非有效接地的电力系统，即使发生单相接地故障，由于线路的线电压无论相位和量值均未发生变化，这可从图 2-4 的相量图中看出，因此三相用电设备仍能正常运行，这是电源中性点非有效接地运行方式电力系统最突出的优点。

当然，此系统也不允许在一相接地的故障情况下长期运行。因为如果在此期间另一相又发生接地故障的话，就形成了两相对地短路，导致系统回路间产生很大的短路电流，可能导致线路设备损坏。因此在电源中性点非有效接地的系统中，通常装设有专门的单相接地保护或绝缘监察装置，在发生一相接地故障时，给予报警信号，以提醒值班人员及时处理，以免引起更大的事故。

我国电力系统运行维护规程规定：电源中性点非有效接地的电力系统发生一相接地故障时，允许暂时继续运行 2h。运行维护人员应争取在 2h 内查出接地故障并给予及时修复；如有备用线路，应将负荷转移到备用线路上。若经过 2h 抢修后接地故障仍没有消除，则应该切除此故障线路。

② 中性点经消弧线圈接地。对于上述电源中性点非有效接地的电力系统，有一种情况是比较危险的，即在发生单相接地故障时，如果接地电流较大，在接地点出现了断续电弧，将可能引发线路的电压谐振现象，从而使线路上出现危险的过电压（可达相电压的 2.5～3 倍），这可能导致线路上绝缘较为薄弱地点的绝缘击穿。

为了防止单相接地时接地点出现断续电弧，引起过电压，在单相接地电容电流大于 30A 时，10kV 电网电源中性点必须采取经消弧线圈接地的运行方式。消弧线圈实际上就是一个铁芯线圈，其电阻很小，感抗很大。

如图 2-5 所示是电源中性点经消弧线圈接地的电力系统在发生单相接地时的电路图和系统参数的相量图。

当系统发生一相接地故障时，流过接地点的电流是接地电容电流 $\dot{I}_C$ 与流过消弧线圈的

电感电流 $\dot{I}_L$ 之和。由于 $\dot{I}_C$ 超前 $\dot{U}_C$ 90°，而 $\dot{I}_L$ 滞后 $\dot{U}_C$ 90°，所以 $\dot{I}_L$ 与 $\dot{I}_C$ 在接地点互相补偿。当 $\dot{I}_L$ 与 $\dot{I}_C$ 的量值差小于发生电弧的最小电流（一般称其为最小生弧电流）时，电弧就不会发生，系统也就不会出现谐振过电压现象。

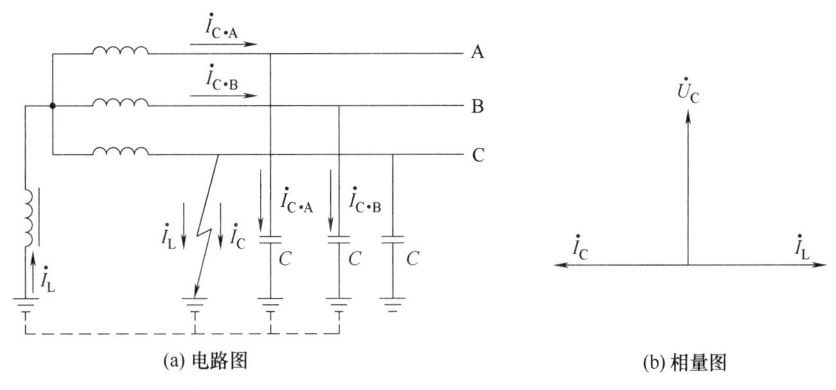

图 2-5　电源中性点经消弧线圈接地的电力系统

③ 中性点直接接地。通信工程中，低压配电系统大多采用电源中性点直接有效接地的运行方式，如图 2-6 所示。这类电力系统在发生单相接地故障时，由于电源中性点直接接地，系统的单相接地故障实际上就造成了单相短路。单相短路电流 $I_k^{(1)}$ 比线路的正常负荷电流大得多，通常会使线路熔断器熔断或断路器自动跳闸，从而将短路故障部分切除，保证系统其他部分正常运行。

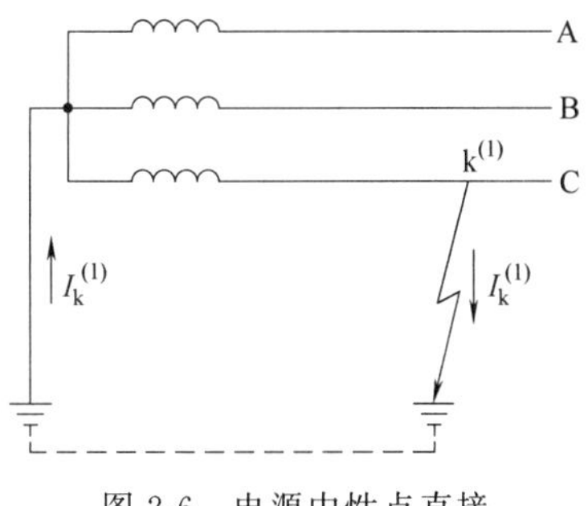

图 2-6　电源中性点直接接地的电力系统

对 220/380V 低压配电系统来说，我国不仅广泛采用电源中性点直接接地的运行方式，而且从接地的中性点还引出有中性线（neutral wire，代号 N）和保护线（protective wire，代号 PE）。中性线（N 线）的功能非常重要，一是用来接用额定电压作为相电压的单相设备，二是用来传导三相系统中的不平衡电流和单相电流，三是减少负荷中性点电位偏移。保护线（PE 线）的功能主要是防止发生触电事故，保障人身安全。通过公共 PE 线，将设备的外露可导电部分（指正常情况下不带电，但故障时可能带电又可被触及的导电部分，如金属外壳、金属构架等）连接到电源的接地点，当系统中设备发生单相碰壳接地故障时，也会形成单相短路，使设备或系统的保护装置动作——熔断器熔断或断路器跳闸，切除故障设备，从而确保运行维护人员的人身安全。

2.1.2 小容量高压供电系统

(1) 小容量高压供电系统的接线

① 一般小容量高压供电系统的接线。负荷较小（750kV·A 以下），但有条件且有必要接引高压市电的通信局（站），一般应引接一路 10kV 高压市电；如无 10kV 市电，也可采用 35kV 的高压市电（选用 35kV 变 400V 的变压器）；有可能时再引一路 400V 低压市电。变电所设置一般为露天式，条件不允许时也可为室内式。高压设备一般为分散安装，露天式的也有密闭式组合设备可选用。这样的高压供电系统一般由高压熔断器、避雷器、电力变压器以及相关操作、计费装置组成。

一般小容量高压供电系统，无论是室外杆架安装、落地安装，还是室内安装，其供电系

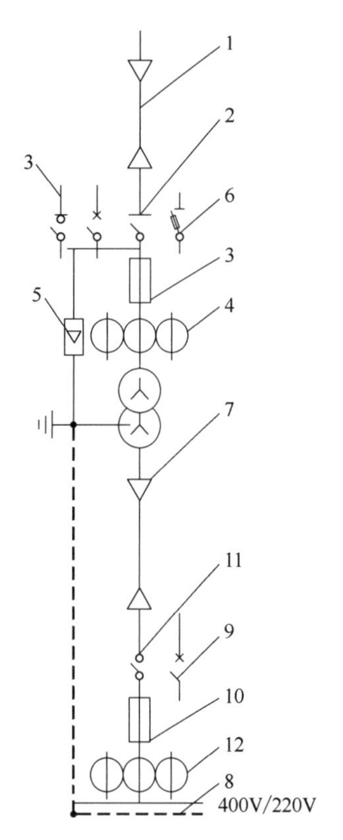

图 2-7 小容量高压供电系统主回路电气接线示意图

1—高压电缆；2—隔离开关 GN2，CS6；3—高压熔断器 RN1 型，高压负荷开关 FN2-10，CS4，真空断路器 ZN-10；4—电流互感器 LZZBJ9-10；5—避雷器 HY5WZ1；6—跌开式熔断器 RW7；7—低压电缆；8—低压母线；9—空气开关 DW10，DZ10；10—低压熔断器 RT0；11—刀开关 HD12；12—电流互感器 LMZT

统主回路电气接线如图 2-7 所示。图中 10kV 三相交流电由高压电缆 1（或架空引入线）引入，接至隔离开关 2 或高压负荷开关、高压熔断器、真空断路器 3 上，高压负荷开关和高压熔断器用于系统过负荷和短路故障的保护。6 为跌开式（跌落式）熔断器，是一种熔断器和隔离开关组合的电器，它兼有上述二者的线路功能。电能由高压母线经电流互感器 4 馈送至电力变压器高压绕组，其低压绕组输出 0.4kV 低压电能经低压电缆 7、刀开关 11 或空气开关（断路器）9、低压熔断器 10、电流互感器 12 送至低压母线 8 完成分配。电流互感器 12 用来测量低压母线电流，避雷器 5 用于限制高压进线上的雷击过电压，保护变压器高压绕组的安全。

在室外有避雷器和跌开式熔断器时，室内变电所的高压熔断器和隔离开关可用高压负荷开关代替。

为了使小容量通信局（站）的高压供电系统结构简化，电流、电压和电能等电参数一般都放在低压侧进行测量和计量。

② 有高压计费要求的小容量高压供电系统的接线。当供电局要求高压计费时，则应设计有高压计费要求的小容量高压供电系统。可在一般小容量高压供电系统的基础上，为满足高压计费要求需要加装高压计费装置，如在一次回路中加装高压电压互感器和电流互感器，在二次回路中加装计费表等。

小容量高压供电系统大多安装在室外，系统中没有更多的控制和保护设备，多是手动操作。因此，在工程设计中只需完成设备或各种高低压电器等安装设计；当设备安装在室内时，还要提出对土建的具体要求。

(2) 小容量高压供电系统的运行

对于采用高压市电作为主用电源的小容量高压供电系统的通信局（站），一经投入运行，只在故障或检修需要时由相关部门的维护人员进行开、合操作。高压市电停电时，有低压市电作为备用电源的局（站），由维护人员进行倒换，使备用低压市电投入运行；没有低压市电作为备用电源的，维护人员启动备用油机发电机发电供给通信局（站），以保证负荷使用，直到高压市电恢复供电。

2.1.3 大容量高压供电系统

大中型通信局（站）的交流供电都由大容量高压供电系统组成，一般引入一路 10kV 或 35kV，甚至是 110 kV 的高压市电。对于负荷较大（容量在 800kV・A 以上）、地位重要的通信局（站），必要时接引两路高压市电，一般从不同电源引进两路高压市电。变电所设置一般为室内（含进楼）安装。高压设备一般为成套设备，这样的高压供电系统一般由成套高压柜（含进线、计量、测量、出线及联络柜）和电力变压器组成。成套高压设备的断路器操

QS_5 及 QF_1 闭合，而 QF_2 分断时，全部负荷由第一路进线供电。该路市电称为主用市电，而另一路进线平时只是处于备用状态。当主用的市电进线停电时，立即断开 QF_1 并合上 QF_2，此时通信局（站）全部负荷转由第二路进线供电。

这种运行方式有两大特点：一是两路市电各自先后独立供电，即使它们电压相位不等也不会互相影响；二是在操作切换过程中会出现短时间停电。此外，操作切换时还须注意操作顺序：应先断开 QF_1 再合上 QF_2，否则 QF_1 及 QF_2 将有很短的时间处于同时合闸的状态，并通过联络开关 QS_5 使两路进线并联起来，会在进线回路间形成较大环流。

b. 互为备用。即两路电源互为主、备用方式。当主用电源停电后，备用电源采用自动或手动合闸方式投入运行；主用电源恢复正常供电时，系统供电方式不转换，此时主用线路充当备用电源功能。主备用的系统运行方式有两大特点：一是两路市电各自先后独立供电，即使它们电压、相位不同也不会互相影响；二是在操作切换过程中会出现短时间的停电现象。

② 两路进线同时使用，各带部分负荷的工作方式。高压母线联络开关 QS_5 及低压母线联络开关 7QA 处于断开状态，高压油断路器 QF_1 及 QF_2 均合闸引入两路市电同时供电，第一路进线向台站内通信负荷及通信保证负荷供电，第二路进线向台站内生活用电负荷供电。这种供电方式的优点是两路进线都担负局（站）的一定比例负荷，平时都在使用，互为热备用，因故需要切换供电回路时转移的负荷较小，系统负荷变化比较平稳。

③ 在低压母线上并联的工作方式。两路进线同时使用，高压母线的联络开关 QS_5 断开，而低压母线的联络开关 7QA、$7QK_1$ 和 $7QK_2$ 闭合，使两路进线在低压母线上并联在一起工作。

当某一路进线（如第一路）停电时，系统立即断开该路的油断路器 QF_1（当然这里需要有专门的保护电路），于是局（站）的全部用电由第二路进线保证，这一切换过程中没有瞬间停电的现象，供电可靠性较高。

必须注意，在低压侧并联的供电方式中，当两路进线的相位和电压数值不同时，变压器中将流过附加的均衡电流。例如当第一路进线电压较第二路高时，均衡电流的路由：自第一路进线流经变压器 T_1、T_2，经联络开关 7QA，再经变压器 T_3、T_4，流至第二路进线。这种均衡电流加大了变压器的绕组电流，使变压器的损耗有所增大，从而削弱了其承载负荷的能力。因此必须限制这种接线运行方式，限制两路电压间的矢量差。只有两路电压相差不大，均衡电流也在系统允许范围内时，才允许使用这种接线运行方式。

④ 在高压母线上并联的工作方式。两路进线同时使用，并合上高压母线上的联络开关 QS_5，这时两路高压进线直接并联工作，把两路进线变成闭合电力网的组成部分，提高了通信电力网的可靠性。

但必须意识到通信局（站）的容量相对于供电电网而言是很小的。当两路进线电压和相位差别比较大时，产生的均衡电流可能早已超出保护设备动作的数值，从而使油断路器 QF_1 及 QF_2 跳闸断开，因此采用这种工作方式的高压系统对其保护电路有特殊的要求，在实际工作中较少运用这种工作方式。

2.2 低压交流供电系统

低压交流供电系统是由低压市电交流供电系统、备用（柴油或汽油）发电机组交流供电系统、电力机房的交流供电系统以及变配电设备的工作及保护接地系统等组成，其中市电作为主用交流电源，发电机组作为通信供电的备用电源。

根据通信局（站）的容量大小、重要程度及所建局（站）地理位置的不同，通信局（站）的市电供电类别及市电的引入电压等级（高压或低压）也有所不同。

通信局（站）所需的交流电源宜利用市电作为主用电源，且一般要求引入二类以上市电。低压交流供电系统电源大多采用中性点直接接地，系统中电力设备及接地均采用 TN-S 三相五线制的配线形式。

2.2.1 低压交流供电系统的类型

通信局（站）通信设备对供电的基本要求是可靠、优质和不间断。通信供电的交流供电种类一般包括如下几种：交流市电供电（主用电源，必备）；备用油机发电机组供电（必备）；不间断电源（UPS）设备供电；风能、太阳能等自然能发电。

其中，交流市电及备用油机发电机组作为所有通信局（站）交流用电负荷的必备电源。只有极特殊的通信局（站），由于市电引入困难，且用电负荷小，适用于风能、太阳能或其他自然能发电的地区则可考虑用风能或太阳能发电作为主用交流电源。

交流不间断电源（UPS）设备主要用于对通信系统的计算机网络管理、集中监控系统等重要交流通信负荷供电。

在形式上，低压交流供电系统有如下两种类型：

(1) 简易交流供电系统

简易交流供电系统由一台交流配电屏（箱）组成，或由交流配电箱和组合开关电源的交流配电单元组成。一台交流配电屏（箱）作为变压器的受电及配电，该种类型的供电系统适用于小型站，如微波站、光缆郊外站、干线有人站及移动通信基站等。交流配电屏（箱）电源的输入端通常是有二路电源引入（市电、油机电源）。

(2) 装有成套低压配电设备的交流供电系统

对于规模较大、地位重要的通信局（站）一般安装有由成套低压配电设备组成的交流供电系统。成套低压配电设备的数量根据通信局（站）的建设规模、所配置的变压器数量、用电设备的供电要求以及预期的负荷发展规模等因素而确定。

2.2.2 低压交流供电系统的切换

低压交流供电系统的自动切换应包括三种类型：两路市电电源在低压供电系统上的切换、市电与备用发电机组供电系统的切换及通信楼电力机房交流引入电源的切换。

(1) 两路市电电源在低压供电系统上的切换

两路市电电源在低压供电系统上的切换是根据通信局（站）的建设规模大小而采用不同的切换方式。但无论采用何种切换方式，两路电源切换的开关之间应具有机械和电气的联锁功能，以确保设备、供电及人身的安全。

两路市电电源在低压供电系统上的切换是针对通信局（站）有一路或两路市电引入，配置两台或两台以上变压器而言。

对于用电负荷较大的通信局（站），一般配置两台以上变压器。每两台变压器的低压配电系统间设有母线联络断路器。在低压交流供电系统中两路市电电源的切换通常有如下两种类型：

① 两路市电在高压侧采用分段运行方式时（在高压供电线路及变电站容量受限的情况下），高压系统不允许设母联开关。在低压侧两路市电配电母线间设有母联开关，当其中一路市电电源检修或故障停电时，则两路市电在低压侧通过低压母联开关进行联络以确保通信负荷的用电（此时的保证供电负荷应不允许超过每路市电电源的供电容量）。

② 变压器故障时的低压系统供电电源的切换：配置多台变压器的低压供电系统，每两台变压器的低压配电系统间设有母线联络断路器，当其中任一台变压器发生故障时，通过母联开关来保证故障变压器所带保证负载的供电。

(2) 市电与备用发电机组供电系统的切换

① 规模较小的通信局（站）：市电与备用发电机组电源的切换，一般在油机室或电力机房的交流配电屏上进行切换。如微波站、干线有人站、移动基站等，因两路交流电（通常是一路市电和一路油机电）均引至一台交流配电屏（或交流配电箱）内，其交流电源的切换采用手动或自动方式。早期产品大多采用手动切换方式，仅在无人值守站采用自动切换方式。目前由于通信局（站）电源正在逐步实施计算机集中监控管理，电力机房正逐步向无人或少人值守方向发展。为此，两路电源的切换设备应尽量实现自动切换并兼有手动切换功能。

② 大中型的通信局（站）：市电与备用发电机组电源的切换，一般在低压配电室或电力机房的总交流配电屏上进行切换。

在通信枢纽楼的实际工程设计中，无论是建筑负载还是通信负载的保证供电电源，其市电供电电源与备用电源的切换均在低压配电室相关配电屏上进行人工或自动切换。采用该种切换方式后，通信楼各相关楼层的电力室的交流供电电源尚有如下两种配电方式：

① 从低压配电房的两段不同母线上各引一路电源至各电力室交流配电屏的两路引入电源的进线端。正常供电的电源切换在低压配电室进行，交流配电屏两路电源的其中一路作为低压配电室某配电设备检修时的应急备用电源，这种配线方式可确保通信供电的可靠性。

② 通信负载的保证供电电源，其市电供电电源与备用电源在各相关楼层的电力室交流配电屏上进行人工或自动切换；而建筑负载的保证供电电源，其市电供电电源与备用电源在低压配电室或油机配电屏上进行人工或自动切换。目前，大面积的高层通信枢纽楼电源工程的设计中均设多层电力机房及采用分散供电方式，同时建筑需油机保证供电的设备负荷较大，这样势必使油机供电电源的馈电分路增加许多，需增加多台油机配电电源的配电设备，同时也要相应地增加电力机房的面积。为此通信用电的市电供电电源与备用电源在各相关楼层的电力室交流配电屏上进行人工或自动切换对于大面积的高层通信枢纽楼不太合适。从供电的可靠性、经济性、高层大面积通信枢纽楼供电的适用性及便于维护方面考虑，通信枢纽楼市电供电电源与备用电源的切换应在低压配电室进行。

(3) 电力室交流供电系统供电电源的切换

电力室交流供电系统是由总交流配电设备和各套直流设备、UPS 供电系统的交流配电设备组成。

为保证电力机房交流供电的可靠性，尽量减少低配馈电分路，有利于楼内电源通道的规划，及时掌握电力机房的通信交流用电情况，建议电力机房配置总交流配电设备，该设备应有两路电源供电，可互为备用。

这种配电方式对于高层大面积通信枢纽楼的多层及分散小容量供电的电力机房比较适宜。采用这种配线方式后，分散电力机房交流配电屏的供电电源从相邻的电力室的总交流配电屏上引入。

2.2.3 低压交流配电设备

低压交流配电设备是连接降压变压器和交流负载之间的装置，它实现市电与自备发电机组之间电源的转换并具有负载分配、保护、测量、告警等功能。

(1) 对低压交流配电设备的通用要求

低压交流配电设备容量的确定应根据实际通信设备工作的负荷量，并加上通信保证负荷之和，再考虑足够的发展和安全裕量（一般为 30%）来配置。如有较大预期发展计划时应按通信局（站）终期负荷配置。

低压交流配电设备的电流额定值：50A、100A、200A、400A、630A、800A、1000A。

低压交流配电设备输出分路的数量和容量配置应满足通信设备及通信保证用负荷的总需求。输出分路同时使用的负载之和不宜大于配电设备总容量的 70%。

(2) 对低压交流配电设备的技术要求

① 可用人工、自动或遥控操作实现输入交流电源的转换，转换时应具有电气或机械联锁装置，还应有短路保护功能；

② 具有防雷保护、安全接地功能；

③ 具备停电、输入缺相、频率超标、相序错误、输入过（欠）电压、分路开断等告警功能，停电以及来电时应具有可闻可见的告警信号；

④ 应具有保证照明和事故照明；

⑤ 应具有中性线装置；

⑥ 分路输出应设有保护装置，如熔断器、断路器等；

⑦ 应具有功率因数自动补偿电路，$\cos\varphi \geqslant 0.9$；

⑧ 平均无故障时间（MTBF）大于或等于 44000h；

⑨ 配电设备的外形结构应考虑通信电源设备的成套性的要求；

⑩ 可提供本地和远程监控功能通信接口。

(3) 低压交流配电设备的选用

成套的低压交流配电设备分为受电屏、馈电（动力、照明等）屏、联络屏和自动切换屏等。选用设备时应综合考虑馈电分路、分路容量要求和系统操作的运行方式等因素。

低压配电设备有固定式和抽屉式两种结构形式，两种结构各有利弊，应根据使用维护的要求而选择。

一般来讲，抽屉式低压配电设备维护方便，便于更换开关，且同容量的开关在不同的屏内可相互替换。但抽屉式低压配电屏由于采用封闭式结构，屏内散热效果比固定式的配电屏差，故开关实际容量降低。因此抽屉式低压配电屏在选择开关时应考虑环境温度的影响，主开关需按额定容量的 0.8 倍设计。

自备机组所配置的发电机组控制屏、油机电源转换屏一般是随主机成套供应。自行选配时，其容量需根据机组的功率大小及远期所需要的功率扩容一并综合考虑。

(4) 典型产品技术参数

在通信局（站）电源系统中，常用的低压交流成套配电设备有市电油机切换屏、交流配电屏、无功功率自动补偿屏、交流配电箱等，下面列出的是两款典型产品的主要技术参数。

① 市电/油机手动切换屏。

主要技术参数：

• 市电输入：三相五线制 AC 380V、50Hz。
• 可供三路交流输入电源切换：一路市电二路油机或二路市电一路油机电。
• 具有来电通知、停电告警功能及自动接通事故照明电路功能。
• 有市电/油机电工作指示、三相电流电压指示。
• 屏内操作系统和信号装置备有远控用的复接端子。
• 备有输出分路开关：三相 150A 一路、100A 一路、50A 一路、25A 两路；单相 32A 两路、25A 两路、16A 两路。
• 单相三芯通用保险插座 1 只，输出分路可以根据用户需求配置。

• 外形尺寸：200A 以下，宽×深×高尺寸为 650mm×600mm×2000mm；400～1000A，宽×深×高尺寸为 700mm×600mm×2000mm。

② TJP 系列交流配电屏。TJP 系列交流配电屏为全封闭式结构，前门为落地式钢化玻璃装饰的全开门，后门单开或双开，左右侧板可卸。在前门钢化玻璃后面 150mm 左右的地方，由一系列白色小门组成屏风将所有元器件及布线均隔离在屏风后方，达到前操作后接线的最佳效果，使用方便、安全，外形美观、大方。

功能技术指标如下：

• 输入：三相五线制 380V 、50Hz。

• 显示：装有电压表经电压转换开关分别显示三相线电压值（如有特殊要求，也可分别显示三相相电压值）；装有三只电流表，分别显示三相电流值；装有显示工作的指示灯。

• 在用户有要求时，可安装三相有功电能表。

• 在用户有要求时，可增设告警功能（包括来电通知、停电告警、缺相告警、电压高限告警、电压低限告警等功能）。

• TJP 系列分为如下几种主要品种：TJP8C 型交流配电屏为简易型交流配电屏，具有电压、电流、指示灯显示、总闸及分路；TJP8A 型交流配电屏在 TJP8C 型基础上增加告警功能；TJP9 型 ATS 转换屏具有两路电源自动转换及手动转换功能；TJP10 型市电转换屏为与交流稳压器及油机自动转换屏配套使用的专用设备，可以在交流稳压器或油机自动转换屏发生故障时将其与电网完全脱开进行维修而不影响正常供电；TJP7 型市电油机电手动转换屏为一路市电两路油机电手动转换的交流配电装置；TJP18 型 UPS 负载分配屏为与 TJP17 型 UPS/市电切换屏配套使用的纯负载分配装置。

• TJP 系列配电屏标准外形尺寸（宽×深×高）有下列几种：600mm×600mm×2000（或 2200）mm；700mm×600mm×2000（或 2200）mm；800mm×700mm×2000（或 2200）mm。

2.3 交流供电系统的质量及其改善

衡量电能质量的主要指标是电网频率和电压质量。频率质量指标为频率允许偏差；电压质量指标包括允许电压偏差、允许波形畸变率（谐波）、三相电压允许不平衡度以及允许电压波动和闪变等。

2.3.1 交流供电系统的质量

通信交流供电的标称电压为：220/380V；标称频率为：50Hz。

(1) 交流电源直接供电的通信设备和电源设备供电电压要求

① 通信设备由交流电源供电时，在通信设备的输入电源端子处测量的电压，允许变动范围为额定电压值的－10%～5%；

② 通信电源设备由交流电源供电时，在设备的输入电源端子处测量的电压允许变动范围为额定电压值的－15%～10%；

③ 当市电电压不能满足上述规定电压或通信设备对电压有更高要求时，应采用调压或稳压设备以满足设备达到电压允许范围的要求；

④ 交流电源的供电频率允许变化范围为额定值的±4%；电压波形畸变率应≤5%。

(2) 通信局（站）建筑用电设备端子处电压允许偏差值

一般电机：额定电压的±5%。

电梯电动机：额定电压的±7%。

照明：一般工作场合为±5%；视觉要求较高的屋内为额定电压的-2.5%~5%；其他难以满足的场合为-10%~5%。

其他用电设备：当无特殊要求时为±5%。

(3) 计算机供电电源的电能指标

通信局（站）计算机供电电源的电能指标应满足国家标准 GB/T 2887—2011《计算机场地通用规范》的相关要求，其主要电气性能指标应满足表 2-3。

表 2-3 计算机供电电源的电气性能指标

电气性能指标	级别		
	一类	二类	三类
稳态电压偏移范围/%	-3~3	-5~5	-10~10
稳态频率偏移范围/Hz	-0.5~0.5	-0.5~0.5	-1~1
电压波形畸变率/%	3	5	10
允许断电持续时间/ms	<4	<20	不要求

2.3.2 交流供电系统质量的改善

为了满足系统交流供电质量指标的要求，应对供电系统的运行方式做适当调整。

(1) 尽量减少电压偏差

根据通信局（站）引入市电供电线路电压的波动范围，合理选择变压器的变压比和电压分接开关。

通过对通信局（站）引入市电供电电压波动范围的调查可知，由一类、二类市电供电的通信局（站），其市电供电电压及频率的变化大多在允许的范围内，选用常规的无载调压变压器即可满足通信供电的质量要求。

对于比较偏远的通信局（站），由于市电供电的电压波动较大，需采取必要的调压措施。如配置有载调压变压器、三相电力稳压器或调压器等。

在实际工程中，通常采取的措施是配置三相电力稳压器，因该类设备占地面积小，便于维护，故障率低；输入电压范围宽，一般可达±30%；输出电压稳压精度高，可以实现无级调压。选用调压设备时应注意如下问题：

① 无载调压

a. 对于油浸式变压器，应选用三级无载分接调压开关。这类调压开关有三个可调位置：0、+5%、-5%。变压器在出厂时，调压开关设置在 0 位，用户需根据市电电压的高低进行相应的设置。

b. 对于干式变压器，应选用五级无载分接的调压开关。这类调压开关有 5 个可调的位置：10kV±2×2.5%，另加零位。变压器在出厂时，调压开关设置在 0 位，用户需根据市电电压的高低进行相应的设置。

对于配置多台变压器的通信局（站），各台变压器的无载分接调压开关应调在同一级上，以防并联运行的变压器由于其线电压、变压比不同，产生很大的环流而烧损变压器。

② 有载调压。有载调压变压器有油浸和干式两种，两种有载调压变压器的选用应根据变压器所安装的场所确定，选型时应考虑以下问题：

有载调压变压器的分接调压开关有 9 个可调位置，即 10kV±4×2.5%，另加零位。

某些通信局（站）站址偏远，受地方供电部门建设专线供电容量限制，站用市电电源只能从公用的架空线路上 T 接引入，低谷供电期电压性能指标严重超标，供电质量差。即使采用有载调压变压器，也很难满足通信设备的供电要求。为此电压过高的通信局（站）可将有载调压开关的调压范围改为 10kV（－2×2.5%～＋6×2.5%），或将变压器的调压范围由 10kV±4×2.5%改为 9.5kV±4×2.5%。即将有载开关的 0 位设定在 9.5kV，以达到降低电压的目的。

虽然供电系统加装调压设备后使系统损耗增加，效率变低，但对某些市电供电质量很差的通信局（站），采用二级调压，减少电压偏差，还是提高交流供电质量的有效途径。

(2) 尽量使三相负荷平衡

低压三相交流配电线路中单相负荷较多时，如果三相负荷分配不平衡，系统电能损耗会变大，变压器的容量将得不到充分利用。为降低电能损耗，提高供电质量，除低压供电系统采用三相五线制配电外，还应对站内的单相负荷进行合理的分配，尽量做到三相均衡。

(3) 合理补偿系统无功功率

提高系统功率因数，可以减小线路导线截面和电源容量，减少线路中的电压损耗及电压波动，从而提高供电质量。

《全国供用电规则》中明确要求无功电力应就地平衡。高压供电装有带负荷调整电压装置的电力用户，功率因数应达到 0.9 以上。电力用户应在提高用电自然功率因数的基础上，设计和装置无功补偿设备，并做到随其负荷和电压的变动，及时投入或切除，防止无功电力倒送。

① 无功补偿措施。无功补偿的措施主要有两类：一类是通过降低各用电设备所需的无功功率，以提高自然功率因数。在选用电源设备时，应选用效率及功率因数较高的产品。另一类是采取无功功率补偿的方式提高功率因数。无功功率补偿通常采用静电电容器作为补偿装置，一般分为个别补偿、分组补偿和集中补偿三种方式。

个别补偿通常用于低压回路，电容器直接并接在用电设备近端。其优点在于设备的无功功率得到充分的补偿，同时减少了配电线路及变压器的无功负荷，相应提高了线路及变压器有功功率的利用。无功功率的个别补偿效果最为理想。个别补偿的不足之处在于投资大、利用率低，个别场所环境比较恶劣，为此个别补偿只适用于运行时间较长、容量较大、负荷平稳、供电线路远的设备。

分组补偿的电容器并接在各用电机房低压配电屏的配电母线上，采用这种补偿方式，其静电电容器的利用率较高，但只能减少供电线路及变压器中的无功负荷，而配电线路中的无功负荷没有得到补偿。

集中补偿是将静电电容器并接在通信局（站）变压器的低压侧。由于这种补偿能使通信局（站）主变压器的视在功率减小，从而使主变压器的容量可选得较小，因此也具有相当好的经济性，而且这种补偿的低压电容器柜就安装在低压配电室内，运行维护方便，因此这种补偿方式在通信局（站）供电系统中应用普遍。

在变压器高压侧进行的集中无功补偿方式，在通信局（站）通供电系统中应用极少。原因是高压集中补偿占用机房面积大，需串接电抗器减少合闸冲击浪涌电流，维护不便。同时高压电容对过电压很敏感，油浸式电力电容器很容易引起爆炸。

② 无功补偿的安装容量。无功补偿电容器的安装容量 ΔQ（kvar）可按下式计算：

$$\Delta Q=P\left(\sqrt{\frac{1}{\cos^2\varphi_1}-1}-\sqrt{\frac{1}{\cos^2\varphi_2}-1}\right)$$

式中　P——负荷容量；

$\cos\varphi_1$，$\cos\varphi_2$——补偿前和补偿后的功率因数值。

选用无功功率补偿装置时，应先按上式求出所需的补偿电容器组的容量，选取容量与计算值相近的产品。

③ 成套无功补偿装置。无功功率补偿装置是能根据系统负荷的功率因数值，以 10～60s 的时间间隔自动地投切电容器组，使系统的无功功率消耗维持在最低值的一种电工装置。采用无功功率补偿装置一般可以使电网的功率因数长期保持在 0.95 以上，从而降低变压器乃至整个供电系统的功率损耗，最终实现节约能源、降低成本和提高电网供电质量的目的。

目前成套无功补偿装置的代表性产品主要是 PGJ1 型无功功率自动补偿屏。它主要由控制器、电容器组及其投切装置等组成。控制器中的相位检测单元测量主电路的电压与电流之间的相位差，后者与设定的功率因数值进行比较。通过比较取出的信号经放大后，输送到延时电路，然后再由执行单元输出“投”“切”指令，使主电路（如图 2-9 所示）中的投切装置（一般为接触器）相应地动作，投入或切除部分电容器组。

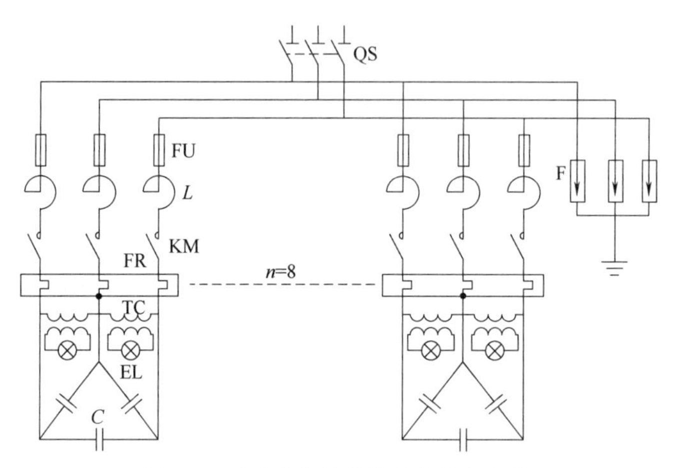

图 2-9　无功功率补偿装置中的主电路

针对电容器组投入时将出现较大的涌流，在主电路中设有电抗器（使用专用 CJ16 系列交流接触器时，可不设电抗器）。线路中的灯泡是供电容器放电用的。整个装置还设有过电压保护和过载（包括短路）保护，而接触器又可提供失压保护功能。

根据需要，装置可采用手动或自动两种控制方式。电容器组的投切是采取循环方式，以保证各接触器、电容器操作次数均衡，从而延长其使用期限。

PGJ 系列无功功率自动补偿屏有主屏和辅屏两种形式，主屏含有控制器，一台主屏可与 1～3 台辅屏组合，其总容量范围为 84～480kvar。投切方式有 6 步及 8 步两种，每步投入的千乏数由 14kvar 直至 84kvar 不等。产品的额定电压为 400V（50Hz），当电网电压超过 1.1 倍额定电压时，由氧化锌避雷器吸收过电压，同时将电容器切除。当电容器电路电流超过额定电流的 130%时，装置能可靠地切除电容器，而在采用电抗器时，能将涌流限制在 50 倍额定电流以下。电容器放电装置在放电 60s 后，其剩余电压小于 50V。

自动补偿屏的屏体有 1000mm×2200mm×600mm 和 800mm×2200mm×600mm 两种规格，在顶部装设母线。屏面上部为仪表部分（装有电表、转换开关和控制器等），中间为操作部分（装刀开关操作手柄），下部前面是保护电器和控制电器，后面为电容器组。

(4) 抑制谐波的产生

为保证供电质量，防止谐波对电网及各种电力设备的危害，除对发、供、用电系统加强管理外，还须采取必要措施抑制谐波。这应该从两方面来考虑，一是产生谐波的非线性负荷，二是受危害的电力设备和装置。这些应该相互配合，统一协调，作为一个整体来研究，减小谐波的主要措施如表 2-4 所示。实际措施的选择要根据谐波达标的水平、效果、经济性和技术成熟度等综合比较后确定。

表 2-4 减小谐波的主要措施

序号	名称	内容	评价
1	增加换流装置的脉动数	改造换流装置或利用相互间有一定移相角的换流变压器	①可有效地减少谐波含量 ②换流装置容量应相等 ③使装置复杂化
2	加装交流滤波装置	在谐波源附近安装若干单调谐或高通滤波支路，以吸收谐波电流	①可有效地减少谐波含量 ②应同时考虑无功补偿和电压调整效应 ③运行维护简单，但需专门设计
3	改变谐波源的配置或工作方式	具有谐波互补性的设备应集中布置，否则应分散或交错使用，适当限制谐波量大的工作方式	①可以减小谐波的影响 ②对装置的配置或工作方式有一定的要求
4	加装串联电抗器	在用户进线处加装串联电抗器，以增大与系统的电气距离，减小谐波对地区电网的影响	①可减小与系统的谐波相互影响 ②同时考虑功率因数补偿和电压调整效应 ③装置运行维护简单，但需专门设计
5	改善三相不平衡度	从电源电压、线路阻抗、负荷特性等方面找出三相不平衡的原因，加以消除	①可有效地减少 3 次谐波的产生 ②有利于设备的正常用电，减小损耗 ③有时需要用平衡装置
6	加装静止无功补偿装置（或称动态无功补偿装置）	采用 TCR、TCT 或 SR 型静补装置时，其容性部分设计成滤波器	①可有效地减少波动谐波源的谐波含量 ②有抑制电压波动、闪变、三相不对称和无功补偿的功能 ③一次性投资较大，需专门设计
7	增加系统承受谐波能力	将谐波源改由较大容量的供电点或由高一级电压的电网供电	①可以减小谐波源的影响 ②在规划和设计阶段考虑
8	避免电力电容器组对谐波的放大	改变电容器组串联电抗器的参数，或将电容器组的某些支路改为滤波器，或限制电容器组的投入容量	①可有效地减小电容器组对谐波的放大并保证电容器组安全运行 ②需专门设计
9	提高设备或装置抗谐波干扰能力，改善抗谐波保护的性能	改进设备或装置性能，对谐波敏感设备或装置采用灵敏的保护装置	①适用于对谐波（特别是暂态过程中的谐波）较敏感的设备或装置 ②需专门研究
10	采用有源滤波器、无源滤波器等新型抑制谐波的措施	逐步推广应用	目前还仅用于较小容量谐波源的补偿，造价较高

习题与思考题

1. 试从电力系统的角度描述通信用电能产生、传输、变换、分配和使用的全过程。

2. 为什么通信供电的高压进线配电电压一般采用 10kV？

3. 小电流接地电力系统和大电流接地电力系统各指电源中性点为哪些运行方式的电力系统？小电流接地电力系统在发生一相接地时，各相对地电压如何变化？这时为何可以允许暂时继续运行，但又不允许长期运行？

4. 低压配电系统中的中性线（N）和公共保护线（PE）各有什么功能？并分别解释 TN-C 系统、TN-S 系统和 TN-C-S 系统。

5. 某 10kV 电网，架空线路总长度 70km，电缆线路总长度 15km，试估算此中性点不接地的电力系统发生单相接地时的接地电容电流，并判断此系统的中性点需不需要改为经消弧线圈接地的运行方式。

6. 简述各种低压交流供电系统的切换过程。

7. 对交流低压配电设备的技术要求有何规定？

8. 通信用交流供电系统的基本构成是什么？通信用交流电能质量指标有何具体规定？提高电能质量指标的常用措施有哪些？

第3章

直流供电系统

在通信局（站）中，一般把交流市电或发电机组产生的电能作为输入能源，经整流后向各种通信设备以及二次变换电源设备或装置提供直流电能的电源称为直流电源。直流电能也可由太阳能电池、化学电池（电源）和热电装置等设备产生。

3.1 直流供电基础

通信局（站）直流供电系统主要由整流设备、直流配电柜（屏）和蓄电池组等按要求组合而成，为通信设备提供直流电能。目前，直流供电系统输出电压主要为－48V，只有一些长途光缆中继站和少数进口设备还采用－24V 供电，240V 和 380V 高压直流供电系统正在中国电信、中国移动、中国联通等部分通信局（站）试运行。

3.1.1 电压等级

直流电源的电压等级很多，如有 3V、5V、12V、……、440V。一般 3V、5V 和 12V 电压用于集成电路的供电；24V、48V、60V、240V 和 380V 等用于通信设备供电；110V 和 220V 用于变电室高压开关合闸电源；270V 和 440V 用于为 UPS 逆变器供电。

按照传统的使用方式，通信设备的供电电压大都采用 48V、24V 和 60V 三种。通常将直接向通信设备供电，同时又可对直流换流设备供电的直流电源称为直流基础电源。－48V、－24V 和－60V 是三种常用的直流基础电源电压等级。其中－24V 和－60V 制式已趋于淘汰。

YD/T 1051—2018《通信局（站）电源系统总技术要求》规定，通信局（站）用直流基础电源的首选电源电压为－48V，如有其他直流电压要求的，应设置直流-直流变换器。过渡期暂时保留的电源电压为－24V，该电压等级的电源一般不再扩容，直至这些设备停止使用。对于新建的通信局（站），原则上只提供－48V 的直流基础电源，进入通信网的交换设备必须采用－48V 的电源电压。对于传输设备，若没有特殊情况，也应采用－48V 的电源。这种“－”号的基础电压，是指电源正馈线接地，作为 0V 参考电位，负馈线接熔断器后，与机架电源或负载连接。为了提高供电系统的可靠性，240V 高压直流供电系统正在逐步推广应用。

3.1.2 系统组成

组成直流基础电源的设备主要包括整流器、蓄电池组、直流配电柜等。

除直流基础电源外，通信电源还有一次变换电源、直流逆变电源等形式。一次变换电源其实就是直流-直流变换器，它把直流基础电源的电压变换为交换机或其他通信设备适用的电压等级（如±24V、±12V、±5V、±3V 等）；直流逆变电源即直流-交流逆变器则给需要提供交流电源的通信设备提供多种电压等级的交流电源。

典型的直流供电系统框图如图 3-1 所示。

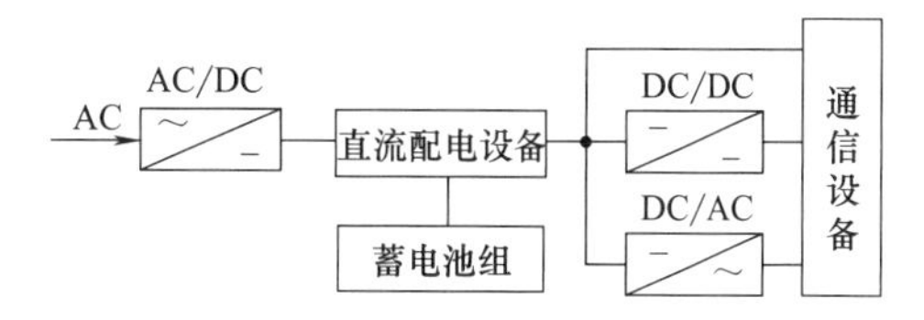

图 3-1　通信用直流供电系统框图

3.1.3 供电方式

不同的通信局（站）情况不同，条件各异，其直流供电系统的组成也不尽相同。但要保证通信不中断，必须确保连续优质的电能供给，蓄电池组因其特有的保障作用几乎成为直流供电系统必不可少的组成部分。直流供电系统的供电方式主要有以下几种：

(1) 整流器独立供电

整流器独立供电方式也称没有蓄电池的直流供电方式。通信系统经过整流器从市电电网直接获得直流电能，如图 3-2 所示。当市电或整流器出现故障时，直流供电将中断。这种直流供电方式适用于通信允许中断的小容量通信系统。

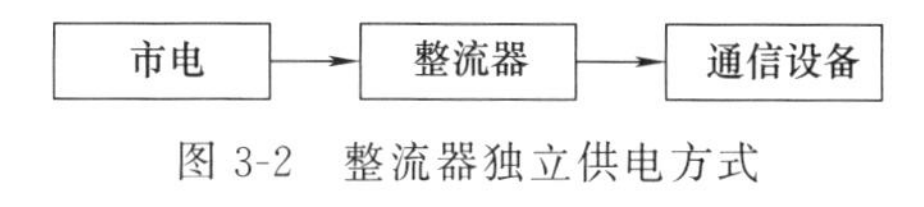

图 3-2　整流器独立供电方式

(2) 整流器-蓄电池供电

整流器-蓄电池供电方式是在整流器独立供电方式的基础上，增加备用蓄电池组的供电系统，这是当前通信局（站）供电的主要方式。根据蓄电池的使用方法不同，此种供电方式又可分为充放电、半浮充及全浮充三种运行方式。

① 充放电方式。充放电方式是在整流器独立供电方式的基础上，增加两组蓄电池交替进行充放电的供电方式。早期通信电源设备落后、浮充供电技术未得到推广时，曾广泛使用充放电方式。这种供电方式的电源稳定性好，但效率低，需要设置两组大容量的蓄电池，充电用整流器容量也要加大，充放电维护工作繁重。随着通信电源设备技术性能的提升和市电供电可靠性的不断提高，这种供电方式现在已基本淘汰。

② 半浮充方式。半浮充充电方式是在充放电方式的基础上，采用能浮充和充电的整流器，由一组或两组蓄电池与整流器并联对通信设备供电，部分时间由蓄电池单独放电供电。例如白天采用浮充供电，夜间采用蓄电池放电供电，由蓄电池放电或自放电引起的容量损失在浮充供电时得以补充。这种供电方式可以减轻维护人员的夜间工作量，特别适用于白天负荷重、夜间负荷轻和负荷变动比较大的通信局（站）。这种供电方式同充放电方式相比，其优点是蓄电池的容量小，还能减少蓄电池反复充放电循环和功率损耗，延长蓄电池寿命；但蓄电池仍然要进行充放电，使用寿命较短。目前仅在太阳能供电系统中继续使用。

③ 全浮充方式。全浮充方式也称蓄电池连续浮充供电方式或并联方式，由蓄电池与整流器并联对通信设备昼夜连续供电，在市电停电或必要时，由蓄电池放电供电。蓄电池放出的电量或自放电的容量损失，在浮充时补充。蓄电池平时保持在完全充满电状态，它从以前直接供给通信设备电能，变为备用能源。这种供电方式的直流供电系统组成如图 3-3 所示。

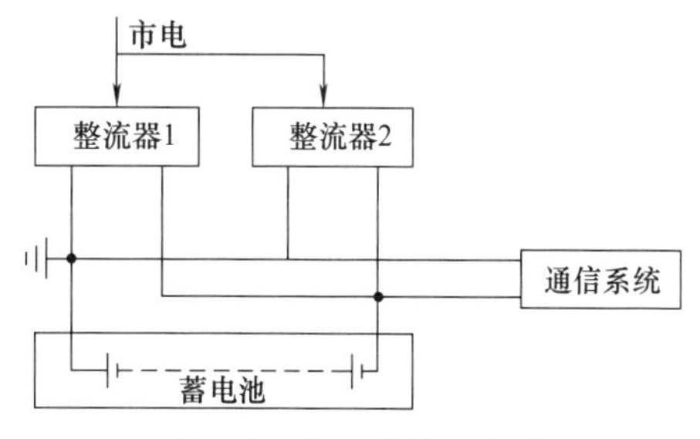

图 3-3　全浮充供电方式

全浮充方式下的蓄电池比在充放电或半浮充方式下工作的蓄电池的充放电循环次数大为减少，因而电能利用率高。同时蓄电池使用寿命长，维护工作量也小，而且蓄电池经常处在满容量状态，能更可靠地起到备用电源的作用。蓄电池投入系统运行，不需附加任何转换设备，因而能连续地对通信系统供电。此外，与负荷并联的蓄电池组对负载中的浪涌现象还有一定的吸收作用，可以有效提高通信供电的质量。

蓄电池浮充电压值是否合适，直接影响到蓄电池的寿命，特别是 VRLA 蓄电池。所以配套的整流设备应具有高精度的自动调压功能，现代高频开关电源能满足这一要求。

全浮充方式直流供电系统典型的工作流程如下：

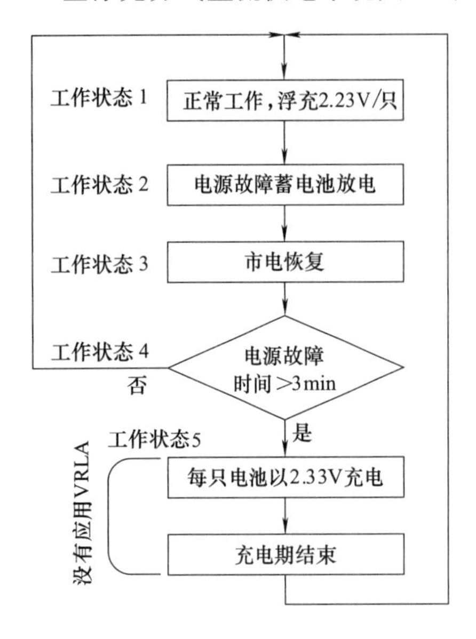

图 3-4 全浮充供电方式流程图

在正常工作期间（如图 3-4 所示，工作状态 1)，由市电、整流器给通信系统供电。每个蓄电池以 2.23V（常温、常压条件下）电压浮充充电，通信系统和蓄电池并联连接。

市电停电或整流器故障时（如图 3-4 所示，工作状态 2)，蓄电池放电，通信系统的电压依赖于蓄电池电压的变化。较短时间后，每个电池电压将下降到 2V。如继续放电，每个电池电压将下降到 2V 以下。

市电恢复后（如图 3-4 所示，工作状态 3)，检查电源脱开的时间。如果故障时间比规定的时间短（如＜3min)，则整流器转换到正常工作（工作状态 1)；如果故障时间比规定的时间长（如＞3min)，则传统防酸式铅蓄电池供电系统中整流器转换到较正常电压稍高的状态工作（如图 3-4 所示，工作状态 5，以 2.33V/只充电)。

要求的充电电压按下式计算：

$$2.33\text{V}\times\text{电池数}$$

在充电完成之后（根据系统要求可校准到 24h)，整流器转换到正常工作（即工作状态 1)。另外，有的浮充系统充电方式中 2.33V/只的充电工作期是由市电故障决定的，并且可以在如表 3-1 所示时间内任意设定。

表 3-1 系统对蓄电池的充电期（2.33V/只）

市电故障时间/min	＞2	＞4	＞6	＞10	＞14	＞18	＞24
充电期(2.33V/只)/h	2	4	6	10	14	18	24

如果采用 VRLA 蓄电池，则不是转换到 2.33V/只充电，而应按各个品牌说明书规定的浮充电压执行，一般应在 2.20～2.50V/只范围内。

④ VRLA 蓄电池充电方式

a. 在线充电方式。由于整流器具有限流恒压功能，蓄电池对通信负载放电后，进行正常充电可采用在线充电方式，即整流器在向负载供电的同时又对蓄电池进行充电。其充电方法有三种：

浮充充电：当整流器恢复工作后，以限流恒压方式对电池充电，即充电前期整流器以恒流方式输出，充电电流被限制在 $0.15C_{10}$(A) 左右。当整流器输出电压上升至浮充电压设定值后，继续浮充，使蓄电池内电流降至浮充电流值为充足。

限流恒压充电：将限流点适当提高为 $0.15C_{10}$(A) 至 $0.25C_{10}$(A)，恒压值也适当提高为 2.30V/只至 2.35V/只（25℃)，充电结束后，整流器自动将输出电压降为浮充电压，并继续保持全浮充。

递增电压充电：充电方法与限流恒压充电方法基本一致，只是在充电快结束时，将电压递增，目的是使电池在充电末期获得足够的充电电流。前期恒压值 U_1 取 2.25V/只（25℃）左右，后期恒压值 U_2 取 2.35V/只（25℃）左右。

b. 离线充电方式。为了达到快速充电的目的，可将 VRLA 蓄电池脱离供电系统，以快速充电的方法在较短的时间补足其电量。快速充电方法仍然是限流恒压方式，只是将恒压值提升至 2.45V/只至 2.50V/只（25℃），充电可在 12h 甚至更短的时间内结束。

(3) 直流-直流变换器供电

通信系统电源电压种类繁多，而且有的需要远距离传递，采用蓄电池组成的直流供电系统难以完全满足要求。为此，必要时可选用直流-直流变换器，利用集中或分散的直流-直流变换器以提升或降低直流供电电压，如图 3-5 所示。

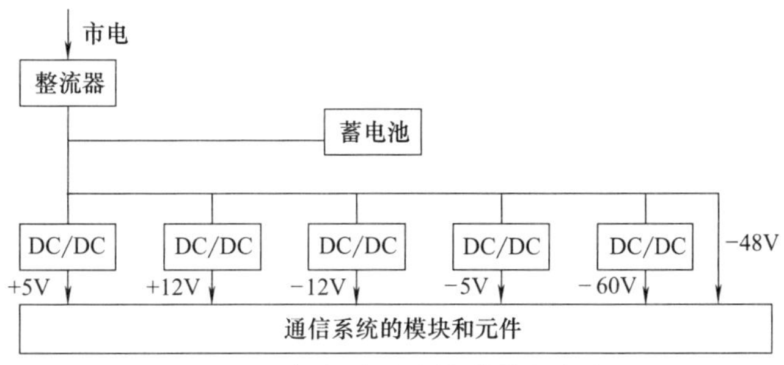

图 3-5 直流-直流变换器供电方式

(4) 自然能-蓄电池供电

可直接用于发电的自然能有太阳能、风能、水力（能）、潮汐能等，但目前用于通信系统直流供电的主要是太阳能和风能，它们可以分别与蓄电池组成直流供电系统，也可以与整流器和蓄电池组共同组成混合供电系统。

① 太阳能（电池)-蓄电池供电。这种供电方式主要适用于市电难以到达，而太阳能资源较丰富的偏远通信局（站）。太阳电池方阵的数量、连接方式和蓄电池组的容量等，通常根据通信系统的容量要求和当地气象条件合理选取。

② 风力发电机组-蓄电池供电。这种供电方式主要适用于市电难以到达，而风力资源比较丰富的偏远通信局（站）。应根据通信系统的容量要求和当地气象条件，选取合适的风力发电机和蓄电池容量。

③ 太阳能、风能-蓄电池组组合供电。这种供电方式适合于太阳能、风能资源比较丰富，而且随时间变化具有互补性的偏远通信局（站）。太阳能和风能通常具有季节性的或一天时间内的负相关性，这意味着在太阳光强的时候风力小，而太阳光弱的时候风力强。这不仅为太阳能和风能的组合利用创造了条件，还可以适当减小蓄电池组的容量，这种组合供电方式如图 3-6 所示。

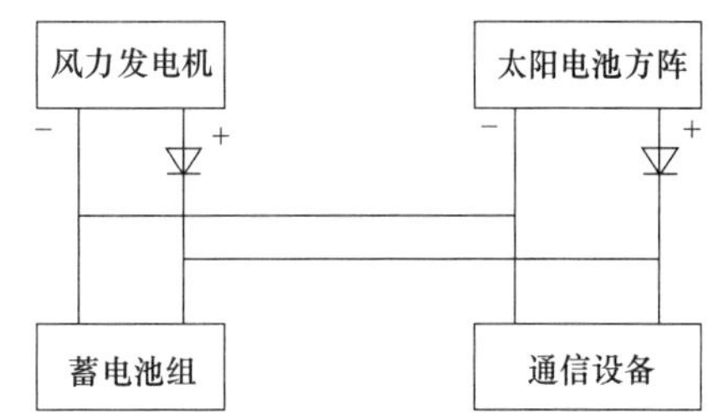

图 3-6 太阳能、风能和蓄电池组组合供电方式

对于市电供电质量较差，经常停电的通信局（站），如果当地自然能资源丰富且利用条件较好时，为了保证通信系统供电不中断，也可以采用整流器、太阳能（或风能）与蓄电池组合的综合供电方式。

(5) 不间断蓄电池系统供电

不间断蓄电池系统（Uninterruptible Battery System，UBS）又称不间断直流供电系统，其基本思想是减小备用电源蓄电池的设计容量，扩展备用时间，提高供电系统的可靠性。

不间断蓄电池系统实际是由蓄电池和直流发电机并联组成的备用电源。当市电或整流器出现故障时，由浮充的蓄电池放电供电。当蓄电池电压下降到设定值时，通过监控系统启动直流发电机，为通信系统供电，同时也给蓄电池组补充充电。当市电恢复或整流器故障排除时，在最小的工作时间（一般 20min）后，直流发电机自动退出运行。

由此可见，在 UBS 中蓄电池容量可适当减小，而且在没有其他交流负载的情况下，常规的交流备用发电机组也可以取消。

UBS 适用于偏远地区由太阳能供电的通信局（站），特别对保障因飓风、暴风雪、地震、洪水等自然灾害造成的通信供电中断有重要意义。

(6) 整流器-燃料电池供电

燃料电池是把燃料具有的化学能直接变换为电能装置的总称。常见的燃料电池有：碱性燃料电池（Alkaline Fuel Cell，AFC）、质子交换膜燃料电池（Proton Exchange Membrane Fuel Cell，PEMFC）、磷酸燃料电池（Phosphoric Acid Fuel Cell，PAFC）、熔融碳酸盐燃料电池（Molten Carbonate Fuel Cell，MCFC）和固体氧化物燃料电池（Solid Oxide Fuel Cell，SOFC），整流器-燃料电池供电方式如图 3-7 所示。

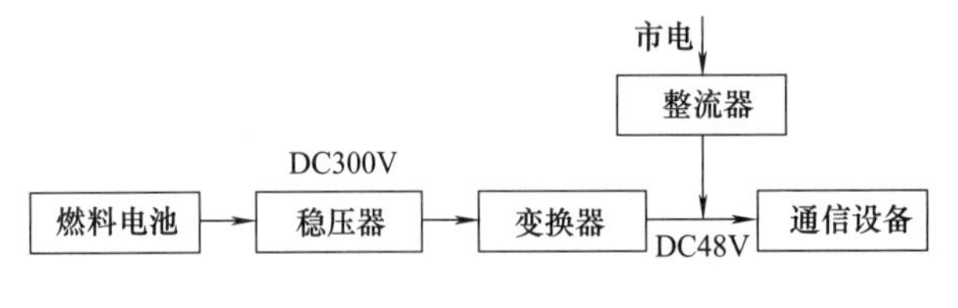

图 3-7 整流器-燃料电池供电方式

3.1.4 直流调压

直流供电系统必须满足通信设备对电源电压的要求，在浮充充电电压和放电电压状态下，必须采取一定的调压措施，始终保证通信设备进线端子上的电压值在规定的范围内。通常采用的调压方式有尾电池调压、降压调压、升压器调压和升降压补偿器调压等。

(1) 尾电池调压

尾电池调压方式是把蓄电池组分为主电池和尾电池。在市电或整流器出现故障时，首先由主电池放电供电，当主电池电压下降到一定值后，再接入尾电池，以提高输出电压。尾电池可以是一级或多级。尾电池调压方式具有可靠性高、输入电阻低和滤波性能好的优点，但尾电池接入时会使电压发生阶跃性变化，而且要求配置控制尾电池接入和断开装置，同时还须解决尾电池的充电问题。如图 3-8 所示是两种尾电池不同的接入方式。

如图 3-8（a）所示是人字形双刀四口开关接入方式，这是通信局（站）过去普遍采用的方式。平时整流器 1 给主电池浮充或充电，同时给负荷供电，整流器 2 给尾电池充电，尾电池处于全浮充状态，人字形双刀四口开关（尾电池开关）处于端子 1-2 处。当交流电中断时，尾电池开关自动动作，首先接通端子 1-2-3 处，然后断开 l 端子，接通 2-3-4，以保证供电回路不间断供电。R 是为防止在开关动作过程中不致使尾电池发生短路而设的限流电阻。

如图 3-8（b）所示为尾电池调压方式的另一种形式。在正常工作中，整流器 1 给通信系统供电，与它相并联的 26 个蓄电池中的 23 个主电池经 K_1 接点（约 51.3V）浮充充电。尾电池（3 只约 6.7V）由整流器 2 浮充充电。市电或整流器故障时，主电池电压放电到一定值时，接触器 K_1 打开，K_2 闭合，加入尾电池继续供电。

(2) 降压调压

当蓄电池组的浮充电压比负载电压高时，正常供电时需在主电路中串联接入降压元件降压后向通信设备供电。降压调压又可分为电阻降压、二极管降压和反压电池降压等方式。

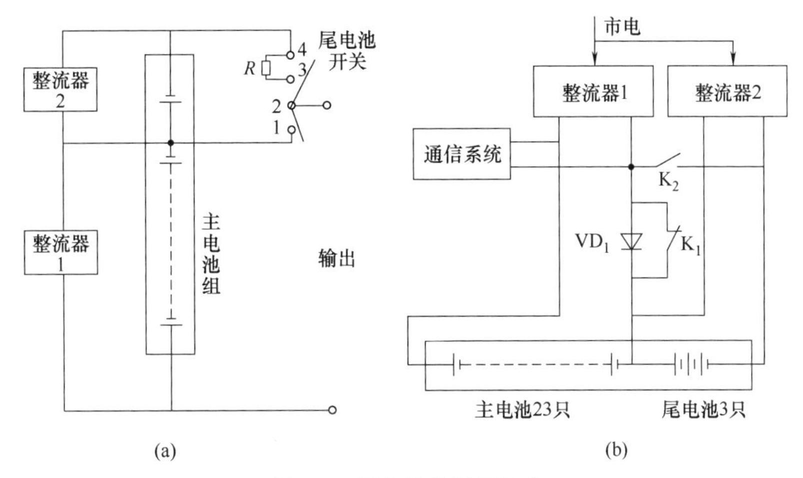

图 3-8　尾电池的调压方式

① 电阻降压。由于蓄电池组的浮充电压比负载电压高，通过串联在配电回路中的电阻降低蓄电池组的电压后对负载供电。当放电供电时的蓄电池组的电压下降到一定程度时，适时地短路部分乃至全部电阻，可保持供电电压在通信设备允许的变动范围之内，从而延长供电时间。

② 二极管降压。在正常工作下，整流器给通信系统供电，对蓄电池以2.23V/只电压浮充充电（假设环境温度为25℃，下同），如图3-9所示，这一浮充电压对于通信系统而言电压太高（2.23V×电池数）。通过二极管降压，可以把电压降到所希望的值，为此利用硅二极管的正向压降来实现。接触器K_1、K_2断开，则降压二极管组V_1、V_2被接入主电路。这样K_1、K_2、V_1和V_2就构成了降压二极管对输出电压的控制。

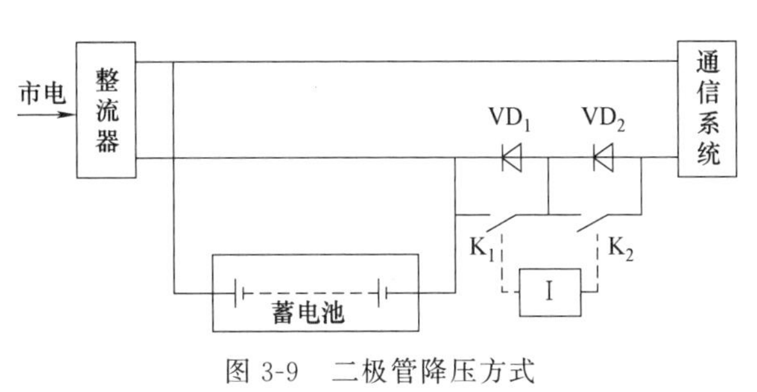

图 3-9　二极管降压方式

电源出现故障时，由蓄电池对通信系统放电供电。当蓄电池电压下降到一定值时，VD_1和VD_2先后通过K_1、K_2接通而短路，使蓄电池电压上升，继续对通信系统供电。

当市电恢复后，蓄电池立即以2.33V/只充电。为此两接触器K_1和K_2断开，则降压二极管VD_1和VD_2又被接入主电路。通过这种方法将通信系统供电的电压保持在允许范围内。

③ 反压电池降压。把电阻降压方式中的降压电阻改用反压电池，例如在铅酸电池组中串以碱反压电池，就会把铅酸电池组的电压降到负载所需要的电压范围。放电供电时，逐个切除碱反压电池，就能达到保持供电电压在通信设备允许的电压变动范围之内，延长供电时间。显然，这种降压方式的接入和切除机构复杂，维护较麻烦，在实际工作中基本不采用此法。

(3) 升压器调压

把尾电池调压方式中的尾电池换成升压（变换）器，则构成升压器调压方式。这种方式能进行电压微调，保持供电电压恒定，适合对电源电压要求严格的通信设备供电使用。升压器电路复杂、可靠性低、价格较贵，因而其应用受到了限制。

(4) 升降压补偿器调压

在同一个电信局（站）中，如果有两种不同供电电压的电信设备，可采用升压和降压补偿器的调压方式。如果工作在常规直流需要的低容差工作电压下，可插入用于升降电压的补偿器。这个补偿器必须补偿电信系统与充电和放电蓄电池之间的电压差。

需要说明的是，随着技术的发展，现在许多通信设备工作电压允许的变化范围已经可以做到很宽（36～72V），直流供电系统通常情况下不再需要通过上述调压方式实现小范围调压，就基本可以满足通信设备的正常工作需要。

3.2 大容量多机架直流供电系统

通信用直流供电系统输出电流一般较大，通常有几十到几百安不等，为了保证通信的可靠性，避免由于电源故障导致通信全面中断，采取直流分散供电方式是提高通信供电可靠性的有效措施之一。通常，将多台开关整流器在机架上并联组成整流柜，再由交流配电柜、直流配电柜、整流柜以及蓄电池组组成一套直流电源系统为一部分通信设备供电，其他部分由另外一套或几套直流电源系统分别供电，以此来实现直流分散供电，保证通信电源系统的不间断。根据通信设备的用电容量和通信设备的不同用途，一般可分为小型局（站）用小容量单机架直流供电系统和通信枢纽用大容量多机架直流供电系统两种类型，本节着重讲述大容量多机架直流供电系统。

3.2.1 系统结构

通信枢纽用大容量多机架直流供电系统是由独立的交流配电柜、一个或几个装有整流器模块的整流柜和独立的直流配电柜按照一定的要求排列连接组成，其结构如图 3-10 所示。这种供电系统一般为大型局（站）通信设备供电，其输出电流可达数百、上千安培，因此对交流供电的可靠性有较高的要求。在供电系统的输入端一般至少要备有两路交流供电，其中一路必须配置有至少一主一备的（柴油）发电机组。

整流器模块单机输出电流一般在 50A 以上，甚至更大些。交流输入为三相三线制，避免了三相交流不平衡时产生过大的中线电流。其直流配电柜有时需要两个并联使用，蓄电池的配置一般要求两组或更多，电池组容量一般较大。

3.2.2 配电模式

直流电源中的配电系统是通信电源系统的重要组成部分，是直流供电系统的枢纽。它承接从整流器或蓄电池送来的直流电，再将其分配和传送到通信机房的设备上去，完成对负载的分路、保护和监控，以及对整流器、蓄电池组和调压装置的控制与保护。

直流配电系统主要由直流配电设备和电力馈电导线两部分组成。通常直流配电设备具有配电、保护、检测输出电压和电流的手段以及告警功能。从直流配电设备的蓄电池组端子到输出负载端子之间，流过该设备额定电流时的电压降定义为直流配电设备的电压降，这个压降应不超过 0.5V。从蓄电池组输出端经直流配电设备、电力馈电导线到通信设备电源输入端子之间各部分电压降的总和即为直流配电系统的电压降。

早期机电制交换机等通信设备所采用的传统配电系统为低阻配电。程控交换机得到广泛使用后，由于部分进口交换设备对供电电压变动范围要求严格，要求限制瞬变电压范围，出现了高阻配电系统，以防止在发生短路时出现过高的瞬变电压，以保证通信设备能够正常工作。直流供电系统采用什么样的配电方式，通常取决于相应通信系统的供电需求。

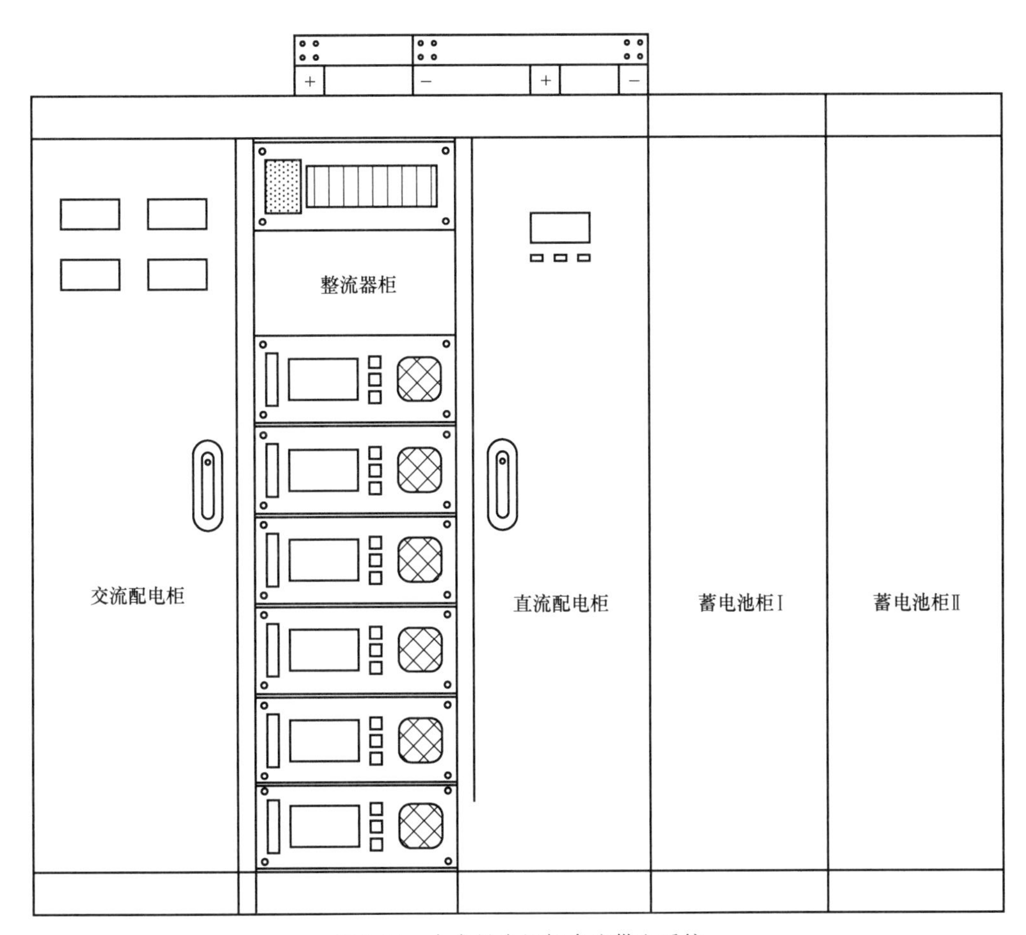

图 3-10 大容量多机架直流供电系统

(1) 低阻抗配电

低阻抗配电方式是指直流配电通过汇流排把基础电源直接馈送到通信机房的机架，由于汇流排等直流回路电阻很低，故称为低阻配电系统。

低阻配电及其分路短路时的等效电路如图 3-11 所示。图中 R_i 为蓄电池组内阻，F_0 为蓄电池熔丝，$R_1 \sim R_N$ 为各分路负载，$F_1 \sim F_N$ 为各分路熔丝，E 为浮充电压。

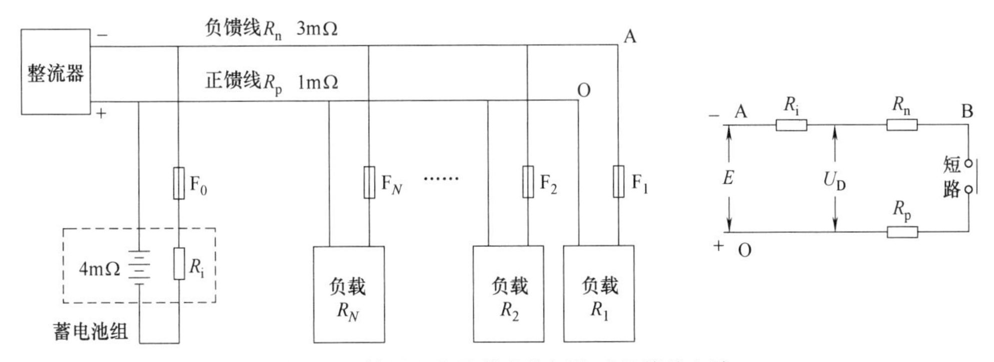

图 3-11 低阻配电及其分路短路后的等效电路

若设汇流排和负馈线电阻 R_n 为 3mΩ，正馈线电阻 R_p 为 1mΩ，蓄电池组的内阻 R_i 为 4mΩ，浮充电压 E 为 50V，则某一分路负载发生短路时，在熔丝熔断前汇流排上产生的电流：

$$I_S=\frac{E}{R_i+R_n+R_p}=\frac{50V}{(4+3+1)\times 10^{-3}\Omega}=6250A$$

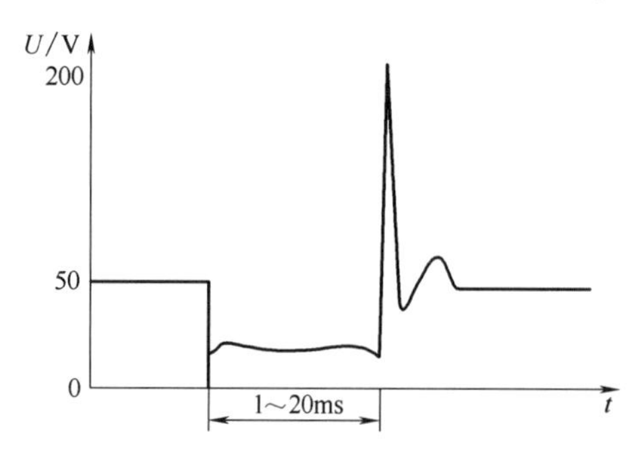

图 3-12　48V 电压在负载处发生短路时的电压瞬变曲线图

这样大的电流足以导致分路熔丝熔断。在熔丝熔断的瞬间，由于电流变化很大，其变化率为 di/dt，在 A、O 两点间等效电感 L 上感应出电势 Ldi/dt，形成很大的尖峰。因此，A、O 之间的电压将首先降落到近于零，而后产生一个尖峰高压。

直流 48V 配电系统中通信设备处发生短路时，电压瞬变曲线图如图 3-12 所示，图中 50V 表示 48V/24 只蓄电池的浮充电压。当发生短路时，在熔丝熔化的时间内（1～20ms），电压突然下降。在熔丝熔断瞬间（约 100μs），电压瞬间上升到 200V 左右，熔丝熔断后电压再下降到供电电压。对于低阻配电而言，这种瞬态尖峰高压可能会引起整个配电供电失效。

（2）高阻抗配电

高阻抗配电系统又称其为瞬态限流配电系统，高阻抗配电及其分路负载短路时的等效电路如图 3-13 所示。

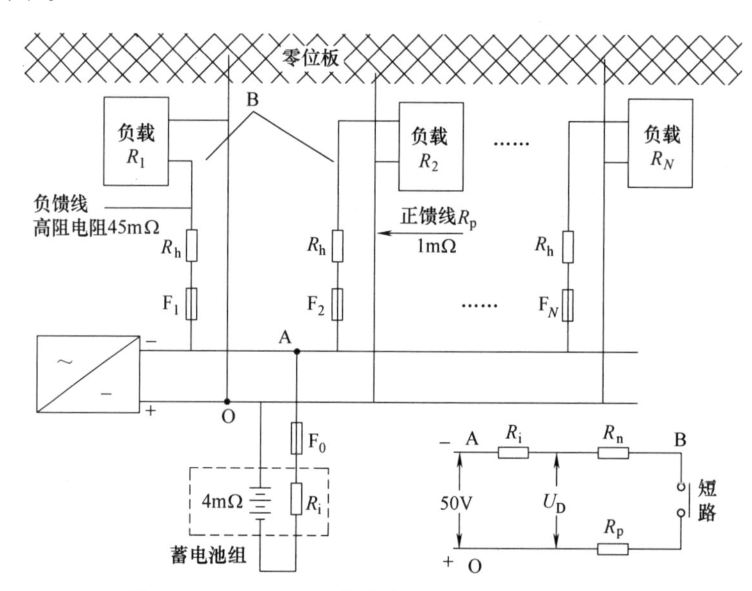

图 3-13　高阻配电及其分路负载短路时的等效电路

高阻配电的实质是在各负荷分路中接有一定阻值的电阻 R_h，一般取 R_h 值为电池内阻的 5～10 倍。如果某一分路负载发生短路，例如在 AO 间第一支路负载 R_1 短路。因 R_h 限制了短路电流，而且 Ldi/dt 也较小，所以系统电压的跌落及反冲尖峰电压较小。如果 R_h 与 R_i 配合适当，可使 AO 间电压变化在电源系统允许范围之内，使系统其他分路负载不受影响而正常工作，起到了隔离故障的作用，从而提高了系统供电的可靠性。

限流电阻 R_h 可以是馈线电阻或可调的附加电阻，视距离通信设备的远近而定，一般取 45mΩ。接至零位板上的正馈电线综合电阻则应不大于 1mΩ。

如果高阻配电的电阻 R_h 选在 45mΩ，正馈线电阻 1mΩ，R_i 为 4mΩ，按上面的方法进

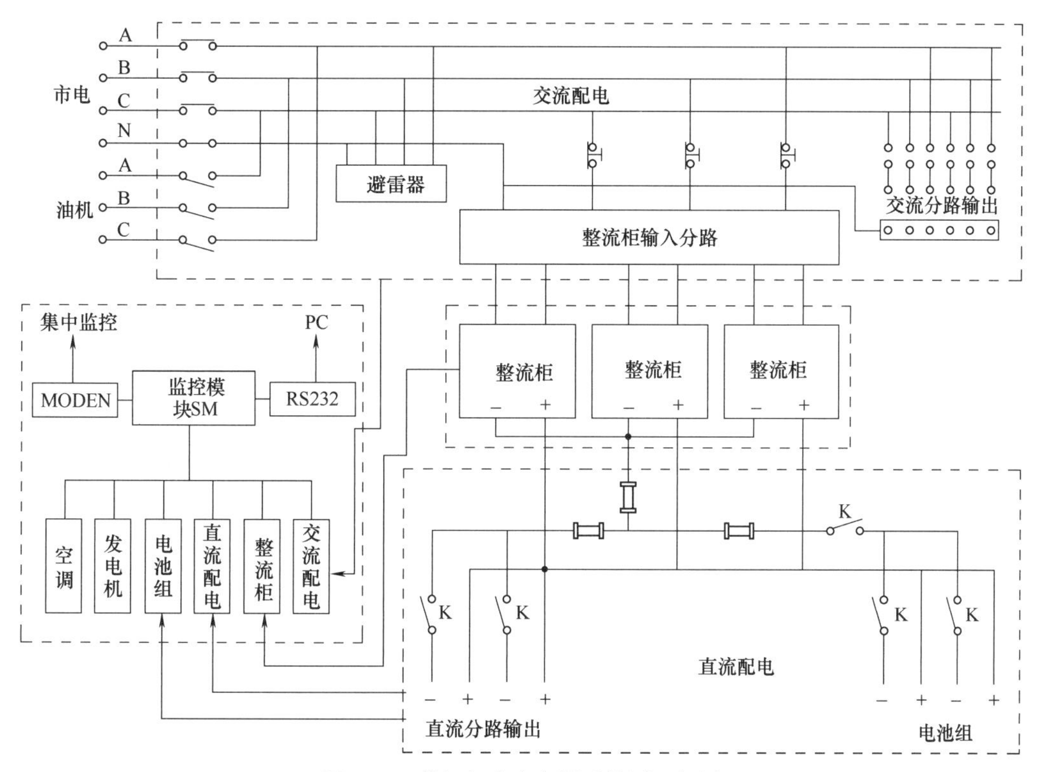

图 3-18　单机架直流电源系统原理框图

两组蓄电池通过充放电分流器、总电池开关和分路电池开关与整流器模块输出汇流排并联，两组蓄电池分别串联有欠电压切断保护继电器。当电池放电电压达到欠电压告警设定值时发出声光告警，如继续放电到欠电压关断设定值时，电池分路开关将自动断开，以保护蓄电池不致因深度放电而损坏。应根据通信局（站）的地位和性质来决定是否启用这项功能。

整流器模块的工作方式一般分为两种：内控式和外控式。内控式整流器模块内部设有独立的监控单元，可对整流器模块的参数进行检测、设定和显示，这种整流器模块与系统的监控模块一般通过 RS485 总线连接。外控式整流器模块内部不设独立的监控单元，其输出电压、输出电流极限受系统监控模块的控制。如果监控模块发生故障，整流器模块转为自主工作状态，其输出电压、限流点服从初始设定值，保证系统不间断供电。这种外控式整流器模块向系统监控模块传输的信号可以是模拟量和开关量，在监控模块内完成 A/D 转换。

监控模块：所谓监控即可以用本机键盘操作对电源系统运行的参数进行检测、设定和显示，也可以通过 RS232 通信接口与上位机连接实现局（站）内电源系统的集中监控，还可以通过调制解调器与远程上位机相连实现远程监控功能。

3.3.3 二次下电

为了更好地保护电池及保证在市电中断时尽可能地确保通信机房主要设备的供电，作为单机架直流供电系统核心的组合电源通常应具有二次下电功能，即将机房内的设备根据其重要程度的不同分为“重要负载”和“一般负载”。当市电中断后，由蓄电池进行放电，当蓄电池端电压降低到一定数值 U_1 时，在监控模块单元的控制下，直流配电单元切断对“一般负载”的供电，只保证“重要负载”的供电不间断。当蓄电池电压持续下降至数值 U_2 时，为保证蓄电池不致因过放电而损坏，此时直流配电单元将完全切断电池供电电路，机房设备

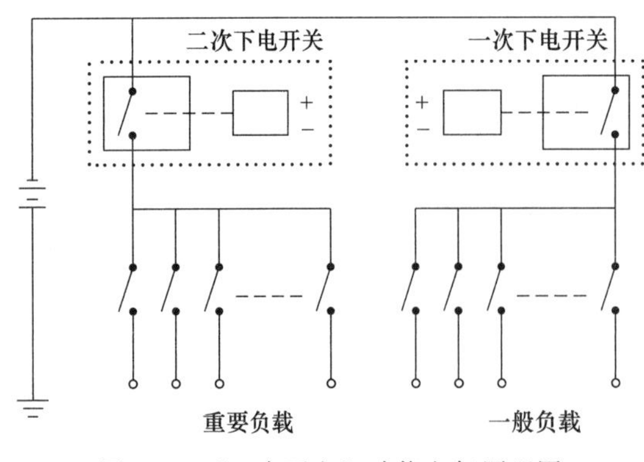

图 3-19 “二次下电”功能电气原理图

供电随之中断。此处 U_1 即所谓的一次下电电压，U_2 即二次下电电压。这种根据负载重要程度的不同，分两次切断电池对设备的供电，以最大限度地保护电池，并尽可能地延长重要设备供电时间的电池管理功能，被称作“二次下电”功能。具体功能实现如图 3-19 所示。

一次下电电压 U_1 和二次下电电压 U_2 的值可根据电池特性及电池容量大小确定，U_1 一般 45～47V，U_2 一般 42～43V。表 3-3 所示为双登电池在不同负载条件下的一次、二次下电电压值的选择示例。

表 3-3　开关电源一、二次下电数值与负载电流关系表

负载电流与 I_{10} 比值	停止程控交换机工作(48V 系统) 蓄电池终止电压(V),一次下电电压(V)	停止信号传输工作(48V 系统) 蓄电池终止电压(V),二次下电电压(V)
6/6	1.90V/45.6V	1.88 V/45.0V
5/6	1.95V/46.8V	1.93 V/46.3V
2/3	1.96V/47.0V	1.94 V/46.5V
1/2	1.97V/47.3V	1.95 V/46.8V
1/3	1.98V/47.5V	1.96 V/47.0V
1/6	1.98V/47.5V	1.96 V/47.0V

注：表中 I_{10} 表示 10 小时率放电电流，其数值为电池标称容量 C_{10} 的 1/10。若电池为多路并联，则电池的标称容量为多路并联电池的标称容量之和。

3.4 高压直流供电系统

3.4.1 交流 UPS 供电存在的问题

随着通信网络和业务需求的不断发展，通信设备对电源安全供电的要求也越来越高。长期以来，使用交流电源的通信设备均由 UPS 供电，但交流 UPS 电源系统存在着单点故障（单点故障，single point of failure，从英文字面上可以看到是单个点发生的故障，通常应用于通信及计算机系统与网络。实际指的是单个点发生故障的时候会波及整个系统或者网络，从而导致整个系统或者网络的瘫痪。这也是在设计通信及 IT 基础设施时应避免的）的问题始终没有得到很好的解决，因交流 UPS 电源系统故障而引发的通信事故时有发生，给通信维护部门带来了严峻的考验。目前交流 UPS 供电存在的主要问题有以下几个方面。

(1) 交流 UPS 供电的缺点

因为交流电的电压方向、幅值每时每刻都在发生变化，当采用多台 UPS 并机输出时，就必须保证并机的每台 UPS 输出的相位、频率、幅值相同。在需要切旁路时，为了保障不间断供电，就必须保持对市电的相位、频率、幅值的跟踪和同步，当市电发生大范围变化时，其各种参数总会在一定范围内波动，因此 UPS 系统也在不断地调整输出参数。这种设计在理论上没有问题，但在实际应用中，随着市电的不断变化，以及电子元器件的老化，尤其是采集模块的零点漂移，往往就会在切换时造成中断。这种中断在以往的案例中屡见不鲜，给数据中心的设备运行带来了巨大的影响。

(2) 交流 UPS 电源资源的浪费

由于并机的复杂性，尽管众多厂家声称可多台并机，有的甚至可以达到 8 台，但在实际投产中，UPS 并机系统并机的台数都不会太多，一般为 1+1 或者 2+1，也就是 2～3 台。而为了保持系统的冗余，在一台机器出现故障时系统依然能够供电，这就要使得每台 UPS 平时的负荷率保持在较低的水平，如对于一套 UPS(1+1) 系统负荷率为 50%，2+1 系统负荷率为 66%，如果再考虑到负荷的可能突变，同时减少设备的故障率，这时系统就必须要保持一定的裕度，按系统 80%的容量计算，实际上每台 UPS 的负荷率只有 40%～55%。而为了提高供电可靠性采用的双总线 UPS 系统，实际每台 UPS 的平时最大负荷率也只有 40%～50%，在有些双总线 UPS 系统中，为追求更高的可靠性，最大负荷率甚至只有 20%～25%。

(3) 安全供电存在单点故障瓶颈

因为 UPS 电源输出的是交流电，而作为备用储能的（阀控铅酸）蓄电池组输出的是直流电，因此 UPS 电源系统的蓄电池不能直接供电给负载，必须通过逆变模块逆变成交流电输出。这样，供电的持续性就取决于 UPS 系统的稳定性，如果逆变模块损坏，即使蓄电池有充足的电量，也不能供电给负载。

由于交流 UPS 存在以上诸多问题，因此对能替代交流 UPS 对数据设备进行供电的系统的研究日益繁荣，业界内大力推荐的高压直流供电系统也渐渐形成规模。

3.4.2 高压直流供电系统原理与组成

高压直流供电系统能够替代目前的交流 UPS 供电系统而为数据服务器供电，主要是基于服务器电源的工作原理。

(1) 服务器电源的基本原理

现在 IDC（Internet Data Center，互联网数据中心）机房的服务器内部一般使用可靠性较高的高频开关电源，把外部输入的交流电转化为内部电子电路所需要用的直流电。对于功能强、使用在重要场合的服务器或小型机，均配置两个及两个以上的模块并联运行。计算机设备的高频开关电源的基本工作原理如图 3-20 所示。

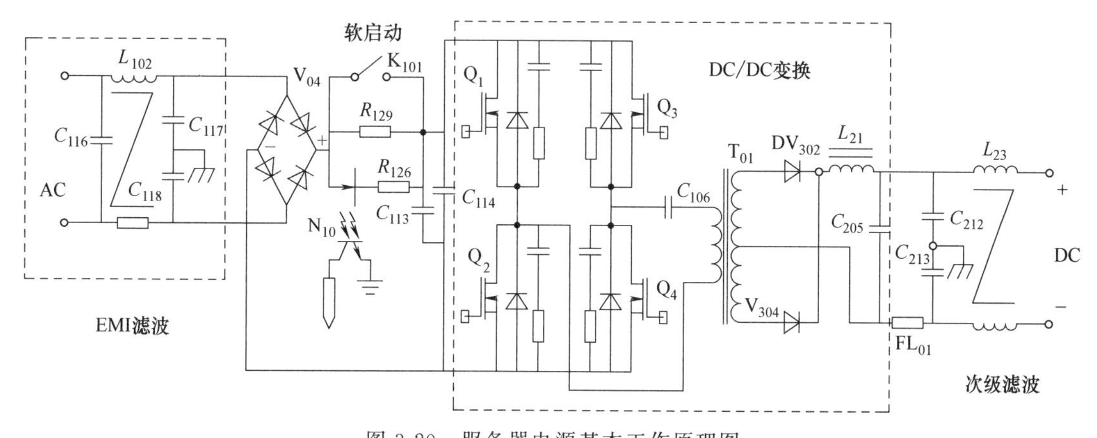

图 3-20　服务器电源基本工作原理图

图 3-20 可以简化为如图 3-21 所示的示意图。从图 3-21 可以看出，虽然服务器设备输入的是交流电源，但核心部分还是 DC/DC 变换电路，我们只要输入一个范围合适的直流电压给 DC/DC 变换电路，就同样能安全满足服务器设备工作。在图 3-21 中因为输入端没有工频

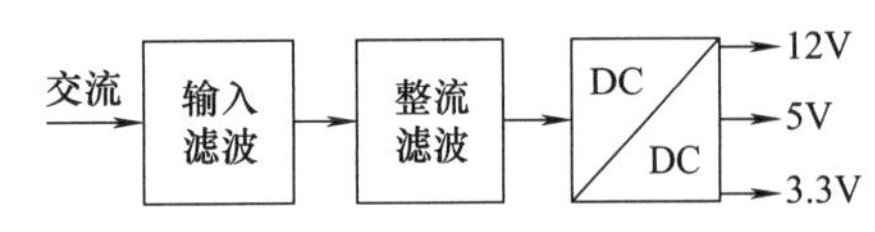

图 3-21　服务器电源模块工作原理示意图

变压器，所以输入直流不会产生短路阻抗，就没有必要交流输入，不用交流也就没有必要用 UPS，由此因 UPS 交流供电引起的一切不利因素也就自然而然地消失了。如果我们输入的直流合理地配上蓄电池，辅以远程监控，构成一个可靠的直流供电系统，就可取代交流 UPS 供电系统给服务器设备供电。

(2) 高压直流供电系统组成

高压直流供电系统的组成与传统的－48V 直流供电系统的组成一样，只是整流器的输出电压等级较－48V 高。系统组成由市电输入、高频开关整流器、配电屏、蓄电池组组成，如图 3-22 所示。相较于交流 UPS 系统，可以看出高压直流供电系统组成非常简单。

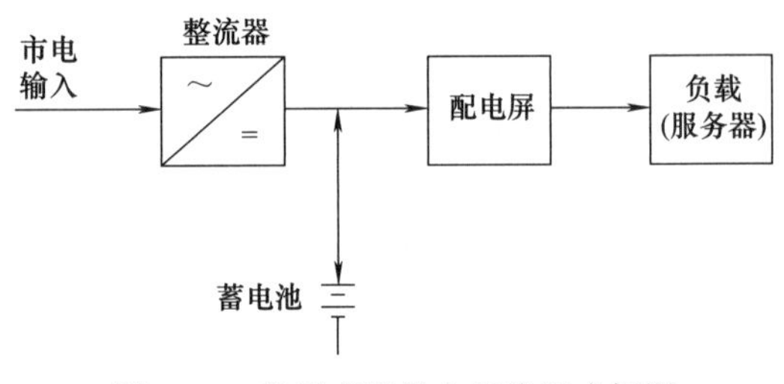

图 3-22　高压直流供电系统组成框图

3.4.3　高压直流供电系统的关键问题

电压等级的选择成为高压直流供电系统组成的关键问题。根据服务器的特点，目前高压直流供电系统电压等级的选择主要有两个标准。

(1) 240V 电压等级

目前大多数常用服务器的输入电源原理图如图 3-23 所示。在 DC/DC 的输入端电压范围为 100～373V DC，通过对服务器电源输入电压的分析以及在实际中对服务器进行测试的数据，以 240 V 为一种标称电压的观点正在得到认同。

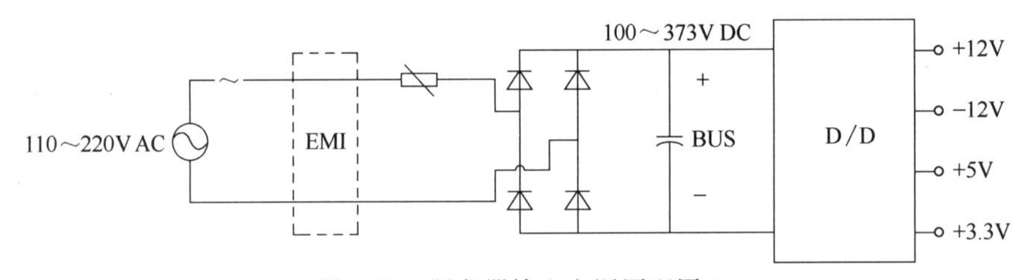

图 3-23　服务器输入电源原理图 1

在标称电压为 240V 的直流电压供电模式下，电池组配备 120 只 2V 电池（也可采用 40 只 6V 电池或者 20 只 12V 电池）。平时电池处在浮充状态，供电电压为 270V。在电池供电时，最低电压为 216V。在日前进行的测试中，服务器在这个电压下均能正常工作，而针对此直流电压等级的相关行业标准也已出台。

(2) 380V 压等级

还有一种服务器的输入电源是带有 PFC 电路的，如图 3-24 所示。这类服务器电源在 DC/DC 的输入端电压范围为 380～400V DC，对应此类服务器电源则需要选择 380V 或以上的高压直流供电系统。

但是这种供电模式不适用于国内现有的服务器设备，是对未来机房建设以及服务器设计的前瞻准备，因此要采用这种供电模式，需要服务器厂商的配合，也就是服务器电源要支持 380V 的高压直流供电模式。相较于 240V 电压等级供电模式，在 380V 电压模式供电情况下，会减少电缆耗铜量，线路损耗也会降低。

3.4.4　高压直流供电系统的特点

(1) 高压直流供电的优点

① 供电可靠性大大提高。采用直流供电的最大优点在于提高了供电的可靠性。这可以

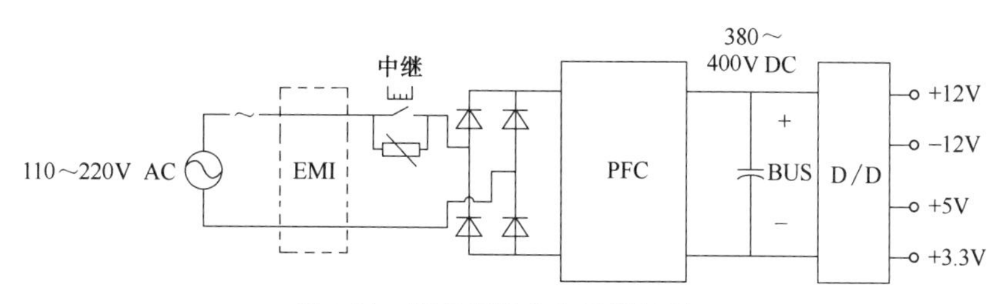

图 3-24 服务器输入电源原理图 2

从三个方面体现：一是采用直流供电，蓄电池可以作为电源直接并联在负载端，当停电时，蓄电池的电能可以直接供给负载，确保供电的不间断。二是直流供电只有电压幅值一个参数，各个直流模块之间不存在相位、相序、频率需同步的问题，系统结构简单很多，可靠性大大提高。三是虽然交流 UPS 系统可以提高冗余度来提高安全系数，但是由于涉及同步的问题，每个模块之间必须相互通信来保持同步，所以还是存在并机板的单点故障问题。而直流模块没有这些问题，即使脱离控制模块，只要保持输出电压稳定，也能并联输出电能。

② 工作效率提高。首先与交流 UPS 系统相比，直流供电省掉了逆变环节，一般逆变的损耗在 5%左右，因此电源的效率提高了。其次，由于服务器输入的是直流电，也就不存在功率因数及谐波问题，降低了线损。最后，由于并机技术简单了，可以采用大量的模块并联，使每个模块的使用率可达到 70%～80%，比交流 UPS 系统提高了很多。

③ 系统可维护性增强。现在的交流 UPS 系统，涉及复杂的同步并机技术，整机的维护也只能依靠厂家。即使出现紧急情况时，我们的维护人员也只能等待厂家技术人员来解决，这些先天不足对安全供电存在较大的隐患。而采用直流供电，就如现在一直使用的－48V 直流系统一样，系统由模块组成，虽然电压增高了，但只要做好安全防护措施，一般维护人员还是可以进行简单的故障检修，比如更换模块等。

④ 扩容便捷。由于采用模块化结构，现在一个模块的容量一般在 10kW 左右，只要预留好机架位置，扩容是非常方便的。同时在建设的时候，可以根据服务器的数量逐渐增加模块数，使每个模块的负载率能尽量提高。这对于节能也是非常有好处的。

⑤ 不存在“零地”电压等不明问题的干扰。因为系统是直流输入不存在零线，所以，也就不存在“零地”电压，减少了设备故障类型，维护部门也无须再费时费力去解决“零地”电压的问题。

⑥ 投资及空间的节省。以下有一个方案示例，大型局（站）用大容量的系统将高压直流供电系统与交流 UPS 系统做一比较，看看在相同大容量供电需求条件下，新建交流 UPS 并联系统与高压直流系统投资相差的情况。示例如下。

a. 机房背景：机架数量为 200 架，机架容量为 2.5～3 kV・A/架，IT 设备容量为 520kW。

b. 交流 UPS 配置方案：主机 400kV・A，输出功率因数为 0.8，2＋2 配置；电池为 8 组×1200A・h（后备时间 1h，174 只/组，单只电池标称电压 2V）；主机尺寸 1600mm×995mm×1950mm。

c. 高压直流方案：整流模块 265V/20A（折合功率 5.3kW，均充时最大功率 5.6kW）每套系统 560A，配置模块 28 个，系统总功率 P＝28×5.3kW＝148.4kW，采用 6 套系统。电池组为 12 组×600A・h（后备 1h，120 只/组；单只电池标称电压 2V）；主机尺寸 1600mm×600mm×2000mm。

d. 投资对比。

交流 UPS 系统：

(a) 400kV・A 主机单价 40 万元，4 台主机总价 160 万元；电池 8×174 只，1200A・h

电池 2100 元/只，电池总价约 292 万元；设备直接成本合计 452 万元。

(b) UPS 主机采用相控整流，油机与 UPS 功率配比至少需 1.5∶1，800kV·A 系统至少需配 1200kV·A 油机；UPS 系统轻载效率 83%，输出 520kW 时，自身损耗 107kW，需空调冷量约 100kW。1200kV·A 油机估价 200 万元，100kW 量空调（分体柜机）估价 5 万元；设备间接成本合计 205 万元。

(c) 假定维护设备所需空间为安装设备面积的 0.5 倍，400kV·A 主机 4 台占用机房面积大约为 $1.6\times0.995\times4\times1.5\text{m}^2=9.552\text{m}^2\approx9.6\text{m}^2$；假定机房楼面承重 1000kg/m^2，1200A·h 电池每节重 82kg，则 1m^2 可安装 12 节 1200A·h 电池（分两层立式安装），8 组 174 节电池需占机房面积 $174\times8\div12\times1.5\text{m}^2=174\text{m}^2$；主机加电池合计占用机房面积 183.6m^2。

240 V 高压直流系统：

(a) 560A 系统单价 24 万元，6 套系统总价 144 万元；电池 12×120 只，600A·h 电池 1050 元/只，电池总价约 151 万元；设备直接成本合计 295 万元。

(b) 高压直流系统采用高频技术，油机与 UPS 功率配比只需 1.1∶1，6 套 560 A 系统总功率 888kW，需配 1100kV·A 油机；高压直流系统 50%以上负载时效率为 92%，输出功率为 520kW 时，自身损耗 45kW，需空调冷量约 40kW。1100kV·A 油机估价 185 万元，40kW 冷量空调（分体柜机）估价 2 万元；设备间接成本合计 187 万元。

(c) 假定维护设备所需要空间为安装面积的 0.5 倍，6 套 560A 主机占用机房面积 $1.2\times0.8\times6\times1.5\text{m}^2=8.64\text{m}^2$；假定机房楼面承重 1000kg/m^2，600A·h 电池每节重 41kg，则 1m^2 可安装 24 节 600A·h 电池（分两层立式安装），12 组 120 节电池需占用机房面积 $120\times12\div24\times1.5\text{m}^2=90\text{m}^2$；主机加电池合计占用机房面积 98.64m^2。

高压直流系统与 UPS 系统投资比较见表 3-4。

表 3-4 高压直流系统与 UPS 系统投资比较

序号	项目		新建 UPS 系统（双机并联冗余）	新建高压直流系统	对比结果
1	建设成本	主机	160 万元	144 万元	高压直流系统比 UPS 系统直接成本节约投资 34.7%
2		蓄电池配置(1h)	292 万元	151 万元	
3		发电机功率占用	1200kV·A	1100kV·A	高压直流系统比 UPS 系统间接成本节约投资 10%以上
4		空间冷量占用	100kW	40kW	
5					
6		机房面积占用	高压直流系统比 UPS 系统减少 46%		
7	运营成本	能耗成本	高压直流系统比 UPS 系统平均节电 15%，高压直流系统效率比 UPS 系统提高 10%，同时空调耗电量也相应减少 10%，总计节电量达 15%左右，按 0.85 元(kW·h)计算，每年节省电费约 70 万元		高压直流系统比 UPS 系统运营成本显著降低
8		运行安全性	高压直流系统比 UPS 系统可用性大幅提高		
9		主设备运行寿命	8～10 年	10～12 年	
10		投资阶段性	一次规划，一次投资	一次规划，分批投资	
11		维护方式	复杂	简单	

以上方案的比较虽然还不完全（如不包含对线缆、配电方面的比较，这两方面在新建系统中所占比例较小），但从中至少可以看出，高压直流供电系统无论从节能效果、占地面积、

投资等方面都有着比交流 UPS 系统显著的优越性。

(2) 高压直流供电的缺点

① 对配电开关灭弧性能要求高。对于交流电，电流在周期内会有过零点，当短路时过零点的存在使开关断开时产生的电弧容易灭弧。而如果是直流电，就不存在过零点，灭弧相对困难。因此配电所需的开关性能要求更高，会相应增加配电部分的建设成本。

② 电缆线径的增加。按目前的配电结构，从 UPS 输出到楼层配电柜，是采用三相四线供电，如果采用高压直流供电，则是一相两线供电，在相同电压下输送同等功率，电缆的消耗量将会有所增加。如下式所示，如在相同的电缆数（4 根），相同电流的情况下，输送的功率比是：

$$\frac{P_{交}}{P_{直}}=\frac{\sqrt{3}\,380I\cos\varphi}{2U_{直}\ I}\approx\frac{296.2}{U_{直}}$$

其中，$\cos\varphi$ 为功率因数，取 0.9。

从上式可以看出，若直流供电电压高于 296.2V，电缆耗铜量是不会比交流供电多的。因此，对于 240V 高压直流供电模式，正常运行时供电电压保持在 270V 左右，而放电电压可能会低至 216V，因此耗铜量会增加 15%左右；而对于 380V 高压直流供电模式，运行的电压比较高，耗铜量可以减少 20%左右。

③ 其他问题。从理论上服务器电源使用直流电压输入是没有问题的，但还不能保证实际使用中不会发生一些意外，比如可能存在某些服务器电源的特别设计而不能使用直流电，或者长时间使用会不会增加服务器的故障率等，这都要经过实际使用的检验。另外，如果使用直流电源，当服务器设备损坏时，服务器厂家对该故障的认可，有可能会因我们使用直流电源供电不符合其设计要求而推卸责任。

习题与思考题

1. 直流电源系统有哪些供电方式和调压方式？通信局（站）典型的直流电源系统采用什么供电方式和调压方式？
2. 简述大容量多机架直流供电系统的系统结构。
3. 通信直流电源系统有哪些配电方式？低阻配电和高阻配电方式各有什么特点？不同的配电方式对蓄电池组和通信设备的选择有什么具体的要求？
4. 对直流配电设备有哪些技术要求的规定？
5. 试述典型直流组合电源系统结构框图组成。
6. 简述直流供电系统中的二次下电原理。
7. 简述交流 UPS 系统供电存在的问题。
8. 简述高压直流供电系统的优缺点。

第4章

内燃发电机组

内燃发电机组主要包括内燃机（柴油机或汽油机）、交流同步发电机和控制箱（屏）三大组成部分，而励磁系统是其控制系统的核心。本章首先讲述内燃机和交流同步发电机的基本结构与工作原理；其次讲述励磁系统的组成、要求以及励磁系统的常见类型，再以典型自启动柴油发电机组为例，讲述机组的操作使用与日常维护保养；最后讲述柴油发电机组常见故障检修。读者通过本章的学习，能基本掌握常用机组的使用维护方法以及常见故障检修技能，以达到举一反三、触类旁通的效果。

4.1 内燃机

把燃料燃烧时所释放出的热能转换成机械能的机器称为热机。热机可分为外燃机和内燃机两类。燃料燃烧的热能通过其他介质转变为机械能的称为外燃机，如蒸汽机和汽轮机等；燃料在发动机气缸内部燃烧，工质被加热并膨胀做功，直接将所含的热能转变为机械能的称为内燃机，如柴油机、汽油机和燃气轮机等。其中以柴油机和汽油机应用最为广泛，通常所说的内燃机多指这两种发动机。

柴油机是将柴油直接喷射入气缸与空气混合燃烧得到热能，并将热能转变为机械能的热力发动机。其主要优点是：①热效率较高，其有效热效率可达46%，是所有热机中热效率最高的一种；②功率范围广，单机功率可从零点几千瓦到上万千瓦；③结构紧凑、比质量较小、便于移动；④启动迅速、操作方便，并能在启动后很快达到全负荷运行。

汽油机是以汽油作为燃料，将内能转化成动能的热机。由于汽油黏性小，蒸发快，可以用汽油喷射系统将汽油喷入气缸，经过压缩达到一定的温度和压力后，用火花塞点燃，使气体膨胀做功。汽油机具有转速高、结构简单、质量小、造价低廉、运转平稳、使用维修方便等一系列优点，在小型内燃发电机组和小型汽车（轿车）上大量使用。

4.1.1 内燃机工作原理

单缸往复活塞式内燃机结构示意图如图4-1所示，其主要由排气门1、进气门2、气缸盖3、气缸4、活塞5、活塞销6、连杆7和曲轴8等组成。气缸4内装有活塞5，活塞通过活塞销6、连杆7与曲轴8相连接。活塞在气缸内做上下往复运动，通过连杆推动曲轴转动。为了吸入新鲜空气和排出废气，在气缸盖上设有进气门2和排气门1。

(1) 基本名词术语（参见图4-1）

① 上止点：活塞离曲轴中心最大距离的位置。

② 下止点：活塞离曲轴中心最小距离的位置。

③ 活塞冲程（冲程）：上止点与下止点间的距离。用符号 S 表示，单位为mm。

④ 曲柄半径：曲轴旋转中心到曲柄销中心的距离。用符号 r 表示，单位为mm。由图

4-1可见，活塞冲程 S 等于曲柄半径 r 的2倍，即

$$S=2r$$

⑤ 气缸工作容积：在一个气缸中，活塞从上止点到下止点所扫过的气缸容积。用符号 V_h 表示，单位为L，则

$$V_h=\frac{\pi}{4}D^2S\times10^{-6}(\mathrm{L})$$

式中 D——气缸直径，mm；

S——活塞冲程，mm。

⑥ 内燃机排量：内燃机所有气缸工作容积的总和称为内燃机排量。用 V_H 表示，如果内燃机有 i 个气缸，则内燃机排量

$$V_H=V_hi=\frac{\pi}{4}iD^2S\times10^{-6}(\mathrm{L})$$

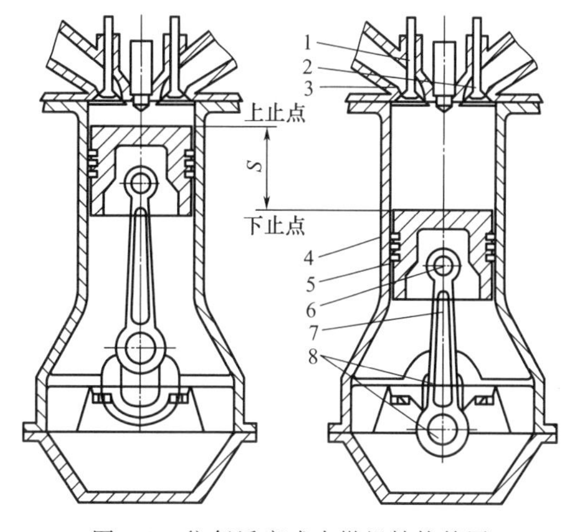

图4-1 往复活塞式内燃机结构简图

1—排气门；2—进气门；3—气缸盖；4—气缸；5—活塞；6—活塞销；7—连杆；8—曲轴

内燃机排量表示内燃机的做功能力，在其他参数相同的前提下，内燃机排量越大，则其所发出的功率就越大。

⑦ 燃烧室容积：当活塞在上止点时，活塞上方的气缸容积。用符号 V_c 表示。

⑧ 气缸总容积：当活塞在下止点时，活塞上方的气缸容积。用符号 V_a 表示。它等于燃烧室容积 V_c 与气缸工作容积 V_h 之和。即

$$V_a=V_c+V_h$$

⑨ 压缩比：气缸总容积与燃烧室容积之比。用符号 ε 表示。则

$$\varepsilon=V_a/V_c=(V_c+V_h)/V_c=1+V_h/V_c$$

压缩比 ε 表示气缸中的气体被压缩后体积缩小的倍数，也表明气体被压缩的程度，通常柴油机的压缩比 $\varepsilon=12\sim22$，汽油机的压缩比 $\varepsilon=6\sim12$。压缩比越大，活塞运动时，气体被压缩得越厉害，气体的温度就越高，压力就越大，内燃机的效率也越高。

⑩ 工作循环：内燃机中热能与机械能的转化，是通过活塞在气缸内工作，连续进行进气、压缩、做功、排气四个过程来完成的。每进行这样一个过程称为一个工作循环。如内燃机活塞走完四个冲程（曲轴旋转两周）完成一个工作循环，称该内燃机为四冲程内燃机；如活塞走完二个冲程（曲轴旋转一周）完成一个工作循环，称该内燃机为二冲程内燃机。

(2) 四冲程内燃机工作原理

① 四冲程柴油机工作原理

a. 进气冲程如图4-2（a）所示。活塞从上止点向下止点移动，这时在配气机构的作用下进气门打开，排气门关闭。由于活塞下移，气缸内容积增大，压力降低，新鲜空气经空气滤清器、进气管不断吸入气缸。由于进气系统存在阻力，使进气终了时气缸内的气体压力低于大气压力 P_0（78～91kPa），温度为320～340K。

b. 压缩冲程如图4-2（b）所示。活塞由下止点向上止点运动，这时进、排气门关闭。气缸内容积不断减少，气体被压缩，其温度不断增高，压力不断增大。压缩终了时气体压力可达3～5MPa，温度高达750～1000K，为喷入气缸内的柴油蒸发、混合和燃烧创造条件。

c. 做功冲程如图4-2（c）所示。在压缩过程即将终了时，喷油器将柴油以细小的油雾喷入气缸，在高温、高压和高速气流作用下很快蒸发，与空气混合，形成混合气，并在高温下自动着火燃烧，放出大量的热量，使气缸中气体温度和压力急剧上升。燃烧气体的最大压

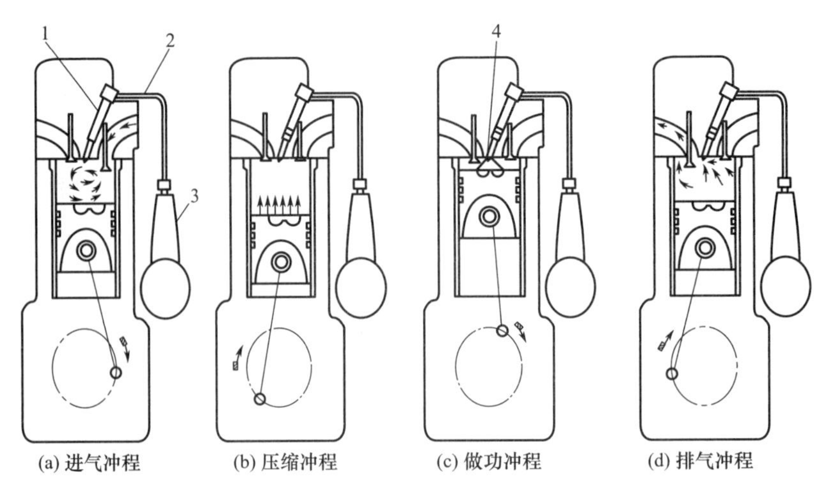

图 4-2 单缸四冲程柴油机的工作过程示意图

1—喷油器；2—高压油管；3—喷油泵；4—燃烧室

力可达 6～9MPa，最高温度可达 1800～2000K。高压气体膨胀推动活塞由上止点向下止点移动，从而使曲轴旋转对外做功。由于喷油和燃烧要持续一段时间，所以虽然活塞开始下移，但此时还有喷入的燃料继续燃烧放热，气缸内的压力并没有明显下降，随着活塞下移，气缸内的温度和压力才逐渐下降。做功冲程结束时，压力为 0.2～0.5MPa。

d. 排气冲程如图 4-2（d）所示。做功过程结束后，排气门打开，进气门关闭。活塞在曲轴的带动下由下止点向上止点运动，燃烧过的废气便依靠压力差和活塞上行的排挤，迅速从排气门排出。由于排气系统有阻力，因此，排气终了时，气缸内废气压力略高于大气压力。气缸内残余废气的压力为 0.105～0.12MPa，温度为 700～900K。

活塞经过上述四个连续冲程后，便完成了一个工作循环。当排气冲程结束后，柴油机曲轴依靠飞轮转动的惯性作用仍继续旋转，上述四个冲程又重复进行。如此周而复始地进行一个又一个的工作循环，使柴油机连续不断地运转起来，并带动工作机械做功。

② 四冲程汽油机工作原理。四冲程汽油机是在四个活塞冲程内完成一个工作循环，其冲程的名称通常按每个冲程所完成的主要工作内容来命名。因而其四个冲程分别称为进气冲程、压缩冲程、做功冲程（又称燃烧膨胀冲程）和排气冲程，如图 4-3 所示。

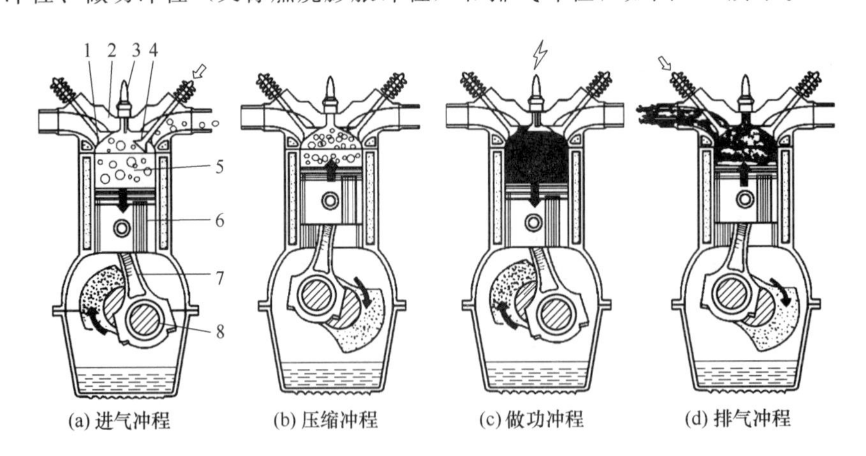

图 4-3 四冲程汽油机工作原理图

1—排气门；2—气缸盖；3—火花塞；4—进气门；5—气缸；6—活塞；7—连杆；8—曲轴

a. 进气冲程。气缸内充入混合气体的过程叫进气冲程。如图 4-3（a）所示，在进气冲程初始阶段，进气门打开，排气门关闭，活塞在曲轴的作用下，由上止点向下止点移动，气缸的容积逐渐增大，气缸内外产生压力差，在此压力差的作用下，在化油器中形成的可燃混合气，便经进气管被吸入气缸。当活塞到达下止点时，进气门关闭，进气冲程结束，此时曲轴旋转了第一个半转（0°～180°）。由于进气系统有一定的阻力，故进气终了时气缸内的压力低于大气压力，为 0.08～0.09MPa。因为进入气缸的混合气与活塞等高温机件接触，所以，温度升为 300～400K。本冲程要求进入气缸的混合气尽可能多，则燃烧后膨胀压力就越大，发动机输出功率也就越大。但实际上会因发动机温升使混合气受热后体积膨胀，密度下降，以及进气时间太短、进气管道的机械阻力和缸内积炭等因素，而影响混合气的进入量。因此，在使用中要尽量保持空气滤清器的清洁，正确调整好化油器的相关参数以及气门间隙，定期清除缸内积炭和保证各密封处不漏气。

b. 压缩冲程。压缩冲程是进入气缸内的混合气被压缩的过程。进气冲程结束时，气缸内混合气体的密度很小，其压力和温度都比较低。为了提高气缸内的压力和温度，形成燃烧的有利条件，需要对混合气进行压缩。

如图 4-3（b）所示，在进气冲程终了时，进、排气门均处于关闭状态，曲轴带动活塞由下止点向上止点移动，气缸容积逐渐减小，燃料与空气更均匀地混合，为燃烧创造有利条件，活塞移至上止点时，压缩冲程结束，此时曲轴旋转了第二个半转（180°～360°）。此时，气缸内的压力可达 0.8～1.5 MPa，温度为 600～750K。

在本冲程中，燃烧速度越快，膨胀压力就越大，发动机输出功率也就越大。因此，要求发动机要有良好的压缩压力。如发生压缩不良或漏气等现象，应及时排除、修复。另外，在使用中要保持其压缩比不变，检修时要注意气缸垫厚度必须符合要求。

c. 做功冲程。做功冲程是可燃混合气体燃烧后，膨胀推动活塞做功的过程。如图 4-3（c）所示，在压缩冲程结束前，当活塞接近上止点时，火花塞点火，混合气体被点燃迅速燃烧，这时进、排气门仍然关闭，短时间内压力升高到 3.0～6.5 MPa，温度一般达到 2200～2800K，在高压气体的作用下，推动活塞下行，通过连杆使曲轴旋转并对外做功。随着活塞的下行，气缸容积逐渐增大，压力温度也逐渐降低，活塞到达下止点时，做功冲程结束，这一过程，曲轴转了第三个半转（360°～540°）。

在做功冲程中，必须保证混合气能迅速、安全、正常地燃烧，以获得最大的动力，并节省汽油。为此，要求点火适时，火花强烈，混合气浓度恰当，无自燃、爆震现象。为了减少能量损耗，必须保证曲轴销与连杆大头、连杆小头与活塞销、活塞组与气缸壁等处间隙符合要求。因为间隙过大过小都会消耗一部分能量并影响机器的使用寿命。

d. 排气冲程。排气冲程是气缸内的废气被排出的过程。如图 4-3（d）所示，做功冲程将近终了时，排气门打开，进气门仍关闭。由于气缸内的废气压力比大气压力高，加之飞轮的惯性作用，使曲轴继续转动，活塞又开始上行，废气迅速从排气门排出。当活塞到达上止点时，排气门关闭，排气冲程结束。这一过程中，曲轴旋转了第四个半转（540°～720°）。排气终了的压力一般为 0.105～0.120 MPa，温度为 1100～1400K。

至此，发动机完成了一个工作循环。当活塞利用飞轮的惯性越过上止点下行，再一次进入进气冲程时，标志着下一个工作循环的开始。

应该指出，排气冲程结束时，燃烧室内的废气是排不尽的，这部分气体称为残余废气，它会影响下一个循环新鲜混合气的进入量，从而降低发动机的输出功率。所以，本冲程要求将燃烧后的废气尽量排除干净。在维护保养时，必须保证排气门间隙正确，及时清除积炭，防止排气通道和消声器堵塞等。

(3) 二冲程内燃机工作原理

① 二冲程柴油机工作原理。如图 4-4 所示为带有扫气泵的气门气孔式二冲程柴油机工作过程示意图。这种类型的二冲程柴油机无进气门。气缸（气缸套）壁上有一组进气孔 3，由活塞的上下运动控制进气孔的开、闭，气缸盖上设有排气门 5。空气由扫气泵 1 提高压力以后，经气缸外部的空气室 2 和气缸壁上的进气孔 3 进入气缸，完成进气和扫气过程。燃烧后的废气由气缸盖上的排气门排出。其工作过程如下：

a. 第一冲程。第一冲程也称换气-压缩过程。曲轴带动活塞由下止点向上运动，这时进气孔和排气门均打开［如图 4-4（a）所示］，新鲜空气由扫气泵以高于大气压的压力送入气缸中，并把气缸中的残余废气从排气门扫除。这种进、排气同时进行的过程称为“扫气过程”。活塞继续向上运动，当活塞越过进气孔后，进气孔被活塞关闭的同时配气机构也使排气门关闭。于是气缸内的新鲜空气被压缩［如图 4-4（b）所示］，一直进行到上止点。

b. 第二冲程。第二冲程也称膨胀-换气过程。活塞接近上止点时，喷油器开始喷油［如图 4-4（c）所示］，被喷油器喷成的雾状柴油与高温压缩空气相遇，便迅速燃烧。由于燃气压力的作用，推动活塞向下止点运动，经连杆带动曲轴旋转而输出动力。当活塞下行至某一时刻时排气门打开［如图 4-4（d）所示］，做功后的废气由排气门排出。活塞继续向下运动，随后进气孔打开，新鲜空气被扫气泵再次压入气缸，开始“扫气过程”。活塞一直运动到下止点，完成第二个工作冲程。

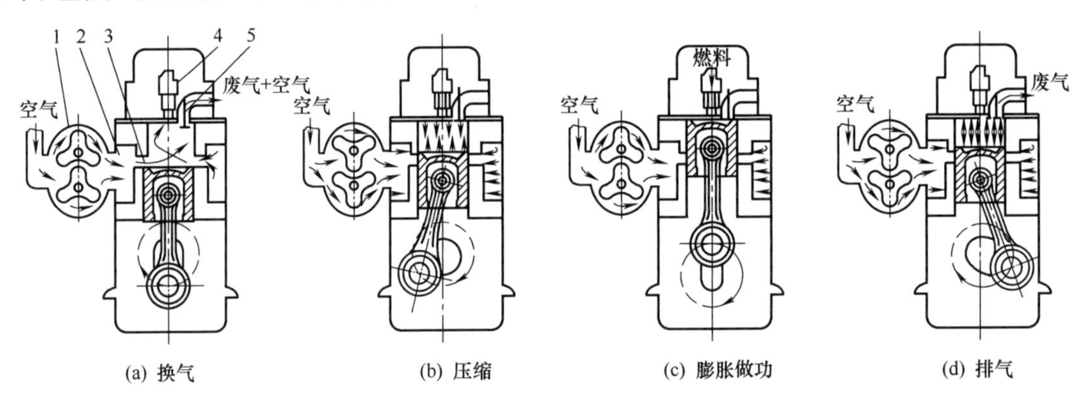

图 4-4　二冲程柴油机工作过程示意图

1—扫气泵；2—空气室；3—进气孔；4—喷油器；5—排气门

② 二冲程汽油机工作原理。曲轴转一圈，活塞在气缸中往返移动一次，完成换（扫）气、压缩、膨胀做功、排气一个工作循环的汽油机称为二冲程汽油机。二冲程汽油机的工作原理如图 4-5 所示。

二冲程发动机有多种结构形式，图 4-5 中表示的为曲轴箱换气式二冲程汽油发动机，它没有四冲程发动机上通常采用的配气机构（如进、排气门等）。其进、排气都是通过开在气缸壁上的气孔进行的，而气孔的开启和关闭则由活塞的运动进行控制。当活塞往复运动时，其上部气缸内和下部曲轴箱内进行着不同的工作。

a. 第一冲程。冲程开始时，活塞由下止点往上移动［如图 4-5（a）（c）所示］。当活塞尚未遮住换气孔 2 和排气孔 6 时，曲轴箱内具有一定压力的新鲜混合气通过换气道和换气孔源源不断地流入气缸，而上一个工作循环所产生的废气则经排气孔继续排出机体外。对气缸而言，这一阶段进气和排气同时在进行，通常称为换气过程。活塞继续上行，首先将换气孔完全遮盖，这时换气过程结束，但排气孔尚未全闭，因而气缸内的气体（其中可能含新鲜混合气）仍在向外排出。待活塞全部遮盖排气孔后，气缸内即成密闭的空间，压缩过程才开始

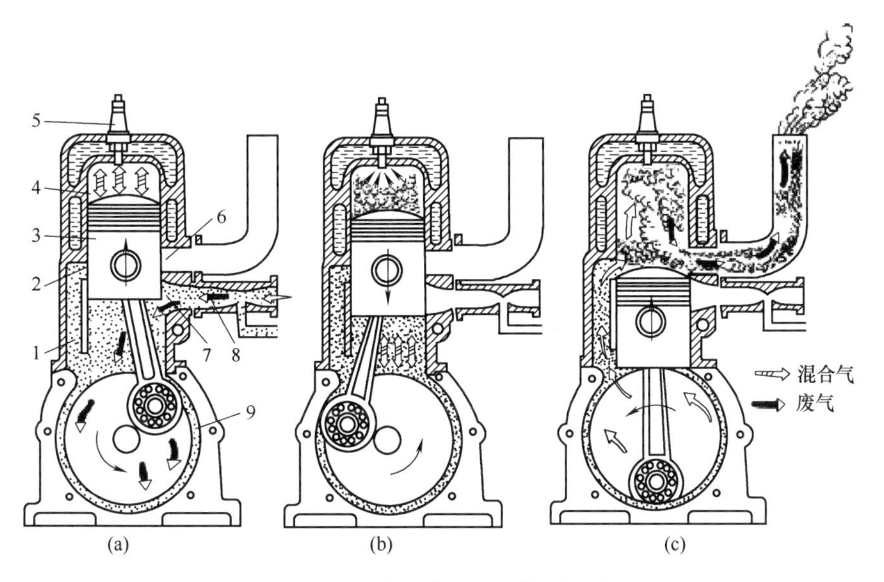

图 4-5　二冲程汽油机工作原理图

1—换气道；2—换气孔；3—活塞；4—气缸；5—火花塞；6—排气孔；7—进气孔；8—化油器；9—曲轴箱

进行，直至活塞到达上止点时为止。

在活塞下部的曲轴箱内，当活塞完全遮盖换气孔后，也成为一个密闭的空间。随着活塞上行，空间容积增大，气体压力不断降低。当活塞上行到使进气孔 7 与曲轴箱相通时，曲轴箱内的气压已低于外界大气压，于是汽油和空气组成的可燃混合气即由进气孔流入曲轴箱内，直至活塞下行重新遮盖进气孔时为止。

b. 第二冲程。当活塞上行接近上止点时，火花塞的两电极间跳火，点燃被压缩的混合气，高温、高压的燃气即推动活塞下行做功。当活塞下行到排气孔 6 开始露出时，废气开始排出，膨胀和做功过程即基本结束。随后，换气孔 2 也与气缸内相通，换气过程即开始。二冲程发动机为了能减少换气过程中新鲜混合气或空气的损失，同时利用进气流驱赶废气以便使废气排除得更干净，在气孔的布置和活塞顶部的形状上采取了适当的措施，如采用凸顶活塞、进气孔中心线与气缸中心线成倾斜方向，使进气气流引向气缸顶部等。对于组织安排得好的换气过程是：既能使废气排除较干净，又能使新鲜混合气充满整个气缸，且随废气排出的损失量比较少［如图 4-5（b）、（c）所示］。

当活塞继续下行时，新鲜混合气仍不断流入曲轴箱，到活塞下缘将进气孔 7 完全遮住时，进气结束，曲轴箱内又成为密闭的空间。随着活塞下行，曲轴箱内的气体受到压缩，压力升高，直到换气孔 2 打开，气体流往气缸为止。提高曲轴箱内气体压力的目的是改善换气过程，若进气压力较高，则换气过程中新鲜混合气或空气易于充入气缸，且能起到扫除废气的作用，故也有称换气过程为扫气过程的。

二冲程汽油机的上述两个冲程，周而复始地完成换（扫）气、压缩、膨胀做功、排气四个工作过程。每循环一次，汽油机做一次功，连续循环，汽油机就连续输出功率。

（4）二冲程与四冲程内燃机的比较

与四冲程内燃机相比，二冲程内燃机有以下主要特点：

① 曲轴每转一周就有一个做功过程，因此，当二冲程内燃机工作容积和转速与四冲程内燃机相同时，在理论上其功率应为四冲程内燃机功率的两倍。但由于结构上的关系，二冲程内燃机废气排除不彻底，并且换气过程减小了有效工作冲程。因而在同样的工作容积和曲

轴转速下，二冲程内燃机的功率为四冲程内燃机的 1.5～1.7 倍。

② 二冲程内燃机因其曲轴每转一周就有一个做功冲程，在相同转速下工作循环次数多，故输出转矩均匀，运转平稳，可以使用较小的飞轮。

③ 大多数二冲程内燃机部分或全部采用气孔换气，配气机构简单。所以，二冲程内燃机结构简单，质量小，使用维修方便。

④ 换气时间短，并需要借助新鲜空气来清扫废气，换气效果相对较差。

由于二冲程内燃机具有上述特点，它被广泛应用于小排量内燃机。同时由于它所存在的缺点，限制了其在大中型内燃机上的应用。

4.1.2 柴油机基本构造

柴油机在工作过程中能输出动力，除了直接将燃料的热能转变为机械能的燃烧室和曲柄连杆机构外，还必须具有相应的机构和系统予以保证，并且这些机构和系统是互相联系和协调工作的。不同类型和用途的柴油机，其机构和系统的形式不同，但其功用基本一致。柴油机主要由机体组件与曲柄连杆机构、配气机构与进排气系统、燃油供给系统、润滑系统、冷却系统、启动系统（装置）等机构和系统组成，如图 4-6 所示。

(1) 机体组件与曲柄连杆机构

① 机体组件。机体组件是柴油机的骨架，主要由气缸体、气缸与气缸套、气缸盖、气缸垫和油底壳等固定件组成。它是柴油机各机构系统的装配基体，柴油机的所有运动机件和辅助系统都安装在它上面，而且其本身的许多部位又分别是曲柄连杆机构、配气机构与进排气系统、燃油供给与调速系统、润滑系统和冷却系统的组成部分。例如，气缸盖与活塞顶共同形成燃烧室空间，不少零件、进排气道和油道也布置在它上面。

a. 气缸体。多缸柴油机的各气缸通常铸成一个整体，称为气缸体。气缸体是柴油机的主体，是安装其他零部件和附件的支撑骨架。气缸体应保证柴油机在运行中所需的强度，结构要紧凑。同时应尽可能提高其刚性，使柴油机各部分变形小，并保证主要运动件安装位置正确，运转正常。为了使气缸体在重量最轻的条件下具有最大的刚度和强度，通常在气缸体受力较大的地方设有加强筋。气缸体的材料一般采用优质灰铸铁。对于重量有特殊要求的发动机，有采用铝合金铸造机体的。铝合金机体的强度和刚度较差，而成本较高。

b. 气缸与气缸套。气缸是用来引导活塞做往复运动的圆筒形空间。气缸内壁与活塞顶、气缸盖底面共同构成燃烧室，其表面在工作时与高温、高压燃气及温度较低的新鲜空气交替接触。由于燃气压力和温度的影响，加之活塞相对于气缸内壁的高速运动和侧压力的作用，使气缸表面产生磨损。当气缸壁磨损到一定程度后，活塞环与气缸壁之间就会失去密封性，大量燃气漏入曲轴箱，使柴油机性能恶化，而且机油也较易变质。因此对气缸的材料、加工精度和表面粗糙度都有较高要求。通常柴油机的大修期限是根据气缸壁面的磨损情况来决定的。

为了提高气缸的强度和耐磨性，便于维修和降低成本，通常采用较好的合金材料将气缸制成单独的气缸套镶入气缸体中。一般气缸套采用耐磨合金铸铁制造，如高磷铸铁、含硼铸铁、球墨铸铁或奥氏体铸铁等。为了使气缸套的耐磨性更好，有的气缸套还进行了表面淬火、多孔镀铬、氮化处理或喷钼等。常用的气缸套可分为干式和湿式两种。

c. 气缸盖。气缸盖装于气缸体上部，用缸盖螺栓紧固在气缸体上。其功用是封闭气缸上平面，并与气缸和活塞顶构成燃烧室。如图 4-7 所示为 135 系列柴油机气缸盖结构。

气缸盖的结构有多种形式。单缸式，即每一个气缸有一个单独气缸盖；双缸式，即每两个气缸共用一个气缸盖；多缸式，即每列气缸共用一个气缸盖，又称整体式。

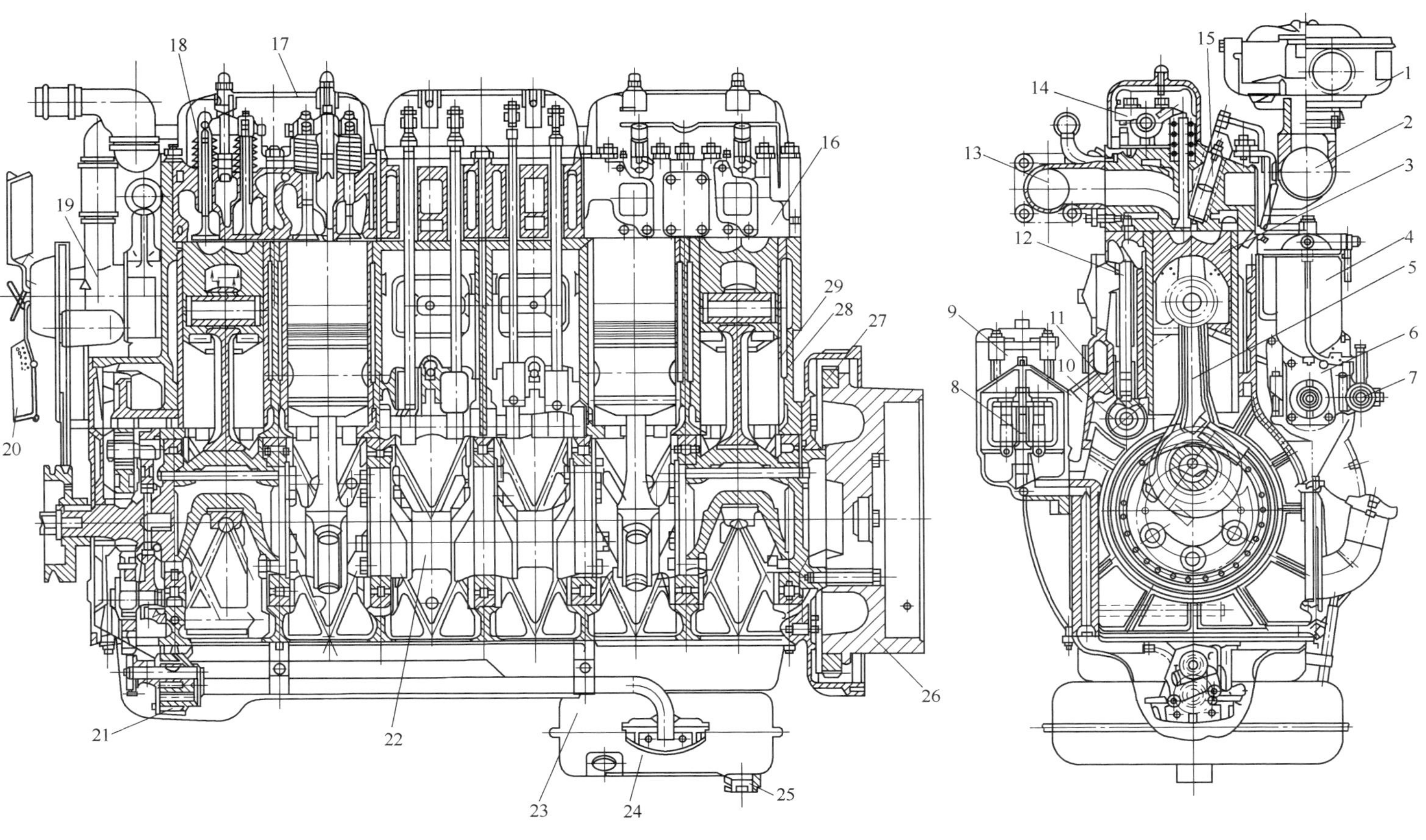

图 4-6　六缸柴油机纵横剖面图

1—空气滤清器；2—进气管；3—活塞；4—柴油滤清器；5—连杆；6—喷油泵；7—输油泵；8—机油粗滤器；9—机油精滤器；10—凸轮轴；11—挺柱；12—推杆；13—排气管；14—摇臂；15—喷油器；16—气缸盖；17—气缸盖罩；18—气门；19—水泵；20—风扇；21—机油泵；22—曲轴；23—油底壳；24—集滤器；25—放油塞；26—飞轮；27—启动齿圈；28—机体；29—气缸套

柴油机气缸盖的热负荷十分严重，由于它上面装有进、排气门，气门摇臂和喷油器等零部件，而且气缸盖内布置有进、排气道和机油道等，特别是风冷式柴油机的气缸盖，散热片的布置比较困难。如果喷油器冷却效果不好、温度过高，则喷油器针阀容易咬死或出现其他故障，由于排气门受热严重，如冷却不良也会加剧磨损而降低其使用寿命，所以对于一些重要部件均需保证有足够的冷却效果。

为了保证气缸盖与气缸体间结合紧密，拧紧气缸盖螺母要用读数准确的扭力扳手（公斤扳手），按先中间后两边，分 2～3 次，对称均匀地拧紧到规定的力矩，如图 4-8 所示。拆卸气缸盖螺母的顺序与上述顺序刚好相反，按先两边后中间的顺序，分 2～3 次对称均匀地拧松。千万不要为了方便，一次性地把全部螺帽卸掉。

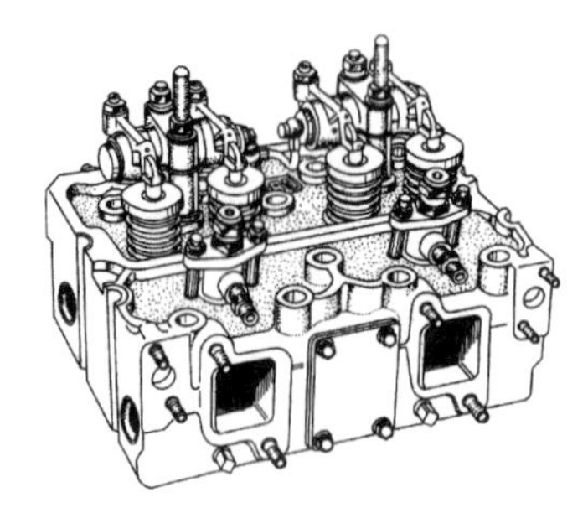

图 4-7 135 系列柴油机气缸盖结构

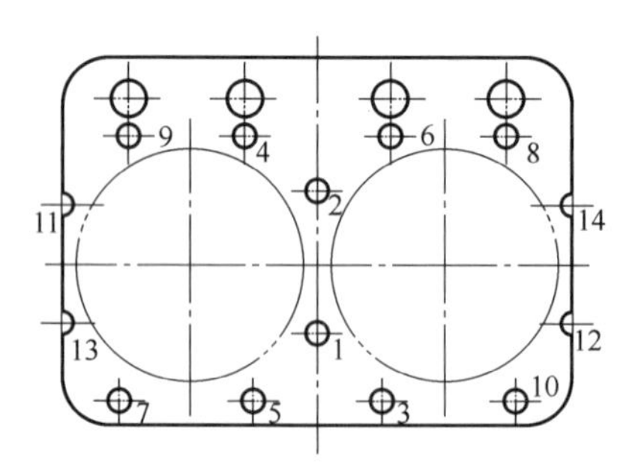

图 4-8 气缸盖螺母拧紧顺序

d. 气缸垫。气缸垫装于气缸体和气缸盖接合面之间，其功用为补偿接合面的不平处，保证气缸体和气缸盖间的密封。它对防止三漏（漏水、漏气和漏油）关系甚大，其厚薄程度还会影响柴油机的压缩比和工作性能，因此，在使用和维修柴油机时应注意保证气缸垫良好，更换时应按照原来标准厚度选用。

气缸垫要求耐高温、耐腐蚀，并具有一定的弹性，同时还要求拆装方便，能多次重复使用。常用的气缸垫为金属-石棉缸垫，这种气缸垫的外廓尺寸与缸盖底面相同，在自由状态时，厚约 3mm，压紧后为 1.5～2mm。气缸垫的内部是石棉纤维（夹有碎铜丝或钢屑），外面包以铜皮或钢皮。有的气缸垫在气缸孔的周围用镍皮镶边，以防止燃气将其烧损，在过水孔和过油孔的周围用铜皮镶边，这种气缸垫的弹性好，可重复使用。

在强化或增压发动机上，常用塑性金属（如硬铝板）制成的金属衬垫作气缸垫。金属衬垫强度好、耐烧蚀能力强。

e. 油底壳。油底壳（又称下曲轴箱）主要用于收集和储存润滑油，同时密封曲轴箱。油底壳一般用 1～2mm 厚的薄钢板冲压或焊接而成，也有用铸铁或铝合金铸成的。

油底壳的结构形状主要是根据机油的容量、柴油机的安装位置以及在使用中的纵横倾斜角度来决定。如图 4-9 所示为 135 系列柴油机的油底壳，为了保证润滑油泵能经常吸油，其后部的深度较大，整个底部呈斜面以保证供油充足。对于热负荷较大的柴油机，油底壳带有散热片以降低机油的温度。为防止润滑油激溅，油底壳中多设有稳油板。油底壳底部装有磁性放油塞，以吸附润滑油中的铁屑和必要时放出润滑油。

② 曲柄连杆机构。热能转变为机械能，需要通过曲柄连杆机构来完成。此机构是柴油机的主要运动件，由活塞连杆组（活塞、连杆）和曲轴飞轮组（曲轴、飞轮）等主要零部件组成。在柴油燃烧时，活塞承受气体膨胀的压力，并通过连杆使曲轴旋转，将活塞的往复直线运动转变为曲轴的旋转运动，并对外输出动力。

a. 活塞连杆组。活塞连杆组由活塞、活塞环、活塞销、连杆及连杆轴承等组成。如图 4-10 所示为国产 135 系列柴油机的活塞连杆组。

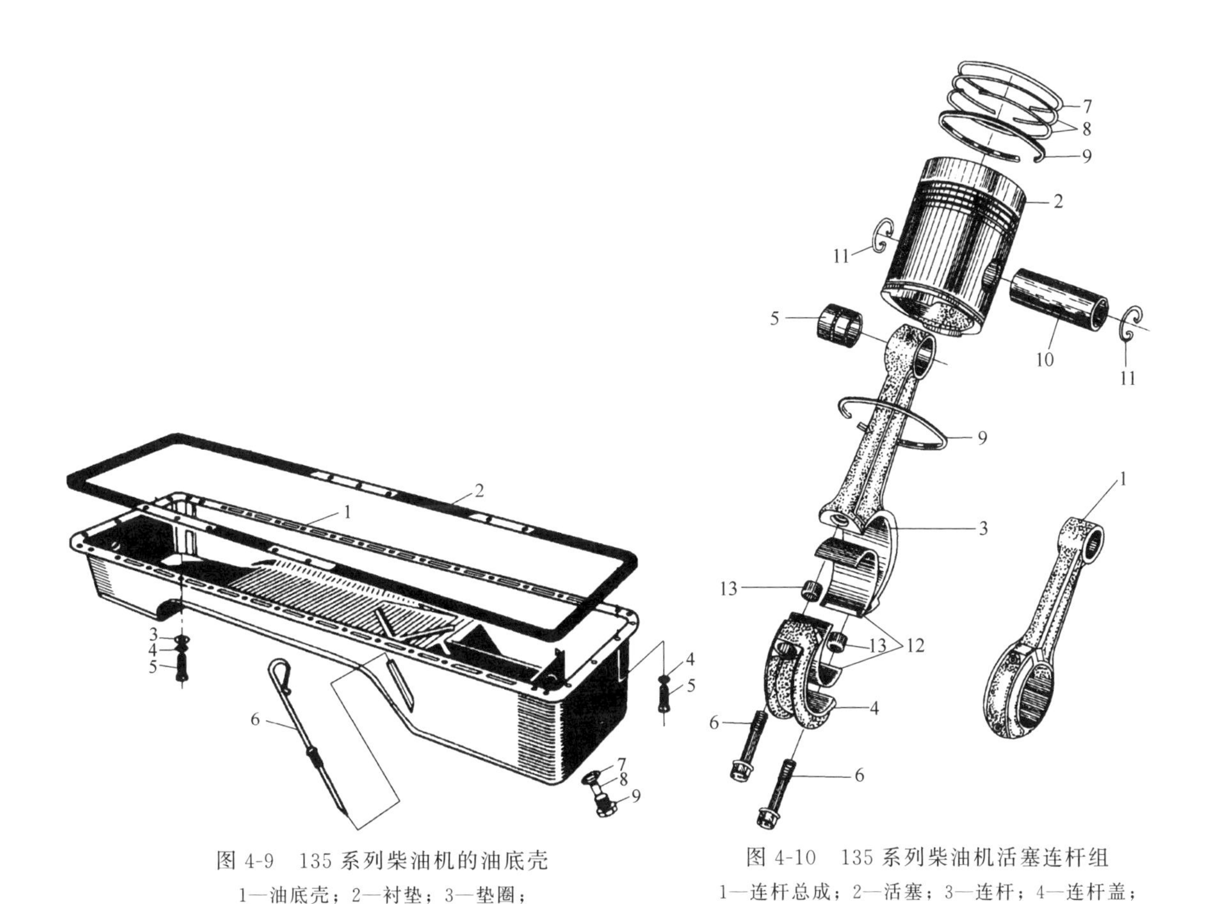

图 4-9　135 系列柴油机的油底壳

1—油底壳；2—衬垫；3—垫圈；
4—弹簧垫圈；5—螺栓；6—机油尺；
7—紫铜垫圈；8—磁铁；9—放油塞

图 4-10　135 系列柴油机活塞连杆组

1—连杆总成；2—活塞；3—连杆；4—连杆盖；
5—连杆衬套；6—连杆螺钉；7，8—气环；
9—油环；10—活塞销；11—活塞销卡环；
12—连杆轴瓦；13—定位套筒

b. 曲轴飞轮组。曲轴飞轮组的功用是将活塞连杆组传来的力转变成转矩，从轴上输出机械功，同时驱动柴油机各机构及辅助系统，克服非做功冲程的阻力，还可储存和释放能量，使柴油机运转平稳。它主要由曲轴、飞轮及扭转减振器等组成，如图 4-11 所示。

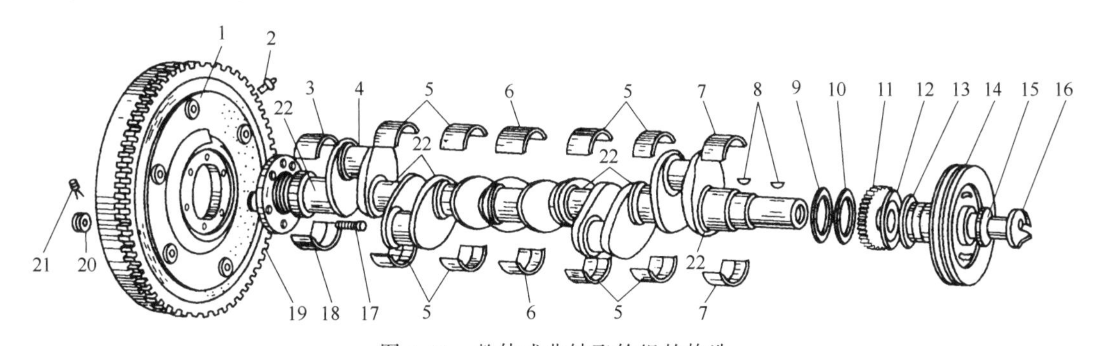

图 4-11　整体式曲轴飞轮组的构造

1—飞轮；2—润滑脂嘴；3，5，6，7，18—主轴承；4—连杆轴颈；8—半圆键；9—后止推垫圈；
10—前止推垫圈；11—正式齿轮；12—挡油圈；13—曲轴油封；14—带盘；15—启动爪锁紧垫圈；
16—启动爪；17—曲轴螺钉；19—飞轮齿圈；20—螺母；21—开口销；22—主轴颈

(2) 配气机构与进排气系统

配气机构与进排气系统的作用是按柴油机的工作循环和着火顺序，适时地开启和关闭各缸进、排气门，排出气缸内的废气和吸入新鲜空气，保证柴油机换气过程顺利进行。

配气机构由气门组（进气门、排气门、气门导管、气门座和气门弹簧等）及传动组（挺柱、挺杆、摇臂、摇臂轴、凸轮轴和正时齿轮等）组成，进排气系统由空气滤清器、进气管、排气管与消声器等组成。

柴油机对配气机构及进排气系统的要求是：进入气缸的新鲜空气要尽可能多，排气要尽可能充分；进、排气门的开闭时刻要准确，开闭时的振动和噪声要尽量小；另外，要工作可靠、使用寿命长和便于调整。

① 配气机构。发动机配气机构有气门式、气孔式和气孔-气门式三种类型。四冲程柴油机普遍采用气门式配气机构。气门式配气机构由气门组（气门、气门导管、气门座及气门弹簧等）和气门传动组（推杆、摇臂、凸轮轴和正时齿轮等）组成。

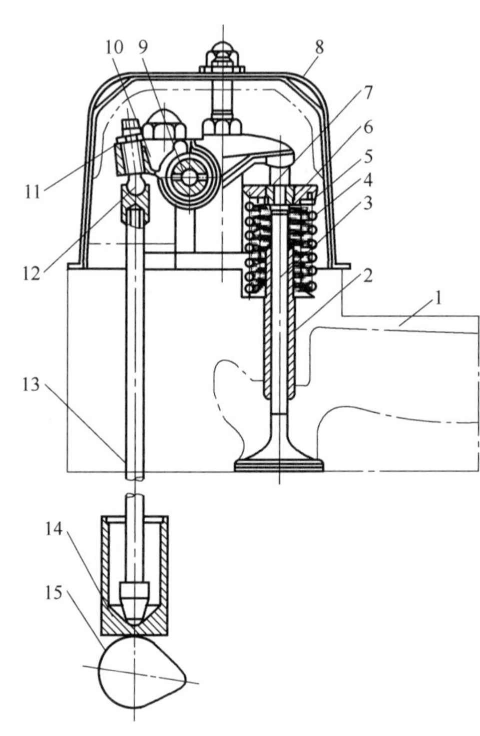

图 4-12　顶置式气门配气机构

1—气缸盖；2—气门导管；3—气门；4—气门主弹簧；5 —气门副弹簧；6—气门弹簧座；7—锁片；8—气门室罩；9—摇臂轴；10—摇臂；11—锁紧螺母；12—调整螺钉；13—推杆；14—挺柱；15—凸轮轴

气门式配气机构的结构形式较多，按照气门相对于气缸的位置不同可分为两种形式。气门布置在气缸侧面的称为侧置式气门配气机构；气门布置在气缸顶部的称为顶置式气门配气机构。采用侧置式气门配气机构布置的燃烧室横向面积大，结构不紧凑，而高度又受气流和气门运动的限制不能太小，所以当压缩比大于 7.5 时，燃烧室就很难布置。由于柴油机的压缩比不能太低，所以广泛采用顶置式气门配气机构。按凸轮轴的布置位置可分为上置凸轮轴式、中置凸轮轴式和下置凸轮轴式；按曲轴与凸轮轴之间的传动方式可分为齿轮传动式和链条传动式；按每缸的气门数目可分为二气门、三气门、四气门和五气门机构。本节主要介绍柴油发电机组常用的顶置式气门、下置凸轮轴、齿轮传动式、二气门的配气机构。

顶置式气门配气机构如图 4-12 所示，由凸轮轴 15、挺柱 14、推杆 13、摇臂 10 和气门 3 等零件组成。进、排气门都布置在气缸盖上，气门头部朝下，尾部朝上。如凸轮轴为了传动方便而靠近曲轴，则凸轮与气门之间的距离就较长。中间必须通过挺柱、推杆、摇臂等一系列零件才能驱动气门，使机构较为复杂，整个系统的刚性较差。

顶置式气门配气机构工作过程如下。凸轮轴由曲轴通过齿轮驱动。当柴油机工作时，凸轮轴即随曲轴转动，对于四冲程柴油机而言，凸轮轴的转速为曲轴转速的 1/2，即曲轴转两转完成一个工作循环，而凸轮轴转一转，使进、排气门各开启一次。当凸轮轴转到凸起部分与挺柱相接触时，挺柱开始升起。通过推杆 13 和调整螺钉 12 使摇臂绕摇臂轴转动，摇臂的另一端即压下气门，使气门开启。在压下气门的同时，内外两个气门弹簧也受到压缩。当凸轮轴凸起部分的最高点转过挺柱平面以后，挺柱及推杆随凸轮的转动而下落，被压紧的气门弹簧通过气门弹簧座 6 和锁片 7，将气门向上抬起，最后压紧在气门座上，使气门关闭。气门弹簧在安装时就有一定的预紧力，以保证气门与气门座贴合紧密而不致漏气。

② 进排气系统。柴油机的进排气系统主要由空气滤清器，进、排气管和消声器等组成。

a. 空气滤清器。空气滤清器的功用是滤除空气中的灰尘及杂质，将清洁的空气送入气缸内，以减少活塞连杆组、配气机构和气缸磨损。对空气滤清器的要求是：滤清效率高、阻力小、应用周期长且保养方便。

空气滤清器的滤清方式有以下三种：

惯性式（离心式）：利用灰尘和杂质在空气成分中密度大的特点，通过引导气流急剧旋转或拐弯，从而在离心力的作用下，将灰尘和杂质从空气中分离出来。

油浴式（湿式）：使空气通过油液，空气杂质便沉积于油中而被滤清。

过滤式（干式）：引导气流通过滤芯，使灰尘和杂质被黏附在滤芯上。

为获得较好的滤清效果，也可采用上述两种或三种方式的综合滤清。

b. 进排气管。进排气管的功用是引导新鲜空气进入气缸和使废气从气缸排出。进排气管应具有较小的气流阻力，以减小进气和排气阻力。现代柴油机还要求进排气管的结构形状有利于气流的惯性与压力脉动效应，以提高充量和排气能量的利用率。

进排气管一般用铸铁制成，进排气管也有用铝合金铸造或钢板冲压焊接而成的。进排气管均用螺栓固定在气缸上（顶置式配气机构），其结合处装有密封衬垫，以防漏气。柴油机进气管内的气流是新鲜空气，为避免受排气管加热而减小充气量，现代柴油机的进排气管均布置在机体的两侧，如图 4-13 所示为 6135 型柴油机的进排气管结构示意图。三个缸共用一个进气歧管，各装一个空气滤清器。其排气歧管是由两段套接而成，在套接处填有石棉绳，以保证密封；有的柴油机排气歧管对应每一支管开有检视螺孔，以便测量各缸的排气温度和检查排气情况，平时用埋头螺塞封闭。

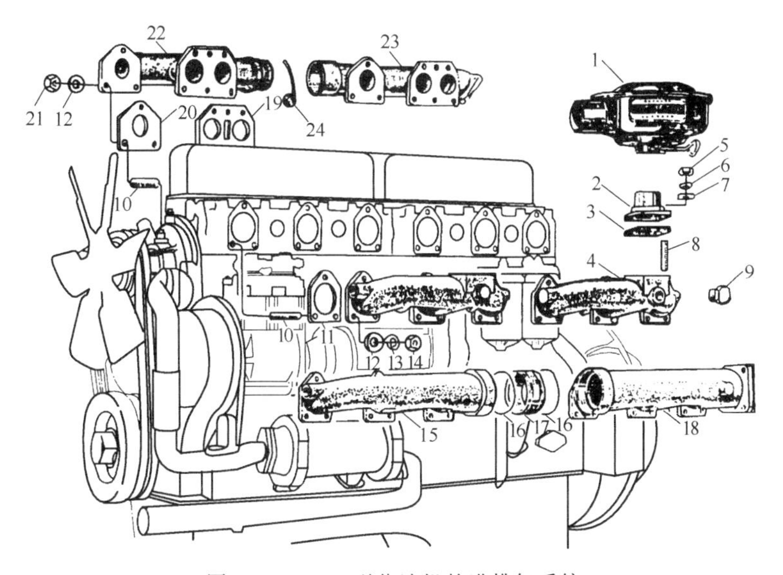

图 4-13　6135 型柴油机的进排气系统

1—空气滤清器；2—进气管接头；3，11—进气管衬垫；4—进气管；5，14—螺母；6，7，12，13—垫圈；8，9，10—螺栓；15—前进气歧管；16—橡胶气密圈；17—进气歧管中间套管；18—后进气歧管；19，20—排气歧管衬垫；21—铜螺母；22—前排气歧管；23—后排气歧管；24—石棉绳

c. 消声器。柴油机排出的废气在排气管中流动时，由于排气门的开闭与活塞往复运动的影响，气流呈脉动形式，并具有较大的能量。如果让废气直接排入大气中，会产生强烈的排气噪声。消声器的功用是减小排气噪声和消除废气中的火星。消声器一般用薄钢板冲压焊接而成。它的工作原理是降低排气的压力波动和消耗废气流的能量。一般采用以下几种方

法：多次改变气流方向；使气流多次通过收缩和扩大相结合的流通断面；将气流分割为很多小的支流并沿不平滑的表面流动；降低气流温度。

(3) 燃油供给与调速系统

柴油机燃油供给与调速系统的功用是根据柴油机的工作要求，在一定的转速范围内，将一定数量的柴油，在一定的时间内，以一定的压力将雾化质量良好的柴油按一定的喷油规律喷入气缸，并使其与压缩空气迅速且良好地混合和燃烧。柴油机燃油供给与调速系统主要由柴油箱、输油泵、柴油滤清器、喷油泵（高压油泵）、喷油器、调速器等组成，其工作情况对柴油机的功率和经济性有重要影响。

应用最为广泛的直列柱塞式喷油泵柴油机燃油供给与调速系统的组成如图 4-14 所示。直列柱塞式喷油泵 3 一般由柴油机曲轴的正时齿轮驱动，固定在喷油泵体上的活塞式输油泵 5 由喷油泵的凸轮轴驱动。当柴油机工作时，输油泵 5 从柴油箱 8 吸出柴油，经油水分离器 7 除去柴油中的水分，再经柴油滤清器 2 滤除柴油中的杂质，然后送入喷油泵，在喷油泵内柴油经过增压和计量之后，经高压油管 9 输往喷油器 1，最后通过喷油器 1 将柴油喷入燃烧室。喷油泵的前端装有喷油提前器 4，后端与调速器 6 组成一体。输油泵供给的多余柴油及喷油器顶部的回油均经回油管 11 返回柴油箱 8。在有些小型柴油机上，往往不装输油泵，而依靠重力供油（柴油箱的位置比喷油泵的位置高）。

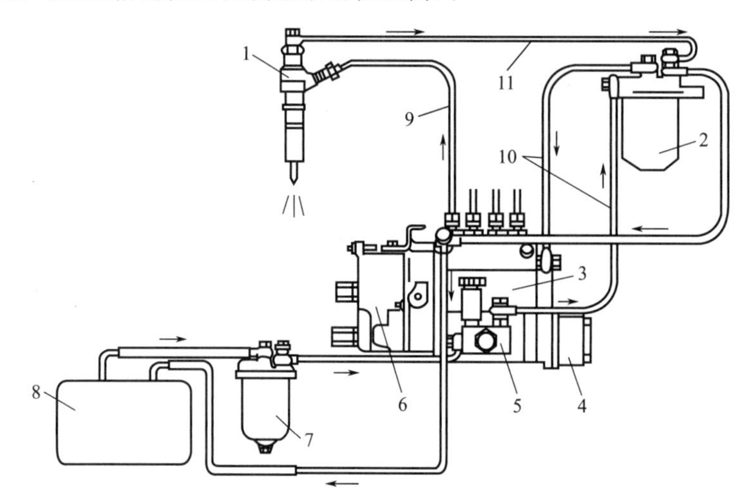

图 4-14 直列柱塞式喷油泵柴油机燃油供给与调速系统

1—喷油器；2—柴油滤清器；3—直列柱塞式喷油泵；4—喷油提前器；5—活塞式输油泵；6—调速器；7—油水分离器；8—柴油箱；9—高压油管；10—低压油管；11—回油管

① 喷油泵。喷油泵（又称高压油泵）是柴油机燃油供给系中最重要的部件之一，其作用是根据柴油机的工作要求，在规定的时刻将定量的柴油以一定的高压送往喷油器。对于多缸柴油机的喷油泵，还要求各缸的供油次序应符合选定的发动机发火次序，各缸的供油时刻、供油量和供油压力等参数尽量相同，以保证各缸工作的均匀性。

喷油泵的结构形式很多，按作用原理的不同，大体可分为四类：柱塞式喷油泵、分配式喷油泵、泵-喷嘴和 PT 泵。目前，在柴油发电机组中应用最广泛的是柱塞式喷油泵。这种喷油泵结构简单紧凑、便于维修、使用可靠、供油量调节比较精确。

② 喷油器。柴油机的燃料是在压缩过程接近终了时喷入气缸内的。喷油器的作用是将燃料雾化成细粒，并使它们适当地分布在燃烧室中，形成良好的可燃混合气。因此，对喷油器的基本要求是：有一定的喷射压力、一定的射程、一定的喷雾锥角、喷雾良好，在喷油终

了时能迅速停油，不发生滴油现象。

目前，中小功率柴油机常采用闭式喷油器。闭式喷油器在不喷油时，喷孔被一个受强力弹簧压紧的针阀所关闭，将燃烧室与高压油腔隔开。在燃油喷入燃烧室前，一定要克服弹簧的弹力，才能把针阀打开。也就是说，燃油要有一定的压力才能开始喷射。这样才能保证燃油的雾化质量，能够迅速切断燃油的供给，不发生燃油滴漏现象，这对于低速小负荷运转时尤为重要。其主要类型有孔式和轴针式两种。

③ 调速器。调速器的功用是在柴油机所要求的转速范围内，能随着柴油机外界负荷的变化而自动调节供油量，以保持柴油机转速基本稳定。对于柴油机而言，改变供油量只需转动喷油泵的柱塞即可。随着供油量加大，柴油机的功率和转矩都相应增大，反之则减少。

柴油机驱动其他工作机械（如发电机、水泵等）时，如果其输出转矩与工作机械克服工作阻力所需要的转矩（阻力矩）相等，则工作处于稳定状态（转速基本稳定）。如阻力矩超过输出转矩，则柴油机转速将下降，如不能达到新的稳定工况，则柴油机将停止工作。当输出转矩大于阻力矩时，则转速将升高，如不能达到新的平衡，则转速将不断上升，会发生“飞车”事故。由于工作机械的阻力矩会随着工作情况的变化而频繁变化，操作人员是不可能及时灵敏地调节供油量，使柴油机输出转矩与外界阻力相适应的，这样，柴油机的转速就会出现剧烈的波动，从而影响工作机械的正常工作。因此，工程机械（如发电）用柴油机必须设置调速器。此外，由于柴油机喷油泵本身的性能特点，在怠速工作时不容易保持稳定，而在高速时又容易超速运转甚至“飞车”，所以在柴油机上必须安装调速器，以保持其怠速稳定和防止高速时出现“飞车”现象。

④ 输油泵。输油泵的功用是保证低压油路中柴油的正常流动，克服柴油滤清器和管道中的阻力，并以一定的压力向喷油泵输送足够的柴油。

⑤ 柴油滤清器。各种柴油本身含有一定量的杂质，如灰分、残炭和胶质等。重柴油与轻柴油相比，重柴油含杂质更多。柴油在运输和储存过程中，还可能混入更多的尘土和水分，储存越久，由于氧化而生成的胶质也越多。每吨柴油的机械杂质含量可能多达 100～250g，粒度为 5～50μm。平均粒度为 12μm 的硬质粒子，对柴油机供油系统精密偶件的危害性最大，有可能引起运动阻滞和各缸供油不均匀，并加速其磨损，以致柴油机功率下降、燃油消耗率增加。柴油中的水分还可引起零件锈蚀，胶质有可能使精密偶件卡死，因此对柴油必须进行过滤。除了在柴油注入油箱前必须经过 3～7 天的沉淀处理外，在柴油供给系统中还应设置燃油滤清器。小型单缸柴油机一般为一级滤清，大、中型柴油机多有粗、细两级滤清器。有的在油箱出口还设置沉淀杯以达到多级过滤，确保柴油机使用的燃油清洁。

(4) 润滑系统

润滑系统的任务是将洁净的、温度适当的润滑油（机油）以一定的压力送至各摩擦表面进行润滑，使两个摩擦表面之间形成一定的油膜层以避免干摩擦，减小摩擦阻力，减轻机械磨损，降低功率消耗，从而提高内燃机工作的可靠性和耐久性。

柴油发动机按机油输送到运动零件摩擦表面的方式不同，主要有三种润滑方式：激溅式润滑、压力式润滑和油雾润滑。

只有小缸径单缸柴油机，采用激溅式润滑而不用机油泵（压力式润滑）。它利用固定在连杆大头盖上特制的油勺，在每次旋转中伸入到油底壳油面下，将机油飞溅起来，以润滑发动机各摩擦表面。其优点是结构简单、消耗功率小、成本低。缺点是润滑不够可靠，机油易起泡，消耗量大。

现代多缸柴油机大多采用以压力循环润滑为主、飞溅润滑和油雾润滑为辅的复合润滑方式。复合润滑方式工作可靠，并可使整个润滑系统结构简化。对于承受负荷较大，相对运动速度较高的摩擦表面，如主轴承、连杆轴承、凸轮轴轴承等机件采用压力润滑。它是利用机油泵的压力，把机油从油底壳经油道和油管送到各运动零件的摩擦表面进行润滑。这种润滑方式润滑可靠、效果好，并具有很高的清洗和冷却作用。对于用压力送油难以达到、承受负荷不大和相对运动速度较小的摩擦表面，如气缸壁、正时齿轮和凸轮表面等处，则用经轴承间隙处激溅出来的油滴进行润滑。对于气门调整螺钉球头、气门杆顶端与摇臂等处，则利用油雾附着于摩擦表面周围，积多后渗入摩擦部位进行润滑。

柴油机的某些辅助装置（如风扇、水泵、启动机和充电机等），只需定期地向相关部位加注润滑脂即可。

现以 135 系列柴油机的润滑系统（如图 4-15 所示）为例具体说明润滑系统的组成。该机采用湿式油底壳（油底壳中存储润滑油）复合润滑方式。主要运动零部件摩擦副，如主轴承、连杆轴承、凸轮轴轴承及正时齿轮等处用强制的压力油润滑；另一部分零部件如活塞、活塞环与气缸壁之间，齿轮系、喷油泵凸轮及调速器等靠飞溅润滑。喷油泵与调速器需要单独加润滑油。另外，水泵、风扇及前支撑等处用润滑脂润滑。其润滑系统主要包括：油底壳、机油泵、粗滤器、精滤器、冷却器、主油道、喷油阀、安全阀和调压阀等。

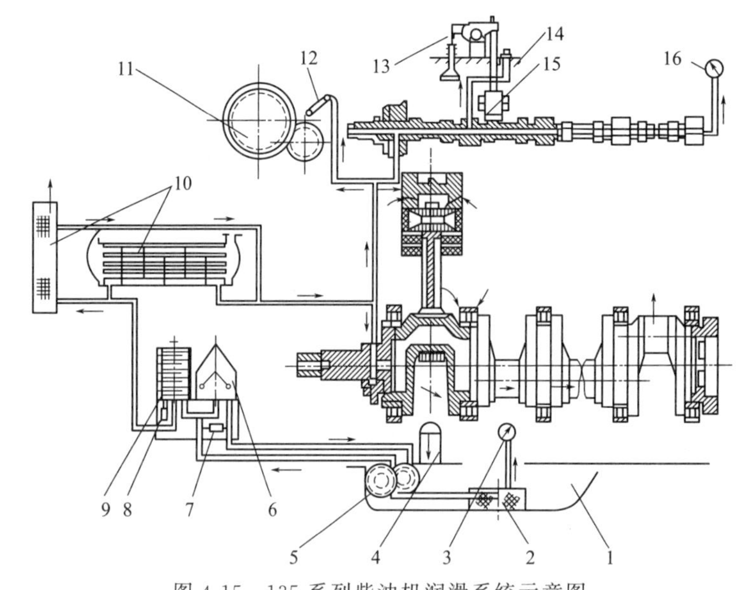

图 4-15　135 系列柴油机润滑系统示意图

1—油底壳；2—机油滤清器；3—油温表；4—加油口；5—机油泵；6—离心式机油细滤器；7—调压阀；8—旁通阀；9—机油粗滤器；10—机油散热器；11—齿轮系；12—喷嘴；13　气门摇臂；14—气缸盖；15—气门挺柱；16—油压表

机油由机体侧面（或气缸罩上）的加油口加入柴油机油底壳内。机油经滤油网吸入机油泵，泵的出油口与机体的进油管路相通。机油经进油管路首先到粗滤器底座，由此分成两路，一部分机油到精滤器，再次过滤以提高其清洁度，然后流回油底壳内。而大部分机油经机油冷却器冷却后进入主油道，然后分成几路：①经喷油阀向各缸活塞顶内腔喷油，冷却活塞并润滑活塞销、活塞销座孔及连杆小头衬套，同时润滑活塞、活塞环与气缸套等处；②机油进入主轴承、连杆轴承和凸轮轴轴承，润滑各轴颈后回到油底壳内；③由主油道经机体垂直油道到气缸盖，润滑气门摇臂机构后经气缸盖上推杆孔流回到发动机油底壳内；④机油从机体上凸轮轴轴承处的油孔用软管引出到空气压缩机，润滑空压机曲轴等处；⑤经齿轮室喷油阀喷向齿轮系，然后流回油底壳。

机油泵上装有限压阀，用来控制机油泵的出口压力。机体前端的发电机支架上装有安全

阀，以便柴油机启动时及时向主油道供给机油，当冷却器堵塞时可确保主油道供油。机体右侧主油道上装有一个调压阀，以控制主油道的油压，使柴油机能正常工作。机油冷却器上还装有机油压力及机油温度传感器。

整个柴油机润滑系统中，油底壳作为机油储存和收集的容器。用两只机油泵来实现机油的循环。油底壳侧面装有油尺，尺上刻有“(静) 满 (max)”和“加油 (min)”标记，启动柴油机前应将机油油面保持在“(静) 满”和“加油”线之间。

(5) 冷却系统

柴油机工作时，高温燃气及摩擦生成的热会使气缸 (盖)、活塞和气门等零部件的温度升高。如不采取适当的冷却措施，将会使这些零件的温度过高。受热零件的机械强度和刚度会显著降低，相互间的正常配合间隙会被破坏。润滑油也会因温度升高而变稀，失去应有的润滑作用，加剧零件的磨损和变形，严重时配合件可能会卡死或损坏。柴油机过热，会导致充气系数降低，燃烧不正常，功率下降，耗油量增加等。如柴油机温度过低，则混合气形成不良，造成工作粗暴、散热损失大、功率下降、油耗增加、机油黏度大、零件磨损加剧等，导致柴油机使用寿命缩短。实践表明，柴油机经常在冷却水温为 40～50℃ 条件下使用时，其零件磨损要比正常温度下运转时大好几倍，因此柴油机也不应冷却过度。柴油机冷却系统的作用是保证发动机在最适宜的温度范围内工作。根据冷却介质的不同，柴油机冷却系统可分为水冷式和风冷式两种。对于水冷式柴油机，缸壁水套中适宜的温度为 80～90℃，对于风冷式柴油机，缸壁适宜温度为 160～200℃。

① 水冷式冷却系统。水冷却方式是用水作为冷却介质，将柴油机受热零件的热量传递出去。这种冷却方式具有冷却比较均匀、可使柴油机稳定在最有利的水温下工作、运转时噪声小等优点，所以目前绝大多数柴油机采用的是水冷式冷却系统。根据冷却水在柴油机中进行循环的方法不同，可分为自然循环冷却和强制循环冷却两类。

自然循环冷却是利用水的密度随温度变化的特性，以产生自然对流，使冷却水在冷却系统中循环流动。其优点是结构简单，维护方便；缺点是水循环缓慢，冷却不均匀，柴油机下部水温低，上部水温高，局部地方由于冷却水循环强度不够而可能产生过热现象。此外，自然循环冷却系统要求水箱容量较大，故只能在小型柴油机上采用。自然循环冷却可分为蒸发式、冷凝器式和热流式三种。

强制循环冷却是利用水泵使水在柴油机中循环流动，强制循环冷却可分为开式和闭式两种。在开式强制循环冷却系统中，冷却介质直接与大气相通，冷却系统内的蒸汽压力总保持为外界大气压，其消耗水量比较多。而在闭式强制循环冷却系统中，水箱盖上安装了一个空气-蒸汽阀，冷却介质与外界大气不直接相通，水在密闭系统内循环，冷却系统的蒸汽压力稍高于大气压力，水的沸点可以提高到 100℃以上。其优点是可提高柴油机的进、出水口水温，使冷却水温差小，能稳定柴油机工作温度和提高其经济性；与此同时，还能提高散热器的平均温度，从而缩小散热面积，减少水的消耗量，并可缩短机油预热时间。其缺点是冷却系统零部件的耐压要求较高。这种冷却方式目前应用最为广泛。

如图 4-16 所示为 135 系列柴油发动机闭式强制循环水冷却系统示意图。柴油机的气缸体和气缸盖中都铸造有水套。冷却液经水泵 5 加压后，经分水管 10 进入机体水套 9 内，冷却液在流动的同时吸收气缸壁的热量并使自身的温度升高，然后流入气缸盖水套 7，在此吸热升温后经节温器 6 及散热器进水管进入散热器 2 中。与此同时，由于风扇 4 的旋转抽吸，空气从散热器芯吹过，流经散热器芯的冷却液热量不断地散发到大气中，使水温降低。冷却后的水流到散热器 2 底部后，又经水泵 5 加压后再一次流入缸体水套中，如此不断地循环，柴油机就不断地得到冷却。当水温高于节温器的开启温度时，回水进入散热水箱进行冷却，完成水循环，这种循环通常称为大循环；当水温低于节温器开启温度时，回水便直接流入水泵进行循环，这种循环通常称为小循环。

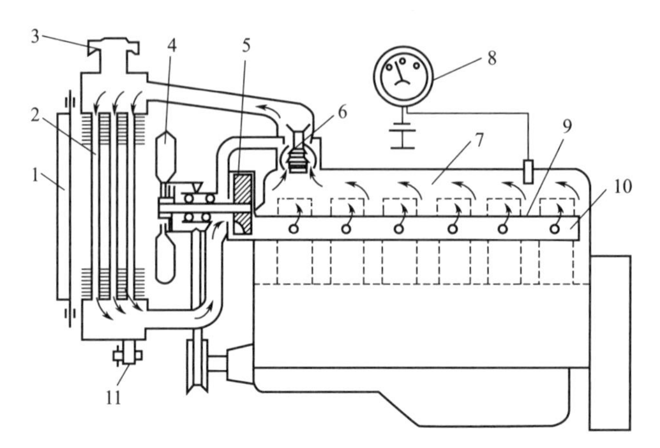

图 4-16　135 系列柴油发动机闭式强制循环水冷却系统示意图

1—百叶窗；2—散热器；3—散热器盖（水箱盖）；4—风扇；5—水泵；6—节温器；7—气缸盖水套；8—水温表；9—机体水套；10—分水管；11—放水阀

柴油机的转速升高，水泵和风扇的转速也随之升高，则冷却液的循环加快，扇风量也加大，散热能力就增强。为了使多缸机前后各缸冷却均匀，一般柴油机在缸体水套中设置有分水管或铸出配水室。分水管是一根金属管，沿纵向开有若干个出水孔，离水泵越远处，出水孔越大，这样就可以使前后各缸的冷却强度相近，整机冷却均匀。

水冷系统还设置有水温传感器和水温表。水温传感器一般安装在气缸盖出水管处，将出水管处的水温传给水温表。操作人员可借助水温表随时了解冷却系统的工作情况。

为了防止和减轻冷却水中的杂质对发动机的腐蚀作用，某些柴油机（如康明斯 NT855 型和卡特彼勒 3400 系列柴油机）在冷却系统中还设有防腐装置，在防腐装置的外壳中装有用镁板夹紧包有离子交换树脂的零件。其作用是由金属镁作为化学反应的金属离子的来源，当冷却水流经防腐装置的内腔时，水中的碳酸根离子便和金属离子形成碳酸镁而沉淀，在该装置中被滤去，从而减小了冷却水对发动机水套及冷却系统各部件的腐蚀。

② 风冷式冷却系统。风冷式冷却系统采用空气作为冷却介质，故又称空气冷却，是由风扇产生的高速运动的空气直接将高温零件的热量带走，使柴油机在最适宜的温度下工作。在气缸和气缸盖外壁都布置了散热片，用以增加散热面积，还布置了导风罩、导流板，用以合理地分配冷却空气和提高空气利用率，使冷却效果更有效和均匀。

风冷式主要由散热片、风扇、导风罩和导流板等组成。

与水冷式相比，风冷式具有零件少、结构简单、整机重量较轻、使用维修比较方便和对地区环境变化（如缺水、严寒和酷热等）适应性好等优点；但风冷式也有噪声较大、热负荷较高、风扇消耗功率较大和充气系数较低等缺点。

(6) 启动系统（装置）

柴油发动机借助于外力由静止状态转入工作状态的全过程称为柴油机的启动过程。完成启动过程所需要的一系列装置称为启动系统。它的作用是提供启动能量，驱使曲轴旋转，可靠地实现柴油机启动。

柴油机启动系统的工作性能主要是指能否迅速、方便、可靠地启动；低温条件下能否顺利启动；启动后能否很快过渡到正常运转；启动磨损占柴油机总磨损量的百分数以及启动所消耗的功率等。这些性能对柴油机工作的可靠性、使用方便性、耐久性和燃料经济性等有很

大影响。在启动系统中，动力驱动装置用于克服柴油机的启动阻力，启动辅助装置是为了使柴油机启动轻便、迅速和可靠。

柴油机启动时，启动动力装置所产生的启动力矩必须能克服启动阻力矩（包括各运动件的摩擦力矩，驱动附件所需的力矩和压缩气缸内气体的阻力矩等）。启动阻力矩主要与柴油机结构尺寸、温度状态及润滑油的黏度等有关。柴油机的气缸工作容积大、压缩比高时，阻力矩大；机油黏度大，阻力矩也大。

保证柴油机顺利启动的最低转速称为启动转速。启动时，启动动力装置还必须将曲轴加速到启动转速。启动转速的大小随柴油机形式的不同而不同。对于柴油发动机，为了保证柴油雾化良好和压缩终了时的空气温度高于柴油的自燃温度，要求有较高的启动转速，一般为150～300r/min。对于不同类型的柴油机，不采取特殊措施，柴油机能顺利启动的最低温度为：一般用途柴油机不低于5℃；车用柴油机不低于0℃。

机组的启动方法通常有四种：人力启动、电动机启动、压缩空气启动和用小型汽油机启动。小功率柴油机广泛采用人力启动，这是最简单的启动方法。常用的人力启动装置有拉绳启动和手摇启动。而在机组中应用最为普遍的是电动机启动系统。柴油机的启动充电系统主要由启动电动机、蓄电池（组）、充电发电机、调节器、照明设备、各种仪表和信号装置等组成。如图4-17所示为12V135G型柴油机启动充电系统的实物组件和接线原理图。

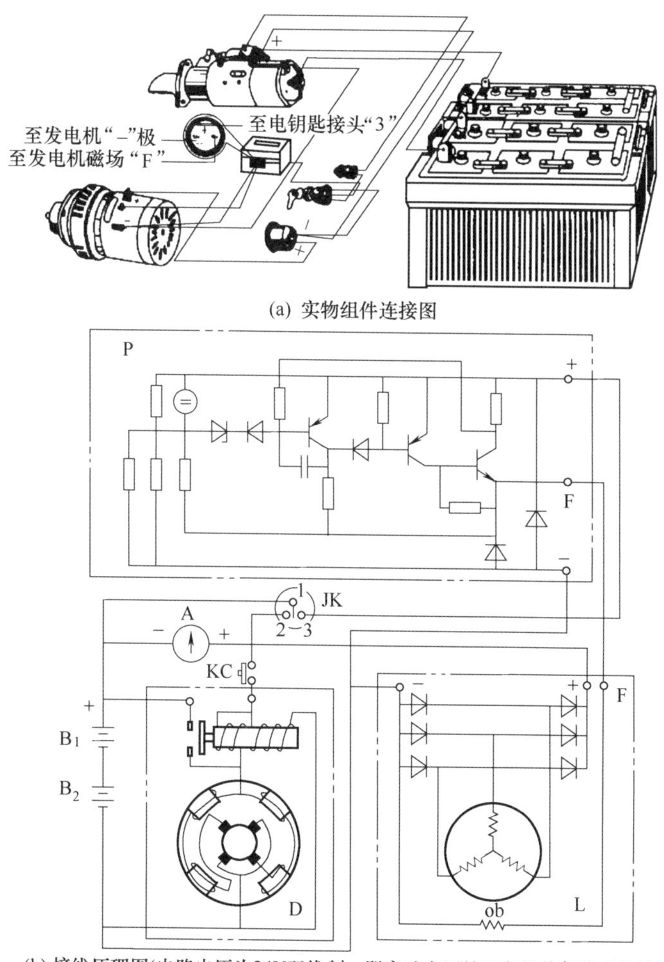

(a) 实物组件连接图

(b) 接线原理图(电路电压为24V双线制，即启动电源的正负极均与机壳绝缘)

图4-17　12V135G型柴油机启动充电系统的实物组件和线路原理图

当电路钥匙 JK 拨向“右”位并按下启动按钮 KC 时，启动电机 D 的电磁铁线圈接通，电磁开关吸合，蓄电池 B1 正极通过启动电机 D 的定子和转子绕组与蓄电池 B2 负极构成回路。在电磁开关吸合时，启动电机的齿轮即被推出与柴油机启动齿圈啮合，带动曲轴旋转而使柴油机启动。柴油机启动后，应立即将电路钥匙拨向“左”位，切断启动控制回路的电源，与此同时，硅整流充电发电机 L 正极通过电流表 A，一路通过 JK 和发电机调节器 P，经发电机 L 的磁场回到发电机的负极；另一路经蓄电池 B1 正极，再通过蓄电池 B2 和启动电机负极，回到硅整流充电发电机负极，构成充电回路。当柴油机转速达到 1000r/min 以上时，硅整流充电发电机与调节器配合工作开始向蓄电池充电，并由电流表显示出充电电流的大小。柴油机停车后，由于发电机调节器内无节流装置，应将电路钥匙拨到中间位置，这样能切断蓄电池与充电发电机励磁绕组的回路，防止蓄电池的电流倒流到充电发电机的励磁绕组。

4.1.3 汽油机基本构造

虽然汽油机的种类很多，但其基本组成部分不外乎是下列一些机构与系统，这些机构和系统相互关联，彼此协调，共同完成热能转变为机械能的任务。

(1) 四冲程汽油机的总体构造

如图 4-18 所示为单缸四冲程汽油机总体构造，主要由机体组件与曲轴连杆机构、配气机构、燃油供给系统、点火系统、润滑系统、冷却系统和启动系统（装置）等组成。其中，

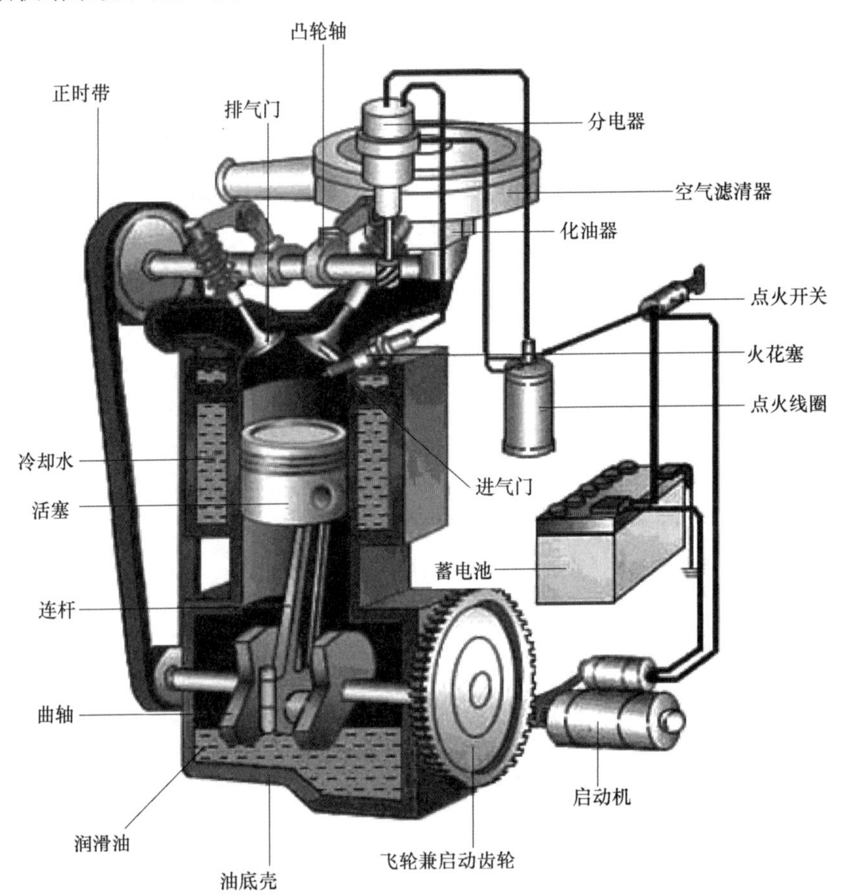

图 4-18　单缸汽油机基本结构示意图

机体组件与曲轴连杆机构、配气机构、润滑系统、冷却系统和启动系统（装置）与柴油机基本相同，在此不再赘述。下面简要讲述其燃油供给系统与点火系统的基本构造。

① 燃油供给系统。燃油供给系统的任务是将汽油雾化并与空气按一定比例混合成可燃混合气，在节气门的调节下控制进入气缸的混合气的数量，然后进入气缸内燃烧。

汽油从油箱中流出经油管和汽油滤清器滤清后，由汽油泵泵入化油器，然后与从空气滤清器进来的空气混合成可燃混合气，再经进气管、进气门进入气缸，在气缸内经过点火燃烧、膨胀做功后，废气经排气门、排气管和消音器排出。

汽油机的燃油供给系统一般由油箱、油管、汽油泵、汽油滤清器和化油器等组成。为了使汽油机能随着负荷的大小自动地改变供油量，汽油机一般都设有调速器。汽油机的调速器控制化油器的节气门，以调节进入气缸的可燃混合气数量。

② 点火系统。点火系统的作用是定时产生电火花，点燃气缸内经过压缩的混合气。汽油发电机组用汽油机的点火方式主要有蓄电池点火和磁电机点火两种。

磁电机点火系统主要由磁电机、高压线和火花塞三部分组成。磁电机是利用汽油机本身的动力发电并产生高压的。由于它具有体积小、重量轻的优点，所以几乎所有单缸汽油机都采用磁电机式电子点火系统。现代汽油机大多采用电容放电式点火装置（Capacitor Discharge Ignition，CDI）和晶体管控制点火装置（Transistor Control Ignition，TCI），其主要机件有火花塞、线圈、TCI 与 CDI 及附属装置。

蓄电池点火系统主要由蓄电池、点火开关、点火线圈、电流表、分电器、高压线、火花塞等组成。点火线圈将蓄电池低压升高到 15～20kV 的高压后，通过高压线加在火花塞上，使火花塞产生电火花，从而点燃气缸内的混合气。分电器可以控制电火花产生的时间，并把高压电按汽油机的工作顺序依次分配到各气缸。

(2) 二冲程汽油机总体构造

曲轴箱换气式二冲程汽油机基本结构如图 4-19 所示。其构造与四冲程汽油机相比相似的有：曲轴连杆机构、燃油系统、点火系统、冷却系统。不同的是：它没有由进、排气门等组成的配气机构，但在气缸壁上有三个孔，与化油器相通的孔称为曲轴箱进气孔，与排气管连通的孔称为排气孔，使曲轴箱与气缸连通的孔称为换气孔。由于三个气孔的高度不一致，利用活塞的往复运动，在不同时间内可以自行开启和关闭，达到适时进、排气的目的。

对于曲轴箱换气式二冲程汽油机，因为曲轴箱要用来进行换气，而不能储存润滑油，所以这种汽油机的润滑方式，是在汽油中按比例掺入少量的机油，当混合气体进入曲轴箱后，靠油雾中的机油成分润滑内部运动机件。

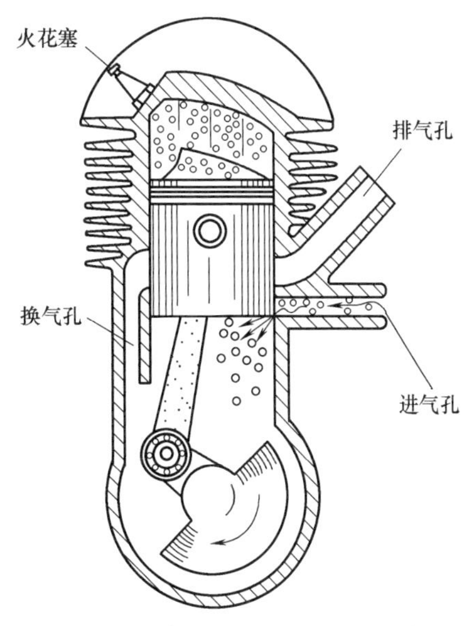

图 4-19　二冲程汽油机基本结构示意图

4.1.4 内燃机分类方法

内燃机根据活塞的运动方式可分为往复活塞式和旋转活塞式两种。由于旋转活塞式内燃机还存在不少问题，所以目前尚未得到普遍应用。内燃发电机组、汽车和工程机械多以往复活塞式内燃机为动力。往复活塞式内燃机分类方法如下：

① 按使用的燃料分类：有柴油机、汽油机、煤气（包括各种代用燃料）机等。

② 按一个工作循环的冲程数分类：有四冲程和二冲程两种。发电用内燃机多为四冲程。

③ 按冷却方式分类：有水冷式和风冷式两种。发电用大功率柴油机大多为水冷式，而发电用汽油机和发电用小功率柴油机大多为风冷式。

④ 按进气方式分类：有非增压（自然吸气）式和增压式两种。

⑤ 按气缸数目分类：有单缸、双缸和多缸内燃机。

⑥ 按气缸排列分类：有直列式、V形、卧式和对置式等，如图4-20所示。

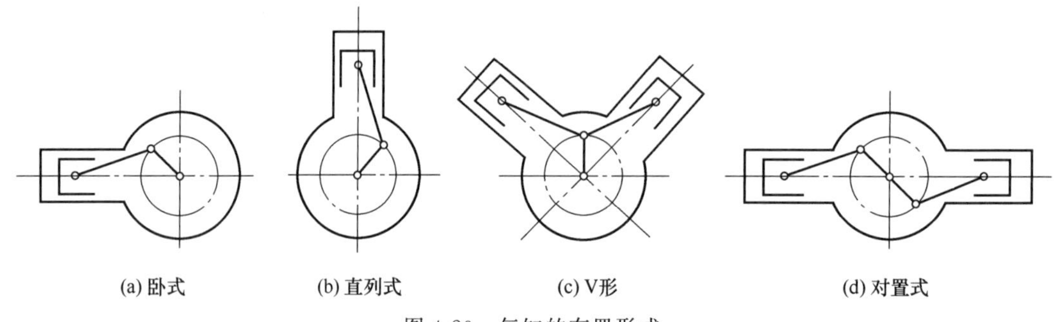

图4-20 气缸的布置形式

⑦ 按内燃机转速或活塞平均速度分类：有高速（标定转速高于1000r/min或活塞平均速度高于9m/s）、中速（标定转速为600～1000r/min或活塞平均速度为6～9m/s）和低速（标定转速低于600r/min或活塞平均速度低于6m/s）内燃机。

⑧ 按用途分类：有发电用、汽车用、工程机械用、拖拉机用、铁路机车用、船舶用、农用、坦克用和摩托车用等内燃机。

4.1.5 内燃机型号编制

(1) 内燃机的型号含义

内燃机的型号由阿拉伯数字、汉语拼音字母或国际通用的英文缩写字母（以下简称字母）组成。为了便于内燃机的生产管理与使用，GB/T 725—2008《内燃机产品名称和型号编制规则》对内燃机的产品名称和型号做了统一规定。其型号依次包括四部分，如图4-21所示。

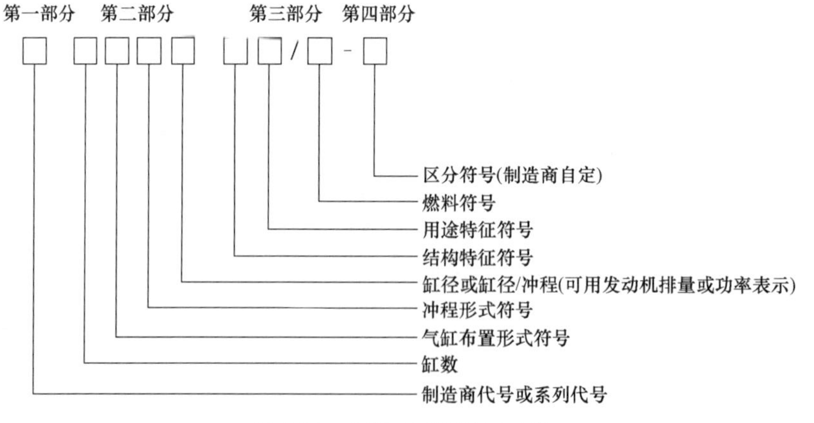

图4-21 内燃机型号表示方法

第一部分：由制造商代号或系列符号组成。本部分代号由制造商根据需要选择相应1～3位字母表示。

第二部分：由气缸数、气缸布置形式符号、冲程形式符号和缸径符号组成。气缸数用1～2位数字表示；气缸布置形式符号按表4-1的规定；冲程形式为四冲程时符号省略，二冲程用E表示；缸径符号一般用缸径或缸径/冲程数字表示，也可用发动机排量或功率表示，其单位由制造商自定。

第三部分：由结构特征符号和用途特征符号组成。结构特征符号和用途特征符号分别按表4-2和表4-3的规定，柴油机的燃料符号省略（无符号），而汽油机的燃料符号为“P”。

第四部分：区分符号。同系列产品需要区分时，允许制造商选用适当符号表示。第三部分与第四部分可用“-”分隔。

表4-1 内燃机气缸布置形式符号

符号	含义	符号	含义
无符号	多缸直列或单缸	H	H形
V	V形	X	X形
P	卧式		

注：其他布置形式符号详见GB/T 1883.1。

表4-2 内燃机结构特征符号

符号	结构特征	符号	结构特征
无符号	冷却液冷却	Z	增压
F	风冷	ZL	增压中冷
N	凝气冷却	DZ	可倒转
S	十字头式		

表4-3 内燃机用途特征符号

符号	用途	符号	用途
无符号	通用型和固定动力(或制造商自定)	D	发电机组
T	拖拉机	C	船用主机、右机基本型
M	摩托车	CZ	船用主机、左机基本型
G	工程机械	Y	农用三轮车(或其他农用车)
Q	汽车	L	林业机械
J	铁路机车		

注：柴油机左机和右机的定义按GB/T 726的规定。

在编制内燃机的型号时应注意以下几点：

① 优先选用表4-1～表4-3规定的字母，允许制造商根据需要选用其他字母，但不得与表4-1、表4-2和表4-3中已规定的字母重复。符号可重叠使用，但应按图4-21中的顺序表示。

② 内燃机的型号应力求简明，第二部分规定的符号必须表示，但第一部分、第三部分和第四部分允许制造商根据具体情况增减，同一产品的型号一旦确定，不得随意更改。

③ 由国外引进的内燃机产品，若保持原结构性能不变，允许保留原产品型号或在原型号基础上进行扩展。经国产化的产品尽量采用图4-21的方法编制。

(2) 内燃机型号举例

① G12V190ZLD——12缸、V形、四冲程、缸径为190mm、冷却液冷却、增压中冷、发电用柴油机（G为系列代号）；

② R175A——单缸、四冲程、缸径75mm、冷却液冷却、通用型（R为175产品系列代号、A为区分符号）柴油机；

③ YZ6102Q——六缸、直列、四冲程、缸径102mm、冷却液冷却、车用柴油机（YZ为扬州柴油机厂代号）；

④ 8E150C-1——8缸、直列、二冲程、缸径150mm、冷却液冷却、船用主机、右机基本型柴油机（1为区分符号）；

⑤ 12VE230/300ZCZ——12缸、V形、二冲程、缸径230mm、冲程300mm、冷却液冷却、增压船用主机、左机基本型柴油机；

⑥ G8300/380ZDZC——8缸、直列、四冲程、缸径300mm、冲程380mm、冷却液冷却、增压可倒转、船用主机、右机基本型柴油机（G为产品系列代号）；

⑦ JC12V26/32ZLC——12缸、V形、四冲程、缸径260mm、冲程320mm、冷却液冷却、增压中冷、船用主机、右机基本型柴油机（JC为济南柴油机股份有限公司代号）；

⑧ IE65F/P——单缸、二冲程、缸径65 mm、风冷、通用型汽油机；

⑨ 492Q/P-A——四缸、直列、四冲程、缸径92 mm、冷却液冷却、汽车用汽油机（A为区分符号）。

(3) 内燃机气缸序号

国产内燃机气缸序号根据国家标准GB/T 726—1994《往复式内燃机　旋转方向、气缸和气缸盖上气门的标志及直列式内燃机右机、左机和发动机方位的定义》进行编制。

① 内燃机的气缸序号，采用连续顺序号表示。

② 直立式内燃机气缸序号是从曲轴自由端开始为第一缸，向功率输出端依次序号。

③ V形内燃机分左右两列，左右列是由功率输出端位置来区分的，气缸序号是从右列自由端处为第一缸，依次向功率输出端编序号，右列排完后，再从左列自由端连续向功率输出端编气缸的序号。

4.2　同步发电机

同步电机是根据电磁感应原理工作的一种交流电机。从原理上讲其工作是可逆的，它不仅可以作为发电机运行，也可以作为电动机运行。同步电机的另一种特殊运行方式为同步调相机，或称同步补偿机，专门用来向电网发送滞后无功功率，以改善电网的功率因数。

同步电机主要用作发电机，作为各种设备的交流电源，现在全世界的发电量主要由同步发电机发出。同步发电机是柴油发电机组的三大组成部分（柴油机、同步发电机和控制系统）之一，因此，学习并掌握同步发电机的结构及其工作原理至关重要。本节主要介绍同步发电机的工作原理、特点及其基本类型、基本结构、额定值及其型号。

4.2.1　同步发电机工作原理

(1) 电磁感应与右手定则

由电工学知识可知，当导体与磁场间有相对运动，而使两者相互切割时，就会在该导体内产生感应电动势，这种现象称为电磁感应。如果该导体是闭合的，在感应电动势的作用下，导体内就会产生电流，这个电流称为感应电流。如图4-22所示。将一根导线放在两个磁极的均匀磁场内，并在导线的两端接上一只电压表，当导线在垂直于磁力线方向以一定速度移动时，电压表的指针就会发生偏转。以上现象说明导线与磁场发生相对运动和相互切割后，在其内部已产生出感应电动势和感应电流。

导线在磁场中产生感应电动势的方向可以用右手定则来确定，如图4-23所示。将右手平伸，掌心迎着磁极N，并使磁力线垂直穿过手掌，拇指和其余四指垂直。这时拇指所指的方向为导线的运动方向，其余四指的指向就是感应电动势的方向。从上述试验可知，导线在均匀磁场内沿着与磁力线垂直的方向运动时，它所产生感应电动势的大小与导线在磁场中的

有效长度 l、磁场的磁通密度 B 以及导线在磁场中的运动速度 v 成正比，即

$$e=Blv$$

式中 e——感应电动势，V；

B——磁通密度，T；

l——导线在磁场中的有效长度，m；

v——导线垂直于磁力线方向上运动的速度，m/s。

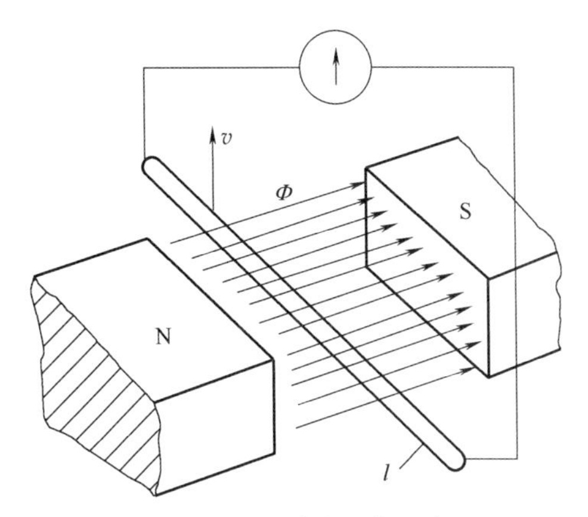

图 4-22 电磁感应现象示意图

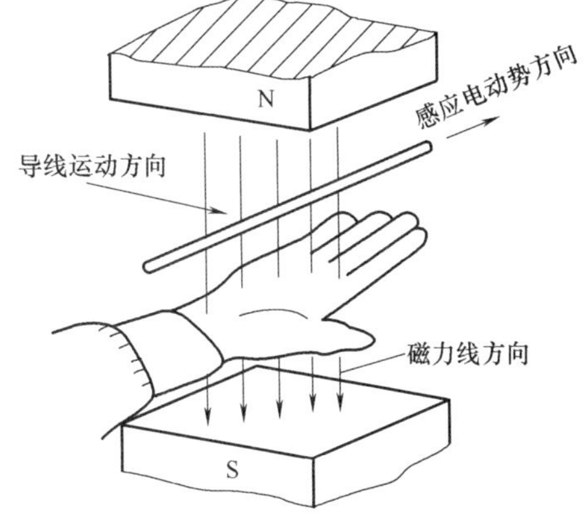

图 4-23 右手定则

如果导线运动方向与磁力线方向的夹角为任意角度 α 时，则

$$e=Blv\sin\alpha$$

若将导线与外负载接成闭合回路，导线中就会产生电流并输出电功率，而同步发电机就是根据这一原理来制造的。

(2) 正弦交流电

在现代社会，交流电被广泛应用于工业、农业、交通运输和信息通信等各个方面。人们的日常生活，如电风扇、空调、电冰箱、电视机和计算机等家用电器同样离不开交流电。因此，交流电在生产、生活中占有极其重要的地位。我们平时所用的交流电都是按正弦规律变化。正弦交流电是一种大小和方向随时间做周期性变化的电流。

① 正弦交流电的产生。如图 4-24 所示为一根直导线在两极均匀磁场内做等速旋转时所产生的感应电动势。由以上分析可知，旋转导线中感应电动势的大小取决于磁场的磁通密度、导线在磁场中的有效长度、导线切割磁力线的速度以及导线运动方向与磁力线方向的夹角 α，而感应电动势的方向则取决于导线切割磁力线的方向。因此，当长度不变的导线在均匀磁场内按一定方向做等速旋转时，它所产生的感应电动势数值将只与导线切割磁力线时的角度有关。

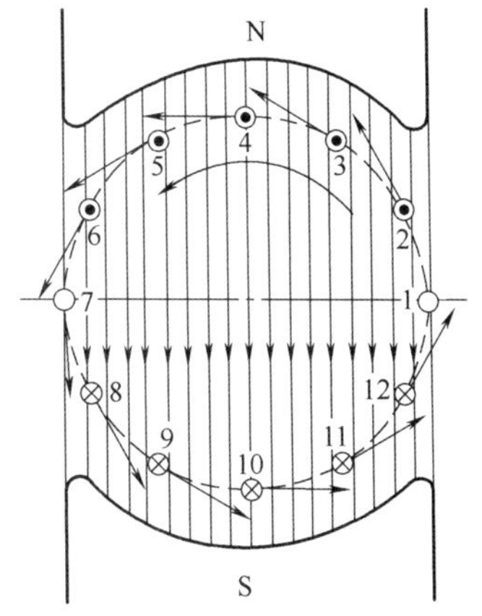

图 4-24 旋转导线所产生的感应电动势

由图 4-24 可见，当导线处于位置 1 时，由于导线的转动方向与磁力线平行，所以并未切割磁力线，也就不会产生感应电动势；当导线转动至位置 2 时，导线与磁力线间的夹角比较小，所以产生的感应电动势也较小；当导线转动至位置 3 时，与磁力线的夹角有所增大，所以它产生的感应电动势也相应增大；当导线转动到位置

4 时，导线与磁力线相垂直，这时导线切割磁力线的角度为最大，正好处于磁极的中央位置，因而它所产生的感应电动势也为最大。经过位置 4 以后，导线与磁力线的夹角又逐渐减小，它所产生的感应电动势也就渐次减小。当转动到位置 7 时，导线的感应电动势减到零。

导线经过位置 7 以后就进入磁场的另一个磁极下面。这时，由于导线切割磁力线的方向与前半转时的方向相反，所以它产生的感应电动势方向也随之相反。当导线相继转动至位置 8 和 9 时，随着导线切割反方向磁力线角度的变化又逐渐使感应电动势增大；在导线处于位置 10 时，将达到反方向感应电动势的最大值；随着导线切割磁力线角度的相继减小，它所产生的感应电动势也随之逐渐减小；当导线转动至起点位置 1 时，感应电动势又回落到零；若导线继续旋转，则该导线内的感应电动势数值将重复以上变化。

如果将导线在圆周上旋转的各点位置展开，用一根直线来表示导线在圆周上移动的角度位置，而在垂直方向按比例画出导线在这些位置上所产生的感应电动势，并规定一个方向的感应电动势力正，相反方向的感应电动势则为负。这样，就可以依照这些感应电动势的大小绘出一条按一定规律变化的曲线，如图 4-25 所示。这条波动起伏的曲线在数学上称为正弦曲线，而按这种正弦规律变化的交流电源，称为正弦交流电。

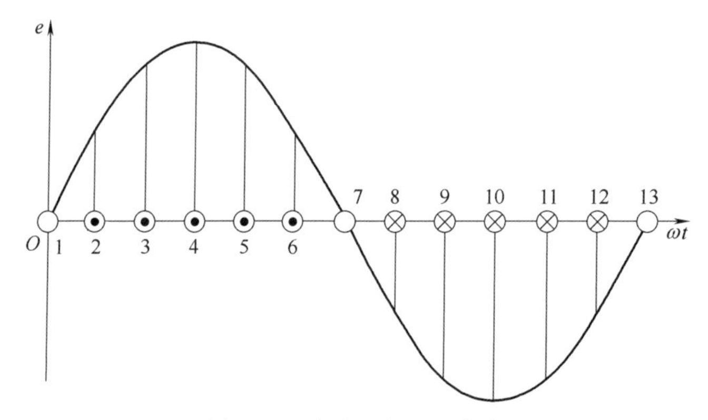

图 4-25　交流电的正弦曲线

② 交流电的周期和频率。交变电压或电流完成正负变化一个循环所需要的时间称为周期，并用符号 T 表示。在单位时间每秒内变化的周期数即为频率，以符号 f 表示。不难看出，频率 f 与周期 T 是互为倒数的关系。即

$$T=\frac{1}{f}(\mathrm{s})\text{或}\ f=\frac{1}{T}(\mathrm{Hz})$$

周期的单位为秒（s），频率的单位为赫兹（Hz）。我国交流电的供电频率为 50 赫兹每秒，通常简写为 $f=50\mathrm{Hz}$。

③ 交流电的瞬时值和最大值。由于交流电压或电流的大小和方向总是随时间而不断变化，因而它在每一瞬间均具有不同的数值，这个不同的值称为瞬时值，并规定用小写字母表示。一般用 i 表示电流的瞬时值；u 表示电压的瞬时值；而用 e 表示电动势的瞬时值等。

电流、电压或电动势在一个周期内的最大瞬时值称为最大值，并规定用大写字母表示，同时还应在字母的右下角标以 m 字样。例如，我们通常用 I_{m} 表示电流最大值；U_{m} 表示电压最大值，而用 E_{m} 表示电动势最大值等。

④ 交流电的相位和相位差。由以上所述可知，感应电动势或交变电流均可用一根水平方向的直线来表示时间，再从这根直线上引出垂直线的高度，以表示其电压或电流的瞬时值，如图 4-26 所示。这种方法能将正弦交流电在一个周期内的变化完整地反映出来。但实际上正弦交流电是一种连续的波形，它并没有确定的起点和终点。不过，为了说明正弦波全

面而真实的情形，还是有必要为正弦波选定一个起点。正弦波的起点与它由零值开始上升时形成的角度称为初相角，或称为起始相位，并用符号 ψ 表示。

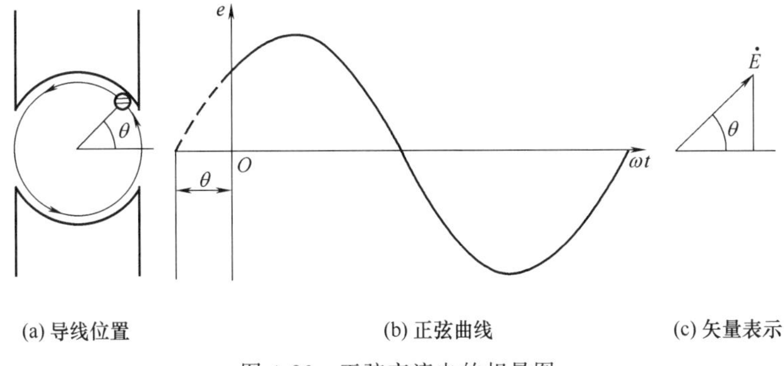

图 4-26　正弦交流电的相量图

与此同时，也可以用旋转相量来表示正弦波。这时，相量的长度用来表示正弦电压或正弦电流的最大值，而旋转相量与水平线之间的夹角表示为相角。并且规定以逆时针方向旋转为相角的正方向，顺时针方向旋转为相角的负方向；而大于 180°的相角，可以改用较小的负值相角来取代原来大于 180°的相角。如图 4-26（a）所示表示导线已转过中性线 θ 角时的位置，即为计算感应电动势时的起点；如图 4-26（b）所示为用正弦曲线表示的感应电动势；如图 4-26（c）所示为旋转矢量所表示的正弦波。

旋转矢量常用来表示几个频率相同但相位不同的电压或电流及其相互间的关系。如图 4-27（a）所示，在发电机电枢上嵌绕有相同的两个线圈 U 和 V，两者几何位置相差 90°。根据电枢的旋转方向可以看出，线圈 U 的位置要超前于线圈 V 的角度为 90°；如图 4-27（b）所示为 U 和 V 两个线圈所产生感应电动势的正弦曲线。从图中可以看出，若以图 4-27（a）所示的位置作为正弦波的起始相位，则线圈 U 的相角应为 0°，线圈 V 的相角则为 90°；如图 4-27（c）所示为这两个线圈所产生感应电动势的矢量图，由于这两个线圈用同样的角速度旋转，因此两个旋转矢量间将始终保持相差 90°相角。

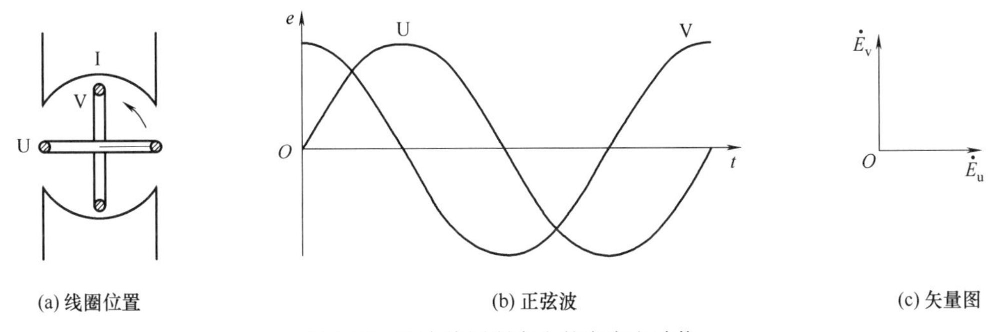

图 4-27　两个线圈所产生的交变电动势

由此可知，当电枢在磁场中以不变的角速度 ω 逆时针旋转时，两个线圈都将会产生感应电动势，并且其频率相同、最大值相等。但因两个线圈所处的空间位置不同，从而导致它们的初相角不相等，以至不能同时达到最大值或零值。它们的电动势分别为

$$e_u = E_{mu}\sin\psi_u$$

$$e_v = E_{mv}\sin\psi_v$$

式中，ψ_u、ψ_v 为电动势 e_u、e_v 的初相角。

若已知电动势的最大值 E_m 和初相角 ψ，则任意时刻 t 的电动势瞬时值 e 为

$$e = E_m \sin(\omega t + \psi)(\text{V})$$

两个同频率的正弦量初相角之差（或相位角之差）称为相位差，用 φ 表示。e_u 和 e_v 在任意时刻 t 的相位差为

$$\varphi = (\omega t + \psi_u) - (\omega t + \psi_v) = \psi_u - \psi_v$$

如果两个正弦量存在相位差，称它们为不同相的正弦量；当两正弦量的相位差 φ 等于零时，称为同相的正弦量。

(3) 三相正弦交流电的产生

三相正弦交流电就是由三个频率相同，但相位互差 120°电气角度，并且其每相绕组均能在运转时产生按正弦变化的交流电动势，如图 4-28 所示。

如图 4-28（a）所示的交流发电机转子上布置有三个相位互差 120°电气角度的线圈。当发电机旋转时，就会在电枢线圈内产生三相交流电动势，而三相间的相位差互差 120°。如图 4-28（b）所示为该三相正弦交变电动势的变化曲线，图中以 U 相绕组的电动势从零值开始上升时来作为起始相位；V 相绕组的电动势比 U 相滞后 120°，W 相绕组的电动势又比 V 相滞后 120°（也即 W 相绕组电动势比 U 相滞后 240°或比 U 相超前 120°）。这样，U、V、W 三相绕组依次产生按正弦变化的电动势。由于发电机本身结构是对称的，使它所产生的电动势在通常情况下是对称的三相正弦电动势，若以图 4-28（b）中 U 相电动势经零位向正值增加的瞬间作为起点，这时 U 相电动势的瞬时值为

$$e_u = E_m \sin\omega t \ (\text{V})$$

V 相电动势的瞬时值比 U 相滞后 120°电气角度，即为

$$e_v = E_m \sin(\omega t - 120°) \ (\text{V})$$

W 相电动势的瞬时值比 V 相滞后 120°电气角度，即比 U 相滞后 240°电气角度（或者说是比 U 相超前 120°电气角度），即为

$$e_w = E_m \sin(\omega t - 240°) \ (\text{V})$$

图 4-28 所示为三相正弦交流发电机示意图。而在实际应用中，三相交流发电机的三套绕组是按设计规定的接法进行内部连接，并将三相绕组的 6 根首、尾线端引出，然后按星形或三角形接法连接。下面将分别简述这两种接法。

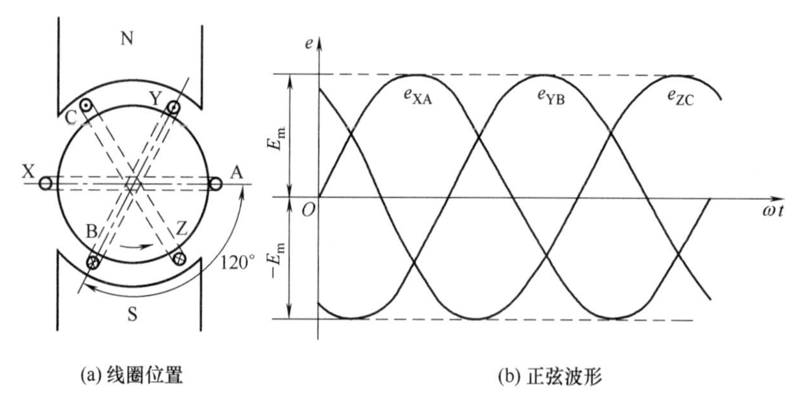

图 4-28　三相正弦交流发电机示意图

① 星形（Y）接法。将三相绕组的 3 根首端直接作为相线（或称端线）输出，而把三相绕组另外的 3 根尾端并接在一起作为各相绕组的公共回路，称为中性线（或称零线）。如图 4-29 所示，这种接法称为星形（Y）接法。

如图 4-30 所示，当绕组采用星形接法时，用电压表测出的每相绕组首端与尾端之间的

电压称为相电压。从测量中可以看出，在正常情况下，三个相电压的数值应大小相等。而用电压表所测出的各相绕组首端与首端之间的电压（即相线之间电压）称为线电压。从测量中可知，绕组三个线电压的数值大小也相等。经实践和分析证明，三相绕组在对称条件下，其相电压与线电压之间的相互关系为

$$U_{uv}=\sqrt{3}U_{u}$$
$$U_{vw}=\sqrt{3}U_{v}$$
$$U_{wu}=\sqrt{3}U_{w}$$

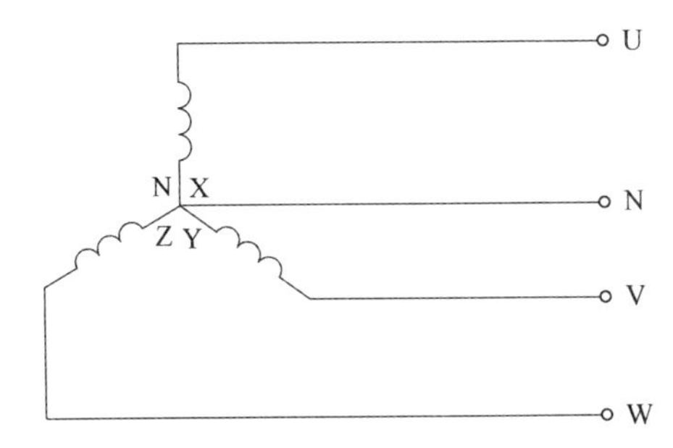

图 4-29　三相四线发电机的星形接法

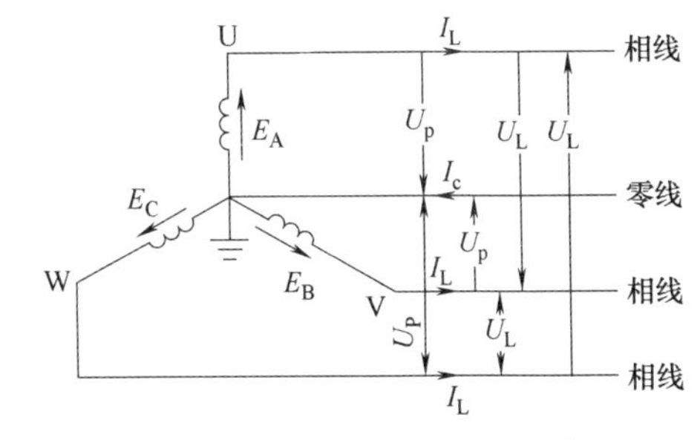

图 4-30　星形接法时的相电压和线电压

即三相对称绕组若按星形接法连接时，其线电压为相电压的$\sqrt{3}$倍。如果它们所连接的三相负载也是平衡对称的，其线电流等于相电流。

② 三角形（△）接法。如将三相绕组的首、尾线端依次相连接，以形成一个自行闭合的三角形回路，并以三相的首端 U、V、W 与负载相接，这种接法称为三角形接法，如图 4-31 所示。从图中可以明显看出，三角形接法时其线电压等于相电压。由于三相交流发电机的合成电动势在许多情况下不可能绝对为零值，所以三相绕组中存在的电动势差值将会在这个闭合三角形回路内产生环流，致使绕组发热，这种发热对发电机显然是极为不利的。因此，在中小型三相交流发电机绕组中极少采用三角形接法。

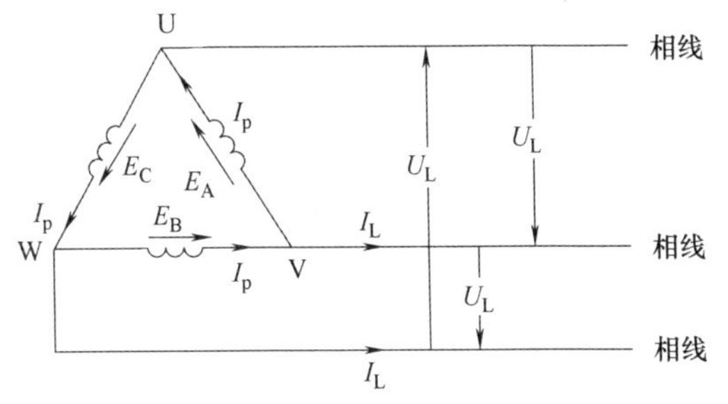

图 4-31　三相交流发电机的三角形接法

按三角形接法连接的三相发电机绕组，其线电流与流过每相绕组的相电流，在三相负载对称的条件下有着以下关系

$$I_{u}=\sqrt{3}I_{uu'}$$
$$I_{v}=\sqrt{3}I_{vv'}$$
$$I_{w}=\sqrt{3}I_{ww'}$$

式中　I_{u}，I_{v}，I_{w}——U、V、W 相的线电流；

$I_{uu'}$，$I_{vv'}$，$I_{ww'}$——U、V、W 相的相电流。

即三相交流发电机绕组采用三角形接法时，其线电流等于相电流的$\sqrt{3}$倍。

4.2.2 同步发电机特点类型

(1) 同步发电机的特点

如图 4-32 所示为同步发电机的构造原理图。通常单、三相同步发电机的定子是电枢，

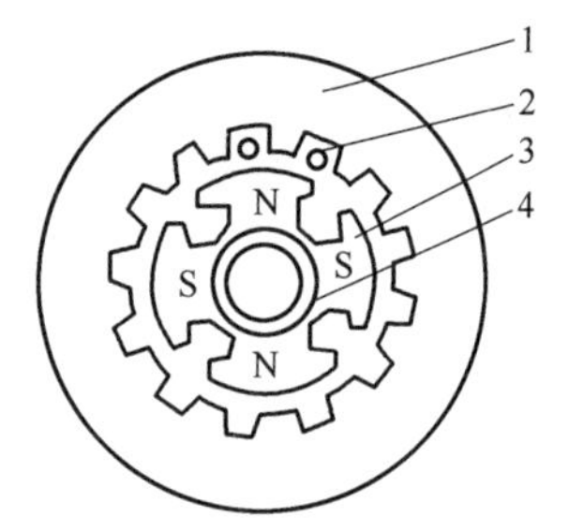

图 4-32 同步发电机的构造原理图
1—定子铁芯；2—定子槽内绕组导体；
3—磁极；4—集电环

转子是磁极，当转子励磁绕组通以直流电后，即建立恒定的磁场。转子转动时，定子导体由于与此磁场有相对运动而产生感应电动势。电机具有 p 对磁极时，转子旋转一周，感应电动势变化 p 次。设转子转速为 nr/min，则转子每秒旋转 $n/60$ 转，因此感应电动势每秒变化 $pn/60$ 次，即电动势的频率为：

$$f=pn/60\ (\text{Hz})$$

式中 f——电动势频率；

p——磁极对数；

n——发电机转速。

由此可见，当同步发电机的磁极对数 p、转速 n 一定时，发电机的交流电动势的频率是一定的。也就是说，同步发电机的特点是：同步发电机具有转子转速和交流电频率之间保持严格不变的关系。在恒定频率下，转子转速恒定而与负载大小无关，发电机转子的转速恒等于发电机空气隙中（定子）旋转磁场的转速。同步发电机由此得名。

在我国的电力系统中，规定工频交流电的额定频率为 50Hz。因此，对某一台指定的同步发电机而言，其转速总为一固定值。例如：磁极对数为 1 对（二极）的同步发电机的转速为 3000r/min；磁极对数为 2 对（四极）的同步发电机的转速为 1500r/min；以此类推，同步发电机的转速还有 1000r/min、750r/min、600r/min、500r/min 和 375r/min 等。为了保持交流电动势的频率不变，拖动发电机转子旋转的原动机必须具有调速机构，使发电机在输出不同的有功功率时都能维持转速不变。

(2) 同步发电机的基本类型

同步发电机通常按其结构形式和相数等进行分类。

① 按发电机的结构形式分类。按发电机的结构特点进行区分，同步发电机可分为旋转电枢式（简称转枢式）和旋转磁极式（简称转磁式）两种形式。

a. 旋转电枢式同步发电机。旋转电枢式同步发电机的结构如图 4-33 所示。其电枢是转动的，磁极是固定的，电枢电势通过集电环和电刷引出与外电路连接。旋转电枢式只适用于小容量的同步发电机，因为采用电刷和集电环引出大电流比较困难，容易产生火花和磨损；电机定子内腔的空间限制了电机的容量；发电机的结构复杂，成本较高；电机运行速度受到离心力及机械振动的限制。所以目前只有交流同步无刷发电机的励磁机使用旋转电枢结构的同步发电机。

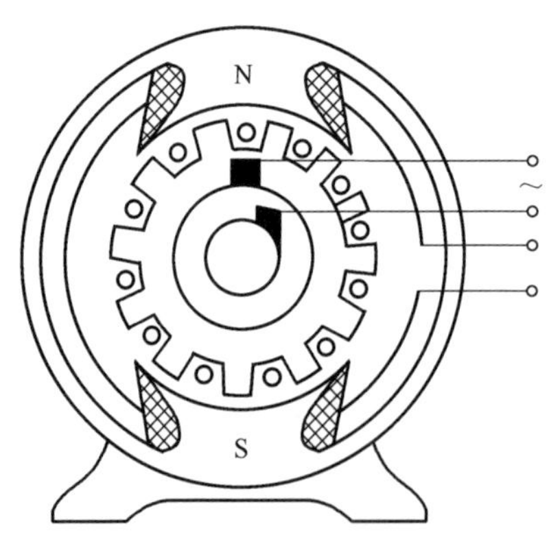

(a) 旋转电枢式单相同步发电机结构

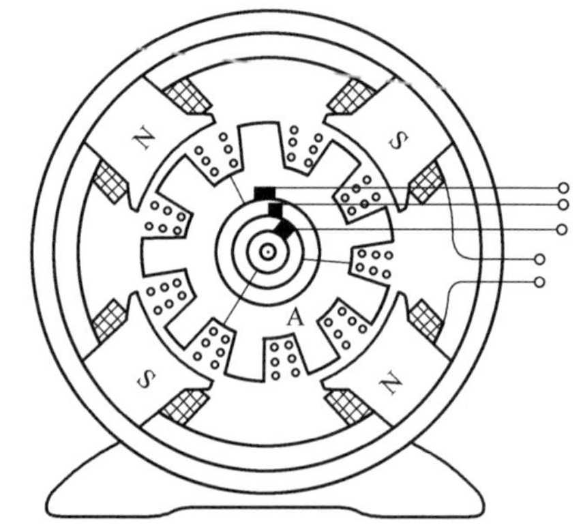

(b) 旋转电枢式三相同步发电机结构

图 4-33 旋转电枢式同步发电机结构

b. 旋转磁极式同步发电机。旋转磁极式同步发电机的结构如图 4-34 所示。其磁极是旋转的，电枢是固定的，电枢绕组的感应电动势不通过集电环和电刷而直接送往外电路，所以其绝缘能力和机械强度好，且安全可靠。由于励磁电压和容量比电枢电压和容量小得多，所以电刷和集电环的负荷及工作条件就大为减轻和改善。这种结构形式广泛用于同步发电机，并成为同步发电机的基本结构形式。现代交流发电机常采用无刷结构的同步发电机，发电机省略了集电环和电刷，无滑动接触部分，维护简单，工作可靠性高。

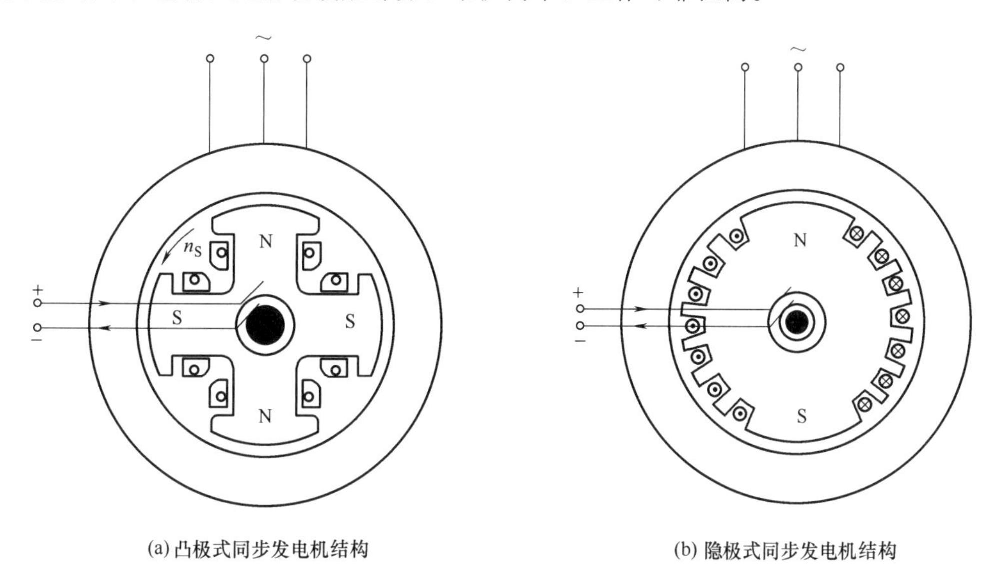

(a) 凸极式同步发电机结构　　(b) 隐极式同步发电机结构

图 4-34　旋转磁极式同步发电机结构

在旋转磁极式同步发电机中，按磁极的形状又可分为凸极式同步发电机［如图 4-34（a）所示］和隐极式同步发电机［如图 4-34（b）所示］两种形式。由图 4-34 可以看出，凸极式转子的磁极是突出的，气隙不均匀，极弧顶部气隙较小，两极尖部分气隙较大。励磁绕组采用集中绕组套在磁极上。这种转子构造简单、制造方便，故内燃发电机组和水轮发电机组一般都采用凸极式。隐极式转子的气隙是均匀的，转子成圆柱形。励磁绕组分布在转子表面的铁芯槽中，现代汽轮发电机组大多采用这种形式。

② 按发电机的相数分类。按相数来区分，同步发电机又可分为单相同步发电机和三相同步发电机。单相同步发电机的功率不大，通常不大于 6kW，而三相同步发电机的功率可达几万千瓦。

4.2.3 同步发电机基本结构

同步发电机根据容量和转速不同，其结构形式有较大的差别，我们以常见旋转磁极式（凸极）同步发电机为例说明同步发电机的基本结构。

(1) 有刷旋转磁极式同步发电机的结构

有刷旋转磁极式（凸极）同步发电机的结构主要由定子、转子、集电环以及端盖与轴承等部分组成。如图 4-35 所示为 72-84-40D_2/T_2 型交流同步发电机的结构。

① 定子（电枢）。定子主要由铁芯、绕组和机座三部分组成，是发电机电磁能量转换的关键部件之一。

a. 定子铁芯。定子铁芯一般用 0.35～0.5mm 厚的硅钢片叠成，冲成一定的形状，每张硅钢片都涂有绝缘漆以减小铁芯的涡流损耗。为了防止在运转中硅钢片受到磁极磁场的交变

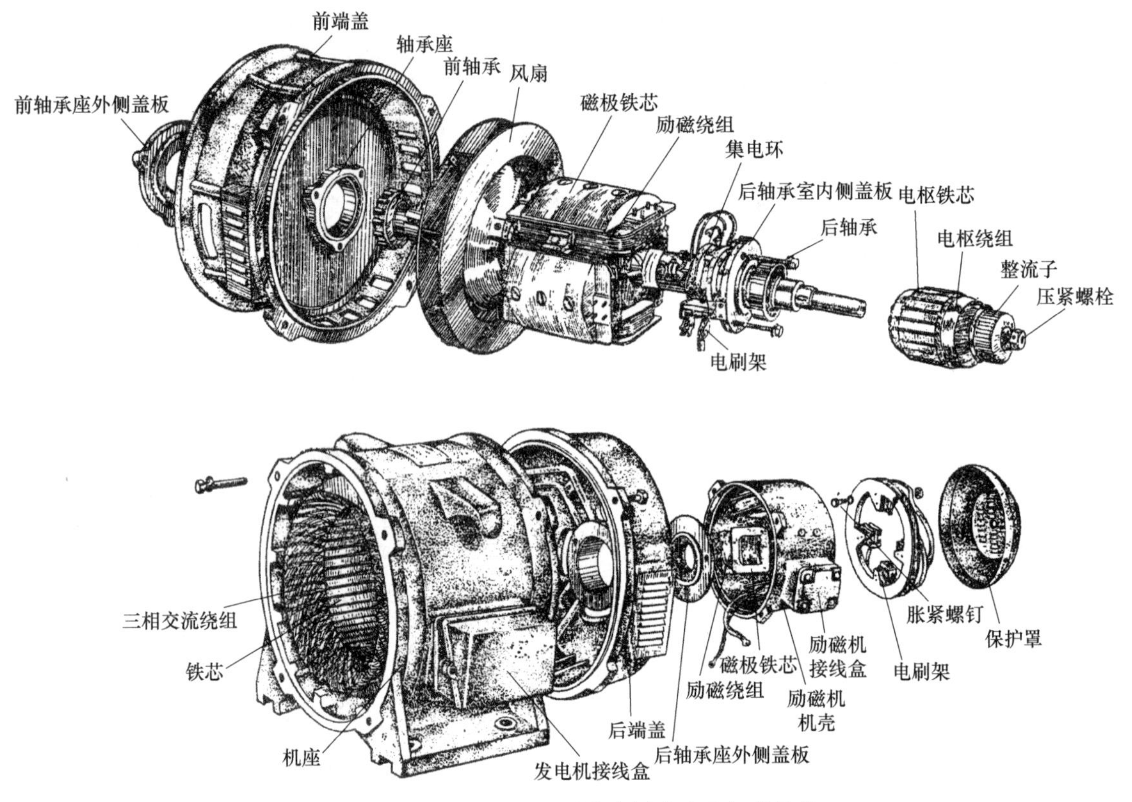

图 4-35　72-84-40D_2/T_2 型交流同步发电机的结构

吸引力发生交变移动，同时避免因硅钢片松动在运行中产生振动而将片间绝缘破坏引起铁芯发热和影响电枢绕组绝缘，所以，在制造电机时电枢铁芯通过端部压板在底座上进行轴向固定。

电枢铁芯为一空圆柱体，在其内圆周上冲有放置定子绕组的槽。为了将绕组嵌入槽中并减小气隙磁阻，中小型容量发电机的定子槽一般采用半开口槽。

b. 电枢绕组。发电机的电枢绕组由线圈组成。线圈的导线都采用高强度漆包线，线圈按一定的规律连接而成，嵌入定子铁芯槽中。绕组的连接方式一般都采用三相双层短距叠绕组。

c. 机座。机座用来固定定子铁芯，并和发电机两端盖形成通风道，但不作为磁路，因此要求它有足够的强度和刚度，以承受加工、运输及运行中各种力的作用，两端的端盖可支撑转子，保护电枢绕组的端部。发电机的机座和端盖大都采用铸铁制成。

② 转子。转子主要由电机轴（转轴）、转子磁轭、磁极和集电环等组成。

a. 电机轴。电机轴（转轴）主要用来传递转矩，并承受转动部分的重量。中小容量同步发电机的电机轴通常用中碳钢制成。

b. 转子磁轭。主要用来组成磁路并用以固定磁极。

c. 磁极。发电机的磁极铁芯一般采用 1～1.5mm 厚的钢板冲片叠压而成，然后用螺杆固定在转子磁轭上。励磁绕组套在磁极铁芯上，各个磁极的励磁绕组一般串联起来，两个出线头通过螺钉与转轴上的两个互相绝缘的集电环相接。

d. 集电环。集电环是用黄铜环与塑料（如环氧玻璃）加热压制而成的一个坚固整体，然后压紧在电机轴上。整个转子由装在前后端盖上的轴承支撑。励磁电流通过电刷和集电环引入励磁绕组。电刷装置一般装在端盖上。

对于中小容量的同步发电机，在前端盖装有风扇，使电机内部通风以利散热，降低电机的温度。中小型同步发电机的励磁机有的直接装在同一轴上，也有的装在机座上，而励磁机的轴与同步发电机的轴用带连接。前一种结构叫“同轴式”同步发电机，后一种结构叫“背包式”同步发电机。

(2) 无刷旋转磁极式同步发电机的基本结构

无刷同步发电机的基本结构如图 4-36 所示。其结构分静止和转动两大部分。静止部分包括机座、定子铁芯、定子绕组、交流励磁机定子和端盖等；转动部分包括转子铁芯、磁极绕组、电机轴（转轴）、轴承、交流励磁机的电枢、旋转整流器和风扇等。

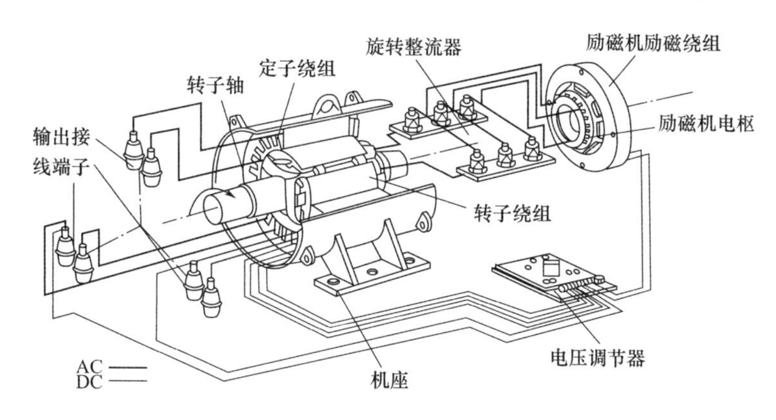

图 4-36 无刷同步发电机的基本结构

① 静止部分

a. 定子。定子由机座、定子铁芯和定子绕组组成。定子铁芯及定子绕组是产生感应电动势和感应电流的部分，故也称其为电枢。

机座是同步发电机的整体支架，用来固定电枢并和前后两端盖一起支撑转子。其机座通常有铸铁铸造和钢板焊接两种。铸铁铸造的机座内壁一般分布有筋条用以固定电枢，两端面加工有止口及螺孔与端盖配合固定，机座下部铸有底脚，以便将发电机固定。机座上一般有电源出线盒，其位置通常在机座的右侧面（从轴伸端看）或者位于机座上部，出线盒内装有接线板，以便于引出交流电源。位于机座上部的出线盒一般均装有励磁调节器，用于调节励磁电压。钢板焊接结构的机座是由几块罩式钢板、端环和底脚焊接而成，具有省工省料、重量轻和造型新颖等特点。

定子铁芯是同步发电机磁路的一部分。为了减小旋转磁场在定子铁芯中所引起的涡流损耗和磁滞损耗，定子铁芯采用导磁性能较好的 0.5mm 厚、两面涂有绝缘漆的硅钢片叠压而成。铁芯开有均匀分布的槽，以嵌放电枢绕组。为了提高铁芯材料的利用率，定子铁芯常采用扇形硅钢片拼叠成一个整圆形铁芯，拼接时把每层硅钢片的接缝互相错开。较大容量发电机的铁芯，为了增加散热面积，通常沿轴向长度上留有数道通风沟。有些发电机的定子和转子均采用硅钢片冲制，其定子铁芯是用整圆硅钢片叠压，再与压板一起用 CO_2 气体保护焊接成一体。这种结构具有材料利用率高、容易加工等特点。

定子绕组是交流同步发电机定子部分的电路。定子绕组由线圈组成，线圈采用高强度聚酯漆包圆铜线绕制，并按一定方式连接，嵌入铁芯槽中。线圈采用导线的规格、线圈匝数和并联路数等由设计确定。线绕形式有双层叠绕、单层链式及单双层式等。三相绕组应对称嵌放，彼此相互差 120°电气角度。定子绕组嵌放在铁芯槽中，必须要有对地绝缘、层间绝缘和相间绝缘，以免发电机在运行过程中对铁芯出现击穿或短路故障。主绝缘材料主要采用聚酯薄膜无纺布复合箔，槽绝缘通常采用云母带。由于定子线圈在铁芯槽内受到交变电磁力及平行导线之间的电动力作用，造成线圈移动或振动，因此，线圈必须坚固。一般用玻璃布板做槽楔在槽内压紧线圈，并且在两端部用玻璃纤维带扎紧，然后把整个电枢进行绝缘处理，使电枢成为一个坚固的整体。

b. 交流励磁机定子。交流励磁机产生的交流电，经旋转整流器整流后，供同步发电机励磁使用。为了避免励磁机与旋转磁极式发电机用电刷、集电环（滑环）提供励磁电流，因此，交流励磁机的定子大多为磁极，而转子为电枢。

发电机励磁机的定子铁芯通常有两种做法。一种是用 1mm 厚的低碳钢板叠压制成，它有若干对磁极，每个磁极均套有集中式的励磁线圈，并用槽楔固定，然后进行浸漆烘干绝缘处理。另一种是用硅钢片叠压而成，其励磁线圈先在玻璃布板预制的框架上绕制，经浸漆绝缘处理后套在励磁定子铁芯上，并用销钉固定。

发电机励磁机的定子绕组也有多种做法。有的发电机励磁机的定子绕组有两套励磁绕组，即电压绕组和电流绕组，具有电流复励作用，以改善发电机性能和增大过载能力。为了便于起励，有的励磁机励磁的定子铁芯里埋设有三块永久磁钢。为防止漏磁，磁钢与定子铁芯之间用厚绝缘纸板进行磁隔离。励磁机的定子均用紧固螺钉或环键固定在两端间的铸造筋条上或焊接在支撑件上。

c. 端盖。端盖用于与机座配合并支撑转子，因此在端盖的中心处应开有轴承室圆孔，以供安装轴承。端盖的端面有止口与机座配合，与柴油机专配发电机在轴伸端的端盖两端面均有端面止口，以保证转子装配后同轴度的要求。一般来说，小功率发电机的端盖用铸铁铸造，而大功率发电机的端盖则采用钢板焊接而成。

② 转动部分

a. 转子铁芯。旋转磁极式发电机的转子铁芯可分为两种形式：凸极式和隐极式。其中凸极式转子铁芯又可分为分离凸极式和整体凸极式两种。

分离凸极式转子铁芯的磁极冲片叠压紧后用铆钉和压板铆合在一起制成磁极铁芯。磁极铁芯套在磁极线圈上后，用磁极螺钉固定在磁轭上或者用特定的钢制螺钉固定。

整体凸极式转子铁芯采用整体凸极式冲片，这种磁极结构，是磁极和磁轭为一体，用 0.5mm 厚硅钢片整片冲出极身，然后直接与端板、铆钉、阻尼条及阻尼环焊接成一个整体形成转子铁芯。这种结构的特点有三：

第一，励磁绕组直接绕在磁极上，散热效果好，机械强度高；

第二，没有第二气隙，可减小励磁的安匝数；

第三，制造时安放阻尼绕组方便。

隐极式转子是将整圆的转子冲片直接装在转轴上，其两端有端板和支架来支撑转子线圈，并用环键固定。为了削弱发电机输出电压波形中出现的谐波分量，隐极式转子铁芯通常做成斜槽，并且在铁芯齿部冲有阻尼孔，供埋设阻尼绕组，以提高并联运行性能和承受不平衡负载运行及消除振荡的能力。

b. 磁极绕组。同步发电机转子的磁极绕组用绝缘的铜线绕成，与极身之间有绝缘。各磁极上励磁绕组间的连接通过励磁电流后，相邻磁极的极性必然呈 N 与 S 交替排列。根据转子铁芯的结构形式可分为隐极式磁极绕组和凸极式磁极绕组两种。

隐极式磁极一般采用单层同心式绕组，用漆包圆铜线绕制。制造时先在转子铁芯槽中放好绝缘材料，然后将磁极绕组嵌入槽内，并在后端部用玻璃纤维管与支架扎牢，再用无纺玻璃纤维带沿圆周捆扎，最后整体浸漆烘干成为一个坚固的整体。

凸极式磁极绕组一般采用矩形截面的高强度聚酯漆包扁铜线绕制或者用聚酯漆包圆铜线绕制，但空间填充系数较差。由于凸极式磁极绕组是集中式绕组，因此可在预先制好的铁板框架四周包好云母片、玻璃漆布等绝缘材料，上下放上玻璃布板衬垫，然后绕制线圈，再浸烘绝缘漆，最后将成形磁极绕组套在磁极铁芯上，再用螺钉固定在磁轭上。对于整体凸极式是在预先铆焊好的整体转子上，将极靴四周包好绝缘，而后整体用机械方法绕制线圈，最后经F级绝缘浸烘处理，形成坚固的磁极整体，用热套方法套入转轴。这种线圈结构具有散热条件好，绝缘性能、机械强度和可靠性高等特点。

c. 转轴。同步发电机的转轴一般用特定规格的钢制作加工而成。在发电机的轴伸端，通过轴上的联轴器与发动机对接。由此可知，它是将机械能变为电能的关键零件，因而，它必须具有很高的机械强度和刚度。有些发电机往往在轴上还热套有磁轭，用以装配磁极铁芯和绕组；有些发电机转轴焊有驱动盘和风扇安装板以便安装柔性连接盘和冷却风扇。

d. 轴承。发电机一般采用两支撑式，即在转轴两端装有轴承。根据受力情况，其传动端采用滚柱轴承，非传动端采用滚珠轴承。轴承与转轴之间的配合为过盈配合，用热套法套入轴承。轴承外圈与端盖（或轴承套）采用过渡配合，并固定在两端盖的轴承室或轴承套内。轴承通常采用3号锂基脂进行润滑，并在轴承两边用轴承盖密封，平时维护检修时应注意清洁，以减小其振动和噪声。

e. 交流励磁机的电枢。无刷同步发电机是利用交流励磁机产生的交流电，经旋转整流器整流变为直流电，供交流发电机励磁用。交流励磁机电枢铁芯用硅钢片叠压而成，然后嵌以三相交流绕组，并经绝缘处理形成电枢。有些发电机的交流励磁机装在后端盖外部，靠电枢支架固定在转轴上，这种结构使发电机轴向长度加长；有些发电机的交流励磁机电枢则装在后端盖内部，直接套在转轴上，可使整机轴向长度缩短。

f. 旋转整流器。旋转整流器是与交流励磁机同轴旋转的装置。其主要作用是将交流励磁机电枢输出的三相交流励磁电流，通过整流器上的二极管转换成直流电流，供给转子绕组作为提供励磁电流的电源。正是由于旋转整流器的应用，才使得交流同步发电机摆脱了电刷的束缚，不再有频繁维修更换零件的麻烦，也使得交流同步发电机的应用更加广泛。有些交流同步发电机的旋转整流器安装在交流励磁机的外侧，用螺钉固定在转轴上，以便安装与维修。有些发电机的旋转整流器则安装在后端盖的内侧，直接固定于励磁机电枢铁芯伸出的螺栓上，使结构更为紧凑。旋转整流器电路有三相半波和三相桥式整流电路两种。若采用三相桥式整流电路，为便于安装，减小整流元件之间的连接线，提高发电机运行的可靠性，其整流二极管用正、反烧两种管型，两者正负极正好相反，便于接线。

g. 风扇。发电机运行时将产生各种损耗并以热量形式散发出去。如果没有足够的冷却通风量，将引起线圈和内部器件过渡发热，轻则将损坏内部元器件，重则将破坏绕组绝缘，对机组甚至人身造成危险。因此发电机转轴上通常装有风扇进行通风冷却，为了提高通风效率，通常采用装在前端盖内的后倾式离心风扇。对专配的柴油发电机组也有装在前端盖外的，风扇装在轴伸的半联轴器上。在发电机运行过程中，冷空气由后端盖和机座两侧进入发电机内部，吸收电枢绕组、磁极绕组、定子与转子铁芯等部件的热量，然后通过前端盖盖板上的窗孔将热风排出机外，以保证其温升控制在允许范围内。

4.2.4 同步发电机的额定值

同步发电机在出厂前经严格的技术检查鉴定后，在发电机定子外壳明显位置上有一块铭牌，上面规定了发电机的主要技术数据和运行方式。这些数据就是同步发电机的额定值，为了保证发电机可靠运行，我们在使用过程中必须严格遵守。

(1) 额定容量 S_N 与额定功率 P_N

发电机的额定容量是指在额定运行条件（长期安全运行情况）下，发电机出线端输出的最大允许视在功率，单位为千伏安（kV·A）。发电机的额定功率是指在额定运行条件下，发电机出线端输出的最大允许有功功率，单位为千瓦（kW）。

对于单相发电机而言，额定容量 $S_N=U_N I_N$（其中，U_N 与 I_N 分别为发电机的额定电压和额定电流），额定功率 $P_N=S_N\cos\varphi_N=U_N I_N\cos\varphi_N$（其中，$\cos\varphi_N$ 为发电机的额定功率因数）；对于三相发电机而言，$P_N=S_N\cos\varphi_N=\sqrt{3}U_N I_N\cos\varphi_N$。

(2) 额定电压 U_N

三相同步发电机的额定电压是指在额定运行条件下，定子绕组三相线间的电压值；单相同步发电机的额定电压是指绕组的相电压值。单位为伏（V）或千伏（kV）。

(3) 额定电流 I_N

三相同步发电机的额定电流是指在额定运行条件下，流过定子的线电流；单相同步发电机的额定电流指流过定子的相电流。单位为安（A）或千安（kA）。在此值运行时，发电机线圈的温升不会超过允许范围。

(4) 功率因数 $\cos\varphi_N$

在额定运行条件下，发电机的有功功率和视在功率的比值，即额定运行时发电机每相定子电压和电流之间的相角的余弦值：

$$\cos\varphi_N=P_N/S_N$$

一般而言，在发电机的铭牌上标有其额定功率（有功功率）P_N 和功率因数 $\cos\varphi_N$，或者其额定容量（视在功率）S_N 和功率因数 $\cos\varphi_N$。一般电机的 $\cos\varphi_N=0.8$。

(5) 额定频率 f_N

在额定运行条件下，发电机输出的交流电频率。单位为赫兹（Hz）。我国交流供电系统的频率规定为 50Hz。

(6) 额定转速 n_N

在额定运行条件下发电机每分钟的转数，单位为转/分（r/min）。

(7) 相数 m

即发电机的相绕组数。6kW 以上的柴油发电机组通常采用三相交流发电机，6kW 以下的柴油发电机组通常采用单相交流发电机。

在发电机的铭牌上，除了上述额定值外还有其他运行数据，例如，发电机额定负载时的温升（θ_N）、额定励磁电压（U_{fN}）和额定励磁电流（I_{fN}）等。

4.2.5 同步发电机型号名称

与柴油机配套的交流工频同步发电机的型号含义目前没有统一的规定，不同电机厂生产的产品型号有不同的形式，常见的有以下几种：

① 自带同轴直流励磁机的同步发电机型号如下：

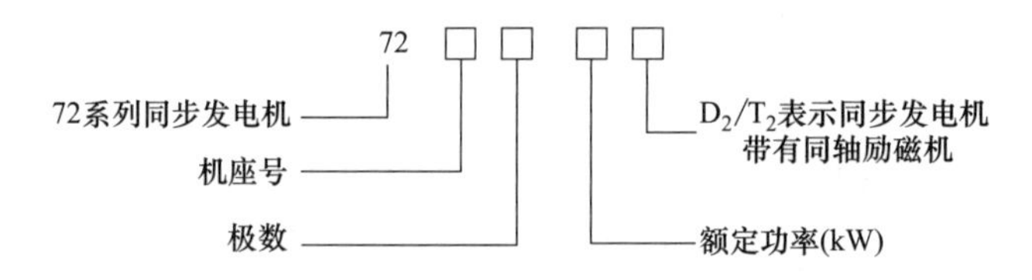

例如：72-84-40-D_2/T_2——机座号为 8、磁极数为 4、额定功率为 40kW、发电机带有同轴励磁机的 72 系列同步发电机。

② 三次谐波励磁同步发电机型号如下：

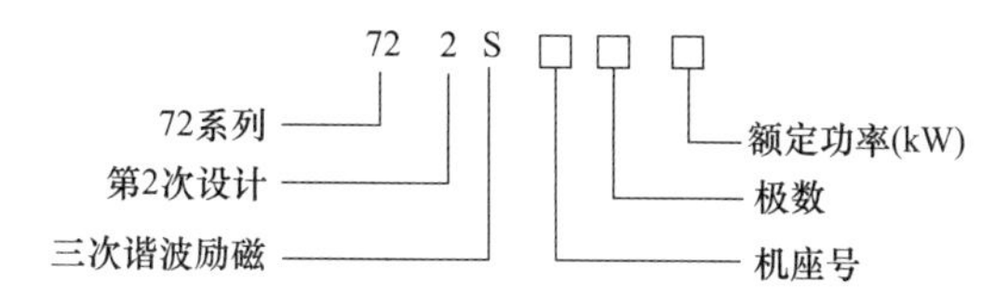

本系列同步发电机也有采用 T2S 和 TFS 等形式表示的。

例如：72-2S-84-50——机座号为 8、磁极数为 4、额定功率为 50kW 的 72 系列第 2 次设计的三次谐波励磁同步发电机。

③ 相复励励磁同步发电机型号如下：

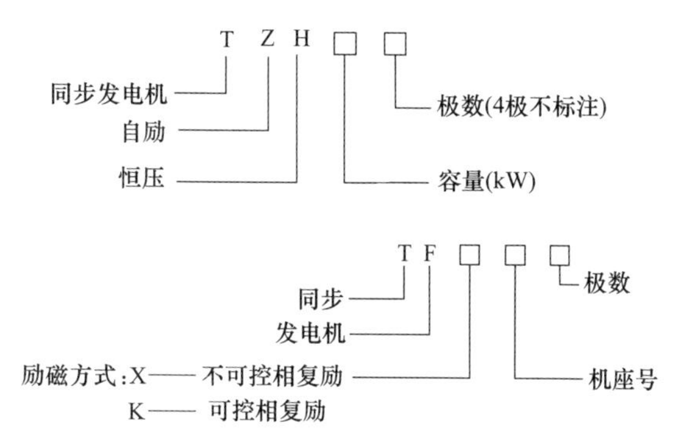

本系列同步发电机也有采用 TFH、T2H 和 TFZH 等形式表示的。

例如：TZH-800-12——表示磁极数为 12、额定功率为 800kW 的自励恒压交流同步发电机；TFX-500-10——机座号为 500、磁极数为 10 的不可控相复励同步发电机。

④ 无刷励磁同步发电机型号如下：

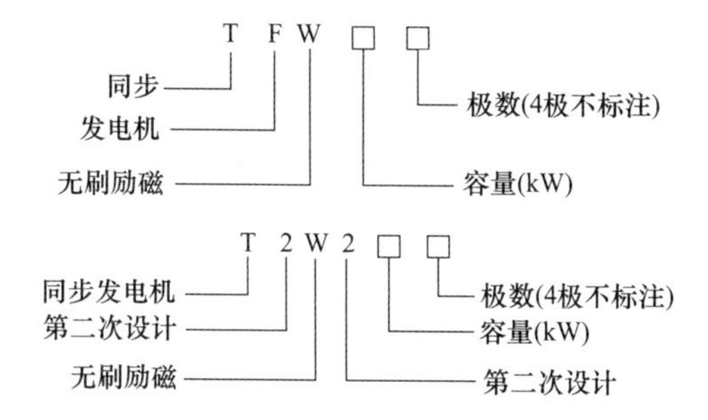

本系列同步发电机也有采用 T2W 和 TF 等形式表示的。

例如：TFW-64——磁极数为 4、额定功率为 64kW 的无刷励磁同步发电机；TFW-90-6——磁极数为 6、额定功率为 90kW 的无刷励磁同步发电机。

⑤ 引进德国西门子公司技术生产的无刷励磁同步发电机的型号如下：

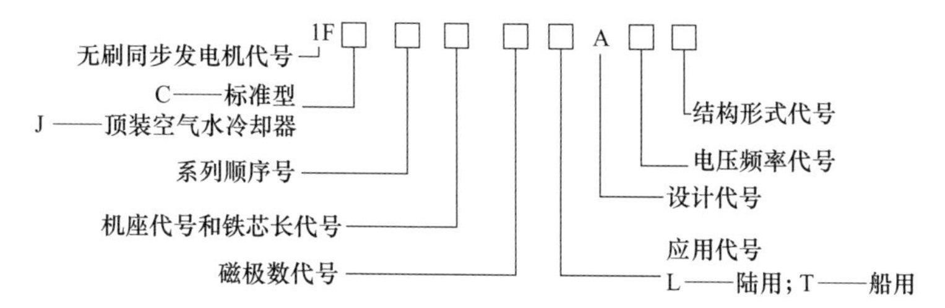

例如，1FC5-454-8TA42——系列顺序号为 5、机座代号为 45（同一机座直径代号的定

子外径相同，1FC5 系列交流同步发电机共有六种机座号：35、40、45、50、56 和 63）、铁芯长代号为 4（同一机座号可以设计成几种不同规格的铁芯长度，即发电机可制造成几种不同的功率，1FC5 系列交流同步发电机通常有三种不同的铁芯长度）、磁极数为 8（1FC5 系列交流同步发电机共有 4、6、8、10 和 12 五种磁极数，其代号分别为 4、6、8、3 和 5，交流同步发电机对应的转速分别为 1500r/min 和 1800r/min、1000r/min 和 1200r/min、750r/min 和 900r/min、600r/min 和 720r/min 和 500r/min 和 600r/min）、输出电压为 230/400V、输出频率为 50Hz（电压频率代号共有三种，分别为 4、8、9，分别代表 400V/50Hz、450V/60Hz 和特殊电压 50V/60Hz）、结构形式为 B20 双支点（结构形式代号分别为 2 和 3，2 代表结构形式为 B20 双支点，3 代表结构形式为 B16 单支点，有时在型号的最后添加上“Z”，表示发电机为特殊结构）的船用标准型西门子无刷励磁同步发电机；1FC6-454-4LA42——系列顺序号为 6、机座代号为 45、铁芯长代号为 4、磁极数为 4、额定输出电压为 230/400V、额定输出频率为 50Hz、结构形式为 B20 双支点的陆用标准型西门子无刷励磁同步发电机。

4.3 励磁系统

供给同步发电机励磁电流的电源及其附属设备统称为励磁系统。励磁系统是同步发电机的重要组成部分，励磁系统性能的好坏和运行的可靠性，直接影响同步发电机的供电质量及运行的可靠与稳定性。

4.3.1 励磁系统的组成

同步发电机运行时，励磁绕组需要直流电源提供直流电流方能建立恒定的磁场。要维持发电机在运行过程中输出电压恒定，还必须随着负载变化及时地调节励磁电流的大小。以上是同步发电机的励磁系统应执行的基本任务。因此，励磁系统由两部分组成：励磁功率源(单元)——向同步发电机的励磁绕组提供直流励磁电流；励磁调节器——根据发电机组的运行状态，手动或自动调节励磁功率单元输出的励磁电流的大小，以满足发电机运行的要求。励磁系统组成方框图如图 4-37 所示。由同步发电机和励磁系统共同组成励磁控制系统，根据同步发电机的电压、电流或其他参数的变化，对励磁系统的励磁功率源施加控制作用。

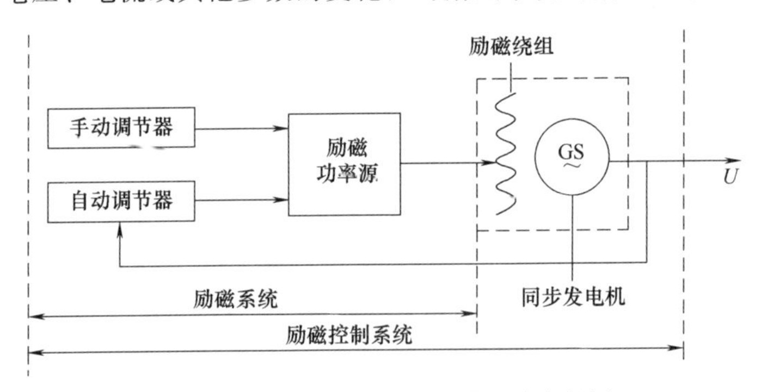

图 4-37　同步发电机励磁系统组成方框图

老式励磁系统的励磁功率单元是直流发电机，称为直流励磁机。励磁调节多采用机电型或电磁型调节器。随着同步发电机单机容量的增大以及大功率半导体元件的广泛应用，以半导体整流器为励磁功率单元和由半导体元件构成的励磁调节器共同组成的励磁系统，即所谓的半导体励磁系统，应用非常普遍。

近年来，随着计算机及其控制技术的发展，同步发电机励磁系统也逐步向集成化方向发展，国内外许多公司和单位都在积极研制以微型计算机为核心构成的励磁调节器（以下简称微机励磁调节器），并且在柴油发电机组上成功地得到了应用。由于微机励磁调节器的硬件简单、软件丰富、性能优良、运行调试方便，并能方便地实现现代控制规律和多种功能，再加之价格逐年降低，微机励磁调节器将具有广阔的发展和应用前景。

4.3.2 励磁系统的要求

同步发电机及其励磁系统与电子技术的发展是紧密联系在一起的。为了满足用户对同步发电机提出的标准和要求，励磁系统应具备如下性能：

① 具有足够的励磁功率，在发电机空载和满载时能提供所需的励磁电流；

② 具有良好的反应特性，励磁系统应保证同步发电机系统在静态时有高的稳态电压精确度，励磁系统的输出特性与发电机本身的调节特性应力求一致，在发电机负载变化或发生短路时，能及时调节励磁电流以维持发电机输出电压基本不变，并使保护装置可靠动作；

③ 具有一定的强励能力，因某种原因造成发电机输出电压严重下降或启动相近容量的异步电动机时，能在短时间内快速提供足够大的励磁电流，使电压迅速回升到给定值；

④ 励磁装置应运行可靠、体积小、重量轻、使用维护方便。

4.3.3 励磁系统的分类

同步发电机的励磁电流可由直流励磁机直接供给，也可由交流励磁机、同步发电机的辅助绕组（副绕组）或发电机输出端等的交流电压经可控或不可控整流器整流后供给。按励磁功率供电方式可分为他励式和自励式两大类：由同步发电机本身以外的电源提供其励磁功率的，称他励式励磁系统；由发电机本身提供励磁功率的，称自励式励磁系统。因此，凡是由励磁机供电的，都属于他励式，凡由发电机输出端或发电机的辅组绕组供电的，都属于自励式。如图 4-38 所示列出了中小型同步发电机常用的励磁系统分类。下面我们对各种励磁系统的主要特点和接线图分别进行介绍。

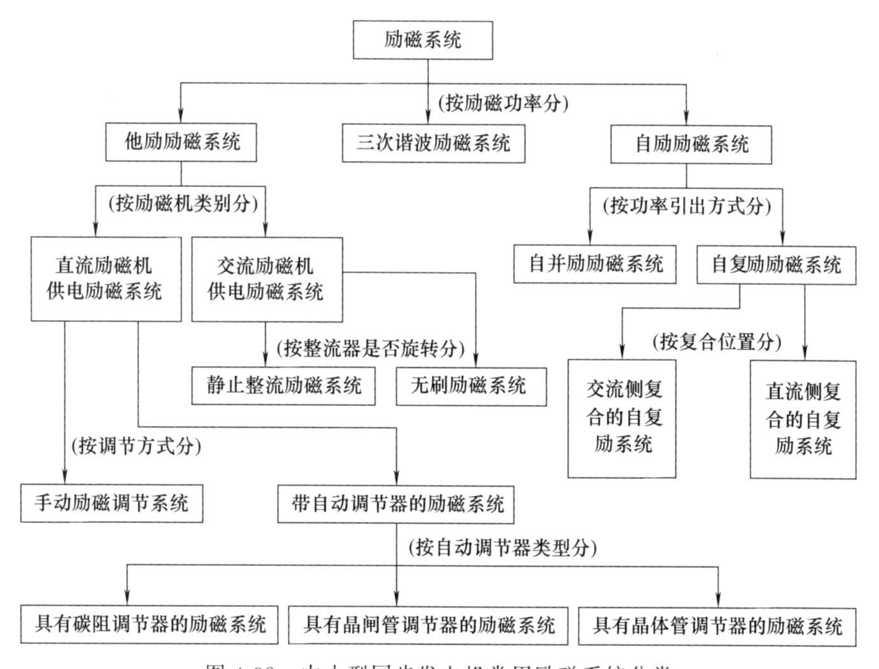

图 4-38　中小型同步发电机常用励磁系统分类

(1) 他励式励磁系统

① 直流励磁机励磁系统。这是交流同步发电机采用的传统励磁系统。直流励磁机一般又有同轴式和背包式两种形式。如图 4-39 所示为手动调节的直流励磁系统接线图，励磁机为并励直流发电机，通过手动调节磁场变阻器，改变励磁机的输出电压，以调节同步发电机励磁绕组中的电流，从而改变同步发电机的输出电压。

如图 4-40 所示为具有半导体自动调节器的直流励磁机励磁系统。自动工作时，同步发电机的励磁电流由自动调节器按同步发电机运行情况自动调节，调节信号由同步发电机的输出端取得。过去在直流励磁机的励磁回路中串入碳阻式调节器代替手调电阻，现在已被晶闸管半导体自动调节器所代替。

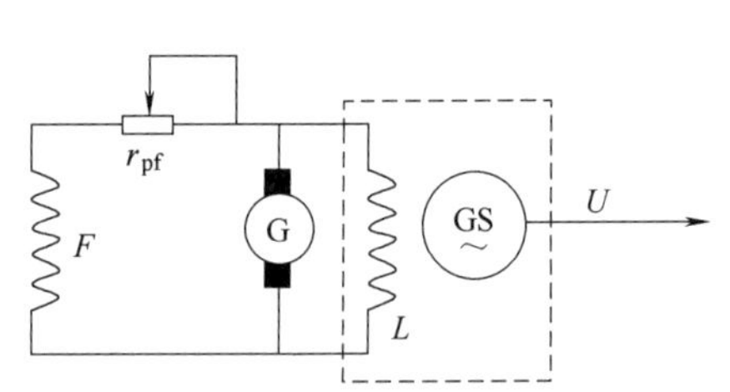

图 4-39 手动调节的直流励磁系统接线图
GS—同步发电机；L—同步发电机励磁绕组；
G—直流发电机；r_{pf}—手调电阻；
F—直流励磁机励磁绕组

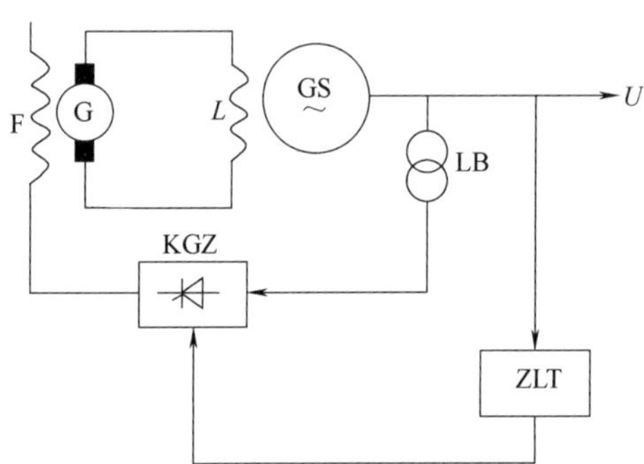

图 4-40 具有半导体自动调节器的
直流励磁机励磁系统
ZLT—半导体自动调节器；KGZ—晶闸管整流器；
LB—励磁变压器（其他符号同前）

直流励磁机励磁系统的主要优点是：励磁电源独立，接线简单，在合理使用和细心维护下，运行比较可靠。但因直流励磁机体积大，制造成本高，容易产生故障，而且调节反应速度慢，目前已逐渐被半导体整流励磁机所取代。

② 交流励磁机励磁方式（采用与主机同轴的交流发电机作为交流励磁电源）。交流励磁机是一个小容量的同步发电机，这种励磁系统，其同步发电机的励磁功率由交流励磁机供给。交流励磁机发出的交流电经硅二极管或晶闸管进行整流，供给同步发电机励磁绕组励磁电流。这类励磁系统由于交流励磁电源取自主机之外的其他独立电源，故也称为他励整流器励磁系统（包括他励硅整流励磁系统和他励可控硅整流器励磁系统），简称他励系统。同轴的用作励磁电源的交流发电机称为交流励磁机（也称同轴辅助发电机）。

这类励磁系统，按整流器是静止还是旋转，以及交流励磁机是磁场旋转或电枢旋转的不同，又可分为下列四种励磁方式：

a. 交流励磁机（磁场旋转式）加静止硅整流器；

b. 交流励磁机（磁场旋转式）加静止晶闸管；

c. 交流励磁机（电枢旋转式）加旋转硅整流器；

d. 交流励磁机（电枢旋转式）加旋转晶闸管。

上述 c、d 两种方式，硅整流元件和交流励磁机电枢与主轴一同旋转，直接给主机转子励磁绕组提供励磁电流，不但取消了直流励磁机系统中的换向器-电刷结构，而且取消了与同步发电机励磁绕组相连的集电环-电刷结构，故称为无刷励磁（又称无触点励磁或旋转半导体励磁）方式。交流励磁机的励磁绕组固定不动，其接线如图 4-41 所示。有的发电机在定子上设置一个没有励磁绕组的磁极，它是用优质的永磁材料制成，作为初始磁场起励建压。如图 4-41 所示的接线图是目前小型机组常用的一种接线方式。

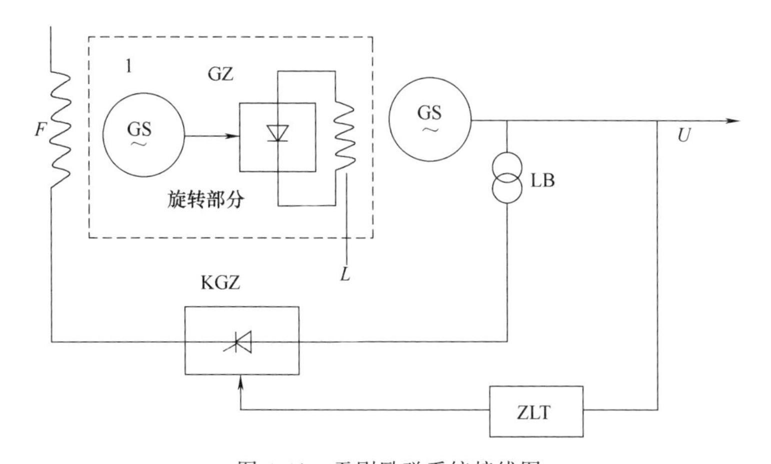

图 4-41　无刷励磁系统接线图

1—交流励磁机；F—交流励磁机励磁绕组；GZ—硅整流器（其他符号同前）

无刷励磁由于取消了滑环、电刷，消除了电气上最易发生故障的滑动接触，从而大大提高了运行可靠性，并使维护工作显著减少，同时整机的体积小，总长度缩短。因此，它是励磁系统的发展方向之一。现阶段有很大部分的柴油发电机组采用无刷励磁系统。

上述 a、b 两种方式为交流励磁机电枢和整流器不动，交流励磁机的磁极旋转的励磁方式，在柴油发电机组上很少采用，这里不再介绍。

(2) 自励式励磁系统（采用变压器作为交流励磁电源）

励磁功率由同步发电机本身供给的励磁系统称自励式励磁系统（或称为自励整流励磁系统）。在他励式励磁系统中，交流励磁机是旋转机械，而在自励式励磁系统中，励磁变压器和整流器等都是静止元件，故自励式励磁系统又称为全静态励磁系统。

自励式励磁系统可分为下列几种形式。

① 自并励系统。仅由同步发电机电压取得励磁功率的自励系统，称自并励励磁系统（或简称自并励）。如图 4-42 所示为自并励励磁系统的接线图。同步发电机发出的交流电，经励磁变压器变换到所需电压后（低压小容量机组有的直接从机端引入，有的由同步发电机的辅助绕组发出的交流电），由可控硅或电力二极管整流变成直流，供给励磁绕组建立磁场。自动调节器按发电机输出电压变化情况自动调节励磁电流。

② 自复励励磁系统。由同步发电机的电压和电流两者取得励磁功率的自励系统，称为自复励励磁系统。按励磁电流复合位置又有直流侧复合方式和交流侧复合方式。中小容量柴油发电机组主要是交流侧并联复合不可控励磁系统，如图 4-43 所示。励磁变压器串接一个电抗器后与励磁变流器并联，两者的输出先复合叠加，然后经硅整流器整流后供给同步发电

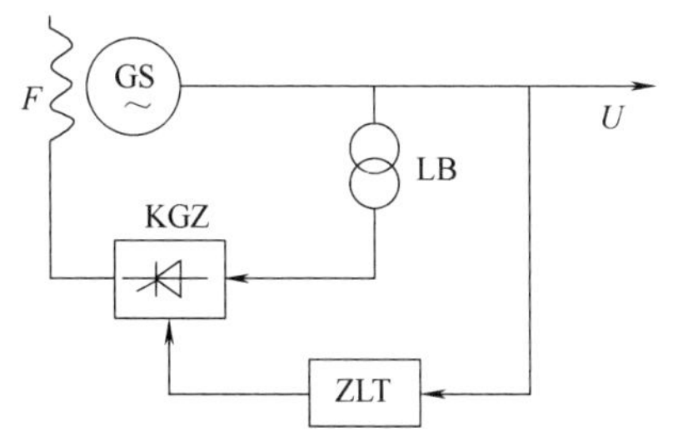

图 4-42　自并励励磁系统接线图

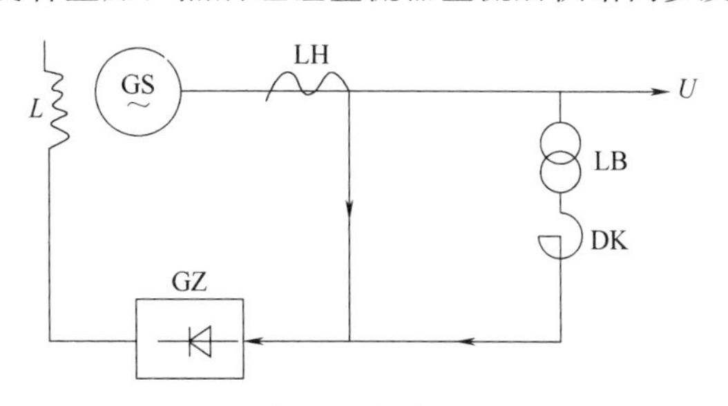

图 4-43　交流侧并联复合不可控励磁系统

LH—励磁变流器；DK—电抗器（其他符号同前）

机励磁。这种励磁系统由于能反映发电机的电压、电流及功率因数，也称不可控相复励系统。

除了并联的励磁变压器外，还有与发电机定子电流回路串联的励磁交流器（或串联变压器），二者结合起来，则构成所谓自复励方式。结合的方案有四种：

a. 直流侧并联自复励方式；

b. 直流侧串联自复励方式；

c. 交流侧并联自复励方式；

d. 交流侧串联自复励方式。

(3) 谐波励磁系统

除了他励和自励两类主要的半导体励磁方式外，还有一种介于两者之间的所谓谐波励磁系统。在主发电机定子槽中嵌有单独的附加绕组，称为谐波绕组。利用发电机气隙磁场中的谐波分量，通常是利用三次谐波分量，在附加绕组中感应谐波电势作为励磁装置的电源，经半导体整流后供给发电机励磁。如图 4-44 所示。谐波励磁方式有一个重要的有益的特性，即谐波绕组电势随发电机负载变动而改变。当发电机负载增加或功率因数降低时，谐波绕组电势随之增高；反之，当发电机负载减小或功率因数增高时，谐波绕组电势随之降低。因此谐波励磁系统具有自调节特性。当电力系统中发生短路时，谐波绕组电势增大，对发电机进行强励磁。这种励磁方式的特点是简单、可靠、快速。

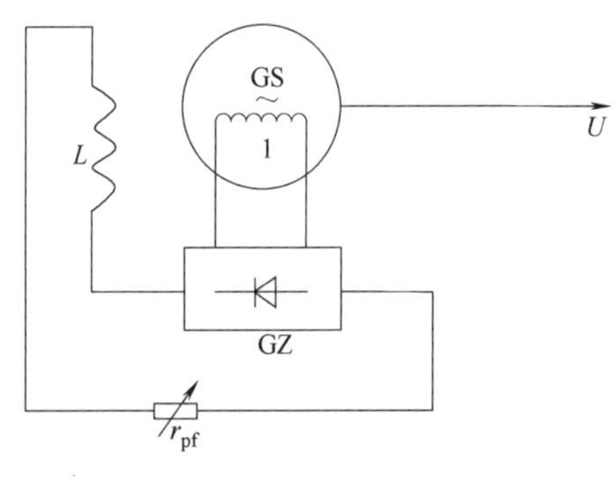

图 4-44　三次谐波励磁接线图

1—三次谐波绕组

(4) 各种励磁方式的性能比较

各种励磁方式的性能比较见表 4-4。

表 4-4　各种励磁方式的性能比较

系统名称	稳态电压调整率/%	动态性能	输出电压波形	无线电干扰	效率/%	温度补偿能力	体积/重量	线路结构
直流励磁系统	±3～±5	较差	较好	大			大	简单
自并励励磁系统	±1～±3	较好	有缺口	大	90 以上	好	小	较复杂
相复励励磁系统	±3～±5	较好	较好	小	85 左右	较差	大	简单
谐波励磁系统（可控分流）	±1～±3	好	较差	一般	90 以上	好	小	较复杂
无刷励磁系统	±0.5～±2.5	较好	较好	小	80～90	好	小	较复杂

4.3.4 半导体型调节器

在半导体励磁系统中，励磁功率单元为半导体整流装置及其交流电源，励磁调节器则采用半导体元件、固体组件及电子线路组成。早期的调节器只反映发电机电压偏差，进行电压校正，通常称其为电压调节器（简称调压器）。现在的调节器可综合反映包括电压偏差信号在内的多种控制信号，进行励磁调节，故称为励磁调节器。显然，励磁调节器包括了电压调节器的功能。下面对半导体励磁调节器作一简要介绍。

(1) 励磁控制系统

励磁系统是同步发电机的重要组成部分，它控制发电机的电压及无功功率。另外，调速系统控制原动机及同步发电机的转速（频率）和有功功率。励磁系统和调速系统是发电机组的主要控制系统，如图 4-45 (a) 所示。励磁控制系统是由同步发电机及其励磁系统共同组成的反馈控制系统，其框图如图 4-45 (b) 所示。

励磁调节器是励磁控制系统的主要部分，一般由它感受发电机电压的变化，然后对励磁功率单元施加控制作用。在励磁调节器没有改变给出的控制命令以前，励磁功率单元不会改变其输出的励磁电压。

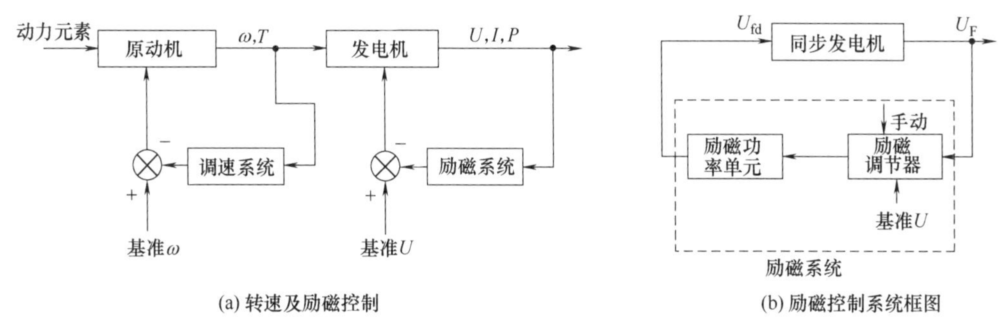

图 4-45 发电机组的控制系统

(2) 对励磁调节器的要求

① 励磁调节器应具有高度的可靠性，并且运行稳定。这在电路设计、元件选择和装配工艺等方面应采取相应的措施。

② 励磁调节器应具有良好的稳态特性和动态特性。

③ 励磁调节器的时间常数应尽可能小。

④ 励磁调节器应结构简单，检修维护方便，并逐步做到系统化、标准化、通用化。

(3) 励磁调节器的构成

半导体励磁调节器主要由测量比较、综合放大和移相触发三个基本单元构成，每个单元再由若干环节组成。三个单元的相互作用如图 4-46 所示。

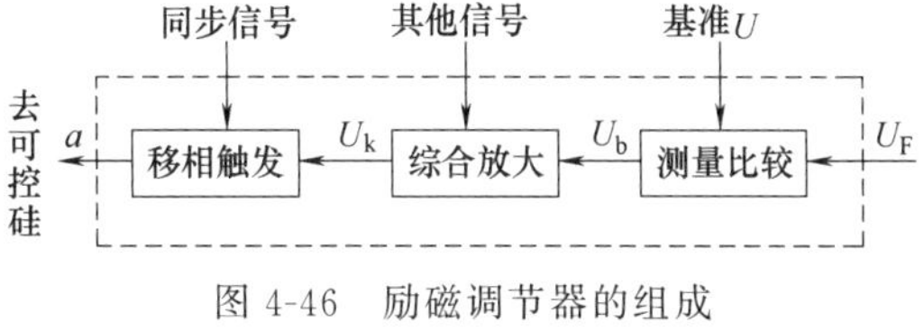

图 4-46 励磁调节器的组成

① 测量比较单元。测量比较单元由电压测量、比较整定和调差环节组成，如图 4-47 所示。电压测量环节包括测量整流和滤波电路，有的还有正序电压滤过器。测量比较单元用来测量经过变换的与发电机端电压成比例的直流电压，并与相应发电机额定电压的基准电压相比较，得到发电机端电压与其给定值的偏差。电压偏差信号输入综合放大单元，正序电压滤过器在发电机不对称运行时可提高调节器调节的准确度，在发生不对称短路时可提高强励能力。调差环节的作用在于改变调节器的调差系数，以保证并列运行机组间无功功率稳定合理地分配。

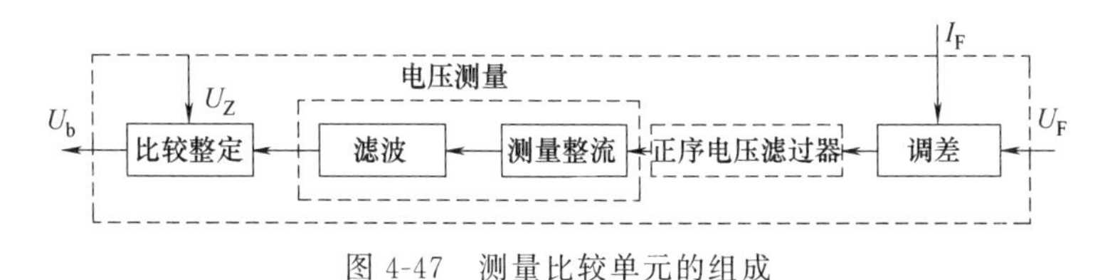

图 4-47 测量比较单元的组成

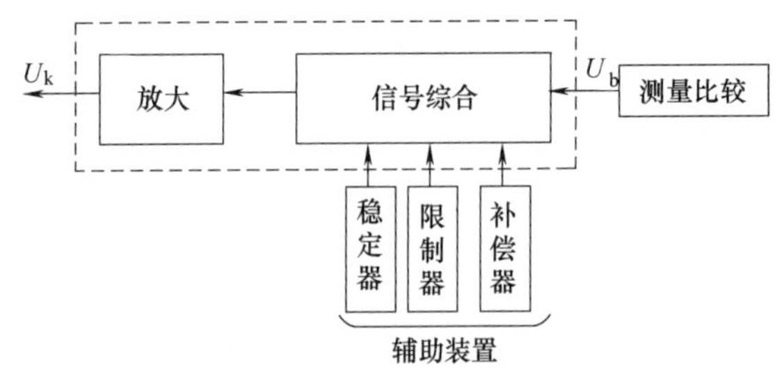

图 4-48　综合放大单元的组成

② 综合放大单元。综合放大单元对测量等信号起综合和放大作用，为了得到调节系统良好的静态特性和动态特性，并满足运行要求，除了由基本装置来的电压偏差信号外，有时还须根据要求综合由辅助装置来的稳定、限制、补偿等其他信号。综合放大单元的组成如图 4-48 所示。综合放大后的控制信号输入移相触发单元。

③ 移相触发单元。移相触发单元包括同步、移相、脉冲形成和脉冲放大等环节，如图 4-49 所示。移相触发单元根据输入的控制信号的变化，改变输出到晶闸管的触发脉冲相位，即改变控制角 α（或称移相角），从而控制晶闸管整流电路的输出电压，以调节发电机的励磁电流。为了触发脉冲能可靠地触发可控硅，往往需要采用脉冲放大环节进行功率放大。

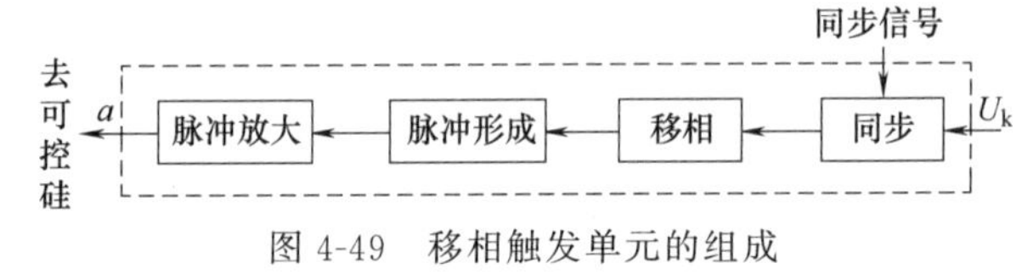

图 4-49　移相触发单元的组成

同步信号取自晶闸管整流装置的主回路，保证触发脉冲在晶闸管阳极电压在正半周时发出，使触发脉冲与主回路同步。

励磁系统中通常还有手动部分，如图 4-45（b）中所示，当励磁调节器自动部分发生故障时，可切换到手动方式运行。

4.3.5 微机励磁调节器

(1) 微机励磁调节器的配置及其工作原理

在可控硅励磁系统中，如果用微机励磁调节器代替常规的半导体励磁调节器，便构成微机励磁调节系统，如图 4-50 所示。

微机励磁调节器本身由微型计算机（或微处理器）、外围硬件及系统软件和应用软件等组成。图 4-51 为微机励磁调节器硬件框图，图中虚线框内为微型计算机。ADA 接口板中的 A/D 转换电路用来采集有关的模拟量并将其变为数字量，送入微型计算机进行计算和处理。某些数字量可经 D/A 转换电路变为模拟量送出。I/O 接口板可输入、输出数字/开关量信号。ADA 接口板及 I/O 接口板是 CPU 主机板必需的外围部件，除这些外还需要其他一些外围硬件。图 4-51 中所示的可控整流桥 KZ 是受微机励磁调节器控制的励磁功率单元。

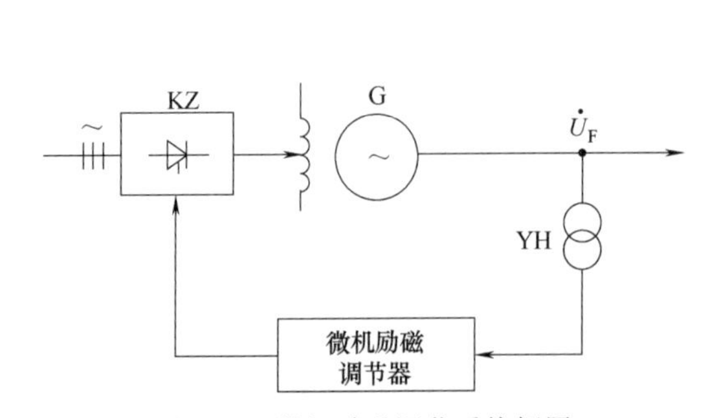

图 4-50　微机励磁调节系统框图

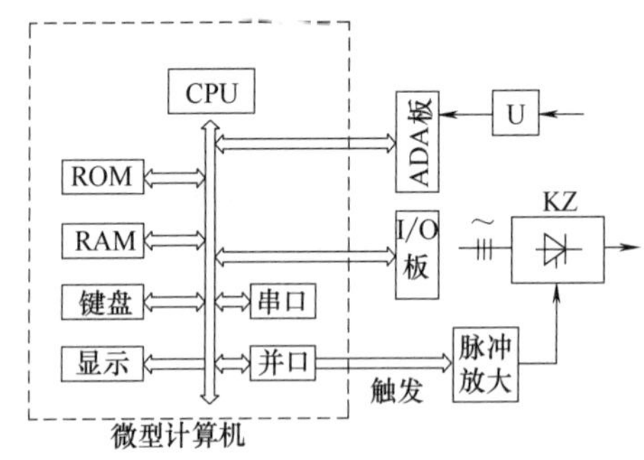

图 4-51　励磁调节器硬件框图

与模拟式半导体励磁调节器的构成相似，微机励磁调节器由图 4-52 所示的几个基本部分组成，虚线框的功能由微型计算机实现。

微机励磁调节器的工作原理可由图 4-50～图 4-52 看出，A/D 转换电路对被调节量（如机端电压）定时采样，送入 CPU 后按调节规律计算出控制量。如沿用模拟触发器，则将控制量经 D/A 转换电路输出控制电压，作用于模拟式移相触发器，发出触发脉冲；如采用数字触发器，则直接将这些控制量转换为控制角，由并行口送出控制角为 α 的触发脉冲，经脉冲放大后，触发相应的晶闸管，形成闭环控制的微机励磁调节器系统。

微机励磁调节器与同步发电机的励磁系统相联系，有下列两种方案：

① 微机-模拟双通道型。微机-模拟双通道型简化框图如图 4-53 所示，微机励磁调节器与模拟式励磁调节器构成双通道，由开关 K 进行切换，当 K 切换到模拟式励磁调节器，则发电机按常规励磁调节器方式运行，当 K 切换到微机励磁调节器，则发电机按微机励磁调节方式运行，若微机励磁调节器发生故障，能自动切换到模拟式励磁调节器方式运行，而不影响同步发电机的运行工况。

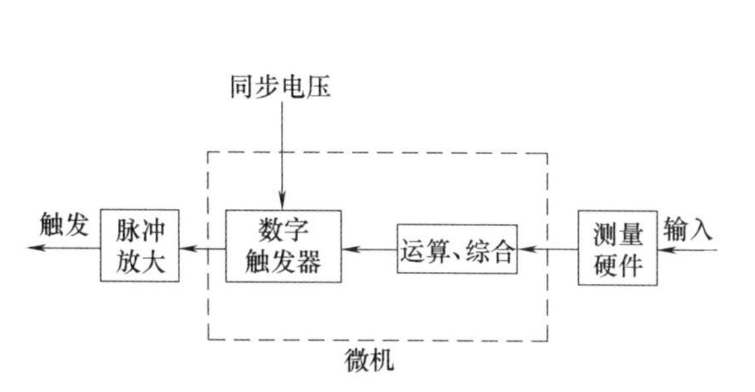

图 4-52　微机励磁调节器组成框图

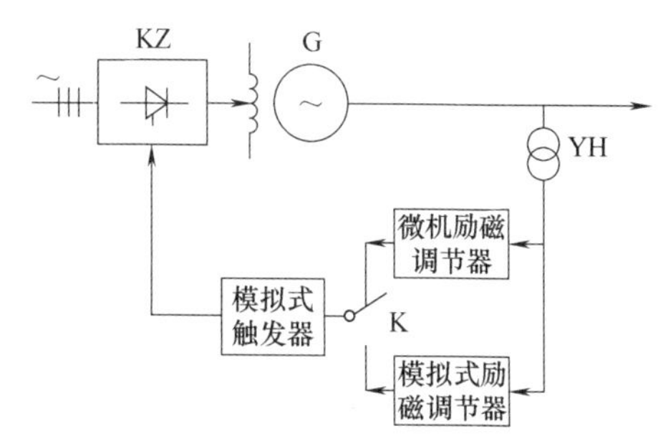

图 4-53　微机-模拟双通道型框图

② 全数字化微机型。全数字化微机型简化框图如图 4-54（a）、（b）所示。图 4-54（b）方案还设置了两套微机励磁调节器，平时一套微机励磁调节器运行，另一套处于热备用，双微机之间可手动或自动切换。这种方案提高了微机励磁调节器运行的可靠性。

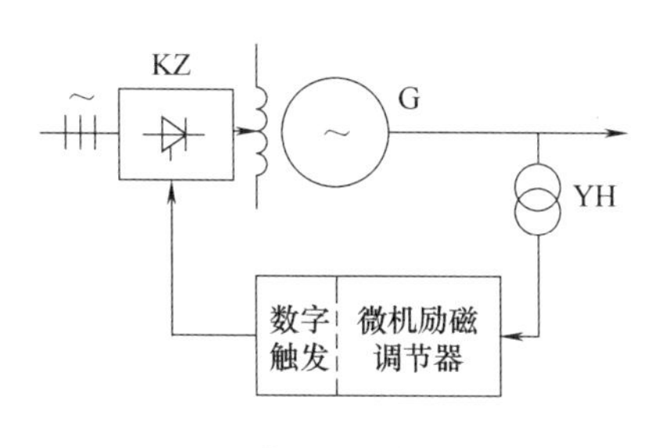

(a) 单套微机励磁调节器模式

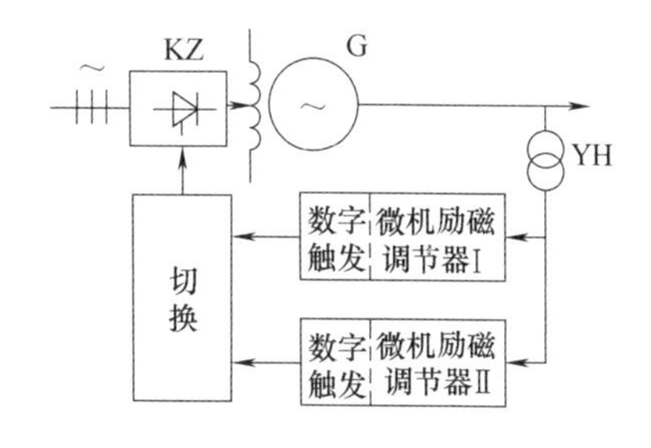

(b) 两套微机励磁调节器模式

图 4-54　全数字化微机型框图

微机励磁调节器具有如下优点：

a. 结构简单、软件丰富、功能多、性能好、运行操作方便。

b. 调节器的各参数可以在线整定或修改，并可显示出来，使调试工作简单方便。

c. 灵活性大，对于不同发电机组的励磁要求，可在不更改硬件的情况下，修改软件来满足，励磁调节规律可根据需要灵活改变，利用软件也易于实现多种励磁限制功能。

d. 能实现复杂的现代控制技术，如最优控制、自适应控制等。

e. 可以与计算机通信、传送数据、接受指令，是电站（电厂）实现计算机控制所必不可少的一种基础控制。计算机可直接改变机组给定电压值 U_g，能非常简便地实现电站（电厂）机组的无功功率成组调节及母线电压的实时控制。无须像模拟式励磁调节器那样，另外增设电子电位器（无功负荷设定器）等硬件。

(2) 测量部分

微机励磁调节器为了实现调节控制、运行限制、人工调差和运行参数显示等功能，发电机组的状态变量及有关运行参数必须通过测量部件由微型计算机定时采集。其测量部件主要有下列几种：

① 模拟式电量变送器。对于同步发电机端电压 U_f、定子电流 I_f、有功功率 P、无功功率 Q 和转子电流 I_{fd} 等电量，可采用一般模拟式电量变送器作为测量部件。变送器输出与其输入量成比例的直流电压供微型计算机采样。目前国内外研制的微机励磁调节器，大多采用模拟式电量变换器，因为这样容易实现，测量精度也可保证。

② 交流接口。另一种不同的测量方法是采用交流接口把发电机的电压互感器副边电压以及电流互感器副边电流转换为成比例的、较低的交流电压，微型计算机对这些电压采样，并计算出当时发电机的端电压 U_f、定子电流 I_f、有功功率 P、无功功率 Q 和转子电流 I_{fd} 等电量。

交流接口分为交流电压接口和交流电流接口两种，它们均为前置模拟通道，由信号幅度变换、隔离屏蔽、模拟式低通滤波等部分组成，如图 4-55 所示。

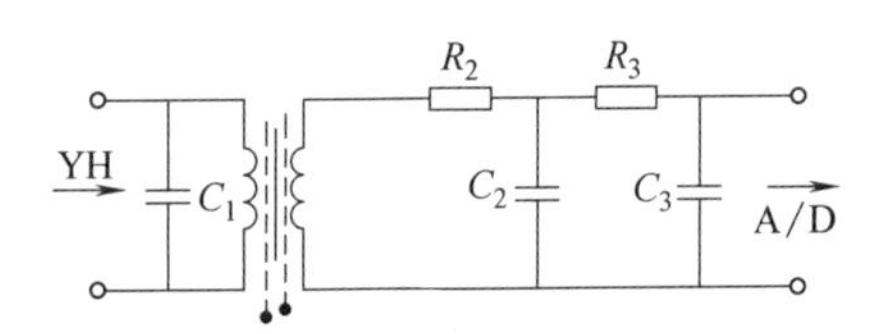

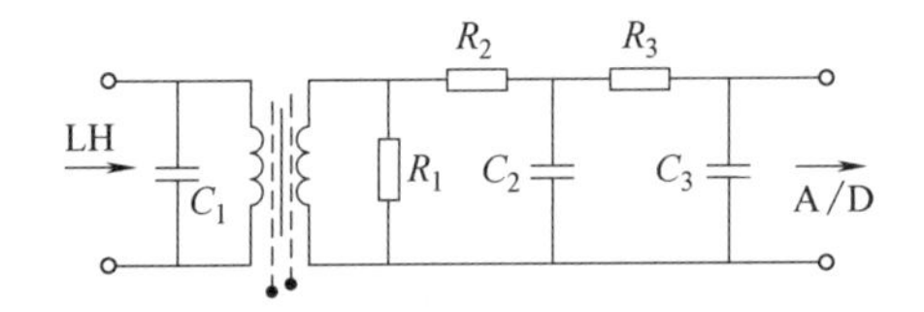

图 4-55　交流接口电路

这种测量方法使用硬件少，运行可靠，但采用了低通滤波，将引起其输出电压的相位移。在设计交流接口时，要求交流电压接口与交流电流接口具有相同的相位移，以保证计算 P 和 Q 的精度。除在硬件设计中予以注意外，有时还需辅以软件补偿相位的措施。

采用交流接口只能对交流电量进行采样和计算。对于转子励磁电流的测量，一般采用直流电流变送器。另一做法是对转子回路整流桥交流侧的电流通过交流接口进行采样，间接算出直流侧的励磁电流值。

③ 转速测量。微机励磁调节器如果需要附加 PSS（电力系统稳定器）或采用最优控制，一般要测量机组的转速。转速测量通常采用数字测量方法。测转速的做法是测频率，而测频率的基本方法是测周期，即测交流电压每个周波的时间 T。把微型计算机中的晶振频率 f_0 适当分频后作为计数频率 f_c，其对应的脉冲串为 ϕ，用 ϕ 的一个脉冲（周期为 $1/f_c$）作为标准计时单位，去度量周期 T。设测出 T 的宽度相当于 m 个标准计时脉冲，则：

$$T=m/f_c$$

于是被测频率：

$$f=f_c/m$$

角频率：

$$\omega=2\pi f$$

如果测量频率的交流电压信号取自同步发电机的定子电压，则所测出的 ω 为同步发电机电压的角频率。如果测量频率的交流电压信号取自发电机组大轴上的交流测速发电机，则所测出的 ω 为机组的角速度。

(3) 计算及综合部分

这一部分是微机励磁调节器的核心，它担负的任务是在微型计算机硬件支持下由应用软件实现的。其主要任务如下：

① 数据采集。定时采样、相应计算、对测量数据正确性的检查、标度变换和选择显示相应数据等。

② 调节算法。按所用的调节规律进行计算。

③ 控制输出。把调节算法的计算结果进行转换并限幅输出。通过移相触发环节对可控硅整流桥进行控制。

④ 其他处理。输入整定值、修改参数、改变运行方式、声光报警和利用计算机软件可以实现多种运行模式、多种励磁限制以及软件调差等功能。

(4) 数字移相触发器

数字移相触发器与模拟式移相触发器类似，也是由同步、移相、脉冲形成和脉冲放大等环节组成。其中同步电压整形电路及脉冲放大电路用硬件构成，移相和脉冲形成由计算机软件实现。下面分述各环节的工作原理。

① 同步电压整形电路。同步电压整形电路的任务是：将同步变压器的副边电压整形成为方波送入微机，产生中断。同步电压整形电路的作用有二：一是指明控制角 α 的计时起点；二是确定送出的脉冲应触发哪一臂的晶闸管（定相）。同步电压整形电路分三相及单相两类。三相同步电压整形方案的优点是能准确地确定六个自然换流点，程序设计简单，但中断源较多。而单相同步电压整形电路可以简化硬件，减少中断源。

② 数字移相及脉冲形成。数字移相是把已定的控制角 α 折算成对应的延时 t_α，再折算成对应的计数脉冲个数 N_α。α 折算成 t_α 的公式为：

$$t_\alpha=\alpha T/360$$

式中，T 为阳极电压周期。

设计数脉冲的频率为 f_c，周期为 T_c，则与 t_α 对应的计数脉冲个数：

$$N_\alpha=t_\alpha/T_c=\alpha T f_c/360$$

当同步方波上升沿引起 CPU 响应中断后，将 N_α 送入计数器/定时器的某一通道，作为时间常数开始定时，当该通道的减 1 计数器减到零时，其输出端变为高电平，申请中断。CPU 响应此中断后，立即从并行接口输出相应的触发脉冲（尚未经脉冲功率放大）。

③ 脉冲功率放大。此环节与模拟式触发器基本相同。只是由微型计算机并行接口输出的触发脉冲须经一级前置功率放大作为基本部分，再送到脉冲功率放大部分。这样，根据机组容量大小和功率柜的不同要求，只改变后面的脉冲功率放大部分，而前面的基本部分是通用的。

4.4 柴油发电机组使用与维护

本节以 KC120GFBZ 型自动化柴油发电机组为例，讲述发电机组的使用与维护。该机组是由康明斯 6CTA8.3-G2 型柴油机、斯坦福 UC274F 型发电机、HGM6320 型控制器等主要部件组合而成的自动化程度较高的交流发电机组。该机组额定功率 120kW，额定电流 216A，额定电压 400V/230V。

KC120GFBZ 型柴油发电机组特别适用在一机组一市电的使用场合。机组具有手动和自动两种操作模式。在手动模式下，可实现市电/发电机组的手动切换，在自动模式下，可实现对市电电量监测和市电/发电机组的自动切换。

机组具有多种自动预警、自动保护功能，并具有市电自动对蓄电池充电、自动对冷却液和机油进行预热功能。机组备有 RS485 通信接口，可实现遥测、遥信、遥控。发电机组的控制器采用大屏幕液晶（LCD）显示，中英文可选界面操作，操作简单，运行可靠。

4.4.1 基本组成

(1) 东风康明斯柴油机

机组的原动机为东风康明斯 6CTA8.3-G2 型柴油机，该柴油机采用中美合资公司所引进的美国 CUMMINS 技术生产，性能优良，广泛应用于发电机组行业。东风康明斯柴油机有 4B、6B、6C 三大系列，各柴油机的技术规格及参数见表 4-5。

表 4-5 柴油机的技术规格及参数表

参数	型号				
	4BTA3.9-G2	6BTA5.9-G2	6BTAA5.9-G2	6CTA8.3-G2	6CTAA8.3-G2
缸数	4	6	6	6	6
吸气方式	增压	增压	增压空空中冷	增压	增压空空中冷
冷却方式	强制水冷	强制水冷	强制水冷	强制水冷	强制水冷
压缩比	16.5∶1	17.5∶1	17.5∶1	17.3∶1	18∶1
排量/L	3.9	5.9	5.9	8.3	8.3
额定转速/(r/min)	1500	1500	1500	1500	1500
额定功率/kW	50	110	120	163	183
备用功率/kW	55	120	132	180	204
高压燃油泵	A 泵	A 泵	PN 泵	PB 泵	P7100 泵
稳态调整率/%	≤1	≤1	≤1	≤1	≤1
润滑油容量/L	11	12.1	16	16.4	16
冷却系容量/L	8(发动机)	11(发动机)	10.4(发动机)	13(发动机)	12.3(发动机)
外形尺寸/(mm×mm×mm)	765×582×908	1035×711×992	1035×711×992	1140×698×1059	1149×770×1055
干重/kg	320	443	407	702	702
湿重/kg	340	471	431	731	731

(2) 斯坦福发电机

机组的发电机选用无锡新时代交流发电机有限公司引进英国斯坦福电机技术生产的 UC274F 型发电机。该型发电机为带永磁发电机（PMG）励磁——AVR 控制的发电机。其额定功率 128kW，备用功率 140kW。

① 发电机的特征。

a. 可选的辅助绕组励磁系统能提供承受短路电流的能力；

b. 先进的自动调压系统能够保证在恶劣条件下能进行可靠的运行作业；

c. 很容易与电网或其他发电机并联，标准的 2/3 节距绕组抑制了过多的中线电流；

d. 经动平衡的转子，具有密封的滚珠轴承，具有单支点和双支点结构；

e. 安装简单，维护保养方便，具有极易操作的接线柱、旋转二极管和联轴器螺栓；

f. 符合所有主导的陆用标准。

② 励磁系统结构。斯坦福无刷三相交流同步发电机的励磁系统有以下两种结构形式。

a. 自励 AVR 控制的发电机。主机定子通过 SX460（SX440 或 SX421）AVR 为励磁机磁场提供电力，AVR 是调节励磁机励磁电流的控制装置。AVR 向来自主机定子绕组的电压感应信号做出反馈，通过控制低功率的励磁机磁场调节励磁机电枢的整流输出功率，从而达到控制主机磁场电流的要求。

SX460 或 SX440 AVR 通过感应两相平均电压，确保了电压调整率。此外，它还监测发电机的转速，如低于预选转速设定，则相应降低输出电压，以防止发电机低速时的过励，缓减加载时的冲击，以减轻发电机的负担。

SX421 除了 SX440 的特点外，还有三相方均根感应的特点，在与外部断路器（装在开关板上）一起使用时它还提供过电压保护。

b. 永磁发电机（PMG）励磁——AVR 控制的发电机。永磁发电机通过 AVR（MX341 或 MX321）为励磁机提供励磁电力，AVR 是调节励磁机励磁电流的控制装置。如果是 MX321 AVR，则通过一个变压器向来自主机定子绕组的电压感应信号做出反馈，通过控制低功率的励磁机磁场，调节励磁机电枢的整流输出功率，从而达到控制主机磁场电流的要求。

PMG 系统提供一个与定子负载无关的恒定的励磁电力源，提供较高的电动机启动承受能力，并对由非线性负载（如晶闸管直流发电机）产生的主机定子输出电压的波形畸变具有抗干扰性。

MX341 AVR 通过检测二相平均电压来确保电压调整率。另外，它还监测发动机的转速，如低于预选转速设定，则相应降低输出电压，以防止发电机低速时的过励，缓减加载时的冲击，以减轻发动机的负担。与此同时，它还提供延时的过励保护，在励磁机磁场电压过高的情况下对发电机减励。

MX321 除提供 MX341 具有的保护发动机的减荷特性外，它还具有三相方均根检测和过电压保护功能。

(3) HGM6320 控制器

控制器是机组的大脑，对机组的工作进行调控与保护。下面就对 HGM6320 型控制器的技术规格、面板操作、保护及报警功能做比较详细的介绍。

① 控制器技术规格见表 4-6。

表 4-6　控制器技术规格

工作电压	DC8.0V 至 35.0V 连续供电
整机功耗/W	<3(待机方式:≤2)
交流发电机电压输入: 三相四线 三相三线 单相二线 单相三线	 15～360VAC(ph-N) 30～600VAC(ph-ph) 15～360VAC(ph-N) 15～360VAC(ph-N)
交流发电机频率/Hz	50/60
转速传感器电压/V	1.0 至 24(有效值)
转速传感器频率/Hz	最大 10000
启动继电器输出	16A　DC28V 直流供电输出
燃油继电器输出	16A　DC28V 直流供电输出
可编程继电器输出口 1	16A　DC28V 直流供电输出
可编程继电器输出口 2	16A　DC28V 直流供电输出
可编程继电器输出口 3	16A　DC28V 直流供电输出
可编程继电器输出口 4	16A　250VAC 无源输出
发电合闸继电器 可编程继电器输出口 5	16A　250VAC 无源输出
市电合闸继电器 可编程继电器输出口 6	16A　250VAC 无源输出
外形尺寸/(mm×mm×mm)	240×172×57
开孔尺寸/(mm×mm)	220×160
电流互感器次级电流	额定 5A
工作条件	温度:－20～50℃。湿度:20%～90%
储藏条件	温度:－30～70℃
绝缘强度	对象:在输入/输出电源之间 引用标准:IEC 688—1992 试验方法:AC1.5kV/1min,漏电流 2mA
质量/kg	0.90

② 控制器操作面板说明如图 4-56 所示。

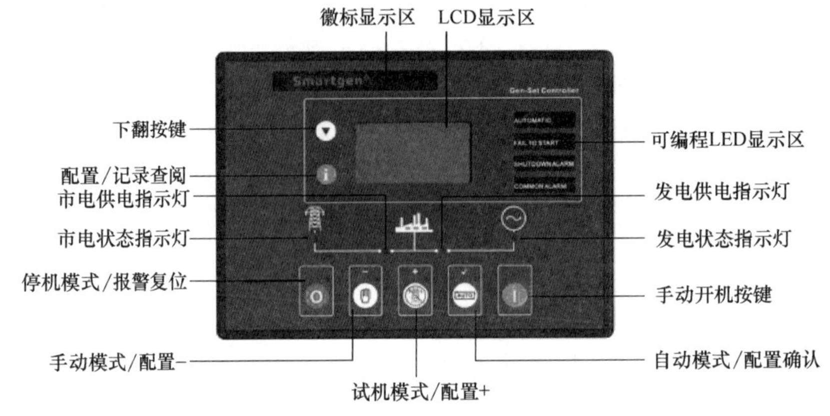

图 4-56　HGM6320 控制器面板

③ LCD 显示见表 4-7。

表 4-7　LCD 显示

系统在停机模式 市电正常 发电机组待机 负载在市电侧	此屏幕显示：发电工作于运行状态、市电状态、开关状态、发电机组报警信息等 当前屏幕显示发电机组在停机待机模式，市电正常，市电带载
市电 $U_{L\text{-}L}$　381V　381V　381V $U_{L\text{-}N}$　220V　220V　220V f=50Hz	按▼键(注：按▼键可循环翻动屏幕。) 此屏幕显示市电的线电压(L1-L2、L2-L3、L3-L1)、相电压(L1、L2、L3)、频率。HGM6310 此屏不显示
发电 $U_{L\text{-}L}$　381V　381V　381V $U_{L\text{-}N}$　220V　220V　220V f=50Hz　1500r/min	按▼键 此屏幕显示发电机组的线电压(L1-L2、L2-L3、L3-L1)、相电压(L1、L2、L3)、频率、转速
燃油位　80% 水/缸温度　80℃ 176℉ 机油压力　110kPa	按▼键 此屏幕显示发电机组的燃油位、水/缸温度、机油压力输入量 显示××××：表示为未使用；显示 HHHH、LLLL：表示数字量输入；显示++++：表示传感器开路
电池电压　24.1V 充电机电压　18.1V 发动机转速　1500r/min 15-01-18(日)18:18:18	按▼键 此屏幕显示发电机组的电池电压、充电机电压、发动机转速、控制器当前的时间(其中括号内为星期)
发电机 累计开机　168 次 累计运行　001818:18:18 累计电能　0001818.8kW·h	按▼键 此屏幕显示发电机组的累计开机次数、累计的运行时间(小时:分:秒)、累计输出的发电电能
负载 电流 0000 0000 0118A 功率　120kW　120kV·A $\cos\varphi$=1.00	按▼键 此屏幕显示发电负载的电流、有功总功率、视在总功率及功率因数

④ 按键功能描述见表 4-8。

⑤ 自动开机/停机操作。

按键，该键旁指示灯亮起，表示发电机组处于自动开机模式。

表 4-8 按键功能描述

O	停机/复位键	在发电机组运行状态下，按O键可以使运转中的发电机组停止；在发电机组报警状态下，按O键可以使报警复位；在停机模式下，按O键 3 秒以上，可以测试面板指示灯是否正常（试灯）
I	开机键	在手动模式或手动试机模式下，按I键可以使静止的发电机组开始启动
	手动键/配置－	按键，可以将发电机组置为手动开机模式。在参数配置模式下按此键可将参数数值递减
	试机键/配置＋	按键，可以将发电机组置为手动试机模式。在参数配置模式下按此键可将参数值递增
AUTO	自动键/配置确认	按AUTO键，可以将发电机组置为自动模式。在参数配置模式下按此键可将参数值位右移或确认（第四位）
i	记录查询键	按i键，可显示发电机组的异常停机记录，再按i键，则退出
▼	翻屏键	在参数显示与记录查询显示屏下，按▼键，可进行翻屏操作

自动开机顺序：

a. HGM6320：当市电异常（过电压、欠电压、过频、欠频）时，进入“市电异常延时”，LCD 屏幕显示倒计时，市电异常延时结束后，进入“开机延时”；

b. LCD 屏幕显示“开机延时”倒计时；

c. 开机延时结束后，预热继电器输出（如果被配置），LCD 屏幕显示“开机预热延时××s”；

d. 预热延时结束后，燃油继电器输出 1s，然后启动继电器输出；如果在“启动时间”内发电机组没有启动成功，燃油继电器和启动继电器停止输出，进入“启动间隔时间”，等待下一次启动；

e. 在设定启动次数内，如果发电机组没有启动成功，LCD 显示窗第一屏第一行闪烁，同时 LCD 显示窗第一屏第一行显示启动失败报警；

f. 在任意一次启动时，若启动成功，则进入“安全运行时间”，在此时间内油压低、水温高、欠速、充电失败以及辅助输入（已配置）报警量等均无效，安全运行延时结束后则进入“开机怠速延时”（如果开机怠速延时被配置）；

g. 在开机怠速延时过程中，欠速、欠频、欠电压报警均无效，开机怠速延时结束，进入“高速暖机时间延时”（如果高速暖机延时被配置）；

h. 当高速暖机延时结束时，若发电正常则发电状态指示灯亮，如发电机电压、频率发到带载要求，则发电合闸继电器输出，发电机组带载，发电供电指示灯亮，发电机组进入正常运行状态；如果发电机组电压或频率过高或过低，则控制器报警并停机（LCD 屏幕显示发电报警量，提示操作者机组报警的原因）。

自动停机顺序：

a. HGM6320：发电机组正常运行中或市电恢复正常，则进入“市电电压正常延时”，确认市电正常后，市电状态指示灯亮起，“停机延时”开始；

b. 停机延时结束后，开始“高速散热延时”，且发电合闸继电器断开，经过“开关转换延时”后，市电合闸继电器输出，市电带载，发电供电指示灯熄火，市电供电指示灯点亮；

c. 当进入“停机怠速延时”（如果被配置）时，怠速继电器加电输出；

d. 当进入“得电停机延时”时，得电停机继电器加电输出，燃油继电器输出断开；

e. 当进入“发电机组停稳时间”时，自动判断是否停稳；

f. 当机组停稳后，进入发电待机状态；若机组不能停机则控制器报警（LCD 屏幕显示停机失败警告）。

⑥ 手动开机/停机操作。

a. HGM6320：按键，控制器进入“手动模式”，手动模式指示灯亮。按键，控制器进入“手动试机模式”，手动试机模式指示灯亮。在这两种模式下，按键，则启动发电机组，自动判断启动成功，自动升速至高速运行。机组运行过程中出现水温高、油压低、超速、电压异常等情况时，能够有效快速保护停机（过程见自动开机操作步骤 d～h）。在“手动模式”下，发电机组带载是以市电是否正常来判断，市电正常，负载开关不转换，市电异常，负载开关转换到发电侧。在“手动试机模式”下，发电机组高速运行正常后，不管市电是否正常，负载开关都转换到发电侧。

b. 手动停机：按键，可以使正在运行的发电机组停机（过程见自动停机过程 c～f）。

⑦ 控制器开关切换及运行时序图如图 4-57～图 4-59 所示。

⑧ 控制器保护功能。

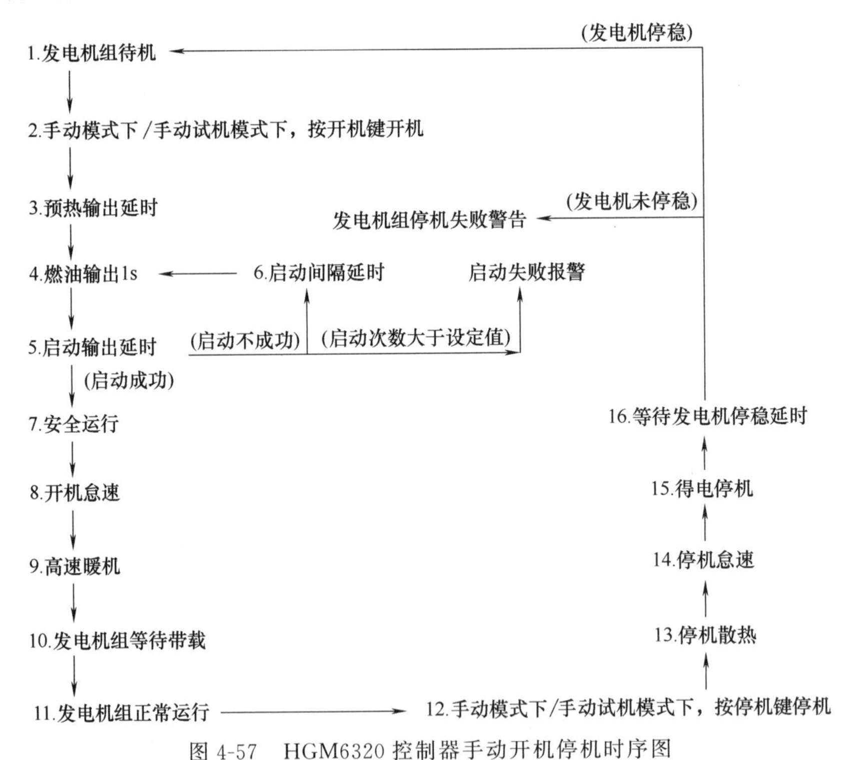

图 4-57　HGM6320 控制器手动开机停机时序图

a. 警告/预警。当控制器检测到警告/预警信号时，控制器仅仅警告并不停机，且 LCD 显示窗第一屏第一行反黑显示，并显示报警类型。警告量如表 4-9 所示。

b. 停机报警。当控制器检测到停机报警信号时，控制器立即停机并断开发电合闸继电器信号，使负载脱离，并且 LCD 显示窗第一屏第一行闪烁（闪烁频率 1Hz），并显示报警类型。

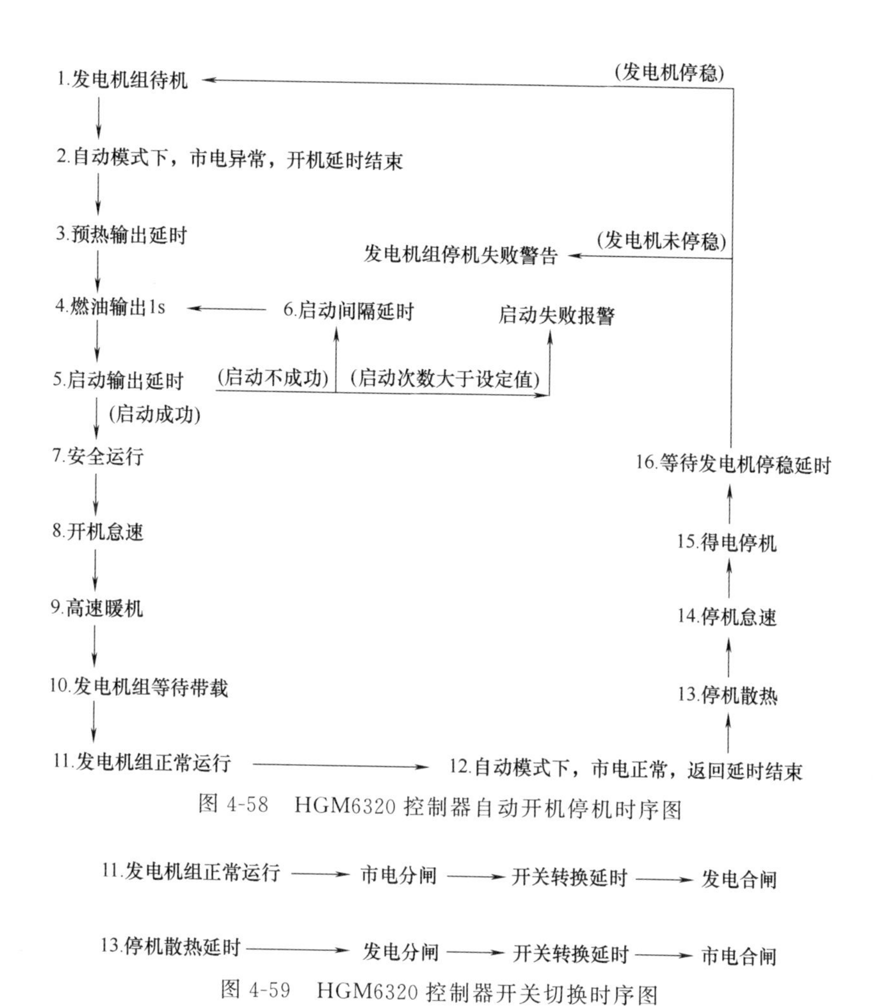

图 4-58　HGM6320 控制器自动开机停机时序图

图 4-59　HGM6320 控制器开关切换时序图

表 4-9　警告量类型、检测范围及其描述

序号	警告量类型	检测范围	描述
1	高水温警告	8. 开机怠速→ 14. 停机怠速	当控制器检测的水温数值大于设定的水温警告数值时,控制器发出警告报警信号,同时 LCD 屏幕上显示高水温警告字样
2	低油压警告	8. 开机怠速→ 14. 停机怠速	当控制器检测的油压数值小于设定的油压警告数值时,控制器发出警告报警信号,同时 LCD 屏幕上显示低油压警告字样
3	发电超速警告	一直有效	当控制器检测到发电机组的转速超过设定的超速警告阈值时,控制器发出警告报警信号,同时 LCD 屏幕上显示发电超速警告字样
4	发电欠速警告	10. 发电机组等待带载→ 13. 停机散热	当控制器检测到发电机组的转速小于设定的欠速警告阈值时,控制器发出警告报警信号,同时 LCD 屏幕上显示发电欠速警告字样
5	速度信号丢失警告	8. 开机怠速→ 14. 停机怠速	当控制器检测到发电机组的转速等于零,控制器发出警告报警信号,同时 LCD 屏幕上显示速度信号丢失警告字样
6	发电过频警告	一直有效	当控制器检测到发电机组的电压频率大于设定的过频警告阈值时,控制器发出警告报警信号,同时 LCD 屏幕上显示发电过频警告字样
7	发电欠频警告	10. 发电机组等待带载→ 13. 停机散热	当控制器检测到发电机组的电压频率小于设定的欠频警告阈值时,控制器发出警告报警信号,同时 LCD 屏幕上显示发电欠频警告字样

续表

序号	警告量类型	检测范围	描述
8	发电过压警告	10. 发电机组等待带载→13. 停机散热	当控制器检测到发电机组的电压大于设定的过压警告阈值时，控制器发出警告报警信号，同时LCD屏幕上显示发电过压警告字样
9	发电欠压警告	10. 发电机组等待带载→13. 停机散热	当控制器检测到发电机组的电压小于设定的欠压警告阈值时，控制器发出警告报警信号，同时LCD屏幕上显示发电欠压警告字样
10	发电过流警告	一直有效	当控制器检测到发电机组的电流大于设定的过流警告阈值时，控制器发出警告报警信号，同时LCD屏幕上显示发电过流警告字样
11	停机失败警告	得电停机延时/发电机组停稳延时结束后	当得电停机延时/等待发电机组停稳延时结束后，若发电机组输出有电，则控制器发出警告报警信号，同时LCD屏幕上显示停机失败警告字样
12	燃油位低警告	一直有效	当控制器检测到发电机组的燃油液位值小于设定的阈值时，控制器发出警告报警信号，同时LCD屏幕上显示燃油液位低警告字样
13	充电失败警告	8. 开机怠速→14. 停机怠速	当控制器检测到发电机组的充电机电压值小于设定的阈值时，控制器发出警告报警信号，同时LCD屏幕上显示充电失败警告字样
14	电池欠压警告	一直有效	当控制器检测到发电机组的电池电压值小于设定的阈值时，控制器发出警告报警信号，同时LCD屏幕上显示电池欠压警告字样
15	电池过压警告	一直有效	当控制器检测到发电机组的电池电压值大于设定的阈值时，控制器发出警告报警信号，同时LCD屏幕上显示电池过压警告字样
16	辅助输入口1～6警告	用户设定的有效范围	当控制器检测到辅助输入口1～6警告输入时，控制器发出警告报警信号，同时LCD屏幕上显示辅助输入口1～6警告字样

停机报警量如表4-10所示。

表4-10　停机报警量类型、检测范围及其描述

序号	警告量类型	检测范围	描述
1	紧急停机报警	一直有效	当控制器检测到紧急停机报警信号时，控制器发出停机报警信号，同时LCD屏幕上显示紧急停机报警字样，并闪烁
2	高水/缸温报警停机	8. 开机怠速→14. 停机怠速	当控制器检测的水/缸温数值大于设定的水/缸温停机数值时，控制器发出停机报警信号，同时LCD屏幕上显示高水/缸温报警停机字样，并闪烁
3	低油压报警停机	8. 开机怠速→14. 停机怠速	当控制器检测的油压数值小于设定的油压警告数值时，控制器发出警告报警信号，同时LCD屏幕上显示低油压警告字样
4	发电超速报警停机	一直有效	当控制器检测到发电机组的转速超过设定的超速停机阈值时，控制器发出停机报警信号，同时LCD屏幕上显示发电超速报警停机字样，并闪烁
5	发电欠速报警停机	10. 发电机组等待带载→13. 停机散热	当控制器检测到发电机组的转速小于设定的停机阈值时，控制器发出停机报警信号，同时LCD屏幕上显示发电欠速报警停机字样，并闪烁
6	速度信号丢失报警	8. 开机怠速→14. 停机怠速	当控制器检测到发电机组的转速等于零，控制器发出停机报警信号，同时LCD屏幕上显示速度信号丢失报警字样，并闪烁
7	发电过频报警停机	一直有效	当控制器检测到发电机组的电压频率大于设定的过频停机阈值时，控制器发出停机报警信号，同时LCD屏幕上显示发电过频报警停机字样，并闪烁
8	发电欠频报警停机	10. 发电机组等待带载→13. 停机散热	当控制器检测到发电机组的电压频率小于设定的欠频停机阈值时，控制器发出停机报警信号，同时LCD屏幕上显示发电欠频报警停机字样，并闪烁

续表

序号	警告量类型	检测范围	描述
9	发电过压报警停机	10. 发电机组等待带载→13. 停机散热	当控制器检测到发电机组的电压大于设定的过压停机阈值时，控制器发出停机报警信号，同时 LCD 屏幕上显示发电过压报警停机字样，并闪烁
10	发电欠压报警停机	10. 发电机组等待带载→13. 停机散热	当控制器检测到发电机组的电压小于设定的欠压停机阈值时，控制器发出停机报警信号，同时 LCD 屏幕上显示发电欠压报警停机字样，并闪烁
11	发电过流报警停机	一直有效	当控制器检测到发电机组的电流大于设定的过流停机阈值时，控制器发出停机报警信号，同时 LCD 屏幕上显示发电过流报警停机字样
12	启动失败报警停机	在设定的启动次数内启动完毕后	在设定的启动次数内，如果发电机组没有启动成功，控制器发出停机报警信号，同时 LCD 屏幕上显示启动失败报警停机字样，并闪烁
13	油压传感器开路报警	一直有效	当控制器检测到油压传感器开路时，控制器发出停机报警信号，同时 LCD 屏幕上显示油压传感器开路报警字样，并闪烁
14	输入口 1～6 报警停机	用户设定的范围	当控制器检测到辅助输入口 1～6 报警停机输入时，控制器发出停机报警信号，同时 LCD 屏幕上显示辅助输入口 1～6 报警停机字样，并闪烁

c. 跳闸停机报警。当控制器检测到电气跳闸信号时，控制器立即断开合闸继电器信号，使负载脱离，发电机经过高速散热后再停机，LCD 显示窗 第一屏第一行闪烁（闪烁频率为 1Hz），并显示报警类型。跳闸停机报警的类型、检测范围及其描述如表 4-11 所示。

表 4-11　跳闸停机报警的类型、检测范围及其描述

序号	警告量类型	检测范围	描述
1	发电过流跳闸报警	一直有效	当控制器检测到发电机组的电流大于设定的过流电气跳闸阈值时，控制器发出跳闸报警信号，同时 LCD 屏幕上显示发电过流跳闸报警字样，并闪烁
2	输入口 1～6 跳闸报警	用户设定的范围	当控制器检测到辅助输入口 1～6 报警跳闸输入时，控制器发出停机跳闸报警信号，同时 LCD 屏幕上显示辅助输入口 1～6 跳闸报警字样，并闪烁

注：跳闸报警量类型必须被用户配置，才能有效。

4.4.2 技术指标

(1) 主要技术规格

机组类型：自动化机组。

电源种类：交流。

相数：三相四线。

额定电压：线电压 400V，相电压 230V。

功率因数：0.8（滞后）。

额定功率：120kW。

额定电流：216A。

额定转速：1500r/min。

额定频率：50Hz。

励磁方式：无刷励磁。

冷却方式：强制水冷，闭式循环。

启动方式：电启动。

(2) 主要电气性能指标

空载电压整定范围：95%～105%额定电压。

稳态电压调整率：≤±1%。

瞬态电压调整率：−15%～20%。

电压稳定时间：1.0s。

电压波动率：±0.5%。

稳态频率调整率：±5%。

瞬态频率调整率：−7%，10%。

频率稳定时间：≤7s。

频率波动率：≤0.5%。

冷热态电压变化：±1%。

空载线电压波形正弦性畸变率：≤5%。

(3) 主要经济性能指标

燃油消耗率：240g/(kW·h)。

机油消耗率：4g/(kW·h)。

4.4.3 操作使用

(1) 柴油和机油的选用

① 柴油的性能与选用。柴油机的主要燃料是柴油。柴油是由石油经过提炼加工而成，其主要特点是自燃点低、密度大、稳定性强、使用安全、成本较低，但其挥发性差，在环境温度较低时，柴油机启动困难。柴油的性质对柴油机的功率、经济性和可靠性都有很大影响。

a. 柴油的主要性能。柴油不经外界引火而自燃的最低温度称为柴油的自燃温度。柴油的自燃性能是以十六烷值来表示的。十六烷值越高，表示自燃温度越低，着火越容易。但十六烷值过高或过低都不好。十六烷值过高，虽然着火容易，工作柔和，但稳定性能差，燃油消耗率大；十六烷值过低，柴油机工作粗暴。一般柴油机使用的柴油十六烷值为40～60。

柴油的黏度是影响柴油雾化性的主要指标。它表示柴油的稀稠程度和流动难易程度。黏度大，喷射时喷成的油滴大，喷射的距离远，故分散性差，与空气混合不均匀，柴油机工作时容易冒黑烟，耗油量增加。温度越低，黏度越大，反之则相反。

柴油的流动性能主要用凝点（凝固点）来表示。所谓凝点，是指柴油失去流动性时的温度。若柴油温度低于凝点，柴油就不能流动，供油会中断，柴油机就不能工作。因此，凝点的高低是选用柴油的主要依据之一。

b. 柴油的规格与选用。**GB 19147—2016《车用柴油》将车用柴油按凝点分为六个牌号：**

5号车用柴油：适用于风险率为10%的最低气温在8℃以上的地区；

0号车用柴油：适用于风险率为10%的最低气温在4℃以上的地区；

−10号车用柴油：适用于风险率为10%的最低气温在−5℃以上的地区；

−20号车用柴油：适用于风险率为10%的最低气温在−14℃以上的地区；

−35号车用柴油：适用于风险率为10%的最低气温在−29℃以上的地区；

−50号车用柴油：适用于风险率为10%的最低气温在−44℃以上的地区。

车用柴油（Ⅵ）技术要求和试验方法见表4-12。

表4-12 车用柴油（Ⅵ）技术要求和试验方法（摘自GB 19147—2016）

项目	5号	0号	−10号	−20号	−35号	−50号	试验方法
氧化安定性(以总不溶物计)/(mg/100mL) 不大于	2.5						SH/T 0175

续表

项目		5号	0号	−10号	−20号	−35号	−50号	试验方法
碘含量[①]/(mg/kg)	不大于	10						SH/T 0689
酸度(以KOH计)/(mg/100mL)	不大于	7						GB/T 258
10%蒸余物残炭[②](质量分数)/%	不大于	0.3						GB/T 17144
灰分(质量分数)/%	不大于	0.01						GB/T 508
铜片腐蚀(50℃、3h)/级	不大于	1						GB/T 5096
水分[③](体积分数)/%	不大于	痕迹						GB/T 260
润滑性 校正磨痕直径(60℃)/μm	不大于	460						SH/T 0765
多环芳烃含量[④](质量分数)/%	不大于	7						SH/T 0806
总污染物含量/(mg/kg)	不大于	24						GB/T 33400
运动黏度[⑤](20℃)/(mm^2/s)		3.0～8.0		2.5～8.0		1.8～7.0		GB/T 265
凝点/℃	不高于	5	0	−10	−20	−35	−50	GB/T 510
冷滤点[⑥]/℃	不高于	8	4	−5	−14	−29	−44	SH/T 0248
闪点(闭口)/℃	不低于	60			50	45		GB/T 261
十六烷值	不小于	51			49	47		GB/T 386
十六烷值指数[⑦]	不小于	46			46	43		SH/T 0694
馏程: 50%回收温度/℃ 90%回收温度/℃ 95%回收温度/℃	 不高于 不高于 不高于	 300 355 365						GB/T 6536
密度[⑧](20℃)/(kg/m^3)		810～845			790～840			GB/T 1884 GB/T 1885
脂肪酸甲酯含量[⑨](体积分数)/%	不大于	1.0						NB/SH/T 0916
铁路内燃机车用柴油要求十六烷值不小于45,十六烷指数不小于43,密度和多环芳烃含量项目指标为"报告"								

① 也可采用 GB/T 11140 和 ASTM D7039 方法进行测定，结果有异议时，以 SH/T 0689 的方法为准。

② 也可采用 GB/T 268，结果有异议时，以 GB/T 17144 的方法为准。若车用柴油中含有硝酸酯型十六烷值改进剂，10%蒸余物残炭的测定应使用不加硝酸酯的基础燃料进行（10%蒸余物残炭简称残炭。残炭是在规定的条件下，燃料在球形物中蒸发和热裂解后生成炭沉积倾向的量度。它可在一定程度上反映柴油在喷油嘴和气缸零件上形成积炭的倾向）。

③ 可用目测法，即将试样注入 100 mL 玻璃量筒中，在室温（20℃±5℃）下观察，应当透明，没有悬浮和沉降的水分。也可采用 GB 11133 和 SH/T 0246 测定，结果有争议时，以 GB/T 260 方法为准。

④ 也可采用 SH/T 0606 进行测定，结果有异议时，以 SH/T 0806 方法为准。

⑤ 也可采用 GB/T 30515 进行测定，结果有异议时，以 GB/T 265 方法为准。

⑥ 冷滤点是指在规定条件下，当试油通过过滤器每分钟不足 20mL 时的最高温度。

⑦ 十六烷指数的计算也可采用 GB/T 11139。结果有异议时，以 SH/T 0694 方法为准。

⑧ 也可采用 SH/T 0604 进行测定，结果有异议时，以 GB/T 1884 和 GB/T 1885 的方法为准。

⑨ 脂肪酸甲酯应满足 GB/T 20828 要求。也可采用 GB/T 23801 进行测定，结果有异议时，以 NB/SH/T 0916 方法为准。

② 机油的性能与选用。内燃机油的详细分类是根据产品特性、使用场合和使用对象划分的。每一个品种是由两个大写英文字母及数字组成的代号表示。当第一个字母为"S"时，代表汽油机油；"GF"代表以汽油为燃料的，具有燃料经济性要求的乘用车发动机机油。第一个字母与第二个字母或第一个字母与第二个字母及其后的数字相结合代表质量等级。当代号的第一个字母为"C"时，代表柴油机油，第一个字母与第二个字母相结合代表质量等级，其后的数字 2 或 4 分别代表二冲程或四冲程柴油发动机。所有产品代号不包括农用柴油机油。各品种内燃机油的主要性能和使用场合见表 4-13。

根据 SAE 黏度分类法（SAE-美国机动车工程师学会），GB 11121—2006《汽油机油》和 GB 11122—2006《柴油机油》将内燃机油分为：

a. 5 种低温（冬季，W-winter）黏度级号：0W、5W、10W、15W 和 20W。W 前的数字越小，则其黏度越小，低温流动性越好，适用的最低温度越低。

表 4-13　内燃机油的分类（摘自 GB/T 28772—2012《内燃机油分类》）

应用范围	品种代号	特性和使用场合
汽油机油	SE	用于轿车和某些货车的汽油机以及要求使用 API SE 级油的汽油机
	SF	用于轿车和某些货车的汽油机以及要求使用 API SF、SE 级油的汽油机。此种油品的抗氧化和抗磨损性能优于 SE，同时还具有控制汽油机沉积、锈蚀和腐蚀的性能，并可代替 SE
	SG	用于轿车、货车和轻型卡车的汽油机以及要求使用 API SG 级油的汽油机。SG 质量还包括 CC 或 CD 的使用性能。此种油品改进了 SF 级油控制发动机沉积物、磨损和油的氧化性能，同时还具有抗锈蚀和腐蚀的性能，并可代替 SF、SF/CD、SE 或 SE/CC
	SH、GF-1	用于轿车、货车和轻型卡车的汽油机以及要求使用 API SH 级油的汽油机。此种油品在控制发动机沉积物、油的氧化、磨损、锈蚀和腐蚀等方面的性能优于 SG，并可代替 SG GF-1 与 SH 相比，增加了对燃料经济性的要求
	SJ、GF-2	用于轿车、运动型多用途汽车、货车和轻型卡车的汽油机以及要求使用 API SJ 级油的汽油机。此种油品在挥发性、过滤性、高温泡沫性和高温沉积物控制等方面的性能优于 SH。可代替 SH，并可在 SH 以前的"S"系列等级中使用 GF-2 与 SJ 相比，增加了对燃料经济性的要求，GF-2 可代替 GF-1
	SL、GF-3	用于轿车、运动型多用途汽车、货车和轻型卡车的汽油机以及要求使用 API SL 级油的汽油机。此种油品在挥发性、过滤性、高温泡沫性和高温沉积物控制等方面的性能优于 SJ。可代替 SJ，并可在 SJ 以前的"S"系列等级中使用 GF-3 与 SL 相比，增加了对燃料经济性的要求，GF-3 可代替 GF-2
	SM、GF-4	用于轿车、运动型多用途汽车、货车和轻型卡车的汽油机以及要求使用 API SM 级油的汽油机。此种油品在高温氧化和清净性能、高温磨损性能以及高温沉积物控制等方面的性能优于 SL。可代替 SL，并可在 SL 以前的"S"系列等级中使用 GF-4 与 SM 相比，增加了对燃料经济性的要求，GF-4 可代替 GF-3
	SN、GF-5	用于轿车、运动型多用途汽车、货车和轻型卡车的汽油机以及要求使用 API SN 级油的汽油机。此种油品在高温氧化和清净性能、低温油泥以及高温沉积物控制等方面的性能优于 SM。可代替 SM，并可在 SM 以前的"S"系列等级中使用 对于资源节约型 SN 油品，除具有上述性能外，强调燃料经济性、对排放系统和涡轮增压器的保护以及与含乙醇最高达 85％的燃料的兼容性能 GF-5 与资源节约型 SN 相比，性能基本一致，GF-5 可代替 GF-4
柴油机油	CC	用于中负荷及重负荷下运行的自然吸气、涡轮增压和机械增压式柴油机以及一些重负荷汽油机。对于柴油机具有控制高温沉积物和轴瓦腐蚀的性能，对于汽油机具有控制锈蚀、腐蚀和高温沉积物的性能
	CD	用于需要高效控制磨损及沉积物或使用包括高硫燃料自然吸气、涡轮增压和机械增压式柴油机以及要求使用 API CD 级油的柴油机。具有控制轴瓦腐蚀和高温沉积物的性能，并可代替 CC
	CF	用于非道路间接喷射式柴油发动机和其他柴油发动机，也可用于需要有效控制活塞沉积物、磨损和含铜轴瓦腐蚀的自然吸气、涡轮增压和机械增压式柴油机。能够使用硫的质量分数大于 0.5％的高硫柴油燃料，并可代替 CD
	CF-2	用于需高效控制气缸、环表面胶合和沉积物的二冲程柴油发动机
	CF-4	用于高速、四冲程柴油发动机以及要求使用 API CF-4 级油的柴油机，特别适用于高速公路行驶的重负荷卡车，并可代替 CD
	CG-4	用于可在高速公路和非道路使用的高速、四冲程柴油发动机。能够使用硫的质量分数小于 0.05％～0.5％的柴油燃料。此种油品可有效控制高温活塞沉积物、磨损、腐蚀、泡沫、氧化和烟炱的累积，并可代替 CF-4 和 CD
	CH-4	用于高速、四冲程柴油发动机。能够使用硫的质量分数不大于 0.5％的柴油燃料。即使在不利的应用场合，此种油品可凭借其在磨损控制、高温稳定性和烟炱控制方面的特性有效地保持发动机的耐久性；对于非铁金属的腐蚀、氧化和不溶物的增稠、泡沫性以及由于剪切所造成的黏度损失可提供最佳的保护。其性能优于 CG-4，并可代替 CG-4
	CI-4	用于高速、四冲程柴油发动机。能够使用硫的质量分数不大于 0.5％的柴油燃料。此种油品在装有废气再循环装置的系统里使用可保持发动机的耐久性。对于腐蚀性和与烟怠有关的磨损倾向、活塞沉积物，以及由于烟炱累积所引起的黏温性变差、氧化增稠、机油消耗、泡沫性、密封材料的适应性降低和由于剪切所造成的黏度损失可提供最佳的保护。其性能优于 CH-4，并可代替 CH-4

续表

应用范围	品种代号	特性和使用场合
柴油机油	CJ-4	用于高速、四冲程柴油发动机。能够使用硫的质量分数不大于0.05%的柴油燃料。对于使用废气后处理系统的发动机，如使用硫的质量分数大于0.0015%的燃料，可能会影响废气后处理系统的耐久性或机油的换油期。此种油品在装有微粒过滤器和其他后处理系统里使用可特别有效地保持排放控制系统的耐久性。对于催化剂中毒的控制、微粒过滤器的堵塞、发动机磨损、活塞沉积物、高低温稳定性、烟炱处理特性、氧化增稠、泡沫性和由于剪切所造成的黏度损失可提供最佳的保护。其性能优于CI-4，并可代替CI-4
农用柴油机油	—	用于以单缸柴油机为动力的三轮汽车（原三轮农用运输车）、手扶变形运输机、小型拖拉机，还可用于其他以单缸柴油机为动力的小型农机具，如抽水机、发电机（组）等。具有一定的抗氧、抗磨性能和清净分散性能

b. 五种夏季用油：20、30、40、50和60，数字越大，黏度越大，适用的气温越高。

c. 16种冬夏通用油：0W/20、0W/30和0W/40；5W/20、5W/30、5W/40和5W/50；10W/30、10W/40和10W/50；15W/30、15W/40和15W/50；20W/40、20W/50和20W/60。代表冬用部分的数字越小、代表夏用的数字越大，则黏度特性越好，适用的气温范围越大。

目前，内燃机油产品标记为：质量等级＋黏度等级＋柴（汽）油机油。如CD 10W-30柴油机油、CC 30柴油机油以及CF15W-40柴油机油等。通用内燃机油产品标记为：柴油机油质量等级/汽油机油质量等级＋黏度等级＋通用内燃机油或汽油机油质量等级/柴油机油质量等级＋黏度等级＋通用内燃机油。例如，CF-4/SJ 5W-30通用内燃机油或SJ/CF-4 5W-30通用内燃机油，前者表示其配方首先满足CF-4柴油机油要求，后者表示其配方首先满足SJ汽油机油要求，两者均同时符合GB 11122—2006《柴油机油》中CF-4柴油机油和GB 11121—2006《汽油机油》中SJ汽油机油的全部质量指标。

(2) 使用前的准备工作

柴油发电机组使用前应做好下列工作：

① 在使用前，操作人员必须详细阅读机组、柴油机、发电机、控制器的说明书。

② 正确安装接地线。接地线截面积不得小于电机输出线的截面积，接地电阻不得大于50Ω。

③ 检查启动系统是否正常（包括蓄电池的容量是否能满足机组的正常启动）。

④ 检查水箱冷却水的液量，添加剂的牌号及添加量是否正确。

⑤ 检查柴油机底壳内的机油量及机油牌号和燃油箱内的燃油量及燃油牌号。

⑥ 检查机组各部分的机械连接是否牢靠。

⑦ 若机组长期停放未用并严重受潮，须检查发电机和其连接的电气回路绝缘电阻，用500兆欧表测量时，绝缘电阻不应低于0.5MΩ，否则应采取烘干措施。

⑧ 定时定期按规定检查、清洗或更换润滑油、燃油及空气的滤清器。

⑨ 检查电气仪表是否完好，指针是否指在正确位置。

⑩ 检查电路接线是否正确，是否连接可靠，并将所有开关处于断路状态。

⑪ 检查各运动件是否灵活，有无相擦、卡死等现象。

⑫ 接好柴油机进油管和回油管，并用手动输油泵排除燃油系统内的空气。

⑬ 机组表面各处保持清洁。

(3) 操作注意事项

① 发动机每次启动时间不要超过30s，如果一次启动不成功，需要2min后再进行下一次启动。不允许在启动机尚未停转时再次启动。如果3次启动不成功，应查明原因并排除后

再启动。在冬季启动机组时，连续启动的时间不要过长，以免损坏蓄电池和启动机。

② 正常情况下，机组启动后不要立即加载，应先让其空载运行 5～10min，等机组热平衡建立后（冷却水温达到 82～85℃）再加载，这样有利于延长机组的使用寿命。另外，分段加载比一次加满载对机组更为有利。不允许机组在输出备用功率的情况下长时间运行，否则，机组会很快出现故障并大大降低机组的使用寿命。

③ 机组进入正常工作状态后，各指示仪表应工作正常、指示正确。运行过程中应注意机组运行情况，如发现异常，应立即停机检查，查明原因并排除故障后再启动运行。

④ 机组完成任务后应先卸掉负载，让机组在空载、怠速下运行约 5min，然后再停机，这有利于机组的正常冷却及延长机组的使用寿命。

⑤ 紧急情况下，可不必卸掉负载，利用手动停机开关，立即停机即可。

(4) 仪表控制箱面板功能简介

发电机组仪表控制箱面板示意图如图 4-60 所示。仪表控制箱面板上各仪表、开关和旋（按）钮的功能如下：

① 交流电压表——发电机输出电压指示。

② 交流频率表——发电机输出频率指示。

③ 交流电流表——发电机输出负载电流指示。

④ 水温表——发电机组水温指示。

⑤ 油压表——发动机机油压力指示。

⑥ 计时器——发电机组工作计时（小时）指示。

⑦ 直流电压表——发电机组蓄电池组电压指示。

⑧ 发电指示灯——发电机运行电压指示，灯亮发电运行正常。

⑨ 同步灯——（两只同步灯）并车时用。

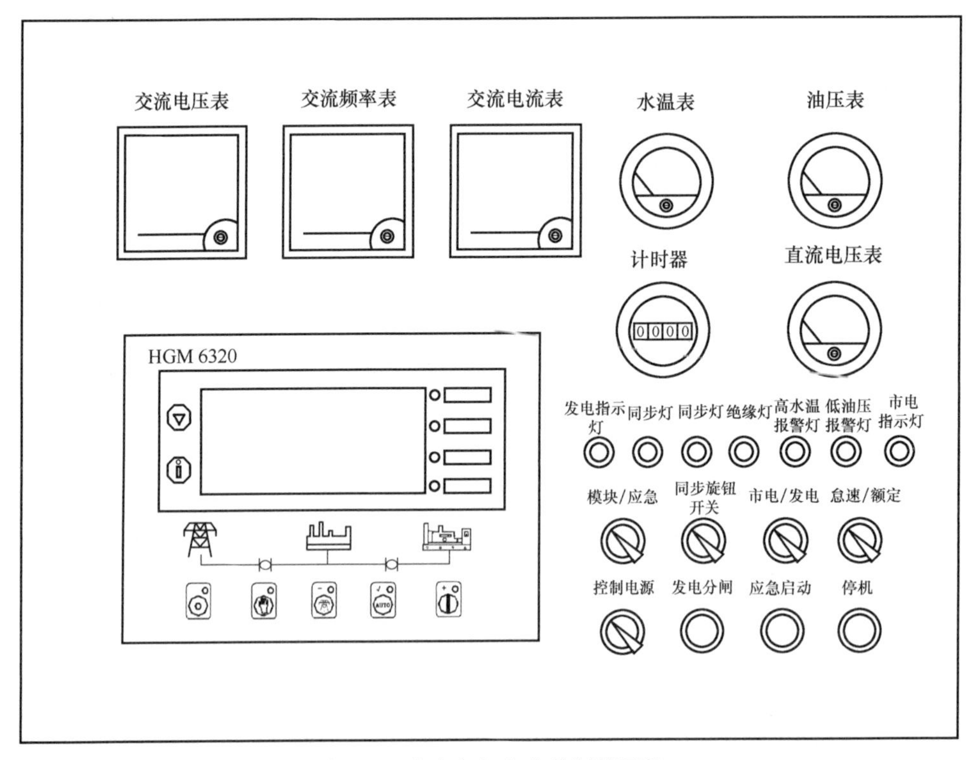

图 4-60 发电机组仪表控制箱面板

⑩ 绝缘灯——发电机漏电时灯亮告警。

⑪ 高水温报警灯——灯亮，机组冷却液温度过高报警。

⑫ 低油压报警灯——发动机机油压力低于规定值时灯亮报警。

⑬ 市电指示灯——市电指示灯亮，表示有市电输入。

⑭ 模块/应急（模式旋钮开关）——旋至［模块］位置表示机组进入正常模块控制模式；旋至［应急］位置表示其进入应急控制模式，这种模式在模块控制失灵的紧急情况下使用。

⑮ 同步旋钮开关——并车时用。

⑯ 市电/发电（送电旋钮开关）——在应急模式下：开关旋至市电位置，ATS 双电源开关自动切换到市电向负载送电。在应急模式下：旋至发电位置，ATS 双电源开关自动切换到发电机组向负载送电。

⑰ 怠速/额定（旋钮开关）——在应急模式下：怠速/额定开关旋至怠速位置，发动机启动后怠速运行，暖机 1～3min 后，将怠速/额定开关旋至额定位置，发电机组以额定转速运行。发电机组带载运行后需要停机，先卸负载，关掉负载开关，将怠速/额定开关从额定位置旋至怠速位置，运行 3～5min，按停机按钮，发电机组停机。平时停机后，将怠速/额定开关旋至怠速位置。

⑱ 控制电源（旋钮开关）——旋至接通位置，电池开始对机组供电；旋至断开位置，切断电池对机组供电。

⑲ 发电分闸（按钮开关）——按一下发电分闸按钮开关，负载自动开关（空气开关）分闸，发电机组输出电源切断，停止对外供电。如需对外供电，必须先将负载开关（空气开关）合上复位，再进行送电操作。

⑳ 应急启动（按钮开关）——在应急模式下启动机组用。

㉑ 停机——按下停机按钮，机组立即停机。

(5) 机组的使用操作

① 试运行。在发电机组正式运行之前，建议做下列检查：

a. 检查所有接线均正确无误，并且线径合适。

b. 检查控制器直流工作电源是否装有保险，连接到启动电池的正负极有没有接错。

c. 检查紧急停机输入通过急停按钮的常闭点及保险是否连接到启动电池的正极。

d. 采取适当的措施防止发动机启动成功（如拆除燃油阀的接线），检查确认无误，连接启动电池电源，选择手动模式，控制器将执行程序。

e. 按下启动按钮，机组将开始启动，在设定的启动次数后，控制器发出启动失败信号；按复位键使控制器复位。

f. 恢复阻止发动机启动成功的措施（恢复燃油阀接线），再次按下启动按钮，发电机组将会开始启动，如果一切正常，发电机组将会经过怠速运转（如果设定有怠速）至正常运行。在此期间，观察发动机运转情况及交流发电机电压及频率。如果有异常，停止发电机组运转，检查各部分接线。

g. 从前面板上选择自动状态，然后接通市电信号，控制器经过市电正常延时后切换 ATS（如果有）至市电带载，经冷却时间，然后关机进入待命状态直到市电再次发生异常时。

h. 市电再次异常后，发电机组将自动启动进入正常运转状态，然后发出发电合闸指令控制 ATS 切换到机组带载。如果不是这样，检查 ATS 控制部分接线。

i. 如有其他问题，请及时联系本公司技术人员。

② 在控制器控制模式下——手动开机/停机操作。

a. 手动开机操作。按下模块操作面板上的手动键，控制器将进入“手动模式”，手动模式指示灯亮。按下试机键，控制器进入“手动试机模式”，手动试机模式指示灯亮。在这两种模式下，按开机键，发动机开始启动，自动判断启动成功，自动升速到额定转速运行。柴油发电机组运行过程中出现水温高、油压低、超速、电压异常情况时，能够有效快速的保护停机。

在“手动模式”下，发电机组带载是以市电是否正常来判断，市电正常，负载开关不转换，市电异常，负载开关转换到发电侧。

在“手动试机模式”下，发电机组高速运行正常后，不管市电是否正常，负载开关都转换到发电侧。

b. 手动停机操作。

按停机键，机组进入正常停机模式。如遇到紧急情况，按停机键两下，机组可立即停机，也可按下电控箱操作面板上的停机按钮，使机组立即停机。

③ 在控制器模式下——自动开机/停机操作。

按下模块操作面板上的自动键，控制器进入“自动模式”，自动模式指示灯亮，表示发电机组处于自动模式。

a. 自动开机程序。

• 当市电异常（过电压、欠电压、过频、欠频）时，进入“市电异常延时”，LCD 屏幕显示倒计时，市电异常延时结束后，进入开机延时。

• LCD 屏幕显示“开机延时”倒计时。

• 开机延时结束后，燃油继电器输出 1s，然后启动继电器输出。如果在“启动时间”内，发电机组没有启动成功，燃油继电器和启动继电器停止输出，进入“启动间隔时间”，等待下一次启动。

• 在设定的启动次数之内，如果发电机组没有启动成功，LCD 显示窗第一屏第一行反黑，同时 LCD 显示窗第一屏第一行显示启动失败报警。

• 在任意一次启动时，若启动成功，则进入“安全运行延时”。在此时间内，油压低、水温高、欠速、充电失败以及辅助输入（若已配置）报警量均无效，安全运行延时结束后则进入“开机怠速延时”。

• 在开机怠速延时过程中，欠速、欠频、欠电压报警均无效，开机怠速延时结束，进入“高速暖机延时”。

• 当高速暖机延时结束时，若发电正常则发电状态指示灯亮，如发动机电压、频率达到带载要求，则发电合闸继电器输出，发电机组带载，发电供电指示灯亮，发电机组进入正常运行状态。如果发电机组电压、频率不正常，则控制器控制机组报警停机（LCD 屏幕显示发电报警量）。

b. 自动停机程序。

• 机组正常运行中市电恢复正常，则进入“市电电压正常延时”，确认市电正常后，市电状态指示灯亮起，“停机延时”开始。

• 停机延时结束后，开始“高速散热延时”，且发电合闸继电器断开，经过“开关转换延时”后，市电合闸继电器输出，市电带载，发电供电指示灯熄灭，市电供电指示灯亮。

• 当进入“停机怠速延时”怠速继电器加电输出。

• 当进入“得电停机延时”时，得电停机继电器加电输出，燃油继电器输出断开。

• 当进入“发电机组停稳时间”时，自动判断是否停稳。

• 当机组停稳后，进入发电待机状态，若机组不能停机则控制器报警（LCD 屏幕显示停机失败警告）。

④ 应急模式下——开机/停机操作程序。

a. 开机操作。HGM6320自动化控制器显示发电机组当前工作状态，当控制器损坏或控制失灵的紧急情况下，应将电控箱操作面板上模块/应急控制旋钮开关旋至“应急”位置，此时，切换继电器K2、K3吸合，切断输入HGM6320控制器市电/发电交流电源，并切断输入HGM6320控制器24V直流电源，HGM6320控制器停机工作。

将电控箱操作面板上模块/应急控制旋钮开关旋至“应急”位置后，电控箱各个仪表显示静态发电机组当前状况。将怠速/额定旋转开关旋至怠速位置，按下应急启动按钮开关（每次启动时间不要超过30s），发动机启动继电器线包JK2得电，启动马达带动柴油机启动。

当柴油机启动成功后，发动机以怠速运行，暖机5～10min后，将怠速/额定旋转开关旋至额定位置，发电机组以1500r/min额定转速运行。此时，应观察发电机组工作是否正常，控制箱操作面板上各个仪表显示是否正常。

机组工作正常后，合上机组负载电源开关，将市电/发电开关旋至发电位置，ATS双电源开关自动切换到发电机向负载送电。

如需要市电向负载送电，关掉机组负载电源开关或按下发电分闸按钮开关，机组负载电源开关断开，再将市电/发电开关旋至市电位置，ATS双电源开关自动从发电切换到市电向负载送电。

b. 正常停机操作。先使机组卸掉负载，将怠速/额定开关旋至怠速位置，运行3～5min，按停机按钮。机组停机后，切断总电源开关，电控箱操作面板上控制电源旋钮开关旋至“关闭”位置，直流供电断开。

c. 紧急停机操作。遇到紧急情况，按下电控箱操作面板上的停机按钮，停机电路立即切断柴油机油路，机组迅速停车。

⑤ 机组运行监视及运行情况检查。

a. 从电控箱面板上的HGM6320控制器以及仪表监视发电机电压、频率、电流、功率等电力参数，注意三线电压、三相电流是否平衡。

b. 观察转速、油压、水温、油温等柴油机的运行参数。

c. 机组运行期间注意听有无金属敲击声或异常摩擦声及其他不正常的声音。

d. 注意闻有无异常的烧焦的气味。

e. 注意观察有无“三漏”情况（漏油、漏水、漏气）。

f. 机组已设定各项保护值，当运行参数越限时，系统按规定的程序进行处理，进行自动保护停机或不停机报警，应密切观察报警情况。

⑥ 紧急处理。发动机启动后有以下异常情况时的紧急处理：

a. 听到尖啸声或敲击声；

b. 飞车；

c. 发现发动机排气口冒浓黑烟或浓青烟；

d. 机油压力过低或水温过高；

e. 漏水、漏油。

当出现上述a和b中情况时，应立即按下红色停机按钮，并采取一切可能的停机措施。当出现上述c～e这三种情况的，应先卸载后转怠速、关机。

⑦ 机组在低温环境下的使用。

a. 机组在低温环境下的使用应根据当时的环境条件，按照发动机的使用保养手册要求，选用适当的防冻液和防冻机油；

b. 采用比常温电池容量大 1 倍的低温电池，并检查电池电量是否充足；

c. 可选用柴油机进气预热器以提高低温启动性能；

d. 也可选用低温启动液帮助启动，但进气预热器不能和低温启动液同时使用；

e. 在极低温条件下使用预热器启动发动机时，通常不要额定转速启动，以防止转速迅速升高造成油路系统供油跟不上而停车。

4.4.4 维护保养

为了确保发电机组工作的可靠性，延长机组的使用寿命，必须定期对发电机组进行维护和保养。柴油机、发电机、控制屏是机组维护保养的主要对象。

(1) 柴油机的保养

柴油机是发电机组的动力源，是机组的心脏，因此必须严格定期进行维护和保养。柴油机的正确保养，特别是预防性的保养，是最容易、最经济的保养，是延长机组使用寿命和降低使用成本的关键。

柴油机的维护与保养应按其使用维护说明书的规定进行。当柴油机使用维护说明书无规定时按表 4-14 规定的周期进行。如机组的工作条件较恶劣，还应适当缩短保养周期。

表 4-14 发动机维护保养周期表

A 级保养	B 级保养	C 级保养	D 级保养	E 级保养
每日或加油后检查	每 250h	每 500h	每 1000h	每 2000h
润滑机油液面	更换发动机机油	更换燃油滤清器	检查、调整气门间隙	更换防冻液
冷却液液面	更换机油滤清器	检查防冻液浓度	检查驱动带张力	更换冷却液
燃油、机油、冷却液是否渗漏	检查进气系统有无裂纹、漏气	检查冷却液添加剂浓度	检查张紧轮轴承	更换冷却液、滤清器
带松弛和磨损	检查清理水箱散热片	更换冷却液、滤清器	检查风扇轴壳及轴承	清洗冷却系统
风扇有无损坏	检查空滤器阻力，不得大于 635mmHg (1mmHg=133.3224Pa)	高压供油管通气	清洗冷却系统	检查减震器
声音有无异常		低压供油管通气		
烟色有无异常		燃油系统放气		
燃油：使用 0# 轻柴油；机油：使用 15W40/CD 或 CF4				

另外，每日的 A 级保养还应做到以下几点：

- 经常检查蓄电池电压和电解液密度；
- 经常检查有无漏气情况；
- 经常检查各附件的安装情况，清洁柴油机及附属设备外表等；
- 经常检查各接头的连接是否牢靠以及紧固件的紧固情况。

注：C 级保养，必须同时完成 B 级保养项目，以此类推 D、E 级保养。

① 柴油机日常保养。柴油机日常保养项目按表 4-14 的 A 级保养项目进行，并且应该做到：常规记录所有仪表的读数，功率使用情况；发生故障的前后情况及处理意见；检查机油油面，检查冷却液面，油水分离器放水；检查排烟起色是否正常；检查发动机工作时是否有异常声音。

a. 每日检查机油液位必须在上、下标线之间。

b. 每日检查冷却液面，不足时添加。注意不要在水温高时打开水箱盖，以免烫伤。如果首次加冷却液，添加时不要太急，以便排出水套内的空气。加完后运转发动机再检查一次液面，对水冷式增压中冷发动机须打开中冷器放气阀。

c. 每日给油水分离器放水。

② 柴油机的定期维护与保养。发动机的定期维护保养是保证发动机优良的性能和延长使用寿命的关键，用户必须按照下列程序进行保养，切不可延长保养周期及减少保养项目，那样会因小失大。在使用条件比较恶劣的地区还应适应缩短保养期。

③ 润滑系统的维护保养。润滑油的稀释能引起发动机损坏，检查使用过的润滑油是否存在下述情况：燃油＋润滑油；水＋润滑油。如果润滑油被稀释了，应彻底查明原因，否则会引起发动机严重损坏。

a. 更换机油。

• 更换机油前要预热发动机。

• 拧下放油塞，将废油放入大于 20L 的容器内。废油要集中处理，以免污染。

• 观察机油有无稀释和乳化，容器底部有无金属物。

• 拧紧放油塞（放油塞力矩为 75N·m±7N·m）。

• 加入清洁的符合规定的机油。机油容量为 16.4L。

• 运转发动机几分钟，停机 5min 后用机油标尺检查油面。

b. 更换机油滤清器。

• 用专用拆卸滤清器扳手拆下滤清器。

• 清洁滤清器座的结合面。

• 检查要更换的滤清器滤芯是否完好，如有破损则不许用。

• 加满清洁的机油。要特别注意加入机油的清洁，因为部分机油要不通过滤芯直接进入主油道，不清洁的机油对发动机危害极大。

• 六缸机与四缸机的滤清器不同，四缸机的短一点，不要装错。

• 润滑密封胶圈表面。

• 用手旋安装滤清器，当密封圈接触后再旋 3/4 圈（注意不要用扳手拧得过紧，过紧会损坏密封圈）。

• 运转发动机，检查是否漏油。

④ 燃油系统的维护保养。

a. 更换燃油滤清器。

• 燃油滤清器更换程序与更换机油滤清器相同。更换滤清器时要特别注意不要忘记安装中间的密封橡胶垫，那会使燃油不经滤清直通油道，危险很大。

• 更换后给低压油路放气。

b. 燃油系统放气。在下列情况中需要人工放气：

• 在安装前，燃油滤清器未注油；

• 更换燃油喷射泵；

• 高压供油管接口松动或更换供油管；

• 初次启动发动机或发动机长期停止作业后的启动；

• 油箱已用空。

方法：在喷射泵上通过回油歧管提供有控制的通气。如果按照规定更换燃油滤清器，在更换燃油滤清器或燃油喷射泵供油管时进入的少量空气将会自动排出。

c. 高压供油管和燃油滤清器。

使用工具：10mm 扳手；

方法：打开放气螺钉，运行输油泵活塞直至从装置流出的燃油不含空气为止。旋紧放气螺钉。

扭力值：9N·m。

d. 高压供油管通气。旋松喷射器的接头，转动发动机让管线中留存的空气排除。旋紧接头。启动发动机和一次通气一条管线直至发动机平稳运行为止。

注意：当使用启动器给系统通气时，每次接合启动器的时间切勿超过 30s，每次间隔 2min。

警告：• 在管线中的燃油压力足以刺破皮肤和造成严重的人身伤害。

• 把发动机置于“运行”（RUN）的位置是必要的。因为发动机可能启动，应确实遵守全部安全操作规定，使用常规的发动机启动程序。

⑤ 冷却系统的维护保养。柴油机冷却系统的水散热器需要经常维护保养，以保证冷却液和空气的热交换。一般情况下，柴油机每工作 250h 左右，应对散热器的外表进行清理。每工作 1000h 左右，应对散热器的内部进行清理。对其内部水垢及沉淀杂质的清理，可先将散热器内的水放尽，然后用一定压力的清水（如自来水）通入散热器芯子，直至流出的水清洁为止。如散热器水垢过多，则要用清洗液清洗散热系统。

⑥ 空气滤清器的维护保养。清洁或更换空气滤清器滤芯

a. 拆除端盖，清除盘内灰尘。

b. 去下外滤芯，检查是否有破损，橡胶密封垫黏结是否牢固，金属端盖与纸芯黏结是否牢固，金属端盖是否有裂纹。

c. 检查滤清器壳体底部密封圈是否完好。

d. 在平板上轻轻拍打滤芯端面后，用不超过 689kPa 的压缩空气从内向外吹。

e. 将清洁过的外滤芯或新滤芯重新装好。

f. 固定滤芯的螺母，拧紧要适度，不要过紧，以免端盖变形脱胶。

g. 装配时不要忘记安装旋片罩。

h. 清除滤芯的灰尘，切不可用水或油刷洗。

i. 内滤芯一般不必清洁，直至更换。

⑦ 驱动带的维护保养。当发动机工作时，传动带应保持一定的张紧程度。正常情况下，在橡胶传动带中段加 29～49N（3～5kgf）压力，胶带应能按下 10～20mm 的距离。若传动带过紧，将引起充电发电机、风扇和水泵上的轴承磨损加剧；若传动带太松，则会使所驱动的附件达不到需要的转速，导致充电发电机电压下降，风扇风量和水泵流量降低，从而影响柴油机的正常运转，所以应定期对传动带张紧力进行检查和调整 。调整发动机橡胶带的张紧力，可借改变充电发电机的支架位置进行调整。当橡胶带松紧程度合适后，将支架撑条固定。正确使用张紧橡胶带，可延长使用寿命。当橡胶带出现剥离分层和因伸长量过大无法达到规定的张紧程度时应立即更换。新带的型号和长度应与原来用的橡胶带一样。

⑧ 调整气门间隙。

a. 拆下气阀罩盖。

b. 一边按住发动机上的正时销（正时销在齿轮室后面靠近喷油泵处），一边使用盘车齿轮和 1/2in（1in＝0.0254m）棘轮缓缓转动发动机，在正时销落入凸轮轴齿轮上销孔内的瞬间，第一缸即处于压缩上止点。

c. 调整以下气门间隙，由前端开始，依次序为：

四缸机：1—2—3—6。

六缸机：1—2—3—6—7—10。

由前向后排列，单数为进气门，双数为排气门。

d. 进气气门间隙为 0.25mm，排气气门间隙为 0.51mm。

e. 将合适的厚薄规插入阀杆和摇臂之间，手感有阻力的滑动即为合适。

f. 检查、调整气门间隙要在冷机状态下进行（发动机温度低于40℃）。

g. 锁紧螺帽力矩（24±3）N·m。

h. 螺帽锁紧后再复查一次。

i. 转动发动机360°按以上方法调整其余气门间隙。

（2）发电机的保养

发电机的维护与保养必须由经过培训的专业人员按发电机使用说明书的规定进行，并应做到以下几点：

① 发电机切忌受潮，工作或存放场所必须干燥、通风。

② 应避免尘垢、水滴、金属铁屑等杂物的浸入。

③ 电压调节器应保持清洁，注意可控硅的发热情况。

④ 经常检查硅元件上是否有尘埃，并拧紧螺栓等紧固件。

⑤ 经常检查励磁装置的各元件有无脱焊、断头、松动现象。

⑥ 经常检查输出线有无破损情况。

⑦ 经常检查发电机的接地是否可靠。

⑧ 经常用手触摸电机外壳和轴承盖等处，了解各部位温度变化情况，正常不应烫手。

⑨ 在运行时注意绕组的端部有无闪光和火花以及焦臭味或烟雾发生，如果发现，说明有绝缘破损和击穿故障，应停机检查。

⑩ 电机轴承每工作3000～4000h（或每年），应用煤油清洗轴承，重新更换新润滑油脂。润滑油脂应清洁，不同类型的润滑油脂切勿掺和使用。

⑪ 必须经常对发电机进行检查、维护保养，主要内容是：清理灰尘，检查导线，检查绝缘电阻不低于0.5MΩ，检查各电气部分接触是否良好。

（3）控制屏的保养

控制屏的维护与保养应由经过专业培训的电气技术人员进行。保养的主要项目有：

① 经常清除灰尘。

② 经常检查导线有无破损情况。

③ 经常检查插接件有无松脱。

④ 经常检查各导线紧固件是否紧固牢靠。

⑤ 经常检查各指示器及仪表是否正常。

⑥ 长期闲置不用的机组应定期给控制屏通电，每次0.5h。

4.5 柴油发电机组常见故障检修

4.5.1 柴油机常见故障检修

所谓柴油机的故障，是指柴油机各部分的技术状态在工作一定时间后，超出了允许的技术范围。柴油机的常见故障有：不能启动或启动困难、排烟不正常、运转无力、转速不均匀和不充电等。下面结合国产105系列和135系列柴油机分别加以讲述。

（1）柴油机不能启动或启动困难

① 故障现象。

a. 气缸内无爆发声，排气管冒白烟或无烟。

b. 排气管冒黑烟。

实践证明，要保证柴油机能顺利启动，必须满足以下四个必备条件：具有一定的转速；

油路、气路畅通；气缸压缩良好；供油正时。从以上柴油机启动的先决条件，就可推断柴油机不能启动或不易启动的原因。

② 故障原因。

a. 柴油机转速过低：(a) 启动转速过低；(b) 减压装置未放入正确位置或调整不当；(c) 气门间隙调整不当。

b. 油路、气路不畅通：(a) 燃油箱无油或油开关没有打开；(b) 柴油机启动时，环境温度过低；(c) 油路中有水分或空气；(d) 喷油嘴喷油雾化不良或不喷油；(e) 油管或柴油滤清器有堵塞之处；(f) 空气滤清器过脏或堵塞。

c. 气缸压缩不好：(a) 活塞与气缸壁配合间隙过大；(b) 活塞环折断或弹力过小；(c) 进排气门关闭不严。

d. 供油不正时：(a) 喷油时间过早（容易把喷油泵顶死）或过晚；(b) 配气不准时。

③ 检查方法。在检查之前，应仔细观察故障现象，通过现象看本质，逐步压缩，即可达到排除故障的目的。对柴油机不能启动或启动困难这一故障而言，通常根据以下几种不同的故障现象进行判断和检查。

a. 柴油机转速过低。使用电启动的柴油机，如启动转速极其缓慢，此现象大多系启动电机工作无力，并不说明柴油机本身有故障。应该在电启动线路方面详细检查，判断蓄电池电量是否充足，各导线连接是否紧固良好及启动电机工作是否正常等，此外还应检查空气滤清器是否堵塞。

对手摇启动的柴油机来说，如果减压机构未放入正确位置或调整不对、气门间隙调整不好使气门顶住了活塞，往往会感到摇机很费力，其特点是曲轴转到某一部位时就转不动，但能退回来。此时除了检查减压阀和气门间隙外，还应检查正时齿轮的啮合关系是否正确。

b. 启动转速正常，但不着火，气缸无爆发声或偶尔有爆发声，排气冒白烟。通过这一现象，就说明柴油在机体内没有燃烧而变成蒸汽排出或柴油中水分过多。

首先检查柴油机启动时环境温度是否过低，然后检查油路中是否有空气或水分。柴油机供给系统的管路接头固定不紧，喷油嘴针阀卡住，停机前油箱内的柴油已用完等都可能使空气进入柴油机供给系统。这样，当喷油泵柱塞压油时，进入油路的空气被压缩，油压不能升高。当喷油泵的柱塞进油时，空气体积膨胀，影响吸油，结果供油量忽多忽少。出现此类故障的检查方法是，将柴油滤清器上的放气螺钉、喷油泵上的放气螺钉或喷油泵上的高压油管拧松，转动柴油机，如有气泡冒出，即表明柴油供给系统内有空气存在。处理的方法是将油路各处接头拧紧，然后将喷油泵上的放气螺钉拧松，转动曲轴，直到出油没有气泡为止，再拧紧放气螺钉后开机。如发现柴油中有水分，也可用相同的方法检查，并查明柴油中含有水分的原因，按要求更换燃油箱中的柴油。

如果没有空气或水分混杂在柴油中，应该继续检查喷油器的性能是否良好和供油配气时间是否得当。对单缸柴油机来说，应先判断喷油器的工作性能情况。

c. 启动转速正常，气缸压缩良好，但不着火且无烟，这主要是由低压油路不供油引起的。这时主要顺着油箱、输油管、柴油滤清器、输油泵和喷油泵等进行检查，一般就能找出产生故障的部位。

柴油过滤不好或者滤清器没有定时清洗是造成低压油路和滤清器堵塞的主要原因。判断油路或滤清器是否堵塞，可将滤清器通喷油泵的油管拆下，如油箱内存油很多，而从滤清器流出的油很少或者没有油流出，即说明滤清器已堵塞。如果低压油路供油良好，则造成柴油机高压无油的原因多在于喷油泵中柱塞偶件磨损或装配不正确。

d. 启动转速正常且能听到喷油声，但不能启动，这主要是由气缸压缩不良引起的。

装有减压机构的2105型等柴油机，如将减压机构处于不减压的位置，仍能用手摇把轻快地转动柴油机，且感觉阻力不是很大，则可断定气缸漏气。

进气门或排气门漏气后，气缸内的压缩温度和压力都不高，柴油就不易着火燃烧。这类漏气发生的主要原因：一是气门间隙太小，使气门关闭不严；二是气门密封锥面上或是气门座上有积炭等杂物，也使气门关闭不严。检查时可以摇转曲轴，如听到空气滤清器和排气管内有“吱、吱”的声音，则说明进、排气门有漏气现象。

转动曲轴时，如发现在气缸盖与机体的接合面处有漏气的声音，则说明在气缸垫的部位有漏气处。可能是气缸盖螺母没有拧紧或有松动，也可能是气缸垫损坏。

转动曲轴时，机体内部或加机油口处发现有漏气的声音，原因多数出在活塞环上。为了查明气缸内压缩力不足是否因活塞环不良而造成，可向气缸中加入适量的干净润滑油，如果加入机油后气缸内压缩力显著增加，就表明活塞环磨损过甚，使气缸与活塞环之间的配合间隙过大，空气在活塞环与气缸套之间漏入曲轴箱。

如果加入机油后，压缩力变化不大，表明气缸内压缩力不足与活塞环无关，而可能是空气经过进气门或排气门漏走。

(2) 柴油机排烟不正常

① 故障现象。燃烧良好的柴油机，排气管排出的烟是无色或呈浅灰色，如排气管排出的烟是黑色、白色和蓝色的，即为柴油机排烟不正常。

② 故障原因。

a. 排气冒黑烟的主要原因包括以下几个方面：(a) 柴油机负载过大，转速低；油多空气少，燃烧不完全。(b) 气门间隙过大或正时齿轮安装不正确，造成进气不足排气不净或喷油晚。(c) 气缸压力低，使压缩后的温度低，燃烧不良。(d) 空气滤清器堵塞。(e) 个别气缸不工作或工作不良。(f) 柴油机的温度低，使燃烧不良。(g) 喷油时间过早。(h) 柴油机各缸的供油量不均匀或油路中有空气。(i) 喷油嘴喷油雾化不良或滴油。

b. 排气冒白烟的主要原因包括以下几个方面：(a) 柴油机温度过低。(b) 喷油时间过晚。(c) 燃油中有水或有水漏入气缸，水受热后变成白色蒸汽。(d) 柴油机油路中有空气，影响了供油和喷油。(e) 气缸压缩力严重不足。

c. 排气冒蓝烟的主要原因包括以下几个方面：(a) 机油盆内机油过多油面过高，形成过多的机油被激溅到气缸壁窜入燃烧室燃烧。(b) 空气滤清器油池内或滤芯上的机油过多被带入气缸内燃烧。(c) 气缸封闭不严，机油窜入燃烧室燃烧。其原因是活塞环卡死在环槽中；活塞环弹力不足或开口重叠；活塞与气缸配合间隙过大或将倒角环装错等。(d) 气门与气门导管间隙过大，机油窜入燃烧室燃烧。

③ 检查方法。

a. 排气管冒黑烟的主要原因是气缸内的空气少，燃油多，燃油燃烧不完全或燃烧不及时，因此，在检查和分析故障时，要紧紧围绕这一点去查找具体原因。检查时可用断油的方法逐缸进行检查，先区别是个别气缸工作不良还是所有气缸都工作不良。

如当停止某缸工作时，冒黑烟现象消失，则是个别气缸工作不良引起冒黑烟，可从个别气缸工作不良上去找原因。这些原因主要有：(a) 喷油嘴工作不良。喷油嘴喷射压力过低、喷油嘴滴油、喷雾质量不好和油滴力度太大等均会使柴油燃烧不完全，因此，发现柴油机有断续的敲缸声，排气声音不均匀，即说明喷油有问题，应该立即检查和调整喷油嘴。(b) 喷油泵调节齿杆或调节拉杆行程过大，以致供油量过多。(c) 气门间隙不符合要求，以致进气量不足。(d) 喷油泵柱塞套的端面与出油阀座接触面不密封，或喷油泵调节齿圈锁紧螺钉或柱塞调节拐臂松动等，引起供油量失调，导致间歇性地排黑烟。

如果在分别停止了所有气缸工作后，冒黑烟的现象都不能消除，就要从总的方面去找原因。(a) 柴油机负荷过重。柴油机超负荷运转，供油量增多，燃料不能完全燃烧，其排气就会冒黑烟。因此，如果发现排气管带黑烟，柴油机转速不能提高，排气声音特别大，即说明柴油机在超负荷运转，一般只要减轻负荷就可好转。(b) 供油时间过早。在气缸中的压力、温度较低的情况下，供油时间过早的柴油机会导致部分柴油燃烧不完全，形成炭粒，从排气管喷出，颜色是灰黑色，应重新调整供油时间。(c) 空气滤清器堵塞，进气不充分时柴油机也会冒黑烟。如果柴油机高速、低速都冒烟，可取下空滤器试验。如果冒烟立即消失，说明空滤器堵塞，必须立即清洗。(d) 柴油质量不合要求，影响雾化和燃烧。

b. 排气管冒白烟，说明进入气缸的燃油未燃烧，而是在一定温度的影响下，变成了雾气和蒸汽。排气管冒白烟最多的原因是温度低，油路中有空气或柴油中有水。如果是温度低所致，待温度升高后冒白烟会自行消除。从严格意义上讲，它不算故障，不必处理。如果油路中有空气或柴油内含有水分，其特点是排气除了带白色的烟雾外，柴油机的转速还会忽高忽低，工作不稳定。如果是个别缸冒白烟，则可能是气缸盖底板或气缸套发生裂纹，或气缸垫密封不良向气缸内漏水所致。

c. 排气管冒蓝烟，主要是机油进入燃烧室燃烧。检查时应从易到难，首先检查机油盆的机油是否过多，然后检查空气滤清器油池和滤芯上的机油是否过多。其他几条原因检查则比较困难，除用逐缸停止工作的方法，确定是个别气缸还是全部气缸工作不良引起冒蓝烟以外，要进一步检查拆下气缸盖，取出活塞和气门。通常使用间接的方法加以判断，即根据柴油机的使用期限，如果柴油机接近大修出现冒蓝烟，则一般都是由于活塞、气缸、活塞环、气门和气门导管有问题，应通过维修来消除。

(3) 柴油机工作无力

柴油机在正常工作时，柴油机运转的速度应是正常的，声音清晰、无杂音，操作机构正常灵敏，排气几乎无烟。

柴油机工作无力就意味着不能承担较大的负载，即在负载加大时有熄火现象，工作中排气冒白烟或黑烟，高速运转不良，声音发闷，且有严重的敲击声等。

柴油机工作无力的原因很多，也是比较复杂的，但是在一般情况下，可以从以下几个方面进行分析判断。

① 机器工作无力，转速上不去且冒烟。这是柴油机喷油量少的表现，常见的原因有：

a. 喷油泵的供油量没有调整好，或者油门拉杆拉不到头，喷油泵不能供给最大的供油量。对于2105型柴油机和使用Ⅰ号喷油泵的柴油机来说，如果限制最大供油量的螺钉拧进去太多，就会感到爆发无力，有时爆发几次还会停下来。

b. 调速器的高速限制调整螺钉调整不当，高速弹簧的弹力过弱。

c. 喷油泵柱塞偶件磨损严重。由于柱塞偶件的磨损，导致供油量减少。可适当增加供油量。但磨损严重时，调大供油量也是无效的，应更换新件或修复。

d. 使用手压式输油泵的Ⅰ号或Ⅱ号喷油泵，如果输油泵工作不正常，或柴油滤清器局部堵塞，导致低压油路供油不足，都会使喷油泵供油量减少。

② 柴油机工作无力，且各种转速下均冒浓烟。这多半是喷油雾化不良和供油时间不对造成的。

a. 喷油嘴或出油阀严重磨损，滴油、雾化不良，燃烧不完全。

b. 喷油嘴在气缸盖上的安装位置不正确，用了过厚或过薄的铜垫或铝垫，使喷油嘴喷油射程不当，燃烧不完全。

c. 喷油泵传动系统零件有磨损，造成供油过迟。

d. 供油时间没有调整好。

③ 转速不稳的情况下，柴油机无力且冒烟。

a. 各缸供油量不一致。喷油泵和喷油嘴磨损或调整不当容易造成各缸供油不均。判断供油量不一致的方法，可让柴油机空车运转，用停缸法，轮流停止一缸的供油，用转速表测量其转速。当各缸供油量一致，断缸时，转速变化应当一样或非常接近，如果发现转速变化相差较大，就要进行喷油泵供油量的调整。

b. 柴油供给系统油路中含有水分或窜入空气，也会导致喷油泵供油量不足。

④ 柴油机低速无力，易冒烟，但高速基本正常。这是气缸漏气的一种表现，高速情况下漏气量小，故能基本正常工作。漏气造成压缩终止时的温度低，不易着火。如果在柴油机运转时从加机油口处大量排出烟气，或曲轴运转部位有“吱、吱”的漏气声，且低速时更明显，则可判定是气缸与活塞之间漏气。另外两种可能漏气的部位是气门和气缸垫处。

⑤ 柴油机表现功率不足，但空转时和供油量较少时排气无烟，供油量大时则易冒黑烟。

a. 空气滤清器滤芯堵塞，使柴油机的进气不足，而发不出足够的功率。

b. 气门间隙过大，使气门开度不够，进气量不足。

c. 排气管内积炭过多，排气阻力过大。

(4) 转速不均匀

柴油机转速不均匀有两种表现：一种是大幅度摆动，声音清晰可辨，一般称为“喘气”或“游车”；另一种是转速在小幅度范围内波动，声音不易辨别，且在低转速下易出现，并会导致柴油机熄火。

影响柴油机转速不均匀的原因，多半是喷油泵和调速器的运动部分零件受到不正常的阻力，调速器反应迟钝。具体的因素很多，一般可能有以下几点。

① 供油量不均匀。柴油机运转时，供油多的缸，工作强，有敲击声，冒黑烟。供油少的缸，工作弱，甚至不工作。最终造成柴油机的转速不均匀。

② 个别气缸不工作。多缸柴油机如果有一个气缸不工作，其运转就不平稳，爆发声不均匀。可用停缸法，查出哪一个气缸不着火。

③ 柴油供给系统含有空气和水分以及输油泵工作不正常。

④ 供油时间过早，易产生高速“游车”，低速时反而稳定的现象。

⑤ 喷油泵油量调节齿杆或拨叉拉杆发涩，导致调速器灵敏度降低。

⑥ 调速不及时，引起柴油机转速不稳。当调速器内的各连接处磨损间隙增大、钢球或飞锤等运动件有卡阻以及调速弹簧失效等，则调速器要克服阻力或先消除间隙，才能移动调节齿杆或拨叉拉杆增减供油量。由于调速不及时，转速就忽高忽低。对于使用组合式喷油泵的135或105等机型，打开喷油泵边盖，可以看到调节拉杆有规律地反复移动。如柴油机轻微游车，则此时可看到拉杆会发生抖动。

⑦ 喷油嘴“烧死”或滴油。

⑧ 气门间隙不对。

(5) 不充电

柴油机在中、高速运行时，电流表指针指向放电，或在“0”的位置上不动，说明充电电路有故障。

遇到不能充电的情况首先检查充电发电机的带是否过松或打滑，再查看导线连接各处有无松动和接触不良的现象。再按下列步骤判断。

使用直流充电发电机的柴油机，可用螺丝刀在充电发电机电枢接线柱与机壳之间“试火”。如有火花，说明充电机本身及磁场接线柱、调节器中的调压器、限流器及充电发电机电枢接线柱等整个励磁电路是良好的。故障应在调节器的电枢接线柱、截流器至电流表一段。如无火花或火花微弱，说明充电发电机或它的磁场接线柱、调节器中调压器、限流器至充电发电机电枢接线柱，即整个励磁电路有故障。

此时，可用导线连接电压调节器上的电枢和电池接线柱，观察电流表的指示。可能有两种现象：一种是有充电电流，这说明电压调节器中的节流器触点烧蚀或并联线圈短路，致使触点不能闭合；另一种是无充电电流，这说明电压调节器电池接线柱至电流表连接线断路或接触不良。排除这两个可能的故障之后仍不充电，则将临时导线改接充电发电机电枢和磁场接线柱。这时也有两种可能的情况出现：一种是能充电，这表明充电发电机良好，故障在于电压调压器的励磁电路断路，如由于触点烧蚀或弹簧拉力过弱，致使触点接触不良，两触点间连线断路或电阻烧坏等；另一种是不充电，则可拆下充电发电机连接调节器的导线，将发电机的电枢和磁场接线柱用导线连在一起，并和机壳试火。这也有两种可能：有火花则表明发电机是良好的，不充电的原因可能是调节器的励磁电路搭铁；无火花则表明发电机本身有故障，可能是碳刷或整流子接触不良、电枢或磁场线圈断路或搭铁短路等。若以上几种方法都无效，所检查的机件工作都正常，则此时可判定是电流表本身有故障。

使用硅整流发电机的柴油机，运行时电流表无充电指示，其判断检查方法以4105型柴油机为例说明。

首先检查蓄电池的搭铁极性是否正确以及硅整流发电机的传动带是否过松或打滑。如果导线接线方法正确，可用螺丝刀与硅整流发电机的后端盖轴承盖相接触，试试是否有吸力。在正常的情况下，应该有较大的吸力。否则说明硅整流发电机励磁电路部分可能有开路。要确定开路部位，应拆下发电机的磁场接线柱线头，与机壳划擦，可能出现三种情况：第一种情况是无火花，说明调节器至发电机磁场接线柱的连线有断路；第二种情况是可能出现蓝白色小火花，说明调节器触点氧化；第三种情况是出现强白色火花，并发出“啪”的响声，说明磁场连线完好，而硅整流发电机内励磁电路开路，多是因接地碳刷搭铁不良或碳刷从碳刷架中脱出等原因引起的。

如确认硅整流发电机励磁电路连接良好，则打开调节器盖，用螺丝刀（起子）搭在固定触点支架和活动触点之间，使磁场电流不受调节器的控制而经螺丝刀构成通路。将柴油机稳定在中、高速以上，观察电流表，会出现两种情况：一种是电流表立即有充电电流出现，这说明硅整流发电机良好，而调节器弹簧弹力过松；另一种是仍无充电电流，此时应进一步再试。可拆下硅整流发电机的电枢接线柱上的导线与机壳划擦，如有火花说明与电枢连接的线路完好，而故障发生在硅整流发电机内；如无火花，说明与电枢有关的接线断路。

4.5.2 同步发电机常见故障检修

现代同步发电机的自动化程度高，控制电路也比较复杂，运行时难免会出现这样或那样的故障，直接影响机组的正常供电运行，因此，在机组运行过程中，除了依靠监测系统的各种仪表反映的数据来进行分析外，值机人员还需通过一看（即观察各仪表反映发电机各参数的指示值是否在正常范围内）、二摸（即值机时经常巡视，用手触摸设备运转部位的温度是否适当）、三听（倾听设备运转时的声音是否正常）发现问题进行综合分析，及时采取相应措施，进行处理。下面主要介绍无刷同步发电机常见故障的分析与处理。

(1) 发电机不能发电

① 故障现象。机组运转后，发电机转速达到额定转速时，将交流励磁机定子励磁回路开关闭合，调压电位器调至升高方向到最大值时，发电机无输出电压或输出电压很低。

② 故障原因。

a. 发电机铁芯剩磁消失或太弱。新装机组受长途运输颠振或发电机放置太久，发电机铁芯剩磁消失或剩磁减弱，造成发电机剩磁电压消失或小于正常的剩磁电压值，即剩磁线电压小于10V，剩磁相电压小于6V。由于同步发电机定、转子及交流励磁机的定、转子铁芯通常采用1～1.5mm厚的硅钢片冲制叠成，励磁后受到振动，剩磁就容易消失或减弱。

b. 励磁回路接线错误。检修发电机时，工作不慎把励磁绕组的极性接反，通电后使励磁绕组电流产生的磁场与剩磁方向相反而抵消，造成剩磁消失。此外，在检修时，测量励磁绕组的直流电阻或试验自动电压调节器AVR对励磁绕组通直流电流时，没有注意其极性，也会造成铁芯剩磁消失。

c. 励磁回路电路不通。发电机励磁回路中电器接触不良或各电气元件接线头松脱，引线断线，造成电路中断，发电机励磁绕组无励磁电流。

d. 旋转整流器直流侧的电路中断。由于旋转整流器直流侧的电路中断，因此，交流励磁机经旋转整流器整流后，给励磁绕组提供的励磁电流不能送入励磁绕组，造成交流同步发电机不能发电。

e. 交流励磁机故障无输出电压。交流励磁机故障发不出电压，使交流同步发电机的励磁绕组无励磁电流。

f. 发电机励磁绕组断线或接地，造成发电机无励磁电流或励磁电流极小。

③ 处理方法。

a. 发电机铁芯剩磁消失时，应进行充磁处理。其充磁方法为：对于自励式发电机，通常用外加蓄电池或干电池，利用其正负极线往励磁绕组的引出端短时间通电即可，但一定要认清直流电源与励磁绕组的极性，即将直流电源的正极接励磁绕组的正极，直流电源的负极接励磁绕组的负极。如果柴油发电机组控制面板上备有充磁电路时，应将开关扳向“充磁”位置，即可向交流励磁机充磁。对于三次谐波励磁的发电机，当空载起励电压建立不起来时，也可用直流电源进行充磁。

b. 励磁回路接线错误，查找后予以纠正。

c. 用万用表欧姆挡查找励磁回路断线处，并予以接通；接触不良的故障处，用细砂布打抹表面氧化层，对于松脱的接线螺栓、螺母应将其紧固。

d. 励磁绕组的接地与断线故障，可用500V兆欧表（摇表）检查绕组的对地绝缘，找出接地点，用万用表找出断线处，并予以修复。

（2）发电机输出电压过低

① 故障现象。在额定转速下，磁场变阻器已调向“电压上升”的最大位置，机组空载时，电压整定不到1.05倍额定电压，表明发电机输出电压太低，并联、并网或功率转移时会遇到困难。

② 故障原因。

a. 原动机（柴油机）的转速太低，使发电机定子绕组的感应电动势太低。

b. 定子绕组接线错误，感应电动势低，甚至三相不平衡。

c. 励磁绕组接线错误，至少有个别相邻磁极极性未接成N、S，严重削弱电机励磁磁场，使发电机感应电压低。

d. 励磁绕组匝间短路，使电机励磁磁势削弱，发电机感应电压低。

e. 励磁机发出的电压太低。

③ 处理方法。

a. 迅速调整同步发电机的原动机转速，使其达到额定值。

b. 按图纸规定更正定子接线。

c. 对于励磁绕组接线错误，可用自测法或用磁针来鉴别错误极性并更正接线。

d. 对于励磁绕组匝间短路，首先测量单个绕组的交流阻抗，若相差一倍以上，则应怀疑阻抗小的绕组有短路，应进一步对单个绕组进行短路试验。

e. 对于励磁机电压太低，按上述各方法进行检查和处理。

(3) 发电机输出电压过高

① 故障现象。在额定转速下，磁场变阻器已调向“电压降低”的最小位置，机组空载时，电压整定仍超过 1.05 倍额定电压，表明发电机输出电压太高。

② 故障原因。

a. 发电机转速高而使其端电压过高。

b. 分流电抗器的气隙过大。

c. 励磁机的磁场变阻器短路，致使变阻器调压失灵。

d. 机组出现“飞车”事故。

③ 处理办法。

a. 当发电机转速过高时，应降低其原动机的转速。

b. 改变分流电抗器的垫片厚度，以调整其气隙至规定值。

c. 当励磁机的磁场变阻器调压失灵时，应仔细找出短路故障点并予以消除。

d. 当机组出现“飞车”事故时，应立即设法停机，然后按柴油机“飞车”故障处理。

(4) 发电机输出电压不稳

① 故障现象。机组启动运行后，发电机空载或负载运行时电压（电流和频率）忽大忽小。

② 故障原因。

a. 柴油机调速装置有故障，使柴油机供油量忽大忽小，造成机组转速不稳定，使发电机输出电压和频率引起波动。

b. 励磁电路中，电压调节整定电位器接触不良或接线松动，旋转整流器接线松动，使励磁电流忽大忽小，引起发电机输出电压不稳定。

c. 励磁绕组对地绝缘受损，电机运行时绕组时而发生接地现象使电压波动。

d. 自动电压调节器（AVR）励磁系统电路有故障，使 AVR 对励磁电流控制不稳定。

③ 处理方法。

a. 机组转速不稳定，应检查柴油机的调速器调速主副弹簧是否变形；飞锤、滚轮、销孔和座架是否磨损松动；油泵齿轮和齿杆配合是否得当；飞锤张开和收拢的距离是否一致；调速器外壳孔与油泵后盖板是否松动；凸轮轴游动间隙是否过大。通过检查找出故障原因，磨损部件予以更换，间隙不当的机件予以调整，使调速器恢复正常。

b. 如果励磁电流不稳定，引起发电机电压、电流不稳，应停机检查发电机励磁回路调节电位器和旋转整流器接线是否良好，确定后予以检修。

c. 用 500V 兆欧表查找交流同步发电机或交流励磁机励磁绕组对地绝缘受损情况以及检查其接地是否良好，并予以修复。

d. 对于励磁回路 AVR 电路故障，查明电路故障点，更换损坏的元器件。

(5) 发电机三相电压不平衡

① 故障现象。同步发电机输出的三相电压大小不相等。

② 故障原因。

a. 定子的三相绕组或控制屏主开关中某一相或两相接线头（触头）接触不良。

b. 定子的三相绕组某一相或两相断路或短路。

c. 外电路三相负载不平衡。

③ 处理方法

a. 将松动的接线头拧紧，检查控制屏主开关三相触头接触情况，并用00号砂布擦净接触面，若损坏应予更换。

b. 查明断路或短路处，予以消除。

c. 调整三相负载，使之基本达到平衡。

(6) 发电机运行时的温度或温升过高

① 故障现象。机组启动运行后，满载运行4～6h，发电机的温度和温升超过规定值。不同绝缘等级的发电机其各部分最高允许温度和温升有所不同，见表4-15和表4-16。

表4-15 同步发电机最高允许温度（环境温度为40℃） 单位：℃

电机部分	A级绝缘		E级绝缘		B级绝缘		F级绝缘		H级绝缘	
	温度计法	电阻法	温度计法	电阻法	温度计法	电阻法	温度计法	电阻法	温度计法	电阻法
定子绕组	95	100	105	115	110	120	125	140	145	165
转子绕组	95	100	105	115	110	120	125	140	145	165
电机铁芯	100	—	115	—	120	—	140	—	165	—
滑动轴承	80	—	80	—	80	—	80	—	80	—
滚动轴承	95	—	95	—	95	—	95	—	95	—

表4-16 同步发电机最高允许温升（环境温度为40℃） 单位：℃

电机部分	A级绝缘		E级绝缘		B级绝缘		F级绝缘		H级绝缘	
	温度计法	电阻法	温度计法	电阻法	温度计法	电阻法	温度计法	电阻法	温度计法	电阻法
定子绕组	55	60	65	75	70	80	85	100	105	125
转子绕组	55	60	65	75	70	80	85	100	105	125
电机铁芯	60	—	75	—	80	—	100	—	125	—
滑动轴承	40	—	40	—	40	—	40	—	40	—
滚动轴承	55	—	55	—	55	—	55	—	55	—

② 故障原因。同步发电机的输出功率主要取决于发电机各主要部件，即绕组、铁芯和轴承等的最高允许温度和温升。在满载情况下，同步发电机连续运行4～6h后，若其温度或温升超过规定值，就必须进行检查，否则将使发电机绝缘加速老化，缩短其使用寿命，甚至损坏同步发电机。在运行过程中，同步发电机温度或温升过高的原因包括两个方面：

a. 电气方面的原因。

(a) 交流同步发电机在输出电压高于额定值情况下运行。当发电机在输出电压高于额定值下运行时，在额定功率因数的情况下输出额定功率，其励磁电流必然会超过额定值，造成较大的励磁电流流过励磁绕组而过热。

(b) 机组在低于额定转速下运行。当柴油发电机组在较低转速运转时，将造成发电机转速也低，其通风散热条件较差，如果发电机输出额定电压，必然导致发电机励磁电流超过额定值，因此，造成励磁绕组过热。

(c) 发电机负载的功率因数较低。如果发电机负载的功率因数较低，并要求发电机输出额定功率和额定电压，就必然会使励磁电流超过额定值，使励磁绕组发热。

(d) 柴油发电机组过载运行。当柴油发电机组过载运行时，交流同步发电机的绕组电流必然会超过额定值，造成发电机过热。

(e) 励磁绕组匝间短路或接地。机组运行时，如果发电机励磁电流表超过额定值，并调整无效，应停机检查励磁绕组是否有短路和接地。

(f) 转子绕组浸漆不透或绝缘漆过稀未能排除或填满绕组内部的空气隙。

b. 机械方面的原因。机组在运行过程中，如果发现发电机轴承外圈温度超过95℃、润滑脂有流出现象或轴承噪声增大等就说明发电机过热，必须停机检查。

（a）轴承装配不良。

（b）轴承润滑脂牌号不对。

（c）轴承与转轴配合太松，运行时摩擦发热。

（d）轴承室润滑脂装得太满。

（e）柴油机通过传动带拖动交流同步发电机时，传动带张力过大，使轴承内外环单边受力过大，使滚珠（柱）轴承运转不轻快而发热，同时也造成滚珠磨损，使轴承间隙加大，引起电机振动和轴承噪声加大，导致轴承更热。

③ 处理方法。

a. 如果发电机在输出电压较高情况下运行，应减小输出功率，尤其是无功功率，以保持励磁电流不超过额定值。

b. 提高柴油机转速，确保发电机在额定转速下运行。

c. 如负载功率因数低于0.8（滞后），应设法予以补偿，使励磁电流不超过额定值。调整三相负载不平衡情况，防止三相电流不平衡度超过允许值。

d. 检查并排除励磁绕组匝间短路或接地。

e. 把转子绕组重新浸漆烘干，直至漆浸透并填满绕组缝隙为止。

f. 按照规定程序和注意事项装配机组轴承，检查轴承盖止口轴向长度尺寸，若没有超出偏差，则须进一步检查转轴两轴承间的轴向距离及公差是否符合要求，若超过偏差，也会造成外轴承盖顶住轴承外环端面，此时，以加工外轴承盖止口长度较方便，使它装配后与轴承外环的配合间隙符合要求。

g. 按照发电机规定的润滑脂牌号装用相应牌号的润滑脂。润滑脂的装入容量为轴承室容积的1/2～2/3。

h. 更换较小的转轴，若轴承内圈已磨损，应更换同型号的轴承。

i. 调整传动带张力，使其张力符合规定要求。

j. 检查机房通风情况，设法将柴油发电机组散发的热量排放出去。检查发电机冷却风道有无堵塞现象，并予以清除。

(7) 发电机绝缘电阻降低

① 故障现象。发电机在热稳定状态下绝缘电阻低于0.5MΩ，冷态下低于2MΩ。

② 故障原因。

a. 机组长期存放在潮湿的环境内或者在运输中电机绕组受潮。

b. 进行维护清洁卫生时电机绕组绝缘碰伤或电机大修嵌线过程中绝缘受损。

c. 周围空气中的导电尘埃（例如冶金工业或煤炭工业区）或酸性蒸汽和碱性蒸汽（比如化学工业区）侵入电机中，腐蚀电机绝缘。

d. 发电机绕组绝缘自然老化。

③ 处理方法。

a. 受潮的交流同步发电机必须进行干燥处理，否则使用时发电机会因绝缘损坏而烧毁，同时必须改善发电机存放环境的通风条件，要备有良好的通风设备。在寒冷季节，仓库内必须备有取暖设备，以保证仓库内温度不低于5℃，严禁附近的水滴入发电机内部。对于半导体励磁方式的发电机，测量励磁回路的绝缘电阻时，应将励磁装置脱开，或将每一个硅整流元件用导线加以短接，以防测量时被击穿。

干燥处理的具体做法为：将发电机定子绕组三相出线头直接短接，连接牢靠。将励磁回路中调压变阻器调至最大电阻位置，若阻值不够大，应再另串接一只电阻，以增加阻值，然后将发电机启动，注意慢慢加速到额定转速，再缓慢调节励磁电流。根据发电机受潮情况来决定励磁电流大小，但是，定子绕组短路电流不得超过额定电流。利用此短路电流对发电机进行干燥。短路干燥的时间，视所通短路电流的大小和发电机受潮情况而定。

b. 更换绝缘受损的绕组或槽绝缘。

c. 应改善交流同步发电机的周围环境或转移发电机的安装场所，使周围环境中不得有导电尘埃或酸、碱性蒸汽。

d. 如果交流同步发电机的绕组绝缘自然老化，则必须更换新的发电机或对发电机进行大修，更换绕组和绝缘材料。

(8) 旋转整流器故障

① 故障现象。旋转整流器通常是硅整流元件构成整流电路，若电路中一个或几个旋转硅元件损坏，损坏后的硅元件将失去单向导电性（正反向都导通），造成电路处于短路状态。一旦旋转硅元件短路，当机组运行时，发电机无输出电压。若不及时发现和排除故障，就会导致交流励磁机电枢绕组烧毁，发电机被迫停机。

② 故障原因。

a. 旋转整流器硅整流二极管，因过电压或过电流而损坏。

b. 旋转整流器的硅整流元件安装时扭力矩过大，导致管壳变形，内部硅片损伤。

c. 负载功率因数过低，使励磁电流长期超过硅整流元件额定电流而使其损坏。

③ 处理方法。

a. 应按图纸规定的电流等级配用旋转硅元件。如果手边无图纸资料，可按主发电机励磁电流值上靠到标准规格的硅元件。目前，国内生产的旋转整流器常见规格有16A、25A、40A、70A和200A等几种。

b. 合理选择旋转硅元件的电压等级，旋转硅元件的反向峰值电压 U_{RN} 应为10～15倍励磁电压 U_{fN}。

c. 紧固旋转硅元件螺母，其扭力矩应适当，用恒力矩扳手旋紧螺母。紧固旋转硅元件螺母的扭力矩数值按表4-17所示的规定。

表4-17 紧固旋转硅元件螺母的扭力矩

旋转硅元件型号	ZX16	ZX25	ZX40	ZX70	ZX200
额定电流/A	16	25	40	70	200
紧固力矩/kgf·cm	20	20	36	36	110

注：1kgf·cm=0.0981N·m。

d. 采取过电压保护措施。过电压保护通常在旋转整流器的直流侧装设压敏电阻或阻容吸收回路。

(a) 交流同步发电机用的压敏电阻一般为MY31型氧化锌压敏电阻器，其使用规格的选取主要以标称电压（U_{1mA}）值来选定。

标称电压的下限一般按下式计算：

直流电路：

$$U_{1mA} \geqslant (1.8 \sim 2) U_{DC}$$

交流电路：

$$U_{1mA} \geqslant (2 \sim 2.5) U_{AC}$$

式中 U_{DC}——线路的直流电压，V；

U_{AC}——线路的交流电压有效值，V。

标称电压的上限由被保护设备的耐压来决定，应使压敏电阻器在吸收过电压时将残压抑制在设备的耐压以下。

(b) 阻容吸收回路的 C、R 值按下式计算：

$$C=K_{Cd}\left(\frac{I_{02}}{U_{02}}\right)(\mu F)$$

$$R=K_{Rd}\left(\frac{U_{02}}{I_{02}}\right)(\Omega)$$

式中 I_{02}——交流励磁机电枢相电流，A；

U_{02}——交流励磁机电枢线电压，V；

K_{Cd}，K_{Rd}——抑制电路计算系数，见表 4-18。

表 4-18 抑制电路计算系数 K_{Cd}、K_{Rd} 的数值

整流电路连接形式	K_{Cd}	K_{Rd}
单相桥式	120000	0.25
三相桥式	$70000\sqrt{3}$	$0.1\sqrt{3}$
三相半波	$70000\sqrt{3}$	$0.1\sqrt{3}$

(9) 发电机励磁绕组接地

① 故障现象。发电机输出端电压低，调节磁场变阻器后无效，而且机组振动剧烈。

② 故障原因。发电机转子励磁绕组接地是较为常见的故障之一。当转子励磁绕组一点接地时，由于励磁绕组与地之间尚未构成电气回路，因此，在故障点无电流通过，励磁回路仍保持正常，发电机仍可继续运行。如果转子励磁绕组发生两点接地故障后，此时部分励磁绕组被短路，励磁电流必然增大。若绕组被短路的匝数较多，就会使发电机主磁场的磁通大为减弱，造成发电机输出的无功功率显著下降。此外，由于转子励磁绕组被短路，发电机磁路的对称性被破坏，因此，发电机运行时产生剧烈振动，对于凸极式转子发电机尤为显著。

③ 处理方法。当柴油发电机组停机后，将旋转硅整流器与转子励磁绕组断开，用 500V 兆欧表（俗称摇表）测量励磁绕组对地的绝缘电阻进行检查，找出接地点，在励磁绕组线包与磁极间垫以新的绝缘材料，以加强相互间的绝缘。

(10) 发电机空载正常，接负载后立即跳闸

① 故障现象。机组启动后，发电机端电压正常，但接通外电路后，负载断路器立即跳闸。

② 故障原因。

a. 外电路发生短路。

b. 负载太重。

③ 处理方法。

a. 查明外电路的短路点，加以修复。

b. 减轻负载，以减小发电机输出的负载电流。

(11) 发电机振动大

① 故障现象。机组启动后，交流同步发电机在空载状态下，其轴向、横向振动值超过表 4-19 规定的数值时，说明发电机运行时振动大。

表 4-19 发电机运行时轴向、横向振动限值

转速/(r/min)	中心高 H 的振动速度最大有效值/mm			
	自由悬置状态下测量			刚性安装
	$56\leqslant H<132$	$132\leqslant H<225$	$H\geqslant225$	$H>400$
$600\leqslant n\leqslant1800$	1.8	1.8	2.8	2.8
$1800<n\leqslant3600$	1.8	2.8	4.5	2.8

② 故障原因。

a. 转子机械不平衡。主要由于未校动平衡或校动平衡精度不符合要求。

b. 发电机转子轴承磨损，使其定子、转子之间的气隙不均匀度超过10%，单边磁拉力大而引起同步发电机振动。

c. 轴承精度不良是高速发电机较强的振动源之一。主要表现为轴承内圈或外圈径向偏摆，套圈椭圆度、保持架孔中的间隙过大及滚道表面波纹度或局部表面缺陷。

d. 轴承与转轴或端盖的装配质量不良。

(a) 轴承与转轴或端盖配合过紧。

(b) 采用敲击法安装轴承，工艺不正确。

(c) 轴承使用的润滑脂牌号不对。过稠的润滑脂对滚动体振动的阻尼作用差，而过稀的润滑脂又会造成干摩擦等弊端。

③ 处理方法。

a. 每台发电机的转子均须校正动平衡，要达到图纸规定的动平衡精度。

b. 按图纸规定的牌号选用精度合格的轴承。检查定、转子空气隙的不均匀度，调整装配至不均匀度符合要求为止。

c. 按规定的配合精度安装轴承与转轴及端盖。

d. 轴承安装严禁采用敲击法，最好采用烘箱加热轴承的热套法。

e. 必须按图纸规定的牌号选用润滑脂。

以上内容详细分析了无刷交流同步发电机的常见故障现象、故障原因、检查及处理方法。为了便于柴油发电机组使用维修人员方便快捷地查找故障点，下面以表格的形式列出无刷交流同步发电机的常见故障现象、故障原因、检查及处理方法，如表4-20所示。供柴油发电机组使用维修人员在平时的工作过程中参考使用。

表4-20　无刷交流同步发电机常见故障及其处理方法

故障现象	故障原因	检查及处理方法
1. 电压表无指示	①电机不发电	按项目2(不能发电)处理
	②电压表电路不通	检查接线与熔丝，必要时换新品
	③电压表损坏	换新品
2. 不能发电	①接线错误	按线路图检查、纠正
	②主发电机或励磁机的励磁绕组接错，造成极性不对。励磁机励磁电流极性与永久磁铁的极性不匹配	往往发生在更换励磁绕组后因接线错误造成，应检查并纠正
	③硅整流元件击穿短路，正反向均导通	用万用电表检查整流元件正反向电阻，替换损坏的元件
	④主发电机励磁绕组断线	用万用表测主发电机励磁绕组，电阻为无限大，应接通励磁线路
	⑤主发电机或励磁机各绕组有严重短路	电枢绕组短路，一般有明显过热。励磁绕组短路，可用其直流电阻值来判定，更换损坏的绕组
	⑥永久磁铁失磁，不能建压	一般发生在发电机或励磁机故障短路后，应将永久磁铁重新充磁，或用6V电瓶充磁建压
3. 空载电压太低(例如：线电压仅100V左右)	①励磁机励磁绕组断线	检查励磁机励磁绕组电阻应为无限大，更换断线线圈或接通线圈回路
	②主发电机励磁绕组短路	励磁机励磁绕组电流很大。主发电机励磁绕组有严重发热，振动增大，励磁绕组直流电阻比正常值小许多，更换短路线圈
	③自动电压调节器故障	在额定转速下，测量自动电压调节器输出直流电流的数值，检查该值是否与电机的出厂空载特性相等，检修自动电压调节器

续表

故障现象	故障原因	检查及处理方法
4. 空载电压太高	①自动电压调节器失控	励磁机励磁电流太大，检修自动电压调节器
	②整定电压太高	重新整定电压
5. 励磁机励磁电流太大	①整流元件中有一个或两个元件断路正反向都不通	用万用表检查，替换损坏的元件
	②主发电机或励磁机励磁绕组部分短路	测量每极线圈的直流电阻值，更换有短路故障的线圈
6. 稳态电压调整率差	①自动电压调节器有故障	检查并排除故障
	②柴油机及调速器故障	检查并排除故障
7. 振动大	①与原动机对接不好	检查并校正对接，各螺栓紧固后保证发电机与原动机轴线对直并同心
	②转子动平衡不好	发生在转子重绕后，应找正动平衡
	③主发电机励磁绕组短路	测每极直流电阻，找出短路位置，更换线圈
	④轴承损坏	一般有轴承盖过热现象，更换轴承
	⑤原动机有故障	检查原动机
8. 转子过热	①发电机过载	使负载电流、电压不超过额定值
	②负载功率因数太小	调整负载，使励磁电流不超过额定值
	③转速太慢	调转速至额定值
	④发电机某绕组有部分短路	找出短路，纠正或更换线圈
	⑤通风道阻塞	排除阻碍物，拆开电机，彻底吹清各风道
9. 轴承过热	①长时间使用轴承磨损过度	更换轴承
	②润滑油脂质量不好，不同牌号的油脂混杂使用。润滑油脂内有杂质。润滑油脂装得太多	除去旧油脂，清洗后换新油脂
	③与原动机对接不好	严格地对直，找正同心

4.5.3 励磁调节器常见故障检修

不同结构形式的励磁调节器，其常见故障现象是基本相同的，不同的是常见故障原因及其处理方法。本节以 KLT-5 自动励磁调节器为例，讲述励磁调节器常见故障的检修方法，供读者参考使用。

KLT-5 励磁调节器是福州发电设备厂生产的 24GF 柴油发电机组上的配套产品，该发电机组由 4105 型柴油机、无刷励磁三相工频交流同步发电机以及 KLT-5 励磁调节器三大部分组成。KLT-5 励磁调节器的电路原理图如图 4-61 所示。

(1) KLT-5 励磁调节器工作原理

KLT-5 励磁调节器主要由测量比较电路、触发电路和主回路三部分组成。

① 测量比较电路。

a. 作用。通过一个测量输出电压，产生一个相应的测量电压。

b. 电路组成。主要由电阻 $R_1 \sim R_{12}$、R_{13}、R_{14}，电位器 W_1、W_2、W_3、W_4，二极管 $VD_1 \sim VD_6$，稳压管 DW_1、DW_2 以及电容器 C_1 等组成，如图 4-62 所示。

c. 工作原理。交流同步发电机输出的线电压经电阻 $R_1 \sim R_{12}$ 和电位器 W_1、W_2、W_3 降压，二极管 $VD_1 \sim VD_6$ 组成的三相桥式整流器整流，然后经电位器 W_4 和电容器 C_1 滤波后作为 o′o 对称比较桥电路的输入电压。

对称比较桥电路由稳压管 DW_1、DW_2 以及电阻 R_{13}、R_{14} 组成，如图 4-63 所示。其输入端为 o′o，输出端为 ab。其输入输出特性可用图 4-64 来分析，它可视为二单臂组成，其中 o′ao 特性为：当 $U_{o'o} < U_g$ 时（U_g 一般设定为稳压管的稳压值），U_{ao} 随外电压变化；当

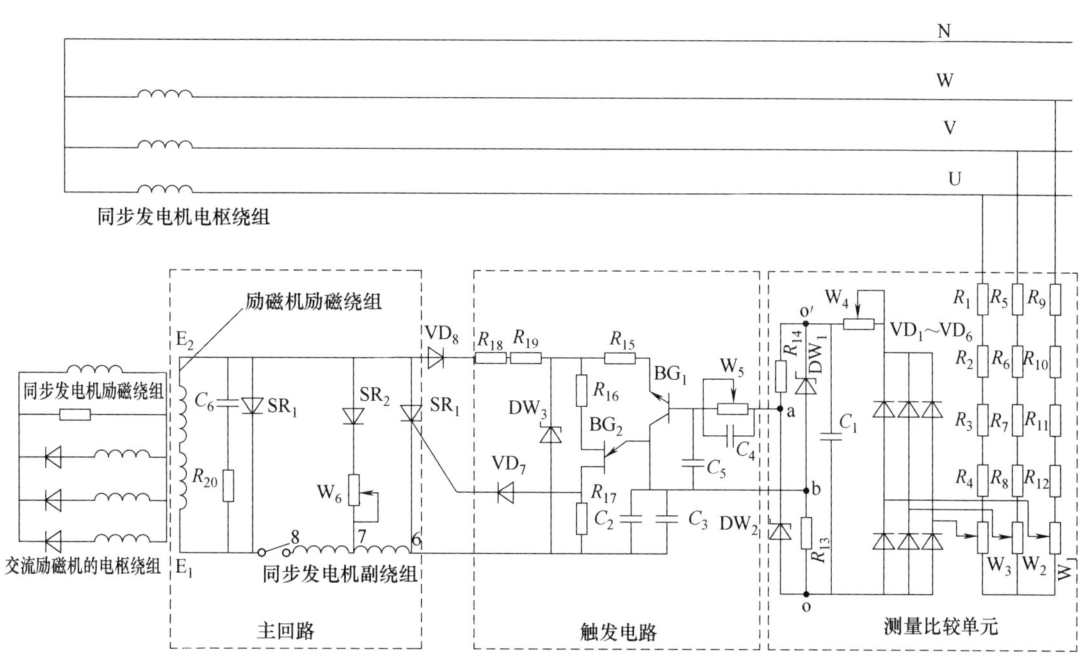

图 4-61　KLT-5 励磁调节器电路图

$U_{o'o} \geqslant U_g$ 时，$U_{ao}=U_g$。而其 o′bo 特性为：当 $U_{o'o}<U_g$ 时，$U_{bo}=0$；当 $U_{o'o} \geqslant U_g$ 时，U_{bo} 随外电压变化。由此可得 $U_{ab}=U_{ao}-U_{bo}$ 的输出特性，即 0-1-2 三角形输出特性。若稳压管 DW_1、DW_2 的稳压值相同，电阻 R_{13}、R_{14} 的阻值相等。在 $U_{o'o}<U_g$ 时，U_{ab} 为一上升直线，当 $2U_g>U_{o'o}>U_g$ 时，U_{ab} 为一下降直线。当 $U_{o'o}=2U_g$ 时，$U_{ab}=0$。O～1 段直线作为同步发电机的起励段，其输入电压升高，输出电压 U_{ab} 也升高，这有助于发电机建压；1～2 段直线作为同步发电机的运行段，其输入电压升高时，输出电压 U_{ab} 反而降低，这有助于同步发电机的端电压维持恒定。

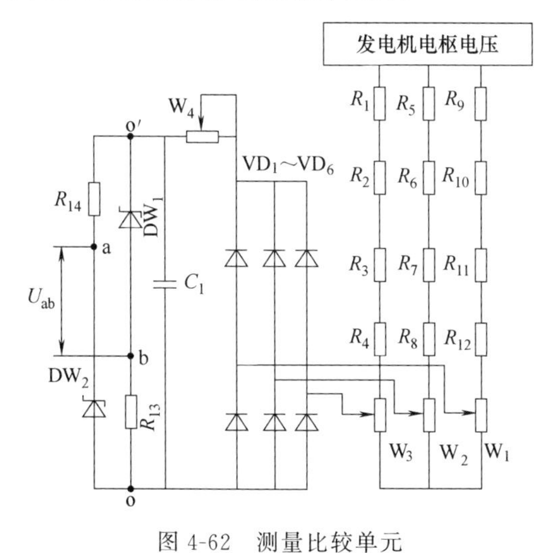

图 4-62　测量比较单元

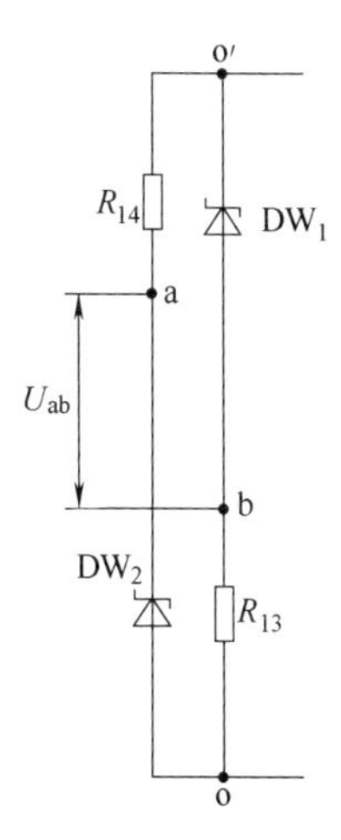

图 4-63　对称比较桥电路

② 触发电路。

a. 作用。通过调节可控硅 SR_1 导通角的大小来调节励磁电流，从而达到自动调节同步发电机输出电压的目的。

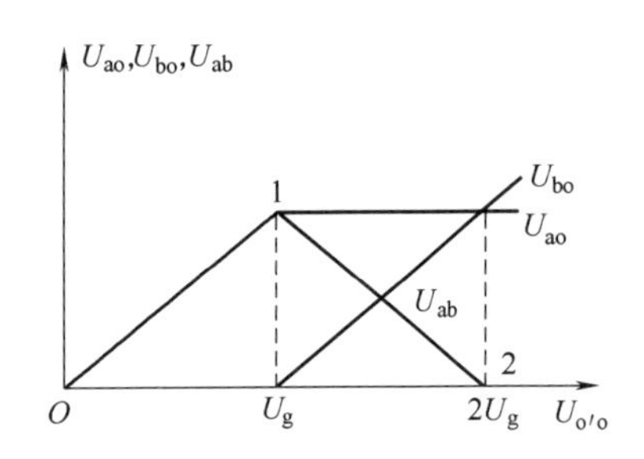

图 4-64 对称比较桥电路输入输出特性

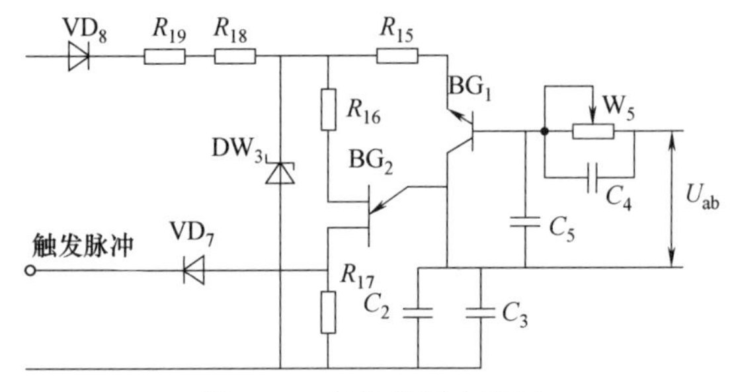

图 4-65 触发单元电路图

b. 电路组成。触发电路主要由电阻 R_{15}、R_{16}、R_{17}、R_{18} 和 R_{19}，电位器 W_5，电容器 C_2、C_3、C_4 和 C_5，三极管 BG_1，单结晶体管 BG_2，稳压管 DW_3 以及二极管 VD_7、VD_8 等组成，如图 4-65 所示。电位器 W_5 和电容 C_4 组成积分环节，以减缓测量桥输出电压 U_{ab} 的振荡，作为三极管 BG_1 的控制电压，BG_1 在这里作为可以控制的变阻。当输入电压 U_{ab} 改变时，就可以改变 BG_1 集电极与发射极充电电流的大小。U_{ab} 越大，流经 BG_1 集电极与发射极的充电电流越大。反之，U_{ab} 越小，流经 BG_1 集电极与发射极的充电电流越小。电阻 R_{15}、R_{16}、R_{17}，电容 C_2、C_3，三极管 BG_1，单结晶体管 BG_2 组成典型的张弛振荡电路。

c. 单结晶体管的工作特性。在一个低掺杂的 N 型硅棒上利用扩散工艺形成一个高掺杂的 P 区，在 P 区与 N 区接触面形成 PN 结，就构成了单结晶体管（Unijunction Transistor，UJT）。其结构如图 4-66（a）所示，P 型半导体引出的电极为发射极 e；N 型半导体的两端引出两个电极，分别为基极 b_1 和基极 b_2。因为单结晶体管有两个基极，所以也称其为双基极晶体管。单结晶体管的电路符号和等效电路分别如图 4-66（b）和图 4-66（c）所示。发射极所接 P 区与 N 型硅棒形成的 PN 结等效为二极管 VD；N 型硅棒因掺杂浓度很低而呈现高电阻，二极管阴极与基极 b_1 之间的等效电阻为 r_{b1}，二极管阴极与基极 b_2 之间的等效电阻为 r_{b2}，由于 r_{b1} 的阻值受 e-b_1 间电压的控制，所以把它等效为可变电阻。

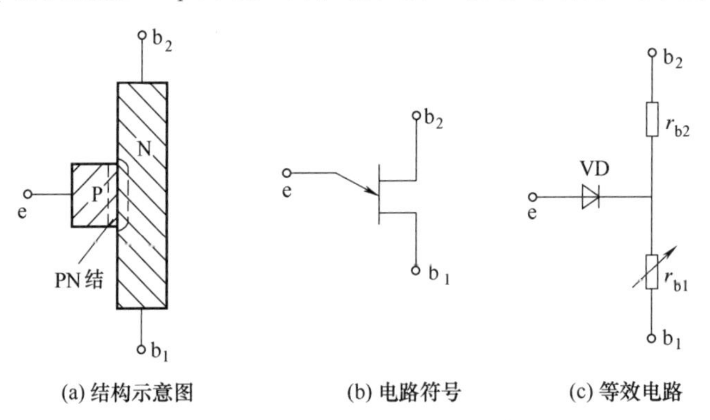

图 4-66 单结晶体管等效电路

单结晶体管的发射极电流 I_e 与 e-b_1 间电压 U_{eb1} 的关系曲线称为单结晶体管的特性曲线。特性曲线的测试电路如图 4-67（a）所示，虚线框内为单结晶体管的等效电路。当 b_2-b_1 间加电源 U_{BB}，且发射极开路时，a 点的电位为：

$$V_a=\frac{r_{b1}}{r_{b1}+r_{b2}}U_{BB}=\eta U_{BB}$$

式中 $\eta=r_{b1}/(r_{b1}+r_{b2})$，称为单结晶体管的分压比，其数值主要与单结晶体管的结构有关，一般在 0.5～0.9。基极 b_2 的电流为：

$$I_{b2}=\frac{U_{BB}}{r_{b1}+r_{b2}}$$

当 e-b_1 间电压 U_{eb1} 为零时，二极管承受反向电压，其值 $U_{ea}=-\eta U_{BB}$。发射极的电流 I_e 为二极管的反向电流，记作 I_{eo}。若缓慢增大 U_{eb1}，则二极管端电压 U_{ea} 随之增大；根据PN结的反向特性可知，只有当 U_{ea} 接近零时，I_e 的数值才明显减小；当 $U_{eb1}=U_{ea}$ 时，二极管的端电压为零，$I_e=0$。若 U_{eb1} 继续增大，使PN结的正向电压大于开启电压时，则 I_e 变为正向电流，从发射极 e 流向基极 b_1。此时，空穴浓度很高的P区向电子浓度很低的硅棒的 a-b_1 区注入非平衡少子；由于半导体材料的电阻与其载流子的浓度紧密相关，注入的载流子使 r_{b1} 减小，进而使其两端的压降减小，导致PN结正向电压增大，I_e 必然随之增大，注入的载流子将更多，于是 r_{b1} 将进一步减小；当 I_e 增大到一定程度时，二极管的导通电压降变化不大，此时 U_{eb1} 将因 r_{b1} 的减小而减小，表现出负阻特性。

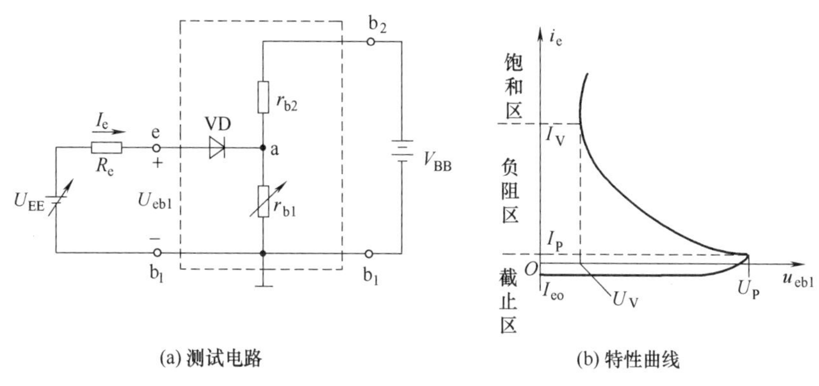

(a) 测试电路　　(b) 特性曲线

图 4-67　单结晶体管特性曲线的测试

所谓负阻特性，是指输入电压（即 U_{eb1}）增大到某一数值后，输入电流（发射极电流 I_e）越大，输入端的等效电阻越小的特性。

一旦单结晶体管进入负阻特性工作区域，输入电流 I_e 的增加只受输入回路外部电阻的限制，除非将输入回路开路或将 I_e 减小到很小的数值，否则单结晶体管始终保持导通状态。

单结晶体管的特性曲线如图 4-67（b）所示，当 $U_{eb1}=0$ 时，$I_e=I_{eo}$；当 U_{eb1} 增大至 U_P（峰值电压）时，PN结开始正向导通，$U_P=U_a+U_{on}$（U_{on} 为PN结的开启电压），此时 $I_e=I_P$（峰点电流）；若 U_{eb1} 再继续增大，晶体管就进入负阻区，随着 I_e 的增大，r_{b1} 和 U_{eb1} 减小，直至 $U_{eb1}=U_V$（谷点电压），$I_e=I_V$（谷点电流），U_V 取决于PN结的导通电压和 r_{b1} 的饱和电阻 r_s；当 I_e 再增大，晶体管就进入饱和区。

d. 振荡电路。单结晶体管的负阻特性广泛应用于振荡电路和定时电路中。如图 4-68 所示为利用单结晶体管的负阻特性和RC电路的充放电特性组成的频率可变的非正弦波振荡电路。

电源 U 通过电阻 R_{b1}、R_{b2} 加于单结晶体管 b_1、b_2 上，同时 U_e 向电容 C_2 和 C_3 充电（设电容上的起始电压为 0），电容两端电压按时间常数 $\tau=RC$ 的指数曲线逐渐增加，当 $U_e<U_V$（峰点电压）时，单结晶体管处于截止状态，R_{b1} 两端无脉冲输出。当电容 C_2 和 C_3 两端的电压 $U_e=U_c=U_P$ 时，e-b_1 间由截止变为导通状态，电容经过 e-b_1 间的PN结向电阻 R_{b1} 放电，由于 R_{b1}、R_{b2} 都很小，电容 C_2、C_3 放电时间常数很小，放电速度很快，于是在 R_{b1} 上输出一个尖脉冲电压，如图 4-69 所示。在放电过程中，U_e 急剧下降。当 $U_e<U_V$ 时，单结晶体管便跳变到截止区，输出电压为 0，即完成一次振荡。

当然，在可控硅整流电路中，晶闸管不能直接使用上述振荡电路作为触发电路。因为整

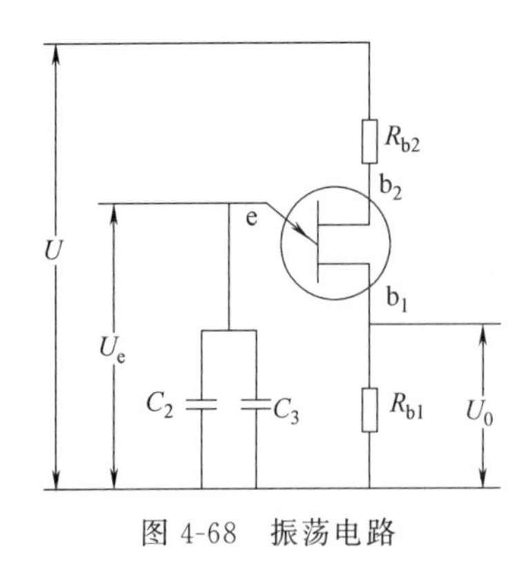

图 4-68　振荡电路

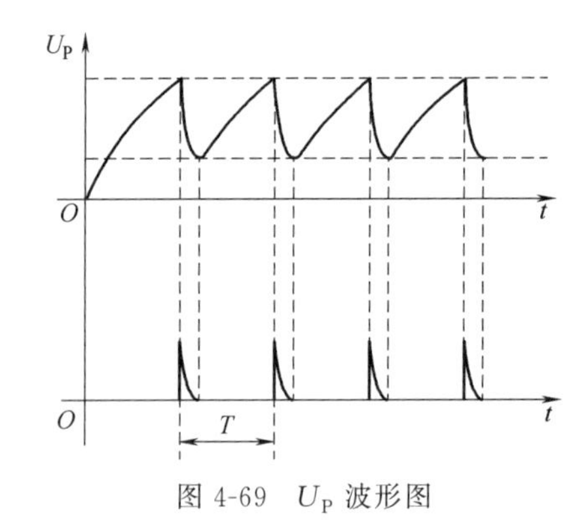

图 4-69　U_P 波形图

流装置主回路中的晶闸管，在每次承受正向电压的半周内，接受第一个触发脉冲的时刻应该相同，否则，如果在电源电压每个半周的控制电压不同，其输出电压的波形面积就会忽大忽小，这样就得不到稳定的直流输出电压，所以要求发出的触发脉冲的时间应与电源电压互相配合，即触发脉冲与主电源同步。

e. 同步的实现。电源电压过零使单结晶体管振荡电路中的电容 C_2、C_3 把电荷放完，直到下一个半周电容从 0 开始充电，这样可以使每个半周发出的第一个触发脉冲的时间相同。

同步电压由发电机负绕组提供，经二极管 VD_8 整流，R_{18}、R_{19} 分压限流，再经过稳压管 DW_3 削波限幅，在稳压管 DW_3 两端获得一个梯形波电压，此电压作为单结晶体管的供电电压。因此，当交流电电压过零时，b_1、b_2 之间的电压 U_{BB} 也过零，此时，e-b_1 间的特性和二极管一样，电容 C_2、C_3 通过 e-b_1 及 R_{17} 很快放电到接近 0。因而每半周开始时，C_2、C_3 总是从 0 开始充电，从而起到和主电路同步的作用。

f. 移相触发脉冲的产生。由于晶闸管的导通时刻只取决于阳极电压为正半周时加入到控制极的第一个触发脉冲的时刻。如果 C_2、C_3 充电越快，$\tau=RC$ 越小，第一个脉冲输出的时间越提前，晶闸管的导通角就越大，发电机的输出电压就越高。同步发电机端电压升高时，测量桥的输出电压 U_{ab} 降低，晶体三极管 BG_1 发射极的输出电流减小，C_2、C_3 的充电速度减慢，单结晶体管 BG_2 发出的一个触发脉冲推迟，晶闸管 SR_1 的导通时刻延后，其导通角减小，直流励磁机的励磁电流减小，同步发电机的端电压下降。反之亦然，从而达到发电机端电压自动恒压的目的。

③ 主回路。

a. 电路组成。主回路主要由交流励磁机励磁绕组、交流励磁机电枢绕组、同步发电机励磁绕组、同步发电机副绕组以及二极管 SR_2、SR_3 等组成。如图 4-70 所示。

b. 作用。起励建压。

c. 工作过程。发电机旋转工作时，同步发电机转子绕组上安装的永久磁钢产生初步磁场，这个磁场由于电磁感应的作用，在同步发电机副绕组上产生感应电压，并加到励磁机的励磁绕组上，励磁机产生的磁场在励磁机电枢绕组中产生电流，经整流器整流，输送到发电机励磁绕组，与原来的剩磁磁场相叠加，从而建立发电机的空载磁场。发电机空载磁场随转子旋转，即可在发电机电枢主绕组和电枢副绕组分别感应产生交流电压。发电机副绕组产

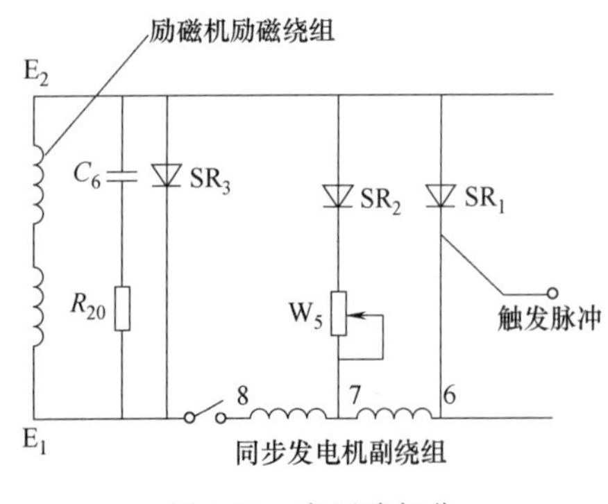

图 4-70　主回路部分

生的电压经电压调节器调节供给励磁机的励磁电流，使励磁机磁场得到加强，最终使发电机输出电压迅速上升，并稳定在恰当的大小。

(2) KLT-5 励磁调节器常见故障分析

KLT-5 励磁调节器常见故障排除方法如图 4-71 所示。

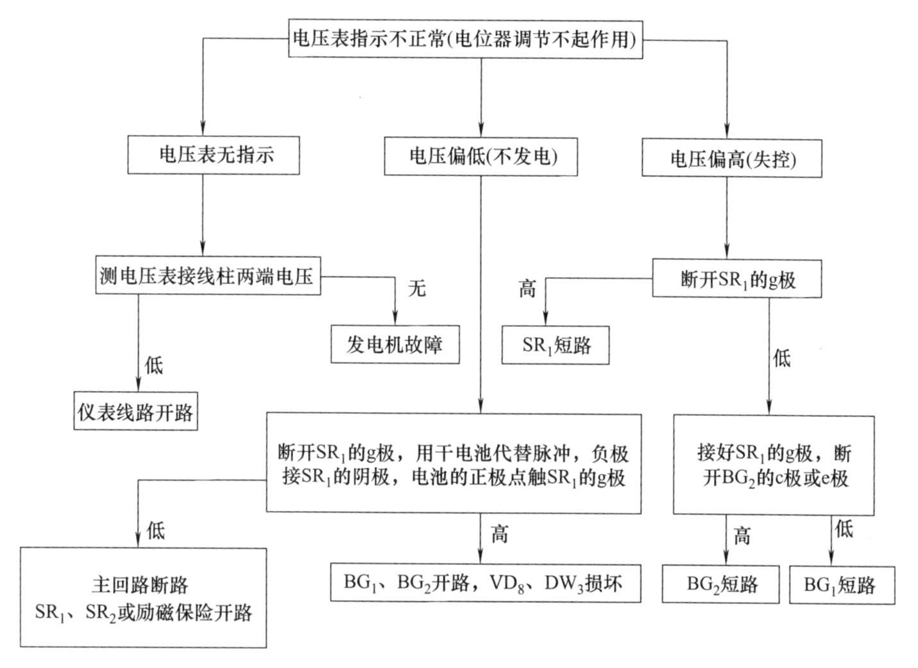

图 4-71　KLT-5 励磁调节器常见故障排除方法

4.5.4　自动化机组常见故障检修

4.5.4.1　主控制器的故障检修

(1) 警告、但不停机类故障

当主控制器检测到警告信号时，主控制器仅仅警告并不停机，且 LCD 显示窗第一屏第一行反黑显示，并显示报警类型。如图 4-72 所示是主控制器液晶显示的电池欠压警告、停机失败警告故障信息。

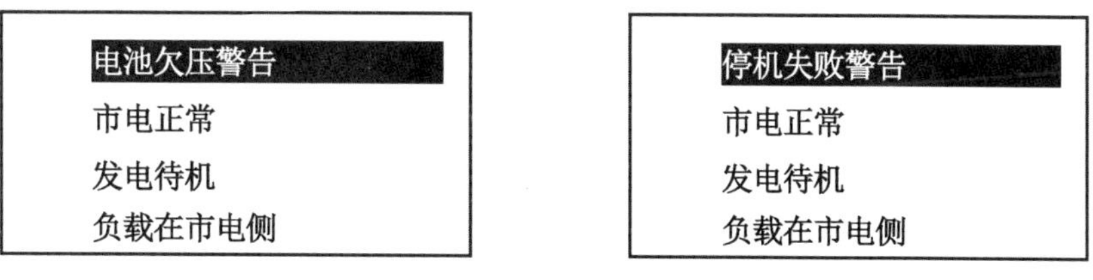

图 4-72　警告不停机类故障信息界面

① 高温度警告。

a. 故障现象。发电机组在启动成功后或运行过程中，主控制器的 LCD 屏幕上的第一行突然显示**高温度警告**字样，并伴有蜂鸣器鸣叫警告声，按复位键也不能消除故障警告。

b. 故障原因。引起发动机高温度警告的原因通常应从三个方面着手分析：发动机是否过热、主控制器有无故障、温度传感器及其控制线路是否正常。

c. 检修方法。首先调出主控制器 LCD 屏上显示的当前冷却水温度指示值，如在正常值范围内，则检查控制器设置菜单中的**高温度警告**项设置值是否过低，如过低，则将其调整正常，开机运行并观察**高温度警告**现象是否消除；

若调出的主控制器 LCD 显示屏上显示的当前冷却水温度指示值高于正常值，则用手触摸发动机的缸体或冷却水箱，感知其表面温度是否过高；检查发动机冷却水量是否足够、有无开锅现象等，如冷却水量不足应添加。

如冷却水量足够且无开锅现象，并在控制器设置正常后**高温度警告**现象仍无法消除，则应检查主控制器、温度传感器及其控制线路是否正常。首先跳开控制器的 45 号端子外部接线，用一个 2kΩ 的电位器分别连接在主控制器的 45 号端子（如图 4-73 所示）与 1 号端子间，待机组转速正常后调节外接电位器的阻值，同时注意观察主控制器 LCD 屏上冷却水温度的变化情况。若在调节电位器阻值的同时，主控制器 LCD 屏幕上冷却水温度不变化，且**高温度警告**字样依然存在、蜂鸣器仍然鸣叫，则说明主控制器损坏，应检修或更换主控制器。

若在调节电位器阻值时，主控制器 LCD 屏幕上冷却水温度也随之变化，且**高温度警告**字样消失、蜂鸣器停止鸣叫，则说明主控制器正常，故障在温度传感器及其连接线路上，应检查温度传感器是否损坏、连接线路有无故障，并更换故障元件，直至故障现象消除。

经过上述检修后，接上主控制器运行一段时间后仍出现**高温度警告**现象，则说明故障在发动机部分，应按发动机温度过高故障的检修方法，对发动机高温故障进行检修。

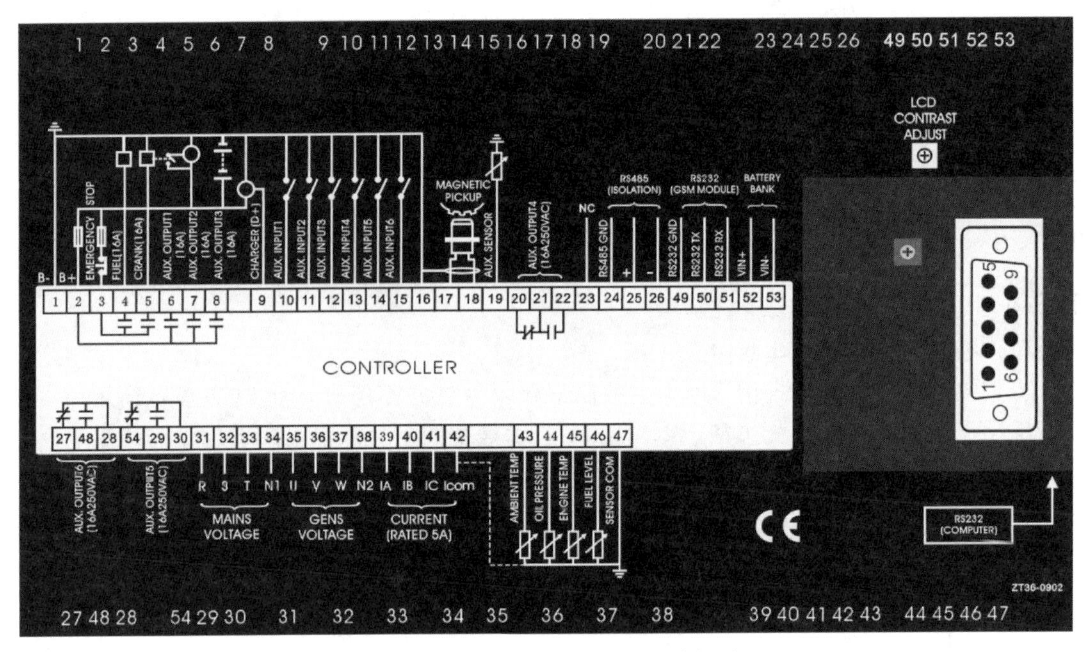

图 4-73　HGM6320 控制器的后背板图

② 低油压警告。

a. 故障现象。发电机组在启动成功后或运行过程中，主控制器 LCD 屏幕上的第一行突然显示**低油压警告**字样，并伴有蜂鸣器鸣叫警告声，按复位键也不能消除故障警告。

b. 故障原因。引起发动机**低油压警告**的原因通常应从三个方面着手分析：发动机是否缺机油或磨损加剧、主控制器有无故障、机油压力传感器及其控制线路是否正常。

c. 检修方法。首先调出主控制器 LCD 显示屏上显示的当前机油压力指示值，如在正常值范围内，则检查主控制器设置菜单中的**低油压警告**项设置值是否过高，如过高，则将其调整正常，开机运行并观察**低油压警告**现象是否消除。

若调出的主控制器 LCD 显示屏上显示的当前机油压力指示值低于正常值，则检查发动机机油量是否足够，如不足应添加；如机油量正常，则可调节机油压力调整螺钉，同时观察 LCD 显示屏上显示的机油压力的变化，如能调整到规定值，且 LCD 屏幕上的**低油压警告**字样消失、蜂鸣器停止鸣叫，则故障排除。

如调不到规定值，则应检查主控制器、机油压力传感器及其控制线路是否正常。首先跳开控制器的 44 号端子外部接线，用一个 2kΩ 的电位器分别连接在主控制器的 44 号端子与 1 号端子之间，待发电机组转速正常后调节外接电位器的阻值，同时注意观察控制器 LCD 屏幕上机油压力指示值的变化情况。若在调节电位器阻值的同时，主控制器的 LCD 屏幕上机油压力指示值不变化，且**低油压警告**字样依然存在、蜂鸣器仍然鸣叫，则说明控制器损坏，应检修或更换主控制器；若在调节电位器阻值的同时，控制器 LCD 屏幕上机油压力指示值也随之变化，且**低油压警告**字样消失、蜂鸣器停止鸣叫，则说明主控制器正常，故障应在温度传感器及其连接线路上，应检查机油压力传感器是否损坏、连接线路有无故障，并更换相应故障元件，直至故障现象消除。

经过上述检修后，接上主控制器，如机油压力仍调不到规定值，且**低油压警告**故障依然存在，则说明故障在发动机部分，可能为机件配合间隙过大，应按照柴油机机油压力过低故障的检修方法，对发动机机油压力过低故障进行检修。

③ 速度信号丢失警告。

a. 故障现象。发电机组在启动成功后或运行过程中，主控制器 LCD 屏幕上的第一行突然显示**速度信号丢失警告**字样，并伴有蜂鸣器鸣叫警告声，按复位键也不能消除故障警告。

b. 故障原因。引起发电机组出现**速度信号丢失警告**的原因通常应从两个方面着手分析：主控制器有无故障、速度传感器及其控制线路是否正常。

c. 检修方法。首先调出主控制器 LCD 显示屏上显示的当前发电机组转速指示值，如有转速显示且在正常运行转速范围内，但**速度信号丢失警告**字样依然存在、蜂鸣器仍然鸣叫，则说明主控制器损坏，应检修或更换主控制器。

若调出主控制器 LCD 显示屏上显示的当前发电机组转速指示值为零，则应检查主控制器、速度传感器及其控制线路是否正常。首先跳开控制器的 17、18 号端子外部接线，将一个设定输出频率为 50Hz 的信号发生器的输出端，分别连接在主控制器的 17 号端子与 18 号端子之间，待发电机组正常启动运行后，调出主控制器 LCD 显示屏上显示的当前发动机转速指示值，若发电机组转速指示值仍然为零，且**速度信号丢失警告**字样依然存在、蜂鸣器仍然鸣叫，则说明主控制器损坏，应检修或更换主控制器。

若主控制器的 LCD 屏幕上的转速指示值正常，且**速度信号丢失警告**字样消失、蜂鸣器停止鸣叫，则说明主控制器正常，故障应在速度传感器及其连接线路上，应检查速度传感器是否损坏、连接线路有无故障，并更换相应故障元件，直至故障现象消除。

④ 发电过频警告。

a. 故障现象。发电机组在启动成功后或运行过程中，发电机组主控制器 LCD 屏幕上的第一行突然显示**发电过频警告**字样，并伴有蜂鸣器鸣叫警告声，按复位键也不能消除故障警告。

b. 故障原因。引起发电机组出现**发电过频警告**的原因通常应从三个方面着手分析：发动机是否超速、主控制器有无故障、速度传感器及其控制线路是否正常。

c. 检修方法。首先调出主控制器 LCD 显示屏上显示的当前发电机组电压频率指示值，如在正常值范围内，则检查主控制器设置菜单中的**发电过频警告**项设置值是否过低，如过低，则将其调整正常，开机运行并观察**发电过频警告**现象是否消除。

若调出的主控制器LCD显示屏上显示的当前发电机组电压频率指示值高于规定值，则可用耳朵听发动机的运转声音是否正常、有无明显的异常啸叫声或摩擦声，有条件的话，还可用外接频率表测量发电机组的电压频率，若测得的电压频率确实高于**发电过频警告**设置值，则可用螺丝刀调整发动机转速控制器上的转速微调电位器，若调整转速微调电位器能够使发动机转速及发电机组电压频率降低至规定值，且**发电过频警告**现象消除，则故障为转速控制器转速调整不当引起；若调整转速微调电位器不能够使发动机转速及发电机组电压频率降低至规定值，则故障可能出现在转速控制器及其执行机构，或柴油机的喷油泵在高速位卡滞，应对速度控制系统及发动机喷油泵分别进行检查，直至排除故障隐患。

若调整转速微调电位器能够使发动机转速及发电机组电压频率降低至规定值，但**发电过频警告**现象不能消除，则应检查主控制器、转速传感器及其控制线路是否正常。首先跳开控制器的17、18号端子外部接线，将一个设定输出频率为50Hz的信号发生器的输出端，分别连接在控制器的17号端子与18号端子之间，待发电机组正常启动运行后，调出主控制器的LCD显示屏上显示的当前发电机组电压频率指示值，若频率指示值过高，且**发电过频警告**字样依然存在、蜂鸣器仍然鸣叫，则说明控制器损坏，应检修或更换控制器。

若主控制器LCD屏幕上的机组电压频率指示值正常，且**发电过频警告**字样消失、蜂鸣器停止鸣叫，则说明主控制器正常，故障应在转速传感器及其连接线路上，应检查转速传感器是否损坏、连接线路有无故障，并更换相应故障元件，直至故障现象消除。

⑤ 发电过压警告。

a. 故障现象。发电机组在启动成功后或运行过程中，主控制器LCD屏幕上的第一行突然显示**发电过压警告**字样，并伴有蜂鸣器鸣叫警告声，按复位键也不能消除故障警告。

b. 故障原因。引起发电机组出现**发电过压警告**的原因通常应从三个方面着手分析：发电机励磁电流是否过大、主控制器有无故障、速度传感器及其控制线路是否正常。

c. 检修方法。首先调出主控制器LCD显示屏上显示的当前发电机组发电电压指示值，如在正常值范围内，则检查主控制器设置菜单中的**发电过压警告**项设置值是否过低，如过低，则将其调整正常，开机运行并观察**发电过压警告**现象是否消除。

若调出的主控制器LCD显示屏上显示的当前发电机组发电电压指示值高于规定值，则可用耳朵听发动机的运转声音是否正常、有无明显的由过电压引起的异常电磁噪声，并用万用表的交流500V电压挡测量发电机组的输出线电压值。若测得的输出线电压值确实高于**发电过压警告**设置值，则可调整发电机组配电箱面板上的调压电位器，同时注意观察万用表测得的发电机输出电压值。若调整调压电位器能够使发电机组的输出线电压降低至规定值，且**发电过压警告**现象消除，则故障为发电机电压调节器电压调整不当引起；若调整调压电位器不能够使发电机组的输出线电压降低至规定值，则故障可能出现在发电机电压调节器，应对发电机电压调节器进行检修或更换，直至排除故障隐患。

若调整调压电位器能够使发电机组的输出线电压降低至规定值，但**发电过压警告**现象不能消除，则应检查主控制器、电压互感器及其控制线路是否正常。首先跳开控制器的35、36、37、38号端子外部接线，将一组经过三相自耦变压器调整的低于额定值的市电三相电压分别连接在机组主控制器的35、36、37、38号接线端子之间，同时用万用表交流500V电压挡并联在35、36号端子上监测该电压值，待发电机组正常启动运行后，调节经三相自耦变压器使万用表测得的电压为400V时，观察主控制器LCD显示屏上显示的外加电压指示值。若电压指示值过高，且**发电过压警告**字样依然存在、蜂鸣器仍然鸣叫，则说明主控制器损坏，应检修或更换主控制器。

若主控制器LCD屏幕上的外加电压指示值也为400V，且**发电过压警告**字样消失、蜂鸣器停止鸣叫，则说明主控制器正常，故障应在连接线路上，应检查连接线路有无故障，并更换相应故障件，直至故障现象消除。

⑥ 电池欠压警告。

a. 故障现象。发电机组在启动成功后或运行过程中，主控制器LCD屏幕上的第一行突然显示**电池欠压警告**字样，并伴有蜂鸣器鸣叫警告声，按复位键也不能消除故障警告。

b. 故障原因。引起发电机组出现**电池欠压警告**的原因通常应从三个方面着手分析：充电发电机是否损坏或是否对蓄电池充电、主控制器有无故障、蓄电池及其充电控制线路是否正常。

c. 检修方法。首先断开蓄电池，调出主控制器LCD显示屏上显示的当前电池电压指示值，如在24～30V，则检查主控制器设置菜单中的**电池欠压警告**项设置值是否过高，如过高，则将其调整正常。

若调出的主控制器LCD显示屏上显示的发电机组的电池电压值小于设定的阈值，则检查充电发电机是否发电、风扇带是否过松。如有问题，则需对充电发电机进行检修，或调整风扇带的张紧度，直到充电发电机能够正常发电为止。同时观察LCD显示屏上显示的电池电压指示值，如与充电发电机输出电压相同，且控制器LCD屏幕上的**电池欠压警告**字样消失、蜂鸣器停止鸣叫，则故障排除。

如在充电发电机能够正常发电后，主控制器LCD显示屏上显示的电池电压的指示值不正常，则应检查主控制器及其控制线路是否正常。首先跳开控制器的9号端子外部接线，用一个0～30V可调直流电源分别连接在主控制器的9号端子与1号端子之间，待发电机组转速正常后由低到高调节该电压。同时注意观察主控制器LCD屏幕上电池电压指示值的变化情况，若在调节外加电源大小的同时，主控制器LCD屏幕上电池电压指示值不变化，且**电池欠压警告**字样依然存在、蜂鸣器仍然鸣叫，则说明控制器损坏，应检修或更换主控制器；若在调节外加电源大小的同时，控制器LCD屏幕上电池电压指示值也随之变化，且**电池欠压警告**字样消失、蜂鸣器停止鸣叫，则说明主控制器正常，故障应在充电机与主控制器之间的连接线路上，应检查连接线路有无故障，并更换相应故障件，直至故障现象消除。

经过上述检修后，接上主控制器及蓄电池，如电池电压仍达不到规定值，且**电池欠压警告**故障依然存在，则说明故障在蓄电池部分，应予以检修或更换。

(2) 报警、且停机类故障

当主控制器检测到停机报警信号时，主控制器立即停机，且LCD显示窗第一屏第一行反黑显示，并显示停机报警类型。

① 高温度报警停机。

a. 故障现象。发电机组在启动成功后或运行过程中，主控制器突然停止工作，并断开发电合闸继电器信号，负载失电，发电机组主控制器LCD屏幕上的第一行突然显示**高温度报警停机**字样，同时伴有蜂鸣器鸣叫警告声，按复位键也不能消除故障警告。

b. 故障原因。引起发动机高温度警告的原因通常应从三个方面着手分析：发动机是否过热、主控制器有无故障、温度传感器及其控制线路是否正常。

c. 检修方法。待机组冷却一段时间后重新启动。首先调出主控制器LCD显示屏上显示的当前冷却水温度指示值，如在正常值范围内，则检查主控制器设置菜单中的**高温度报警停机**项设置值是否过低，如过低，则将其调整正常，开机运行并观察**高温度报警停机**现象是否消除。

若调出的主控制器LCD显示屏上显示的当前冷却水温度指示值高于正常值，则用手触摸发动机的缸体或冷却水箱，感知其表面温度是否过高；检查发动机冷却水量是否足够、有无开锅现象等，如冷却水量不足应添加。

如冷却水量足够且无开锅现象，并在主控制器设置正常后**高温度报警停机**现象仍无法消除，则应检查主控制器、温度传感器及其控制线路是否正常。首先跳开主控制器45号端子外部接线，用一个2kΩ的电位器分别连接在主控制器45号端子与1号端子之间，待机组转速正常后调节外接电位器的阻值，同时注意观察主控制器LCD屏幕上冷却水温度的变化，若在调节电位器阻值的同时，主控制器LCD屏幕上冷却水温度不变化，且**高温度报警停机**字样依然存在、蜂鸣器仍然鸣叫，则说明主控制器损坏，应检修或更换主控制器。

若在调节电位器阻值时，主控制器LCD屏幕上冷却水温度也随之变化，且**高温度报警停机**字样消失、蜂鸣器停止鸣叫，则说明主控制器正常，故障应在温度传感器及其连接线路上，应检查温度传感器是否损坏、连接线路有无故障，并更换故障元件，直至故障消除。

经过上述检修后，接上主控制器运行一段时间后仍出现**高温度报警停机**现象，则说明故障在发动机部分，应按发动机温度过高故障的检修方法对发动机高温故障进行检修。

② 低油压报警停机。

a. 故障现象。发电机组在启动成功后或运行过程中，主控制器突然停止工作，并断开发电合闸继电器信号，负载失电，发电机组主控制器LCD屏幕上的第一行突然显示**低油压报警停机**字样，并伴有蜂鸣器鸣叫警告声，按复位键也不能消除故障警告。

b. 故障原因。引起发动机**低油压报警停机**的原因通常应从三个方面着手分析：发动机是否缺机油或磨损加剧、主控制器有无故障、机油压力传感器及其控制线路是否正常。

c. 检修方法。重新启动机组，首先调出主控制器LCD显示屏上显示的当前机油压力指示值，如在正常值范围内，则检查主控制器设置菜单中的**低油压报警停机**项设置值是否过高，如过高，则将其调整正常，开机运行并观察**低油压报警停机**现象是否消除。

若调出的主控制器LCD显示屏上显示的当前机油压力指示值低于正常值，则检查发动机机油量是否足够，如不足应添加；如机油量正常，则可调节机油压力调整螺钉，同时观察LCD显示屏上显示的机油压力的变化，如能调整到规定值，且LCD屏幕上的**低油压报警停机**字样消失、蜂鸣器停止鸣叫，则故障排除。

如调不到规定值，则应检查主控制器、机油压力传感器及其控制线路是否正常，首先跳开控制器44号端子外部接线，用一个2kΩ的电位器分别连接在主控制器44号端子与1号端子之间，待发电机组转速正常后调节外接电位器的阻值，同时注意观察主控制器LCD屏幕上机油压力指示值的变化情况。若在调节电位器阻值的同时，主控制器LCD屏幕上机油压力指示值不变化，且**低油压报警停机**字样依然存在、蜂鸣器仍然鸣叫，则说明主控制器损坏，应检修或更换主控制器；若在调节电位器阻值的同时，控制器的LCD屏幕上机油压力指示值也随之变化，且**低油压报警停机**字样消失、蜂鸣器停止鸣叫，则说明主控制器正常，故障应在温度传感器及其连接线路上，应检查机油压力传感器是否损坏、连接线路有无故障，并更换相应故障元件，直至故障现象消除。

经过上述检修后，接上主控制器，如机油压力仍调不到规定值，且**低油压报警停机**故障依然存在，则说明故障在发动机部分，可能为机件配合间隙过大，应按照柴油机机油压力过低故障的检修方法，对发动机机油压力过低故障进行检修。

③ 发电过压报警停机。

a. 故障现象。发电机组在启动成功后或运行过程中，主控制器突然停止工作，并断开发电合闸继电器信号，负载失电，机组主控制器LCD屏幕上的第一行突然显示**发电过压报警停机**字样，并伴有蜂鸣器鸣叫警告声，按复位键也不能消除故障警告。

b. 故障原因。引起发电机组出现**发电过压报警停机**的原因通常应从三个方面着手分析：发电机励磁电流是否过大、主控制器有无故障、速度传感器及其控制线路是否正常。

c. 检修方法。重新启动机组，首先调出主控制器 LCD 显示屏上显示的当前机组发电电压指示值，如在正常值范围内，则检查主控制器设置菜单中的**发电过压报警停机**项设置值是否过低，如过低，则将其调整正常，开机运行并观察**发电过压报警停机**现象是否消除。

若调出的主控制器 LCD 显示屏上显示的当前机组发电电压指示值高于规定值，则可用耳朵听发动机的运转声音是否正常、有无明显的由过电压引起的异常电磁噪声，并用万用表的交流 500V 电压挡测量发电机组的输出线电压值。若测得的输出线电压值确实高于**发电过压报警停机**设置值，则可调整发电机组配电箱面板上的调压电位器，同时注意观察万用表测得的发电机输出电压值。若调整调压电位器能够使发电机组的输出线电压降低至规定值，且**发电过压报警停机**现象消除，则故障为发电机电压调节器电压调整不当引起；若调整调压电位器不能够使发电机组的输出线电压降低至规定值，则故障可能出现在发电机电压调节器，应对发电机电压调节器进行检修或更换，直至排除故障隐患。

若调整调压电位器能够使机组的输出线电压降低至规定值，但**发电过压报警停机**现象不能消除，则应检查主控制器、电压互感器及其控制线路是否正常，首先跳开控制器的 35、36、37、38 号端子外部接线，将一组经过三相自耦变压器调整的低于额定值的市电三相电压分别连接在发电机组控制器的 35、36、37、38 号接线端子之间，同时用万用表交流 500V 电压挡并联在 35、36 号端子上监测该电压值，待发电机组正常启动运行后，调节经三相自耦变压器使万用表测得的电压为 400V 时，观察主控制器 LCD 显示屏上显示的外加电压指示值，若电压指示值过高，且**发电过压报警停机**字样依然存在、蜂鸣器仍然鸣叫，则说明主控制器损坏，应检修或更换主控制器。

若主控制器 LCD 屏幕上的外加电压指示值也为 400V，且**发电过压报警停机**字样消失、蜂鸣器停止鸣叫，则说明主控制器正常，故障应在连接线路上，应检查连接线路有无故障，并更换相应故障元件，直至故障现象消除。

④ 启动失败报警停机。

a. 故障现象。在发电机组主控制器运行**得电停机延时/等待发电机组停稳延时**程序结束后，发电机组停止运转，主控制器发出警告报警信号，同时在 LCD 屏幕上的第一行显示**启动失败报警停机**字样，并伴有蜂鸣器鸣叫警告声，按复位键也不能消除故障警告。

b. 故障原因。引起发电机组出现高温度警告的原因通常应从三个方面着手分析：发动机的断油阀是否卡滞在常通位置、断油阀及其控制线路是否正常、主控制器有无故障。

c. 检修方法。首先查看发动机的断油阀有无卡滞现象，方法是：用手往停机方向拉动断油电磁阀控制拉杆，若断油阀动作灵活且能够停机，说明断油电磁阀无机械卡滞现象。接下来，跳开断油阀线圈的接线头，并用 24V 直流电源的两个端子碰触断油阀线圈的两个接线头。碰触的同时，若断油阀拉杆有吸合声，则说明断油阀正常；再将主控制器上 7 号端子的外部接线跳开，将 24V 直流电源的两个端子分别碰触从 7 号端子上断开的线头及控制器的 1 号接线端子。若断油阀控制继电器及断油阀拉杆均无吸合声，则说明断油阀及其控制回路有故障，应予以修复或更换故障元件；若断油阀控制继电器及断油阀拉杆有吸合声，则说明断油阀及其控制回路正常，则说明主控制器有故障，应予以修复或更换主控制器。

⑤ 油压传感器开路报警停机。

a. 故障现象。发电机组在启动成功后或运行过程中，主控制器突然停止工作，并断开发电合闸继电器信号，负载失电，发电机组主控制器 LCD 屏幕上的第一行突然显示

油压传感器开路报警停机字样，并伴有蜂鸣器鸣叫警告声，按复位键也不能消除故障警告。

b. 故障原因。引起发电机组出现**油压传感器开路报警停机**的原因通常应从三个方面着手分析：燃油是否过少、主控制器有无故障、燃油量传感器及其控制线路是否正常。

c. 检修方法。重新启动发电机组，首先调出主控制器 LCD 显示屏上显示的当前燃油量指示值，如在正常值范围内，则检查主控制器设置菜单中的**油压传感器开路报警停机**项设置值是否过高，如过高，则将其调整正常。

若调出的主控制器 LCD 显示屏上显示的当前燃油量指示值低于正常值，则检查燃油箱中的燃油量是否足够，如不足应添加；如燃油量正常，则应检查主控制器、燃油量传感器及其控制线路是否正常。首先跳开主控制器 46 号端子外部接线，用一个 2kΩ 的电位器分别连接在主控制器 46 号端子与 1 号端子之间，待发电机组转速正常后调节外接电位器阻值，同时注意观察主控制器 LCD 屏幕上燃油量指示值的变化情况。若在调节电位器阻值的同时，主控制器 LCD 屏幕上燃油量指示值不变化，且**油压传感器开路报警停机**字样依然存在、蜂鸣器仍然鸣叫，则说明主控制器损坏，应检修或更换主控制器；若在调节电位器阻值的同时，控制器 LCD 屏幕上燃油量指示值也随之变化，且**油压传感器开路报警停机**字样消失、蜂鸣器停止鸣叫，则说明主控制器正常，故障应在燃油量传感器及其连接线路上，应检查燃油量传感器是否损坏、连接线路有无故障，并更换相应故障元件，直至故障现象消除。

(3) 跳闸报警类故障

当主控制器检测到跳闸报警信号时，主控制器立即断开发电合闸继电器信号，使负载脱离，发电机组经过高速散热后再停机，LCD 显示窗第一屏第一行反黑显示，并显示报警类型。如图 4-74 所示为发电过流跳闸报警信息界面。

发电过流跳闸报警
市电正常
发电待机
负载在市电侧

图 4-74　发电过流跳闸报警信息界面

① 报警条件。当主控制器检测到发电机组的电流大于设定的过流电气跳闸阈值时，主控制器发出跳闸报警信号，同时在 LCD 屏幕上的第一行显示**发电过流跳闸报警**字样。

② 故障现象。发电机组在启动成功后或运行过程中，控制器突然停止工作，并断开发电合闸继电器信号，负载失电，发电机组主控制器 LCD 屏幕上的第一行突然显示**发电过流跳闸报警**字样，并伴有蜂鸣器鸣叫警告声，按复位键也不能消除故障警告。

③ 故障原因。引起发电机组出现**发电过流跳闸报警**的原因通常应从三个方面着手分析：发电机组是否过载、主控制器有无故障、负载电流传感器及其控制线路是否正常。

④ 检修方法。首先调出主控制器 LCD 显示屏上显示的当前负载电流及有功功率指示值，如在正常值范围内，则检查主控制器设置菜单中的**发电过流跳闸报警**项设置值是否过低、电流互感器的变比设置是否过低，如过低，则将其调整正常。

若调出的主控制器 LCD 显示屏上显示的当前负载电流及有功功率指示值高于正常值，则检查机组所带负载是否过重，可人为地切断一组或两组重要性不大的一般负载设备，同时注意观察 LCD 显示屏上显示的负载电流的变化情况，如能下降且下降幅度接近预期效果，且 LCD 屏幕上的**发电过流跳闸报警**字样消失、蜂鸣器停止鸣叫，则故障确系负载过重引起，去掉一定量的非重要保障负载即可将故障排除。

如负载电流的变化幅度不接近预期效果，则应检查主控制器有无故障、负载电流传感器及其控制线路是否正常，直至故障修复为止。

4.5.4.2 调速系统故障检修

调速系统由速度控制器、油门执行器、转速传感器、怠速/运行操作开关和供电电源组成，主控制器和转速控制器的电气连接图如图 4-75 所示。

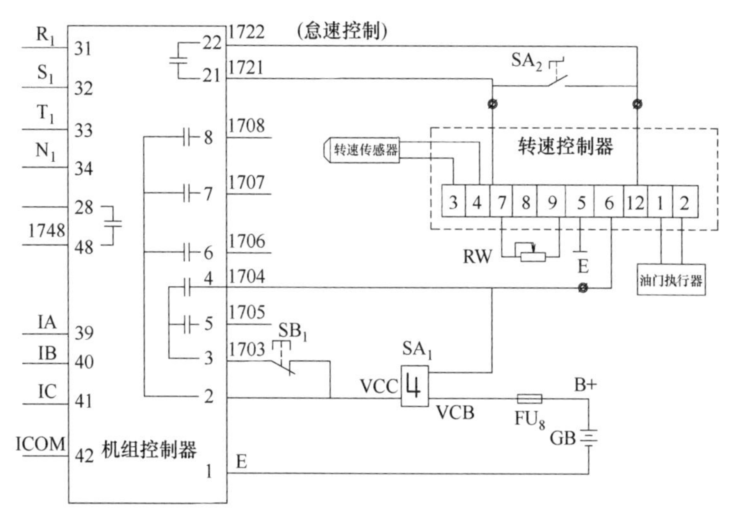

图 4-75 主控制器和转速控制器的电气连接图

(1) 故障形式

调速系统的故障主要有以下三种：

① 油门执行器不动作。在启动过程中，油门执行器不动作，油门未打开。

② 转速偏差。机组怠速值偏高，运行时转速偏离额定转速。

③ 游车。机组在运行过程中，转速不稳定，转速忽高忽低。

(2) 原因分析

① 油门执行器不动作。

a. 电源供电故障。若主控制器的输出电压低于工作电压，转速控制器不工作。

b. 转速传感器故障。若转速传感器安装不良，间隙过大，或电缆断开，或直流电阻超过 320～510Ω，转速控制检测不到信号，都会禁止油门执行器动作。

c. 油门执行器故障。执行器与油泵齿条联运部分有卡阻，或执行器电缆断开，或执行器线圈断开，都会引起油门不能打开。

② 转速偏差。发动机正常运行时，转速偏差主要是由于怠速调节电位器和额定转速调节电位器设置不正确。随着机组应用时间的延长和环境的变化，调节电位器的设置值会出现偏移，从而导致设定的怠速值和额定转速值发生变化，引起转速偏差。

③ 游车。游车的原因主要有三个方面：一是油门执行器松动，机组振动影响油门的调节；二是速度控制器中的稳定电位器调节不正确，需重要调校；三是速度传感器磁性不足，当转速传感器信号较强时，则能抵抗外部脉冲干扰，转速控制器能够测量到转速传感器输出 3V 以上的有效值信号。当电压低于 3V 时，应减小速度传感器和发动机的齿间隙，可以提高信号的振幅，间隙要小于 0.45mm。如果此时电压仍低于 3V，应检查转速传感器的磁性是否太弱。

还有可能是电磁干扰。电缆或者直接辐射的控制电路信号是很大的干扰源，将给调速系统带来不良影响。转速传感器的连接应使用带屏蔽的电缆，由于干扰源不一样，推荐使用双屏蔽的电缆线。将电子调速器的金属板接地或将其安装在封闭的金属箱内，可有效防止电磁辐射，用金属罩或金属窗口效果更好。采用屏蔽线是最普通的抗干扰措施，若配用有刷的发电机，其电火花干扰是不能忽略的，所以在干扰严重的环境中应采用特殊的屏蔽措施。

4.5.4.3 发电机组综合故障检修

发电机组在长期工作过程中，由于维修不当、违章操作或偶然因素，会引发机组出现综合故障。本节主要介绍发电机组不能启动、不能供电和报警类综合故障的检修方法。

(1) 发电机组不能启动故障检修

① 故障现象。“不能启动”的故障现象是：机组在正常启动过程中，转速达不到自行运行的最低稳定值。一种表现形式是机组不转动、没有声音、排气口无烟，最后主控制器显示“启动失败报警停机”；另一种表现形式是机组发出低沉的声音、转动后停止，主控制器也显示“启动失败报警停机”。

② 原因分析。机组启动必须满足两个基本条件为最低的启动转速和正常的供油，因此机组不能启动的原因主要是启动转速不够和油路不畅。

a. 启动转速不够。启动转速低将造成压缩无力，压缩终止时空气温度低，喷入的柴油不能着火燃烧。

启动转速不够有两种表现形式：一是启动时发动机一动不动，二是启动时发动机转动缓慢。出现这两种现象的主要原因是电启动系统出现故障。

如图 4-76（电启动系统电气连接图）所示，自动化机组的电启动系统由启动部件和控

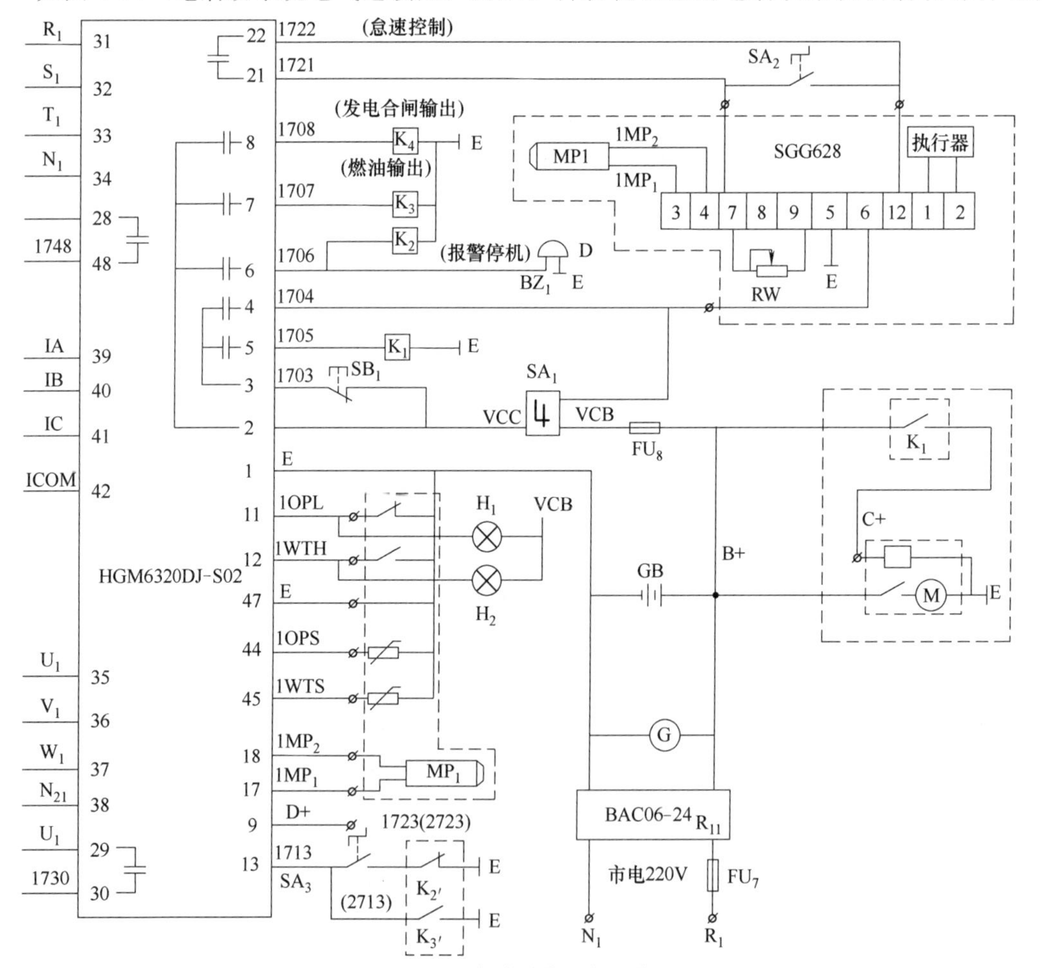

图 4-76 电启动系统电气连接图

制部件构成。启动部件包括蓄电池组和启动机，而控制部件包括主控制器和启动继电器。当主控制器收到启动指令时，5引脚发出信号，驱动启动继电器 K_1，K_1 闭合后，接通启动机的电磁铁电源，启动机通电工作，并带动发动机转动。

机组电启动系统的常见故障有：在启动过程中，主控制器送不出控制信号；启动继电器损坏，启动机得不到工作电压，不能启动；如果蓄电池电量不足，无法为启动机提供足够的能量，启动机无法工作或转速低；启动机如果开路、卡死，也不能启动机组。

b. 油路不畅。即使发动机的启动转速正常，如果没有燃油喷入气缸，或者喷入时燃油雾化不良，或者供油提前角不准确，使发动机不能正常着火燃烧，机组也不能启动。其具体表现为：当油路堵塞，没有燃油喷入气缸中，排气口不冒烟；如果喷油提前角滞后，不能点燃柴油，只产生黑烟；如果喷油器喷油雾化质量差，也不能使其充分燃烧，依然是冒黑烟。

自动化机组油路部分由基本供油通道和控制回路（见图4-75为主控制器和转速控制器的电气连接图）组成。基本供油通道的供油路径是从油箱出发，经输油泵进入滤清器，再进入喷油泵，在油泵中产生高压燃油，在恰当的时机经高压油管和喷油器喷入气缸中。

油门执行器是速度控制系统中的一部分，在启动时，要打开油门，需要转速控制器通过1、2引脚为油门执行器提供驱动电源，而转速控制器的电源是由主控制器的4引脚提供的。转速控制器有了电源后，还需要检测到飞轮转动时转速传感器发出的信号，才能开启油门，并按PID控制算法实时调节油门开度。因此，系统中的任意环节出现故障，油门执行器将不会动作，油门无法开启，就不能正常供油。

c. 压缩判断。对于“不能启动”综合故障的压缩判断，是先找出关键节点，根据关键节点的现象，将故障压缩在关键节点的一侧，再对存在故障的一侧再进行分段压缩排除，直到最后确定故障点。见图4-77是不能启动故障压缩判断流程图。

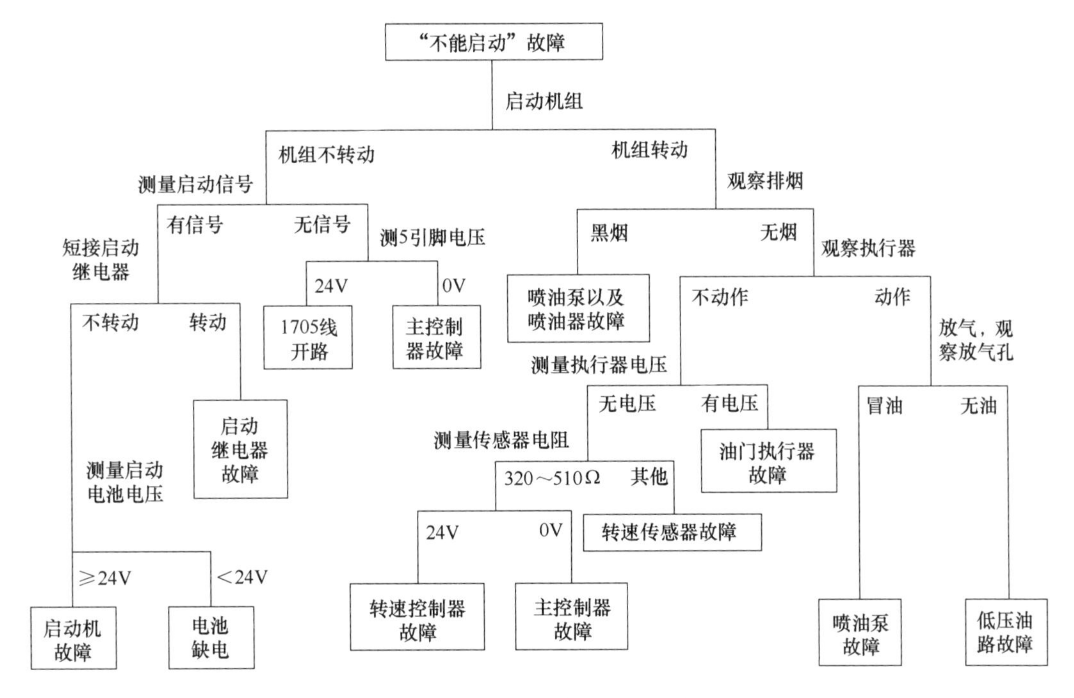

图4-77　不能启动故障压缩判断流程图

(2) 发电机组不能供电故障检修

① 故障现象。"不能供电"的故障现象是：机组启动后，不能按流程正确地为负载供电。

其表现形式主要有：

发电机不能发电，主控制器显示"发电欠压报警停机"；

发电机电压过低，主控制器显示"发电欠压报警停机"；

发电机电压过高，主控制器显示"发电过压报警停机"；

发电机频率过低，主控制器显示"发电欠频报警停机"；

发电机频率过高，主控制器显示"发电过频报警停机"。

② 原因分析。机组正常供电必须满足的基本条件为发电电压正常，发电频率正常，因此机组不能启动的原因主要是发电电压异常和发电频率异常。

a. 电压异常。电压异常主要有发电机的输出电压偏低或偏高，或者不发电。

从图 4-78 机组电气测量部分原理图可知，主控制器检测到市电输入电压异常后，启动机组"自动开机流程"，在机组正常运转，发电电压正常后，才合上发电合闸继电器，切换ATS单元使发电机组为负载供电。

因此在此过程中，若市电检测不对、发电机组发电电压检测错误，都将使得供电不正常。另外，如果发电机组发电质量不达标，如电压偏高或偏低，频率偏高或偏低，控制器都会判定发电不正常，不予给负载供电，自动停机。

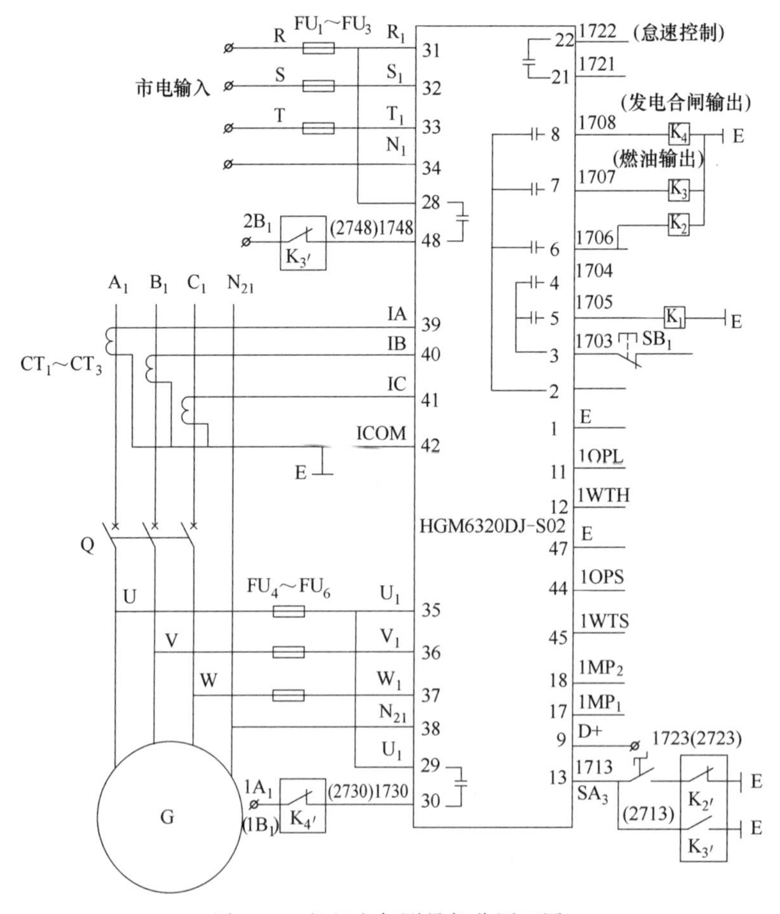

图 4-78 机组电气测量部分原理图

b. 发电频率异常。发电机组转速不在额定转速时，发电频率就会偏离 50Hz，频率偏差超过主控制器的设定值，就会认定为发电质量差，不能供电。

c. 压缩判断。对“不能供电”故障的压缩判断，首先是观察机组控制器故障记录，根据记录确定故障是在发电电压方面，还是在发电频率方面。如果是发电电压异常，则故障在发电机、励磁调压器、电气测量线路等部分；如果故障是发电频率异常，则故障在发电机转速异常或异常停机等。故障记录主要有“发电过压报警停机”“发电欠压报警停机”“发电过频报警停机”以及“发电欠频报警停机”。

查看机组控制器的测量值，主要观察测量的发电电压、频率和转速。

测量主控制器端口电压，并与控制器的测量值进行比较，若两者一致，则主控制器正常，否则是主控制器有故障。

如果端口电压与主控制器测量值一致，则发电异常的原因就落在发电机上，要对发电机进行故障检修。

(3) 发电机组报警类故障检修

① 故障现象。报警类故障的现象是：机组在启动和运行中，突然停机，主控制器显示器第一行闪烁显示故障信息。

表现形式主要有：

转速信号丢失；

水温高停机报警；

油压低停机报警；

传感器未接。

② 原因分析。外部器件工作异常，或者是参数设置不正确，引起机组出现停机报警。

a. 转速传感器故障。如果转速传感器安装时，磁头与飞轮齿之间的间距大于 0.5mm，那么发动机在高速运转时，主控制器检测不到有效的转速信号，从而判断转速传感器信号丢失，引起停机。

b. 水温高停机报警。水温高停机报警是由于主控制器检测到发动机的水温高于设置的水温高阈值，从而判断停机报警的。水温传感器特性发生变化，在水温正常时输出的电阻值偏离正常值，使得主控制器采样的水温值偏高，或者是水温高阈值设置过低，都会引起水温高停机报警。

c. 油压低停机报警。油压低停机报警是由于主控制器检测到发动机的油压低于设置的油压低阈值，从而判断停机报警的。油压传感器特性发生变化，在油压正常时输出的电阻值偏离正常值，使得主控制器采样的油压值偏低，或者是油压低阈值设置过高，都会引起油压低停机报警。

d. 传感器未接。主控制器自动检测传感器的连接状态，如果传感器损坏或传感器与主控制器的连线松脱，都会引起主控制器出现传感器未接停机报警。

③ 检修思路。对于该类故障的检修思路是：首先观察机组控制器故障记录，然后确定故障类型，再查看记录确定故障类别（如转速信号丢失、水温高停机报警、油压低停机报警和传感器未接等），最后根据不同的故障类别，按照先外围线路再内部电路、先检查硬件再检查软件（参数设置）的思路进行排查，不可盲目拆卸线路和外部器件，以免造成更大的故障。对于传感器相关的故障，需要使用万用表测量相关端口电压，准确判断电路和传感器是否存在故障。

习题与思考题

1. 简述四冲程柴油机的工作过程。
2. 简述四冲程汽油机的工作过程。
3. 简述四冲程内燃机与二冲程内燃机工作过程的差异。
4. 柴油机的总体构造包括哪几大组成部分?
5. 简述顶置式气门配气机构工作过程。
6. 汽油机的总体构造包括哪几大组成部分? 与柴油机的最主要区别在哪里?
7. 简述内燃机的分类。
8. 说明下列柴油机型号的含义:8V135ZG、12E150C-1 和 6135AZD-1。
9. 简述同步发电机的特点与基本类型。
10. 简述无刷同步发电机的基本结构。
11. 同步发电机的主要技术参数有哪些?
12. 简述励磁系统的组成与作用,励磁系统应具有哪些性能?
13. 常见的励磁方式有哪些? 并简述各自的优缺点。
14. 简述柴油机不能启动或启动困难的现象、故障原因及检修方法。
15. 简述柴油机排烟不正常(黑烟、蓝烟,白烟)的现象、故障原因及检修方法。
16. 简述柴油机工作无力的现象、故障原因及检修方法。
17. 简述柴油机转速不稳的现象、故障原因及检修方法。
18. 简述同步发电机不能发电的现象、故障原因及检修方法。
19. 简述同步发电机输出电压过高的现象、故障原因及检修方法。
20. 简述同步发电机输出电压过低的现象、故障原因及检修方法。
21. 简述同步发电机输出电压不稳的现象、故障原因及检修方法。
22. 简述 KLT-5 励磁调节器常见故障检修方法。
23. 简述柴油、柴油机油与冷却液的选用。
24. 简述机组启动前的检查步骤。
25. 简述 KC120GFBZ 型自动化柴油发电机组的基本组成。
26. 简述 KC120GFBZ 型自动化机组在应急模式下开机/停机操作程序。
27. 简述 KC120GFBZ 型自动化机组在控制器模式下自动开机/停机操作程序。
28. 简述 KC120GFBZ 型自动化机组在控制器控制模式下手动开机/停机操作程序。

第5章

高频开关电源

开关电源是指功率开关管工作在高频开关状态的直流稳压电源，习惯上也被称为高频开关整流器。开关电源是现代通信电源系统的重要组成部分之一，其开关频率一般在20kHz以上，随着半导体技术和控制技术的迅猛发展，目前开关频率已经可以达到几兆赫兹。与传统整流器相比，开关电源具有重量轻、体积小、效率高、功率因数高、稳压性能好、无可闻噪声等优点，广泛应用于通信、计算机、自动控制、电力系统和各种电子设备中。

开关电源的输入电源有两种，即直流电源（如蓄电池）和交流电源（如市电）。交流输入时交流电压需经过整流滤波变换成直流电压后，再通过直流变换器转换成负载所需要的电压。通常通信供电系统中所使用的开关电源为交流市电输入。

本章在介绍开关电源基本知识的基础上，结合全国各通信台站实装，重点介绍ZX-DU68-S601/T601开关组合电源的系统结构、工作原理及主要性能指标，并结合电源岗位需要，重点介绍了其使用与操作、日常维护及常见故障处理。

5.1 电力电子器件

在电气设备或电力系统中，直接承担电能变换或控制任务的电路称为主电路（Power Circuit）。电力电子器件（Power Electronic Device）是指可直接用于处理电能的主电路中，实现电能变换或控制的电子器件。电力电子器件往往专指电力半导体器件，与普通半导体器件一样，目前电力半导体器件所采用的主要材料仍然是硅。

由于电力电子器件直接用于处理电能的主电路，因而同处理信息的电子器件相比，它一般具有如下的特征：

① 电力电子器件所能处理电功率的大小，即承受电压和电流的能力是最重要的参数。其处理电功率的能力小至毫瓦级，大至兆瓦级，一般都远大于处理信息的电子器件。

② 因为处理的电功率较大，所以为了减小本身的损耗，提高效率，电力电子器件一般都工作在开关状态。导通时（通态）其阻抗较小，接近于短路，管压降接近于零，而电流由外电路决定；阻断时（断态）其阻抗较大，接近于断路，电流几乎为零，而管子两端电压由外电路决定。就像普通晶体管的饱和与截止状态一样。

③ 在实际应用中，电力电子器件往往需要由信息电子电路来控制。由于电力电子器件所处理的电功率较大，因此普通的信息电子电路信号一般不能直接控制其导通或关断，需要一定的中间电路对这些信号进行适当的放大，这就是所谓的电力电子器件驱动电路。

④ 尽管电力电子器件通常工作在开关状态，但是其自身的功率损耗仍远大于信息电子器件，因而为了保证不至于因损耗散发的热量导致器件温度过高而损坏，不仅在器件封装上比较讲究散热设计，而且在其工作时，一般都还需要安装散热器。

按照电力电子器件能够被控制电路信号所控制的程度不同，通常将电力电子器件分为以下三种类型：

① 通过控制信号可控制其导通，而不能控制其关断的电力电子器件称为半控型器件。这类器件主要是指晶闸管（Thyristor）及其大部分派生器件，器件的关断完全是由其在主电路中承受的电压和电流决定的。

② 通过控制信号既可以控制其导通，又可以控制其关断的电力电子器件被称为全控型器件，与半控型器件相比，由于可以由控制信号控制其关断，因此又称其为自关断器件。这类器件品种很多，目前比较常用的全控型器件有电力晶体管（Giant Transistor，GTR）、绝缘栅双极型晶体管（Insulated Gate Bipolar Transistor，IGBT）和电力场效应管（Power Metal Oxide Semiconductor Field Effect Transistor，Power MOSFET）等，在处理兆瓦级大功率电能的场合，门极可关断晶闸管（Gate Turn-off Thyristor，GTO）应用也较多。

③ 也有不能用控制信号来控制其通断的电力电子器件，因此也就不需要驱动电路，这就是电力二极管（Power Diode），电力二极管又被称为不可控功率器件。这种器件只有两个端子，其基本特性与信息电子电路中的普通二极管一样，器件的导通和关断完全是由其在主电路中承受的电压和电流决定的。

电力电子器件是电力电子电路的基础。掌握好各种常用电力电子器件的特点和正确的使用方法是我们学好直流稳定电源的基础。本节将重点介绍不可控器件——电力二极管、半控型器件——晶闸管以及全控型器件电力晶体管，电力场效应管和绝缘栅双极晶体管的工作原理、基本特性、主要参数以及选择和使用过程中应注意的问题。

5.1.1 电力二极管

电力二极管（Power Diode）自 20 世纪 50 年代初期就获得了应用，当时也被称为半导体整流器（Semiconductor Rectifier，SR），并开始逐步取代以前的汞弧整流器。虽然是不可控器件，但其结构和原理简单，工作可靠，所以，直到现在电力二极管仍然大量应用于许多电气设备中，特别是快恢复二极管和肖特基二极管，仍分别在中、高频整流和逆变以及低压高频整流的场合具有不可替代的地位。

5.1.1.1 结构与导电特性

电力二极管的基本结构和工作原理与信息电子电路中的二极管是一样的，都是以半导体 PN 结为基础的。电力二极管实际上是由一个面积较大的 PN 结和两根引线封装组成的。如图 5-1（a)、(b）和（c）所示分别为电力二极管的外形、结构和电气图形符号。二极管有两个极分别称为阳极（或正极）A 和阴极（或负极）K。

在电力电子器件中，半导体材料用得最多的是硅和锗。纯净的硅和锗我们称其为本征半导体，其导电性能是很不好的。如果给本征半导体掺入 3 价的杂质（如硼或铟），就会在半导体中产生大量的带正电荷的空穴，其导电能力大大增强，这种半导体称为 P 型半导体。如果给本征半导体掺入 5 价的杂质（如磷或砷），就会在半导体中产生大量的带负电荷的电子，其导电能力也会大大增强，这种半导体称为 N 型半导体。在 P 型半导体中，有大量的带正电的空穴，称为多数载流子，带负电的自由电子称为少数载流子。在 N 型半导体中有大量的带负电的自由电子称为多数载流子，带正电的空穴称为少数载流子。

将一块 N 型半导体和一块 P 型半导体接触，就会在接触面上产生一个带电区域，如图 5-2（a）所示，它是由空穴和电子扩散而形成的。P 型半导体区域（简称 P 区）的多数载流子（空穴）会扩散到 N 型半导体区域（简称 N 区)，N 区的多数载流子（电子）会扩散到 P 区（扩散运动是由浓度高的地方向浓度低的地方运动)，这样，在 P 型半导体和 N 型半导体接触面上形成了一个带电区域，我们称其为 PN 结或阻挡层。PN 结内的电场是由 N 区指

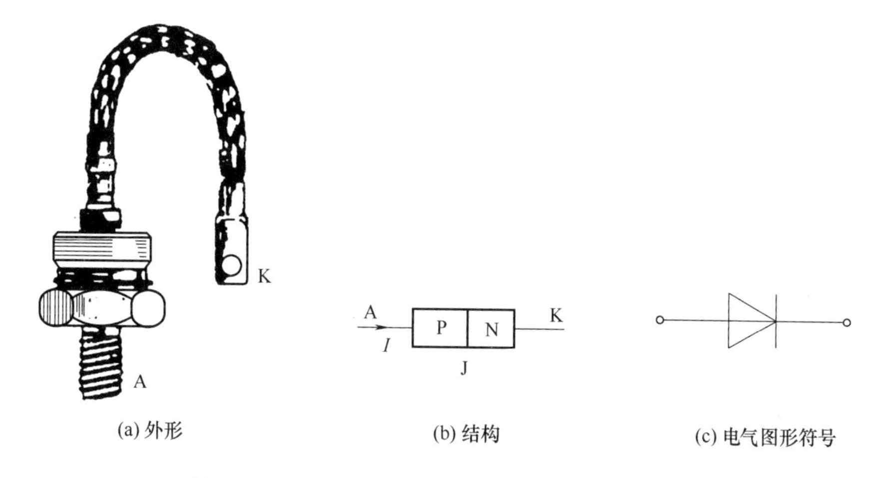

图 5-1　电力二极管的外形、结构和电路图形符号

向 P 区，扩散运动并不能无休止地进行，PN 结形成的电场（也叫内电场）对扩散运动形成了阻力，所以扩散到一定的程度，就会达到电场力的平衡，扩散运动就会停止。

将一直流电源接到 PN 结的两端，如图 5-2（b）所示，P 区接电源的正极，N 区接电源的负极，即所加的外电场方向和 PN 结的内电场方向相反，使 PN 结的内电场变弱，阻挡层变薄，多数载流子进行扩散运动，电流大增，我们称之为正向导通。

如果将直流电源反接，如图 5-2（c）所示，P 区接电源的负极，N 区接电源的正极。此时内电场方向和外电场方向一致，相当于 PN 结（阻挡层）变厚，多数载流子的扩散运动无法进行，使其无法通过 PN 结，电流几乎等于 0，我们称之为反向截止。

由以上可以看出，当 PN 结加正向电压［如图 5-2（b）所示］时产生较大电流，相当于 PN 结电阻很小，当 PN 结加反向电压［如图 5-2（c）所示］时产生电流很小，相当于 PN 结电阻很大。这种正向导通、反向截止的导电现象我们称之为 PN 结的单向导电性。电力二极管的内部就是由一个 PN 结所构成的。

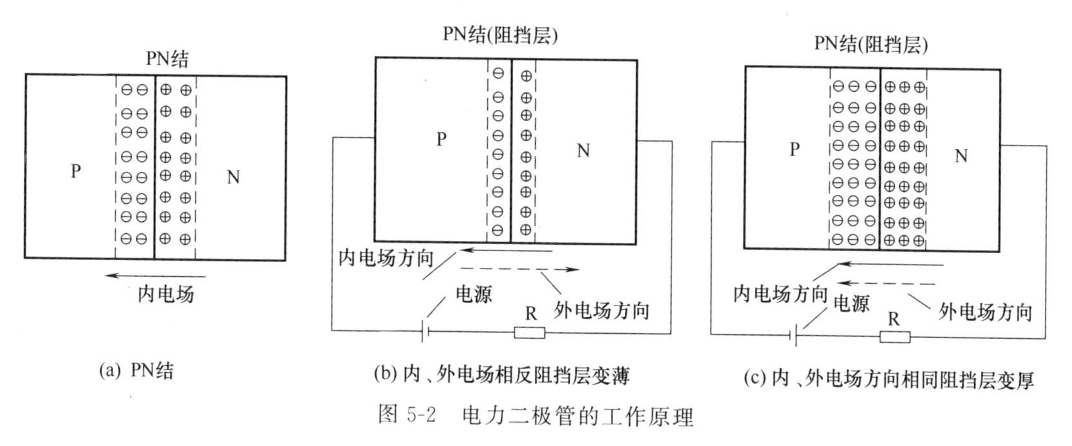

图 5-2　电力二极管的工作原理

5.1.1.2　伏安特性

电力二极管的主要特性是单向导电特性。即元件的阳极、阴极两端加正向电压时，便有电流通过，相当于短路；反之，其两端加反向电压，便没有电流通过，相当于开路。其伏安特性如图 5-3 所示。当电力二极管承受的正向电压大到一定值（门槛电压 U_{TO}）时，正向电流才开始明显增加，处于稳定导通状态。与正向电流 I_F 对应的电力二极管两端的电压 U_F

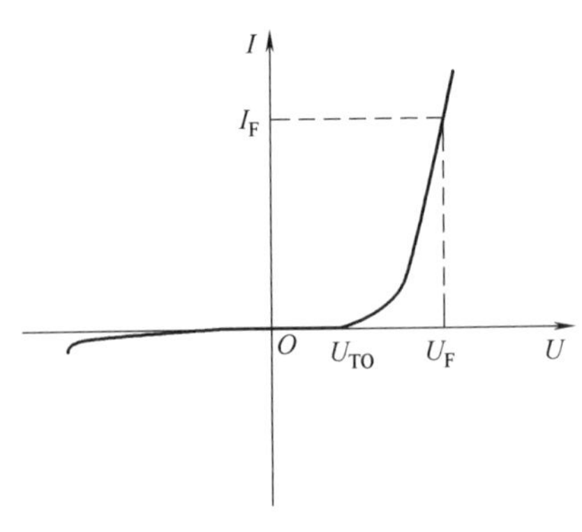

图 5-3　电力二极管的伏安特性

即为其正向电压降。当电力二极管承受反向电压时，只有微小而数值恒定的反向漏电流。当外加反向电压增加到某一电压时（常称击穿电压），反向电流突然增大，这种现象称为反向击穿，此时对应的电压称为反向击穿电压。

5.1.1.3　主要参数

(1) 正向平均电流 $I_{F(AV)}$ 与浪涌电流 I_{FSM}

正向平均电流 $I_{F(AV)}$ 是指电力二极管长期运行时，在指定的管壳温度（简称壳温，用 T_C 表示）和散热条件下，其允许流过的最大工频正弦半波电流的平均值。在此电流下，因二极管的正向压降引起的损耗造成的结温升高不会超过所允许的最高工作结温（见下文）。这也是标称其额定电流的参数。而浪涌电流 I_{FSM} 是指电力二极管所能承受的最大连续一个或几个工频周期的过电流。

(2) 正向压降 U_F

正向压降 U_F 是指电力二极管在指定温度下，流过某一指定的稳态正向电流时对应的正向压降。有时其参数表中也给出在指定温度下流过某一瞬态正向大电流时电力二极管的最大瞬时正向压降。

(3) 反向重复峰值电压 U_{RRM}

反向重复峰值电压 U_{RRM} 是指对电力二极管所能重复施加的反向最高峰值电压，通常是其雪崩击穿电压 U_B 的 2/3。使用时应注意不要超过此值，否则将导致元件损坏。

(4) 最高工作结温 T_{JM}

结温是指管芯 PN 结的平均温度，用 T_J 表示。最高工作结温是指在 PN 结不致损坏的前提下所能承受的最高平均温度，用 T_{JM} 表示。T_{JM} 通常在 125～175℃范围内。

(5) 反向恢复时间（t_{rr}）

电流流过零点由正向转换成反向，再由反向到规定的反向恢复电流 I_{rr} 值所需的时间，称为反向恢复时间（t_{rr}）。如图 5-4 所示，I_F 为正向电流，I_{RM} 为最大反向恢复电流。通常规定 $I_{rr}=0.1I_{RM}$，当 $t=t_0$ 时，由于加在二极管上的正向电压突然变成反向电压，因此正向电流突然降低，并在 $t=t_1$ 时，$I=0$。然后二极管上流过反向电流 I_R，I_R 逐渐增大，在 $t=t_2$ 时，达到最大反向恢复电流 I_{RM}。此后二极管受正电压的作用，反向电流逐渐减小。在 $t=t_3$ 时，$I_R=I_{rr}$，由 t_1～t_3 所用的时间即为二极管的反向恢复时间。

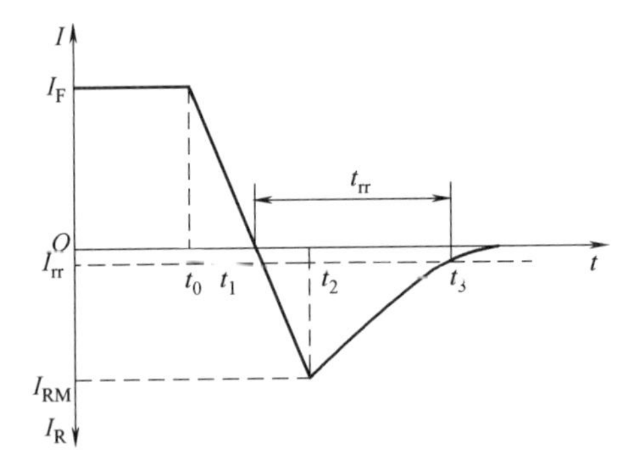

图 5-4　二极管反向恢复时间示意图

5.1.1.4　主要类型

电力二极管在电力电子电路中都有着广泛的应用。在以后的学习中我们将会看到，电力二极管可以在交流-直流变换电路中作为整流元件，也可以在电感元件的电能需要适当释放的电路中作为续流元件，还可以在各种变流电路中作为电压隔离、嵌位或保护元件。在应用过程中，应根据不同场合的不同要求，选择不同类型的电力二极管。下面按照正向压降、反向耐压和反向漏电流等性能，特别是反向恢复特性的不同，介绍几种常用的电力二极管。当然，从根本上讲，性能上的不同都是由半导体物理结构和工艺上的差别造成的，只不过这些结构和工艺差别不是我们一般工程技术人员所关心的主要问题，有兴趣的读者可以参考有关专门论述半导体物理和器件的文献。

(1) 普通二极管

普通二极管（General Purpose Diode）又称整流二极管（Rectifier Diode），多用于开关频率不高（1kHz 以下）的整流电路中。其反向恢复时间较长，一般在 5μs 以上，这在开关频率不高时并不重要，在参数表中甚至不列出这一参数。但其正向电流定额和反向电压定额却可以达到很高，分别可达数千安和数千伏以上。

(2) 快恢复二极管

恢复过程很短，特别是反向恢复过程很短（一般在 5μs 以下）的二极管被称为快恢复二极管（Fast Recovery Diode，FRD），简称快速二极管。工艺上多采用了掺金措施，结构上有的采用 PN 结型结构，也有的采用对此加以改进的 PiN 结构，特别是采用外延型 PiN 结构的所谓的快恢复外延二极管（Fast Recovery Epitaxial Diode，FRED），其反向恢复时间更短（可低于 50ns），正向压降也很低（0.9V 左右），但其反向耐压多在 1200V 以下。不管是什么结构，快恢复二极管从性能上可分为快恢复和超快恢复两个等级。前者反向恢复时间为数百纳秒或更长，后者则在 100ns 以下，甚至达到 20～30ns。

(3) 肖特基二极管

以金属和半导体接触形成的势垒为基础的二极管称为肖特基势垒二极管（Schottky Barrier Diode，SBD），简称为肖特基二极管。肖特基二极管在信息电子电路中早就得到了应用，但是直到 20 世纪 80 年代，由于工艺的发展才得以在电力电子电路中广泛应用。与以 PN 结为基础的电力二极管相比，其优点在于：反向恢复时间短（10～40ns）、效率高。肖特基二极管在正向恢复过程中不会有明显的电压过冲，在反向耐压较低的情况下其正向压降也很小，明显低于快恢复二极管。因此，其开关损耗和正向导通损耗都比快速二极管还要小。其缺点在于：当所能承受的反向耐压提高时，其正向压降也会高得不能满足要求，因此多用于 200V 以下的低压场合；反向漏电流较大且对温度敏感，因此其反向稳态损耗不能忽略，而且必须更严格地限制其工作温度。

5.1.1.5 检测方法

电力二极管要求通过的电流较大、反向击穿电压高、工作频率低、工作温度较高（有的需要加装散热片）。其检测方法也是比较典型的。

(1) 二极管极性的判断

二极管的正、负极多用色点表示，如用红点或白点表示正极，另一端为负极。如果二极管上没有任何标记，可用万用表欧姆挡测出。将万用表置于 $R\times100$（或 $R\times1k$）挡，测量二极管二极间的电阻值。如果黑、红表笔对调两次测量，电阻值均为 0Ω，说明此二极管已短路；如果黑、红两表笔对调两次测量，电阻值均为无穷大，说明此二极管已开路。正常的二极管应该是正向电阻较小（通常为几千欧），反向电阻很大。测得电阻值小时，万用表黑表笔所接的是二极管的正极（指针式万用表），另一极当然为负极（如图 5-5 所示）。

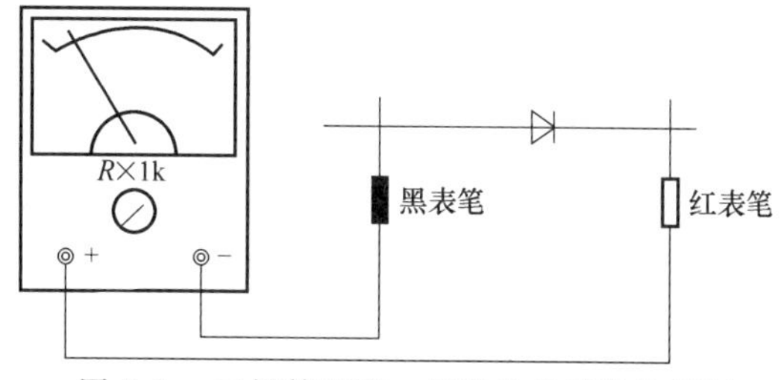

图 5-5　二极管开路、短路及其极性的判别

(2) 二极管质量的检测

我们可以用万用表对二极管的参数进行估测。

① 将万用表置于 $R\times1$k 挡，测正、反向电阻值，一般好的电力二极管正向电阻值为几千欧至几十千欧，反向电阻值为无穷大。

② 将万用表置于 $R\times1$k 挡，电力二极管正向电阻值小于 1kΩ 的多为高频管。

③ 二极管的反向击穿电压值参数很重要，对电力二极管来说更加重要。如果反向电压超过此值，电力二极管将击穿，电器也将因整流电路损坏而烧毁。我国市电有效值为 220V，最大值为 311V，所以市电下电力二极管反向击穿电压应高于 311V。实际使用时还得留有余量，往往反向击穿电压达 450V 以上。

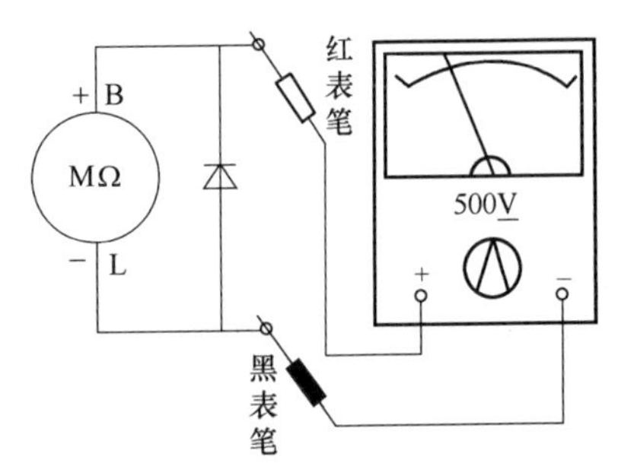

图 5-6　检测二极管的反向击穿电压

电力二极管反向击穿电压（U_{BR}）最简单的检测方法是用绝缘电阻表（也称摇表）进行检测，方法如图 5-6 所示。因为绝缘电阻表的内阻很大，流过二极管的电流很小，不必担心烧毁二极管。图 5-6 中万用表置于直流 500V 挡。摇动绝缘电阻表时，绝缘电阻表产生的直流电压将随转速的增加而增高，可以从电压表的读数知道电压值。当摇动转速较高时（达 120r/min），此时二极管已进入反向击穿状态（软击穿状态，电流仅有 1mA 左右），直至万用表上的电压读数不再增加为止，此电压值就是二极管的反向击穿电压。

5.1.2 晶闸管

晶闸管是晶体闸流管的简称，通常又称作可控硅整流器（Silicon Controlled Rectifier，SCR），以前被简称为可控硅。在电力二极管开始得到应用后不久，1956 年美国贝尔实验室（Bell Laboratories）发明了晶闸管，到 1957 年美国通用电气公司（General Electric Company）开发出了世界上第一只晶闸管产品，并于 1958 年使其商业化。由于其开通时刻可以控制，而且各方面性能均明显胜过以前的汞弧整流器，因而立即受到普遍欢迎，从此开辟了电力电子技术迅速发展和广泛应用的崭新时代，有人把以晶闸管为代表的电力半导体器件的广泛应用，称之为继晶体管发明和应用之后的又一次电子技术革命。

晶闸管是一种大功率半导体器件，它具有体积小、重量轻、耐压高、容量大、使用简单和控制灵敏等优点。单独用晶闸管或者用晶闸管与整流二极管相结合构成的各种整流电路可以通过控制电路方便地调节输出电压，达到可控整流的目的。因而晶闸管被广泛用于直流稳压电源、电机调速、直流斩波器、交流调压器和无触点开关等方面。

5.1.2.1 结构与工作原理

如图 5-7 所示为晶闸管的外形、结构和电气图形符号。从外形上看，晶闸管主要有螺栓型和平板型两种封装形式，均引出三个电极：阳极 A、阴极 K 和门极（或称控制极）G。晶闸管是大功率半导体器件，它在工作过程中会有比较大的损耗，因而产生大量的热，需依靠与晶闸管紧密接触的散热器，将这些热量传递给

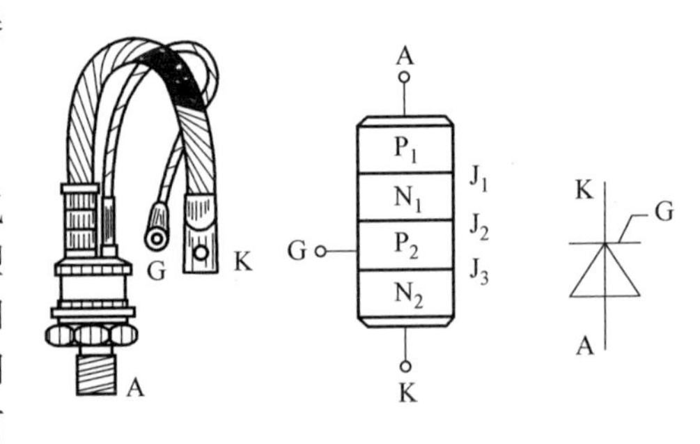

图 5-7　晶闸管的外形、结构和电气图形符号

冷却介质。对于螺栓型晶闸管来说，螺栓是晶闸管的阳极 A（它与散热器紧密连接），粗辫子线是晶闸管的阴极 K，细辫子线是门极 G。螺栓型晶闸管在安装和更换时比较方便，但散热效果较差。对于平板型晶闸管来说，它的两个平面分别是阳极和阴极，而细辫子线则是门极。使用时，两个互相绝缘的散热器把晶闸管紧紧地夹在中间。平板型晶闸管的散热效果较好，但安装和更换比较麻烦。额定通态平均电流小于 200A 的一般不采用平板型结构。

晶闸管内部是 PNPN 四层半导体结构，分别命名为 P_1、N_1、P_2、N_2 四个区。P_1 区引出阳极 A，N_2 区引出阴极 K，P_2 区引出门极 G。四个区形成 J_1、J_2、J_3 三个 PN 结。如果正向电压（阳极电压高于阴极电压）加到器件上，则 J_2 处于反向偏置状态，器件 A、K 两端之间处于阻断状态，只能流过很小的漏电流。如果反向电压加到器件上，则 J_1 和 J_3 处于反向偏置状态，器件 A、K 两端之间同样处于阻断状态，也只有很小的漏电流通过。

晶闸管导通的工作原理可以用双晶体管模型来解释，如图 5-8 所示。如在器件上取一倾斜的截面，则晶闸管可以看作由 $P_1N_1P_2$ 和 $N_1P_2N_2$ 构成的两个晶体管 V_1、V_2 组合而成。如果外电路向门极注入电流 I_G，也就是注入驱动电流，则 I_G 流入晶体管 V_2 的基极，即产生集电极电流 I_{c2}，它构成晶体管 V_1 的基极电流，进而放大成集电极电流 I_{c1}，I_{c1} 又进一步增大 V_2 的基极电流，如此形成强烈的正反馈，最后 V_1 和 V_2 进入完全饱和状态，即晶闸管导通。此时如果撤掉外电路注入门极的电流 I_G，晶闸管内部形成的强烈正反馈仍然会维持其导通状态。而要使其关断，就必须去掉阳极所加的正电压，或者给阳极施加反压，或者设法使流过晶闸管的电流降低到接近于零的某一数值以下，晶闸管才能关断。所以，对晶闸管的驱动过程更多的是称为触发，产生注入门极触发电流 I_G 的电路称为门极触发电路。也正是由于通过门极只能控制其开通，不能控制其关断，晶闸管才被称为半控型器件。

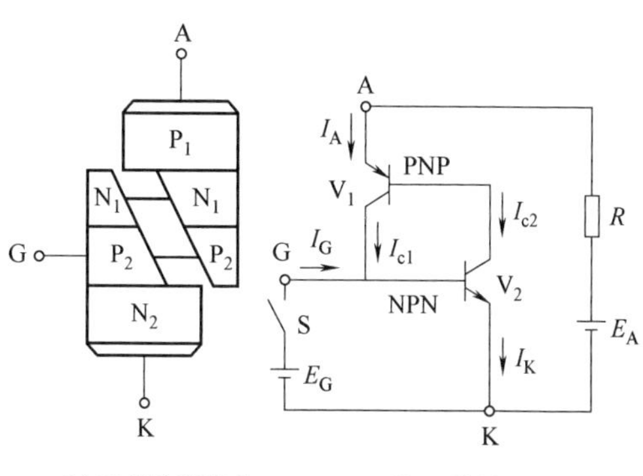

图 5-8　晶闸管的双晶体管模型及其工作原理

5.1.2.2 伏安特性

总结前文晶闸管的工作原理，可以归纳出晶闸管正常工作时的特性如下：

① 当晶闸管承受反向电压时，不论门极是否有触发电流，晶闸管都不会导通。

② 当晶闸管承受正向电压时，仅在门极有触发电流的情况下晶闸管才能导通。

③ 晶闸管一旦导通，门极就失去控制作用，不论其门极触发电流是否还存在，晶闸管都将保持导通状态。

④ 若要使已导通的晶闸管关断，只能利用外加电压和外电路的作用，使流过晶闸管的电流降到接近于零的某一数值以下。

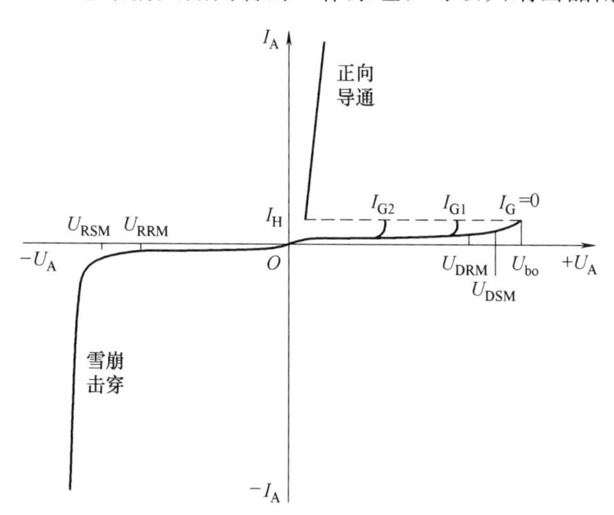

图 5-9　晶闸管的伏安特性（$I_{G2}>I_{G1}>I_G$）

以上特性反映到晶闸管的伏安特性上则如图 5-9 所示。位于第一象限的是正向特性，位于第三象限的是反向特性。

当 $I_G=0$ 时，若在器件两端施加正向电压，则晶闸管处于反向阻断状态，只有很小的正向漏电流流过。若正向电压超过临界极限即正向转折电压 U_{bo}，则漏电流急剧增大，器件开通(由高阻区经虚线负阻区到低阻区)。随着门极电流幅值的增大，正向转折电压降低。导通后的晶闸管特性和二极管的正向特性相仿。即使通过较大的阳极电流，晶闸管本身的压降也很小，在1V左右。导通期间，若门极电流为零，并且阳极电流降至接近于零的某一数值 I_H 以下，则晶闸管又回到正向阻断状态。I_H 称为维持电流。当在晶闸管上施加反向电压时，其伏安特性类似二极管的反向特性。晶闸管处于反向阻断状态时，只有极小的反向漏电流通过。当反向电压超过一定限度，达到反向击穿电压后，外电路如无限制措施，则反向漏电流急剧增大，必将导致晶闸管发热损坏。

晶闸管的门极触发电流是从门极流入晶闸管，从阴极流出的。阴极是晶闸管主电路与控制电路的公共端。门极触发电流也往往是通过触发电路在门极与阴极之间施加触发电压而产生的。从晶闸管的结构图可以看出，门极与阴极之间是一个PN结 J_3，其伏安特性称为门极伏安特性。为了保证可靠、安全的触发，门极触发电路所提供的触发电压、触发电流和功率都应限制在晶闸管门极伏安特性曲线中的可靠触发区内。

5.1.2.3 主要参数

普通晶闸管在反向稳态下一定处于阻断状态。而与电力二极管不同的是，晶闸管在正向工作时不但可能处于导通状态，也可能处于阻断状态。因此在提到晶闸管的参数时，断态和通态都是为了区分正向的不同状态，因此“正向”二字可省去。此外，各参数的给出往往与晶闸管的结温相联系，在实际应用时都应注意参考器件参数和特性曲线的具体规定。

(1) 电压参数

① 断态重复峰值电压 U_{DRM}。是在门极断路而结温为额定值（100A以上为115℃，50A以下为100℃）时，允许重复加在器件上的正向峰值电压（如图5-9所示）。国标规定重复频率为50Hz，每次持续时间不超过10ms，断态重复峰值电压 U_{DRM} 为断态不重复峰值电压(即断态最大瞬时电压) U_{DSM} 的90%。断态不重复峰值电压应低于正向转折电压 U_{bo}，所留裕量大小由各生产厂家自行规定。

② 反向重复峰值电压 U_{RRM}。是在门极断路而结温为额定值时，允许重复加在器件上的反向峰值电压（如图5-9所示）。规定反向重复峰值电压 U_{RRM} 为反向不重复峰值电压（即反向最大瞬态电压）U_{RSM} 的90%。反向不重复峰值电压应低于反向击穿电压，所留裕量大小由各生产厂家自行规定。

③ 通态平均电压 $U_{T(AV)}$。晶闸管正向通过正弦半波额定平均电流，结温稳定时的阳极与阴极之间电压的平均值。习惯上称其为晶闸管导通时的管压降，这个值越小越好。

④ 通态（峰值）电压 U_{TM}。通态（峰值）电压是晶闸管通以某一规定倍数的额定通态平均电流时的瞬态峰值电压。

⑤ 门极触发电压 U_G。在室温下，晶闸管阳极与阴极间加6V正电压，使晶闸管从关断变为导通所需要的最小门极直流电压。一般 U_G 为1～5V。在实际应用过程中，为了保证晶闸管可靠触发，其门极触发电压往往比额定值大。

通常取晶闸管的 U_{DRM} 和 U_{RRM} 中较小的标值作为该器件的额定电压。选用时，额定电压要留有一定裕量，一般取额定电压为正常工作时晶闸管所承受峰值电压的2～3倍。

(2) 电流参数

① 通态平均电流 $I_{T(AV)}$。国家标准规定通态平均电流为晶闸管在环境温度为40℃和规定的冷却状态下，稳定结温不超过额定结温时所允许流过的最大工频正弦半波电流的平均

值。这也是标称其额定电流的参数，通常所说的“多少安的晶闸管”就是指此值。同电力二极管一样，这个参数是按照正向电流造成器件本身通态损耗的发热效应来定义的。因此在使用时同样应按照实际波形的电流与通态平均电流所造成的发热效应相等，即有效值相等的原则来选取晶闸管的此项电流定额，并应留一定的裕量。一般取其通态平均电流为按此原则所得计算结果的1.5～2倍。

② 门极触发电流 I_G。在室温下，晶闸管阳极与阴极间加6V正电压，使晶闸管从关断变为导通所需要的最小门极直流电流。一般 I_G 为几十到几百毫安。

③ 维持电流 I_H。维持电流是指使晶闸管维持导通所必需的最小电流，一般为几十到几百毫安。I_H 与结温有关，结温越高，则 I_H 越小。

④ 擎住电流 I_L。是晶闸管刚从断态转入通态并移除触发信号后，能维持导通所需的最小电流。对同一晶闸管来说，通常 I_L 约为 I_H 的2～4倍。

⑤ 浪涌电流 I_{STM}。是指由于电路异常情况引起的使结温超过额定结温的不重复性最大正向过载电流。浪涌电流有上下两个级，这个参数可用来作为设计保护电路的依据。

(3) 动态参数

晶闸管的主要参数除电压和电流参数外，还有动态参数：开通时间 t_{gt}、关断时间 t_q、断态电压临界上升率 du/dt 和通态电流临界上升率 di/dt 等。

① 开通时间 t_{gt}。在室温和规定的门极触发信号作用下，使晶闸管从断态变成通态的过程中，从门极电流阶跃时刻开始，到阳极电流上升到稳态值的90%所需的时间称为晶闸管开通时间 t_{gt}。开通时间与门极触发脉冲的前沿上升的陡度与幅值的大小、器件的结温、开通前的电压、开通后的电流以及负载电路的时间常数有关。

② 关断时间 t_q。在额定的结温时，晶闸管从切断正向电流到恢复正向阻断能力这段时间称为晶闸管关断时间 t_q。晶闸管关断时间 t_q 与器件的结温、关断前阳极电流及所加的反向电压的大小有关。

③ 断态电压临界上升率 du/dt。在额定的环境温度和门极开路的情况下，使晶闸管保持断态所能承受的最大电压上升率。如果该 du/dt 数值过大，即使此时晶闸管阳极电压幅值并未超过断态正向转折电压，晶闸管也可能造成误导通。使用中，实际电压的上升率必须低于此临界值。

④ 通态电流临界上升率 di/dt。在规定条件下，晶闸管用门极触发信号开通时，晶闸管能够承受而不会导致损坏的通态电流最大上升率。

5.1.2.4 派生器件

晶闸管这个名称往往专指晶闸管的一种基本类型——普通晶闸管。但从广义上讲，晶闸管还包括许多类型的派生器件，下面对其常见的派生器件——快速晶闸管、双向晶闸管、逆导晶闸管和光控晶闸管做一简要介绍。

(1) 快速晶闸管

快速晶闸管（Fast Switching Thyristor，FST）是指专为快速应用而设计的晶闸管，有常规的快速晶闸管和工作在更高频率的高频晶闸管，可分别应用于400Hz和10kHz以上的斩波或逆变电路中。由于对普通晶闸管的管芯结构和制造工艺进行了改进，快速晶闸管的开关时间以及 du/dt 和 di/dt 的耐量都有了明显的改善。从关断时间来看，普通晶闸管一般为数百微秒，快速晶闸管为几十微秒，而高频晶闸管则为10μs左右。与普通晶闸管相比，高频晶闸管的不足之处在于其电压和电流的定额都不易做高。由于工作频率较高，在选择快速晶闸管和高频晶闸管的通态平均电流时不能忽略其开关损耗的发热效应。

(2) 双向晶闸管

双向晶闸管（Bidirectional Thyristor，BT）可以认为是一对反并联的普通晶闸管的集成，其电气图形符号和伏安特性如图 5-10 所示。它有两个主电极 T_1 和 T_2，一个门极 G。门极使器件在主电极的正反两方向均可触发导通，所以双向晶闸管在第一象限和第三象限有对称的伏安特性。同容量双向晶闸管与一对反并联的晶闸管相比价格要低，而且控制电路比较简单，所以在交流调压电路、固态继电器（Solid State Relay，SSR）和交流电动机调速等领域应用较多。由于双向晶闸管通常用在交流电路中，因此不用平均值而用有效值来表示其额定电流值。

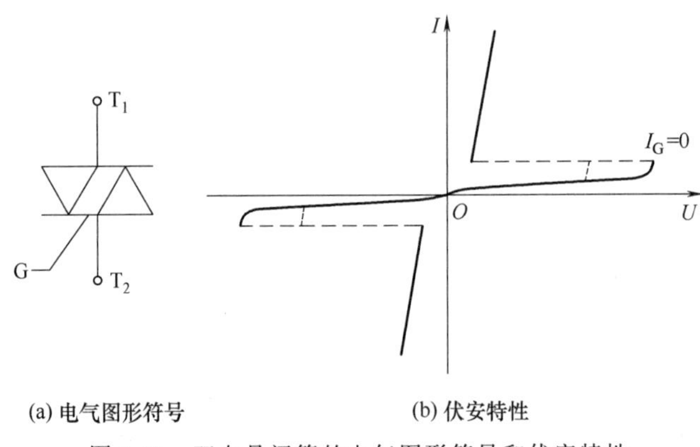

(a) 电气图形符号　(b) 伏安特性

图 5-10　双向晶闸管的电气图形符号和伏安特性

(3) 逆导晶闸管

逆导晶闸管（Reverse Conducting Thyristor，RCT）是将普通晶闸管反并联一个二极管，并将两者制作在同一个管芯上的功率集成器件，这种器件不具有承受反向电压的能力，一旦承受反向电压即开通，逆导晶闸管的电气图形符号和伏安特性如图 5-11 所示。与普通晶闸管相比，逆导晶闸管具有正向压降小、关断时间短、高温特性好、额定结温高等优点，可用于不需要阻断反向电压的电路中。逆导晶闸管的额定电流有两个，一个是晶闸管电流，一个是与之反并联的二极管的电流。

(4) 光控晶闸管

光控晶闸管（Light Activated Thyristor，LTT）又称光触发晶闸管，是利用一定波长的光照信号触发导通的晶闸管，其电气图形符号和伏安特性如图 5-12 所示。小功率光控晶闸管只有阳极和阴极两个端子，大功率光控晶闸管则还带有光缆，光缆上装有作为触发光源的发光二极管或半导体激光器。由于采用光触发，保证了主电路与控制电路之间的绝缘，而

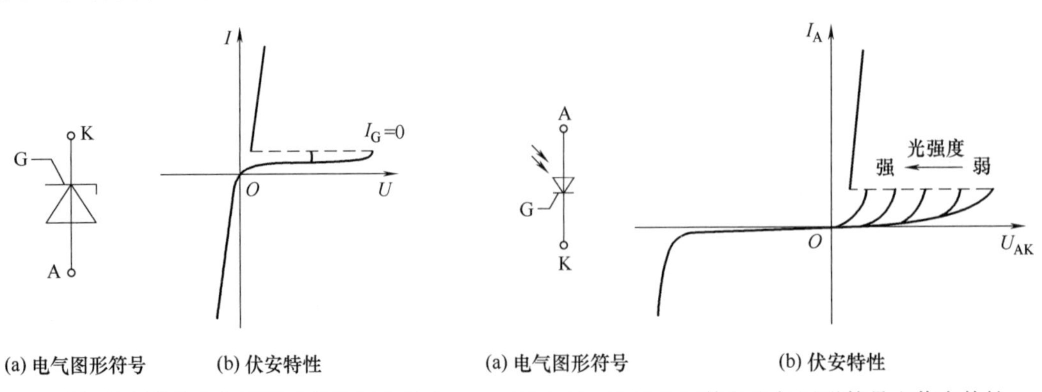

(a) 电气图形符号　(b) 伏安特性

图 5-11　逆导晶闸管的电气图形符号和伏安特性

(a) 电气图形符号　(b) 伏安特性

图 5-12　光控晶闸管的电气图形符号和伏安特性

且可以避免电磁干扰的影响，因此光控晶闸管目前在高压大功率的场合，如高压直流输电和高压核聚变装置中，占据重要的地位。

5.1.2.5 检测方法

对晶闸管性能检测的主要依据是：当其截止时，漏电流是否很小；当其触发导通后，压降是否很小。若这两者都很小，则说明晶闸管具有良好的性能，否则说明晶闸管的性能不好。对晶闸管的检测主要包括三个方面：晶闸管极性的判别、晶闸管好坏的判别以及晶闸管触发导通能力的判别。通常用万用表对晶闸管进行检测。

(1) 用万用表判断晶闸管的极性

螺栓型和平板型晶闸管的三个电极外部形状有很大区别，因此根据其外形便基本上可把它们的三个电极区分开来。对于螺栓型晶闸管而言，螺栓是其阳极 A，粗辫子线是其阴极 K，细辫子线是其门极 G；对于平板型晶闸管而言，它的两个平面分别是阳极 A 和阴极 K（阳极和阴极的区分方法同下面的塑封型晶闸管），细辫子线是其门极 G。塑封型晶闸管三个电极的引脚在外形上是一致的，对其极性的判定，可通过指针式万用表的欧姆挡或数字万用表的二极管挡、PNP 挡（或 NPN 挡）来检测。首先将塑封晶闸管三个电极的引脚编号为 1、2 和 3，然后根据前面所讲的晶闸管工作原理，晶闸管门极 G 与阴极 K 之间有一个 PN 结，类似一个二极管，有单向导电性；而阳极 A 与门极 G 之间有多个 PN 结，这些 PN 结是反向串接起来的，正、反向阻值都很大，根据此特点就可判断出晶闸管的各个电极。

当用指针式万用表的欧姆挡检测晶闸管的极性时，其检测方法如图 5-13 所示。把万用表拨至 $R\times100$ 或 $R\times1k$ 挡（在测量过程中要根据实际需要变换万用表的电阻挡），然后用万用表的红、黑两只表笔分别接触编号 1、2 和 3 之中的任意两个。测量它们之间的正、反向阻值。若某一次测得的正、反向阻值都接近无穷大，则说明与红、黑两只表笔相接触的两个引脚是阳极 A 和阴极 K，另一个引脚是门极 G。然后，再用黑表笔去接触门极 G，用红表笔分别接触另两极。在测得的两个阻值中，较小的一次与红表笔接触的引脚是晶闸管的阴极 K（一般为几千欧至几十千欧），另一个引脚就是其阳极 A（一般为几十千欧至几百千欧）。

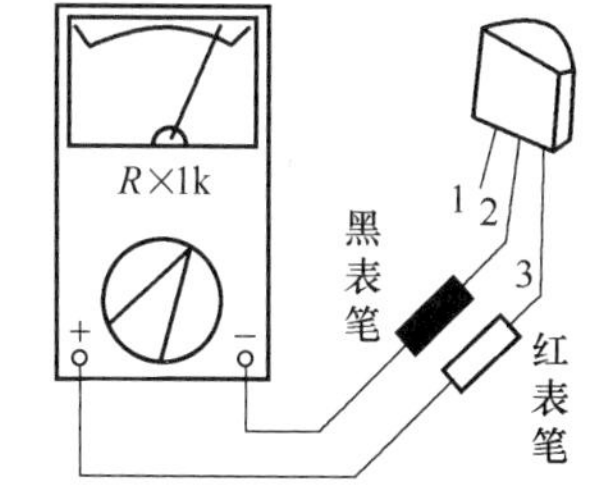

图 5-13　晶闸管电极判断

当用数字万用表的二极管挡进行判别时，将数字万用表拨至二极管挡，先把红表笔接编号 1，黑表笔依次接编号 2 和 3。在两次测量中，若有一次电压显示为零点几伏，则说明编号 1 是门极，与黑表笔相接的是阴极，另一编号是阳极；若两者都显示溢出，则说明编号 1 不是门极。此时，再把红表笔接编号 2，黑表笔依次接编号 1 和 3。在这两次测量中，若有一次电压显示为零点几伏，则说明编号 2 是门极，与黑表笔相接的另一编号是阴极，很显然，第三个编号就是阳极；若两次都显示溢出，则说明编号 2 不是门极，但由上述可知，编号 3 肯定是门极。然后，把红表笔接编号 3，黑表笔依次接编号 1 和 2，若有一次电压显示为零点几伏，则说明与黑表笔相接的另一编号是阴极；若显示溢出，则说明与黑表笔相接的另一编号是阳极。

当用数字万用电表的 PNP 挡进行判别时，将数字万用表拨至 PNP 挡，把晶闸管的任意两个引脚分别插入 PNP 挡的 c 插孔和 e 插孔，然后用导线把第三个引脚分别和前两个引脚相接触。反复进行上述过程，直到屏幕显示从“000”变为显示溢出符号“1”为止。此时，插在 c 插孔的引脚是阴极 K，插在 e 插孔的引脚是阳极 A，很显然，第三个脚是门极 G。当然也可以用数字万用电表的 NPN 挡进行检测，其测试步骤与上述方法相同。但所得结论的不同点是：插在 e 插孔的引脚是阴极 K，插在 c 插孔的引脚是阳极 A。

(2) 用万用表判断晶闸管的好坏

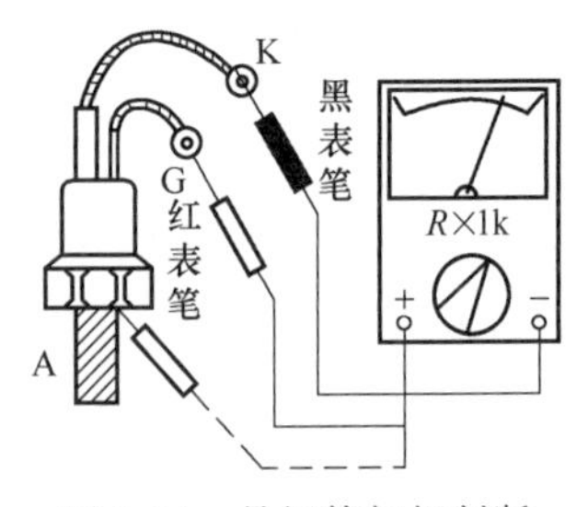

图 5-14 晶闸管好坏判断

用万用表可以大致测量出晶闸管的好与坏。测试方法如图 5-14 所示。如果测得阳极 A 与门极 G 以及阳极 A 与阴极 K 之间正、反向电阻值均很大，而门极 G 与阴极 K 之间有单向导电现象时，说明晶闸管是好的。

测量晶闸管门极 G 与阴极 K 之间的正、反向电阻时，一般而言，其正、反向电阻值相差较大，但有的晶闸管 G、K 间正、反向电阻值相差较小，只要反向电阻值明显比正向电阻值大就可以了。晶闸管一般测试数据如表 5-1 所示。

表 5-1 晶闸管的测试数据

测量电极	正向电阻值	反向电阻值	晶闸管好坏的判别
A、K 间	接近∞	接近∞	正常
G、K 间	几千欧至几十千欧	几十千欧至几百千欧	正常
A、K 间，G、K 间，G、A 间	很小或接近零	很小或接近零	内部击穿短路
A、K 间，G、K 间，G、A 间	∞	∞	内部开路

(3) 用万用表测试晶闸管的触发导通能力

对小功率的晶闸管而言，使用万用表很容易测试其触发导通能力。测试方法如图 5-15 所示。将万用表置于 $R\times1$ 挡（或 $R\times100$ 挡），黑表笔接阳极 A，红表笔接阴极 K，此时万用表指示的阻值较大。用一根导线（用一螺钉旋具或用一个开关 S 连接也可以）短路一下门极 G 和阳极 A，即给门极 G 施加一个正向触发电压，万用表指针就会向右偏转一个角度（电阻值变小），此时撤掉 A、G 间的短接导线。若万用表指示的电阻值不变，则说明晶闸管已经触发导通，而且去掉触发电压，晶闸管仍保持导通状态。有的晶闸管，尤其是大功率的晶闸管，当撤去触发电压时就不能导通，万用表指针立即回到开始状态（阻值很大），这是由于导通电流太小（小于维持电流），致使晶闸管立即转变为阻断状态。

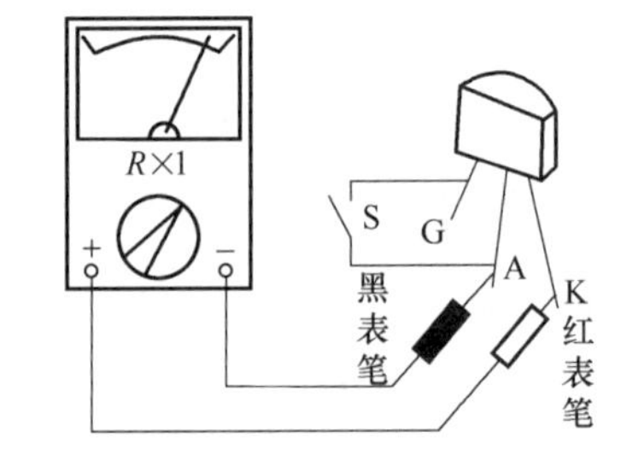

图 5-15 晶闸管触发导通能力判断

5.1.3 电力晶体管

电力晶体管（Giant Transistor，GTR）按英文直译为巨型晶体管，是一种耐高电压、大电流的双极结型晶体管（Bipolar Junction Transistor，BJT），所以英文有时候也称为 Power BJT。在电力电子技术的范围内，GTR 与 BJT 这两个名称是等效的。自 20 世纪 80 年代以来，在中、小功率范围内取代晶闸管的主要是 GTR。但是目前，其地位已被大多绝缘栅双极晶体管和电力场效应晶体管所取代。

5.1.3.1 结构和工作原理

GTR 与普通的双极结型晶体管基本原理是一样的，这里不再详述。但对 GTR 来说，最主要的特性是耐压高、电流大、开关特性好，而不像小功率的用于信息处理的双极结型晶体管那样注重单管电流放大系数、线性度、频率响应以及噪声和温漂等性能参数。因此，GTR 通常采用至少由两个晶体管按达林顿接法组成的单元结构，采用集成电路工艺将许多这种单元并联而成。单管的 GTR 结构与普通的双极结型晶体管是类似的。GTR 是由三层半导体（分别引出集电极、基极和发射极）形成的两个 PN 结（集电结和发射结）构成，多采用 NPN 结构。图 5-16（a）和（b）分别给出了 NPN 型 GTR 内部结构断面示意图和电气图形符号。注意：表示半导体类型字母的右上角标“＋”表示高掺杂浓度，“－”表示低掺杂浓度。

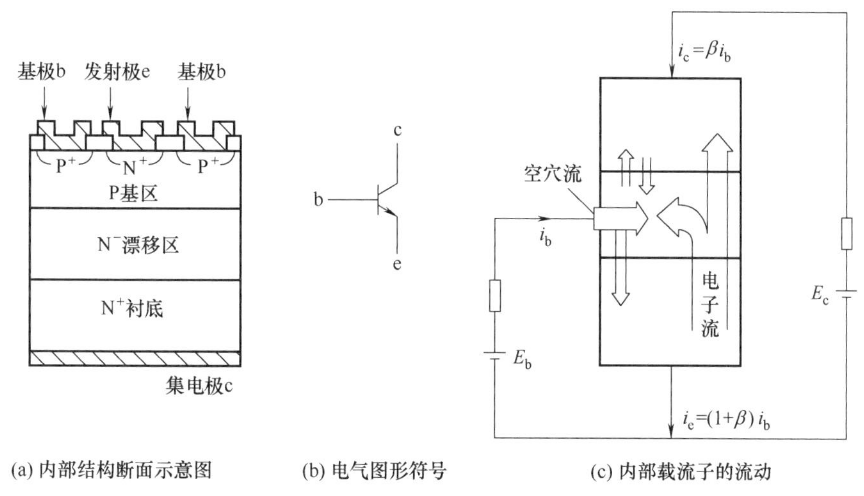

(a) 内部结构断面示意图　　(b) 电气图形符号　　(c) 内部载流子的流动

图 5-16　GTR 的结构、电气图形符号和内部载流子的流动

在应用中，GTR 一般采用共发射极接法，图 5-16（c）给出了在此接法下 GTR 内部主要载流子流动情况示意图。集电极电流 i_c 与基极电流 i_b 之比为

$$\beta=i_c/i_b$$

β 称为 GTR 的电流放大系数，它反映了基极电流对集电极电流的控制能力。当考虑到集电极和发射极之间的漏电流 i_{ceo} 时，i_c 和 i_b 的关系为

$$i_c=\beta i_b+i_{ceo}$$

GTR 的产品说明书中通常给出的是直流电流增益 h_{FE}，它是在直流工作的情况下，集电极电流与基极电流之比。一般可认为 $\beta\approx h_{FE}$。单管 GTR 的 β 值比处理信息用的小功率晶体管小得多，通常为 10 左右，采用达林顿接法可以有效地增大电流增益。

5.1.3.2　基本特性

（1）静态特性

如图 5-17 所示给出了 GTR 采用共发射极接法时的典型输出特性，也分为截止区、放大区和饱和区三个区域。在电力电子电路中，GTR 工作在开关状态，即工作在截止区或饱和区。但在开关过程中，即在截止区和饱和区之间过渡时，都要经过放大区。

（2）动态特性

GTR 是用基极电流来控制集电极电流的，如图 5-18 所示给出了 GTR 开通和关断过程中基极电流和集电极电流波形的关系。

GTR 开通时需要经过延迟时间 t_d 和上升时间 t_r，二者之和为开通时间 t_{on}；关断时需要经过储存时间 t_s 和下降时间 t_f，二者之和为关断时间 t_{off}。延迟时间主要是由发射结势垒电容和集电结势垒电容充电产生的。增大基极驱动电流 i_b 的幅值并增大 di_b/dt，可缩短延迟时间，同时也可缩短上升时间，从而加快开通过程。储存时间是用来除去饱和导通时储存在基区的载流子的，是关断时间的主要部分。减小导通时的饱和深度以减小储存的载流子，或者增大基极抽取负电流 i_{b2} 的幅值和负偏压，可以缩短储存时间，从而加快关断速度。当然，减小导通时的饱和深度的负面作用是会使集电极和发射极间的饱和导通压降 U_{ces} 增加，从而增

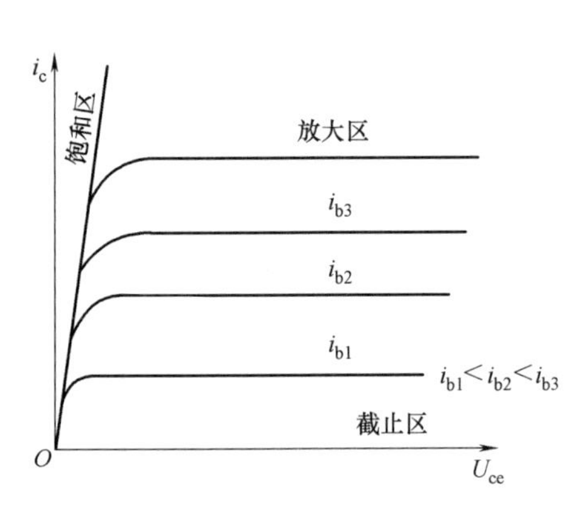

图 5-17　采用共发射极接法时 GTR 的输出特性

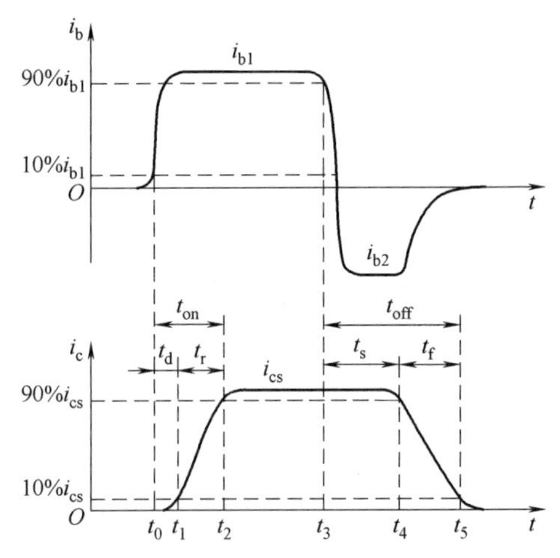

图 5-18　GTR 的开通和关断过程电流波形

大通态损耗，这是一对矛盾。GTR 的开关时间通常在几微秒范围内，比晶闸管短得多。

5.1.3.3　主要参数

除了前面述及的一些参数，如电流放大倍数 β、直流电流增益 h_{FE}、集电极与发射极间漏电流 i_{ceo}、集电极和发射极间饱和压降 U_{ces}、开通时间 t_{on} 和关断时间 t_{off} 以外，对 GTR 主要关心的参数还包括：

(1) 最高工作电压

GTR 上所加的电压超过规定值时，就会发生击穿。击穿电压不仅和晶体管本身的特性有关，还与外电路的接法有关。有发射极开路时集电极和基极间的反向击穿电压 BU_{cbo}；基极开路时集电极和发射极间的击穿电压 BU_{ceo}；发射极与基极间用电阻连接或短路连接时集电极和发射极间的击穿电压 BU_{cer} 和 BU_{ces}，以及发射结反向偏置时集电极和发射极间的击穿电压 BU_{cex}。这些击穿电压之间的关系为 $BU_{cbo}>BU_{cex}>BU_{ces}>BU_{cer}>BU_{ceo}$。实际使用 GTR 时，为了确保安全，最高工作电压要比 BU_{ceo} 低得多。

(2) 集电极最大允许电流 I_{cM}

通常规定直流电流放大系数 h_{FE} 下降到规定值的 1/2～1/3 时，所对应的 I_c 为集电极最大允许电流。实际使用时要留有较大裕量，只能用到 I_{cM} 的一半或稍多一点。

(3) 集电极最大耗散功率 P_{cM}

这是指在最高工作温度下允许的耗散功率。产品说明书中在给出 P_{cM} 时总是同时给出壳温 T_C，间接表示了最高工作温度。

(4) GTR 的二次击穿现象与安全工作区

当 GTR 的集电极电压升高至前面所述的击穿电压时，集电极电流迅速增大，这种首先出现的击穿是雪崩击穿，被称为一次击穿。出现一次击穿后，只要 I_c 不超过与最大允许耗散功率相对应的限度，GTR 一般不会损坏，工作特性也不会有什么变化。但是实际应用中常常发现一次击穿发生时如不有效地限制电流，I_c 增大到某个临界点时会突然急剧上升，同时伴随着电压的陡然下降，这种现象称为二次击穿。二次击穿常常立即导致器件的永久损坏，或者工作特性明显衰变，因而对 GTR 危害极大。

将不同基极电流下二次击穿的临界点连接起来，就构成了二次击穿临界线，临界线上的点反映了二次击穿功率 P_{SB}。这样，GTR 工作时不仅不能超过最高电压 U_{ceM}、集电极最大电流 I_{cM} 和最大耗散功率 P_{cM}，也不能超过二次击穿临界线。这些限制条件就规定了 GTR

的安全工作区（Safe Operating Area，SOA），如图 5-19 的阴影区所示。

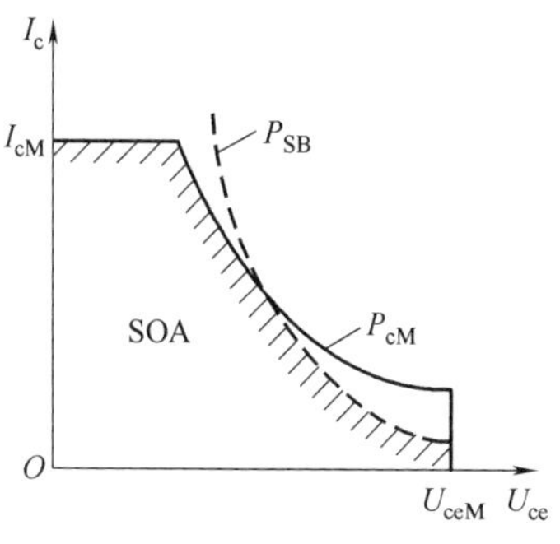

图 5-19　GTR 的安全工作区

5.1.4　功率场效应晶体管

功率场效应晶体管是一种多子导电的单极型电压控制器件，它具有开关速度快、高频性能好、输入阻抗高、驱动功率小、热稳定性好、无二次击穿、安全工作区宽等特点，但其电压和电流容量较小，故在各类高频中小功率的电力电子装置中得到广泛应用。

5.1.4.1　基本结构与工作原理

功率 MOSFET 也是一种功率集成器件，它由成千上万个小 MOSFET 元胞组成，每个元胞的形状和排列方法，不同的生产厂家采用了不同的设计。如图 5-20（a）所示为 N 沟道 MOSFET 的元胞结构剖面示意图。两个 N^+ 区分别作为该器件的源区和漏区，分别引出源极 S 和漏极 D。夹在两个 N^+（N^-）区之间的 P 区隔着一层 SiO_2 的介质作为栅极。因此栅极与两个 N^+ 区和 P 区均为绝缘结构。因此，MOS 结构的场效应晶体管又称绝缘栅场效应晶体管。

由图 5-20（a）可知，功率 MOSFET 的基本结构仍为 N^+（N^-）PN^+ 形式，其中掺杂较轻的 N^- 区为漂移区。设置 N^- 区可提高器件的耐压能力。在这种器件中，漏极和源极间有两个背靠背的 PN 结存在，在栅极未加电压信号之前，无论漏极和源极之间加正电压或负电压，该器件总是处于阻断状态。为使漏极和源极之间流过可控的电流，必须具备可控的导电沟道才能实现。

MOS 结构的导电沟道是由绝缘栅施加电压之后感应产生的。在图 5-20（a）所示的结构中，若在 MOSFET 栅极与源极之间施加一定大小的正电压，这时栅极相对于 P 区则为正电压。由于夹在两者之间的 SiO_2 层不导电，聚集在电极上的正电荷就会在 SiO_2 层下的半导体表面感应出等量的负电荷，从而使 P 型材料变成 N 型材料，进而形成反型层导电沟道。若栅压足够高，由此感应而生的 N 型层同漏与源两个 N^+ 区构成同型接触，使常态中存在的两个背靠背 PN 结不复存在，这就是该器件的导电沟道。由于导电沟道必须与源漏区导电类型一致，所以 N-MOSFET 以 P 型材料为衬底，栅源之间要加正电压；反之，P-MOSFET 以 N 型材料为衬底，栅源之间要加负电压。

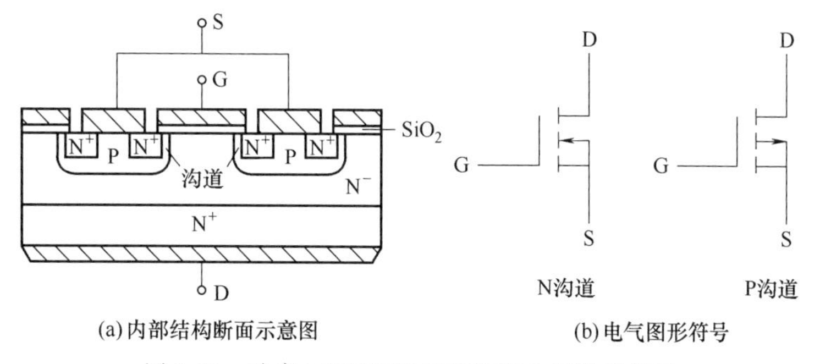

图 5-20　功率 MOSFET 的结构和电气图形符号

根据载流子的类型不同，功率 MOSFET 可分为 N 沟道和 P 沟道两种，应用最多的是绝缘栅 N 沟道增强型。如图 5-20（b）所示为功率 MOSFET 的电气图形符号，图形符号中的箭头表示电子在沟道中移动的方向。左图表示 N 沟道，电流的方向是从漏极出发，经过 N

沟道流入 N^+ 区，最后从源极流出；右图表示 P 沟道，电流方向是从源极出发，经过 P 沟道流入 P^+ 区，最后从漏极流出。不论是 N 沟道的 MOSFET 还是 P 沟道的 MOSFET，只有一种载流子导电，故称其为单极型器件。这种器件不存在像双极型器件那样的电导调制效应，也不存在少子复合问题，所以它的开关速度快、安全工作区宽，并且不存在二次击穿问题。因为它是电压控制型器件，使用极为方便。此外，功率 MOSFET 的通态电阻具有正温度系数，因此它的漏极电流具有负温度系数，便于并联应用。

5.1.4.2 主要特性

功率 MOSFET 的特性包括静态特性和动态特性，输出特性和转移特性属于静态特性，而开关特性则属于动态特性。

(1) 输出特性

输出特性也称漏极伏安特性，它是以栅源电压 U_{GS} 为参变量，反映漏极电流 I_D 与漏源极电压 U_{DS} 间关系的曲线族，如图 5-21 所示。由图可见输出特性分三个区：

可调电阻区Ⅰ：U_{GS} 一定时，漏极电流 I_D 与漏源极电压 U_{DS} 几乎呈线性关系。当 MOSFET 作为开关器件应用时，工作在此区内。

饱和区Ⅱ：在该区中，当 U_{GS} 不变时，I_D 几乎不随 U_{DS} 的增加而加大，I_D 近似为一个常数。当 MOSFET 用于线性放大时，则工作在此区内。

雪崩区Ⅲ：当漏源电压 U_{DS} 过高时，使漏极 PN 结发生雪崩击穿，漏极电流 I_D 会急剧增加。在使用器件时应避免出现这种情况，否则会使器件损坏。

功率 MOSFET 无反向阻断能力，因为当漏源电压 $U_{DS}<0$ 时，漏区 PN 结为正偏，漏源间流过反向电流。因此，功率 MOSFET 在应用过程中，若必须承受反向电压，则 MOSFET 电路中应串入快速二极管。

(2) 转移特性

转移特性是指在一定的漏极与源极电压 U_{DS} 下，功率 MOSFET 的漏极电流 I_D 和栅极电压 U_{GS} 的关系曲线。如图 5-22（a）所示。该特性表征功率 MOSFET 的栅源电压 U_{GS} 对漏极电流 I_D 的控制能力。

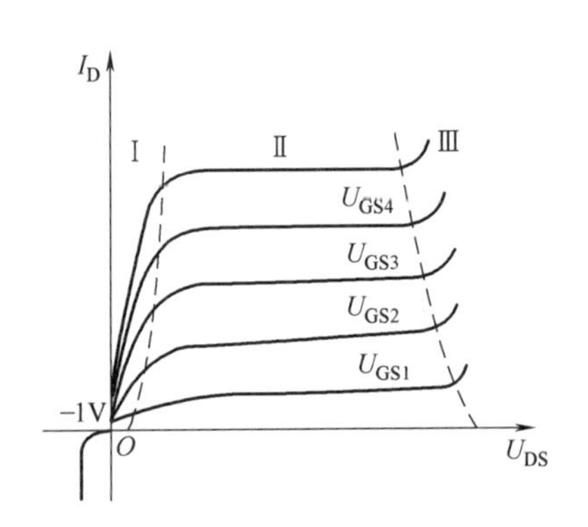

图 5-21　功率 MOSFET 的输出特性

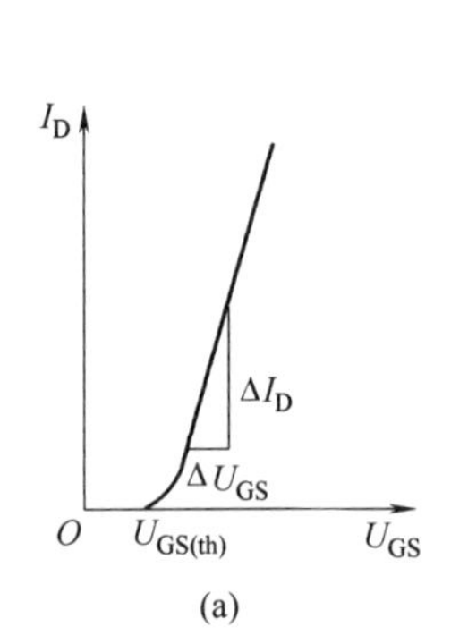

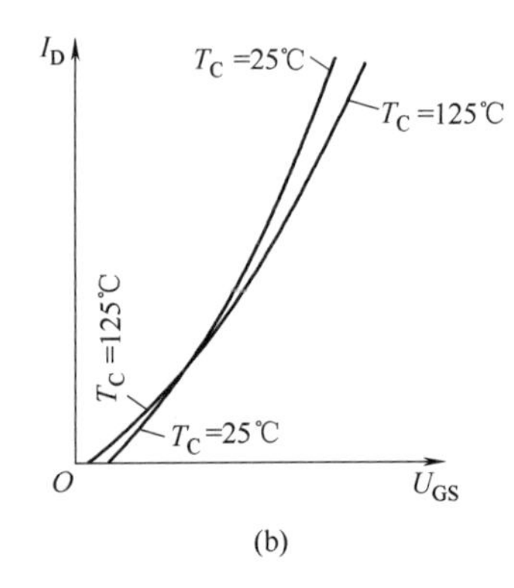

图 5-22　功率 MOSFET 的转移特性

由图 5-22（a）可见，只有当栅源电压 $U_{GS}>U_{GS(th)}$ 时，器件才导通，$U_{GS(th)}$ 称为开启电压。图 5-22（b）所示为壳温 T_C 对转移特性的影响。由图可见，在低电流区，功率 MOSFET 具有正电流温度系数，在同一栅压下，I_D 随温度的上升而增大；而在大电流区，功率 MOSFET 具有负电流温度系数，在同一栅压下，I_D 随温度的上升而下降。在电力电子电路中，功率 MOSFET 作为开关元件通常工作于大电流开关状态，因而具有负电流温度系数。此特性使功率 MOSFET 具有较好的热稳定性，芯片热分布均匀，从而避免了由于热电恶性循环而产生的电流集中效应所导致的二次击穿现象。

(3) 开关特性

功率 MOSFET 是一个近似理想的开关，具有很高的增益和极快的开关速度。这是由于它是单极型器件，依靠多数载流子导电，没有少数载流子的存储效应，与关断时间相联系的储存时间大大减小。它的开通与关断只受到极间电容影响，与极间电容的充放电情况有关。

功率 MOSFET 内寄生着两种类型的电容：一种是与 MOS 结构有关的 MOS 电容，如栅源电容 C_{GS} 和栅漏电容 C_{GD}；另一种是与 PN 结有关的电容，如漏源电容 C_{DS}。功率 MOSFET 极间电容的等效电路如图 5-23 所示。输入电容 C_{iss}、输出电容 C_{oss} 和反馈电容 C_{rss} 是应用中常用的参数，它们与极间电容的关系定义为

$$C_{iss}=C_{GS}+C_{GD}$$

$$C_{oss}=C_{DS}+C_{GD}$$

$$C_{rss}=C_{GD}$$

功率 MOSFET 的开关过程的电压波形如图 5-24 所示。开通时间 t_{on} 分为延时时间 t_d 和上升时间 t_r 两部分，t_{on} 与功率 MOSFET 的开启电压 $U_{GS(th)}$ 和输入电容 C_{iss} 有关，并受信号源的上升时间和内阻的影响。关断时间 t_{off} 可分为储存时间 t_s 和下降时间 t_f 两部分，t_{off} 则由功率 MOSFET 漏源间电容 C_{DS} 和负载电阻决定。通常功率 MOSFET 的开关时间为 10～100ns，而双极型器件的开关时间则以微秒计，甚至达到几十微秒。

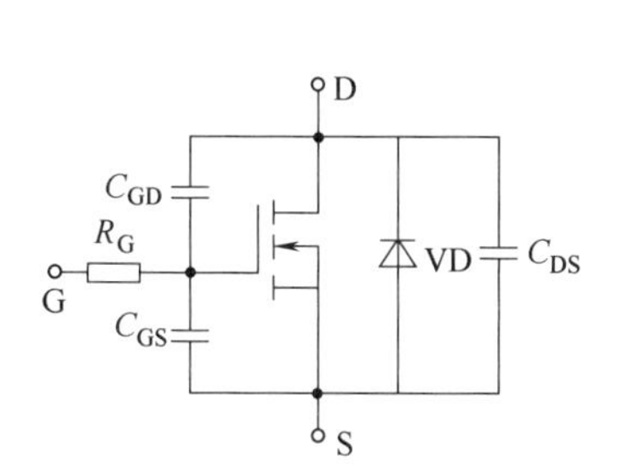

图 5-23　功率 MOSFET 极间电容的等效电路

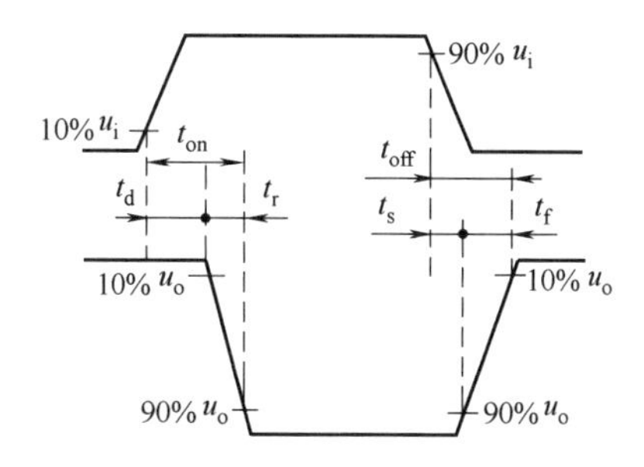

图 5-24　功率 MOSFET 开关过程的电压波形

5.1.4.3　主要参数

(1) 通态电阻 R_{on}

通态电阻 R_{on} 是与输出特性密切相关的参数，是指在确定的栅源电压 U_{GS} 下，功率 MOSFET 由可调电阻区进入饱和区时的集射极间的直流电阻。它是影响最大输出功率的重要参数。在开关电路中它决定了输出电压幅度和自身损耗大小。

在相同的条件下，耐压等级愈高的器件，其通态电阻越大，且器件的通态压降越大。这也是功率 MOSFET 电压难以提高的原因之一。

由于功率 MOSFET 的通态电阻具有正电阻温度系数，当电流增大时，附加发热使 R_{on} 增大，对电流的增加有抑制作用。

(2) 开启电压 $U_{GS(th)}$

开启电压 $U_{GS(th)}$ 为转移特性曲线与横坐标交点处的电压值，又称阈值电压。在实际应用中，通常将漏栅短接条件下 I_D 等于 1mA 时的栅极电压定义为开启电压 $U_{GS(th)}$，它随结温升高而下降，具有负的温度系数。

(3) 跨导 g_m

跨导定义为

$$g_m = \Delta I_D / \Delta U_{GS}$$

即为转移特性的斜率，单位为西门子（S）。g_m 表示功率 MOSFET 的放大能力，故跨导 g_m 的作用与 GTR 中电流增益 β 相似。

(4) 漏源击穿电压 BU_{DS}

漏源击穿电压 BU_{DS} 决定了功率 MOSFET 的最高工作电压，它是为了避免器件进入雪崩区而设的极限参数。BU_{DS} 主要取决于漏区外延层的电阻率、厚度及其均匀性。由于电阻率随温度不同而变化，因此当结温升高，BU_{DS} 随之增大，耐压提高。这与双极型器件如 GTR 和晶闸管等随结温升高耐压降低的特性恰好相反。

(5) 栅源击穿电压 BU_{GS}

栅源击穿电压 BU_{GS} 是为了防止绝缘栅层因栅漏电压过高而发生介电击穿而设定的参数。一般栅源电压的极限值为±20 V。

(6) 最大功耗 P_{DM}

功率 MOSFET 最大功耗为

$$P_{DM} = (T_{jM} - T_C) / R_{TjC}$$

式中　T_{jM}——额定结温（$T_{jM}=150℃$）；

T_C——管壳温度；

R_{TjC}——结到壳间的稳态热阻。

由上式可见，器件的最大耗散功率与管壳温度有关。在 T_{jM} 和 R_{TjC} 为定值的条件下，P_{DM} 将随 T_C 的增高而下降，因此，器件在使用中散热条件是十分重要的。

(7) 漏极连续电流 I_D 和漏极峰值电流 I_{DM}

漏极连续电流 I_D 和漏极峰值电流 I_{DM} 表征功率 MOSFET 的电流容量，它们主要受结温的限制。功率 MOSFET 允许的漏极连续电流 I_D 是

$$I_D = \sqrt{P_{DM}/R_{on}} = \sqrt{(T_{jM} - T_C)/R_{on}R_{TjC}}$$

实际上功率 MOSFET 的漏极连续电流 I_D 通常没有直接的用处，仅是作为一个基准。这是因为许多实际应用的 MOSFET 是工作在开关状态中，因此在非直流或脉冲工作情况，其最大漏极电流由额定峰值电流 I_{DM} 定义。只要不超过额定结温，峰值电流 I_{DM} 可以超过连续电流。在 25℃时，大多数功率 MOSFET 的 I_{DM} 大约是连续电流额定值的 2～4 倍。

此外值得注意的是：随着结温 T_j 升高，实际允许的 I_D 和 I_{DM} 均会下降。如型号为 IRF330 的功率 MOSFET，当 $T_C=25℃$时，I_D为 5.5A，当 $T_C=100℃$时，I_D为 3.3A。所以在选择器件时必须根据实际工作情况考虑裕量，防止器件在温度升高时，漏极电流降低而损坏。

5.1.5 绝缘栅双极型晶体管

绝缘栅双极型晶体管（IGBT），是 20 世纪 80 年代发展起来的一种新型复合器件。IGBT 综合了功率 MOSFET 和 GTR 的优点，具有良好的特性，有更广泛的应用领域。目前 IGBT 的电流和电压等级已达 2500A/4500V，关断时间已缩短到 10ns 级，工作频率达 50kHz，擎住现象得到改善，安全工作区（SOA）扩大。这些优越的性能使得 IGBT 成为大功率开关电源、逆变器等电力电子装置的理想功率器件。

5.1.5.1 基本结构与工作原理

(1) 基本结构

一种由 N 沟道功率 MOSFET 与电力（双极型）晶体管组合而成的 IGBT 的基本结构如图 5-25（a）所示。将这个结构与图 5-20（a）所示的功率 MOSFET 结构相对照，不难发现这两种器件的结构十分相似，不同之处在于 IGBT 比功率 MOSFET 多一层 P^+ 注入区，从而形成一个大面积的 P^+N 结 J_1，这样就使得 IGBT 导通时可由 P^+ 注入区向 N^- 漂移区发射少数载流子（即空穴），对漂移区电导率进行调制，因而 IGBT 具有很强的电流控制能力。

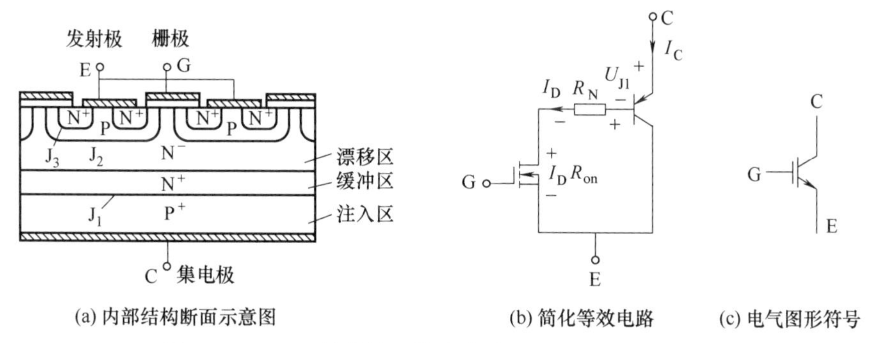

(a) 内部结构断面示意图　(b) 简化等效电路　(c) 电气图形符号

图 5-25　IGBT 的结构、简化等效电路和电气图形符号

介于 P^+ 注入区与 N^- 漂移区之间的 N^+ 层称为缓冲区。有无缓冲区可以获得不同特性的 IGBT。有 N^+ 缓冲区的 IGBT 称为非对称型（也称穿通型）IGBT。它具有正向压降小、关断时间短、关断时尾部电流小等优点，但反向阻断能力相对较弱。无 N^+ 缓冲区的 IGBT 称为对称型（也称非穿通型）IGBT。这种 IGBT 具有较强的正反向阻断能力，但其他特性却不及非对称型 IGBT。目前以上两种结构的 IGBT 均有产品。在图 5-25（a）中，C 为集电极，E 为发射极，G 为栅极（也称门极）。该器件的电路图形符号如图 5-25（c）所示，图中所示箭头表示 IGBT 中电流流动的方向（P 沟道 IGBT 的箭头与其相反）。

(2) 工作原理

简单来说，IGBT 相当于一个由 MOSFET 驱动的厚基区 PNP 晶体管。它的简化等效电路如图 5-25（b）所示，图中 R_N 为 PNP 晶体管基区内的调制电阻。从该等效电路可以清楚地看出，IGBT 是用晶体管和功率 MOSFET 组成的复合器件。因为图中的晶体管为 PNP 型晶体管，MOSFET 为 N 沟道场效应晶体管，所以这种结构的 IGBT 称为 N 沟道 IGBT。类似地还有 P 沟道 IGBT。IGBT 是一种场控器件，它的开通和关断由栅极和发射极间电压 U_{GE} 决定。当栅射极电压 U_{GE} 为正且大于开启电压 $U_{GE(th)}$ 时，MOSFET 内形成沟道并为 PNP 晶体管提供基极电流进而使 IGBT 导通。此时，从 P^+ 区注入 N^- 的空穴（少数载流子）对 N^- 区进行电导调制，减小 N^- 区的电阻 R_N，使高耐压的 IGBT 也具有很低的通态压降。当栅射极间不加信号或加反向电压时，MOSFET 内的沟道消失，则 PNP 晶体管的基极电流被切断，IGBT 即关断。由此可见，IGBT 的驱动原理与 MOSFET 基本相同。

5.1.5.2 基本特性

(1) 静态特性

IGBT 的静态特性包括转移特性和输出特性。

① 转移特性。IGBT 的转移特性是描述集电极电流 I_C 与栅射电压 U_{GE} 之间的相互关系，如图 5-26（a）所示。此特性与功率 MOSFET 的转移特性相似。由图 5-26（a）可知，I_C 与 U_{GE} 基本呈线性关系，只有当 U_{GE} 在 $U_{GE(th)}$ 附近时才呈非线性关系。当栅射电压 U_{GE} 小于

$U_{GE(th)}$ 时，IGBT 处于关断状态；当 U_{GE} 大于 $U_{GE(th)}$ 时，IGBT 开始导通。由此可知，$U_{GE(th)}$ 是 IGBT 能实现电导调制而导通的最低栅射电压。$U_{GE(th)}$ 随温度升高略有下降，温度每升高 1℃，其值下降 5mV 左右。在 25℃时，IGBT 的开启电压 $U_{GE(th)}$ 一般为 2～6V。

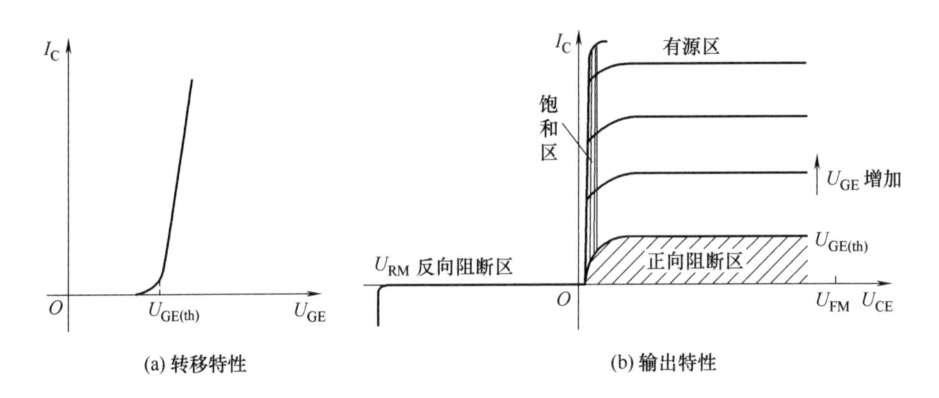

图 5-26 IGBT 的静态特性曲线

② 输出特性。IGBT 的输出特性也称伏安特性。它描述的是以栅射电压 U_{GE} 为控制变量时集电极电流 I_C 与集射极间电压 U_{CE} 之间的关系，IGBT 的输出特性如图 5-26（b）所示。此特性与 GTR 的输出特性相似，不同的是控制变量，IGBT 为栅射电压 U_{GE} 而晶体管为基极电流 I_b。IGBT 的输出特性分正向阻断区、有源区和饱和区。当 $U_{GE}<0$ 时，IGBT 为反向阻断工作状态。参照图 5-25（a）可知，此时 P^+N 结（J_1 结）处于反偏状态，因而不管 MOSFET 的沟道体区中有没有形成沟道，均不会有集电极电流出现。由此可见，IGBT 由于比 MOSFET 多了一个 J_1 结而获得反向电压阻断能力，IGBT 能够承受的最高反向阻断电压 U_{RM} 取决于 J_1 结的雪崩击穿电压。当 $U_{CE}>0$ 而 $U_{GE}<U_{GE(th)}$ 时，IGBT 为正向阻断工作状态。此时 J_2 结处于反偏状态，且 MOSFET 的沟道体区内没有形成沟道，IGBT 的集电极漏电流 I_{CES} 很小。IGBT 能够承受的最高正向阻断电压 U_{FM} 取决于 J_2 的雪崩击穿电压。如果 $U_{CE}>0$ 而且 $U_{GE}<U_{GE(th)}$ 时，MOSFET 的沟道体区内形成导电沟道，IGBT 进入正向导通状态。此时，由于 J_1 结处于正偏状态，P^+ 区将向 N 基区注入空穴。当正偏压升高时，注入空穴的密度也相应增大，直到超过 N 基区的多数载流子密度为止。在这种状态工作时，随着栅射电压 U_{GE} 的升高，向 N 基区提供电子的导电沟道加宽，集电极电流 I_C 将增大，在正向导通的大部分区域内，I_C 与 U_{GE} 呈线性关系，而与 U_{CE} 无关，这部分区域称为有源区或线性区。IGBT 的这种工作状态称为有源工作状态或线性工作状态。对于工作在开关状态的 IGBT，应尽量避免工作在有源区（线性区），否则 IGBT 的功耗将会很大。饱和区是指输出特性明显弯曲的部分，此时集电极电流 I_C 与极射电压 U_{GE} 不再呈线性关系。在电力电子电路中，IGBT 工作在开关状态，因而 IGBT 是在正向阻断区和饱和区之间来回转换的。

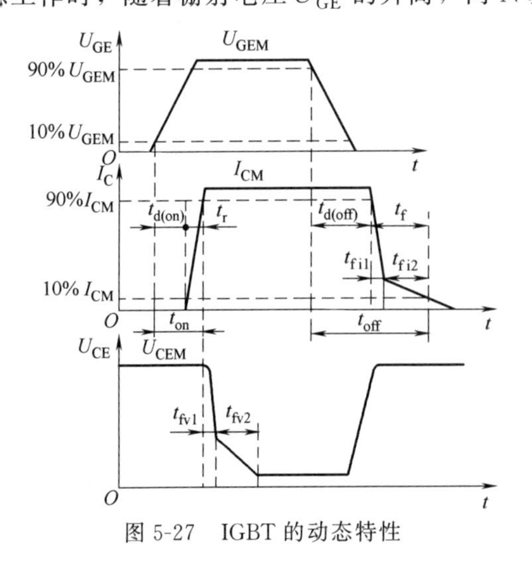

图 5-27 IGBT 的动态特性

(2) 动态特性

图 5-27 给出了 IGBT 开关过程的波形图。

IGBT 的开通过程与 MOSFET 的开通过程很相似。这是因为 IGBT 在开通过程中大部分时间是作为 MOSFET 运行的。开通时间 t_{on} 定义为从驱动电压 U_{GE} 的脉冲前沿上升到 10% U_{GEM}（幅值）处起至集电极电流 I_C 上升到 90%I_{CM} 处止所需要的时间。开通时间 t_{on} 又可分为开通延迟时间 $t_{d(on)}$ 和电流上升时间 t_r 两部分。$t_{d(on)}$ 定义为从 10%U_{GE} 到出现 10% I_{CM} 所需要的时间；t_r 定义为集电极电流 I_C 从 10%I_{CM} 上升至 90%I_{CM} 所需要的时间。集射电压 U_{CE} 的下降过程分成 t_{fV1} 和 t_{fV2} 两段，t_{fV1} 段曲线为 IGBT 中 MOSFET 单独工作的电压下降过程；t_{fV2} 段曲线为 MOSFET 和 PNP 晶体管同时工作的电压下降过程。t_{fV2} 段电压下降变缓的原因有两个：其一是 U_{CE} 电压下降时，IGBT 中 MOSFET 的栅漏电容增加，致使电压下降变缓，这与 MOSFET 相似；其二是 IGBT 的 PNP 晶体管由放大状态转换到饱和状态要有一个过程，下降时间变长，这也会造成电压下降变缓。由此可知 IGBT 只有在 t_{fV2} 结束时才完全进入饱和状态。

IGBT 关断时，从驱动电压 U_{GE} 的脉冲后沿下降到 90%U_{GEM} 处起，至集电极电流下降到 10%I_{CM} 处止，这段过渡过程所需要的时间称为关断时间 t_{off}。关断时间 t_{off} 包括关断延迟时间 $t_{d(off)}$ 和电流下降时间 t_f 两部分。其中 $t_{d(off)}$ 定义为从 90%U_{GEM} 处起至集电极电流下降到 90%I_{CM} 处止的时间间隔；t_f 定义为集电极电流从 90%I_{CM} 处下降至 10%I_{CM} 处的时间间隔。电流下降时间 t_f 又可分为 t_{fi1} 和 t_{fi2} 两段，t_{fi1} 对应 IGBT 内部的 MOSFET 的关断过程，t_{fi2} 对应于 IGBT 内部的 PNP 晶体管的关断过程。

IGBT 的击穿电压、通态压降和关断时间都是需要折衷的参数。高压器件的 N 基区必须有足够的宽度和较高的电阻率，这会引起通态压降的增大和关断时间的延长。在实际电路应用中，要根据具体情况合理选择器件参数。

5.1.5.3 擎住效应

为简明起见，我们曾用图 5-25（b）的简化等效电路说明 IGBT 的工作原理，但是 IGBT 的更实际的工作过程则需用图 5-28 来说明。如图 5-28 所示，IGBT 内还含有一个寄生的 NPN 晶体管，它与作为主开关器件的 PNP 晶体管一起将组成一个寄生晶闸管。

在 NPN 晶体管的基极与发射极之间存在着体区短路电阻 R_{br}。在该电阻上，P 型体区的横向空穴电流会产生一定压降［见图 5-25（a）］。对 J_3 结来说，相当于施加一个正偏置电压。在额定的集电极电流范围内，这个正偏置电压很小，不足以使 J_3 结导通，NPN 晶体管不起作用。如果集电极电流大到一定程度，这个正偏压将上升，致使 NPN 晶体管导通，进而使 NPN 和 PNP 晶体管同时处于饱和状态，造成寄生晶闸管开通，IGBT 栅极失去控制作用，这就是所谓的擎住效应（Latch），也称为自锁效应。IGBT 一旦发生擎住效应后，器件失控，集电极电流很大，造成过高的功耗，能导致器件损坏。由此可知集电极电流有一个临界值 I_{CM}，大于此值后 IGBT 会产生擎住效应。为此，器件制造厂必须规定集电极电流的最大值 I_{CM} 和相应的栅射电压的最大值。集电极通态电流的连续值超过临界值 I_{CM} 时产生的擎住效应称为静态擎住效应。值得指出的是，IGBT 在关断的动态过程中会产生所谓关断擎住或称动态擎住效应，这种现象在负载为感性时更容易发生。动态擎住所允许的集电极电流比静态擎住时还要小，因此制造厂所规定的 I_{CM} 值是按动态擎住所允许的最大集电极电流而确定的。

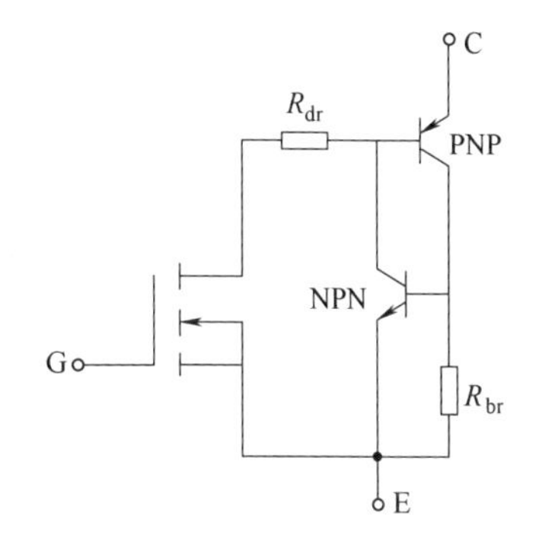

图 5-28　IGBT 实际结构的等效电路

绝缘栅双极型晶体管（IGBT）产生动态擎住现象的主要原因是器件在高速关断时，电流下降太快，集射电压 U_{CE} 突然上升，du_{CE}/dt 很大，在 J_2 结引起较大的位移电流，当该电流流过 R_{br} 时，可产生足以使 NPN 晶体管开通的正向偏置电压，造成寄生晶闸管自锁。为了避免发生动态擎住现象，可适当加大栅极串联电阻 R_{dr}，以延长 IGBT 的关断时间，使电流下降速度变慢，因而使 du_{CE}/dt 减小。

5.1.5.4 主要参数

(1) 集射极击穿电压 BU_{CES}

集射极击穿电压 BU_{CES} 决定了 IGBT 的最高工作电压，它是由器件内部的 PNP 晶体管所能承受的击穿电压确定的，具有正温度系数，其值大约为 0.63V/℃，即 25℃时，具有 600V 击穿电压的器件，在－55℃时，只有 550V 的击穿电压。

(2) 开启电压 $U_{GE(th)}$

开启电压 $U_{GE(th)}$ 为转移特性与横坐标交点处的电压值，是 IGBT 导通的最低栅射极电压。$U_{GE(th)}$ 随温度升高而下降，温度每升高 1℃，$U_{GE(th)}$ 值下降 5mV 左右。在 25℃时，IGBT 的开启电压一般为 2～6V。

(3) 通态压降 $U_{CE(on)}$

IGBT 的通态压降 $U_{CE(on)}$ ［见图 5-25（b）］为

$$U_{CE(on)} = U_{J1} + U_{RN} + I_D R_{on}$$

式中 U_{J1}——J1 结的正向压降，约 0.7～1V；

U_{RN}——PNP 晶体管基区内的调制电阻 R_N 上的压降；

R_{on}——MOSFET 的沟道电阻。

通态压降 $U_{CE(on)}$ 决定了通态损耗。通常 IGBT 的 $U_{CE(on)}$ 为 2～3V。

(4) 最大栅射极电压 U_{GES}

栅极电压是由栅氧化层的厚度和特性所限制的。虽然栅氧化层介电击穿电压的典型值大约为 80V，但为了限制故障情况下的电流和确保长期使用的可靠性，应将栅极电压限制在 20V 之内，其最佳值一般取 15V 左右。

(5) 集电极连续电流 I_C 和峰值电流 I_{CM}

集电极流过的最大连续电流 I_C 即为 IGBT 的额定电流，其表征 IGBT 的电流容量，I_C 主要受结温的限制。

为了避免擎住效应的发生，规定了 IGBT 的最大集电极电流峰值 I_{CM}。由于 IGBT 大多工作在开关状态，因而 I_{CM} 更具有实际意义，只要不超过额定结温（150℃），IGBT 可以工作在比连续电流额定值大的峰值电流 I_{CM} 范围内，通常峰值电流为额定电流的 2 倍左右。

与 MOSFET 相同，参数表中给出的 I_C 为 T_C＝25℃或 T_C＝100℃时的值，在选择 IGBT 的型号时应根据实际工作情况考虑裕量。

5.1.5.5 安全工作区

IGBT 具有较宽的安全工作区。因 IGBT 常用于开关工作状态。它的安全工作区分为正向偏置安全工作区（Forward Biased Safe Operating Area，FBSOA）和反向偏置安全工作区（Reverse Biased Safe Operating Area，RBSOA）。图 5-29（a）、（b）分别为 IGBT 的正向偏置安全工作区（FBSOA）和反向偏置安全工作区（RBSOA）。

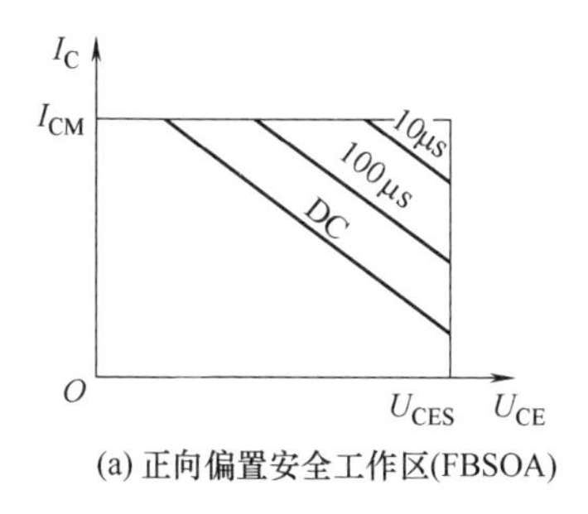

(a) 正向偏置安全工作区(FBSOA)

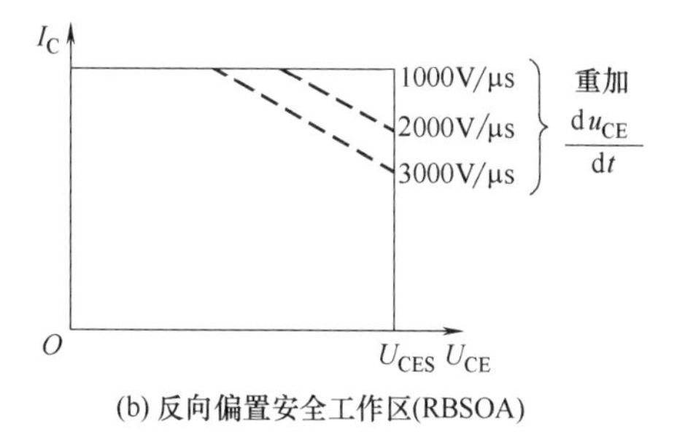

(b) 反向偏置安全工作区(RBSOA)

图 5-29 IGBT 的安全工作区

正向偏置安全工作区（FBSOA）是 IGBT 在导通工作状态的参数极限范围。FBSOA 由导通脉宽的最大集电极电流 I_{CM}、最大集射极间电压 U_{CES} 和最大功耗 P_{CM} 三条边界线包围而成。FBSOA 的大小与 IGBT 的导通时间长短有关。导通时间越短，最大功耗耐量越高。图 5-29（a）示出了直流（DC）和脉宽（PW）分别为 100μs、10μs 三种情况的 FBSOA，其中直流的 FBSOA 最小，而脉宽为 10μs 的 FBSOA 最大。反向偏置安全工作区（RBSOA）是 IGBT 在关断工作状态下的参数极限范围。RBSOA 由最大集电极电流 I_{CM}、最大集射极间电压 U_{CES} 和电压上升率 du/dt 三条极限边界线所围而成。如前文所述，过高的 du_{CE}/dt 会使 IGBT 产生动态擎住效应。du_{CE}/dt 越大，RBSOA 越小。

绝缘栅双极型晶体管（IGBT）的最大集电极电流 I_{CM} 是根据避免动态擎住而确定的，与此相应确定了最大栅射极间电压 U_{GES}。IGBT 的最大允许集射极间电压 U_{GES} 是由器件内部的 PNP 晶体管所能承受的击穿电压确定的。

5.2 整流与滤波电路

随着科技的发展，有越来越多的用电设备必须以直流电源供电，直流电源已成为一种必不可少的能源形式，而发电厂和发电设备发出的电绝大多数为交流电，于是将交流电（AC）变换为直流电（DC）——整流（AC/DC）就成为一种不可缺少的技术。

整流（Rectifier）电路是电力电子电路中出现最早的一种，其电路形式多种多样，各具特色。可从多个角度对其进行分类，主要分类方法有：按组成的器件可分为不可控、半控和全控三种；按交流输入相数可分为单相电路和多相电路。目前，对大、中功率的用电设备而言，其直流电源多以不可控整流和全控整流的方法实现交直流变换。本节仅对电源常用的不可控（单相和三相）整流与滤波电路加以详细论述。

为分析方便起见，除特别注明外，本书讨论整流电路的基本条件是：①整流元件是理想的，即器件处于开关状态，导通时电阻为零，阻断时阻值无限大；②电源是理想的，即交流电网有无限大的能量，可提供理想的正弦交流电；③变压器是理想的，即变压器无漏磁、无损耗，其磁导率 $u\to\infty$，正弦交流电经变压器后，只改变其幅值；④有感性负载时，认为电感是理想的，其内阻为零。本书着重讨论整流电路在稳定工作状态时的原理。

5.2.1 单相不可控整流电路

单相不可控整流电路是指输入为单相交流电，而输出直流电压大小不能控制的整流电路。单相不可控整流电路主要有单相半波、单相全波和单相桥式等几种形式，其中以单相半波不可控整流电路最为基本。

5.2.1.1 单相半波不可控整流电路

(1) 阻性负载

阻性负载单相半波整流电路如图 5-30（a）所示。

设变压器次级电压为：

$$u_2=\sqrt{2}U_2\sin\omega t$$

其中，U_2 为变压器次级电压有效值。其余各电量的正方向假定如图 5-30 所示。

① 工作原理。在电源电压 u_2 的正半周（$0<\omega t\leqslant\pi$），整流二极管 VD 因承受正向电压导通。VD 导通后相当于短路，此时整流电路可简化为如图 5-30（b）所示，电流从 A 点出发，经 VD→R→B→u_2，回到 A 点。此时，输出电压 $u_d=u_2$，$u_{VD}=0$。

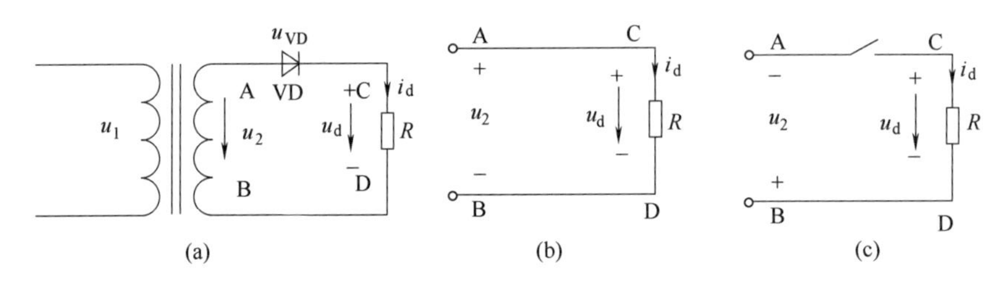

图 5-30 阻性负载单相半波整流电路

在电源电压 u_2 的负半周（$\pi<\omega t\leqslant2\pi$），VD 因承受反向电压而截止，VD 截止后相当于开路，此时电路中无电流流过，电路可简化为如图 5-30（c）所示。此时，$u_d=0$，$u_{VD}=u_2$。

以后便重复上述过程。由此可见，利用整流二极管的单向导电性，可以将交流电压转变为单方向脉动的直流电压。

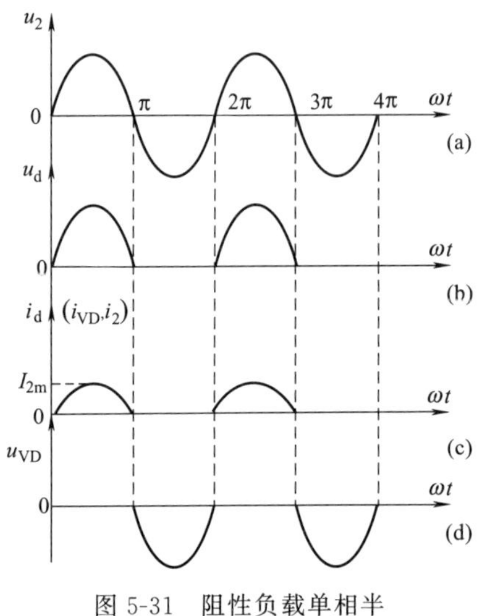

图 5-31 阻性负载单相半波整流电路各点波形

② 电路波形。

a. 输出电压 u_d 波形：一个周期内，只有在电源电压 u_2 正半周 VD 才导通，故 u_d 波形为正弦半波。其波形如图 5-31（b）所示。

b. 输出电流 i_d 波形：由于负载是纯阻性的，$i_d=u_d/R$，因此 i_d 波形的形状与 u_d 波形的形状相同，仍是正弦半波，但幅值不同。其波形如图 5-31（c）所示。

c. 流过整流二极管 VD 的电流 i_{VD} 的波形：由于 $i_{VD}=i_d$，故 i_{VD} 也是正弦半波。

d. 流过变压器次级的电流 i_2 的波形：由于 $i_2=i_d$，故 i_2 也是正弦半波。

e. 二极管两端的电压 u_{VD} 的波形：

$0<\omega t\leqslant\pi$：VD 导通，$u_{VD}=0$。

$\pi<\omega t\leqslant2\pi$：VD 截止，$u_{VD}=u_2$，此段 u_2 在负半周，故 u_{VD} 波形是负正弦半波。其波形如图 5-31（d）所示。

③ 电路参数计算。

a. 输出参数的计算。u_d 的波形如图 5-31（b）所示，故它的平均值为：

$$U_d = \frac{1}{2\pi}\int_0^{2\pi} u_d \mathrm{d}\omega t = \frac{1}{2\pi}\int_0^{\pi} U_{2m}\sin\omega t \mathrm{d}\omega t$$

$$= U_{2m}/\pi = \sqrt{2}U_2/\pi = 0.45U_2$$

根据欧姆定律，可得：

$$I_d = U_d/R = U_{2m}/\pi R = I_{2m}/\pi \tag{5-1}$$

b. 整流元件参数的计算。根据串联电路中，各处电流相等的特点，通过元件的电流平均值为：

$$I_{dVD} = I_d \tag{5-2}$$

流过元件的电流有效值为：

$$I_{VD} = \sqrt{\frac{1}{2\pi}\int_0^{2\pi} {i_{VD}}^2 \mathrm{d}\omega t} = \sqrt{\frac{1}{2\pi}\int_0^{2\pi} (\sqrt{2}I_2\sin\omega t)^2 \mathrm{d}\omega t} = \frac{1}{2}I_{2m} \tag{5-3}$$

将式（5-1）和式（5-2）代入式（5-3）得：

$$I_{VD} = \pi I_d/2 = 1.57I_d = 1.57I_{dVD} \tag{5-4}$$

元件两端承受的最大反向电压：

$$U_{Rm} = U_{2m} = \sqrt{2}U_2$$

c. 变压器次级电流有效值 I_2 的计算。由于通过变压器次级的电流为正弦半波，波形与 i_{VD} 相等，即：

$$I_2 = I_{VD} = 1.57I_d$$

④ 整流元件的选择。整流元件的选择是指如何选择整流元件的型号。元件型号中的主要指标是额定正向平均电流 $I_{F(AV)}$ 和反向重复峰值电压 U_{RRM}。反向重复峰值电压必须合理选择，若选择得过高，则元件价格高，造成浪费；若选得过低，则元件容易损坏。一般选择反向重复峰值电压大于元件实际承受的最大反向峰值电压，为了使元件的耐压有足够的裕量，额定电压应等于最大峰值电压的 2～3 倍，即：

$$U_{RRM} = (2\sim3)U_{RM}$$

整流元件的额定正向平均电流是指正弦半波电流平均值。元件实际允许通过的电流取决于元件的功率损耗和散热情况，若功率损耗大、散热差，元件温升高，容易造成元件的损坏。而元件的功率损耗主要取决于通过元件的电流有效值，故选择元件额定电流有效值应大于实际通过元件电流有效值，为了保证元件有足够的裕量，一般取额定电流有效值 I_F 为实际通过元件电流有效值 I_{VD} 的 1.5～2 倍作为安全裕量。即：

$$I_F = (1.5\sim2)I_{VD}$$

元件的额定电流指的是允许通过的正弦半波电流，它的有效值与平均值的关系与式（5-4）相同，即：$I_F = 1.57I_{F(AV)}$

故

$$I_{F(AV)} = I_F/1.57 = (1.5\sim2)I_{VD}/1.57$$

（2）感性负载

整流电路的负载不一定都是阻性负载。例如整流电路输出接电机的励磁绕组，这时的负载就是感性负载。有时为了减小电流的脉动而加电感滤波，这时是电感与电阻串联作为负载，为了分析方便起见，常将负载人为地分为一个纯电阻与一个纯电感串联表示，其电路示意图如图 5-32 所示。

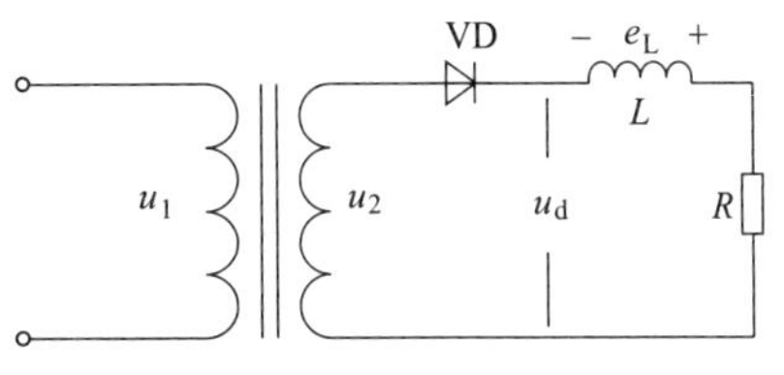

图 5-32　感性负载单相半波整流电路

电感器的主要特性是：当电流增加时，电感器上的感应电动势将要阻止电流增加，其极性如图 5-33（a）所示；当电流不变时，电感器两端也无感应电动

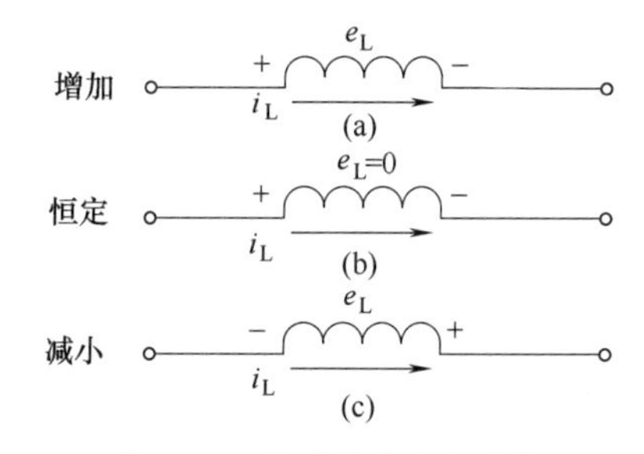

图 5-33 电感器感应电动势与电流变化率的关系

势；而当电流减小时，感应电动势的极性也要改变，如图 5-33（c）所示。

在电阻负载情况下，由于没有其他电压存在，整流二极管 VD 导通与否完全决定于 u_2 的极性，因此元件导通角为 180°。但是在电路中加入电感器以后，就要考虑其感应电动势的作用。当 VD 导通时，负载电流随电源电压 u_2 的上升而增加，电感器产生感应电动势 e_L，以阻止电流的增加，使电流增加缓慢，同时将一部分电能转为磁能储存起来，当负载电流减小时，电感器所产生的感应电动势 e_L 要阻止电流的减小，电流减小缓慢，同时电感器释放能量。由图 5-34（b）可见，在电流增大区间，负载电流 i_d 的增加速度比阻性负载时要慢，而且相位也向右移动了一定角度。在电流减小区间，负载电流 i_d 的减小速度也比阻性负载时要慢，电感器产生感应电动势 e_L 的极性如图 5-32 所示。对整流管来讲是正向电压，并且 $|e_L|>|u_2|$。因此，在感应电动势作用下，即使外加电压为零，甚至在反向情况下，仍能使整流管因承受正向电压而导通，把原来存储在电感中的能量释放出来，一直导通到 $\omega t=\theta_{VD}$ 为止，电流为零。然后其截止状态一直保持到 $\omega t=2\pi$ 为止。以后重复上述过程。

由上述可见，电感器 L 的影响有以下四点：

① 使整流元件导通角增大。这是因为电感器中感应电动势 e_L 维持 VD 导通。

② 流过负载的电流相对平滑。这是因为电感器中感应电动势 e_L 能阻止电流变化。

③ u_d 波形中出现负面积图形。这是因为 VD 导通角增大，VD 导通时，整流电压 u_d 总等于 u_2，故 u_d 中出现负值，其波形如图 5-34（c）所示。

④ VD 承受反向电压的时间缩短。这是因为 VD 导通角增大，本身承受反向电压的时间自然缩短，其波形如图 5-34（d）所示。

由图 5-34 可以看出：$\omega L/R$ 越大，θ_{VD} 也就越大，i_d 就越平滑，但是 u_d 中出现负值的时间越长，输出电压平均值 U_d 越小。当 $\omega L/R\to\infty$时，$\theta_{VD}=360°$，$U_d\equiv0$。所以电流平滑与 U_d 减小就成了一对矛盾，为解决这一矛盾，通常在负载两端并联一只二极管 VD_R，这只二极管通常称为续流二极管。

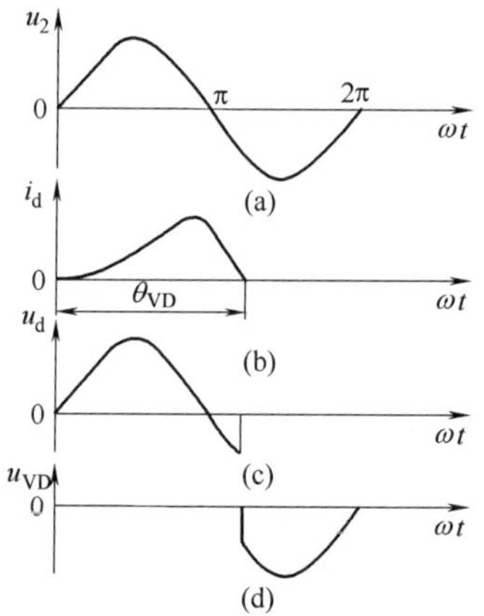

图 5-34 感性负载单相半波整流电路各点波形

(3) 带续流二极管的感性负载

① 电路原理。带续流二极管 VD_R 感性负载的电路如图 5-35 所示。分析该电路时，认为 $\omega L\gg R$，即近似认为流过负载的电流为基本不变的直流。

在 $0<\omega t\leqslant\pi$ 区间，$u_2>0$，VD 承受正向电压导通；VD_R 承受反向电压截止，电流由 A 端出发，经过 VD→L→R→u_2 回到 A 点，电源向负载提供能量。$u_d=u_2$。

在 $\pi<\omega t\leqslant2\pi$ 区间，$u_2<0$，负载电流 i_d 因 u_2 下降而有下降的趋势，电感 L 上产生感应电动势，极性如图 5-35 所示，e_L 力图使 VD 和 VD_R 导通，但当 VD_R 导通后，u_2 便通过 VD_R 加到 VD 两端，因 u_2 为负，故 VD 因承受反向电压而截止。电路中电流 i_d 由 B 点出发，经过 R→VD_R→L，回到 B 点，L 释放能量。因 $\omega L\gg R$，在（$\pi<\omega t\leqslant2\pi$）区间，电感 L 是属于自由释放能量，放电时间长短由 L/R 来决定，因为 τ 很大，所以 VD_R 一直导通，

L 一直释放能量。各点的波形如图 5-36 所示。

通过图 5-36 所示的波形可以看出：

a. 整流元件 VD 的导通角 $\theta_{VD}=180°$；

b. 续流二极管 VD_R 的导通角 $\theta_{VDR}=180°$；

c. u_d 波形与阻性负载相同；

d. u_{VD} 波形与阻性负载相同；

e. 输出电流近似为基本不变的直流电流；

f. i_{VD} 和 i_{VDR} 均为方波。

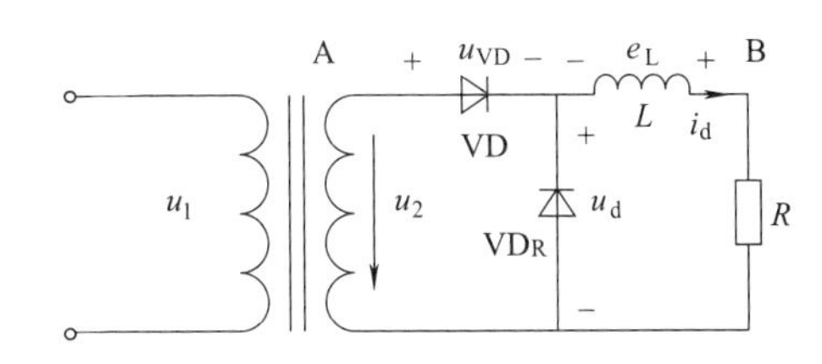

图 5-35　带续流二极管的单相半波整流电路（感性负载）

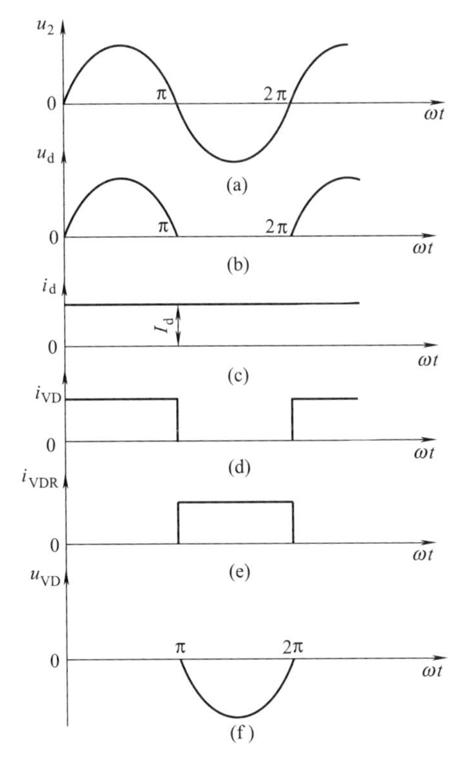

图 5-36　带续流二极管单相半波整流电路（感性负载）的各点波形

由此可见，电感 L 对单相半波带续流二极管整流电路的影响是使输出电流 i_d 平滑。

② 电路参数计算。

a. 输出参数的计算。因为 u_d 波形与阻性负载完全相同，因此

$$U_d=0.45U_2$$

由于电感是理想的，即 $R_L\approx 0$，故：

$$I_d=U_d/R$$

b. 整流元件参数的计算。由图 5-36（d）看出，i_{VD} 是幅值为 I_d，宽度为 π 的矩形方波，其平均值为：

$$I_{dVD}=\frac{1}{2\pi}\int_0^{\pi}I_d\,d\omega t=\frac{1}{2}I_d$$

流过元件的电流有效值为：

$$I_{VD}=\sqrt{\frac{1}{2\pi}\int_0^{\pi}I_d^2\,d\omega t}=\frac{\sqrt{2}}{2}I_d$$

$$U_{Rm}=\sqrt{2}U_2$$

由图 5-36（e）可以看出 i_{VDR} 与 i_{VD} 的宽度、幅值完全相同，只是相位不同。所以：

$$I_{dVDR}=\frac{1}{2}I_d$$

$$I_{VDR}=\frac{\sqrt{2}}{2}I_d$$

5.2.1.2　单相全波不可控整流电路

(1) 阻性负载

单相全波纯阻性负载不可控整流电路如图 5-37（a）所示，它是由两个单相半波整流电路并联而成。图中 u_{21}、u_{22} 是两个相位互差 π 的交流电压，其表达式为：

$$u_{21}=U_{2m}\sin\omega t$$

$$u_{22}=U_{2m}\sin(\omega t+\pi)$$

其波形如图 5-37（b）所示，设 u_{21} 的正方向由 A 到 0，u_{22} 的正方向由 B 到 0。

① 工作原理。在电源电压正半周（$0<\omega t\leqslant\pi$），整流元件 VD_1 因承受正向电压而导通，VD_1 导通后相当于短路，VD_2 因承受反向电压而截止，VD_2 截止相当于开路，此时电流路径为从 A 点出发，经 $VD_1\rightarrow R\rightarrow u_{21}$，回到 A 点。$U_d=u_{21}$，$u_{VD1}=0$，$i_d=u_d/R=U_{21}/R$，$i_{VD2}=0$。

在电源电压负半周（$\pi<\omega t\leqslant 2\pi$）时，整流二极管 VD_1 因承受反向电压而截止，VD_1 截止后相当于开路，VD_2 因承受正向电压而导通，VD_2 导通后相当于短路，电流路径为从 B 点出发，经 $VD_2\rightarrow R\rightarrow u_{22}$，回到 B 点。$U_d=u_{22}$，$u_{VD1}=u_{21}-u_{22}=2u_{21}$，$i_d=u_{22}/R=i_{VD2}$，$i_{VD1}=0$。

以后便以 $T=2\pi/\omega$ 为周期循环往复。

② 电路波形。从以上分析看出：

a. 由于一个周期内，有两个元件轮流导通，故 u_d 波形包括两个正弦半波。输出电压平均值比单相半波大一倍即：

$$U_d=2\times 0.45U_2=0.9U_2$$

b. 输出电流 i_d 一周内有两个波头，输出电流也是单相半波的两倍。

c. 在该电路中，由于 VD_1、VD_2 其中之一导通时，把本支路的电压加在另一个不导通支路的元件上，所以 u_{VD} 波形的最大值为单相半波的 2 倍，即：

$$U_{Rm}=2\sqrt{2}U_2$$

(2) 感性负载

单相全波感性负载不可控整流电路如图 5-38（a）所示。图中 $\omega L_d\gg R$，并设电路处于稳定工作状态。

① 工作原理及波形。在电源电压正半周（$0<\omega t\leqslant\pi$），$u_{21}>0$，$u_{22}<0$，整流元件 VD_1

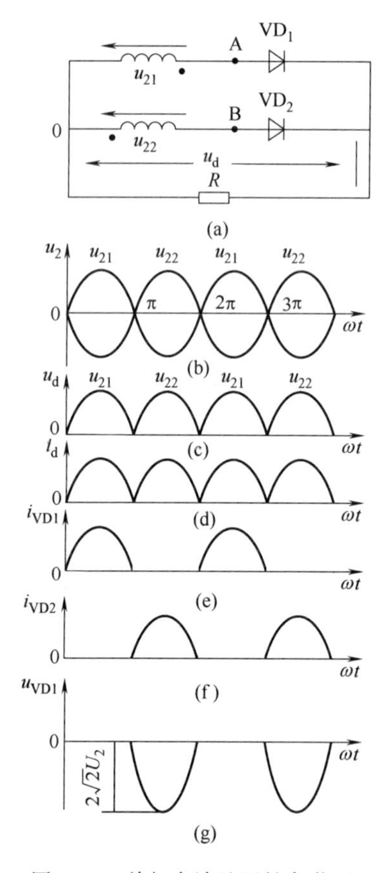

图 5-37 单相全波纯阻性负载不可控整流电路及其各点波形

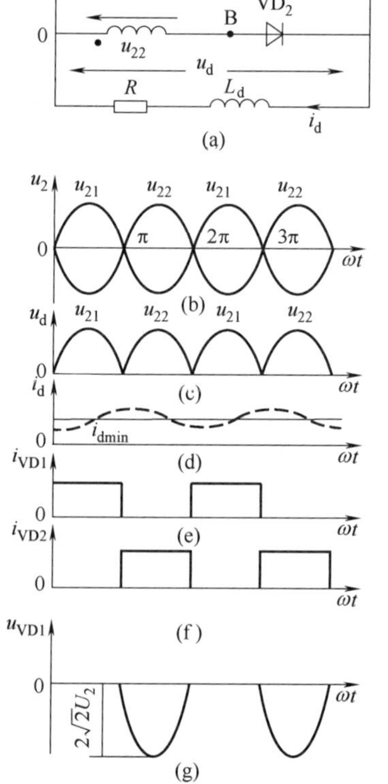

图 5-38 感性负载单相全波电路及其各点波形

因承受正向电压而导通，VD_2 因承受反向电压而截止。此时，电流 i_d 从 A 点出发，经过 $VD_1 \to L_d \to R \to u_{21}$，回到 A 点。$i_d$ 受 L_d 的影响，从最小值 i_{dmin} 逐渐增大，然后又逐渐减小。在电流减小时，L_d 产生感应电动势，其极性如图 5-38（a）所示，该电势力图维持 VD_1 导通，也力图使 VD_2 导通。VD_1 和 VD_2 都能导通吗？VD_1 两端电压为 $u_L + u_{21}$，VD_2 两端电压为 $u_L - u_{22}$。由于 $|u_L| < |u_{21}|$，$|u_L| < |u_{22}|$，故 VD_1 承受正向电压继续导通，VD_2 仍承受反向电压而截止，因此仍是 VD_1 导通。

在电源负半周时（$\pi < \omega t \leqslant 2\pi$），$u_{21} < 0$，$u_{22} > 0$，$VD_1$ 因承受反向电压而截止，VD_2 因承受正向电压而导通。电流从 B 点出发，经过 $VD_2 \to L_d \to R \to u_{22}$，回到 B 点。

由图 5-38（d）看出，由 $\omega L_d \gg R$ 时，i_d 比较平滑，且 L_d 不影响元件的导通角，元件是否导通主要取决于电源电压极性。电路中各点电压、电流波形如图 5-38 所示。

从图中看出：

a. 由于 L_d 不影响元件的导通角，所以元件导通角 $\theta_{VD} = 180°$，且 u_d 波形不会出现负值。

b. i_d 波形，由于 L_d 的影响趋于平滑，当 $\omega L_d \gg R$ 时，i_d 近似是一条直线。

c. i_{VD} 波形，由于 i_d 是一条直线，所以 i_{VD} 是幅值为 I_d 而且宽度是 180°的矩形波。

d. u_{VD} 波形与阻性负载时完全相同。

② 电路参数计算。

a. 输出参数的计算。从图 5-38（c）看出：

$$U_d = 0.9U_2$$

$$I_d = U_d / R$$

b. 整流元件参数的计算。

$$I_{dVD} = \frac{1}{2} I_d$$

$$I_{VD} = \frac{\sqrt{2}}{2} I_d$$

$$U_{Rm} = 2\sqrt{2} U_2$$

单相全波整流电路的优点是：使用元件少，输出电压高。其缺点是需要带中心抽头的变压器，所需元件耐压高。

5.2.1.3 单相桥式不可控整流电路

单相桥式不可控整流电路如图 5-39 所示。图中电源变压器没有画出，整流二极管 VD_1 和 VD_2 的阴极接在一起，组成共阴极组，整流二极管 VD_3 和 VD_4 的阳极接在一起，组成共阳极组。假设 $\omega L_d \gg R$，$r_{Ld} = 0$，$u_2 = \sqrt{2} U_2 \sin\omega t$，其波形如图 5-40（a）所示。其正方向规定由 A→B。如图 5-39 所示。

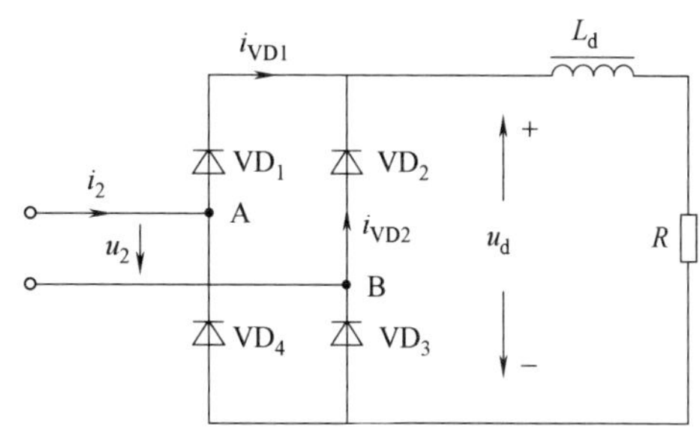

图 5-39 单相桥式不可控整流电路

（1）电路工作原理及波形

0°$< \omega t \leqslant$ 180°区间，u_2 为上正下负，即 A 点为正，B 点为负，VD_2、VD_4 承受反向电压而截止，VD_1、VD_3 承受正向电压而导通，其电流路径为从 u_2^+ 出发，经 $A \to VD_1 \to L_d \to R \to VD_3 \to B \to u_2^-$。在此区间，$u_d = u_2$，$u_{VD1} = 0$，$i_{VD1} = i_{VD3} = i_2 = i_d$（因为 $\omega L_d \gg$

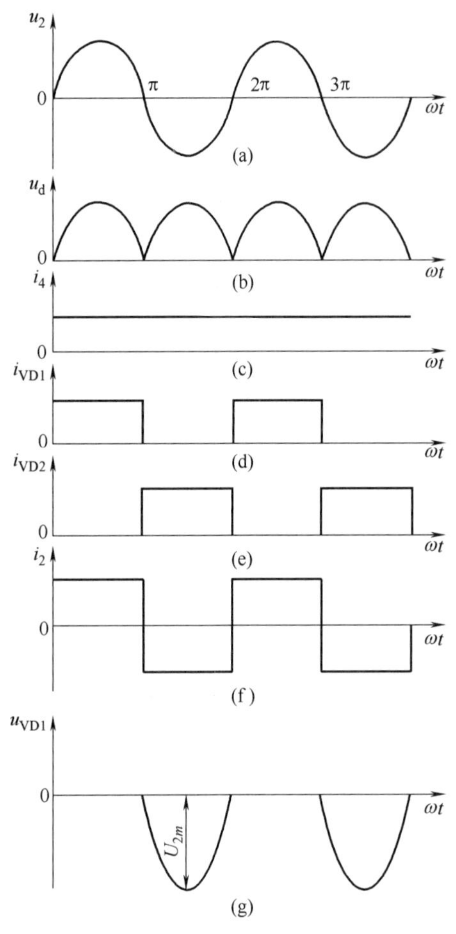

图 5-40 单相桥式不可控电路各点波形

R，所以近似认为 i_d 为基本不变的直流）。各参量的波形如图 5-40 所示。

$180° < \omega t \leqslant 360°$ 区间，u_2 为下正上负，即 A 点为负，B 点为正，该电压对于 VD_1、VD_3 来说是反向电压，所以 VD_1、VD_3 截止，而对 VD_2、VD_4 来说是正向电压，所以 VD_2、VD_4 导通，该区域的电流路径为从 u_2^+ 出发，经 B→VD_2→L_d→R→VD_4→A→u_2^-。此时 $u_d=-u_2$，而 u_2 本身为负，所以 u_d 始终在横坐标的上方，即 u_d 恒为正值。$i_{VD1}=i_{VD3}=0$，$i_{VD2}=i_{VD4}=i_d$，$u_{VD1}=u_2$，$i_2=-i_{VD2}$。相关参量波形如图 5-40 所示。

通过上述分析看出：

① 每只元件的导通角为 $\theta_{VD}=180°$。

② 通过整流二极管的电流是幅值为 I_d，宽度为 180°的矩形波。

③ 通过变压器次级的电流为正、负均有的矩形波。所以，变压器的利用率较高。

(2) 电路参数计算

① 输出参数的计算。u_d 波形与全波整流电路的 u_d 波形完全相同。因此

$$U_d=0.9U_2$$

$$I_d=U_d/R$$

② 整流元件参数的计算。

$$I_{dVD}=I_d/2$$

$$I_{VD}=\sqrt{2}I_d/2$$

$$U_{Rm}=\sqrt{2}U_2$$

③ 变压器次级电流有效值 I_2。

$$I_2=\sqrt{\frac{1}{2\pi}\left[\int_0^{\pi}(I_d)^2\mathrm{d}\omega t+\int_{\pi}^{2\pi}(-I_d)^2\mathrm{d}\omega t\right]}=I_d$$

5.2.2 三相不可控整流电路

单相桥式不可控整流电路具有很多优点，但是输出功率超过 1kW 时，就会造成三相电网不平衡。因此要求输出功率大于 1kW 的整流设备，通常采用三相整流电路。它包含三相半波整流电路、三相桥式整流电路和并联复式整流电路等。本节重点讨论三相半波不可控整流电路和三相桥式不可控整流电路。

5.2.2.1 三相半波不可控整流电路

(1) 共阴极型三相半波不可控整流电路

图 5-41 所示的整流电路为共阴极型三相半波不可控整流电路，所谓共阴极型整流电路就是三只整流元件的阴极接在一起，而它们的阳极分别接在变压器次级的首端。图中变压器次级电压的有效值为 U_2，初级直接由三相电网供电。而次级电压波形如图 5-42 所示，为对称的三相电源，即它们的幅值相同、频率相同、相位互差 120°。

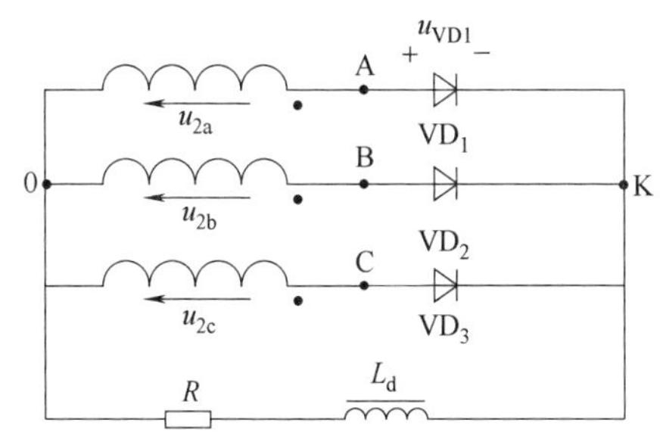

图 5-41　三相半波不可控整流电路（共阴极型）

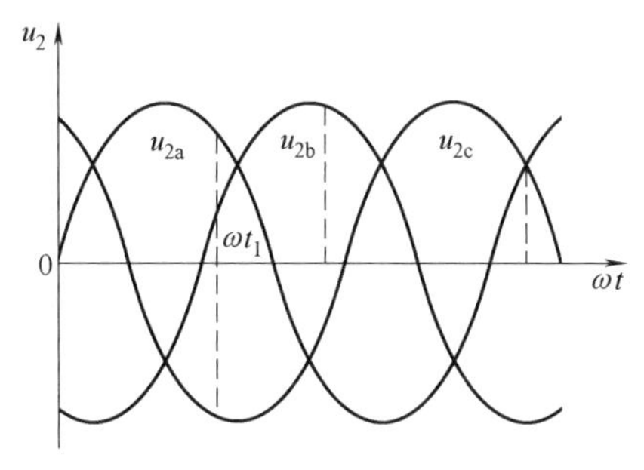

图 5-42　三相电源波形

其数学表达式为：

A 相：$u_{2a}=\sqrt{2}U_2\sin\omega t$；

B 相：$u_{2b}=\sqrt{2}U_2\sin(\omega t-120°)$；

C 相：$u_{2c}=\sqrt{2}U_2\sin(\omega t+120°)$。

在图 5-41 中，$\omega L_d \gg R$，i_d 近似为直线，各参量的规定正方向如图 5-41 所示。

① 导电原则。在单相不可控整流电路中，只要电源电压对整流二极管为正偏，二极管便导通，是很简单的。在三相整流电路中有三相电源，判别元件是否导通，就要比单相复杂得多。需要考虑每相电压之间的相互影响，讨论前设变压器次级的中性点 0 为参考点，即 $\Phi_0=0\text{V}$，则 VD_1 的阳极电位等于 A 相电压，$\Phi_A=u_{2a}$；VD_2 的阳极电位等于 B 相电压，$\Phi_B=u_{2b}$；VD_3 的阳极电位等于 C 相电压，$\Phi_C=u_{2c}$。下面任意假设一点讨论整流二极管的导通原则。

在图 5-42 中，任选一点，如 ωt_1 点，此时所对应的各点电位分别为：$\Phi_A>0$，$\Phi_B>0$，$\Phi_C<0$，且 $\Phi_A>\Phi_B$。按照单相不可控整流电路中的导通原则，由于 $\Phi_C<0$，可以肯定与 C 相电源相连接的 VD_3 是截止的。但是 Φ_A、Φ_B 同时大于零，VD_1 和 VD_2 是否同时导通呢？我们先假设 VD_2 导通，如果忽略整流二极管导通时的管压降，那么 VD_2 的阳极电位 Φ_B 应与其阴极电位 Φ_K 相等，即 $\Phi_B=\Phi_K$。此时，VD_1 的阴极电位就等于 Φ_B，而 VD_1 的阳极电位为 Φ_A，且 $\Phi_A>\Phi_B$，所以 VD_1 正偏导通。当 VD_1 导通后，其阳极电位等于阴极电位，即 $\Phi_A=\Phi_K$，反过来，Φ_K 又对 VD_2 产生影响，使 VD_2 的阴极电位为 Φ_A，这样就使得 VD_2 的阳极电位 Φ_B 低于阴极电位 Φ_A，VD_2 就会因承受反向偏置电压而截止。因此，事先假设 VD_2 导通是不成立的。由此可知：在 ωt_1 时刻，由于元件导通后的相互影响，只有阳极电位最高的整流元件 VD_1 导通。由于 ωt_1 时刻是任意选取的，故不是一般性，因此可得出如下结论：在共阴极型三相半波不可控整流电路中，任何时刻都是阳极正电位最高的整流元件导通。

② 工作原理。如图 5-43 所示。

在 $30°<\omega t\leqslant150°$区间，$\Phi_A>\Phi_B$，$\Phi_A>\Phi_C$，根据导电原则可知 VD_1 导通，VD_2、VD_3 截止，其简化电路如图 5-43（b）所示。电流 i_d 从 A 点出发，经 $VD_1\rightarrow L_d\rightarrow R\rightarrow u_{2a}$，回到 A 点，此时，$u_d=u_{2a}$，$i_{VD1}=i_d=i_{2a}$，$u_{VD1}=0$。

在 $150°<\omega t\leqslant270°$ 区间，$\Phi_B>\Phi_A$，$\Phi_B>\Phi_C$，根据导电原则可知 VD_2 导通，VD_1、VD_3 截止，其简化电路如图 5-43（c）所示。电流 i_d 从 B 点出发，经 $VD_2\rightarrow L_d\rightarrow R\rightarrow u_{2b}$，回到 B 点，此时，$u_d=u_{2b}$，$i_{VD2}=i_d=i_{2b}$，$u_{VD1}=u_{ab}$。

在 $270°<\omega t\leqslant390°$ 区间，$\Phi_C>\Phi_A$，$\Phi_C>\Phi_B$，根据导电原则可知 VD_3 导通，VD_1、VD_2 截止，其简化电路如图 5-43（d）所示。电流 i_d 从 C 点出发，经 $VD_3\rightarrow L_d\rightarrow R\rightarrow u_{2c}$，

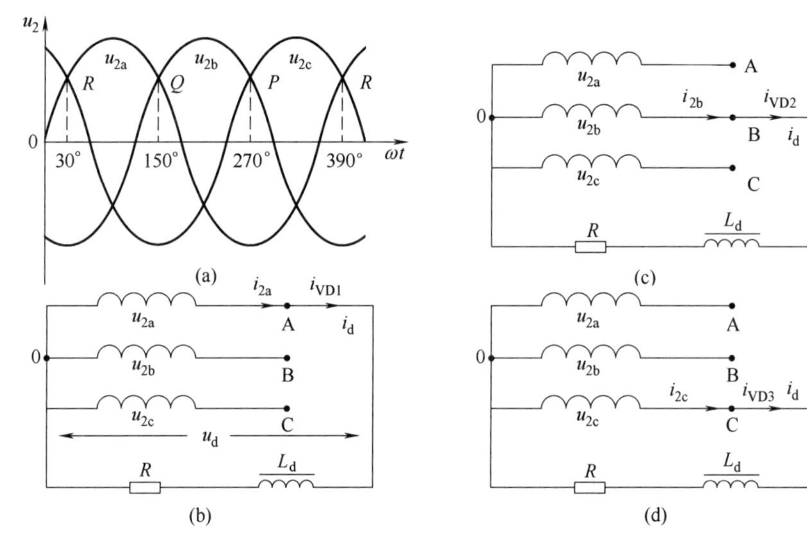

图 5-43 三相半波不可控整流电路简化电路图

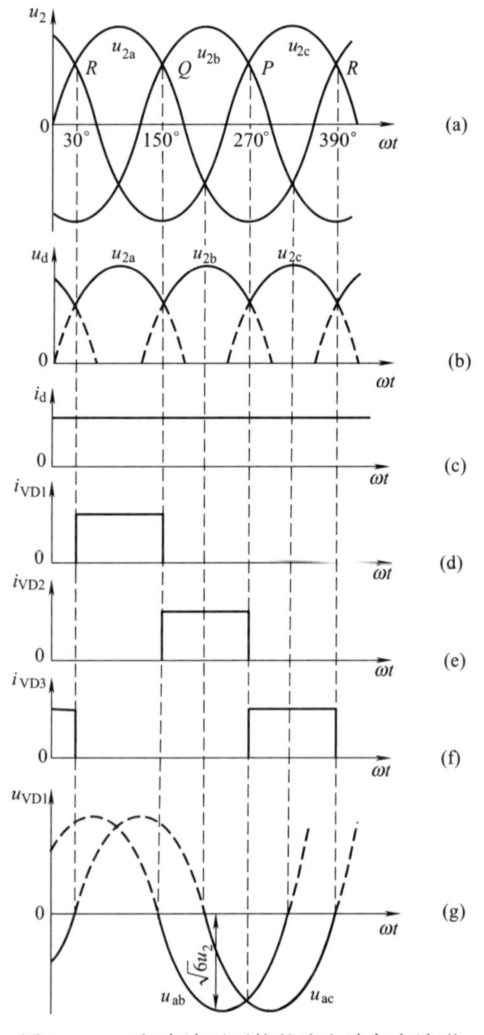

图 5-44 三相半波不可控整流电路各点波形

回到 C 点，此时，$u_d=u_{2c}$，$i_{VD3}=i_d=i_{2c}$，$u_{VD1}=u_{ac}$。

通过上述讨论可见：

a. VD_1 与 VD_2 在 Q 点交换导通，VD_2、VD_3 在 P 点交换导通；VD_3、VD_1 在 R 点交换导通。Q 点、P 点、R 点分别为整流元件的交换导通点，我们将这些点称为自然换流点。

b. VD_1 的导通范围是 30°～150°，VD_2 的导通范围是 150°～270°，VD_3 的导通范围是 270°～390°。因此，每一个元件的导通角是 120°。

③ 电路波形。

a. u_d 的波形。

$30°<\omega t\leqslant 150°$：$VD_1$ 导通，$u_d=u_{2a}$；

$150°<\omega t\leqslant 270°$：$VD_2$ 导通，$u_d=u_{2b}$；

$270°<\omega t\leqslant 390°$：$VD_3$ 导通，$u_d=u_{2c}$。

由此可见，u_d 是变压器次级各相电压的包络线，其波形如图 5-44（b）所示。

b. i_d 的波形。由于 $\omega L_d\gg R$，i_d 是纯直流，故它是一条幅值为 I_d，与横轴平行的直线。其波形如图 5-44（c）所示。

c. i_{VD1} 的波形。

$30°<\omega t\leqslant 150°$：$VD_1$ 导通，$i_{VD1}=i_d$；

$150°<\omega t\leqslant 270°$：$VD_1$ 截止，$i_{VD1}=0$；

$270°<\omega t\leqslant 390°$：$VD_1$ 截止，$i_{VD1}=0$。

因此，通过元件的电流波形是幅值为 I_d，宽度为 120°的矩形方波，如图 5-44（d）（e）和（f）所示。

d. u_{VD1} 的波形。

$30° < \omega t \leqslant 150°$：$VD_1$ 导通，$u_{VD1}=0$；

$150° < \omega t \leqslant 270°$：$VD_2$ 导通，$u_{VD1}=u_{ab}$；

$270° < \omega t \leqslant 390°$：$VD_3$ 导通，$u_{VD1}=u_{ac}$。

故 u_{VD1} 由三部分组成，其波形如图 5-44（g）所示。

④ 电路参数计算。

a. 输出参数的计算。由图 5-44（b）可以看出，在一个周期内，u_d 是由三块相同的波形组成。因此求 U_d 只须在 1/3 周期内进行计算。为便于计算，将坐标原点移到波头最大值处，如图 5-45 所示。

$$U_d=\frac{3}{2\pi}\int_{-\frac{\pi}{3}}^{\frac{\pi}{3}}\sqrt{2}U_2\cos\omega t\,\mathrm{d}\omega t=1.17U_2$$

$$I_d=U_d/R$$

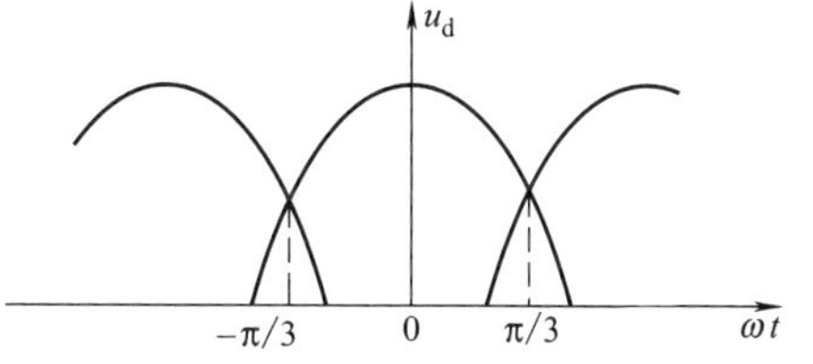

图 5-45 三相半波不可控整流电路计算 U_d 示意图

b. 整流元件参数的计算。i_{VD} 是幅值为 I_d，宽度为 120°的矩形方波，故：

$$I_{dVD}=\frac{120°}{360°}I_d=\frac{1}{3}I_d$$

$$I_{VD}=\sqrt{\frac{120°}{360°}}I_d=\frac{\sqrt{3}}{3}I_d$$

由图 5-44（g）可以看出，元件承受的最大反向电压为线电压的峰值，即：

$$U_{Rm}=\sqrt{6}U_2$$

⑤ 优缺点。三相半波不可控整流电路与单相桥式不可控整流电路相比，具有输出电压脉动小、输出电压比较高的优点；但变压器的利用率低，每一个次级绕组只工作 120°。

(2) 共阳极型三相半波不可控整流电路

如图 5-46（a）所示，三个整流二极管的阳极接在一起，其阴极分别接在变压器次级三个绕组的首端，这种电路称为共阳极型三相半波不可控整流电路。在这个电路中，任何时刻都是阳极正电位最高的整流元件导通吗？

在图 5-46（b）中，任意选择一点，例如 ωt_1，此时，$\Phi_A>0$，$\Phi_B<0$，$\Phi_C<0$，并且 $\Phi_B>\Phi_C$。假设 VD_1 导通，当 VD_1 导通后，$\Phi_K=\Phi_A$，VD_2、VD_3 因承受正向电压而导通。VD_3 导通后，$\Phi_K=\Phi_C$，VD_1、VD_2 两端因承受反向电压而截止。由此可见，由于元件间相互影响，在 ωt_1 瞬间，只有阴极电位最低的整流元件 VD_3 导通。由于 ωt_1 是任意选取的，故可以得出：在共阳极型三相半波不可控整流电路中，任何时刻都是阴极电位最低的整流元件导通。三相共阳极型半波电路的工作过程、相关波形及参数计算请读者自行分析。

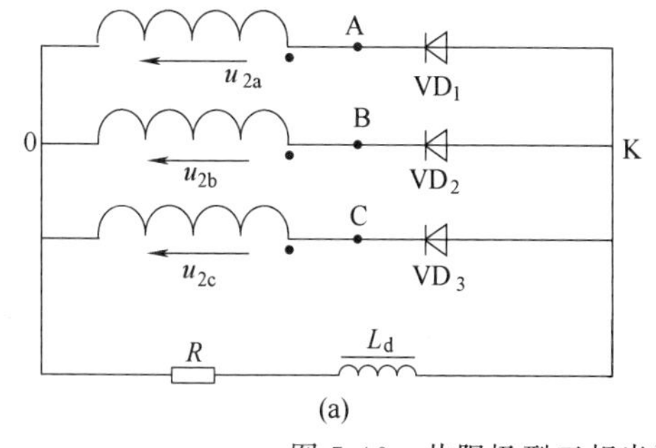

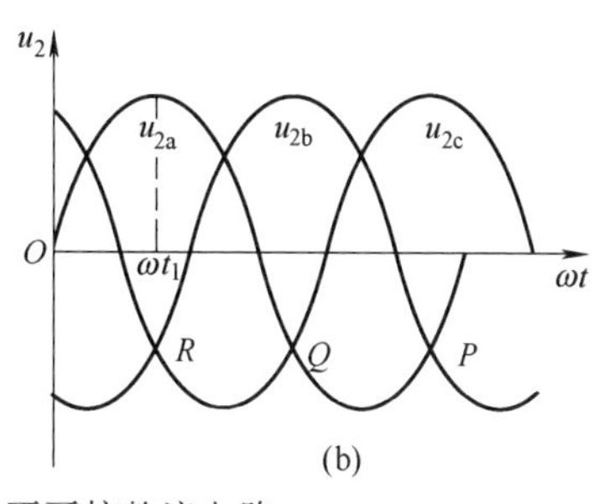

图 5-46 共阳极型三相半波不可控整流电路

5.2.2.2 三相桥式不可控整流电路

三相半波整流电路虽不会造成三相电网不平衡，但该电路变压器利用率较低，在一个周期内，只有 1/3 周期有电流通过变压器绕组。而三相桥式整流电路就可克服上述缺点。

如图 5-47（a）所示是两组三相半波不可控整流电路相串联，它们共用一组三相对称电源。由 VD_1、VD_2、VD_3 组成三相半波共阴极型不可控整流电路，其输出电压平均值为 $U_{d1}=1.17U_2$，输出平均电流为 I_{d1}；由 VD_4、VD_5、VD_6 组成三相半波共阳极型不可控整流电路，其输出电压平均值 $U_{d2}=-1.17U_2$，输出平均电流为 I_{d2}。如果它们的负载完全相同，即 $R_1=R_2=R/2$，$L_1=L_2=L/2$，则 I_{d1} 与 I_{d2} 大小相同，方向相反，流过中线的电流为零。若将中线切断，则不影响整个电路的正常工作。整理后的电路如图 5-47（b）所示，该电路称为三相桥式不可控整流电路。

由此可见，三相桥式不可控整流电路是由共阴极型与共阳极型三相半波不可控整流电路串联而成。图中 $L=L_1+L_2$，$R=R_1+R_2$。并且 $\omega L \gg R$，$\gamma_L=0$，u_{2a}、u_{2b}、u_{2c} 为对称三相电源，每相对中点 0 的波形为彼此互差 120°的正弦波，即：

$$u_{2a}=\sqrt{2}U_2\sin\omega t$$

$$u_{2b}=\sqrt{2}U_2\sin(\omega t-120°)$$

$$u_{2c}=\sqrt{2}U_2\sin(\omega t+120°)$$

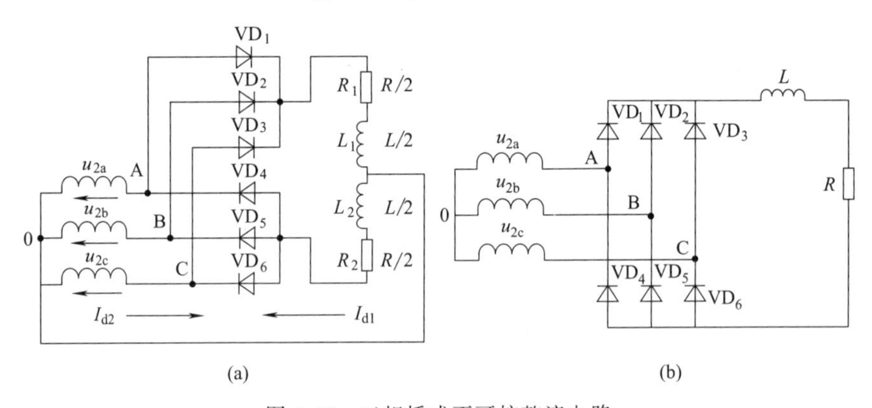

图 5-47 三相桥式不可控整流电路

(1) 导电原则

三相桥式不可控整流电路由两组二相半波不可控整流电路串联而成。将共阴极型三相半波不可控整流电路称为共阴极组，共阳极型三相半波不可控电路称为共阳极组。共阴极组的导电原则与三相半波不可控共阴极型整流电路相同，即任何瞬间阳极正电位最高的整流元件导通。同理，共阳极组的导电原则与三相半波不可控共阳极型整流电路相同，即任何瞬间阴极电位最低的整流元件导通。

(2) 工作过程

下面运用导电原则，讨论一个周期内三相桥式不可控整流电路的工作过程。

在图 5-48 中：

在 $30°\leqslant\omega t\leqslant 90°$区间：$u_{2a}>u_{2c}>u_{2b}$。根据上述导电原则，可以判断出，共阴极组的 VD_1 导通，VD_2 和 VD_3 截止；共阳极组的 VD_5 导通，VD_4 和 VD_6 截止。此时，电路可以简化为如图 5-48（c）所示。电路中电流的流向由 A 点出发，经 $VD_1\rightarrow L\rightarrow R\rightarrow VD_5\rightarrow u_{2b}\rightarrow u_{2a}$，最后回到 A 点。$u_d=u_{2a}-u_{2b}=u_{ab}$，$i_d=i_{VD1}=i_{VD5}=i_{2a}$，$u_{VD1}=0$。

在 $90°\leqslant\omega t\leqslant 150°$区间：$u_{2a}>u_{2b}>u_{2c}$。根据上述导电原则，可以判断出：共阴极组的

VD_1 导通，VD_2、VD_3 截止；共阳极组的 VD_6 导通，VD_4、VD_5 截止。此时，电路可简化为如图 5-48（d）所示。电路中电流的流向由 A 点出发，经 $VD_1 \to L \to R \to VD_6 \to u_{2c} \to u_{2a}$，最后回到 A 点。$u_d = u_{2a} - u_{2c} = u_{ac}$，$i_d = i_{VD1} = i_{VD6} = i_{2a}$，$u_{VD1} = 0$。

在 $150° \leqslant \omega t \leqslant 210°$ 区间：$u_{2b} > u_{2a} > u_{2c}$。根据上述导电原则，可以判断出：共阴极组的 VD_2 导通，VD_1、VD_3 截止；共阳极组的 VD_6 导通，VD_4、VD_5 截止。此时，电路可简化为如图 5-48（e）所示。电路中电流的流向由 B 点出发，经 $VD_2 \to L \to R \to VD_6 \to u_{2c} \to u_{2b}$，最后回到 B 点。$u_d = u_{2b} - u_{2c} = u_{bc}$，$i_d = i_{VD2} = i_{VD6} = i_{2b}$，$u_{VD1} = u_{ab}$。

同理，在 $210° \leqslant \omega t \leqslant 270°$ 区间：由 VD_2 和 VD_4、负载（R 和 L）、电源 u_{ba} 组成导电支路工作；在 $270° \leqslant \omega t \leqslant 330°$ 区间，由 VD_3 和 VD_4、负载、电源 u_{ca} 组成导电支路工作；在 $330° \leqslant \omega t \leqslant 390°$ 区间，由 VD_3 和 VD_5、负载、电源 u_{cb} 组成导电支路工作。

通过上述分析，可以得出以下结论：

① 整流元件按 1、6、2、4、3、5 的顺序导通。

② 在一个周期内，每一个元件导通 120°。

③ 在一个周期内，有六条导电支路，每隔 60°有一个元件换流。任何一条导电支路，都由两个整流元件串联工作。

④ 在一个周期内，变压器每个次级绕组在正负半、周各有 120°导通，从而提高了变压器的利用率。

(3) 电路的波形

① u_d 的波形。u_d 的波形如图 5-49（b）所示。在一个周期内有六个波头。现说明如下：

在 $30° < \omega t \leqslant 90°$ 区间：整流二极管 VD_1、VD_5 导通，$u_d = u_{ab}$。那么线电压 u_{ab} 与相电压 u_{2a} 之间是什么关系？由图 5-50 可见，$U_{ab} = u_{2a} - u_{2b}$，故 u_{ab} 超前 u_{2a} 30°，$u_{abm} = \sqrt{3} U_{2m}$。$u_{2a}$ 的最大值为 U_{2m}，并在 90°处。故 u_{ab} 最大值为 $\sqrt{3} U_{2m}$，并在 60°处。

在 $90° < \omega t \leqslant 150°$ 区间：整流二极管 VD_1、VD_6 导通，$u_d = u_{ac}$。那么线电压 u_{ac} 与相电压 u_{2a} 之间是什么关系？由图 5-50 可见，$U_{ac} = u_{2a} - u_{2c}$，故 u_{ac} 滞后 u_{2a} 30°，$U_{acm} = \sqrt{3} U_{2m}$，故 u_{ac} 最大值在 120°处。

同理：u_{bc} 最大值在 $\omega t = 180°$ 处。

u_{ba} 最大值在 $\omega t = 240°$ 处。

u_{ca} 最大值在 $\omega t = 300°$ 处。

u_{cb} 最大值在 $\omega t = 360°$ 处。

② i_d 的波形。同三相半波不可控整流电路一样，i_d 的波形是一条幅值为 I_d，与横轴平行的直线。其波形如图 5-49（d）所示。

③ i_{VD1} 的波形。$30° \leqslant \omega t \leqslant 150°$，$VD_1$ 导通 $i_{VD1} = i_d$；$150° \leqslant \omega t \leqslant 270°$，$VD_1$ 截止 $i_{VD1} = 0$；$270° \leqslant \omega t \leqslant 390°$，$VD_1$ 截止 $i_{VD1} = 0$。故 i_{VD1} 是幅值为 I_d，宽度为 120°的矩形方波，其波形如图 5-49（e）所示。

④ u_{VD1} 的波形。$30° \leqslant \omega t \leqslant 150°$，$VD_1$ 导通，$u_{VD1} = 0$；$150° \leqslant \omega t \leqslant 270°$，$VD_2$ 导通，$u_{VD1} = u_{ab}$；$270° \leqslant \omega t \leqslant 390°$，$VD_3$ 导通，$u_{VD1} = u_{ac}$。

故 u_{VD1} 由三部分组成，其波形如图 5-49（h）所示。

⑤ i_{2a} 的波形。i_{2a} 的波形如图 5-49（g）所示，它是幅值为 I_d，宽度为 120°的正、负矩形方波。这是因为当 VD_1 导通时，电流由 0 点通过变压器流向 A 点，$i_{2a} = i_d$；当 VD_4 导通时，电流由 A 点通过变压器流向 0 点，$i_{2a} = -i_d$。

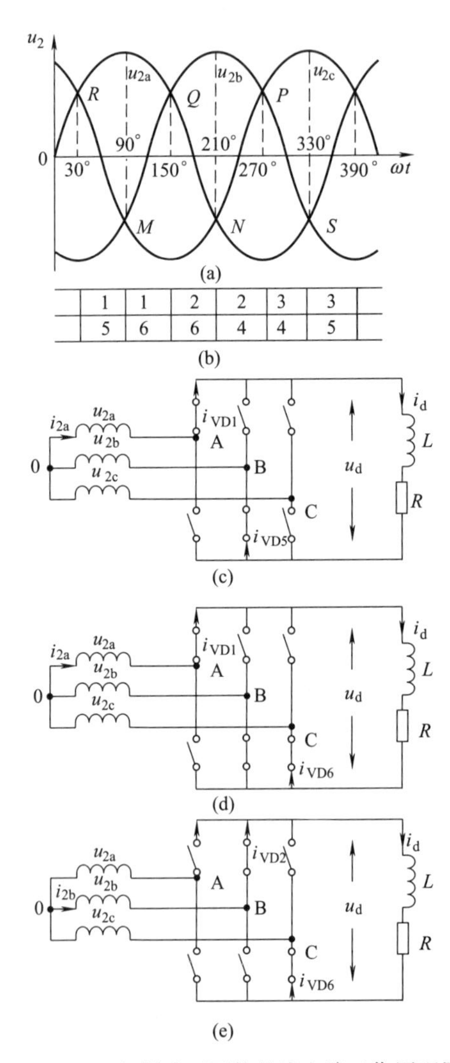

图 5-48　三相桥式不可控整流电路工作原理图

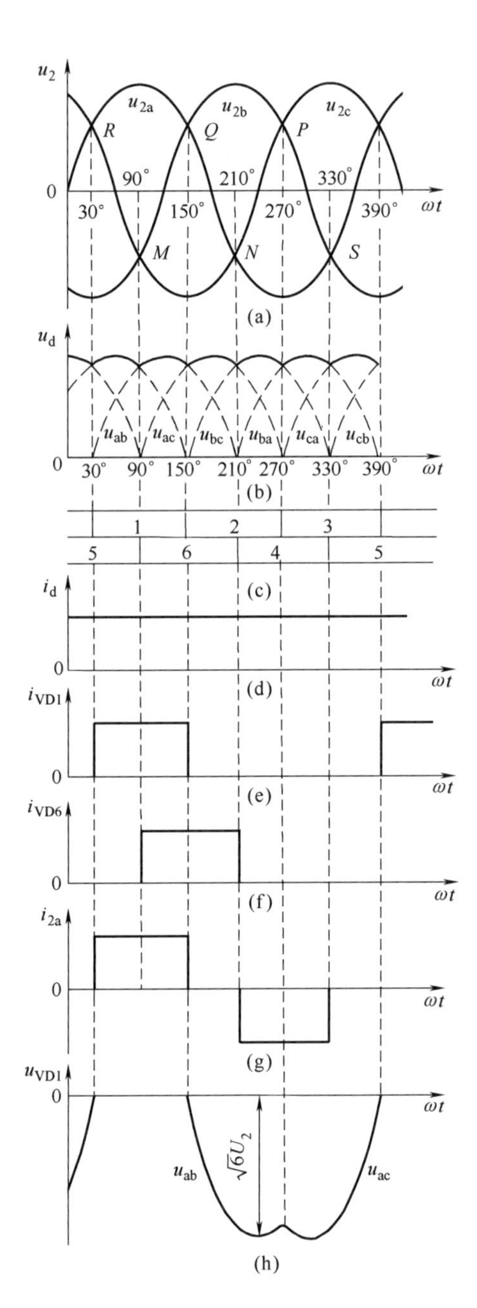

图 5-49　三相桥式不可控整流电路的波形

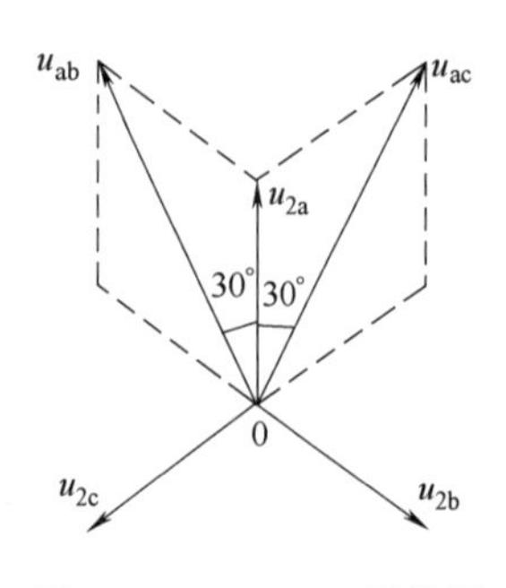

图 5-50　u_{ab}、u_{ac} 相位图

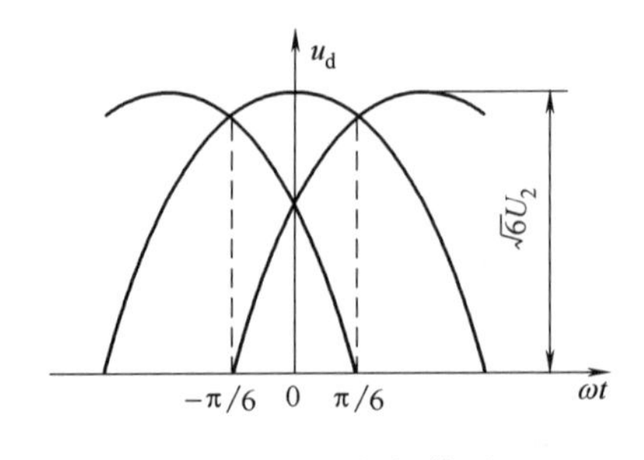

图 5-51　u_d 的幅值图

(4) **电路的计算**

① 输出参数的计算。由图 5-49 (b) 看出，在一个周期内，u_d 是由六块相同的波形组成，因此，整流电压的平均值 U_d 只需要在 1/6 周期内进行计算。为了便于计算，将坐标原点移到波头最大值处，如图 5-51 所示，于是：

$$U_d=\frac{6}{2\pi}\int_{-\pi/6}^{\pi/6}\sqrt{6}U_2\cos\omega t\,d\omega t=2.34U_2$$

由于 r_L (互感器内阻)=0，故

$$I_d=U_d/R$$

② 元件参数的计算。与三相半波不可控整流电路相同，i_{VD} 是幅值为 I_d，宽度为 120°的矩形方波，因此

其平均值为：

$$I_{dVD}=I_d/3$$

其有效值为：

$$I_{VD}=\sqrt{3}I_d/3$$

由图 5-49 (h) 可以看出：u_{VD1} 的波形与三相半波不可控整流电路相同，故整流元件承受最大反向电压：

$$U_{Rm}=\sqrt{6}U_2$$

(5) **优缺点**

与三相半波不可控整流电路相比较，三相桥式不可控整流电路的优点是：变压器利用率高，变压器每一个次级绕组正、负半周均有 120°导电；输出电压波动小；输出电压高。其缺点是：电路复杂，元件多，元件损耗大，效率低。

5.2.3 滤波电路

整流电路虽然解决了电流流动的方向问题，把方向不断变化的交流电变成了单方向流动的直流电，但是在绝大多数情况下，这样得到的直流电还不能直接提供给需要稳定直流供电的电子设备。因为从交流电整流后未经任何处理的直流电，其电压是在零到峰值之间不断变化，很不稳定，与（蓄）电池的稳定直流电相差很远。事实上，通过数学分析可以证明，这种脉动的直流电可以分解成一个稳定的直流分量和许多不同频率、不同幅度的交流分量的叠加。脉动越厉害，其中的交流成分也越多。不能小看这些交流成分，它们会使收音机发出严重的“嗡嗡”声，使电视图像扭曲。严重时，还会使电子设备不能正常工作，甚至损坏设备。那么，有什么方法能够把这些交流成分“过滤掉”呢？这就是本节要介绍的滤波电路。滤波电路能够有效减小脉动直流电中脉动成分的幅度，使得直流电中的交流成分大大下降，从而使最后得到的直流电基本稳定，满足电子设备的供电需求。

理想的滤波电路中允许稳定的直流通过，而阻断其中一切变化的脉动成分。脉动直流电经过理想滤波电路滤波后，所包含的所有交流分量都将被阻隔，只剩下稳定的直流分量可以输出到用电电路。如此处理过的脉动直流电中间就没有交流分量，即输出电压不会再发生波动，跟从（蓄）电池获得的直流电完全一样。当然，实际的滤波电路不可能做到滤除所有的交流成分，但至少能使脉动直流电中的交流成分大幅度下降到足够小的程度，使得输出的直流电不会影响到直流用电设备的正常工作，即基本满足直流用电设备对直流电源的要求。这时直流电源中虽然还有极少量的脉动成分，但从电子设备工作的效果来看，与使用（蓄）电池提供的稳定直流差不多。

实际使用的滤波电路有很多种，根本目的都是一致的，那就是想方设法阻碍脉动直流中

的交流成分通过，而使稳定直流成分尽量无损失地通过。下面介绍几种常用的、不同种类的滤波电路的电路结构、滤波原理和滤波效果。

5.2.3.1 电容滤波电路

电容滤波电路是最常见也是最简单的滤波电路，在整流电路的输出端（即负载电阻两端）并联一个电容即构成电容滤波电路，如图 5-52（a）所示。滤波电容容量较大，因此一般均采用电解电容，在接线时要注意电解电容的正、负极。电容滤波电路利用电容的充、放电作用，使输出电压趋于平滑。

(1) 滤波原理

当变压器副边电压 u_2 处于正半周并且其数值大于电容两端电压 u_c 时，二极管 VD_1 和 VD_3 导通，电流一路流经负载电阻 R_L，另一路对电容 C 充电。因为在理想情况下，变压器副边无损耗，整流二极管导通电压为零，所以电容两端电压 u_c（u_o）与 u_2 相等，见图 5-52（b）中曲线的 ab 段。当 u_2 上升到峰值后开始下降，电容通过负载电阻 R_L 放电，其电压 u_c 也开始下降，趋势与 u_2 基本相同，见图 5-52（b）中曲线的 bc 段。但是由于电容按指数规律放电，所以当 u_2 下降到一定数值后，u_c 的下降速度小于 u_2 的下降速度，使 u_c 大于 u_2，从而导致 VD_1 和 VD_3 反向偏置而变为截止。此后，电容 C 继续通过 R_L 放电，u_c 按指数规律缓慢下降，见图 5-52（b）中曲线的 cd 段。

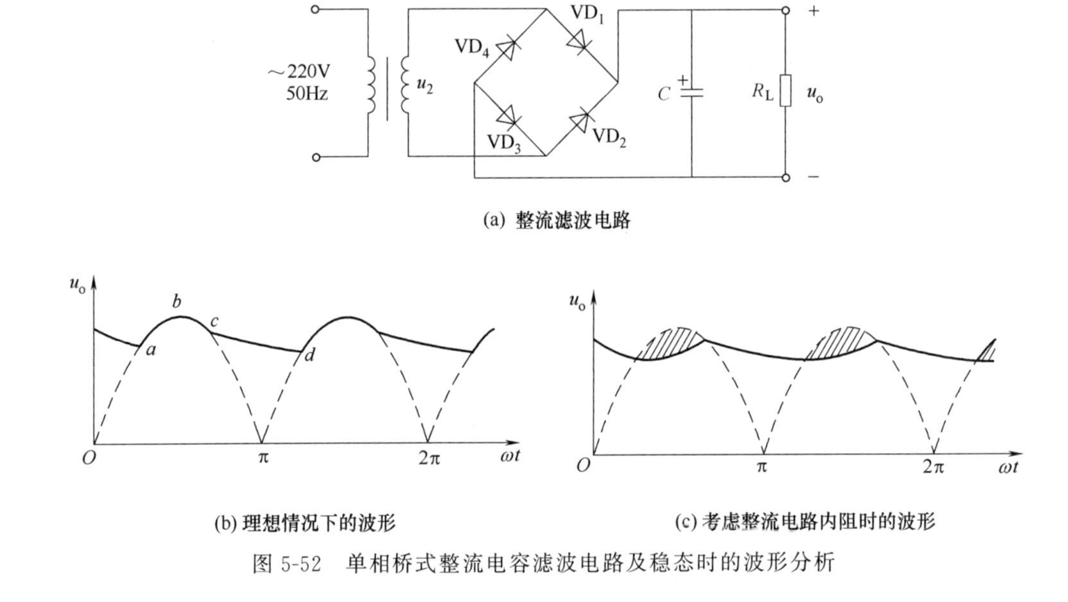

图 5-52 单相桥式整流电容滤波电路及稳态时的波形分析

当 u_2 的负半周幅值变化到恰好大于 u_c 时，VD_2、VD_4 因加正向电压而导通，u_2 再次对电容 C 充电，u_c 上升到 u_2 的峰值后又开始下降；下降到一定数值时 VD_2、VD_4 截止，C 对 R_L 放电，u_c 按指数规律下降；放电到一定数值时 VD_1、VD_3 导通，以后重复上述过程。

从图 5-52（b）所示波形可以看出，经滤波后的输出电压不仅变得平滑，而且平均值也得到提高。若考虑变压器内阻和二极管的导通电阻，则 u_c 的波形如图 5-52（c）所示，阴影部分为整流电路内阻上的压降。

从以上分析可知，电容充电时，回路电阻为整流电流的内阻，即变压器内阻和二极管的导通电阻，其数值很小，因而时间常数很小。电容放电时，回路电阻为 R_L，放电时间常数为 R_LC，通常远大于充电的时间常数。因此，滤波效果取决于放电时间。电容越大，负载电阻越大，滤波后输出电压越平滑，并且其平均值越大，如图 5-53 所示。换言之，当滤波电容容量一定时，若负载电阻减小（即负载电流增大），则时间常数 R_LC 减小，放电速度加快，输出电压平均值随即下降，且脉动变大。

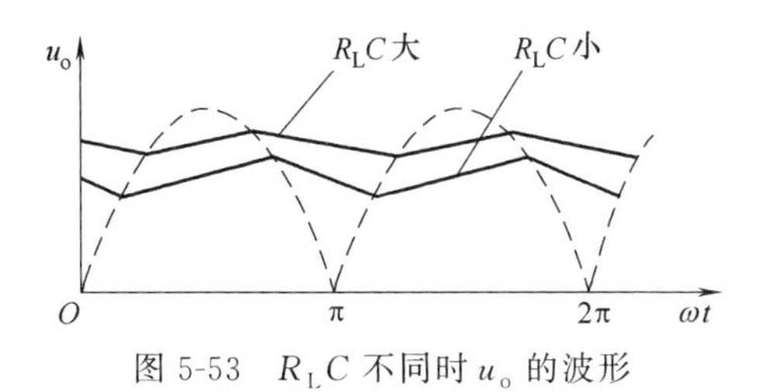

图 5-53　R_LC 不同时 u_o 的波形

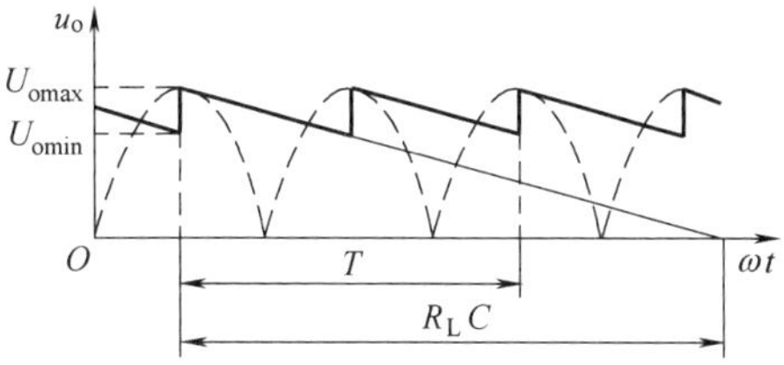

图 5-54　电容滤波电路输出电压平均值的分析

(2) 输出电压平均值

滤波电路输出电压波形难于用解析式来描述，近似估算时，可将图 5-52（c）所示波形近似为锯齿波，如图 5-54 所示。图中 T 为电网电压的周期。设整流电路内阻较小而 R_LC 较大，电容每次充电均可达到 u_2 的峰值（即 $U_{omax}=\sqrt{2}U_2$），然后按 R_LC 放电的起始斜率直线下降，经 R_LC 交于横轴，且在 $T/2$ 处的数值为最小值 U_{omin}，则输出电压平均值为

$$U_{o(AV)}=\frac{U_{omax}+U_{omin}}{2}$$

同时按相似三角形关系可得

$$\frac{U_{omax}-U_{omin}}{U_{omax}}=\frac{T/2}{R_LC}$$

$$U_{o(AV)}=\frac{U_{omax}+U_{omin}}{2}=U_{omax}-\frac{U_{omax}-U_{omin}}{2}=U_{omax}\left(1-\frac{T}{4R_LC}\right) \tag{5-5}$$

因而

$$U_{o(AV)}=\sqrt{2}U_2\left(1-\frac{T}{4R_LC}\right)$$

故表明，当负载开路，即 $R_L=\infty$ 时，$U_{omax}=\sqrt{2}U_2$。当 $R_LC=(3\sim5)T/2$ 时

$$U_{o(AV)}\approx1.2U_2$$

为了获得较好的滤波效果，在实际电路中，应选择滤波电容的容量满足 $R_LC=(3\sim5)T/2$ 的条件。由于采用电解电容，考虑到电网电压的波动范围为±10%，电容的耐压值应大于 $1.1\sqrt{2}U_2$。在半波整流电路中，为获得较好的滤波效果，电容容量应选得更大些。

(3) 脉动系数

在图 5-54 所示的近似波形中，交流分量的基波的峰-峰值为 $U_{omax}-U_{omin}$，根据式（5-5）可得基波峰值为

$$\frac{U_{omax}-U_{omin}}{2}=\frac{T}{4R_LC}U_{omax}$$

因此，脉动系数为

$$S=\frac{\frac{T}{4R_LC}U_{omax}}{U_{omax}\left(1-\frac{T}{4R_LC}\right)}=\frac{T}{4R_LC-T}=\frac{1}{\frac{4R_LC}{T}-1} \tag{5-6}$$

应当指出，由于图 5-54 所示锯齿波所含的交流分量大于滤波电路输出电压实际的交流分量，因而根据式（5-6）计算出的脉动系数大于实际数值。

(4) 整流二极管的导通角

在未加滤波电容之前，无论是哪种单相不可控整流电路，整流二极管均有半个周期处于导通状态，也称整流二极管的导通角 θ 等于 π。加滤波电容后，只有当电容充电时，整流二极管才会导通，因此，每只整流二极管的导通角都小于 π。而且，$R_L C$ 的值愈大，滤波效果愈好，整流二极管的导通角 θ 将愈小。由于电容滤波后输出平均电流增大，而整流二极管的导通角反而减小，所以整流二极管在短暂的时间内将流过一个很大的冲击电流为电容充电，如图 5-55 所示。这对二极管的寿命很不利，所以必须选用较大容量的整流二极管，通常应选择其最大整流平均电流 $I_{F(AV)}$ 大于负载电流的 2～3 倍。

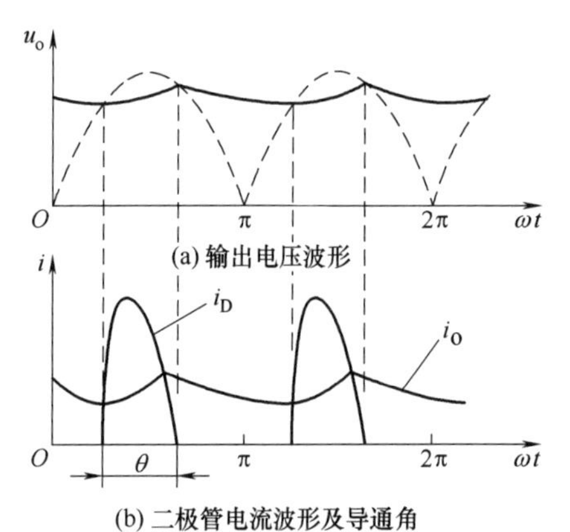

图 5-55 电容滤波电路中二极管的电流和导通角

(5) 电容滤波电路的输出特性和滤波特性

当滤波电容 C 选定后，输出电压平均值 $U_{o(AV)}$ 和输出电流平均值 $I_{o(AV)}$ 的关系称为电容滤波电路的输出特性，脉动系数 S 和输出电流平均值 $I_{o(AV)}$ 的关系称为电容滤波电路的滤波特性。根据式（5-5）和式（5-6）可画出电容滤波电路的输出特性，如图 5-56（a）所示，滤波特性如图 5-56（b）所示。曲线表明，C 愈大电路带负载能力愈强，滤波效果愈好；$I_{o(AV)}$ 愈大（即负载电阻 R_L 愈小），$U_{o(AV)}$ 愈低，S 的值愈大。

综上所述，电容滤波电路简单易行，输出电压平均值高，适用于负载电流较小且其变化也较小的场合。

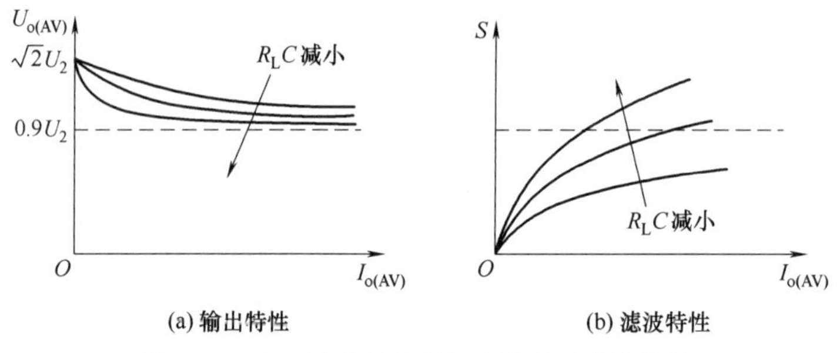

图 5-56 电容滤波电路的输出特性和滤波特性

【例】 在图 5-52（a）所示电路中，要求输出电压平均值 $U_{o(AV)}=15\text{V}$，负载电流平均值 $I_{L(AV)}=100\text{mA}$，$U_{o(AV)}\approx 1.2U_2$。试问：

（1）滤波电容的大小；

（2）考虑到电网电压的波动范围为 ±10%，滤波电容的耐压值。

解：（1）根据 $U_{o(AV)}\approx 1.2U_2$ 可知，C 的取值满足 $R_L C=(3\sim5)T/2$ 的条件。

$$R_L=\frac{U_{o(AV)}}{I_{L(AV)}}=\frac{15}{100\times10^{-3}}\Omega=150\Omega$$

电容的容量为

$$C=\left[(3\sim5)\frac{20\times10^{-3}}{2}\ \frac{1}{150}\right]\text{F}\approx 200\sim333\mu\text{F}$$

（2）变压器副边电压有效值为

$$U_2 \approx \frac{U_{o(AV)}}{1.2} = \frac{15}{1.2}\text{V} = 12.5\text{V}$$

电容的耐压值为

$$U > 1.1\sqrt{2}U_2 \approx 1.1\sqrt{2} \times 12.5\text{V} \approx 19.5\text{V}$$

实际可选取容量为 300μF、耐压为 25V 的电容作本电路的滤波电容。

(6) 倍压整流电路

利用滤波电容的存储作用，由多个电容和二极管可以获得几倍于变压器副边电压的输出电压，称为倍压整流电路。倍压整流可以使输出的直流电压成倍地提高。

① 全波二倍压整流电路。图 5-57 为全波二倍压整流电路，假设电路的负载电阻 R_L 比较大。在交流输入电压 u_i 的正半周期，二极管 VD_1 导通，电流的流动方向如图 5-57 中的实线所示。这时电容 C_1 很快被充电到交流输入电压的峰值，即$\sqrt{2}U_i$。在交流输入电压的负半周期，二极管 VD_1 截止，VD_2 导通，电容 C_2 上也被充电到最大值$\sqrt{2}U_i$，充电电流方向如图 5-57 中的虚线所示。电路中的这两个电容是成串联接法，所以整流电路总的输出电压就是这两个电容上所充的直流电压串联叠加起来，负载电阻就得到接近 $2\sqrt{2}U_i$ 的直流电压。由于负载电阻上的电压等于变压器次级线圈输出交流峰值电压的 2 倍，故称为二倍压整流电路。

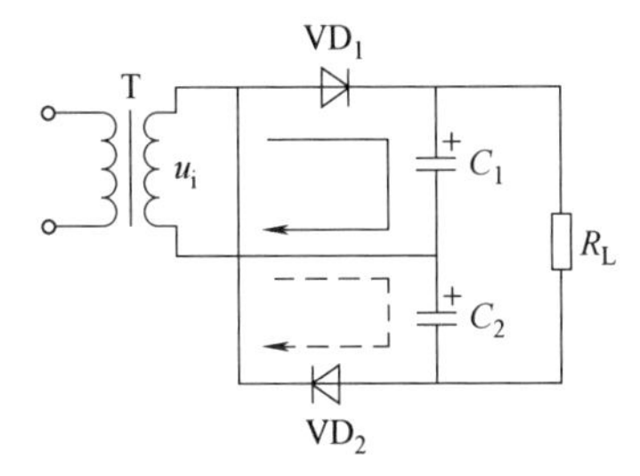

图 5-57　全波二倍压整流电路

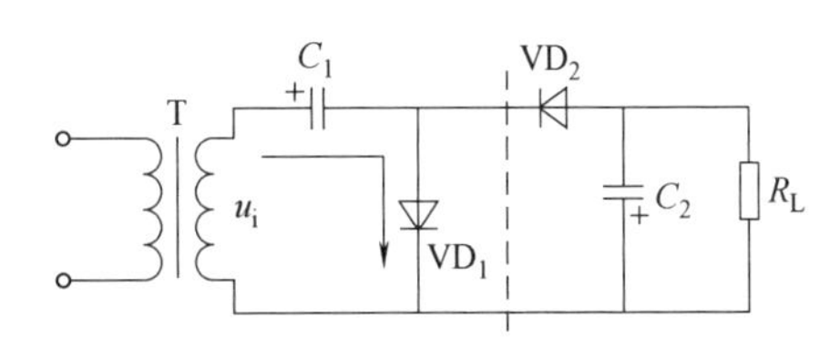

图 5-58　半波二倍压整流电路

② 半波二倍压整流电路。图 5-58 为半波二倍压整流电路，假设电路的负载电阻 R_L 比较大。在交流输入电压 u_i 的正半周期，二极管 VD_1 导通，电路中的电流方向如图 5-58 中的实线所示。这时电容 C_1 很快被充电并上升到峰值$\sqrt{2}U_i$。在交流输入电压的负半周期，二极管 VD_1 截止，VD_2 导通，电容 C_1 充得的电压$\sqrt{2}U_i$ 与变压器次级线圈上的电压串联叠加后，对电容 C_2 进行充电，使得电容 C_2 充电电压正好是 $2\sqrt{2}U_i$，也就是电路负载电阻上得到了 2 倍的峰值电压。

初看起来，这个电路好像与前述全波二倍压整流电路得到的输出电压是相同的。但实际上，在这个电路中，电容 C_2 只在交流输入电压 u_i 的负半周期才被充上电。图 5-58 中点画线左边的电路可以看成是一个峰值电压为 $2\sqrt{2}U_i$ 的交流电源，点画线右边的电路就是一个半波整流电路，故它的输出电压只是接近半波整流电路的 2 倍。

③ 三倍压整流电路。图 5-59 为三倍压整流电路，假设电路的负载电阻 R_L 比较大。在交流输入电压 u_i 的第一个正半周期，二极管 VD_1 导通，电容 C_1 很快被充电到峰值$\sqrt{2}U_i$。在交流输入电压 u_i 接下来的一个负半周期，二极管 VD_2 导通，电容 C_1 的充电峰值电压 $\sqrt{2}U_i$ 与变压器次级线圈输出的交流电压有效值 U_i 叠加后，对电容 C_2 充电到峰值 $2\sqrt{2}U_i$。在交流输入电压 u_i 的第二个正半周期，一方面，交流输入电压 u_i 把电容 C_1 再次充电到峰值$\sqrt{2}U_i$；另一方面，电容 C_2 上的充电电压峰值 $2\sqrt{2}U_i$ 与变压器次级线圈输出电压有效值

U_i 同极性串联叠加后，经二极管 VD_3 对电容 C_3 充电，充电电压的大小为 $3\sqrt{2}U_i$，经过几个周期以后，电容 C_3 两端的电压基本稳定在 $3\sqrt{2}U_i$。

以此类推，还可以得到四倍压、五倍压……整流电路。细心的读者可能已经发现，在分析倍压整流电路原理时，都加上了电路负载电阻 R_L 比较大的假设条件。这是因为倍压整流电路之所以能升压，靠的是电容上充电电压的叠加。如果负载电阻很小，那么在电容不充电期间，电容上充得的电压就会因为负载放电很快而迅速下降，也就起不到倍压的效果，故倍压整流电路只能使用在输出电流很小（即负载电阻很大）的场合。

5.2.3.2 电感滤波电路

在大电流负载情况下，由于负载电阻 R_L 很小，若采用电容滤波电路，则电容容量势必很大，而且整流二极管的冲击电流也非常大，这就使得整流管和电容器的选择比较困难，甚至不太可能，在这种情况下应当采用电感滤波。在整流电路与负载电阻之间串联一个电感线圈 L 就构成了电感滤波电路，如图 5-60 所示。由于电感线圈的电感量要足够大，所以一般需要采用带有铁芯的线圈。

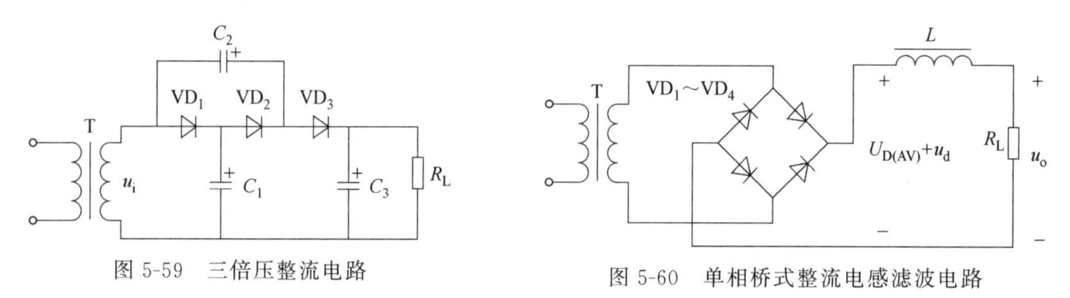

图 5-59　三倍压整流电路

图 5-60　单相桥式整流电感滤波电路

电感的基本性质是当通过它的电流变化时，电感线圈中产生的感应电动势将阻止电流的变化。当通过电感线圈的电流增大时，电感线圈产生的自感电动势与电流方向相反，将阻止电流的增加，同时将一部分电能转化成磁场能存储于电感之中；当通过电感线圈的电流减小时，电感线圈中产生的自感电动势与电流方向相同，将阻止电流的减小，同时释放出存储的能量，以补偿电流的减小。因此，经电感滤波后，不但负载电流及电压的脉动减小，波形变得平滑，而且整流二极管的导通角也会增大。

整流电路输出电压可分为两部分：一部分为直流分量，它就是整流电路输出电压的平均值 $U_{o(AV)}$，对于全波整流电路，其值约为 $0.9U_2$；另一部分为交流分量 u_d。如图 5-60 所示。电感线圈对直流分量呈现的电抗很小，就是线圈本身的电阻 R，而对交流分量呈现的电抗为 ωL。所以若二极管的导通角近似为 π，则电感滤波后的输出电压平均值为

$$U_{o(AV)}=\frac{R_L}{R+R_L}U_{D(AV)}\approx\frac{R_L}{R+R_L}0.9U_2 \tag{5-7}$$

输出电压的交流分量

$$U_d\approx\frac{R_L}{\sqrt{(\omega L)^2+R_L^2}}u_d\approx\frac{R_L}{\omega L}u_d \tag{5-8}$$

从式（5-7）可以看出，电感滤波电路输出电压平均值小于整流电路输出电压平均值，在线圈电阻可忽略的情况下，$U_{o(AV)}\approx 0.9U_2$。从式（5-8）可以看出，在电感线圈不变的情况下，负载电阻越小（即负载电流越大），输出电压的交流分量越小，脉动越小。注意：只有在 R_L 远远小于 ωL 时，才能获得较好的滤波效果。显然，L 愈大，滤波效果愈好。

另外，由于滤波电感电动势的作用，可以使二极管的导通角接近 π，减小了二极管的冲击电流，平滑了流过二极管的电流，从而可延长整流二极管的使用寿命。

5.2.3.3 复式滤波电路

当单独使用电容或电感进行滤波，效果仍不理想时，可采用复式滤波电路。电容和电感是基本的滤波元件，利用它们对直流量和交流量呈现不同电抗的特点，只要合理地接入电路都可以达到滤波的目的。

(1) 倒 L 型滤波电路

图 5-61（a）所示为倒 L 型滤波电路，由一个电感线圈和一个电容构成。因为电感线圈和电容在电路中的接法像一个倒写的大写英文字母“L”，所以称为倒 L 型滤波电路。当直流电中的交流成分通过它时，大部分将降落在这个电感线圈上。经过电感线圈滤波后，残余的少量交流成分再经过后面的电容滤波，将进一步被削弱，从而使负载电阻得到了更加平滑的直流电。倒 L 型滤波电路的滤波性能好坏决定于电感线圈电感量 L 和电容容量 C 的乘积，LC 的乘积越大，滤波效果越好。因为绕制电感线圈的成本较高，所以在负载电流不大的场合，电感线圈电感量 L 可以取得小一些，而把电容容量 C 取得大一点。用多个倒 L 型电路串联起来，可以进一步改善滤波电路的滤波性能。

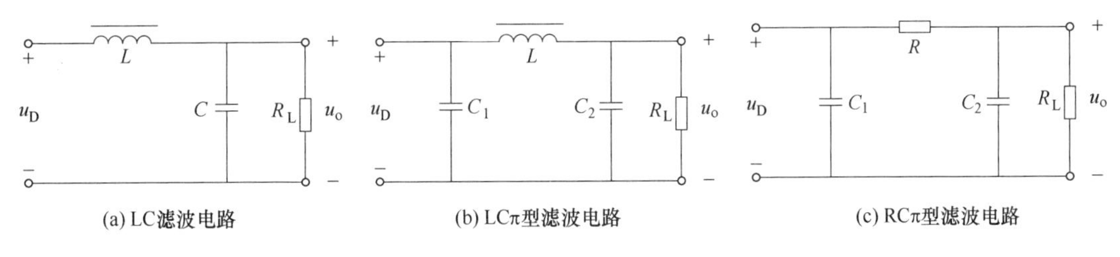

图 5-61　复式滤波电路

(2) LCπ 型滤波电路

图 5-61（b）所示为 LCπ 型滤波电路，LCπ 型滤波电路由两个电容和一个电感线圈构成。它们在电路中的接法像小写的希腊字母“π”，所以称为 LCπ 型滤波电路。这种滤波电路实际上是由一个电容滤波电路和一个倒 L 型滤波电路串联而成，其滤波效果决定于电感 L、电容 C_1、C_2 和负载电阻 R_L 的乘积大小。交流电经整流电路整流后得到脉动直流电，先经过一个电容 C_1 组成的滤波电路滤波后，其交流成分已大幅度减小，紧接着再经过一个倒 L 型滤波电路滤波，输出到负载电阻上的直流电压将更加平滑。不过，由于 LCπ 型滤波电路也是一种电容输入式滤波电路，因此它也存在开机时有浪涌电流的问题，故电容 C_1 的容量不宜取得太大，以防浪涌电流损害整流二极管。

(3) RCπ 型滤波电路

在负载电流要求不是很大的情况下，也可以用一个廉价的电阻 R 来代替贵而笨重的电感线圈 L，组成所谓的 RCπ 型滤波电路，如图 5-61（c）所示。虽然这里的电阻本身不具有滤波作用，但是它后面的电容 C_2 对交流成分的阻抗（几欧姆）远远小于对直流成分的阻抗（接近无穷），所以脉动直流电中的交流成分大部分落在电阻 R 上，只有很少一部分降落在与电容 C_2 并联的负载电阻 R_L 上，也就是说 R_L 上很少有交流纹波，从而起到了滤波作用。增大串联电阻 R 的阻值或者电容 C_2 的容量可以改善总的滤波效果，不过电阻 R 的阻值太大会使输出直流电压降低，所以电阻 R 的阻值不宜选得太大。这种 RCπ 型滤波电路的滤波性能比单用电容滤波好，在一些小功率场合应用较多。

5.2.3.4 晶体管电子滤波电路

尽管 RCπ 型滤波电路具有较好的滤波效果，但是在实际应用电路中，串联电阻 R 不能取得太大，否则难以提供足够大的输出电流；电容 C_2 也不能取得太大，不然体积和成本会增加。为了进一步改善 RCπ 型滤波电路的滤波效果，同时又不影响输出电流的大小和产品的体积，可以采用晶体管电子有源滤波的方式。

图 5-62 就是可供实用的晶体管电子有源滤波电路。在该电路中，电容 C_1、C_2 和电阻 R 仍然构成 RCπ 型滤波电路，不过其负载是三极管 VT 的发射结，而流过真正负载电阻 R_L 的电流，大部分并不通过这个 RC 滤波电路提供，而是由 VT 的发射极电流提供。由于滤波电阻 R 的阻值取得较大，因此尽管电容 C_2 的容量不是特别大，但是电路的滤波效果很好，它使三极管的基极得到了非常平滑的基极电流 I_b（I_b 也通过 R_L）。该电流经过晶体三极管放大后，在发射极得到了大小等于 $(1+\beta)I_b$ 的发射极电流 I_e，这就是负载电流。因为 I_b 非常平滑，所以它被放大了 $(1+\beta)$ 倍后仍然很平滑，起到了很好的滤波效果。

这里起到关键作用的是三极管 VT。它具备电流放大作用，使得基极上很大的滤波电阻 R 折合到发射极上相当于只有 $R/(1+\beta)$（忽略晶体管本身的内阻），从而解决了 RCπ 型电路中通过增大 R 提高滤波效果时，输出电流随之降低的问题。从滤波的效果来看，电子滤波电路就好像是一个滤波电阻为 $R/(1+\beta)$，而第二个滤波电容的容量为 $(1+\beta)$ C_2 的 RCπ 型滤波电路。因为晶体管的电流放大倍数 β 一般有几十到一百多，所以电容 C_2 的容量也就好像被放大了几十到一百多倍，这样大的等效电容接在滤波电路中，其滤波效果是可想而知的。

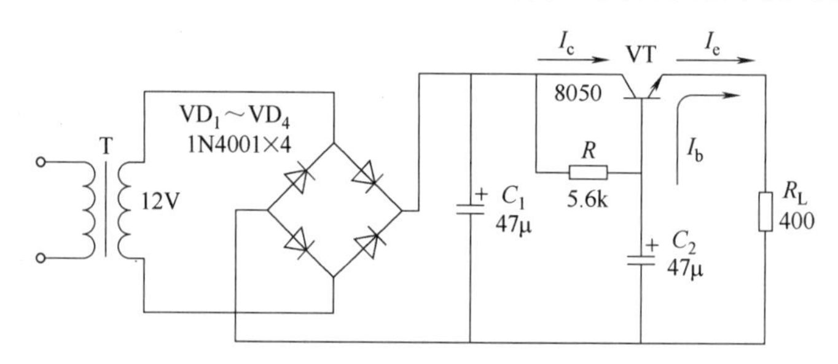

图 5-62 晶体管电子有源滤波电路

由于晶体管电子滤波电路可以采用较大阻值的基极滤波电阻，较小电容量的滤波电容，就能取得与用大容量电容时一样好的滤波效果和用小阻值电阻时一样大的输出电流，因此这种电子有源滤波电路在小型电子设备中得到了广泛的应用，也常常出现在稳压电源中。不过用了三极管，就要注意三极管的散热问题，并且不能让输出负载电阻发生短路，以免烧毁三极管。另外，由于电阻 R 的阻值比较大，开机时电容 C_2 需要一段时间后才能达到正常的电压值，所以输出直流电压会相应延迟一段时间后才能达到正常的输出直流电压值。不过这段时间非常短，通常不会超过 1s，一般情况下不会影响正常的使用。

5.3 DC/DC 功率变换电路

对直流电压幅值或极性的变换称之为直流－直流变换。实现这种变换的电路称之为直流变换电路或直流斩波电路，即 DC/DC 变换器。这种变换电路广泛应用于开关电源、小型直流电机的传动、光伏发电系统以及电动汽车的驱动控制等领域。

实现直流－直流变换的电路其具体的结构形式有多种，按照输入与输出是否有隔离措施来看，可分为非隔离型与隔离型两种。

5.3.1 非隔离型直流变换电路

非隔离型直流变换电路（器）常见有 3 种基本的电路拓扑：降压（Buck）型、升压（Boost）型、反相（Buck-Boost，即降压-升压）型。此外还有库克（Cuk）型、Sepic 型和 Zeta 型。本节讲述降压型、升压型和反相型直流变换器 3 种基本的电路拓扑。

降压型、升压型和反相型等非隔离型直流变换电路的基本特征是：用功率开关晶体管把输入直流电压变成脉冲电压（直流斩波），再通过储能电感、续流二极管和输出滤波电容等元件，在输出端得到所需的平滑直流电压，输入与输出之间没有隔离变压器。

在分析电路工作原理时，为了便于抓住主要矛盾，掌握基本原理，简化公式推导，将功率开关晶体管和二极管都视为理想器件，可以瞬间导通或截止，导通时压降为零，截止时漏电流为零；将电感和电容都视为理想元件，电感工作在线性区且漏感和线圈电阻都忽略不计，电容的等效串联电阻和等效串联电感都为零。

各种直流变换电路都存在两种工作模式，即电感电流连续模式（Continuous Conduction Mode，CCM）和电感电流不连续模式（Discontinuous Conduction Mode，DCM），本书着重讲述电感电流连续模式。

5.3.1.1 降压型变换电路

降压型 DC/DC 变换基本电路如图 5-63 所示，输入电压为 U_i，输出电压为 U_o，开关导通时，加在电感 L 两端的电压为（U_i-U_o）。这期间电感 L 由电压（U_i-U_o）励磁，磁通增加量为 $\Delta\Phi_{on}=(U_i-U_o)t_{on}$；开关断开时，由于电感电流连续，二极管为导通状态。输出电压 U_0 与开关导通时方向相反加到电感 L 上。这期间，电感 L 消磁，磁通减少量为 $\Delta\Phi_{off}=U_0t_{off}$；稳态时，电感 L 中磁通的增加量与减少量相等，则降压型变换器的电压变比：$M=D$。由于占空比 D 小于 1，因此，输出电压总低于输入电压，即为降压型变换器。

5.3.1.2 升压型变换电路

升压型变换电路如图 5-64 所示。开关导通时，输入电压 U_i 加在电感 L 上，电感 L 由输入电压 U_i 励磁。导通期间，磁通增加量为 $\Delta\Phi_{on}=U_it_{on}$。开关断开时，由于电感电流连续，二极管变为导通状态。电压（U_o-U_i）与开关导通时方向相反加到电感 L 上，电感 L 消磁，开关断开期间磁通减少量为：$\Delta\Phi_{off}=(U_o-U_i)t_{off}$；稳态时，电感的磁通增加量与减少量相等，则升压型变换器的电压变比为：$M=1/(1-D)$。由于（$1-D$）小于 1，因此，输出电压总高于输入电压，即为升压型变换器。

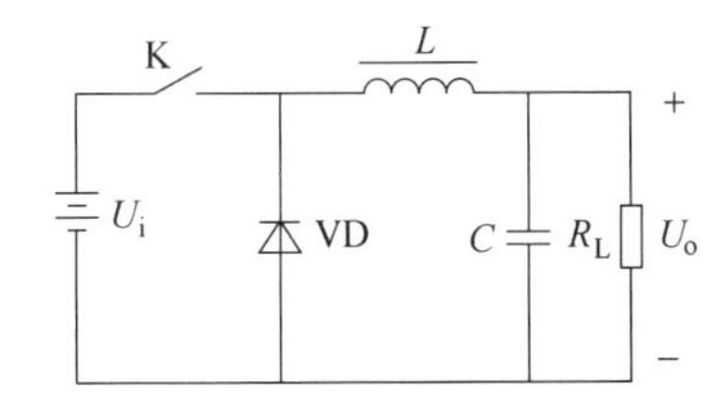

图 5-63 降压型 DC/DC 变换基本电路

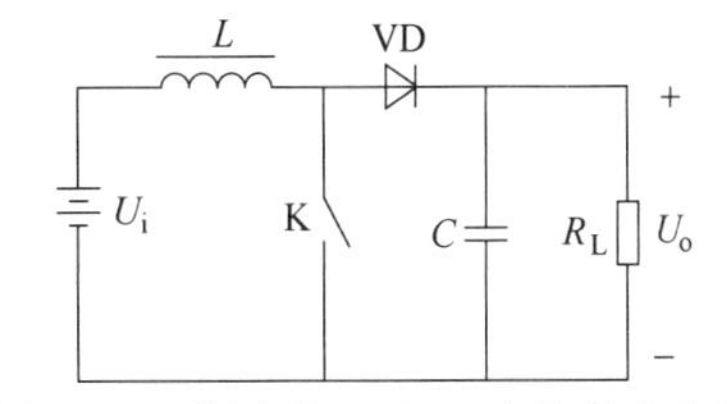

图 5-64 升压型 DC/DC 变换基本电路

5.3.1.3 反相型变换电路

反相型 DC/DC 变换电路的基本电路如图 5-65 所示。开关导通时，输入电压 U_i 加到电感 L 上，电感 L 励磁。导通期间，电感的磁通增加量为 $\Delta\Phi_{on}=U_it_{on}$；开关断开时，由于电感电流连续，二极管变为导通状态。输出电压 U_o 与开关导通时方向相反加到电感 L 上，

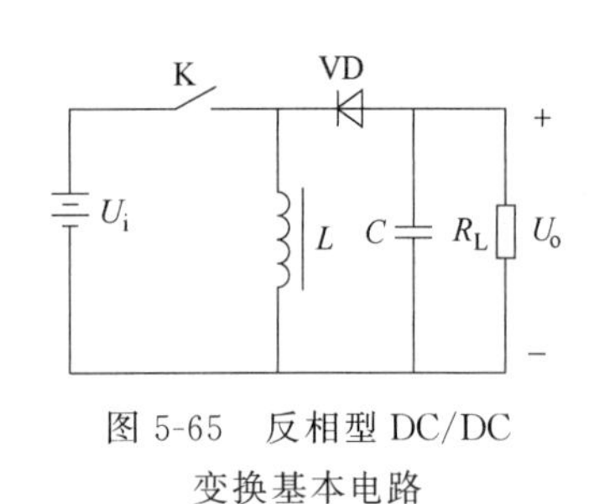

图 5-65 反相型 DC/DC 变换基本电路

电感 L 消磁，磁通减少量为 $\Delta\Phi_{off}=U_o t_{off}$；稳态时，电感 L 的磁通增加量与减少量相等，则反相型的电压变比为：$M=D/(1-D)$。这种变换器的输出电压可以高于或低于输入电压，而且 M 可任意设定，所以称为反相型变换器。

对于 PWM 型变换器而言，控制开关的占空比 D 就可改变输出电压的大小。对于这类变换器，也可从能量蓄积与释放的观点来说明其基本工作原理。电感励磁就是蓄积能量，电感消磁就是释放能量。因此，对于这类变换器，开关导通时，来自输入电源的能量蓄积在电感 L 上；开关断开时，蓄积在电感 L 中的能量释放供给负载。它们是改变开关占空比来控制能量的蓄积与释放，获得直流输出的一种方式，所以也称为储能型。电感就是储能元件。

5.3.2 隔离型直流变换电路

隔离型变换电路是从非隔离型变换电路派生发展而来的。隔离型变换电路是为了实现输入和输出的电隔离，功率变换主电路往往包含高频变压器。根据隔离变压器的工作模式，可分为单端和双端两种，其中典型的单端变换器可分为单端正激（Foward）和单端反激（Flyback）变换器，典型的双端变换器可分为推挽、全桥和半桥变换器。

隔离型直流变换器的基本工作过程是：输入直流电压先通过功率开关管的通断把直流电压逆变为占空比可调的高频交变方波电压加在变压器初级绕组上，然后经过变压器变压、高频整流和滤波，输出所需直流电压。在这类直流变换器中均有高频变压器，可实现输出与输入侧间的电气隔离。高频变压器的磁芯通常采用铁氧体或铁基纳米晶合金。

5.3.2.1 单端直流变换电路

(1) 单端正激式变换电路

① 基本工作原理。正激式开关电源的核心部分是正激式直流-直流变换器，基本电路如图 5-66 所示。其工作过程如下：当开关管 V_1 导通时，输入电压 U_{in} 全部加到变换器初级线圈 W_1' 两端，去磁线圈 W_1'' 上产生的感应电压则使二极管 VD_1 截止，而次级线圈 W_2 上感应的电压使 VD_2 导通，并将输入电流的能量传送给电感 L_o、电容 C 和负载 R_L；与此同时，在变压器 T 中建立起磁化电流，当 V_1 截止时，VD_2 截止，L_o 上的电压极性反转并通过续流二极管 VD_3 继续向负载供电，变压器中的磁化电流则通过 W_1''、VD_1 向输入电源 U_{in} 释放而去磁；W_1'' 具有钳位作用，其上的电压等于输入电压 U_{in}，在 V_1 再次导通之前，变压器 T

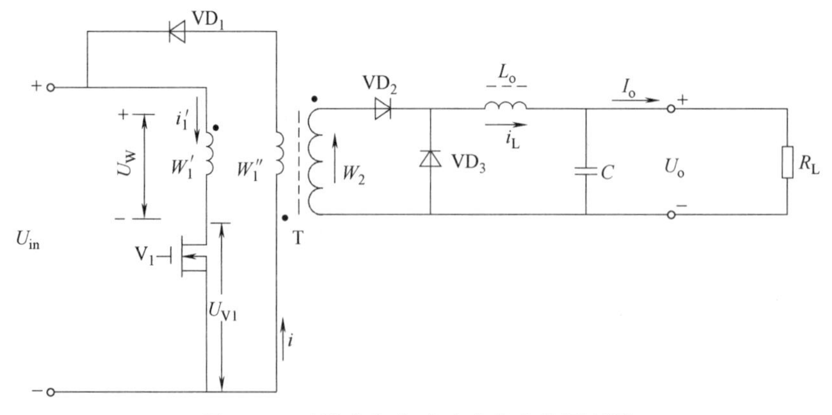

图 5-66 正激式直流-直流变换电路原理图

中的去磁化电流必须释放到零，即变压器 T 中的磁通必须复位，否则，变压器 T 将发生饱和导致 V_1 损坏。通常 $W_1'=W_1''$，采用双线并绕耦合方式。V_1 的导通时间应小于截止时间，即占空比<0.5，否则变压器 T 将饱和。单端正激式直流-直流变换器波形图如图 5-67 所示。

当需要较大的输出功率时，开关电源的功率变换电路可采取电压叠加式的双正激变换电器，其基本工作原理如图 5-68 所示。

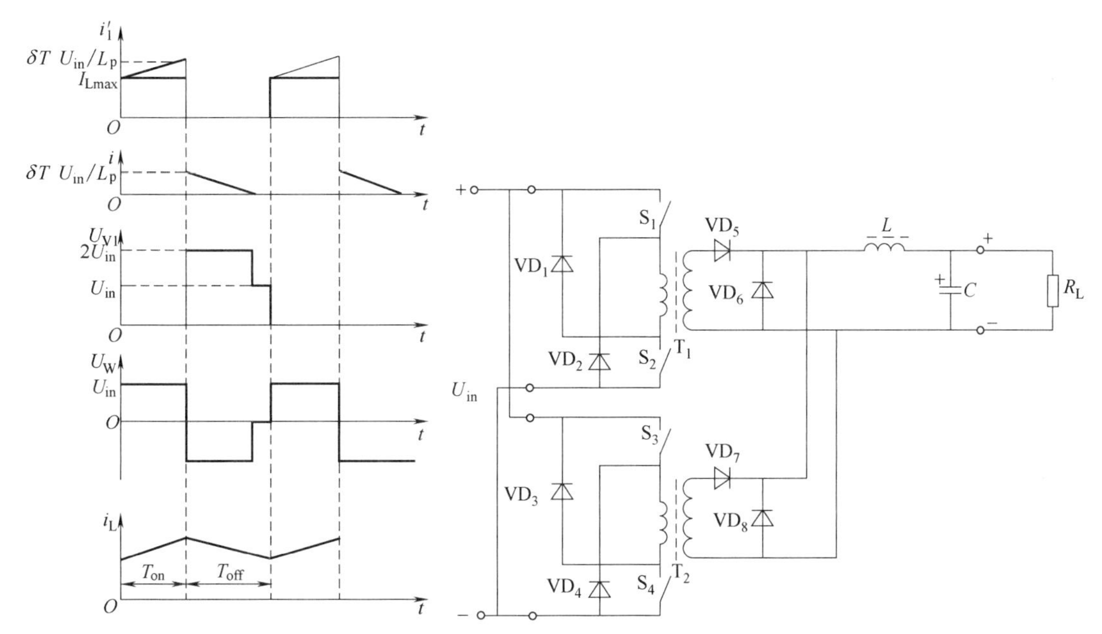

图 5-67　正激式直流-直流变换电路波形图

图 5-68　双正激变换电路原理图

② 电路特点。

a. 两个正激式变换电路并联，T_1 和 T_2 反相 180°驱动，功率增大一倍，输出频率增加一倍，纹波及动态响应改善。

b. S_1、S_2 串联（S_3、S_4 串联），开关管耐压减半。

c. 取消了反馈线圈，二极管 VD_1、VD_2、VD_3 和 VD_4 均为馈能路径，降低了变压器 T_1 和 T_2 的制作工艺等要求。

d. 具有死区限制特性，两部分电路不存在共态导通问题，可靠性较高。

③ 特性分析。

a. 正激：导通时输入馈电给负载，截止时 L 供电给负载，称为正激式。

b. 耐压：单管正激，开关管最大电压为 $2U_{in}$；双管正激，开关管最大电压为 U_{in}。

c. 变压器：单端正激式变换器的变压器利用率不高（仅使用磁滞回线第一象限），在工艺制作上要加馈能线圈，而双正激变换电路具有输出功率大，输出方波频率加倍，易于滤波，开关管耐压减半（约为输入电压 U_{in}）的优点，并且取消了变压器馈能线圈，因此，广泛应用于大功率变换电路中，被认为是目前可靠性较高，制造不复杂的主要电路之一。

(2) 单端反激式变换电路

单端反激式功率变换电路如图 5-69（a）所示。它主要由晶体管 VT、变压器 T、整流二极管 VD、滤波电容 C 和负载电阻 R 组成。在该电路中，变压器 T 的初级线圈和次级线圈的极性如图所示，晶体管导通时，整流管 VD 截止，所以称为反激式功率变换电路。

晶体管的外加基极电压 U_b 的波形如图 5-69（b）所示。在 $t_1 \sim t_2$ 时，晶体管 VT 因承

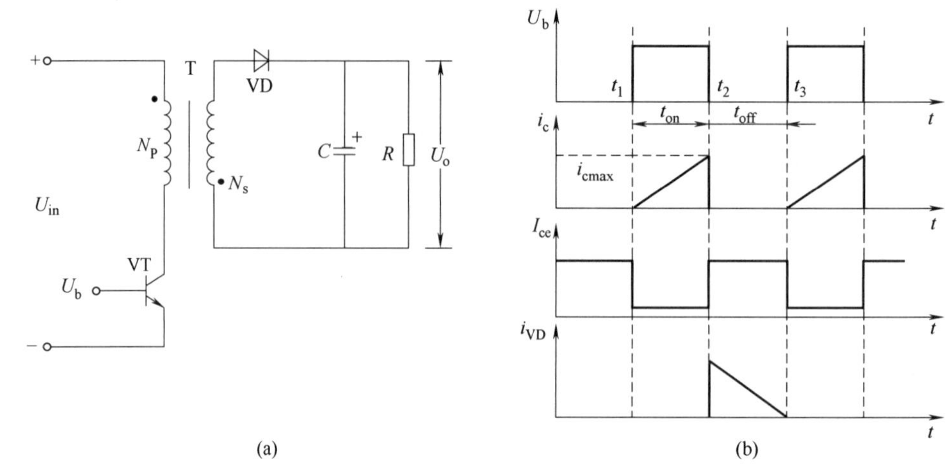

图 5-69　单端反激式功率变换电路及相关工作波形图

受足够高的正向偏压而饱和导通，VT 的饱和压降 U_{ce} 约为 1V，输入电压 U_{in} 基本上等于 N_P 两端的电压 U_P。根据电工原理可知：

$$U_P = L_P \frac{di_c}{dt} = U_{in}$$

式中，L_P 为 N_P 的电感，i_c 为 VT 的集电极电流（即 N_P 中的电流）。从上式可得：

$$i_c = \frac{1}{L_P}\int_0^t U_{in}\,dt = \frac{U_{in}}{L_P}t + I_{co}$$

式中，I_{co} 为 N_P 中的初始电流，通常可忽略，因此

$$i_c = \frac{U_{in}}{L_P}t$$

由上式可以看出，VT 导通期间，N_P 中的电流 i_c 是线性上升的，i_c 的波形如图 5-69（b）所示。当 $t=t_2$ 时，初级线圈中的电流达到最大值 $I_{Pmax}=(U_{in}/L_P)t_{on}$，电源 U_{in} 的输出的能量储存在输出变压器中，其值为：

$$E_P = \frac{1}{2}L_P I_{Pmax}^2$$

设输出变压器次级电感量为 L_s，变压器效率为 100%，则变压器中储存的能量为：

$$E_s = E_P = \frac{1}{2}L_s I_{smax}^2$$

设 $N_P/N_s=n$，则 $L_s/L_P=1/n^2$，$I_{smax}=nI_{Pmax}$，$U_s/U_{in}=1/n$；$U_s=U_{in}/n$（式中 U_s 为输出变压器次级绕组的电压）。

在单端反激式功率变换电路中，功率开关管开通时间（t_{on}）内，电场能量变为磁场能量储存在电感 L_s 中，此时负载电流 I_o 由电容 C 供给。若输出电压最大允许变化量为 ΔU_o，输出平均电流为 I_o，则 C 的容量应为：

$$C = \frac{I_o t_{on}}{\Delta U_o}$$

在功率开关管 VT 截止时间（t_{off}）内，L_s 内储存的能量将通过整流管向负载泄放，此时如忽略整流管的正向压降，L_s（即 N_s）两端的电压为 U_o，流过电感 L_s 的电流为：

$$i_{LS} = I_{smax} - \frac{U_o}{L_s}(t-t_2)$$

设 $t=t_3$ 时，$i_{LS}=0$，则

$$I_{smax}=\frac{U_o}{L_s}(t_3-t_2)=\frac{U_o}{L_s}t_{off}$$

将上式和 $I_{Pmax}=(U_{in}/L_P)T_{on}$ 代入 $I_{smax}=nI_{Pmax}$ 可得：

$$\frac{U_o}{L_s}t_{off}=n\frac{U_{in}}{L_P}t_{on}$$

$$U_o=\frac{nU_{in}L_st_{on}}{L_Pt_{off}}=\frac{U_{in}}{n}\times\frac{t_{on}}{t_{off}}$$

已知占空比 $\delta=t_{on}/T$，因此，上式又可写为：

$$U_o=\frac{U_{in}}{n}\times\frac{t_{on}/T}{\frac{T-t_{on}}{T}}=\frac{U_{in}}{n}\times\frac{\delta}{1-\delta}$$

在此电路中，功率开关管截止时承受的电压 U_{ce} 应等于 U_{in} 加上 t_{off} 期间 N_P 两端的感应电压 U_{NP}，即：

$$U_{ce}=U_{in}+U_{NP}=U_{in}+U_on$$

将 $U_o=(U_{in}/n)(\delta/1-\delta)$ 代入上式可得：

$$U_{ce}=U_{in}\frac{1}{1-\delta}$$

当 $\delta=0.5$ 时，$U_{ce}=2U_{in}$。为了避免开关功率管被击穿损坏，U_{ce} 不能大于 $2U_{in}$，因此在该电路中，通常占空比 $\delta\leqslant0.5$。

5.3.2.2 双端直流变换电路

单端直流变换电路不论是正激式还是反激式，其共同的缺点都是高频变压器的磁芯只工作于磁滞回线的一侧（第一象限），磁芯的利用率较低，且磁芯易于饱和。双端直流变换器的磁芯是在磁滞回线的一、三象限工作，因此磁芯的利用率高。双端直流变换器有推挽式、全桥式和半桥式三种。

(1) 推挽式变换电路

推挽式功率变换电路如图 5-70（a）所示。开关管 VT_1、VT_2 由驱动电路控制其基极，以 PWM 方式激励而交替通断，输入直流电压被变换成高频方波交流电压。当 VT_1 导通时，输入电源电压 E 通过 VT_1 施加到高频变压器 T 的原边绕组 N_1，由于变压器具有两个匝数相等的主绕组 N_1，故在 VT_1 导通时，在截止晶体管 VT_2 上将施加 2 倍电源电压（即 $2E$）。当基极激励消失时，一对高压开关管均截止，它们的集电极施加电压均为 E。当下半个周期，VT_2 被激励导通，截止晶体管 VT_1 上施加 $2E$ 的电压，接着又是两个晶体管都截止，U_{ce1} 和 U_{ce2} 均为 E。下一个周期重复上述过程。

在晶体管导通过程中，集电极电流除负载电流成分外，还包含有输出电容器的充电电流和高频变压器的励磁电流，它们均随导通脉冲宽度的增加而线性上升。这便是高压开关管稳态运行时集电极电压和电流的基本规律，其波形如图 5-70（b）所示。

在开关的暂态过程中，由于高频变压器副边开关整流二极管在反向恢复时间内所造成的短路以及为了抑制集电极电压尖峰而设置的 LC 吸收网络的作用，当高压开关管开通时，将会有尖峰冲击电流；在开关管关断瞬间，由于高频变压器漏感储能的作用，在集射极间会产生电压尖峰，如图 5-70（b）所示。尖峰电压的大小随集电极电路的配置、高频变压器的漏感及电路关断条件的不同而异，该尖峰电压有可能使高压开关管承受两倍以上的输入电压，以 220V±22V 的电网电压为例，稳态截止电压的最大值约为 680V，加上暂态过程中的尖峰

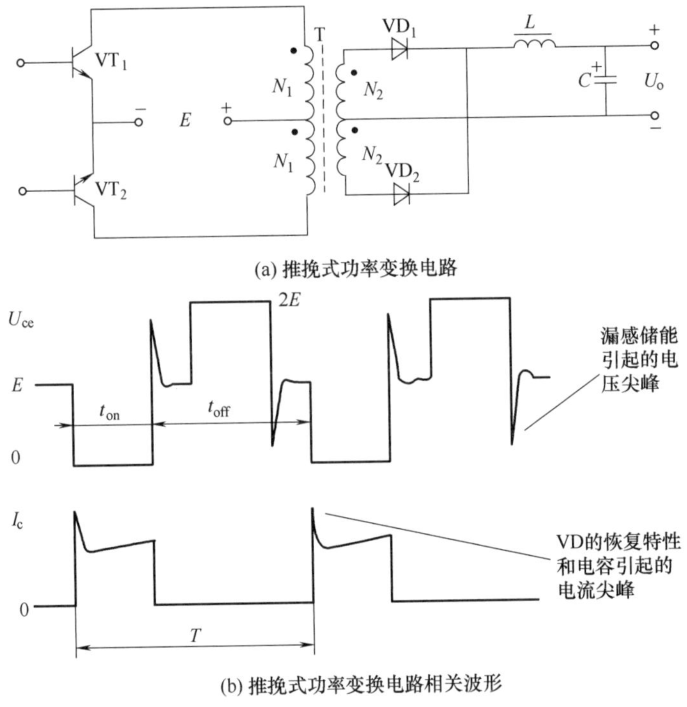

图 5-70　推挽式功率变换电路及其相关波形

电压，则推挽式电路高压开关管必须能承受 800V 以上的电压，这给元件的选择带来了困难。此外，原边绕组只有一半时间工作，高频变压器的利用率较低。

但是，电路只用两个高压开关管便能获得较大功率输出，一对晶体管的发射极相连，两组基极驱动电路彼此间无需隔离，这样不仅驱动电路和过流保护电路可以简化，而且可供选择的余地也就增大，这是该电路的优点。

(2) 全桥式变换电路

① 基本工作原理。全桥式功率变换电路原理如图 5-71（a）所示，这种变换电路的典型波形如图 5-71（b）所示。它由四个功率开关器件 $V_1 \sim V_4$ 组成，变压器 T 连接在四桥臂中间，相对的两只功率开关器件 V_1、V_4 和 V_2、V_3 分别交替导通或截止，使变压器 T 的次级有功率输出。当功率开关器件 V_1、V_4 导通时，另一对功率开关器件 V_2、V_3 则截止，这时

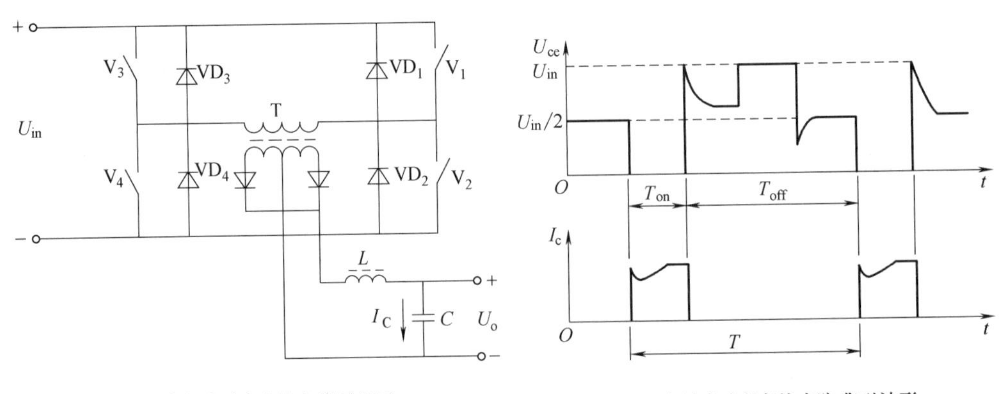

图 5-71　全桥式功率变换电路原理图及其波形

V_2 和 V_3 两端承受的电压为输入电压 U_{in}，在功率开关器件关断过程中产生的尖峰电压被二极管 VD_1～VD_4 钳位于输入电压 U_{in}。从图中可见，开关管最大耐压为输入电压值。

② 电路特点。

a. 全桥式变换电路中一般选用的功率开关器件的耐压只要大于 U_{inmax} 即可，比推挽式功率变换电路所用的功率开关器件需承受的电压要低 1/2；

b. 由于使用钳位二极管 VD_1～VD_4，有利于提高电源效率；

c. 电路使用了四个功率开关器件，其四组驱动电路需隔离。

③ 应用。全桥式功率变换电路主要应用于大功率变换电路中。由于驱动电路复杂且均需隔离，因此在电路设计和工艺结构布局中要有足够的考虑。

(3) 半桥式变换电路

① 基本工作原理。半桥式功率变换电路原理如图 5-72（a）所示。半桥式功率变换电路的波形如图 5-72（b）所示。半桥式功率变换电路与全桥式变换电路相类似，只是其中两个功率开关器件改由两个容量相等的电容器 C_1 和 C_2 代替。C_1 和 C_2 的作用主要是实现静态时分压，使 $U_a=1/2U_{in}$。当 V_1 导通，V_2 截止时，输入电流向 C_2 充电；当 V_1 截止 V_2 导通时，输入电流向 C_1 充电。当 V_1 导通 V_2 截止时，承受的电压为输入直流电压 U_{in}（与全桥类似，但开关管只有两只），在同等输出功率条件下，功率开关器件 V_1、V_2 所通过的电流则为全桥式的 2 倍。

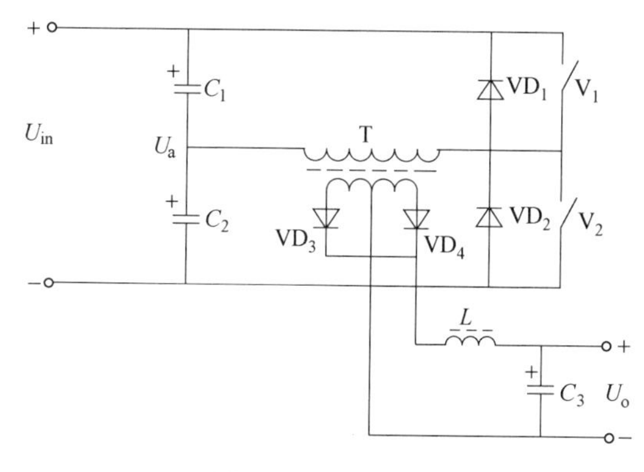

(a) 半桥式功率变换电路原理图

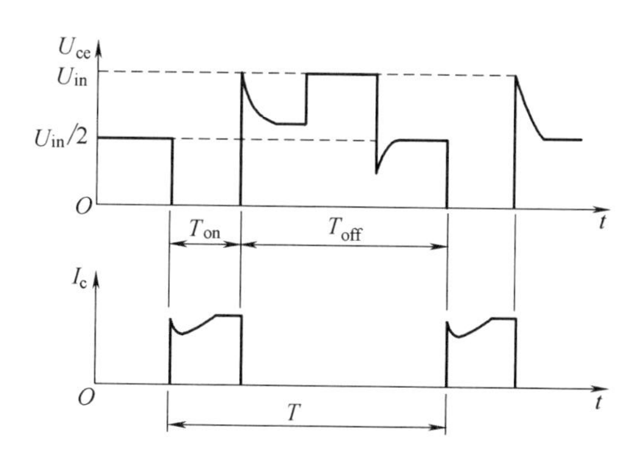

(b) 半桥式功率变换电路波形图

图 5-72　半桥式功率变换电路原理图及其波形

从图 5-72（a）可知：V_1、V_2 开关管承受最大的电压值均为 U_{in}。对于高压输入、大功率输出的情况下，一般采用如图 5-73 所示的电路方式。在如图 5-73 所示的电路中，开关器件 V_1、V_2 为一组，V_3、V_4 为一组，双双串联，可减少单管耐压值。在实际应用电路中，开关器件 V_1、V_2、V_3、V_4 可采用双管或多管并联，以解决大电流输出问题。共用变压器，

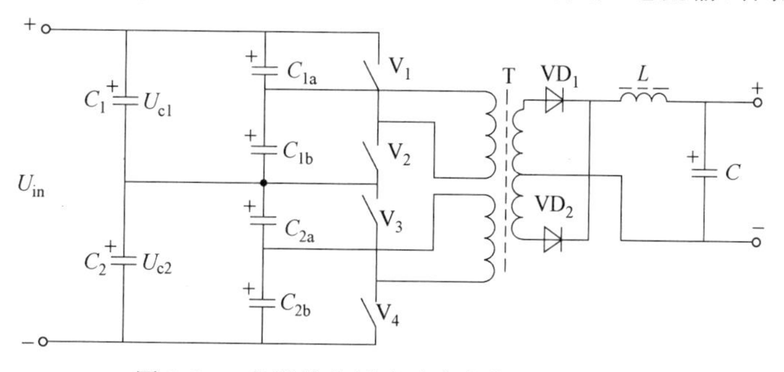

图 5-73　变形的半桥式功率变换电路原理图

可提高变压器的利用率，并具有抗不平衡能力。

② 应用。在变形的串联型半桥式功率变换电路中，V_1、V_2 或 V_3、V_4 每只开关管的最大耐压值仅为 U_{c1} 和 U_{c2} 值，假设 $C_1=C_2$，则 $U_{c1}=U_{c2}=U_{in}/2$，因此可以选择降低耐压的开关管。另外，V_1、V_2、V_3、V_4 可以采用多管并联的方式工作，以增大输出电流的容量；对于变压器 T 可以工作在正反方向，大大提高变压器的效率。鉴于上述优点，变形的串联型半桥式功率变换电路得到了广泛应用，特别是在高电压输入和大功率输出的场合。

5.4 控制电路

5.4.1 时间比例控制原理

5.4.1.1 时间比例控制的稳压原理

(1) 串联线性调整型稳压电源

图 5-74 是晶体管串联线性调整型稳压电源的示意图，输入电源 E 和输出电压 U_o 之间串联着一个可变电阻 R_W，R_W 在稳态条件下，输入电源 E 和输出电压之间，有下述关系：

$$U_o=E-I_LR_W$$

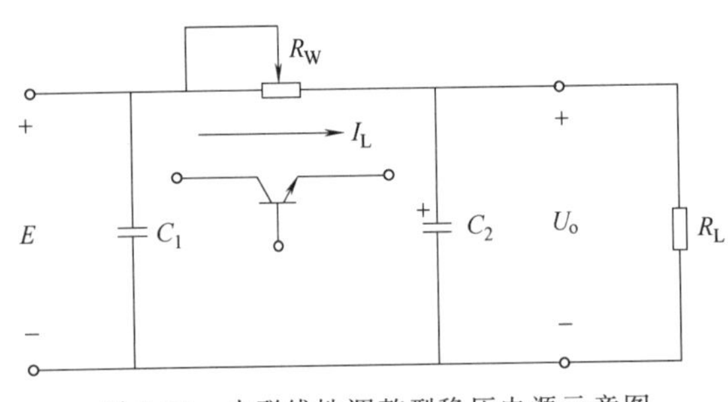

图 5-74 串联线性调整型稳压电源示意图

当 E 或 R_L 变化时，可以调整 R_W 的阻值，使输出电压 U_o 维持不变，这便是串联线性调整型稳压电源的基本工作原理，可变电阻 R_W 用晶体管取代，因为晶体管工作在输出特性的线性区，所以称为串联线性调整型稳压电源。

在这种电源里，输入电源向负载连续地提供能量，这是它的特点之一。电压调整元件（串联功率晶体管）上的功率损耗可由下式表示：

$$P_T=(E-U_o)I_L=I_L^2R_W$$

由此可见，E 和 U_o 之间的差值越大，流过晶体管的电流越大，则功率晶体管上的功率损耗也越大，稳压电源的效率就越低。

(2) 开关型稳压电源

开关型稳压电源工作原理示意图如图 5-75 所示。开关 K 以一定的时间间隔重复地接通和断开，在开关 K 接通时，输入电源 E 通过开关 K 和滤波电路提供给负载 R_L，在整个开关接通期间，输入电源 E 向负载提供能量；当开关 K 断开时，输入电源 E 便中断了能量的

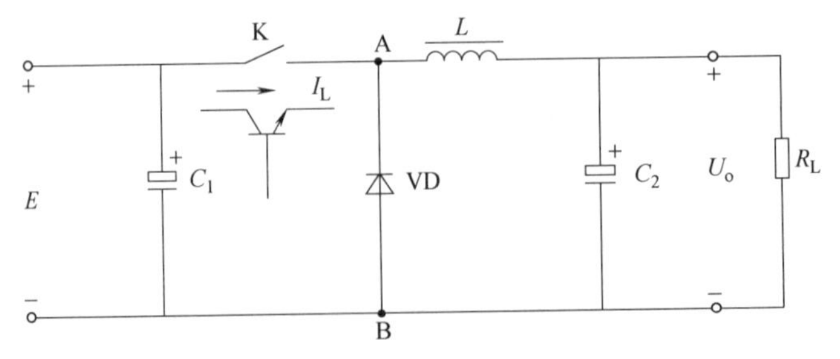

图 5-75 开关型稳压电源示意图

提供。由此可见，输入电源向负载提供能量不像串联线性调整型稳压电源那样连续，而是断续的，为使负载能得到连续的能量供给，开关型稳压电源必须要有一套储能装置，在开关接通时将一部分能量储存起来，在开关断开时，向负载释放。在图 5-75 中，由电感 L、电容 C_2 和二极管 VD 组成的电路，就具有这种功能。电感 L 用以储存能量，在开关断开时，储存在电感 L 中的能量通过二极管 VD 释放给负载，使负载得到连续而稳定的能量，因二极管 VD 使负载电流连续不断，所以称为续流二极管。

在 LC 型滤波电路输入端 AB 间得到的电压波形如图 5-76 所示，在 AB 间的电压平均值 E_{AB} 可用下式表示：

$$E_{AB}=t_{ON}E/T$$

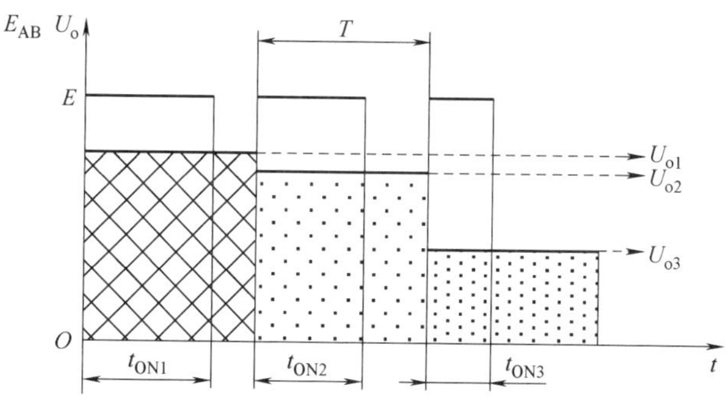

图 5-76 滤波电路输入端的电压波形

式中，t_{ON} 为开关每次接通的时间，T 为开关通断的工作周期（即开关接通时间 t_{ON} 和关断时间 t_{OFF} 之和）。由上式可知，改变开关接通时间和工作周期的比例，AB 间电压的平均值也随之改变，如图 5-75 所示。因此，随着负载及输入电源电压的变化自动调整 t_{ON} 和 T 的比例便能使输出电压 U_o 维持不变。改变接通时间 t_{ON} 和工作周期比例亦即改变脉冲的占空比，这种方法称为“时间比例控制”（Time Ratio Control，TRC）。

用功率晶体管作为开关元件时有一定的开关损失，但比起串联线性调整型稳压电源来要小得多，尤其是在输入电源电压和输出电压之间差值较大时，更为明显。因此，开关型稳压电源有较高的效率。

5.4.1.2 时间比例控制方式

按照时间比例控制（TRC）原理，时间比例控制有三种方式，即脉冲宽度调制方式、脉冲频率调制方式和混合调制方式。

(1) 脉冲宽度调制（PWM）

脉冲宽度调制方式是指开关周期恒定，通过改变脉冲宽度来改变占空比的调制方式。因为周期恒定，滤波电路的设计容易。但在实际情况下，受开关器件和控制电路的限制，在晶体管的开通时间内，有很小的 t_{ON} 时间连续可调，将使输出电压不稳定。因此，在输出端必须要有一定数量的假负载。

(2) 脉冲频率调制（PFM）

脉冲频率调制方式是指导通脉冲宽度恒定，通过改变开关工作频率来改变占空比的调制方式。因为 t_{ON}/T 可在很宽范围内变化，输出电压的可调范围较 PWM 方式大，同时只需极小的假负载。当然滤波电路要能适应较宽的频段，因而滤波器体积较大是其不足之处。

(3) 混合调制

混合调制方式是指导通脉冲宽度和开关工作频率均不固定，彼此都能改变的调制方式，它是脉冲宽度调制方式和脉冲频率调制方式的混合。t_{ON} 和 T 相对地发生变化，在频率变化不大的情况下，可以得到非常大可调范围的输出电压，因此，用来制作要求能宽范围调节输出电压的实验室用电源非常合适。

5.4.1.3 时间比例控制型开关电源工作原理

如图 5-77 所示是时间比例控制型开关电源工作原理框图，图 5-77（a）是 PWM 方式，

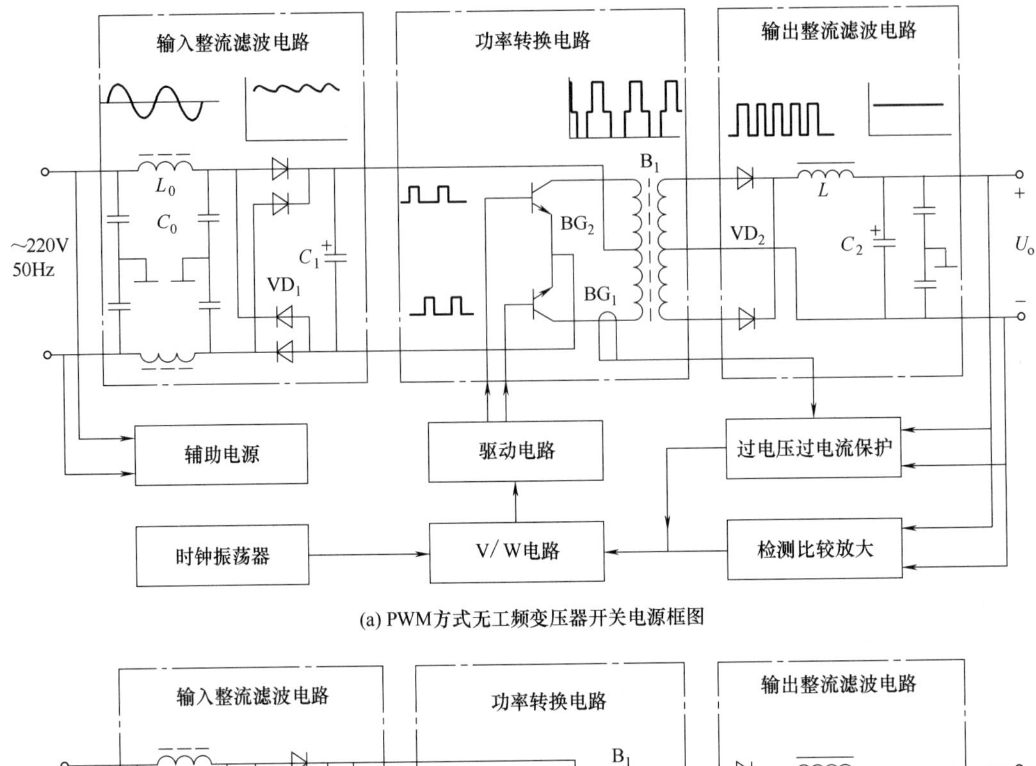

(a) PWM方式无工频变压器开关电源框图

(b) PFM方式无工频变压器开关电源框图

图 5-77　TRC 控制型开关电源框图

图 5-77（b）是 PFM 方式。电源的结构可分为两大部分，从电网将能量传递给负载的回路称为主回路，其他回路则称为控制回路。

(1) 主回路

工频电网交流电压直接经输入滤波器和输入整流滤波电路，得到最大值为 300V 左右的高压直流脉动电压（指电网允许变动范围±10%，标称相电压为 220V）。该直流电压施加到由高压开关晶体管 BG_1、BG_2 和高频变压器 B_1 组成的功率转（变）换回路上，通过控制电路，使高压开关管 BG_1、BG_2 交替开通和关断，从而将直流电源变换成高频交变的矩形脉冲波电源，由高频变压器将该电压降（升）成所需的电压，然后再由副边开关整流二极管

VD_2 进行全波整流，得到 2 倍于原边开关频率的断续矩形波，经输出滤波器将其平滑成连续的低纹波直流电源。各部分的电压波形也表示在图 5-77 上。

(2) 控制回路

控制回路的任务是提供高压开关晶体管基极驱动脉冲，完成稳定的输出电压控制和对电源或负载提供保护并发出告警信号，控制回路通常由检测比较放大电路、电压-脉冲宽度转换电路（或电压-频率转换电路）、时钟振荡器（或恒脉宽发生器）、基极驱动电路、过电压过电流保护电路以及辅助电源等基本电路构成。

① PWM 控制方式。PWM 控制方式必须要有产生恒定频率的振荡源以作为比较的基准，这种振荡器我们称为“时钟振荡器”。此外还必须要有脉冲宽度调制电路，也就是说，检测比较放大电路将误差电压信号放大后，必须将该电压信号变换成脉冲宽度信号，完成这种功能的电路，我们称为“电压-脉宽转换”电路（用 V/W 电路表示）。然后由基极驱动电路激励高压开关晶体管，调节导通脉冲宽度以实现稳压。比如，由于某种原因（负载电流减小或电网电压上升）使高频变压器副边输出电压的平均值增大，电源输出电压也将随之升高，反馈检测电路将这一升高了的输出电压和基准电压进行比较放大，然后将这一电压变化量由电压-脉宽转换电路转换成脉冲宽度的变化，使脉冲宽度变窄，亦即使脉冲的占空比减小，高频变压器输出电压的平均值下降，从而使输出电压达到稳定；反之，若电源输出电压由某种原因下降时，控制回路的输出脉宽将增大，高频变压器输出电压的平均值升高，使电源输出电压又回升到原来的数值，这便是 PWM 控制型开关电源的基本稳压原理。

② PFM 控制方式。PFM 控制方式与 PWM 控制方式的差别仅在于以恒脉宽发生电路代替 PWM 的时钟振荡器，用电压-频率转换电路（用 V/F 电路表示）取代电压-脉宽转换电路。因此，稳压的过程变成：电源输出电压上升时，控制回路输出脉冲的工作周期变长（即频率下降）；电源输出电压下降时，控制回路输出脉冲的工作周期缩短。

和常规的稳压电源一样，TRC 型开关电源也必须设有过电压过电流保护电路，以便一旦发生过电压时将电源和负载分开，以对负载提供保护；一旦发生过电流或输出短路时将输出切断或是将输出电流限制在允许的范围内，以对电源本身提供保护。由于电源组装的密度提高，某些电源还对关键元器件的局部发热进行监视以提供过热保护。

目前，时间比例控制（TRC）型开关电源是开关电源的主流，其中尤以脉冲宽度调制（PWM）控制方式最为盛行。

5.4.2 集成 PWM 控制器

目前，国内外许多半导体生产厂家设计了专用的集成电路用于开关电源的控制，这些集成电路的使用简化了工程技术人员的设计流程，同时也大大减少了元器件的使用数量，提高了整个系统的可靠性。这里，我们以美国硅通用（Silicon General）半导体公司首先生产，现已得到广泛应用的 SG3525A 为例进行介绍。

5.4.2.1 特点与引脚说明

(1) 特点

① 工作电压范围宽：8～35V。

② 5.1V（1±1.0%）微调基准电源。

③ 振荡器工作频率范围宽：100Hz～400kHz。

④ 具有振荡器外部同步功能。

⑤ 死区时间可调。

⑥ 内置软启动电路。

⑦ 具有输入欠电压锁定功能。

⑧ 具有PWM锁存功能，禁止多脉冲。

⑨ 逐个脉冲关断。

⑩ 双路输出（灌电流/拉电流）：±400mA（峰值）。

（2）引脚说明

SG3525A采用DIP-16和SOP-16封装，其引脚排列如图5-78所示。

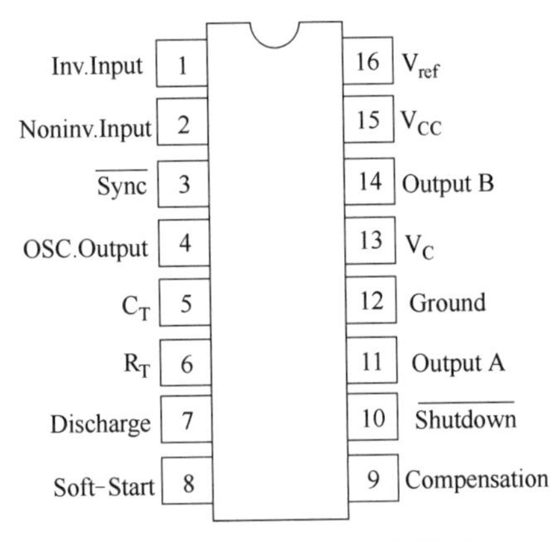

图5-78 SG3525A引脚排列

SG3525A的引脚功能简介如下。

① Inv. Input（引脚1）：误差放大器反相输入端。在闭环系统中，该端接反馈信号。在开环系统中，该端与补偿信号输入端（引脚9）相连，可构成跟随器。

② Noninv. Input（引脚2）：误差放大器同相输入端。在闭环系统和开环系统中，该端接给定信号。根据需要，在该端与补偿信号输入端（引脚9）之间可接入不同类型的反馈网络，构成比例、比例积分和积分等类型的调节器。

③ $\overline{\text{Sync}}$（引脚3）：振荡器外接同步信号输入端。该端接外部同步脉冲信号可实现与外电路的同步。

④ OSC. Output（引脚4）：振荡器输出端。

⑤ C_T（引脚5）：振荡器定时电容接入端。

⑥ R_T（引脚6）：振荡器定时电阻接入端。

⑦ Discharge（引脚7）：振荡器放电端。该端与引脚5之间外接一只放电电阻，构成放电回路。

⑧ Soft-Start（引脚8）：软启动电容接入端。该端通常接一只5μF的软启动电容。

⑨ Compensation（引脚9）：PWM比较器补偿信号输入端。在该端与引脚1之间接入不同类型的反馈网络，可以构成比例、比例积分和积分等类型的调节器。

⑩ $\overline{\text{Shutdown}}$（引脚10）：外部关断信号输入端。该端接高电平时，控制器输出将被禁止。该端可与保护电路相连，以实现故障保护。

⑪ Output A（引脚11）：输出端A。引脚11和引脚14是两路互补输出端。

⑫ Ground（引脚12）：信号地。

⑬ V_C（引脚13）：输出级偏置电压接入端。

⑭ Output B（引脚14）：输出端B。

⑮ V_{CC}（引脚15）：偏置电源接入端。

⑯ V_{ref}（引脚16）：基准电源输出端。该端可输出一个温度稳定性极好的5.1V基准电压。其典型输出电流为20mA。

5.4.2.2 工作原理

SG3525A内部集成了精密基准电源、误差放大器、带同步功能的振荡器、脉冲同步触发器、图腾柱式输出晶体管、PWM比较器、PWM锁存器、欠电压锁定电路以及关断电路，其内部原理框图如图5-79所示。

SG3525A内置的5.1V精密基准电源，微调精度达到±1.0%，在误差放大器共模输入

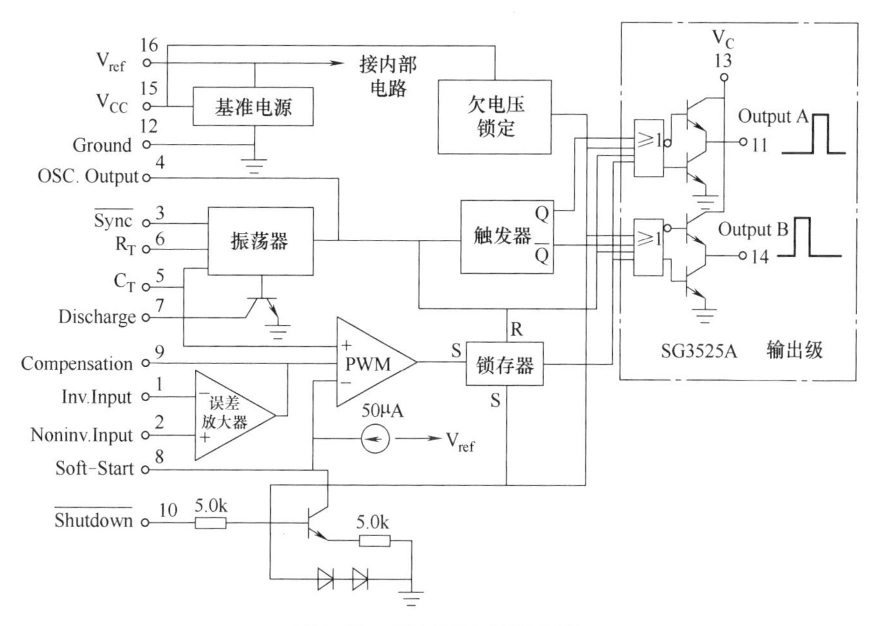

图 5-79　SG3525A 原理框图

电压范围内，无须外接分压电阻。SG3525A 还增加了同步功能，可以工作在主从模式，也可与外部系统时钟信号同步，为设计提供了极大的灵活性。在 C_T（引脚 5）和 Discharge（引脚 7）之间加入一个电阻就可实现对死区时间的调节功能。由于 SG3525A 内部集成了软启动电路，因此只需一个外接定时电容。

振荡器通过外接时基电容和电阻产生锯齿波振荡，同时产生时钟脉冲信号，该信号的脉冲宽度与锯齿波的下降沿相对应。时钟脉冲作为由 T 触发器组成的分相器的触发信号，用来产生相位相差 180°的一对方波信号 U_{TQ} 和 $U_{T\overline{Q}}$。误差放大器是一个双级差分放大器，经差分放大的信号 U_1 与振荡器输出的锯齿波电压 U_5 加至 PWM 比较器的负、正输入端。比较器输出的调制信号经锁存后作为或非门电路的输入信号 U_P。或非门电路在正常情况下具有三路输入，即分相器的输出信号和 U_{TQ} 或 $U_{T\overline{Q}}$、PWM 调制信号 U_P 和时钟信号 U_c。或非门电路的输出 U_{o1} 和 U_{o2} 即为图腾柱电路的驱动信号。相关各点的波形如图 5-80 所示。

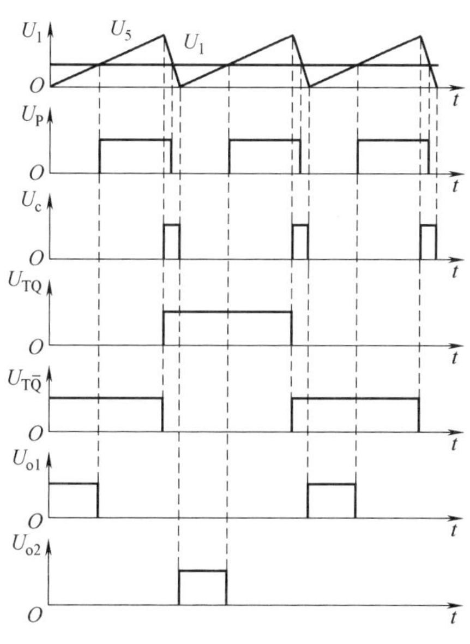

图 5-80　SG3525A 各相关点波形

SG3525A 的软启动电容接入端（引脚 8）上通常接一个 5μF 左右的软启动电容。上电过程中，由于电容两端的电压不能突变，因此与软启动电容接入端相连的 PWM 比较器反相输入端处于低电平，PWM 比较器输出为高电平。此时，PWM 锁存器的输出也为高电平，该高电平通过两个或非门加到输出晶体管上，使之无法导通。只有软启动电容充电至其上的电压使引脚 8 处于高电平时，SG3525A 才能开始工作。在实际电路中，基准电压通常是接在误差放大器的同相输入端上，而输出电压的采样电压则加在误差放大器的反相输入端上。当输出电压因输入电压的升高或负载的变化而升高时，误差放大器的输出将减小，这将导致 PWM 比较器输出的为正的时间变长，PWM 锁存器输出高电平的时间也变长，因此输出晶体管的导通时间将缩短，从而使输出电压回落到额定值，实现稳压。反之亦然。

外接关断信号对输出级和软启动电路都起作用。当 $\overline{\text{Shutdown}}$（引脚 10）上的信号为高电平时，PWM 锁存器将立即动作，禁止 SG3525A 输出，同时，软启动电容将开始放电。如果该高电平持续，软启动电容将充分放电，直到关断信号结束，才重新进入软启动过程。注意：$\overline{\text{Shutdown}}$ 引脚不能悬空，应通过接地电阻可靠接地，以防止外部干扰信号耦合而影响 SG3525A 的正常工作。

欠电压锁定功能同样作用于输出级和软启动电路。如果输入电压过低，在 SG3525A 的输出被关断的同时，软启动电容将开始放电。

此外，SG3525A 还具有以下功能，即无论因为什么原因造成 PWM 脉冲中止，输出都将被中止，直到下一个时钟信号到来，PWM 锁存器才被复位。

SG3525A 的输出级采用图腾柱式结构，其灌电流/拉电流能力超过 200mA。

5.4.2.3 典型应用

(1) 接单端变换器

在单端变换器应用中，SG3525A 的两个输出端应接地，如图 5-81 所示。当输出晶体管开通时，R_1 上会有电流流过，R_1 上的压降将使 VT_1 导通。因此 VT_1 是在 SG3525A 内部的输出晶体管导通时间内导通的，其开关频率等于 SG3525A 内部振荡器的频率。

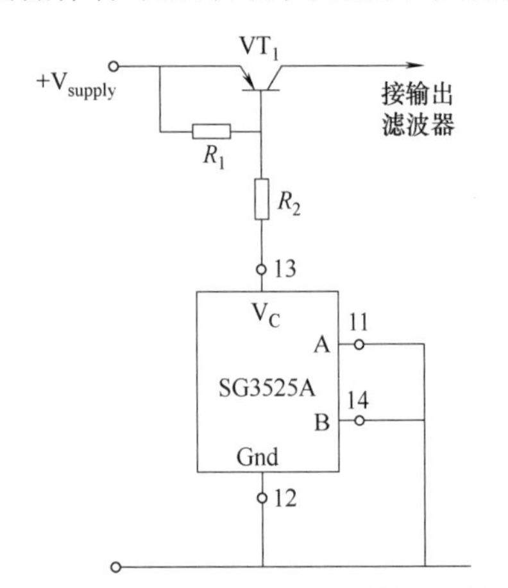

图 5-81　SG3525A 单端输出结构示意图

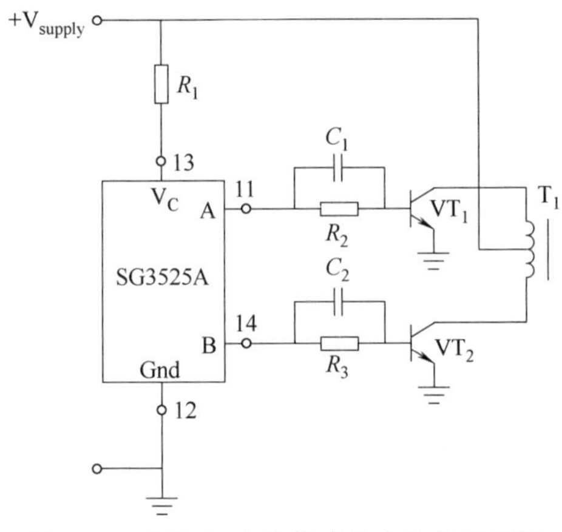

图 5-82　SG3525A 推挽式输出结构示意图

(2) 推挽式输出

采用推挽式输出驱动功率晶体管的电路结构如图 5-82 所示。VT_1 和 VT_2 分别由 SG3525A 的输出端 A 和输出端 B 输出的正向驱动电流驱动。电阻 R_2 和 R_3 是限流电阻，是为了防止注入 VT_1 和 VT_2 的正向基极电流超出控制器所允许的输出电流。C_1 和 C_2 是加速电容，起到加速 VT_1 和 VT_2 导通的作用。

(3) 直接驱动 MOSFET

由于 SG3525A 的输出驱动电路是低阻抗的，而功率 MOSFET 的输入阻抗很高，因此输出端 A 和输出端 B 与 VT_1 和 VT_2 栅极之间无须串接限流电阻和加速电容就可以直接推动功率 MOSFET，其电路结构如图 5-83 所示。

(4) 隔离驱动 MOSFET

另外，在半桥变换器的应用中，SG3525A 可用于上下桥臂功率 MOSFET 的隔离驱动，如图 5-84 所示。如果变压器一次绕组的两端分别接到 SG3525A 的两个输出端上，则在死区时间内可以实现驱动变压器磁芯的自动复位。

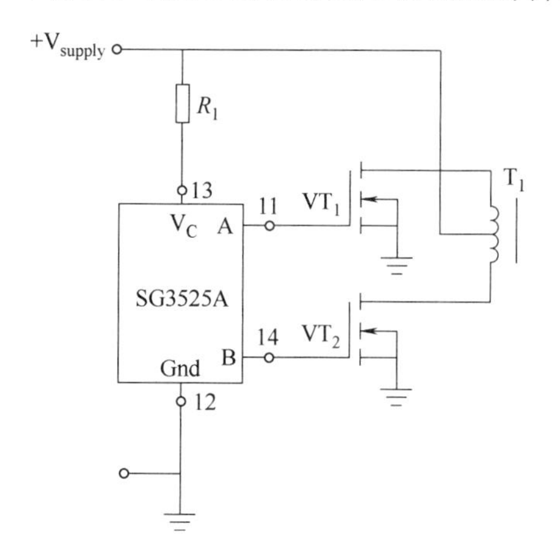

图 5-83　SG3525A 直接驱动 MOSFET

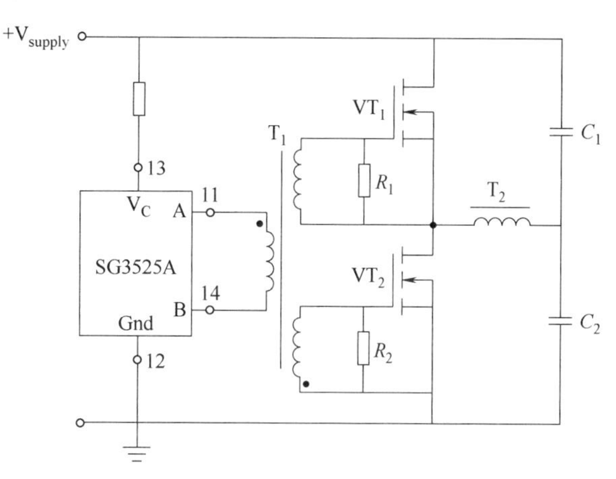

图 5-84　SG3525A 隔离驱动 MOSFET

5.4.3 稳流控制电路

在大多数应用场合，比如家用电器、测量仪器、信号源乃至通信信息系统中，都要求为之供电的开关电源的输出电压相当稳定，我们把这种电源称为稳压电源。在实际应用中，也有一些场合要求供给的电流保持恒定，我们把这种电源称为恒流源。

其实，在开关电源中稳压和稳流的控制没有本质的区别，只是反馈的物理量不同。稳压控制的取样信号是输出电压信号，而稳流控制的取样信号是输出电流信号。

在稳压控制中，通过取样输出电压，并将取样电压与固定基准相比较生成误差信号，该误差信号大小决定 PWM 脉冲的宽度，从而最终影响输出电压的大小。

在恒流控制中，反馈量不再是输出电压而是输出电流。如图 5-85 所示是一个恒流反馈控制电路示意图。通过串联电阻 R_{34} 来检测输出电流，并且由运算放大器、三极管和光电耦合器组成反馈电路，并将反馈量送入集成控制器 SG3525A 的引脚 1，通过调节 SG3525A 的脉宽输出来调节输出电压，从而实现输出的恒流控制。

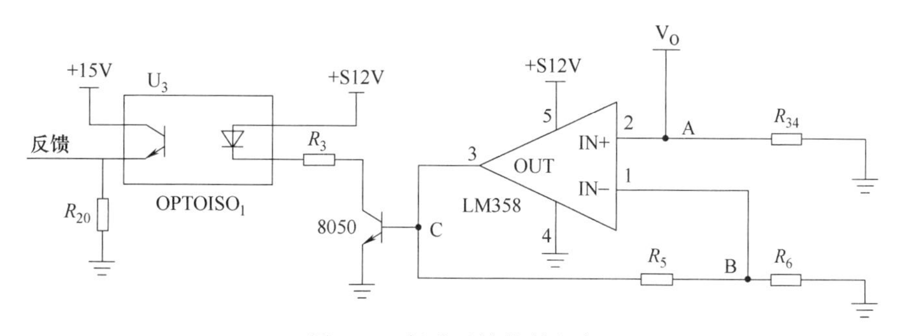

图 5-85　恒流反馈控制电路

5.5 典型高频开关电源系统

目前，在全国各通信局（站）实际运行的高频开关电源系统主要包括中兴、中达、艾默生、河北亚澳、北京动力源等品牌，每个品牌有多种型号，但不管哪种品牌与型号，其基本组成、工作原理、操作使用以及维护保养方法基本相同。下面以中兴 ZXDU68 S601/T601 型高频开关系统为例进行详细讲述，该型号高频开关电源系统是中兴通讯股份有限公司研制的－48V/50A 系列通信电源产品。交流输入相电压为 220V，满配置下可安装 12 个 ZXD2400（V4.0）或 ZXD2400（V4.1）开关整流器（ZXD2400 整流器），组成最大输出为 600A 的电源系统。该系统采用了国际上先进的整流器变换技术，且具有集中监控、电池维护和管理的功能，满足智能无人值守的要求，能够充分满足接入网设备、远端交换局、移动通信设备、传输设备、卫星地面站和微波通信设备的供电需求。

5.5.1 系统概述

5.5.1.1 外形结构

ZXDU68 S601 与 ZXDU68 T601 系统属于同一系列组合电源，ZXDU68 S601 开关电源的外形结构如图 5-86 所示。两者的区别在于：①S601 系统采用 2m 高的机柜，T601 系统采用 1.6m 高的机柜；②S601 系统下方的空余空间较大，可安装逆变器或蓄电池。两种系统除了机柜结构有区别外，其他方面（例如，配置、功能和安装等）完全一样。本章在结构方面的说明以 ZXDU68 S601 系统为例。

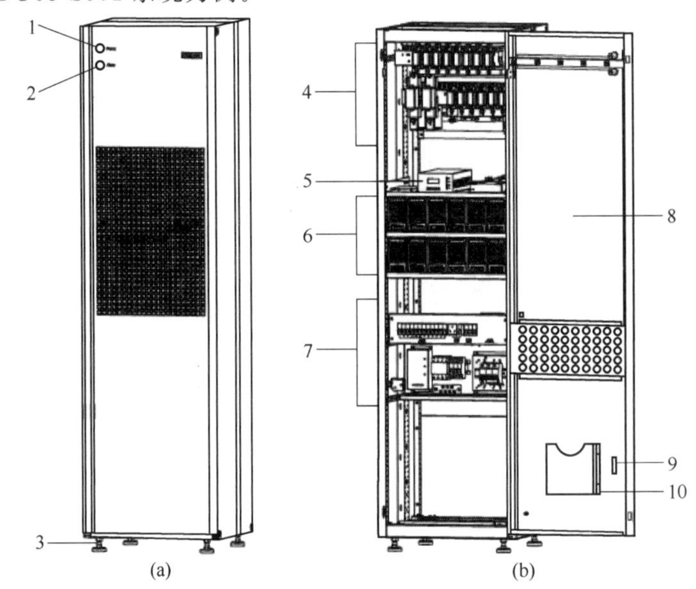

图 5-86　ZXDU68 S601 系统外形结构图

1—电源指示灯；2—告警指示灯；3—地脚；4—直流配电单元；5—监控单元；6—整流器组；7—交流配电单元；8—前门；9—熔丝起拔器放置座；10—资料盒

机柜底部有 4 个地脚，地脚的高度可调且可拆卸；机柜的前门可从左侧拉开，前门的上方有 2 个醒目的指示灯，系统面板指示灯的指示含义见表 5-2；ZXDU68 S601/T601 系统由交流配电单元、整流器组、监控单元和直流配电单元组成。出厂前，可根据用户需要交换交流配电单元和直流配电单元的位置。

表 5-2　ZXDU68 型开关电源系统面板指示灯含义

名称	颜色	状态	含义
电源指示灯	绿	长亮	系统已通电
		长灭	系统未通电
告警指示灯	红	长亮	系统有故障
		长灭	系统无故障

5.5.1.2 系统配置

ZXDU68 型开关电源系统配置主要包括交流配电单元、直流配电电源、开关整流器单元、监控单元、防雷器、后台监控软件以及机柜等部分，如表 5-3 所示。

表 5-3 ZXDU68 型开关电源系统主要配置

部件名称		标准配置	可选配置
交流配电	交流输入	单路单空气开关(3 极空开，容量 100A)输入	①两路双空开(2 个 3 极空开，容量 100A)输入 ②两路双接触器输入
	交流备用输出	2 路，其中 1 路为单相三孔 16A 维修插座；另 1 路为三相 32A 交流备用输出	可以增加选择配置 6P 空开，容量 6～63A
	滤波器	无	根据用户市电电网情况，选择配置
直流配电	直流输出	一次下电负载 4 路；二次下电负载 2 路	①最多可配置 22 路 160A 以下的熔丝输出，其中一次下电负载 12 路，二次下电负载 10 路。一路熔丝输出可更换为两路小型断路器输出 ②可根据用户需要灵活配置一、二次下电负载的路数
	蓄电池	2 路电池输入，400A 熔丝	3 路电池输入，400A 熔丝
	应急照明	无	1 路，32A 空开
整流器		12 台	2～12 台
监控单元		1 套	—
防雷器		C 级防雷器、D 级防雷器(或 D 级防雷盒)、直流防雷盒	B 级防雷器(在交流市电引入电源系统前安装该防雷器)
电源后台监控软件		无	提供 RS232/RS485 接口或 Modem 等远程通信手段与计算机相连，通过电源后台监控软件实现后台监控

5.5.1.3 主要特点

(1) 整流器特点

① 整流模块采用有源功率因数补偿技术，输入功率因数大于 0.99。

② 整流模块采用软开关技术，额定效率大于 90%。

③ 整流模块结构紧凑。在 220VAC 电网制式供电时，功率密度高达 854mW/cm^2。

④ 整流模块超低辐射。其电磁兼容性满足 IEN61000、YD/T983 等国内外标准的要求。其传导骚扰和辐射骚扰均满足 EN55022A 级的要求。

⑤ 整流模块的安全规范满足 GB 4943—2001 标准的要求。

⑥ 整流模块具有交流输入过电压保护、交流输入欠电压保护、PFC 输出过电压保护、PFC 输出欠电压保护、直流输出过电压保护、直流输出过电流保护、过温保护功能。

⑦ 采用抽屉式结构，便于运输、安装和维护。

(2) 电力管理特点

① 可采用三相或单相交流输入，具有极宽的输入电压范围（相电压在 80～300V 范围内均能正常工作），适用于电力不稳定的地区。

② 完善的电池管理功能。自动管理电池的容量、充电方式、充电电压、充电电流和充电时间，具有可靠的充放电控制功能，延长了电池的使用寿命。

③ 提供二次下电功能，具有手动和自动两种下电控制转换装置。用户可根据实际情况，进行有针对性的二次下电配置与管理。

④ 系统采用外置 B 级、C 级、直流防雷等多级浪涌防护技术，各级间具有可靠的通流量、限电压和退耦配合功能，充分发挥了各级防护能力，有效地保障系统和负载的安全可靠运行。

⑤ 提供交流辅助输出功能，并在交流停电时提供直流应急照明功能（选择配置）。

⑥ 具有上出线或下出线两种配电方式。

(3) 系统特点

① 采用模块化设计和自动均流技术，使系统容量可按 $N+1$ 备份，方便扩容。配置灵活，最多可配置 12 个整流模块。整流模块采用无损伤热插拔技术，支持即插即用。

② 全智能设计，配置集中监控单元，具有“三遥”功能，实现计算机管理。可通过与远端监控中心通信，实现无人值守，符合现代通信技术发展的要求。

③ 电源控制技术与计算机技术有机结合，实时对整流器和交直流配电的各种参数和状态进行自动监测和控制。

④ 完善的前台监控管理功能。可查阅系统实时信息、实时告警信息、历史告警信息、历史操作信息、放电记录、极值记录。可设置电源运行参数、蓄电池管理参数、通信参数、输出干接点设置参数、告警阈值设置参数、检测值调整参数、系统信息参数、口令设置参数。可控制整流器开/关和蓄电池工作状态。

⑤ 具有坐地或底座两种安装方式。

⑥ 系统具有很高的可靠性，MTBF$\geqslant 2.2\times10^{5}$h。

5.5.2 工作原理

5.5.2.1 系统原理框图

ZXDU68 型开关电源系统的原理框图如图 5-87 所示。交流电能首先进入交流配电单元，经整流器组、直流配电单元后变成直流电能供给相应负载，并在市电正常情况下给蓄电池充电。其中交流配电单元完成交流电的接入、防护与分配，整流器组完成交流到直流的变换，直流配电单元完成直流电源的输出、蓄电池的接入和负载保护，监控单元进行信号采样、信息采集和判断，提供信号转接和告警功能等。

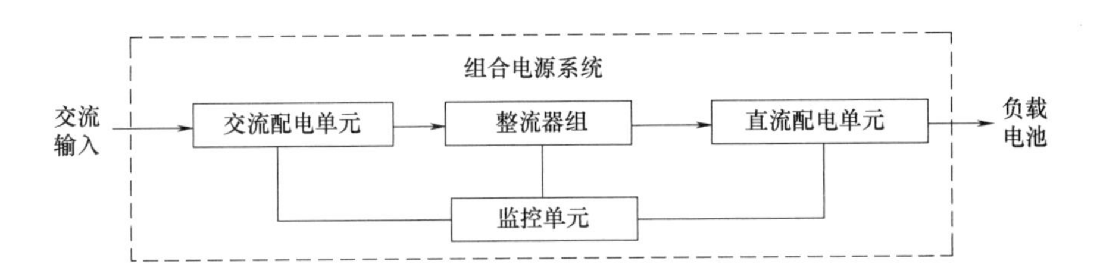

图 5-87　ZXDU68 型开关电源系统的原理框图

5.5.2.2 交流配电单元

ZXDU68 型开关电源系统的交流配电单元位于机柜下部，其结构如图 5-88 所示。图 5-88 中的标注说明见表 5-4。

以两路交流输入为例，交流配电单元工作原理框图如图 5-89 所示。交流输入（2 路）经交流输入切换单元切换后，经整流器组提供交流电源。1 路交流输入时，无须配置交流输入单元。切换单元切换可以根据交流输入状态将交流输入切换为市电或油机，由交流变送器将检测到的交流电输入信息传送给监控单元，用于监测交流输入状态，并决定是否提供保护；防雷单元能够在一定程度上对输入浪涌电压进行保护；整流器空开负责控制各整流器的接通与断开。此外，交流配电单元还能够提供交流备用输出。

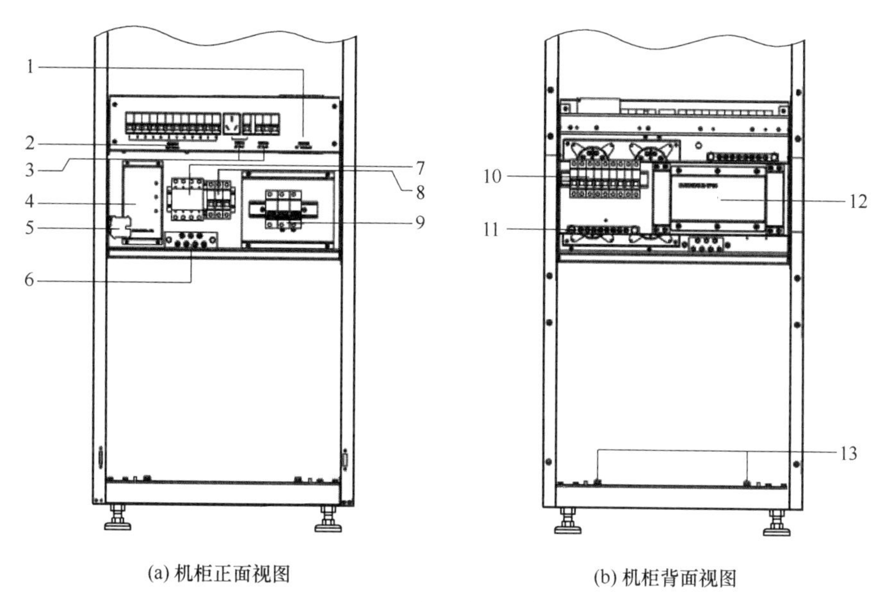

(a) 机柜正面视图

(b) 机柜背面视图

图 5-88 交流配电单元结构图

表 5-4 交流配电单元结构图标注说明一览表

标注号	名 称	说 明
1	交流变送器	将检测到的交流电输入信息传送给监控单元
2	整流器空开	控制各整流模块的接通与断开
3	交流备用输出	标准配置时,提供2组交流备用输出。其中,备用输出1为第1路交流备用输出(三孔单相维修插座),备用输出2为第2路交流备用输出
4	D级防雷盒(器)	提供系统D级防雷保护功能
5	零线接线端子	系统的交流零线接线端子
6	保护地接地铜排	系统的保护地线接线铜排,与机房的地线汇接排连接
7	C级防雷器	①提供系统的C级防雷保护功能 ②正常状态时,防雷器窗口显示为绿色;当防雷器因为雷击损坏时,窗口显示为红色;更换防雷器件时无须停电,可直接插拔
8	C级防雷空开	控制C级防雷器的接通和断开(选择配置)
9	交流输入空开	①标准配置时,采用单空气开关输入模式,输入1路市电 ②可选择配置双空气开关输入或双交流接触器输入,输入为1路市电1路油机或2路市电,2路输入之间可手动或自动切换
10	扩展交流备用输出空开	根据用户需要,可灵活选择配置
11	扩展交流备用输出零线铜排	根据用户需要,可灵活选择配置
12	滤波器	滤除电源系统的市电干扰,提高系统的可靠性(选择配置)
13	保护地螺栓	联合接地时,与机房的地线汇流排连接

5.5.2.3 直流配电单元

ZXDU68型开关电源系统的直流配电单元位于机柜上方，其结构图如图5-90所示。图5-90中的标注说明见表5-5。

表 5-5 直流配电单元结构图标注说明一览表

标注号	名 称	说 明
1	直流输出熔丝	控制各路负载输出的接通和断开,并提供熔断保护功能;可以选择配置直流输出空开
2	电池熔丝	控制各路电池组的接通和断开,并提供熔断保护功能
3	应急照明空开	控制应急照明输出的接通和断开

续表

标注号	名　称	说　明
4	下电控制装置	用于选择下电控制方式(手动方式或自动方式,默认设置为自动方式)。手动方式是通过空开手动控制下电的方式,自动方式是通过监控软件自动控制下电的方式
5	直流防雷盒	提供系统的直流防雷保护功能
6	工作地线铜排	提供系统的工作地线接线铜排(－48V)

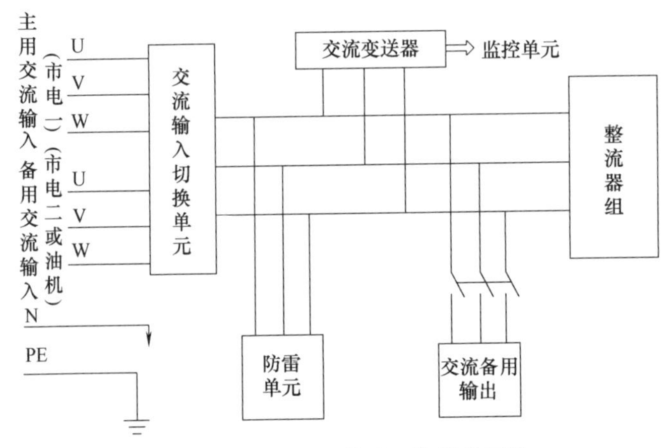

图 5-89　交流配电单元工作原理框图

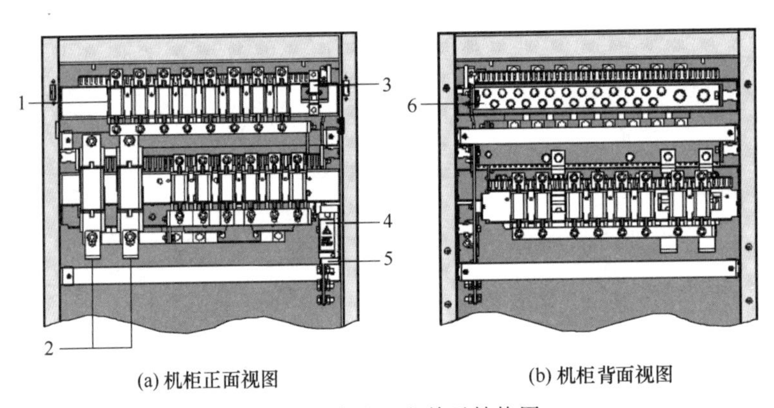

图 5-90　直流配电单元结构图

直流配电单元的工作原理框图如图 5-91 所示。整流器组采用并联方式输出后，经汇流铜排进入直流配电单元。然后，在负载和电池回路上分别接有分流器，用于检测负载总电流和电池组的充放电电流。同时，在负载输出端和电池输入端均接有熔丝或空开作为过流保护和短路保护，保证系统在异常情况下的安全。直流配电单元还设有二次下电保护功能。如果电池组放电时间过长而未采取应急措施，电池电压下降到所设置的下电保护值时，系统将自动分级切除全部负载（一次、二次直流接触器断开），避免电池组因为过放电而损坏。同时提供直流防雷保护功能。

5.5.2.4　整流器组

(1) 整流器面板结构

ZXDU68 型开关电源系统整流器组位于机柜中部，如图 5-92 所示。机柜有 12 个整流模块槽位，最多可安装 12 个整流模块，组成最大输出电流为 600A 的电源系统。ZXD2400

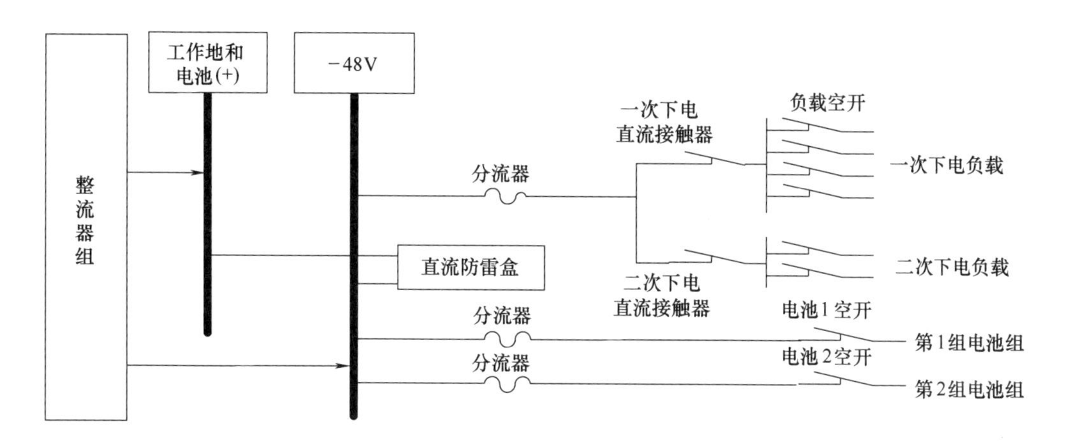

图 5-91　直流配电单元工作原理框图

（V4.0）整流器的前面板和后面板如图 5-92 所示。

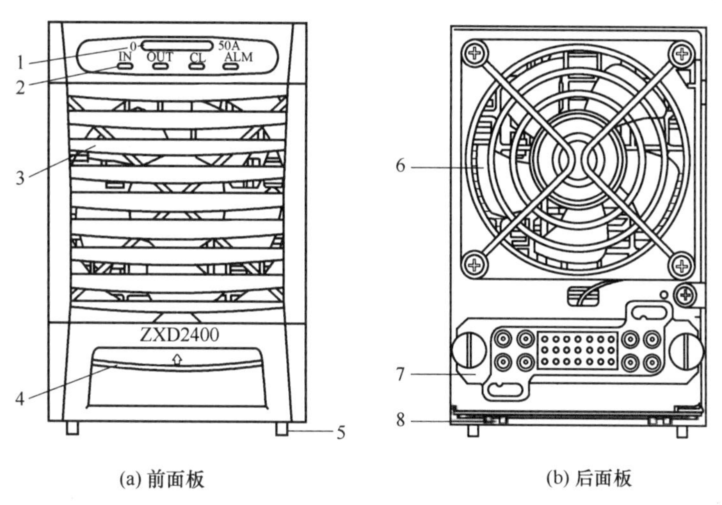

图 5-92　整流模块面板示意图

1—输出电流段码显示器；2—指示灯；3—百叶窗；4—扣手；5—限位销；
6—风机；7—输入-输出插座；8—导轨

① 前面板。整流器的前面板包括了段码显示灯（显示器）、指示灯、插拔整流模块的扣手、安装整流模块的限位销以及为风扇提供通风通道的百叶窗等。输出电流段码显示器指示输出电流的大小，指示灯指示整流器的工作状态（如图 5-93 所示）。输出电流段码显示灯由 10 个绿色的段码灯组成，用于指示整流器的输出电流的大小，所指示的电流范围是 0～50A。每个段码灯代表 5A 的输出电流。当整流器的输出电流达到或接近某段电流的高点时，该段电流所对应的段码灯才会发亮。当整流器的输出电流为 10A 时，最左边的 2 个段码灯发亮。当输出电流为 15A 时，最左边的 3 个段码灯发亮，依次类推。当整流器输出电流为 14A 时，最左边的 2 个段码灯亮，而第 3

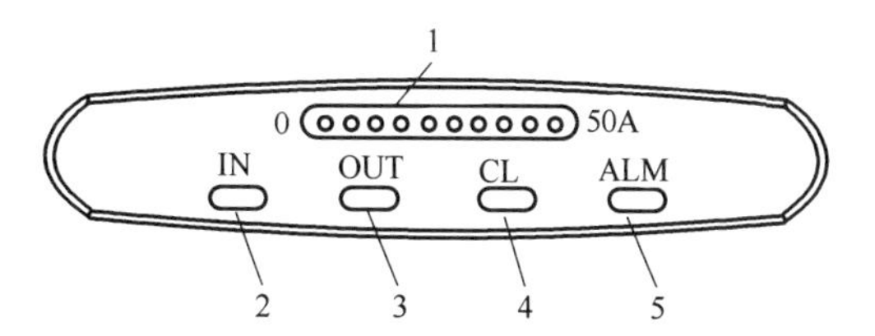

图 5-93　段码灯和指示灯示意图

1—段码灯；2—输入指示灯；3—输出指示灯；4—限流指示灯；5—告警指示灯

个段码灯不亮或亮度很暗。

整流器有4个指示灯，指示灯用来指示整流器的运行状态。正常情况下（交流输入和直流输出正常），只有输入指示灯和输出指示灯亮（绿灯）；当输出出现限流时，限流指示灯（黄灯）亮；当有告警发生时，告警指示灯（红灯）亮。

ZXD2400（V4.0）50A整流器的型号含义：ZX—中兴通讯；D—电源模块；2400—额定输出功率（W）；V4.0—版本号；50A—额定输出电流。

② 后面板。整流模块的后面板包括了风机、输入-输出插座和导轨等。整流器的输入-输出一体化插座接口的排列如图5-94所示，引脚定义见表5-6。整流器通过该插座接口完成与通信电源系统的电气连接，无须另外连线。

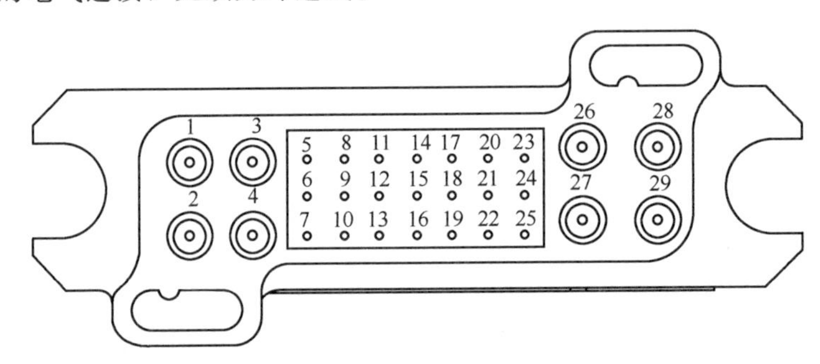

图5-94　输入-输出一体化插座示意图

表5-6　输入-输出一体化插座的引脚定义列表

引脚号	信号定义	说　明
1、2	输出48V+	48V+输出端，对应MAIN板-XJ4
3、4	输出48V−	48V−输出端，对应MAIN板-XJ5
11	REMOTE	关机信号，主要用于系统对整流器进行开/关机控制。当输入高电平时，关闭整流器（幅度5V）；当输入低电平或高阻时，启动整流器
12	ALARM	当整流器工作正常时，该信号为高阻状态；当整流器工作异常时，该信号为低阻状态
13	COM	监控系统控制地（控制信号的公共端）
14	ON-LINE	整流器在位信号：在MAIN板上，该信号与COM信号直接相连
15	PWM	输入信号：要求输入一个幅度为5V的脉冲信号
16	SHARE-BUS	均流母线：双向信号
17	FOUT	输出频率信号：2.5kHz对应25A，通过该信号折算出输出电流的大小。输出频率与输出电流满足如下的关系：$f_{out}=(2.5\text{kHz}/25\text{A})I_{out}$ 其中，f_{out}为输出频率，单位为kHz；I_{out}为输出电流，单位为A
26	交流输入PE	保护地：通过导线直接接到机壳
27	交流输入N	交流输入零线：对应MAIN板-XJ2
28	交流输入L	交流输入火线：对应MAIN板-XJ1

（2）整流模块工作原理

整流模块具体完成交流电到直流电的变换，并实现输入输出之间的电气隔离。此外整流模块还具有功率因数校正、自动均流等作用，是开关电源系统的核心，其变换技术也是开关电源系统的核心技术，而且其性能指标决定了开关电源系统的大多数关键指标。

整流器的原理框图如图5-95所示。整流器主要由主电路和控制电路组成，控制电路控制主电路完成电能的变换，同时完成保护、显示等功能。

① 主电路。主电路主要由交流输入滤波电路、PFC校正电路、DC/DC变换移相全桥电

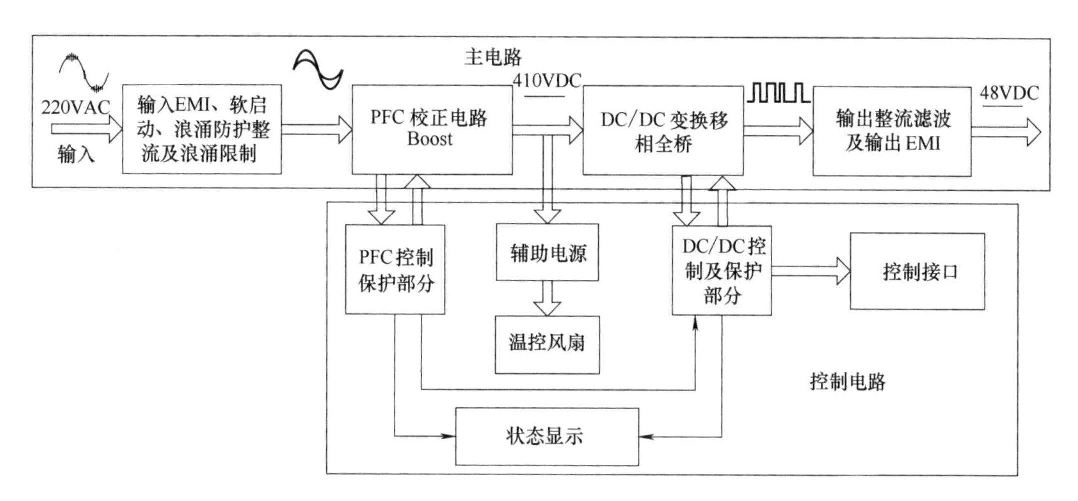

图 5-95　ZXD2400 整流器原理框图

路和输出滤波及输出 EMI 电路组成。其工作过程为：具有谐波的 220V 交流电经输入 EMI 滤波、软启动、浪涌防护整流及输入浪涌电流限制电路等环节，使系统具有较小的开机浪涌电流和较好的电磁兼容性。输入交流电经整流后直接进入前级功率因数校正（PFC）环节。前级功率因数校正电路为 Boost 变换电路，该电路采用平均电流控制方式，以保证其输入功率因数接近 1，谐波电流小于 10%。前级功率因数校正电路的另一个功能是对输入电压进行预调整，输出一个稳定的 410V 直流电压给后级 DC/DC 变换电路，后级 DC/DC 变换电路通过移相全桥控制策略变换为直流脉冲，经输出滤波后输出平滑 48V 直流电。DC/DC 移相全桥变换电路实现了功率器件的软开关，有效提高了开关电源系统的变换效率。

a. 交流输入整流滤波电路。交流输入整流滤波电路主要电路结构如图 5-96 所示，一方面控制交流电网中的谐波成分侵扰整流器内部单元，另一方面也防止整流器产生的干扰反串回电网。

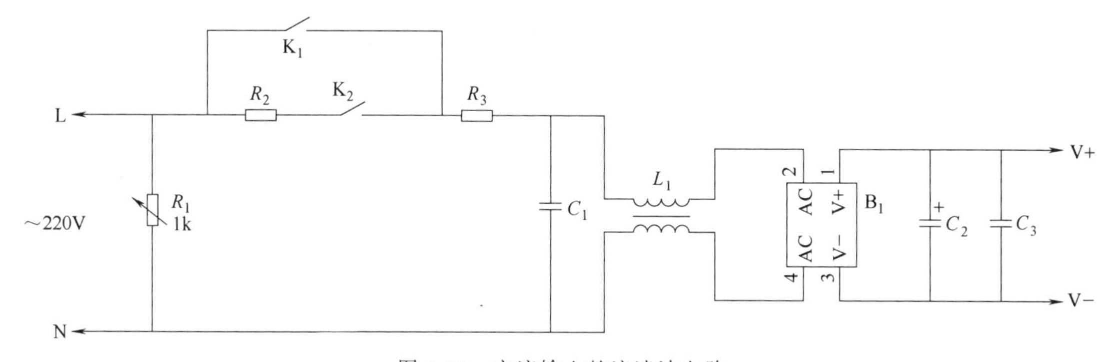

图 5-96　交流输入整流滤波电路

由继电器 K_1 和 K_2 及其外围电路构成交流输入软启动电路，电容 C_1、共模滤波电感 L_1 一起构成交流输入滤波电路。防止电网中的干扰影响整流模块的运行，同时也防止浪涌冲击电流和尖峰电压对整流模块的损害。整流桥 B_1 和电容 C_2、C_3 一起构成输入整流滤波电路，该电路将 220V 交流电经过桥式整流滤波以后变成 310V 左右平滑的直流电，供给后续的 Boost 升压型功率因数校正（PFC）电路。

b. Boost 型 PFC 电路。在现代开关电源中，为了提高开关电源效率、减少电网污染，PFC 电路得到了广泛的应用。在 ZXDU68 型开关电源系统中，为了保证开关电源系统具有低污染、高效率、低输出纹波等优点，除了采用前述的 EMI 及浪涌吸收滤波电路外，也采用了 Boost 型有源功率因数校正电路，其电路结构如图 5-97 所示。

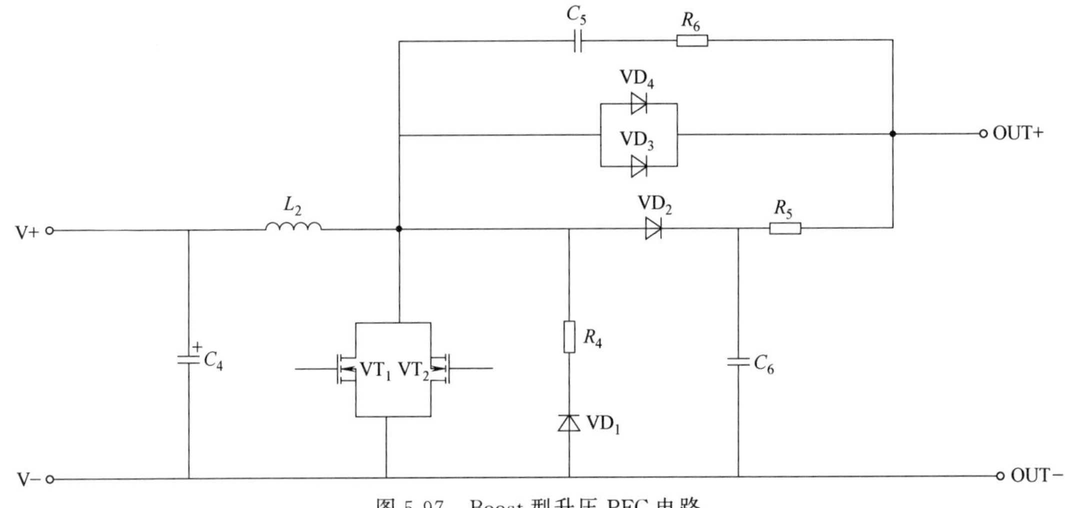

图 5-97 Boost 型升压 PFC 电路

Boost 型有源功率因数校正电路主要由 C_4、L_2、MOSFET VT_1 和 VT_2、VD_3 和 VD_4、C_5 和 R_6、VD_1 和 R_4、C_6 和 R_5 等元器件组成。Boost 型有源功率因数校正电路工作在连续电流模式时，利用输入电容 C_4 可减少切换时所造成的杂信号回流至交流电源，此外，在 Boost 电路中，电感 L_2 只储存一小部分能量，保证交流电源在电感去磁期间，功率 MOSFET 仍旧能够有能量提供。在该整流模块中，利用 Boost 型电路作为主电路，并且采用两个功率 MOSFET 并联使用，作为主开关管，用 UC3854 功率因数校正集成电路控制 VT_1、VT_2 的工作，使交流输入电流正弦化，提高输入侧的功率因数，同时还起着升压和稳压作用，将整流后的直流电压变换成稳定的高压直流，有利于后级变换电路的优化设计。

c. DC/DC 变换移相全桥电路。ZXDU68 系列开关电源的整流模块，功率变换电路采用的是移相控制零电压开关 PWM 变换电路（Phase-shifted zero-voltage-switching PWM converter，PS-ZVS-PWM Converter）。该变换电路主要是利用变压器的漏感或原边串联电感和功率管的寄生电容或外接电容来实现零电压开关，其电路结构如图 5-98 所示。

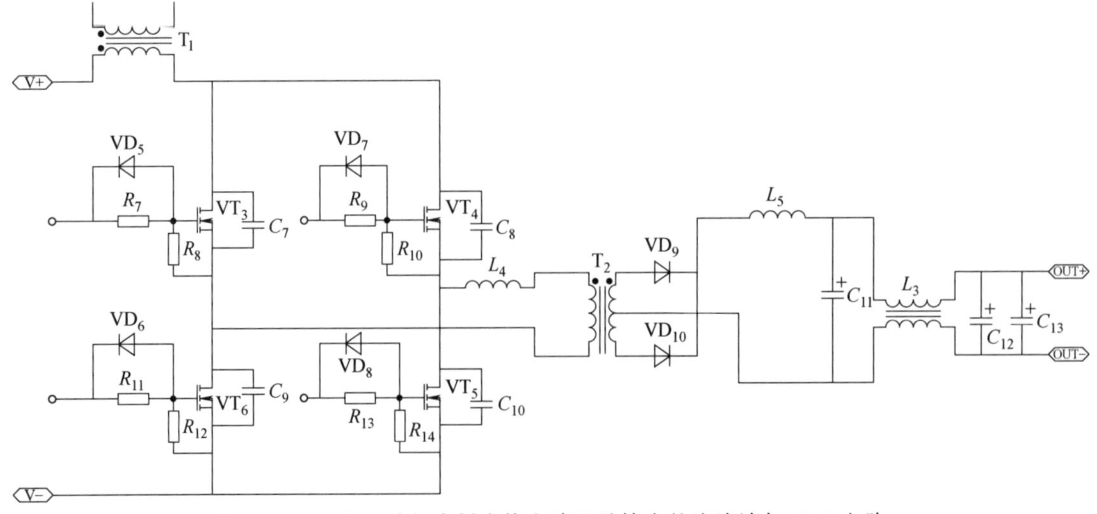

图 5-98 DC/DC 移相全桥变换电路以及输出整流滤波与 EMI 电路

在该电路中，$VT_3 \sim VT_6$ 是四个功率 MOSFET 管，作为主电路的开关管，$C_7 \sim C_{10}$ 分别是四个外接电容，L_4 是谐振电感。工作时，$C_7 \sim C_{10}$ 和开关管 $VT_3 \sim VT_6$ 内部的寄生电容一起构成谐振电容，L_4 和变压器的漏感一起作用。其中，VT_3、VT_5 和 VT_4、VT_6 成 180°互补导通，两个桥臂的导通角相差一个移相角，通过调节移相角的大小来调节输出电压。其 PWM 脉冲控制电路主要由 UC3895 及其外围电路来完成。

d. 输出整流滤波及 EMI 电路。整流模块输出整流滤波及 EMI 电路如图 5-98 所示，由输出高频变压器 T_2，全波整流二极管 VD_9、VD_{10} 构成整流滤波电路，将逆变电路输出的高频交流整流成合乎要求的直流电。同时，利用 L_5、C_{11}、L_3、C_{12}、C_{13} 等构成 EMI 滤波电路，滤除干扰，以便输出高质量的直流电供给通信设备使用。

② 控制电路。控制电路主要包括 Boost PFC 变换及移相全桥 DC/DC 变换电路中功率开关器件控制脉冲的产生、驱动，系统保护功能的实现电路以及辅助电源、状态显示和与监控单元连接的控制接口等。保护电路一方面是对前级功率因数 PFC 校正电路提供 PFC 控制与保护，另一方面还对后级 DC/DC 变换电路提供 DC/DC 控制与保护。控制接口把 ZXD2400 整流器的工作状态和告警信息上报给监控系统。监控系统可通过控制接口调整 ZXD2400 整流器的输出电压，完成对整流器的开、关机控制，实现“三遥”功能。

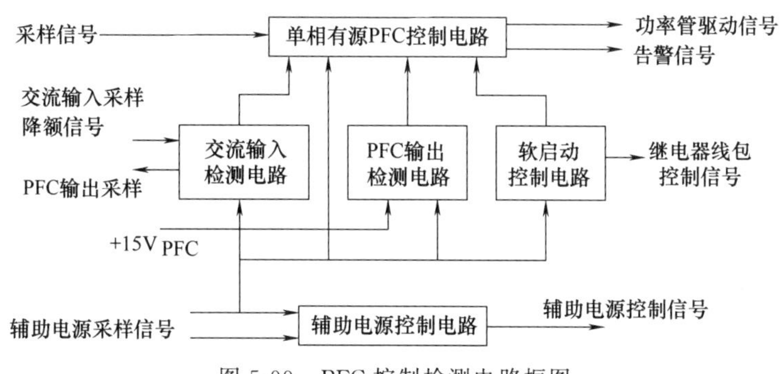

图 5-99　PFC 控制检测电路框图

a. PFC 控制检测。PFC 控制检测电路框图如图 5-99 所示，主要由单相有源 PFC 控制电路、PFC 输出检测电路、交流输入检测电路、软启动控制电路和辅助电源控制电路等构成。其中，单相有源 PFC 控制电路主要由 UC3854 集成控制电路及外围电路完成；交流输入检测电路由四个比较器加上外围电路构成，主要完成交流输入过、欠压的比较和判断；软启动控制电路主要是防止整流器上电后产生很大的给 PFC 输出电容充电的冲击电流，通过串接一个缓冲电阻来完成。

b. 直流控制检测。直流控制检测电路原理框图如图 5-100 所示，主要由 DC/DC 控制和故障处理电路、PWM 调压电路、限流电路、均流电路和过电压过电流保护电路等构成。在

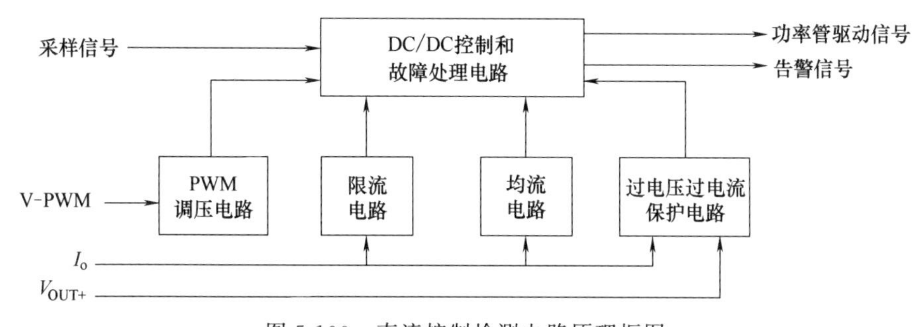

图 5-100　直流控制检测电路原理框图

正常情况下，PWM 调压电路通过监控发出频率恒定为 1k、脉宽可调的 PWM 波来调节整流器的输出电压，来达到均/浮充转换、电池温度补偿、电池充电限流、整机自测等功能。它本身具备保护的功能，是利用与非门构成的单稳态触发器来完成，当没有监控或监控失效的情况下，整流器最大电流限制在一定数值，单稳电路不工作，使得直流变换控制电路中的继电器不吸合，此电路不起作用，不影响整流器的正常工作。

电路实现整流器输出电流采样信号的放大和输出电流均流的功能，放大后的输出电流信号用于均流、限流和过流保护，均流采用的是平均电流均流法，通过对外围继电器的控制来实现在 DC/DC 软启动结束后闭合均流总线。

③ 辅助电源电路。辅助电源电路如图 5-101 所示，该电路采用了电路结构简单、适宜多路输出的他励式反激电路，功率开关管 VT_7 采用电流型控制芯片 UC3844 及其外围电路控制。辅助电源提供 4 路电源输出供控制电路及风扇使用。

图中功率开关管 VT_7 在占空比为 $\delta=T_{on}/T_s$ 的脉冲驱动下或导通或关断，由于功率开关管的驱动脉冲是由其他电路供给，故称为他励式。输出电容器（C_{15} 和 C_{16} 等）和负载是在功率开关管截止时从变压器次级获得能量，因而称为反激电源。其工作原理可简述如下（共 4 路电源输出，以第 1 路为例，其他 3 路电源同理）：

当驱动脉冲为高电平时，功率开关管 VT_7 从截止变为导通，变压器初级线圈 N_p 流过的电流 i_p 线性增加，在初级线圈 N_p 上产生一个极性为上正下负的感应电动势，使次级线圈 N_{s1} 产生一个极性为上负下正的感应电动势，二极管 VD_{12} 因承受反向偏压而截止，此时变压器次级线圈 N_{s1} 上流过的电流 i_s 为零，变压器不能将输入端能量传送到输出端，负载电流由电容（C_{15} 和 C_{16}）放电提供，变压器初级线圈电感储存能量。

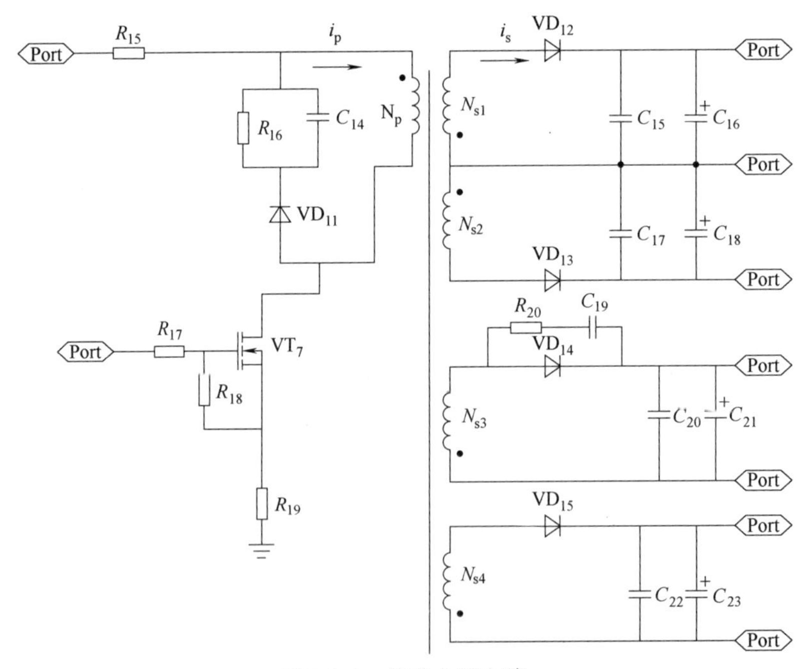

图 5-101　辅助电源电路

当驱动脉冲为低电平时，功率开关管 VT_7 从导通变为截止，变压器初级线圈 N_p 流过的电流 i_p 趋近于零，其磁通量变小，使次级线圈 N_s 产生一个极性为上正下负的感应电动势，二极管 VD_{12} 导通，给输出电容（C_{15} 和 C_{16}）充电，同时也向负载供电。同普通开关电源一样，其输出电压大小的调整可通过调整驱动脉冲的占空比 $\delta=T_{on}/T_s$ 来实现。

5.5.2.5 监控单元

(1) 结构介绍

监控单元负责对电源系统的交流配电单元、直流配电单元、整流器组以及蓄电池进行综合管理。监控单元提供ZXDU68 S601/T601系统的信息查询、系统控制、告警、历史记录以及远端监控功能。

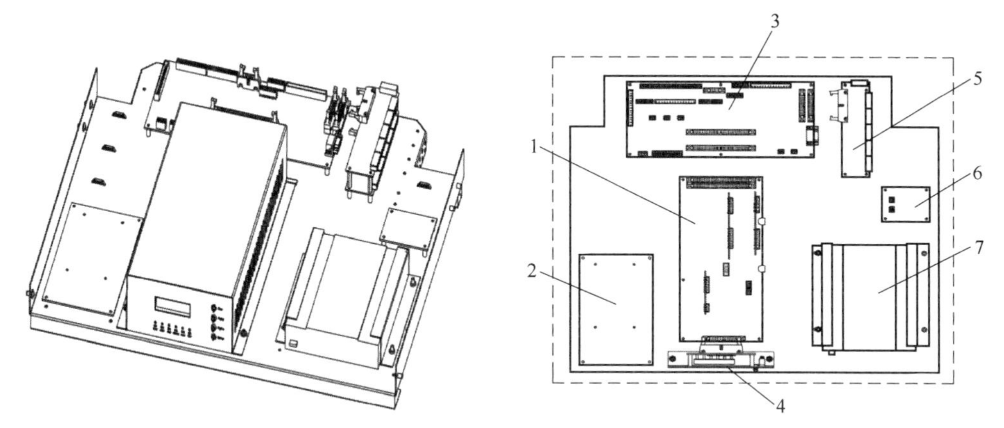

图5-102 监控单元单板分布示意图

1—电源系统管理单元（PSU）；2—电池下电控制板（SDCB）和继电器输出板（RLY）；3—信号转接板（SCB）
4—液晶显示板（LDB）；5—整流器信号板（RSB）；6—Modem电源板（MPB）；7—调制解调器（Modem）

监控单元位于机柜的中上部，如图5-86所示。其结构图和单板分布示意图如图5-102所示。其中，电源系统管理单元提供除整流器外各个单元信号的采样、系统输出控制、通信、显示等功能，同时负责给监控单元供电。该板输入、输出信号由信号转接板接入；整流器信号板负责整流器单元信号的检测，分成两块单板，每块负责6个整流器，可灵活配置；信号转接板负责检测信号的转接；液晶显示板提供液晶显示接口和键盘操作按键；Modem电源板负责给Modem提供电源；环境监控板负责环境量的检测信号输入，可检测的环境量包括：环境温湿度、水淹信号、红外信号、门磁信号、烟雾信号和玻璃碎信号；电池下电控制板提供电池下电控制功能；继电器输出板提供8路扩展的干接点输出信号。前四项属于标准配置，后四项属于可选配置，用户根据需要选择相应的功能板。

(2) 接口定义

干接点输入接口定义见表5-7，干接点输出接口定义见表5-8，与外部设备通信接口定义见表5-9。

表5-7 干接点输入接口定义

序号	信号名称	引线序号及对应的信号		
		A端(SCB板)	B端	信号定义
1	干接点输入1	X22-1	外部干接点信号	干接点信号RLY1
		X22-2	外部干接点信号	内部参考地GND
2	干接点输入2	X22-3	外部干接点信号	干接点信号RLY2
		X22-4	外部干接点信号	内部参考地GND
3	干接点输入3	X23-1	外部干接点信号	干接点信号RLY3
		X23-2	外部干接点信号	内部参考地GND
4	干接点输入4	X23-3	外部干接点信号	干接点信号RLY4
		X23-4	外部干接点信号	内部参考地GND

表 5-8　干接点输出接口定义

序号	信号名称	引线序号及对应的信号			备　注
		A端(SCB板)	B端	信号定义	
1	备用1路干接点	X24-13	外部设备	公共触点	①通过软件设置输出干接点时,A1对应备用1路干接点,A2对应备用2路干接点,B1～B8对应继电器输出板(RLY板)的8路干接点。 ②继电器输出板(RLY板)通过SCB板的X20与SCB板连接,备用3路干接点为监控单元故障输出端口
		X24-14	外部设备	常闭触点	
		X24-15	外部设备	常开触点	
2	备用2路干接点	X21-1	外部设备	公共触点	
		X21-2	外部设备	常闭触点	
		X21-3	外部设备	常开触点	
3	备用3路干接点	X21-4	外部设备	公共触点	
		X21-5	外部设备	常闭触点	
		X21-6	外部设备	常开触点	

表 5-9　与外部设备通信接口定义

序号	信号名称	引线序号及对应的信号			备　注
		A端(SCB板)	B端	信号定义	
1	RS485接口1	SCB板X11-1	外部设备	A:Data＋	标准RS485信号
		SCB板X11-2	外部设备	B:Data－	
2	RS485接口2	SCB板X12-1	外部设备	A:Data＋	标准RS485信号
		SCB板X12-2	外部设备	B:Data－	
3	RS232通信接口	SCB板X16	外部设备	DB9标准	标准RS232信号

(3) 操作界面

监控单元的操作界面主要由LCD（液晶显示屏）、指示灯、复位孔、按键组成，如图5-103所示。其中LCD显示开关电源系统的实时数据、历史数据、监控信息、告警信息。指示灯指示系统的工作状态，状态含义见表5-10所示。当系统有故障发生时，蜂鸣器发出告警声，同时故障灯（ALM）点亮，并且在LCD上显示有告警信息。监控单元指示灯含义见表5-10。按下复位孔，可使监控单元复位。

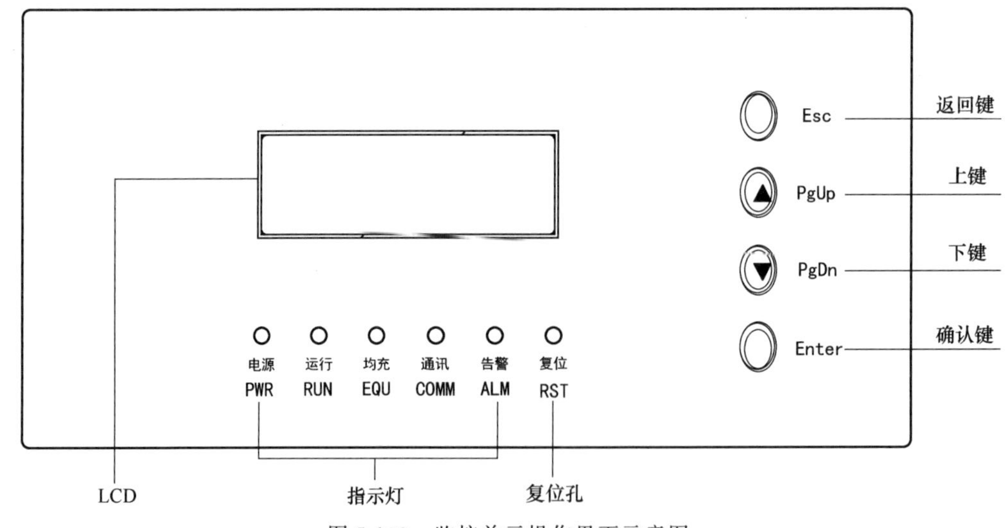

图 5-103　监控单元操作界面示意图

(4) 原理与功能

监控单元能够检测系统的工作状态，并对数据进行分析和处理，自动控制整个电源系统的运行。同时，通过通信接口将数据传送到近端的监控PC或远端的监控中心，实现无人值守。监控单元原理框图如图5-104所示。

表 5-10 监控单元指示灯含义

标识	指示灯	含　义
PWR	电源灯	绿灯亮，表示监控单元已通电
RUN	运行灯	绿灯闪烁，表示程序运行正常
EQU	均充灯	绿灯亮，表示系统正在进行均充
COMM	通信灯	黄灯闪烁，表示监控单元正在与后台计算机通信中
ALM	故障灯	红灯亮，表示系统发生故障，比如交流停电、整流器故障等

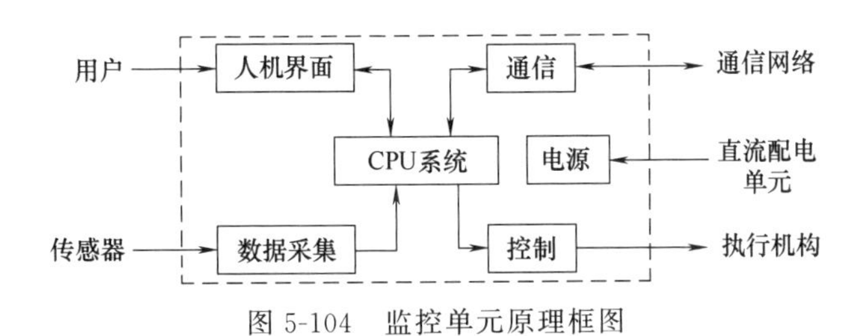

图 5-104　监控单元原理框图

① 数据采集及处理（数据采集的对象和对应的数据采集及处理见表 5-11）。

表 5-11 数据采集及处理

对　象	对应的数据采集及处理
交流配电单元	交流电压、交流电流、交流输入空气开关的状态、C 级防雷器和 D 级防雷器（或 D 级防雷盒）的状态
直流配电单元	直流输出电压、电池电压、电池电流、负载总电流、负载输出熔丝或空气开关的状态、2 路直流接触器的状态、直流防雷盒的状态
整流模块	整流器的开/关机控制、充电状态控制以及在位和故障检测

② 人机交互界面。由 LCD 和按键构成人机交互界面，操作人员可通过人机交互界面在前台设定系统运行的参数，查询系统及模块的运行数据，操作简便、可靠。

③ 通信功能。监控单元提供了 RS232、RS485、Modem 等多种通信接口，可通过 Modem 或其他方式实现集中监控。

④ 报警管理和保护功能。监控单元可根据用户的设定值处理实时数据。当有故障发生时，主动向后台计算机报警，并对当前的故障情况予以记录和保存，也可以直接在监控单元上查询当前发生的告警信息。具体说明见表 5-12。

表 5-12 报警管理和保护功能项目及其说明

项　目	说　明
报警设置	可根据现场实际情况设置电源系统各部分检测数据的报警上限和下限
报警管理	系统具备完善的告警判断条件，既能够保证告警判断的可靠性，同时又能保证告警的实时性
报警方式	监控单元发出告警信息提示维护人员，同时通过通信接口将告警信息送给后台计算机。声音告警时，可按下监控单元上的任意按键使其声音消失，但故障灯（ALM）依然指示告警状态。只有故障完全排除后，故障灯才熄灭

⑤ 电池管理功能

a. 电池充电管理功能。监控单元按照“周期性均充”“停电后来电均充”和“浮充”三种方式对电池进行充电管理。“周期性均充”是指系统根据用户设定的均充周期自动定期地对电池进行均充。“停电后来电均充”是指在交流停电的情况下，当电池放电到设定值后，市电恢复正常时，此时系统自动对电池进行充电。“浮充”是指当电池处于充满状态时，系统不会停止充电，仍会提供恒定的浮充电压和很小的浮充电流给电池。

b. 电池保护功能。当市电断电时，负载由电池供电。当电池电压下降到设定值时发出报警。当电池电压低于设定值时，如果系统无二次下电功能，则切断所有负载。如果系统配有二次下电功能，当电池电压下降到一次下电的保护电压时，先切断次要负载；电池进一步放电达到二次下电的保护电压时，再切断重要负载，避免电池因过放电而损坏。这样一方面可以保证在停电后维持重要负载有较长的备用时间，另一方面可以保护电池不至于过放电而损坏。为了保证电池的充电安全，可限制最大充电电流。由于最大充电电流＝电池限电流×电池组容量，因此设置电池限电流大小可限制最大充电电流。

⑥ 控制功能。可通过前台的人机交互操作或后台计算机的控制指令，控制整流器开/关机、均充/浮充等动作，也可按照用户要求调节整流器的输出电压（42～58V 连续可调）。

5.5.3 操作使用

高频开关电源系统的操作使用包括了系统的开机、加载、连线、蓄电池安装和关机等过程。系统的开机一般按照先空载开机，检测开关电源系统空载运行是否正常，确认正常后再投入负载的顺序进行。关机的时候则按照开机的相反顺序操作。下面，以 ZXDU68 高频开关电源系统为例具体讲解。

(1) 交流进线的连接

在开始进行高频开关电源系统交流进线连接之前，首先要确定负载的功率，再根据负载的功率确定输入交流功率的大小，然后确定交流输入的电流，根据交流输入电流的大小来确定线径。通常在选择相线和零线的时候，尽量考虑负载扩容的需要，能满足开关电源系统要求。在选定线缆以后，则再需要确定交流输入的线序，即确定火线和零线的位置。按照电工操作使用规范，三相电一般采用黄、绿、红三种颜色，而零线一般采用黑色，地线即 PE 线一般采用黄绿相间颜色的线。选好线缆，确认了火线、零线、PE 线的位置以后，就可以着手进行线缆的连接了。在进行线缆连接的时候，确认电源输入方向的空开处于断开状态，然后按照黄、绿、红的顺序分别连接 A、B、C 三根相线，最后连接零线和 PE 线。紧固时注意用劲要适度，不要损伤紧固螺母、不要损伤线缆保护绝缘层。

(2) 负载安装

① 区分负载重要级别，即按照通信负载的重要性质，首先确定重要负载和次要负载。

② 确定一次下电负载和二次下电负载位置。一次下电负载和二次下电负载在开关电源上都有明确的标志。连接好以后，根据图 5-105 的电流流向顺序，检查线缆连接是否正确。

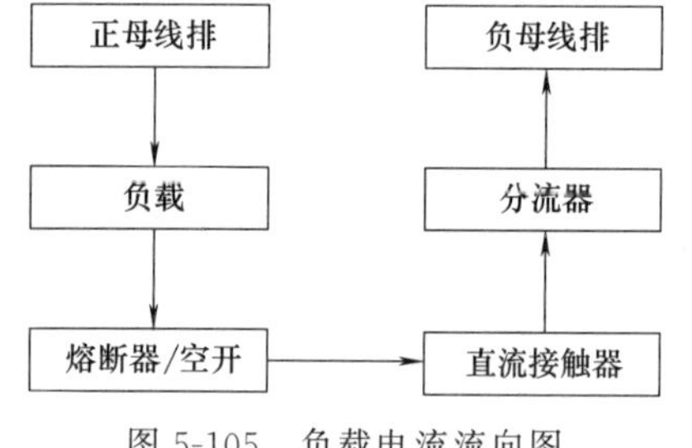

图 5-105　负载电流流向图

(3) 电池组安装

在进行电池组安装的时候，考虑到楼层承重的要求，一般应将电池组安放在底楼，然后应将电池组先在指定位置或者电池架上串联连接好以后，再将电池组的正、负极接线连接到开关电源系统上。再连接的时候，按照以下步骤进行。

第一步，断开电池空开；第二步，确认电池正负极；第三步，连线。

连接电池线缆的时候，要注意扳手的使用，不要造成短路事故，同时要注意螺母紧固的程度，不要使用蛮力，损坏接线柱。连接完成以后按照充电回路（见图 5-106）和放电回路（见图 5-107）的顺序检查一遍线缆连接是否正确。

(4) 系统开/关机、加/减负载操作步骤

① 开机操作。以 ZXDU68 开关电源系统为例，介绍系统开/关机、加/减负载操作步骤。ZXDU68 系统机柜内的电源开关分布如图 5-108 所示。其中，一个整流器空开对应控制一个整流器。

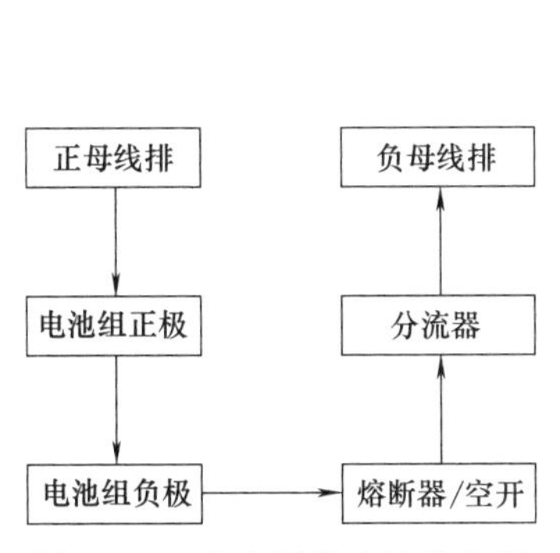

图 5-106　充电回路电流流向图

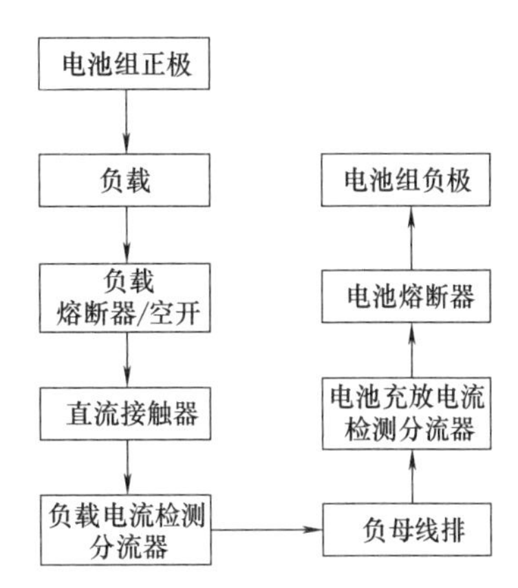

图 5-107　充电回路电流流向图

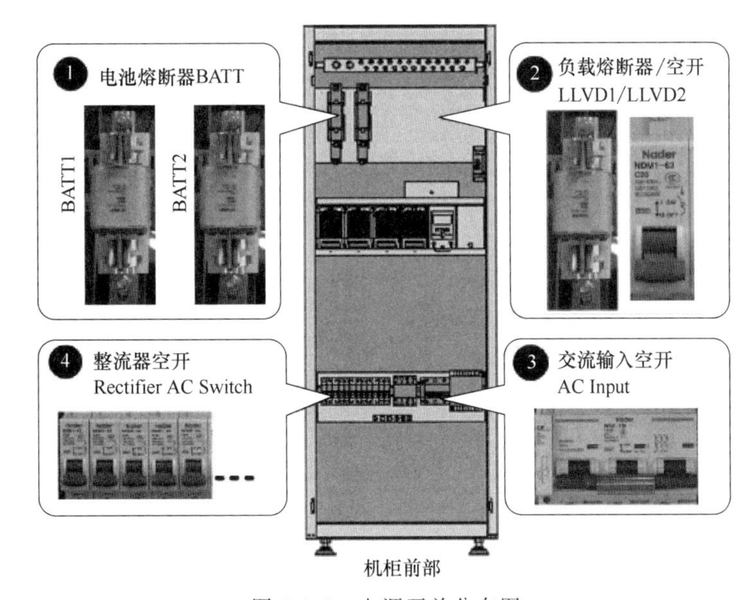

图 5-108　电源开关分布图

为确保系统顺利地启动和运行，应按照如下步骤进行开机操作：a. 用起拔器取出电池熔断器和负载熔断器，并将负载空开置于“OFF”状态，以使得 ZXDU68 型开关电源系统在空载的情况下启动。b. 闭合（ON）系统外部的交流保护空气开关（设在机房的配电箱内），以接通系统外部的交流电源。c. 闭合交流输入空开。d. 闭合整流器空开。整流器启动后，监控模块的指示灯开始闪烁，进入自检状态。完成自检后，监控模块开始正常工作。e. 确认电池接线正确后，用起拔器安装电池熔断器，以接通电池分路。f. 用起拔器安装负载熔断器或闭合负载空开，以连通直流输出分路为负载供电。

② 系统关机操作。关闭 ZXDU68 型开关电源系统会导致负载断电。因此，在关闭系统前请关闭型开关电源负载或者切换至其他合适的电源为负载供电。

a. 用起拔器取出电池熔断器，以切断电池分路。

b. 用起拔器取出负载熔断器，并断开（OFF）负载空开，使得系统空载运行。

c. 断开各路整流器空开，以关闭整流器。

d. 断开交流输入空开，以切断交流电源。

e. 断开系统外部的交流保护空开。

关机后，系统状态指示：系统被关闭后，整流器和监控单元上的所有指示灯都不亮。

③ 加/减负载操作。加载：先大后小。减载：先小后大。

5.5.4 参数设置

高频开关电源系统的参数设置在监控单元进行。每一种品牌的高频开关电源系统监控单元的外形不一样，但监控菜单体现的主要内容主要包括设备运行信息和状态查阅、故障报警信息、系统参数设置以及历史记录四个方面。下面以 ZXDU68 型开关电源系统为例进行介绍。操作使用主要是基于监控单元人机界面上的各种操作，包括系统运行信息的查阅、各种参数的设置以及更高一级的维护管理等。

(1) 操作菜单介绍

监控单元操作界面如图 5-103 所示。除了 LCD 和指示灯外，操作界面上还有四个按键。用户可以通过按键操作，可查看系统的实时运行数据、历史数据、告警信息以及修改系统工作参数等工作。四个按键的功能如表 5-13 所示。

表 5-13 监控面板按键功能

类别	标识	名称	功能
单键	▲	上键	将光标向左移动，或者向上切换界面
	▼	下键	将光标向右移动，或者向下切换界面
	Esc	返回键	退出当前菜单并返回上一级菜单
	Enter	确认键	确认当前菜单项，或者保存当前参数值
组合键	▲+▼	快捷键	进入快捷菜单
	▲+Enter	帮助键	显示帮助信息
	▼+Enter	调测键	显示调测信息

监控单元开机后，经过自检和初始化，LCD 依次显示初始界面如图 5-109 所示。

图 5-109 初始界面

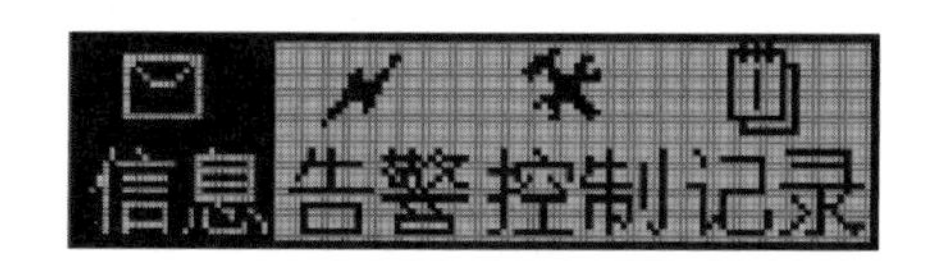

图 5-110 主菜单界面

初始界面显示完毕，LCD 将弹出主菜单界面，如图 5-110 所示。

其中，信息主菜单用于查询实时的系统运行数据；告警主菜单用于查询实时的故障信息；控制主菜单用于设置系统参数以及操作维护管理；记录主菜单用于浏览历史告警记录、放点记录和极值记录。

监控系统主菜单结构如图 5-111 所示。

(2) 运行信息查阅

信息查阅是用户必须掌握的操作技能，通过查阅监控界面，可了解开关电源系统的实时运行信息、告警信息、历史告警记录、历史操作记录、放电记录以及极值记录等。

① 系统实时信息查阅。用户通过查阅系统实时信息，可了解系统实时运行情况。

查阅步骤见表 5-14。

界面介绍见表 5-15。

② 实时告警信息查阅。用户通过查阅实时告警信息，可了解系统当前存在哪些故障。

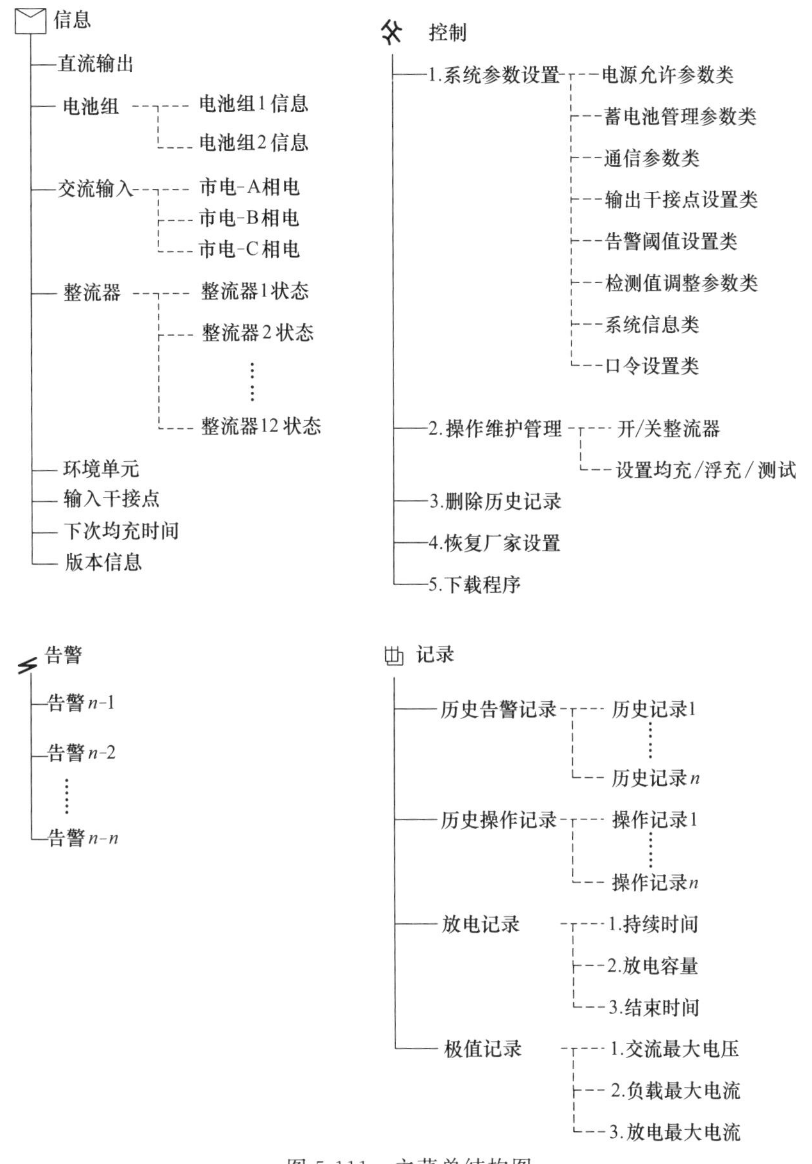

图 5-111 主菜单结构图

表 5-14 系统实时信息查阅步骤

步骤	操作	界面
1	在主菜单界面中，选中[信息]主菜单项	信息 告警 控制 记录
2	按<Enter>键，弹出[直流输出]界面	直流输出 53.5V 0A
3	按<▲>或<▼>键，上下切换界面，浏览其他实时运行信息	交流输入 ▶ 224V
4	在右上角显示▶标识的实时运行信息界面（右侧上图）中，按<Enter>键，弹出该界面的下一层菜单界面（右侧下图）	电池组 ▶ 53.5V -4A No.1 电池组 ◀ 53.5V -0A

续表

步骤	操作	界面
5	按＜▲＞或＜▼＞键，上下切换界面，浏览其他下一层菜单界面	No.1 电池组 ◂ 31℃ 浮充
6	浏览完毕，按＜Esc＞键，返回上一层菜单	—

表 5-15 界面介绍

序号	界面	说明
1	直流输出 56.4V 0A	①右上角的图标表示当前供电方式，蓄电池符号表示由蓄电池组供电；“～”表示由交流供电，其中，“1”表示由主用交流输入供电，“2”表示由备用交流输入供电 ②实时显示直流输出的电压、电流
2	电池组 ▸ 56.4V -1.2A	①右上角的图标“▶”表示本界面存在下一层菜单界面 ②实时显示当前电池组的电压、电流（各组电池、电流的代数和） ③本系统标准配置为两组电池
	No.1 电池组 ◂ 56.4V -0.9A	①右上角的图标“◀”表示本界面为下一层菜单界面，即这四个界面为[电池组]界面的下一层菜单界面 ②分别显示每一组电池的工作状态（均充、浮充、放电）、环境温度、电压及电流 ③当电池组处于浮充/均充状态时，此时电压为电池的充电电压，电流为电池的充电电流；当电池组处于放电状态时，此时的电压为电池的放电电压，电流为电池的放电电流
	No.1 电池组 ◂ 31℃ 浮充	
	No.2 电池组 ◂ 56.4V -0.3A	
	No.2 电池组 ◂ 25℃ 浮充	
3	交流输入 ▸ 224V	①右上角的图标“▶”表示本界面存在下一层菜单界面 ②实时显示交流输入的电压（A 相电压值）
	市电-A相 ◂ 224V	①右上角的图标“◀”表示本界面为下一层菜单界面，即这三个界面为[交流输入]界面的下一层菜单界面 ②分别显示 A、B、C 三相的输入电压
	市电-B相 ◂ 224V	
	市电-C相 ◂ 225V	
4	整流器 ▸	①右上角的图标“▶”表示本界面存在下一层菜单界面 ②实时显示整流器的状态。界面中的符号从左到右依次表示 12 个整流器。不同的符号表示整流器的不同状态，如下： □ 表示该整流器没有在位 ☒ 表示该整流器在位，但存在故障 ■ 表示该整流器在位，但关机（软件关机） ▣ 表示该整流器在位、开机、正常工作
	No.1 整流器 ◂ 0.2A	①右上角的图标“◀”表示本界面为下一层菜单界面，即这 12 个界面为[整流器]界面的下一层菜单界面 ②分别显示 12 个整流器的状态和输出电流
	No.2 整流器 ◂ 0.2A	
	⋮	
	No.12 整流器 ◂ 0A	
5	下次均充时间 2006-10-10	提示用户下次均充时间
6	ZXDU68(V4.0) 2004-09-18 V4.0	显示软件版本信息。随着软件的升级，该信息将会改变

查阅步骤见表 5-16。

表 5-16　实时告警信息查阅步骤

步骤	操作	界面
1	在主菜单界面中，选中[告警]主菜单项	信息 告警 控制 记录
2	按＜Enter＞键，弹出最近一条实时告警信息界面	告警3-1 交流辅助输出断
3	按＜▲＞或＜▼＞键，上下切换界面，浏览其他告警信息	告警3-2 交流主空开断
4	浏览完毕，按＜Esc＞键，返回上一层菜单	—

界面介绍。实时告警信息界面如图 5-112 所示。

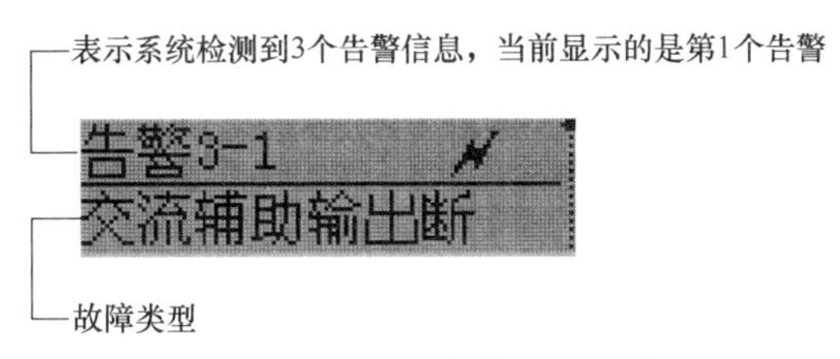

图 5-112　实时告警信息界面介绍

③ 历史告警信息查阅。用户通过查阅历史告警信息，可了解系统存在哪些历史故障。查阅步骤见表 5-17。

表 5-17　历史告警信息查阅步骤

步骤	操作	界面
1	在主菜单界面中，选中[记录]主菜单项	信息 告警 控制 记录
2	按＜Enter＞键，弹出[1. 历史告警记录]界面	1.历史告警记录 条数:2, 浏览
3	按＜Enter＞键，弹出最近一条历史告警信息界面	06-02-20 17:34:48 2 06-02-20 17:35:16 整流器2故障
4	按＜▲＞或＜▼＞键，上下切换界面，浏览其他告警信息	06-02-20 17:34:35 1 06-02-20 17:34:41 直流避雷器异常
5	浏览完毕，按＜Esc＞键，返回上一层菜单	—

界面介绍。历史告警信息界面如图 5-113 所示。

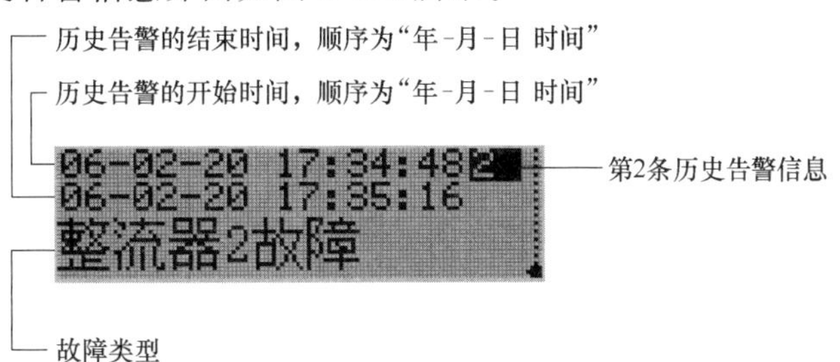

图 5-113　历史告警信息界面介绍

④ 历史操作记录查阅。用户通过查阅历史操作记录，可了解系统存在哪些历史操作记录。

查阅步骤见表5-18。

表5-18　历史操作记录查阅步骤

步骤	操　　作	界面
1	在主菜单界面中，选中[记录]主菜单项	信息 告警 控制 记录
2	按＜Enter＞键，弹出[1. 历史告警记录]界面	1.历史告警记录 条数:2, 浏览
3	按＜▼＞键，向下切换界面，弹出[2. 历史操作记录]界面	2.历史操作记录 条数:2, 浏览
4	按＜Enter＞键，弹出最近一条历史操作信息界面	06-02-20 17:36 设置浮充
5	按＜▲＞或＜▼＞键，上下切换界面，浏览其他操作信息	06-02-20 17:30 恢复厂家设置
6	浏览完毕，按＜Esc＞键，返回上一层菜单	—

界面介绍。历史操作记录界面如图5-114所示。

图5-114　历史操作记录界面介绍

⑤ 放电记录查阅。用户通过查阅放电记录，可了解蓄电池放电的持续时间、放出容量和结束时间。

查阅步骤见表5-19。

表5-19　放电记录查阅步骤

步骤	操　　作	界面
1	在主菜单界面中，选中[记录]主菜单项	信息 告警 控制 记录
2	按＜Enter＞键，弹出[1. 历史告警记录]界面	1.历史告警记录 条数:2, 浏览
3	按＜▼＞键，向下切换界面，弹出[3. 放电记录]界面	3.放电记录 浏览
4	按＜Enter＞键，弹出[1. 持续时间]界面	1.持续时间(M) 0
5	按＜▼＞键，向下切换界面，弹出[2. 放出容量]界面	2.放出容量(Ah) 0
6	按＜▼＞键，向下切换界面，弹出[3. 结束时间]界面	3.结束时间 2006-02-20 17:30
7	浏览完毕，按＜Esc＞键，返回上一层菜单	—

放电记录界面介绍见表5-20。

表 5-20　放电记录界面介绍

序号	界面	说　　明
1	1.持续时间(M) 0	显示蓄电池放电的持续时间，单位为“M”，即分钟
2	2.放出容量(Ah) 0	显示蓄电池的放出容量，单位为“Ah”，即安时
3	3.结束时间 2006-02-20 17:30	显示蓄电池放电的结束时间，顺序为“年-月-日 时刻”

⑥ 极值记录查阅。用户通过查阅极值记录，可了解系统交流最大电压、负载最大电流、放电最大电流的大小和出现时间。

查阅步骤见表 5-21。

表 5-21　极值记录查阅步骤

步骤	操　　作	界面
1	在主菜单界面中，选中[记录]主菜单项	信息 告警 控制 记录
2	按＜Enter＞键，弹出[1. 历史告警记录]界面	1.历史告警记录 条数:2, 浏览
3	按＜▼＞键，向下切换界面，弹出[4. 极值记录]界面	4.极值记录 浏览
4	按＜Enter＞键，弹出[1. 交流最大电压(V)]界面	1.交流最大电压(V) 228 2006-02-20 17:30:49
5	按＜▼＞键，向下切换界面，弹出[2. 负载最大电流(A)]界面	2.负载最大电流(A) 0 2006-02-20 17:30:24
6	按＜▼＞键，向下切换界面，弹出[3. 放电最大电流(A)]界面	3.放电最大电流(A) -1 2006-02-20 17:34:45
7	浏览完毕，按＜Esc＞键，返回上一层菜单	—

界面介绍见表 5-22。

表 5-22　极值记录界面介绍

序号	界面	说　　明
1	1.交流最大电压(V) 228 2006-02-20 17:30:49	①显示交流最大输入电压值，单位为“V”，即伏 ②显示该电压值出现的时间，顺序为“年-月-日 时刻”
2	2.负载最大电流(A) 0 2006-02-20 17:30:24	①显示负载最大电流值，单位为“A”，即安 ②显示该电流值出现的时间，顺序为“年-月-日 时刻”
3	3.放电最大电流(A) -1 2006-02-20 17:34:45	①显示电池放电最大电流值，单位为“A”，即安 ②显示该电流值出现的时间，顺序为“年-月-日 时刻”

(3) 系统参数设置

① 系统参数设置步骤见表 5-23。

② 电池容量类参数含义、类型和选值见表 5-24。

③ 电池充电类参数含义、类型和选值见表 5-25。

④ 电池测试类参数含义、类型和选值见表 5-26。

⑤ 告警阈值类参数含义、类型和选值见表 5-27。

表 5-23　设置步骤

步骤	操　　作	界面
1	在主菜单界面中，选中[控制]主菜单项	信息 告警 控制 记录
2	按<Enter>键，弹出口令验证界面	口令: 0000_
3	按<▲>或<▼>键，左右移动光标，按<Enter>键修改数值	口令: 0060_
4	完成修改后，按<▼>键将光标移动到最右侧，按<Enter>键确认，弹出控制菜单界面	口令: 0060
5	按<▲>或<▼>键，上下切换界面，选中[1. 系统参数设置]界面	1.系统参数设置 进入
6	按<Enter>键，弹出系统参数项界面，按<▲>或<▼>键，上下切换界面，选中需要修改的参数项界面，例如，选中[1. 浮充电压值]界面	1.浮充电压值 53.5 V
7	按<Enter>键，进入数值修改界面，按<▲>或<▼>键修改参数值	输入: 53.5 V
8	完成修改后，按<Enter>键确认保存	—

表 5-24　电池容量类参数含义、类型和选值

序号	界面	说　　明
1	4.电池1容量 300 Ah	【参数含义】电池组 1 的容量 【参数类型】基本参数 【取值范围】0～9990A·h，默认值为 300A·h 【设置要求】按照电池的实际配置进行设置，否则无法进行电池管理
2	5.电池2容量 300 Ah	【参数含义】电池组 2 的容量 【参数类型】基本参数 【取值范围】0～9990A·h，默认值为 300A·h 【设置要求】按照电池的实际配置进行设置，否则无法进行电池管理
3	6.电池3容量 0 Ah	【参数含义】电池组 3 的容量 【参数类型】基本参数 【取值范围】0～9990A·h，默认值为 0A·h 【设置要求】按照电池的实际配置进行设置，否则无法进行电池管理

表 5-25　电池充电类参数含义、类型和选值

序号	界面	说　　明
1	1.浮充电压值 53.5 V	【参数含义】浮充状态下的输出电压值 【参数类型】基本参数 【取值范围】42.0～58.0V，默认值为 53.5V 【设置要求】浮充电压值≤均充电压值，浮充电压值≥电池欠电压值+1V，浮充电压值≥直流欠电压值+1V
2	2.均充电压值 56.4 V	【参数含义】均充状态下的输出电压值 【参数类型】基本参数 【取值范围】42.0～58.0V，默认值为 56.4V 【设置要求】均充电压值≥浮充电压值，均充电压值≤直流过电压值−1V
3	7.电池限电流 0.15 C	【参数含义】电池限电流决定电池的最大充电电流，该参数值与电池组容量的乘积为最大充电电流 【参数类型】基本参数 【取值范围】0.01～0.40C，默认值为 0.15C 【设置要求】折算后电流应小于电池熔丝(或空开)最大通过电流

续表

序号	界面	说　明
4	8.均充功能 允许	【参数含义】均充功能选择。当使用免均充维护性能的蓄电池时，由于不需要对蓄电池进行均充维护，可将[均充功能]设置为禁止 【参数类型】基本参数 【取值范围】允许或禁止，默认值为允许
5	9.均充周期 180 天	【参数含义】均充的周期时间(天)。当市电长期不停电时，为了保证电池的有效性，需定期对电池进行均充 【参数类型】基本参数 【取值范围】15～365 天，默认值为 180 天
6	35.均充最长时间 24 H	【参数含义】为了避免过充电对电池造成损坏，当该次均充时间达到设定值时，必须结束均充，转为浮充 【参数类型】隐含参数 【取值范围】0～48H，默认值为 24H 【设置要求】均充最长时间≥均充最短时间
7	36.均充最短时间 3 H	【参数含义】均充时间必须达到[均充最短时间]，才能结束均充，转为浮充 【参数类型】隐含参数 【取值范围】0～48H，默认值为 3H 【设置要求】均充最短时间≤均充最长时间，均充最短时间≥均充维持时间
8	37.均充维持时间 3 H	【参数含义】在均充的末期，均充要求的维持时间 【参数类型】隐含参数 【取值范围】0～10H，默认值为 3H 【设置要求】均充维持时间≤均充最短时间
9	38.均充阈值容量 0.85	【参数含义】停电后若电池的剩余容量与电池额定容量的比值小于该参数，一旦市电来电，系统将对电池进行均充 【参数类型】隐含参数 【取值范围】0.50～1.00，默认值为 0.85
10	39.均充阈值电压 48 V	【参数含义】停电后再来电时，若电池组电压低于设定值，则进入均充 【参数类型】隐含参数 【取值范围】46.0～50.0V，默认值为 48V
11	40.均充末期电流率 0.015	【参数含义】均充末期电流=[均充末期电流率]×电池容量。当均充电流不大于均充末期电流时，表明电池组处于均充末期 【参数类型】隐含参数 【取值范围】0.001～0.050，默认值为 0.015

表 5-26　电池测试类参数含义、类型和选值

序号	界面	说　明
1	3.测试电压值 46 V	【参数含义】为了测试蓄电池的性能，调低系统的输出电压，使得系统由市电供电转为电池组供电。当电池组输出电压等于该设定值时，测试结束，由测试状态转入均充 【参数类型】基本参数 【取值范围】42.0～48.0V，默认值为 46.0V 【设置要求】一般取默认值即可
2	46.测试最长时间 8 H	【参数含义】为避免电池组过放电，可设置[测试最长时间]，达到设定的时间后，自动结束测试，转为均充 【参数类型】隐含参数 【取值范围】0～24H，默认值为 8H

表 5-27　告警阈值类参数含义、类型和选值

序号	界面	说　明
1	10.电池欠压值 47 V	【参数含义】电池欠电压的告警阈值。当电池组的电压降至该参数值时，监控单元将发出告警信号，产生“电池欠压”告警 【参数类型】基本参数 【取值范围】39.0～52.0V，默认值为 47.0V 【设置要求】电池欠压值≤浮充电压值−1V，电池欠压值≥一次下电电压值+1V

续表

序号	界面	说　明
2	11.一次下电电压 46 V	【参数含义】负载一次下电的电压值。当电池组的电压低于该参数值时，系统产生“一次下电”告警，切断次要负载 【参数类型】基本参数 【取值范围】38.0～51.0V，默认值为46.0V 【设置要求】一次下电电压值≤电池欠压值－1V，一次下电电压值≥二次下电电压值
3	12.二次下电电压 45 V	【参数含义】负载二次下电的电压值。当电池组的电压低于该参数值时，系统产生“二次下电”告警，切断全部负载 【参数类型】基本参数 【参数范围】38.0～51.0V，默认值为45.0V 【设置要求】二次下电电压值≤一次下电电压值
4	22.熔丝告警阈值 0.5 V	【参数含义】负载电压和电池电压的压差。通过软件检测熔丝的通断状态，当测量值大于设定值时，该熔丝处于断开状态；当测量值小于设定值时，该熔丝处于导通状态 【参数类型】隐含参数 【取值范围】0.1～0.8V，默认值为0.5V
5	41.交流过压值 286 V	【参数含义】交流输入的电压告警上限。当市电电压升至该参数值时，监控单元将发出告警信号，产生“交流过压”告警 【参数类型】隐含参数 【取值范围】240～300V，默认值为286V
6	42.交流欠压值 154 V	【参数含义】交流输入的电压告警下限。当市电电压降至该参数值时，监控单元将发出告警信号，产生“交流欠压”告警 【参数类型】隐含参数 【取值范围】80～200V，默认值为154V
7	43.直流过压值 58 V	【参数含义】直流输出的电压告警上限。当蓄电池组的电压升至该参数值时，监控单元将发出告警信号，产生“直流过压”告警 【参数类型】隐含参数 【取值范围】57.0～59.0V，默认值为58.0V 【设置要求】直流过压值≥均充电压值＋1V
8	44.直流欠压值 48 V	【参数含义】直流输出的电压告警下限。当蓄电池组的电压降至该参数值时，监控单元将发出告警信号，产生“直流欠压”告警 【参数类型】隐含参数 【取值范围】41.0～52.0V，默认值为48.0V 【设置要求】直流欠压值≤浮充电压值－1V
9	45.电池过温值 40 ℃	【参数含义】电池温度告警上限。当电池的工作温度升至该参数值时，监控单元将发出告警信号，产生“电池过热”告警 【参数类型】隐含参数 【取值范围】30～60℃，默认值为40℃

⑥ 通信类参数含义、类型和选值见表5-28。

表5-28　通信类参数含义、类型和选值

序号	界面	说　明
1	13.RS232波速 9600	【参数含义】RS232接口的通信速率。需按照实际配置进行设置，必须将通道两端设备的通信速率设置一致，否则将导致无法通信 【参数类型】基本参数 【取值范围】1200Bd、2400Bd、4800Bd、9600Bd，默认值为9600Bd
2	14.RS485波速 9600	【参数含义】RS485接口的通信速率。需按照实际配置进行设置，必须将通道两端设备的通信速率设置一致，否则将导致无法通信 【参数类型】基本参数 【取值范围】1200Bd、2400Bd、4800Bd、9600Bd，默认值为9600Bd

续表

序号	界面	说　明
3	15.设备地址 1	【参数含义】系统的设备地址号。对于由同一个后台监控的不同设备，地址号必须不同，否则将导致通信错误 【参数类型】基本参数 【取值范围】：1～254，默认值为1

⑦ 口令、语言、时间参数含义、类型和选值见表5-29。

表5-29　口令、语言、时间参数含义、类型和选值

序号	界面	说　明
1	16.设置口令 0000	【参数含义】口令设置 【参数类型】基本参数 【取值范围】0000～9999，默认值为0000
2	18.语言选择 中文	【参数含义】菜单界面语言种类选择 【参数类型】基本参数 【取值范围】中文或英文，默认值为中文
3	20.当前日期 2006-04-13	【参数含义】系统日期，格式为“年-月-日” 【参数类型】基本参数 【取值范围】默认值为2004-09-18
4	21.当前时间 17:25:59	【参数含义】系统时间，格式为“时：分：秒” 【参数类型】基本参数 【取值范围】默认值为11：22：33

⑧ 环境配置和负载路数参数含义、类型和选值见表5-30。

表5-30　环境配置和负载路数参数含义、类型和选值

序号	界面	说　明
1	19.环境单元配置 无	【参数含义】配置环境单元（EMB板）时，选择“有”；未配置环境单元（EMB板）时，选择“无” 【参数类型】基本参数 【取值范围】有或无，默认值为无
2	23.负载1路数 1	【参数含义】第1组负载的路数 【参数类型】隐含参数 【取值范围】0～15，默认值为1 【设置要求】负载1路数≤15－负载2路数
3	24.负载2路数 1	【参数含义】第2组负载的路数 【参数类型】隐含参数 【取值范围】0～15，默认值为1 【设置要求】负载2路数≤15－负载1路数

（4）操作维护管理

① 开/关整流器。开/关整流器步骤见表5-31。

表5-31　开/关整流器步骤

步骤	操　作	界面
1	在主菜单界面中，选中[控制]主菜单项	信息 告警 控制 记录
2	按＜Enter＞键，弹出口令验证界面	口令：0000_
3	按＜▲＞或＜▼＞键左右移动光标，按＜Enter＞键修改数值	口令：0000_

续表

步骤	操　　作	界面
4	完成修改后，按＜▼＞键将光标移动到最右侧，按＜Enter＞键确认，弹出控制菜单界面	口令：0060
5	按＜▲＞或＜▼＞键，上下切换界面，选中[2. 操作维护管理]界面	2.操作维护管理 进入
6	按＜Enter＞键，弹出[1. 开整流器...]界面	1.开整流器... 进入
7	按＜▲＞或＜▼＞键，上下切换界面，选中[2. 关整流器...]界面	2.关整流器... 进入
8	按＜Enter＞键，弹出[2. 关整流器...]的下一层菜单界面	2.关整流器... 1 <1235678910>
9	按＜▲＞或＜▼＞键，选择需要关机的整流器，一次只能选择1台整流器。当选择整流器3时，右上角显示整流器的编号“3”	2.关整流器... 3 <1235678910>
10	按＜Enter＞键，向整流器3发出关机信号 当设置成功时，LCD显示设置成功界面。否则，LCD显示设置失败界面	设置成功! 设置失败!
11	浏览完毕，按＜Esc＞键，返回上一层菜单	—

开/关整流器界面介绍见表5-32。

表5-32　开/关整流器界面介绍

序号	界面	说　　明
1	1.开整流器... 进入 下一层菜单界面 1.开整流器... 4 <3411>	【菜单功能】用来控制整流器开机。当系统中所有的整流器都已开机时，本子菜单失效。当有部分整流器已上电但尚未开机（该整流器的电源灯（PWR）亮，而运行灯（RUN）灭）时，本子菜单可控制整流器开机 【界面说明】界面中的＜3411＞表示尚有整流器3、整流器4、整流器11还未开机。按＜▲＞键或＜▼＞键，选择需要开机的整流器，一次只能选择1台整流器。当选择整流器4时，右上角显示整流器的编号“4”
2	2.关整流器... 进入 下一层菜单界面 2.关整流器... 3 <1235678910>	【菜单功能】用来控制整流器关机。通过本子菜单断开整流器时，发生“设置失败”的原因是当前整流器数小于或等于最小开机数 【界面说明】界面中的＜1235678910＞表示有9个整流器待关机。按＜▲＞键或＜▼＞键，选择需要关机的整流器，一次只能选择1台整流器。当选择整流器3时，右上角显示整流器的编号“3”

② 设置均充/浮充/测试。设置均充/浮充/测试步骤见表5-33。

表5-33　设置均充/浮充/测试步骤

步骤	操　　作	界面
1	在主菜单界面中，选中[控制]主菜单项	信息 告警 控制 记录
2	按＜Enter＞键，弹出口令验证界面	口令：0000_

续表

步骤	操　作	界面
3	按＜▲＞或＜▼＞键左右移动光标，按＜Enter＞键修改数值	口令：0060_
4	完成修改后，按＜▼＞键将光标移动到最右侧，按＜Enter＞键确认，弹出控制菜单界面	口令：0060
5	按＜▲＞或＜▼＞键，上下切换界面，选中[2. 操作维护管理]界面	2.操作维护管理 进入
6	按＜Enter＞键，弹出[1. 开整流器...]界面	1.开整流器... 进入
7	按＜▲＞或＜▼＞键，上下切换界面，选中[4. 设置均充...]界面	4.设置均充... 进入
8	按＜Enter＞键，当设置成功时，LCD 显示设置成功界面。否则，LCD 显示设置失败界面	设置成功！ 设置失败！
9	浏览完毕，按＜Esc＞键，返回上一层菜单	—

设置均充/浮充/测试界面见表 5-34。

表 5-34　设置均充/浮充/测试界面

序号	界面	说　明
1	3.设置浮充... 进入	①控制电池进行浮充。浮充电压的默认值为 53.5V，可设置范围为 42.0～58.0V ②当 LCD 显示设置成功界面时，系统按照设定浮充电压对电池浮充
2	4.设置均充... 进入	①控制电池进行均充。均充电压的默认值为 56.4V，可设置范围为 42.0～58.0V ②当 LCD 显示设置成功界面时，系统按设定均充电压对电池均充
3	5.设置测试... 进入	①控制电池进行放电。当电池放电到一定程度之后，系统自动对电池均充。本子菜单用于测试电池的性能，日常不操作 ②当 LCD 显示设置成功界面时，电池开始放电

5.5.5　维护保养

ZXDU68 型开关电源系统的运行与维护主要包括日常维护、告警及常见故障处理等。

5.5.5.1　日常维护

为了保证电源系统的稳定和可靠，延长电源设备的使用时间，用户应定期对电源设备进行检查和维护。

(1) 防雷器维护

① 检查标准。C 级防雷器（D 级防雷器）的压敏电阻片的外观无异常，显示窗口呈绿色；C 级防雷器空开合上；D 级防雷器上三个状态指示灯（L_1、L_2、L_3）同时亮，内部保险管正常。

② 检查方法。

a. 观察 C 级防雷器压敏电阻片的显示窗口是否变红，如果变红，将其更换。

b. 观察 C 级防雷器空开是否合上，如果已断开，将其合上。

c. 若配置了D级防雷器，观察D级防雷器上三个状态指示灯是否都亮。若不是都亮，切断交流输入，打开防雷器面板，测量指示灯不亮的那一路的熔丝是否断开、放电管是否短路。如果不正常，更换整个防雷器。

d. 若配置D级防雷器时，观察D级防雷器压敏电阻片的显示窗口是否变红，如果变红，将其更换。

③ 检查要求。每月或雷雨过后应检查防雷器是否损坏，若有损坏应及时更换。

(2) 风道与积尘

① 检查标准。整流器风扇风道无遮挡物、无灰尘累积，设备其他地方无灰尘累积。

② 检查工具。毛刷、抹布、专用吸尘器等。

③ 检查方法。对风道挡板、风扇等进行拆卸清扫、清洗，晾干后装回原位。

④ 检查要求。定期做好电源的清洁工作，防止出现积尘等现象。

(3) 线缆连接

① 检查标准。插座连接良好；电缆布线与固定良好；无电缆被金属挤压变形；连接电缆无局部过热和老化现象。

② 检查方法。重点检查防雷器和接地线缆、电池电缆、交流输入电缆的连接是否可靠。

③ 检查要求。每月检查一次输入、输出电缆。检查电缆的连接端是否有松动、接触不良的现象。检查电缆是否完好无损，如有破损应及时更换。

(4) 参数检查

① 检查标准。根据上次设定参数的记录，进行对照检查。

② 检查方法。对于不符合要求的参数需要重新设定。

③ 检查要求。每周检查一次电源系统的各项参数是否正常。

(5) 通信功能

检查标准。系统各单元与监控单元通信正常，历史告警记录中没有某一单元多次通信中断告警的记录。

(6) 告警功能

① 检查标准。发生故障必须告警。

② 检查方法。对现场可试验项抽样检查，可试验项包括：交流停电（存在其他供电电源，保证直流供电不中断）、防雷器损坏、直流熔丝断（在无负载熔丝上试验）等。

(7) 保护功能

① 检查标准。根据监控单元设置的参数或设备出厂时整定的参数，进行对照检查。

② 检查方法。运行中的设备一般不易检测此项，只有在设备经常发生交流或直流保护，判断为电源保护功能异常时才做此项检测。检测方法是：通过外接调压器，试验交流过欠电压保护功能；通过强制放电，检测欠电压保护功能。

(8) 管理功能

① 检查标准。监控单元提供查询、存储和电池自动管理功能。可查询项有历史告警记录，可试验项有电池自动管理功能。

② 检查方法。存储功能：模拟告警，监控单元将会记录告警信息。电池自动管理功能：监控单元可根据用户设定的数据调整电池的充电方式、充电电流，并实施各种保护措施。

(9) 系统均流

① 检查标准。各整流器超过半载时，整流器之间的输出电流不平衡度低于±5%。

② 检查方法。当所有整流器输出电流段码显示器的亮灯个数相等或相差一个时，说明整流器均流正常。

③ 处理方法。如果亮灯个数之差大于 1 个，则系统的均流不理想，需要做均流处理。按以下步骤进行均流处理：

a. 测量各整流器输出电压是否相等，若不相等，需要调节其输出电压。

b. 若某整流器内部电路故障引起系统的均流不理想，需要对该整流器进行维修。

c. 若某整流器接触不良引起系统的均流不理想，需要对该整流器重新插拔。

(10) 直流空开配置

① 检查标准。直流空开的额定电流值应不大于最大负载电流的 2 倍。各种专业机房空开的额定电流应不大于最大负载电流的 1.5 倍。

② 检查方法。根据各负载最大电流记录，检查空开的匹配性。

(11) 基本要求

① 电源应安装在干燥、通风良好、无腐蚀性气体的房间，室内温度应不超过 30℃。

② 输入交流电压的变化范围应在额定值的－15%～10%内，电压波动大的应安装自动稳压装置或调压装置。

③ 工作电流不应超过额定值，也不宜长期工作在小于额定值 10%的状态下，各种自动、告警和保护功能均应正常。

④ 宜在稳压并机均分负荷的方式下运行。

⑤ 保持布线整齐，各种开关、熔丝、插接件、接线端子等部位应接触良好，无电蚀。

⑥ 电源设备机壳应接地良好。

(12) 整流器的热插拔

① 整流器的带电拆卸。

a. 断开该整流器所对应的整流器空开。

b. 抓住前面板的扣手将该整流器往上提，直至限位块被松开。

c. 将该整流器缓慢拉出机柜。

② 整流器的带电安装。

a. 断开该整流器所对应的整流器空开。

b. 一手抓住该整流器的扣手，另一手托起该整流器，将该整流器缓慢推入机柜内，均匀用力推到底。

c. 当限位块被卡住时该整流器即被推到位。

d. 合上该整流器所对应的整流器空开。待该整流器启动至稳定状态后（3～8s），观察监控单元 LCD 显示的输出电压、电流和温度是否正常，是否有告警信息。若不正常，则针对故障现象进行处理。

(13) 增加负载

在电源设备的安装运行初期，负载一般并没有全部投入运行。负载运行后一般不允许断电，因此在新增负载设备接入时必须带电操作。

增加负载的步骤如下：

① 做好施工设计，选定准备使用的负载熔丝（或空开）。

② 拔下熔丝或断开空开，加工并布放好负载连接电缆。电缆要做好编号和极性标志。

③ 从负载端开始连接电缆，连接顺序为：接地线→接－48V 输出熔丝（或空开）电缆。

④ 确认负载设备的电源开关处于断开状态。

⑤ 在 ZXDU68 S601/T601 系统中，合上该负载熔丝（或空开）。

⑥ 检查负载设备的电源电压和极性是否正确。

⑦ 合上负载设备的电源开关，可向负载设备供电。

5.5.5.2 告警及常见故障处理

(1) 告警说明和消音

系统的整流器、监控单元均采用可靠的内部保护设计技术。当整流器出现故障时，故障的整流器将自动退出工作；在单个整流器发生故障时，不影响系统的运行。监控单元发生故障时，电池一直维持在浮充状态，系统仍能正常工作。

① 告警说明。

a. 系统发生故障时，监控单元将视故障情况给出告警信息，并有告警文字提示。

b. 可通过电源后台监控软件设置某故障类型的告警级别，可设置的告警级别有：严重告警、次要告警和告警屏蔽。

c. 在采用 Modem 方式进行远端集中监控的情况下，如发生的故障属于严重故障，监控单元将通过预先设定的电话号码或 BP 机号码，向远端监控中心或者维护人员发出告警信息。

② 告警消音。

a. 系统有告警时，监控单元上的红色故障灯（ALM）亮。在次要告警发生时，蜂鸣器不发出报警声；在严重告警发生时，蜂鸣器将发出报警声。

b. 当蜂鸣器发出报警声时，按监控单元上的任一按键可消音。若在半个小时内告警未恢复正常，蜂鸣器将再次发出报警声。

(2) 交流配电单元告警

见表 5-35。

表 5-35 交流配电单元告警分析与处理

故障类型	说明	告警级别	处理方法
交流停电	市电停电且无备用交流输入	严重告警	在停电时间不长时，由电池给负载供电。如果停电原因不明或时间过长，就需要启动备用油机发电。备用油机启动后，最好经过 5min 以上的时延再切换给电源系统供电，以减小油机在启动过程中可能对电源设备造成的影响
交流辅助输出空开断	交流辅助输出空气开关(备用输出空开)被断开(OFF)	次要告警	①在交流停电时，提示用户系统无交流备用输出 ②若由手动切断备用输出空开造成，只需手动合上该空开即可 ③若由交流用电设备过载或短路造成，需要查明交流用电设备过载或短路的原因 ④测量备用输出空开两端的电压，若电压值接近 0V，说明告警回路有故障，需要查明此故障的原因
交流主空开断	交流输入空气开关被断开(OFF)	严重告警	①在交流停电时，提示用户系统无交流输入 ②若由手动切断交流输入空开造成，只需手动合上该空开即可 ③若由电源系统过载或短路造成，需查明电源系统过载或短路的原因 ④测量交流输入空开两端的电压，若电压值接近 0V，说明告警回路有故障，需要查明此故障的原因
C 级防雷回路异常	C 级防雷回路有故障	次要告警	①当防雷器发生损坏时，监控单元将发出告警，以提示维护人员及时更换 ②正常状态时，防雷器的窗口显示为绿色；当防雷器因为雷击损坏或接触不良时，窗口显示为红色。更换防雷器件时无须停电，可直接插拔
D 级防雷回路异常	D 级防雷回路有故障	次要告警	①当防雷器发生损坏时，监控单元将发出告警，以提示维护人员及时更换 ②正常状态时，防雷器的窗口显示为绿色；当防雷器因为雷击损坏或接触不良时，窗口显示为红色。更换防雷器件时无须停电，可直接插拔 ③在拆装防雷器时，需要先切断交流输入电源在正常工作时，L_1、L_2、L_3 三个绿色指示灯同时亮。在交流输入正常的情况下，有一个、二个或三个指示灯灭时，表示对应有一相、二相、三相的防雷器损坏

续表

故障类型	说明	告警级别	处理方法
交流电压低	交流输入电压低于交流欠电压设置值	次要告警	①当[交流欠压值]设置为154V时，一旦配电单元的交流输入电压小于154V，监控单元告警。当交流输入电压小于80V时，整流器关机，此时系统无直流输出。待系统供电恢复正常后，无需对整流器进行人工开机，系统自动恢复正常工作 ②采用电池供电时，需要密切跟踪交流输入的变化情况，有条件的地方应及时启动备用油机，以防电池回路保护切断后造成通信中断 ③对于长期处于欠电压状态的供电网络，需要与电力网络维护人员协商，改善电网质量
交流电压高	交流输入的电压高于交流欠电压设置值	次要告警	①当[交流过压值]设置为286V时，一旦配电单元的交流输入电压大于286V，监控单元告警。当交流输入电压大于300V时，整流器关机，此时系统无直流输出。待系统供电恢复正常后，无需对整流器进行人工开机，系统自动恢复正常工作 ②采用电池供电时，需要密切跟踪交流输入的变化情况，有条件的地方应及时启动备用油机，以防电池回路保护切断后造成通信中断 ③对于长期处于过电压状态的供电网络，需要与电力网络维护人员协商，改善电网质量
交流缺相	交流输入缺相	次要告警	①检查交流输入线是否可靠连接 ②检查市电电网工作是否正常 ③若交流输入没有缺相，需要检查交流变送器是否有故障
输入电流高	输入电流高于过电流设置值	次要告警	①检查负载是否过载。 ②检查零线是否可靠连接和三相电是否平衡。 ③检查整流器是否有故障，若整流器故障则更换故障的整流器

(3) 直流配电单元告警

见表5-36。

表5-36 直流配电单元告警分析与处理

故障类型	说明	告警级别	处理方法
直流输出电压低	直流输出电压低于直流欠电压设置值	次要告警	①若由市电停电导致电池放电过度造成，检查是否可以断开某些次要负载来延长重要负载的工作时间 ②若由整流器容量不足导致电池放电造成，需要增加整流器数量，使整流器的总电流为负载总电流的120%，且保证至少有1个冗余备份的整流器 ③若由整流器故障造成，需更换故障整流器
直流输出电压高	直流输出的电压高于直流过电压设置值	次要告警	①检查电源系统直流输出电压值和监控单元[直流过压值]的设置值，若设置值不合理，需要将其改正 ②找出引起系统直流输出电压高的整流模块，在确保蓄电池能正常供电的情况下，断开所有整流器空开，逐一合上单个整流器空开。当合上某一整流器空开时，电源系统再次出现直流输出电压高告警，表明该整流器有故障，需要更换该整流器
负载熔丝断	直流分路的熔丝（或空开）被断开	次要告警	①若由手动切断熔丝（空开）造成，只需手动合上该熔丝（或空开）即可 ②若由负载分路过载或短路造成，需要查明负载分路过载或短路的原因 ③测量告警熔丝（或空开）两端的电压，若电压值接近0V，说明告警回路有故障，需要查明此故障的原因
直流防雷器异常	直流防雷器有故障	次要告警	当防雷器发生损坏时，监控单元将发出告警，以提示维护人员及时更换
负载断路器异常	直流分路的直流接触器有故障	次要告警	①检查一次或二次下电分路是否没有接任何负载 ②更换故障的直流接触器
整流器故障	整流器有故障	次要/严重告警	①换下故障整流器进行检修，换上备用整流器 ②一个整流器发生故障时，默认为次要告警；两个或两个以上的整流器同时发生告警时，默认为严重告警

(4) 电池告警

见表5-37。

表5-37 电池告警分析与处理

故障类型	说明	告警级别	处理方法
电池熔丝断	电池熔丝(或空开)被断开	次要告警	①若由手动切断熔丝(空开)造成,只需手动合上该熔丝(或空开)即可 ②若由电池分路过载或短路造成,需要查明电池分路过载或短路的原因 ③测量告警熔丝(或空开)两端的电压,若电压值接近0V,说明告警回路有故障,需要查明此故障的原因
电池电压低	电池的电压低于电池欠电压设置值	严重告警	①需用户准备好其他后备供电电源,以防交流停电时通信设备断电 ②检查电池是否有故障
电池温度高	电池的工作温度超过电池过温设置值	次要告警	①若电池内部故障造成电池温度过高,需要更换该电池 ②若电池房间的温度过高造成电池温度过高,需要检查电池房间的温度调节设备(如空调)的工作是否正常
一次下电	电池电压低于一次下电设置电压,次要负载被切断	严重告警	①提示用户次要负载已被断开,以保证重要负载有较长的工作时间 ②若由交流停电造成,需要启动备用油机发电
二次下电	电池电压低于二次下电设置电压,次要负载被切断	严重告警	①提示用户所有负载已被断开,以免电池过度放电而损坏 ②若由交流停电造成,需要启动备用油机发电

(5) 环境告警

见表5-38。

表5-38 环境告警分析与处理

故障类型	说明	告警级别	处理方法
环境温度低	环境温度低于温度告警下限设置值	次要告警	①检查机房的温度调节设备(例如:空调)的工作是否正常 ②检查环境温度传感器是否有故障
环境温度高	环境温度高于温度告警上限设置值	次要告警	
环境湿度低	环境湿度低于湿度告警下限设置值	次要告警	①检查机房的湿度调节设备(例如:空调)的工作是否正常 ②检查环境湿度传感器是否有故障
环境湿度高	环境湿度高于湿度告警上限设置值	次要告警	

5.5.6 故障分析

通信用高频开关电源系统主要由交流配电单元、整流模块组、监控单元和直流配电单元构成。在运行过程中,任何一部分出现了故障,都会影响系统的正常运行。在对高频开关电源进行检修时,应按照“先交流后直流、先静态后动态、先主路后辅助、先空载后加载”的基本原则进行。

5.5.6.1 开关电源系统故障检修常用方法

在对开关电源系统进行检修的时候,首先应熟悉系统的工作原理、结构组成及线路连接关系,然后掌握设备各项性能指标,最后选择合适的检修方法完成检修。常用检修方法如下:

(1) 局部观察法

系统出现故障以后,从外部通过眼睛看外部接线、元器件等有无松脱现象,手摸主要发热器件、整流模块和蓄电池的温升是否过高或其他器件的温升是否正常，嗅有无烧焦的气味，听设备运行的时候风扇、变压器等是否有不正常的声音。

(2) **仪表检查法**

电阻法：用万用表电阻挡测量各主要线路或者元器件的电阻值，判断线路的通断。

电压法：用万用表测量各主要线路两端或者元器件的电压值，让其和正常电压值相比较，判断电路工作情况是否正常。

(3) **波形法**

用示波器观察各级波形，判断故障所在位置。当设备不加电的时候，可以通过测量电阻法判断电路的好坏。加电的时候，通过测量各级主要线路两端的电压值来判断电路的好坏，压缩故障的位置，也可以通过测量主要测点的波形来判断故障的位置。

(4) **对比检查法**

把故障时各主要线路或者器件上的电压值与正常时候的电阻电压值进行比较。由于本设备具有多个整流模块，因此，也可以通过检测其他整流模块的输出电压值或者通过观察其他整流模块的工作状态来判断故障的位置。

(5) **故障排除法**

设备在运行的时候，如果某一个单元在不同输入条件时，出现两种相反的故障状态，会使得设备出现两种不同的故障现象。这个时候，我们就可以通过人为的设置故障来判断系统具体的故障表现。

(6) **部分分割压缩法**

即把整个设备或某个组件中具有相对独立工作的部分区别开来，分别判断其好坏，确定故障所在部位。分割法的关键是选好分割点，选得恰当就能够很快地确定故障所在的位置。

(7) **外接电源法**

就是通过外加电源，通过检测各个测点的电压或波形来判断故障的位置。

在进行开关电源系统故障检修的时候，所谓水无常形，法无常法，只有将各种方法融会贯通，灵活运用，做到举一反三，才能在故障检修的时候做到事半功倍。我们将以 ZXDU68 型开关电源系统为例，来分析开关电源系统常见故障的检修。

5.5.6.2 交流配电单元常见故障分析

(1) **故障告警的分类**

开关电源系统工作时，若发生一些故障，会向用户告警，告警方式主要是通过监控单元显示器和蜂鸣器进行。

故障发生后，监控单元将视故障情况给出告警信息，所有未屏蔽的告警均有告警文字提示。用户可通过电源后台监控软件设置某故障类型的告警级别，可设置的告警级别有：严重告警、次要告警和告警屏蔽。

告警发生时，蜂鸣器会发出报警声。如果故障不消除，报警声不会自动消除。

为了暂时消除报警带来的噪声，ZXDU68 型开关电源系统提供了告警消音的功能，当蜂鸣器发出报警声时，按监控模块上的任一按键可消音。若在半个小时内故障未恢复正常，蜂鸣器将再次发出报警声。

(2) **交流配电常见故障类型**

交流配电单元包含交流输入及输出开关、防雷器模块、交流变送器等单元，其常见的故障现象有交流停电、交流缺相、交流输入异常（过高或过低）、防雷器故障等。对于交流停电和交流缺相，根据故障原因又可以分为真停电（缺相）、假停电（缺相）。

交流真停电：交流电出现了中断，整流器模块无法正常工作。

交流假停电：交流电输入正常，整流器模块工作正常。

交流真缺相：交流电出现真实缺相，对应缺相的整流器模块无法正常工作。

交流假缺相：交流电输入正常，整流器工作正常。

(3) 交流配电常见故障现象及检修流程

① 交流停电。在交流停电故障情况下，监控单元报交流停电故障告警，此时，不应局限于显示屏上显示的告警信息，还应关注系统运行信息、整流模块指示灯状态、分相开关的状态等等。交流停电故障下两种典型的故障现象为：

a. 监控单元交流停电告警，所有整流器模块 PWR 电源指示灯不亮。

b. 监控单元交流停电告警，整流器模块 PWR 电源指示灯正常。

对于故障现象 a，整流器模块 PWR 电源指示灯不亮，说明三相交流电没有正常送到整流器模块，整流器模块不工作，属于交流真停电。可能的原因有外部交流供电中断、交流配电屏到开关电源之间的供电线路中断、开关电源内部供电中断等。

对于故障现象 b，监控单元虽然报交流停电故障，但整流器 PWR 电源指示灯正常，整流器工作正常，说明三相交流电正常，属于交流假停电。可能的故障原因有交流变送器工作电源故障、交流变送器内部故障、交流变送器至监控板之间的连接线故障等。

故障检修流程：

对于交流真停电，首先判断是开关电源设备内部故障还是外部故障，步骤如下：

a. 测量开关电源三相交流输入电压，如果无电压，则为外部故障，如果有电压，则为内部故障。

b. 如果为外部故障，需进一步判断是外部电网故障还是交流配电屏至开关电源输入之间的线路故障，可以结合观察、测量甚至电话咨询供电部门的方法进行。如果是交流配电屏至开关电源之间的线路故障，则找到故障点，排除故障即可。如果是由于供电部门计划停电或者突发线路故障，需结合具体的停电时长进行处理。停电时间不长时，无需进行特别处理，可以由电池给负载供电。如果停电时间过长，就需要启动备用油机发电。备用油机启动后，最好经过 5min 以上的时延再切换给电源系统供电，以减小油机在启动过程中可能对电源设备造成的影响。

c. 对于内部故障，可以进一步采用电压测量的方法进行判断、压缩，对交流输入空开、防雷器模块、模块空开逐一测量，直到找到故障点，对故障件进行修复或更换。

对于交流假停电，故障检修流程如下：

a. 测量交流变送器 A、B、C 三相交流采样电压，如果无，故障则为交流电采样线开路，恢复连接即可。如果无电压，进行下一步检查。

b. 测量交流变送器电压采样输出信号 U_{ao}、U_{bo}、U_{co}，若有电压，故障则为采样输出至监控单元之间的信号连接线开路，如果无电压，进行下一步检查。

c. 测量交流变送器工作电源 12V、－12V，若正常，则为交流变送器内部故障，更换交流变送器即可。若工作电压无，故障则为工作电源连接线开路。

② 交流缺相。交流缺相故障情况下，监控单元报交流缺相故障告警，此时，与交流停电故障类似，还应关注系统运行信息、整流模块指示灯状态、分相开关的状态等等。交流缺相故障下两种典型的故障现象为：

a. 监控单元交流缺相告警，对应相整流器模块 PWR 电源指示灯不亮。

b. 监控单元交流缺相告警，所有整流器模块 PWR 电源指示灯正常。

对于故障现象 a，对应告警相的整流器模块 PWR 电源指示灯不亮，说明该相交流电没有正常送到整流器模块，整流器模块不工作，属于交流真缺相。可能原因有交流配电屏到开关电源之间的供电线路中断、外部交流缺相、开关电源内部线路中断等。

对于故障现象 b，监控单元虽然报交流缺相故障，但整流器 PWR 电源指示灯正常，整流器工作正常，说明三相交流电正常，属于交流假缺相。可能的故障原因有交流变送器内部故障、采样限号故障、交流变送器至监控板之间的连接线故障等。

故障检修流程如下：

对于交流真缺相，首先判断是开关电源设备内部故障还是外部故障，步骤如下：

a. 测量开关电源故障相输入电压，如果无电压，则为外部故障，如果有电压，则为内部故障。

b. 如果为外部故障，需进一步判断是外部电网本身故障还是交流配电屏至开关电源输入之间线路故障。如果是交流配电屏至开关电源之间的线路故障，则找到故障点，排除故障即可。如果是由于外部施工、雷击或其他原因造成的缺相故障，需结合具体的情况进行处理。如果通过查看负载信息，此时负载功率不大，现有正常工作的开关电源模块能够满足供电需求，此时只需要查到缺相故障原因，恢复故障相供电即可。如果此时负载功率较大，现有正常工作的开关电源模块难以满足供电需求，需要蓄电池放电来提供部分功率，并且恢复故障相供电所需时间较长，就需要启动备用油机发电。备用油机启动后。

c. 对于内部故障，可以进一步采用电压测量的方法进行判断压缩，对交流输入空开、避雷器模块、模块空开逐一测量，直到找到故障点，对故障件进行修复或更换。

对于交流假缺相，故障检修流程为：

a. 测量交流变送器故障相交流采样电压，如果无，故障则为电压采样线开路，恢复连接即可。如果无电压，进行下一步检查。

b. 测量交流变送器故障相电压采样输出信号，若有电压，故障则为采样输出至监控单元之间的信号连接线开路，如果无电压，则为交流变送器内部故障，更换交流变送器即可。

③ 交流输入异常（过高或过低）。三相交流电电压信息通过交流变送器采集送至监控单元，交流输入电压异常时，常见的故障现象为：

a. 监控单元报交流电压过高，整流器模块工作正常。

b. 监控单元报交流电压过低，整流器模块工作正常。

两种故障现象可能的原因类似，有交流输入电压异常（过高或过低）、交流变送器故障、监控单元参数设置有误等。

故障检修流程如下：

a. 测量输入空开处故障相电压，如果电压高于正常值，则说明外部电网电压过高，如果电压正常，进行下一步检测。

b. 测量交流变送器故障相采样输出电压，如果电压异常，则故障为交流变送器内部故障，如果电压正常，进行下一步。

c. 查询监控单元输入电压告警参数设置阈值是否正确。

④ 交流防雷器故障。交流防雷器并联在三相输入电源侧，主要对输入雷电过电压进行防护。防雷器模块发生故障后，会通过防雷器模块下端的触点将故障信号传送给监控单元。典型故障现象为：监控单元报防雷器故障，整流器模块工作正常。

防雷器故障告警可能的原因有防雷器模块失效损坏、防雷器模块松动、防雷空开断开（选配）、防雷器监控线开路。

故障检修处理：

a. 观察防雷模块观察窗口，如果窗口颜色为绿色，则防雷模块正常。如果窗口颜色为红色，则防雷模块故障，需要更换。

b. 查看防雷空开（选配）状态，如果防雷空开闭合，则正常，如果防雷空开断开，则需要闭合防雷空开。

c. 检验防雷模块是否松动，如果出现松动，重新插拔，确保接触可靠。

d. 测量防雷模块检测触点，如防雷器检测线触点状态不正确，可重新接检测线或插拔检测线插头。

5.5.6.3 整流单元常见故障分析

整流器可能出现的故障多种多样，其故障原因也是各异，常见故障主要有：整流器无输出、整流器限流、整流器风扇故障和整流器不均流等。

(1) 整流器无指示同时无输出的故障检修

① 故障现象：整流器无输出，同时整流器面板指示灯都不亮。

② 原因分析：出现整流器无输出时，此时一般原因有两种，一是交流输入没有加到整流器一体化输入、输出针座，二是整流器内熔丝熔断。

③ 检修步骤：按照由易到难的原则，我们应该先检查整流器交流输入线路是否正常，用万用表交流挡测量整流器一体化输入、输出插针电压，此时有两种情况。第一种情况，如果此时电压低于80V，或者高于300V，整流器没有输出，那么说明是整流器输入过电压保护了，需要往前面交流配电单元继续检查测量，测量电网电压是否正常，找到故障点并排除。第二种情况，如果测量整流器一体化输入、输出插针电压处于80～300V，整流器没有输出，那么说明是整流器故障，常见的是熔丝烧毁，可以打开整流器外壳，取下熔丝，测量通断，如果熔丝烧毁，更换相同容量熔丝即可。如果熔丝完好，那么说明此时故障原因可能相对复杂，为保证通信不间断，应该及时更换备用整流器模块，然后逐步分析测量排除故障。

(2) 整流器过热同时无输出的故障检修

① 故障现象：整流器无输出，外部温度明显过高，前面板LED状态指示灯显示是输入指示灯（IN）亮，输出指示灯（OUT）不亮，限流指示灯（CL）不亮，告警指示灯（ALM）亮。

② 原因分析：根据整流器的温度，散热风扇有两种工作状态，半转和全转。当出现整流器无输出，同时整流器外部温度过高，此时可能的原因有两种，一是风扇受阻或严重老化，导致散热效果不佳，此时整流器温度过高，为了保护整流器不致损坏，本设备采用负温度系数热敏电阻进行最高温度（85℃）限制，自动关闭整流器输出；二是整流器内部电路故障引起过热，整流器输出关闭。

③ 检修步骤：第一步，由于风扇受阻或严重老化，将极大地降低系统的散热效果，因此，可以清除风扇阻碍物，擦拭风扇灰尘或者给风扇轴芯滴少量机油，改善风扇性能；如果仍然不能改善风扇散热效果，可以直接更换风扇。第二步，当风扇故障排除后，系统仍然温度偏高，那么可以判定是整流器内部电路故障引起过热，此时，应该及时更换备用整流器模块，然后逐步分析测量排除故障。

(3) 整流器输出限流故障检修

① 故障现象：整流器关闭输出，整流器前面板LED状态指示灯显示是，输入指示灯（IN）亮，输出指示灯（OUT）亮，限流指示灯（CL）亮，告警指示灯（ALM）不亮。

② 原因分析：在输出限流电路故障的情况下，为了避免整流器因过电流而损坏，引入了输出电流过电流保护电路。为了避免过电流保护先于限流保护，过电流保护的响应速度应慢于限流保护，并且过电流保护点高于最大限流点。本整流器的过电流点为（60±2）A。

输出电流过电流保护属于备份保护，一般情况下不会有所动作。本功能被设置为不可恢复性，一旦过电流保护有所动作，必须排除故障之后再重新启动。

出现输出限流故障时，要具体情况具体分析。系统默认不同工作状态下的限流点，分别是：80VAC#交流输入 100VAC

当 80V<交流输入<100V 时，限流点 $I_{max}=(20\pm2)A$

当 100V<交流输入<176V 时，限流点 $I_{max}=(30\pm1)A$

当 176V<交流输入<300V 时，限流点 $I_{max}=(53\pm1)A$

因此，出现限流故障时，可能的故障原因有：一是当前输入电压情况下，系统负载电流过大，导致出现限流；二是带载情况下，蓄电池正处于充电状态，导致负载电流和充电电流之和大于限流值，整流器限流；三是检查整流器有故障，系统误动作限流。

检修步骤：第一步，测量整流器输入交流电压和负载电流大小，对比上面的限流值，发现过电流时，减小负载大小，排除故障；第二步，如果负载电流并没有超过当前状态下的限流点电流时，测量蓄电池充电电流，查看整流器的输出总电流之和是否超过限流电流值，减小负载大小，排除故障；第三步，经过以上故障排查，如果还不能排除故障，那么说明可能是整流器故障，此时，需要及时更换备用整流器模块，然后逐步分析测量排除故障。

(4) 整流器输入过、欠电压故障检修

① 故障现象：整流器无输出，整流器前面板 LED 状态指示灯显示是，输入指示灯（IN）亮，输出指示灯（OUT）不亮，限流指示灯（CL）不亮，告警指示灯（ALM）亮。

② 原因分析（见图 5-115）：当交流输入<80VAC，或者交流输入>300VAC 时，整流器关闭前级功率因数 PFC 和后级 DC/DC 变换电路，系统无输出；当交流输入>95VAC，或者交流输入<285VAC 时，系统应该能自动从欠压点和过压点恢复正常工作。

③ 检修步骤：第一步，测量交流输入电压，查看是否小于 80VAC，或大于 300VAC，如果符合假设，那么整流器处于欠电压或者过电压保护状态，属正常现象，需检查交流配电系统。第二步，给整流器输入交流电，调节交流电压大小，分别测量，欠电压保护后，调节输入交流大于 95V 时能否自动恢复正常工作，以及过电压保护后，调节输入交流小于 285V 时能否自动恢复正常工作。第三步，经过以上检查测量，整流器仍然输入过、欠电压保护，那么说明可能是整流器故障，此时，需要及时更换备用整流器模块，然后逐步分析测量排除故障。

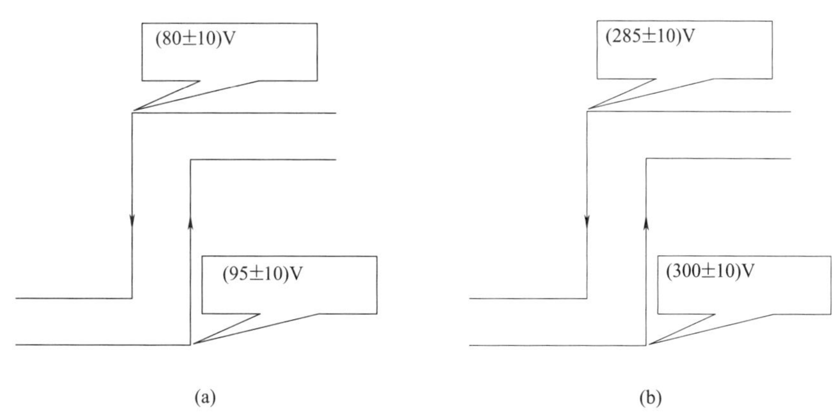

图 5-115　整流模块交流输入门限图

(5) 整流器均流不理想故障检修

① 故障现象：多个整流器输出电流差别较大，整流器发热不均。

② 原因分析：可能的原因是个别整流器输出电压过高，或者某个整流器接触不良，或

者是某个整流器内部电路故障引起系统的均流不理想。

③ 检修步骤：第一步，测量该开关电源系统各个整流器的输出电压，查看输出电压是否一致，如果不相等，需要调节各整流器输出电压大小，使其一致；第二步，如果各整流器输出电压大小相等，那么查看输出电流明显较小的整流模块，是否有接触不良，重新插拔整流器模块；第三步，经过以上检查测量，整流器仍然均流不理想，那么说明是整流器内部电路故障，此时，需要及时更换备用整流器模块，然后逐步分析测量排除故障。

5.5.6.4 监控单元常见故障分析

(1) 常见故障现象

监控单元常见的故障现象有黑屏和信息紊乱。黑屏，即监控模块的 LCD 屏不亮，在工作的时候我们无法通过监控单元来进行系统信息查询、告警显示、参数设置等操作。

信息紊乱，即监控模块显示的数据信息与实际数据不相符或者不能操作等故障，即在开关电源系统正常输出、正常带载的情况下，我们查询系统信息、告警信息、进行参数设置和控制动作的时候，不能够正常操作，显示也不正常等现象。

(2) 故障原因

造成以上故障现象的原因有很多，首先分析造成监控单元黑屏的原因，造成监控单元黑屏的原因主要有两类：一是监控单元电源出现了故障，造成监控单元供电中断，所以出现黑屏；二是监控模块内部电路故障，当监控模块内部电路损坏、开路等也有可能引起监控模块显示屏不亮。

监控单元信息紊乱的原因主要有两类：一是采集板、采集线路或采集器故障，造成监控电源信息显示不正常；二是监控单元自身硬件或者软件故障，导致出现信息紊乱的现象。

(3) 故障检修过程

基于以上故障现象和故障原因分析，给出故障检修的过程。首先是监控单元黑屏的检修过程，其基本检修流程如图 5-116 所示。首先判断是监控单元内部电源供电是否有问题，从而区分是本身问题还是线路问题。判断的方法通常有两种。第一种方法是用万用表去检测接插件 X20 的 1、2 引脚的电压，如果正常，则可判断是监控模块内部故障，如果不是，则是线路故障。第二种方法是用替换法，即用正常工作的监控模块去替代当前工作的监控模块，如果仍旧黑屏则是线路问题，如果能正常显示，则是监控模块问题。

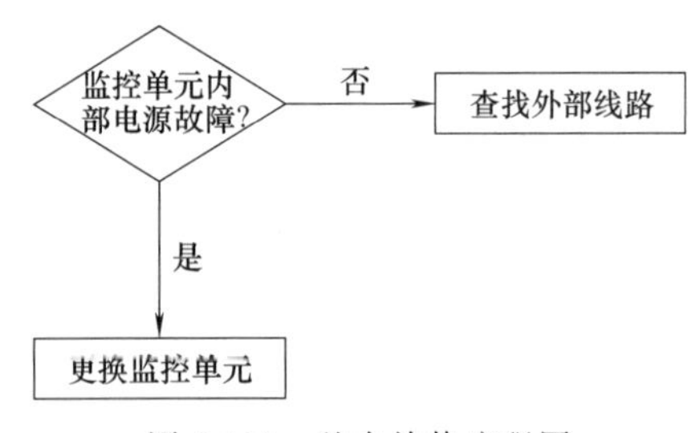

图 5-116 基本检修流程图

当判断出来是线路故障以后，则可以检测开关电源系统输出正负母线和接插件 X20 两引脚的电阻，通过电阻的大小，即可判断出是哪一条线路故障。如果判断是监控模块故障，则更换整个监控模块就可以了。

监控单元是组合式电源系统的监测和控制枢纽，因此与系统各个部分都有接口交互。其背板接口如图 5-117 所示，图中，以粗线表示电压或电流较大的功率回路，以细线表示电压或电流较小的信号回路。可以看出，监控单元与各个部分都需要由信号线连接进行交互。监控单元是非固定、可插拔的，因此使用了背板进行中转。背板位于监控单元后方，对于监控单元信息紊乱，首先是判断监控模块问题还是采集板、线路或者采集器的问题。这一步需要用到替换法，即用正常的监控模块替换问题模块，如果显示信息正常，则判断为监控模块本身故障，更换即可。

如果仍旧出现信息紊乱现象，则是采集板、线路或者采集器的问题。这类故障，针对出现的紊乱信息，有针对性的检修。如果是电流问题，则查分流器及其检测线；如果是电压显示问题，则查直流输出检测线和交流电压变送器及其检测线。

5.5.6.5 直流配电单元常见故障分析

直流配电单元完成直流电源的输出、蓄电池的接入和负载保护，输出端并接电池组，一起给负载供电。在运行过程中，直流配电单元常见的故障有输出电压数值不准确故障，直流接触器、负载熔断器、分流器、直流防雷器等元器件损坏以及线路故障等。下面以 ZXDU68 型开关电源系统为例讲解这类故障的判断和检修过程。

(1) 直流输出电压低

对于直流输出电压低这类故障，首先要分析故障原因。

① 原因分析。引起直流输出电压低的通常的原因有三种：

直流输出电压确实低；监控单元“直流欠压值”设置有问题；直流输出检测线有问题。

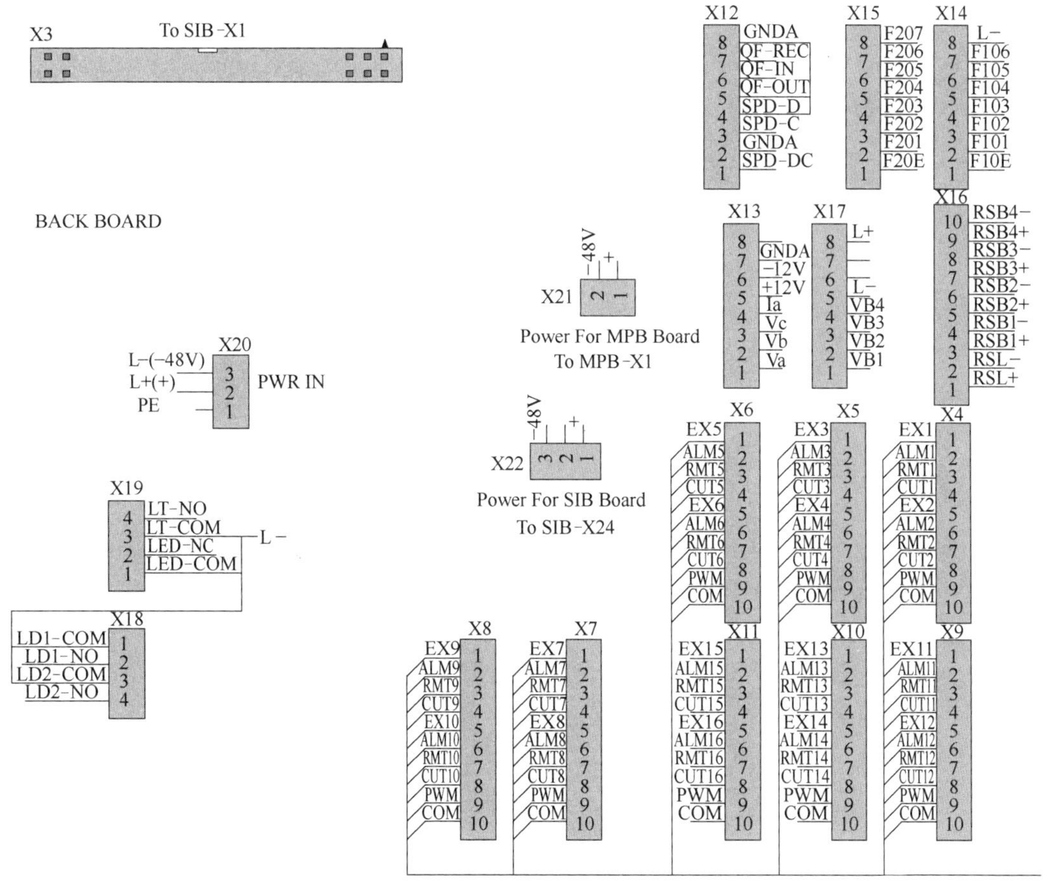

图 5-117　监控单元接口图

② 故障处理。

a. 用万用表直流电压挡测量正、负铜排之间的电压，如直流电压确实低，则监控单元为正常告警。需要分析直流电压低的原因，一般有以下几种：

一是由于市电停电导致电池放电过度造成，检查是否可以断开某些次要负载来延长重要负载的工作时间。

二是整流模块内部故障，导致模块输出电压低，更换整流器。

三是由于整流器容量不足导致电池放电造成。需要增加整流器数量，使整流器的总电流为负载总电流的 120%，且保证至少有 1 个冗余备份的整流器。

b. 检查监控单元“直流欠压值”的设置是否正确，如设置的太高，改为默认值或要求的数值。

c. 检查直流输出在正、负铜排上的检测线有无断线或接触不良。

(2) 直流输出电压高

① 故障原因。

a. 直流输出电压确实高。

b. 监控单元“直流过压值”的设置有问题。

② 故障处理。

a. 用万用表直流电压挡测量正、负铜排之间的电压，如直流电压确实高，则监控单元为正常告警。找出引起系统直流输出电压高的整流模块。

在确保蓄电池能正常供电的情况下，断开所有整流器空开。再逐一合上单个整流器空开。当合上某一整流器空开时，电源系统再次出现直流输出电压高告警，表明该整流器有故障，需要更换该整流器。

b. 检查电源系统直流输出电压值和监控单元［直流过压值］的设置值，若设置值不合理，需要将其改正。

(3) 分流器故障

① 分流器原理。分流器是串接在直流回路中用来检测回路电流的一种纯电阻器件。在组合电源系统中直流负载总电流，每一路蓄电池的充、放电电流都分别有一个直流分流器来检测。

分流器均由两个功率连接端子和两个测试端子组成，根据额定电流和额定压降的不同而存在不同的型号，例如 200A/60mV、500A/75mV 等。以 200A/60mV 分流器为例，其表示分流器能通过的额定电流为 200A，当分流器流过电流为 200A 时，分流器两端的电压为 60mV。

根据欧姆定律 $I=U/R$，已知分流器的电阻值，测得分流器的压降即可推算出流过分流器的实际电流。其换算方式如下：假设分流器型号为 100A/75mV，也就是当流过分流器的电流为 100A 时，分流器两端的电压为 75mV，用万用表测量负载分流器两端的电压 U，然后用 $I=U/R$ 进行换算。需要注意的是：由于被测电压为毫伏级信号，所以要求用精度比较高的万用表，将万用表置于毫伏挡测量。

ZXDU68 组合开关电源分流器电流检测的原理如图 5-118 所示，FL1A 和 FL1B 与分流

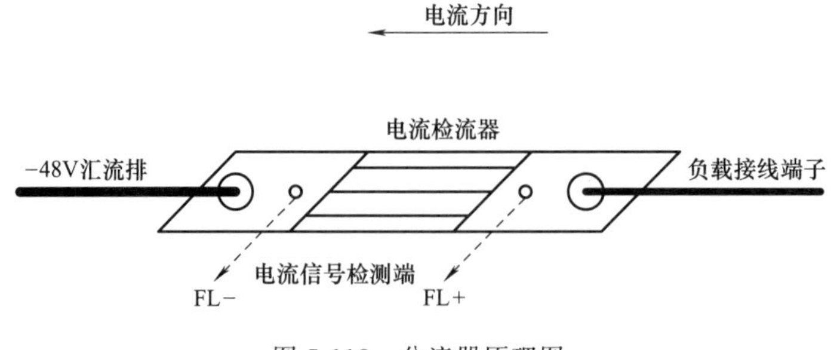

图 5-118 分流器原理图

器的两个测试端子连接，将分流器两个测试端子测得的电压送到差分运算放大器 OP07，运算放大器将两个测试端子之间的电压差放大约 70 倍，送到监控单元中处理，然后计算出实际电流的值，在监控单元中显示出来。与此同时，分流器检测的电压极性代表了电流的方向，如图 5-118 所示，检测电压极性为右正左负，则实际电流方向与规定电流方向一致，定义电流为正；检测电压极性为左正右负，则电流方向与规定电流方向相反，定义电流为负。

② 分流器故障现象。在 ZXDU68 组合开关电源系统中，分流器常见的故障现象有：接有负载显示输出电流为零；接有负载显示输出电流为负。这些故障现象通常只能通过检查分析才能发现，监控单元不会有任何告警提示。

分析故障原因，主要有以下三种：分流器短路损坏，造成检测到的电压为零，监控电源无法检测到电流；分流器检测线开路，造成检测到的电压为零，监控单元无法检测到电流；分流器检测线反接，造成监控单元显示的电流方向与实际电流方向不一致。

③ 分流器检修步骤。分流器故障的检修通常按以下步骤进行：

a. 在组合开关电源加电带负载的情况下，用万用表的直流电压毫伏挡测试分流器两端是否有电压，如果没有电压，说明分流器有故障需要更换。

b. 改变负载电流大小，用万用表的直流电压毫伏挡测试分流器在不同负载电流下的电压值，从而判断分流器所测得的电压与实际电流值是否成线性比例。如果不成线性比例，说明分流器有故障需要更换。

c. 检查分流器信号检测线是否反接或者开路，如果检测线反接，则显示电流与实际电流方向相反，需要将信号检测线、连接线进行调换，如果检测线开路，则在有负载的情况下显示检测电流依然为零，需要检查检测线开路位置进行恢复。

(4) 负载熔丝断

① 负载熔断器的原理。熔断器（fuse）是根据流过熔断器的电流超过规定值一段时间后，以其自身产生的热量使熔体熔化，从而使电路断开的一种电流保护器件。熔断器广泛应用于高低压配电系统和控制系统以及用电设备中，作为短路和过电流的一次性保护器。熔断器主要由熔体、外壳和支座三部分组成，其中熔体是控制熔断特性的关键元件（见图 5-119）。

由于负载熔断器直接关系到负载的供电保障，因此，在 ZXDU68 组合开关电源系统中，负载熔断器的状态是通过专门的检测电路被监控单元实时检测的。其检测原理如图 5-120 所示。在负载熔断器接负载端接有一根信号检测线，检测线通过限流电阻接到光电耦合器的发光二极管阳极端，发光二极管阴极端接−48V，当负载熔丝正常时，光电耦合器的阳极和阴

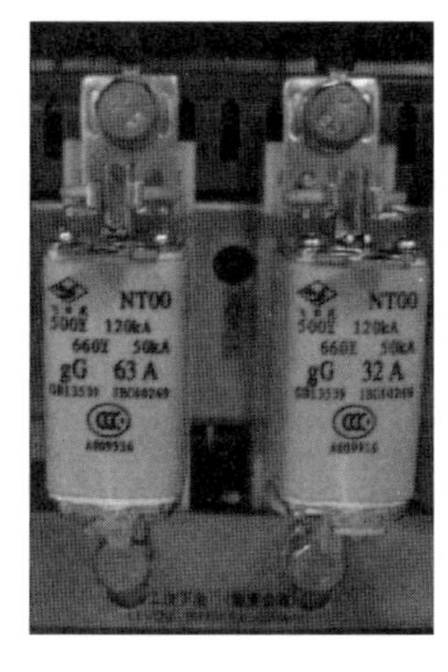

图 5-119 熔体

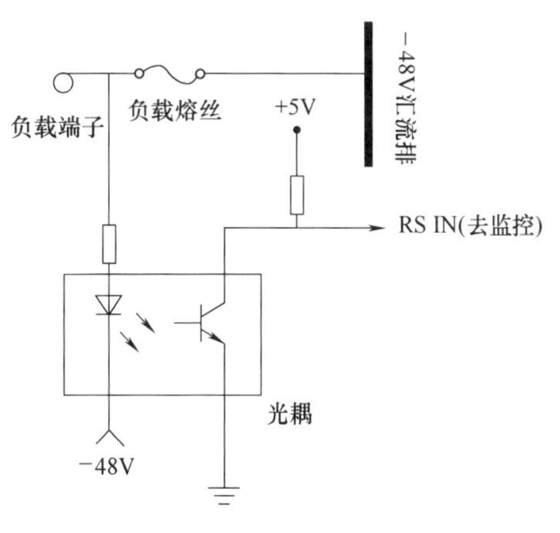

图 5-120 熔断器检测原理图

极电位相等，发光二极管不发光，光电耦合器三极管侧开路，监控电源检测到5V电压；当在外接负载的情况下，负载熔丝如果熔断开路，发光二极管阳极电位将高于阴极电位，发光二极管发光，光电耦合器三极管侧导通，将原来送监控单元的5V电压拉到地，监控单元通过检测5V电压的有无，从而判断负载熔丝是否正常。根据以上检测原理，需要强调的是，负载熔断器的状态只有在外接负载的情况下才能被监控单元检测到。

② 故障现象与原因。ZXDU68组合开关电源负载熔断器故障通常会通过监控单元告警显示：XX负载熔丝断。导致故障的原因主要有：负载熔断器确实熔断开路；负载熔断器检测线故障。

③ 负载熔断器检修步骤。负载熔断器故障检修的步骤通常分为以下几步：

a. 检查负载熔断器是否熔断，在设备不加电的情况下可以直接用万用表的通断挡测试负载熔断器是否正常，在设备加电带载的情况下可以用直流电压挡检测负载熔断器两端电压，如果电压不为零，说明负载熔断器故障，如果电压为零，说明负载熔断器正常。由于负载熔断器为一次性电流保护器件，一旦损坏就需要更换新的同型号的负载熔断器。

b. 目测负载熔断器检测线安装位置是否正确，在设备加电带负载的情况下，用万用表的直流电压挡检测负载熔断器检测线端电压是否正常，检测线端电压应与－48V母线电压一致。如果电压不一致就需要查找出相应的故障点，对其进行恢复。

(5) 直流接触器故障

直流接触器是一种主触点连接回路为直流，工作原理与继电器相同，具有一定的灭弧功能的开关装置。在ZXDU68组合开关电源系统中，直流接触器共有两个，分别用于对负载进行一次下电和二次下电控制，见图5-121。

图5-121　直流接触器

① 直流接触器的故障现象。ZXDU68组合开关电源直流接触器故障现象可以分为以下两种：第一种为直流接触器无法吸合，造成监控单元告警“一次下电”或者“二次下电”，并且无法实现手动上电；第二种为直流接触器无法断开，造成当开关电源系统需要自动下电或者手动下电时，无法完成上电或者下电，这种故障不会有任何告警信息，通常只有在检查或者操作时才能发现。

② 故障原因。造成第一种故障现象的原因主要为直流接触器控制线圈或者直流接触器控制信号故障；造成第二种故障现象的原因主要为直流接触器触点粘连或者直流接触器控制信号故障。

③ 直流接触器故障的检修步骤。针对以上故障原因，我们对直流接触器故障进行检修时可以分为以下两个步骤：

a. 检查直流接触器控制信号是否正常，打开手动下电装置盒盖，将有故障的直流接触器所对应的一次下电或者二次下电控制设置为手动，手动进行一次下电或者二次下电的开通和关断操作。用万用表的直流电压挡检测直流接触器控制电压是否有变化，如果控制电压没有变化，说明控制信号有故障，如果控制信号故障则需要检查控制线路或者更换监控单元。

b. 在确认直流接触器控制信号无误的前提下，检查直流接触器是否损坏，同样重复上一步中的手动一次下电或者二次下电的操作。如果直流接触器没有损坏，首先可以听到清晰的直流接触器动作的声音，其次在下电时监控单元告警，在上电时告警信息消除，同时也可以用万用表的带电测电压或者断电测通断的原则确认直流接触器是否损坏。直流接触器如果损坏，则需要进行更换。

直流接触器故障恢复以后，系统就可以进行一次下电和二次下电的控制操作。当下电时，监控单元告警“一次下电”或者“二次下电”则属于正常告警。

(6) 直流防雷盒故障

直流防雷盒为开关电源系统中最接近负载的末端防雷，是－48V 供电的分级防雷的最后一个环节，对负载的雷击防护至关重要。如有损坏，需及时更换直流防雷盒或进行检修，确保监控单元得到有效保护。

图 5-122　直流防雷盒

① 工作原理。直流电源防雷盒用于防止雷电过电压和瞬态过电压对直流电源系统和用电设备造成的损坏，保护设备和使用者的安全。ZXDU68 组合开关电源的配置的直流防雷盒最大放电电流为 15kA，它可以使监控单元得到有效的保护。直流防雷盒的外部接线如图 5-122 所示，接入的功率线为三根，分别为正、负直流母线和 PE 接地线。

② 故障现象及原因。直流防雷盒正常工作时，HL_1、HL_2、HL_3 三个绿灯同时亮；如果有一个或者几个绿灯不亮，表示直流防雷盒有故障。当直流防雷盒故障，监控单元将在告警菜单中显示“直流避雷器异常”，并伴随声光告警。导致故障的原因主要有：直流防雷盒内部损坏；直流防雷盒检测线故障。

③ 检修步骤。直流防雷盒故障检修的步骤为：

a. 将设备断电，拆开直流防雷盒盖板，用万用表的电阻挡或者蜂鸣器挡测试直流防雷盒的保险管是否开路。

b. 检查直流防雷盒信号检测线是否正常，如防雷盒三个绿灯都亮，信号检测线两个端子应为常断状态，否则为长通状态。在查找出相应故障点后，对其进行恢复。

习题与思考题

1. 电力电子器件与处理信息的电子器件相比具有哪些特征？按照电力电子器件能够被控制电路信号所控制的程度不同，电力电子器件可分为哪几种类型？

2. 简述电力二极管的主要类型及其检测方法。

3. 晶闸管的导通条件是什么？简述晶闸管正常工作时的特性。

4. 简述用万用表判断晶闸管的极性和好坏的方法。

5. 简述电力晶体管（GTR）的基本特性。

6. 简述功率场效应晶体管（MOSFET）的主要性能参数。

7. 简述绝缘栅双极型晶体管（IGBT）的基本工作原理。

8. 如图 5-70 所示是推挽式功率变换电路开关管两端的波形，简述开关管在关断瞬间产生尖峰电压的原因，并说明尖峰电压与哪些因素有关。

9. 画出单端反激式变换器的电路结构图，并画出电感电流连续时变压器初级线圈的电压 U_{NP}、流过整流二极管的电流 i_D 的波形。

10. 简述 ZXDU68 型开关电源系统的主要配置，并简述其主要特点。

11. 画出 ZXDU68 型开关电源系统原理框图。

12. 画出 ZXDU68 型开关电源系统交流/直流配电单元工作原理框图。

13. 画出 ZXD2400 整流器原理框图，并简述其工作原理。

14. 画出 ZXDU68 型开关电源系统监控单元原理框图。

15. ZXDU68 S601/T601 开关电源系统监控单元的前面板有哪些指示灯和按键？并说明指示灯的含义和按键的功能。

16. 简述 ZXDU68 S601/T601 开关电源系统的开/关机操作步骤。

17. 简述 ZXDU68 S601/T601 开关电源系统实时信息查阅步骤。

18. 简述 ZXDU68 S601/T601 开关电源系统实时告警信息查阅步骤。

19. 简述 ZXDU68 S601/T601 开关电源系统历史告警信息查阅步骤。

20. 简述 ZXDU68 S601/T601 开关电源系统历史操作记录查阅步骤。

21. 简述 ZXDU68 S601/T601 开关电源系统放电记录查阅步骤。

22. 简述 ZXDU68 S601/T601 开关电源系统极值记录查阅步骤。

23. 简述 ZXDU68 S601/T601 开关电源系统参数设置步骤。

24. 简述开/关整流器的步骤。

25. 简述设置蓄电池均充/浮充/测试的步骤。

26. 简述 ZXDU68 S601/T601 开关电源系统的日常维护项目。

27. 简述 ZXDU68 S601/T601 开关电源系统的告警及故障处理内容。

28. 简述 ZXDU68 S601/T601 开关电源系统在系统运行中，整流器的取出与安装方法。

29. 简述 ZXDU68 S601/T601 开关电源系统运行中增加负载的步骤。

30. 简述 ZXDU68 S601/T601 开关电源系统交流停电告警的处理方法。

31. 简述 ZXDU68 S601/T601 开关电源系统交流辅助输出空开断告警的处理方法。

32. 简述 ZXDU68 S601/T601 开关电源系统交流主空开断告警的处理方法。

33. 简述 ZXDU68 S601/T601 开关电源系统交流电压低的处理方法。

34. 简述 ZXDU68 S601/T601 开关电源系统交流电压高的处理方法。

35. 简述 ZXDU68 S601/T601 开关电源系统交流缺相的处理方法。

36. 简述 ZXDU68 S601/T601 开关电源系统输入电流高的处理方法。

37. 简述 ZXDU68 S601/T601 开关电源系统直流输出电压低的处理方法。

38. 简述 ZXDU68 S601/T601 开关电源系统直流输出电压高的处理方法。

39. 简述 ZXDU68 S601/T601 开关电源系统一次下电的处理方法。

40. 简述 ZXDU68 S601/T601 开关电源系统二次下电的处理方法。

第6章

交流不间断电源

6.1　UPS 概述

随着信息技术的不断发展和计算机的日益普及，一般的高新技术产品和设备对供电质量提出了越来越严格的要求，如工业自动化过程控制系统、数据通信处理系统、航空管理系统和精密测量系统等均要求交流电网对其提供稳压、稳频、无浪涌和无尖锋干扰的交流电。这是因为供电的突然中断或供电质量严重超出设备（系统）的标准要求之外，轻者造成数据丢失、系统运行异常和生产不合格产品，严重时会造成系统瘫痪或造成难以估量的损失。然而普通电网供电时，因受自然界的风、雨、雷电等自然灾害的影响以及受某些用户负载、人为因素或其他意外事故的影响，势必造成所提供的交流电不能完全满足负载要求。为了保证负载供电的连续性，为负载提供符合要求的优质电源，满足一些重要负载对供电电源提出的严格要求，从 20 世纪 60 年代开始出现了一种新型的交流不间断电源系统（Uninterruptible Power System，UPS），同那些昂贵的设备相比，配置 UPS 的费用相对较低，为保护关键设备配置 UPS 是非常值得的。近年来，UPS 得到了迅速发展，在电力、军工、航空、航天和现代化办公等领域已成为必不可少的电源设备。

6.1.1　UPS 的定义与作用

(1) UPS 的定义

所谓不间断电源（系统）是指当交流电网输入发生异常时，可继续向负载供电，并能保证供电质量，使负载供电不受影响的供电装置。不间断电源依据其向负载提供的是交流还是直流可分成两大类型，即交流不间断电源系统和直流不间断电源系统，但人们习惯上总是将交流不间断电源系统简称为 UPS。

(2) UPS 的作用

理想的交流电源输出电压是纯粹的正弦波，即在正弦波上没有叠加任何谐波，且无任何瞬时的扰动。但实际电网因为许多内部原因和外部干扰，其波形并非是标准的正弦波，而且因电路阻抗所限，其电压也并非稳定不变。造成干扰的原因有很多，发电厂本身输出的交流电不是纯正的正弦波、电网中大电机的启动、开关电源的运用、各类开关的操作以及雷电、风雨等都可能对电网产生不良影响。

UPS 作为一种交流不间断电源设备，其作用有二：一是在市电供电中断时能继续为负载提供合乎要求的交流电能；二是在市电供电没有中断但供电质量不能满足负载要求时，应具有稳压、稳频等交流电的净化作用。

所谓净化作用是指：当市电电网提供给用户的交流电不是理想的正弦波，而是存在着频率、电压、波形等方面异常时，UPS 可将市电电网不符合负载要求的电能处理成完全符合负载要求的交流电。市电供电异常主要体现在以下几个方面（如图 6-1 所示）。

① 电压尖峰（Spike）：指峰值达到 6000V、持续时间为 0.01～10ms 的尖峰电压。它主要由雷击、电弧放电、静电放电以及大型电气设备的开关操作而产生。

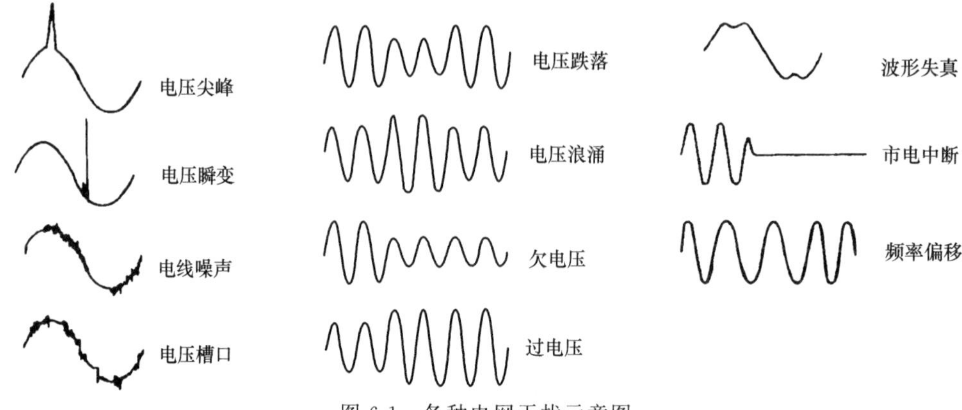

图 6-1　各种电网干扰示意图

② 电压瞬变（Transient）：指峰值电压高达 20kV、持续时间为 1～100μs 的脉冲电压。其产生的主要原因及可能造成的破坏类似于电压尖峰，只是在量上有所区别。

③ 电线噪声（Electrical Line Noise）：指射频干扰（RFI）和电磁干扰（EMI）以及其他各种高频干扰，当电动机运行、继电器动作以及广播发射等都会引起电线噪声，电网电线噪声会对负载控制线路产生影响。

④ 电压槽口（Notch）：指正常电压波形上的开关干扰（或其他干扰），持续时间小于半个周期，与正常极性相反，也包括半周期内的完全失电压。

⑤ 电压跌落（Sag or Brownout）：指市电电压有效值介于额定值的 80%～85%，并且持续时间超过一个至数个周期。大型设备开机、大型电动机启动以及大型电力变压器接入电网都会造成电压跌落。

⑥ 电压浪涌（Surge）：指市电电压有效值超过额定值的 110%，并且持续时间超过一个至数个周期。电压浪涌主要是因电网上多个大型电气设备关机，电网突然卸载而产生的。

⑦ 欠电压（Under Voltage）：指低于额定电压一定百分比的稳定低电压。其产生原因包括大型设备启动及应用、主电力线切换、大型电动机启动以及线路过载等。

⑧ 过电压（Over Voltage）：指超过额定电压一定百分比的稳定高电压。一般是由接线错误、电厂或电站误调整以及附近重型设备关机引起。对单相电而言，可能是由三相负载不平衡或中性线接地不良等原因造成。

⑨ 波形失真（Harmonic Distortion）：指市电电压相对于线性正弦波电压的偏差，一般用总谐波畸变率（Total Harmonic Distortion，THD）来表示。产生的原因，一方面是发电设备输出电能本身不是纯正的正弦波，另一方面是电网中的非线性负载对电网的影响。

⑩ 市电中断（Power Fail）：指电网停止电能供应且至少持续两个周期到数小时。产生的原因主要有线路上的断路器跳闸、市电供应中断以及电网故障等。

⑪ 频率偏移（Frequency Variation）：指市电频率的偏移超过 2Hz（＜48Hz 或＞52Hz）以上。这主要由应急发电机的不稳定运行或由频率不稳定的电源供电所致。

以上污染或干扰对计算机及其他敏感仪器设备所造成的危害不尽相同。电源中断可能造成硬件损坏；电压跌落可能造成硬件提前老化、文件数据丢失；过电压、欠电压以及电压浪涌可能会损坏驱动器、存储器、逻辑电路，还可能产生不可预料的软件故障；电线噪声和电压瞬变可能会损坏逻辑电路和文件数据。

6.1.2 UPS 的分类

UPS 自问世以来，其发展速度非常快。初期的 UPS 是一种动态的不间断电源。在市电正常时，用市电驱动电动机，电动机带动发电机发出交流电。该交流电一方面向负载供电，另一方面带动巨大的飞轮使其高速旋转。当市电变化时，由于飞轮的巨大惯性对电压的瞬时变化没有反应，因此保证了输出电压的稳定。在市电停电时，依赖飞轮的惯性带动发电机继续向负载供电，同时启动与飞轮相连的备用发电机组。备用发电机组带动飞轮旋转并因此带动交流发电机向负载供电。如图 6-2（a）所示。但在以上方案中，依靠动能储存的飞轮延长市电断电时的供电时间势必受到限制，为了进一步延长供电时间，后来采用如图 6-2（b）所示的结构。市电经整流后一路给蓄电池充电，另一路为直流电动机供电，直流电动机又拖动交流发电机输出稳压稳频的交流电，一旦市电中断，依靠蓄电池组存储的能量维持交流发电机继续运行，达到负载供电不间断的目的。这种动态不间断电源设备存在噪声大、效率低、切换时间长、笨重等缺点，未被广泛采用。随着半导体技术的迅速发展，利用各种电力电子器件的静态 UPS 很快取代了早期的动态 UPS，静态 UPS 依靠蓄电池存储能量，通过静止逆变器变换电能维持负载电能供应的连续性。相对于动态 UPS，静态 UPS 体积小、重量轻、噪声低、操控方便、效率高、后备时间长。本书后续所述及的 UPS 均指静态 UPS。

UPS 的分类方法有很多，按输出容量大小可分为：小容量（10kV·A 以下）、中容量（10～100kV·A）和大容量（100kV·A 以上）UPS；按输入、输出电压相数不同可分为单进单出、三进三出和三进单出型 UPS；按输出波形不同可分为：方波、梯形波和正弦波 UPS。但人们习惯上按 UPS 电路结构形式进行分类，可分为后备式、互动式和在线式 UPS。

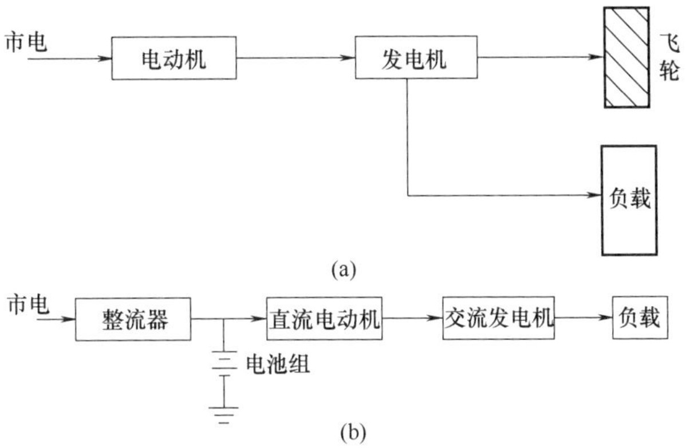

图 6-2 动态 UPS 结构框图

6.1.2.1 后备式 UPS

后备式 UPS（passive stand-by UPS）：交流输入正常时，通过稳压装置对负载供电；交流输入异常时，电池通过逆变器对负载供电。后备式 UPS 是静态 UPS 的最初形式，它是一种以市电供电为主的电源形式，主要由充电器、蓄电池、逆变器以及变压器抽头调压式稳压电源四部分组成，其工作原理框图如图 6-3 所示。

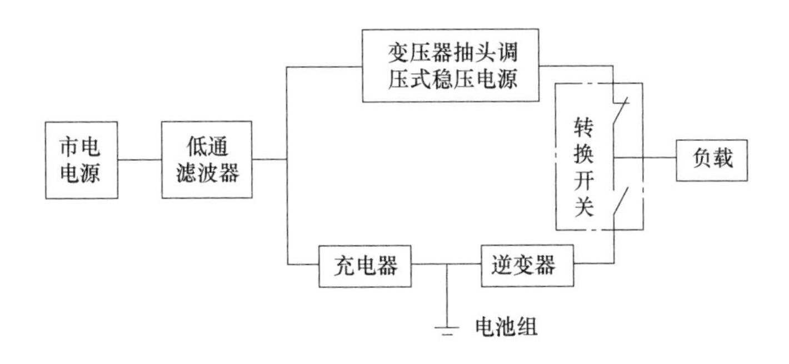

图 6-3 后备式 UPS 工作原理框图

(1) 正常工作模式（normal mode of operation）

当输入交流电压、频率在允许范围内时，首先经由低通滤波器对来自电网的高频干扰进行适当的衰减抑制后分两路去控制后级电路的正常运行：

① 经充电器对蓄电池组进行充电，以备市电中断时有能量继续支持 UPS 正常运行。

② 经位于交流旁路通道上的“变压器抽头调压式稳压电源”对起伏变动较大的市电电压进行稳压处理。然后，在 UPS 逻辑控制电路的作用下，经稳压处理的市电电源经转换开关向负载供电。

此时，逆变器仅处于空载运行状态，不向外输出能量，严格意义上讲逆变器不工作。

(2) 电池逆变工作模式（stored energy mode of operation）

当输入交流电压或频率异常时，在 UPS 逻辑控制电路作用下，UPS 将按下述方式运行：

① 充电器停止工作。

② 转换开关在切断交流旁路供电通道的同时，将负载与逆变器输出端连接起来，从而实现由市电供电向逆变器供电的转换。

③ 逆变器吸收蓄电池中存储的直流电，变换为稳定的交流电（如 50Hz/220V）维持对负载的电能供应。根据负载的不同，逆变器输出电压既可以是正弦波，也可以是方波。

根据后备式 UPS 的工作原理，可知其性能特点是：

① 电路简单，成本低，可靠性较高。

② 当市电正常时，逆变器仅处于空载运行状态，整机效率可达 98%。

③ 因大多数时间为市电供电，UPS 输出能力强，对负载电流的波峰系数、浪涌系数、输出功率因数、过载等没有严格要求。

④ 输出电压稳定精度较差，但能满足负载要求。

⑤ 输出有转换开关，市电供电中断时输出电能有短时间的间断，并且受切换电流能力和动作时间的限制，增大输出容量有一定的困难。因此，后备式正弦波输出 UPS 容量通常在 3kV·A 以下，而后备式方波输出 UPS 容量通常在 1kV·A 以下。

6.1.2.2 在线式 UPS

在线式 UPS（on line UPS）：交流输入正常时，通过整流、逆变装置对负载供电；交流输入异常时，电池通过逆变器对负载供电。在线式 UPS 又称为双变换在线式或串联调整式 UPS，目前大容量 UPS 大多采用此结构形式。在线式 UPS 通常由整流器、充电器、蓄电池、逆变器等部分组成，它是一种以逆变器供电为主的电源形式。其工作原理如图 6-4 所示。

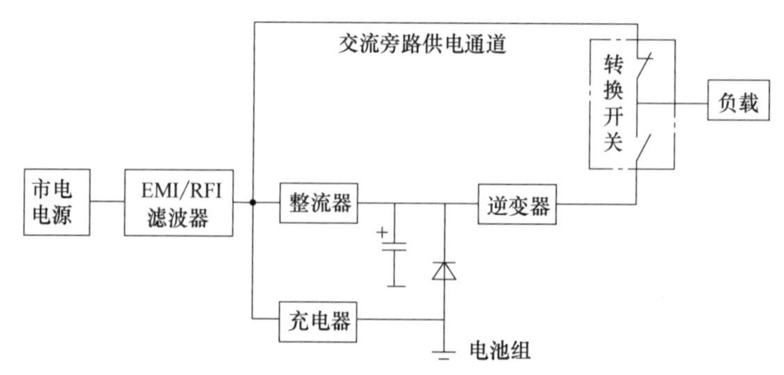

图 6-4 在线式 UPS 工作原理框图

(1) 正常工作模式（normal mode of operation）

当输入交流电压、频率在允许范围内，首先经由 EMI/RFI 滤波器对来自电网的传导型电磁干扰和射频干扰进行适当的衰减抑制后分三路去控制后级电路的正常运行：

① 直接连接交流旁路供电通道，作为逆变器通道故障时的备用电源。

② 经充电器对位于 UPS 内的蓄电池组进行浮充电，以便市电中断时，蓄电池有足够的能量来维持 UPS 的正常运行。

③ 经过整流器和大电容滤波变为较为稳定的直流电，再由逆变器将直流电变换为稳压稳频的交流电，通过转换开关输送给负载。

(2) 电池逆变工作模式（stored energy mode of operation）

当输入交流电压或频率异常时，在逻辑控制电路作用下，UPS 将按下述方式运行：

① 关充电器，停止对蓄电池充电。

② 逆变器改为由蓄电池供电，将蓄电池中存储的直流电转化为负载所需的交流电，用来维持负载电能供应的连续性。

(3) 旁路工作模式（bypass mode of operation）

市电供电正常情况下，如果系统出现下列情况之一：①在 UPS 输出端出现输出过载或短路故障。②由于环境温度过高和冷却风扇故障造成位于逆变器或整流器中的功率开关管温度超过安全界限。③UPS 中的逆变器本身故障。那么，UPS 将在逻辑控制电路调控下转为市电旁路直接给负载供电。

(4) ECO 模式（ECO mode of operation）

交流输入正常情况下，UPS 通过静态旁路向负载供电；当交流输入异常时，UPS 切换至逆变器供电的工作模式。

根据在线式 UPS 的工作原理，可知其性能特点是：

① 不论市电正常与否，负载的全部功率均由逆变器给出。所以，在市电产生故障的瞬间，UPS 的输出不会产生任何间断。

② 输出电能质量高。UPS 逆变器采用高频正弦脉宽调制和输出波形反馈控制，可向负载提供电压稳定度高、波形畸变率小、频率稳定以及动态响应速度快的高质量电能。

③ 全部负载功率都由逆变器提供，UPS 的容量裕量有限，输出能力不够理想。所以对负载的输出电流峰值系数、过载能力、输出功率因数等提出限制条件，输出有功功率小于标定的千伏安数，应付冲击负载的能力较差。

④ 整流器和逆变器都承担全部负载功率，整机效率低。

6.1.2.3 互动式 UPS

互动式 UPS（line interactive UPS）：交流输入正常时，通过稳压装置对负载供电，变换器只对电池充电；交流输入异常时，电池通过变换器对负载供电。互动式 UPS 又称为在线互动式 UPS 或并联补偿式 UPS。与（双变换）在线式 UPS 相比，该 UPS 省去了整流器和充电器，而由一个可运行于整流状态和逆变状态的双向变换器配以蓄电池构成。当市电输入正常时，双向变换器处于反向工作状态（即整流工作状态），给电池组充电；当市电异常时，双向变换器立即转换为逆变工作状态，将电池电能转换为交流电输出。其工作原理如图 6-5 所示。

(1) 正常工作模式（normal mode of operation）

当输入交流电压、频率在允许范围内（如市电电压在 150～276V 之间）时，市电电源经低通滤波器对从市电电网窜入的射频干扰及传导型电磁干扰进行适当衰减抑制后，将按如下调控通道去控制 UPS 的正常运行：

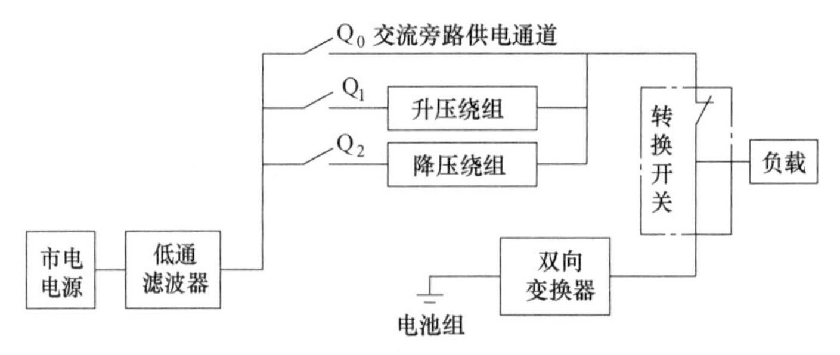

图 6-5　互动式 UPS 工作原理框图

① 当市电电压处于 176～264V 之间时，在 UPS 逻辑控制电路作用下，将开关 Q_0 置于闭合状态的同时，闭合位于 UPS 市电输出通道上的转换开关。这样，把一个不稳压的市电电源直接送到负载上。

② 当市电电压处在 150～176V 之间时，鉴于市电输入电压偏低，在 UPS 逻辑控制电路作用下，将开关 Q_0 置于分断状态的同时，闭合升压绕组输入端的开关 Q_1。使幅值偏低的市电电源经升压处理后，将一个幅值较高的电压经转换开关送到负载。

③ 当市电电压处在 264～276V 之间时，为防止输出电压过高而损坏负载，在 UPS 逻辑控制电路作用下，将开关 Q_0 置于分断状态的同时，闭合降压绕组输入端的开关 Q_2。使幅值偏高的市电电源经降压处理后再经转换开关送到负载，达到用户负载安全运行的目的。

④ 经过处理后的市电电源除了供给负载电能以外，同时作为双向逆变器的交流输入电源。双向逆变器运行于整流状态，从电网吸收能量存储在蓄电池组中，以便在市电不正常时提供足够的直流能量。

(2) 电池逆变工作模式（stored energy mode of operation）

当输入交流电压或频率异常（如市电输入电压低于 150V 或高于 276V）时，在机内逻辑控制电路的作用下，UPS 的各关键部件将完成如下操作：

① 切断连接负载和市电旁路通道的转换开关。

② 双向变换器由原来的整流工作模式转化为逆变工作模式。也就是说，此时系统不再对蓄电池进行充电，而是吸收蓄电池存储的直流电能，经正弦波逆变转化为稳压、稳频的交流电能输出给负载。

根据互动式 UPS 的工作原理，可知其性能特点如下：

① 效率高，可达 98%以上。

② 电路结构简单，成本低，可靠性高。

③ 输入功率因数和输出电流谐波成分取决于负载电流，UPS 本身不产生附加的输入功率因数和谐波电流失真。

④ 输出能力强，对负载电流峰值系数、浪涌系数、过载等无严格限制。

⑤ 变换器直接接在输出端，并且处于热备份状态，对输出电压尖峰干扰有滤波作用。

⑥ 大部分时间为市电供电，仅对电网电压稍加稳压处理，输出电能质量差。

⑦ 市电供电中断时，因为交流旁路开关存在断开时间，导致 UPS 输出存在一定时间的电能中断，但比后备式 UPS 的转换时间短。

6.1.3 UPS 的性能指标

一般来说，UPS 生产厂家为了说明其产品的性能都在产品说明书中指出其产品已达到的某些标准或给出方便用户的指标性能说明，这些往往都在产品指标栏中给出。UPS 用户通过阅读产品说明书中的指标栏，就可以很快地了解产品概况，这对选用设备和使用维护都是非常必要的。因此下面对 UPS 的指标给予简要介绍。

6.1.3.1 输入指标

(1) 输入电压范围

输入电压这项指标说明 UPS 产品适应什么样的供电制式。指标中除应说明输入交流电压是单相还是三相外，还应说明输入交流电压的数值，如 220V、380V、110V 等。同时还要给出 UPS 对电网电压变化的适应范围，如标明在额定电压基础上 ±10%、±15%、±20%、±35%等。当然，在产品说明书中也可将相数和输入额定电压分开给出。UPS 输入电压的上下限表示市电电压超出此范围时，UPS 就断开市电而由蓄电池供电。后备式和互动式 UPS 的输入电压范围应不窄于 176～264V，在线式 UPS 的输入电压范围如表 6-1 所示。

表 6-1 在线式 UPS 的输入电压范围

项目	技术要求		备注
	Ⅰ类	Ⅱ类	
输入电压范围	176～264V	187～242V	相电压：输入电压范围应根据使用电网环境进行选择
	304～456V	323～418V	线电压：输入电压范围应根据使用电网环境进行选择

(2) 输入频率范围

输入频率范围指标说明 UPS 产品所适应的输入交流电频率及其允许的变化范围。在我国大陆地区，标准值为 50Hz，输入频率范围如 50Hz±1Hz、50Hz±2Hz、50Hz±3Hz 等，这表示 UPS 内部同步锁相电路的同步范围，即当市电频率在变化范围之内时，UPS 逆变器的输出与市电同步；当频率超出该范围时，逆变器的输出不再与市电同步，其输出频率由 UPS 内部 50Hz 正弦波发生器决定。通信用 UPS 的输入频率范围为 48～52Hz。

(3) 输入功率因数及输入电流谐波成分

在电路原理中，线性电路的功率因数（Power Factor）习惯用 $\cos\varphi$ 表示，其中 φ 为正弦电压与正弦电流间的相差角。对非线性电路而言，尽管输入电压为正弦波，电流却可能是非正弦波，因此对于非线性电路必须考虑电流畸变。一般定义为：

$$PF=P/S$$

式中，PF 表示功率因数，P 表示有功功率，S 表示视在功率。

在非线性电路中，若定义基波电流有效值与非正弦电流有效值之比为畸变因数，则电流畸变因数 d（distortion）为：

$$d=\frac{I_1}{\sqrt{I_1^2+I_2^2+\cdots+I_n^2}}$$

式中，I_1，I_2，…，I_n 分别表示 1，2，…，n 次谐波电流有效值。若再假设基波电流与电压的相位差为 φ，则功率因数 PF 可表示为：

$$PF=P/S=UI_1\cos\varphi/UI=d\cos\varphi$$

即非线性电路的功率因数为畸变因数与位移因数（$\cos\varphi$）之积。

输入功率因数是指 UPS 中整流充电器的输入功率因数和输入电流质量，表示电源从电网吸收有功功率的能力及对电网的干扰。输入功率因数越高，输入电流谐波成分含量越小，表征该电源对电网的污染越小。在线式 UPS 的输入功率因数应符合表 6-2 的要求，输入电流谐波成分应符合表 6-3 的要求。

表 6-2　UPS 的输入功率因数

项目		技术要求			备注
		Ⅰ类	Ⅱ类	Ⅲ类	
输入功率因数	100%非线性负载	≥0.99	≥0.95	≥0.90	—
	50%非线性负载	≥0.97	≥0.93	≥0.88	—
	30%非线性负载	≥0.94	≥0.90	≥0.85	—

表 6-3　UPS 的输入电流谐波成分

项目		技术要求			备注
		Ⅰ类	Ⅱ类	Ⅲ类	
输入电流谐波成分	100%非线性负载	<5%	<8%	<15%	2～39 次谐波
	50%非线性负载	<8%	<15%	<20%	2～39 次谐波
	30%非线性负载	<11%	<22%	<25%	2～39 次谐波

6.1.3.2　输出指标

(1) 输出电压

① 标称输出电压值：单相输入单相输出或三相输入单相输出 UPS 为 220V；三相输入三相输出 UPS 为 380V，采用三相三线制或三相四线制输出方式。用户可根据自己设备所需的电压等级和供电制式选取相应的 UPS 产品。

② 输出电压（精度/范围）：指 UPS 在稳态工作时受输入电压变化、负载改变以及温度影响造成输出电压变化的大小。对于后备式和互动式 UPS，输出电压（精度/范围）应在 198～242V 范围内。对于在线式 UPS，输出电压精度应符合表 6-4 的要求。

表 6-4　在线式 UPS 的输出电压精度

项目	技术要求			备注
	Ⅰ类	Ⅱ类	Ⅲ类	
输出电压精度	$\|S\|\leqslant 1\%$	$\|S\|\leqslant 1.5\%$	$\|S\|\leqslant 2\%$	等级按照$\|S\|$的最大值划分

③ 动态电压瞬变范围：指 UPS 在 100%突然加减载时或执行市电旁路供电通道与逆变器供电通道的转换时，输出电压的波动值。UPS 动态电压瞬变范围≤5%。

④ 电压瞬变恢复时间（transient recovery time）：在输入电压为额定值，输出接阻性负载，输出电流由零至额定电流和额定电流至零突变时，输出电压恢复到（220±4.4）V 范围内所需要的时间。后备式和互动式 UPS 的电压瞬变恢复时间应≤60ms，在线式 UPS 电压瞬变恢复时间应符合表 6-5 的要求。

表 6-5　在线式 UPS 电压瞬变恢复时间　　单位：ms

项目	技术要求			备注
	Ⅰ类	Ⅱ类	Ⅲ类	
电压瞬变恢复时间	≤20	≤40	≤60	—

⑤ 频率跟踪范围（range of frequency synchro）：交流供电时，UPS 输出频率跟踪输入频率变化的范围。UPS 的频率跟踪范围应满足 48～52Hz，且范围可调。频率跟踪速率（rate of frequency synchro）：UPS 输出频率与输入交流频率存在偏差时，输出频率跟踪输入频率变化的速度，单位为 Hz/s。UPS 的频率跟踪速率应在 0.5～2Hz/s 范围内。当工作在逆变器输出状态时频率（稳定度），应不宽于（50±0.5）Hz。

⑥ 输出（电压）波形及失真度：根据用途不同，输出电压不一定是正弦波，也可以是方波或梯形波。后备式 UPS 输出波形多为方波，在线式 UPS 输出波形一般为正弦波。波形失真度一般是对正弦波输出 UPS 来说的，指输出电压谐波有效值的二次方和的平方根与基

波有效值的比值。UPS输出波形失真度技术要求如表6-6所示。

表6-6 UPS输出波形失真度技术要求

UPS类型	负载类型	输出波形失真度技术要求			备注
后备式和互动式	100%阻性负载	≤5%			—
	100%非线性负载	≤8%			—
在线式	在线式UPS的类别	Ⅰ类	Ⅱ类	Ⅲ类	—
	100%阻性负载	≤1%	≤2%	≤4%	—
	100%非线性负载	≤3%	≤5%	≤7%	—

⑦ 输出电压不平衡度（three phase unbalance）：三相输出的UPS各相电压在幅值上不同，相位差不是120°或兼而有之的程度。互动式UPS输出电压幅值不平衡度≤3%，相位偏差≤2°。在线式UPS输出电压幅值不平衡度≤3%，相位偏差≤1°。

(2) 输出容量

容量是UPS的首要指标，包括输入容量和输出容量，一般指标中所给出的容量是输出容量，是指输出电压的有效值与输出最大电流有效值的乘积，也称视在功率。容量的单位一般用伏安（V·A）表示，这是因为UPS的负载性质因设备的不同而不同，因而只好用视在功率来表示容量。生产厂家均按UPS的不同容量等级将产品划分为多个类别，用户可根据实际需要对UPS进行选型，并留一定的裕量。

(3) 输出过载能力

UPS启动负载设备时，一般都有瞬时过载现象发生，输出过载能力表示UPS在工作过程中，可承受瞬时过载的能力与时间。超过UPS允许的过载量或允许过载时间容易导致UPS损坏。后备式和互动式UPS的过载能力应符合表6-7的要求，在线式UPS的过载能力应符合表6-8的要求。

表6-7 后备式和互动式UPS的过载能力要求

项目	技术要求	备注
过载能力	≥1min	过载125%，电池逆变模式
	≥10min	过载125%，正常工作模式

表6-8 在线式UPS的过载能力要求

项目	技术要求			备注
	Ⅰ类	Ⅱ类	Ⅲ类	
过载能力	≥10min	≥1min	≥30s	125%额定阻性负载

(4) 输出电流峰值系数（current peak factor）

当UPS输出电流为周期性非正弦波电流时，周期性非正弦波电流的峰值与其有效值之比。UPS输出电流峰值系数应大于或等于3。

(5) 并机负载电流不均衡度（load sharing of parallel UPS）

当两台以上（含两台）具有并机功能的UPS输出端并联供电时，所并联各台中电流值与平均电流偏差最大的偏差电流值与平均电流值之比。UPS并机负载电流不均衡度应小于或等于5%。此值越小越好，说明并机系统中的每台UPS所输出的负载电流的均衡度越好。

6.1.3.3 电池指标

(1) 蓄电池的额定电压

UPS所配蓄电池组的额定电压一般随输出容量的不同而有所不同，大容量UPS所配蓄电池组的额定电压较小容量的UPS高些。小型后备式UPS多为24V，通信用UPS的蓄电池电压为48V，某些大中型UPS的蓄电池电压为72V、168V或220V等。给出该数值，一方面为外加电池延长备用时间提供依据，另一方面为今后电池的更替提供方便。

(2) 蓄电池的备用时间

该项指标是指当UPS所配置的蓄电池组满荷电状态时，在市电断电时改由蓄电池组供电的状况下，UPS还能继续向负载供电的时间。一般在UPS的说明书中给出该项指标时，均给出满载后备时间，有时还附加给出半载时的后备时间。用户在了解该项指标后，就可根据该指标合理安排UPS的工作时间，在UPS停机前做好文件的保存工作。用户要注意的是该指标随蓄电池的荷电状态及蓄电池的新旧程度而有所变化。

(3) 蓄电池类型

UPS说明书中给出的蓄电池类型是对UPS所使用的蓄电池类型给予说明。用户在使用或维修时以及扩展后备时间时可参考该项说明。

UPS多采用阀控密封式铅酸蓄电池，这一方面是因为阀控密封式铅酸蓄电池的性能比以前有较大改善，另一方面则是因为阀控密封式铅酸蓄电池的价格比较便宜。目前，通信用UPS也有采用锂离子电池（磷酸铁锂电池）的。

(4) 蓄电池充电电流限流范围

避免充电电流过大而损坏蓄电池，其典型值为10%～25%的标称输入电流。

6.1.3.4 其他指标

(1) 效率与有功功率

效率是UPS的一个关键指标，尤其是大容量UPS。它是在不同负载情况下，输出有功功率与输入有功功率之比。一般来说，UPS的标称输出功率越大，其系统效率也越高。在线式UPS的效率应符合表6-9的要求，后备式和互动式UPS的效率应符合表6-10的要求。

表6-9 在线式UPS的效率要求

项目		技术要求			备注
		Ⅰ类	Ⅱ类	Ⅲ类	
效率	100%阻性负载	≥90%	≥86%	≥82%	额定输出容量≤10kV·A
		≥94%	≥92%	≥90%	10kV·A＜额定输出容量＜100kV·A
		≥95%	≥93%	≥91%	额定输出容量≥100kV·A
	50%阻性负载	≥88%	≥84%	≥80%	额定输出容量≤10kV·A
		≥92%	≥89%	≥87%	10kV·A＜额定输出容量＜100kV·A
		≥93%	≥90%	≥88%	额定输出容量≥100kV·A
	30%阻性负载	≥85%	≥80%	≥75%	额定输出容量≤10kV·A
		≥90%	≥86%	≥83%	10kV·A＜额定输出容量＜100kV·A
		≥91%	≥87%	≥84%	额定输出容量≥100kV·A

表6-10 后备式和互动式UPS的效率要求

项目	技术要求	备注
效率	≥80%	电池组电压≥48V
	≥75%	电池组电压＜48V

后备式和互动式UPS输出有功功率≥额定容量×0.74kW/(kV·A)；在线式UPS输出有功功率应符合表6-11的要求。

表6-11 在线式UPS输出有功功率的要求

项目	技术要求			备注
	Ⅰ类	Ⅱ类	Ⅲ类	
输出有功功率	≥额定容量×0.9kW/(kV·A)	≥额定容量×0.8kW/(kV·A)	≥额定容量×0.7kW/(kV·A)	—

(2) 不同运行状态之间的转换时间

① 市电/电池转换时间。对于在线式 UPS 而言，其市电/电池转换时间应为 0；对于后备式和互动式 UPS 而言，其市电/电池转换时间应小于或等于 10ms。

② 旁路逆变转换时间。对于在线式 UPS 而言，其旁路/逆变转换时间应符合表 6-12 的要求。

表 6-12 在线式 UPS 旁路逆变转换时间

项目	技术要求			备注
	Ⅰ类	Ⅱ类	Ⅲ类	
旁路逆变转换时间	<1ms	<2ms	<4ms	额定输出容量>10kV·A
	<1ms	<4ms	<8ms	额定输出容量≤10kV·A

③ ECO 模式转换时间。当具有 ECO 模式时，ECO 模式与其他模式之间的转换时间应符合表 6-13 的要求。

表 6-13 ECO 模式转换时间

项目	技术要求			备注
	Ⅰ类	Ⅱ类	Ⅲ类	
ECO 模式转换时间	<1ms	<2ms	<4ms	—

(3) 可靠性要求（平均无故障间隔时间 MTBF）

指用统计方法求出的 UPS 工作时两个连续故障之间的时间，它是衡量 UPS 工作可靠性的一个指标。在线式 UPS 在正常使用环境条件下，平均无故障间隔时间 MTBF 应不小于 100000h（不含蓄电池）。互动式与后备式 UPS 在正常使用环境条件下，平均无故障间隔时间 MTBF 应不小于 200000h（不含蓄电池）。

(4) 振动与冲击

振动：振幅为 0.35mm，频率 10～50Hz（正弦扫频），3 个方向各连续 5 个循环。

冲击：峰值加速度 $150m/s^2$，持续时间 11ms，3 个方向各连续冲击 3 次。容量≥20kV·A 的 UPS，可应用运输试验进行替代。

(5) 音频噪声

UPS 输出接额定阻性负载，在设备正前方 1m，高度为 1/2 处用声级计测量的噪声值，称为 UPS 的音频噪声。后备式和互动式 UPS 的音频噪声应小于 55dB（A），在线式 UPS 的音频噪声应符合表 6-14 的要求。

表 6-14 在线式 UPS 的音频噪声要求

项目	技术要求			备注
	Ⅰ类	Ⅱ类	Ⅲ类	
音频噪声	≤55dB(A)	≤65dB(A)	≤70dB(A)	400kV·A 及以上除外

(6) 遥控与遥信功能

① 通信接口。UPS 应具备 RS485、RS232、RS422、以太网、USB 标准通信接口（至少具备其一），并提供与通信接口配套使用的通信线缆和各种告警信号输出端子。

② 遥测。UPS 遥测内容如下：

在线式与互动式 UPS：交流输入电压、直流输入电压、输出电压、输出电流、输出频率、输出功率因数（可选）、充电电流、蓄电池温度（可选）。

后备式 UPS：输出电压、输出电流、输出频率、蓄电池电压。

③ 遥信。UPS 遥信内容如下：

在线式 UPS：同步/不同步、UPS 旁路供电、过载、蓄电池放电电压低、市电故障、整流器故障、逆变器故障、旁路故障和运行状态记录。

互动式与后备式 UPS：交流/电池逆变供电、过载、蓄电池放电电压低、逆变器或变换器故障。

④ 电池组智能管理功能（在线式 UPS）。容量大于 20kV·A 的 UPS 应具有定期对电池组进行自动浮充、均充转换，电池组自动温度补偿及电池组放电记录功能。电池维护过程中不应影响系统输出。

(7) 保护与告警功能

① 输出短路保护：负载短路时，UPS 应自动关断输出，同时发出声光告警。

② 输出过载保护：当输出负载超过 UPS 额定功率时，应发出声光告警。超过过载能力时，在线式 UPS 应转旁路供电；后备式和互动式 UPS 应自动关断输出。

③ 过热（温度）保护：UPS 机内运行温度过高时，发出声光告警。在线式 UPS 应转旁路供电；后备式和互动式 UPS 应自动关断输出。

④ 电池电压低保护：当 UPS 在电池逆变工作模式时，电池电压降至保护点时，发出声光告警，停止供电。

⑤ 输出过欠电压保护：当 UPS 输出电压超过设定过电压阈值或低于设定欠电压阈值时，发出声光告警。在线式 UPS 应转旁路供电，后备式和互动式 UPS 应自动关断输出。

⑥ 风扇故障告警：风扇故障停止工作时，应发出声光告警。

⑦ 防雷保护：UPS 应具备一定的防雷击和电压浪涌的能力。UPS 耐雷电流等级分类及技术要求应符合 YD/T 944—2007 中第 4 章、第 5 章的要求。

⑧ 维护旁路功能：容量大于 20kV·A 的 UPS 应具备维护旁路功能。当有对 UPS 的维护需求时，应能通过维护旁路开关直接给负载供电。

(8) 电磁兼容限值

一方面指 UPS 对外产生的传导干扰和电磁辐射干扰应小于一定的限度，另一方面对 UPS 自身抗外界干扰的能力提出一定的要求。

① 传导骚扰限值。在 150k～30MHz 频段内，系统交流输入电源线上的传导干扰电平应符合 YD/T 983—2018 中 8.1 的要求。

② 辐射骚扰限值。在 30～1000MHz 频段内，系统的电磁辐射干扰电压电平应符合 YD/T 983—2018 中 8.2 的要求。

③ 抗扰性要求。针对系统外壳表面的抗扰性有：静电放电抗扰性以及辐射电磁场抗扰性，系统在进行以上各种抗扰性试验中或试验后应符合 YD/T 983—2018 中 9.1.1 的要求。针对系统交流端口的抗扰性有：电快速瞬变脉冲群抗扰性、射频场感应的传导骚扰抗扰性、电压暂降和电压短时中断抗扰性、浪涌（冲击）抗扰性，系统在进行以上各种抗扰性试验中或试验后应符合 YD/T 983—2018 中 9.1.4 的要求。针对系统直流端口的抗扰性有：电快速瞬变脉冲群抗扰性和射频场感应的传导骚扰抗扰性，系统在进行以上抗扰性试验中或试验后应符合 YD/T 983—2018 中 9.1.5 的要求。

(9) 安全要求

① 外壳防护要求。UPS 保护接地装置与金属外壳的接地螺钉应具有可靠的电气连接，其连接电阻应不大于 0.1Ω。

② 绝缘电阻。UPS 的输入端、输出端对外壳施加 500V 直流电压，绝缘电阻应大于 2MΩ；UPS 的电池正、负接线端对外壳施加 500V 直流电压，绝缘电阻应大于 2MΩ。

③ 绝缘强度。UPS 的输入端、输出端对地施加 50Hz、2000V 的交流电压 1min，应无击穿、无飞弧，漏电流小于 10mA；或 2820V 直流电压 1min，应无击穿、无飞弧，漏电流

小于1mA。

④ 接触电流和保护导体电流。UPS的保护地（PE）对输入的中性线（N）的接触电流应不大于3.5mA；当接触电流大于3.5mA时，保护导体电流的有效值不应超过每相输入电流的5%；如果负载不平衡，则应采用三个相电流的最大值来计算，在保护导体大电流通路上，保护导体的截面积不应小于1.0mm²；在靠近设备的一次电源连接端处，应设置标有警告语或类似词语的标牌，即“大接触电流，在接通电源之前必须先接地”。

（10）环境条件

要使UPS能够正常工作，就必须使UPS工作的环境条件符合规定要求，否则UPS的各项性能指标便得不到保证。通常不可能将影响UPS性能的环境条件一一列出，而只给出相应的环境温度和湿度要求，有时也对大气压力（海拔高度）提出要求。

① 温度。温度包括：工作温度和储存温度。工作温度就是指UPS工作时应达到的环境温度条件，一般该项指标均给出一个温度范围，室内通信用UPS的运行温度一般为5～40℃。工作温度过高不但使半导体器件、电解电容的漏电流增加，且还会导致半导体器件的老化加速、电解电容及蓄电池寿命缩短；工作温度过低则会导致半导体器件性能变差、蓄电池充放电困难且容量下降等一系列严重后果。通信用UPS储存温度为－25～55℃（不含电池）。

② 相对湿度。湿度是指空气内所含水分的多少。说明空气中所含水分的数量可用绝对湿度（空气中所含水蒸气的压力强度）或相对湿度（空气中实际所含水蒸气与同温下饱和水蒸气压强的百分比）表示。UPS说明书一般给出的是相对湿度，工作相对湿度：≤90%，(40±2)℃，无凝露；储存相对湿度：≤95%，(40±2)℃，无凝露。

③ 海拔高度。UPS说明书中所注明的海拔高度（大气压力）是保证UPS安全工作的重要条件。之所以强调海拔高度是因为UPS中有许多元器件采用密封封装。封装一般都是在一个大气压下进行的，封装后的器件内部是一个大气压。由于大气压随着海拔高度的增加而降低，海拔过高时会形成器件壳内向壳外的压力，严重时可使器件产生变形或爆裂而损坏。UPS满载运行时海拔高度应不超过1000m，若超过1000m时应按GB/T 3859.2—2013《半导体变流器 通用要求和电网换相变流器 第1-2部分：应用导则》的规定降容使用。

（11）外观与结构

机箱镀层牢固，漆面匀称，无剥落、锈蚀及裂痕等现象。机箱表面平整，所有标牌、标记、文字符号应清晰、易见、正确、整齐。

6.1.4 UPS的发展趋势

UPS自问世以来，已从最初的动态式，经采用SCR的静止型UPS，发展到现在采用全控型功率器件的具有智能化的UPS产品。UPS之所以发展得如此迅速，主要得益于电子技术、器件制造技术、控制技术的飞速发展；得益于电源技术人员对电能变换方式和方法的不断深入研究；得益于信息产业的迅猛发展为UPS产品提供了广阔的应用领域。随着现代通信、电子仪器、计算机、工业自动化、电子工程、国防和其他高新技术的发展，对供电质量及可靠性要求越来越高，尤其是要求供电的连续性必须有保障，因而UPS作为交流不间断电源系统，今后必将得到持续发展。目前，电源技术人员对UPS的拓扑结构、使用的器件和材料、采用的控制方法和手段等方面的研究仍在不断深入，旨在提高UPS产品的性能，拓宽其应用领域，提高其可靠程度，增强其适应能力。根据现在的研究结果，可以预期UPS产品今后的发展主要围绕以下几个方面进行。

（1）高频化

UPS的高频化一方面是指逆变器开关频率的提高，这样可以有效地减小装置的体积和重量，并可消除变压器和电感的音频噪声，同时可改善输出电压的动态响应能力。由于新型开关器件 IGBT 等的广泛使用，中小容量 UPS 逆变器的开关频率已经可做到 20kHz 以上。提高逆变器开关频率，采用高频 SPWM 逆变现在已经是非常成熟的技术。

在中小容量 UPS 中，为了进一步减小装置的体积和重量，必须去掉笨重的工频隔离变压器，采用高频隔离是 UPS 高频化的真正意义所在。高频隔离可采用两种方式实现：一种是在整流器与逆变器之间加一级高频隔离的 DC/DC 变换器，另一种是采用高频链逆变技术，分别如图 6-6（a）和（b）所示。

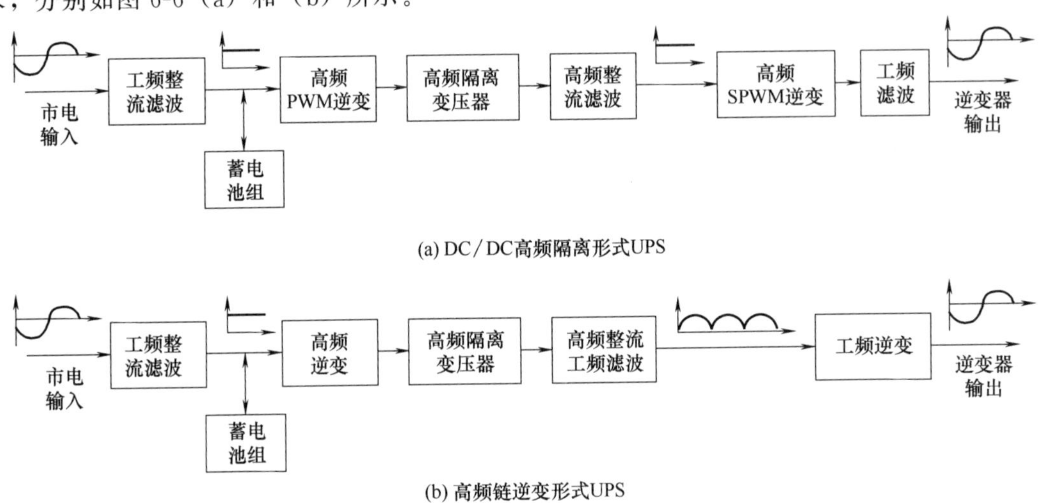

(a) DC/DC高频隔离形式UPS

(b) 高频链逆变形式UPS

图 6-6　高频隔离 UPS 结构框图

如图 6-6（a）所示为在通用（双变换）在线式 UPS 中插入一级高频 DC/DC 隔离变换构成的高频隔离 UPS，其特点是结构简单，控制方便。缺点是系统中存在两级高频变换，导致整个装置损耗增加，效率明显降低。如图 6-6（b）所示的高频链逆变形式 UPS 就解决了这个问题，它将高频隔离和正弦波逆变结合在一起，经过一级高频变换得到 100Hz 的脉动直流电，再经一级工频逆变而得到所需的正弦波电压。相对于高频直流隔离来说，高频链逆变形式只采用了一级高频变换，提高了系统效率。但是，这种形式控制相对复杂，目前只有少量的 UPS 应用了此项技术。

(2) 绿色化

随着现代电力电子制造技术的发展，许多高性能、低污染和高效利用电能的现代电力电子装置不断涌现，例如网侧电流非常接近正弦的程控开关电源、具有高功率因数的 UPS、采用 IGBT 器件的变频调速器、高频逆变式整流焊机以及兆赫级 DC/DC 变换器等。这些基于高频变换技术的现代电源装置和系统具有一个突出的特点——高效节能和无污染，这正是电源产品“绿色化”的目标。

要实现 UPS 产品的绿色化，最主要的工作是提高网侧功率因数以减少电力污染，其次是利用先进的变换技术改善功率开关器件的工作状态，以降低功率开关器件的损耗和开关器件在开与关过程中所产生的干扰。对小型 UPS 而言，要提高其网侧功率因数可采用有源功率因数校正（APFC）方法，最成熟的就是采用升压型（Boost）功率因数校正（PFC），其基本结构如图 6-7 所示。要改善功率开关器件的工作状态，提高变换效率，减少干扰，可以利用软开关技术使功率开关器件工作在软开关状态。

(3) 智能化

大多数 UPS，特别是大容量 UPS 的工作是长期连续的。对运行中 UPS 状态的检测、UPS 出现故障时的及时发现和及时处理，减少 UPS 因故障或检修而造成的间断时间，使其真正成为不间断电源，是 UPS 研制和生产的目标之一，也是广大 UPS 用户最关注的。为了实现这些功能，采用普通的硬件电路是难以实现的，只有借助于计算机技术，充分发挥硬件和软件的各自特点，使 UPS 智能化。

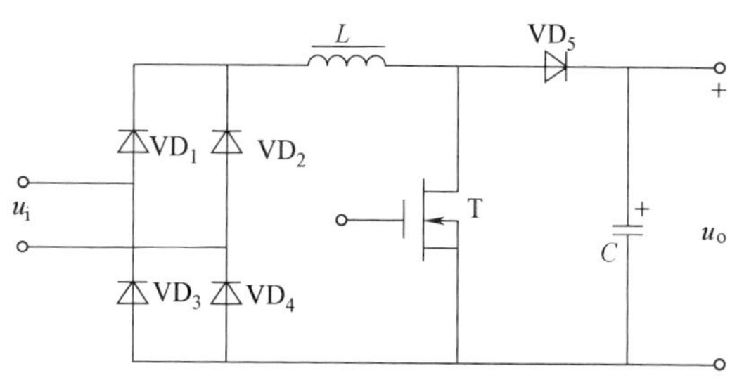

图 6-7　Boost 型 PFC 电路结构图

智能化 UPS 的硬件部分基本上是由普通 UPS 加上微机系统组成的。微机系统通过对各类信息的分析综合，除完成 UPS 相应部分正常运行的控制功能外，还应完成以下功能：

① 对运行中的 UPS 进行监测，随时将采样点的信息送入计算机进行处理。一方面获取电源工作时的有关参数，另一方面监视电路中各部分的工作状态，从中分析出电路各部分是否工作正常。

② 在 UPS 发生故障时，根据检测结果，进行故障诊断，指出故障的部位，给出处理故障的方法与途径。

③ 完成部分控制工作，在 UPS 发生故障时，根据现场需要及时采取必要的自身应急保护控制动作，以防故障影响面的扩大。此外，通过对整流部分的控制，按照对不同蓄电池的不同要求，自动完成对蓄电池的分阶段恒流充电。

④ 自动显示所检测的数据信息，在设备运行异常或发生故障时，能够实时自动记录有关信息，并形成档案，供工程技术人员查阅。

⑤ 按照技术说明书给出的指标，自动定期地进行自检，并形成自检记录文件。

⑥ 能够用程序控制 UPS 的启动或停止，实现无人值守。

⑦ 具有交换信息功能，可随时向计算机输入信息或从计算机获取信息。

6.2　逆变电路

逆变电路的分类方法有很多，当逆变电路输出的交流电能直接用于负载时，称为无源逆变；凡输出电能馈向公共交流电网时，则称为有源逆变。按照输出交流电的相数，可分为单相逆变器和三相逆变器。

根据直流侧滤波器的形式，逆变电路又可以分为电压源和电流源两类。前者直流端并联大电容，它既可抑制直流电压纹波，减低直流电源内阻，使直流侧近似为恒压源，又为来自交流侧无功电流的流传提供通路；后者在直流侧串联大电感，它既可抑制直流电流纹波，使直流侧近似为恒流源，又为来自逆变侧的无功电压分量提供支撑，维持电路间电压平衡，保证无功功率的流传。因而对逆变电路而言，前者称为电压源逆变电路，后者称为电流源逆变电路。分析表明，这两类电路的性能有很多不同。

按照其输出交流电压的波形，逆变器可分为方波逆变器、阶梯波逆变器、正弦波逆变器等，其中方波逆变器和正弦波逆变器应用较多，特别是正弦波逆变器。

无论逆变器输出什么波形，其主电路的形式是通用的。而且，DC/AC 变换电路的主电路和隔离性的双端 DC/DC 变换器类似，都是将直流电变换为交流电。其变换原理也类似，都是利用一定的拓扑结构和功率器件的开通和关断实现变换。DC/DC 变换器将直流电变换为高频交流电后，还需要高频变压器变压、整流滤波等环节，而 DC/AC 变换器将直流电变换为交流电后，可直接供给负载，也可经过简单滤除谐波供给负载。

6.2.1 单相逆变电路

在介绍单相逆变电路的基本工作原理时，将以方波逆变器为例，正弦波逆变器主电路的工作原理与方波逆变器类似。

(1) 单相全桥式逆变电路

单相全桥式逆变电路的基本结构如图 6-8 所示，它是由直流电源 E、输出变压器 B、四个功率开关器件（即图中的四只 IGBT）及四个二极管组成。

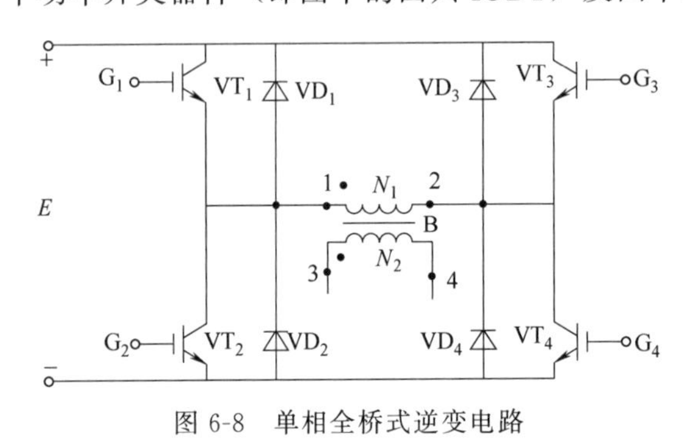

图 6-8 单相全桥式逆变电路

在图 6-8 所示电路中，首先令 VT_2 和 VT_3 的控制电压 u_{G2} 和 u_{G3} 为负值，使 VT_2 和 VT_3 截止；令 VT_1 和 VT_4 的控制电压 u_{G1} 及 u_{G4} 为正值，使 VT_1 和 VT_4 导通，在如图 6-9 所示的 $t_1 \sim t_2$ 时间段。VT_1 和 VT_4 导通后，电流的流通路径为：$E^+ \rightarrow VT_1 \rightarrow$变压器初级$\rightarrow VT_4 \rightarrow E^-$。如果忽略 VT_1 和 VT_4 导通后的管压降，则变压器初级电压为 $u_{12}=E$，变压器 B 的次级电压为 $u_{34}=E \times N_2/N_1$（N_1 和 N_2 分别为变压器 B 的初次级匝数）。VT_1 和 VT_4 在 t_2 时刻关断，此后四只功率开关器件均截止。至 t_3 时刻，VT_2 和 VT_3 导通，电流经 $E^+ \rightarrow VT_3 \rightarrow$变压器初级$\rightarrow VT_2 \rightarrow E^-$ 流动。在忽略 VT_2 和 VT_3 的导通压降情况下，$u_{12}=-E$、$u_{34}=-N_2E/N_1$。VT_2 和 VT_3 在 t_4 时刻关断。若电路按上述方式周而复始地工作，则可在变压器次级获得交变电压，从而实现直流变交流的功能。

需要说明的两点是：如果只是想实现直流变交流，则可不用变压器；如要隔离和变压就必须要有输出变压器。一般在小型 UPS 中，所采用的电池组电压均较低，因此多采用有变压器的电路，也有一些产品采用先隔离升压后直接逆变的方法。其次，图 6-8 中的四只二极管是电路必备元件，这是因为无论是有无变压器的电路，总是要考虑图 6-8 中端“1”和端“2”间的等效串联电感。正是等效串联电感的存在，使 VT_1 和 VT_4 关断时，由 VD_2 和 VD_3 为其能量释放回电源 E 提供了通路。同理，在 VT_2 和 VT_3 关断时，VD_1 和 VD_2 也起同样的作用。如果在电路中不接入二极管，则在功率开关器件关断瞬间，会因电感的作用使其两端呈现极高的电压尖峰，严重时会导致功率开关器件击穿损坏。

图 6-9 为控制电压及输出电压波形。图中，t_2 时刻所对应输出电压的反向尖峰电压是由等效串联电感通过二极管释放能量所致。

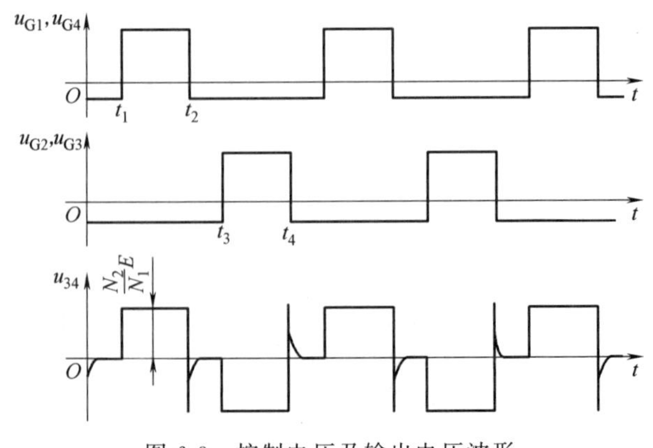

图 6-9 控制电压及输出电压波形

(2) 单相半桥式逆变电路

单相半桥式逆变电路是由直流电源 E、分压电容器 C_1 及 C_2、功率开关器件 VT_1 及 VT_2、输出变压器 T 以及两个二极管 VD_1 和 VD_2 组成，其电路结构如图 6-10 所示。

在说明半桥式逆变电路的工作原

理之前，要明确的是电路中的分压电容器 C_1 与 C_2 的容量相等，即 $C_1=C_2$。同时，假设电容器的容量足够大，以至于在电路工作过程中 C_1 和 C_2 两端电压几乎不变，即时刻有$u_{C1}=u_{C2}=E/2$。下面来说明电路的工作原理。

在 $t_1\sim t_2$ 期间，$u_{G1}>0$、$u_{G2}<0$，VT_1 导通 VT_2 截止。期间 C_1 放电，其路径为 $C_1^+\rightarrow VT_1\rightarrow$变压器初级绕组$\rightarrow C_1^-$；电容器 C_2 充电，其路径为 $E^+\rightarrow VT_1\rightarrow$变压器初级绕组$\rightarrow C_2\rightarrow E^-$。如前假定条件，在 u_{C1} 和 u_{C2} 均不变的前提条件下，变压器初级的两端电压 $u_{12}=u_{C1}=E/2$，变压器的次级电压为 $u_{34}=N_2/N_1u_{12}=N_2E/2N_1$。当然，这是在忽略 VT_1 导通时的管压降并设初级与次级匝数分别为 N_1 和 N_2 时得到的结果。

t_2 时刻，VT_1 关断，电路中“1”端和“2”端间的等效串联电感通过 VD_2 向电容 C_2 释放能量。此后，即 $t_2\sim t_3$ 期间，因 $u_{G1}<0$、$u_{G2}<0$，VT_1和 VT_2 均截止。

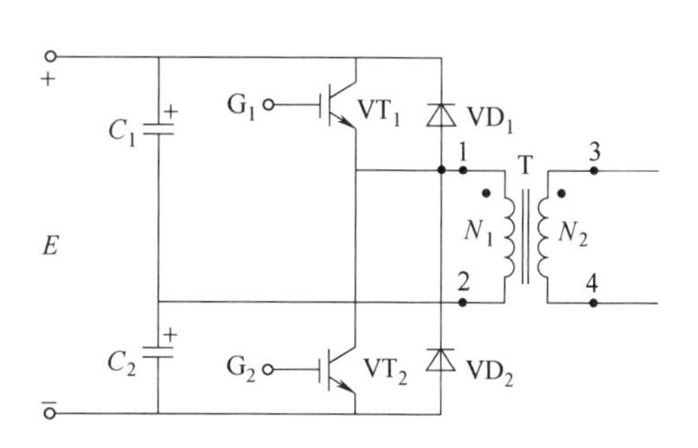

图 6-10　单相半桥式逆变电路

$t_3\sim t_4$ 期间，$u_{G2}>0$，$u_{G1}<0$，VT_1 截止而 VT_2 导通。期间 C_1 充电，其路径为 $E^+\rightarrow C_1\rightarrow$变压器初级绕组$\rightarrow VT_2\rightarrow E^-$；电容器 C_2 放电，其路径为 $C_2^+\rightarrow$变压器初级绕组$\rightarrow VT_2\rightarrow C_2^-$。与 $t_1\sim t_2$ 期间的假定一样，此时可以得到变压器初级的两端电压 $u_{12}=-u_{C2}=-E/2$，变压器次级电压为 $u_{34}=N_2/N_1u_{12}=-N_2E/2N_1$

t_4 时刻，VT_2 关断，电路中“1”端和“2”端间的等效串联电感通过 VD_1 向电容器 C_1 释放能量。此后 VT_1 和 VT_2 又均处于截止状态。

综上所述，如果使电路按上述过程周而复始地工作，则可在变压器次级获得交变的电压输出，这样该电路就实现了直流变交流的目的。在该电路工作过程中，控制电压 u_{G1} 和 u_{G2} 及 u_{34} 的波形如图 6-11 所示。

(3) 单相推挽式逆变电路

单相推挽式逆变电路由直流电源 E、输出变压器、功率开关器件 VT_1 和 VT_2 以及两个二极管 VD_1 和 VD_2 组成，其电路结构如图 6-12 所示。在这种结构的电路中，要求两个初级绕组的匝数必须相等，即 $N_1=N_2$。下面仍以单脉宽调制方式讨论电路的工作原理。

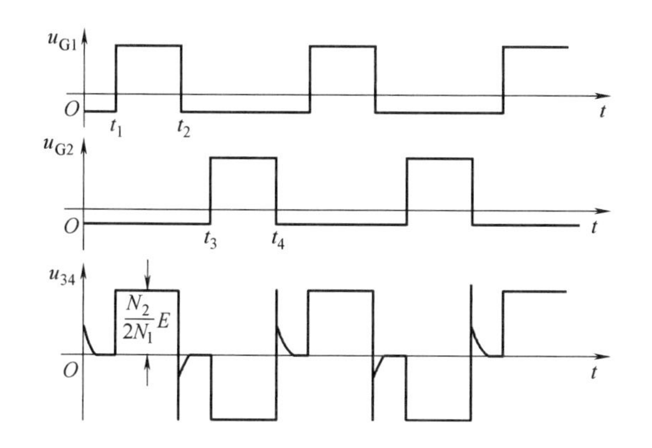

图 6-11　半桥式逆变电路的控制电压及输出电压波形

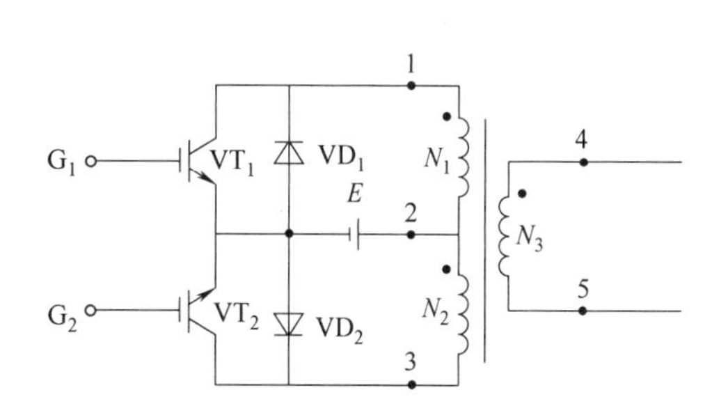

图 6-12　单相推挽式逆变电路

设功率开关器件 VT_1 和 VT_2 的栅极分别加上如图 6-13 所示的控制电压 u_{G1} 和 u_{G2}，则在 $t_1 \sim t_2$ 期间，VT_1 导通 VT_2 截止。在此期间若忽略 VT_1 的管压降，则变压器初级的电压为 $u_{12}=-E$，变压器次级电压为 $u_{45}=-N_3E/N_1$，VT_2 承受的电压为 $2E$。t_2 时刻，VT_1 关断，变压器初级等效串联电感力图维持原电流不变，因而导致初级绕组的电压极性与 VT_1 导通时相反，即 N_1 绕组的"1"端为正而"2"端为负，N_2 绕组的"2"端为正而"3"端为负。因此该等效电感的能量只能通过 VD_2 向直流电源 E 反馈。

在 $t_3 \sim t_4$ 期间，VT_1 截止而 VT_2 导通。VT_2 导通时若忽略其管压降，则变压器初级绕组的电压为 $u_{21}=-u_{23}=-E$，变压器的次级电压为 $u_{45}=N_3E/N_2$，期间 VT_1 承受的电压为 $2E$。t_4 时刻，VT_2 关断，变压器初级等效串联电感的能量通过 VD_1 向直流电源 E 反馈。

此后，使电路按此规律周而复始地工作，则可在变压器次级获得交变的输出电压，从而使该电路实现了直流变交流的功能。

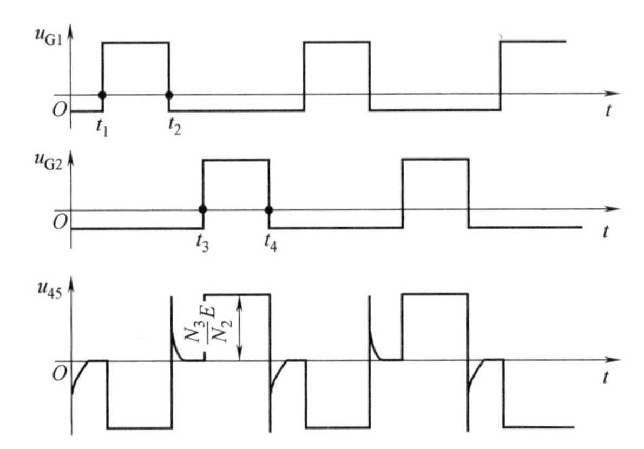

图 6-13　推挽电路的控制电压及输出电压波形

6.2.2　三相逆变电路

三相逆变器可以是半桥式的，也可以是全桥式的。三相逆变电路可由三个单相逆变器组成，也可由三个独立桥臂组成。逆变器的触发脉冲间彼此相差120°（超前或滞后），以便获得三相平衡（基波）的输出。在实际中，广泛采用的是三相桥式逆变电路。

（1）电压型三相桥式逆变电路

电压型三相桥式逆变电路如图 6-14 所示。电路由三个半桥组成，每个半桥对应一相。它的基本工作方式是 180°导电（方波）方式，即每个桥臂的导电角度为 180°。同一相（即同一半桥）上下两个臂交替导电，各相开始导电的时间依次相差 120°。因为每次换相都是在同一相上下两个桥臂之间进行的，因此称为纵向换相。这样，在任一瞬间，会有三个臂同时导通，可能是上面一个臂下面两个臂，也可能是上面两个臂下面一个臂同时导通。

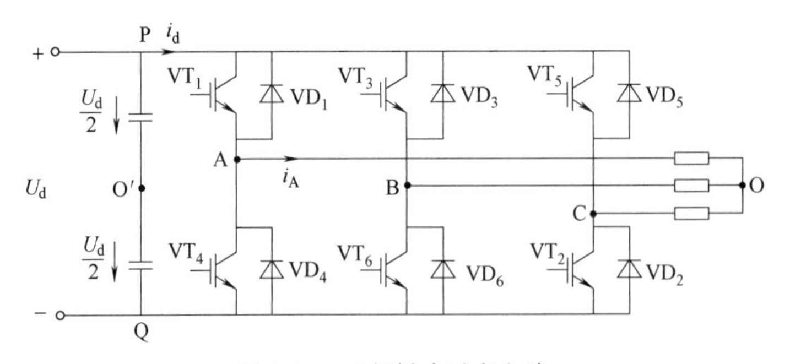

图 6-14　三相桥式逆变电路

为了分析方便起见，在直流侧标出了假想的中点 O′，但在实际电路中直流侧只有一个电容器。若三相桥式逆变电路的工作方式是 180°导电式，即每个桥臂的导通角为 180°，则同一相（即同一半桥）上下两个桥臂交替导通，各相开始导通的角度依次相差 120°，控制信号如图 6-15（a）所示。这样在任何时刻将有 3 个桥臂同时导通，导通的顺序为 1、2、3→2、3、4→3、4、5→4、5、6→5、6、1→6、1、2。即可能是上面一个桥臂和下面两个桥

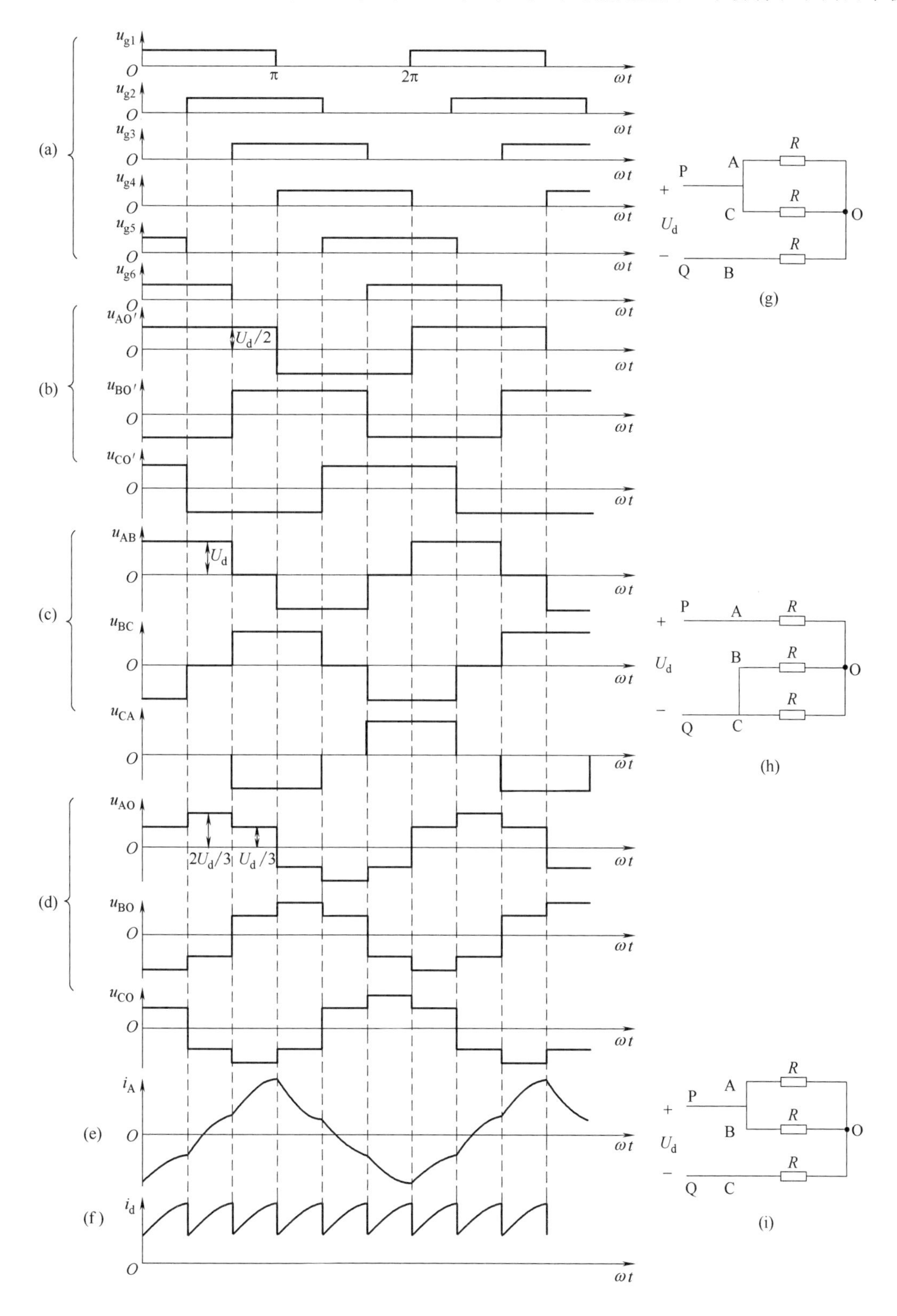

图 6-15　电压源三相桥式逆变电路波形图

臂同时导通，也可能是上面两个桥臂和下面一个桥臂同时导通。因为每次换流都是在同一相上下两个桥臂之间进行，因此被称为纵向换流。

① 输出电压分析。根据上述控制规律，可得到 $u_{AO'}$、$u_{BO'}$、$u_{CO'}$ 的波形，它们是幅值为 $U_d/2$ 的方波，但相位依次相差 120°，如图 6-15（b）所示。输出的线电压为

$$u_{AB}=u_{AO'}-u_{BO'}$$
$$u_{BC}=u_{BO'}-u_{CO'}$$
$$u_{CA}=u_{CO'}-u_{AO'}$$

波形如图 6-15（c）所示。

三相负载可按星形或三角形连接。当负载为三角形连接时，相电压与线电压相等，很容易求得相电流和线电流；当负载为星形连接时，必须先求出负载相电压，然后才能求得线电流。以电阻性负载为例说明如下。

由图 6-15（a）所示的波形图可知，在输出电压的半个周期内，逆变电路有 3 种工作模式（开关状态）。

模式 1（$0\leqslant\omega t\leqslant\pi/3$），$VT_5$、$VT_6$、$VT_1$ 导通。三相桥的 A、C 两点均接 P，B 点接 Q，其等效电路如图 6-15（g）所示。

$$u_{AO}=u_{CO}=U_d/3$$
$$u_{BO}=-2U_d/3$$

模式 2（$\pi/3\leqslant\omega t\leqslant 2\pi/3$），$VT_6$、$VT_1$、$VT_2$ 导通。三相桥的 A 点接 P，B、C 两点均接 Q，其等效电路如图 6-15（h）所示。

$$u_{AO}=2U_d/3$$
$$u_{BO}=u_{CO}=-U_d/3$$

模式 3（$2\pi/3\leqslant\omega t\leqslant\pi$），$VT_1$、$VT_2$、$VT_3$ 导通。三相桥的 A、B 两点均接 P，C 点接 Q，其等效电路如图 6-15（i）所示。

$$u_{AO}=u_{BO}=U_d/3$$
$$u_{CO}=-2U_d/3$$

根据上述分析，星形负载电阻上的相电压 u_{AO}、u_{BO}、u_{CO} 波形是阶梯波，如图 6-15（d）所示。将 A 相电压 u_{AO} 展开成傅立叶级数：

$$u_{AO}=\frac{2U_d}{\pi}\left(\sin\omega t+\frac{1}{5}\sin5\omega t+\frac{1}{7}\sin7\omega t+\frac{1}{11}\sin11\omega t+\cdots\right)$$

由此可见，u_{AO} 无 3 次谐波，仅有更高的奇次谐波。

基波幅值

$$U_{AO1m}=\frac{2U_d}{\pi}=0.637U_d$$

基波有效值

$$U_{AO1}=\frac{2U_d}{\sqrt{2}\pi}=0.45U_d$$

负载相电压的有效值

$$U_{AO}=\sqrt{\frac{1}{2\pi}\int_0^{2\pi}u_{AO}^2\mathrm{d}(\omega t)}=0.472U_d$$

线电压和相电压的基波及各次谐波与一般对称三相系统一样，存在 $\sqrt{3}$ 倍的关系。

线电压 u_{AB} 的基波幅值

$$U_{AB1m}=\sqrt{3}U_{AO1m}=1.1U_d$$

线电压 u_{AB} 的基波有效值

$$U_{AB1}=U_{AB1m}/\sqrt{2}=0.78U_d$$

负载线电压的有效值

$$U_{AB}=\sqrt{\frac{1}{2\pi}\int_0^{2\pi}u_{AB}^2\mathrm{d}(\omega t)}=0.817U_d$$

② 输出和输入电流分析。不同负载参数，其阻抗角 φ 不同，则负载电流的波形形状和相位都有所不同。当负载参数一定时，可由 u_{AO} 的波形求出 A 相电流 i_A 的波形。如图 6-15（e）所示是在感性负载下 i_A 的波形。上、下桥臂间的换流过程和半桥电路一样，如上桥臂 1 中的 VT_1 从通态转换到断态时，因负载电感中的电流不能突变，下桥臂 4 中的 VD_4 导通续流，待负载电流下降到零，桥臂 4 中的电流反向时，VT_4 才开始导通。负载阻抗角 φ 越大，VD_4 导通的时间越长。i_A 的上升段即为桥臂 1 导电的区间，其中 $i_A<0$ 时为 VD_1 导通，$i_A>0$ 时为 VT_1 导通；i_A 的下降段即为桥臂 4 导电区间，其中 $i_A>0$ 时为 VD_4 导通，$i_A<0$ 时为 VT_4 导通。

i_B、i_C 的波形和 i_A 形状相同，相位依次相差 120°。把桥臂 1、3、5（或 2、4、6）的电流叠加起来，就可得到直流侧电流 i_d 的波形，如图 6-15（f）所示。i_d 的波形均为正值，但每隔 60°脉动一次。说明逆变桥除了从直流电源吸取直流电流外，还要与直流电源交换无功电流。当负载阻抗角 $\varphi>\pi/3$ 时直流侧的电流波形也是脉动的，且既有正值也有负值，负值表示负载中的无功能量通过二极管反馈回直流侧。此外，当负载为纯电阻负载时，三相桥式逆变电路中所有反并联二极管都不会导通，直流电源吸取无脉动的直流电流。

比较图 6-15 中线电压和相电压的波形可知，负载的线电压为准方波，而相电压为更接近正弦的阶梯波。这对于抑制输出电压中的谐波成分和得到正弦波输出电压极为有利。

在上述 180°导电型逆变器中，为了防止同一相上下两臂的可控元件同时导通而引起直流电源短路，要采取“先断后通”的方法。即先给应关断的器件关断信号，待关断后留一定的时间裕量，然后给应导通的器件开通信号，两者之间留一个短暂的死区时间。

除 180°导电型外，还有 120°导电型的控制方式，即每个臂导电 120°，同一相上下两臂的导通有 60°的间隔，各相的导通仍依次相差 120°。这样，每次的换相都是在上面三个桥臂内或下面 120°三个桥臂内依次进行，因此称为横向换相。在任何一个瞬间，上下三个桥臂都各有一个臂导通。120°导电型不存在同一相上下直通短路的问题，但输出的交流线电压有效值 $U_{AB}=0.707U_d$，比 180°导电型的 U_{AB} 低得多，直流电源电压利用率低，因此一般电压型逆变电路都采用 180°导电型。

（2）电流型三相桥式逆变电路

电流型三相桥式逆变电路如图 6-16 所示。因该电路各开关器件主要起改变直流电流流通路径的作用，故交流侧电流为矩形波，与负载性质无关，而交流侧电压波形和相位因负载阻抗角不同而异，其波形接近正弦波。另外，直流侧电感起缓冲无功能量的作用，因电流不能反向，故可控器

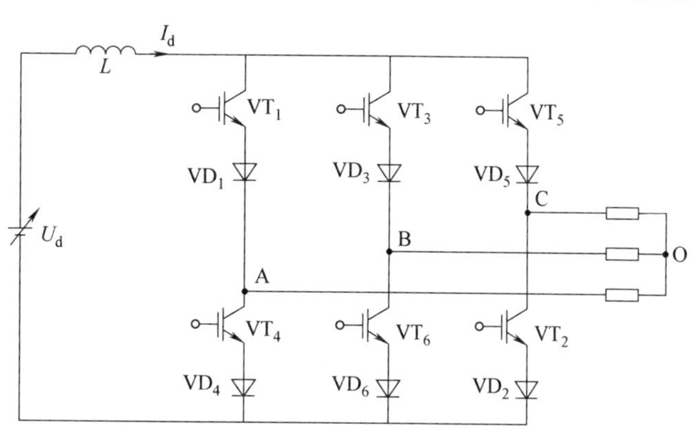

图 6-16　电流型三相桥式逆变电路拓扑结构

件不必反并联二极管，但要给每个器件串联一个二极管以承受反向电压。

电流型三相桥式逆变电路的基本工作方式为120°导通方式，即每个臂导通120°，按VT_1到VT_6的顺序每隔60°依次导通。这样，每个时刻上桥臂组和下桥臂组中都各有一个臂导通。换相时，是在上桥臂组或下桥臂组内依次换相，是横向换相。输出相电流及线电压波形如图6-17所示。

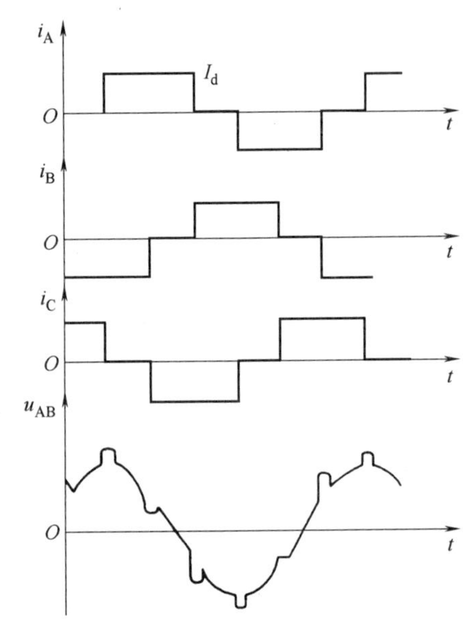

图6-17 电流型三相桥式逆变电路工作波形

电流型三相桥式逆变电路的输出电路的基波有效值I_{A1}和直流电流I_d的关系为

$$I_{A1}=\frac{\sqrt{6}}{\pi}I_d=0.78I_d$$

由以上分析可以看出，电流型和电压型三相桥式逆变电路中输出线电压基波有效值的系数相同。电压型和电流型逆变器在电路结构、直流侧电源、输出波形等方面都有着对偶关系。电压型逆变器在直流电源侧并联滤波电容器，逆变桥臂的开关上有反并联续流二极管，逆变器的输出阻抗很小，输出为电压源，在一般情况下，输出电压波形是不等宽的脉冲列；而电流型逆变器在直流电源侧串联电抗器，电源阻抗较大，输出为电流源，桥臂结构采用可控开关器件和二极管相串联的方式，输出电流波形是不等宽的脉冲列。电压型逆变器的换相在上下桥臂之间进行，而电流型逆变器的换相要在不同的相间进行。从开关暂态特性上看，电压型逆变器负载短路时的过电流危害比较严重，应予以重点保护，而其过电压保护维护相对较轻；电流型逆变器由于电源阻抗很大，所以负载短路时的过电流危害不严重，而其过电压危害较为严重，其保护也相对困难。

6.3 逆变脉宽调制技术

逆变器是UPS电源设备的核心。我们知道，欲使逆变主电路完成直流变交流的功率变换过程，就必须对其功率逆变电路进行控制，而将控制电路对逆变主电路实施的控制方式叫控制策略（方法）。逆变器控制电路主要包括控制脉冲产生电路、逆变器输出稳定调整电路、保护电路、逆变器输出与市电同步的控制与切换等，使其按照人们预期的工作方式运行。习惯上人们将对逆变器主电路实施控制的电路称其为逆变控制电路。本节主要介绍控制脉冲产生电路与逆变器输出稳定调整电路，其他电路将在后续章节介绍。逆变器脉冲调制策略有很多种，主要包括单脉冲PWM、多脉冲PWM、正弦脉冲PWM（Sinusoidal Pulse Width Modulation，SPWM）、空间电压矢量PWM（Space Vector Pulse Width Modulation，SVPWM）、电流跟踪PWM、单周（One-cycle）控制以及特定消谐PWM（Selective Harmonic Elimination Pulse Width Modulation，SHEPWM）等，而在UPS电源中，目前应用最广泛的仍然是正弦脉冲SPWM。

6.3.1 单脉冲PWM

早期的小功率方波输出的后备式UPS中，主要用单脉冲PWM实现对逆变器的控制。

所谓单脉冲 PWM 法，就是用一个矩形波脉冲去等效交流电的半周，再用同样的矩形波脉冲等效交流电的另一个半周，通过调整矩形波的脉宽来稳定输出电压，通过调整矩形波的中心距离来调整和稳定输出频率。其示意图分别如图 6-18 和图 6-19 所示。

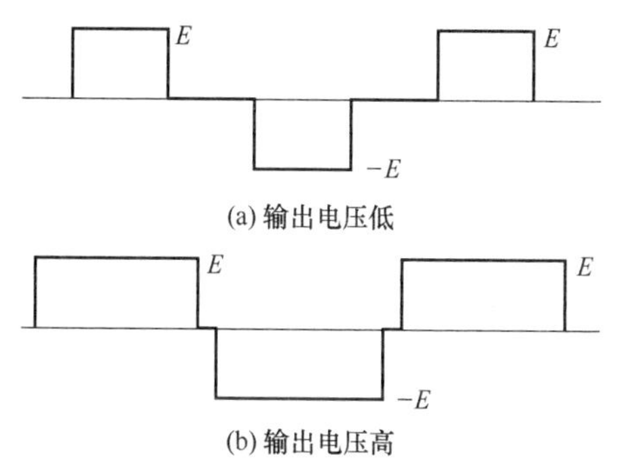

图 6-18 调整脉冲宽度调整输出电压

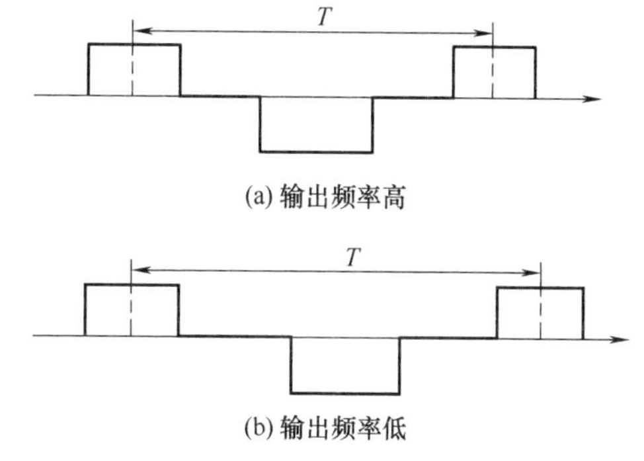

图 6-19 调整脉冲的中心距调整输出频率

由图 6-20 和图 6-21 可知，u_6 和 u_7 是相差 180°的控制信号，若将此信号作为讨论逆变主电路工作原理时的 u_{G1} 和 u_{G2}，则会有图 6-13 中 u_{45} 所示的逆变器输出电压。

若脉冲宽度用 δ 表示，u_{45} 的正负脉冲间隔为 ϕ，并假定正负脉冲的幅值均为 E，则可将 u_{45} 展开成傅里叶级数如下：

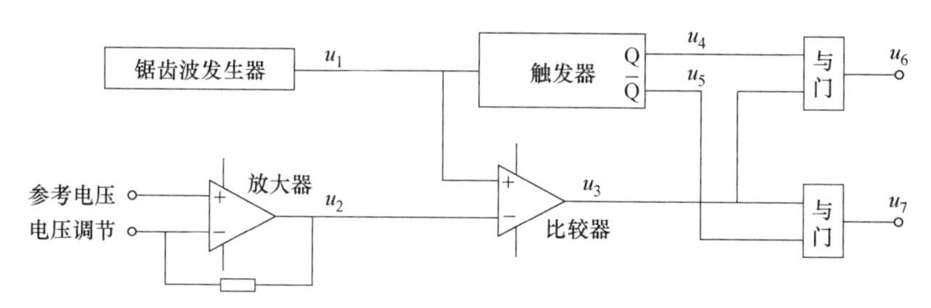

图 6-20 单脉冲 PWM 产生电路框图

$$u_{45}=\sum_{k=1}^{\infty}\frac{4E}{2k-1}\cos\frac{(2k-1)\phi}{2}\sin\left[\left(\omega t+\frac{\phi}{2}\right)(2k-1)\right]$$

其中，第 n 次谐波的幅值可表示为：

$$U_{m(n)}=\frac{4E}{n\pi}\cos\frac{n\phi}{2}$$

$n=1，3，5，\cdots$。

根据上式可知，如果要想消除 u_{45} 中的 n 次谐波分量，就要使 $U_{m(n)}=0$，即 $\cos\frac{n\phi}{2}=0$。于是我们就得到了在单脉冲 PWM 波中消除 n 次谐波的条件：

$$\cos\frac{n\phi}{2}=0$$

根据上式很容易求得：

$\phi=60°$，u_{45} 不含三次谐波及其倍次谐波；

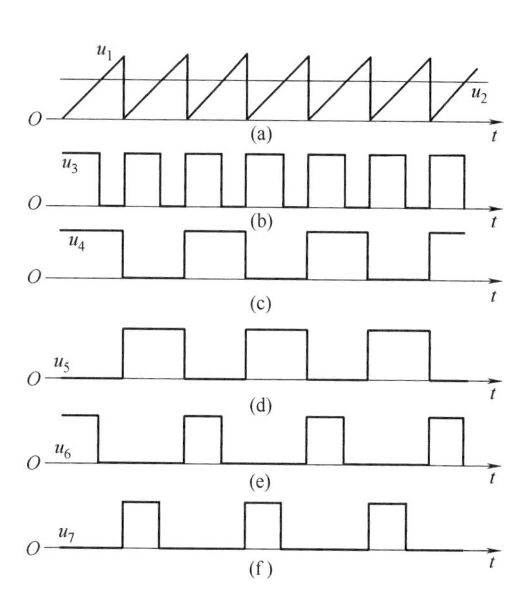

图 6-21 单脉冲 PWM 产生电路各电压参量的时序与波形图

$\phi=36°$，u_{45} 不含五次谐波及其倍次谐波；

……

由此可以看出，只要适当调整正负电压脉冲的间隔 ϕ，即可在频率固定的情况下调整正负电压脉冲的宽度，就可有目的地消除三次及其倍次谐波，当然也可以有目的地消除其他次谐波。由此也说明了单脉冲 PWM 波具有一定的谐波抑制能力。

但 UPS 工作时，为了稳定输出电压，往往需要适时调整输出电压脉冲的宽度，这样就破坏了消除某些高次谐波的条件。虽然消除高次谐波的条件不一定满足，但单脉冲 PWM 波对高次谐波的抑制能力还是存在的，只不过抑制效果没有达到最佳而已。

6.3.2 多脉冲 PWM

多脉冲 PWM 法就是用多个等宽度矩形脉冲去等效交流电的正半周，再用同样多个等宽矩形波脉冲去等效交流电的负半周，通过矩形波的调整去调整和稳定输出电压，通过调整矩形脉冲的中心距离来调整和稳定输出频率。用多脉冲 PWM 法比单脉冲 PWM 法输出所含谐波更容易滤除，但每周期内开关器件通断次数过多会造成控制电路复杂和过多能量损耗。

6.3.3 正弦脉冲 PWM

正弦波脉宽调制的控制思想，是利用逆变器的开关元件，由控制线路按一定的规律控制开关元件的通断，从而在逆变器的输出端获得一组等幅、等距而不等宽的脉冲序列。其脉宽基本上是按正弦分布，以此脉冲列来等效正弦电压波。如图 6-22 所示，将正弦波的正半周划分为 N 等份（图中为 12 等份），这样就可把正弦半波看成由 N 个彼此相连的脉冲所组成的波形。这些脉冲的宽度相等，都等于 π/N，但幅值不等，且脉冲顶部是曲线，各脉冲的幅值按正弦规律变化。如果将每一等份的正弦曲线与横轴所包围的面积用一个与此面积相等的等高矩形脉冲代替，就得到图示的脉冲序列。这样，由 N 个等幅而不等宽的矩形脉冲所组成的波形与正弦波的正半周等效，正弦波的负半周也可用相同的方法来等效。

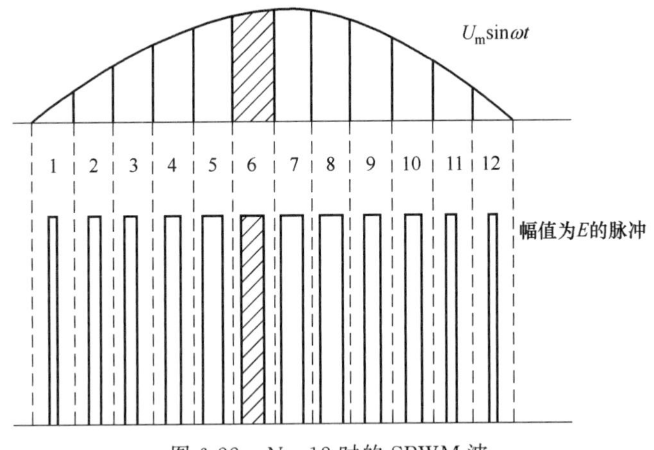

图 6-22　$N=12$ 时的 SPWM 波

在理论上可以严格地计算出各分段矩形脉冲的宽度，作为控制逆变电路开关元件通断的依据，但计算过程十分繁琐。较为实用的方法是采用调制的方法，即把希望得到的波形作为调制信号，把接受调制的信号作为载波，通过对载波的调制得到期望的 PWM 波形。实现 SPWM 一般比较容易理解的方法是：采用一个正弦波 u_g（调制信号）与等腰三角波 u_c（载波信号）相交的方案确定各分段矩形脉冲的宽度。如果在交点时刻控制电路中开关器件的通断，就可得到宽度正比于调制信号波幅值的脉冲，这正好符合 SPWM 控制要求。

在采用 SPWM 方式控制时，控制电路可分为单极性 PWM 和双极性 PWM 电路，两种控制方式所对应的控制波形分别见图 6-23 和图 6-24。

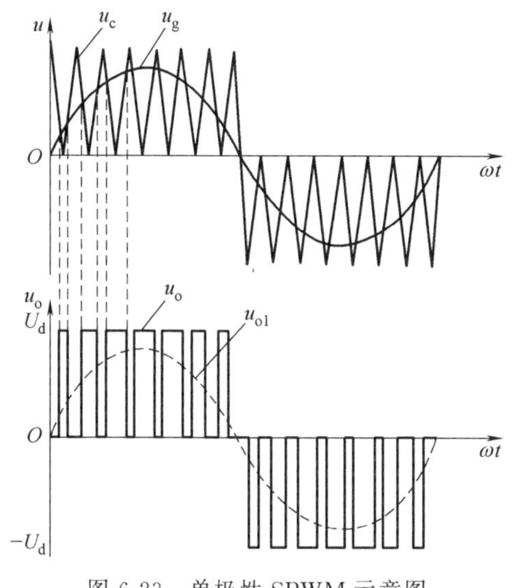

图 6-23　单极性 SPWM 示意图

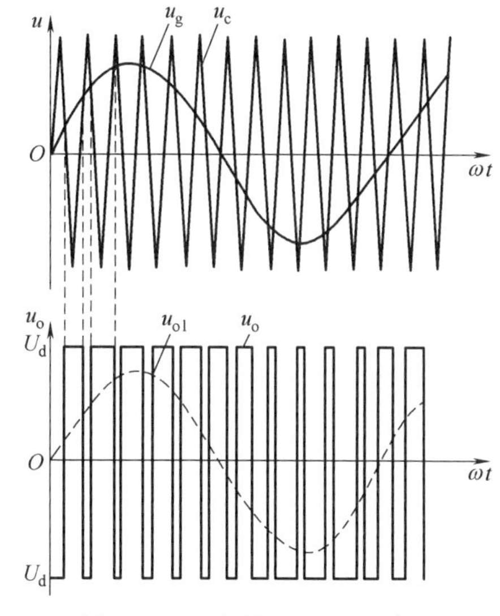

图 6-24　双极性 SPWM 示意图

为了讨论方便，下面以双极性 SPWM 控制方式的电压型单相全桥式逆变电路为例（见图 6-8），讨论其调压原理。

首先，设载波信号 u_c 的波形为等腰三角波，重复频率为 f_c，幅值为 U_{cm}。而调制信号 u_g 为正弦波

$$u_g = U_{gm}\sin\omega t$$

式中，$\omega = 2\pi f$。u_c 和 u_g 的波形如图 6-23 和图 6-24 所示，仿照 DC/DC 电路，调制比为

$$m = U_{gm}/U_{cm}$$

载波和调制波的频率比（即载波比）为

$$K = f_c/f = T/T_c$$

根据 u_c 和 u_g 的交点可得到相位互补的两列脉冲，见图 6-24。这两列脉冲作为全桥电路 VT_1、VT_3 和 VT_2、VT_4 的控制脉冲，再注意到有感性负载时 VD_1、VD_3 和 VD_2、VD_4 的续流作用，则输出电压 u_o 可表示为

$$u_o = \begin{cases} U_d & VT_1、VT_4 \text{ 或 } VD_1、VD_4 \text{ 导通} \\ -U_d & VT_2、VT_3 \text{ 或 } VD_2、VD_3 \text{ 导通} \end{cases}$$

u_o 波形如图 6-24 所示。

由于 u_o 具有奇函数和半波对称的性质，因此将其展成傅立叶级数时，展开式中只含奇次正弦相，即

$$u_o = \sum_{n=1}^{\infty} B_{2n-1}\sin(2n-1)\omega t$$

式中

$$B_n = \frac{4U_d}{\pi}\left[\int_0^{\alpha_1}\sin n\omega t\,d\omega t - \int_{\alpha_1}^{\alpha_2}\sin n\omega t\,d\omega t + \int_{\alpha_2}^{\alpha_3}\sin n\omega t\,d\omega t - \int_{\alpha_3}^{\alpha_4}\sin n\omega t\,d\omega t + \int_{\alpha_4}^{\frac{\pi}{2}}\sin n\omega t\,d\omega t\right]$$

$$=\frac{4U_d}{\pi}(1-2\cos n\alpha_1+2\cos n\alpha_2-2\cos n\alpha_3+2\cos n\alpha_4)$$

基波电压为

$$u_{o1}=B_1\sin\omega t=\frac{4U_d}{\pi}(1-2\cos\alpha_1+2\cos\alpha_2-2\cos\alpha_3+2\cos\alpha_4)\sin\omega t$$

从上式可以看出，对于确定的 U_d 和开关角 α 值，可以计算基波电压及各次谐波电压值。而开关角 α 值由 u_c 和 u_g 的交点决定，因此改变 u_g 的幅值 U_{gm} 就可改变包括基波在内的电压值，即载波幅值保持恒定时，改变调制比 m 就可调整输出电压 u_o。

根据以上分析可知，对于 SPWM 逆变电路而言，可以通过不同的 α 值计算相应的输出电压值，但这种方法过于复杂。从工程设计的角度来看，有必要寻求较简单的计算方法，而平均值模型分析法就是一种较简单的方法，下面予以简要介绍。所谓平均值模型是指当载波频率 f_c 远高于输出频率 f 时，将输出电压 u_o 在一个载波周期 T_c 中的平均值近似地看成输出电压的基波分量的瞬时值 u_{o1}，即

$$\overline{u}_o\approx u_{o1}\big|_{f_c\gg f}$$

由图 6-24 有

$$\overline{u}_o=\frac{1}{T_c}\int_0^{T_c}u_o\mathrm{d}t=[2D(t)-1]U_d$$

式中

$$D(t)=\tau(t)/T_c$$

由于 $T_c\ll T$，因此在一个载波周期中，原来按输出频率随时间变化的正弦调制信号 u_g 可近似视为恒值，于是图 6-24 的关系可改画成图 6-25。并利用几何关系可得到平均值模型中 u_c 和 u_g 几何关系：

$$D(t)=\frac{\tau(t)}{T_c}=\frac{u_g(t)+U_{cm}}{2U_{cm}}=\frac{1}{2}\left[\frac{u_g(t)}{U_{cm}}+1\right]\Bigg|_{u_g(t)<U_{cm}}$$

将式（6-1）和式（6-2）合并有

$$\overline{u}_o=\frac{U_d}{U_{cm}}u_g(t)$$

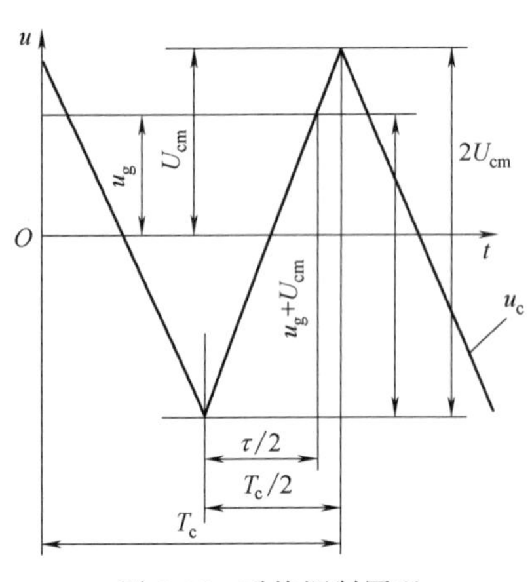

图 6-25　平均调制原理

上式表明，在 U_d 和 U_{cm} 为恒定值的条件下，一个载波周期中输出电压的平均值 $\overline{u}_o$ 与调制信号 u_g 成正比，于是当 u_g 是连续模拟变量时，$\overline{u}_o$ 和 u_{o1} 也将是连续模拟变量，将正弦参考波的表达式代入上式得

$$\overline{u}_o=\frac{U_d}{U_{cm}}U_{gm}\sin\omega t=mU_d\sin\omega t\approx U_{o1m}\sin\omega t$$

可得

$$U_{o1m}=mU_d\big|_{m<1}$$

上式是 SPWM 的一个基本关系，它表明在 $U_{gm}<U_{cm}$ 条件下（即 $m\leqslant1$），SPWM 基波幅值随调制比 m 线性增加，令 $C_1=\pi U_{o1}/4U_d$，有

$$C_1=\frac{\pi}{4}m\approx 0.785m$$

直流电压利用率

$$A_{\mathrm{v}}=\frac{U_{\mathrm{o1}}}{U_{\mathrm{d}}}=\frac{m}{\sqrt{2}}\approx 0.707m$$

显然，当 $m=1$ 时，$A_{\mathrm{v}}\approx 0.707\mathrm{m}$。

对于三相 SPWM 型逆变电路，U、V 和 W 三相的 SPWM 的控制通常共用一个等腰的三角波载波 u_{c}，三相调制信号 u_{ga}、u_{gb} 和 u_{gc} 的相位依次相差 120°，其表达式为

$$u_{\mathrm{ga}}=U_{\mathrm{gm}}\sin\omega t$$

$$u_{\mathrm{gb}}=U_{\mathrm{gm}}\left(\omega t-\frac{2\pi}{3}\right)$$

$$u_{\mathrm{gc}}=U_{\mathrm{gm}}\sin\left(\omega t+\frac{2\pi}{3}\right)$$

U、V 和 W 各相功率开关器件的控制规律相同，均以正弦规律和互补方式轮流导通，每一相的控制脉冲如图 6-26 所示。

每一相对电源的中性点而言，其输出为双极性 SPWM 波，因此其相电压的调整和抑制谐波原理与单相逆变电路类似，故在此不过多讨论。

在实现 SPWM 脉宽调制时，根据载波比的变换，有同步调制和异步调制两种模式。

载波比 K 等于常数，并在变频时使载波信号和调制信号保持同步的调制方式称为同步调制方式。在基本同步调制方式中，调制信号频率变化时载波比 K 不变。调制信号半个周期内输出的脉冲数是固定的，脉冲相位也是固定的。在三相 SPWM 逆变电路中，通常公用一个三角波载波信号，且取载波比 K 为 3 的整数倍，以使三相输出波形严格对称。同时，为了使一相的波形正、负半周也对称，K 应取为奇数。如图 6-26 所示的例子是 $K=9$ 时的同步调制三相 SPWM 波形。

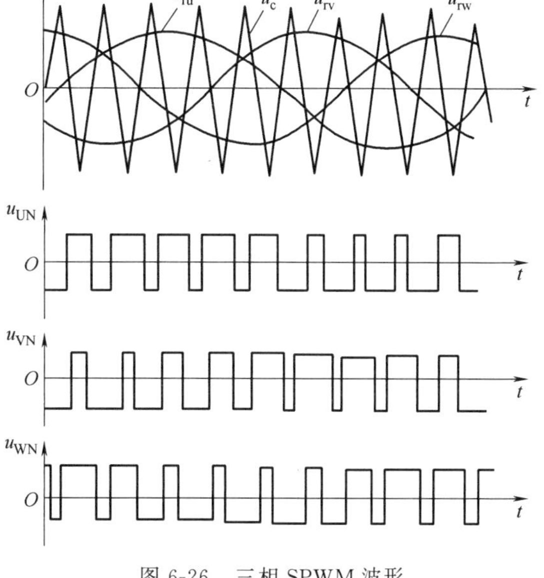

图 6-26　三相 SPWM 波形

当逆变电路的输出频率很低时，因为在半周期内输出脉冲的数目是固定的，所以由 SPWM 调制而产生的谐波频率也相应降低，这种频率较低的谐波通常不易滤除。为了克服这一缺点，通常采用分段同步调制，即把逆变电路的输出频率范围划分成若干个频段，每个频段内都保持载波比 K 恒定，而不同频段的载波比不同。在输出频率的高频段采用较低的载波比，以使载波频率不致过高；在输出频率的低频段采用较高的载波比，以便载波频率不致过低而对负载产生不利影响。各频段的载波比应该都取 3 的整数倍且为奇数。

当采用分段同步调制时，在不同的频率段内，载波频率的变化范围应该保持一致。提高载波频率可以更好地抑制谐波，使输出波形更接近正弦波，但载波频率的提高受到功率开关器件允许最高频率的限制。

载波信号与调制信号不保持同步的调制方式称为异步调制方式。在异步调制方式中，当

调制信号频率发生变化时，通常保持载波频率固定不变，因而载波比 K 是变化的。于是在调制信号的半个周期内，输出脉冲的个数和脉冲相位是不固定的，正负半周期的脉冲不对称，半周期内前后 1/4 周期的脉冲也不对称。

当调制信号频率较低时，载波比 K 较大，半周期内的脉冲数较多，正负半周期脉冲不对称和半周期内前后 1/4 周期脉冲不对称的影响都较小，输出波形接近正弦波。当调制信号频率增高时，载波比 K 减小，半周期内的脉冲数减少，输出脉冲的不对称性影响就变大，还会出现脉冲的跳动。同时，输出波形和正弦波之间的差异也变大，电路输出特性变坏。对于三相 SPWM 型逆变电路来说，三相输出的对称性也变差。因此，在采用异步调制方式时，希望尽量提高载波频率，以使在调制信号频率较高时仍能保持较大的载波比，改善输出特性。

此外，在双极性 SPWM 控制方式中，由于同一相上、下两臂的驱动信号是互补的，因此为了防止上、下两个臂直通而造成短路，在给一个桥臂施加关断信号后，再延迟一段时间（通常称为死区），才给另一个桥臂施加导通信号，延迟时间的长短主要由功率开关器件的关断时间决定。这个延迟时间将会给输出的 SPWM 波形带来影响，使其偏离正弦波。

SPWM 的实现方法有两种：模拟法和数字法。模拟法 SPWM 是用模拟电路产生，即用三角波和正弦参考波比较。这种方法原理简单直观，是早期主要的应用方式。但此法电路结构复杂，有温漂现象，难以实现精确控制，数字法则有效地解决了这一问题。目前数字实现 SPWM 的方法有两种，其一是用单片机或 DSP 实现，有等效面积法、自然采样法和规则采样法等；其二是用专用 SPWM 产生器，如 HEF4752、SLE4520、SA866、SA4828 等。以数字法实现 SPWM 已成为主流。

6.4 转换开关

UPS 中一般均设置有市电与 UPS 逆变器输出相互切换的转换开关，以便实现二者的互补供电，增强系统的可靠性。转换开关在主回路中的位置如图 6-27 所示。

对转换开关的研究主要涉及安全转换条件、执行转换的主体元件和检测与控制电路等，下面就这三方面的问题进行简要讨论。

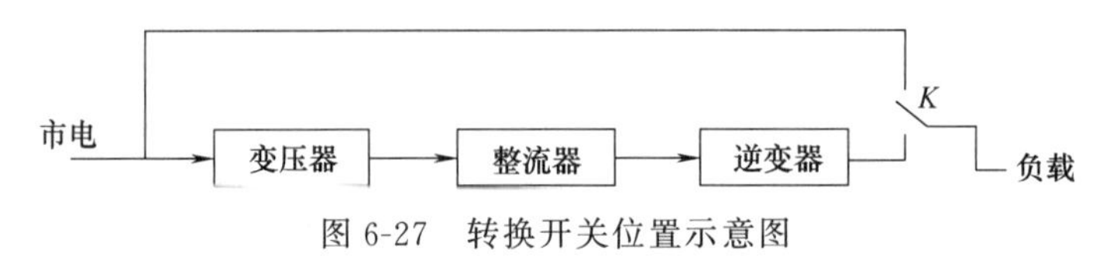

图 6-27 转换开关位置示意图

6.4.1 转换开关的安全转换条件

假设 u_1 表示市电电压，u_2 表示 UPS 逆变器输出电压，k_1 和 k_2 表示转换开关，R 表示负载，UPS 在实现市电和逆变器输出相互转换时的简化等效电路如图 6-28 所示。

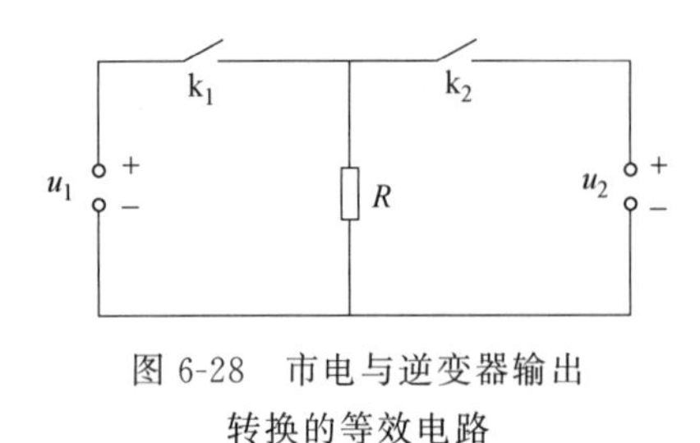

图 6-28 市电与逆变器输出转换的等效电路

事实上，无论是由旁路输出切换到逆变器输出，还是由逆变器输出切换到旁路输出，由于 k_1 和 k_2 的非理想性，一般很难达到一个开关刚好断开而另一个开关立即闭合的理想切换状态。正是由于 k_1 和 k_2 的非理想性，在切换过程中，可能出现一个已断开而另一个还没有接通的情况，这就造成了供电瞬间中断，如果这种断电时间被负载（如计算机开关电源）所允许，则转换可以进行，否则在转换过程中可能导致严重后果。另外还可能出现一个开关还未断开而另一个开关已经接通的情况，这就造成在转换过程中 u_1 与 u_2 并联向负载供电的现象。如果此时 u_1 与 u_2 同步，则 u_1 与 u_2 间无环流电流，否则 u_1 与 u_2 间将产生环流，环流严重时可导致转换开关损坏或逆变器故障。

鉴于上述原因，在转换开关实现 u_1 与 u_2 相互切换时，要求 u_1 与 u_2 最好先实现同步然后再切换。但是，即便是 UPS 中设置了锁相同步环节，也很难实现 u_1 与 u_2 的完全同步，于是仍有可能出现切换瞬间的环流或切换瞬间负载端呈现很高的感应电压。无论是出现环流还是负载端呈现高的感应电压均可造成转换开关及逆变器的损坏，因此最好在负载电流过零瞬间转换。以上两个条件就是实现市电与 UPS 逆变器输出相互安全转换的条件。

虽然说 UPS 中转换开关的安全切换条件被满足后，会使系统的可靠性提高，但有些产品或因输出功率很小或因产品成本的原因而没有完全达到安全切换条件，尤其是绝大部分后备式 UPS 产品均不具备这种安全切换条件，这一点用户在选购产品时应予以注意。

6.4.2 转换开关的种类

转换开关因采用的执行转换元件不同而分为三种：机械式、电子式和混合式。

(1) 机械式

机械式转换开关的执行元件多为继电器或接触器等电磁元件，其特点是控制线路简单和故障率低，但切换时间长、开关寿命较短。

(2) 电子式

电子式转换开关的执行元件为双向晶闸管或由两只反向并联的单向晶闸管组成，其特点是开关速度快、无触点火花，但控制电路较机械式复杂、抗冲击能力较差，功率大时通态损耗也不容忽视。

(3) 混合式

鉴于机械式转换开关和电子式转换开关的特点，人们在实践中将二者并联使用，这就是混合式转换开关。混合式转换开关在开通时，先令电子式转换开关动作，然后令机械式转换开关动作，在关断时则反之。这样就使混合式转换开关兼有机械式和电子式的优点，也正因为如此它被广泛用于大功率 UPS 产品中。

6.4.3 检测与控制电路

欲使转换开关按照转换条件转换，就必须为其配置相应的控制电路，以使其在控制电路的控制下完全自动地完成转换工作。转换开关所要配置的控制电路包括：电压检测电路、电流检测电路、同步检测电路及控制门电路等。

(1) 电压检测电路

电压检测电路主要负责检测逆变器输出电压和市电输入电压是否正常，通常是检测电压值是否在规定的范围内，其电路如图 6-29 所示。

图 6-29 所示电路的工作原理是：若 u_1 在正常范围内，则 U_1 与 U_2 两个比较器输出信号为“0”，U_3 输出信号为“1”；若 u_1 不在正常范围内，则或是 U_1 输出信号为“1”或是 U_2 输出信号为“1”，这均导致 U_3 输出信号为“0”。

通过 U_3 的输出信号我们就可以知道 u_1（市电电压或逆变器输出电压）是否正常。u_1 正常时不让转换开关动作，否则就使转换开关动作，执行转换。

(2) 电流检测电路

电流检测电路主要是检测逆变器的输出是否过电流及负载电流是否过零，如果过电流则

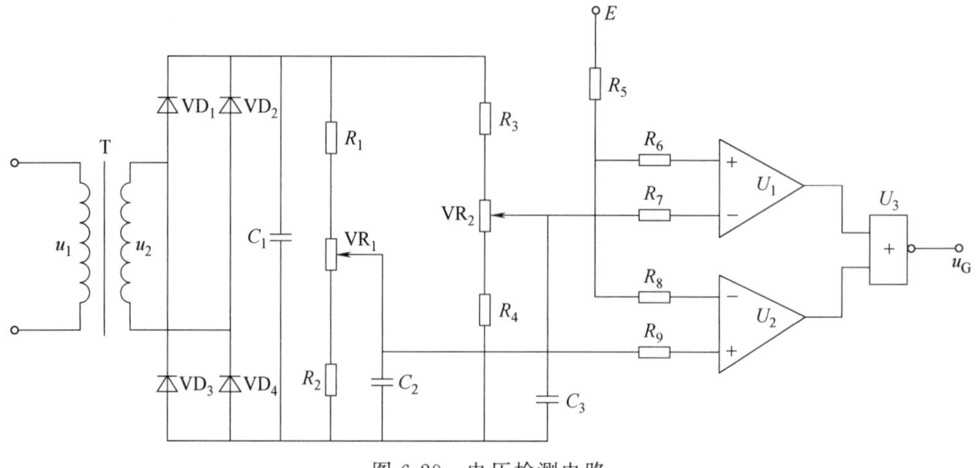

图 6-29 电压检测电路

停止逆变器工作，如果检测到负载电流过零则送出过零信号，以便需要转换时作为控制信号去控制 UPS 的转换开关。

① 过电流检测电路。过电流检测电路一般由电流取样、电流电压信号变换及门限比较等环节组成，如图 6-30 所示。其工作原理为：逆变器输出电流 i_0 通过电流互感器及固定负载变换成电压信号，该信号经全桥整流滤波后成为直流电压信号，直流电压信号随 i_0 的变化而变化，只要 i_0 超过规定的上限值，比较器的输出信号就由“1”跳变为“0”。

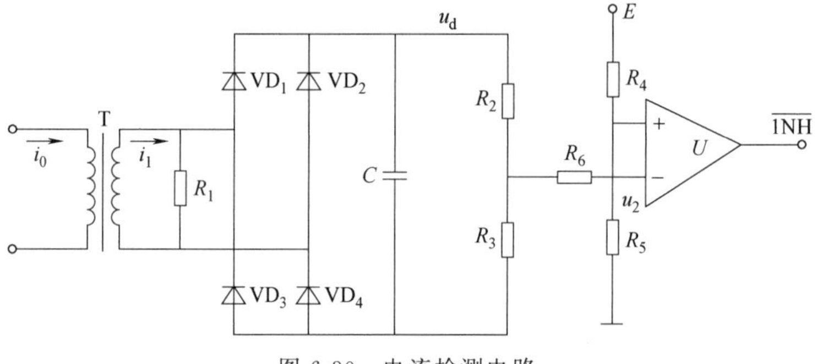

图 6-30 电流检测电路

② 负载电流过零检测电路。负载电流过零检测电路如图 6-31 所示。其中 N_2 为电压线圈，N_1 为电流线圈。负载电流过零检测电路的功能是将负载电流 i 过零变换为控制信号。当负载电流为零时，N_1 不起作用而 N_2 起作用，采用电压过零点为控制转换点；当负载电

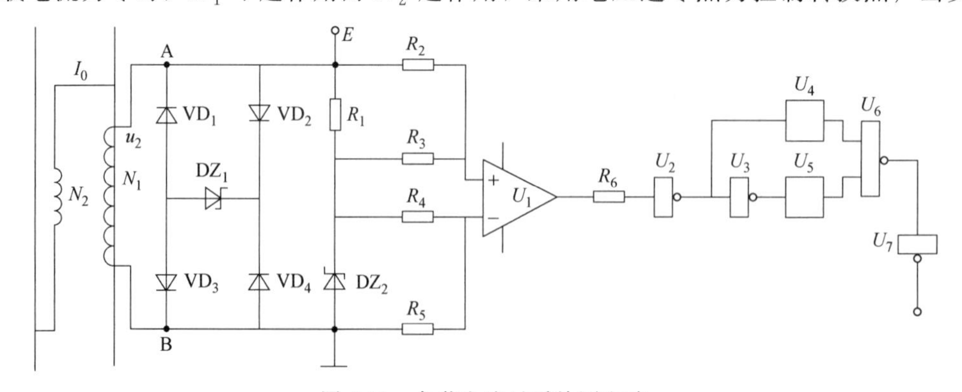

图 6-31 负载电流过零检测电路

流不为零时，则 N_1 的作用远大于 N_2，此时以电流过零点为控制转换点。

图 6-31 所示电流过零检测电路的工作原理是：无论有无输出电流，u_2 总可以视为正弦信号，该信号经正反向削波电路和整形电路后，在 U_1 输出端得到与 u_2 同频同相的方波，然后经门限逻辑整形后输出。工作过程中的各点波形如图 6-32 所示。

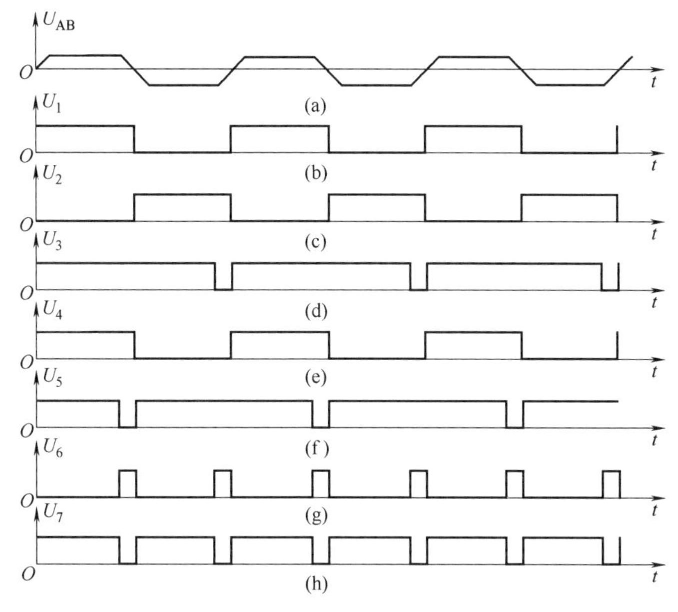

图 6-32　电流过零检测电路波形

(3) 同步检测电路

同步检测电路的功能是检测市电与逆变器的输出电压是否同步，如图 6-33 所示。图中 T_1～T_4 为降压隔离变压器，由 U_1～U_5 等组成异或门鉴相器，由 VD_1～VD_4 及 U_7 等组成幅值鉴别器。其工作原理是：若 u_1 和 u_2 同相也同频，则 U_5 输出为“0”；若 u_1 与 u_2 的相位或频率差超过规定值，则 U_5 输出为“1”；若 u_1 与 u_2 幅差超过规定范围，则 U_7 输出为“1”，

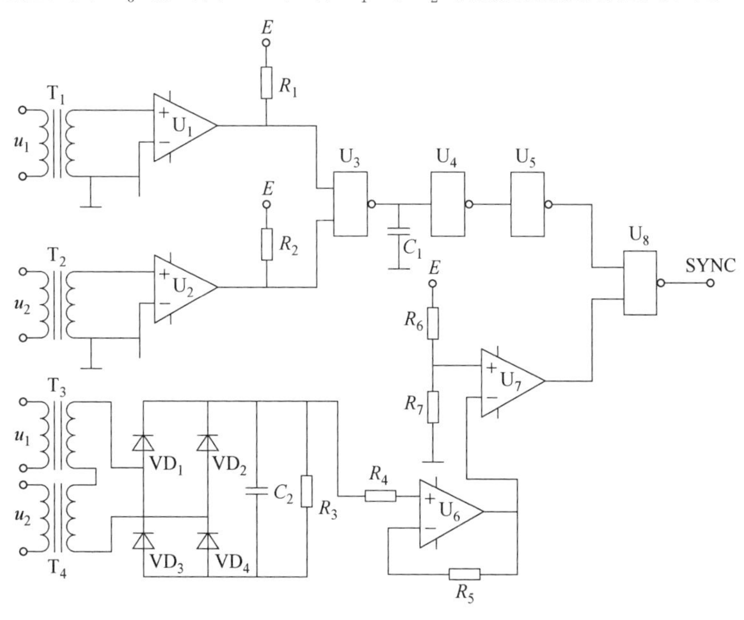

图 6-33　同步检测电路

否则 U_7 输出为“0”。然后将鉴幅和鉴相的输出信号经或门 U_8 汇总成信号 SYNC。很明显，当 u_1 与 u_2 同步时，SYNC 为“0”，无论是相位或幅值超出规定范围则 SYNC 为“1”。

(4) 控制门电路

控制门电路的功能是：转换开关不切换时，负载电流的过零信号便照常发出，使转换开关维持原有状态；需要转换开关切换时，在负载电流过零时切断一路脉冲而接通另一路脉冲。图 6-34 为转换开关为双向晶闸管时的一种控制门电路。

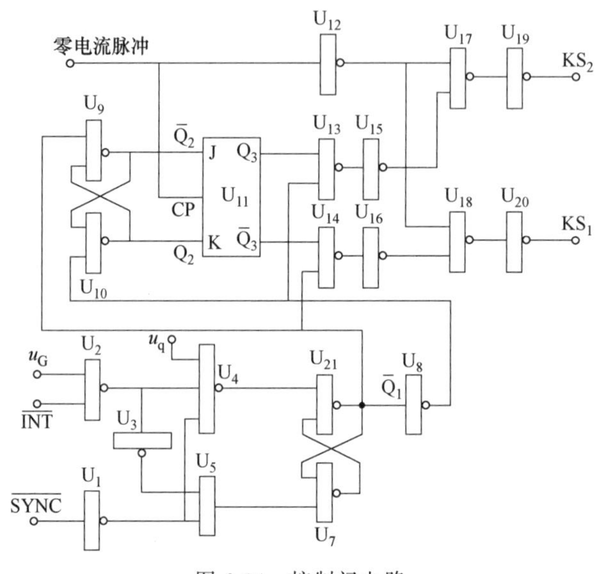

图 6-34 控制门电路

6.5 保护电路

目前，虽然功率开关器件的容量提高很快，性能也有极大改善，尤其是可承受过电压、过电流的能力也有显著提高，但它与一般机电类产品相比，在承受过载能力上仍有较大差距。而功率开关器件在 UPS 中担任着功率变换的重任，所以必须设置相应的保护电路，以防因功率开关器件损坏而造成严重后果。此外，蓄电池的过充电、过放电会严重影响电池寿命，电源输出电压过高、过低均影响外部设备正常工作，甚至损坏负载设备，因此 UPS 必须设置保护电路。常见的保护电路有过电流保护，过、欠电压保护，过热保护和蓄电池过欠电压保护等。

6.5.1 过电流保护电路

(1) 过电流保护电路的形式及其特点

过电流保护的形式有三种：

① 切断式保护。如图 6-35 所示是切断式保护电路原理框图。电流检测电路检测电流信号，经电流-电压转换电路将电流信号转换成电压信号，再经电压比较电路进行比较。当负载电流达到某一设定值时，信号电压大于或等于比较电压，比较电路产生输出触发晶闸管或触发器等能保持状态的元件或电路，使控制电路失效，稳压电源输出被切断，一旦稳压电源输出被切断后，电源通常不能自行恢复，必须改变状态保持元件或电路的状态，亦即必须重新启动电源才能恢复正常输出。虽然切断式保护电路增加了状态保持元件，但它属于一次性

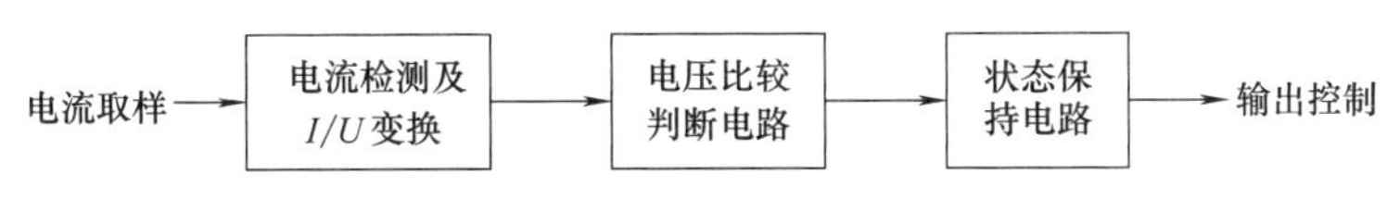

图 6-35　切断式保护电路框图

动作，对保护电路中电流检测和电压比较电路的要求较低，容易实现。

② 限流式保护。如图 6-36 所示是限流式保护电路原理框图，它和切断式保护电路的差别在于：电压比较电路的输出不是使整个控制电路失效，而是取代误差放大器控制 V/W 电路的输出脉冲宽度。当负载电流达到设定值时，保护电路工作，使 V/W 电路输出脉宽变窄，稳压电源输出电压便下降，以维持输出电流在某设定范围内，直到负载短接，V/W 电路将输出最小脉宽，输出电流始终被限制在某一设定值。限流式保护可用于抑制启动时的输出浪涌电流，同时，也可用作稳压电源的电流监视器，限制高压开关管两个半周期不对称时引起的电流不平衡。此外，限流保护方式也是正弦脉宽调制型（PWM）。电力电子电源实现并联运行，尤其是能够实现无主从并联运行，组成 $N+1$ 直流供电系统。

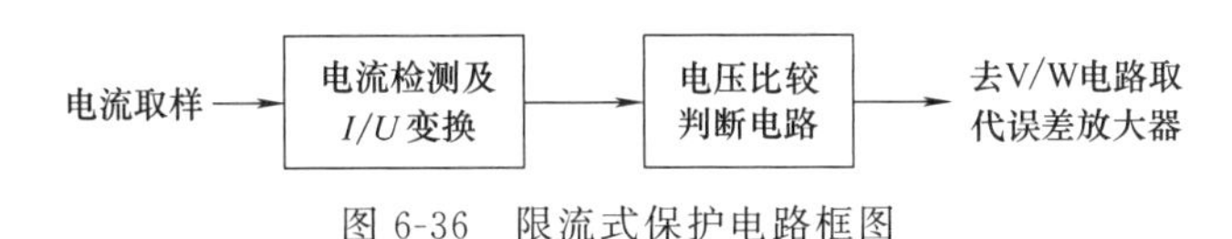

图 6-36　限流式保护电路框图

③ 限流-切断式保护。限流-切断式保护电路分两阶段进行，当负载电流达到某设定值时，保护电路动作，输出电压下降，负载电流被限制；如果负载继续增大至第二个设定值或输出电压下降到某设定值时，保护电路进一步动作，将电源切断。这是上述两种保护方式相结合的产物。

(2) 保护电流的取样

常规稳压电源保护电流的取样，由于功率晶体管串联在负载回路里，因而通常在负载回路里串联一个信号电阻即可。在 PWM 型稳压电源的早期，因为控制电路和输出端有公共电位，因而有少数电路保护电流的取样也同样用信号电阻放在输出回路内，这样的取样方式有其固有的缺点：其一，这种取样方式仅对负载电流过载提供保护，高压开关管和高频变压器原边回路出现的过电流没有得到有效保护；其二，如果放大电路用单管，则硅晶体管要有 0.7V 左右的信号电压，锗晶体管也要有 0.3V 左右的信号电压，这样，在大电流输出时，信号电阻上的功耗非常大，从而使电源效率降低，如果采用差分放大器，则需要附加偏压源；其三，PWM 型稳压电源属于恒功率转换，输出电压越低可望输出的电流也越大，采用输出回路电流取样将会限制上述特性的发挥。因而，保护电流的取样一般不放在输出回路内。

常用的保护电流取样方式如图 6-37 所示。T_4 是类似于电流互感器作用原理的电流变压器，其原边串联在高频变压器回路内，检测高频变压器原边绕组电流，N_1 实际上仅是用一根导线穿过一个小磁环［如图 6-37（a）所示］，导线内的交变电流在磁芯内产生磁通密度，副边绕组便有感应电动势 U_2，随着原边电流的增加，磁芯励磁安匝数亦逐渐增大，因而副边绕组上的感应电动势亦增大，我们便利用副边绕组电压随流过原边电流的增减而变化的特点来作为保护电流的取样单元，电流变压器原理及其相关波形如图 6-37（b）、（c）所示。

6.5.2 过电压、欠电压保护

通常，UPS 的输出电压超过其额定输出电压称为过电压；输出电压低于 UPS 额定输出电压称为欠电压。UPS 输出电压过高易对负载造成冲击，严重的还可能烧坏负载。而输出

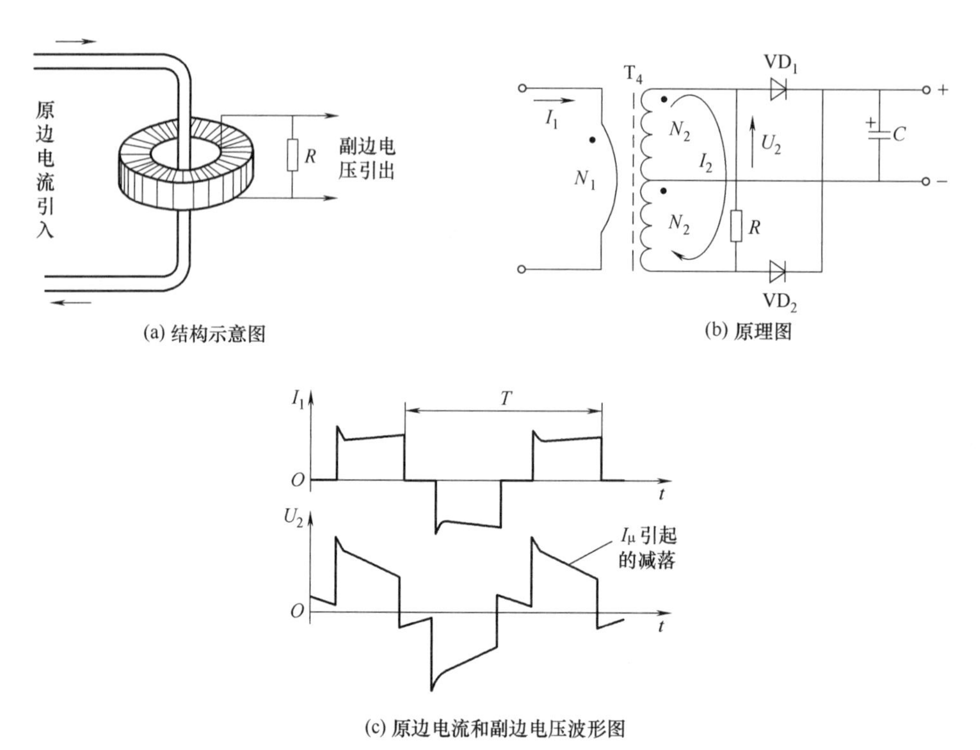

图 6-37　电流变压器结构、原理及其相关波形图

欠电压则可能造成负载工作不正常。所以通常 UPS 都设置过、欠电压保护电路。过、欠电压保护电路通常由电压检测电路、阈值比较器电路和控制电路等组成，如图 6-38 所示。

(1) 电压检测电路

电压检测电路主要由三相降压变压器 T、三相整流桥 $VD_1 \sim VD_6$、滤波器 R_1 和 C_1 以及差动放大器 U_1 等组成。

(2) 跟随器

跟随器由运放 U_2 组成。U_1 通过 R_6、C_4 后加在 U_2 的同相端，U_1 通过 R_6 向 C_4 充电，U_{C4} 逐渐上升，经过 $(3\sim5)R_6C_4$ 延时后，$U_{C4} \approx U_1$，即 $U_2 \approx U_1$。

(3) 比较器

在图 6-38 中，比较器有四个。

① 第一个比较器由 U_3 组成。5.1V 直流电压直接加在 U_3 的反相端；U_1 经 R_7、VR_1 分压后加在 U_3 的同相端，U_3 的输出端通过 R_9 接与非门 U_7 输入端。

② 第二个比较器由 U_4 组成。5.1V 直流电压加在 U_4 的同相端；U_1 经 R_{10}、VR_2 分压后加在 U_4 的反相端，U_4 的输出端通过 R_{12} 接与非门 U_7 输入端。

③ 第三个比较器由 U_5 组成。5.1V 直流电压直接加在 U_5 的反相端；U_2 经 R_{13}、VR_3 分压后加在 U_5 的同相端，U_5 的输出端通过 R_{15} 接与非门 U_7、U_8 输入端。

④ 第四个比较器由 U_6 组成。5.1 V 直流电压直接加在 U_6 的同相端；U_2 经 R_{16}、VR_4 分压后加在 U_6 的反相端，U_6 的输出端通过 R_{18} 接与非门 U_7、U_8 输入端。

UPS 输出正常时，比较器 $U_3 \sim U_6$ 的 $U_+ > U_-$，其输出端为“1”；与非门 U_7、U_8 输出端为“0”，即过电压、欠电压信号 U_g、U_q 为“0”。

UPS 输出电压超过其输出上限时，比较器 U_4、U_6 的 $U_+ < U_-$，它们的输出端为“0”；比较器 U_3、U_5 的 $U_+ > U_-$，它们的输出端为“1”；与非门 U_7、U_8 输出端为“1”。

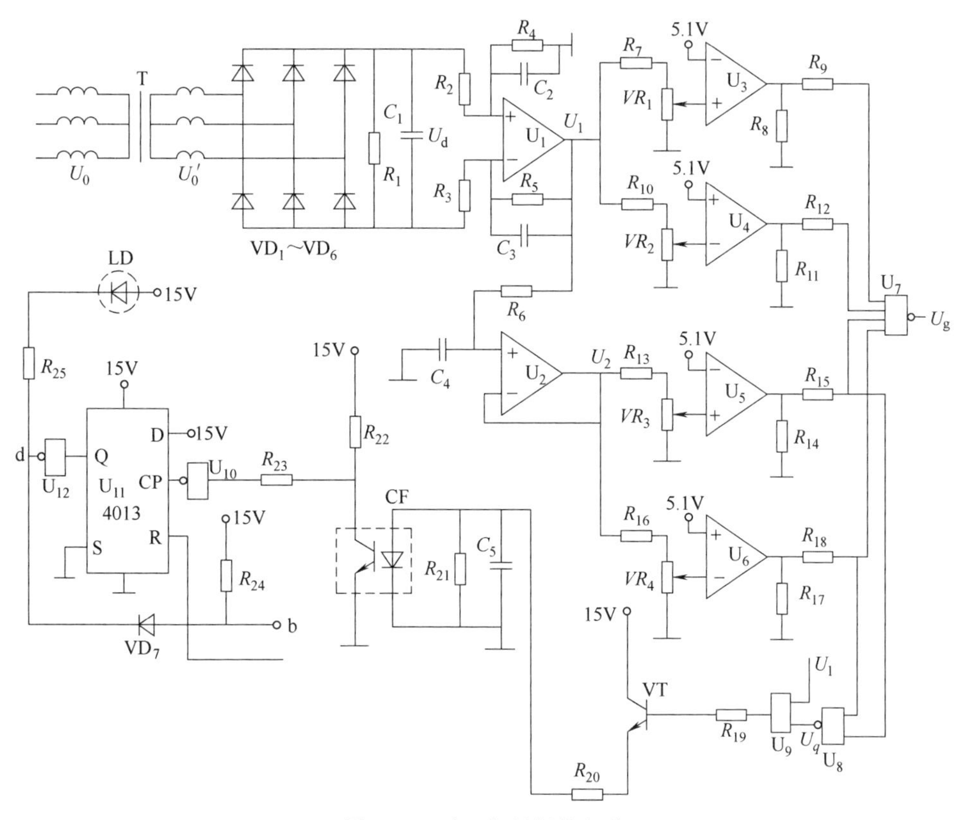

图 6-38　过、欠压保护电路

同样，UPS 输出低于其输出电压的下限时，U_7、U_8 输出端为“1”。

由此可见，UPS 输出电压正常，U_g、U_q 为“0”；UPS 输出不正常，U_g、U_q 输出为“1”。

（4）控制电路

在图 6-38 中，控制电路是由与门 U_9、晶体管 VT、光电耦合器 CF、控制门 U_{11}、非门 U_{10}、U_{12} 组成。其中核心部件是控制门，控制门由 D 触发器 U_{11} 组成，其 D 端接 15V 电源；其 CP 端通过非门 U_{10}、R_{23} 接光电耦合器输出端；其 R 端接复位电路输出端；其输出端 Q 通过非门 U_{12}，接过电压、欠电压指示灯，又通过非门 U_{12}、二极管 VD_7 由 b 端送出控制信号。

（5）工作过程

① UPS 输出电压不正常时，逆变器停止工作。与非门 U_7 输出端 U_g 为“1”，切换转换开关，由逆变器输出转变为市电输出。同时，与非门 U_8 输出端 U_q 为“1”。由于 U_1 为“1”，U_q 为“1”，故与门 U_9 输出端为“1”。它使晶体管 VT 导通，15V 电源通过 R_{20}、T，为光电耦合器 CF 输入端提供足够的工作电流，光电耦合器 CF 输出端为“0”。该电位通过 R_{23}、非门 U_{10} 加在 D 触发器 U_{11} 的 CP 端，使 U_{11} 的 CP 端出现脉冲上升沿，U_{11} 的输出端 Q 为“1”，非门 U_{12} 的输出端为“0”，于是过电压、欠电压指示灯 LD 亮。二极管 VD_7 导通，b 端为“0”，进而封锁驱动脉冲，使逆变器停止工作。

② UPS 输出电压正常时，逆变器工作状态不变。UPS 输出正常时，比较器 U_3～U_6 输出端均为“1”，与非门 U_7、U_8 的输出均为“0”，即过电压，欠电压信号 U_g、U_q 均为“0”，逆变器工作状态不受过电压、欠电压保护电路的影响。

最后需要说明的是，UPS 由逆变器输出切换为市电输出时，与非门 U_8 输出端 U_q 要经过（3～5）R_6C_4 延时后才由“0”变为“1”，即逆变器要延时一段时间才停止工作。这样设计是为了减小由逆变器输出切换为市电输出的中断供电时间。

6.5.3 过温保护

通过功率开关器件的电流虽没有超过其额定电流，但若散热条件变差，其结温同样会急剧上升。若结温超过其额定结温，功率开关器件也会烧坏。因此，UPS 需要设置过温保护电路。过温保护电路由温度检测电路、比较器、控制门和延时电路组成，其中延时电路与过载保护电路共用。温度检测电路、比较器及控制门如图 6-39 所示。

(1) 温度检测电路

温度检测电路是由温度传感器和两级放大器组成。

① 温度传感器。人的感觉器官虽可感觉温度的高低，但具有主观因素，难以量化。为了定量检测功率开关器件温度的高低，应采用温度传感器。温度传感器有多种形式，常见的有温度继电器、热敏电阻、热电偶和晶体管温度传感器等，图 6-39 所示的前端即为晶体管温度传感器的原理电路。图 6-39 中，VT_1 和 VT_2 是特性完全相同的两个 PNP 晶体管，它们接成镜像电流源，在忽略基极电流的情况下，它们的集电极电流相等。

温度传感器的输出电流 I_o 为：

$$I_o = I_{C1} + I_{C2} = I_{C3} + I_{C4} = 2I = 2KT$$

上式表示温度传感器输出电流 I_o 与绝对温度成正比。

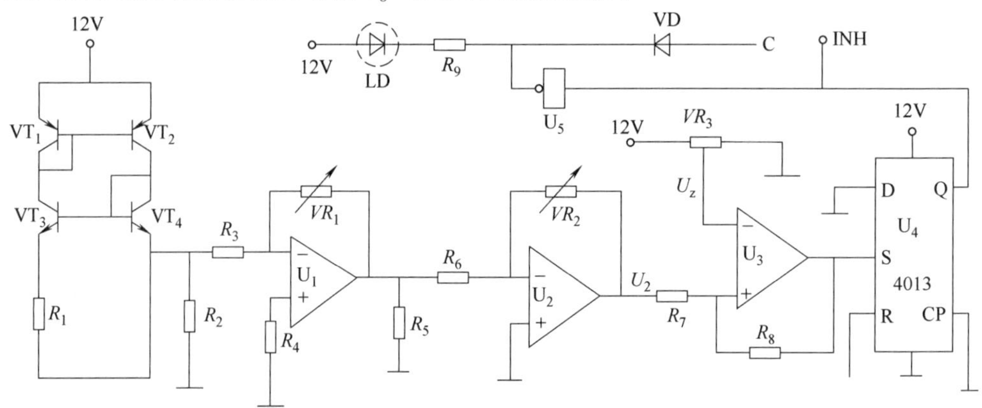

图 6-39 过温保护电路

② 两级放大器。运放 U_1、U_2，R_2～R_6，VR_1、VR_2 组成两级放大器。

第一级放大器由 U_1 组成。温度传感器输出电流 I_o 流经 R_2 变成对应电压 I_oR_2，该电压通过 R_3 加在 U_1 的反相端。U_1 的输出电压 U_1 为（取 $R_3 = VR_1$）：

$$U_1 = U_{R2}\left(-\frac{VR_1}{R_3}\right) = -U_{R2} = -I_oR_2$$

由此可见：U_1 是一个倒相器。

第二级放大器由 U_2 组成。第一级放大器输出电压 U_1 经 R_6 加在 U_2 的反相端。因此，U_2 的输出电压 U_2 为：

$$U_2 = U_1\left(-\frac{VR_2}{R_6}\right) = (-I_oR_2)\left(-\frac{VR_2}{R_6}\right) = 2KTR_2VR_2/R_6$$

令 $C = 2KR_2VR_2/R_6$（为常数），则上式可表示为：$U_2 = CT$，即表示温度检测信号 U_2 与绝对温度 T 成正比。

(2) 比较器

比较器由运放 U₃ 及 R_8 组成。12V 直流电压通过 VR_3 分压后变成比较电压 U_z 加在 U_3 的反相端；U_2 通过 R_7 加在 U_3 的同相端。

功率开关器件的壳温低于设定值时，比较电压 U_z 大于温度检测信号 U_2，比较器输出端为“0”；功率开关器件的壳温高于设定值时，温度检测信号 U_2 大于设定电压 U_z，比较器输出端为“1”。

(3) 控制门

控制门由 D 触发器 U_4 组成。它的 S 端接比较器输出端；它的 R 端接复位电路；它的 D 端、CP 端接地；它的输出端 Q 通过非门 U_5 接过温指示灯 LD，又通过 U_5、VD 经 C 端输出控制信号。功率开关器件壳温超过设定值时，温度检测信号 U_2 大于比较电压 U_z，比较器输出端为“1”，即控制 U_4 的 S 端为“1”，控制门输出端 Q 为“1”，INH 信号为“1”，于是切换静态开关，使 UPS 由逆变器输出切换为市电输出。非门 U_5 的输出端为“0”，于是，过温指示灯 LD 亮，二极管 VD 导通，C 点为“0”，亦即脉冲封锁信号 $\overline{\mathrm{INH}}$ 为“0”，切断脉冲，逆变器停止工作。

6.5.4 蓄电池过电压、欠电压保护

蓄电池在使用过程中，常因为过充电或过放电而损坏电池极板，同时，过放电还会造成蓄电池的化学物质无法还原，从而减小蓄电池的容量。为保护蓄电池免受上述损害，必须设置保护电路。蓄电池的保护分为过电压、欠电压保护两类。

(1) 过电压保护

蓄电池两端电压超过它规定的最高电压称为过电压。蓄电池在充电后期不仅两端电压上升很快，其内部的气泡也不断增加。蓄电池过度充电，不仅浪费电能，而且会影响蓄电池寿命，故蓄电池两端电压上升到某一数值时，必须进行过电压保护。蓄电池过电压保护功能是蓄电池两端电压超过它两端规定最高电压时，切断充电器与蓄电池之间的联系。蓄电池过电压保护电路如图 6-40 所示，由电压检测电路、比较器和控制电路组成。

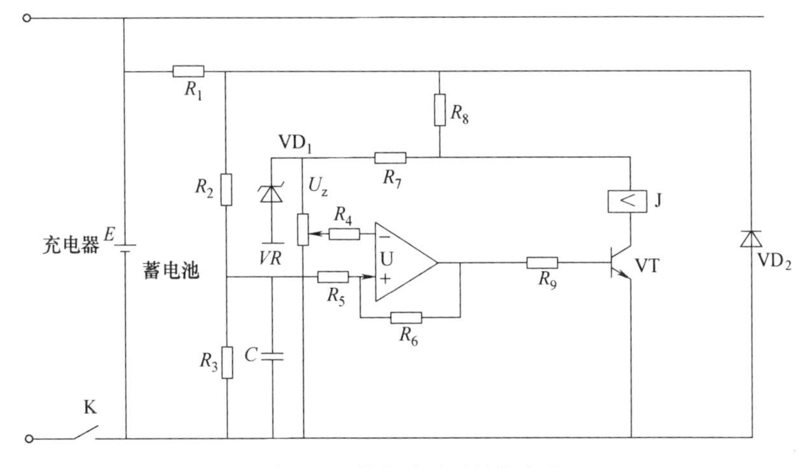

图 6-40　蓄电池过压保护电路

① 电压检测电路。电压检测电路是由 R_1、R_2、R_3 串联而成，蓄电池两端电压加在 R_1、R_2、R_3 串联电路两端。蓄电池检测电压与蓄电池两端电压成正比。

② 比较器。比较器是由运放 U、R_6 组成的迟滞比较器。U_{R3} 通过 R_5 加在 U 的同相

端，稳压管 VD_1 两端电压经过电位器 VR 分压后变成比较电压 U_z，U_z 又通过 R_4 加在 U 的反相端。

蓄电池两端电压 E 正常时，$U_{R3}<U_z$，比较器 U 输出端为“0”。

蓄电池两端电压 E 过高时，$U_{R3}>U_z$，比较器 U 输出端为“1”。

③ 控制电路。控制电路由晶体管 VT 和继电器 J 组成。比较器输出端通过 R_9 加在晶体管 VT 的基极，VT 的集电极通过继电器线圈 J 与电源相接，继电器接点 K 串接在充电器与蓄电池之间。

蓄电池两端电压正常时，比较器输出端为“0”，晶体管 VT 截止，继电器线圈内没有电流流动，其常闭接点 K 闭合，充电器通过 K 向蓄电池充电。蓄电池两端电压过高时，比较器输出端为“1”，晶体管 VT 导通，继电器线圈内流过工作电流，继电器工作，其常闭接点断开，切断充电器与蓄电池的联系，防止蓄电池过充电。

(2) 欠电压保护

蓄电池两端电压低于其放电终止电压称为欠电压。蓄电池在放电后期不仅两端电压急剧下降，过度放电还会损坏蓄电池，故蓄电池电压下降到某一数值时，必须进行欠电压保护。

蓄电池欠电压保护电路由电压检测电路、比较器、控制门、延时电路组成。延时电路与过载保护电路共用。电压检测电路、比较器、控制门如图 6-41 所示。

① 电压检测电路。电压检测电路由运放 U_1、U_2，电阻 $R_1 \sim R_5$、电容器 $C_1 \sim C_3$ 组成。蓄电池两端电压加在 C_1、C_2 两端（取 $C_1=C_2$），故

$$U_{C1}=U_{C2}=E/2$$

U_{C1} 通过 R_1 加在 U_1 的反相端，U_1 的输出端电压 U_1 为：

$$U_1=U_{C1}\left(-\frac{R_3}{R_1}\right)=-\frac{ER_3}{2R_1}$$

U_1 通过 R_4 加在 U_2 的反相端，$-U_{C2}$ 通过 R_2 加在 U_2 反相端，U_2 的输出端电压 U_2 为：

$$U_2=U_1\left(-\frac{R_5}{R_4}\right)+(-U_{C2})\left(-\frac{R_5}{R_2}\right)=\left(-\frac{ER_3}{2R_1}\right)\left(-\frac{R_5}{R_4}\right)+\frac{ER_5}{2R_2}$$

令：$R_3=R_4=R_5=60.4\text{k}\Omega$，$R_1=R_2=6.04\text{M}\Omega$，将上式合并即可得：

$$U_2=E/100$$

上式表示，蓄电池检测信号 U_2 与蓄电池两端电压 E 成正比。

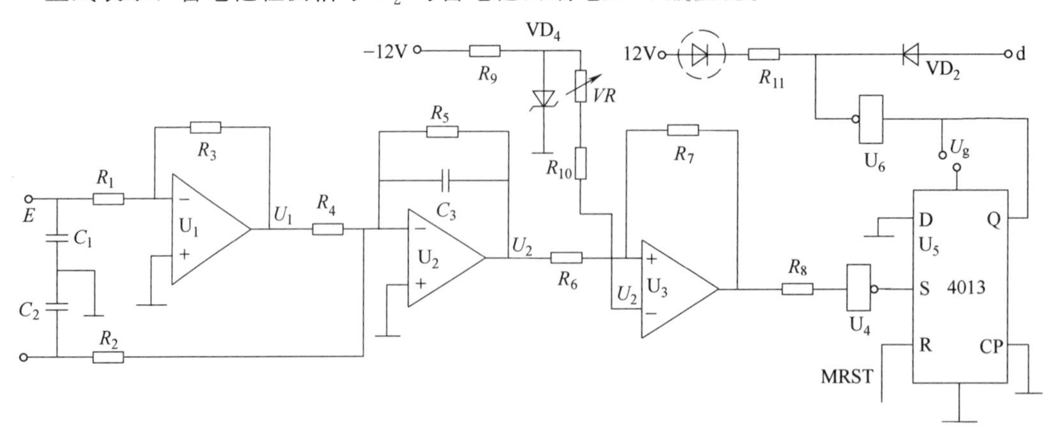

图 6-41　蓄电池欠压保护电路

② 比较器。比较器由运放 U_3 及电阻 R_7 组成。－12V 电源、限流电阻 R_9 和稳压管 VD_4 组成稳压电路。从稳压管 VD_4 两端取出给定电压 U_z，该电压通过 VR、R_{10} 加在比较器 U_3 的反相端；蓄电池检测信号 U_2 通过 R_6 加在 U_3 的同相端。

当蓄电池两端电压正常时，$U_2>U_z$，比较器 U_3 输出端为“1”。当蓄电池两端电压过低时，$U_2<U_z$，比较器 U_3 输出端为“0”。

③ 控制门。控制门由 D 触发器 U_5 组成。它的 S 端通过非门 U_4、R_8 与比较器 U_3 输出端相连；它的 R 端接人工复位电路，即接 MRST 端；它的 D 端、CP 端接地；它的输出端 Q 通过非门 U_6 与欠电压指示灯相接，又通过非门 U_6、二极管 VD_2 与图 6-38 中的非门 U_{12} 输出端 d 相接。

当蓄电池电压 E 过低时，蓄电池检测信号 $U_2<U_z$，比较器 U_3 输出端为“0”，非门 U_4 为“1”，即控制门 U_5 的 S 端为“1”。于是控制门 U_5 输出端 Q 为“1”，即 U_g 信号为“1”，于是切换转换开关，使 UPS 由逆变器输出切换为市电输出。非门 U_6 输出端为“0”，于是蓄电池欠电压指示灯亮；二极管 VD_2 导通，d 点为“0”，即脉冲封锁信号 $\overline{INH}$ 为“0”，切断驱动脉冲，逆变器停止工作。

6.6 蓄电池充电电路

为了使 UPS 在市电中断时真正起到保障作用，一方面要求 UPS 具有良好的切换功能和切换时间，同时还必须让 UPS 所配置的蓄电池具有良好的荷电状态，否则很难达到预期效果。因此，在 UPS 蓄电池每次放电后以及日常使用过程中，必须注意使 UPS 中的蓄电池具有良好的荷电状态，这就要求 UPS 设计者和使用人员考虑蓄电池的充电问题。蓄电池常用的充电电路有恒压充电和先恒流后恒压充电两种。

6.6.1 恒压式充电电路

为了简化电路、降低成本，后备式 UPS 常采用由降压变压器、整流桥模块、集成稳压芯片、电阻、电位器及电容器等组成的恒压式充电电路。其电路如图 6-42 所示。

市电通过变压器 T 后变为 27V 交流电压，该电压通过整流模块变成脉动直流电压后又通过滤波电容器 C 变成 33V 的平滑直流电压。此直流电压通过集成稳压芯片变成稳定可调的直流电压。集成芯片输出电压 U_o 为：

$$U_o=1.25(U_R/R+1)$$

当 $U_R=R$ 时，$$U_o=2.5V$$

当 $U_R=21R$ 时，$$U_o=27.5V$$

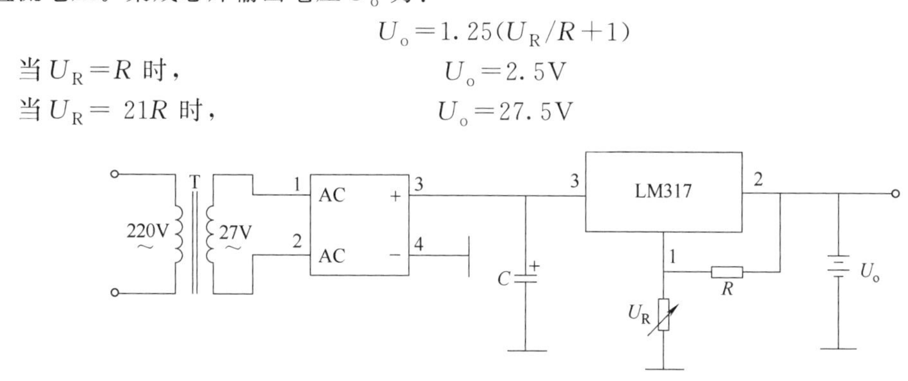

图 6-42 恒压式充电电路

若后备式 UPS 采用 12V、6A·h 密封蓄电池两块，该蓄电池放电终止电压为 21V，充电终止电压为 27.5V。充电电压选择过高，充电初期的充电电流过大，易损坏蓄电池；充电电压选择过低，充电后期充电电流过小，会造成充电不足，故选择充电终止电压为26～27V。此时，充电初期的充电电流不应超过0.2C，充电后期充电电流接近0.05C。

6.6.2 先恒流后恒压式充电电路

先恒流后恒压式的充电又称为分级式充电。这种电路的形式有很多，本节选择其中一种电路讨论。该电路组成框图如图6-43所示。

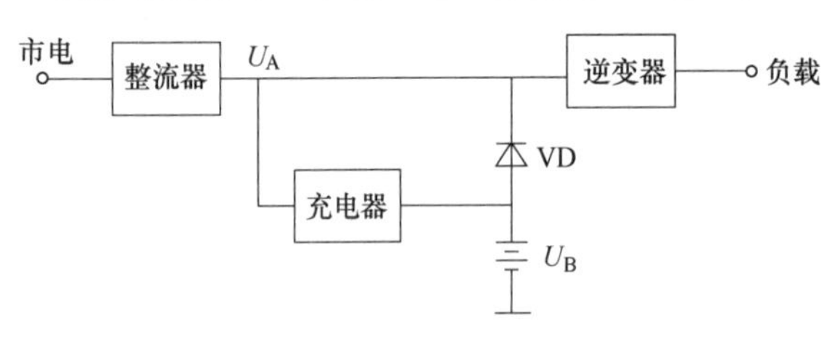

图6-43 分级充电电路框图

图中整流器作为逆变器、充电器的共用直流电源。整流器既向逆变器提供稳定电压、平滑电流，又通过充电器为蓄电池提供变化的电流、电压。当市电正常供电时，蓄电池两端电压U_B小于整流器输出端电压U_A，隔离二极管VD截止。当市电中断供电时，整流器输出端电压U_A为零，隔离二极管VD导通，蓄电池为逆变器提供工作电压。

该分级式充电电路如图6-44所示。主要由主回路、脉宽调制器、电流调制电路、电压调制电路及保护电路等组成。

(1) 主回路

在图6-44中，充电主回路由整流桥VD_1～VD_6、隔离二极管VD_7、VD_8，开关管VT_1，电流取样电阻R_1、电流传感器CS、电感L、续流二极管VD_9、VD_{10}组成。其简化电路如图6-45（a）所示。图中U_d表示三相整流桥的输出电压，E表示蓄电池两端电压，VD表示续流二极管，VT表示开关管。开关管栅极所加信号如图6-45（b）所示。

其工作过程如下：在0～t_1期间，开关管VT的栅极加上脉冲，VT饱和导通，$U_T \approx 0$，限流电感L两端电压为：

$$U_L = U_d - E$$

$$L\frac{di}{dt} = U_d - E$$

$$i = (U_d - E)Lt$$

i随时间呈线性增长，其波形如图6-45（c）所示。它向蓄电池充电，将电能转化为化学能储存起来；同时，将电能转化为磁能储存在限流电感中。

在t_1～t_2期间，VT的栅极未加脉冲，VT截止，通过限流电感的电流呈线性下降趋势，它两端产生反电势e_L，其极性为左“+”右“−”。由于$e_L > E$，续流二极管VD导通，$U_D \approx 0$，限流电感中磁能转化为电能向蓄电池充电。

以后便以T为周期重复上述过程，输出波形如图6-45（d）所示。

由上述可见，主回路的功能是将稳定的直流电压U_d变换为脉冲电压，将平滑的电流变换为变化的电流。通过蓄电池的电流平均值不能超过蓄电池额定容量的1/10。

主回路输出电压平均值U_o为：

$$U_o = \frac{1}{T}\int_0^{t_{on}} U_d \, dt = \frac{t_{on}}{T} U_d = \delta U_d$$

由上式可看出，改变占空比δ，便可以改变输出电压，也就改变了充电电流。

(2) 脉宽调制器

在图6-44中，脉宽调制器是由比较器U_1组成。它的同相端接调制信号u_G，反相端接

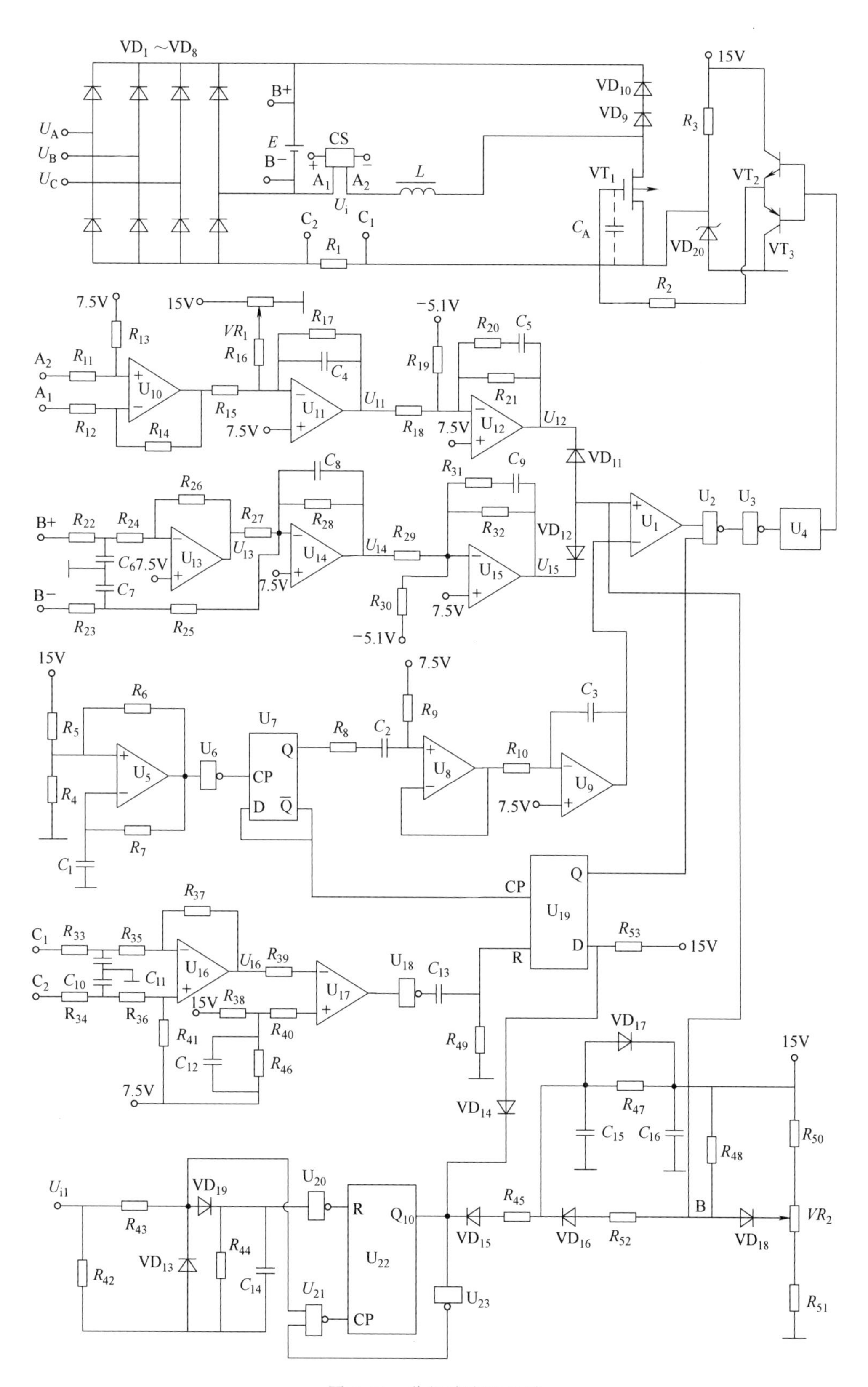

图 6-44　分级式充电电路

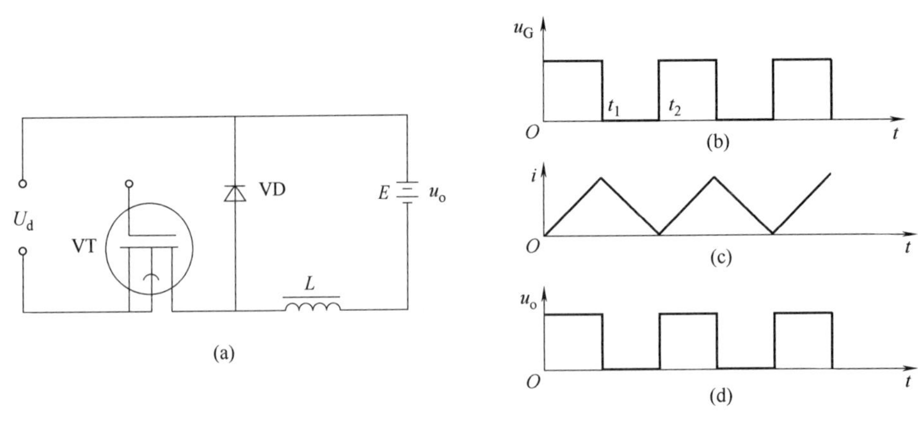

图 6-45　充电主电路及其波形

三角波信号 u_Δ，其简化电路如图 6-46（a）所示。

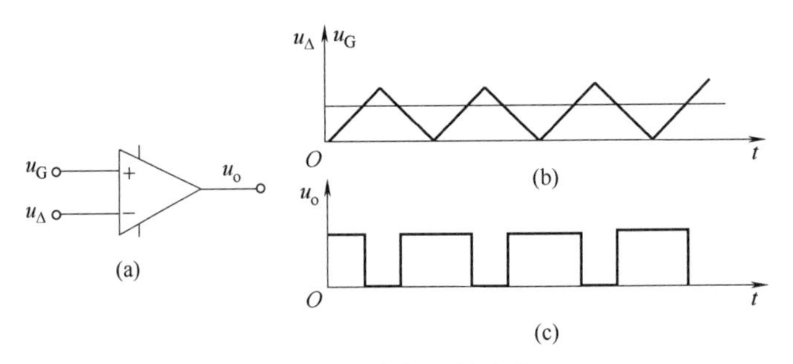

图 6-46　脉宽调制波形

u_Δ 是单极性三角波，u_G 是直流信号。其工作过程为：当 $u_G > u_\Delta$ 时，比较器输出端为高电位；当 $u_G < u_\Delta$ 时，比较器输出端为低电位。比较器输出信号 u_o 波形如图 6-46（c）所示。由图 6-46 可以看出：u_G 增大，脉冲变宽；u_G 减小，脉冲变窄。

(3) 三角波发生器

在图 6-44 中，三角波发生器是由方波发生器、分频器、跟随器及积分器构成。其功能是产生频率为 20kHz 的三角波，工作过程如下：

设比较器 U_5，同相端为 $U_{TH(+)}$，输出端为高电位，该电位通过 R_7 向 C_1 充电，U_{C1} 逐渐上升。当 $U_{C1} > U_{TH(+)}$ 时，比较器输出端由高电位变成低电位，同相端由 $U_{TH(+)}$ 跳到 $U_{TH(-)}$。于是 C_1 通过 R_7 放电，U_{C1} 逐渐下降。当 $U_{C1} < U_{TH(-)}$ 时，电路又发生跳变。如此循环反复，便在比较器输出端获得方波，其波形如图 6-47（a）所示。方波的频率为：

$$f = \frac{1}{2R_7C_1\ln 2}$$

因为

$$R_7 = 9\text{k}\Omega$$
$$C_1 = 0.002\mu\text{F}$$

所以

$$f = \frac{1}{2\times 9\times 10^3\times 0.002\times 10^{-6}\times \ln 2}\text{Hz} \approx 40\text{kHz}$$

方波通过非门 U_6 加在分频器输入端，分频器是由 D 触发器 U_7 构成。D 触发的 D 端与 $\overline{\text{Q}}$ 连在一起构成二分频器；CP 端接非门 U_6 的输出端；输出端 Q 通过 R_8、C_2 接跟随器 U_8

的同相端。U_7 的功能是将 40kHz 的方波变成 20kHz 的方波。

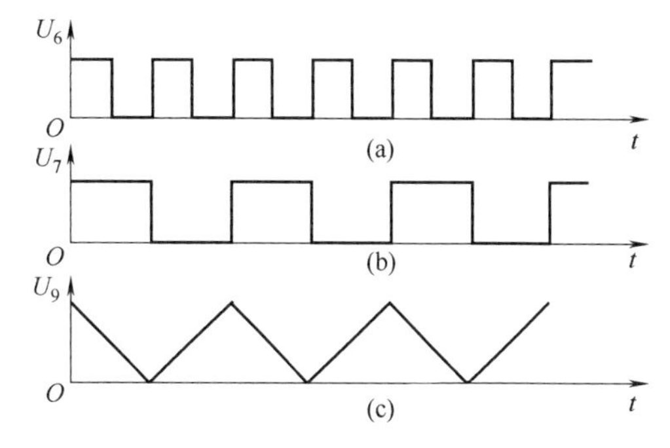

图 6-47 三角波形成电路波形图

图 6-44 中 R_8、C_2、R_9 的作用是将频率为 20kHz 方波中的直流成分隔离，使单极性方波变成双极性方波。U_8 采用单电源，7.5V 电源作为偏置电压通过 R_9 加在 U_8 的同相端。

跟随器由运放 U_8 组成，其任务是将分频器与积分器分离。

积分器由 R_{10}、C_3、U_9 构成。当 20kHz 方波为正最大值时，它便通过 R_{10} 向 C_3 充电，U_{C3} 按线性规律上升，U_9 输出端电位按线性规律下降；当 20kHz 方波为最小值时，C_3 通过 R_{10} 放电，U_{C3} 按线性规律下降，U_9 输出端电位按线性规律上升。其波形如图 6-47（c）所示，由图可知，从 U_9 输出端获得三角波。

(4) 闭环电流调节系统

分级充电的前期采用恒流充电，故需设置闭环电流调节系统。在图 6-44 中，闭环电流调节系统是由主回路、电流检测电路、电流误差放大电路、脉宽调制器及驱动电路组成。

① 电流检测电路。电流检测电路由运放 U_{10} 和 U_{11}、电阻 $R_{11} \sim R_{17}$、电位器 VR_1 及电容器 C_4 组成，U_{10} 及 $R_{11} \sim R_{14}$ 构成差动放大器。U_i 是充电电流 I_0 经过电流传感器 CS 后的对应电压，即 $U_i = KI_0$。U_{10} 采用单电源，7.5V 电源作为偏置电压通过 R_{13} 加在 U_{10} 的同相端。由于 $R_{11} = R_{12} = R_{13} = R_{14}$，故差动放大器的输出电压 U_{10} 为：

$$U_{10} = -U_i$$

由上述可见，差动放大器仅起隔离作用。图 6-44 中，由 U_{11}、$R_{15} \sim R_{17}$、VR_1、C_4 构成反相放大器，7.5V 是 U_{11} 的偏置电压；从 VR_1 中取出的电压用于抑制 U_{11} 的失调；C_4 可抑制 U_{11} 的高频振荡。反相放大器的输出电压为：

$$U_{11} = -\frac{R_{17}}{R_{15}} U_{10} = \frac{R_{17}}{R_{15}} KI_0$$

由上式可见，电流检测信号 U_{11} 与充电电流成正比。

② 电流误差放大电路。电流误差放大电路是由 U_{12}、$R_{18} \sim R_{21}$、C_5 以及给定电压 -5.1V 组成，7.5V 是 U_{15} 的偏置电压。其输出电压 U_{12} 为：

$$U_{12} = -R_{21}\left(\frac{U_{11}}{R_{18}} - \frac{5.1}{R_{19}}\right)$$

设 $R_{18} = R_{19}$，则：
$$U_{12} = \frac{R_{21}}{R_{18}}(5.1 - U_{11})$$

令 $K_1 = R_{21}/R_{18}$，则：
$$U_{12} = K_1(5.1 - U_{11})$$

由上式可见，U_{12} 随 U_{11} 增大而下降。

③ 驱动电路。在图 6-44 中，驱动电路是由两个晶体管 VT_2、VT_3 组成。其工作过程如下：

光电耦合器 U_4 输出端为“1”，晶体管 VT_2 导通，VT_3 截止。15V 电源通过晶体管 VT_2 向开关管 VT_1 的输入电容 $C_入$ 充电。当 $U_{C入} > U_{th}$ 时，开关管 VT_1 由截止转为导通，并随 $U_{C入}$ 上升，VT_1 由放大区进入饱和区。光电耦合器 U_4 输出端为“0”，晶体管 VT_3 导通，VT_2 截止，输入电容 $C_入$ 通过 R_2、VT_3、稳压管 VD_{20} 放电、反充电。当 $U_{C入} < U_{th}$

时，开关管 VT_1 由导通转为截止。

驱动电路的功能是放大脉冲的功率。

④ 调节过程。由于某种原因使充电电流增大→电流传感器 CS 输出电压 U_i 增大→电流检测信号 U_{11} 随之增大→电流误差放大信号 U_{12} 随之减小→脉宽调制器输出脉冲变窄→开关管 VT_1 导通时间缩短→充电电流减小。于是维持充电电流不变，以恒定电流向蓄电池充电。为了防止闭环电流调节系统产生寄生振荡，特在电流误差放大电路中设置 PI 校正环节 R_{20}、C_5。

(5) **闭环电压调节系统**

分级充电的后期采用恒压充电，故需要设置闭环电压调节系统。它与闭环电流调节系统公用主回路、脉宽调制器及驱动电路；它与闭环电流调节系统的不同之处在于采用了电压检测电路、电压误差放大电路。

① 电压检测电路。在图 6-44 中，电压检测电路是由 U_{13}～U_{14}、R_{22}～R_{28}、C_6～C_8 构成的两级反相放大器。蓄电池两端电压 E 经过 R_{22}、R_{23} 加在 C_6、C_7 两端，变成 U_{C6}、U_{C7}。U_{C6} 通过 R_{24} 加在 U_{13} 的反相端；U_{C7} 通过 R_{25} 加在 U_{14} 的反相端。U_{13} 的输出电压为：

$$U_{13}=-(R_{26}/R_{24})U_{C6}$$

U_{14} 输出电压为：

$$U_{14}=-R_{28}(U_{13}/R_{27}-U_{C7}/R_{25})$$

其中，$R_{26}=R_{27}=R_{28}=30k\Omega$；$R_{25}=R_{24}=100k\Omega$。

所以

$$U_{14}=\frac{30k}{100k}(U_{C6}+U_{C7})$$

电容器两端电压与蓄电池两端电压 E 的关系是：

$$U_{C6}+U_{C7}=CE$$

式中，C 为比例常数。

故
$$U_{14}=\frac{30}{100}CE$$

由上式可见，电压检测信号 U_{14} 与蓄电池两端电压 E 成正比。

② 电压误差放大电路。在图 6-44 中，电压衰减放大电路由 U_{15}、R_{29}～R_{32}、C_9 以及给定电压 −5.1V 组成。其输出电压为：

$$U_{15}=-R_{32}\left(\frac{U_{14}}{R_{29}}-\frac{5.1}{R_{30}}\right)$$

设 $R_{29}=R_{30}$，令 $K_v=\frac{R_{32}}{R_{29}}$，则 $U_{15}=K_v(5.1-U_{14})$。

由上式可见，U_{15} 随 U_{14} 增大而减小。

③ 调整过程。由于某种原因使充电主回路输出电压升高→蓄电池两端电压随之升高→检测电压 U_{14} 随之升高→电压误差放大器输出信号 U_{15} 减小→脉宽调制器输出脉冲变窄→充电主回路输出电压 U_o 降低，于是充电电路以恒定电压向蓄电池充电。

(6) **隔离二极管的作用**

电流误差放大信号 U_{12} 通过隔离二极管 VD_{11} 加在脉宽调制器输入端，电压误差放大信号 U_{15} 通过隔离二极管 VD_{12} 加在脉宽调制器输入端。充电的初期，蓄电池两端电压低，电压检测信号 U_{14} 也低，电压误差放大信号 U_{15} 比较高，此时，U_{15} 大于电流误差放大信号

U_{12}。隔离二极管 VD_{11} 导通，隔离二极管 VD_{12} 截止。电流误差放大信号通过隔离二极管 VD_{11} 加到脉宽调制器输入端，脉宽调制器输出脉冲宽度受电流信号控制。充电的后期，蓄电池两端电压高，电压检测信号 U_{14} 也高，电压误差放大信号 U_{15} 比较低，此时，U_{15} 小于电流误差放大信号 U_{12}。VD_{12} 导通，VD_{11} 截止。电压误差放大信号通过 VD_{12} 加到脉宽调制器输入端，脉宽调制器输出脉冲宽度受电压信号控制。

(7) 过电流保护

过电流保护电路的功能是防止充电期间，过大的充电电流损坏蓄电池。在图 6-16 中，过电流保护电路是由差动放大器、比较器及控制门组成。

① 差动放大器。差动放大器由 U_{16}、R_{34}～R_{35}、C_{10}～C_{11} 组成。充电电流流过电阻 R_1（0.5Ω）时，在 R_1 两端产生对应电压 U_{i0}，该电压通过 R_{33}～R_{34} 加在 C_{10}、C_{11} 两端，变成 U_{10}、U_{11}。U_{10} 通过 R_{35} 加在 U_{16} 的反相端，U_{11} 通过 R_{36} 加在 U_{16} 的同相端，7.5V 是 U_{16} 的偏置电压。由于 $R_{35}=R_{36}=R_{37}=R_{41}$，故 U_{16} 的输出端电压为：

$$U_{16}=U_{C10}+U_{C11}$$

因为 $U_{C10}+U_{C11}=kU_{i0}$，$U_{i0}=IR_1$，所以 $U_{16}=kR_1I$。令 $kR_1=C$，则 $U_{16}=CI$，由此可见，过电流检测信号与充电电流成正比。

② 比较器。比较器由 U_{17}、R_{38}～R_{40}、R_{46}、C_{12} 组成。U_{16} 通过 R_{39} 加在比较器反相端；15V 电源、7.5V 电源通过 R_{38}、R_{46} 分压后，得到比较电压 U_K。U_K 通过 R_{40} 加在比较器 U_{17} 同相端。

当充电电流过大时，$U_{16}>U_K$，比较器输出端为“0”，非门 U_{18} 输出端为“1”，它通过 C_{13} 和 R_{49} 变成微分波加在 D 触发器 U_{19} 的 R 端，D 触发器输出端 Q 为“0”，封锁与非门 U_2，脉宽调制器输出脉冲无法通过 U_2 加在驱动电路输入端，开关管 VT_1 截止，充电停止。

当充电电流正常时，$U_{16}<U_K$，比较器输出端为“1”，非门 U_{18} 输出端为“0”，D 触发器在频率为 20kHz 时钟脉冲作用下，其输出端 Q 为“1”，与非门 U_2 打开，脉宽调制器输出脉冲通过 U_1、驱动电路加在开关管 VT_1 的栅极，VT_1 正常工作，充电电路正常工作。

(8) 软启动

在图 6-44 中，软启动电路由计数器 U_{22}、与非门 U_{21}、非门 U_{20} 和 U_{23}、电阻 R_{42}～R_{45} 和 R_{50}～R_{52}、电位器 VR_2、二极管 VD_{14}～VD_{19}、稳压管 VD_{13} 组成。

图中，U_{i1} 是频率为 100Hz 的全波整流电压。U_{i1} 经过电阻 R_{43}、稳压管 VD_{13}，在 VD_{13} 获得梯形波电压，该电压经过与非门 U_{21} 加在 U_{22} 的 CP 端。U_{D13} 经过二极管 VD_{19}、电容器 C_{14}、电阻 R_{44} 变成直流电压，该电压通过非门 U_{20} 加在 U_{22} 的 R 端。U_{22} 的输出端 Q_{10} 一方面通过非门 U_{23} 加在与非门 U_{21} 输入端；另一方面通过二极管 VD_{14} 与 D 触发器的 D 端相连。

计数器 U_{22} 的输出端 Q_{10} 为“0”时，非门 U_{23} 输出端为“1”。该电位加在与非门 U_{21} 输入端。稳压管 VD_{13} 两端上升沿及下降沿到来时，与非门 U_{21} 输出端为“1”；VD_{13} 两端电压为其工作电压 U_z 时，与非门 U_{21} 输出端为“0”，其波形如图 6-48（c）所示。电路工作过程如下：

在开机的瞬间，电容器 C_{14} 两端电压为“0”，非门 U_{20} 的输出端为“1”。计数器 U_{22} 被清零，其 Q_{10} 端为“0”。二极管 VD_{14} 导通，D 触发器的 D 端为“0”，D 触发器 U_{19} 在时钟脉冲作用下，其输出端 Q 亦为“0”，与非门 U_2 被封锁。

由于 U_{22} 的 Q_{10} 为“0”，二极管 VD_{15}、VD_{16} 导通，故电路中 B 点为“0”，电容器 C_{15} 两端电压被抑制在 0V 左右。比较器 U_1 的 $U+<U-$，其输出端为“0”。

稳压管 VD_{13} 两端电压通过二极管 VD_{19} 向电容器 C_{14} 充电，U_{D14} 逐渐升高。当 U_{D14}

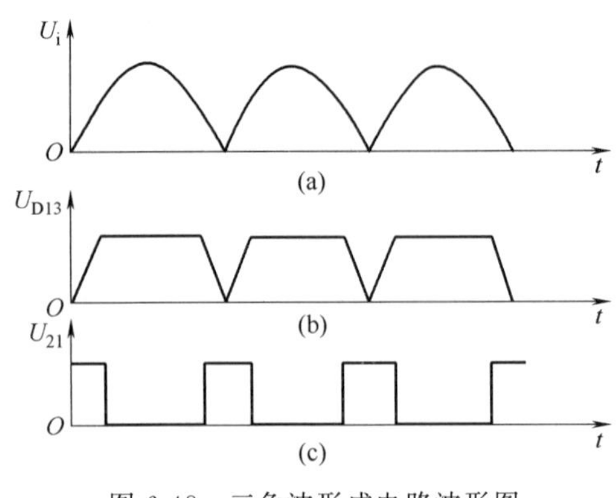

图 6-48　三角波形成电路波形图

大于非门 U_{20} 转折电压时，非门 U_{20} 输出端由“1”变成“0”，即计数器 U_{22} 的 R 端为“0”。在时钟脉冲作用下，计数器 U_{22} 开始计数，经过 $2^9 \times 10ms$ 延时后，其 Q_{10} 端由“0”变为“1”。

由于 Q_{10} 端为“1”，二极管 VD_{14} 截止，D 触发器的 D 端为“1”，D 触发器 U_{19} 在时钟脉冲作用下，其输出端由“0”变为“1”，与非门 U_2 被打开。

由于 Q_{10} 端为“1”，二极管 VD_{15} 截止，15V 电源通过 R_{47} 向 C_{15} 充电，故电路中 B 点电位随 U_{D15} 升高而升高。脉宽调制器 U_1 输出的脉冲宽度随时间延长而逐步加宽，充电电流逐渐增大，这样便防止了启动时过大充电电流损坏蓄电池。

6.6.3 采用智能芯片的充电控制器

目前，世界上各国的半导体厂商已推出许多铅酸蓄电池充电器专用集成电路，下面选择具有代表性的 bq2031 做简要介绍。

单片 COMS 集成电路 bq2031 组成的充电器可以根据蓄电池充电电压和充电电流自动转换充电状态，从而完成对铅酸蓄电池的充电控制。

bq2031 内部框图如图 6-49 所示。它是由通电复位电路、温度补偿基准电压、最长充电时间定时器、充电状态控制器、电压/电流调整器、振荡器和显示控制电路等部分组成。

(1) bq2031 的引脚排列及其功能

bq2031 采用 16 脚 DIP 封装或 SOIC 封装，引脚排列如图 6-50 所示。各脚名称及功能如表 6-15 所示。

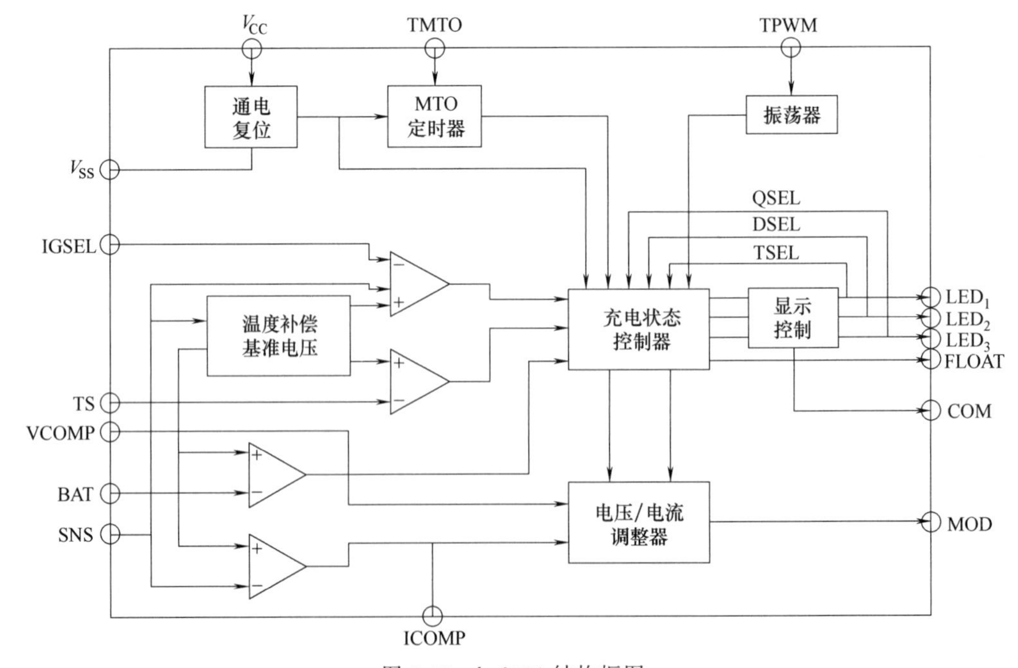

图 6-49　bq2031 结构框图

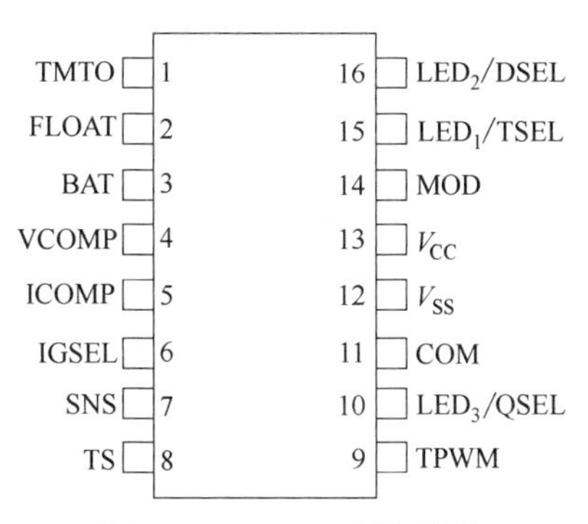

图 6-50 bq2031 引脚排列

表 6-15 bq2031 的引脚功能表

引脚	名称	功能描述
1	TMTO	定时关断时基输入端。用于确定最长充电时间。在 V_{CC} 引脚与该引脚之间应接入定时电阻 R_{MTO}，在该引脚与 V_{SS} 引脚之间应接入定时电容 C_{MTO}
2	FLOAT	状态控制器输出。该引脚为开漏极输出，外接分压网络，以控制浮充单体电池电压门限
3	BAT	单体蓄电池电压输入。该引脚应加入蓄电池组的单体蓄电池电压，为此，在蓄电池组的正极和负极间应接入电阻分压网络
4	VCOMP	电压补偿输出。为了提高电压回路的稳定性，该引脚应外接补偿电容
5	ICOMP	电流补偿输出。为了提高电流回路的稳定性，该引脚应外接补偿电容
6	IGSEL	电流增益选择。为了设定要求的 I_{min}，该引脚应外接电阻
7	SNS	充电电流取样输入。该引脚和 V_{SS} 引脚之间应接入电流取样电阻 R_{SNS}。取样电阻两端的电压控制开关控制器的占空比，以调整充电电流
8	TS	温度取样输入。该引脚应接蓄电池温度监控热敏电阻或蓄电池温度检测器、外接电阻和装在蓄电池内的热敏电阻组成的网络，用来设定最低和最高温度门限值
9	TPWM	时基调整输入。该引脚外接定时电容器，用于设定脉宽调制器(PWM)的频率
10	QSEL	恒压、恒流充电模式选择输入。用来选择恒压充电模式或恒流充电模式
11	COM	LED 公共输出端。该引脚为发光管 $LED_{1\sim3}$ 的公共输出端，当开始读出程序时，该端为高阻抗
12	V_{SS}	接地脚
13	V_{CC}	输入电源电压。输入电源电压为 5.0V±0.5V
14	MOD	电流开关控制输出。MOD 用来控制蓄电池和充电电流，MOD 引脚为高电平时，蓄电池充电；MOD 引脚为低电平时，蓄电池停止充电
15 16 10	$LED_{1\sim3}$	充电状态指示输出。可直接驱动 LED，显示各种充电状态
15	TSEL	终止方法选择。可编程，用于选择恒流快速充电终止方法
16	DSEL	显示选择。可编程，三态输入，控制 $LED_{1\sim3}$ 以显示充电状态

(2) bq2031 的主要功能

恒压/恒流选择引脚 QSEL 和快速充电终止方法选择引脚 TSEL 的接法不同。bq2031 可以采用多种充电模式和快速充电终止方法。采用两级恒压限流充电模式时，bq2031 使蓄电池电压保持与充电状态无关的恒定数值。两阶段恒压限流充电模式的充电曲线和各种电压门限如图 6-51 所示。

当电源加到 V_{CC} 引脚并且接入蓄电池后，充电过程开始。bq2031 时刻都在检测蓄电池的温度，当 TS 引脚电压在 LTF（低温故障）和 HTF（高温故障）之间时，充电器进入预充电工作过程。在此过程中，充电电流保持较小的恒定数值（I_{cond}），蓄电池电压迅速上升。当单体蓄电池的电压上升到快速充电允许的最低电压 U_{min} 时，充电器转入快速充电状态。在快速充电状态下，充电电流限制在最大值 I_{max} 以下。当单体蓄电池电压达到快速充电终

止电压 U_{blk} 的 94%时，蓄电池的容量已达到额定容量的 80%以上，此时，充电器转入补足充电状态。在补足充电状态下，限流充电一直持续到单体蓄电池电压 U_{cell} 等于快速充电终止电压 U_{blk}。然后蓄电池电压稳定在 U_{blk}，充电电流按指数规律逐渐减小，当充电电流（i_{SNS}）下降到外部设定的补足充电最小电流 I_{min} 时，补足充电状态结束。采用恒压限流充电模式时，充电安全定时器（MTO）可以终止快速充电和补足充电状态。进入补足充电状态以后，充电定时器（MTO）复位。达到规定的时间后，MTO 终止补足充电，充电器进入维护充电状态。在该状态下，蓄电池电压维持在浮充电压（U_{flt}）。

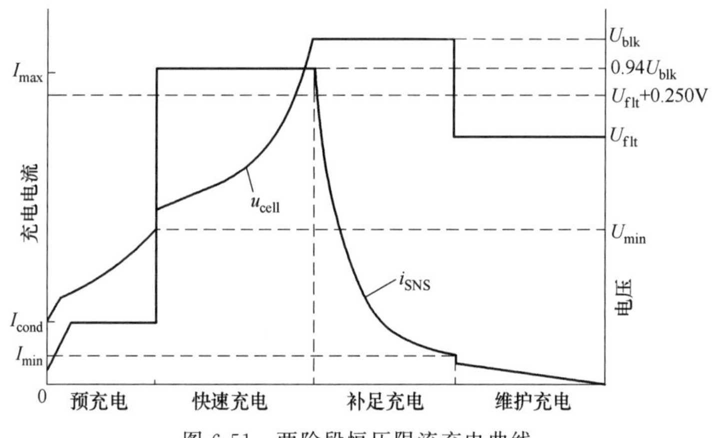

图 6-51　两阶段恒压限流充电曲线

恒压充电模式的优点是：能够根据蓄电池的充电状态，自动调整蓄电池的充电电流，并且所有电压值都具有温度补偿。恒压充电模式适用于循环充电和浮充充电。在快速充电状态下，充电器输出较高的恒定电压，然后下降到温度补偿浮充电压。

两阶段恒流充电模式的充电曲线如图 6-52 所示。采用恒流充电模式时，预充电后，充电器以较高的充电速率（充电电流为 I_{max}）对蓄电池充电，一直到蓄电池电压上升到接近充足电电压。当单体蓄电池的电压 u_{cell} 等于或大于快速充电终止电压 U_{blk} 时，快速充电终止，然后转入维护充电状态。在该状态下，充电电流稳定在涓流充电电流 I_{min}。

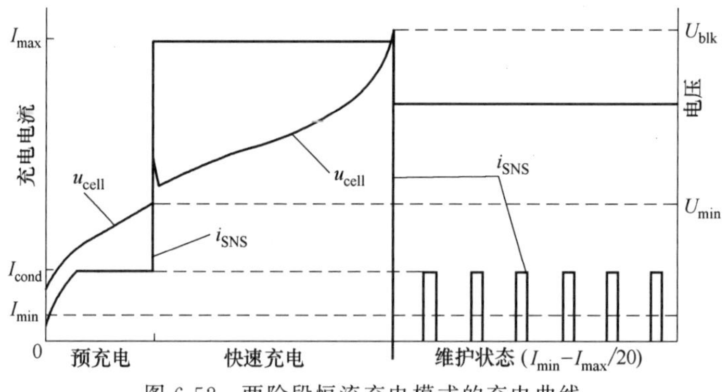

图 6-52　两阶段恒流充电模式的充电曲线

恒流脉冲充电模式的充电曲线如图 6-53 所示。采用该充电模式时，限流快速充电状态与上述恒流充电模式相同，但是充电电流不是连续电流。在充电过程中，当单体蓄电池的电压 u_{cell} 超过快速充电终止电压 U_{blk}，或者当单体蓄电池电压的二阶增量 $\Delta^2U<0$ 时，快速充电状态立即终止，充电器转入维护状态。在该状态下，充电电流为零（$i_{SNS}=0$），因此蓄电池电压开始下降。当单体蓄电池的电压低于或等于设定的浮充电压 U_{flt} 时，则快速充电状态

重新开始，单体蓄电池的电压 u_{cell} 迅速上升，当 u_{cell} 等于 U_{blk} 或 u_{cell} 的二阶增量 $\Delta^2U<0$ 时，充电器又转入维护状态，单体蓄电池电压 u_{cell} 缓慢下降到浮充电压 U_{flt}。此后，重复上述过程。在整个充电过程中，快速充电电流脉冲的宽度逐渐减小，维护充电状态持续的时间逐渐增加。应当说明，在快速充电状态下，定时器（MTO）能够终止快速充电状态。

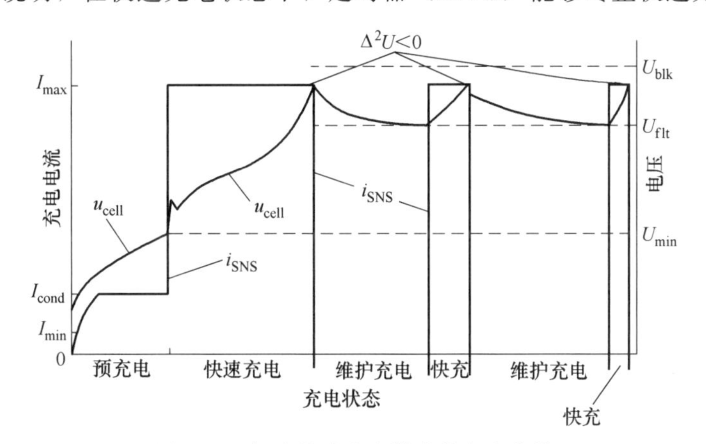

图 6-53　恒流脉冲充电模式的充电曲线

(3) bq2031 的主要参数

① 极限参数。bq2031 的极限参数值如表 6-16 所示。

表 6-16　bq2031 的极限参数

符号	参数	最小值	最大值	单位	备注
V_{CC}	电源电压	−0.3		V	
V_T	除 V_{CC} 和 V_{SS} 脚外的任意脚电压	−0.3		V	
T_{OPR}	工作环境温度	−20	+70	℃	民品
		−40	+85	℃	工业品
T_{STG}	储存温度	−55		℃	
T_{SOLDER}	焊接温度		+260	℃	10s

② 直流门限电压。当环境温度 T_A 在规定范围内，电源电压 $V_{CC}=5V\pm0.05V$ 时，各直流门限电压如表 6-17 所示。

表 6-17　直流门限电压值

符号	参数	额定值	单位	公差	说明
V_{BEF}	内部基准电压	2.2	V	1%	$T_A=25℃$
	基准电压温度系数	−3.9	mV/℃	10%	
V_{LTF}	TS 最高门限电压	$0.6V_{CC}$	V	±0.03V	低温故障
V_{HTF}	TS 最低门限电压	$0.44V_{CC}$	V	±0.03V	高温故障
V_{TCO}	最低关断电压	$0.4V_{CC}$	V	±0.03V	温度关断
V_{MCV}	最高关断电压	$0.6V_{CC}$	V	±0.03V	
V_{min}	BAT 起始脚电压	$0.34V_{CC}$	V	±0.03V	
V_{INT}	充电起始电压	0.8	V	±0.3V	
V_{SNS}	电流取样脚电压	0.27	V	10%	最大值
		0.05	V	10%	最小值

6.7　UPS 使用与维护

UPS 发展至今，技术上包括了当代许多先进的电子技术，其应用领域遍及国民经济的各行各业，起着极为重要的作用。正因为UPS的技术密集，地位突出，我们一方面应尽可能理解和掌握其原理与技术，另一方面在安装、使用与维护时必须熟知其操作程序及维护管理方法，以达到安全合理地使用UPS，并延长其使用寿命的目的。

6.7.1 UPS的选型

(1) 选择UPS应考虑的因素

用户在挑选UPS时，应根据自己的要求来确定自己的挑选标准。一般来说，用户应考虑三个因素：产品的技术性能、可维护性以及价格。

① 在考虑产品的技术性能时，一般用户都特别注意：输出功率、输出电压波形、波形失真系数、输出电压稳定度、蓄电池可供电时间的长短等因素。然而，经常忽视产品输出电压的瞬态响应特性。因为，就目前的电子技术水平而言，保证UPS交流输出电压的静态稳定度不成问题。但对有的UPS而言，其电压输出瞬态响应特性却很差，这主要表现在：当负载突然增加或减少时，UPS的输出电压波动较大；当负载突变时，有的UPS根本不能正常工作。除了UPS的瞬态响应特性外，用户还需注意UPS的负载特性和承受瞬间过载的能力等性能参数，应特别指出，准方波输出的UPS不能带任何超前功率因数的负载。

② 用户在购买UPS时，还应注意产品的可维护性。这就要求用户在购买UPS时，应注意UPS是否有完善的自动保护系统及性能优良的充电回路。完善的保护系统是UPS得以安全运行的基础，性能优良的充电回路是提高UPS蓄电池使用寿命及保证蓄电池的实际可供使用容量尽可能接近产品额定值的重要保证。需要指出的是，就UPS本机而言，蓄电池的成本一般为整个UPS成本的1/4～1/3左右。当有长延时功能而需另外附加蓄电池柜时，其价格可与UPS主机相当，甚至更高。所以，选好、用好蓄电池也是用户应考虑的重要因素。

③ 价格是用户在挑选UPS时要考虑的一个非常重要的因素，但用户在比较产品价格时，不要仅仅从表面上看产品价格的多少。由于目前在UPS的整个生产成本中，蓄电池所占的比例相当高。所以，在比较产品价格时，必须要注意到UPS所配备的蓄电池的容量到底是多少。比较客观的和科学的比较方法是看蓄电池的两个技术性能指标：蓄电池的性能价格比，也就是UPS所配备的蓄电池平均每安时容量的电池到底花多少钱；蓄电池的放电效率比，也就是UPS所配备的蓄电池平均每安时到底能维持UPS工作多长时间。显然，维持时间越长，蓄电池的利用效率也就越高。当然还要特别注意UPS机内到底配置的是什么类型的蓄电池（包括生产厂家）。

(2) 负载容量、负载功率因数对选型的影响

选购UPS时，首先要知道负载的总容量，同时还要考虑负载的功率因数才能确定UPS的额定容量。UPS的额定容量一般是在考虑负载功率因数为0.8的情况下确定的，而在UPS用户中，80%以上都是计算机负载，而计算机内部的电源大多采用开关电源，其实际功率是各瞬时电压值与瞬时电流值乘积的平均值。因此，瞬时功率（峰值功率）很高，但平均实际功率却很小，故一般UPS在以开关电源作负载时功率因数只能达到0.65左右，而市场上的各种UPS负载功率因数指标为0.8，若按此指标选购的UPS来带动开关电源负载，势必造成UPS损坏。因此，在选择UPS容量时，一定要考虑功率因数（或电流峰值系数）。由于负载功率因数很难计算，故在UPS技术规范中要求UPS有电流峰值系数指标，电流峰值系数越高，UPS承受非线性负载的能力越强。一般电流峰值系数比应在3∶1以上。

(3) 蓄电池后备时间对选型的影响

在中小型UPS中被广泛使用的蓄电池是阀控式密封铅酸蓄电池。根据有关资料统计，

由于蓄电池故障而引起 UPS 不能正常工作的比例占 40%以上。因此，在选择 UPS 时，一定要清楚 UPS 内部所配蓄电池的情况，如满载工作时间、半载工作时间、蓄电池电压、容量、生产厂家、使用寿命以及质量保证等。

一般情况下，在选择蓄电池后备时间时，通常选取满载工作时间为 10min、15min 或 30min 即可。而长延时 UPS 则由于大容量蓄电池价格昂贵，一般仅在一些停电时间较长的特殊场合选用，此时最好选择有外接大容量蓄电池功能的 UPS（或外接大功率充电器），以确保在市电停电后能长时间供电。

(4) 集中供电与分散供电对选型的影响

如果有多台计算机需要 UPS，那么是用一台大功率 UPS 集中供电，还是由多台小功率 UPS 分散供电呢？若负载比较集中，为便于管理，一般是用一台大功率 UPS 集中供电；如果要增加可靠性，可考虑两台同容量大功率 UPS 双机冗余并联供电，当然成本也相应增加；若负载比较分散，且各负载之间比较独立，对供电质量要求较高，并且要求互不干扰，此时可考虑用多台小功率 UPS 分散供电，成本也相对较低。

6.7.2 UPS 的安装

6.7.2.1 UPS 的安装条件

(1) UPS 的安装场地与环境

对于场地及环境的选择，既要考虑 UPS 的安全运行，又要考虑负载的实际情况，保证 UPS 运行正常，供电可靠。一般在考虑 UPS 的安装场地和环境时，要注意以下几个方面：

① 场地应清洁干燥，UPS 的左右侧至少要保持 50mm 的空间，后面至少要有 100mm 的空间，以保证 UPS 通风良好，湿度和温度适宜（15～25℃最佳）。

② 无有害气体（特别是 H_2S、SO_2、Cl_2 和煤气等），因为这些气体对设备元器件的腐蚀性较强，影响 UPS 的使用寿命，沿海地区还应防止海风（水）的侵蚀。

③ 外置电池柜应尽可能与 UPS 放在一起。

(2) UPS 与市电电源及负载的连接

① 检查 UPS 电源上所标的输入参数是否与市电的电压和频率一致。

② 检查 UPS 输入线的相线与零线是否遵守厂家规定。

③ 检查负载功率是否小于 UPS 的额定输出功率。

(3) 电缆截面的选择

UPS 一般均安装于室内，而且离负载较近，其走线多为地沟或走线槽，所以一般采用铜芯橡胶绝缘电缆。其导线截面积主要考虑三个因素：

① 符合电缆使用安全标准；

② 符合电缆允许温升；

③ 满足电压降要求。

UPS 要求最大电压降为：交流 50Hz 回路≤3%，交流 400Hz 回路≤2%，直流回路≤1%，如果电压降超过上述范围，必须加粗导线截面积。计算方法如下：

先求电流值，因为

$$P=3U_{相} I_{相} \cos\varphi\text{（单相输出者则为：}P=UI\cos\varphi\text{）}$$

所以

$$I_{相}=P/(3U_{相}\cos\varphi)=S/(3U_{相})$$

如 380V、50Hz、250kV·A UPS 的输出电流为：

$$I_{相}=250\times10^3/(3\times220)\approx380(\mathrm{A})$$

查表 6-18 确定导线截面：当输出线约 100m 长时，可选择 185mm² 的铜芯电缆，超过 100m 长时则需加粗些，因为 100m 的线路电压降可达 2.7%。如果输出线在 80m 以下时，可选 150mm² 的铜芯电缆，此时电压降为 3.1×80/100=2.48%。

同理，可确定蓄电池输出线的最小截面积。

直流输出电流 $I=P/U$，这里要注意的是 U 应取最小值。

逆变器输入电压为 362～480V 的 3 相 380V、250kV·A UPS，蓄电池的最大放电电流为：

$$I=250\times10^3/362\approx691(\mathrm{A})$$

所以电池输出线应选 300mm² 以上的铜芯线。

100mm 长回路的电压降比率（铜芯电缆）见表 6-18 和表 6-19，供选用时参考。

表 6-18 三相线路（铜芯导体）的电压降比率（50/60Hz，3 相，380V，导线长 100m） %

电流 \ 截面积	35mm²	50mm²	70mm²	95mm²	120mm²	150mm²	185mm²	240mm²	300mm²
50A	1.3	1.0							
63A	1.7	1.2	0.9						
70A	1.9	1.4	1.0	0.8					
80A	2.1	1.6	1.2	0.9	0.7				
100A	2.7	2.0	1.4	1.1	0.9	0.8			
125A	3.3	2.4	1.8	1.4	1.1	1.0	0.8		
160A	4.2	3.1	2.3	1.8	1.5	1.2	1.1	0.9	
200A	5.3	3.9	2.9	2.2	1.8	1.6	1.3	1.2	0.9
250A		4.9	3.6	2.8	2.3	1.9	1.8	1.4	1.2
320A			4.6	3.5	2.9	2.5	2.1	1.9	1.5
400A				4.4	3.6	3.1	2.7	2.3	1.9
500A					4.5	3.9	3.4	2.9	2.4
600A						4.9	4.2	3.6	3.0
800A							5.3	4.4	3.8
1000A								6.5	4.7

表 6-19 直流线路（铜芯导体）的电压降比率 %

电流 \ 截面积	25mm²	35mm²	50mm²	70mm²	95mm²	120mm²	15mm²	185mm²	240mm²	300mm²
100A	5.1	3.6	2.6	1.9	1.3	1.0	0.8	0.7	0.5	0.4
125A		4.5	3.2	2.3	1.6	1.3	1.0	0.8	0.6	0.5
160A			4.0	2.9	2.2	1.6	1.2	1.1	0.8	0.7
200A				3.6	2.7	2.2	1.6	1.3	1.0	0.8
250A					3.3	2.7	2.2	1.7	1.3	1.0
320A						3.3	2.7	2.1	1.6	1.3
400A							3.4	2.8	2.1	1.6
500A								3.4	2.6	2.1
600A								4.3	3.3	2.7
800A									4.2	3.4
1000A									5.3	4.2
1250A										5.3

6.7.2.2 UPS 的安装要求及注意事项

UPS 安装前，UPS 供应商会向用户提供完整、详细的 UPS 安装要求与注意事项，只有符合这些要求，UPS接入用户供电系统后才会正常工作。这里根据UPS输入输出的不同类型整理了UPS的安装要求与注意事项，在实际应用中，工程技术人员可根据实际情况将相关参数填入空格内发给用户，以使用户按此要求施工（以单相UPS为例）。如下：

① 要求UPS供电为单相三线制（零、火、地），市电波动范围在220V±______V以内，零地电压小于______V。

② UPS前级及负载回路不能安装带漏电保护的断路器。

③ UPS输入零线不能接断路器或保险（如需要断零线，则零火双断）。

④ UPS输入零线与输出零线（即UPS负载零线）要分开，不能混接。

⑤ UPS输入火线不能与其他用电设备的火线共接一个断路器下口。

⑥ 输入断路器额定电压____V，额定电流____A，分断能力____kA；输出断路器额定电压____V，额定电流______A，分断能力________kA。

⑦ 输入零、火线用____mm^2、输出零、火线用______mm^2、地线用______mm^2多股铜软线。

⑧ 用户如为UPS外配长延时电池（建议用户将电池与UPS主机并排放置），电池与主机之间连线长度不超过______m。

⑨ 建议用户负载配电采用分级多路控制方式，且下一级断路器总额定容量不应大于上一级的130%。

⑩ 建议用户为UPS及其负载单独设置配电盘，防护等级要达到IP30。

⑪ UPS负载插座与其他非UPS负载插座要区分开。

⑫ UPS负载插座零、火线不能接反（左零线、右火线、上面为地线）。

⑬ 建议UPS及电池工作环境干燥，温度在20～25℃之间。

⑭ 地板的承重不小于______kg/m^2，安装面积不少于______m^2。

① 用户为UPS提供的输入市电波动值一般要小于UPS标称的允许市电波动范围，例如某型号UPS标称允许市电输入电压波动在220V±44V，可要求用户市电波动在±33V，这样有利于UPS正常运行；零地电压一般要求在不带负载时小于1.5V，带满载时小于2V，工程技术人员也可根据现场情况及负载要求提出此值。

② UPS为了消除共模干扰，零、火线对地之间通常加有滤波电容，可能造成零、火线上电流不相等，从而使带漏电保护的断路器跳闸，所以UPS前级及负载回路不能装带漏电保护的断路器，以免造成UPS及其负载意外掉电。这里要指出的是，用户配装UPS的主要目的是为了保证重要负荷（如计算机）的安全运行，同时要保障人员安全，所以不应该对线路中带电部分如插座、断路器等频繁插拔、开合。

③ 从安全用电角度出发，零线（尤其是干线中的零线）不能断开，即使要断，也要零线与火线同时断开。

④ 为了消除电磁干扰，大多数UPS的输入零线与输出零线是隔离的或者是经过扼流圈的，所以在做UPS配电时不能把UPS输出（即负载）的零线接到输入配电的零线母排上。用户可将UPS输出（负载）零线接到单独一条零线排上。但有些品牌的UPS在其内部输入与输出零线直通，就可把输入零线与输出（负载）零线接到同一母排上。

⑤ UPS输入断路器是专门用来控制UPS输入电源通断的，所以UPS输入断路器的下口不要再接其他用电设备，以免影响UPS输入电的正常通断。这里要说明一点，有些用户要求UPS在市电掉电后，UPS靠电池后备工作的时间很长，这样，UPS所配的外接长延时电池的容量很大，为保证外接电池有足够的充电电流（一般为电池总容量的10%），厂家会给UPS另外配备一台电池充电器，此充电器的交流输入电源要与UPS的输入电源同时通断，才能保证在有市电时，充电器对外接电池充电，市电断时，电池通过充电器立即向UPS逆变器放电。所以这种充电器的交流输入要与UPS的输入电源接在同一断路器的下口。

⑥ 在为 UPS 选配输入输出断路器时，首先要求断路器标称的额定电压要符合 UPS 的额定输入输出电压，如单进单出 UPS 可选单极（或 $N+1$，或两极）额定电压为 220V 或 250V 的断路器，三进三出 UPS 可选三极（或 $N+3$，或四极）额定电压为 380V 或 415V 的断路器。要注意断路器的额定分断能力 I_{CU} 要符合 UPS 厂家的要求，一般小型 UPS 断路器的额定分断能力为 10kA 或 6kA，大中型 UPS 都要求在 30kA 以上。

断路器的标称额定电流要大于 UPS 的最大输入电流和输出电流，一般 UPS 厂家会直接给出输入输出断路器的额定工作电流值或 UPS 的最大输入输出电流值，如厂家未在说明书中给出，也可通过以下公式算出：

$$I_{inmax} \approx \frac{P \times PF_{out} + P_C}{\eta_{AC\text{-}AC} \times PF_{in} \times U_{inmin}}$$

$$I_{outmax} \approx P / U_{outmin}$$

式中，I_{inmax} 为最大输入电流，A；P 为 UPS 标称容量，V·A；PF_{out} 为负载功率因数；P_C 为充电功率，W，如 P_C 值厂家未给出，可通过公式 $P_C \approx U_C I_C$ 计算出，这里 U_C 为 UPS 均充电压，V，I_C 为 UPS 均充电流（或最大充电电流），A；$\eta_{AC\text{-}AC}$ 为 UPS 满载时交流输入至交流输出的效率（是 UPS 带线性满负荷时输出有功功率与输入有功功率之比），为一常数；PF_{in} 为输入功率因数；U_{inmin} 为厂家给出的 UPS 满载工作时允许（不转电池供电）最低市电输入电压；I_{outmax} 为 UPS 最大输出电流，A；U_{outmin} 为 UPS 最小输出电压，V。

在线式 UPS 是稳压输出的，所以 U_{outmin} 可取 220V。某些在线互动式 UPS，当市电输入电压在一定范围之内时（如某型号 UPS 为 192～250V），UPS 是直接将此电压输出给负载的，只有在市电输入电压超出此范围时，UPS 才将输入电压调整后（如自动升压或降压 12%）输出给负载，所以这种情况下 UPS 最小输出电压应为 UPS 不做调整时的最低输入电压。

另外，许多厂家都会允许 UPS 出现短时过载工作（为 UPS 标称功率的 100%～125%）情况，断路器也允许在过流 125%时 1～2min 后才动作，所以这种过载情况一般不予考虑。

例：一台某型号 16kV·A 单进单出 UPS，其输入电压范围 155～276V（满载），输入功率因数 0.98，负载功率因数 0.7，充电功率 1.2kW，满载时整机效率为 0.91，那么其最大输入电流 $I_{inmax}=(16000\times0.7+1200)/(0.91\times0.98\times155)\approx89.7$（A），最大输出电流 $I_{outmax}=16000/220\approx72.7$（A）。此 UPS 输入输出断路器的额定工作电流可分别选 100A 和 80A。

UPS 所带负载（计算机开关电源是整流型负载）通常是感性的，功率因数一般在 0.6～0.7 之间，UPS 输入端即使加入了功率因数校正电路，但在 UPS 旁路工作时，由于负载的缘故，输入端也是呈感性的，而感性负载的启动电流较大，所以在选择输入、输出断路器时，其脱扣曲线应选择 D 类（10～20 倍额定电流脱扣）。

有些 UPS 厂家考虑到断路器在某些情况下可能产生误动作，从而引发输入电和输出（负载）配电的意外断电，所以会要求使用负荷隔离开关或带熔丝的负荷隔离开关。在选取开关和熔丝时，其额定电流也要大于最大输入电流和最大输出电流。

特别值得注意的是，大多数三进单出 UPS 机型，在转旁路工作时，全部负载是由输入三相电中的一相来负担的，所以在选择输入断路器（多极）时其额定工作电流应不小于满载工作时单相最大输入电流。

⑦ 对于 UPS 输入输出连线线径的选取也要参考每相通过的最大电流，考虑到三相设备

中中线上也可能存在三次谐波电流，所以三进单出及三进三出的零线（尤其是UPS的输出零线）线径不应小于A相（三进单出的UPS，A相通常被设定为旁路用电）线径。保护地线线径一般也要求与A相线径相同。

UPS的连接线一般选用BVR线，YZ、YC多芯软橡套线或RVV多芯软塑套线。

电流密度（每平方毫米截面积内可流过电流安培数）可按以下值估算：1.5mm²/8A，2.5mm²/7A，4mm²/6.5A，6mm²/6A，10mm²/5.5A，16mm²/5A，25mm²/4A，35mm²/3.5A，50mm²/3A，70mm²/2.5A，95mm²以上最大不超过2A。

⑧ UPS与外接长延时蓄电池之间的连线不宜过长，否则在蓄电池连线上损失的压降比较大。另外，用户往往十分注意UPS主机工作的环境温度，蓄电池与主机一同放置可使蓄电池也得到良好的工作环境。

⑨ 用户的负载配电最好采用分级多路控制方式。当末端某一支路发生过电流或短路保护时，不会导致同一级中其他支路或上一级用电设备掉电，且下一级断路器的总额定电流值不应大于上一级的130%，以避免出现下一级每个支路断路器都没满载或过载工作时（断路器不跳闸），上一级断路器却因过载而跳闸，以至于全部负载都失去供电。另外，上一级断路器的脱扣曲线和脱扣时间要大于下一级断路器的脱扣曲线和脱扣时间，以免下一级中支路有尖峰、浪涌或发生短路时上一级断路器先于下一级断路器脱扣，导致全部负载断电。

对于三进三出UPS要求用户尽量平均分配三相负载，以避免因UPS输出三相中某一相过载而使UPS转入旁路状态，降低UPS对负载的保护等级。

⑩ 建议用户为UPS及其负载单独设置配电盘，以便于对UPS及其保护的负载进行集中、可靠的控制。此配电盘所选元器件要符合国家的阻燃和绝缘要求。

第一类防护形式：防止固体异物进入电器内部及防止人体触及内部的带电或运动部分的防护。第一类防护形式的分级方式及定义见表6-20。

第二类防护形式：防止水进入内部达到有害程度的防护。第二类防护形式的分级方式及定义见表6-21。

表6-20　第一类防护形式分级及定义

防护等级	简称	定义
0	无防护	没有专门的防护
1	防护直径大于50mm的固体	能防止直径大于50mm的固体异物进入壳内，能防止人体的某一大面积部分（如手）偶然或意外触及壳内带电或运动部分，但不能防止有意识地接触这些部分
2	防护直径大于12mm的固体	能防止直径大于12mm的固体进入壳内，能防止手触及壳内带电或运动部分
3	防护直径大于2.5mm的固体	能防止直径大于2.5mm的固体异物进入壳内，能防止厚度（或直径）大于1mm的工具、金属线等触及壳内带电或运动部分
4	防护直径大于1mm的固体	能防止直径大于1mm的固体异物进入壳内，能防止厚度（或直径）大于1mm的工具、金属线等触及壳内带电或运动部分
5	防尘	能防止灰尘进入达到影响产品运行的程度，完全防止触及壳内带电或运动部分
6	尘密	完全防止灰尘进入壳内，完全防止触及壳内带电或运动部分

表6-21　第二类防护形式分级及定义

防护等级	简称	定义
0	无防护	没有专门的防护
1	防滴	垂直的滴水应不能直接进入产品内部
2	15°防滴	与铅垂线成15°角范围内的滴水，应不能直接进入产品内部

续表

防护等级	简称	定义
3	防淋水	任何方向的喷水对产品应无有害的影响
4	防溅	猛烈的海浪或强力喷水对产品应无有害的影响
5	防喷水	任何方向的喷水对产品应无有害的影响
6	防海浪或强力喷水	猛烈的海浪或强力喷水对产品应无有害的影响
7	浸水	产品在规定的压力和时间内浸在水中，进水量应无有害的影响
8	潜水	产品在规定的压力下长时间浸在水中，进水量应无有害的影响

表明产品外壳防护等级的标志由字母“IP”及两个数字组成。第一位数字表示上述第一类防护形式的等级，第二位数字表示上述第二类防护形式的等级。如需单独标志第一类防护形式的等级时，被略去的数字的位置，应以字母“X”补充，如IP3X表示第一类防护形式3级，工程技术人员可根据设备安装的场所、位置和UPS厂家要求提出防护等级。

⑪ 用户都知道不能将空调、照明等设备接入UPS输出端，但如果用户在做UPS负载配电时，UPS负载专用插座与非UPS负载插座没有明显的区分标志，就可能造成用户误将非UPS负载插入UPS负载专用插座中，影响UPS的正常运行，所以要在UPS负载专用插座上做出明显区别于其他插座的特殊标志。

⑫ 某些需要单相三线制供电的UPS负载，在其设备内部，零线与保护地线是接在一起的，如果UPS负载插座的零、火线接反，则有可能造成UPS和负载的损坏，所以用户在做负载配电时一定要检查UPS负载插座零、火线的极性，不能接反。对于插座来说，面对插座，以保护地线为起点，按顺时针顺序，依次为地、火、零。对于插头来说，面对插头，以保护地线为起点，按顺时针顺序，依次为地、零、火。

⑬ 对于UPS外接蓄电池，正确安装及安全运行的基本条件如下：

UPS及电池工作环境干燥，温度在20～25℃之间。

在蓄电池组的充放电回路中必须装有过电流保护断路器或熔断器，而且此保护装置离电池越近越好，有些熔断器甚至可以串接在蓄电池组内，这样当蓄电池组的输出线绝缘损坏或输出短路时，蓄电池组的输出电压可被迅速切断。

过电流保护断路器或熔断器的额定工作电压（直流）应大于UPS蓄电池组的浮充电压，因为虽然UPS正常工作时充电器与蓄电池组之间压差不是很大，但如果充电器内部或充电器输出端正负极连线发生短路，那么有可能接近于整个蓄电池组浮充时电压值的电压就会全部加到此断路器上，为了保证此时断路器还能有效分断，此断路器的额定工作电压值一定要大于UPS蓄电池组的浮充电压。

过电流保护断路器或熔断器的额定工作电流应大于蓄电池组的最大放电电流，蓄电池连接线线径的选取也要参考蓄电池组的最大放电电流，最大放电电流的计算公式如下：

$$I_{\mathrm{Batmax}} \approx \frac{P \times PF_{\mathrm{out}}}{\eta_{\mathrm{AC\text{-}AC}} U_{\mathrm{Batoff}}}$$

式中，I_{Batmax} 为蓄电池组最大放电电流，A；P 为UPS标称容量，V·A；PF_{out} 为负载功率因数；$\eta_{\mathrm{DC\text{-}AC}}$ 为UPS在电池逆变状态下，带纯阻性满负荷工作时，从蓄电池组直流至UPS交流输出的效率，为一常数；U_{Batoff} 为UPS在电池逆变工作时的蓄电池组关机电压，V。

要注意，某些生产厂家设定在大电流放电时的关机电压值小于小电流放电时的关机电压值，如某型UPS直流工作电压为120V DC，在50%以下负载时，电池关机电压设置为105V，在50%以上负载时，电池关机电压设置为100V。

⑭ 由于UPS主机及其蓄电池一般都比较重，应计算地面的载荷能力是否达到UPS及

其蓄电池重量的分布载荷。安装面积的要求：对于 20kV·A 以下的 UPS，其工作间面积应不小于 10～20m^2；对于 20～60kV·A 的 UPS，工作间面积应不小于 20m^2；对于 60kV·A 以上的大型 UPS，工作间面积应不小于 40m^2。

对于要求 UPS 24 小时不间断运行的用户，为 UPS 单独配置一个维修旁路配电箱是非常必要的。通过对 UPS 及其维修旁路配电箱的正确操作，用户可将 UPS 负载无间断地切换到此配电箱的手动维修旁路上，然后使 UPS 主机彻底不带电，工程技术人员就可安全地对 UPS 进行维修。当维修工作完成后，再通过对 UPS 及此维修旁路配电箱进行操作，用户同样可将 UPS 负载无间断地从手动维修旁路切换回 UPS 在线输出回路。维修旁路配电箱的结构及操作方法如图 6-54 和图 6-55 所示（以单进单出式 UPS 为例）。

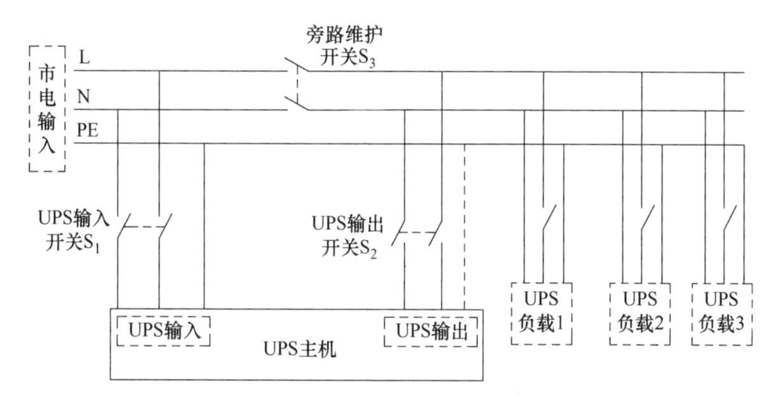

图 6-54　维修旁路原理框图

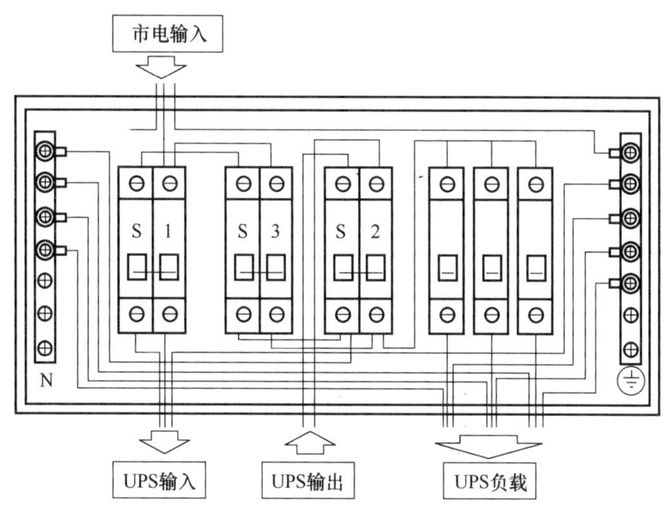

图 6-55　维修旁路结构图

S_1 为 UPS 输入断路器，S_2 为 UPS 输出断路器，S_3 为 UPS 维护旁路开关。

正常开机顺序（初始状态 S_1、S_2、S_3 均为 OFF）：

- 将 S_1 扳到 ON，正常启动 UPS；
- 确认 UPS 输出电压正常后，将 S_2 扳到 ON；
- 开启负载，此时 S_3 保持 OFF 状态。

转维护旁路顺序（初始状态 S_1、S_2 为 ON，S_3 为 OFF）：

- 确认市电供电正常，将 UPS 主机切换到旁路状态（内部旁路）；

- 确认 S_3 上、下口电压差不超过 2V 后，将 S_3 扳到 ON；
- 确认负载运行正常后，将 S_2 扳到 OFF；
- 将 S_1 扳到 OFF，此时 UPS 设备已与整个配电回路断开，可进行维护。

如果 UPS 不能切换到内部旁路，则需要按正常顺序将 UPS 彻底关机，将 S_2 扳到 OFF，S_1 扳到 OFF，此时负载将关闭；如负载还需继续工作，在确认 S_1、S_2 为 OFF 状态后，将 S_3 扳到 ON，然后开启负载。

转回正常工作顺序（初始状态 S_1、S_2 为 OFF，S_3 为 ON）：

- 将 S_1 扳到 ON；
- 启动 UPS，确认 UPS 进入旁路状态（内部旁路）；
- 确认 S_2 上、下口电压差不超过 2V 后，将 S_2 扳到 ON；
- 将 UPS 从旁路切换到在线状态，此时 UPS 恢复到正常工作状态。

6.7.3 UPS 的使用

6.7.3.1 UPS 使用方法

由于一般负载在启动瞬间存在冲击电流，而 UPS 内部功率元件都有一定的安全工作区范围，虽然我们在选用器件时都留有一定的余地，但是过大的冲击波还是会缩短元器件的使用寿命，甚至造成元器件的损坏，因此在使用 UPS 时应尽量减少冲击电流带来的影响。一般的 UPS 在旁路工作时抗冲击能力较强，我们可利用这一特点在开机时采用以下方式进行：先送市电给 UPS，使其处于空载工作状态，再逐个打开负载，先开冲击电流较小的负载，再开冲击电流较大的负载，然后使 UPS 处于逆变工作状态。应注意：在开机时千万不能将所有的负载同时开机，也不可带载开机。

关机时先逐个关闭负载，再将 UPS 关机，使 UPS 处于旁路工作而充电器继续对电池组充电。如果不需要 UPS 投入，可将 UPS 关闭，再将输入市电断开即可。

后备式 UPS 在市电正常情况下，皆为旁路供电，只能靠输入熔丝来保护。如用户使用时不注意这点而超载使用，虽然市电断电时 UPS 还可继续工作，但当市电异常转电池逆变工作时，就会因过载保护而关机，严重时会造成 UPS 损坏，给用户带来不必要的损失，因此在使用后备式 UPS 时应特别注意不要超载使用。

长延时 UPS 由于采用外接电池组以延长供电时间，所以外接电池的好坏直接影响 UPS 的供电时间。由于长延时 UPS 外置电池和内置电池是分开的，相互之间由电池连线连接，一般正常使用时不会有什么问题，但当用户在装机或移机时就需要进行重新连线，应注意电池连接时电压极性要正确；外置电池与主机之间的连线先不要接上，等 UPS 市电输入产生充电电压后再连接，即 UPS 开机后再接外置电池。

在正确使用的基础上，UPS 还需定期维护与保养，才能更好地延长其使用寿命。蓄电池是 UPS 设备的支柱之一，使用不当容易损坏，因此对蓄电池的正确维护显得尤为重要。要定期（通常为 6 个月）检查 UPS 内电池组的端电压，若电池端电压较低时就需要进行维护。蓄电池组应在 0～30℃的环境中使用，温度过高时，蓄电池寿命将大大缩短；温度过低时，蓄电池可释放的容量将大大减少。蓄电池存放一段时间后要进行充电，对于 UPS 长期处于市电供电而很少用电池供电的情况，要定期让蓄电池进行充放电。蓄电池深度放电时对电池有很大的影响，一般情况下要避免电池深度放电。UPS 中所使用的免维护蓄电池不能用快速充电器来充电，否则将很容易损坏蓄电池。

UPS 不宜长期工作在 30℃以上的环境中，否则会大大缩短电池的使用寿命。不要将磁性介质放在 UPS 上，否则容易导致 UPS 机内信息丢失而损坏机器。此外，UPS 最好不要一直处于满载和轻载状态下运行，一般选取额定容量的50%～80%为宜。

在使用UPS之前，请用户务必仔细阅读随机的《UPS用户使用手册》。

6.7.3.2 UPS应用技巧

所有UPS中的蓄电池实际可供使用的容量与蓄电池的放电电流大小、蓄电池的环境工作温度、储存时间的长短及负载性质（电阻性、电感性、电容性）密切相关。因此用户在使用蓄电池时需注意以下几点：

① 蓄电池的过度放电和蓄电池长时间的开路闲置不用都会使蓄电池的内部产生大量的硫酸铅，并被吸附到蓄电池的阴极上，形成所谓的阴极“硫酸盐化”，其结果是造成电池内阻增大，蓄电池的可充放电性能变坏。

② 要想恢复蓄电池的充放电特性，应采用均衡充电法。目前市售容量为3kV·A以下的UPS，蓄电池组的浮充电流大多数控制在1A以内。

③ 为保证蓄电池具有良好的充放电特性，对于长期闲置不用的UPS（经验数据是UPS停机10天以上），在重新开机使用前，最好先不要加负载，让UPS利用机内的充电回路对蓄电池浮充10～12h以后再用。对于后备式UPS用户来说，若UPS长期工作在后备式工作状态时，建议每隔一个月，让UPS处于逆变器工作状态至少3min，以便激活电池。

对于后备式UPS来说，当其处于由市电供电的后备工作状态时，虽然它具有抗干扰自动稳压功能，但它不具备输出短路自动保护功能（一般用交流输入熔丝来实现限流）。因此，对这种类型UPS用户来说，不得随意加大交流输入回路中保险丝的容量。只有当这种电源处于逆变器供电状态时，它才同时具有自动稳压和输出短路自动保护功能。

对于后备式UPS来说，一般都为用户设置如下电位器来调整工作点：

① 调整UPS市电供电-逆变器供电工作转换电压的大小；

② 调整UPS逆变器输出交流电压的大小；

③ 调整电池充电回路的充电电压的大小。

对在线式UPS来说，用户不要轻易地去调整机内电位器，可能会造成UPS控制线路失调，UPS无法正常工作。

选购长延时UPS时，为保证蓄电池能得到高效利用，提高其有效可供使用的容量及延长蓄电池的使用寿命，应选用具有改进型的恒流充电特性的充电器。如果使用一般的截止型恒压充电器必将导致蓄电池性能的迅速恶化。对长延时UPS而言，蓄电池组的成本往往超过UPS主机的成本，所以用户应注意到这一点。

如果用户在市电停电期间，使用自备的柴油发电机组供电时，由于柴油发电机组的内阻比市电电网的内阻大得多，因此，有可能导致后备式UPS在市电供电与柴油发电机组供电时，UPS的交流稳压线路的输出电压值有较大差异。在遇到这种情况时，用户应重新调整UPS的交流稳压工作点。

对方波输出的后备式UPS来说，其市电供电逆变器供电的转换时间在4～9ms。这种UPS不能百分之百地保证对负载可靠供电，对这种UPS来说，若偶然出现一次故障使计算机的工作程序中断或破坏，即计算机产生“自检”操作并不意味着出故障。因此，方波输出的UPS不宜用于重要的计算机网络的供电系统中。

6.7.3.3 UPS日常维护

当今的UPS系统因其智能化程度高，又采用了免维护蓄电池，给它的使用带来许多便利，但在使用过程中还应在多方面引起注意，才能保证使用中的安全。

UPS主机对环境温度要求不高，0～40℃都能正常工作，但要求室内清洁、少尘，否则灰尘加上潮湿会引起主机工作不正常。蓄电池对温度要求较高，标准使用温度为25℃，平时不能超出15～30℃范围。温度太低，会使蓄电池容量下降，温度每下降1℃，其容量下降1%。其放电容量会随温度升高而增加，但寿命降低。如果在高温下长期使用，温度每升高10℃，电池寿命约减少一半。

主机中设置的参数在使用中不能随意改变，特别是电池组的参数，会直接影响其使用寿命，但随着环境温度的改变，对浮充电压要做相应调整。通常以25℃为标准，环境温度每升高1℃时，浮充电压应增加18mV（相对于12V蓄电池）。在无市电，靠UPS系统自行供电时，应避免带负载启动UPS，应先关断各负载，等待UPS系统启动后再开启负载。因负载瞬间供电时会有冲击电流，多个负载的冲击电流再加上其他设备所需的供电电流会造成UPS瞬间过载，严重时将损坏变换器，如果可能，最好将多个负载分组，再逐一开启。

UPS系统按使用要求功率余量不大，在使用中要避免随意增加大功率的额外设备，也尽量不要在满负载状态下长期运行。

由于大功率UPS的电池组电压很高，存在电击危险，因此在安装电池连接和输出线时应具有安全保障，工具应采取绝缘措施，特别是输出接点应有防触摸措施。

不论是在浮充工作状态还是在充电、放电检修测试状态，都要保证电压、电流符合规定要求。过高的电压或过大的电流可能会造成电池的热失控或失水，电压、电流过小会造成电池亏电，这都可能影响电池的使用寿命，当然前者的影响更大。

在任何情况下，都应防止电池短路或深度放电，因为电池的循环使用寿命与放电深度密切相关。放电深度越深，其循环使用寿命越短。在容量试验或放电检修过程中，通常使蓄电池的放电容量达到其额定容量的50%即可。

对于电池应避免大电流充放电，虽说在充电时可以接受大电流，但在实际操作中应尽量避免，否则会造成充电极板膨胀变形，使得极板上活性物质脱落，内阻增大，温度升高，严重时将造成电池容量下降，寿命提前终止。

UPS的日常维护通常有如下几项：

UPS在正常使用情况下，主机的维护工作主要是防尘和定期除尘，其次就是在除尘时检查各连接件和插接件有无松动和接触不牢的情况。

蓄电池组目前都采用了免维护电池，但这只是免除了以往的测比、配比、定时添加蒸馏水的工作。而外因工作状态对电池造成的影响并没有改变，这部分的维护和检修工作仍然是非常重要的，UPS系统的维护检修工作主要在电池部分。

平时每组电池中应有几只电池作标示电池，作为了解全电池组工作情况的参考，对标示电池应定期测量并做好记录。

蓄电池维护中需经常检查的项目有：清洁并检测电池两端电压、电池温度；连接处有无松动、腐蚀现象，检测连接条压降；电池外观是否完好，有无外壳变形和渗漏；极柱、安全阀周围是否有酸雾逸出。

不能把不同容量、不同性能、不同厂家的电池连在一起，否则可能会对整组电池带来不利影响。对寿命已过期的电池组要及时更换，以免影响到主机。

再好的设备也有寿命，也会出现各类故障，但维护工作做得好可以延长寿命，减少故障的发生，这与人的寿命长短、生老病死是一样的道理。不要因为高智能、免维护而忽略了本应进行的维护工作，预防工作在任何时候都是安全运行的重要保障。

6.7.4 UPS的故障

在UPS的使用过程中，必须对一些常见的故障或告警情况进行处理，掌握常见故障的分析方法和处理措施。只有这样，才能最大效能地保障供电不中断。本节对 UPS 的一些常见故障原因及其处理措施进行介绍。

6.7.4.1 主路故障分析

主路故障是 UPS 中发生概率较高的一类故障，故障发生时，一些典型的故障现象如下：

① 市电模式无法启动，电池模式和旁路模式工作正常。

② 市电模式和电池模式都无法运行，但旁路模式工作正常。

③ 市电/电池模式下输出电压过低/过高，旁路模式下电压正常。

应针对上述不同现象，结合图 6-56 所示的 UPS 结构框图，分析定位到不同的故障原因，并有针对性地进行测量排除。

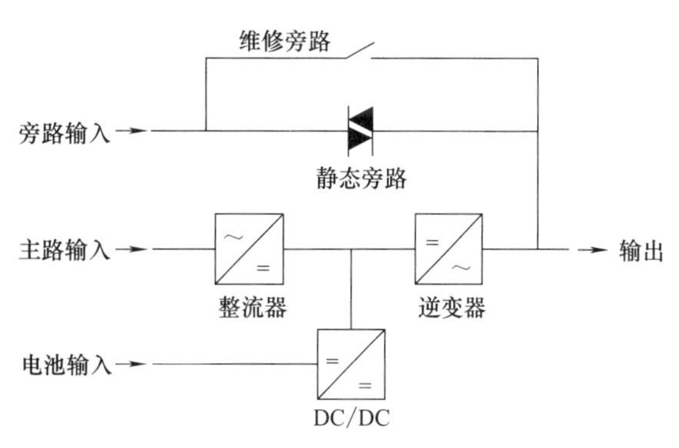

图 6-56 UPS 多支路结构图

针对第一种故障现象，可以得出：电池输入经 DC/DC 变换器、逆变器到输出支路正常；旁路到输入、输出正常；可能的故障在主路输入到整流器输出支路部分，需要对该部分进行重点检测定位。图 6-57 列出此类故障的分析压缩流程。

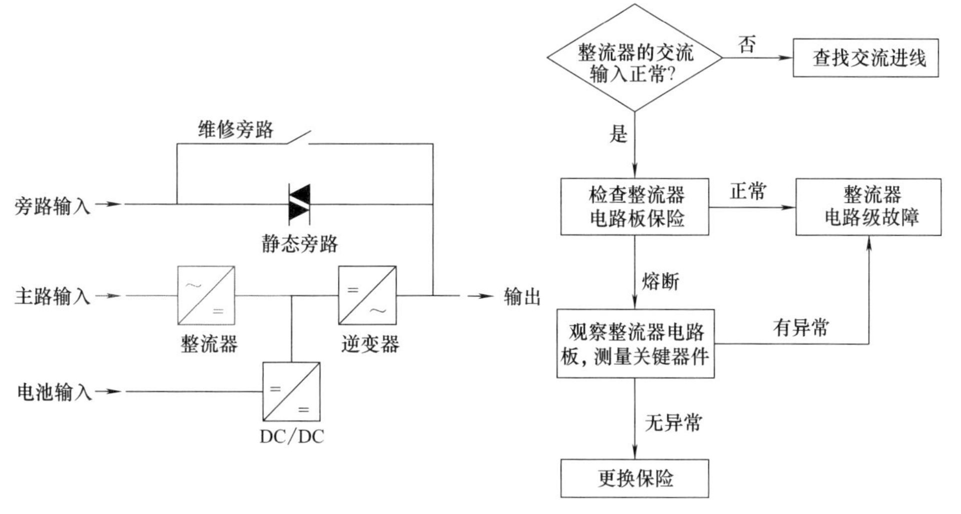

图 6-57 故障定位及检修流程（一）

针对第二种故障现象，可以得出：旁路到输入、输出正常；电池输入经 DC/DC 变换器、逆变器到输出支路，或主路输入经整流器到逆变器、输出支路存在故障，后两者共用部分为逆变器及其后端输出，存在故障的概率较大，需要首先排除。图 6-58 列出此类故障的分析压缩流程。

针对第三种故障现象，可以分析得出：逆变器电路中部分器件或控制电路发生故障，需要对这两个部分进行重点检查或更换排除。

6.7.4.2 旁路故障分析

旁路故障的分析相对简单，下面针对旁路无输出和主路、旁路来回切换两个实例进行故障的分析说明。

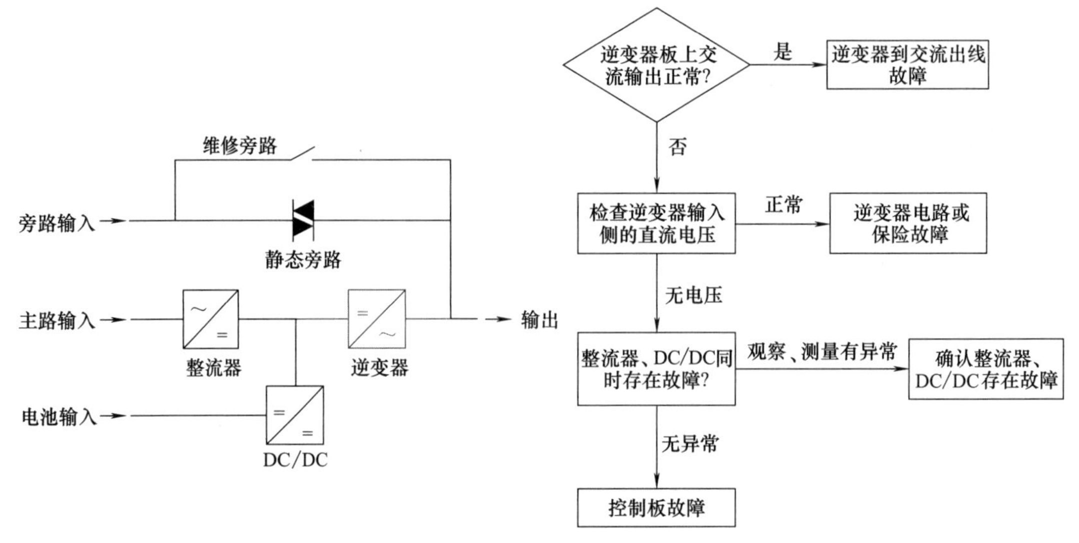

图 6-58 故障定位及检修流程（二）

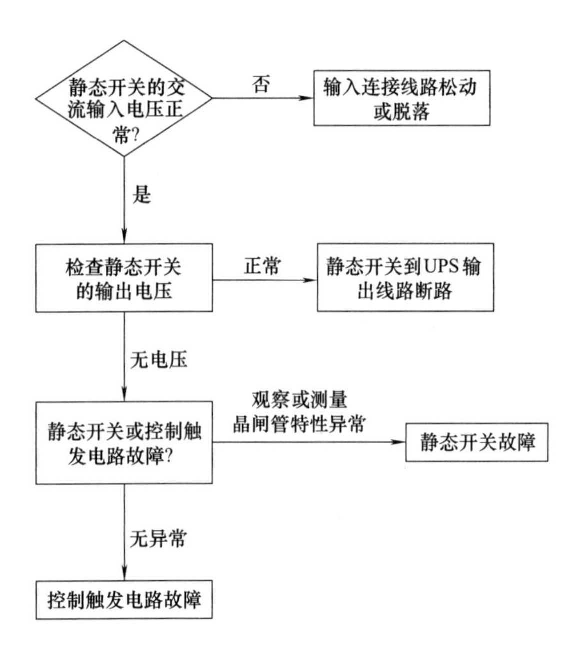

图 6-59 旁路无输出电压故障检修流程

(1) 旁路无输出

当切换到旁路，系统无输出电压时，可以确定是旁路输入、静态开关、输出线路发生了故障。首先应该检查输入输出线路连接，然后检查静态开关及其控制电路，按照先简单后复杂的原则，推荐的检修流程如图 6-59 所示。

(2) 主路、旁路来回切换

UPS 电源在过电压、过电流、过载或过温时通常会自动转换到旁路状态，如果存在主路和旁路自动切换的故障，说明逆变器在线运行时，遇到上述一种或几种异常触发条件。例如温度传感器实际上是一个热敏电阻，安装在散热器上，如果传感器损坏会引起电阻值变化，导致检测保护点的漂移。

当逆变器工作一段时间后，散热器有一定的温度，即可能被热敏电阻检测到并执行保护功能，切换到旁路模式；当散热器冷却后，又自动恢复切换到逆变器工作状态，这样就会造成主路和旁路模式的反复切换。对于此类故障，应重点检测电压、电流、温度传感器，以及相应的检测电路，从而进行故障的快速排除。

6.7.4.3 电池故障分析

电池模式故障也是 UPS 中较为常见的一类故障。主要表现为有市电时 UPS 输出正常，无市电时立即告警且无输出，或工作较短的一段时间后就告警无输出，无法达到电池供电的备用时间。在故障分析排除时应重点对电池状态、连接可靠性、DC/DC 充放电电路进行检查排除，其对应的压缩判断检修流程如图 6-60 所示。

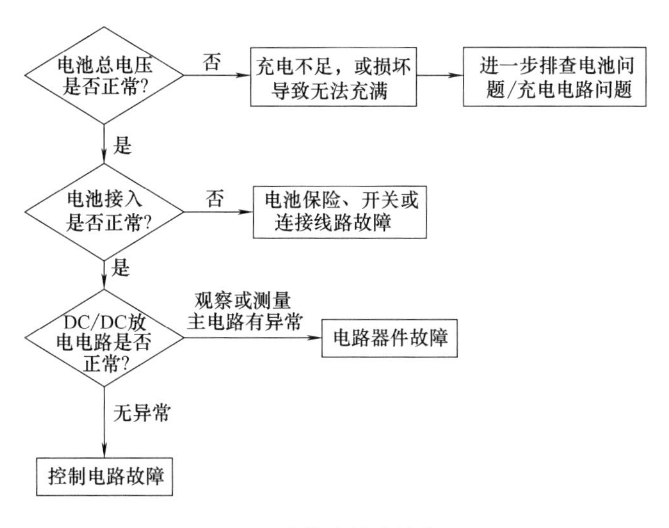

图 6-60 电池模式故障检修流程图

6.7.4.4 其他故障分析

（1）常见故障处理

UPS的组成器件多，工作模式复杂，相比其他设备更容易发生故障，但在充分熟悉设备原理和操作使用的基础上，以上压缩分析的定位方法也适合其他类型故障的诊断排除。表6-22给出UPS常见故障及解决方法。当故障发生时，首先应该检查是否由于外部因素（如温度、湿度及负载）或人为操作使用不正确造成的。若不是外部原因造成的，请对照表6-22进行诊断，并采取相应的方法排除故障。

表 6-22 UPS 常见故障及解决方法

故障现象	故障诊断	
市电正常，但UPS工作在电池模式	可能原因	连接UPS的电网馈电线路，包括各个接点、接插座的接触不良导致市电输入不畅通
	解决方法	检查线路的各个接点 接插座，使之接触良好
合上空开或UPS开机后，会烧断保险或跳闸	可能原因	UPS的输入线接错
	解决方法	重新检测UPS接线
开机后，UPS可输出220V交流电，但工作在旁路模式	可能原因	负载过载，逆变器过热或逆变器损坏
	解决方法	通过菜单查看告警信息，了解具体原因。若逆变器电路级故障，请联系维护人员进行检修
开机后，UPS正常运行，一旦接入负载立即停止输出，并且绿色指示灯灭，红色指示灯亮	可能原因①	严重过载或输出回路短路，常见的是输出转接插座发生短路(过负载损坏后发生短路)
	解决方法①	减轻负载至合适容量，或查明短路原因
	可能原因②	没有按照从大功率负载到小功率负载的顺序启动负载
	解决方法②	重启UPS，待UPS稳定后，先启动大功率负载，再启动小功率负载
UPS开机后，工作正常，但运行若干时间后UPS自动关机	可能原因	在市电停电后没有交流输入时由电池供电，但由于电池组没有及时充电，在放电若干时间后，发生电池欠电压保护
	解决办法	及时断开UPS的空气开关(OFF)；在市电恢复正常时重新开机对电池充电。电池如果长期处于欠电压状态，会影响其使用寿命

续表

故障现象	故障诊断	
UPS的输入显示不正常，但蜂鸣器发生间歇性的鸣叫，LCD显示电池欠电压	可能原因	市电电压低于UPS的输入阈值，使得电池放电，终因电池欠电压而告警
	解决方法	适当提升输入交流电压，或增加一个交流稳压器，将交流电压提高的UPS的输入范围
UPS挂接计算机时，平常工作正常，但停电后UPS工作正常而计算机死机	可能原因	接地工程不良，使得零线与地线之间的浮动电压太高
	解决方法	提高接地品质
面板的指示灯全部不亮	可能原因	“显示控制板”连接不良或故障
	解决方法	检测“显示控制板”，若有故障则请更换单板
UPS运行正常，但在停电时却没有输出，无法发挥作用	可能原因①	电池故障或电池严重损坏
	解决方法①	更换整组电池
	可能原因②	电池充电器故障，无法及时对电池充电
	解决方法②	更换电池充电器
	可能原因③	电池线未正确连接或接线端子接触不良
	解决方法③	检查电池组与UPS的接线
蜂鸣器长鸣、红色指示灯亮，UPS在旁路模式下运行，逆变器有故障	可能原因①	负载过载或短路所致，UPS自动关机保护
	解决方法①	减轻负载至合适容量，或查明短路原因
	可能原因②	过载造成熔丝中断
	解决方法②	更换保险丝，并减轻负载
	可能原因③	控制板、驱动板或功率板发生故障
	解决方法③	更换腹胀部件
市电模式与电池模式之间的转换频繁	可能原因	交流输入电压及频率变动过大
	解决方法	检查交流输入的状况，并减轻负载

(2) 应急处理

① 市电停电。

市电停电是UPS运行中最常见的情况，在停电的时候，UPS会自动转换到相应的电池模式工作。如果停电原因不明或时间过长，需要启用备用发电机组。发电机组启动后，需在2分钟以上的时间延迟后再给UPS供电，这样就可以减小发电机组在启动过程中可能对UPS造成的不良影响。

② 交流过、欠电压保护。

当UPS的交流输入电压超过过电压点，或者交流输入的电压低于阈值时，UPS自动转换到电池模式工作，这属于正常现象。此时，UPS将电池电源逆变给负载供电，无需处理。当交流输入电压长时间处于过电压或欠电压状态时，需要关闭负载或启动备用的发电机组。

③ 内部出现冒烟、明火。

当发现UPS内部出现冒烟、明火、怪异声响等异常情况时，建议采取以下措施切断UPS的外部电源。

a. 闭合（ON）配电箱内的维修开关，使得负载直接由市电供电，同时UPS的交流电源被切断。

b. 从电池柜处切断（OFF）蓄电池到UPS的连接。

c. 通知维护人员，检查故障原因。

④ 灾变事故。

灾变事故是指雷击、水浸、地震、火灾等灾害造成的UPS故障。对可能严重影响设备安全的灾害应以预防为主，而且电力保障机房需要备有应付灾害事故的对策和相应的人力、物力，并制定紧急状态管理条例和重大事故抢修规程。

习题与思考题

1. 简述 UPS 的定义、作用及其分类。

2. 画出在线式 UPS 电路组成框图，简述其工作原理。

3. 简述互动式 UPS 的工作原理。

4. 简述 UPS 的主要输入和输出指标。

5. 简述 UPS 的发展趋势，并画出高频隔离 UPS 结构框图。

6. 简述单相全桥式、单相半桥式以及单相推挽式逆变电路工作过程，并画出控制电压及输出电压波形。

7. 简述电压型三相桥式逆变电路工作过程，并画出相关点波形图。

8. 简述选择 UPS 应考虑的因素。

9. 简述 UPS 电缆截面选择的方法与步骤。

10. 简述 UPS 的使用方法、常见应用技巧以及日常维护过程中的注意事项。

11. 简述常用的 UPS 故障检修方法。

12. UPS 的常见故障有哪些？UPS 在运行中频繁地转换到旁路供电方式的可能原因有哪些？简述其故障排除方法。

第7章 铅酸蓄电池

7.1 铅酸蓄电池基础知识

7.1.1 铅酸蓄电池的发展历史

第一只实用铅酸电池是由 Raymond Louis Gaston Planté（普兰特，法国著名物理学家、考古学家）在 1860 年发明的，尽管在此之前有人已经探讨过含有硫酸或者铅部件的电池。如表 7-1 所示列出了铅酸电池技术发展进步的重要事件。普兰特电池是在两个长条形的铅箔中间夹入粗布条，然后经过卷绕后将其浸入浓度为 10%左右的硫酸溶液中制成的。早期的普兰特电池，由于其储存的电量取决于铅箔表面铅箔腐蚀转化为二氧化铅所形成的正极活性物质的量，所以电池容量很低。与此相似，负极的制作是通过在循环过程中，使另一块铅条表面形成负极活性物质来实现。该电池在化成过程中使用原电池作为电源。普兰特电池的容量在循环过程中不断提高，这是因为铅箔上的铅的腐蚀产生越来越多的活性物质，而且电极面积也增加。至今，这种用铅板在稀硫酸溶液中通电生成活性物质所形成的极板，叫做普兰特式极板。19 世纪 70 年代，电磁发电机面世，同时西门子发电机也开始装备到中央电厂中，铅酸电池通过提供负载平衡和平衡电力高峰而找到了早期市场。

表 7-1 铅酸电池技术发展里程碑

时间	主要人物	主要成就
1836 年	Daniell	双液体电池：$Cu/CuSO_4/H_2SO_4/Zn$
1840 年	Grove	双液体电池：C/发烟 $HNO_3/H_2SO_4/Zn$
1854 年	Sindsten	用外电源进行极化的铅电极
1860 年	(Planté)普兰特	第一只实用化的铅酸电池，使用铅箔来形成活性物质
1881 年	Faure	用氧化铅-硫酸铅制成的铅膏涂在铅箔上制作正极板，以便增加容量
1881 年	Sellen	铅锑合金板栅
1881 年	Volckmar	冲孔铅板对氧化铅提供支持
1882 年	Brush	利用机械法将铅氧化物制作在铅板上
1882 年	Gladston 和 Tribs	铅酸电池中的双硫酸盐化理论 $Pb+PbO_2+2H_2SO_4 \underset{充电}{\overset{放电}{\rightleftharpoons}} 2PbSO_4+2H_2O$
1883 年	Tudor	在用普兰特方法处理过的板栅上涂制铅膏
1886 年	Lucas	在氯酸盐和高氯酸盐溶液中制造形成式极板
1890 年	Phillipart	早期管式电池——单圈状
1890 年	Wnndward	早期管式电池
1910 年	Smith	狭缝橡胶管，EXIDE 管状电池
1920 年至今		材料和设备研究，特别是膨胀剂、铅粉的发明和生产技术
1935 年	Haring 和 Thomas	铅钙合金板栅

续表

时间	主要人物	主要成就
1935年	Hamer和Harned	双硫酸盐化理论的实验证据
1956～1960年	Bode和Vose Ruetschi和Cahan Burbank Feitknecht	两种二氧化铅晶体(α、β)性质的阐明
20世纪70年代	McClellan和Davit	卷绕密封铅酸电池商业化。切拉板栅技术;塑料/金属复合材料板栅;密封免维护铅酸电池;玻璃纤维和改良型隔板;单电池穿壁连接;塑料壳与盖热封组件;高质量比能量电池组(40W·h/kg以上);锥状板栅(圆形)电池用于电话交换设备的长寿命浮充电池
20世纪80年代		密封阀控电池;准双极性引擎启动电池;低温性能改善;世界上最大的电池(奇诺市,加利福尼亚)40MW·h铅酸负载平衡系统安装
20世纪90年代		对电动车辆的兴趣再次出现;高功率应用的双极性电池应用于不间断电源、电动工具和备用电源、薄箔电池、消费用小型电池和供道路车辆用的电池
2009年		发明了铅碳电池、用于微混电动车的长寿型富液式电池;部分荷电状态下大电流充放电循环(HRPSoC,High Rate Partial State of Charge)的阀控式密封铅酸蓄电池;应用于微混合电动车的具有启停功能的电池和双极性电池的应用

紧随着普兰特，其他研究者开展了许多试验来提高电池的化成效率，另外，发明了在经过普兰特法预处理的铅板上涂覆二氧化铅生成活性物质的方法。此后，人们将注意力转向了通过其他方法来保持活性物质，发展了如下两个主要技术路线。

① 平板式电极在浇铸的或者切拉的板栅上而不是铅箔表面涂覆铅膏，通过黏结作用（相互连接的晶体网络）来形成具有一定强度和保持能力的活性物质。这就是通常所说的平板式极板设计。

② 管式电极在管式极板中，极板中心的导电筋条被活性物质所包裹，极板外表面包裹绝缘透酸套管，套管的形状可以是方形、圆形或椭圆形。

在活性物质的生成和保持方法上发展的同时，也出现了可以增强板栅强度的新合金，如铅锑合金（Sellen，1881年）、铅钙合金（Haring和Thomas，1935年）。19世纪末出现了经济实用的铅酸电池技术，促进了工业的迅速发展。由于铅酸电池在设计、生产设备和制造方法、循环方式、活性物质利用和生产、支撑结构和部件及非活性件如隔板、电池壳和密封等方面的改善和提高，使铅酸电池的经济性和性能不断提高。铅酸电池的研发方向主要集中在不断增长的混合电动车上。由ALABC（国际先进铅酸蓄电池联合会，Advanced Lead Acid Battery Consortium）资助的项目通过在活性物质中添加碳和其他添加剂改善蓄电池的充电接受能力，以提高电池的荷电态性能。

7.1.2 铅酸蓄电池的分类方法

铅酸蓄电池的种类很多，其分类方法也很多，可以根据电池用途、极板结构、荷电状态、电池外部结构和维护方式等进行分类。

(1) 按电池用途分

铅酸蓄电池按用途分，主要包括以下四种类型。

① 启动用铅酸蓄电池：除了供汽油发动机点火外，主要通过驱动启动电机来驱动内燃机。启动时电流通常为150～500A，而且要求能够在低温时使用。为各种汽车、拖拉机、火

车及船用内燃机配套。

② 固定型铅酸蓄电池：广泛用于发电厂、变电所、电信局、医院、公共场所及实验室等，作为开关操作、自动控制、通信设备、公共建筑物的事故照明等的备用电源及发电厂储能等用途。对这类电池的特殊要求是寿命要长，一般为15～20年。

③ 牵引用铅酸蓄电池：用于各种叉车、铲车、矿用电机车、码头起重车、电动车和电动自行车等。

④ 便携设备及其他设备用铅酸蓄电池：常用于便携工具与设备的电源；照明与紧急照明、广播、电视、警报系统的电源等。

(2) 按极板结构分

① 涂膏式：将铅氧化物（一氧化铅粉）和金属铅粉的混合物加稀硫酸拌成膏状物质即铅膏，涂在用铅合金制成的板栅上，经过固化、干燥后，在硫酸溶液中通直流电进行化成，形成放电所需的活性物质。用此工艺生成的极板称涂膏式极板，可用于铅酸蓄电池的正、负极板，启动用铅酸蓄电池正负极均采用这类极板。

② 管式：在铅合金板栅的栅筋外套以玻璃丝纤维或其他耐酸性合成纤维编织的套管，向管内填充铅粉或铅膏，振动充实后用铅合金或塑料封底，然后放入稀硫酸中与涂膏式负极板一起充电化成。这类极板主要用作正极板，用以克服涂膏式正极板活性物质容易脱落的弊端。固定用防酸隔爆式铅酸蓄电池的正极板采用的就是这类极板。

③ 形成式：又称化成式极板或普兰特式极板。是最早的一种极板形式，即用带有凹凸沟纹的纯铅基板在稀硫酸溶液中反复进行通电化成和放电的循环，以形成放电所需的足量的活性物质。目前这类极板主要有脱特型和曼彻斯特型两种。前者用纯铅铸成带有穿透棱片的极板，在含有氯酸盐的溶液中通电形成活性物质；后者是把纯铅制成的带有凹凸的板条卷起来嵌入耐腐蚀合金制成的支撑板的圆孔中，然后通电形成活性物质。

(3) 按荷电状态分

① 干式放电：极板处于放电状态，经过干燥处理后放入不带电解液的电池槽中。启用时需灌注电解液并进行较长时间的初充电方可使用。

② 干式荷电：极板处于干燥的已充电状态，放入无电解液的电池槽中。启用时只需灌入电解液并静置几小时后即可，不需初充电。

③ 带液式充电：电池已充足电并带有电解液，其缺点是运输不便，储存期短。

④ 湿式荷电：电池处于充电状态，部分电解液吸贮在极板和隔板内。这种电池的储存期较短。在规定的储存期内，只需灌入电解液即可使用，不需初充电。如果电池超过了储存期，必须充电后才能使用。

(4) 按电池盖和排气栓结构分

① 开口式：电池槽是敞开的，可盖上玻璃或塑料盖板，以防止灰尘进入电池和减少酸雾向外飞溅。这种电池已基本淘汰。

② 排气式：电池槽上装有电池盖，盖的注液孔上装有排气栓，能将充电时产生的气体和酸雾排出。

③ 防酸隔爆式：电池盖除有注液孔外，另有一防酸隔爆帽，该帽允许气体排出但酸雾不逸出，并当外界有火源时能阻止电池内部不发生燃烧和爆炸。

④ 防酸消氢式：电池盖上装有催化栓，除具有防酸隔爆性能外，还能将电池运行时产生的氢气和氧气化合成为水，流回到电池内部，使电池的耗水量显著减少。

⑤ 阀控密封式：电池盖上装有单向排气的安全阀，当电池内压过大时可排气，但外界空气不能进入电池内部。电池的自放电很小，耗水极少，所以能做到密封。

（5）按维护方式分

① 普通型：此类电池主要指带有排气结构的电池，如启动和防酸隔爆式固定用的铅酸蓄电池。由于其充电时分解水产生的气体被排出，引起电解液中水分减少，需经常向电池内补加纯水以调整液面高度，维护工作量很大。

② 少维护型：在规定的寿命期间内和正常的运行条件下只需要少量维护，即较长时间才需加一次水。如催化消氢式铅酸蓄电池。

③ 免维护型：在规定的寿命期间内和正常的运行条件下不需要加水维护，其自放电很小。如阀控式密封铅酸蓄电池，但这种电池只是免去了加水的维护工作，实际对它的维护要求更高。切记："免维护"并不是"不维护"。

7.1.3 铅酸蓄电池的型号编制

根据行业标准 JB/T 2599—2012《铅酸蓄电池名称、型号编制与命名办法》，铅酸蓄电池的名称、型号编制与命名的基本原则如下：

（1）蓄电池名称

① 蓄电池名称用字（词）。蓄电池名称用字（词）应符合如下要求：

• 蓄电池名称命名用"汉字（词）"表示，字（词）应符合国家或行业有关标准规定，科学、明确、易懂；

• 蓄电池名称通常由汉字组成，可反映主要用途、结构特征；

• 蓄电池名称用字（词）不得使用夸大或易引起误解的，更不得使用欺骗性描述的字（词）误导消费者。

② 蓄电池名称的命名。蓄电池名称的命名应符合如下要求：

• 蓄电池名称的命名是根据其主要用途、结构特征确定；

例如："启动型铅酸蓄电池""固定型铅酸蓄电池""煤矿防爆特殊型电源装置用铅酸蓄电池"等；

• 蓄电池名称必须符合相对应国家标准或行业标准中所规定内容；

• 蓄电池名称根据用途和结构特征同时命名时，在型号中必须加以区别，当蓄电池同时具有几种特征时，应以能清楚表达该主要特征的名称来表示。

（2）蓄电池的型号

① 蓄电池型号字母及数字。蓄电池型号字母及数字应符合如下要求：

• 型号采用汉语拼音或英语字头的大写字母及与阿拉伯数字表示；

• 蓄电池型号优先采用汉语拼音，当汉语拼音无法表述时方可用英语字头，英语字头为国际电工委员会（IEC）所提及的英文铅酸蓄电池词组。

② 蓄电池的型号组成。铅酸蓄电池型号由三部分组成，如图 7-1 所示。

③蓄电池型号组成各部分的编制规则。蓄电池型号组成各部分应按如下规则编制：

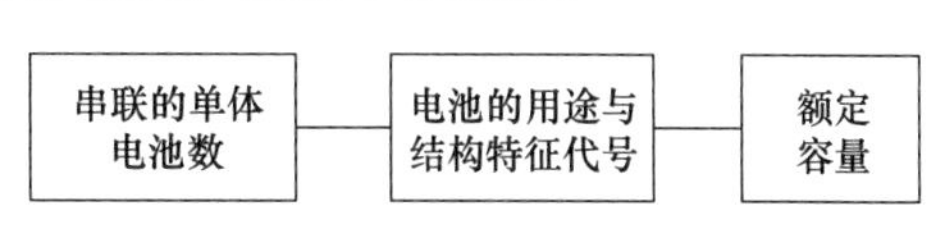

图 7-1 铅酸蓄电池的型号

• 串联的单体蓄电池数，是指在一只整体蓄电池槽或一个组装箱内所包括的串联蓄电池数目（单体蓄电池数目为 1 时，可省略）；

• 蓄电池用途、结构特征代号应符合表 7-2 和表 7-3 的规定；

• 额定容量以阿拉伯数字表示，其单位为安培小时（A·h），在型号中单位可省略；

• 当需要标志蓄电池所需适应的特殊使用环境时，应按照有关标准及规程的要求，在蓄电池型号末尾和有关技术文件上作明显标志；

- 蓄电池型号末尾允许标志临时型号；
- 标准中未提及新型蓄电池允许制造商按上述规则自行编制；
- 对出口的蓄电池或来样加工的蓄电池型号编制，可按有关协议或合同进行编制。

表 7-2　蓄电池用途特征代号

序号	蓄电池类型(主要用途)	型号	汉字及拼音或英语字头		
			汉字	拼音	英语
1	启动型	Q	启	qi	
2	固定型	G	固	gu	
3	牵引(电力机车)用	D	电	dian	
4	内燃机车用	N	内	nei	
5	铁路客车用	T	铁	tie	
6	摩托车用	M	摩	mo	
7	船舶用	C	船	chuan	
8	储能用	CN	储能	chu neng	
9	电动道路车用	EV	电动车辆		electric vehicles
10	电动助力车用	DZ	电助	dian zhu	
11	煤矿特殊	MT	煤特	mei te	

表 7-3　蓄电池结构特征代号

序号	蓄电池特征	型号	汉字及拼音或英语字头	
1	密封式	M	密	mi
2	免维护	W	维	wei
3	干式荷电	A	干	gan
4	湿式荷电	H	湿	shi
5	微型阀控式	WF	微阀	wei fa
6	排气式	P	排	pai
7	胶体式	J	胶	jiao
8	卷绕式	JR	卷绕	juan rao
9	阀控式	F	阀	fa

(3) 型号举例（如图 7-2 所示）

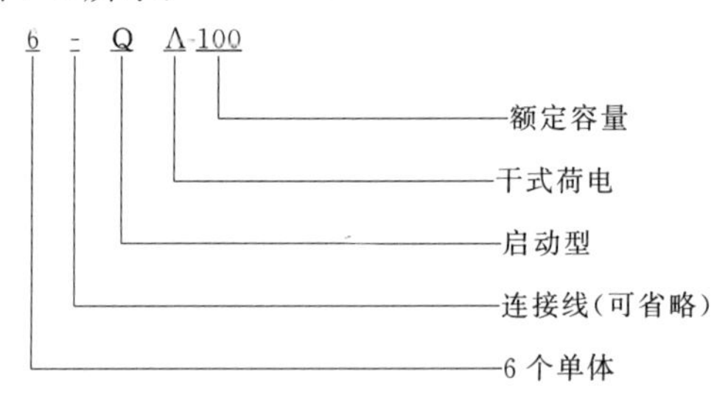

图 7-2　铅酸蓄电池型号举例

6-QA-100：表示 6 个单体电池串联（12V），额定容量为 100A · h 的干式荷电启动型铅酸蓄电池（组）。

7.1.4　铅酸蓄电池的基本特点

与其他电池体系相比，铅酸蓄电池整体上的优点和缺点见表 7-4 所列。

表 7-4　铅酸电池的主要优点和缺点

优　　点	缺　　点
①大众化的低成本二次电池，既可以本地生产，也可以全球化生产，生产能力可高可低 ②可大量提供、具有多种尺寸和设计——容量从 1A·h 到几千安时 ③良好的高倍率性能——适合于引擎启动（不过，有一些镍/镉电池和金属氢化物/镍电池的性能要优于铅酸电池） ④适中的高低温性能 ⑤电效率——放出的能量和充入的能量相比，电池的转换效率超过 70% ⑥单体电压高——开路电压>2.0V，是水溶液电解质电池体系中最高的 ⑦良好的浮充性能 ⑧荷电状态容易指示 ⑨对间断充电使用方式有良好的荷电保持能（如果板栅是用高过电位合金） ⑩可以设计成免维护型 ⑪与其他二次电池相比成本较低 ⑫电池易于回收利用	①相对较低的循环寿命（一般为 50～500 周期），特殊设计后可使电池寿命超过 2000 次 ②有限的质量比能量——通常为 30～40W·h/kg ③长时间的放电态储存可能导致不可逆的电极极化（硫酸盐化） ④难于制作成尺寸很小的电池（而制作一只小于 500mA·h 的镍/镉扣式电池却容易得多） ⑤在某些设计下氢气的析出存在爆炸危险（可使用防爆装置来消除这种危险） ⑥由于板栅合金的组分而引起的锑化氢和砷化氢的析出有害健康 ⑦由于电池或充电设备设计不良易导致热失控的发生 ⑧有些设计在正极柱上发生泡状腐蚀

7.2　铅酸蓄电池基本构造

铅酸蓄电池的主要部件有正负极板、电解液、隔板、电池槽和其他一些零件如端子、连接条及排气栓等。普通铅酸蓄电池的构造如图 7-3 所示。所谓普通铅酸蓄电池是指排气式的铅酸蓄电池，这类电池在充电后期要发生分解水的反应，表现为电解液中有激烈的冒气现象，并因此造成水的损失，因此要定期向电池内补加纯水（蒸馏水）。

阀控式密封铅酸蓄电池（Valve Regulated Lead Acid Battery，以下用 VRLA 蓄电池表示）与普通铅酸蓄电池的构造基本相同，但它是密封结构。为了实现密封，就必须解决电池内部气体的析出问题，解决的途径之一就是采取特殊的电池结构。

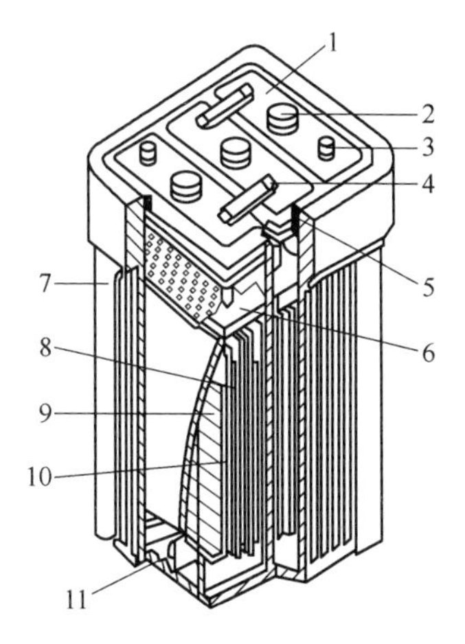

图 7-3　普通铅蓄电池的结构（外部连接方式）
1—电池盖；2—排气栓；3—极柱；4—连接条；5—封口胶；6—汇流排；7—电池槽；8—正极板；9—负极板；10—隔板；11—鞍子

7.2.1　电极

电极又称极板，有正、负极板之分，它们是由活性物质和板栅两部分构成。正、负极的活性物质分别是棕褐色的二氧化铅（PbO_2）和灰色的海绵状铅（Pb）。极板依其结构可分为涂膏式、管式和化成式。

极板在蓄电池中的作用有两个：一是发生电化学反应，实现化学能与电能间的转换；二是传导电流。

板栅在极板中的作用也有两个：一是作活性物质的载体，因为活性物质呈粉末状，必须有板栅作载体才能成形；二是实现极板传导电流的作用，即依靠其栅格将电极上产生的电流传送到外电路，或将外加电源传入的电流传递给极板上的活性物质。为了有效保持住活性物质，常将板栅制成具有截面大小不同的横、竖筋条的栅栏状，使活性物质固定在栅栏中，并具有较大的接触面积，如图 7-4 所示。

铅酸蓄电池的板栅分为铅锑合金、低锑合金和无锑合金三类。普通铅酸蓄电池采用铅锑系列合金（如铅锑合金、铅锑砷合金、铅锑砷锡合金等）作板栅，电池的自放电较严重；VRLA 蓄电池采用低锑或无锑合金（如铅钙合金、铅钙锡合金、铅锶合金、铅锑砷铜锡硫（硒）合金和镀铅铜等）作板栅，其目的是减少电池的自放电，以减少电池内水分的损失。

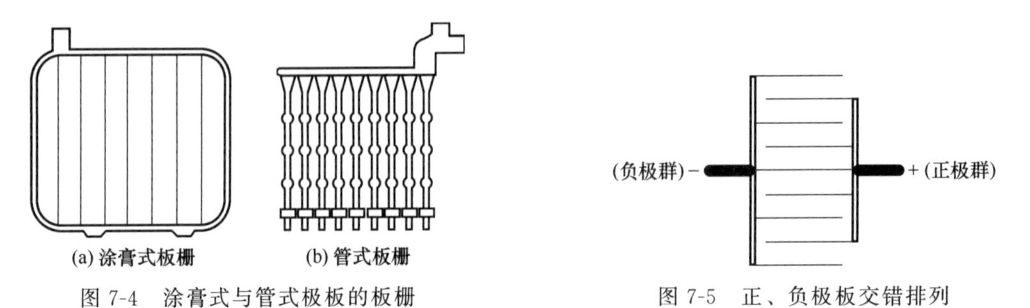

图 7-4　涂膏式与管式极板的板栅　　图 7-5　正、负极板交错排列

可将若干片正极板或负极板在极耳部焊接成正极板组或负极板组，以增大电池容量，极板的片数越多，蓄电池的容量就越大。通常负极板组的极板片数比正极板组的要多一片。组装时，正、负极板交错排列，使每片正极板都夹在两片负极板之间，目的是使正极板两面都能均匀地起电化学反应，使其产生相同的膨胀和收缩，减少极板弯曲的机会，以延长电池的使用寿命。如图 7-5 所示。

7.2.2 电解液

电解液在电池中的作用有三：一是与电极活性物质表面形成界面双电层，建立起相应的电极电位；二是参与电极上的电化学反应；三是起离子导电的作用。

铅酸蓄电池的电解液是用纯度在化学纯以上的浓硫酸和纯水配制而成，其浓度用 15℃ 时的密度表示。铅酸蓄电池电解液密度范围的选择，不仅与电池结构和用途有关，而且与硫酸溶液的凝固点、电阻率等性质有关。

7.2.2.1 硫酸溶液的特性

纯的浓硫酸是一种无色透明的油状液体，15℃时的密度是 1.8384g/cm^3（kg/L），它能以任意比例溶于水中，与水混合时释放出大量的热，具有极强的吸水性和脱水性。铅酸蓄电池的电解液就是用纯的浓硫酸与纯水配制成的稀硫酸溶液。

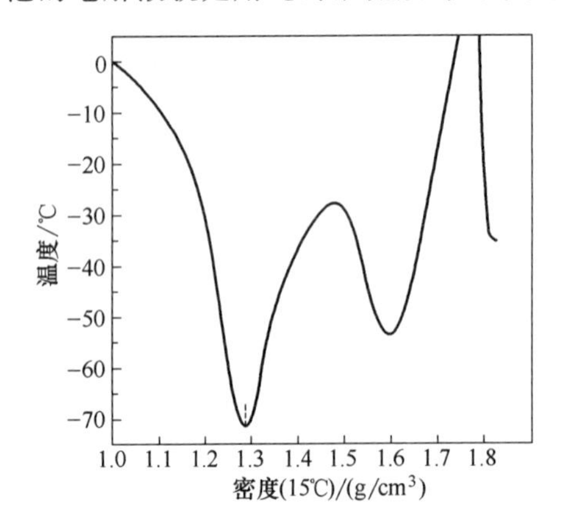

图 7-6　硫酸溶液的凝固特性

(1) 硫酸溶液的凝固点

硫酸溶液的凝固点随浓度的不同而不同，如果将 15℃时密度各不相同的硫酸溶液冷却，可测得它们的凝固温度，并绘制成凝固点曲线如图 7-6 所示。

由图 7-6 可见，密度为 1.290g/cm^3（15℃）的稀硫酸具有最低的凝固点，约为 −72℃。启动用铅酸蓄电池在充足电时的电解液密度为 1.28～1.30 g/cm^3（15℃），可以保证电解液即使在野外严寒气候下使用也不凝固。但是，电池放完电后，电解液密度可低于 1.15 g/cm^3（15℃），所以放完电的电池应避免在 −10℃ 以下的低温中放置，并应立即对电池充电，以免电池中的电解液被冻结。

(2) 硫酸溶液的电阻率

作为铅酸蓄电池的电解液，应具有好的导电性，使电池的内阻减小。硫酸溶液的导电特性可用电阻率来衡量，而电阻率的大小随其温度和密度的不同而不同，如表 7-5 所示。由表 7-5 可见，硫酸的密度在 1.15～1.30g/cm^3（15℃）之间时，电阻较小，其导电性能良好，所以铅酸蓄电池通常采用此密度范围内的电解液。

表 7-5 各种密度的硫酸溶液的电阻系数

密度（15℃）/(g/cm^3)	电阻率/Ω·cm	温度系数/(Ω·cm/℃)	密度（15℃）/(g/cm^3)	电阻率/Ω·cm	温度系数/(Ω·cm/℃)
1.10	1.90	0.0136	1.50	2.64	0.021
1.15	1.50	0.0146	1.55	3.30	0.023
1.20	1.36	0.0158	1.60	4.24	0.025
1.25	1.38	0.0168	1.65	5.58	0.027
1.30	1.46	0.0177	1.70	7.64	0.030
1.35	1.61	0.0186	1.75	9.78	0.036
1.40	1.85	0.0194	1.80	9.96	0.065
1.45	2.18	0.0202			

(3) 硫酸溶液的黏度

硫酸溶液的黏度与温度和浓度有关，温度越低和浓度越高，其黏度越大。浓度较高的硫酸溶液，虽然可以提供较多的离子，但由于黏度的增加，反而影响离子的扩散，所以铅酸蓄电池电解液浓度并非越高越好，过高反而会降低电池的容量。同样，温度太低，电解液的黏度太大，将影响电解液向活性物质微孔内扩散，使其放电容量降低。硫酸溶液在各种温度和浓度下的黏度如表 7-6 所示。

表 7-6 硫酸溶液的黏度随温度和浓度的变化情况

温度/℃	黏度/10^{-3}Pa·s				
	10%	20%	30%	40%	50%
30	0.976	1.225	1.596	2.16	3.07
25	1.091	1.371	1.784	2.41	3.40
20	1.228	1.545	2.006	2.70	3.79
10	1.595	2.010	2.600	3.48	4.86
0	2.160	2.710	3.520	4.70	6.52
−10	—	3.820	4.950	6.60	9.15
−20	—	—	7.490	9.89	13.60
−30	—	—	12.20	16.00	21.70
−40	—	—	—	28.80	—
−50	—	—	—	59.50	—

7.2.2.2 电解液的纯度与浓度

(1) 电解液的纯度

铅酸蓄电池用的硫酸电解液，须使用规定纯度的浓硫酸和纯水来配制。因为使用含有杂质的电解液，不但引起自放电，而且引起极板腐蚀，使电池的放电容量下降和寿命缩短。化学试剂的纯度按其中所含杂质量的多少，分为工业纯、化学纯、分析纯和光谱纯等。工业纯的硫酸，杂质含量较高，色泽较深，不能用于铅酸蓄电池。用于配制铅酸蓄电池电解液的浓硫酸的纯度至少应达到化学纯。分析纯的浓硫酸的纯度更高，但其价格也相应更高。配制电解液用的水必须用蒸馏水或纯水。在实际工作中常用水的电阻率来表示水的纯度，铅酸蓄电池用水的电阻率要求＞100kΩ·cm（即体积为 1cm^3 的水的电阻值应大于 100kΩ）。

(2) 电解液的浓度

铅酸蓄电池电解液的浓度通常用15℃时的密度来表示。对于不同用途的蓄电池，电解液的密度也各不相同。对于防酸隔爆式电池来说，其体积和重量无严格限制，可以容纳较多的电解液，使放电时密度变化较小，因此可以采用较稀且电阻率最低的电解液。对于启动用蓄电池来说，体积和重量都有限制，必须采用较浓的电解液，以防低温时电解液发生凝固。对于阀控式密封铅酸蓄电池来说，由于采用贫液式结构，必须采用较高浓度的电解液。不同用途的铅酸蓄电池电解液的密度（充足电时）范围列于表7-7中。

表7-7 各种铅酸蓄电池电解液密度

<table>
<tr><th colspan="2">铅酸蓄电池用途</th><th>电解液密度(15℃)/(g/cm³)</th><th>铅酸蓄电池用途</th><th>电解液密度(15℃)/(g/cm³)</th></tr>
<tr><td rowspan="2">固定用</td><td>防酸隔爆式</td><td>1.200～1.220</td><td rowspan="2">蓄电池车用</td><td rowspan="2">1.230～1.280</td></tr>
<tr><td>阀控密封式</td><td>1.290～1.300</td></tr>
<tr><td colspan="2">启动用(寒带)</td><td>1.280～1.300</td><td>航空用</td><td>1.275～1.285</td></tr>
<tr><td colspan="2">启动用(热带)</td><td>1.220～1.240</td><td>携带用</td><td>1.235～1.245</td></tr>
</table>

VRLA蓄电池之所以采用贫液式结构，是为了密封的需要。所谓贫液式结构是指电解液全部被极板上的活性物质和隔膜所吸附，电解液处于不流动的状态，且电解液在极板和隔膜中的饱和度小于100%，目的是使隔膜中未被电解液充满的孔成为气体（氧气）扩散通道。通常电解液的饱和程度为60%～90%；低于60%的饱和度，说明电池失水严重，极板上的活性物质不能与电解液充分接触；高于90%的饱和度，则正极氧气的扩散通道被电解液堵塞，不利于氧气向负极扩散。

7.2.3 隔板（膜）

普通铅酸蓄电池采用隔板，而VRLA蓄电池采用隔膜。隔板（膜）的作用是防止正、负极因直接接触而短路，同时要允许电解液中的离子顺利通过。组装时将隔板（膜）置于交错排列的正负极板之间。用作隔板（膜）的材料必须满足以下要求：

① 化学性能稳定。隔板（膜）材料必须有良好的耐酸性和抗氧化性，因为隔板（膜）始终浸泡在具有相当浓度的硫酸溶液中，与正极相接触的一侧还要受到正极活性物质以及充电时产生的氧气氧化。

② 具有一定的机械强度。极板活性物质因电化学反应会在铅和二氧化铅与硫酸铅之间发生变化，而硫酸铅的体积大于铅和二氧化铅，所以在充放电过程中极板的体积有所变化，如果维护不好，极板会产生变形。由于隔板（膜）处于正、负极板之间，而且与极板紧密接触，所以隔板（膜）必须有一定的机械强度才不会因为破损而导致电池短路。

③ 不含有对极板和电解液有害的杂质。隔板（膜）中有害的杂质可能会引起电池的自放电，提高隔板（膜）的质量是减少电池自放电的重要环节之一。

④ 微孔多而均匀。隔板（膜）的微孔主要是保证硫酸电离出的H^+和SO_4^{2-}能顺利地通过隔板（膜），并到达正负极与极板上的活性物质起电化学反应。隔板（膜）的微孔大小应能阻止脱落的活性物质通过，以免引起电池短路。

⑤ 电阻小。隔板（膜）的电阻是构成电池内阻的一部分，为了减小电池的内阻，隔板（膜）的电阻必须要小。

具有以上性能的材料就可以用于制作隔板（膜）。早期采用的木隔板具有多孔性和成本低的优点，但其机械强度低且耐酸性差，现已被淘汰；20世纪70年代至90年代初期主要采用微孔橡胶隔板；之后相继出现了PP（聚丙烯）隔板、PE（聚乙烯）隔板和超细玻璃纤维隔膜及它们的复合隔膜。

VRLA 蓄电池的隔膜除了满足上述作为隔膜材料的一般要求外，还必须有很强的储液能力才能使电解液处于不流动状态。目前采用的超细玻璃纤维隔膜具有储液能力强和孔隙率高（>90%）的优点。它一方面能储存大量的电解液，另一方面有利于透过氧气。这种隔膜中存在着两种结构的孔，一种是平行于隔膜平面的小孔，能吸储电解液；另一种是垂直于隔膜平面的大孔，在贫电解液状态下是氧气对流的通道。

7.2.4 电池槽

电池槽的作用是用来盛装电解液、极板、隔板（膜）和附件等。

用于电池槽的材料必须具有耐腐蚀、耐振动和耐高低温等性能。用作电池槽的材料有多种，根据材料的不同可分为玻璃槽、衬铅木槽、硬橡胶槽和塑料槽等。现在的铅酸蓄电池基本采用各种塑料作电池槽的材料。

电池槽的结构也根据电池的用途和特性而有所不同，有只装一只电池的单一槽和装多只电池的复合槽两种，前者用于单体电池，后者用于串联电池组。

对于 VRLA 蓄电池来说，电池槽的材料还必须具有强度高和不易变形的特点，并采用特殊的结构。这是因为电池的贫电解液结构要求用紧装配方式来组装电池，以利于极板和电解液的充分接触，而紧装配方式会给电池槽带来较大的压力，所以电池的容量越大，电池槽承受的压力也就越大。此外，密封结构和电池内产生的气体使电池内部有一定的内压力，而该内压力在使用过程中会发生较大变化，使电池处于加压或减压状态。因为在内压力未达到阀压力前，电池处于加压状态；当安全阀开启排气时，电池处于减压状态。

VRLA 蓄电池的电池槽材料采用的是强度大而不易发生变形的合成树脂材料，以前曾用过 SAN，目前主要采用 ABS、PP 和 PVC 等材料。

SAN：由聚苯乙烯-丙烯腈聚合而成的树脂。这种材料的缺点是水保持和氧气保持性能都较差，即电池的水蒸气泄漏和氧气渗漏都较严重。

ABS：丙烯腈、丁二烯、苯乙烯的共聚物。优点是硬度大、热变形温度高和电阻率大。但水蒸气泄漏严重，仅稍好于 SAN 材料，且氧气渗漏比 SAN 还严重。

PP：聚丙烯。它是耐温较高的塑料之一，温度高达 150℃也不变形，低温脆化温度为 $-10\sim-25$℃。其熔点为 164～170℃、击穿电压高、介电常数高达 2.6×10^{6}F/m、水蒸气的保持性能优于 SAN、ABS 及 PVC 材料。但氧气保持能力最差、硬度小。

PVC：聚氯乙烯烧结物。优点是绝缘性能好、硬度大于 PP 材料、吸水性比较差、氧气保持能力优于上述三种材料及水保持能力较好（仅次于 PP 材料）等。但硬度较差、热变形温度较低。

VRLA 蓄电池的电池槽采用加厚的槽壁，并在短侧面上安装加强筋，以此来对抗极板面上的压力。此外电池内壁安装的筋条还可形成氧气在极群外部的绕行通道，提高氧气扩散到负极的能力，起到改善电池内部氧循环性能的作用。

VRLA 蓄电池的电池槽有单一槽和复合槽两种结构。一般而言，小容量电池采用单一槽结构，而大容量电池则通常采用复合槽结构（如图 7-7 所示），如容量为 1000A·h 的电池分成两格［见图 7-7（a）］，容量为 2000～3000A·h 的电池分为四格［见图 7-7（b）］。因为大容量电池的电池槽壁必须加厚才能承受紧装配和内压力所带来的压力，但槽壁太厚不利于电池散热，所以必须采用多格的复合槽结构。大容量电池有高型和矮型之分，但由于矮型结构的电解液分层现象不明显，且具有优良的氧复合性能，所以 VRLA 蓄电池通常采用等宽等深的矮型槽。若单体电池采用复合槽结构，则其串联组合方式如图 7-8 所示。

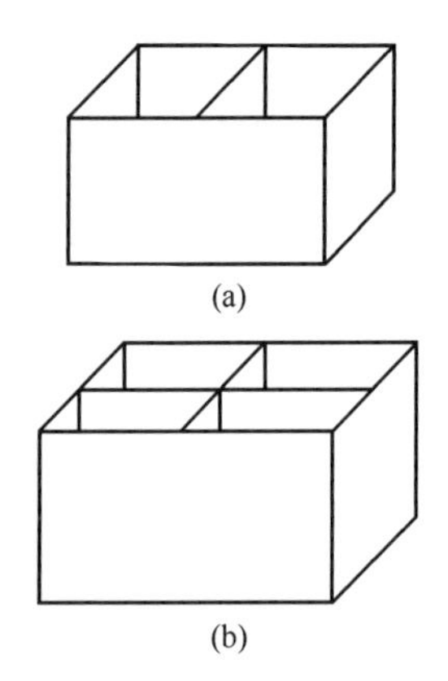

图 7-7　复合电池槽示意图

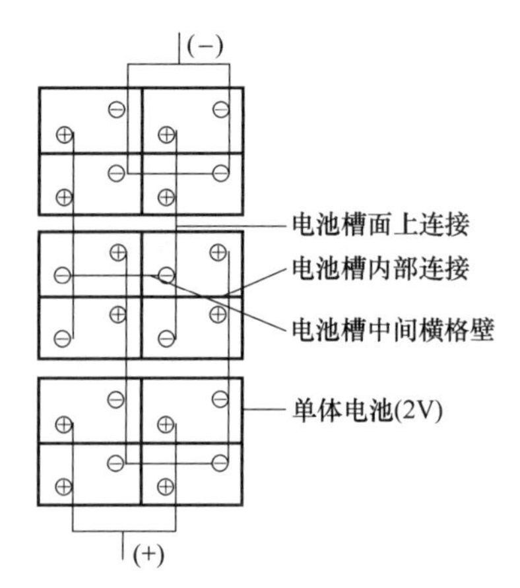

图 7-8　复合槽电池的串联组合方式

7.2.5　排气栓

排气栓的作用是排出电池在充电过程中产生的气体，或在放置过程中因自放电或水蒸发等产生的气体。启动用铅酸蓄电池的排气装置就是注液孔盖上的小孔；防酸隔爆式铅酸蓄电池的排气栓为防酸隔爆帽；阀控式密封铅酸蓄电池的排气装置是单向排气阀。

VRLA 蓄电池的排气栓又称安全阀或节流阀，其作用有二：一是当电池中积聚的气体压力达到安全阀的开启压力时，阀门打开以排出多余气体，减小电池内压；二是单向排气，即不允许空气中的气体进入电池内部，以免引起电池的自放电。

安全阀主要有三种结构形式：胶帽式、伞式和胶柱式，如图 7-9 所示。安全阀帽罩的材料采用的是耐酸、耐臭氧的橡胶，如丁苯橡胶、异乙烯乙二烯共聚物、氯丁橡胶等。这三种安全阀的可靠性是：胶柱式大于伞式和胶帽式，而伞式大于胶帽式。

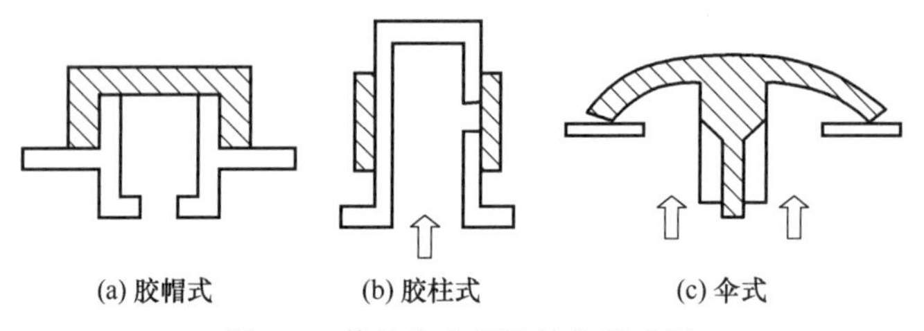

图 7-9　几种安全阀的结构示意图

安全阀开闭动作是在规定的压力条件下进行的，安全阀开启和关闭的压力分别称为开阀压和闭阀压。开阀压的大小必须适中，开阀压太高易使电池内部积聚的气体压力过大，而过高的内压力会导致电池外壳膨胀或破裂，影响电池的安全运行；若开阀压太低，安全阀开启频繁，使电池内部水分损失严重，并因失水而失效。

闭阀压的作用是让安全阀及时关闭，其值大小以接近于开阀压值为好。及时关闭安全阀是为了防止空气中的氧气进入电池，以免引起电池负极的自放电。

7.2.6　附件

① 极柱：是指从正负极板群的汇流排上引出，并穿过电池盖的正负极端子，如图 7-10 所示。通过极柱可以实现电池与外电路连接。为了使用户正确区分正负极柱，制造厂商通常在蓄电池组的正极柱上涂上红色油漆，在负极柱上涂上黑色油漆。

② 支撑物：普通铅酸蓄电池内的铅弹簧或塑料弹簧等支撑物，起着防止极板在使用过程中发生弯曲变形的作用。

③ 连接物：连接物又称连接条，是用来将同一电池内的同极性极板连接成极板组，或者将同型号电池连接成电池组的金属铅条，起连接和导电的作用。单体电池间的连接条可以在电池盖上面（如图 7-3 所示），也可以采用穿壁内连接方式连接电池（如图 7-10 所示），后者可使电池外观更整洁、美观。

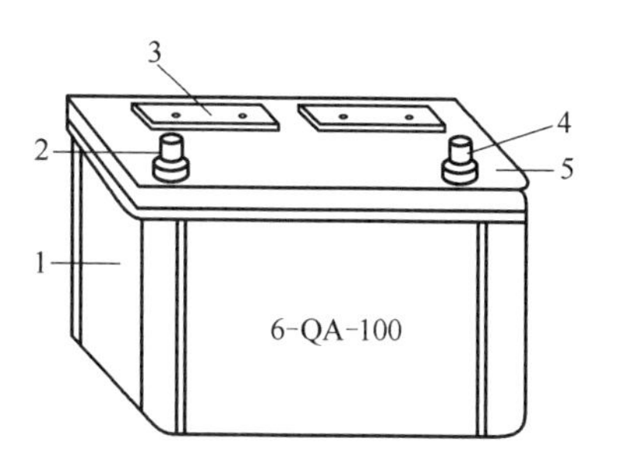

图 7-10　铅蓄电池结构（穿壁内连接方式）

1—电池槽；2—负极柱；3—防酸片；4—正极柱；5—电池盖

④ 绝缘物：在安装固定铅酸蓄电池组时，为了防止蓄电池漏电，在电池和木架之间，以及木架和地面之间要放置绝缘物，一般为玻璃或瓷质（表面上釉）的绝缘垫脚。为了使电池安装平稳，减少其工作过程中的振动，还需加软橡胶垫圈。这些绝缘物应经常清洗，保持清洁，不让酸液及灰尘附着，以免引起电池漏电。

7.2.7 装配方式

所谓装配就是指将隔板（膜）置于如图 7-5 所示的已交错排列的正负极板群的每两片极板之间后，放入电池槽内并注入电解液，然后加盖封装。蓄电池的装配方式有两种，一是非紧装配方式，如普通铅酸蓄电池；二是紧装配方式，如 VRLA 蓄电池。

VRLA 蓄电池之所以采用紧装配方式，是因为其电解液处于贫液状态。如果极板和隔膜不能紧密接触，会使极板不能接触到电解液，也就不能保证极板上的活性物质与电解液发生反应，电池也就不能正常工作。为了使 VRLA 蓄电池的电化学反应能正常进行，只有采取紧装配的组装方式，才能做到极板和电解液的充分接触。紧装配可以达到以下三个目的：一是使隔膜与极板紧密接触，有利于活性物质与电解液的充分接触；二是保持住极板上的活性物质，特别是减少正极活性物质的脱落；三是防止正极在充电后期析出的氧气沿着极板表面上窜到电池顶部，使氧气充分地扩散到负极被吸收，以减少水分的损失。

综上所述，VRLA 蓄电池为了达到密封的目的，在极板、电解液、隔膜、容器、排气栓和装配方式等方面均与普通铅酸蓄电池有不同之处，如表 7-8 所示。

表 7-8　VRLA 蓄电池与普通铅酸蓄电池的结构比较

组成部分	富液式铅酸蓄电池	VRLA 蓄电池
电极	铅锑合金板栅	无锑或低锑合金板栅
电解液	富液式	贫液式或胶体式
隔膜	微孔橡胶、PP、PE	超细玻璃纤维隔膜
容器	无机或有机玻璃、塑料、硬橡胶等	SAN、ABS、PP 和 PVC
排气栓	排气式或防酸隔爆帽	安全阀
装配方式	非紧装配	紧装配

此外，同样是阀控密封结构的胶体密封铅酸蓄电池（指利用胶体电解液做电解质的密封铅酸蓄电池，简称胶体电池）与 VRLA 蓄电池在结构上也有所不同，其区别在于：

① 胶体密封铅酸蓄电池为富液式电池，电解液的量比 VRLA 蓄电池要多 20%；而 VRLA 蓄电池为了给正极析出的氧提供向负极的通道，必须使隔膜保持有 10%的孔隙不被电解液占据，即为贫液式电池。

② 胶体密封铅酸蓄电池的装配方式与普通铅酸蓄电池相同，为非紧装配结构，而 VRLA 蓄电池为了使电解液与极板充分接触而采用了紧装配方式。

③ 胶体密封铅酸蓄电池的电解质是硅酸凝胶，为多孔道的高分子聚合物，内部呈相互交错的细线状结构，铅酸蓄电池所需的硫酸溶液就固定在它的孔道中，其密度低于 VRLA 蓄电池的电解液密度，为 1.26～1.28g/cm^3；而 VRLA 蓄电池的硫酸溶液密度为 1.29～1.30g/cm^3，固定在极板和超细玻璃纤维隔膜中。

④ 胶体密封铅酸蓄电池的隔板与普通铅酸蓄电池相同，但在隔板的不起伏面有一层很薄的超细玻璃纤维隔膜（约 0.4mm 厚），目的是让电解液能与极板活性物质充分接触，而 VRLA 蓄电池的隔膜是超细玻璃纤维隔膜。

⑤ 胶体密封铅酸蓄电池的正极板栅材料既可采用低锑合金，也可采用管状电池正极板，同时，为了提高电池容量而又不减少电池寿命，极板可以做得薄一些，电池槽内部空间也可以扩大一些；而 VRLA 蓄电池为了保证电池有足够的寿命，极板应设计得较厚，正板栅合金采用 Pb-Ca-Sn-Al 四元合金。

胶体密封铅酸蓄电池的上述结构特点，使其具有以下优点：

① 电解液不流动、不易渗漏，电池可在任意方向上使用；

② 与 VRLA 蓄电池相比，在正常充电条件下，电池内部水的损耗非常小；

③ 富电解液结构使胶体密封铅酸蓄电池的散热能力较好，使其对温度的敏感程度远小于阀控式密封铅酸蓄电池，不易发生热失控，因而可在较高温度下使用；

④ 采用无锑或低锑铅合金（如铅-钙-锡合金）板栅，电池的自放电小；

⑤ 电解液无分层现象，可减少电池因电液分层而引起的自放电；

⑥ 胶体电解质可防止活性物质脱落。

7.3 铅酸蓄电池工作原理

经长期的实践证明，“双极硫酸盐化理论”是最能说明铅酸蓄电池工作原理的学说。该理论可以描述为：铅酸蓄电池在放电时，正负极的活性物质均变成硫酸铅（$PbSO_4$），充电后又恢复到初始状态，即正极转变成二氧化铅（PbO_2），负极转变成海绵状的铅（Pb）。

7.3.1 放电过程

当铅酸蓄电池接上负载时，外电路便有电流通过。如图 7-11 所示表明了放电过程中两极发生的电化学反应。有关的电化学反应为：

① 负极反应

$$Pb-2e^- +SO_4^{2-} \longrightarrow PbSO_4$$

② 正极反应

$$PbO_2+2e^- +4H^+ +SO_4^{2-} \longrightarrow PbSO_4+2H_2O$$

③ 电池反应

$$Pb+4H^+ +2SO_4^{2-} +PbO_2 \longrightarrow 2PbSO_4+2H_2O$$

或 $$Pb+2H_2SO_4+PbO_2 \longrightarrow PbSO_4+2H_2O+PbSO_4$$

负极 电解液 正极 负极 电解液 正极

从上述电池反应可以看出，铅酸蓄电池在放电过程中两极都生成了硫酸铅，随着放电的不断进行，硫酸逐渐被消耗，同时生成水，使电解液的浓度（密度）逐渐降低。因此，电解液密度的高低反映了铅酸蓄电池的放电程度。对富液式铅酸蓄电池来说，密度可以作为其放电终止标志之一。通常，当电解液密度下降到 1.15～1.17g/cm^3 左右时，应停止放电，否则电池会因为过量放电而损坏。

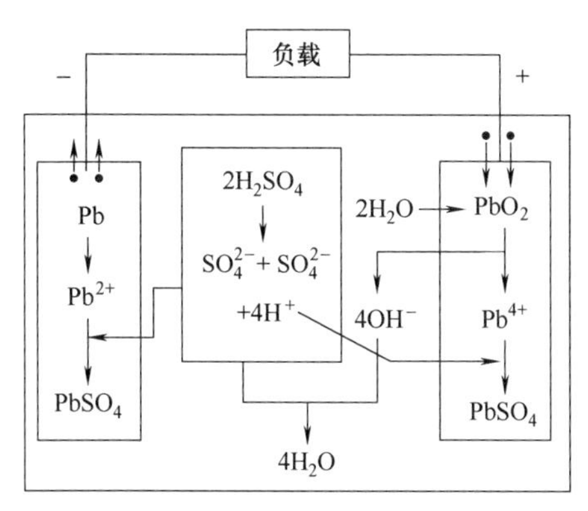

图 7-11　放电过程中的电化学反应示意图

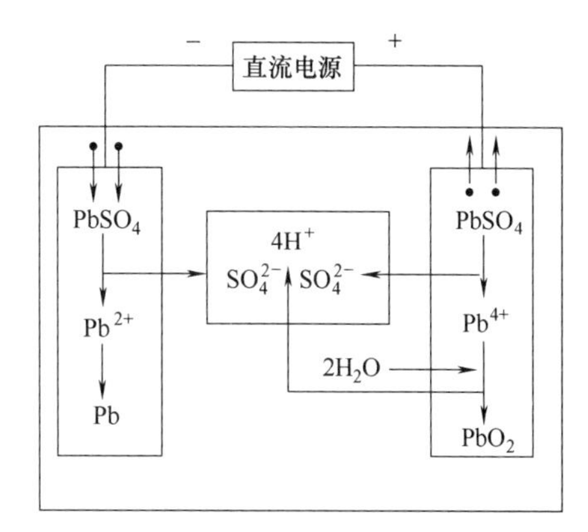

图 7-12　充电过程中的电化学反应示意图

7.3.2　充电过程

当铅酸蓄电池接上充电器时，外电路便有充电电流通过。如图 7-12 所示表明了充电过程中两极发生的电化学反应。有关的电极反应为：

① 负极反应

$$PbSO_4+2e^- \longrightarrow Pb+SO_4^{2-}$$

② 正极反应

$$PbSO_4-2e^-+2H_2O \longrightarrow PbO_2+4H^++SO_4^{2-}$$

③ 电池反应

$$2PbSO_4+2H_2O \longrightarrow Pb+4H^++2SO_4^{2-}+PbO_2$$

或 $$\underset{负极}{PbSO_4}+\underset{电解液}{2H_2O}+\underset{正极}{PbSO_4} \longrightarrow \underset{负极}{Pb}+\underset{电解液}{2H_2SO_4}+\underset{正极}{PbO_2}$$

从以上反应可以看出，铅酸蓄电池的充电反应恰好是其放电反应的逆反应，即充电后极板上的活性物质和电解液的密度都恢复到原来的状态。所以，在充电过程中，电解液的密度会逐渐升高。对富液式铅酸蓄电池来说，可以通过电解液密度的大小来判断电池的荷电程度，也可用密度值作为充电终止标志，如启动用铅酸蓄电池的充电终止密度为 $d_{15}=1.28\sim1.30g/cm^3$，固定用防酸隔爆式铅酸蓄电池的充电终止密度是 $d_{15}=1.20\sim1.22g/cm^3$。

④ 充电后期分解水的反应。铅酸蓄电池在充电过程中还伴随有电解水反应。分解水的反应在充电初期是很微弱的，但当单体电池的端电压达到 2.3V/只时，水的电解开始逐渐成为主要反应。这是因为端电压达 2.3V/只时，正负极板上的活性物质已大部分恢复，硫酸铅的量逐渐减少，使充电电流用于活性物质恢复的部分越来越少，而用于电解水的部分越来越多。

负极

$$4H^++4e^- = 2H_2$$

正极

$$2H_2O-4e^- = 4H^++O_2$$

总反应

$$2H_2O = 2H_2+O_2$$

对于普通铅酸蓄电池来说，电解液为富液式，此时可观察到有大量的气泡逸出，并且冒气越来越激烈，因此可用充电末期电池冒气的程度作为充电终止标志之一。但对于阀控式密封铅酸蓄电池来说，因为是密封结构，其充电后期为恒压充电（恒定的电压在 2.3V/只左右），充电电流很小，而且正极析出的氧气能在负极被吸收，所以不能观察到冒气现象。

7.3.3 蓄电池密封原理

7.3.3.1 负极吸收原理

负极吸收原理就是利用负极析氢比正极析氧晚，并采用特殊结构，使铅酸蓄电池在充电后期负极不能析出氢气，同时能吸收正极产生的氧气，从而实现电池的密封。VRLA 蓄电池和胶体密封铅酸蓄电池就是利用负极吸收原理实现氧复合循环，达到密封的目的。

研究发现，铅酸蓄电池在充电达 70%时，正极就开始析出氧气，而负极的充电态要达到 90%时才开始析出氢气。

当充电态达 70% 时，正极析氧的反应为：

$$2H_2O \longrightarrow 4H^+ + O_2 + 4e^-$$

由于 VRLA 蓄电池和胶体密封铅酸蓄电池有氧气扩散通道，使氧气能顺利扩散到负极，并被负极吸收。氧气在负极被吸收的途径有两个：一是与负极活性物质铅发生化学反应，如式（7-1）所示；二是在负极获得电子后发生电化学反应，如式（7-2）所示。

$$2Pb + O_2 + 2H_2SO_4 \longrightarrow 2PbSO_4 + 2H_2O \quad (7\text{-}1)$$

或

$$O_2 + 4H^+ + 4e^- \longrightarrow 2H_2O \quad (7\text{-}2)$$

上述反应称为氧复合循环反应，如图 7-13 所示。

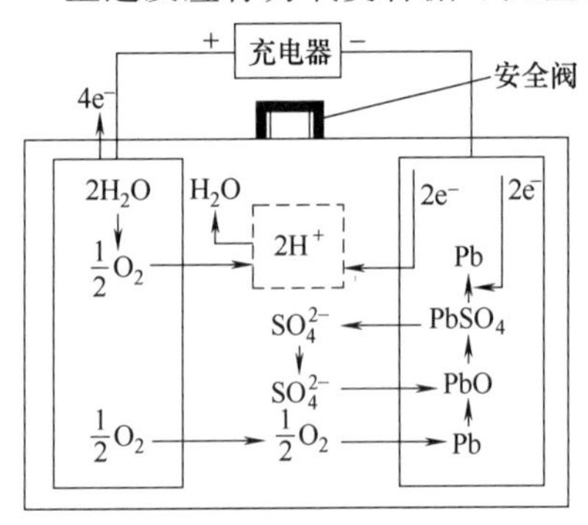

图 7-13 VRLA 蓄电池的密封原理示意图

7.3.3.2 氧气的传输

实际上，充电末期正极析出氧气，在正极附近形成轻微的过压，而负极吸收氧气使负极产生轻微的负压，于是在正、负极之间压差的作用下，氧能够通过气体扩散通道顺利地向负极迁移。

正极析出的氧气要能在负极充分地被吸收，就必须先顺利地传输到负极。氧以两种方式在电池内部传输：一是溶解在电解液中，即通过液相扩散到负极表面；二是以气体形式经气相扩散到负极表面。

显然，氧的扩散过程越容易，则氧从正极向负极迁移并在负极被吸收的量越多，因此就允许电池通过较大的电流而不会造成电池中水的损失。如果氧能以气体的形式向负极扩散，那么氧的扩散速度就比单靠液相中溶解氧的扩散速度大得多。所以在 VRLA 蓄电池和胶体密封铅酸蓄电池中，为了使其负极能有效地吸收氧气，分别采用了不同的电池结构，为氧气提供气相扩散通道。

VRLA 蓄电池采取如下特殊的电池结构：一是贫电解液结构，就是使超细玻璃纤维隔膜中大的孔道不被电解液充满，作为氧气扩散通道，使氧气能顺利地扩散到负极；二是紧密装配，能使极板表面与隔膜紧密接触，一方面使电解液能充分湿润极板，另一方面保证氧气经隔膜孔道无阻地扩散到负极，而不至于使氧气沿着极板向上逸出。

胶体密封铅酸蓄电池利用凝胶形成的裂缝：硅酸凝胶是以 SiO_2 质点作为骨架构成的三维多孔网状结构，它将电解液固定在其中。当硅酸溶胶灌注到电池中后变成凝胶，然后凝胶在使用过程中骨架要进一步收缩，使凝胶出现裂缝贯穿于正负极板之间，给正极析出的氧提供了到达负极的通道。

7.3.3.3 氧复合效率及其影响因素

密封铅酸蓄电池中氧气在负极被吸收的效率称氧复合效率 η_{OC}。理论上，氧复合的效率可达到100%，但由于各种因素的影响，氧复合效率不可能为100%。

影响VRLA蓄电池氧复合效率的因素主要有以下几个方面：

(1) 细玻璃纤维隔膜被电解液饱和的程度

电解液的饱和度越低，隔膜中氧气的扩散通道越多，氧复合效率越高，反之则越低。但并不是饱和度越低越好，因为当电解液的饱和度下降到一定程度后，极板上的活性物质因没有电解质的作用而不能发生电化学反应，使电池会因失水过多而容量下降。所以电解液的饱和度应保持在一定范围，才能既有利于氧气的扩散，又能保证电池的放电容量。通常要求隔膜中电解液的饱和度为60%～90%。

(2) 氧分压

氧分压就是电池内部气相空间中氧气所占有的分压力。氧分压越高，氧复合效率 η_{OC} 越高；反之，则 η_{OC} 越低。但是不能为了提高氧复合效率而无限制地增大氧分压，因为紧装配方式已使电池槽承受了很大的压力，而电池槽的耐压能力是有限的，使其不能承受过高的氧分压；另外，过高的氧分压使电池不能及时释放多余的气体，因而影响电池的散热。所以氧分压应在一定的范围内，其大小是通过安全阀的开阀压和闭阀压来控制的。

(3) 充电电流

如图7-14所示是充电电流与氧复合效率间的关系。由图可见，充电电流对氧复合效率的影响很大，特别是当充电电流达到一定程度后，电流越大，η_{OC} 快速下降。这是因为电池在充电时，正极上析出氧气的速率与充电电流或充电电压成正比，即充电电流越大或电压越高，单位时间内析出的氧气越多。然而氧气传输到负极进行氧复合反应的速度是有限的，即氧的析出快于氧的复合，使得氧复合效率降低。所以在阀控式密封铅酸蓄电池中，要求充电时控制充电电流和充电电压，例如浮充使用的蓄电池的浮充电压应使其保持在2.20～2.27V/只（25℃）；循环使用的蓄电池电压最高为2.4V/只，初始充电电流不大于 $0.3C_{10}$，以维持氧的析出与复合处于平稳状态。

(4) 隔膜的压缩

对隔膜进行压缩，一是为了使极板与电解液充分接触；二是使超细玻纤隔膜与电极间的距离小于隔膜与电极中的大孔，否则正极析出的氧气会从隔膜与电极间的空隙逸到电池的气室，从而降低 η_{OC}。为了达到这一设计要求，必须采用紧装配方式来组装电池，并控制适当的装配压力；另一方面，还要求隔膜具有很强的储液能力和良好的抗拉强度和压缩性。

(5) 板栅合金

因为在含锑的板栅合金中，锑会溶解并迁移到负极后沉积下来，从而降低氢析出的电压，导致电池失水，所以阀控式密封铅酸蓄电池的板栅不含锑或只含极少量的锑。

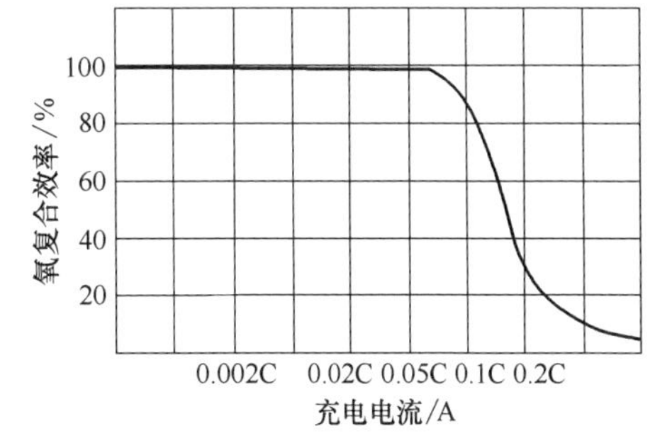

图7-14 氧复合效率与充电电流的关系

与VRLA蓄电池一样，胶体密封铅酸蓄电池的氧复合效率同样要受到充电电流和氧分压的影响，但在使用的不同阶段，其氧复合效率会发生从低到高的变化。

① 使用初期：因为胶体电解质在形成初期，内部没有或极少有裂缝，不能给正极析出的氧气提供足够的扩散通道，使氧复合效率较低。

② 使用中、后期：因为在使用过程中，胶体会逐渐收缩，并形成越来越多的裂缝，这些裂缝便是氧气扩散的通道，因此，氧气的复合效率也随之逐渐提高。在运行数月后，氧复合效率可达95%以上。

7.4 铅酸蓄电池的性能

7.4.1 内阻特性

7.4.1.1 内阻的含义

电池的内阻有两个含义，其一是指欧姆电阻，由这部分电阻引起的电压降遵守欧姆定律；其二是指全内阻，它包括欧姆电阻和极化电阻两部分，其中极化电阻不遵守欧姆定律。由于内阻的存在，电池放电时的端电压小于电动势，而充电时的端电压大于电动势。

(1) 欧姆内阻

电池的欧姆电阻就单体电池而言，它等于极板、电解液和隔板的电阻之和。在实际应用中，往往是多只单体电池连接成电池组，所以还包括有连接物的电阻。串联后的总内阻等于各单体电池的内阻之和。

(2) 极化内阻

极化电阻也称表观电阻或假电阻，它是当电池在充电或放电时，由于其电极上有电流通过，引起极化现象而随之出现的一种电阻，其值大小与电流有关，随充、放电电流的增大而增加。铅酸蓄电池的极化内阻在充电或放电初期增加速度较快；在充电和放电中期，极化内阻基本保持不变；在充电后期，当两极开始析出气体时，极化电阻显著增大，电流越大，增大越明显；在放电后期，由于硫酸铅的体积较大，致使极板活性物质的微孔被阻塞，影响了电解液的扩散，使电池的极化内阻增加，电流越大，增大越显著。

7.4.1.2 影响内阻的因素

电池的内阻不是常数，它受许多因素的影响。不同型号和规格的铅酸蓄电池，会因其结构、极板生产工艺和容量等的不同而具有不同的电阻。通常电池的容量越大，内阻越小。对于同一电池来说，它在不同的充放电状态和处于不同的寿命时期，也具有不同的电阻值，它的内阻主要受电解液浓度、极板荷电程度、充放电电流和电解液温度等因素的影响。

(1) 电解液浓度

电池内阻随着电解液密度的变化而变化。这是因为在铅酸蓄电池的电解液密度正常值范围内，硫酸溶液的电阻率随密度的增加而减小，当密度为 1.200g/cm^3（15℃）时，电阻率最小，然后随密度的增加而有所增加，如图 7-15 所示。

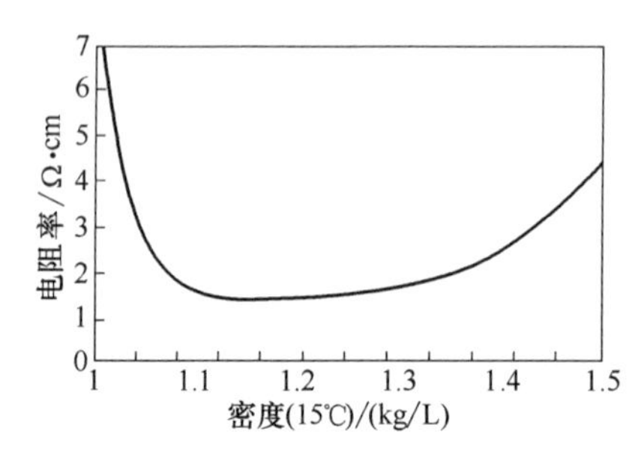

图 7-15 硫酸溶液的电阻率

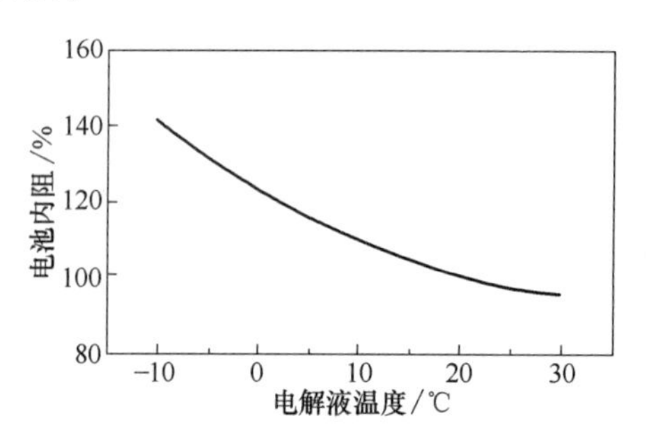

图 7-16 内阻与电解液温度的关系

(2) **极板荷电程度**

极板的荷电程度就是极板的充放电状态，它与极板上活性物质的状态有关。在充电过程中，正、负极上的活性物质二氧化铅和海绵状铅的量越来越多，即极板上的荷电程度越来越高；反之，在放电过程中，正、负极的活性物质逐渐生成放电产物硫酸铅，极板的荷电程度越来越低。因为硫酸铅的导电能力差，其欧姆电阻远大于铅和二氧化铅的欧姆电阻，所以极板的荷电程度越高，极板的电阻值越小；极板的荷电程度越低，极板的电阻值越大。在放电开始后，极板电阻缓慢增加，而当放电接近终期则急剧增加，其值达到放电开始时的 2～3 倍。这是因为硫酸铅体积较大，放电后期时硫酸铅的含量增多，致使极板活性物质的微孔被阻塞，影响了电解液的扩散，因而不仅极板的欧姆内阻也增大，而且极化内阻也增大。在充电过程中，极板的电阻逐渐减小，且在气体析出前因微孔增大而极化内阻减小。但当气体开始析出后，电池的极化内阻又增加，这是因为气体析出时电化学极化较严重。

(3) **充放电电流**

充放电电流的大小主要影响极化电阻。小电流充放电时，极化内阻很小，特别是在放电时负载电阻很大的情况下，极化内阻对电池端电压的影响可忽略。反之，电流越大，极化内阻越大，电池的全内阻相应增大。大电流放电时，电压降损失可达数百毫伏，对电池的放电电压影响很大。而当大电流充电时，电池的电压上升过快、过高，致使电池两极过早析出气体，使其充电效率大大降低。

(4) **电解液温度**

阀控式密封铅酸蓄电池内阻与温度的关系如图 7-16 所示。由图可见，在－10～30℃环境温度下放电，电池内阻随温度的升高而减小，反之当温度降低时，其内阻逐渐增大，电池内阻与温度呈线性变化关系。温度自 25℃以下，每降低 1℃，内阻约增加 1.7%～2.0%。

(5) **电池的容量**

由欧姆定律我们知道，物体的电阻与其长度成正比，与截面积成反比。即导体的截面积越大，其欧姆电阻越小。对于蓄电池来说，为了增大其容量，可增大极板面积和增加极板的片数。所以，电池的容量越大，其极板的面积越大，即电池的欧姆内阻也就越小。表 7-9 列出了不同容量的铅酸蓄电池（同一厂家生产的相同结构电池）欧姆内阻的近似值。

表 7-9　不同容量的铅酸蓄电池的欧姆内阻

容量/A·h	内阻/(10^{-4}/Ω)	容量/A·h	内阻/(10^{-4}/Ω)
1～2	100～400	1000	2～7
10	50～100	5000	0.6～2
50	25～80	10000	0.35～0.8
100	10～65	15000	0.1～0.3

7.4.1.3　内阻的测定

(1) **用公式做近似计算**

蓄电池在充放电过程中的内阻可由下式求出：

$$r_{充}=\frac{U_{充}-E}{I_{充}}(\Omega)$$

$$r_{放}=\frac{E-U_{放}}{I_{放}}(\Omega)$$

式中，E 为电池的电动势，V；$U_{充}$、$U_{放}$ 为电池充、放电时的端电压，V；$I_{充}$、$I_{放}$ 为充、放电电流，A。由于电池在充放电时有电流通过，所以式中的内阻 r 为全电阻，即包括极化内阻和欧姆内阻。

例如，某铅酸蓄电池接上负载后，通过线路的电流是12A，放电至端电压为1.95V时，将电路断开，测得电池的开路电压为2.05V，则该蓄电池放电至此时的内阻为：

$$r_{放}=\frac{E-U_{放}}{I_{放}}=\frac{2.05-1.95}{12}\approx 0.008(\Omega)$$

由上述计算结果及表7-9中的数据可知，铅酸蓄电池的欧姆内阻非常小，必须要防止电池的短路，否则，一旦电池短路会产生很大的短路电流，该电流会严重损害电池。

(2) 用电池内阻测试仪测定

蓄电池的内阻既可用专门的电池内阻测试仪进行测试，也可用电导仪测试电池的电导。电池内阻测试仪或电导仪的种类很多，其使用方法可以参照相关使用说明书。

7.4.2 电压特性

7.4.2.1 电动势

电池的电动势是电池工作的原动力，在电动势的作用下，电子将从负极移向正极，即电流从正极流向负极。电动势的大小决定了电池的开路电压和工作电压的大小。

电池的电动势就是电池的正极和负极的电极电位之差。铅酸蓄电池的正负极的标准电极电位分别为 $\varphi^{\circ}_{PbO_2/PbSO_4}=1.685V$ 和 $\varphi^{\circ}_{PbSO_4/Pb}=-0.356V$，所以其标准电动势为：

$$E^{\circ}=\varphi^{\circ}_{PbO_2/PbSO_4}-\varphi^{\circ}_{PbSO_4/Pb}=1.685-(-0.356)V=2.041V$$

(1) 电动势的形成

电动势的形成实际上就是电极电位的形成过程，即电极活性物质表面与电解液形成界面双电层的过程。负极电极电位的形成如图7-17所示。负电极上海绵状的铅是由 Pb^{2+} 和电子组成，当负极插入稀硫酸溶液中时，其表面会受到极性水分子的攻击，使 Pb^{2+} 脱离表面进入溶液，电子则留在极板表面上。随着 Pb^{2+} 不断进入溶液，极板上带的负电荷不断增加，它对进入溶液中的 Pb^{2+} 有吸引作用，使 Pb^{2+} 重新获得电子并在极板上析出。刚开始时，铅溶解的速度大于析出的速度，随着溶解的 Pb^{2+} 浓度增大，溶解的速度减小而析出的速度增大。当溶解与析出的速度相等时，达到动态平衡，此时在铅电极与电解液的接界面上形成稳定的双电层结构（电极带负电，溶液带正电），其电位差就是负极的电极电位 $\varphi_{PbSO_4/Pb}$。

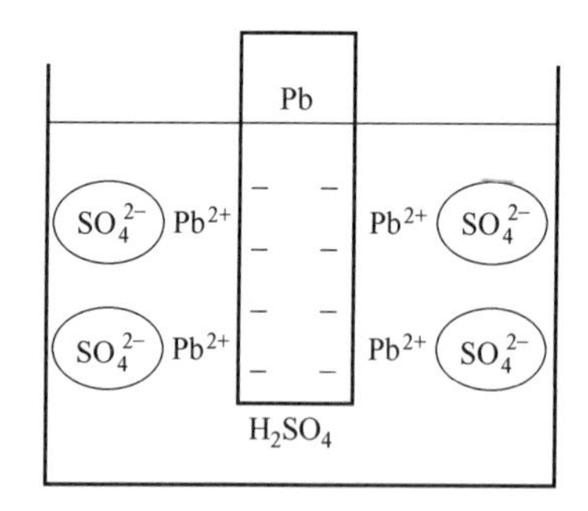

图7-17 负极电极电位的形成

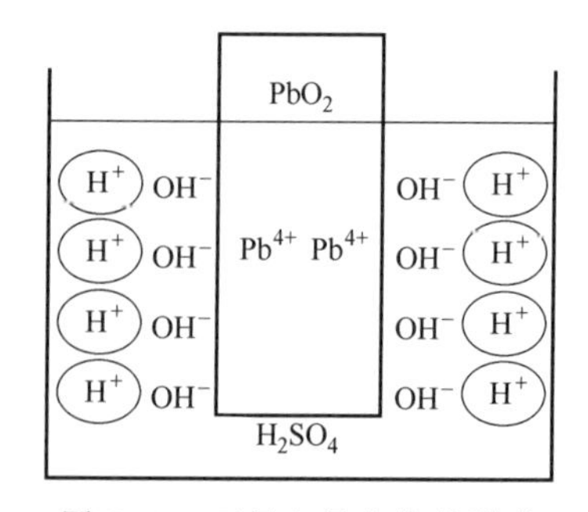

图7-18 正极电极电位的形成

正极电极电位的形成如图7-18所示。正极上的二氧化铅是一种碱性氧化物，它在稀硫酸中先与水分子作用，生成可电离的物质 $Pb(OH)_4$，然后电离成 Pb^{4+} 和 OH^-，即

$$PbO_2+2H_2O \rightleftharpoons Pb(OH)_4$$

$$Pb(OH)_4 \rightleftharpoons Pb^{4+}+4OH^-$$

电离生成的 Pb^{4+} 留在极板上使极板带正电，OH^- 则受溶液中 H^+ 的吸引进入溶液，但由于 OH^- 受极板上正电荷的吸引，不可能远离极板去和 H^+ 结合成水分子，它只能在极板

表面附近，使极板表面附近溶液带负电荷。当 OH^- 进入溶液与 OH^- 返回极板表面的速度相等时，在正极板与溶液的接界处形成稳定的双电层，其结构是正极板带正电，溶液带负电，它们之间的电位差就是正极电极电位 $\varphi_{PbO_2/PbSO_4}$。

(2) 电动势的计算

① 用电极的能斯特方程式计算。首先根据电极反应写出正、负极的能斯特方程式为：

负极反应为：

$$Pb-2e^-+SO_4^{2-}\rightleftharpoons PbSO_4$$

负极电极电位为：

$$\varphi_{PbSO_4/Pb}=\varphi^\circ_{PbSO_4/Pb}+\frac{0.059}{2}\lg\frac{1}{a_{SO_4^{2-}}}$$

正极反应为：

$$PbO_2+2e^-+4H^++SO_4^{2-}\rightleftharpoons PbSO_4+2H_2O$$

正极电极电位为：

$$\varphi_{PbO_2/PbSO_4}=\varphi^\circ_{PbO_2/PbSO_4}+\frac{0.059}{2}(\lg a_{SO_4^{2-}}a^4_{H^+})$$

所以铅酸蓄电池的电动势为：

$$\begin{aligned}E&=\varphi_{PbO_2/PbSO_4}-\varphi_{PbSO_4/Pb}\\&=(\varphi^\circ_{PbO_2PbSO_4}-\varphi^\circ_{PbSO_4/Pb})+\frac{0.059}{2}\lg(a^2_{SO_4^{2-}}a^4_{H^+})\\&=E^\circ+0.059\lg(a_{SO_4^{2-}}a^2_{H^+})\end{aligned}$$

② 用电池的能斯特公式计算。根据铅酸蓄电池的电池反应和电池的能斯特方程式，铅酸蓄电池的能斯特方程式为：

$$E=E^\circ+\frac{0.059}{2}\lg\frac{a_{Pb}a_{PbO_2}a^2_{H_2SO_4}}{a^2_{PbSO_4}a^2_{H_2O}}=2.041+0.059\lg\frac{a_{H_2SO_4}}{a_{H_2O}}$$

铅酸蓄电池中硫酸的浓度较高，H_2O 和 H_2SO_4 的活度与浓度相差较大，即平均活度系数远小于 1，表 7-10 和表 7-11 列出了水在硫酸中的活度 a_{H_2O} 和 H_2SO_4 的平均活度系数 $\gamma_\pm$。

表 7-10 水在硫酸溶液中的活度

质量摩尔浓度/(mol/kg)	0.1	0.2	0.3	0.5	0.7	1.0	1.5	2.0
水的活度 a_{H_2O}	0.99633	0.99281	0.98923	0.98190	0.97427	0.96176	0.93872	0.91261
质量摩尔浓度/(mol/kg)	2.5	3.0	3.5	4.0	4.5	5.0	5.5	6.0
水的活度 a_{H_2O}	0.8836	0.8516	0.8166	0.7799	0.7422	0.7032	0.6643	0.6259
质量摩尔浓度/(mol/kg)	6.5	7.0	7.5	8.0	8.5	9.0	9.5	10.0
水的活度 a_{H_2O}	0.5879	0.5509	0.5152	0.4814	0.4488	0.4180	0.3886	0.3612

表 7-11 酸溶液的平均活度系数

质量摩尔浓度	平均活度系数 $\gamma_\pm$				质量摩尔浓度	平均活度系数 $\gamma_\pm$			
/(mol/kg)	10℃	20℃	25℃	30℃	/(mol/kg)	10℃	20℃	25℃	30℃
0.001	0.957	0.839	0.830	0.823	1.5	0.147	0.131	0.124	0.117
0.005	0.693	0.656	0.639	0.623	2.0	0.149	0.132	0.124	0.118
0.01	0.603	0.562	0.544	0.527	3.0	0.173	0.151	0.141	0.132
0.05	0.387	0.354	0.340	0.326	4.0	0.215	0.184	0.171	0.159
0.1	0.307	0.278	0.265	0.254	5.0	0.275	0.231	0.212	0.196
0.2	0.243	0.219	0.209	0.199	6.0	0.350	0.289	0.264	0.242
0.5	0.181	0.162	0.154	0.147	7.0	0.440	0.359	0.326	0.297
1.0	0.153	0.137	0.130	0.123	8.0	0.545	0.439	0.397	0.358

［例］ 已知铅酸蓄电池电解液的质量摩尔浓度为4.0mol/kg，求电动势。

解：查表7-10和表7-11得：$a_{H_2O}=0.7799$，$\gamma_{\pm}=0.184$（20℃）

根据电解质的总活度计算式得：

$$a_{H_2SO_4}=(2^2\times 1^1)(4.0\times 0.184)^3\approx 1.595$$

将a_{H_2O}和$a_{H_2SO_4}$代入铅酸蓄电池的能斯特方程式得：

$$E=2.041+0.059\lg\frac{1.595}{0.7799}\approx 2.059(V)$$

7.4.2.2 开路电压

电池在开路状态下的电压称为开路电压。铅酸蓄电池的开路电压基本上等于其电动势。铅酸蓄电池开路电压的大小可用以下经验公式来计算：

$$U_{开}=0.85+d_{15}(V) \tag{7-3}$$

式中，0.85为常数；d_{15}为15℃时极板微孔中与溶液本体电解液密度相等时的密度。

如图7-19所示为开路电压与电解液密度的关系。由图可见，电解液密度越高，电池的开路电压也越高。

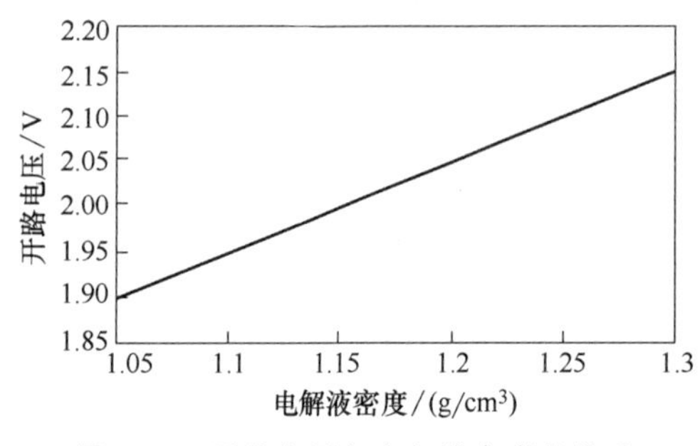

图7-19 开路电压与电解液密度的关系

在充电过程中，由于极板微孔中的密度大于溶液本体的密度，所以，充电结束后，电池的开路电压随着微孔中的硫酸逐渐向外扩散而逐步降低，当极板微孔中的密度与溶液本体的密度一致时，开路电压也就固定下来。同样，在放电过程中，由于极板微孔中的密度小于溶液本体的密度，所以，放电结束后，随着溶液本体的硫酸逐渐向微孔中扩散，电池的开路电压逐渐增加，当微孔中与溶液本体的电解液密度相一致时，开路电压也保持不变。

式（7-3）在15℃时，电解液密度在1.05～1.300g/cm^{3}范围内是准确的。如15℃时，防酸隔爆式铅酸蓄电池和启动用铅酸蓄电池在充足电后，电解液密度分别为1.20～1.22g/cm^{3}和1.28～1.30g/cm^3，则用式（7-3）可以计算出它们相应的开路电压分别为2.05～2.07V和2.13～2.15V。

7.4.2.3 端电压

（1）充放电过程中端电压的变化

电池端电压是指电池与外电路相连接且电极上有电流通过时正、负极两端的电位差。电池的端电压与电动势、内阻、电流及电解液的密度等均有关系。当用恒定的电流进行充放电时，电池的端电压可用下式表示：

$$U_{充}=E+\eta_v+I_{充}r_{内}$$

$$U_{放}=E+\eta_v+I_{放}r_{内}$$

式中，$U_{充}$和$U_{放}$为充放电时蓄电池的端电压，V；$I_{充}$和$I_{放}$为蓄电池的充电电流和放电电流，A；E为蓄电池的电动势，V；$r_{内}$为蓄电池的欧姆内阻，Ω；η_v为蓄电池充放电时的超电压，V。

超电压就是为了克服极化电阻而引起的充电电压增加或放电电压减小的那一部分电压值。超电压与电流密度的大小有关。电流密度越大，极化电阻越大，超电压越大。所以，大电流充放电时，极化内阻不能忽视，它将严重影响电池性能，即放电时使端电压下降，电池的放电容量减小；而充电时又使端电压过高，引起水的大量分解，降低电池的充电效率。超电压对端电压的影响与内阻压降对端电压的影响在方向上是一致的，所以可以将它们合并为一项，此时的 r 应理解为全内阻，即：

$$U_{充}=E+I_{充}\ r_{内}$$
$$U_{放}=E-I_{放}\ r_{内}$$

① 放电过程中端电压的变化。用恒定的电流对铅酸蓄电池进行放电时，其端电压将随放电时间发生变化，这种放电电压随时间变化的曲线称为放电特性曲线。图 7-20 中的曲线 1 为铅酸蓄电池标准放电电流放电时的放电曲线。

由图可见，放电时端电压的变化分为三个阶段。在放电初始的很短时间内，端电压急剧下降，然后端电压缓慢下降，当接近放电终期时，端电压又在很短时间内迅速下降。当电压降到一定值时，必须停止放电，否则蓄电池的性能会严重受损。其中第二阶段维持时间越长，铅酸蓄电池的特性越好。

在放电之前，极板上活性物质微孔中硫酸溶液的密度与本体溶液的密度相等，电池的电压为开路电压。

在放电初期，极板微孔中硫酸首先被消耗，微孔内溶液密度立即下降，而本体溶液中的硫酸向微孔内扩散的速度很慢，不能立即补充所消耗的硫酸，使微孔中硫酸浓度下降，故本体溶液与微孔中的溶液形成较大的浓度差，即此阶段的浓差极化较大，结果导致电池端电压明显下降（$o\sim a$ 段）。随着浓度差的增大，使硫酸的扩散速度增加，当电极反应消耗硫酸的速度与硫酸扩散的速度相等时，此阶段结束。

在放电中期，由于电子移动速度、电极反应速度与硫酸扩散速度基本一致，即极化引起的超电压基本稳定，因此该阶段的端电压主要与蓄电池的电动势和欧姆内阻有关。而电动势与电解液的浓度有关，所以端电压随电解液浓度的逐渐减小和欧姆内阻的逐渐增大而呈缓慢下降的趋势（$a\sim b$ 段）。

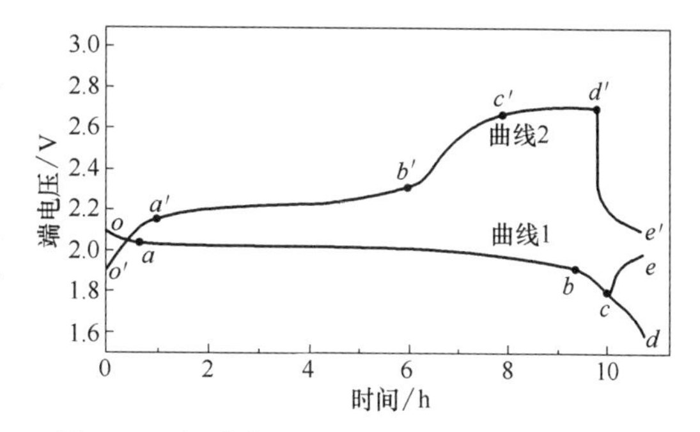

图 7-20　铅酸蓄电池的充放电端电压变化曲线

在放电后期，正、负极活性物质逐渐转变成硫酸铅，并向极板深处扩展，使极板活性物质微孔被体积较大的硫酸铅阻塞，本体溶液中的硫酸向微孔内扩散变得越来越困难，导致微孔中硫酸密度急剧下降，因此浓差极化也急剧增大。此外，放电产物硫酸铅是不良导体，使电池欧姆内阻增大，所以此阶段的端电压下降速度很快（$b\sim c$ 段）。

当端电压下降到 c 点后，如果再继续放电，端电压下降的速度更快（$c\sim d$ 段）。这是因为微孔中硫酸的浓度由于得不到补充已降至很低，使放电反应无法继续进行。所以 c 点为蓄电池放电终止电压。

当蓄电池停止放电后，放电反应不再发生，本体溶液中的硫酸逐渐向微孔中扩散，使微孔中的溶液浓度逐渐上升，并最终与本体溶液的浓度相等，使电池的开路电压逐渐上升并稳定下来（$c\sim e$ 段）。

② 充电过程中端电压的变化。用恒定电流对铅酸蓄电池进行充电时，其端电压将随充电时间发生变化，这种充电电压随时间的变化曲线称充电特性曲线。图 7-20 中的曲线 2 为标准充电电流对普通铅酸蓄电池充电时的充电曲线。由图可见，充电时端电压的变化也可分为三个阶段。在充电初始的很短时间内，端电压急剧上升，然后端电压缓慢上升，在充电后

期，端电压又在短时间内迅速上升并稳定下来。

在充电初期，由于充电反应使硫酸铅转变成铅和二氧化铅，同时释放出硫酸，使极板微孔中硫酸的密度迅速增大，而微孔中硫酸向外扩散的速度低于充电反应生成硫酸的速度，因而微孔中硫酸的密度上升很快，使本体溶液与微孔中的溶液形成较大的浓度差，即此阶段的浓差极化较大，结果导致端电压上升的速度很快（o'～a'段）。随着浓度差的增大，使硫酸的扩散速度增加，当电极反应生成硫酸的速度与硫酸扩散的速度相等时，此阶段结束。

在充电中期，由于电子移动速度、电极反应速度与硫酸扩散速度达成一致，即极化引起的超电压基本稳定，因此该阶段的端电压主要与电池的电动势有关。而电动势与电解液的浓度有关，所以端电压随电解液浓度的逐渐增大而缓慢上升（a'～b'段）。

在充电末期，当普通蓄电池端电压上升到水的分解电压 2.3V（b'点）时，两极就有大量均匀的气体（氢气和氧气）析出，而氢、氧气体析出的超电位较大，因此，此阶段因气体析出而使超电位快速上升（b'～c'段）。当端电压上升到 2.6～2.7V 后就稳定下来，该电压就是充电终止电压，当电压稳定下来后，应停止充电（c'～d'段）。

充电结束后，蓄电池的开路电压会逐渐下降。这是因为在充电过程中微孔中硫酸的密度始终大于本体溶液的密度，所以刚停止充电时，开路电压较高，随着微孔内硫酸逐渐向外扩散，直到微孔内外硫酸的密度相等时，开路电压也逐渐下降并稳定下来（d'～e'段）。

(2) 影响端电压的因素

① 温度。电池端电压与温度的关系，与温度对电解液黏度和电阻的影响密切相关。温度升高，硫酸黏度减小，溶液中硫酸根离子和氢离子扩散的速度加快，将有利于电化学反应，使电池极化作用减小；温度降低，硫酸黏度增大，使电解液中离子的扩散速度降低，并降低了电化学反应的速度，使电池的极化作用增大。因此，当温度升高时，使电池在充电时端电压下降，而放电时端电压升高；当温度降低时，使电池充电电压升高，而放电电压降低。如图 7-21 所示是温度对铅酸蓄电池充放电时端电压的影响。

② 电流（充放电率）。某一电流值对于具体的蓄电池而言，究竟是大电流还是小电流，与电池的容量大小直接相关。比如 10A 的电流，对于 100A・h 的电池来说是一个合适的电流，但对于 10A・h 的电池来说就是大电流，而对于 1000A・h 的电池则又是很小的电流。因此电流的大小必须相对蓄电池的容量大小而言。通常用充电率和放电率来表示蓄电池充放电电流的大小。

蓄电池放电或充电至终止电压的速度，称放电率或充电率。放电率或充电率有小时率和倍率（电流率）两种表示方法。

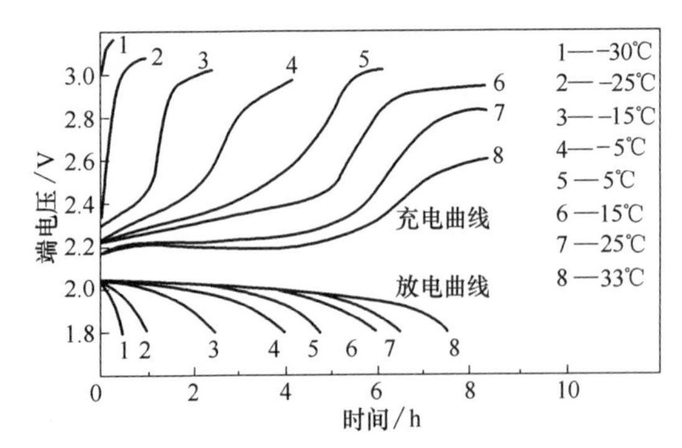

图 7-21 温度对充放电端电压的影响

小时率是指蓄电池应在多少时间内（小时）充进或放出额定容量值。如 10h 率就是指在 10h 内放出或充入的容量为额定容量值，即放电或充电电流为：

$$I=C_{额}/H$$

式中，I 为放（充）电电流，A；$C_{额}$ 为额定容量，A・h；H 为放（充）电率，h。

例如，某蓄电池的额定容量为 120A・h，用 10h 率充电，然后用 5h 率放电，则放电电流为 24A，充电电流为 12A。

倍率是指放电电流的数值为额定容量数值的倍数，即：

$$I=kC_{额}$$

式中，k 为倍率的系数，$k=1/H$。

例如，某蓄电池的额定容量为 60A·h，用 0.2C 充电和 3C 放电，则充电电流为 12A，放电电流为 180A。

小时率和倍率之间的关系见表 7-12。由此可见，放电率或充电率越快，充、放电电流越大，小时率的值越小，倍率越大；反之，放电率或充电率越慢，充、放电电流越小，小时率的值越大，倍率越小。

表 7-12　小时率与倍率之间的关系

小时率/h	0.5	1	4	5	10	20
倍率/A	2C	1C	0.25C	0.2C	0.1C	0.05C

a. 放电率对端电压的影响。放电电流对普通铅酸蓄电池端电压的影响情况如图 7-22 中的放电曲线所示。不同放电率下 VRLA 蓄电池的放电特性曲线如图 7-23 所示，其中曲线 5 为标准放电曲线，是将 VRLA 蓄电池充足电后，静置 1～24h，使电池表面温度为 25℃±5℃，然后以 10h 率（$0.1C_{10}$A）的电流放电至 1.8V/只所得到的曲线。

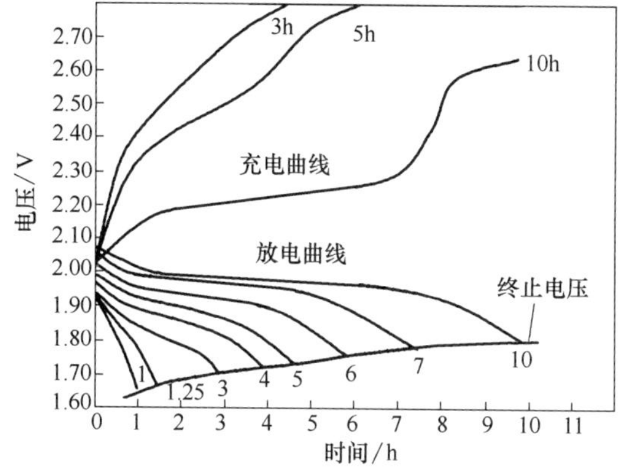

图 7-22　充、放电率对普通铅蓄电池端电压的影响

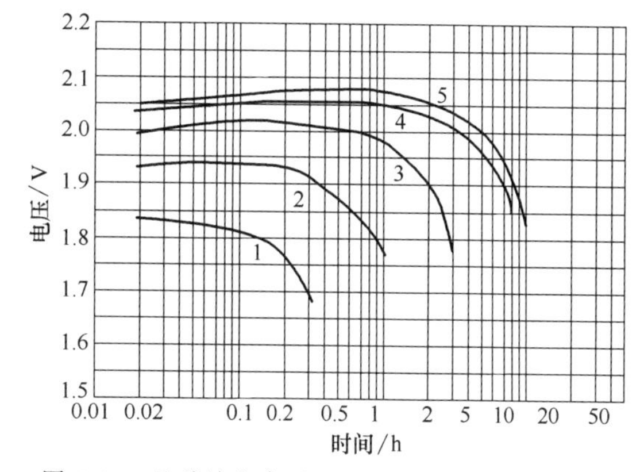

图 7-23　几种放电率下 VRLA 端电压的变化曲线

1—15min 率；2—1h 率；3—3h 率；4—8h 率；5—10h 率

由图 7-23 可见：放电率快，即放电电流大时，其端电压下降的速度也快。这是因为大电流放电时，因极化引起的超电位和电池的欧姆内阻压降增大，电池的端电压下降的速度快。

当放电率慢，即放电电流小时，端电压下降的速度慢。这是因为小电流放电时，因极化引起的超电位和电池的欧姆内阻压降小，电池的端电压下降的速度慢。值得注意的是，用小电流放电时，容易引起过量放电。而过量放电一方面使 $PbSO_4$ 的生成过量，引起极板上活性物质膨胀，进而造成极板弯曲和活性物质脱落，最终导致电池寿命缩短；另外，小电流过放后经正常充电后可能会充电不足，如果不及时过量充电，电池的容量会下降。因此为了防止过量放电，当小电流放电时应将放电终止电压规定得高一些。

蓄电池放电终止电压是指其放电时应当停止的电压。由图 7-22 可见，不同的放电率规定有不同的放电终止电压，放电率越快，放电终止电压越低。这是因为大电流放电时，虽然端电压低而且下降的速度快，但极板上仍有活性物质未能参与反应，所以可以适当降低放电终止电压。

b. 充电率对端电压的影响。充电电流对端电压的影响情况如图 7-22 所示。由图可见，充电率越快，即充电电流越大时，端电压越高且上升速度越快，这是因为大电流充电时，极化内阻增大，电池的内阻压降增大。反之，充电率越慢，即充电电流越小时，端电压越低且上升速度缓慢。这是因为小电流充电时，极化内阻小，电池的内阻压降小。一般来说，用较大电流充电固然可以加快充电过程，但因充电终期大部分能量用以产生热的分解水，能量损失较大，所以一般在充电后期要减小充电电流。

7.4.3 容量特性

7.4.3.1 容量表示方法

(1) 理论容量

理论容量是指极板上的活性物质全部参加电化学反应所能放出的电量，可根据活性物质的质量，按照法拉第电解定律计算出来。

根据法拉第电解定律，铅酸蓄电池每放出或充入 1F（96500C 或 26.8A·h）的电量，正极板上要消耗或生成 0.5mol（1 克当量，119.6g）的 PbO_2，负极板上要消耗或生成 0.5mol（1 克当量，103.6g）的 Pb。根据铅酸蓄电池的电化学反应可知，为了同时满足正负极电化学反应的需要，电解液中要消耗或生成 1mol（2 克当量，2×49g）的硫酸。

所以，铅酸蓄电池正、负极板物质的电化学当量分别为：

$$K_{PbO_2}=119.6\div 26.8\approx 4.46\ [g/(A\cdot h)]$$

$$K_{Pb}=103.6\div 26.8\approx 3.87\ [g/(A\cdot h)]$$

而两极要消耗或生成硫酸的量分别为：

$$K_{H_2SO_4}=49\div 26.8\approx 1.83\ [g/(A\cdot h)]$$

因此，每千克活性物质具有的理论容量分别为：

$$C^{o}_{PbO_2}=\frac{1000}{K_{PbO_2}}=\frac{1000}{4.46}\approx 224.2\ (A\cdot h)$$

$$C^{o}_{Pb}=\frac{1000}{K_{Pb}}=\frac{1000}{3.87}\approx 258.4\ (A\cdot h)$$

正极需要硫酸的质量为：

$$M_{H_2SO_4}=224.2\times 1.83\approx 410.3\ (g)$$

负极需要硫酸的质量为：

$$M'_{H_2SO_4}=258.4\times 1.83\approx 472.9\ (g)$$

实际上，每千克活性物质所具有的容量就是理论比容量，所以 PbO_2 和 Pb 的理论比容量分别为：

$$C'_{PbO_2}=\frac{1}{K_{PbO_2}}=\frac{1}{4.46}\approx 0.2242\ (A\cdot h/kg)$$

$$C'_{Pb}=\frac{1}{K_{Pb}}=\frac{1}{3.87}\approx 0.2584\ (A\cdot h/kg)$$

(2) 实际容量

电池的实际容量小于理论容量。在最佳放电条件下，铅酸蓄电池的实际容量也只有理论容量的 45%～50%左右，这与活性物质的利用率有关。

在正常放电情况下，负极活性物质的利用率在 55%左右，正极活性物质的利用率在 45%左右。由于铅酸蓄电池放电时，电极上生成的 $PbSO_4$ 的密度小于 PbO_2 和 Pb 的密度，体积变大，使极板上的微孔逐渐减小甚至堵塞，影响了电解液的扩散和电化学反应，使活性物质得不到充分利用。因此，铅酸蓄电池的实际容量小于理论容量。另外，正极活性物质的利用率低于负极，其主要原因是正极的浓差极化大于负极的浓差极化，因为正极反应使微孔

中除 SO_4^{2-} 浓度变化以外，H^+ 浓度也发生变化，同时有 H_2O 的消耗与生成。

(3) 额定容量

额定容量是在指定放电条件下电池应能放出的最低限度的电量，也称保证容量。额定容量是厂方的规定容量，是设计和生产电池时必须考虑的一个指标。额定容量在电池型号中标出，它是使用者选择电池和计算充放电电流的重要依据。蓄电池的额定容量和实际容量一样，也小于理论容量。对于不同用途的电池，其额定容量的指定条件也有所不同，表 7-13 列出了几种铅酸蓄电池的额定容量的指定放电条件。

表 7-13 不同用途铅酸蓄电池额定容量的指定条件和容量的温度系数

用途	放电率/h	温度/℃	终止电压/V	容量温度系数/(1/℃)
固定用	10	25	1.8	0.008
启动用	20	25	1.75	0.01
摩托车用	10	25	1.8	0.01
蓄电池车用	5	30	1.7	0.006
内燃机车用	5	30	1.7	0.01

7.4.3.2 影响容量的因素

影响蓄电池容量的因素很多，主要取决于活性物质的量和活性物质的利用率。活性物质的利用率又与极板的结构形式（如涂膏式、管式、形成式等）、放电制度（放电率、温度、终止电压）、原材料及制造工艺等因素有关。

(1) 放电率对容量的影响

放电率快，即放电电流大时，电池的放电容量小。这是因为大电流放电时，极板上活性物质发生电化学反应的速度快，使微孔中 H_2SO_4 的密度下降速度也快，而本体溶液中的 H_2SO_4 向微孔中扩散的速度缓慢，即浓差极化增大。因此，电极反应优先在离本体溶液最近的表面上进行，即在电极的表层优先生成 $PbSO_4$。然而 $PbSO_4$ 的体积比 PbO_2 和 Pb 的体积大，于是放电产物 $PbSO_4$ 会堵塞电极外部的微孔，电解液不能充分扩散到电极的深处，使电极内部的活性物质不能进行电化学反应，这种影响在放电后期更为严重。所以，大电流放电时，极化现象严重，使活性物质的利用率低，放电容量也随之降低。

放电率慢，即放电电流小时，电池的放电容量大。这是因为小电流放电时，本体溶液的硫酸能及时扩散到极板微孔深处，极化作用较小，使活性物质的利用率提高。所以，小电流放电时，蓄电池的放电容量增大。值得注意的是，小电流放电可能使电池过量放电，引起电池损坏，必须严格控制放电终止电压。

另外，间隙式放电也容易引起电池过量放电。所谓间隙式放电，就是放电过程不是连续进行，中间有多次停止放电的时间间隔。停止放电可以起到去极化的作用，因为电池停止放电后，电解液的扩散作用可使微孔中重新被硫酸充满，消除浓差极化。这样，在下一次放电时，有利于极板深处的活性物质发生化学反应，提高活性物质的利用率，使电池的放电容量高于连续放电时的容量。

图 7-24 表示固定用铅酸蓄电池的放电率与容量的关系。由图可知，用 1h 率放电时，蓄电池只能放出额定容量的 50%左右；5h 率放电时，能放出额定容量的 80%左右；而用 10h 率放电时，蓄电池能放出的电能接近其额定容量。

放电率对蓄电池容量的影响可用容量增大系数 K 来表示，其值与放电率有关，如表 7-14 所示。容量增大系数的含义是，大电流放电使电池放电容量小于额定容量，为了满足负载要求，必须选用额定容量等于 K 倍于实际容量（负载所需容量）的电池。同样，根据 K 值可以计算出蓄电池在不同放电率下的实际放电容量。容量增大系数 K 等于额定容量与指定放电率下的实际容量之比，即：

$$K=C_{额}/C_{实}$$

当放电率大于10h率（注意：其数值小于10，如5h率）时，实际容量小于额定容量，$K>1$；当放电率小于或等于10h率（注意：其数值大于10，如20h率）时，实际容量等于额定容量（大于10h率时，控制终止电压使$C_{额}=C_{实}$），$K=1$。

表7-14　放电率与容量增大系数K

放电率/h	16	10	9	8	7.5	7	6	5	4	3	2	1.5	1.25	1
K	1	1	1.03	1.07	1.09	1.11	1.14	1.20	1.28	1.34	1.58	1.72	1.85	1.96

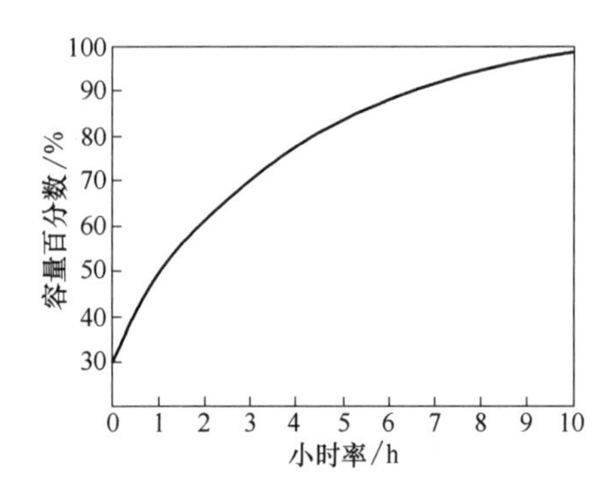

图7-24　放电率与容量百分数的关系

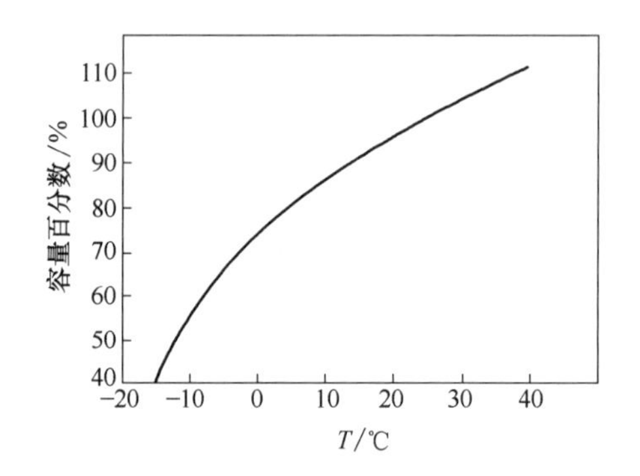

图7-25　电解液温度与容量百分数的关系曲线

(2) 温度对容量的影响

温度对铅酸蓄电池的容量影响较大，主要是由于温度变化引起电解液性质（主要是黏度和电阻）发生变化，进而影响蓄电池的容量。当电解液的温度较高时，离子的扩散速度增加，有利于极板活性物质发生反应，使活性物质的利用率增加，因而容量较大。当电解液的温度较低时，则上述各方面变化刚好相反，使放电容量减小，尤其在0℃温度条件下，电解液黏度增大的幅度随温度的降低而增大。电解液的黏度越大，离子扩散所受到的阻力越大，使电化学反应的阻力增加，结果导致电池的容量下降。

温度对铅酸蓄电池的影响可用温度系数来表示。蓄电池容量的温度系数是指温度每变化1℃时，蓄电池容量发生变化的量。

容量温度系数不是一个常数，它在不同的温度范围有不同的值，而且与电池的种类（见表7-13）和新旧程度有关。如图7-25所示为固定型铅酸蓄电池容量与温度的关系曲线。由图可见，温度与容量并非线性关系，在较低温度范围内，容量随温度上升而增加的幅度大，因而容量的温度系数较大，但在较高温度时，温度系数较小。

由表7-13可见，对于固定型蓄电池来说，额定容量的规定温度为25℃，容量温度系数为0.008/℃。所以每升高或降低1℃，固定型蓄电池的容量相应地增加或减小25℃时容量的0.008倍。设温度为T时的容量为C_T，25℃时的容量为C_{25}，则它们之间的关系可表示为：

$$C_{25}=\frac{C_T}{1+0.008(T-25)}$$

式中，C_T和C_{25}是指相同放电率时的放电容量，当以10h率放电时，C_{25}就是铅酸蓄电池的额定容量。

例如，某铅酸蓄电池额定容量为1200A·h，当电解液平均温度为15℃，放电电流为

120A 时，能放出的容量为：

$$C_{15}=C_{25}[1+0.008(T-25)]=1200\times[1+0.008(15-25)]=1104\ (\mathrm{A\cdot h})$$

能放电的时间为：

$$t=C_{15}\div I=1104\div 120=9.2\ (\mathrm{h})$$

值得注意的是，当电解液温度升高时，蓄电池的容量相应增大，但当温度过高（超过40℃），会加速蓄电池的自放电，并造成极板弯曲而导致其容量下降。所以，蓄电池的环境温度不能太高，即使在充电过程中，电解液温度也不得超过 40℃。对于阀控式密封铅酸蓄电池来说，环境温度宜保持在 20℃左右，最高不宜超过 30℃。

(3) 终止电压对容量的影响

由蓄电池放电曲线可知，当蓄电池放电至某电压值时，电压急剧下降，若在此时继续放电，已不能获得多少容量，反而会对电池的使用寿命造成不良影响，所以必须在某一适当的电压值（放电终止电压）处停止放电。

在一定的放电率条件下，放电终止电压规定得高，电池放出的容量就低；反之，放电终止电压规定得低，电池的放电容量就高。如果放电终止电压规定得过低，就会造成电池的过量放电，使电池过早损坏。

在不同的放电率条件下，必须规定不同的放电终止电压。在大电流放电时，活性物质的利用率低，电池的放电容量小，可以适当降低终止电压；在小电流放电时，活性物质的利用率高，电池的放电容量大，应适当提高终止电压，否则会引起电池的过量放电，对电池造成危害。不同放电率下的放电终止电压参考值如表 7-15 所示。

表 7-15　不同放电率下的放电终止电压参考值

放电率/h	10	5	3	1	0.5	0.25
普兰特式极板	1.83	1.80	1.78	1.75	1.70	1.65
涂膏式极板	1.79	1.76	1.74	1.68	1.59	1.47
管式	1.80	1.75	1.70	1.60	—	—

7.4.3.3 电池连接方式与容量的关系

电池在制造或使用时，需要将其连接起来，成为电池组。电池的连接方式有多种，即串联、并联及串并联相结合等方式，如图 7-26 所示。

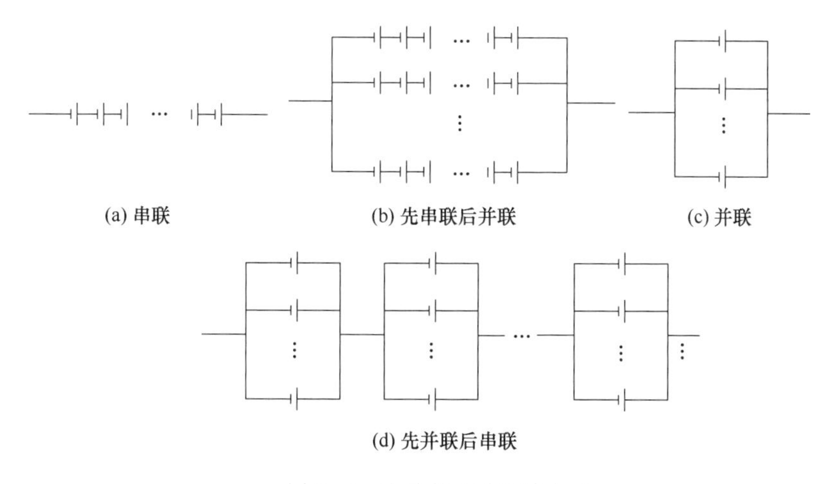

图 7-26　电池的几种连接方式

(1) 串联

串联是电池的几种连接方式中使用最多的一种连接方式［见图 7-26（a）］。因为单体电池的电压较低，如铅酸蓄电池的电压为 2.0V/只，而用电设备的电压通常高于单体电池的电压，所以为了提高电池的电压，必须将其串联成电池组。串联电池组可以提高电池的电压，但电池组的容量与单体电池的容量是相等的。即：

$$U_{串}=U_1+U_2+U_3+\cdots+U_n$$

$$C_{串}=C_1=C_2=C_3=\cdots=C_n$$

式中，$U_{串}$ 为串联电池组的总电压，V；$C_{串}$ 为串联电池组的总容量，A·h；U_1、U_2、$U_3\cdots U_n$ 为各单体电池的电压，V；C_1、C_2、$C_2\cdots C_n$ 为各单体电池的容量，A·h。

(2) 并联

电池并联［见图 7-26（c）］的目的是提高电池的容量。在实际使用中，如果用电设备需要大容量电池，则直接选用相应大容量的电池，而不是将小容量并联起来以提高容量。只有当所需电池容量太大，又没有相应的型号的电池时，才通过并联方式以提高电池的容量。并联电池组可以提高电池的容量，但电池组的电压与单体电池的电压是相等的。即：

$$U_{并}=U_1=U_2=U_3=\cdots=U_n$$

$$C_{并}=C_1+C_2+C_2+\cdots+C_n$$

式中，$U_{并}$ 为并联电池组的总电压，V；$C_{并}$ 为并联电池组的总容量，A·h。

通常情况下不采用并联方式，是因为并联回路上的各只电池在制造过程中，受技术、材料、工艺等因素的影响，各电池的性能参数不可能完全一致，使电池在运行过程中，会出现个别异常电池。

现假设在并联电池组中出现了一只落后电池 b（如图 7-27 所示），即电池 b 的内阻高于电池 a 和 c，则充电时电池 b 的电流 I_b 将减小。因为 $I_1=I_a+I_b+I_c$，所以电池 a 和 c 的电流 I_a 和 I_c 将增大。对于电池 b 来说，I_b 的减小会造成充电不足，其内阻也会越来越大，相应地电流 I_b 也会越来越小，如此循环的结果是其容量越来越低。反之，对于电池 a 和 c 来说，电流 I_a 和 I_c 因 I_b 的越来越小而逐渐增大，使得这两只电池的浮充电流超过正常值，而过大的电流会引起电池失水，缩短电池的寿命。

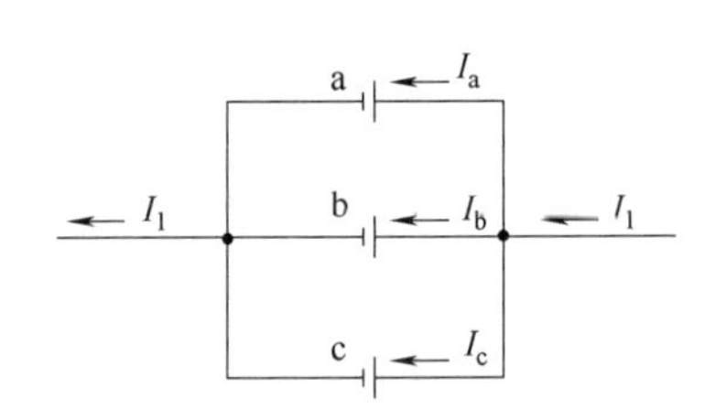

图 7-27 充电时并联电池组的电流分布

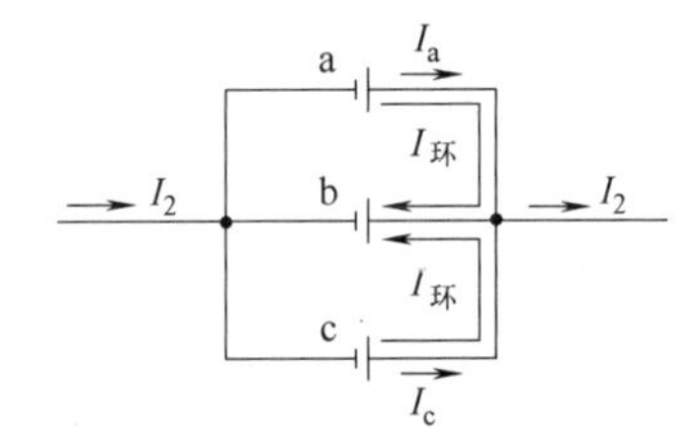

图 7-28 放电时并联电池组产生的环流

如果在放电时出现了落后电池 b（如图 7-28 所示），即电池 b 的端电压低于电池 a 和 c 的端电压，则电池 b 由于其容量小而先放完电，另两只电池仍在继续放电。这时，电池 a 和 c 不仅给负载提供电流，而且对电池 b 进行充电。由图可见：

$$I_2=I_a+I_c-2I_{环}$$

$$I_a=I_c=1/2I_2+I_{环}$$

而在正常状态下，并联电池组中的三只电池的放电电流 $I_a=I_b=I_c=I_2/3$。所以，电池 a 和 c 的放电电流大大超过正常值，亦将提早放完自身的容量。所以，如果将电池并联放电使用，由于各单体电池之间的电压不可能完全相等，则会发生电压高的电池对电压低的电池充电的现象。

(3) **串并联结合**

电池串并联结合［见图7-26（b）、（d）］通常用于没有设备所需的大容量电池时。根据以上关于并联方式的分析可知，一旦并联电池组中出现一只落后电池，就会影响电池组中的其他电池，所以只是在万不得已的情况下才使用并联与串并联结合的方式。

7.4.4 自放电特性

7.4.4.1 蓄电池的自放电现象

有三种作用会引起蓄电池的自放电，即化学作用、电化学作用和电作用。其中电作用主要是内部短路，引起铅酸蓄电池内部短路的原因主要有：极板上脱落的活性物质、负极析出的铅枝晶和隔膜被腐蚀而损坏等。而化学作用和电化学作用主要与活性物质的性质及活性物质或电解液中的杂质有关，包括正负极的自溶解、各种杂质与正极或负极物质发生化学反应或形成微电池而发生电化学反应等。

(1) **负极的自放电**

① 海绵状铅的自溶解。由于铅电极的电极电位小于氢的电极电位，所以铅与硫酸能发生以下化学反应：

$$Pb+H_2SO_4 = PbSO_4+H_2\uparrow$$

上述铅的自溶解反应是引起负极自放电的主要原因。不过氢气在铅上的析出超电位比较大，使得铅的自溶解速度较慢。但当负极上含有氢超电位较低的金属如Pt、Sb时，会加快负极的自放电。对于用铅锑合金板栅制成的铅酸蓄电池，负极的析氢超电位约降低0.5V。所以，为了减小自放电（如阀控式密封铅酸蓄电池），必须采用无锑或低锑的合金板栅。

② 形成微电池的自放电。当蓄电池负极上存在电极电位比Pb高的不活泼金属时，则负极的Pb将会与该金属形成微电池，这些不活泼金属的来源有以下几种途径：活性物质中存在的不活泼金属杂质（如Cu和Ag等）；电解液中不活泼杂质金属离子在负极上沉积（如Cu^{2+}在负极上析出Cu）；正极铅锑合金板栅上锑的溶解并在负极上沉积。

如果正极板栅是铅锑合金，则由于正极板栅容易被腐蚀并溶解出锑离子进入溶液，充电时锑离子迁移到负极并在活性物质铅的表面上析出，形成无数Pb-Sb微电池，使负极发生自放电。形成的微电池为：

$$(-)Pb|H_2SO_4|Sb(+)$$

电极反应为：

$$(-)Pb-2e^-+SO_4^{2-}\longrightarrow PbSO_4 \tag{7-4}$$

$$(+)2H^++2e^-\longrightarrow H_2\uparrow \tag{7-5}$$

反应的结果是负极逐渐转变成$PbSO_4$，同时有H_2产生，导致负极容量下降。

如果是富液式铅酸蓄电池，在补加蒸馏水的过程中可能会引进杂质，其中不活泼的杂质金属离子在充电时迁移到负极并在铅的表面上析出，形成无数微电池后发生与式（7-4）和式（7-5）类似的自放电反应。所以，对于富液式铅酸蓄电池来说，由于采用铅锑合金板栅和经常补加蒸馏水，使其自放电比阀控式密封铅酸蓄电池的自放电严重得多，而且使用时间越长，其自放电越严重。

③ 溶解氧引起的自放电。电池充电时会在正极产生氧气，对于富液式铅酸蓄电池来说，有少量氧气溶解于电解液中并扩散至负极，使负极自放电，其反应为：

$$2Pb+O_2+2H_2SO_4\longrightarrow 2PbSO_4+2H_2O$$

如果采用微孔橡胶隔板，可有效阻止溶解氧和锑离子向负极扩散。但对于阀控式密封铅酸蓄电池来说，贫电解液结构和超细玻璃纤维隔膜使正极的氧气能顺利扩散到负极引起负极的放电，这个过程是氧复合循环的需要，是在充电过程中发生的，不属于自放电范畴。

④ Fe^{3+}引起的自放电。铁离子是极易引入富液式铅酸蓄电池电解液中的杂质，如果补加的水不纯就有可能引入杂质铁离子。Fe^{3+}引起负极自放电的反应为：

$$2Fe^{3+}+Pb+SO_4^{2-} \longrightarrow PbSO_4+2Fe^{2+} \tag{7-6}$$

上述反应产生的 Fe^{2+} 又能扩散到正极，引起正极的自放电。

(2) 正极的自放电

① 正极的自溶解。正极上的二氧化铅能与硫酸溶液发生自溶解，同时析出氧气，其化学反应方程式为：

$$PbO_2+H_2SO_4 \longrightarrow PbSO_4+H_2O+1/2O_2\uparrow$$

上述反应与氧气在 PbO_2 上的超电位大小有关，凡是引起氧超电位降低的因素，均增大正极的自溶解速度。当温度升高时，氧超电位降低，正极板栅上的锑（铅锑合金）或银（银可以降低板栅的腐蚀速度）能降低氧的超电位。

② PbO_2 与板栅构成微电池。正极 PbO_2 与板栅相接触部位可构成如下微电池：

$$Pb(板栅)|H_2SO_4|PbO_2$$

$$Sb(板栅)|H_2SO_4|PbO_2$$

这些微电池引起的自放电反应为

$Pb\text{-}PbO_2$ 微电池：

$$(-)Pb+SO_4^{2-}-2e^- \longrightarrow PbSO_4$$

$$(+)PbO_2+4H^++SO_4^{2-}+2e^- \longrightarrow PbSO_4+2H_2O$$

$Sb\text{-}PbO_2$ 微电池：

$$(-)Sb+2H_2O-5e^- \longrightarrow SbO_2^++4H^+$$

$$或\ Sb+H_2O-3e^- \longrightarrow SbO^++2H^+$$

$$(+)PbO_2+4H^++SO_4^{2-}+2e^- \longrightarrow PbSO_4+2H_2O$$

从以上反应可见，正极板栅与 PbO_2 形成的微电池放电会析出 SbO_2^+ 或 SbO^+，这些离子迁移到负极后还原成金属 Sb，并与负极 Pb 形成微电池引起自放电。

③ 电解液中杂质离子引起的自放电。对于富液式电池来说，维护过程中要经常给电池补加蒸馏水，如果直接向电池中加自来水或不纯水，则会使电解液中的杂质离子增多，如 Cl^-（氯离子）、Fe^{2+} 等。

自来水中含有大量的 Cl^-，如果不慎引入，它会与正极的 PbO_2 发生如下氧化还原反应：

$$PbO_2+4HCl \longrightarrow PbCl_2+2H_2O+Cl_2\uparrow$$

$PbCl_2$ 继续与硫酸反应：

$$PbCl_2+H_2SO_4 \longrightarrow PbSO_4+2HCl$$

由上述反应可见，Cl^- 反应后产生 Cl_2 不断逸出电池，使 Cl^- 逐渐减少，即因 Cl^- 引起的自放电逐渐减弱，但产生的 Cl_2 对隔板有腐蚀作用。

Fe^{2+} 与正极发生的自放电反应为：

$$2Fe^{2+}+PbO_2+4H^++SO_4^{2-} \longrightarrow PbSO_4+2Fe^{3+}+2H_2O \tag{7-7}$$

生成的 Fe^{3+} 又会迁移到负极并引起负极的自放电。所以两种价态的铁离子不断往返于正负极之间，循环往复地使正负极发生式（7-6）和式（7-7）所示的自放电反应，从而导致电池容量迅速下降。

④ 有机物引起的自放电。若电解液中含有还原性的有机物如淀粉、葡萄糖和酒精等，则充电时被氧化成醋酸（即乙酸），而醋酸能与铅生成可溶性的醋酸铅，醋酸铅再与硫酸生成硫酸铅。如果在活性物质与板栅交界处存在醋酸，则使板栅受到腐蚀。有关的化学反应为：

$$Pb+2HAc \xlongequal{} PbAc_2+H_2\uparrow$$

$$PbAc_2+H_2SO_4 \xlongequal{} PbSO_4+2HAc$$

由上述化学反应可见，醋酸对正极的影响很大，不过在充电时，醋酸可在正极进一步氧化成 CO_2 析出。

(3) 浓度差引起的自放电

当电极上活性物质处于有浓度差的电解液中时，会形成浓差微电池而引起自放电。刚充完电的电池，微孔中 H_2SO_4 的浓度高于本体的 H_2SO_4 浓度，会形成微电池。对负极来说，内层电位低而表面电位高，即浓差电池的负极在微孔内部，正极在极板表面，对正极来说，其浓差电池的正极在微孔内部，而负极在极板表面。不过，随着放置时间的延长，微孔内外的浓度达成一致时，浓度差消失，浓差引起的自放电也消失。有关的电极反应为：

负极的浓差微电池：

$$(-)Pb+SO_4^{2-}-2e^- \longrightarrow PbSO_4 \quad (微孔内部)$$

$$(+)2H^++2e^- \longrightarrow H_2\uparrow \quad (极板表面)$$

正极的浓差微电池：

$$(-)H_2O-2e^- \longrightarrow 2H^++1/2O_2\uparrow \quad (极板表面)$$

$$(+)PbO_2+4H^++SO_4^{2-}+2e^- \longrightarrow PbSO_4+2H_2O \quad (微孔内部)$$

另一种情况也会出现浓差自放电。对于大容量富液式铅酸蓄电池来说，当其以浮充方式工作时，容易出现电解液分层现象，即出现上小下大的浓度差。该浓度差引起的结果是，正、负极板下部发生放电反应，而极板上部有 O_2 和 H_2 析出。不过，只要适当提高浮充电压，利用充电时产生的气体便能消除电解液的分层现象。

7.4.4.2 影响自放电的因素

(1) 杂质的影响

由上述一系列的化学反应可见，杂质可通过化学作用（如 Fe^{2+}/Fe^{3+}、Cl^- 等）、电化学作用（形成微电池）引起电池的自放电。

(2) 板栅合金的影响

普通铅酸蓄电池采用的是铅锑合金，其自放电比较严重，并随着使用时间或循环次数的增加，自放电也会越来越严重。在正常情况下，每昼夜因自放电而损失的容量可达额定容量的1%～2%。一般新电池的自放电率较小，约为1%左右，而旧电池的自放电率可增加到3%～5%。如图7-29所示是高锑和低锑合金板栅以及铅钙合金板栅引起的电池容量损失情况。由图可见，电池的自放电随锑含量的增加而增大，无锑合金板栅电池的自放电较小。所以，阀控式密封铅酸蓄电池为了减小其自放电，采用的板栅是无锑的铅钙或铅钙锡合金等。

(3) 温度的影响

温度对蓄电池自放电的影响很大。随着温度的提高，电池搁置时，内部发生的一系列化学与电化学反应速度加快，进而引起自放电率增加。如图7-30所示是用硫酸浓度降低来表示的随温度增加自放电增加的情况。由图可见，温度越低，蓄电池的自放电速度越小，所以低温有利于电池的储存。

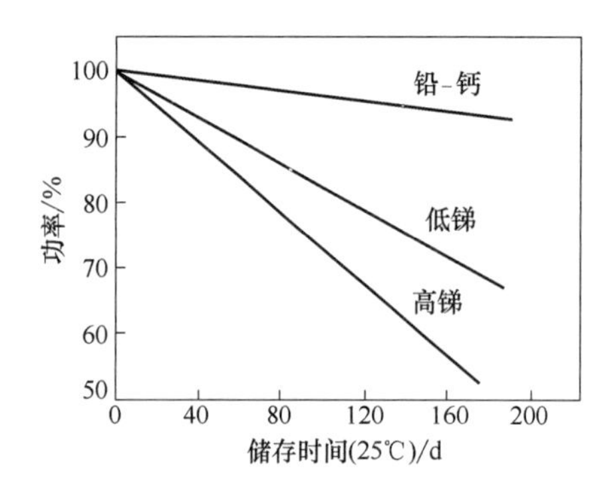

图 7-29　25℃下搁置时电池容量的损失

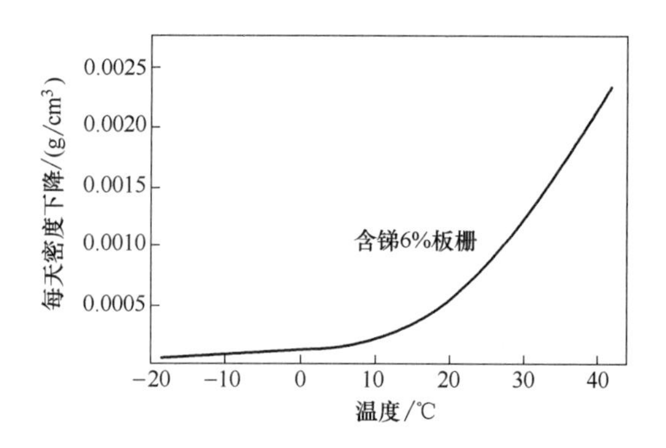

图 7-30　电解液密度与温度的关系

7.4.4.3　几种电池的自放电比较

(1) VRLAB 与普通电池比较

如图 7-31 所示为 VRLA 蓄电池与普通铅酸蓄电池相比较的自放电特性曲线。由图可见，VRLA 蓄电池的自放电速度远小于普通铅酸蓄电池的自放电速度，在 20℃时储存 1 年后的容量损失约为 25%，远低于普通铅酸蓄电池。

VRLA 蓄电池的自放电量较小，这是因为：极板板栅采用无锑的 Pb-Ca-Sn 等合金，减少了因锑污染而引起的自放电；采用优质的超细玻璃纤维隔膜，使电池内部各部分电解液密度保持一致，无普通铅酸蓄电池的分层现象，减少了因浓差而引起的自放电；全密封结构，在工作过程中不需补加纯水，即不存在维护过程中引入杂质的可能性，减少了外来杂质引起的自放电。

(2) 启动用密封电池与普通电池比较

① 搁置后剩余容量。免维护电池（使用铅钙合金）和少维护电池（使用低锑合金）与普通电池在搁置期间的容量保持性能比较如图 7-32 所示。由图可见，免维护电池的自放电率远小于普通电池，少维护电池的自放电优于普通电池，但比免维护电池要差一些。

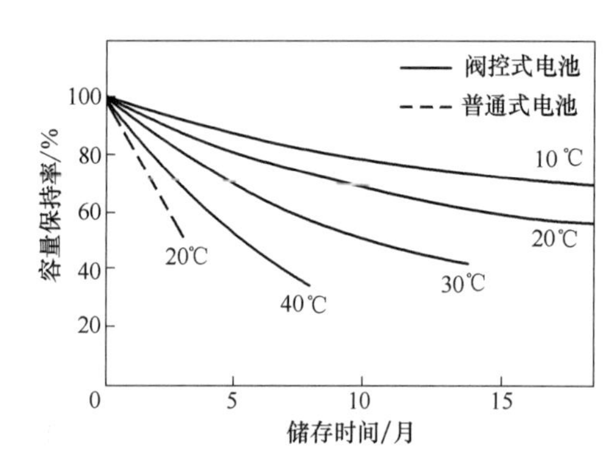

图 7-31　阀控式密封铅蓄电池的自放电特性

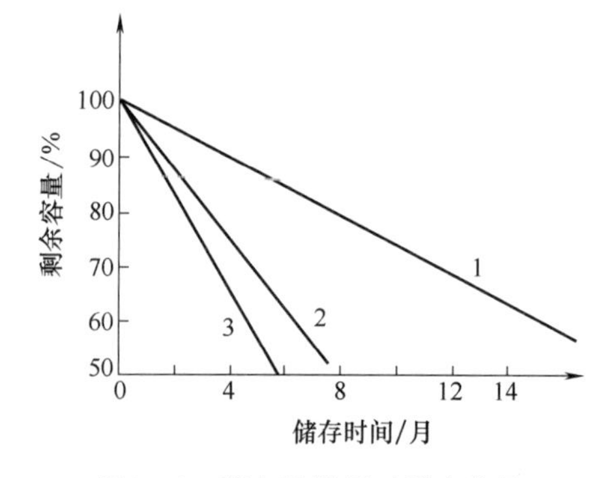

图 7-32　蓄电池搁置时剩余容量

1—免维护型；2—少维护型；3—普通型

② 充电时的析气性能。电池在充电终期的电流绝大部分用于水的分解，故在恒压充电条件下，电流的大小就意味着水的分解量，故可用充电终期的电流值表征水损失的程度。如图 7-33 所示为定电压 14.4V 充电终期三种类型电池电流的变化情况。如图 7-34 所示为使用 18 个月后，三种类型电池充电终期电流的变化。如图 7-35 和图 7-36 所示为三种类型电池在环境温度为 26.6℃和 51.6℃下，充电终期电流随时间的变化情况。

由图 7-33 至图 7-36 可见，免维护蓄电池在充电终期的析气量最小，其次是少维护蓄电池，普通蓄电池最大；电池在使用初期的析气量较小，随着使用时间的延长，析气量会越来越大。图 7-35 和图 7-36 显示的情形是温度越高，充电终期电流越大，即析气量越大。

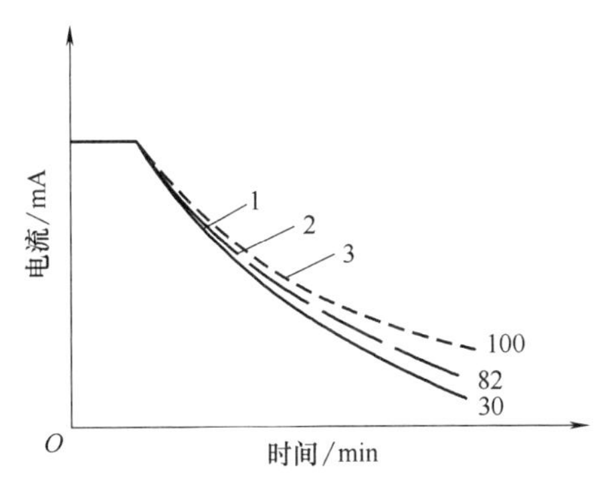

图 7-33　充电终期电流变化

1—免维护型；2—少维护型；3—普通型

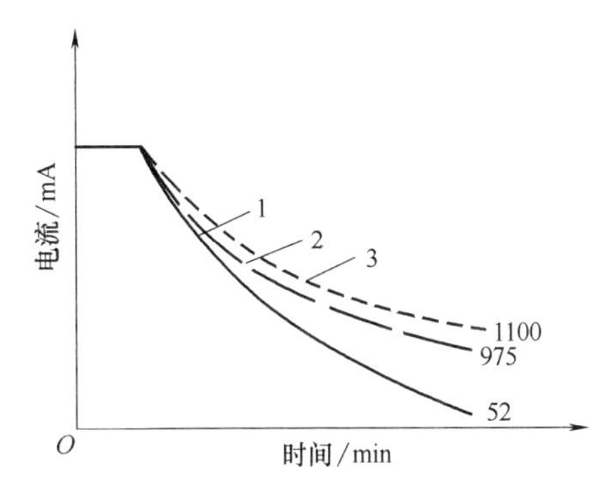

图 7-34　使用 18 个月后充电终期电流变化

1—免维护型；2—少维护型；3—普通型

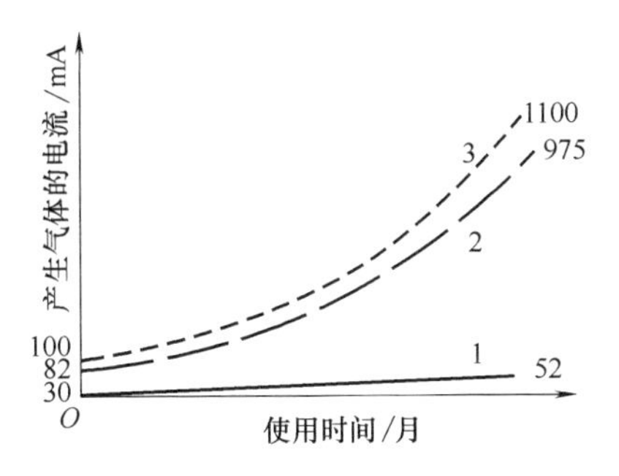

图 7-35　26.6℃时充电终期电流的变化

1—免维护型；2—少维护型；3—普通型

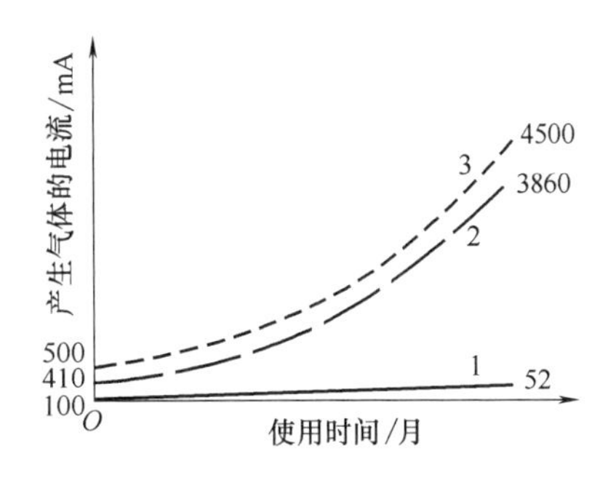

图 7-36　51.6℃时充电终期电流的变化

1—免维护型；2—少维护型；3—普通型

7.4.4.4　减少自放电的措施

减少电池自放电一直是电池制造者和使用者所期望的，可以从以下两方面采取措施来减少蓄电池的自放电。

(1) 改进工艺

由于铅酸蓄电池自放电的主要原因有铅负极的自溶解、正极板栅上锑溶解后对负极活性物质的污染以及电解液中和活性物质中存在的杂质的影响等，以上影响因素都可通过工艺上的改进得到解决。

① 采用负极添加剂降低负极自溶解的速度。如作为膨胀剂的腐殖酸和木质素磺酸盐等负极添加剂能有效抑制氢的析出和铅的自溶解。

② 采用低锑合金或不含锑的铅合金（如铅钙合金）制作板栅，以避免正极板栅腐蚀产生的锑离子在负极析出，使负极因锑污染而发生自放电。

③ 严格控制原材料如铅、锑、硫酸、隔板等的纯度，避免生产过程中引入杂质。

(2) 作好维护工作

旧电池的自放电大于新电池，部分原因是使用和维护不当。

对于普通铅酸蓄电池来说，如果添加的水纯度太低、盛水的容器和密度计不洁净、配电解液的硫酸杂质太多等，都会增加电解液中的杂质含量，使电池的自放电增加。另外，普通铅酸蓄电池正极板栅的铅锑合金，在充电时特别是在过充电时容易发生腐蚀，腐蚀产物锑离子扩散到负极后引起负极的自放电，所以要避免经常进行过充电。

对于 VRLA 蓄电池来说，使用过程中不需补加水，其板栅也不含锑，所以其自放电率的变化相对普通铅酸蓄电池来说要小。但是，在使用过程中可能由于充放电方法不当，导致铅枝晶的生长，使正负极板之间发生微短路，电池因微短路而自放电率增大。所以，正确的使用方法对减少 VRLA 蓄电池的自放电同样重要。

7.4.5 寿命特性

铅酸蓄电池启用后，在其初期的充放电循环中，容量逐渐增大，然后达到其容量最大值。此后，其容量会逐渐下降，在使用后期容量下降速度有所加快，当容量下降到额定容量的 75%～80%时，被认为是到了寿命终期，如图 7-37 所示。铅酸蓄电池的寿命与运行方式和使用维护方法密切相关。

按充放电运行方式工作的蓄电池，其寿命比较短，因为反复的充电和放电循环，容易引起活性物质的脱落和正极板栅的腐蚀，对于阀控式密封铅酸蓄电池还会导致失水故障。按浮充运行方式工作的蓄电池，其寿命较长，因为这种工作方式的蓄电池被全充电和全放电次数很少，且经常处于充足电的状态，有利于提高电池的寿命。对于 VRLA 蓄电池来说，为了防止电池失水，适合于这种运行方式。

铅酸蓄电池的循环寿命与放电深度有关。放电深度越深，电池的循环次数越少，其寿命越短；放电深度越浅，电池的循环次数越多，其寿命越长。如图 7-38 所示是阀控式密封铅酸蓄电池的循环寿命与放电深度之间的关系。

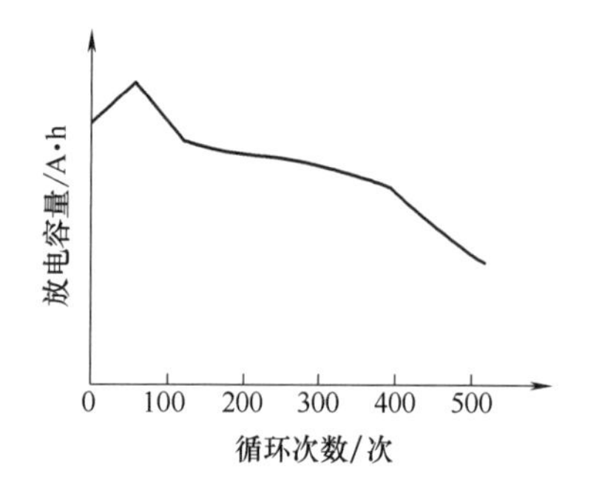

图 7-37　电池容量随充放电循环的变化

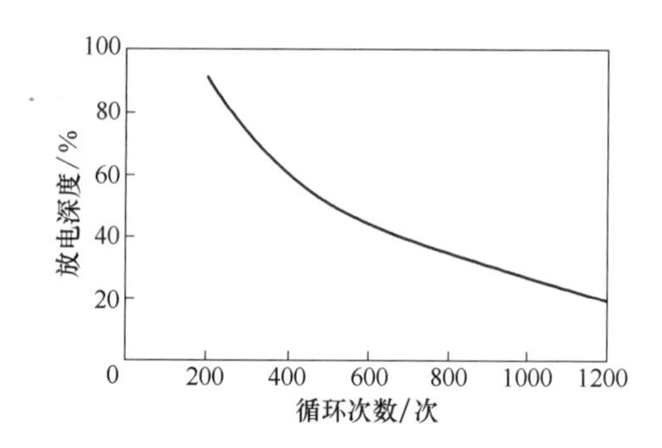

图 7-38　电池循环寿命与放电深度的关系

由此可见，为了提高铅酸蓄电池的使用寿命，一定要做好平时的维护保养工作。对于 VRLA 蓄电池来说，提高电池寿命应做到以下几个方面：一是电池工作环境的温度最好有空调控制；二是选择合适的容量大小，使蓄电池放电深度不要太深；三是选择合适的运行方式，避免经常大电流的充放电。

7.5 铅酸蓄电池的充电方法

铅酸蓄电池的充电方法很多，根据不同电池种类、不同需要以及不同的充电阶段，要采用不同的充电方法。铅酸蓄电池最基本的方法有恒流充电法和恒压充电法，其他可以看作是这两种方法的改进或结合，如两阶段恒流充电法和先恒流后恒压（限流恒压）充电法。这些方法各有自己的优缺点，了解其特点，对于使用与维护电池十分重要。

7.5.1 恒流充电法

在充电过程中，充电电流始终保持恒定的方法，叫做恒流充电法。

根据$U_{充}=E+I_{充}r_{内}+\eta_{v}$可知，当$I_{充}$保持恒定时，$U_{充}$将随着$E$的不断上升而上升。若端电压上升至2.3V以上，则电池内会有大量的水发生分解。恒流充电时的端电压变化曲线见图7-20中的曲线2。

通常用标准充电率（10h率）电流对铅酸蓄电池进行恒流充电，充电电流的大小为：

$$I_{充}=\frac{C_{额}}{10}=0.1C_{额}(\mathrm{A})$$

这种充电方法有如下特点：

① 优点：恒流充电电流可调，故可以适应不同技术状态的蓄电池，如新蓄电池、正常状态的蓄电池和有不同故障的蓄电池，因而目前得到广泛的应用；恒流充电时，当蓄电池基本充好后还能以很小的电流对蓄电池继续充电，使极板内部较多的活性物质参加电化学反应，从而使蓄电池充电比较彻底，保证了蓄电池的容量。

② 缺点：充电过程中需要较多的人工干预，如端电压的测试、温度的测量、电流调节等；恒流充电时，电池的极化内阻较大，特别是大电流充电时，电压较高；只能用于普通（富液式）铅酸蓄电池，不能用于VRLA蓄电池的充电；充电后期因电压太高而析气严重，在富液式电池中能观察到电解液中有大量的气泡产生，这不仅可能使极板上的活性物质脱落，降低蓄电池的寿命，而且可能降低充电效率；充电时间长，通常需要十几个小时。

恒流充电法通常用于普通（富液式）铅酸蓄电池，其充电终止的标志为同时出现以下几个现象：

① 15℃时的电解液密度达到规定值，即防酸隔爆式铅酸蓄电池的密度为1.20～1.22g/cm^{3}，启动用铅酸蓄电池的密度为1.28～1.30g/cm^{3}；

② 电池的端电压$U_{终}=2.60\sim2.75$V/只，并且连续3h保持不变（每小时测一次）；

③ 电池的电解液中均匀剧烈地产生气泡；

④ 充入的电量应该等于电池放出电量的1.2～1.4倍，即$C_{充}=120\%\sim140\%C_{放}$。

7.5.2 恒压充电法

在充电过程中，电源加在电池两端的电压始终保持恒定的方法，叫做恒压充电法。

恒压充电法充电时，电池的充电电流为：

$$I_{充}=(U_{充}-E-\eta_{v})/r_{内}$$

由上式可知，充电开始瞬间，由于电动势较小，所以充电初始电流很大；充电开始后由于极化的产生和增大，使充电电流急速下降；在充电中期，随着反应的进行，极化引起的超电位不再变化，充电电流随电动势的增加而逐渐下降；在充电末期，特别是充足电后，电动势不再增加，充电电流也就稳定下来。充电电流随时间的变化曲线如图7-39所示。

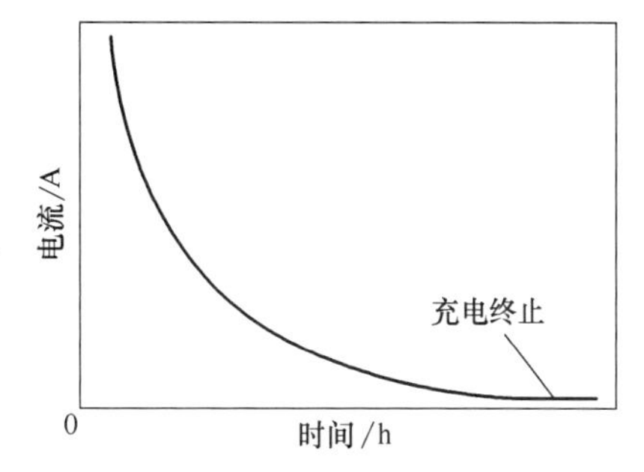

图7-39 恒压充电时电流的变化曲线

由于铅酸蓄电池充电电压大于2.3V时会发生分解水的反应，所以，为了减少水的分解，通常恒压充电的电压都设定在2.3V左右。

这种充电方法有如下特点：

① 优点：恒压充电电流随蓄电池端电压的升高而

逐渐减小，最后自动停充，因此恒压充电操作简单，不需人工调整电流；耗水量少，可避免充电后期的过充电；恒压充电在充电初期的充电电流较大，因而充电速度较快；恒压充电性能比较接近蓄电池充电接受特性，因此恒压充电如果掌握得好可以取得较好的充电效果。

② 缺点：恒压充电的电流不能自由调节，因此不能适应各种不同技术状态的蓄电池的充电；充电初期充电电流太大，特别是电池放电过深时，电流会非常大，这不仅会损坏充电设备，而且电池可能因充电电流过大而受到损坏，如发生极板弯曲、断裂和活性物质脱落等故障；恒压充电后期的充电电流过小，极板深处的活性物质不能充分恢复，因而不能保证蓄电池彻底充足电。

恒压充电可以用于普通型和阀控密封式两大类铅酸蓄电池，但其充电终止有所不同，前者包括以下两个标志，而后者只有第二个标志。

① 15℃时的密度达到规定值，即 $d_{固}=1.20\sim1.22\mathrm{g/cm^3}$，$d_{起}=1.28\sim1.30\mathrm{g/cm^3}$；

② 电流已稳定不变，并且恒定在很小的值。

7.5.3 分级恒流充电法

充电初期用较大电流，中期用较小的电流，末期用更小的电流进行充电的方法，叫做分级恒流充电法。

分级恒流充电法（如图 7-40 所示）的初期可用 3～5h 率的电流，当单体电池的电压上升到 2.4V 时或者电解液温度显著上升高达 40℃时，将充电电流减半到 10h 率电流。当单体电池的端电压再次上升到 2.4V 时，再进一步递减电流。通常最后阶段的充电电流不低于 20h 率电流。目前使用较多的是两阶段恒流充电法，具体方法是：

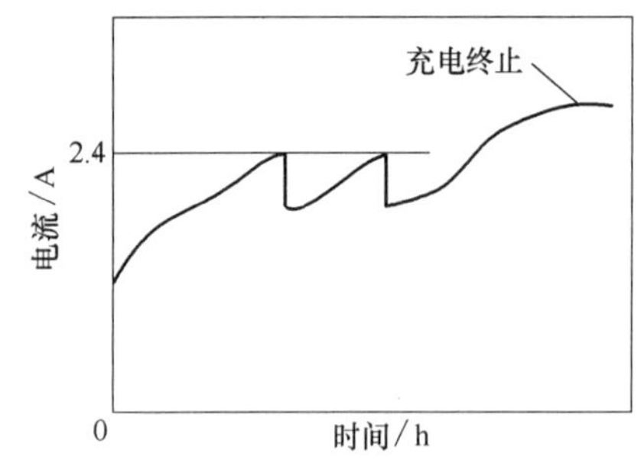

图 7-40 分级恒流充电电压变化曲线

第一阶段：以 10h 率电流进行充电，充电至单体电池的端电压达 2.4V 时，约需 6～8h。

第二阶段：以 20h 率电流进行充电，一直到充电终止标志出现为止。

分级恒流充电法的特点是，通过减小后期的充电电流，克服了恒流充电后期析气严重的缺点。但这种方法同样只能用于普通铅酸蓄电池，充电终止标志与恒流充电法的终止标志相同，只是终止电压因后期电流减小会有所降低。

7.5.4 先恒流后恒压法

在充电初期用恒流充电法进行充电，当单体电池的端电压上升到恒定的电压时，再恒定在该电压值进行恒压充电的方法，称为先恒流后恒压充电法。其充电曲线如图 7-41 所示。

这种方法既可用于普通铅酸蓄电池，也可用于 VRLA 蓄电池。具体步骤是：

第一阶段：用 10h 率或 5h 率进行恒流充电，直到单体电池电压达到 2.3V/只左右；

第二阶段：将单体电池的充电电压恒定在 2.3V/只左右，直到蓄电池出现恒压充电的终止标志为止。

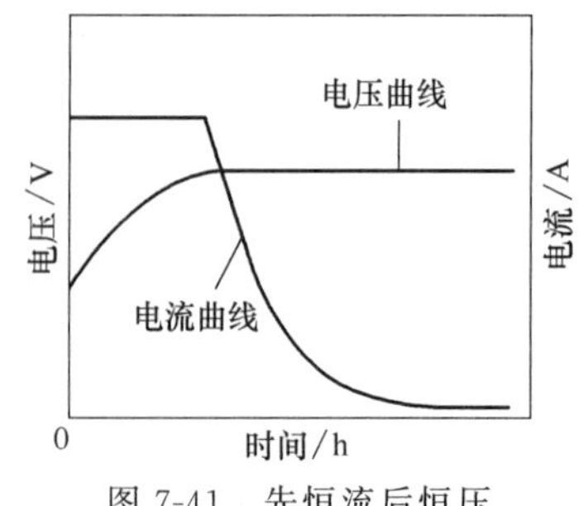

图 7-41 先恒流后恒压充电的充电曲线

第二阶段的电压可恒定在 2.25～2.35V/只之间，这样使电池在整个充电过程中保持不析气或微量析气状态，从而减少纯水的消耗量，提高充电效率。

这种方法的特点是：充分利用了恒流充电法和恒压充电法的优点，即恒流充电初期电流易被电池接受，而恒压充电作为后期充电可减少电池中水的分解。

7.5.5 限流恒压充电法

在充电电源与蓄电池之间串联一个电阻，对充电初期电流加以限制的恒压充电法，称为限流恒压充电法。工作原理如图 7-42 所示。由图可知充电电流 I 为：

$$I=\frac{U-E}{R+r}$$

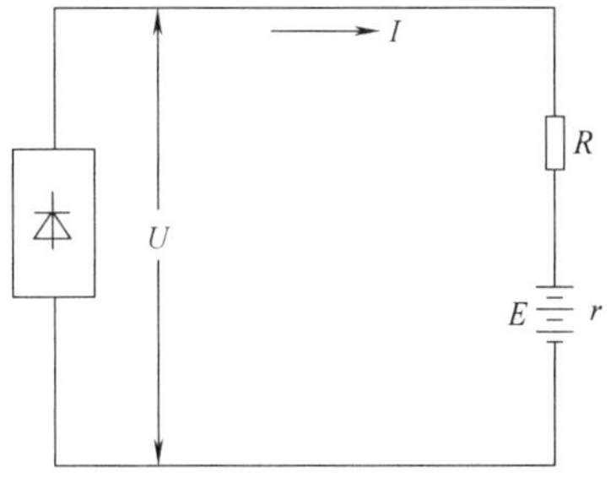

图 7-42 限流恒压充电法

所以串联电阻 R 的阻值可按下式进行计算：

$$R=\frac{U-E}{I}-r=\frac{U-2.1}{I}-r$$

式中，U 为电源电压，可按每只电池为 2.5～3.0V（一般为 2.6V）来决定；r 为电池内阻，其值很小，可忽略不计；I 为需要限定的充电初期电流。

7.5.6 快速充电

快速充电是指在短时间内（1～2h），用大于 1C 的脉冲电流将电池充好，在充电过程中，既不产生大量气体，也不使电解液温度过高（低于 45℃）。

若用恒流充电法对电池进行充电，通常采用 10h 率或 20h 率电流，充电时间长达十几个小时，有时甚至达二十多个小时。如果单靠增大充电电流来缩短充电时间，则电解液温度过高，气体析出过于激烈，这不仅使电流利用率下降，而且影响电池的寿命。所以，快速充电电流不能用直流电，而是采用脉冲电流。

(1) 充电接受特性

以最低析气率为前提的蓄电池可接受充电电流曲线如图 7-43 所示。曲线方程式为

$$I=I_0 e^{-\alpha t}$$

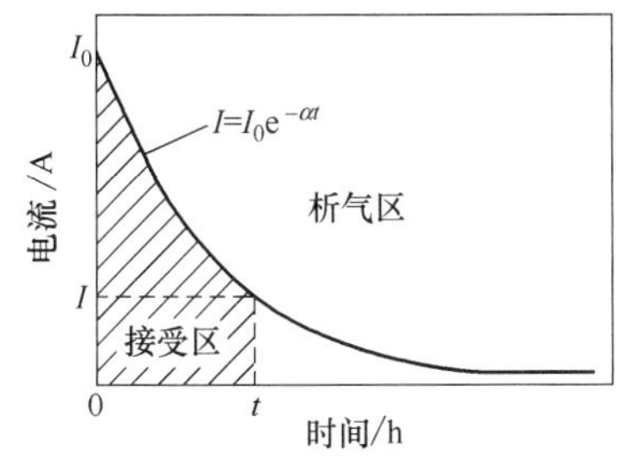

图 7-43 充电接受特性曲线

式中，I_0 为 $t=0$ 时的最大起始电流；I 为任意时刻 t 时蓄电池可接受的充电电流；α 为衰减系数，也叫充电接受比，其值随电池结构和使用状态的不同而不同。

这是一条自然接受特性曲线。只要在任一时刻 t 的充电电流大于充电接受电流 I，就会增加出气率，使充电效率降低；而小于充电接受电流 I 的充电电流，是蓄电池具有的储存充电电流。因此，在充电过程中，当用某一速率的电流充电时，蓄电池充到某一极限值后，若继续充电，只能导致电解水而产生气体和温升，不能提高充电速度。

如果按接受特性曲线充电，则在某一时刻 t，已充电的容量 C_s 是从 0 到 t 时曲线下面的面积，可用积分法求得：

$$C_s=\int_0^t I\,dt=\int_0^t I_0 e^{-\alpha t}\,dt$$

设充电前电池放出的容量为 C，则充满电时：

$$C_s=C=I_0/\alpha$$

所以

$$\alpha = I_0 / C$$

因此，充电接受比 α 是起始接受电流 I_0 和电池放出容量 C 的比值。实验证明，电池的放电深度越大，其充电接受能力越高；放电时放电电流越大，其充电接受能力也越高。

(2) 快速充电的基本原理

快速充电是用 1C 以上的大电流进行充电，电池的端电压很快会上升到分解水的电压值，所以必须在充电过程中采用去极化措施。一般采用停充和放电的方法进行去极化：

停止充电：停止充电后，欧姆极化和电化学极化很快消失，而浓差极化随微孔内外离子扩散过程的进行而减小直至消失。

小电流放电：停充后进行放电，可通过放电反应消耗微孔中的硫酸，以减小浓度差，使浓差极化减小，达到去极化的目的。

所谓电池的充电初期并不一定是电池完全放电后的充电初期，而是任意荷电状态的电池在开始充电时都可认为是充电初期，也都存在一个比较大的充电接受电流。所以，只要在大电流的充电过程中，经过停充或小电流放电等去极化步骤后，再充电时电池就会又有一个比较大的充电接受电流。所以，快速充电是间断地用大电流进行充电，在充电过程中，进行短暂的停充，并在停充时加入放电脉冲以消除电池的极化。每一次的停充与放电，能使电池的充电接受电流更接近于充电电流，即充分利用了初期较大的充电接受电流。

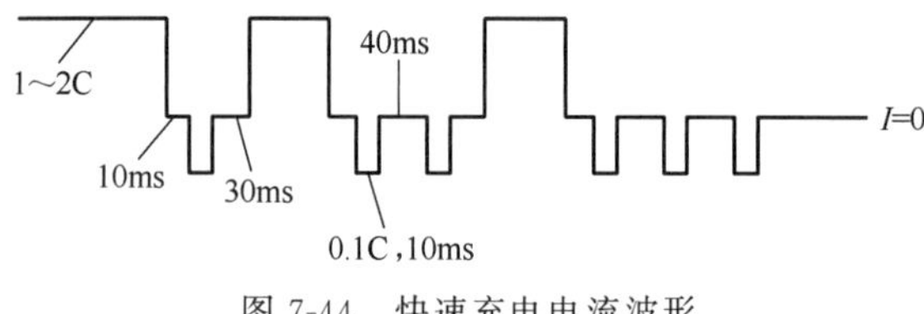

图 7-44　快速充电电流波形

快速充电必须用专门的快速充电机来实现，而快速充电机的种类很多，各自的充电制度不同，相应的充电电流波形也不一样。如图 7-44 所示为其中一种快速充电机的充电电流波形示意图。如图所示，先以 1～2C 的大电流充电，当电池端电压达到预定电压（低于析气电压）时，停止充电一段时间，再以小电流放电，放电后停止一段时间，进行端电压检测，如尚未降到一定数值，再进行下一次放电，如已降到一定数值，则转入充电状态。如此往复循环，直到蓄电池的容量充满时自动关机。

7.5.7 浮充充电

浮充充电是指将充好电的电池并联在高频开关电源（整流器）与负载的放电回路中，由高频开关电源（整流器）给负载提供工作电流的同时，给蓄电池提供足够补偿电池因自放电或瞬间大电流放电所损失的容量。

浮充充电主要用于蓄电池作为备用电源的情况下，其目的是保证电池始终处于充足电的状态，特别是对于铅酸蓄电池来说，始终处于充足电的状态有利于提高电池的寿命。

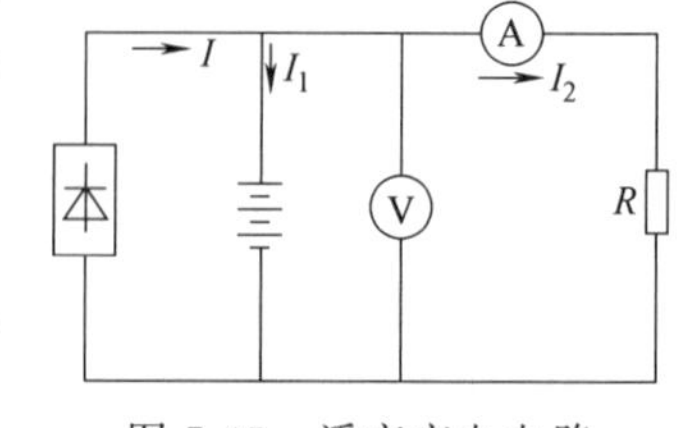

图 7-45　浮充充电电路

如图 7-45 所示为蓄电池浮充充电电路。图中 I_1 为浮充电流，是补偿自放电所需的电流；I_2 为负载电流，是系统中各负载所需电流之和；I 为高频开关电源（整流器）设备输出的总电流。三种电流间的关系为：I_1 远小于 I_2，$I = I_1 + I_2$。

7.6 铅酸蓄电池的运行方式

为了保证通信不间断，通常为通信设备配备固定用铅酸蓄电池。根据通信设备所需的电压和电流的大小，选择适当容量的铅酸蓄电池，经串联、并联或串并联组成电池组。电池组的运行方式可根据当地市电供电的可靠程度分为三类：充放电运行方式（循环制）、全浮充运行方式（连续浮充制）和半浮充运行方式（定期浮充制）。

7.6.1 充放电运行方式

(1) 运行方式

由两组蓄电池轮流以充、放电循环方式给相关负载供电的运行方式，称为充放电运行方式，又叫循环制。即当一组蓄电池给负载供电时，另一组蓄电池则处于充电或备用状态，两组蓄电池在充电和放电的循环中轮换着给负载供电。

这种运行方式适用于市电不可靠或市电不稳定或无市电而用自备发电机组供给交流电或负载容量小的通信局（站）等情况下。为了保证通信不间断，应选择容量较大的蓄电池，通常应能满足负载一昼夜以上所需要的电量。

(2) 特点

① 优点：充、放电设备简单，提供的电流无脉动交流成分。

② 缺点：水的消耗量比较大，使维护工作量增多；由于电池组要进行频繁的充、放电循环，活性物质的体积不断收缩和膨胀，使正极活性物质易发生软化、脱落，致使蓄电池的使用寿命较短；蓄电池的容量较大，相应地充电设备的容量也要相应增大；输出的电能是由交流电经过高频开关电源（整流器）和蓄电池的再次转换后得到的，使得整个电源设备的效率较低，约为30%～40%；这种运行方式不适合用于阀控式密封铅酸蓄电池。

7.6.2 全浮充运行方式

7.6.2.1 运行方式

在昼夜时间内都由整流设备和蓄电池组并联起来给负载供电的运行方式，叫全浮充运行方式或连续浮充制。

在正常情况下，全浮充运行的蓄电池组不对负载放电，整流设备除供给通信设备所需要的全部电流外，还要对蓄电池作浮充充电（如图7-45所示），以补偿蓄电池自放电所损失的电量及瞬间大负载时放电消耗的电量。只有当市电偶然停电或整流设备有故障或瞬间有大脉冲负载电流时，才由蓄电池放电，以保证通信设备的电源供电不中断。这种运行方式只能在市电供电可靠和电压稳定的条件下使用。

7.6.2.2 浮充电流

(1) 浮充电流的作用

浮充电流的作用有三个：一是补偿蓄电池自放电所损失的容量；二是补偿蓄电池瞬间大电流放电所损失的容量；三是用于VRLA蓄电池的氧复合循环。

在防酸隔爆式铅酸蓄电池中，浮充电流只起前两项作用，而在阀控式密封铅酸蓄电池中，浮充电流要起到三个方面的作用。因此，阀控式密封铅酸蓄电池因氧复合循环的需要，其浮充电流的值要比防酸隔爆式铅酸蓄电池的值要大。

(2) 影响浮充电流的因素

影响蓄电池浮充电流的因素有温度、浮充电压和电池的新旧程度等。

① 温度：温度对 VRLA 蓄电池的浮充电流影响很大，温度每升高 10℃，其浮充电流会成倍地增大。VRLA 蓄电池的浮充电流对温度的变化特别敏感的原因，一是因为它的内部氧循环反应是放热反应；二是因为其密封、贫电解液、紧装配和超细玻璃纤维隔膜等结构特点，使电池的散热性能差，极易造成电池内部热量的积累，使电池温升显著；三是因为当电池温度升高时，电池内电化学反应速度加快，使参加氧复合循环的氧气的量和电池的自放电速度都增加，所以浮充电流也相应增大。反之，当温度降低时，其浮充电流相应减小。所以，VRLA 蓄电池的浮充电流必须随温度的变化进行调节。

② 浮充电压：浮充电流随浮充电压的增加而增大。浮充电流值虽可通过电流表进行监测，但在实际运行中，浮充电流很难控制，其值的调节是通过控制浮充电压来实现的。

③ 电池的新旧程度：电池越旧，浮充电流越大。这种影响对于防酸隔爆式铅酸蓄电池来说十分明显，这是因为此类采用了铅锑合金板栅，在使用过程中，电池越旧其自放电越严重，必然需要更大的浮充电流来补偿自放电损失的容量。

7.6.2.3 浮充电压

浮充电压是指浮充时各单体蓄电池两端的电压（V/只），它对 VRLA 蓄电池来说，是一个十分重要的技术参数。

(1) 浮充电压随温度的调节

在实际工作中，对 VRLA 蓄电池的浮充电流的调节最终是通过对浮充电压的调节来实现的，所以根据温度调节浮充电流实际上就是根据温度调节浮充电压。依据国家行业标准 YD/T 799—2010《通信用阀控式密封铅酸蓄电池》的要求，在环境温度为 25℃时，阀控式密封铅酸蓄电池的浮充电压应设置在 2.25V/只，允许变化范围为 2.20～2.27V/只。

这是因为 VRLA 蓄电池是贫电解液结构，其浮充电流受温度影响很大。如果电池温度发生变化后，不能及时对浮充电压进行调整，就会使电池因浮充电流过大或过小而造成电池的损坏。

如果浮充电压过高，使电池处于过充电状态，可能对电池造成的危害有：使水的分解反应加剧，析气量增大，氧复合效率降低，造成电池失水，容量下降；使正极板栅的腐蚀加剧，电池寿命缩短；使浮充电流增大，电池温度升高，造成电池的热失控。即：温度升高→浮充电流增大→电池处于过充电状态→失水、正极板栅腐蚀、热失控。

如果浮充电压过低，虽然可降低失水速度，但使电池处于充电不足状态，容易造成极板的硫化，最终缩短电池的寿命。即：温度降低→浮充电流减小→电池处于欠充电状态→电池硫化。

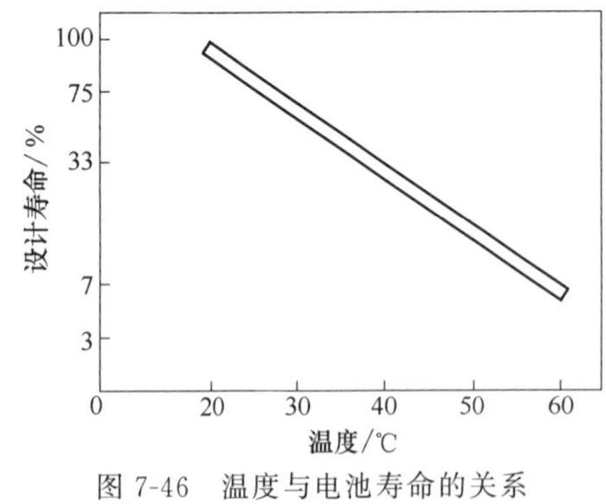

图 7-46 温度与电池寿命的关系

如图 7-46 所示是 VRLA 蓄电池使用寿命与温度之间的关系。由图可见，VRLA 蓄电池在高温环境下，其寿命会受到显著的影响，所以，为了提高 VRLA 蓄电池的使用寿命，必须将其置于室温（20～25℃）下工作，即电池的工作环境应该有空调设备。一旦温度发生变化，应及时对浮充电压进行温度补偿。浮充电压的温度补偿公式为：

$$U_T = U_{25} - \alpha(T - 25℃)$$

式中，U_{25} 为温度为 25℃时的浮充电压，其值为 2.25V/只；U_T 为温度为 T℃时的浮充电压；α 为温度补偿系数，其值为 3～7mV/℃。当取 α=4mV/℃时，按上式可计算出不同温度下电池的浮充电压如表 7-16 所示。

表 7-16　不同温度下 VRLA 的浮充电压

温度/25℃	0	5	10	15	20	25	30	35
浮充电压/(V/只)	2.35	2.33	2.31	2.29	2.27	2.25	2.23	2.21

温度的采样方法很重要，它直接关系着补偿的效果。温度采样有三种方式：一是蓄电池附近的空气温度，这种方法最容易，但很不准确，因为蓄电池温度的升高很难引起蓄电池附近的空气温度的升高；二是蓄电池内部电解液温度，虽然最能反映蓄电池的实际情况，但较难实现；三是蓄电池外壳的表面温度，也是最实际和较容易实现的方法，目前许多设备就是根据第三种方式来采样和设计温度补偿单元。

值得注意的是，虽然在温度发生变化时可对浮充电压进行温度补偿，但并不是说电池就可在任意环境温度下使用。因为当温度过低时，升高浮充电压同样会引起浮充电流过大，造成板栅腐蚀加速；而温度过高时，降低浮充电压，会因浮充电流太小而引起电池欠充电，导致电池发生硫化。

(2) 浮充电压的不均衡

蓄电池组中各单体电池的浮充电压是不相同的，这种现象被称为浮充电压的不均衡或浮充电压的波动。一般来说，当 VRLA 蓄电池是新电池和电池寿命接近终止时，电压波动较大，或当浮充电压设置不合理或未及时对电池进行均衡充电时，电压的波动也会增大。当然电池本身的质量不好，也是电压出现不均衡的重要原因之一。

国家行业标准 YD/T 799—2010《通信用阀控式密封铅酸蓄电池》规定蓄电池进入浮充状态 24h 后，各电池间的端电压差应符合以下要求：

- 蓄电池组由不多于 24 只 2V 蓄电池组成时，各电池间的端电压差不大于 90mV；
- 蓄电池组由多于 24 只 2V 蓄电池组成时，各电池间的端电压差不大于 200mV；
- 标称电压为 6V 的蓄电池，各电池间的端电压差不大于 240mV；
- 标称电压为 12V 的蓄电池，各电池间的端电压差不大于 480mV。

新的阀控式密封铅酸蓄电池在使用的初期，会发生各单体电池的浮充电压高于或低于平均电压的现象，但随着时间的延长（大致需半年时间），浮充电压会逐渐趋向一致。如图 7-47 所示。新电池出现浮充电压波动的原因有两个：

① 隔膜的电解液保持率不一致。保持率高的电池中，隔膜中氧气的扩散通道少于保持率低的电池，这会造成前者的电压偏高和氧复合效率下降，但随着时间的延长，保持率高的电池由于受氧复合效率的影响而失去部分水，使其保持率下降并接近于保持率低的电池。

② 极板化成程度不一致。化成程度低的电池，其浮充电压较低，但在浮充过程中，极板会逐渐完成化成过程，电压随之上升，并接近于化成程度高的电池。

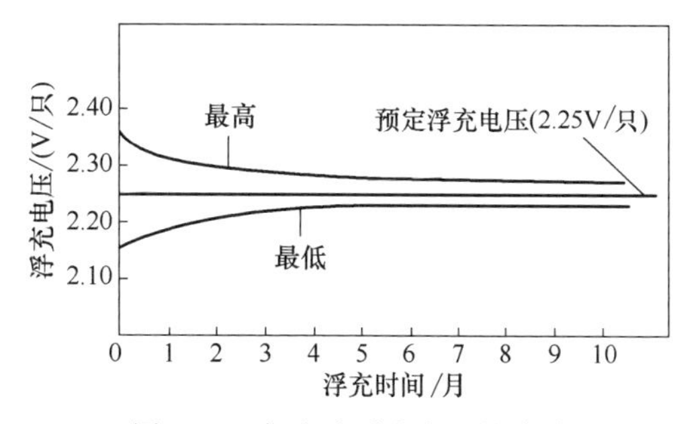

图 7-47　新电池浮充电压的波动

由图 7-47 可见，新电池经过约两个月的时间后，浮充电压的最高与最低值之间的差值基本上能满足国家行业标准 YD/T 799—2010 的规定。

表 7-17 中列出了某通信部门使用的 48 只电池的浮充电压值，可以看出，其中超过一半电池的浮充电压都高于标准中规定的电压值（2.20～2.27V/只），其最大值与最小值之间相差达 230mV。之所以出现这种情况，有可能是电池生产质量未能控制一致，或者未定期进

行均衡充电，或者浮充电压设置不合理所致。

表 7-17 某蓄电池组各单体电池的浮充电压

2.28	2.28	2.36	2.33	2.23	2.25	2.25	2.21
2.27	2.25	2.28	2.31	2.29	2.23	2.19	2.15
2.28	2.38	2.25	2.28	2.31	2.30	2.31	2.27
2.28	2.31	2.28	2.35	2.29	2.27	2.30	2.24
2.22	2.33	2.27	2.19	2.21	2.25	2.33	2.30
2.25	2.36	2.19	2.26	2.29	2.28	2.24	2.30

7.6.2.4 特点

(1) 优点

① 铅酸蓄电池的容量小。由于市电可靠，只需电池的容量能保证市电中断后，在自备机组供电前的一段时间内对负载供电即可。一般维持对负载供电 1～3h 即可。

② 耗水量少，维护工作量小。浮充电压低于水的分解电压，所以在浮充过程中水的分解量很少，对于防酸隔爆式铅酸蓄电池来说，补加水的工作量大大减少。

③ 使用寿命较长。蓄电池在整个寿命期间，很少进行全充全放的循环，极板不易受到损坏，电池寿命是三种运行方式中最长的。

④ 整个电源系统的效率较高。因为浮充供电时，直流电能直接由整流设备供给，不需经过电能的转换，使电源设备的效率可达 60%～80%。

⑤ 全浮充运行电池的情况比较稳定，易于实现智能化的监控和管理。

(2) 缺点

全浮充运行方式提供的电流中有一定的脉动成分，其供电电路中必须装配滤波设备和稳压装置，以保持供电电压的稳定和减少负载变化时的影响，使整个电源设备较为复杂。此外，它只能在市电供电可靠的地方使用。

7.6.3 半浮充运行方式

(1) 运行方式

定期用整流设备和蓄电池并联起来给负载供电的运行方式，叫半浮充运行方式或定期浮充制。即部分时间由整流设备和蓄电池浮充供电，此时整流设备给负载提供电流的同时，也对蓄电池进行浮充，使蓄电池已放出的容量和自放电损失的容量得以补足，而在另一部分时间里由蓄电池单独供电。

这种运行方式适用于市电电网不太可靠（市电只在一定时间内供电）或负载变化较大的情况。通常用两组蓄电池进行工作，需要两台整流设备分别进行浮充供电和单独对已放电的铅酸蓄电池进行充电，如图 7-48 所示。

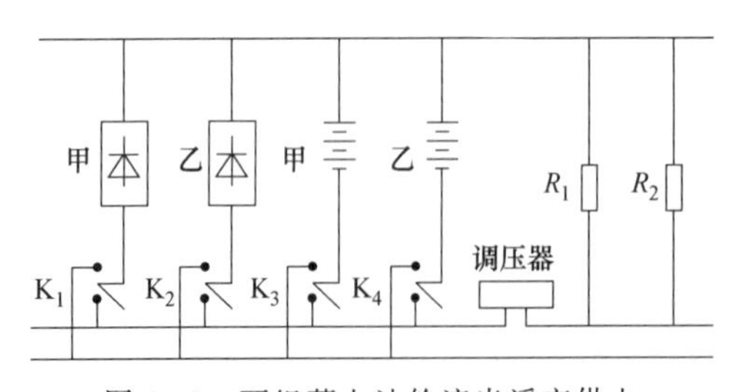

图 7-48 两组蓄电池轮流半浮充供电

当市电正常时，整流设备甲对甲组蓄电池浮充供电，而整流设备乙对乙组蓄电池进行充电。当市电中断后，由甲组蓄电池单独对负载供电，而充好电的乙组蓄电池由充电状态转为备用状态。一旦市电恢复供电，甲组电池若放出的容量不多，则可继续进行浮充供电，放出的容量可通过浮充来恢复；如果甲组蓄电池已放出大部分容量，则由乙组蓄电池进行浮充供电，而甲组蓄电池由整流设备甲单独对其充电，充足电后又转入备用状态。如此由两组蓄电池轮流进行“浮充供电→单独供电→充电及备用”的循环。

半浮充的另一种情况就是，当负载大时为浮充供电，负载小时由蓄电池组单独供电。通常是白天负载电流大，夜间负载电流小。

(2) 特点

半浮充运行方式与全浮充运行方式和充放电运行方式相比，具有以下特点：

① 蓄电池的容量较充放电运行方式小，只要能满足停电或单独供电期间应提供的容量即可，但大于全浮充运行方式所需的容量；

② 水的消耗量及维护工作量小于充放电运行方式，但大于全浮充运行方式；

③ 蓄电池的寿命比全浮充运行方式的寿命短，但比充放电运行方式的电池寿命长；

④ 由于在浮充供电期间直接由整流设备提供负载电流，减少了电池充放电转换的功率损耗，因此设备效率较充放电运行方式高（为50%～60%），但小于全浮充运行方式。

7.7 铅酸蓄电池故障及其处理

VRLA蓄电池的设计寿命长达15～20年，但其实际的使用寿命往往远低于其设计寿命，有的只能使用2～3年甚至更短。VRLA蓄电池的使用寿命也比不上传统的防酸隔爆式铅酸蓄电池，后者通常能使用10年以上。导致VRLA蓄电池的寿命如此之短的原因有以下几个方面：一是产品的质量问题；二是电池的特殊结构所决定；三是使用维护方法不当。特别是阀控电池的特殊结构，导致它的失效模式比普通铅酸蓄电池的失效模式要多，除了硫化、短路等失效模式外，还有失水、热失控、早期容量损失和负极汇流排腐蚀等。

7.7.1 极板硫化

7.7.1.1 极板硫化的原因

铅酸蓄电池的正负极板上部分活性物质逐渐变成颗粒粗大的硫酸铅结晶，在充电时不能转变成二氧化铅和海绵状铅的现象，叫做极板的硫酸盐化，简称（极板）硫化。

铅酸蓄电池在正常使用的情况下，极板上的活性物质在放电后，大部分都变成松软细小的硫酸铅结晶，这些小晶体均匀地分布在多孔性的活性物质中，在充电时很容易与电解液接触起作用，并恢复成原来的活性物质二氧化铅和海绵状的铅。

如果使铅酸蓄电池长期处于放电状态，极板上松软细小的硫酸铅晶体便逐渐变成坚硬粗大的硫酸铅晶体，这样的晶体由于体积大且导电性差，因而会堵塞极板活性物质的微孔，使电解液的渗透与扩散作用受阻，并使电池的内阻增加。在充电时，这种粗而硬的硫酸铅不易转变成二氧化铅和海绵状铅，结果使极板上的活性物质减少，容量降低，严重时使极板失去可逆作用而损坏，使电池的使用寿命缩短。

通常认为是硫酸铅的重结晶造成了晶体颗粒的长大。因为小晶体的溶解度大于大晶体的溶解度，所以，当硫酸浓度和温度发生波动时，小晶体发生溶解，溶解的$PbSO_4$又在大晶体的表面生长，引起较大的晶体进一步长大。

引起蓄电池极板硫化的原因很多，但都直接或间接地与电池长期处于放电或欠充电状态有关。归纳起来有以下几种：

① 长期处于放电状态。这是直接导致电池硫化的原因。其他许多原因间接引起电池硫化，也是通过使电池放电，并使其得不到及时充电而长期处于放电状态。

② 长期充电不足。如浮充电压过低、未充电至终止标志即停止充电等，都会造成电池长期充电不足，未得到充电的那部分活性物质，因长期处于放电状态而硫化。

③ 经常过量放电或小电流深放电。这会使极板深处的活性物质转变成硫酸铅，它们必须经过过量充电才能得到恢复，否则因得不到及时恢复而发生硫化。

④ 放电后未及时充电。铅酸蓄电池要求在放电后 24h 内及时进行充电，否则会发生硫化而不能在规定的时间内充足电。

⑤ 未及时进行均衡充电。铅酸蓄电池组在使用过程中，会出现不均衡的现象，其原因就是电池已出现了轻微的硫化，必须进行均衡充电以消除硫化，否则硫化会越来越严重。

⑥ 储存期间未定期进行充电维护。铅酸蓄电池在储存期间会因自放电而失去容量，要求要定期进行充电维护，否则会使电池长时间处于亏电状态。

⑦ 电解液量减少。电解液液面降低，使极板上部暴露在空气中，不能有效地与电解液接触，活性物质因不能参与反应而发生硫化。

⑧ 内部短路。短路部分的活性物质因不能发生充电反应而长期处于放电状态。

⑨ 自放电严重。自放电会使恢复的铅或二氧化铅很快又变成放电态的硫酸铅，如果自放电严重，就容易使电池处于放电状态。

⑩ 电解液密度过高。密度过高使电池自放电速度加快，且容易在极板内层形成颗粒粗大的晶体。另外，密度过高还会造成放电时误以为电量充足而过量放电，充电时误以为电池已到了充电终期而实际充电不足，最终引起硫化。

⑪ 温度过高。高温会使蓄电池自放电的速度加快，且容易在其极板内层形成颗粒粗大的晶体。

对于 VRLA 蓄电池来说，贫液式结构和内部的氧复合循环也是造成其发生硫化的主要原因。这是因为：一方面贫液式结构使部分活性物质不能与电解液有效接触，而且随使用时间的延长，电解液饱和度逐渐下降，暴露在空气（氧气）中的活性物质也随之增多，这部分活性物质也因得不到充电而发生硫化；另一方面氧复合循环使充电后期正极产生的氧气在负极发生复合反应，使负极处于未充足电状态，以防止氢气的析出，但同时使负极容易因充电不足而发生硫化现象。

7.7.1.2 极板硫化的现象

(1) 放电时的现象

① 容量下降。硫化电池的活性物质已变成颗粒粗大的晶体，不能恢复成充电态的二氧化铅和海绵状的铅，因此容量比正常时的要低，放电时其容量比正常电池先放完。

② 端电压低。硫化电池的内阻较大，特别是极化内阻大，使放电电压偏低。

③ 电解液密度低。硫化电池的硫酸铅在充电时无法恢复，因此会使电解液的密度低于正常值，这种现象只能在普通铅酸蓄电池中观察到，而 VRLA 蓄电池则无法观测到电解液密度的变化情况。

(2) 充电时的现象

① 端电压上升快：因硫化电池的内阻较大，所以恒流充电时电池的端电压上升速度比正常电池要快，普通铅酸蓄电池用恒流充电法充电时，其端电压可高达 2.9V 以上；如果用限流恒压法充电，则充电的限流阶段会很快结束，进入恒压阶段后，充电电流也会快速下降至充电结束状态，结果使电池无法充进电。

② 过早分解水：因充电时端电压上升很快，很快就会达到水的分解电压 2.3V，使电池过早出现冒气现象，且电压过高使冒气现象十分激烈。

③ 电解液密度上升慢：因硫化电池不能发生正常的充电反应，充电电流大多用于分解水，因此电解液密度也就上升缓慢甚至不上升。

(3) 内阻的变化

硫化电池的内阻比较大，主要是粗大的 $PbSO_4$ 颗粒堵塞微孔引起较大的浓差极化，使极化内阻增大。当电池的硫化比较严重，造成电池容量损失达 50%以上时，就会引起电池蓄电池内阻的快速增加。

(4) 极板的颜色和状态

硫化生成的硫酸铅呈白色坚硬的沙粒状，其体积较铅大，所以使负极板表面粗糙，严重时极板表面呈现凹凸不平的现象。硫化主要发生在负极板上，在普通铅酸蓄电池中，可通过观察负极板的颜色来发现，即负极板呈灰白色，严重时表面有白色斑点。

7.7.1.3 极板硫化的处理

(1) 过量充电法

当电池的硫化程度轻微时，可用过量充电法。普通铅酸蓄电池可先向电池内补加纯水至规定高度，再用 10h 率电流充电，当电压达 2.5V 时，再用 20h 率电流充电，当电压又达 2.5V，并有激烈气泡冒出时，改用 40h 率电流充电数昼夜，一直到电压和密度等稳定不变时为止。对于 VRLA 蓄电池，则可采用均衡充电法进行过量充电。

(2) 反复充、放电法

当电池的硫化程度较为严重，容量已损失近一半时，可采用反复充、放电法。

对于普通铅酸蓄电池可用如下方法处理：

① 首先用纯水调整液面高度，然后用 20h 率电流进行充电，当电压达 2.5V 时，停充半小时，再用 20h 率充电，当电压达 2.5V 时，又停充半小时，如此反复，直到电压和密度不再变化为止；

② 用 10h 率电流放电，放电到终止电压 1.8V 为止，计算放电容量；

③ 静置 1～2h 后，再用 20h 率充电，充到电压和密度稳定不变时为止；

④ 重复步骤②和③，直到放电容量接近额定容量时，即可充电投入使用。

VRLA 蓄电池的反复充放电法，就是在前述“过量充电”之后，进行 10h 率的放电容量检测，并反复循环，直到容量恢复为止。值得注意的是，VRLA 蓄电池在硫化比较重时，往往伴有失水现象，所以容量恢复的效果不好，必须设法打开电池，补加适量的纯水，再处理硫化故障（用上述处理普通铅酸蓄电池硫化的方法或见“失水的处理方法”）。

(3) 水疗法

当普通铅酸蓄电池在硫化十分严重时可用此法。具体方法是：将电池用 20h 率放电电流放到电池终止电压 1.75V，然后将液倒出，重新注入密度为 1.050g/cm^3 的电解液（或纯水），进行小电流充电。若密度有上升趋势，则表明处理有效。当密度不再上升时，则以 20h 率放电电流的 1/2 放电 1～2h，然后充电，如此反复进行数次充放电，直至硫化消除为止。处理完毕后，调整电解液密度及液面高度即可。

(4) 脉冲充电法

用脉冲充电法处理硫化是近年来兴起的容量恢复技术，这种方法必须用专门的脉冲充电仪器来进行。利用这种仪器进行修复的方法分为在线和离线两种。

在线修复：把能产生脉冲源的保护器并联在电池的正负极柱上，接上电源就会有脉冲输出到电池。这种修复方式的特点是所需要的能源很少，可常年并联在电池的两端，但修复速度比较慢。这种方法不仅可对硫化电池进行修复处理，而且对于正常电池也可以起到抑制硫化的作用。

离线修复：修复仪可以产生快速的脉冲，脉冲电流相对比较大，产生脉冲的频率比较高，主要是用来修复已经硫化的电池。

7.7.2 内部短路

7.7.2.1 内部短路的原因

指电池内部的微短路，即正负极之间局部发生短接的现象。普通铅酸蓄电池内部短路的原因主要有：

① 隔离物损坏或极板弯曲导致隔离物损坏，使正负极板相连而短路；

② 活性物质脱落太多，使底部沉积物堆积过高，与正负极板的下缘相连而短路；

③ 导电体掉入正负极板之间，使正负极板相连而短路。

VRLA 蓄电池内部短路的原因主要是铅枝晶生长，而与活性物质的脱落无关，因为紧装配方式可防止活性物质的脱落。铅枝晶生长与以下因素有关：

① 超细玻璃纤维隔膜：隔膜中存在的氧气扩散通道，为铅枝晶的生长提供了条件，即铅枝晶沿隔膜中的大孔生长，造成短路。

② 过量充电：过量充电时，负极容易生成铅枝晶。

7.7.2.2 内部短路的现象

(1) 放电时的现象

铅酸蓄电池发生内部短路后，放电现象与硫化时的放电现象相同，即放电容量低、电压偏低、电解液密度低（普通铅酸蓄电池能观察到）。

(2) 充电时的现象

普通铅酸蓄电池采用恒流法或限流恒压法进行充电时，短路的现象为：

① 温度高：短路使充电反应无法完成，即电能不能转变成化学能，只能转变成热能，造成电池温度升高。

② 端电压上升慢：由于电池内部微短路，使电池电动势下降，导致恒流充电时充电电压偏低。如果用限流恒压法充电，则恒流充电阶段因电压上升慢而充电时间延长，甚至不能进入恒压充电阶段。

③ 冒气迟缓：因充电时端电压上升缓慢，甚至不上升，很难达到水的分解电压 2.3V，所以冒气迟缓，甚至不冒气。

④ 电解液密度上升慢：短路发生后，充电电流经过短路点流回外电路，使充电反应无法完成，因此电解液密度上升缓慢甚至不上升。即使有部分充电反应发生，也会因短路而发生自放电，导致电解液密度下降。

对于 VRLA 蓄电池来说，只能用限流恒压法进行充电，当发生短路时，能观察到的现象只有上述的①、②条，而观察不到③、④条。

普通铅酸蓄电池和 VRLA 蓄电池的短路与硫化现象比较见表 7-18 和表 7-19。

表 7-18 普通铅酸蓄电池硫化与短路的比较

现象	失效模式	
	硫化	短路
放电现象	①电压低且下降快 ②放电容量低 ③电解液密度偏低	①电压低且下降快 ②放电容量低 ③电解液密度偏低

续表

现象		失效模式	
		硫化	短路
充电现象	限流恒压充电	①限流(或恒流)充电阶段电压上升快,使本阶段充电很快结束 ②恒压充电阶段电流下降快,并很快到达充电结束阶段 ③电解液密度上升慢	①限流(或恒流)充电阶段电压上升慢,使本阶段充电时间延长,甚至不能进入恒压充电阶段 ②电解液密度上升慢 ③温度高 ④冒气迟缓
	恒流充电	①电压上升快,甚至高达 2.9V 以上 ②冒气早,而且剧烈 ③电解液密度上升慢	①电压上升慢 ②冒气迟缓 ③电解液密度上升慢 ④温度高

表 7-19　VRLA 蓄电池硫化与短路的比较

现象	失效模式	
	硫化	短路
放电现象	①电压低且下降快 ②放电容量低	①电压低且下降快 ②放电容量低
充电现象 (限流恒压充电)	①限流(或恒流)充电阶段电压上升快,使本阶段充电很快结束 ②恒压充电阶段电流下降快,并很快到达充电结束阶段	①限流(或恒流)充电阶段电压上升慢,使本阶段充电时间延长,甚至不能进入恒压充电阶段 ②温度高

由表可见，短路电池和硫化电池的放电现象相同，但充电现象不同，因此，可以根据充电时的现象来区分这两种失效模式。

7.7.2.3　内部短路的处理

VRLA 蓄电池短路后无法修理，只能更换新的电池。而处理普通铅酸蓄电池短路故障的方法应该针对具体原因而有所不同，具体的方法有：

① 隔离物损坏者，更换新的隔离物。

② 由于极板弯曲导致内部短路者，可视弯曲的程度进行处理：极板弯曲轻者，更换新隔板，极板弯曲重者，更换极板或电池。

③ 活性物质脱落太多使底部沉积物堆积过高者，清除脱落的活性物质。

④ 其他导电体落入正负极板之间时，如果是透明的容器，可用塑料棍从注液孔插入正负极板之间，排除短路物体；如果是不透明的容器，可以先用 10h 率电流值放电到 1.8V 为止，再除去封口胶，将极板取出后排除短路物体，必要时换上新隔板。

值得注意的是，短路电池都伴随有硫化故障，排除短路故障后，必须处理硫化。

7.7.3　极板反极

电池的反极是指蓄电池组中个别落后电池在放电后期最先放完电，而后被其他正常电池反充，发生正负极性颠倒的现象。

(1) 极板反极的原因

落后电池往往有硫化或短路故障，其表现为密度偏低，容量较小，因此在放电过程中会很快放完容量，端电压也下降很快，此时它非但不能放电，还会造成其他电池对其进行充电。由于蓄电池组是串联放电，所以其他正常电池对它进行的是反充电，结果造成正负极性反转，成为反极电池。

此外，用容量不同的电池或新旧程度不同的电池串联放电，也会使小容量的电池或旧电池在放电后期被大容量的电池或新电池反充，成为反极电池。所以，型号规格不同的电池或新旧程度不同的电池不能串联起来进行充电。

另一种引起反极的原因是充电时将正负极性接错，这种反充常常因为不易察觉而造成电池的严重反极，甚至损坏电池，因此每次充电前应仔细检查接线是否正确。

(2) 极板反极的现象

电池组在放电过程中，由于反极电池原有的放电电压急剧下降，而后被反充时又被加上2V以上的反向电压，所以每出现一只反极电池，铅酸电池组的总电压就要降低4V以上。如果在不断开负载的情况下，测量各单体蓄电池的电压，就可发现反极电池的电压为负值，且电解液密度也偏低。

(3) 极板反极的处理

发现反极电池应立即将其从蓄电池组中拆下来，单独进行处理。由于反极电池通常是由于电池的硫化引起的，所以按处理硫化的方法，单独对其进行小电流过量充电或反复充放电，直到其容量恢复正常后，才能投入使用。

若电池反极时间短，又能及时从电池组中取出并进行处理，一般能使其恢复正常。但若反极时间长，特别是充电时极性接反而造成的反极，由于负极已生成二氧化铅，正极已生成铅，电池极性完全反转，则很难恢复，必须进行多次长时间小电流过量充电和放电的循环处理，才能恢复正常，而且该电池的寿命也会明显低于其他未被反充的电池。

7.7.4 板栅腐蚀

板栅腐蚀，主要是指正极板栅腐蚀。指在电池过充电时，因发生阳极氧化反应而造成正极板栅变细甚至断裂，使活性物质与板栅电接触变差，进而影响其充放电性能的现象。

(1) 正极板栅腐蚀的原因

正极板栅腐蚀的原因主要是板栅上的铅在充电或过充电时发生了如下的阳极氧化反应：

$$Pb+H_2O \longrightarrow PbO+2H^++2e^- \tag{7-8}$$

$$PbO+H_2O \longrightarrow PbO_2+2H^++2e^- \tag{7-9}$$

$$Pb+2H_2O \longrightarrow PbO_2+4H^++4e^- \tag{7-10}$$

当板栅中含有锑时，会同时发生如下反应：

$$Sb+H_2O-3e^- \longrightarrow SbO^++2H^+$$

$$Sb+2H_2O-5e^- \longrightarrow SbO_2{}^++4H^+$$

上述反应在浮充电压和温度过高时会加速发生，引起正极板栅的腐蚀速度加快，并因为腐蚀反应消耗水而引起电池失水。

(2) 正极板栅腐蚀的现象

正极板栅腐蚀不太严重，还未影响到活性物质与板栅之间的电接触时，电池的各种特性如电压、容量和内阻均无明显异常。但当正极板栅腐蚀很严重使板栅发生部分断裂时，电池在放电时会出现电压下降、容量急剧降低以及内阻增大等现象。如果腐蚀还发生在极柱部位并使之断裂，则放电时正极极柱有发热现象。

(3) 正极板栅腐蚀的预防

要减缓正极板栅腐蚀的速度，使用时应做到：①不要经常过量充电；②不要在温度过高的环境中使用电池；③根据环境温度的变化调整浮充电压。值得注意的是，在温度过低的情况下，为了保证电池处于充电状态，要提高浮充电压到比较高的值，这同样有引起板栅腐蚀的危险，所以蓄电池也不宜在温度过低的环境中使用。

7.7.5 内部失水

指蓄电池内电解液由于氧复合效率低于100%、水的蒸发等导致水的逸出而引起量的减少，并进而造成电池放电性能大幅下降的现象。研究表明，当水损失达到3.5mL/(A·h)时，放电容量将低于额定容量的75%；当水损失达到25%时，电池就会失效。

研究发现，大部分阀控式密封铅酸蓄电池容量下降的原因，都是由电池失水造成的。一旦电池失水，就会引起电池正负极板跟隔膜脱离接触或供酸量不足，造成电池因活性物质无法参与电化学反应而放不出电来。

7.7.5.1 失水的原因

① 气体复合不完全：在正常状态下，阀控式密封铅酸蓄电池的气体复合效率也不可能达到100%，通常只有97%～98%，即在正极产生的氧气有2%～3%不能被其负极吸收，并从电池内部逸出。氧气是充电时分解水形成的，氧气的逸出就相当于电解液中水的逸出。2%～3%的氧气虽然不多，但长期积累就会引起电池严重失水。

② 正极板栅腐蚀：从化学反应式（7-8）、式（7-9）和式（7-10）可以看出，正极板栅腐蚀要消耗水。

③ 自放电：蓄电池正极自放电析出的氧气可以在负极被吸收，但负极自放电析出的氢气却不能在正极被吸收，只能通过安全阀逸出而导致电池失水。当环境温度较高时，自放电加速，因此而引起的失水会增多。

④ 安全阀开阀压力过低：电池的开阀压力设计不合理，使开阀压力过低时，将使安全阀频繁开启，加速水的损失速度。

⑤ 经常均衡充电：在均衡充电时，由于提高了充电电压，使析氧量增大，电池内部压力增大，一部分氧来不及复合就通过安全阀逸出。

⑥ 电池密封不严：电池密封不严使电池内的水分和气体易逸出，导致电池失水。

⑦ 浮充电压控制不严：通信用阀控式密封铅酸蓄电池的工作方式是全浮充运行，其浮充电压有一定的范围要求，而且必须进行温度补偿，其值的选择对电池寿命影响较大。浮充电压过高或浮充电压没有随温度的上升而相应调低，都会加速电池失水。

⑧ 环境温度过高：环境温度过高就会引起水的蒸发，当水蒸气压力达到安全阀的开阀压力时，水就会通过安全阀逸出。所以阀控式密封铅酸蓄电池对工作环境温度要求较高，应将其控制在20℃±5℃范围内为宜。

7.7.5.2 失水的现象

阀控式密封铅酸蓄电池发生失水后，因为其密封和贫电解液结构，所以不能像防酸隔爆铅酸蓄电池（容器是透明的）那样，能直接用肉眼观察到水的损失。

① 内阻的变化：当电池失水比较严重，造成电池容量损失达50%以上时，就会引起电池内阻的快速增加。

② 放电时的现象：蓄电池放电时的现象基本上与硫化现象相同，即容量和端电压都出现下降。这是因为失水后使部分极板不能与电解液有效地接触，也就失去了部分容量，放电电压也因此而下降。

③ 充电时的现象：电池失水后因为失去了部分容量，使充电的第一阶段较快结束，即表现为电池充不进电。

由此可见，电池发生失水后，表现出来的现象与硫化现象基本相同。事实上这两种故障之间有联系，即硫化会加快水的损失，而失水必然伴随有硫化的发生。在通常情况下，只要平时按照规程进行维护，出现硫化故障的可能就小，但长时间的正常运行也会使水分逐渐减少，因此，一旦出现容量下降，并充不进电，则基本上可以判断电池发生了失水故障。

7.7.5.3 失水的处理

失水的处理流程为：打开电池盖→补加纯水→处理硫化故障→将电池密封。

(1) 适当补加纯水

① 打开电池盖：因为阀控式密封铅酸蓄电池不是全密封电池，都留有排气通道，所以电池盖与电池槽之间通常只是部分粘接在一起，即留有缝隙用于排气。只要找到粘接位置，用适当的工具即可打开电池盖。

② 补加适量的纯水：补加纯水时要注意适量，因为阀控式密封铅酸蓄电池是贫液式电池，加水过多会堵塞气体通道，影响氧气的复合效率。不过氧复合效率低，会使过量的水被不断消耗，并最终使电池成为贫液状态。但是，如果加水量太多造成电解液成流动状态，则会使侧立安置的电池发生漏液现象。

(2) 处理硫化故障

由于失水电池都伴随有硫化故障，所以补加适量纯水后，必须按照处理硫化故障的方法消除极板硫化。电池容量恢复后，用黏结剂将电池密封好，密封时要注意在电池盖和电池槽之间留一定的排气缝隙。

7.7.5.4 减少失水的措施

(1) 正确选择和及时调整浮充电压

浮充电压过高，电解水反应加剧，析气速度加快，失水量必然增大；浮充电压过低，虽然可降低失水速度，但容易引起极板硫化。因而必须根据负荷电流大小、停电频次以及电池温度和电池组新旧程度及时调整浮充电压。

(2) 保持合适的环境温度

尽可能使环境温度保持在20℃±5℃，这样方可保持电池内部温度不超过30℃。机房内环境温度不得超过35℃。

(3) 定期检测电池内阻（或电导）

虽然用电导仪测电池电导可以判断电池质量，但是当电池组的容量在额定容量的50%以上时，测得的电导值几乎没有变化，只是在容量低于额定容量的50%时，电池电导值才会迅速下降。因此当蓄电池组中各单体电池的容量均大于80% $C_{额}$，就不能用电导（或内阻）来估算电池容量和预测电池的使用寿命。然而对同一电池而言，一旦发现内阻异常增大，则很可能是失水所致，其结果必然导致容量下降。

7.7.6 温度失控

温度失控，也称为热失控。热失控是指恒压充电时，浮充电流与温度发生一种积累性的相互增长作用，从而导致电池因温度过高而损坏的现象。

(1) 热失控的原因

① 氧复合反应放热：正极产生的氧气在负极发生的氧复合反应是一个放热反应，该反应放出的热如果不能释放出去，就会使电池的温度升高。

② 电池结构不利于散热：阀控式密封铅酸蓄电池的结构特点是密封、贫电解液、紧装配和超细玻璃纤维隔膜（隔热材料），都不利于散热。即这种电池不像富液式电池那样，能通过排气、大量的电解液和极板间非紧密的排列来散发掉电池内产生的热量。

③ 环境温度高：环境温度越高越不利于电池散热，而且温度增加会使浮充电流增大，而浮充电流与温度会发生相互增长的作用。所以充电设备应有温度补偿功能，即当温度升高时调低浮充电压。

④ 浮充电压过高：浮充电压设置过高，会使浮充电流增大，导致电池温度升高。

(2) 热失控的现象

热失控发生时主要表现为电池的温度过高，严重时造成电池变形并有臭鸡蛋味的气体排出，甚至有爆炸的可能。

(3) 热失控的处理

发生热失控的电池通常伴有失水现象，所以可采用处理失水的方法进行处理。此外，还可以通过如下措施来预防热失控的发生：

① 充电设备应有温度补偿和限流功能；

② 严格控制安全阀质量和设计合理的开阀压力，以通过多余气体的排放来散热；

③ 合理安装电池，在电池之间留有适当的空间；

④ 将电池设置在通风良好的位置，并保持合适的室内温度。

7.7.7 负极汇流排腐蚀

一般情况下，负极板栅及汇流排不存在腐蚀问题，但在阀控式密封蓄电池中，当发生氧复合循环时，电池上部空间充满了氧气，当隔膜中电解液沿极耳上爬至汇流排时，汇流排的合金会被氧化形成硫酸铅。如果汇流排焊条合金选择不当或焊接质量不好，汇流排中会有杂质或缝隙，腐蚀会沿着这些缝隙加深，致使极耳与汇流排断开，从而导致阀控式密封蓄电池因负极板而失效。

综上所述，VRLA 蓄电池不仅失效模式的种类较多，而且难于对其失效模式作出准确的诊断，这是因为：

① VRLA 蓄电池的各种失效模式都可能由多种因素引起，包括使用因素、结构因素，如表 7-20 所示列出了引起硫化、短路、失水、热失控和正极板栅腐蚀五种常见失效模式的使用因素和结构因素。

表 7-20 引起 VRLAB 失效的使用因素和结构因素

失效模式	使用因素	结构因素
硫化	①充电不足；②未及时充电；③浮充电压过低；④长期处于放电状态；⑤环境温度高	贫液式
失水	①充电电流过大；②经常过充电；③浮充电压过高；④环境温度高	①贫液式；②密封式
正极板栅腐蚀		—
热失控		①贫液式；②密封式；③紧装配；④超细玻璃纤维隔膜
短路	①经常过量充电；②浮充电压偏高	超细玻璃纤维隔膜

② VRLA 蓄电池的密封结构，使其内部情况不易观察到，加上其贫液结构，使失水这种简单故障都无法作出准确的判断。

③ 相同的使用因素会同时引起多种失效模式，如充电电流过大、经常过充电、浮充电压过高、环境温度高可能同时引起失水、热失控、正极板栅腐蚀等。

④ 各种失效模式之间相互影响，即一种失效模式可能引起另一种失效模式，如图 7-49 所示表示出了五种常见失效模式之间的相互影响。

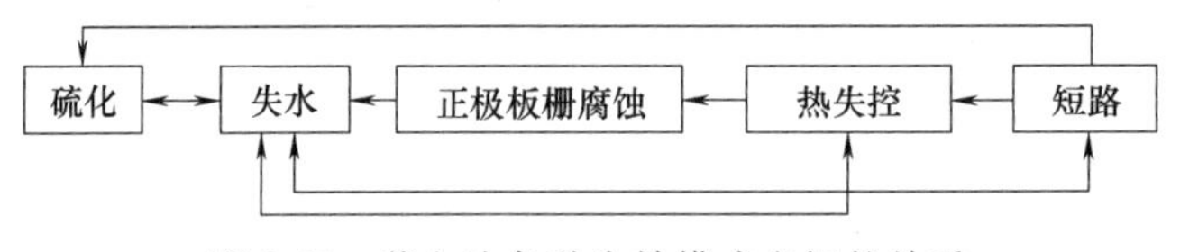

图 7-49　蓄电池各种失效模式之间的关系

7.8 铅酸蓄电池的维护

7.8.1 安装方法

新电池的安装质量会直接影响蓄电池日后的运行和维护工作，对蓄电池的使用性能和寿命都起着十分重要的作用，正确的安装涉及以下几个方面：

① 电池的选择：应选择同一厂家同型号、同批次的蓄电池，以保证各电池间各种性能的一致性；尽量选择单体电池，以方便在维护过程中能监测到每只电池的有关数据；禁止将不同厂家、不同型号、不同种类、不同容量、不同性能以及新旧不同的电池串、并联在一起使用，因为性能不一致的电池不便于维护，而且性能差的电池会影响整个电池组的寿命。

② 连接方式：最好只对电池进行串联，即选择合适容量电池，通过串联组成电池组。只有在条件受限时，才采用几个单体电池并联组成电池组。

③ 安装位置：蓄电池应放置在通风、干燥、远离热源处和不易产生火花的地方，电池排列不能过于紧密，单体电池之间应至少保持 10 mm 的间距。

④ 环境温度：蓄电池应在适宜的环境温度下工作，允许工作温度范围为 10～30℃。在条件允许的情况下，蓄电池室应安装空调设备并将温度控制在 22～25℃之间。这不仅可延长蓄电池的寿命，而且可使蓄电池有最佳的容量。

⑤ 电池放置方向：为了使 VRLA 蓄电池的电解液上下比较均匀地吸附在隔膜中，在安装时应根据极板的几何形状放置，长极板（高型）的宜卧放，短极板（矮型）的宜立放。

⑥ 极柱的连接：蓄电池的极柱之间是用连接条相互连接在一起的，在紧固极柱时，力量要适当。力量太大会使极柱内的铜套溢扣，力量太小又会造成连接条与极柱接触不良，因此安装中最好采用厂家提供的专用扳手，或按照厂家提供的参考公斤力。

⑦ 注意安全：由于电池串联后电压较高，故在装卸导电汇流排时，应使用绝缘工具，戴好绝缘手套，以防因短路而引起设备损坏和人身伤害。

⑧ 补充电与容量测试：安装完毕的蓄电池在启用前是否补充电依储存期限而定。通常出厂时间不长，可随时安装使用；若储存时间超过 6 个月，则应先进行补充电再使用；若储存时间超过一年，则经补充电后，需做容量测试并达到要求后再投入使用。

在补充电和容量测试过程中，应认真记录单体电池的电压、内阻和放电容量等数据，作为原始资料妥善保存。在蓄电池运行过程中，每半年需将运行数据与原始数据进行比较，如发现异常情况应及时进行处理。

7.8.2 充电管理

蓄电池是供电系统中不可缺少的设备，固定用 VRLA 蓄电池因具有不需要加水、逸气和酸雾极少等特点而被广泛使用。蓄电池是有一定使用寿命的，如果不了解其电特性，不注意充电管理，就会引起电池的容量损失而提前失效。一旦蓄电池容量下降而达不到预定的放电时间，就不能保证负载（如：通信设备）正常工作，甚至造成重大的责任事故，因此我们必须了解蓄电池的性能，并能对其进行正确的充电管理与维护。

(1) 新电池的补充电

普通铅酸蓄电池在使用前必须加电解液并对其进行初充电，但 VRLA 蓄电池是带着电解液以荷电态出厂，所以在投入使用前不需要进行初充电。由于电池从生产、入库、包装、运输、安装到投入运行往往需要数月时间，因此，在投入正式使用前应进行补充电，否则电池浮充电压的波动要达到正常的范围将需要较长时间。补充电的方法有：

① 以 2.35±0.02V/只的电压进行限流恒压充电，充电时间在 16～20h。

② 先用 $U_{充}$=2.4V/只，充电 24h；然后转入浮充状态，用 $U_{浮}$=2.25～2.30V/只的电压浮充 3～7 天；当 $I_{浮}$ 非常小时，电池组即可进入正常运行。值得注意的是，串联电池数不同时，第二阶段的电压应取不同的值，即：

12～48V 的电池组：$U_{浮}$=2.25～2.27V/只；高电压（大于 48V）的电池组：$U_{浮}$=2.27～2.30 V/只，这是因为当电池组的电压高（串联电池数多）时，较高的 $U_{浮}$ 可使所有电池的电压至少有 2.20V/只，能使电池组中所有电池都处于充电状态。

(2) 正常充电

蓄电池在放电之后的充电称为正常充电。铅酸蓄电池必须在放电后的 24h 之内进行正常充电。VRLA 蓄电池的正常充电采用的是限流恒压法，初期电流限定在 0.2C 以下，恒定的电压为 2.25～2.35V/只（25℃）。

如图 7-50 所示为限流恒压法（0.1C_{10}，2.25V/只）对 100%放电后的 VRLA 蓄电池进行充电时的充电特性曲线。由图可见，在充电前期（0～7.5h）的充电电流恒定在 0.1C_{10}，此时电池的端电压逐渐上升到 2.25V/只（25℃）；在充电的后期，电压恒定在 2.25V/只，而充电电流先呈指数规律迅速衰减（7.5～10h），然后缓慢减小（10～20h）；在电池充电结束阶段，电流保持在一个很小的值并基本保持不变。实际上，不同的电池厂家都对其生产的电池规定有相应的充电电压值，使用过程中要详细阅读使用说明书。

限流恒压法所需的充电时间与下列因素有关：

一是与电池充电前的放电深度有关，试验表明，放电深度越深，充电所需时间越长。

二是与恒定的电流和电压值有关，如图 7-51 所示。试验表明，提高电流和电压值，可使充电终止提前到达。

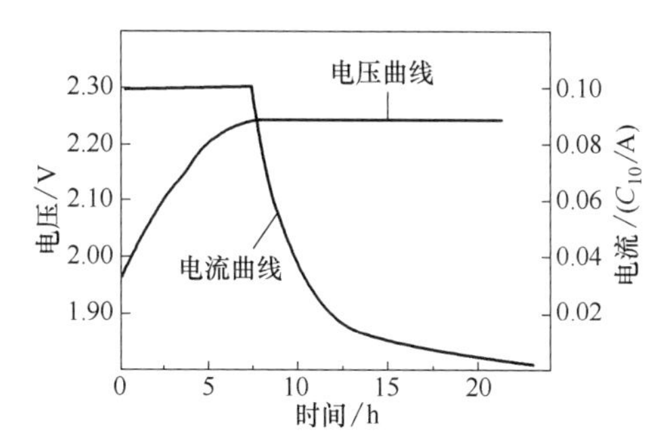

图 7-50　VRLA 蓄电池的充电特性曲线

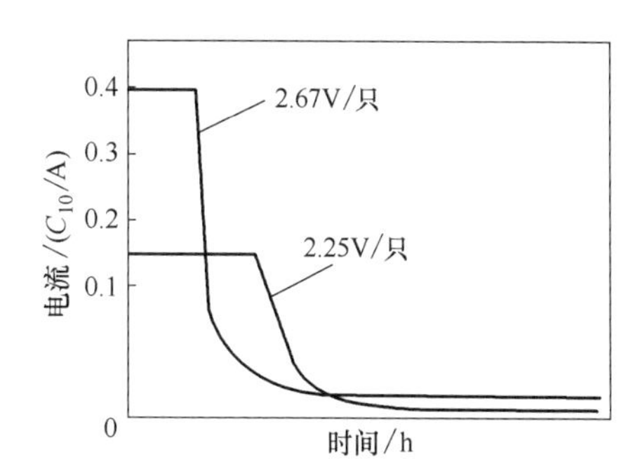

图 7-51　不同电压下的限流恒压充电曲线

值得注意的是，过高的充电电压会降低氧复合效率，而且使负极有氢气析出，这将导致水的损失十分严重，所以不宜用过高电压充电。

限流恒压充电法的充电终止阶段的电流太小，有可能使电池充电不足。为了使电池在充电末期获得足够的充电电流，可以在充电快结束时，将电压适当增加，以提高充电终期的充电电流。假如前期的充电电压恒定在 2.25V/只（25℃）左右，后期则可恒定为 2.35V/只左

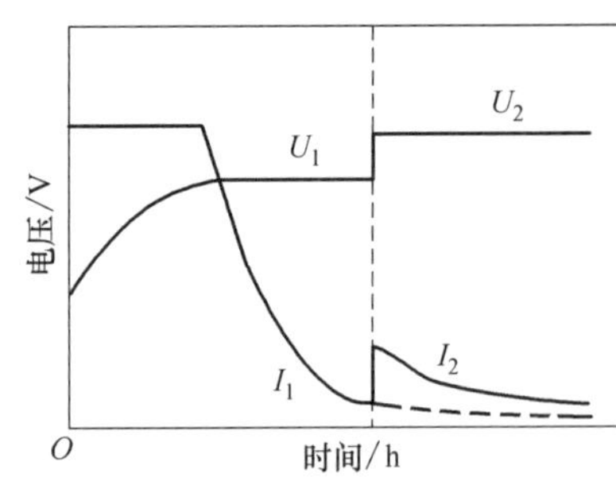

图 7-52 递增电压充电的充电曲线

右。如图 7-52 所示。

(3) 均衡充电

电池在浮充过程中，由于种种原因会出现容量和电压不均衡的现象，若不消除这种不均衡，就会使这种不均衡更加严重，并形成所谓的“落后电池”。所以，应该定期对电池组进行均衡充电。均衡充电就是当蓄电池组中各电池出现端电压不均衡的现象时，对全组电池进行的过量充电。均衡充电的目的就是防止电池发生硫化或消除电池已经出现的轻微硫化。VRLA 蓄电池遇到下列情况之一时，应进行均衡充电：

① 两只以上单体电池的浮充电压低于 2.18V（对于 48V，24 只电池而言）；

② 放电深度超过 20%；

③ 闲置不用的时间超过六个月；

④ 全浮充时间超过三个月；

⑤ 温度变化而没有及时修正浮充电压。

按照国家行业标准 YD/T 799—2010《通信用阀控式密封铅酸蓄电池》标准规定，均衡充电应采用限流恒压的方式。具体方法是：当环境温度为 25℃时，均衡充电的电压应设置在 2.30～2.40V/只，充电电流应小于 $0.25C_{10}$A，充电时间一般为 8～12h。当环境温度每升高或降低 1℃，单体电池的均衡充电电压应下降或升高 3～7mV/只。为了延长蓄电池的使用寿命，当均衡充电的电流减小至连续 3h 不变时，必须立即转入浮充电状态，否则，将会造成电池过充电而影响其使用寿命。

(4) 补充充电

补充充电是指单独对落后电池进行的过量充电。VRLA 蓄电池的补充充电可用专门的单体电池容量恢复仪进行充电。如补充充电后，电池的容量仍不能恢复，则说明电池已经出现故障，必须进行专门处理。

7.8.3 日常维护

传统的防酸隔爆式铅酸蓄电池是 20 世纪 60 年代末就开始使用的，对它的维护已积累了十分丰富的经验，而 VRLA 蓄电池是 20 世纪 90 年代初才开始逐渐取代防酸隔爆式铅酸蓄电池进入通信电源领域，对它的维护经验相比前者而言要少，特别是厂家对这种电池的优点作了夸大宣传，让使用者忽略了对电池的日常维护，使电池寿命受到了严重的影响。实际上，VRLA 蓄电池的一些优点也是以牺牲电池的寿命为代价的，为此对它的维护要求更高。

为了更清楚地了解 VRLA 蓄电池（GMF）的维护工作的重要性，现将它与防酸隔爆式铅酸蓄电池（GF）的特点比较于表 7-21 中。

表 7-21 GF 和 GMF 电池的特点比较

电池种类	防酸隔爆式铅酸蓄电池(GF)	阀控式密封铅酸蓄电池(GMF)
结构特点	富液式($d_{15}=1.20\sim1.22g/cm^3$) 排气式(防酸隔爆帽)	贫液式($d_{15}=1.28\sim1.30g/cm^3$) 密封式(安全阀)
散热性能	好	差
环境温度	范围宽,可不需空调	需空调控制在 20～25℃
$U_{浮}$ 的温度补偿	不需要	需要
纯水的补充	需要经常补加纯水	不需补加纯水
电池内部情况	可观察到	不能观察

续表

电池种类	防酸隔爆式铅酸蓄电池(GF)	阀控式密封铅酸蓄电池(GMF)
电池室	需要(酸雾逸出对环境与设备有腐蚀)	不需要(无酸雾逸出)
自放电	严重	小
比能量	较小	较大
失效模式	少	多
使用寿命	长(15～20年)	短(几年)
维护工作	简单、繁重	智能化、少

由表可见，阀控式密封铅酸蓄电池的优点主要表现在：①对环境和设备几乎无污染和腐蚀；②不需补加纯水，维护工作量少；③可不单设蓄电池室，电池可多层放置，占地面积少；④电池的比能量高；⑤自放电小。这些优点正好能满足通信设备对分散式供电的要求，也是阀控式密封铅酸蓄电池得到广泛应用的主要原因。

但是，阀控式密封铅酸蓄电池的缺点与它的优点一样十分突出，如：①不能观察到电池内部的工作情况；②不能补加纯水；③散热性能差；④失效模式多；⑤使用寿命短。这些缺点主要是由阀控式密封铅酸蓄电池的结构特点决定的，使得它对温度特别敏感，所以对它的维护要求更高，最好对其进行智能化的管理和维护。

由上讨论可见，为了保持阀控式密封铅酸蓄电池的性能和延长其使用寿命，必须作好以下几个方面的日常维护工作。

(1) 保持清洁卫生

每周定期擦拭蓄电池和机架上的灰尘，保持蓄电池的清洁。灰尘积累太多，会使蓄电池组连接点接触不良，改变蓄电池充放电时的电压值，容易引起故障。擦拭蓄电池时切记要用干布或毛刷，最好使用吸尘器。

(2) 每天巡视一次

每天要定时察看蓄电池，一要闻空气中是否有微酸气味，如果有微酸气味，则有可能是浮充电压设置过高，导致蓄电池排出酸雾，此时要及时调整浮充电压和进行通风处理；二要看蓄电池的外形有无变形、温度是否正常、蓄电池的接线端子和安全阀有无渗液、安全阀能否正常开启等，如果有异常则要及时查明原因并更换蓄电池。

如果有空调设备，应检查空调的温度控制情况，保证温度控制在25℃左右；如果没有空调设备，则应根据室内温度及时调整浮充电压。

(3) 每周测试电压值

25℃时蓄电池的浮充电压值为2.25V/只。电压选择过低时个别电池会由于长期充电不足造成硫化而失效；电压过高，氧复合效率低，则气体逸出量增加，电池容易失水。

蓄电池的均充电压值为2.35V/只，不应超过2.40V/只，充电电压过高将引起充电电流过大，产生的热量会使电解液温度升高，温度升高又会导致充电电流增大，如此循环会使蓄电池发生热失控而变形、开裂。值得注意的是，在测试蓄电池的电压值时，一定要在电池组两端点上测量，如果在其他处测试，将会产生电压降，测试的结果不准确。

(4) 每月测量单体蓄电池的电压值

蓄电池串联使用容易存在电压不均衡的现象，电压低者易成为落后电池。如果落后电池得不到及时的充电，则在以后的充放电或者浮充过程中，其落后程度会越来越深，最终致使落后电池失效。所以每月应测量每个单体蓄电池的电压值，对低于2.18V的蓄电池要进行均衡充电，使其恢复到完全充电状态，以避免个别落后电池失效。

(5) 定期进行均衡充电

每季度对全组电池进行一次均衡充电，充电方法如前文所述。

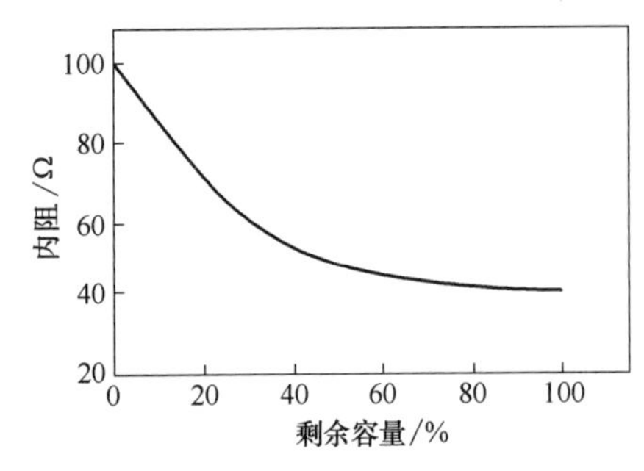

图 7-53　电池内阻与剩余容量的关系

(6) 每半年测量内阻和开路电压

电池的内阻或电导在电池的剩余容量大于50%时，几乎没有什么变化，但在剩余容量小于50%之后，内阻几乎呈线性上升。蓄电池内阻与容量的关系如图7-53所示。由图可见，当电池的内阻出现明显上升时，电池的容量已显著下降。所以，可通过测量蓄电池的内阻发现落后或失效电池。

在有条件的情况下，即保证不会对通信造成中断的情况下，可让蓄电池脱离充电设备，大约静置2h后测量其内阻和开路电压。内阻大和开路电压低的蓄电池，应及时对其进行容量恢复处理，若不能恢复（容量达不到额定容量的80%以上），则对其进行更换。

(7) 注意放电深度

阀控式密封铅酸蓄电池的寿命与放电深度密切有关，当蓄电池单独给负载供电时，尽量不要放电过多，否则在浮充时要提高充电电压来补足放掉的容量，而这意味着电池可能在此过程中会损失一些水分，时间一长就会使电池因失水而失效。所以，当市电停电或整流设备出现故障时，应及时启动发电机组对负载供电，以此减少蓄电池的放电时间。

如果蓄电池必须长时间放电，则应严格控制放电终止电压，防止电池过放电。因为在通信领域中，蓄电池的放电速率大多在0.02～0.05C_{10}范围内，所以应将放电的终止电压设置在1.90V/只左右。如果过放电，就必须过量充电，这会加速水的损失，而不过量充电又会使电池充电不足。因此要严防过放电。

(8) 检查连接部位

每半年应检查一次连接导线，螺栓是否松动或腐蚀污染，松动的螺栓必须按规定力矩及时拧紧，腐蚀污染的接头应及时清洁处理。电池组在充放电过程中，若连接条发热或压降大于10mV以上，应及时用砂纸等对连接条接触部位进行打磨处理。

(9) 放电测试

每年核对性放电一次（实际负荷），记录各单体电池电压，检查是否存在落后电池，放电容量为额定容量的30%～40%；每三年进行一次容量试验，六年后每年做一次容量测试，放电容量为额定容量的80%。

(10) 搁置蓄电池的维护

搁置不用的蓄电池应在干燥、通风的地方储存，储存温度不宜太高，最好在室温(25℃）左右，否则电池的自放电严重，易使电池发生失水和硫化。搁置的蓄电池应定期进行充电维护，否则会因为长期闲置而发生硫化，引起蓄电池过早失效。通常每半年充电一次，充电方法为限流恒压法，电压为2.35V/只（25℃），若环境温度不在25℃，则应对电池电压进行温度补偿，补偿系数在3～7mV/℃范围内。

7.8.4 容量测量

通信用VRLA蓄电池以全浮充运行方式工作，平时靠浮充电压来保持充电状态，但长时间的浮充状态不利于对电池健康状态的了解。在日常维护工作中，为了估算电池在市电停电期间能持续放电的时间，或了解蓄电池在长期浮充运行后的技术性能状况，需要对蓄电池的容量进行测试。

在VRLA蓄电池的维护工作中，要定期对其作两种放电测试，一是核对性放电，每年一次，其放电量为 30%～40%C_{10}；二是容量测试，每三年一次，六年后每年一次，其放电量为 80%C_{10}。

核对性放电和容量测试的意义在于：①可对蓄电池的容量进行检测，评估蓄电池的容量，即可用电池的剩余容量作为铅酸蓄电池使用寿命是否终结的判据；②可消除电池的硫化。若经过 3 次测试，蓄电池组的容量均达不到额定容量的 80%以上，可认为此组蓄电池的寿命已终止，应予以更换。

容量测试分为离线测试和在线测试两种，前者为蓄电池脱离实际（通信）负载进行的容量测试，后者为蓄电池在实际运行中进行的容量测试。

在容量测试前应做好以下准备工作：①检查电池组的各连接点是否拧紧；②准备好原始记录和前一次放电记录，以备用作与本次放电记录做比较；③对将做放电测试的电池组充足电，以便能测试出真实的容量；④对另一组电池也充足电，使供电系统在放电测试期间能保证供电不间断。

(1) 离线测试

当负载较小时，可用假负载作离线放电测试，假负载为可变电阻器。测试步骤为：

① 将电池组脱离供电系统，并将假负载串联到蓄电池组的两端；

② 用 10h 率电流对负载放电，定时测量每一电池电压；

③ 核对性放电的放电量控制在 30%～40%C_{10}，容量测试的放电量控制在 80%C_{10}；

④ 由于蓄电池组中可能存在落后电池，所以在放电过程中要认真监测蓄电池电压，特别要注意电压下降快的电池，当有一只电池的电压降到终止电压 1.8V/只时，应立即停止放电，并找出落后电池；

⑤ 根据放电电流和放电时间计算出电池组的容量，并换算成 25℃时的容量；

⑥ 放电后应及时对电池组充电，并处理好落后电池，不能恢复者作更换处理。

离线测试具有如下特点：①电池组需脱离系统，如果市电突然停电，则可能会造成系统瘫痪；容易因工作失误造成电池过度放电；②工作量大；③需用高频开关电源（整流器）离线均充二十多小时，易造成某些电池过充；④需消耗大量电能，并产生大量热量。

(2) 在线测试

当负载较大时，可以采用在线测试法进行放电测试。在线测试不必将蓄电池组脱离系统，只需将开关电源（整流设备）关闭，让蓄电池组直接对实际系统进行放电即可。在放电过程中人工测量记录电池的端电压，当某一单体达到或接近终止电压时，恢复市电，并将该单体电池确定为落后电池，其容量作为电池组的容量。

与离线测试不同的是，放电电流不一定是 10h 率的电流，而是由负载大小来决定的。放电终止电压的大小应根据负载电流的范围来确定。

与离线测试相比，在线测试具有劳动强度较小、操作简单、节省电能等优点。但同样存在如下问题：

① 需人工进行蓄电池电压测量，两次测量的间隔期可能存在某些单体电池过度放电的可能性（可装上集中监控系统解决这个问题）；

② 如果在放电期间发生停电，则有可能使系统瘫痪，所以为了系统的安全，可只放电 20%左右，而失效电池在放电深度 20%的情况下不一定能检测出来；

③ 由于放电电流不能恒定，测得的容量不够准确。

(3) 在线测试落后电池

在线和离线的对蓄电池组的全放电容量测试，都对系统的安全存在威胁。在线测试落后电池是一种新的蓄电池维护技术，即用专用的设备对电池组的在线放电情况进行监测，找出落后电池，然后用单体电池容量测试设备对落后电池进行容量检测和恢复处理，用该落后电池的容量作为整个蓄电池组的容量。具体步骤如下：

① 关断开关电源→利用电池监测设备对蓄电池组进行 5～10min 的在线放电监测→找出落后电池，如图 7-54 所示；

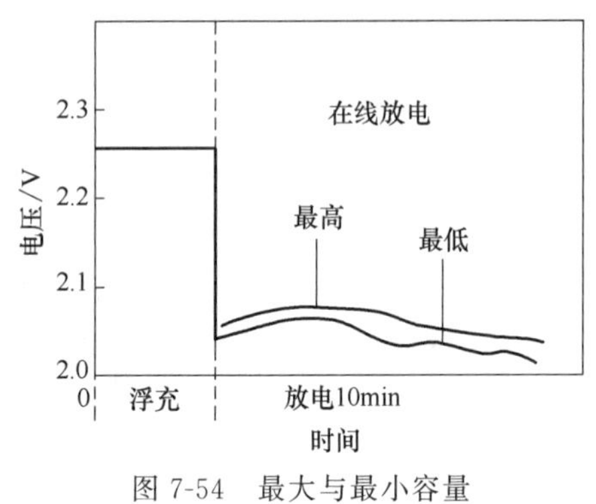

图 7-54　最大与最小容量电池端电压变化曲线

② 开启高频开关电源→用单体电池容量测试设备（可充电和放电的设备）对落后电池做在线容量试验（先用 10h 率电流放电至 1.8V，再用 20h 率电流充电），整个过程自动完成→实验结束时，落后电池恢复原有状态；

③ 若落后电池容量仍然偏低，可利用单体电池容量测试设备对其进行在线小电流的反复充放电，恢复其容量；

④ 当电池要报废时，可利用单体电池容量测试设备对单一落后电池进行在线容量试验，所得结果作为报废依据，不需对整组放电，从而减少工作量。

在线测试落后电池具有如下优点：电池组不需要脱离系统，操作安全可靠，降低系统瘫痪的风险；不需要使用庞大的试验设备，人工调整假负载电流以及测试记录各项数据资料等；只需对落后电池作深放电，不需对整组电池深放电（其放出的电能很小，大约为整组充放电的 1/24），以免降低其使用寿命；可在测试容量的同时，将落后电池恢复正常；在有集中监控系统的通信局（站）更显其优越性，而且还可以提高维护工作效率，节省电能。

但这种方法不能全放电，因此存在如下问题：一是有可能发现不了真正的落后电池，因为在放电早期电压较低的电池不一定在放电后期也表现为电压偏低；二是不能使被确定为落后电池以外的其他大部分电池得到放电活化，因为放电过程可以使电极上已发生硫化的活性物质得到恢复。

习题与思考题

1. 写出下列铅酸蓄电池型号的含义：GF-100、6-Q-120、3-QA-60、GM-500、2-N-360、T-450、6-D-75、3-M-12、3-MA-75。

2. 铅酸蓄电池由哪几部分组成？各部分的作用是什么？

3. 写出铅酸蓄电池的电化学表达式、铅酸蓄电池的充放电反应以及充电后期分解水的反应，并根据上述反应说明电池在充放电过程中会发生哪些现象？

4. 铅酸蓄电池的欧姆内阻是由哪几部分组成的？在充放电过程中它们是如何变化的？

5. 什么叫充电率和放电率？请将表 7-22 中的充放电率用另一种表示方式表示出来：

表 7-22　小时率与倍率之间的换算表

小时率	5h		20h		0.5h	
倍率		2C		0.1C		5C

6. 铅酸蓄电池的标准充放电率是多少？充、放电率对铅酸蓄电池的端电压有何影响？

7. 普通铅酸蓄电池的充、放电终止标志各是什么？为什么不同的放电率要规定不同的放电终止电压？

8. 铅酸蓄电池的理论容量、额定容量和实际容量之间的关系是什么？电解液的密度和温度对铅酸蓄电池的容量有什么影响？为什么大电流放电时，铅酸蓄电池的容量要减小？

9. 一块 3-Q-120 蓄电池，设其额定容量只有理论容量的 50%，求该蓄电池的正、负极板上共需活性物质多少克（三只单体电池的所有极板）？

10. 额定容量为 150A·h 的蓄电池，在 15℃时，用 4h 率电流进行放电，能放电多少小时？当温度为 10℃，改用 5h 率放电，能放出多少容量？能放电多少小时？

11. 某负载要求蓄电池在 25℃时，能用 60A 的电流连续放电 5h，问选择多大的额定容量才合适？

12. 影响铅酸蓄电池自放电的因素有哪些？简述减少铅酸蓄电池自放电的措施。

13. 影响铅酸蓄电池的寿命有哪些？如何延长铅酸蓄电池的使用寿命？

14. 什么叫恒流充电和恒压充电？它们各有什么特点？画出它们的充电曲线并说出它们的充电终止标志。

15. 什么叫两阶段恒流充电法和限流恒压充电法？画出它们的充电曲线示意图。

16. 什么叫快速充电？简述快速充电的原理。

17. 什么叫全浮充运行方式？简述其特点。

18. 什么叫浮充电流？浮充电流的作用是什么？影响浮充电流的因素有哪些？

19. 什么是浮充电压？为何 GF 型电池和 VRLA 蓄电池的浮充电压的范围各不相同？

20. 阀控式密封铅酸蓄电池的结构特点有哪些？

21. 说出阀控式密封铅酸蓄电池的密封原理，并写出有关的氧复合循环反应。

22. 什么叫氧复合效率？充电电流对氧复合效率有什么影响？

23. 说出阀控式密封铅酸蓄电池的自放电小于普通铅酸蓄电池的自放电的原因。

24. 温度对阀控式密封铅酸蓄电池的浮充电流有什么影响？为什么温度变化必须对阀控式密封铅酸蓄电池的浮充电压进行调节？如何调节？

25. 为什么新的阀控式密封铅酸蓄电池组在浮充时会出现浮充电压不均衡的现象？通常要经过多长时间的浮充才能逐渐消除这种不均衡现象？

26. 阀控式密封铅酸蓄电池的失效模式有哪几种？引起这些失效模式的使用因素和结构因素分别有哪些？各种失效模式之间的联系是怎样的？

27. 如何区别阀控式密封铅酸蓄电池的硫化和短路故障？处理硫化故障的方法有哪些？

28. 如何处理阀控式密封铅酸蓄电池的失水故障？为什么失水一定伴随有硫化？

29. 什么叫反极？引起反极的原因是什么？铅酸蓄电池反极后有什么现象？

30. 如何对阀控式密封铅酸蓄电池进行补充电和正常充电？

31. 在哪些情况下必须对阀控式密封铅酸蓄电池进行均衡充电？简述其步骤。

32. 请比较阀控式密封铅酸蓄电池和防酸隔爆式铅酸蓄电池之间的差异。

33. 请说出阀控式密封铅酸蓄电池的日常维护的要点。搁置不用的阀控式密封铅酸蓄电池的维护方法是什么？

34. 对电池进行容量测试的意义是什么？请说出在线测试落后电池的方法。

第8章

防雷接地系统

在实际运行中，通信供电系统经常会受到过电压的干扰。过电压（over voltage）是指在电气设备上或线路上出现的超过正常工作要求的电压，按产生的原因不同，过电压可分为内部过电压（internal over voltage）和雷电过电压（lightning over voltage）两大类。

内部过电压是由于电源系统中的开关操作、出现故障或其他原因，使电源系统的工作状态突然改变，从而在其过渡过程中出现因电磁能在系统内部发生振荡而引起过电压。实际运行经验表明，由于激发内部过电压的能量来自系统本身，因此内部过电压大小一般不会超过系统正常工作电压的 4 倍，对电气设备或线路的绝缘威胁不是很大。

雷电过电压又称大气过电压或外部过电压，它是由于电源系统内的设备或构筑物遭受来自大气中的雷击或雷电感应而引起的过电压。雷电过电压产生雷电冲击波，其电压和电流幅值远远超过了系统正常工作的电压电流范围，对电源系统的威胁极大，必须采取有效措施加以抑制。

8.1 防雷理论基础

我国的雷电区高发区位于南方诸省，尤以两广、两湖最为突出。对通信局（站）而言，以微波站、卫星地球站等为代表，以及进出局站的架空线路等部分最容易遭受雷电的侵害。

8.1.1 雷电及其参数

雷电产生的机理比较复杂，目前普遍认为是地面湿度很大的气体受热上升，与冷空气相调形成积云，并在运动中积聚了大量的电荷。当不同电荷的积云靠近时，或带电积云对大地因静电感应而产生异性电荷时，宇宙间将发生巨大的电脉冲放电，这种自然现象就是雷电。

大多数雷电放电发生在云间或云内，只有小部分是对地发生的。在对地的雷电放电中，雷电的极性是指雷云下行到地的电荷的极性。根据放电电荷量进行的多次统计，90%左右的雷是负极性的。

(1) 雷暴日

为了表征雷电活动的频率，采用年平均雷暴日作为计算单位。无论一天内听到几次雷声，只要有一次，该天就记为一个雷暴日，一天有多次，仍记为一个雷暴日。雷暴日数与纬度有关，在炎热潮湿的赤道附近雷暴日数最多，两极最少。

我国疆域广阔，雷电活动情况复杂。在防雷设计时，要根据电源系统所在地域雷暴日的多少因地制宜，选择科学的防雷配置方案。

(2) 雷电流波形

大量观测结果表明，雷电流具有单极性的脉冲波形。1975 年，瑞士 Berger 等测量到的负雷电流波形如图 8-1 所示，其前沿呈拱形。此后，世界各国科学工作者对于雷电流波形的实测付出了大量的劳动，但得到的结果大致相似。

为便于分析，通常把图 8-1 中波形用逼近法加以修正，并取正值，则可以得到图 8-2 所示典型的负雷电流波形曲线。

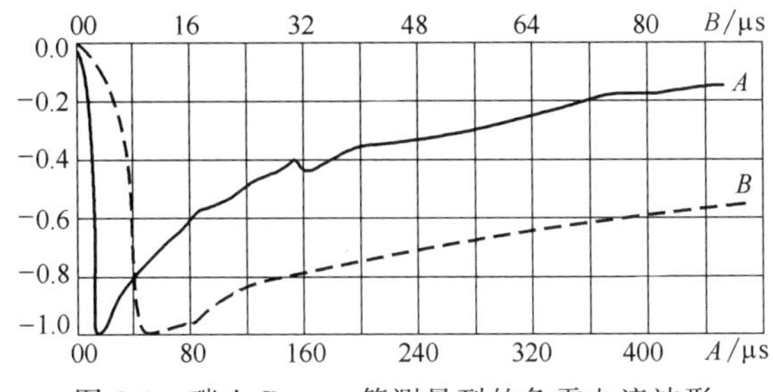

图 8-1 瑞士 Berger 等测量到的负雷电流波形

A—完整的纪录波形；B—放大了的波前沿

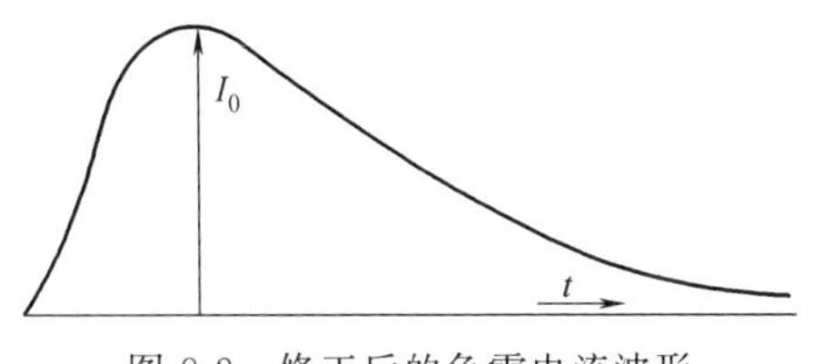

图 8-2 修正后的负雷电流波形

可以看出，雷电流以近似指数函数上升至峰值，然后又以近似指数函数下降，这种雷电流波形称为双指数函数波形。

为了分析和计算防雷保护设施，国际电工委员会（IEC）制订了不同类型的标准模拟雷电冲击电压和电流波。图 8-3 所示为模拟雷电冲击电压波，图中视在原点 O 是指通过波前曲线上 A 点（电压峰值的 30％处）和 B 点（电压峰值的 90％处）作一直线与横轴相交之点。波前时间 T_1 指由视在原点 O 到 D 点（等于 $1.677T$ 处）的时间间隔。半峰值时间 T_2 指由视在原点 O 到电压峰值，然后再下降到峰值一半处的时间间隔。

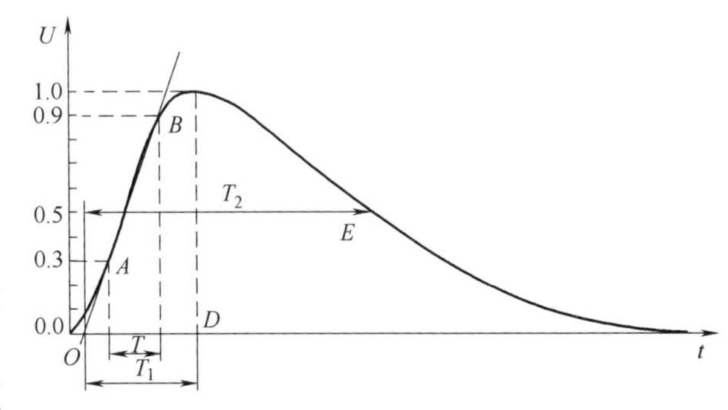

图 8-3 模拟雷电冲击电压波

例如对 1.2/50μs 模拟雷电冲击电压波，表示其波前时间 $T_1=1.2\mu s \pm 0.36\mu s$，半峰值时间 $T_2=50\mu s \pm 10\mu s$。

模拟雷电冲击电流波的波形如图 8-4 所示。图中视在原点 O 是指通过波前曲线上 C 点（电流峰值的 10％处）和 B 点（电流峰值的 90％处）作一直线与横轴相交之点。波前时间 T_1 指由视在原点 O 到 E 点（等于 $1.25T$ 处）的时间间隔。半峰值时间 T_2 指由视在原点 O_1 到电流峰值，然后下降到峰值一半的时间间隔。

例如对 8/20μs 模拟雷电冲击电流波，表示其波前时间 $T_1=8\mu s \pm 1.6\mu s$，半峰值时间 $T_2=20\mu s \pm 4\mu s$。

为了定量分析，我们常将雷电流、雷电过电压波形用解析式来表达。在防雷设计和保护装置试验规范中，常用雷电流和雷电过电压标准波形的等值表达式有双指数函数波形和幂指数函数波形等。

雷电流双指数函数波形相当于由两个衰减不同的指数函数叠加而成，如图 8-5 所示，其等值表达式为：

$$i(t)=AI_m(e^{-\alpha t}-e^{-\beta t})$$

式中，常数 A、α 和 β 由雷电流波形数据拟合确定。

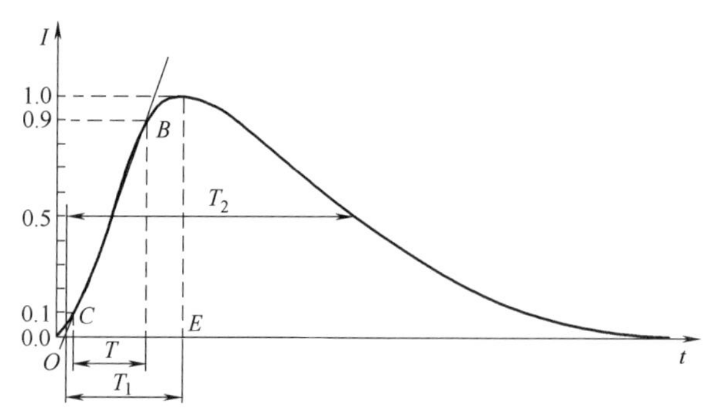

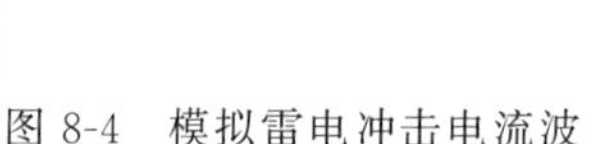

图 8-4　模拟雷电冲击电流波

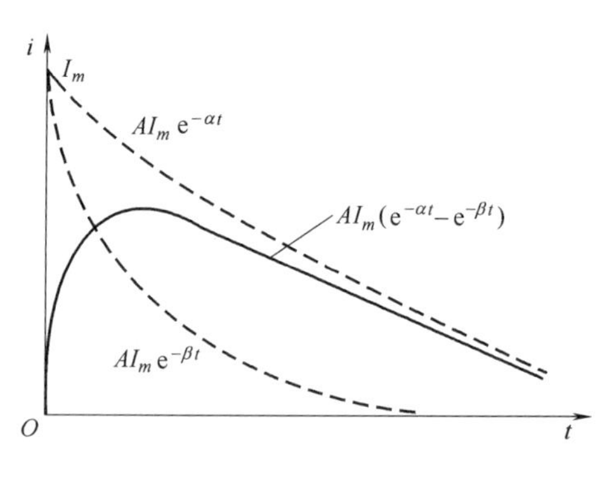

图 8-5　双指数等值波形

对 10/350μs 雷电流波形，其拟合系数 $A=1.025$，$\alpha=2.05\times10^{-3}\mu s^{-1}$，$\beta=0.564\mu s^{-1}$。标准 1.2/50μs 模拟雷电冲击电压波的双指数等值表达式：

$$u(t)=AU_{\mathrm{m}}(1-\mathrm{e}^{-\frac{t}{\tau_1}})\mathrm{e}^{-\frac{t}{\tau_2}} \tag{8-1}$$

拟合系数 $A=1.037$，$\tau_1=0.4074\mu s$，$\tau_2=68.22\mu s$。

另一雷电过电压脉冲 10/1000μs 波形，是通信线路上常出现的雷电暂态过电压，这种脉冲波形也可用式（8-1）来等值表示，其拟合系数为：$A=1.019$，$\tau_1=3.827\mu s$，$\tau_2=1404\mu s$。

对标准 8/20μs 模拟雷击冲击电流波而言，因用双指数等值形式表示比较困难，通常采用幂指数等值波形来表示，其拟合表达式为：

$$i(t)=AI_{\mathrm{m}}t^3\mathrm{e}^{-\frac{t}{\tau}}$$

其拟合系数 $A=0.01243$，$\tau=3.911\mu s$。

(3) 雷电波频谱分析

对雷电流和雷电过电压波形的时域表达式进行傅里叶变换，可获得它的频谱函数。在频谱函数表达式中代入各常数的值，并取各频谱函数模的分贝数（dB）作伯德图，可得如图 8-6 所示的雷电波幅频特性图。显然，各幅频特性曲线均在达到一定频率后开始向下转折并出现明显的衰减，当然就不同的波形而言，相应的转折频率及衰减的速度是不同的。

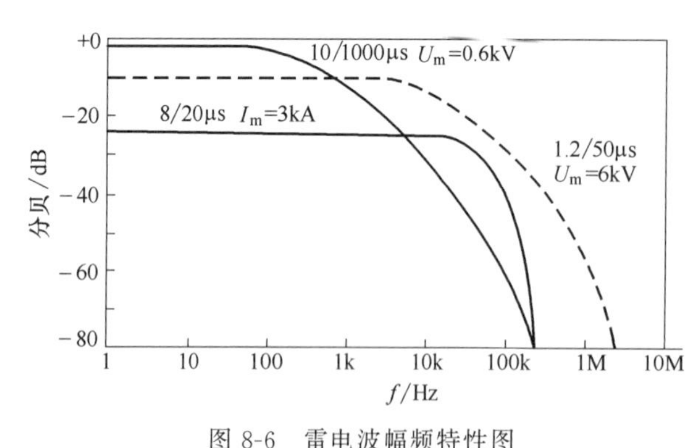

图 8-6　雷电波幅频特性图

从雷电波频谱结构可以获悉雷电波电压、电流的能量在各频段的分布，根据这些数据可以估算某一频带范围内雷电冲击的幅度和能量大小，进而确定适当的避雷措施。由于 90% 以上的雷电能量都分布在十几千赫兹频率范围以内，因此对于通信网络，只要防止这个频段范围内的雷电能量侵入，就可以把 90% 的能量抑制住。换句话说，仅用一个高通滤波器就可实现对雷害侵袭的有效抑制。

8.1.2 雷电主要危害

直击雷在放电瞬间浪涌电流高达 1～100kA，其上升时间不到 1μs，其瞬间释放的能量巨大，可导致建筑物损坏和通信中断，并可能危及人身安全，其危害相当大。

直击雷危害性虽然很大，但因设备或系统遭受直击雷击的概率和范围较小，故直击雷害在雷害事故中的比重并不大，危害更大的是直击雷导致的感应雷和雷电波。感应雷有静电感应和电磁感应两种表现形式：

静电感应：当带电雷云出现在导线上空时，由于静电感应，导线上会聚集大量的异性电荷。一旦雷云对目标放电，雷云中的负电荷便迅速释放，此时导线上的大量正电荷依然存在，也会沿导体流动寻找释放通道，并以雷电波的形式沿着导线经设备入地，导致设备损坏。

电磁感应：在雷云放电时，由于它的频率高、强度大，迅速变化的雷电流在其周围产生强大的瞬变电磁场，在附近的导体上便会激发很高的感生电动势，与导体相连的设备便可能被感应出的高压击穿损坏。

由于感应雷可以通过电力电缆、通信电缆、天馈线乃至空间耦合的方式侵入通信电源系统，造成的危害十分突出（按原邮电部的统计约占整个雷击事故的 80%），通信电源系统防雷的重点就是有效抑制感应雷。

8.1.3 传统防雷装置

随着电子技术的发展，通信设备或通信电源设备承受雷击过电压或线路浪涌的能力反而在下降。通信局（站）电源系统的防雷保护除了按设计规范采用避雷针、设置地电网、埋设接地装置外，还应当在合适的地点装设空气间隙放电装置和高低压阀型避雷器。上述传统防雷装置和措施在新型防雷器件不断涌现的今天仍然不可或缺。

8.1.3.1 避雷针

避雷针（lightning rod）是专门用来接受雷击（雷闪）的金属杆。一般用镀锌圆钢（针长 1～2m，直径不小于 16mm）或镀锌焊接钢管（针长 1～2m，内径不小于 25mm）制成。它通常安装在支柱或构架、建筑物上，其下端经引下线与接地装置焊接。

（1）工作机理

避雷针的功能实质上是引雷作用，它能对雷电场产生一个附加电场（这一附加电场是由于雷云对避雷针产生静电感应所引起），使雷电场发生畸变，从而将雷云放电的通路，由原来可能向被保护对象发展的方向吸引到避雷针本身，然后经与避雷针相连的引下线和接地装置将雷电流泄放到大地中去，使被保护物体免遭直接雷击。从这个意义上讲，避雷针实际上就是一引雷针。

（2）保护范围

避雷针的保护范围以其能防护直接雷的空间来表示，按 GB 50057《建筑物防雷设计规范》规定采用“滚球法”来确定。

所谓“滚球法”就是选择一个半径为 h_r（滚球半径）的球体，沿着需要防护直击雷的部位滚动；如果球体只触及避雷针或避雷针与地面，而不触及需要保护的部位，则该部位就在避雷针的保护范围之内。单只避雷针的保护范围如图 8-7 所示，按 GB 50057 的规定应按下列方法确定：

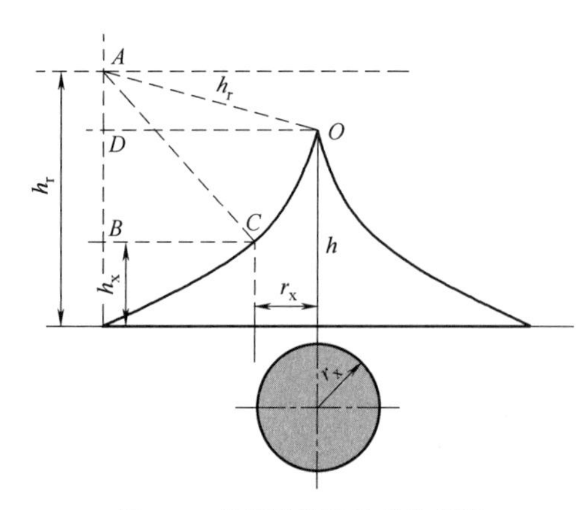

图 8-7　单只避雷针的保护范围

① 当避雷针高度 $h \leqslant h_r$ 时：距地面 h_r 处作一平行于地面的平行线。以避雷针的针尖为圆心，h_r 为半径，作弧线交于平行线的 A、B 两点。以 A、B 为圆心，h_r 为半径作弧线，该弧线与针尖相交，并与地面相切，由此弧线起到地面止的整个锥形空间就是避雷针的保护范围。显然，避雷针在被保护物高度为 h_x 的平面上的保护半径可按下式计算：

$$r_x=\sqrt{h(2h_r-h)}-\sqrt{h_x(2h_r-h_x)}$$

式中，h_r 为滚球半径，按被保护对象的防雷等级布置由表 8-1 确定。

表 8-1　按建筑物的防雷类别布置接闪器及其滚球半径

建筑物的防雷类别	避雷网尺寸/m×m	滚球半径/m
第一类防雷建筑物	5×5	30
第二类防雷建筑物	10×10	45
第三类防雷建筑物	20×20	60

② 当避雷针的高度 $h>h_r$ 时：在避雷针上取高度 h_r 的一点来代替避雷针的针尖作为圆心，其余的作法如 $h \leqslant h_r$ 的作法，此时相当于 $h=h_r$ 时的保护范围：

$$r_x=h_r-\sqrt{h_x(2h_r-h_x)}$$

两只或多只避雷针保护范围的确定，在 GB 50057 中也给出了相应的计算方法。

需要说明的是，所谓避雷针的保护范围是根据室内人工雷电冲击电压下的模拟实验研究确定的，被保护物体在此空间内不致遭受直接雷击的概率为 99.9%（即屏蔽失效率或绕击率为 0.1%），所以保护范围并不是绝对的。这一结论已经为多年的运行实践所检验。

(3) 其他接闪器

事实上，类似于避雷针这样起直接承受雷击作用的避雷装置还包括架空地线（overhead grounding wire）、避雷带（lightning conductor）和避雷网（lightning net）等。

架空地线一般用截面大于 $25mm^2$ 的镀锌钢绞线，架设在架空线路上空，以保护架空线路或其他物体免遭直接雷击，它又称架空地线。架空地线的保护功能和原理与避雷针基本相同，它可以看作是避雷针接闪点沿保护方向上线的延伸。其保护范围的确定与避雷针相似，需要时可参看有关标准或设计手册。

避雷带和避雷网普遍用来保护高层建筑物免遭直击雷和感应雷作用。

避雷带一般采用直径不小于 8mm 的圆钢或截面不小于 $48mm^2$、厚度不小于 4mm 的扁钢，沿屋顶四周的女儿墙或屋脊、屋檐上装设，高出安装面 100～150mm，支持卡间距离 1～1.5m。由于它的接闪面积大，接闪设备附近空间电场强度相对比较强，更容易吸引雷电先导，使附近尤其比它低的物体遭受雷击的概率大大减少。

避雷网则除沿屋顶周围装设外，屋顶上面还用圆钢或扁钢纵横相连构成网状。暗装的避雷网是利用建（构）筑物钢筋混凝土结构中的钢筋网进行雷电防护，只要每层楼楼板内的钢筋与梁、柱、墙内的钢筋有可靠的电气连接，并与层台和地桩形成可靠的暗网，则这种方法要比其他防护设施更为有效。无论是明装还是安装，避雷网网格越密，避雷的效果越好。

避雷针、架空地线、避雷网、避雷带都用于直击雷防护，统称为接闪器，所有接闪器都必须经过接地引下线与接地装置可靠相连。引下线的作用是将接闪器接闪的雷电流安全地导引入地，数量不得少于两根，应沿建筑物四周对称均匀布置，并与各层均压环焊接。对于框架结构的建筑物，宜利用建筑物内的钢筋作为防雷引下线，这种方式不但提高了防雷装置的可靠性，更重要的是其分流作用可大大降低每根引下线的沿线压降，大大减少了侧击的危险。

8.1.3.2 避雷器

避雷器（surge arrester）是用来抑制雷电产生的过电压波沿线路侵入变配电站或其他建筑物内危及被保护设备的绝缘。避雷器的保护原理与避雷针不同，它实质上是一种放电器，通常并联在被保护设备的电源侧，如图 8-8 所示。一旦沿线路侵入的雷电过电压波作用在避雷器上，并超过其放电电压值，则避雷器立刻先行放电，限制雷电过电压的发展，从而保护了与其并联电气设备的绝缘免遭过压击穿。

通信电源系统中应用较为广泛的避雷器，主要有保护间隙、管式避雷器和阀式避雷器等几种类型。

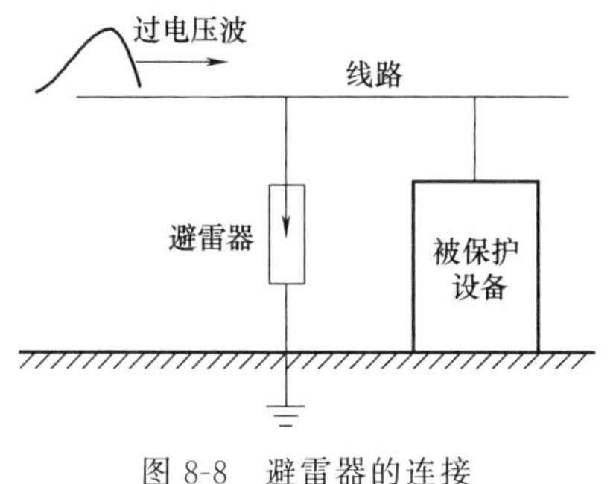

图 8-8　避雷器的连接

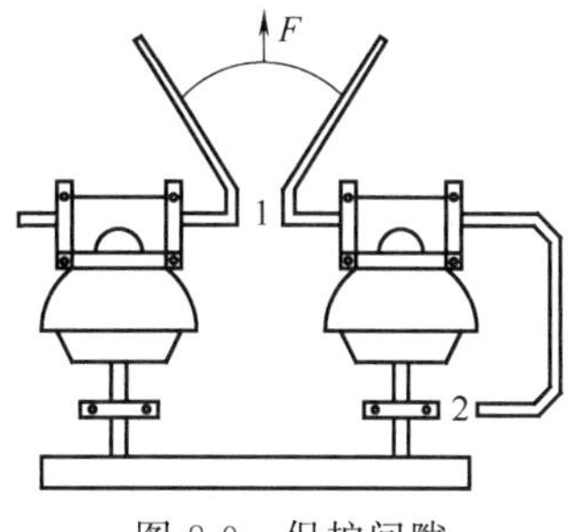

图 8-9　保护间隙

1—主间隙；2—辅助间隙

(1) 保护间隙

保护间隙（protective gap）又称为角式避雷器，是一种最简单的限制过电压的设备，其结构如图 8-9 所示。它由主间隙 1 和辅助间隙 2 串联而成，辅助间隙是为了防止主间隙被外物（如金属导线、鸟、树枝等）意外短接造成相线接地或短路故障而设置的，主间隙的两个电极做成羊角形，可使避雷器动作时的电弧电流在自身电动力和上升热气流的作用下，向上运动并被拉长，进而自然熄灭。

保护间隙简单经济，维护方便，但保护性能差，灭弧能力弱，多用于负荷次要的室外线路上。此外，因其容易造成接地或短路故障，引起线路开关跳闸或熔断器熔断，因此对采用保护间隙的线路，一般要求装设自动重合闸装置（Automatic Reclosing Equipment，ARE）与之配合，以提高供电可靠性。

(2) 排气式避雷器

排气式避雷器（expulsion type arrester），通称管型避雷器，它是在保护间隙的基础上加以改进发展而成的，其原理结构如图 8-10 所示，由产气管、内部间隙和外部间隙三部分组成。产气管是用遇热容易气化的纤维、塑料或特种橡胶等有机材料制成的，内部间隙装在产气管内，一个电极为棒形，另一个电极为环形。

当线路上遭到雷击或感应雷时，过电压使避雷器的外部间隙和内部间隙被击穿，强大的雷电流经 S_2→环状电极 1→S_1→棒状电极 2→接地装置入地。冲击电流过后又有系统工频续流通过，其值也很大。雷电流和工频续流在管子内部间隙发生强烈电弧，电弧的高温使管子内壁材料气化产生大量气体，致使产气管内部压力高达数十个甚至上百个大气压。这些高压

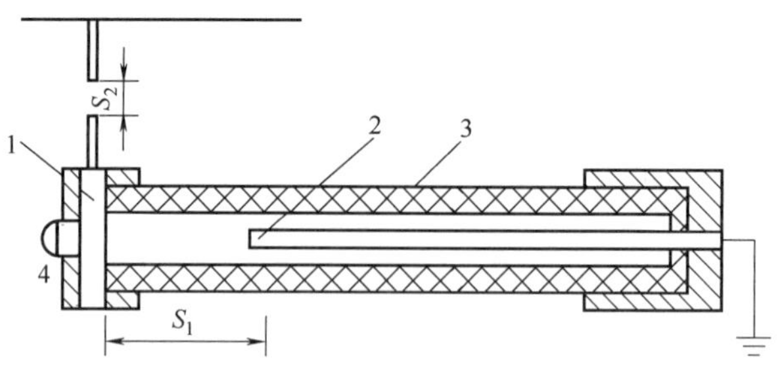

图 8-10 排气式避雷器

1—外部环状电极；2—内部棒状电极；3—产气管；4—动作指示器；
S_1—内部间隙；S_2—外部间隙

气体从环状电极 1 端部的管口喷出时形成强烈的纵向吹弧效应，使工频续流电弧在第一次过零时即可熄灭，全部灭弧时间至多 0.01s。与此同时，动作指示器 4 从环状电极端部孔口中弹出，标志避雷器已经动作。外部间隙 S_2 的作用是保证在线路正常运行时，避雷器与电网隔离，以免产气管材料加速老化及在外套管表面受潮时发生沿面的闪络放电。

排气式避雷器具有简单经济、动作时残压小的突出优点，但动作时有气体吹出，因此只能用于室外线路，变配电站内部防雷一般采用阀式避雷器。

(3) 阀式避雷器

阀式避雷器（valve type arrester）又称阀型避雷器，由火花间隙和阀片组成，装在密封磁套管内。火花间隙用铜片冲制而成，每对间隙用厚 0.5～1.0mm 的云母片隔开，如图 8-11（a）所示。正常情况下，火花间隙阻止线路工频电流接地，但在雷电过电压作用下，火花间隙将被击穿放电。阀片是用碳化硅（SiC）加黏合剂（如水玻璃）在 300～350℃ 的温度下烧结成圆饼形的电阻片，如图 8-11（b）所示。这种阀片具有非线性伏安特性，正常工作电压时阀片电阻很大，承受过电压作用时阀片电阻将变得很小，如图 8-11（c）所示。因此在线路上出现过电压时，并联阀型避雷器火花间隙被击穿，雷电流通过阀片顺畅地向大地泄放。冲击电流过后随之而来的是工频续流，此时阀片承受的是线路正常电压，阀片恢复高阻状态，从而可限制工频续流的增长，并利用火花间隙绝缘的恢复迅速切断工频续流，保证线路恢复正常运行。

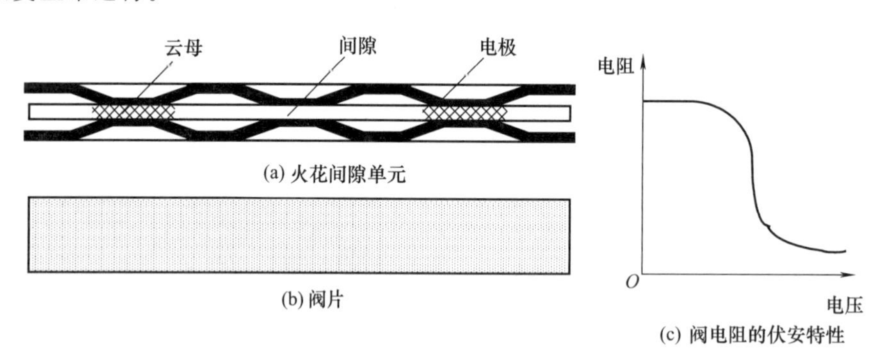

图 8-11 阀式避雷器的组成部件及特性

由于阀片自身阻抗的存在，雷电流流过时要形成压降，这就是阀式避雷器动作的残压。显然，残压大小不能超过被保护设备绝缘允许的耐压值，否则设备绝缘仍要被击穿。

阀式避雷器中火花间隙的多少是与工作电压高低成正比的。高压阀式避雷器串联的火花间隙单元多，目的是将长弧分割成多段短弧，以加速电弧的熄灭，当然阀片的限流作用还是

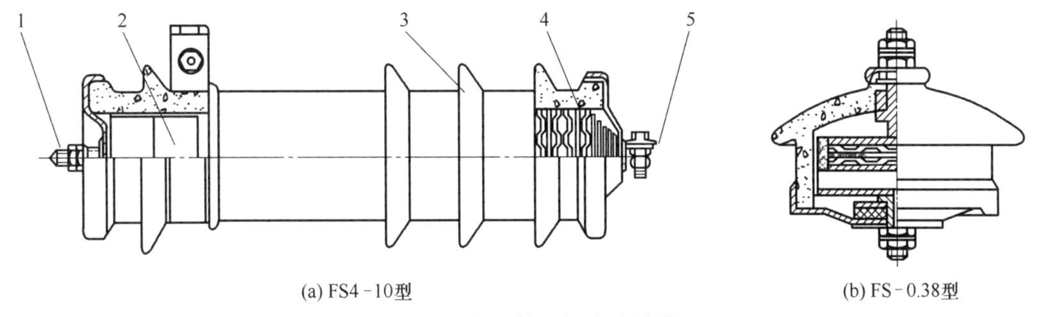

图 8-12　高、低压阀式避雷器

1—下接线端；2—阀片；3—瓷套管；4—云母片和火花间隙；5—上接线端

熄弧的主要因素。图 8-12（a）和图 8-12（b）分别是 FS4-10 型高压阀式避雷器和 FS-0.38 型低压阀式避雷器的结构示意图。

8.1.3.3　消雷器

消雷器是一种新型的主动抗雷的防雷设备，它由离子化装置、地电吸收装置和连接线组成，其主要利用金属针状电极的尖端放电原理工作。当雷云出现在被保护物上方时，将在被保护物周围大地中感应出大量的与雷云带电极性相反的异性电荷，地电吸收装置将这些异性感应电荷收集起来，通过连接线引向针状电极（离子化装置），通过尖端放电发射出去，向雷云方向运动以中和其所带电荷，使雷电场减弱，从而将可能的雷害抑制在萌芽状态。

我国许多砖石古塔，虽历经千年沧桑但雄姿依存，很重要的一个原因就在于其塔间层层飞檐的尖端放电作用（类似于消雷器）能有效防御雷害对塔身的侵袭。

8.1.4　新型防雷器件

近年来防雷厂家先后推出了许多新型防雷器件，如放电间隙、压敏电阻、气体放电管、瞬变电压抑制二极管等，这些器件统称为电涌保护器（Surge Protective Device，SPD），它主要用于抑制经线路传导侵入的过电压和过电流。

放电间隙、压敏电阻电涌保护器也称为避雷器，并联在被保护设备前端。正常时对地呈现高阻状态，设备工作不受影响。当线路遭受雷击作用时，SPD 因承受强大雷电流浪涌能量而放电，对地呈低阻抗状态，并迅速将外来冲击过量能量全部或部分泄放掉。通常其响应时间极快，瞬间又可恢复到平时的高阻状态。

(1) 氧化锌压敏电阻避雷器

氧化锌压敏电阻（Metal Oxide Varistor）是通信电源设备主要采用的避雷器，这种避雷器以氧化锌（ZnO）为主要原料，并掺入适量的氧化铋（Bi_2O_3）、氧化钴（CoO）、氧化锰（MnO）等微量混合物，在高温下烧结成型的多晶半导体陶瓷元件。这种陶瓷元件和以 SiC 为主体的阀片在微观结构上有较大的差异，如图 8-13 所示。

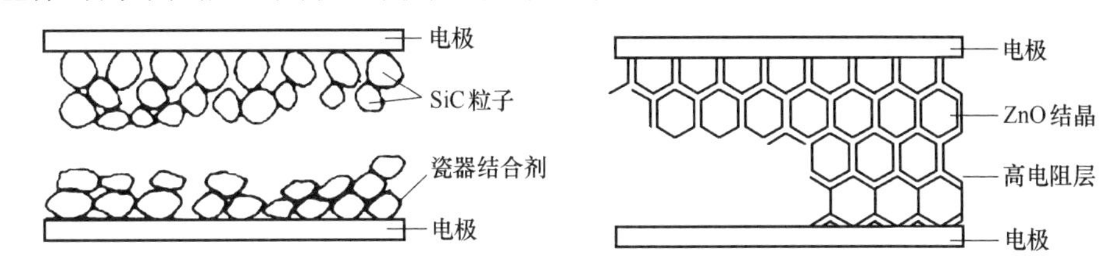

图 8-13　SiC 和 ZnO 元件的结构

ZnO陶瓷由规则的ZnO晶粒及晶粒边界物质（以Bi_2O_3为主的高电阻层）组成，其中ZnO晶粒中掺有施主杂质而呈N型半导体，晶界物质中含有大量金属氧化物形成大量界面态，这样每一微观单元是一个背靠背肖特基势垒，整个陶瓷就是由许多背靠背肖特基势垒层串并联的组合体。

因为各层相互接触，故通过相邻的薄接合层所产生的电压-电流特性，呈接近齐纳二极管特性的元件。但与齐纳二极管不同的是电压-电流特性是正负区对称的，放电容量大，可通过适当地选择元件厚度（即邻界层的串联数）自由地选择放电开始电压。氧化锌压敏电阻具有理想的电压-电流特性，当放电在开始电压以下时曲线极陡，几乎没有电流产生，表现出与绝缘物相似的性质，因此不需要串联间隙就可得到一个接近理想避雷器的特性。在浪涌电压作用下，放电延迟小，响应特性优良。

压敏电阻的规格以压敏电压值和耐流能力表示，其主要的技术参数有：

① 压敏电压（U_{1mA}）：指通流电流为1mA以下的电压。不同规格的压敏电阻其压敏电压范围变化较宽，一般在2V～10kV之间。

② 通流容量：是指对可提供短路电流波形（如8/20μs模拟冲击电流波）的冲击发生器，测量所允许通过的最大电流值。不同规格的压敏电阻其通流容量范围很大，通常为0.1～10kA之间。

③ 残压比：浪涌电流通过压敏电阻时所产生的压降称为残压。残压比是指通流100A时的残压与压敏电压的比值，即U_{100A}/U_{1mA}，亦有取为U_{3kA}/U_{1mA}比值的。前者比值应小于1.8～2，后者比值应小于3～5。

压敏电阻的响应时间为纳秒级，其应用范围比较广泛，但存在残压比高、有漏电流、易老化的缺点。

(2) 气体放电管

气体放电管（gas discharge tube）是将放电间隙密封在充气管内，其外壳为陶瓷材料(老产品为玻璃)，内设二极、三极或五极放电电极。放电管的击穿电压与管内气体压力、电极距离和材料组合有关。

当放电管两极之间施加一定电压时，电极间产生电场，在此电场作用下，管内气体开始游离；当外加电压增大到使极间场强超过气体的绝缘强度时，两极间的间隙将被击穿放电，由原来的绝缘状态转化为导电状态。导通后，放电管两极之间的电压维持在放电弧道所决定的残压水平，一般较低，从而使与放电管并联的电子设备免受过电压损坏。

气体放电管的点火放电特性，犹如在线路上接入了一个电子开关。线路上的过电压冲击，直接控制着这种开关的通断，从而起到限制过电压的作用，如工作机理如图8-14所示。

气体放电管工作中无漏电流，不易老化，但残压比较高，且响应时间缓慢。

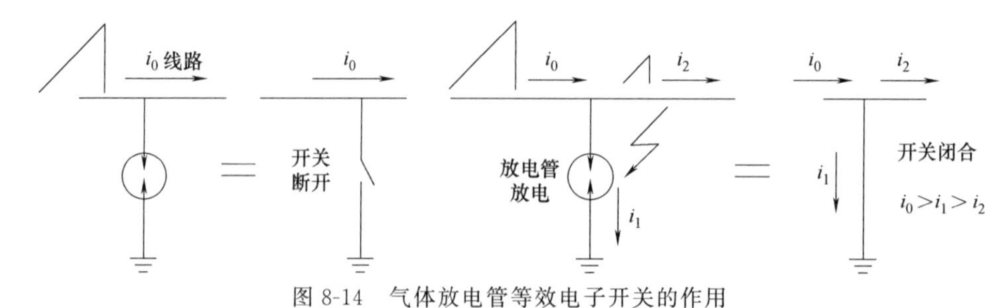

图8-14　气体放电管等效电子开关的作用

(3) 瞬变电压抑制二极管

瞬变抑制二极管（Transient Voltage Suppressors，TVS）有单极性和双极性之分，它是在稳压二极管的基础上发展起来的，所以也是反向使用，其反向恢复时间极短。

与普通的齐纳二极管或雪崩二极管相比，TVS具有更为优越的保护性能，主要表现在：

① 具有较大的结面积，通流能力较强；

② 响应时间极短，小于 1×10^{-12}s；

③ 管体内装有用特殊材料（钼或钨）制成的散热片，散热条件较好，有利于管子吸收较大的暂态功率；

④ 有单极性和双极性之分。双极性TVS相当于两只稳压管反向串联，在型号中以数字单元后带的C字母表示。

需指出的是，由于暂态抑制二极管的结面积增大了，管子的寄生电容也就相应增大，通常在5000～10000pF之间，这样大的寄生电容使得TVS不能用于频率较高的电子系统保护，实际运用中可将它与普通二极管（寄生电容约为50pF）串联使用。

(4) 防雷器组件

在电源设备或系统的防雷配置中，SPD往往以防雷器组件的形式出现，如图8-15所示。防雷器的关键器件为压敏电阻，辅助元件有热冲击熔丝、过热断路装置和遥信接点。三相电源线及中性线源头跨接三相防雷器，每相防雷器模块可将雷击浪涌电流经冲击熔丝、热断路装置、压敏电阻，分路至接地网络。三相电源线至防雷器的线路，或防雷器至接地网络的线路，导线的总长度均应小于0.5m，以降低防雷器动作时连接线上的压降。某系列防雷器内部结构及典型配线如图8-16所示。

图8-15 某系列防雷器组件

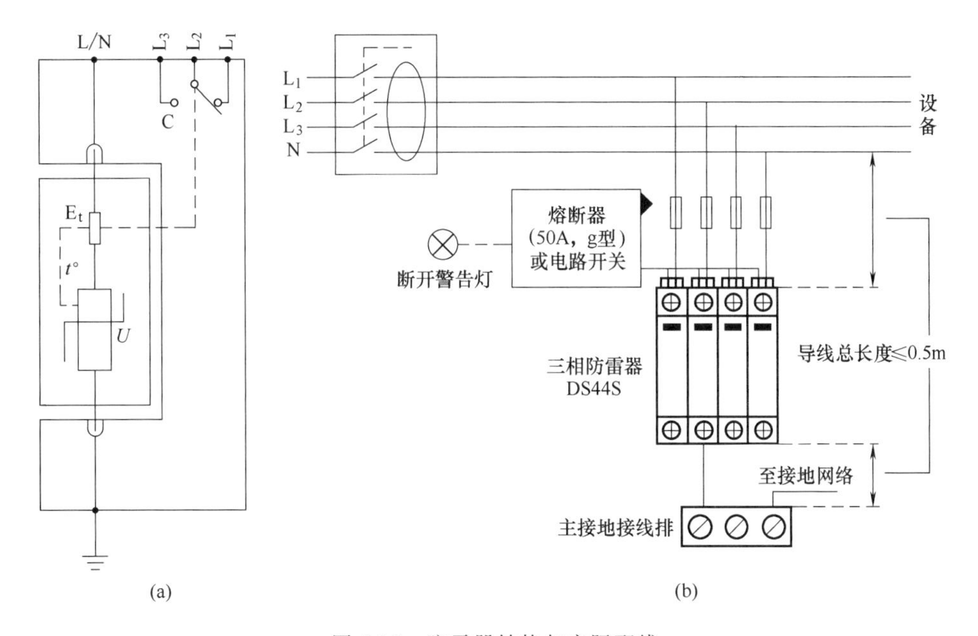

图8-16 防雷器结构与实际配线

深圳鑫鹏展实业公司与美国ECS公司合作，引进开发了SineTamer系列浪涌保护器，产品具有以下特点：

① 全模（10模）保护，阻断浪涌所有可能的侵入通道，如图8-17所示。

② 专利的正弦波 ORN 跟踪技术，具备精确消除浪涌、谐波功能。

传统浪涌保护产品是采用上下夹钳式阈值滤波，当电压达到规定阈值时压敏电阻对地导通，从而达到泄放电流的目的，如图 8-18 所示。

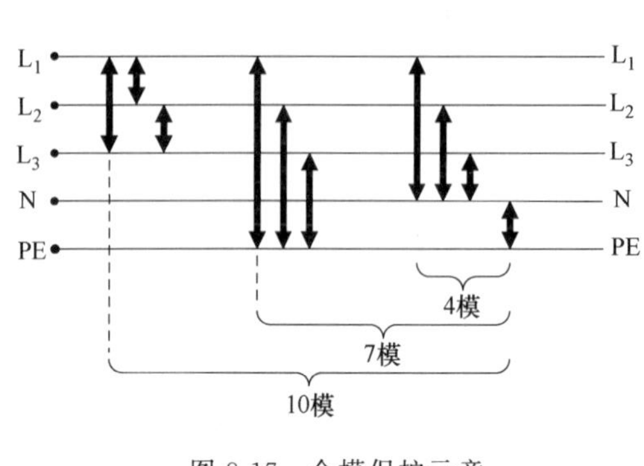

图 8-17　全模保护示意

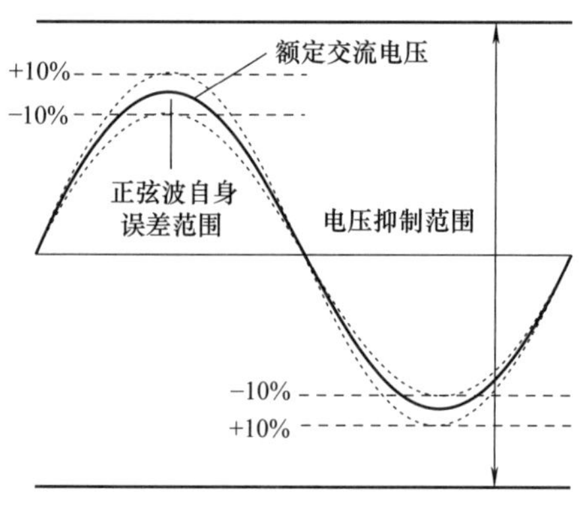

图 8-18　传统上下夹钳式阈值滤波

SineTamer 产品采用专利技术增强型 ORN 正弦波跟踪滤波，按一定的正弦波正负偏移百分比，跟踪消除浪涌“赃电”，净化用电环境，如图 8-19 所示。

③ 多级防护机制，残压极低。

对最大通流量 40kA 的防雷产品，国标残压值为 1800V。SineTamer 产品在 8/20μs 模拟雷电测试环境下，充电电压 24.9kV，电流峰值 47.8kA，残压峰值 551V，远小于国内产品标准。

④ 混合多元化模块，热、电双保险熔断电容设计，如图 8-20 所示。

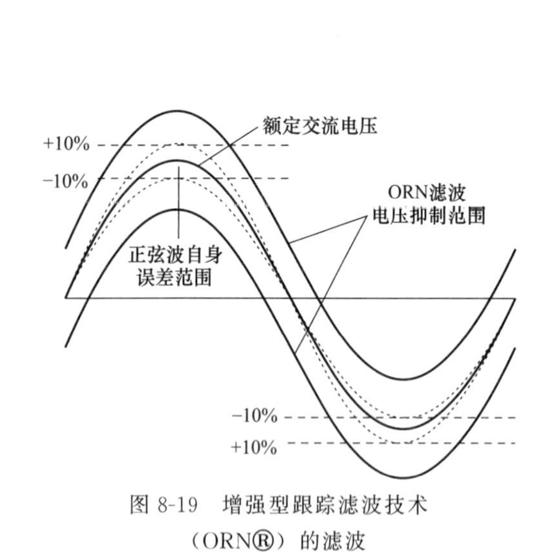

图 8-19　增强型跟踪滤波技术（ORN®）的滤波

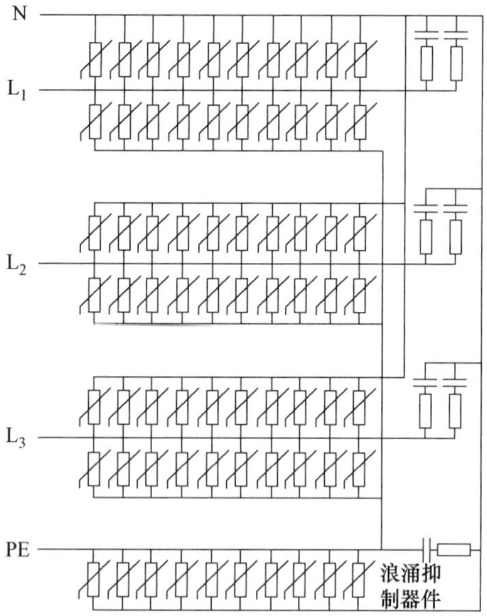

图 8-20　SineTamer 多模多元件混合矩阵保护

⑤ 独特的化学封装专利技术，保障器件持久的可靠性能。

SineTamer 模块在 500V 电压测试中，3min 30s 后经过化学封装保护的 MOV 温度一直保持在 105℃。这种特殊化学封装能迅速吸收浪涌过程中产生的热量，可确保器件不因热量累积而导致热崩溃，乃至发生爆炸危险。

8.1.5 防雷基本原则

为了有效抑制雷害侵袭，通信局（站）电源系统的防雷保护应坚持如下基本原则：

（1）系统保护原则

将通信电源系统的防雷纳入通信局（站）的整体防雷系统进行考虑，同时防护应该针对整体进行，而不应该只考虑局部情况。通信电源系统的防雷包括外部防雷系统和内部防雷系统两个部分，它们是一个有机的整体。外部防雷主要是指防直击雷，它由接闪器、引下线和接地装置组成。而内部防雷则包括防雷电感应、防反击、防雷电波侵入，它是指除了外部防雷系统外的所有附加措施。两者相辅相成，缺一不可，如图 8-21 所示。

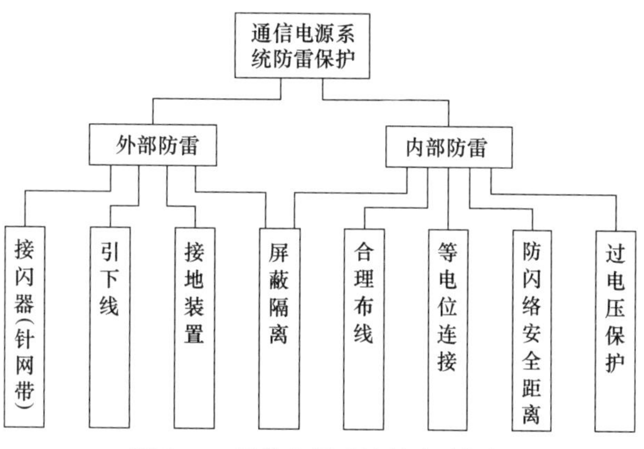

图 8-21 通信电源系统的防雷保护

（2）重视接地系统的建设和维护

做好通信局（站）防雷保护，首先要做好整个台站的接地系统。防雷接地是供电系统重要组成部分，做好接地系统，才能让雷电流尽快泄入大地，避免危及人身和设备安全。

通信局（站）建筑物的屋顶，要设置避雷针和避雷带等接闪器，这些接闪器的接地引下线应与建筑物外墙上下钢筋和柱子钢筋等结构相连接，再接到建筑物地下钢筋混凝土基础上组成一个接地网。接地网与建筑物外的接地装置，如变压器、发电机组、微波铁塔等接地装置相连接，组成通信设备的工作接地、保护接地、防雷接地合用的联合接地系统。

对已建成的通信局（站），应加强对联合接地系统的维护工作，定期检查焊接和螺栓紧固处是否完好，建筑物和铁塔的引下线是否受到锈蚀，以免影响防雷动作时的泄流作用。同时还应根据有关规定，定期对局（站）架空地线和接地电阻进行检查和测量。

（3）充分运用系统等电位原理

通信局（站）通常采用联合接地，把建筑物钢框架与内部钢筋互连，并与联合地线焊接成法拉第“鼠笼罩”状的封闭体，封闭导体表面电位的变化形成等位面（其内部场强为零）。这样在接地网泄放雷电流时，各层接地点电位同时进行升高或降低的变化，不会产生层间电位差，避免了内部电磁场强度的变化，工作人员和设备安全将得到较好的保障。法拉第“鼠笼罩”如图 8-22 所示。

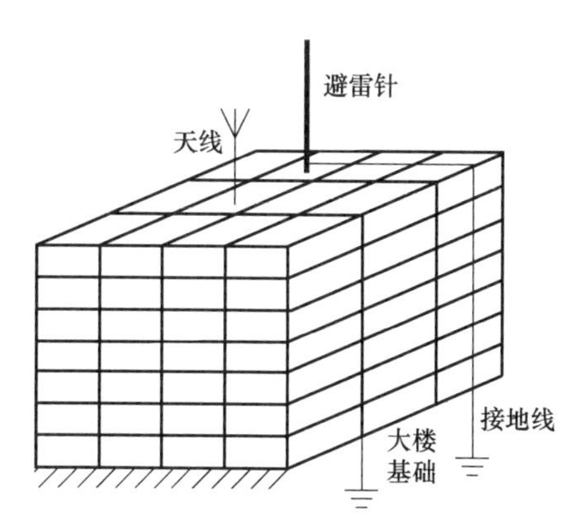

图 8-22 通信大楼的法拉第“鼠笼罩”

（4）采用分区保护

根据 GB 50343—2012《建筑物电子信息系统防雷技术规范》，应将需要保护的空间划分为不同的防雷区（LPZ），以确定各部分空间不同的雷电电磁脉冲（LEMP）的严重程度和相应的防护对策。防雷区划分一般原则如图 8-23 所示。

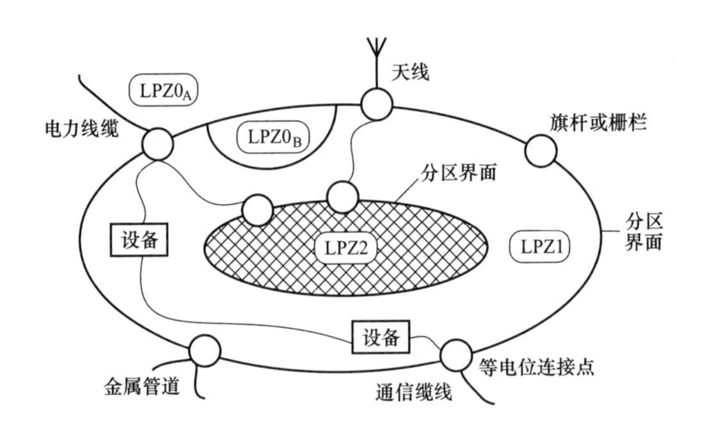

图 8-23　将一个需要保护的空间划分为不同防雷区（LPZ）

各区以其交界处的电磁环境有明显改变作为划分不同防雷区的特征。

一个被保护的区域，从电磁兼容的观点来看，由外到内可分为不同级别的保护区域，最外层是 0 级，可能遭受直接雷击，危险性最高，越往里，则危险程度越低。雷电过电压主要是沿各类管线窜入的，保护区的交界面通过外部防雷系统、钢筋混凝土及金属罩等构成的屏蔽层而形成，电气通道以及金属管道等则经过这些交界面。

将一建筑物划分为几个防雷区和作符合要求的等电位连接的示例如图 8-24 所示。

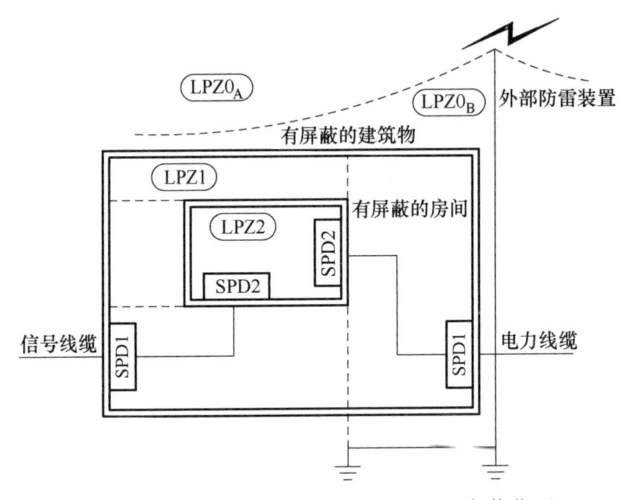

图 8-24　某建筑保护分区划分和 SPD 安装位置

我国通信行业标准 YD/T 944—2007《通信电源设备的防雷技术要求和测试方法》中明确规定，与户外低压电力线相连接的电源设备入口处应符合冲击电流波（模拟冲击电流波形为 8/20μs）幅值≥20kA 的防雷要求，这实际上是给出了在防直接雷区 $LPZ0_A$ 进入防间接雷区 $LPZ0_B$ 时的要求。

(5) 加装电涌保护器，采用多级保护

除分区原则外，防雷保护也要考虑多级保护。因为在雷击设备时，设备第一级保护元件动作之后，进入设备内部的过电压幅值仍相当高，只有采用多级保护，把外来的过电压抑制到电压很低的水平，才能确保设备内部集成电路等敏感组件的安全。如果设备的耐压水平较高，可使用两级保护；但当设备可靠性要求很高、电路组件又极为脆弱时，则应采用三级或四级保护。

一般把限幅电压高、耐流能力大的保护元件，如放电管等避雷器件放在线路的外围，而把限幅电压低、耐流能力弱的保护元件，如半导体避雷器等放在内部电路的保护上。

根据GB/T 16935.1—2008《低压系统内设备的绝缘配合　第1部分：原理、要求和试验》，我国通信行业标准对变压器、220/380V供电线路、进出通信局（站）的金属体和通信局（站）机房等的雷害防护，分A、B、C、D等多级来实现，如图8-25所示。A级保护指变电站处的保护，B级保护指建筑物主配盘处的保护，C级保护指建筑物内分配电盘处的保护，D级保护指末端的负载保护。若不按这些规定采取相应的A级和B级防雷措施，变压器高压侧避雷器的残压将直接加到后级电源防雷器上，这是非常危险的。

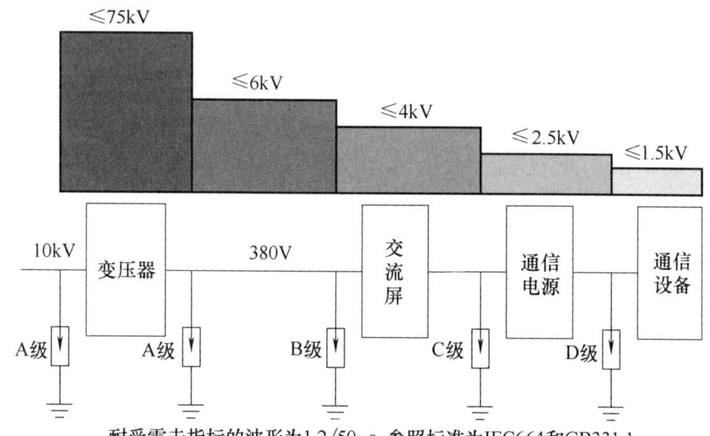

图8-25　通信电源动系统的分级防雷

8.2 通信局（站）的接地

接地系统是通信电源系统的重要组成部分，它不仅直接影响到系统的正常运行和通信的质量，对保护人身和设备安全也具有十分重要的作用。

接地是指把电气设备的某部分或金属部件与大地作良好的电气连接。在实际的通信工程中，交流供电系统、直流供电系统以及建筑物防雷系统等都有接地要求，各种接地按其系统功能不同可分为工作接地、保护接地、防雷接地和测量接地等。

为了防止建筑物或通信设施受到直击雷、感应雷和沿管线侵入的雷电波高电位等引起的破坏性后果，而采取把雷电流安全向大地泄放的接地称为防雷接地。有关建筑物和通信线路设施的防雷接地，应遵照相关专业的规定设计施工。

为了测量台站接地系统的接地电阻，在通信工程设计中，通常还设置有固定的接地体和接地引入线，用作测试时仪表的辅助接地极，这是测量接地。

下面我们重点对工作接地、保护接地的性质和功能进行详细的分析，其中保护接地将根据其实现的方式结合低压配电系统的类型进行讨论。

8.2.1 接地的主要类型

8.2.1.1 直流工作接地

直流工作接地也称为通信功能接地。

(1) 直流工作接地的类型和作用

① 蓄电池组一极接地，其作用是为了取得一个公共的基准“零电位”，以减少电路间的

耦合，降低干扰影响。在话音通信回路中，还可以减少由于电话线路对地绝缘不良时，通过大地回流至电池接地电极的一部分泄漏话音电流，从而降低串话电平。通常，通信蓄电池组采用正极接地，能有效减轻电蚀对设备电气部件的危害。

② 各通信设备的金属机架、机壳和走线架，直流配电屏、直流变换设备和铃流发生器的金属机架、机壳，室内、外通信电缆和配线的金属屏蔽层等的接地，其作用是减少电磁场的干扰影响和减少电路间的耦合。

③ 各通信设备保安器、避雷器的接地，其作用是保护人身及设备的安全，避免遭受雷电和高压电的危害。

④ 各种引入架、试验架、测量台及需要测试接地点的接地，其作用是为了减少外界电磁干扰，提高测试的准确性。

(2) 蓄电池组一极接地对串话干扰的抑制

用户线路对地绝缘电阻的降低可能引起串话，因为一条线上有些话音电流可能通过周围区域找到一条通路而流到另一条线路上去，如图 8-26 所示，图中 i 为电流环路方向。

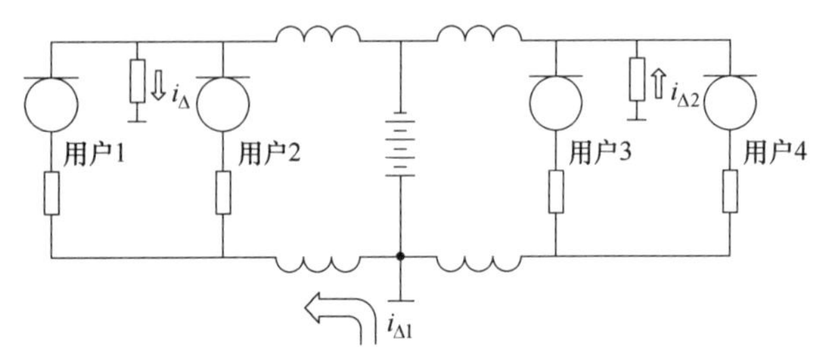

图 8-26　电话串话示意图

如将电池的一个电极接地，则部分泄漏的话音电流将通过土壤回流到电池的接地极，相当于降低了串音电平，降低程度取决于电池组接地的效果以及周围土壤的电阻率。

有关资料表明，如果电池组一个电极的接地电阻低于 20Ω，就有可能使串音保持在适当的限值以内。当然这一限值并不是普遍容许的数值，它随着不同的通信系统而变化，而且取决于线路的容量、绝缘标准等，也就是说可能存在着更严格的接地电阻要求。

(3) 蓄电池组正接地对电蚀作用的抑制

通信供电系统－48V 的蓄电池组多采用正极接地，其原因在于正接地可以减弱由于继电器或电缆金属外皮绝缘不良时产生的电蚀作用对继电器线圈或电缆金属外皮的损坏。

由于通信电源设备的零部件，如继电器和变压器的铁芯、电阻和电容等元器件的插板等，都是直接或经过绝缘封装后安装在金属板上再固定在金属机架上的，这些器件的铜导线直径都很细。由于空气中的潮气水雾等附在导线上，器件通电后会产生电解现象。当工作电源的负极接地时，由于机架已接地，机架就成了负极，正极导线的铜离子就要跑向负极的铁架，使铜线被慢慢地腐蚀，严重时将发生蚀断而引起故障。如把电源的正极接地，铁架成了正极，正极的铁离子便跑向铜线，从而保住铜线不被腐蚀，况且铁架体积质量都较大，对电蚀的反应不明显，不会在短期内招致可察觉的后果。同样的道理，蓄电池组的正极接地也可以使外线电缆的芯线在绝缘不良时免受电蚀作用的腐蚀。

图 8-27 表示蓄电池组不同电极接地时电蚀电流的不同流向。

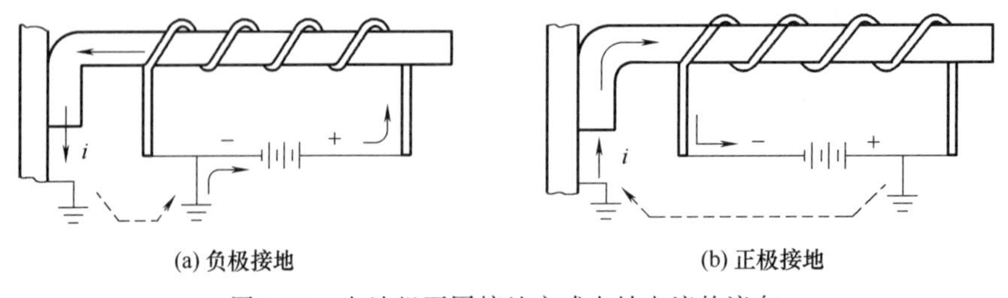

图 8-27　电池组不同接地方式电蚀电流的流向

8.2.1.2 交流工作接地

为保证交流供电系统或交流电力设备达到正常工作要求而进行的接地（如中性点接地等）称为交流工作接地。

按照电力系统规程规定，10kV级高压电力网应采用中性点非直接接地方式，故通信局（站）内装设的电力变压器高压侧中性点不需要接地；但在220/380V低压系统中，因系统接地方式不同，变压器低压侧中性点有直接接地和非直接接地两大运行方式。

8.2.1.3 保护接地

保护接地是指为了保障人身安全，防止间接触电而将设备外露可导电部分进行的接地（Protective Earthing，PE）。

保护接地的作用是防止人身和设备遭受危险电压的接触和破坏，以保护人身和设备的安全。保护接地有两种实现形式，一种是设备的外露可导电部分经各自的PE线分别接地；另一种是设备的外露可导电部分经公共的PE线或PEN线接地。

8.2.2 低压配电系统接地制式

在GB 50054—2011《低压配电设计规范》中，按照载流导体的配置和接地方法的不同将低压配电系统划分成TN、TT和IT等系统类型，TN系统又有TN-C、TN-S、TN-C-S三种形式。其中第一个字母表示电源侧（配电变压器或发电机）接地方式：T为法文Terre的首字母，表示直接接地；I为法文Isolant的首字母，表示不接地或通过大阻抗接地。第二个字母表示电气设备外露导电部分接地方式：T表示独立于电源接地点的直接接地；N为法文Neutre的首字母，表示直接与电源系统接地点或该点引出的导体相连接。后续字母表示中性线与保护线的组合情况：C是法文Combinaison的首字母，表示中性线与保护线合并为一根导体；S是法文Separateur的首字母，表示中性线与保护线分开为两根相互独立的导体。

上述不同结构形式的低压配电系统在系统发生单相接地故障时具有不同的电气特性。所谓接地故障是指电气回路中的带电导体，即相线和中性线（L线和N线）与大地、电气设备金属外壳以及各种接地的金属管道、结构之间的短路。它是单相对地短路，是电气系统最常见的一类故障，但其事故后果和防范措施与一般金属性短路故障不同。为便于区别，国际电工标准将它称作接地故障（Earth Fault）。

我们知道，金属性短路故障的短路电流大，系统通过常用的熔断器、断路器等过电流保护装置切断电源，从而防止了火灾的发生。比较而言，接地故障不仅发生的概率大，而且一旦发生接地故障，它还往往以持续的电弧性短路形态存在。电弧性短路的短路电流小，过电流型保护器往往不能及时切断电源，而电弧、电火花的局部温度可达千度以上，很容易使附近的可燃物起火，也就是说接地故障比一般短路更容易导致电气火灾。在实际工作中必须对系统的接地故障高度重视。

8.2.2.1 TN系统

在中性点直接接地系统中，电气设备在正常情况下不带电的金属外壳用保护线通过中性线与系统中性点相连接构成TN系统。

按照中性线与保护线的组合情况，TN系统分为以下三种形式：

(1) TN-C系统

整个系统中的中性线N与保护线PE是合二为一的（过去这种保护接地方式曾称为保护接零），如图8-28所示的PEN线。在TN-C系统中，由于电气设备的外壳接到保护中性线

N 上，当一相绝缘损坏与外壳相连，则由该相线、设备外壳、保护中性线形成闭合回路，回路电流一般来说是比较大的，从而引起保护电器动作，使故障设备脱离电源。

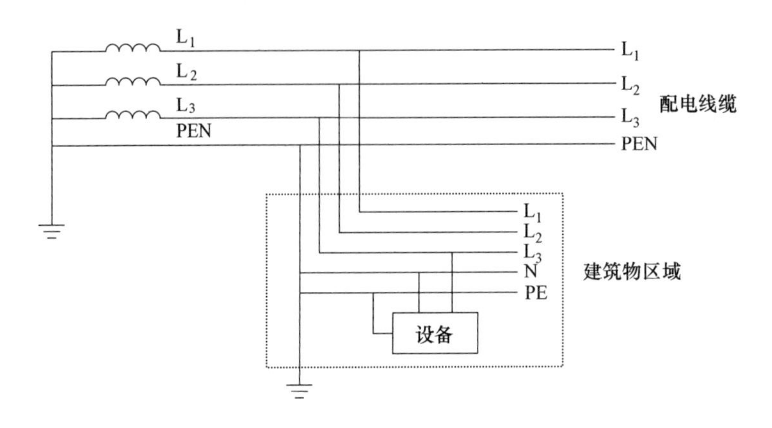

图 8-28　TN-C 系统

注：① 为简化起见，图中仅画出了单相设备，大多数情况下，上述低压配电系统的类型划分也适合于三相设备；

② 系统供电电源可以是变压器的次级绕组，也可以是发电机组线圈或不间断电源系统；

③ 上述两点说明也适用于后述类型低压配电系统介绍。

TN-C 系统由于是将保护线与中性线合二为一，故系统的建设成本低。但如果三相负荷不平衡（在我国的电网中常有这种情形发生）或系统单相负荷容量较大时，在 PEN 线上就会流过较大的电流。为解决这类问题，通常要求从电源端到设备端每隔 50m，将 PEN 线接地一次。如此一来，相应的安全措施比较复杂，如果实施不规范容易引发系统故障。通信大楼内部低压交流部分一般不使用 TN-C 系统的供电方式。

(2) TN-S 系统

TN-S 系统中中性线 N 与保护线 PE 是完全分开的，如图 8-29 所示，所有设备的外壳或其他外露可导电部分均与公共 PE 线相连。这种系统的优点在于公共 PE 线在正常情况下没有电流通过，因此不会对接在 PE 线上的其他设备产生电磁干扰，所以这种系统特别适合于为数据通信系统供电。此外，由于 N 线与 PE 线分开，因此即使 N 线断开也不会影响接在 PE 线上设备防间接触电的功能。

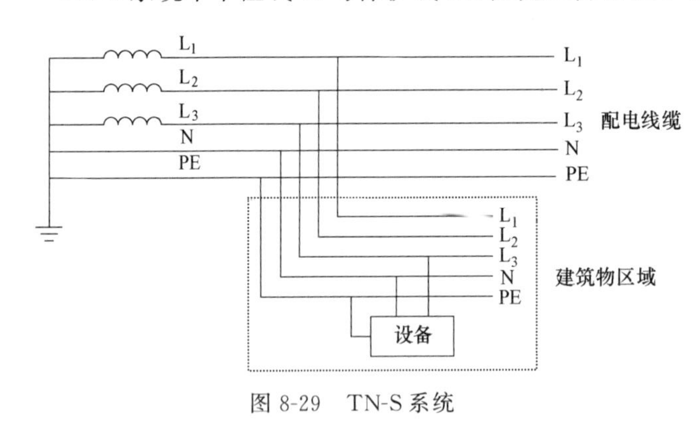

图 8-29　TN-S 系统

这种系统多用于供电环境条件较差、或对供电安全可靠性要求较高及设备对电磁干扰要求较严的场一些所。通信局（站）的低压配电多采用 TN-S 系统接线形式。

(3) TN-C-S 系统

这种系统前边为 TN-C 系统，后边为 TN-S 系统（或部分为 TN-S 系统），因此兼有 TN-C 系统和 TN-S 系统的特点，如图 8-30 所示。主要应用在用电量较小的建筑物或线路末端供电环境较差的场合。

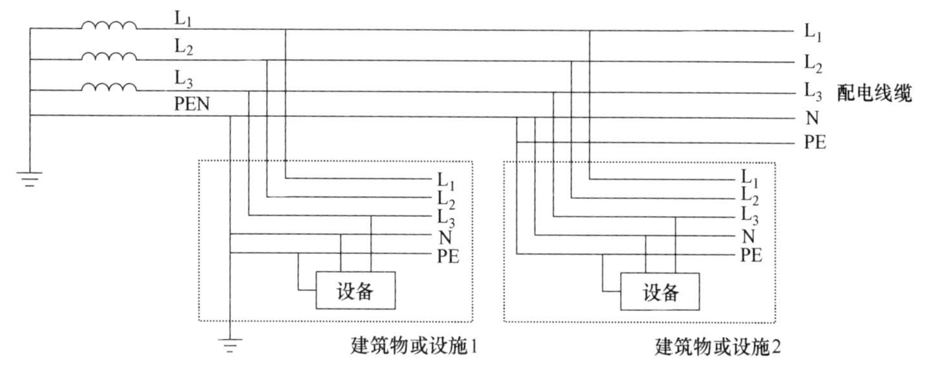

图 8-30　TN-C-S 系统

(4) TN 系统中的重复接地

在 TN 系统中，中性线断裂后对系统的安全运行影响很大，必须对中性线采用重复接地措施，以确保接地装置的可靠。

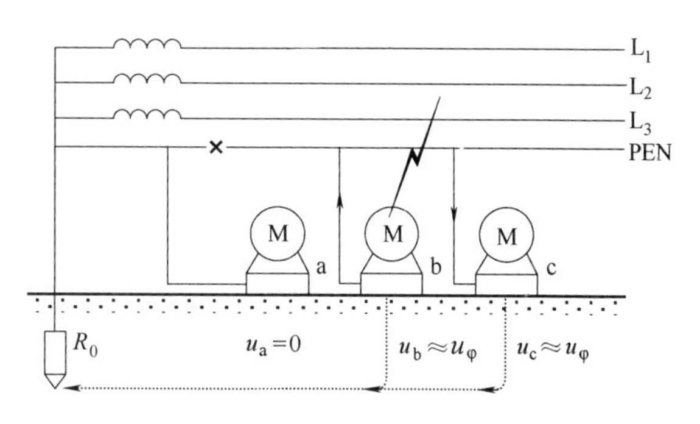

图 8-31　无重复接地时中性线断裂的情况

以 TN-C 系统为例，如图 8-31 如果保护中性线断裂，则在断裂点后的某一电气设备发生碰壳短路故障时，所有连于断裂点后中性线上的电气设备外壳均承受接近于相电压 u_φ 的电压，而断裂点前的电气设备 a 外壳电压为 $u_a \approx 0$。

如图 8-32 所示为有重复接地时中性线断裂的情况，如果发生 C 相碰壳，则断裂点前后的电压分别为：

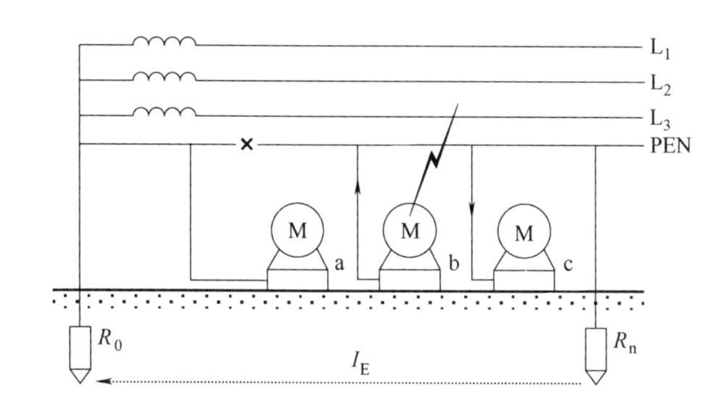

图 8-32　有重复接地时中性线断裂的情况

$$u_a = \frac{u_\varphi}{R_0 + R_n} R_0$$

$$u_b = u_c = \frac{u_\varphi}{R_0 + R_n} R_n$$

式中，R_n 为重复接地装置的电阻。如果 $R_0 = R_n$，则 $u_a = u_b = u_c = u_\varphi / 2$。

显然，中性线断裂故障的危害减轻了。事实上，即使在正常情况下中性线断线，也会引起个各相电压不均衡，负载大的相电压偏低，负载小的相电压偏高，从而易造成用电设备的损坏。因此在直接接地系统中，为了防止室外电力电缆和架空线在引入室内时，因零线（中性线）发生断线或接触不良等故障可能对故障点后的用电设备或人身安全造成的危害，在 GB 51348—2019《民用建筑电气设计标准》中规定："在中性点直接接地的低压电力网中，零线应在电源处接地。……电缆和架空线在引入车间或大型建筑物处零线应重复接地（但距接地点不超过 50m 者除外），或在屋内将零线与配电屏、控制屏的接地装置相连。"

按照以上规定，通信局（站）的变配电室和主楼距离如超过 50m 时应增设重复接地，并与主楼内交流配电屏零线相连，但重复接地不应与直流工作接地线直接连接。重复接地电阻一般规定为 10Ω。

在图 8-32 所示故障的计算中，由于重复接地时的接地电阻 R_n 一般来说要大于系统接地电阻 R_0，所以 $u_b=u_c>u_a$，即大于 $u_\varphi/2$，相对于安全电压而言，PEN 线断线点之后设备外壳上的压降还是太高了。因此应当看到，重复接地只是起平衡电位的辅助作用，中性线的断裂还是应当尽量避免的，更不能在其上装设熔丝等开关类电器，在工程施工中必须精心组织，注意维护。

8.2.2.2 TT 系统

在中性点接地系统中，将电气设备外壳，通过与系统接地无关的接地体直接接地，构成 TT 系统，如图 8-33 所示。

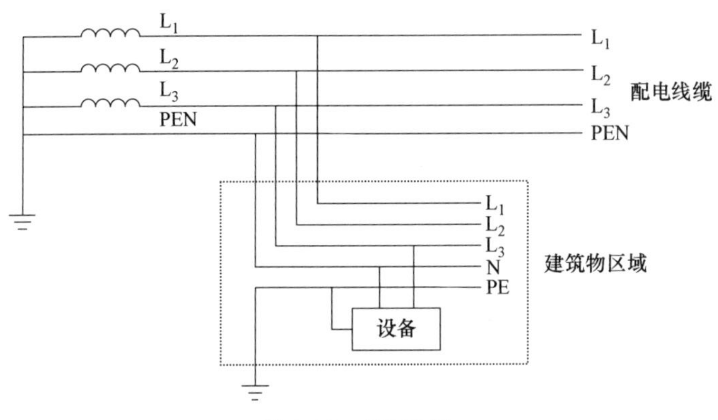

图 8-33 TT 系统

设备外露可导电部分直接接地后，当设备发生一相接地故障时，就可通过自身的保护接地装置形成单相接地短路电流，这一电流通常足以使故障设备电路中的过电流保护装置动作，迅速切除故障设备，从而大大减少了人体触电的危险。即使在故障未切除时人体触及故障设备的外露可导电部分，也由于人体电阻远大于保护接地电阻，因此通过人体的电流也是比较小的，对人体的危害相对也较轻。

但如果 TT 系统中的设备只是绝缘不良引起漏电时，则可能因漏电流较小，电路中的过电流保护装置不动作，从而使漏电设备外露可导电部分长期带电，这就增加了人体触电的危险。

在图 8-34 所示的 TT 系统中，如发生设备绝缘损坏，则设备外壳上的电压 $u_E=I_ER_E$，理论上只要限制接地装置接地电阻 R_E 的大小，就能够保证设备外壳上的接地电压 u_E 在安全电压范围内。

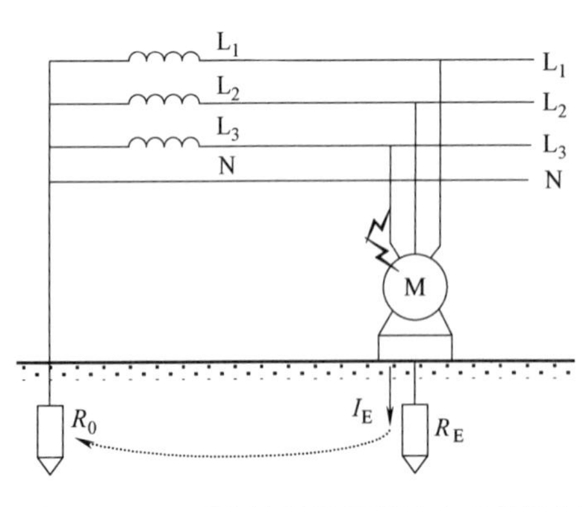

图 8-34 TT 系统接地装置接地电阻的限制

如设定 $u_E=50\text{V}$，则要求：

$$\frac{220}{R_0+R_E}R_E\leqslant 50$$

故：

$$\frac{R_0}{R_E}\geqslant\frac{220-50}{50}=3.4$$

式中 R_0——接地装置电阻；

R_E——电气设备外壳的直接接地体。

若取 $R_0=4\Omega$，则必须 $R_E\leqslant 1.18\Omega$ 时才能满足保护接地装置上的压降要求。

显然，要实现这样小的接地电阻代价是比较昂贵的，事实上，在土壤电阻率较高的地区这是根本无法达到的。而此时系统三相电压已严重不平衡，其他两相的对地电压为：

$$u'_{\varphi}=\sqrt{(220-50)^2+220^2-2\times220\times(220-50)\times\cos120^{\circ}}\approx50\text{V}$$

变压器低压侧中性点的对地电压为 $u_0=220\text{V}-50\text{V}=170\text{V}$，如果有人接触到与中性点连接的导线，显然也是不安全的。因此在中性点直接接地的低压供电系统中，一般较少采用 TT 系统。同时为了保障人身安全，TT 系统应考虑装设灵敏的触电保护装置，通常是加装漏电保护器，如图 8-35 所示。

但 TT 系统中电气设备金属外壳单独直接接地，正常工作时电位为零；发生故障时，对地故障电压影响面不会扩散，电磁干扰少。随着电子设备和数字处理系统的广泛应用，TT 制式的配电系统在这些场合将会越来越多地被采用。

需要注意的是，在中性点直接接地的低压电网中，同一台发电机、同一台变压器或同一段母线供电的线路，不应同时采取两种不同的保护接地方式。图 8-36 所示为某系统不合理的保护接地实现方式，图中电动机 a 通过公共保护线（PE 线）实现接地，而电动机 b 则通过自己独立的保护线实现接地。如果电动机 b 的中相发生碰壳接地故障，则如前文所述，凡是通过公共保护线实现接地的设备外壳（如没有任何故障的 a 电动机）都可能带上危险的电压（约一半的系统相电压），这是比较危险的。

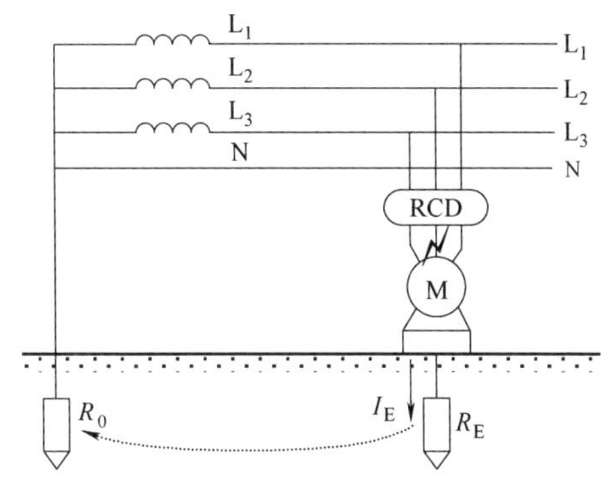

图 8-35 TT 系统装设 RCD 保护

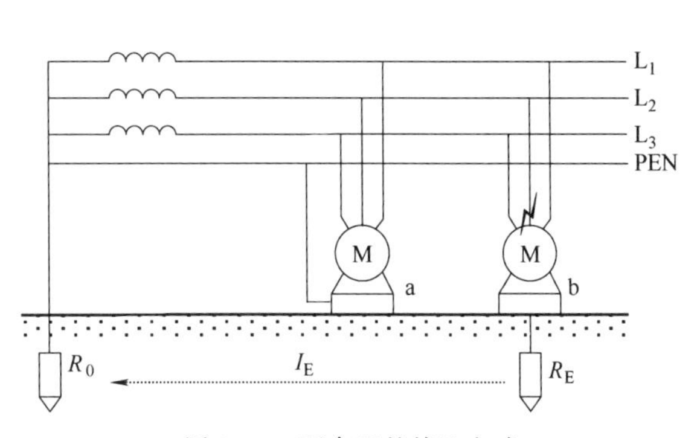

图 8-36 不合理的接地方式

8.2.2.3 IT 系统

IT 系统电源中性点通过阻抗或限压装置实现非直接接地，一般不引出中性线，电气设备在正常情况下不带电的金属部分通过独立的接地装置实现接地，如图 8-37 所示。

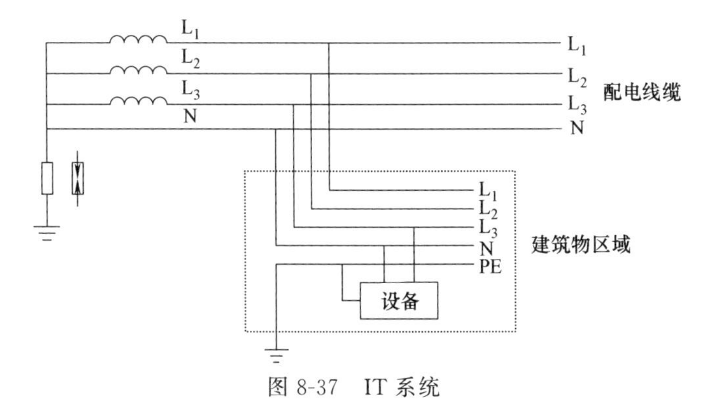

图 8-37 IT 系统

IT 系统发生单相接地故障时，短路电流很小（通常仅为线路的泄漏电流），过电流保护装置不会动作，供电系统还可以继续带故障运行一段时间。供电可靠性高是 IT 系统的一大优点，它适合于给连续工作制的用电设备供电。但 IT 系统通常应装设绝缘监测装置或采取单相接地保护措施，以确保当系统发生单相接地故障时，不至于转化为两相对地短路故障，避免事故进一步扩大。

8.2.3 通信局（站）接地系统

8.2.3.1 接地系统形式的演变

通信局（站）接地系统经历了分设到合设的形式演变。

接地系统的形式有分离接地和联合接地。

现在认为联合地网更经济有效，所以现在新建机房一般均采用联合接地方式。从技术角度看，分离地网在泄放雷电流时因接地线和接地电阻的不同，各接地系统会产生电位差，反而可能危害相互连接着的通信设备。联合地网通过合理的布置接地线可以实现通信设备间的等电位。

(1) 分设的接地系统

早期通信局（站）接地系统建设中采用分设地网，要求交流地、直流地、保护地、数据地、防雷地等都采用单独的接地装置。其目的是想避免各接地系统之间的干扰，确保通信质量。分设接地系统如图 8-38 所示。但分设地网要求的条件很苛刻，通常认为不同地网之间要相距 20m 以上才算是实现了分离。

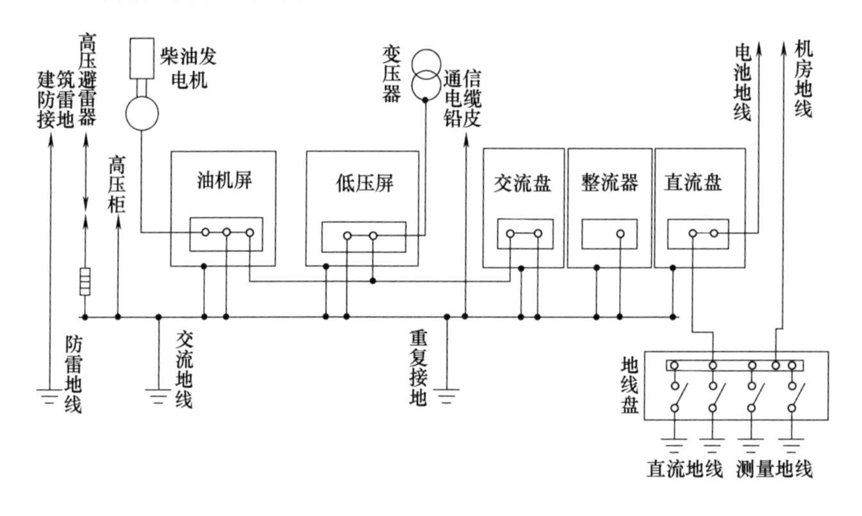

图 8-38 分设接地系统

但在实际施工运维中，按分离原则设计的分设接地系统往往存在下列问题：

① 很多通信设备的直流接地、交流保护接地和防雷接地事实上不可能完全分开；

② 交流电源设备外壳的交流保护接地线和直流接地线等，由于走线架、连接铅包电缆等因素，也难以真正分开；

③ 由于随机和无法控制的连接，以及地电流的多路径耦合，各种接地极常常是无法确保其电气上的真正分离的；

④ 由于不同接地极相连接的各部分导体之间有可能产生电位差，故分设接地系统有反击电压危害人身和设备安全的危险。

基于上述存在的问题，在通信局（站）接地系统工程的设计施工中，现在遵循更多的还是各种接地系统合设的原则。

(2) 合设的接地系统

根据通信电源系统防雷保护的要求，需要在受到雷击时使各种设备的外壳和管路形成一个等电位体，而且在设备结构上都把直流工作接地和通信天线防雷接地相连，进而把台站机房的工作接地、保护接地和防雷接地合并设置在一个接地系统上，形成一个合设的接地系统，如图 8-39 所示。

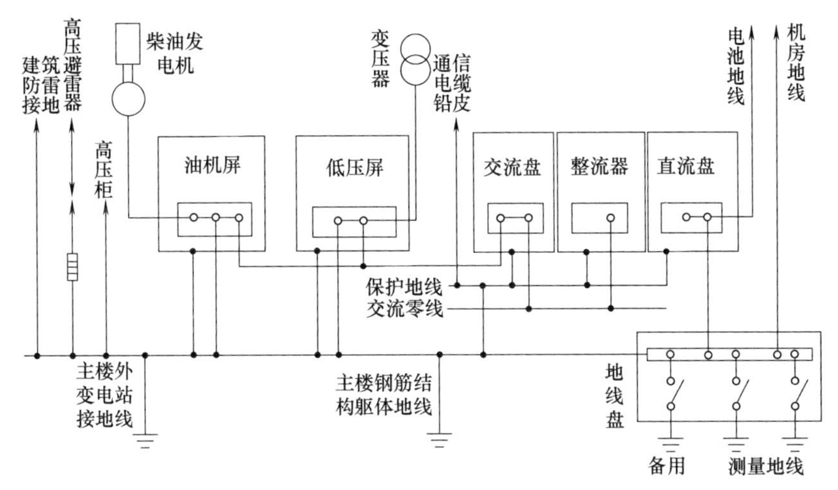

图 8-39　合设接地系统

在合设的接地系统中，为了防止交流三相四线制供电网路中不平衡电流的干扰，通常在通信机房布线系统中采用三相五线制布线，即电源设备的中性线与保护线互相分开，自地线盘或接地汇流排上分别引线直接到中性线端子和保护线瑞子。

同时为了在同层机房内形成一个等电位面，一般要求从每层楼的钢筋上引出一根接地扁钢，作为预留的接地极，必要时供有关设备外壳相连接。

至于采用合设接地系统后是否会引起通信系统干扰增加的问题，在国际电报电话咨询委员会《电信装置的接地手册》中通过对大量通信局（站）的实测数据已经表明：

① 所有设备利电源装置使用共用的接地装置，对电话电路中的干扰并无影响；

② 当一个网路的中性线接到共用的接地装置时，干扰并不增加；相反在有些情况下由于接地电阻的改善，干扰反而还减小了；

③ 由于共用接地系统，公共接地系统的电阻值可以达到较低的水平，由于直流通信接地和交流保护接地相连，导致地线电位升高而增加的通信杂音影响是可以减小的。

8.2.3.2　联合接地系统

通信局（站）各类通信设备的工作接地、保护接地以及建筑物防雷接地，合用一组接地体的接地方式称为联合接地方式，如图 8-40 所示，并构成联合接地系统。

联合接地系统由大地、接地体、接地引入线、接地汇流排、接地汇集线等组成，如图 8-41 所示，其接地体由建筑体基础混凝土内的钢筋和围绕建筑体四周敷设的环形接地电极相互焊接而成，接地汇集线、接地线以逐层辐射方式相连。

(1) 大地

接地系统这里所指的地，是指真正意义上的大地，不过它有导电的特性，并具有无限大的电容量，可以用来作为良好的参考电位。

大地的导电特性用电阻或电阻率来表征，这主要取决于土壤的类型，但土壤的类型不容易明确界定。而且对同一种普通类型的土壤，当存在于各种不同的应用场所时，其导电特性

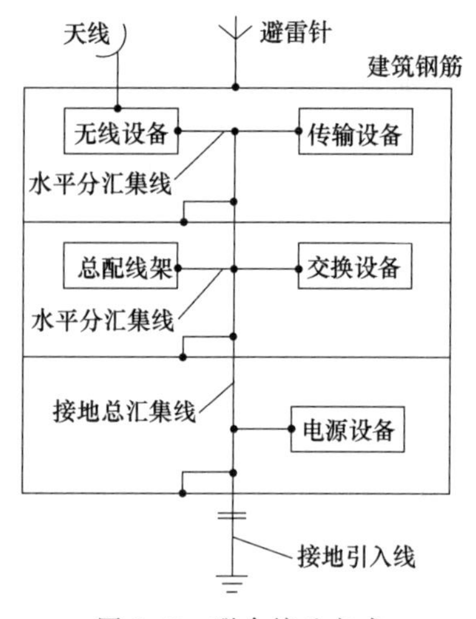

图 8-40 联合接地方式

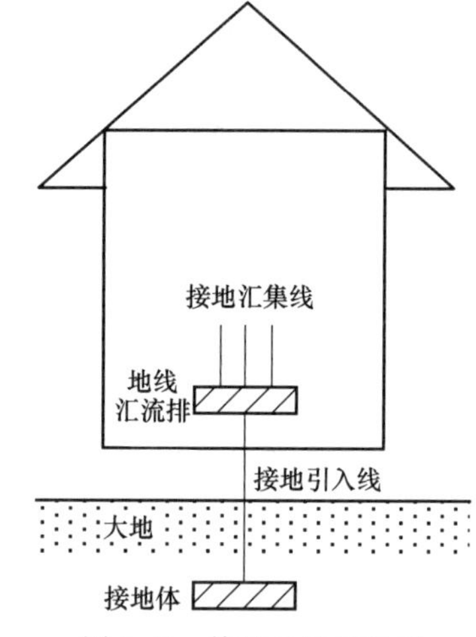

图 8-41 接地系统的组成

也往往有所不同。

(2) 接地体（或接地电极）

接地体是为各地线电流汇入大地扩散和为均衡电位而设置的，与土地物理结合形成良好电气接触的金属构件。

接地体用料一般采用镀锌钢材，其通用规格要求如下：

- 钢管：壁厚应不小于 3.5mm，长约 2.5m。
- 角钢：几何尺寸应不小于 50mm×50mm×5mm。
- 扁钢：几何尺寸应不小于 40mm×4mm。
- 圆钢：直径应不小于 8mm，长约 2.5m。

接地体也可选用石墨电极、硅酸盐水泥（或其他低电阻率水泥）混凝土包封电极或其他新型材料。

接地体之间的所有焊接点（浇灌在混凝土中的除外）均应进行防腐处理。

接地体应尽量避免埋设在污水排放和土壤腐蚀性强的区段。当难以避开时，其接地截面应适当增大，并喷涂防腐镀层。

接地体埋深（指接地体上端距地面距离）一般不小于 0.7m。在高寒地区，接地体应埋设在冻土层以下。

对于大地土壤电阻率很高的地区，当按一般工艺施工的联合接地系统接地电阻值难以满足要求时，可以采用向外延伸接地体、改良土壤、深埋电极等方式降低系统接地电阻。

(3) 接地引入线

把接地电极连接到地线盘（或地线汇流排）上去的导线称为接地引入线。

在室外与大地接触的接地电极之间的连接导线构成接地电极的一部分，它们不可作为接地的引入线。

接地引入线一般采用 40mm×4mm 或 50mm×5mm 镀锌扁钢布放，其出土部位应有防机械损伤的措施。

接地引入线应做绝缘防腐处理。

(4) 接地汇集线

把必须接地的各部分连接到地线排或地线汇流排上去的导线称为接地汇集线。根据通信机房布置的需要和大楼建筑情况，可在相应楼层或设备层内设置接地分汇集线。

接地汇集线截面选择和施工应注意以下几点：

① 直流电源接地线的截面积，应根据直流供电回路允许电压降确定；

② 各类设备保护接地线的截面积，应根据最大故障电流值确定，一般宜选用导线截面为 35～95mm^2 的多股铜导线；

③ 接地线两端的连接点应确保电气接触良好，并应做防腐处理；

④ 严禁在接地线和交流中性线上加装开关类电器；

⑤ 严禁利用其他设备作为接地线电气连通的组成部分；

⑥ 由接地总汇集线引出的接地线应设置明显标志。

(5) 接地汇流排（汇集环）

接地汇流排通常安装在地下室或建筑底层，距离墙面（柱面）50mm 左右，也可以根据需要安装在电力室内。不同金属材料互连时，应防止电化腐蚀，接地线不得使用铝材。采用接地汇集环的综合通信大楼，其汇集环与地网之间的连接应按图 8-42 所示方式进行。

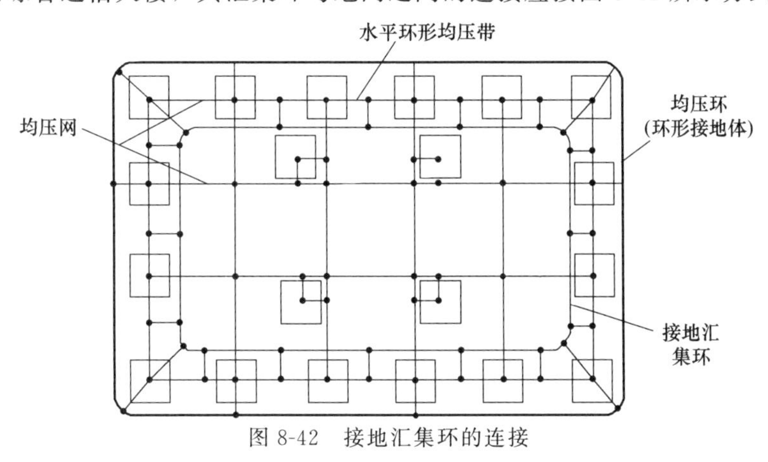

图 8-42　接地汇集环的连接

(6) 接地网络

联合接地系统的接地网络主要有两种形式：星形连接和网状连接，如图 8-43 所示。

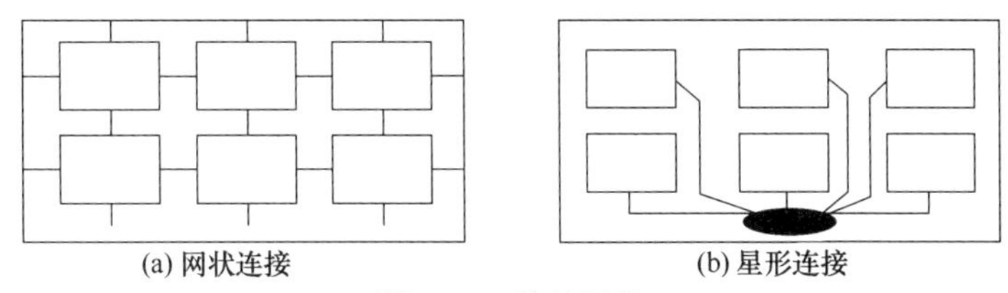

图 8-43　接地网络

星形连接：采用星形接地网络的系统组成相对较小，所有设备及进线于一点与大地相连。星形接地网络的单点接地结构可以避免环路电感的影响，由于是单点连接，因此外部电磁干扰激发的低频电流不能通过地线侵入通信系统；同样地，系统产生的低频干扰也不会有地线电流产生，不会对外部设备造成干扰。这种单点接地的连接方法特别适用于通过装设 SPD 来抑制系统过电压。

网状连接：采用网状连接的系统组成相对较大，设备间有许多连线及电缆，设备及进线于多点进入通信系统。网状接地网络对于高频信号来说具有很低的网络阻抗，因此能够有效地减少在通信系统中相邻设备间的高频电磁干扰。

8.2.3.3 接地系统的连接

(1) 通信电源系统的接地

通信局（站）电源系统或设备与相应接地系统的连接应按下述原则实施：

① 电力室的直流电源接地线必须从接地总汇集线上引入，其他机房的直流电源接地线可从分汇集线上引入；

② 机房的直流电源接地垂直引入线长度超过 30m 时，从 30m 处开始，应每向上隔一层，与接地端连接一次；

③ 电力变压器高、低压侧除应设防雷装置外，宜采用三相五线制引入电力室，该变压器机壳与低压侧中性点汇集后，就近接地，中性线上不允许安装开关类电器；

④ 当专用变压器离电力室较远时，交流中性线应按规定在变压器与户外引入点最近处作重复接地，尤其采用三相四线制时必须做重复接地。此时应离开联合接地网边缘 5m 以外单独设置接地线；

⑤ 当专用变压器安装在通信大楼附近时，应将变压器接地体与通信大楼的接地网用两根接地导线连通，而交流供电系统中的保护地线应与大楼内的接地总汇集线连通，交流配电屏上的中性线（零线）汇集排应与机架正常情况下不带电的金属部分绝缘，严禁采用中性线（零线）充当交流保护地线；

⑥ 引入大楼内的交流电力线宜采用地下电力电缆形式敷设，其电缆金属护套的两端均应做良好的接地；

⑦ 大楼内所有交直流用电及配电设备均应采取接地保护措施，交流保护地线应从接地汇集线上专门引出。

(2) 其他设备设施的接地

对通信局（站）其他设备设施接地系统的连接应按下述原则实施：

① 机房内通信设备及其供电设备正常情况下不带电的金属部分、进站电缆保安装置的接地端以及电缆的金属护套均应做保护接地；

② 模拟通信设备的机架保护接地，可直接与引入机房内的直流电源接地连通；

③ 数字通信设备机架的保护接地，应该从接地总汇集线或机房内的分接地汇集线上引入，并应防止通过布线系统引入机架的随机干扰；

④ 数字通信设备和模拟通信设备共存的机房，两设备的保护接地线应分开，并防止通过走线架或工字钢在电气上连通；

⑤ 通信天线、馈线的上端和进入机房的入口处均应就近接地；

⑥ 建筑楼顶的各种金属设施均应分别与建筑避雷接地线就近连通；

⑦ 建筑各楼层的金属管道均应就近接地；

⑧ 建筑各楼层内的金属竖井及金属槽道自身的节与节之间应确保电气接触良好，金属竖井上、下两端均应就近接地，金属槽道与机架或加固工字钢之间应保持良好的电气连接。

(3) 接地导线的选择

① 通信直流接地导线。室内接地导线用 40mm×4mm 的扁钢，并缠以麻布条，再浸沥青或涂抹沥青两层以上；室外的接地导线用 40mm×4mm 的镀锌扁钢，换接电缆引入楼内时，电缆应采用铜芯，截面不小于 $50mm^2$。在楼内换接时，可采用不小于 $70mm^2$ 的铝芯导线。不论采用哪一种材料，在连接时应采取防止连接脱落、接触不良等故障的有效措施。

② 设备接地线。由地线盘或地线汇流排到下列设备的接地线，可采用不小于以下截面的铜导线：

- －24V、－48V、－60V 直流配电屏：$95mm^2$。
- ±60V、±24V 直流配电屏：$25mm^2$。

- 电力室直流配电屏到自动交换机室和微波室：$95mm^2$。
- 电力室直流配电屏到测量台：$25mm^2$。
- 电力室直流配电屏到总配线架：$50mm^2$。

③ 交流保护接地。根据《低压电网系统接地形式的分类、基本技术要求和选用导则》，交流保护接地线的最小截面按如下原则选择：

- 相线截面 $S \leqslant 16mm^2$ 时，保护线截面 S_p 为 $8mm^2$；
- 相线截面 $16 < S \leqslant 35mm^2$ 时，保护线截面 S_p 为 $16mm^2$；
- 相线截面 $S > 35mm^2$ 时，保护线截面 S_p 为 $S/2mm^2$。

8.3 通信电源系统的防雷

通信电源系统的防雷应根据电源设备的类型、运行及接地方式、安装地点环境条件，因地制宜合理制定雷电防护措施，做到经济合理，安全可靠。

从交流电力网高压线路开始，到通信设备直流电源入口端，通信电源系统自身除应采取分段协调的防护措施外，还应与通信系统的防雷、建筑物的防雷、通信局（站）的接地及通信系统的电磁兼容要求协调配合。

8.3.1 系统设备的耐雷指标

按照 YD 5098—2005《通信局（站）防雷与接地工程设计规范》，根据电源设备安装地点条件和额定工作电压的不同，在通信工程中，电源设备按耐雷电冲击指标可分为 5 类，如图 8-44 所示。各种通信电源设备耐雷电冲击指标应不小于表 8-2 所示的数值。

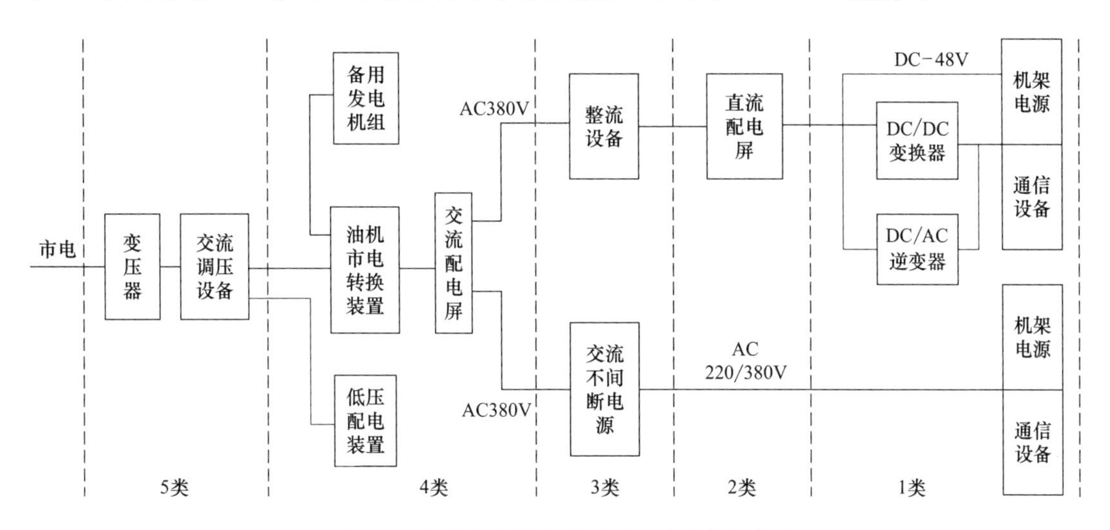

图 8-44 通信电源设备按耐雷电冲击指标分类

表 8-2 各种通信电源设备耐雷电冲击指标

类别	设备名称	额定电压/V	混合雷电冲击波	
			模拟雷电冲击波电压峰值 /kV(1.2/50μs)	模拟雷电冲击波电流峰值 /kA(8/20μs)
5	电力变压器	10000	75	20
		6600	60	20
	交流稳压器	220/380	6	3

续表

类别	设备名称	额定电压	混合雷电冲击波	
			模拟雷电冲击波电压峰值/kV(1.2/50μs)	模拟雷电冲击波电流峰值/kA(8/20μs)
4	市电油机转换屏	220V/380V	4	2
	交流配电屏			
	低压配电屏			
	备用发电机			
3	整流器	220V/380V	2.5	1.25
	交流不间断电源(UPS)			
2	直流配电屏	直流−24V、−48V或−60V	1.5	0.75
1	通信设备机架电源交流入口(由UPS供电)	220V/380V	1.5	0.75
	DC/AC逆变器	直流−24V、−48V或−60V	0.5	0.25
	DC/DC变换器			
	通信设备机架直流电源入口			

8.3.2 防雷器件的安装方式

行业防雷标准对通信局（站）的电源防雷提出了具体要求，其中特别强调两条：一是电力电缆应有金属屏蔽层，且必须埋地进出通信局（站）；二是在电源线路上逐级加装避雷装置，实现多级防护。即在变压器的高压侧加装高压避雷器，低压侧加装低压避雷器，在交流配电屏和直流配电屏分别加装交、直流避雷器。多级布置的避雷器可有效减小因引线电感带来的额外残压，因为前级避雷器已将大部分雷电流泄放入地，在后级的避雷器只泄放少部分雷电流，雷电流的减小必然导致引线上的附加残压减小。当然，为了保证避雷器由前到后顺序泄放，避雷器的动作电压应是后级不低于前级。

IEC标准推荐TN-C-S接地系统中SPD的安装方式如图8-45所示。由于PEN线在进线处已接到建筑物内总等电位连接的接地母线上，因此其后的N线不必安装SPD，这样TN-C-S系统只需装设三个SPD。

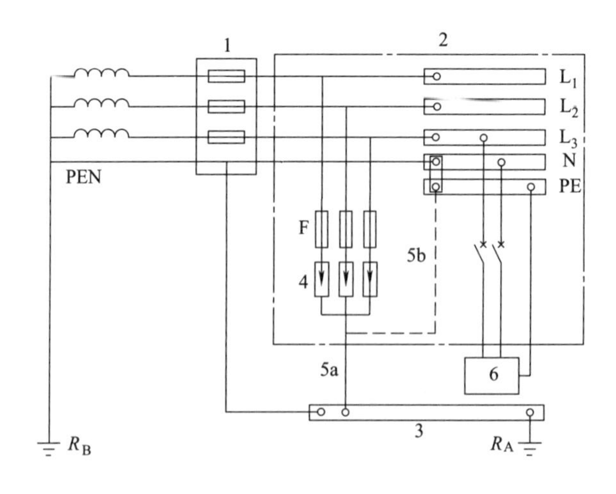

图8-45　TN-C-S系统SPD安装方式

1—装置的电源；2—配电盘；3—接地汇流排；4—SPD；5—SPD接地连接线；6—被保护设备；F—熔断器、断路器或RCD；R_A，R_B—装置、系统接地电阻

图 8-45 中，三只 SPD 的输入端分别接到三根相线上，输出端接到总接地端。在 SPD 和相线之间串接的熔断器或断路器，可以保证 SPD 被击穿短路时能迅速从系统中断开。如果 SPD 内部本身就具有可靠的短路保护装置，在外部就可以不加装保护装置 F。

图 8-46 所示为 IEC 标准推荐的 TT 系统中 SPD 安装方式示例之一，由于 N 线自系统中性点之后始至终都是与地绝缘的，因此 N 线上也需装设 SPD，即三相四线制系统内需装设四个 SPD。

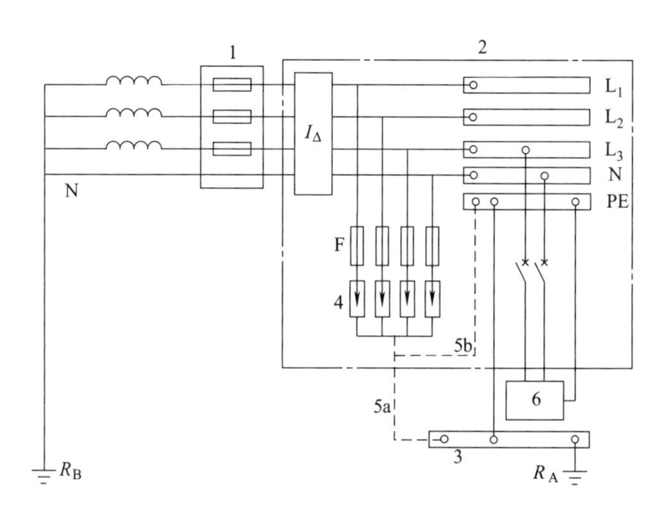

图 8-46　TT 系统 SPD 安装方式（1）

1—装置的电源；2—配电盘；3—接地汇流排；4—SPD；5—SPD 接地连接线；6—被保护设备；F—熔断器、断路器或 RCD；R_A，R_B—装置、系统接地电阻

如图 8-47 所示为 TT 系统中 SPD 安装方式示例之二，这是 GB 16895.22—2004（IEC 60364-5-53）《建筑物电气装置　第 5-53 部分：电气设备的选择和安装　隔离、开关和控制设备　第 534 节：过电压保护电器》提出的另一种 TT 系统 SPD 的安装方式。图中三个相线上的 SPD 先接至中性线母排上，再经一火花间隙接至 PE 母排上，构成所谓的“3＋1”模式，即三根相线分别对中性线采用限压型器件保护，中性线对地使用放电管（间隙型 SPD）保护。此间隙的放电电压约 3kV 左右，可以有效避免 SPD 在 10kV 级电网工频暂态过电压作用时的误动作（导通放电）。

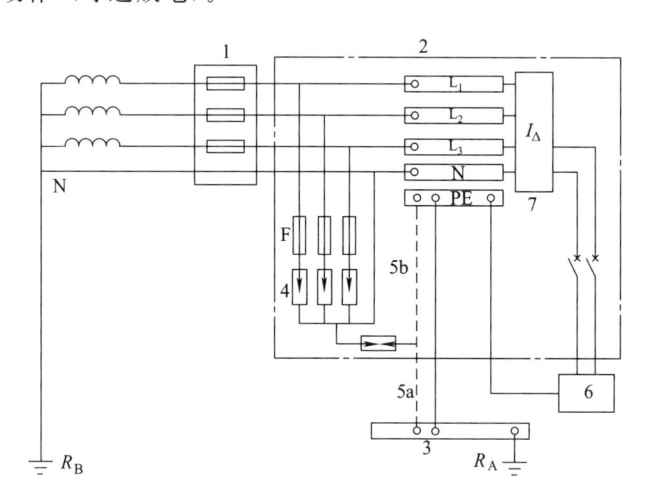

图 8-47　TT 系统 SPD 安装方式（2）

对于 TN-S 接地方式，宜采用“4+0”模式，也可采用“3+1”模式。所谓“4+0”模式即三根相线和中性线分别对地采用限压型器件保护，但在同一配电系统中，上下级间的保护模式应一致。

需要说明的是，上述各类 SPD 的连接方式都较好地实现了输电线路的“纵向保护”，即相-地过电压保护，使各相对地的冲击过电压值都限制在 SPD 的电压保护水平以内，而“横向保护”，即相-相过电压保护则取决于纵向冲击电压的差值。一般情况下，户外三相架空线路某一相或两相遭受直击雷时，其横向过电压可以大大超过纵向保护电平。因此对于特别重要的保护对象，最好同时采用纵向保护和横向保护。目前，性能完善的防雷装置已经在传统的 4 模基础上，在相-地之间、相-相之间也加装 SPD 器件，构成所谓的 7 模乃至 10 模防雷装置（如前文所述的 SineTamer 防雷组件），在实践中取得了很好的雷害抑制效果。

8.3.3 电源设备具体防雷措施

(1) 高压配电装置

通信局（站）有市电高压引入线路时，如采用架空线路，其进站端上方宜装设架空地线，长度为 300～500m，架空地线的保护角应不大于 25°，架空地线（除终端杆外）宜采用每杆做一次接地。条件许可时，市电高压引入线路宜采用地埋电力电缆进入，其电缆长度不宜小于 200m。图 8-48 所示是 6～10kV 高压配电装置对雷电波侵入的防护接线示意，在每路进线终端和母线上，都装设有阀式避雷器。如果进线是具有一段引入电缆的架空线路，则避雷器应装在架空线路终端的电缆头处，且和电缆的金属外壳共同接地。

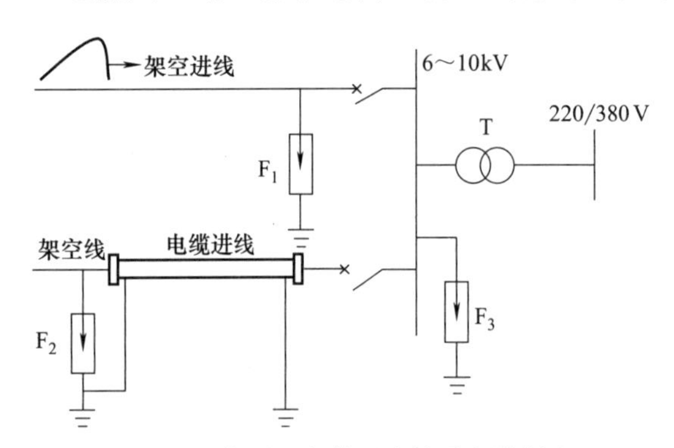

图 8-48 高压配电装置防护雷电波侵入

采用电缆进线可有效防止高电位侵入通信局（站）。其工作机理可做如下阐释：高电位达到电缆首端，避雷器动作，电缆外皮与电缆芯线连通，由于集肤效应，浪涌电流被“排挤”到电缆外皮上去。而芯线在互感作用下产生反电势，又进一步限制芯线上电流的通过。实践证明，如果进线电缆长度达到 50m，接地电阻不超过 10Ω，则侵入系统的高电位可降低到原来的 1%～2%以下。

(2) 电力变压器

电力变压器高低压侧都应装设防雷器件，高压侧一般采用阀式避雷器，而在低压侧通常采用压敏电阻型避雷器，两者均作 Y 形连接，并要求避雷器应尽量靠近变压器安装，它们的汇集点与变压器外壳接地点一起共同就近接地，如图 8-49 所示，构成“三点共同接地”系统。

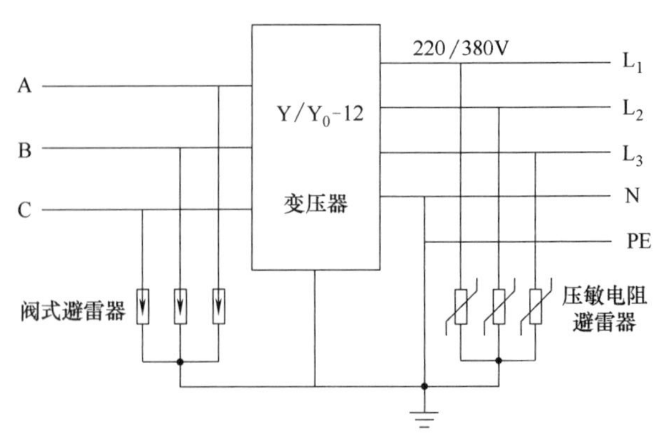

图 8-49 电力变压器防雷保护的“三点共同接地”

(3) 低压交流配电系统

为了消除直击雷浪涌电流与电网电压波动对交流配电系统的影响，应依据负荷的性质采用分级衰减雷击残压或能量的方法来抑制雷害。

按规定，进出通信局（站）的交流低压电力线路应采用地埋电力电缆，其金属护套应采用就近两端接地。低压电力电缆长度宜不小于 50m，两端芯线应加装避雷器。因此可将通信交流电源系统低压电缆进线作为第一级防雷、交流配电屏作为第二级防雷、整流器输入端口作为第三级防雷相应防雷器件的安装位置，如图 8-50（a）所示。

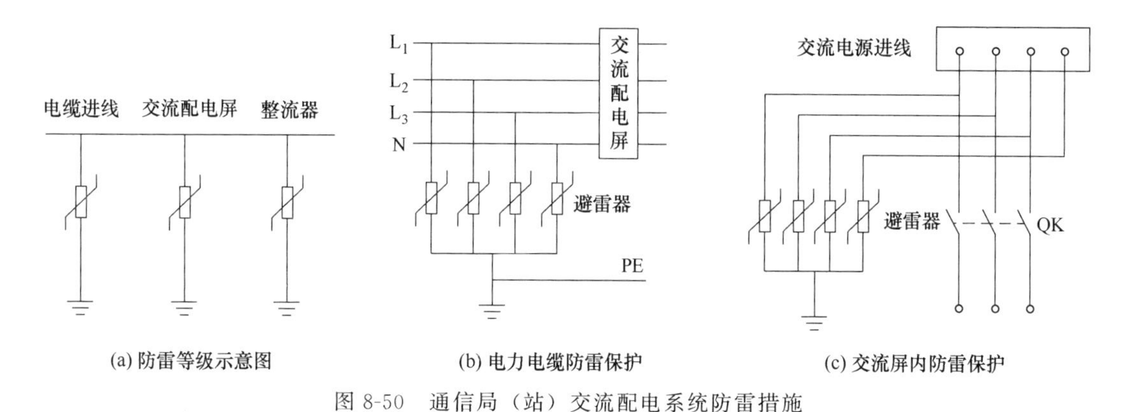

图 8-50 通信局（站）交流配电系统防雷措施

① 电力电缆。在电力电缆馈电至交流屏之前约 10m 处，应设置避雷装置作为第一级保护。如图 8-50（b）所示。每相对地之间分别装设一个避雷器，N 线至地之间也装设一个防雷器，避雷器公共点和 PE 线相连。在避雷器汇集点之前不能有电气接地点。

该级防雷器应具备每极 80kA 的通流量，以达到防直接雷击的电气要求。

② 交流屏。由于前面已装设有一级防雷装置，故交流屏只考虑承受感应雷击 15kA 以下每极通流量，以及 1300～1500V 残压的侵入，这一级为第二级防雷保护，如图 8-50（c）所示。

防雷器件接在主用开关电器之前，是为了防止主用开关遭受雷击的侵害。具体做法是在相线与地之间安装压敏电阻，同时在中性线与地之间也安装压敏电阻，以防雷击可能从中性线侵入。

③ 整流器。在整流器的电源输入端设置的避雷器是交流配电系统的第三级防雷保护，通常装设在交流输入断路器之前，每级通流量小于 5kA，相线间只须能承受 500～600V 残压作用即可。有些整流器在输出滤波电路前还接有压敏电阻，或在直流输出端接有电压抑制二极管。它们除了作为第四级防雷保护外，还用于抑制直流输出端可能会出现的过压。

8.3.4 电气布线主要防雷措施

8.3.4.1 电源线

埋地引入通信局（站）的电力电缆应选用金属铠装层电力电缆或穿钢管的护套电缆。埋地电力电缆的金属护套两端应就近接地。在架空电力线路与埋地电力电缆连接处应装设避雷器。避雷器、电力电缆金属护层、绝缘子、铁脚、金具等应连在一起就近接地。

自通信机房引出的电力线应采用有金属护套的电力电缆或将其穿钢管，在屋外埋入地中的长度应在 10m 以上。

通信局（站）建筑物上的航空障碍信号灯、彩灯及其他用电设备的电源线，应采用具有金属护套的电力电缆，或将电源线穿入金属管内布放，其电缆金属护套或金属管道应每隔 10m 就近接地一次，电源芯线在机房入口处应就近对地加装避雷器。

通信局（站）内的工频低压配电线，宜采用金属暗管穿线的布设方式。金属暗管两端及中间必须与通信局（站）地网焊接连通。

通信局（站）内交直流配电设备及电源自动倒换控制架，应选用机内有分级防雷措施的产品。

在市电油机转换屏（或交流稳压器）输入端、交流配电屏输入端三根相线及零线分别对地加装避雷器，在整流器输入端、不间断电源设备输入端、通信用空调输入端、均应按上述要求增装避雷器。

太阳能电池的输出馈线应采用具有金属护层的电缆线，其金属护层在太阳能电池输出端和进入机房入口处应就近分别与房顶上的避雷器带焊接连通；芯线应在进入机房前入口处一一对地就近安装相应电压等级的避雷器。太阳能电池支架至少有两处用 40mm×4mm 的镀锌扁钢就近和避雷带焊接连通。

风力发电机的交流引下电线应从金属竖杆里面引下，并在进入机房前入口处安装避雷器，防止感应雷沿电源馈线侵入机房。

8.3.4.2 信号线

本小节的信号线指 E_1 线、网线等非用户线类的信号电缆。

(1) 信号电缆在通信局（站）内不应架空布放

通信局（站）内的 E_1 线、网线不应架空走线。这些在正常情况下建筑物内互连的信号线，如果在建筑物外架空走线，由于外部暴露空间对雷电电磁场没有衰减作用，这些信号线在雷击发生时引入的雷击过电压和过电流往往超过设备接口正常设计的防雷保护级别，很容易造成设备的损坏。较容易出现问题的是移动基站和传输设备之间连接的 E_1 线，以及数据通信类设备接出的以太网线。

特别是移动基站到传输设备的 E_1 线，往往是各通信运营商之间的架空走线。由于不同运营商机房多为分开建设，E_1 线除在外部暴露空间受到雷电电磁场的严重感应之外，还可能导致不同机房之间的地电位反击问题，所以移动基站到传输设备的 E_1 线架空对于设备防雷而言是极端不利的，要尽量加以避免。

(2) 信号电缆出入通信局（站）的保护措施

① 信号电缆宜穿金属管从地下入局，金属管两端接地。

② 如果因条件限制，室外电缆无法从地下走线，信号电缆宜穿金属软管进行屏蔽，金属软管的两端应可靠接地，在机房内可连接到机房保护接地排。

③ 室外电缆若采用具有金属外护套的电缆，金属外护套的两端应可靠接地，在机房内可连接到机房保护接地排。

④ 电缆进入室内后在设备的对应接口处应加装信号防雷器保护，信号防雷器的保护接地线应尽量短。

⑤ 出入局（站）的信号电缆，电缆内的空线对在机房内宜做保护接地。例如：室外引入的 E_1 总电缆内两对同轴线只用了一对，则另一对 E_1 电缆的芯线和屏蔽层可在室内汇接到一块小金属板上，再由小金属板接出一根接地线到机房的保护接地排。

8.3.4.3 光缆的防雷

进入通信局（站）的光缆，若光缆中含有金属加强筋，则加强筋在机房内应可靠地连接到机房的保护接地排。

光纤在外部暴露空间架空走线时，光纤内的金属加强筋可以感应非常高的雷击过电压。如果加强筋没有做接地处理，雷击时加强筋很可能对接地物体发生绝缘击穿，从而产生瞬间高温，严重时可以使光纤融化。这种事故在移动通信局（站）很常见。

8.3.5 对系统防雷的正确认识

从本质上讲，通信电源系统的防雷保护是一项概率工程，必须对其功用有正确的认识。

首先，任何一项防雷工程都必须兼顾防雷效果和经济性。对防雷的设计越高，所需的投资就会成倍增长。即便不考虑经济性，设计上非常严格的防雷工程也不能保证百分之百不受雷击。因为雷电本身就有一定的随机性，雷电参数更具有典型的统计性质，如直击雷防护一绕击特性、雷电流幅值、波形等，这就决定了建立在这些参数之上的所有防护措施，都不可能提供100%的完全保护。

其次，通信局（站）的防雷是一项系统工程，通信电源防雷只是这项系统工程的一部分。理论研究和实践都表明：若防雷系统工程的其他部分保护措施不完备，仅单纯对通信电源做防雷设计，其结果是既做不好通信局（站）内其他设备的防雷，又会给通信电源留下易受雷击损坏的隐患。这是因为雷电冲击波的电流/电压幅值很大，持续时间又极短，企图在某一位置、靠一套防雷装置就解决根本问题是目前科技水平所无法实现的。

最后，防雷器自身存在非正常损坏性因素。除雷电冲击波以外，还存在另外一些内部过电压，如变压器高压绕组发生接地故障时在低压侧引起的工频持续过电压，脉宽在0.1s以内、幅值一般不超过6kV的操作过电压，脉宽在0.1～0.2s、幅值一般不超过3kV的暂时过电压等，工作时都将作用于防雷器。

对雷电冲击波、操作过电压和暂时过电压，电源防雷器一样能够且必须为通信电源提供保护。当然，如果这些过电压的能量太大，超过防雷器的最大吸收能量，防雷器将不可避免地失效，这也属于正常现象。

防雷器只能用于吸收脉宽较窄的尖峰电压，不能用来吸收能量极大的工频持续过电压。但我国的电网，特别是一些农村电网，工频持续过压却不时发生。所以我们经常碰到的情况是：没有遭受雷击，仅系统自身接地故障引起的工频持续过电压，或零线对地电压的漂移等都可能导致防雷器的损坏。

以系统装设机械式交流稳压器对防雷器的影响为例。交流稳压器有两种，一种是参数式的，另一种是机械式的。前者的响应时间较短，一般小于0.1s。机械式交流稳压器是通过伺服电机改变副边绕组匝数来实现稳压的，其反应时间和调节时间主要取决于惯性较大的伺服电机，一般为0.5s左右。机械式稳压器工作原理如图8-51所示，这种稳压器在电网电压频繁波动或瞬时停电时，将可能因来不及反应而给电源防雷器、电源整流主回路造成损害。

举例来说，当电网电压 U_{i1} 为160V时，稳压器等效副边匝数比应为

$$\eta_1=\frac{U_o}{U_{i1}}=\frac{220}{160}=1.375$$

若这时市电电压发生由低压到高压的瞬间波动时，U_{i2} 突升至270V，则稳压器将因伺服电机来不及反应，在输出中有幅值为

$$u_{sh}=\eta_1 U_{i2}\,\mathrm{V}\approx 371.3\mathrm{V}$$

脉宽小于反应时间的尖峰出现，这对电源设备来说是非常危险的，可能导致防雷器的损坏。

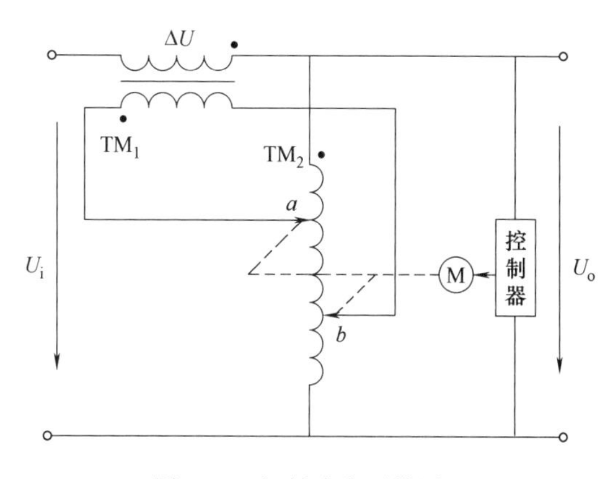

图8-51 机械式稳压器原理

而后稳压器在调节时间内，通过改变副

边匝数比至

$$\eta_2=\frac{U_o}{U_{i2}}=\frac{220}{270}\approx 0.815$$

才将输出电压稳定在220V左右。在通信电源系统中，为了防止类似危害的出现，系统前端尽量不要装设机械式稳压器。

8.4 接地电阻及其监测

在通信局（站）中，电源系统的接地系统及技术不仅涉及电源设备，而且与建筑防雷系统、各个专业的通信设备等也有紧密的联系。

接地系统能否有效发挥其作用，一个重要指标就是接地电阻的大小，各类通信局（站）联合接地装置的接地电阻值应符合表8-3的要求。

表8-3 各类通信局（站）联合接地装置的接地电阻值

接地电阻值/Ω	适用范围
<1	综合通信楼、汇接局、万门以上程控交换局、2000路以上长话局
<3	2000门以上1万门以下的程控交换局、2000路以下长话局
<5	2000门以下程控交换局、光端站、载波增音站、卫星地球站、微波枢纽站、移动通信基站
<10	微波中继站、光缆中继站、小型地球站
<20	微波无源中继站(当土壤电阻率太高时，接地电阻值难以达到20Ω时，可放宽到30Ω)
<10	电力电缆与架空电力线接口处防雷接地(适用于大地电阻率小于100Ω·m)
<15	电力电缆与架空电力线接口处防雷接地(适合大地电阻率100～500Ω·m)
<20	电力电缆与架空电力线接口处防雷接地(适合大地电阻率501～1000Ω·m)

8.4.1 接地电阻的定义

接地电流通过接地体向接地装置周围土壤扩散过程中遇到的土壤电阻叫散流电阻。通常所说的接地电阻包括接地体和接地引下线的自身电阻、接地体和土壤间的接触电阻以及散流电阻等。因为散流电阻比其他两种电阻大得多，因此可以近似地认为接地电阻就基本上等于散流电阻，它定义为接地体的对地电压 U_0 与经接地体流入地中的接地电流 I_d 的比值

$$R_0=U_0/I_d$$

式中，R_0 为工频接地电阻，其大小与土壤特性及接地体的几何尺寸等因素有关。

(1) 接地电位的分布规律

接地电流通过接地体向地中作半球形扩散，靠近接地体处面积小，电阻大；距离接地体愈远，面积愈大，电阻也愈小。

测验证明，在距长为2.5m的单根接地体20m以外的地方，该处的电位为零，这种电位为零的地方，称为电气上的“地”。电气设备从接地外壳、接地体到20m以外的零电位之间的电位差，称为接地时的对地电压。

单根接地体有电流流过时的电位分布如图8-52所示。

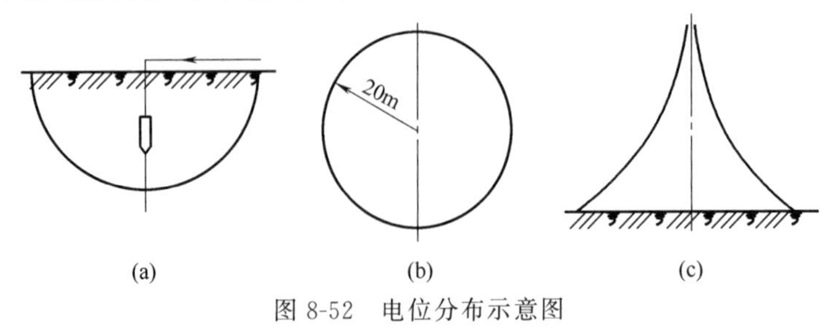

图8-52 电位分布示意图

根据上述电位分布规律，如忽略接地导线的电阻，当电气设备的接地体设置在 20m 以外时，若发生绝缘损坏使设备外壳带电，人体此时接触带电外壳承受的电压最大。

同样，人站在发生接地故障的电气设备旁边，手触及设备的外露可导电部分，则人所接触的两点（如手与脚）之间所呈现的电位差称为接触电压 u_{tou}（touch voltage），人在接地故障点行走，两脚间所呈现的电位差称为跨步电压 u_{step}（step voltage），如图 8-53 所示。

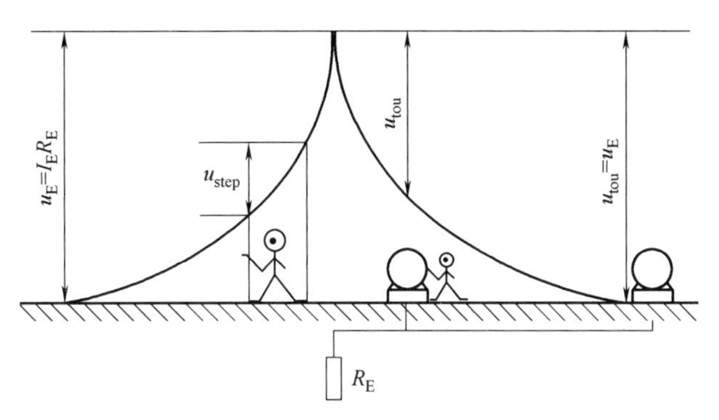

图 8-53　对地电压、接触电压、跨步电压示意

在计算跨步电压时，人的跨距通常取 0.8m，牛、马等畜类通常取为 1m。距故障接地体越近，跨步电压越大，当距接地体 20m 以上时，跨步电压为零。

由于单根接地体电位分布不均匀，人体仍有触电的可能性，并且人体距接地体愈远，受到的接触电压愈大。而且当单根接地干线断裂后，整个接地系统就失去作用，因此单根接地体既不可靠，也不安全，实际接地系统的一般作法是敷设环路接地体，如图 8-54 所示。环路接地位分布比较均匀，因而可以减小跨步电压及接触电压。对于经常有人出入的通道，应采用高绝缘路面（如沥青碎石路面），或在地下埋设帽檐式均压带。

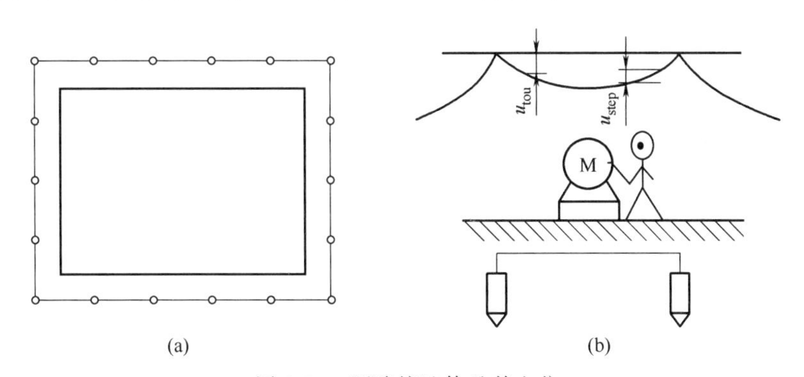

图 8-54　环路接地体及其电位

(2) 接地系统的电阻

接地系统的电阻是以下几部分电阻的总和：

- 土壤电阻；
- 土壤电阻和接地体之间的接触电阻；
- 接地体本身的电阻；
- 接地引入线、地线盘或接地汇流排，以及接地配线系统中采用的导线的电阻。

以上几部分中，起决定性作用的是接地体附近的土壤电阻。一方面是因为土壤的电阻率都比金属大几百万倍，如土壤的平均电阻率为 $1\times10^4\Omega\cdot m$，而铜在 20℃时的电阻率为 $1.75\times10^{-8}\Omega\cdot m$，两者相差 57 亿倍；而另一方面从图 8-55 所示曲线可以知道，接地体土壤电阻 R 的分布也主要集中在接地体周围区域。

在通信局（站）的接地系统里，其他各部分的电阻都比土壤电阻小得多，即使在接地体金属表面生锈时，它们之间的接触电阻也比较小。至于其他各部分则因都是用金属导体构

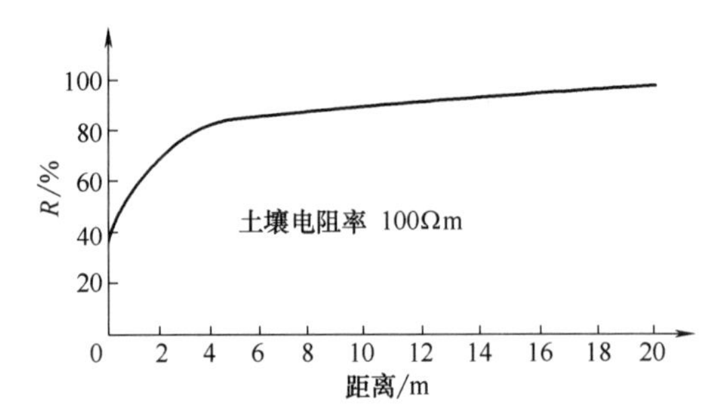

图 8-55　接地体周围土壤电阻的分布

成，而且连接又都十分可靠，所以它们的电阻更是可以忽略不计。

接地电极的土壤电阻取决于接地电极的线性延伸，而与接地电极的形状和表面面积没多大关系。

但需要注意的是，在快速放电现象的过程中，例如“过压接地”的情况下，构成接地系统的导体的体电阻可能成为接地电阻的主要因素。

同时，如果接地电极与其周围的土壤接触得不紧密，则接触电阻可能影响接地电阻达到总值的百分之几十，这个电阻可能在波动冲击条件下由于飞弧作用而减小。

当冲击电流或雷电流通过接地体向大地散流时，通常用冲击接地电阻来度量冲击接地的作用。冲击接地电阻 R_{ch} 等于接地体对地冲击电压的幅值与冲击电流幅值之比，冲击接地电阻 R_{ch} 与工频接地电阻 R_0 的关系是：

$$R_{ch}=\alpha R_0$$

式中，α 为冲击系数，其大小与大地电阻率有关，它们的关系是：

当大地电阻率 $\rho\leqslant 100\Omega\cdot m$ 时，$\alpha\approx 1$；

当大地电阻率 $\rho\leqslant 500\Omega\cdot m$ 时，$\alpha\approx 0.667$；

当大地电阻率 $\rho\leqslant 1000\Omega\cdot m$ 时，$\alpha\approx 0.5$；

当大地电阻率 $\rho>1000\Omega\cdot m$ 时，$\alpha\approx 0.333$。

(3) 土壤的电阻率

衡量土壤电阻大小的物理量是土壤的电阻率，它表示电流通过 $1m^3$ 土壤的这一面到另一面时的电阻值，代表符号为 ρ，单位为 $\Omega\cdot m$。在实际测量中，往往只测量 $1cm^3$ 的土壤，所以 ρ 的单位也可采用 $\Omega\cdot cm$。

$$100\Omega\cdot cm=1\Omega\cdot m$$

土壤的电阻率除了主要由土壤中的含水量以及水本身的电阻率来决定之外，影响电阻率的因素还有很多，如：

- 土壤的类型；
- 土壤中溶解的盐的浓度；
- 含水量；
- 温度（土壤中水的冰冻）；
- 土壤物质的颗粒大小以及颗粒大小的分布；
- 密集性和压力，电晕作用。

各种土壤电阻率的平均值见表 8-4 所示。

表 8-4　各种土壤的电阻率

序号	土壤名称	电阻率 /(10Ω·m)	序号	土壤名称	电阻率 /(10Ω·m)
1	泥浆	0.2	5	黏土(1～3m 以下为石层)	5.3
2	黑土	0.1～0.53	6	砂质黏土	0.4～1.5
3	黏土	0.08～0.7	7	石煤	1.3
4	黏土(7～10m 以下为石层)	0.7	8	焦炭粉	0.03

续表

序号	土壤名称	电阻率/(10Ω·m)	序号	土壤名称	电阻率/(10Ω·m)
9	黄土	2.5	20	粗粒的花岗石	11
10	河流沙土	2.36～3.7	21	整体的蔷薇辉石	325
11	沙质河床	1.8	22	有夹层的蔷薇辉石	23
12	流沙冲击河床	2	23	深密细粒的石灰石	30
13	砂土	1.5～4	24	多孔的石灰石	1.8
14	砂	4～7	25	闪长岩	220
15	赤铁矿	8	26	蛇纹石	14.5
16	砂矿	10	27	叶纹石	550
17	石板	30	28	河水	10
18	石英	150	29	海水	0.002～0.01
19	泥炭土	6	30	捣碎的木炭	0.4

8.4.2 接地材料的选择

不同行业、不同地域接地系统使用的接地材料不尽相同，目前使用率最高的接地材料还是金属材料，主要有铜板、角钢和扁钢等。但由于接地环境和具体要求的不同，在有些环境和情况下是不适合使用金属接地材料的。例如在高腐蚀性土壤中，金属接地材料在很短的时间内就可能因被腐蚀而丧失接地的功能，这种情况下就应考虑选用非金属材料的接地体。不同的接地材料有着不同的特点，在接地工程的设计施工中应根据其性能特点和使用环境合理选用。一些从传统金属接地装置中派生出的具有特殊结构和机理的接地材料或系统已经在接地工程得到广泛应用。

(1) 金属接地体

到目前为止，接地系统接地体的首选形态仍然是金属接地体，如角钢、铜棒、铜板、铜网等，这类接地体因其良好的导电性能和较好的经济性，在一般的接地工程广泛采用。但由于金属材料存在腐蚀问题，接地体寿命短，接地电阻上升较快，地网改造频繁，维护费用较高，是安全生产的一大隐患。一般而言，通信电源系统早期的地网每四年就得重新改造一次。

近年来金属价格的猛涨造成接地系统地成本增加，使得金属接地材料的缺点逐渐突显，其他形态的接地材料在工程实际中得到了越来越多的应用。

(2) 非金属接地体

非金属接地体是一种新兴的金属接地体替换产品，由于其特有的抗腐蚀性能、良好的导电性以及较高的性价比而被广大用户所接受。

目前非金属接地产品主要是以石墨为主要材料，根据制作工艺不同主要有压制和烧制两种。

第一种普通压制产品，是石墨粉与导电水泥按照一定比例混合后，经过压力压缩定型后加少量水来达到整体固化，导电水泥起到增加整体强度的作用。这种工艺一般采用金属通心的连接方式，即把金属直接贯穿到两端作为接地体的连接电极，同时也起到骨架的作用，这样主要是利用金属的高通流能力，如图8-56所示。

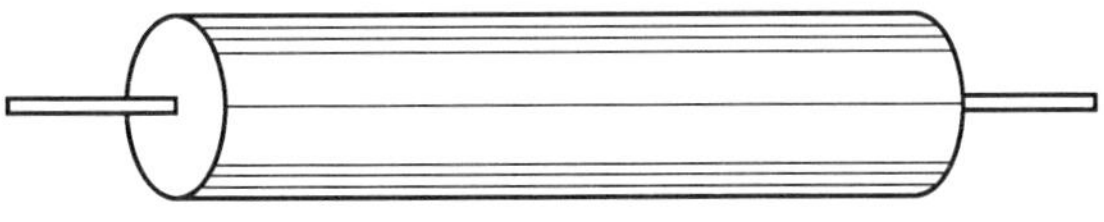

图 8-56 压制型石墨接地体

压制石墨接地体的生产工艺简单，生产材料成本低廉，价格较低。但这类产品性能存在先天不足，第一，石墨体与金属电极的连接问题，由于压制后的石墨整体与金属材料之间的结合性不是很好，容易出现石墨整体与金属材料互相分离的现象，这对故障电流通过接地体扩散到土壤当中起着阻碍作用；第二，压制产品整体强度差，在运输施工过程中容易破碎；第三，压制石墨体与金属电极之间的体电阻较大，一般都不低于3～5Ω。在通信局（站）接地系统改造施工中通常不建议选用压制型非金属接地体。

图 8-57　烧制型石墨接地体

第二种烧制型非金属接地体，是采用纯度在99%以上的鳞片石墨，经水洗、酸洗、烘干等数道工序后，经高温使其急剧体积，鳞片石墨层间裂解形成具有发达孔状结构的膨胀石墨蠕虫体，每个石墨蠕虫连接的表面积已是最大化，其表面及内部孔结构非常发达，表面积可达50～200m^2/g。图8-57为烧制型石墨接地体外形结构。

石墨经膨胀后，不仅保留了天然鳞片石墨材料所固有的耐高低温，耐酸碱、耐腐蚀，导热，导电，自润滑和抗辐射等诸多优点，而且其特殊的网络状孔结构，还赋予它良好的压缩性、回弹性、低应力高松弛率、高吸水、吸油性，以及热、电导能力的高度异向性等许多独特的功能，其导电性也达到最大化，电阻率仅为$16.465\times10^{-6}\Omega\cdot m$，产品长度直流电阻为50mΩ（相当于铜的导电性），同时高温烧结使石墨体结合在更加牢固，其抗压强度不低于5.8MPa，大大降低了产品在运输和施工过程中的难度。它特有的内部网状孔结构，使其具有很好的吸水和保湿性能，还有石墨本身良好的稳定性、抗腐蚀性、导电性、抗老化性、自身低电阻特性更是其他材料无法替代的，由于其本身对环境敏感度非常低，几乎不受外界因素的影响，所以接地电阻值能够在相当长的时间内保持不变的，这是传统接地材料无法比拟的。此外，石墨的基本结构就是碳，它对环境没有任何污染，所以这种原料的产品属于环保型产品。

接地模块内置热镀锌扁钢，方便与其他接地金属材料的有效连接。

(3) 离子接地系统

离子接地系统是传统的金属接地改进而来，从工作原理到材料选用都有近乎质的变化，结构形状各异，但多为管状结构，外部金属材料通常选用铜合金并经耐腐蚀处理，引入线与接地极采用相同材质焊接，以提高接地极整体抗腐蚀性能，内部为颗粒状高浓缩活性因子溶液填充剂，此填充剂可以通过接地极的管壁上若干离子释放孔向外缓慢释放。离子接地极的典型结构如图8-58所示。

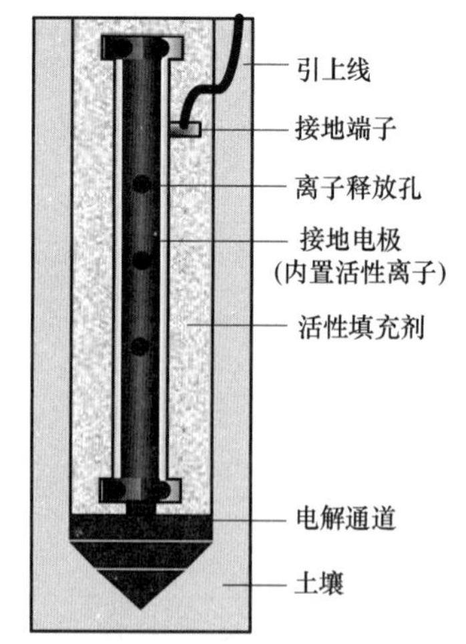

图 8-58　离子接地体系统

① 外填充剂。外填充剂的材料配比是活性离子接地系统的核心技术之一，其主要特性是能够渗透到周边土壤中，形成树根状结构，增大了地中的泄流面积。并能在接地体安装后大幅度膨胀，主要用途是使土壤、外填充剂和金属接地体间紧密接触，一方面改善了接地体周边土壤的导电率，进而降低了接地电阻，另一方面外填充剂和金属接地体间的紧密接触隔绝了空气，有效地防止了接地体的腐蚀，大幅度地延长了接地体的使用寿命。此外，填充剂还具有吸水、保水的

功能，使水分含量长期、稳定地保持在一定的水平，接地电阻也长期、稳定地保持在低阻值状态。

② 内部活性因子液溶填充剂。内部活性因子液溶填充剂主要用途是补充外填充剂在长期使用过程中可能产生的活性离子的流失。外填充剂在长期使用过程中，所添加的用以降阻的离子成分有可能随时间的增加和雨水流动等因素而流失，内填充剂中的活性因子是高浓缩的降阻、渗透成分，可以通过金属接地极管壁上的离子释放孔自动补充外填充剂中有效成分的流失。为使填充剂有效成分的补充能够自动完成，内填充剂中的另一主要组成是液溶因子，它能够通过金属接地极管壁上的离子释放孔自动吸收接地体外部填充剂和周围土壤中的水分，并在吸水后液化，使内填充剂中的高浓度降阻、渗透成分溶解，缓慢释放到外填充剂中，实现自动补充功能。

导体内的填充剂埋设后，接地电阻会逐渐下降，半年至一年内达到稳定值，埋设缓释过程可以长达 30 年。

由于离子接地系统多为垂直方向伸展，所需接地面积很小，特别适用于施工地域严重受限的接地工程。离子型接地系统和传统接地系统的特性比较如表 8-5 所示，在现代接地工程中得到了越来越广泛的应用。

表 8-5　离子接地系统和传统接地系统的比较

项目	离子接地系统	传统接地系统
工作机理	通过电极内部和外部填充材料的离子释放效应，改善电极与周边土壤的接触环境，达到降阻的目的	通过大量的金属材料的铺设降低一定区域内的电阻，实施普通接地方法达到低接地电阻
接地稳定性	其中的外部填充材料具有良好的防腐、吸水、保湿，不受气候变化的影响，接地电阻在施工完成一周后进入持续稳定状态，不受土壤的干湿影响，不会随着时间而上升	干性接触，干燥与潮湿时，接地电阻起伏较大；另外由于腐蚀作用，接地电阻随着时间的推移上升较快
寿命周期	具有防腐效果，离子自动补充，因此有效寿命周期 30 年以上	防腐较差，有效使用年限相对较短，阻值不稳定，每隔 3 至 5 年，需重新进行土壤改造，降低土壤电阻率，否则接地阻值将反弹
工程施工	占地面积小，施工简单，工程量小，降阻效果明显，综合费用较低	材料简单，便于购买，但占地面积和施工量都相对较大，技术水平较低，无工艺保障

8.4.3 接地电阻的改善

有些局（站）的土壤电阻率较高，或土壤电阻率虽不高，但受到场地限制，需要采用人工降低接地电阻的技术措施，以增加接地极的泄流面积，降低接地极的表面与其接触土壤之间的接触电阻，减少接地体数目。接地电阻改善的方法主要包括：

(1) 换土法

这种方法是采用电阻率较低的土壤（如黏土、黑土及砂质黏土等）替换原有电阻率较高的土壤，置换范围通常在接地体周围 1～4m（1.5～2m 效果较好）以内。必要时可使用焦炭和碎木炭，换土后接地电阻通常可减少到原来的 2/3～2/5。这种方法的土壤电阻率受外界压力和温度的影响变化较大，在地下水位高、水分流散多的地区使用效果较好。

(2) 层叠法

在每根接地体的周围挖一个坑，然后在里面交替铺上土壤（可混入焦炭、木炭等）及食盐 6～8 层，每层土壤厚约 10cm，食盐厚 2～3cm，每层均浇水夯实。每公斤食盐可用水 1～2L，每根管型接地体用食盐 30～40kg。这种方法用在砂质土壤中可以降低接地电阻到原来的 1/6～1/8，如在沙砾土中可减小到原来的 2/5～1/3。

采用价格低廉的食盐对改善土壤电阻率的效果较为明显，但由于盐融化后逐渐消失，不易持久，而且会加速接地体的锈蚀，减少接地体的使用年限，故一般不轻易采用加盐方法。

(3) 深埋接地极

当地下深处有水或土壤的电阻率较低时，可采取深埋接地极来降低接地电阻值，这种方法对含砂土壤地带装设的接地装置最有效果。

(4) 降阻剂法

降阻剂分为化学降阻剂和物理降阻剂。化学降阻剂自从发现有污染水源和腐蚀地网的缺陷以后基本上没有使用了，现在广泛接受的是物理降阻剂（也称为长效型降阻剂）。物理降阻剂是接地工程广泛接受的材料，属于材料学中的不定性复合材料，可以根据使用环境形成不同形状的包裹体，所以使用范围广，可以和接地环或接地体同时运用，包裹在接地环和接地体周围，达到降低接触电阻的作用。并且降阻剂有可扩散成分，可以改善周边土壤的导电属性，特别适合于山区、岩石等高电阻率地区和土壤结构松动、有空隙的地方。

现在较先进的降阻剂都有一定的防腐能力，可以加长地网的使用寿命，其防腐原理一般来说有电化学防护，致密覆盖金属隔绝空气，加入改善界面腐蚀电位的外加剂成分等方法。物理降阻剂有超过二十年的工程运用历史，经过不断的实践和改进，现在无论是性能还是施工工艺都已相当成熟。

8.4.4 接地电阻的测量

根据前面的介绍的定义，接地电阻是接地电流经接地装置向无穷远处自由流散时，接地装置的接地电位 U_0（以无限远处为参考点）与经接地装置流入地中的接地电流 I_0 的比值。

8.4.4.1 测量接地电阻的基本原理

测量接地电阻的基本接线如图 8-59 所示，当然在接地电阻测量中，不可能把电流辅助电极 C 和电压辅助电极 P 放到无穷远处，而且接地电流也不是向四周的土壤自由流散，而是受到辅助电流极 C 位置的影响，这时地下电场的分布也会发生畸变，给测量带来误差。那把辅助电极 P 和 C 放到什么位置才能消除测量误差，从而得到接地电阻的真实值呢？

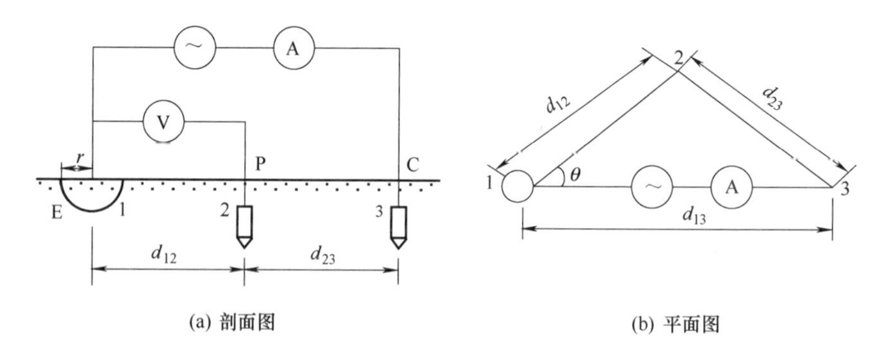

图 8-59 接地电阻测试原理图

理论计算表明，要使得测量结果符合实际值，即测量结果误差为零，有两种可能，一种是使 d_{12}、d_{13}、d_{23} 足够大，但这种情况测量引线太长，实测不便，此外引线自身的电阻对测量结果影响也较大，一般不采用。

另一种情况就是对辅助电压极和辅助电流极的位置进行合理布置。

① 当辅助电压极 P 位于接地体 E 和辅助电流极 C 的直线上时，理论计算表明，当 $d_{12}=0.618d_{13}$ 时测量误差为零。不同 d_{13} 时 R'/R 与 d_{12}/d_{13} 理论关系曲线如图 8-60 所示，其

中 R'为实际测量的接地电阻值，R 为接地装置的真实接地电阻值。

② 当电压极和电流极为三角形布置时，若取 $d_{12}=d_{13}$，如图 8-61 所示，计算表明当电压极 P 与电流极 C 距离接地体相等，且夹角为 29°时，测得的接地电阻数值为接地体实际接地电阻值。

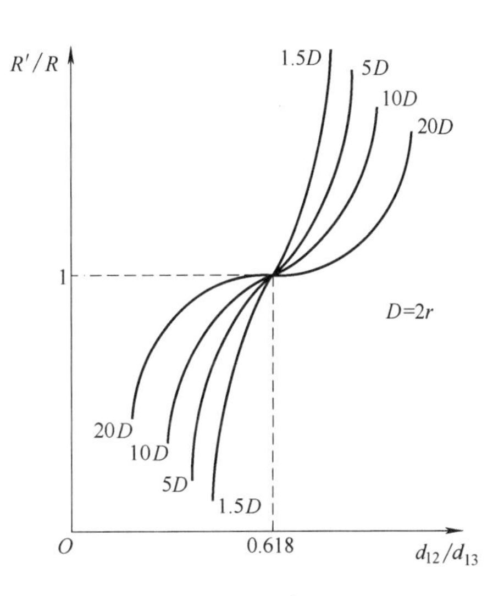

图 8-60 d_{13} 不同时 R'/R 与 d_{12}/d_{13} 理论关系曲线

上述两种辅助测试电极的布置位置对接地电阻测试结果的影响分析表明，正是由于辅助测试电极的引入，将理论分析中无穷远处的实际零点移到我们便于测试的点，这必然带来测量的误差。为了补偿因零位点靠近接地体而引起的误差，需要将辅助电压极 P 从 50%（60°）的零位点处移到 $0.618d_{13}$（$\theta=60°$）处，增加一些电位值来修正测量结果。因此这种方法也称为补偿法，前者称为直线补偿法，后者称为角度补偿法。

但需要注意的是，上述理论分析是结论是当接地体 E 的半径 r 为无限小，即点源电极的条件下才成立，但实际的接地电网 r 比较大，因此必然会带来更大的误差。根据试验和理论分析，我国推荐采用 0.64 法或 25°法。

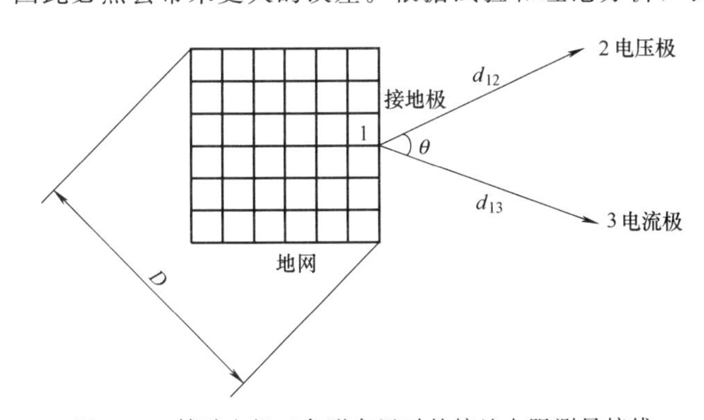

图 8-61 辅助电极三角形布置时的接地电阻测量接线

在通信工程测试中，我们常用的接地电阻测试仪表有：ZC-8、K-7，或同类型的晶体管接地电阻测试仪等常规仪表。这类仪表各厂在设计时，主要针对单一垂直接地体，配置的电流极及电压极的辅助引线分别为 40m、20m。就是说在均匀结构的大地中，两个垂直的电极距离≥20m 时，它们之间的屏蔽作用可以忽略。但这仅仅是指两个孤立的垂直接地体而言。在这种情况下，我们在单一垂直接地体现场任意方向布放辅助线，所测得的数值基本上完全一致。

然而，我们通信局（站）的联合地网往往需要较小的接地电阻值，对于这个标准，我国大部分地区用单一垂直接地体是不可能达到的，往往需要多根垂直接地体的延伸，并辅以水平接地装置才能达到。这种延伸通常在 10m 以上的数量级，若对这类接地系统若仍然采用 40m、20m 的辅助线，则会出现较大的误差，特别是当电流极与电压极沿不同方向布放时，所测值更有较大差异。由于现在城市中建筑物的密度很大，地下管网很多，钢筋混凝土建筑物接地网接地电阻的测量实际上很难测准，其测量的结果总趋势是偏小，有时甚至成为负值。通过专家们的研究，现在大量采用 3～5 倍地网直径布线的方法测试，效果要强于普通布线测试。

8.4.4.2 电压-电流法

利用电流表-电压表法测量接地电阻的原理与图 8-59 相同，这是一种常用的方法，施加电源后，若流经被测接地体与电流辅助接地体回路间的电流为 I，电压辅助接地体与被测接地体间的电压为 U，则被测接地体的接地电阻为：

$$R_0=U/I$$

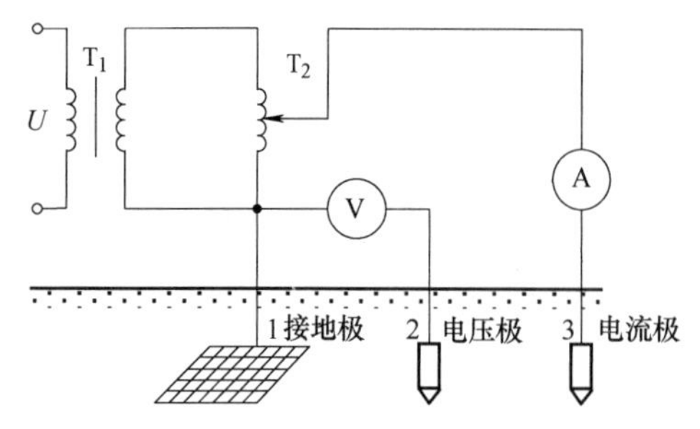

图 8-62 电压-电流法接地电阻测试接线原理图（T_1—隔离变压器；T_2—调压器）

为了防止土壤发生极化现象，测量时必须采用交流电源。测量时可选用电压为 65V、36V 或 12V 的电焊变压器，其中性点或相线均不应接地，与市电网路绝缘，如图 8-62 所示。为了减少外来杂散电流对测量结果的影响，测量电流的数值也不能过小，最好有较大的电流（约数十安培）。

选用电压表、电流表的准确度等级不应低于 1.0 级，电压表的输入阻抗要高（大于 100kΩ），最好选用分辨率不大于 1%的数字电压表。

采用电压-电流表法测接地电阻的优点在于，接地电阻值不受测量范围的限制，特别适用于小接地电阻值（如 0.1Ω 以下）的测量。

接地电阻值测量结果的准确性与地阻仪测量电极布置的位置有直接的关系，通常测量电极有如下几种不同的布置方式：

(1) 直线布极

直线布极是指辅助电流极和电压极沿直线布置，如图 8-63 所示，一般取 $d_{13}=(4\sim5)D$，$d_{12}=(0.5\sim0.6)d_{13}$，$D$ 为接地装置最大对角线长度。

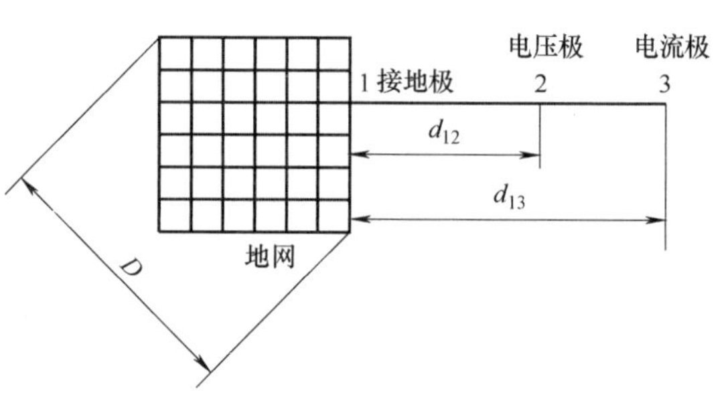

图 8-63 辅助电极直线布极

如前文所述，条件许可时 d_{13} 越大越好，通常辅助电极的布置应满足表 8-6 所示的要求，这样辅助电压极就可以认为处在实际的零电位区，测出的接地装置对地电压比较准确。测量时在沿地网和电流极的连线上，使电压极到接地网的距离约为电流极到接地网距离的 50%～60%范围内移动 3 次，每次移动的距离为电流极到地网距离的 5%，三次测得的接地电阻值的差值小于接地阻值的 5%即可，然后取三个数的算术平均值作为接地装置的接地电阻。

表 8-6 被测接地体、辅助接地体和接地棒的布置及相互间的距离

接地体构成形式		极间最小距离/mm			三极布置方式
被测接地装置	辅助接地体	d_{13}	d_{12}	d_{23}	
单根管状	单根管状	40	20	20	直线形
多根钢管组成	单根管状	80	80	20	三角形
多根钢管组成	几根钢管组成	80	80	40	三角形
复式接地体	单根管状	5D	5D	20	三角形
复式接地体	几根钢管组成	5D	5D	20	三角形

直线布极法测量地网接地电阻时，如果地网的中心位置不能确定，可根据情况假设一个中心，取电流极距它为（2～3）D，而将电压极设在距假设中心为 0.5(2～3)D、0.6(2～3)D、0.7(2～3)D 的位置进行测试，三次测得的电阻为 R_1、R_2、R_3，实际接地电阻 R_0：

$$R_0=2.16R_1-1.9R_2+0.73R_3R_0$$

如果 d_{13} 取（4～5）D 有困难时，在土壤电阻率较为均匀的地区可取 $d_{13}=2D$，$d_{12}=1.2D$；土壤电阻率不均匀的地区可取 $d_{13}=3D$，$d_{13}=1.7D$。

(2) 三角形布极

三角形布极图如图 8-64 所示。

一般取 $d_{12}=d_{13}\geqslant 2D$，夹角 $\theta\approx 30°$，此时测得的电阻误差接近于零，θ 越大，误差也越大，$\theta=180°$时误差最大。

如果测试场地窄小，不能满足 $d_{12}=d_{13}\geqslant 2D$ 的条件时，也可取 $d_{12}=d_{13}\geqslant D$。

测量大型接地体的接地电阻时，宜用三角形布极，与直线法布极相比，它有下述优点：

① 可以减少引线间互感的影响；

② 在不均匀土壤中，d_{13} 等效的测试距离长；

③ 三角形布极中，电压极附近电位的变化随 θ 的变化较为缓慢。

(3) 两侧布极

一般情况下不宜把地阻仪的电流极棒和电压极棒分别打在地网的两侧，但由于测试场地限制，可按图 8-65 所示的方法布置测试电极进行测试。

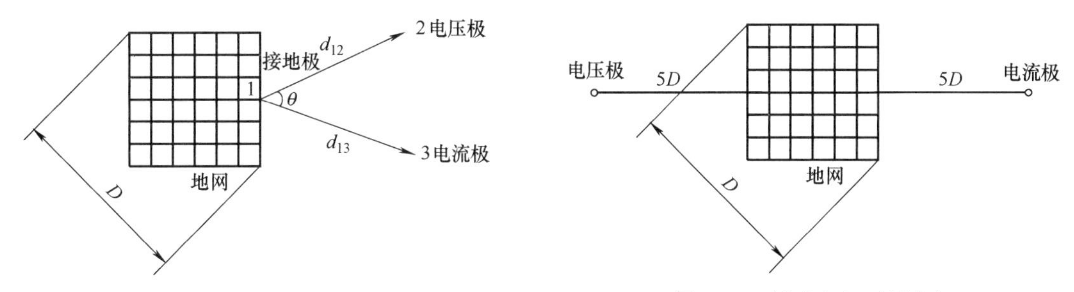

图 8-64 辅助电极三角形布极

图 8-65 辅助电极两侧布极

图中电流极到地网的距离和电压极到地网的距离应相等，均不小于 5D，D 为地网对角线的长度，且电流极棒、电压极棒和地网中心应尽量在一条直线上。

(4) 测量注意事项

① 测试前，应了解被测地网的结构形式、地网尺寸以及周围空中地下的环境情况，如有无架空线、地下金属管道、地下电缆等，在测量时尽量避开或采取相应措施，以便减小测量误差。

② 测试极棒应牢固可靠，防止松动或与土壤间有间隙。

③ 测量接地电阻的工作，不宜在雨天或雨后进行，以免因湿度使测量不准确。

④ 处于野外或山区的通信局（站），由于当地的土壤电阻率一般都比较高，测量地网接地电阻时，应使用两种不同测量信号频率的地阻仪分别测量，将两种地阻仪测量结果进行比较，以便确定接地电阻的大小。测量信号频率不恰当时，容易产生极化效应或大地的集肤效应，使测量结果不准确或出现异常现象。

⑤ 当测试现场不是平地，而是斜坡时，电流极棒和电压极棒距离地网的距离应是水平距离投影到斜坡上的距离。

⑥ 接地电阻直接受大地电阻率的影响，大地电阻率越低，接地电阻就越小。而大地电阻率受土壤所含水分、温度等因素的影响，这些因素随季节的变化而变化。因此，全年中各月份测得的土壤电阻率是不同的，因而接地电阻也不同。为了满足在全年中最大土壤电阻率的月份，接地装置的接地电阻仍能满足使用要求，因此需要考虑季节修正系数 K，即：

$$\rho=\rho' K$$

式中，K 为季节修正系数；ρ 为计算接地电阻时采用的土壤电阻率，Ω·m；ρ'为全年不同月份实际测到的土壤电阻率，Ω·m。

我国地域广阔，不同的地区、季节修正系数也不同。表 8-7 根据气象条件，给出各类地区的季节性修正系数。

表 8-7 各类地区土壤电阻率的季节性修正系数

气象条件		第一类地区	第二类地区	第三类地区	第四类地区
气象指标	多年平均低温(1 月份)/℃	−20～−15	−15～−10	−10～0	0～5
	多年平均高温(7 月份)/℃	16～18	18～22	22～24	24～26
	平均降雨量/mm	400	500	500	300～500
	冰冻日期/天	190～170	150 以下	100 以下	0
修正系数	角钢型接地体长 1.5～2.5m，顶端埋深 0.5～0.8m	1.8～2.0	1.5～1.8	1.4～1.6	1.2～1.4
	带钢或线钢接地体埋深 0.8m	4.5～7.0	3.5～4.5	2.0～2.5	1.5～2.0
	带钢或线钢接地体埋深 0.4m	6.0～8.0	4.5～5.5	2.5～3.0	2.0

8.4.4.3 补偿法测量接地电阻

(1) 工作原理

图 8-66 所示为补偿法测量接地电阻的原理电路图。它主要由手摇交流发电机、电流互感器、电位器以及检流计组成。其附件有两根接地探针（P′为电位探针，C′为电流探针）及三根导线（长 5m 的用于连接接地极，20m 的用于连接电位探针，40m 的用于连接电流探针）。被测接地电阻 R_x 位于接地体 E′和 P′之间，但不包括 P′与 C′之间的电阻 R_c。

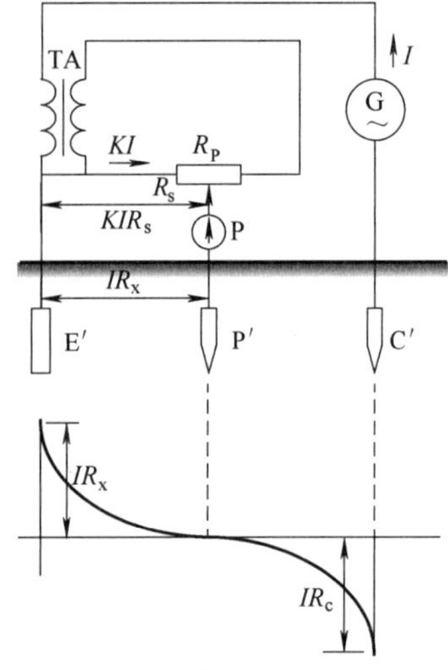

图 8-66 补偿法测量接地电阻的原理电路和电位分布图

手摇交流发电机输出电流 I 经电流互感器 TA 的一次侧→接地体 E′→大地→电流探针 C′→发电机，构成一个闭合回路。

当电流 I 流入大地，经接地体 E′向四周散开。电流 I 在流过接地电阻 R_x 时产生的压降为 IR_x，在流经 R_c 时同样产生压降 IR_c，其电位分布如图 8-66 所示。

若电流互感器的变流比为 K，则其二次侧电流为 KI，它流过电位器 R_p 时产生的压降为 KIR_s（R_s 是 R_p 最左端与滑动触电之间的电阻）。调节 R_P 使检流计指针指零，则有：

$$IR_x = KIR_s$$

即：

$$R_x = KR_s$$

可见被测接地电阻 R_x 的值，可由电流互感器的变比 K 以及电位器的电阻 R_s 来确定，而与 R_c 无关。

(2) ZC-8 型接地电阻测量仪

ZC-8 型接地电阻测量仪的外形及内部电路如图 8-67 所示，由于在测量时需要摇动手摇发电机的手柄，所以习惯上又称其为接地摇表。

图示电路中有四个端钮，其中 P_2 和 C_2 可短接后引出一个 E，将 E 与被测接地极 E′相接即可。端钮 C_1 接电流探针，P_1 接电位探针。

为了减小测量误差，根据被测接地电阻大小，仪表有 0～1Ω、0～10Ω、0～100Ω 三个量程，用联动开关 S 同时改变电流互感器二次侧的并联电阻 R_1～R_3，以及与检流计并联的电阻 R_5～R_8，就能改变仪表的量程。使用时调节仪表面板上电位器的旋钮使检流计指零，可由读数盘上读得 R_s 的值，则

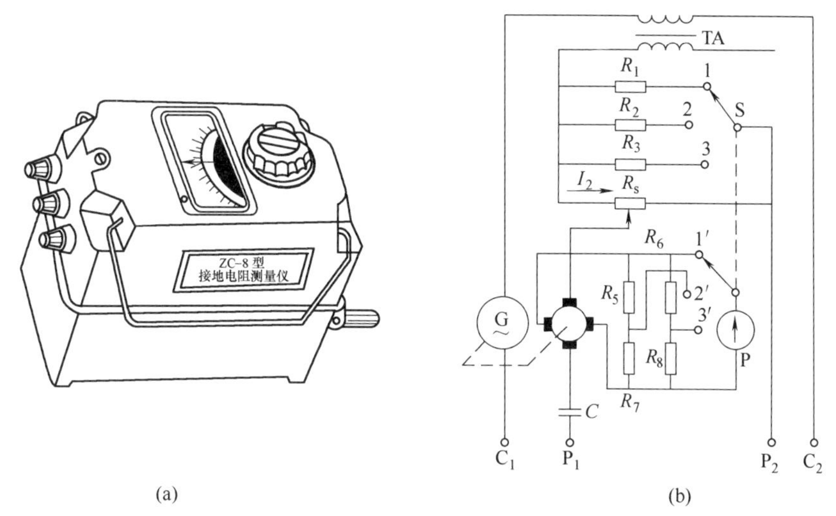

(a) (b)

图 8-67　ZC-8 型接地电阻测量仪外形及内部原理图

$$R_x = KR_s$$

ZC-8 型接地电阻测量仪的使用方法：

① 使用前先将仪表放平，然后调零。

② 按如图 8-68 所示接线。将电位探针 P′插在被测接地极 E′和电流探针 C′之间，三者成一直线且彼此相距 20m。再用导线将 E′与仪表端钮 E 相接，P′与端钮 P 相接，C′与端钮 C 相接，如图 8-68（a）所示。

四端钮测量仪的接线如图 8-68（b）所示。当被测接地电阻小于 1Ω 时，为了消除接线电阻和接触电阻的影响，应采用四端钮测量仪，接线如图 8-68（c）所示。

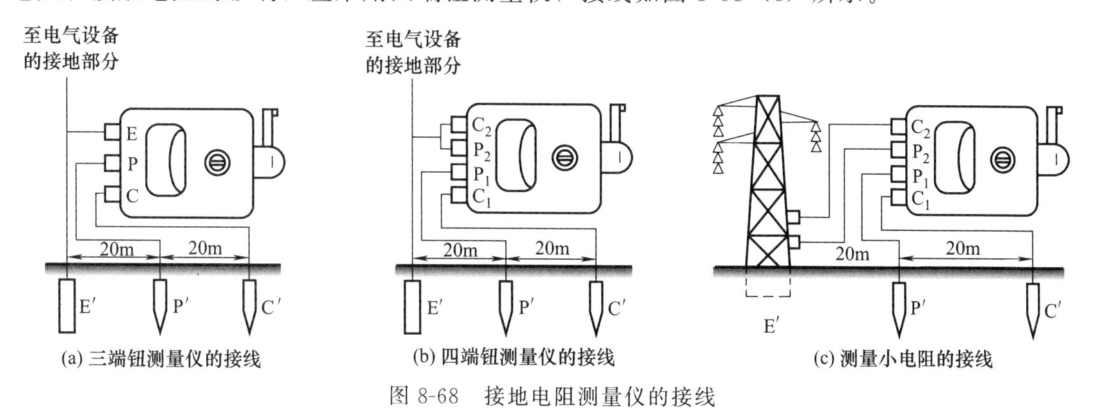

图 8-68　接地电阻测量仪的接线

③ 将倍率开关置于最大倍数上，缓慢摇动发电机手柄，同时转动测量标度盘，使检流计指针处于中心红线位置上。当检流计接近平衡时，要加快摇动手柄，使发电机转速升至额定转速 120r/min，同时调节测量标度盘，使检流计指针稳定指在中心红线位置。此时即可读取 R_s 的数值，则：

$$\text{接地电阻} = \text{倍率} \times \text{测量标度盘读数}(R_s)$$

④ 如果测量标度盘的读数小于 1Ω，应将倍率开关置于较小的一挡，重新测量。

(3) 测量注意事项

类似 ZC-8 型接地电阻仪这类地阻测试仪表，其辅助测试电极的布置也可有如同电压-电流法测试接地电阻的直线布极和三角形布极等情况，而且相关的注意事项也几乎一致。

8.4.4.4 非接触测量法

前述测量接地电阻的方法都要求在离被测接地体足够远的距离处打两根辅助接地极，实际测量时不太方便。而CA6411等钳形接地电阻测试仪在使用时却不需要单独装设辅助电极，其工作机理——非接触测量法的测量原理如图8-69所示。

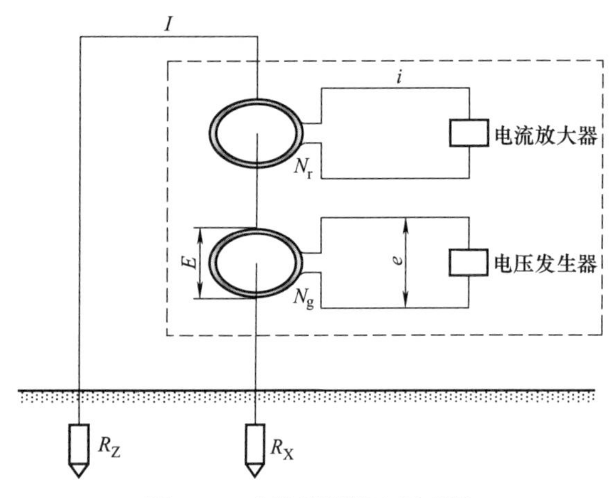

图8-69 非接触测量法原理图

钳形接地电阻测试仪中有两个独立线圈，N_g 为发生器线圈，N_r 为接收线圈，两线圈之间具有良好的电磁屏蔽。

测量时钳口闭合，测量仪的发生器线圈产生一个不同于工频的某一高频交流电压 e，目的是提高仪表的抗干扰能力，该电压在测量回路中建立电势 E，其线路功用相当于一个变压器：

$$E=e/N_g$$

式中，e 为发生器产生的内部电压。

E 在电路中产生电流 I

$$I=E/R$$

它被置于表内的接收线圈（CT的二次线圈）所接收，相当于电流互感器：

$$i=I/N_r$$

测量部分测得电流 i，并根据下式计算即可求得回路电阻：

$$R=\frac{E}{I}=\frac{1}{N_g N_e}\times\frac{e}{i}=K\frac{e}{i}$$

从图8-69中可见，使用钳形接地电阻测试仪测量系统接地电阻时也需要有辅助接地极 R_Z，而且所测得的电阻值是包括被测接地电阻在内的整个测试回路的总电阻，因此只有当被测接地电阻比辅助电极的电阻大得多时，才能近似认为回路总电阻就是被测接地电阻，或者辅助电极接地电阻应为一已知数值时，才能求出被测电阻。

钳形接地电阻测试仪的单钳口和双钳口两种形式，图8-70所示为双钳口接地电阻测试仪的外形图。单钳口接地电阻测试仪在一个钳口中同时实现了原理图中两个钳口的功能，工作机理基本相同。图8-71为CA系列单钳口接地电阻测试仪的外形结构，测量时不必使用

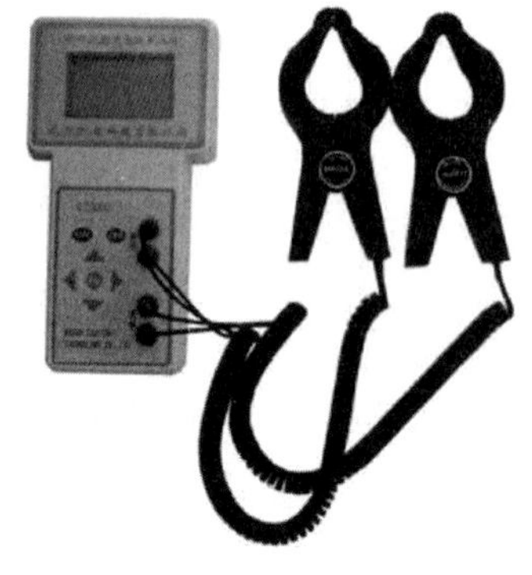

图8-70 双钳口接地电阻测试仪

图8-71 CA系列单钳口接地电阻测试仪

辅助接地棒，也不需中断待测设备之接地，只要钳口夹住接地线或棒，就能量测出相应的接地电阻值，其最小值可达 1Ω（CA6411/CA6413）或 0.1Ω（CA6412/CA6415）。其技术参数见表 8-8 所示。

表 8-8　CA 系列钳式接地电阻测量仪主要技术参数

功能	档位	解析度	精确度
电阻测量	0.10～1.00Ω	0.01Ω	±(2%+0.01Ω)
	1～50.0Ω	0.1Ω	±(1.5%+0.1Ω)
	50.0～100.0Ω	0.5Ω	±(2%+0.5Ω)
	100～200Ω	1Ω	±(3%+1Ω)
	200～400Ω	5Ω	±(6%+5Ω)
	400～600Ω	10Ω	±(10%+10Ω)
	600～1200Ω	50Ω	
电流测量	1～300mA	1mA	±(2.5%+2mA)
	0.300～3.000A	0.001A	±(2.5%+2mA)
	3.00～30A	0.01A	±(2.5%+20mA)

利用钳形接地电阻测试仪可以方便地进行高低压架空地线路的接地电阻测量，测量时把被测量杆塔以外的杆塔接地体并联，使之形成电阻很小的辅助电极，所以可以认为测得的总电阻近似等于被测回路中的接地电阻值。

不过由于通信局（站）联合接地系统的接地电阻值本身已经很小，又很难找到另一个电阻更小的辅助电极，故在通信局（站）中执勤维护中，使用钳形接地电阻测试仪来测量系统的接地电阻，在便捷的同时其测量结果的准确度还有待商榷。

习题与思考题

1. 雷电是如何产生的？对通信系统有哪些危害形式？

2. 雷电流波形的变化规律如何？直击雷和感应雷的电气特征有何不同？

3 通信局（站）的防雷保护有哪些基本原则？防雷保护区的划分有何具体规定？

4. 试对照传统阀式避雷器分析 ZnO 避雷器的工作机理及其性能特点。

5. 通信电源设备按耐雷电冲击指标的不同是如何分类的？

6. 电力变压器通常采用什么防雷保护措施？

7. 通信局（站）交流配电系统多级防雷措施是如何配置的？

8. 某通信局（站）的通信大楼属于二类防雷建筑，高 20m，其屋顶最远一角距离高 50m 的烟囱 15m 远，烟囱上装设有一根 2.5m 长的避雷针。试验算此避雷针能否保护该通信大楼免遭直接雷的危害。

9. 什么叫接地？什么叫接地体和接地装置？什么叫接地电流和对地电压？什么叫接触电压和跨步电压？

10. 试分析 TN 系统、TT 系统、IT 系统在接地形式上的具体区别。

11. 设置重复接地的初衷是什么？应如何正确看待重复接地的线路功用？

12. 简述漏电保护器的工作原理。

13. 什么叫接地电阻？通信局（站）电源系统对接地系统阻值有何具体要求？通常有哪些能有效改善接地电阻的措施和方法？

14. 接地电阻有哪些常用的测量形式？试分析不同测量形式、辅助电极不同布置方式对测量结果准确度的影响。

第9章

机房空调系统

空调系统具有调节室内空气的温度、湿度、流动速度、清洁度等功能，以满足设备生产工艺、工作环境或人们对环境舒适度的需求。近年来，随着空调技术的发展和人民生活水平的不断提高，各种形式的空调已大量进入机房、车间、办公室和普通百姓家庭，且功能越来越齐全，种类越来越多。

机房，如果定义宽泛的话，包括电源系统的发电机房、供配电机房，甚至人员活动的机房，这类普通机房对温湿度要求不高，空调的配备选择余地可以更大，这取决于机房的类型和机房设备对空气参数的具体要求。一些电信机房对运行环境的温度、湿度和洁净度要求是非常高的，而且需要长时间持续运行，这类机房需要配备机房专用空调（精密空调），而一般的舒适性空调在控制方式及控制精度方面与之相比都存在较大差距，尤其是在湿度及空气洁净度方面。

无论是哪种空调产品，其基本的工作原理和理解其工作原理所需基础知识是基本相同的，本章主要介绍与空调相关的基础知识、风冷式机房空调和水冷式机房空调及其工程安装与维护相关知识。

9.1 机房环境要求

机房设备要在合适的温度、湿度和清洁度等环境条件下才能良好运行，一般在机房建设前要明确对空气质量控制的目标。湿度和温度是相关的，在对温度进行控制的基础上，对湿度的控制也能实现，比如通过对露点温度的控制，可以实现加湿或除湿。对许多机房来说，发热量很大，为了确定空调的容量和类型，以满足机房温度、湿度、清洁度和送风速度的要求，必须首先计算机房的热负荷。

9.1.1 机房的热负荷

(1) 机房的热量

热量根据其性质的不同，分为显热和潜热。显热（Sensible Heat）是指当此热量加入或移去后，会导致物质温度的变化，而不发生相变，可分为对流热和辐射热两种成分。潜热是当温度不变时，物质产生相变过程中所吸收或放出的热量称为潜热。例如，气化过程中，1kg 液体汽化成同一温度蒸汽时所吸收的热量称为气体潜热。

机房显热量主要来源有设备散热量、照明散热量和通过围护结构传入室内的热量等。机房的发热量主要是显热（约占 90%）而且大部分热量是由电子设备本身耗电产生的。电子信息设备耗电量的约 97%都转化为热量，热密度高，夏天冷负荷大，因此空调设计主要考虑夏季冷负荷，以设备实际用电量为依据。对主机房内的电子信息设备的用电量不能完全掌握时，可参考所选 UPS 电源的容量和冗余量来计算设备的散热量。

(2) 机房发热量的计算

① 机房设备散热量的计算。一个系统的总发热量等于它所有组件的发热量之和。整个系统应包括IT设备及其他项，如UPS、配电系统、空调装置、照明设施和人员等。UPS和配电系统的发热量由两部分组成：一部分是固定的损耗值，另一部分与负载功率成正比，对于不同品牌和型号的设备，暂估这两部分热量损耗是一致的。照明设施和人员所产生的热量也可以使用标准值进行估算。

② 机房传入热量的计算。通过围护结构传入机房的热量可由地板面积（m^2）、房间高度来计算。通过机房屋顶、墙壁、隔断等围护结构进入机房的传导热是一个与季节、时间、地理位置和太阳的照射角度等有关的量。因此，要准确地求出这样的量是很复杂的问题。当室内外空气温度保持一定的稳定状态时，由平面形状墙壁传入机房的热量可按下式计算：

$$Q=KF(t_1-t_2)$$

式中　K——围护结构的热导率，$W/(m^2 \cdot K)$；

F——围护结构面积，m^2；

t_1——机房内温度，℃；

t_2——机房外的计算温度，℃。

计算不与室外空气直接接触的围护结构如隔断等时，室内外计算温度差应乘以修正系数，其值通常取0.4～0.7。

常用材料热导率如表9-1所示。

表9-1　常用材料热导率

建材	单位热导率/[$W/(m^2 \cdot K)$]	建材	单位热导率/[$W/(m^2 \cdot K)$]
铜	380	空心砖	0.17
水泥	1.5	软木塞	0.04
实心砖	0.83	聚苯乙烯	0.031

9.1.2 机房环境的一般要求

① 房间密封良好，气流组织合理，保持正压和足够的新风量。新风量应保持下列三项中的最大值：

- 室内总送风量的5%；
- 按工作人员每人40m^3/h；
- 维持室内正压所需风量。

② 应满足按机房环境分类的温度和湿度要求。

③ 机房若无空调设施时，应安装有通风排气设施。

④ 满足设备正常运行的条件下，为节约能源，应科学合理地确定机房的温湿度范围。若空调制冷时，应尽量靠近温湿度要求的上限；若空调制热时，则应尽量靠近温湿度要求的下限。

机房环境的分类主要以机房内的温、湿度为表征，其分类及指标见表9-2。

表9-2　机房环境的分类和指标

环境分类	主要局站类型	温度/℃	湿度/%
一类环境	DC1、DC2长途交换机、骨干高级/省内低级信令转接点、骨干/省内智能网SCP、一二级干线传输枢纽、骨干/省内骨干数据设备的通信机房及动力机房、IMDS、IDC设备机房	10～25	30～70

续表

环境分类	主要局站类型	温度/℃	湿度/%
二类环境	汇接局、关口局、本地智能网SCP、本地传输网骨干节点、本地数据骨干节点(含城域网核心层设备)、IDC机房、拨号服务器的通信机房,5万门以上市话通信机房及测量室,服务重要用户(要害部门)的交换设备、传输设备、数据通信设备机房,无线市话核心网络设备机房及所属的动力机房,长途干线上下话路站机房	10～28	20～80
三类环境	5万门以下市话通信机房、城域网汇聚层数据机房及所属的动力机房、长途传输中继站	10～30	20～85
四类环境	模块局、用户接入网、城域网接入层设备(小区路由器、交换机)、DSLAM设备的通信机房,其他通信机房	5～35	15～85

注：同一机房内安装的不同等级设备，按照高环境分类标准要求。

要求一般的机房包括电源机房、人员活动的机房，一些中央空调产品具有温度和湿度调节功能，能够满足要求，要根据冷热负荷和环境分类标准选择合适的空调产品。

9.1.3 机房环境的特殊要求

一些特殊机房比如数据中心对环境的要求较高，在温度、湿度、洁净度及开机运转要求等方面有所不同，要求恒温恒湿、大风量小焓差，具备空气除尘功能，在性能方面要7×24h×365d连续运行。

比如，2004年美国采暖制冷空调学会9.9技术委员会（ASHRAE TC 9.9）对数据中心的温度和湿度进行了规范化，制定了一套通用的中立指导方针，得到了IT设备制造商的同意。数据中心按照温湿度要求的严格程度分为A1～A4共4类等级。推荐的环境范围扩大为18～27℃，并得到IT设备制造商保修承诺。如表9-3所示，A1类：代表典型数据中心，推荐机柜进风温度范围18～27℃，允许机柜进风温度范围15～32℃，通常是严格控制环境参数（露点、温度和相对湿度）和运行核心业务，服务对象为企业的服务器和存储设备。其中，露点的缩写是DP（Dew Point），相对湿度的缩写为RH（Relative Humidity）。

A2类：通常是信息技术空间或办公室或实验室环境，主要控制环境参数（露点温度和相对湿度）要求不高；服务对象为服务器、存储产品、个人计算机、工作站等。

A3/A4类：通常是信息技术空间或办公室或实验室环境。

表9-3 数据中心环境等级规格

项目	设备环境规格				
	干球温度/℃	湿度范围,非冷凝	最大值露点/℃	最大值海拔/m	最大速率变化/(℃/h)
推荐的(适用于所有类别;个别数据中心可以根据本文档中描述的分析选择扩大此范围)					
A1～A4	18～27	5.5℃DP到60%RH和15℃DP			
允许值					
A1	15～32	20%～80%RH	17	3050	5/20
A2	10～35	20%～80%RH	21	3050	5/20
A3	5～40	−12℃DP&;8%～85%RH	24	3050	5/20
A4	5～45	−12℃DP&;8%～90%RH	24	3050	5/20

不同类型的数据中心间对环境的要求有很大区别，即使同一个数据中心内，由于应用和业务的变化，差异也会很大。要满足不同的业务需求，机房需要采用更多的制冷方案、方法适应不同的气象条件，以便实现电源使用效率（Power Usage Effectiveness，PUE）最优。

我国在2017年颁布了GB 50174—2017《数据中心设计规范》对原标准的温度标准进行

了调整。具体如表 9-4 所示。

这类通信机房属高发热机房，几乎无潜热源，所以产湿量很小，而热湿比相当高。这就需要及时、大量地排出显热，而不是去湿。

表 9-4　GB 50174—2017 对数据机房的环境标准

项目	技术要求			备注
	A 级	B 级	C 级	
冷通道或机柜进风区域的温度	18～27℃			不得结露
冷通道或机柜进风区域的相对湿度和露点温度	露点温度 5.5～15℃，同时相对湿度不大于 60%			
主机房环境温度和相对湿度（停机时）	温度 5～45℃，相对湿度 8%～80%，同时露点温度不大于 27℃			
主机房和辅助区温度变化率	使用磁带驱动时，温度变化率<5℃/h 使用磁盘驱动时，温度变化率<20℃/h			
辅助区温度、相对湿度（开机时）	温度 18～28℃，相对湿度 35%～75%			
辅助区温度、相对湿度（停机时）	温度 5～35℃，相对湿度 20%～80%			
不间断电源系统电池室温度	20～30℃			
主机房空气粒子浓度	应少于 17600000 粒			每立方米空气中大于或等于 0.5μm 的悬浮粒子数

单位容积发热量很大，随着科学技术的不断进步，各种精密电子设备愈来愈趋于小型化，各类电子元器件的紧密排布。对散热效果提出了越来越高的要求。为了保证电子元件及时排出显热，以及整个机房的温度梯度变化≤1℃/10min，这就对机房的风量及换气循环次数提出了严格的要求。

通信设备全年不停地运作，由于考虑隔热、隔湿及洁净度要求，机房不开外窗，机房建筑围护结构的保温性能也很好，即使在冬季，无采暖设备的情况下也需要供冷，因此要求空调设备能够保证全年连续可靠的运行。

相对湿度对机房的影响是一个不容忽视的问题。湿度过高或过低都会影响电器元件的绝缘性能以及设备的正常使用，低湿度产生不同电位元件之间放静电，这种静电压可达几万伏，足以使电气元件受到致命伤害。

通信机房及高精密电子设备对空气洁净度有特殊要求，机房内灰尘影响其正常工作，灰尘沉积在磁带和电子元件上会使磨损加速，且容易引起金属材料的化学腐蚀、电子元件性能参数的改变和绝缘性能下降等。如灰尘过大，有可能使某些重要部件报废。为保证空气的洁净度，空调系统进入机房内的空气必须全部过滤。对于灰尘粒径 5μm 以上的粒子，空气过滤效率应达 95%以上；而对于粒径 1μm 的粒子，至少要去除 90%才算合格。

对于这类机房，需要采用机房专用空调。

9.1.4　机房专用空调

机房专用空调也称为恒温恒湿空调，是为一定特殊目的和要求服务的局部式空调系统，是一种性能比较完善的空调设备，具有制冷、加热、加湿、除湿等功能，对所需环境进行精密温湿度控制的空调机，广泛使用于程控交换机房、计算机机房、实验室等场所。

(1) 通信机房专用空调的特点

① 大风量、小焓差。与相同制冷量的舒适空调机相比，机房专用空调机的循环风量约大一倍，相应的焓差只有一半。

② 适应性强。通常机房的热负荷要在 10%～20%变动，变化幅度较大。机房空调系统能够适应这种负荷的变化，以使元器件工作在所要求的环境条件之中，保证电路性能的可靠性。

③ 送回风方式多样。由于需要与通信设备的冷却方式相适应，机房空调系统的送风回风方式是多种多样的，有上送风、下送风，有上回风、下回风、侧回风等。

④ 过滤。机房专用空调的空气过滤器一般采用粗、中效过滤，以满足设备对洁净度的要求，并且可以方便地通过更换过滤器或增加过滤器进行升级。在机房专用空调中装置有符合以上标准的空气过滤网，此过滤装置完全能够满足机房对于洁净度的要求。

⑤ 机房专用空调的加湿系统、除湿系统均由分辨率极高的微处理控制器来控制，一般用户可自行选择电极式锅炉和红外线加湿器为精密控制机房的湿度提供了可靠的保证。

⑥ 可靠性较高。机房专用空调一般采用双制冷回路，控制、保护、告警功能比舒适性空调要完善得多。

⑦ 全年制冷运行。多数机房专用空调机在室外气温降至－15℃时仍能制冷运行，而采用乙二醇制冷机组，可在室外气温降至－45℃时仍能制冷运行。与此形成明显对比的舒适性空调机，在此种条件下，根本无法工作。

⑧ 设计点对应运行点。由于机房专用空调把运行点作为设计点，因而机组始终处于最佳运行点，运行效率较高。

(2) 机房专用空调使用的技术要求

① 基本工况。室内24℃干球温度，相对湿度45%，室外温度35℃干球温度。

② 控制精度。当设定温度在18～28℃范围时，温度控制精度为±1℃，控制精度应在1～3℃可调。设定湿度在30%～70%范围时，湿度控制精度为±5%，控制精度应在5%～10%可调。

③ 空气过滤能力。空调机应设不低于GB/T 14295规定的粗效2类空气过滤器，按照JB/T 12218方法试验时，过滤器初始计数效率应为80%（相当于美国ASHRAE 52-76或Eurovent 4-5标准）。

④ 显热比。指的是在规定的制冷量试验条件下，显冷量（空调机从所处理的空气中移除的显热量）和制冷量（空调机从所处理的空气中移除的显热和潜热和）之比，用小于或等于1的数值表示。显热比不小于0.90，回风温度24℃干球温度，相对湿度45%。

⑤ 整机能效比。能效比（Energy Efficiency Ratio，EER）指的是在规定的制冷量试验条件下，整机的制冷量和制冷消耗功率之比。基本工况下：室内24℃干球温度，相对湿度45%，室外温度35℃干球温度，风冷式空调机的能效比不小于3。室外温度45℃环境下的工况比基本工况下，能效比下降应控制在10%～15%范围内。

⑥ 冷风比。指的是空调机制冷量（W）和送风量（m^3/h）之比。空调机应有较大的送风量和较小的冷风比，且送风温度应高于机房露点温度。制冷量（W）/送风量（m^3/h）建议小于4.5。

⑦ 机外静压。指的是空调机出风口与回风口处的静压差。机外静压要求，所有类型的空调设备标配机外静压应能在20～200Pa内可调，能够提供机外静压在200Pa以上的选件。

⑧ 最大运行噪声。空调机的噪声值在额定电压和额定功率下按JB/T 4330规定的方法测得。现场空调噪声值评估，按照表9-5所示的测定方法。

表9-5 空调机噪声限值［dB（A）］(声压级)

制冷量/W	室内侧/dB			室外侧/dB
	风帽送风	风管送风	下送风	
≥14000～28000	68	66	66	64
≥28000～50000	71	69	69	66
≥50000	74	72	72	68

⑨ 控制功能。有独立的制冷、加热、除湿、加湿、送风功能，对各项功能的控制应能保证在设定控制点和精度控制范围内。空调机应有来电自启动功能，交流供电恢复时，设备应保持停电前的运行状态。

⑩ 远程监控功能。系统应能提供 Internet 接口，通过网络实现设备远程监控。应具备 RS-232/485 通信接口，具有良好的电气隔离。具有设备运行参数的设置及智能判断功能，对于超常规的参数设置（错误命令）能自动拒绝。系统具有三遥（遥测、遥信、遥控）功能。

⑪ 告警功能。系统机组应具备下列告警，并具备相应的动作。

- 直接蒸发式制冷系统高压、低压告警。
- 气流故障告警。
- 温度、湿度超出范围（过高或过低）告警。
- 电加热高温保护。
- 加湿器告警。
- 滤网堵塞告警。
- 漏水报警。
- 电源故障告警。

机房专用空调与舒适性空调的区别见表 9-6。当然机房专用空调价格一般比较昂贵，用户可根据机房类型、设备运行要求、冷热负荷等选用具备温湿度调节的普通中央空调或者专用精密空调。

表 9-6　机房专用空调机与舒适性空调机的特点

序号	比较内容	舒适性空调机	专用空调
1	冷风比/(kcal/m^3)	5	2.2～3
2	显热比[显冷量/总冷量]	0.65～0.7	0.85～1.0
3	焓差/(kcal/kg)	3～5	2～2.5
4	控制精度	3℃	±1℃，±3%RH
5	温度控制	通常没有	有加湿和去湿功能
6	空气过滤	一般性过滤	过滤 0.2～0.5μm 的粒子
7	蒸发温度/℃	较低	>5～11
8	蒸发气排数	4、6、8	2～4
9	迎风面积/m^2	较小	1.3～2.7
10	迎面风速/(m/s)	较大	≤2.7
11	备用	单制冷回路	双制冷回路或能够双机热备
12	运行时间/h	8～10	24
13	全年运行可靠性	不设计冬季运行	全天候运行
14	控制	一般控制	微机控制
15	监控	无或非常简单	能进行本机或远程监视温湿度、空气处理状态和各种报警等

9.2 空调系统基础知识

9.2.1 基本物理概念

9.2.1.1 温度

温度是物质冷热程度的量度，或者说是物质内部分子运动动能的标志，它实质上反映了物质分子热运动的剧烈程度。温标是人为规定的测量温度的标尺。常用的温标有：摄氏温标、开氏温标和华氏温标。

摄氏温标 t，又称为国际百度温标，单位为“℃”，规定：在1个标准大气压下，以水的冰点为零度，沸点为100度，把其间分为100等份，每等份定为1摄氏度，记作1℃。摄氏温标为十进制，简单易算，相应的温度计称其为摄氏温度计。开氏温标 T，也称为热力学温标或绝对温标，是国际制温标，单位为“K”，规定：在1个标准大气压下，以水的冰点为273度，沸点为373度，把其间分为100等份，每一等份为开氏1度，记作1K。在热力学中规定，当物质内部分子的运动终止时，其绝对温度为零度，即 $T=0\text{K}$。华氏温标 F，单位为“℉”，规定：在1个标准大气压下，水的冰点为32度，沸点为212度，把其间分为180等份，每一等份就是1华氏度，记为1℉。上述三种温标的相互比较如图9-1所示。

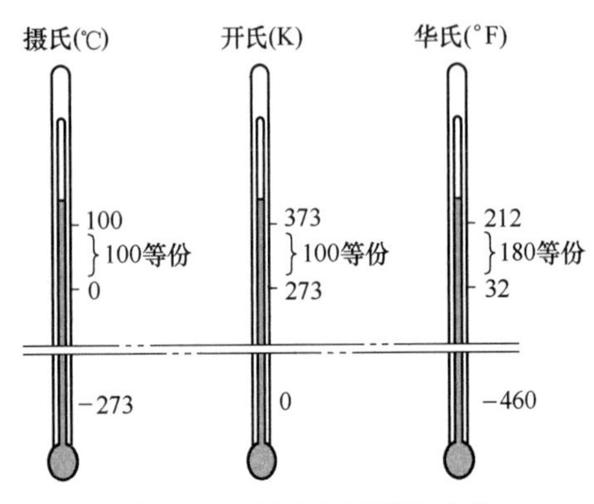

图9-1　三种常见温标的比较

按国际规定，当温度在零度以上时，温度数值前面加“+”号（可省略）；当温度在零度以下时，温度数值前面加“−”号（不可省略）。摄氏温标、华氏温标和开氏温标之间的换算关系见表9-7。

表9-7　各温标之间的换算关系

温度	摄氏温标 t/℃	开氏温标 T/K	华氏温标 F/℉
t	t	$t+273$	$(9/5)t+32$
T	$T-273$	T	$(9/5)(T-273)+32$
F	$(5/9)(F-32)$	$(5/9)(F-32)+273$	F
冰点	0	273	32
水沸点	100	373	212

9.2.1.2　压力

在物理学上，把单位面积上所受的垂直作用力称压强，而在工程上常把液体或气体的压强称为压力。在制冷与空调技术领域中亦如此，即所说的压力数值实际上是压强的大小，本章中出现的压力值也是指压强的大小，压力单位为帕斯卡（Pa）。

在制冷系统中，由于测量和计算需要，压强需要用绝对压力、相对压力及真空度等几种方法表示。绝对压力是指容器中气体对容器的实际压力，用 P 表示。相对压力表示比大气压高或低出的数值，是用压力表测出的，因此也称为表压力，用 $P_{表}$ 表示。真空度是指设备内部压强远小于一个大气压的气态空间，真空度是用来表示真空程度的物理量。

在选择空调或风机时，常常会遇到静压、动压、全压这三个基本概念。根据流体力学的知识，流体作用在单位面积上的垂直力称为压力。当空气沿风管内壁流动时，其压力可分为静压、动压和全压，我国的法定单位是Pa。静压（P_i）指由于空气分子不规则运动而撞击于管壁上产生的压力。计算时，以绝对真空为计算零点的静压称为绝对静压。以大气压力为零点的静压称为相对静压。空调中的空气静压均指相对静压。静压高于大气压时为正值，低于大气压时为负值。动压（P_b）指空气流动时产生的压力，只要风管内空气流动就具有一定的动压，其值永远是正的。全压（P_q）是静压和动压的代数和：$P_q=P_i+P_b$。若以大气压为计算的起点，它可以是正值，亦可以是负值。

9.2.1.3 密度和比体积

单位体积（容积）的物质所具有的质量称为密度，用 ρ 表示，单位为 kg/m^3，其表示式为：

$$\rho = m/V$$

式中 ρ——密度，kg/m^3；

m——质量，kg；

V——容积，m^3。

单位质量的物质所占有的容积称为比体积（比容），用 ν 表示，单位为 m^3/kg，其表示式为：

$$\nu = V/m$$

式中 ν——比体积，m^3/kg；

V——容积，m^3；

m——质量，kg。

显然，比体积与密度为互为倒数关系：

$$\rho = 1/\nu$$

对于单相气体物质（在系统中的物理状态、物理性质和化学性质完全均匀的部分称为一个相）来说，其温度、压力、比体积或密度是可以直接测量的，被称为基本状态参数，只要知道这三个基本参数中的任意两个，就可以确定气体的热力学状态。

9.2.1.4 湿度

湿度是表示空气中所含水蒸气多少的物理量，通常用绝对湿度、相对湿度和含湿量三种方法来表示。

(1) 绝对湿度

通常将含有水蒸气的空气称为湿空气，不含水蒸气的空气称为干空气。

单位容积的湿空气中含有的水蒸气的质量称为绝对湿度。

$$z = m_q/V$$

式中 z——绝对湿度，kg/m^3；

m_q——水蒸气质量，kg；

V——空气容积，m^3。

(2) 含湿量

湿空气中水蒸气的质量与干空气质量的比值，称为含湿量。

$$d = m_q/m_g$$

式中 d——含湿量；

m_q——水蒸气质量，kg；

m_g——干空气质量，kg。

(3) 相对湿度

相对湿度的概念表示在湿空气中水蒸气含量接近饱和含量的程度。相对湿度为 0，表示干空气；相对湿度为 100%，表示饱和湿空气。

$$\phi = \frac{p_q}{p_{qsat}} \times 100\%$$

式中 ϕ——相对湿度；

p_q——湿空气中水蒸气的分压力，Pa；

p_{qsat}——相同温度下，饱和湿空气中的水蒸气分压力，Pa。

在工程计算中，常用下列公式代替计算相对湿度

$$\phi=\frac{d}{d_{sat}}\times 100\%$$

式中 d——含湿量；

d_{sat}——为饱和湿空气中的含湿量。

空气的温度与湿度也是相关联的，与湿空气相关联的几个常用参数有：干球温度、湿球温度、露点温度。

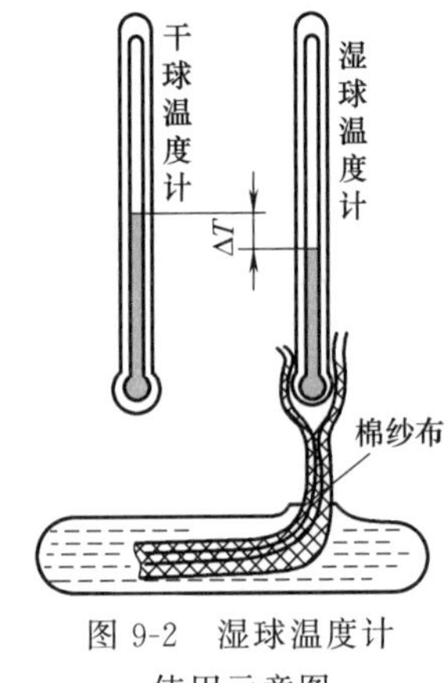

图 9-2 湿球温度计使用示意图

① 干球温度 t。普通温度计指示的空气温度称为干球温度，干球温度计的球部（温包）直接与空气接触，它指示的是空气的真实温度。

② 湿球温度 t_s。通过“湿球温度计”测出的空气温度称为湿球温度。如图 9-2 所示，为湿球温度计的使用示意图。将干球温度计的感温包用棉纱布包扎，棉纱布下部浸在水里。如果空气中所含水蒸气未达到饱和程度，由于水的蒸发要吸收一部分热量，因此湿球温度一般低于同环境下的干球温度。只有空气达到饱和状态时，$t_s=t$，干球温度和湿球温度的差值大小反映出了空气中相对湿度的大小。

③ 露点温度。在空气含湿量不变的情况下，通过冷却降温而达到饱和状态的温度称为露点温度。此时，空气的相对湿度为100%，干球温度、湿球温度、饱和温度及露点温度为同一温度值。在露点温度下，空气中的水蒸气在物体表面形成一层细小的水滴，称为结露或露水。

9.2.1.5 热量和比热

(1) 热量

热量是物质热能转移的量度，是表示某物质吸热或放热多少的物理量，用 Q 表示。在国际单位中，热量的单位为焦耳（J）和千焦耳（kJ）；在工程单位制中常用卡（cal）和千卡（kcal）。

(2) 显热和潜热

物体在加热（或冷却）过程中，温度升高（降低）所需吸收（或放出）的热量，称为显热。在这一过程中物体的温度发生了变化，但状态没有发生变化。通常可以用温度计测量物体的温度变化。例如，将一杯 80℃ 的水放在空气中冷却至室温，其温度明显下降，但状态不变，仍然是水，其放出的热量称为显热。它能使人们有明显的冷热变化感觉。

当单位质量的物体在吸收或放出热量过程中，其状态发生变化，但温度不发生变化，这种热量成为潜热。例如，把一块 0℃的冰加热，它不断吸收热量而熔化，直至固体的冰完全融化成水之前，温度都不发生变化。其在熔化过程中所吸收的热量称为潜热。潜热不能通过触摸感觉到，也无法用温度计测出来。图 9-3 表明了 1kg 水在一个大气压力下的各类热值。

(3) 比热容

物体的温度发生一定量的变化时，物质吸收或放出的热量，不仅与物质的质量有关，还与物质的性质有关。把单位质量的某种物质的温度升高或降低 1℃所吸收或放出的热量，称为这种物质的质量比热容，简称为比热容，用 C 表示，单位为 kJ/(kg·℃) 或 kJ/(kg·K)。

对于气体物质，压力不变时的比热容称为定压比热容，用 C_p 表示。容积不变时的比热容称为定容比热容，用 C_V 表示。

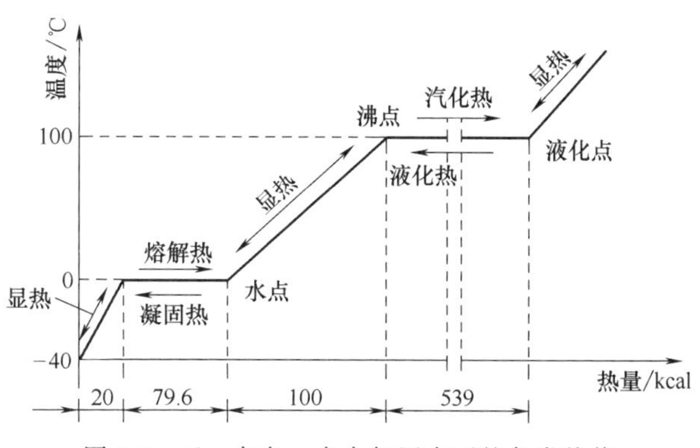

图 9-3　1kg 水在一个大气压力下的各类热值

不同的物质，其比热容不同；同类物质，若状态不同，其比热容也不同。如瘦牛肉的比热容为 3.21kJ/(kg·K)，牛肉冻结以后的比热容为 1.71kJ/(kg·K)；又如水的比热容为 4.18kJ/(kg·K)，而冰的比热容为 2.09kJ/(kg·K)。

(4) 物质温度变化时的热量计算

物质的温度变化伴随有热量的转移，即得到或失去热量。其计算式为：

$$Q=cm(t_2-t_1)$$

式中　Q——热量，kJ；

c——物质的比热容，kJ/(kg·K)；

m——物质的质量，kg；

t_1——物质初始温度，K；

t_2——物体终止温度，K。

9.2.1.6 汽化（热）和液化（热）

(1) 汽化和液化

物体的状态在某些特定条件下是可以互相转变的，由液态变成气态的过程称为汽化；由气态变成液态的过程称为液化（或称为凝结）。汽化分为蒸发和沸腾两种形式，蒸发是指在任何温度下，液体外露表面的汽化过程。蒸发在日常生活中到处可见，如湿衣服晒在阳光下会干燥，放在杯子中的酒精很快会蒸发等。沸腾是指在一定温度下液体内部和表面同时发生剧烈的汽化过程。这时，液体内部形成许多小气泡升到液面，迅速汽化。

(2) 汽化热和液化热

液体与气体在互相转变过程中，是以潜热的方式与外界进行热量交换的。1kg 液体在一定温度下全部转变为同温度的蒸气所吸收的热量称为汽化潜热或汽化热，用符号 r 表示，单位为 kJ/kg；反之，1kg 蒸气完全凝结为同温度的液体所放出的热量称为液化热或凝结热。同温度下的液化热在数值上与汽化热相等。汽化热和液化热不仅与工作介质的种类有关，而且与饱和压力（或饱和温度）有关。

(3) 饱和温度和饱和压力

液体在沸腾时的温度称为沸点，又称为在某一压力下的饱和温度。与饱和温度相对应的压力称为该温度下的饱和压力。例如，水在一个大气压下的饱和温度为 100℃，水在 100℃时的饱和压力为一个大气压。

饱和温度与饱和压力之间存在着一定的对应关系。例如，在海平面，水在 100℃才煮开，而在高原地带，不到 100℃就沸腾。一般讲，压力升高，对应的饱和温度也升高；温度升高，对应的饱和压力也增大。

9.2.1.7 功和功率

作用于物体上的力在物体位移方向上的分量与物体位移的乘积定义为功。用 W 表示，单位为焦耳（J）。定义式为：

$$W=FS$$

式中 W——功，J；

F——作用力，N；

S——位移，m。

在空调器中，功包括电功及压缩功或膨胀功，压缩功或膨胀功是由气体容积膨胀或被压缩而产生的，表示式为：

$$W=pV$$

式中 W——功，J；

p——气体容积变化时的压力，Pa；

V——气体容积的变化，m^3。

功率是指单位时间内所做的功，功率的国际单位为瓦（W）。其他功率表示单位还有千卡/秒（kcal/s）、千卡/时（kcal/h、1kcal/h = 3600kcal/s），米制马力（PS，1PS = 735.49875W）等。

9.2.1.8 内能

物体是由大量分子组成的，并不停地做无规则运动，分子间还有作用力。由于分子的运动，使分子具有动能；由于分子间的作用力，使分子具有势能。物体动能和势能的总和，称为物体的内能。内能与物体的温度、体积、质量和组成等有关。用符号 U 表示，其单位是焦耳（J）。内能是不可能用仪器测量的，只能用其相对值。制冷工程中，一般设定 0℃ 状态的气体内能为零，其他各种状态的内能与其比较即可确定。

9.2.1.9 空气的焓

在热力学中，焓是象征系统中所有的总能量，是内能和压力位能之和，用符号 H 表示，单位是焦耳（J）。即

$$H=U+pV$$

单位质量物质的焓称为比焓，用 h 表示

$$h=u+p\nu$$

对气态工质而言，由于内能 u、压力 p、比体积 ν 均为状态参数，因此焓 h 也是一个状态参数。

空气的焓值是指空气所含有的总热量，通常以干空气的单位质量为标准。在空气调节中，空气的压力变化一般很小，可近似于定压过程，因此可直接用空气的焓变化来度量空气的热量变化。即

$$\Delta h=\Delta Q$$

湿空气的焓值随着温度和含湿量的变化而变化，当温度和含湿量升高时焓值增加；反之，焓值则降低。但是当温度升高，同时含湿量下降时，湿空气的焓值不一定会增加，而完全有可能出现焓值不高或焓值减少的现象。

9.2.1.10 熵

熵是表征工质状态变化时，与外界换热程度的一个热力状态参数。热力学中，将物质热量与温度的比值称为熵，用符号 S 表示，单位为千焦/(千克·开尔文）即，kJ/(kg·K)。

工质在等温加热过程中，从外界加入热量 Q，加热时的温度为 T（绝对温度），加热前后的熵分别为 S_1 和 S_2，对于理想过程可得到

$$S_2-S_1=Q/T$$

由上式可知：当 $S_2>S_1$ 时，$Q>0$，表示工质从外界吸收热量；当 $S_2<S_1$ 时，$Q<0$，表示工质对外界放热；当 $S_2=S_1$ 时，$Q=0$，表示等熵过程，即绝热过程。显然，对于制冷剂的理想绝热过程来说，是一个等熵过程。

熵、焓和内能一样是不能用仪器测量的，只能用其相对值。制冷工程中，一般设定 0℃ 状态的气体内能值为零，0℃饱和液体的比焓值为 500kJ/kg 或 200kJ/kg，0℃饱和液体的熵值为 1kJ/(kg·K)。其他各种状态的内能、焓和熵值与其比较即可确定。

9.2.2 热力学的基础知识

9.2.2.1 热力学第一定律

热力学是研究在物质状态发生变化时热能、内能、功之间相互转换的规律，以及热力学系统内、外部条件对能量转换影响的一门学科。

热力学第一定律是能量守恒与转换定律在热力学中的具体应用。热力学第一定律指出：自然界一切物质都具有能量，它能够从一种形式转换为另一种形式，从一个物体传递给另一个物体，在转换和传递过程中总能量的数量不变，能量既不能被创造，也不能被消灭。

与空调有关的能量的几种主要形式有：热量 Q、功 W、内能 U、焓 H 和熵 S。

9.2.2.2 热力学的第二定律

热力学第一定律指出了能量转换在数量上的关系，但实际上并不是所有满足或遵循热力学第一定律的热力过程都能实现，有许多是需要条件的，是不可逆的，有方向性的。热力学第二定律正是揭示这种热力学过程方向性的定律。

热力学第二定律的克劳修斯表述为：热不可能自发地、不付代价的从低温物体传到高温物体。热力学第二定律的开尔文叙述为：不可能制造出从单一热源取得热量，使之全部转变为功而不产生其他变化的热力发动机。

9.2.2.3 逆卡诺循环

逆向循环是消耗能量的循环，所有的制冷循环都是按逆向循环工作。逆向卡诺循环是由两个可逆的等温过程和两个可逆的绝热过程组成。它是热力学上耗工最小、效率最高、工作在一个恒温热源和一个恒温冷源之间的理想制冷循环，该循环如图 9-4 所示。

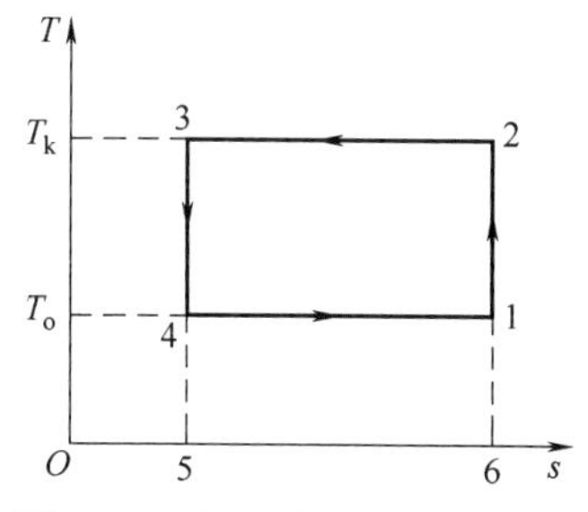

图 9-4　无温差的逆卡诺循环图

恒温冷源的温度为 T_o，恒温热源的温度为 T_k，并假定制冷循环中制冷剂从恒温冷源吸热及向恒温热源放热过程为无温差传热。图 9-4 所示 1～2 过程为绝热压缩过程，在此过程中，外界对制冷剂作功使制冷剂的温度由 T_o 升高至 T_k；2～3 过程为可逆等温放热过程，在此过程中，制冷剂向恒温热源（T_k）放热 Q_k（为无温差传热，制冷剂温度为 T_k）；3～4 过程为绝热膨胀过程，制冷剂对外界做功，温度由 T_k 降为 T_o；4～1 过程为可逆等温吸热过程，此过程中，制冷剂从恒温源（T_o）中吸热 Q_o（无温差传热），恢复到初始状态，从而完成一次逆卡诺循环。

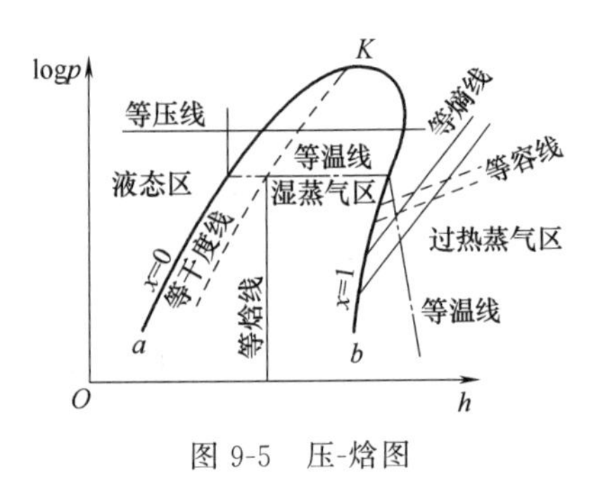

图 9-5　压-焓图

9.2.2.4　压-焓图

在进行制冷循环热力分析时，常需要应用制冷剂的热力性质图，其中最常用的就是压-焓图，如图 9-5 所示为制冷剂的压-焓图。

压-焓图以比焓（h）为横坐标，绝对压力的对数值（$\log p$）为纵坐标，因此又称其为 $\lg p$-h 图，图上的任意一点都表示制冷剂某一确定的热力状态。在图上可查询制冷剂的温度（t）、压力（p）、比焓值（h）、比体积（ν）、干度（x）等参数。

图上有一临界点 K，临界点上的状态参数均称为临界参数。从 K 点出发有一簇钟罩形曲线，最左面的一条称为饱和液体线（干度 $x=0$），最右面的一条粗实线称为饱和蒸气线（干度 $x=1$），这两条线将图分成三个区域，饱和液体线的左侧为过冷液体区。饱和蒸气线的右侧为过热蒸气区，两条线之间的区域为气液共存的两相区（或称湿蒸气区）。湿蒸气的含量用干度 x 表示，通过等干度线就可知道某一状态湿蒸气的干度。

在压-焓图中，有六条等参数线。

① 等压线。是一簇水平线，纵坐标上表示的数值为绝对压力值，并非其对数值。

② 等焓线。是一簇垂直线。

③ 等温线。为一簇折线，在液相区为近似垂直线，在气液两相区为水平线，在过热蒸气区为向右下方弯曲的倾斜线。

④ 等熵线。向右上方弯曲的倾斜线。

⑤ 等容线（等比体积线）。向右上方弯曲的倾斜线，但比等熵线平坦。

⑥ 等干度线。只存在于气液两相区，表示湿蒸气的成分。

对于一种确定的制冷剂，在温度、压力、比体积、焓、熵、干度等参数中，只要知道其中任意两个参数，就可在压-焓图上确定其状态，从而通过该状态点在图中读出其他状态参数。应该注意，在气液两相区，温度和压力只能算作一个参数；对于饱和蒸气或液体，只需要知道一个参数就可确定其状态。

9.2.2.5　焓-湿图

湿空气中水蒸气的含量虽然不大，但当其含量发生变化时，却对湿空气的物理性质影响很大。湿空气的物理性质是由其状态参数来衡量。在空气调节技术中，广泛利用图 9-6 焓-湿图来确定湿空气的状态参数及其变化过程。

湿空气的焓-湿图是由 h、d、t、ϕ 四组定值线组成。其纵坐标为比焓 h，横坐标为含湿量 d。图 9-6 为焓-湿图的示意图，从图中可以看出一系列的等焓线 h 与 d 轴平行，一系列的含湿线 d 与 h 轴平行，还有一系列的等温度线 t 和等相对湿度线 ϕ（RH）。在实际应用中，为避免图面过长，常用一水平线代替实际的 d 轴。

焓-湿图有以下用途：

（1）确定湿空气各状态参数

当大气压力确定后，只要已知湿空气的状态参数 t、d、ϕ、h 中的任意两个参数，就可在焓-湿图中确定空气的状态点，并查出其余的参数。

① 干球温度 t。湿空气的干球温度，即环境温度，标在焓-湿图的纵坐标上。单位为℃。

② 含湿量 d。通过焓-湿图上与纵坐标平行的等湿线即可查出相应状态点的含湿量。

③ 相对湿度 ϕ。从焓-湿图的等相对湿度线可查出各状态点的相对湿度值，最下方的一

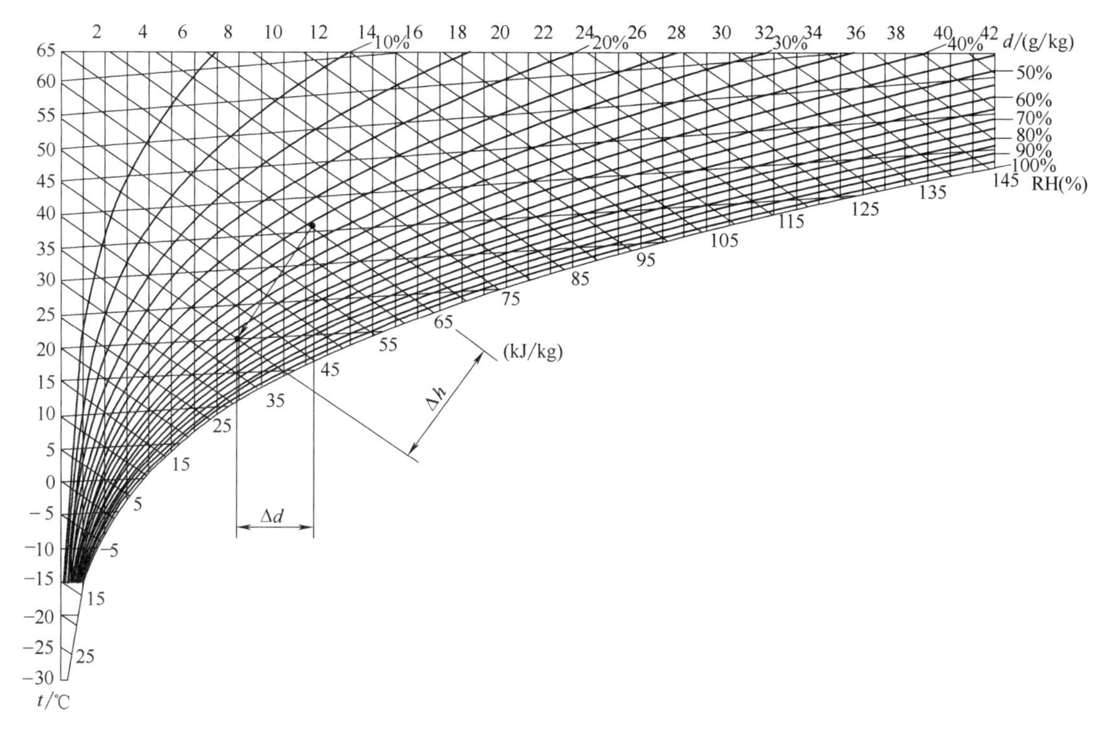

图 9-6　焓-湿图

条等相对湿度线为 $\phi=100\%$，为饱和湿空气线。

④ 湿空气的比焓 h。确定状态的湿空气焓值，可由焓-湿图上的等焓线查出。

⑤ 湿球温度 t_s。如果想从焓-湿图上确定某一状态点 A 的湿球温度，方法如下：

空气从湿空气变化到饱和空气的过程可近似看作等焓过程。从焓-湿图上确定空气的湿球温度，如图 9-7 所示，在焓-湿图上由 A 点作等焓线，与图上 $\phi=100\%$的饱和线相交，交点所代表的温度 t_s 就是状态 A 的湿球温度。

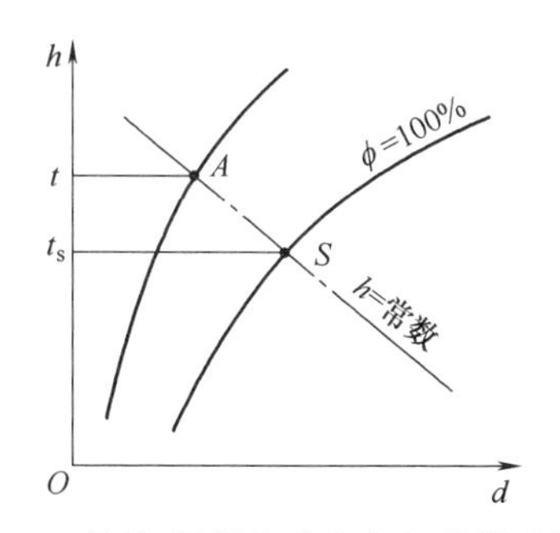

图 9-7　从焓-湿图上确定空气的湿球温度

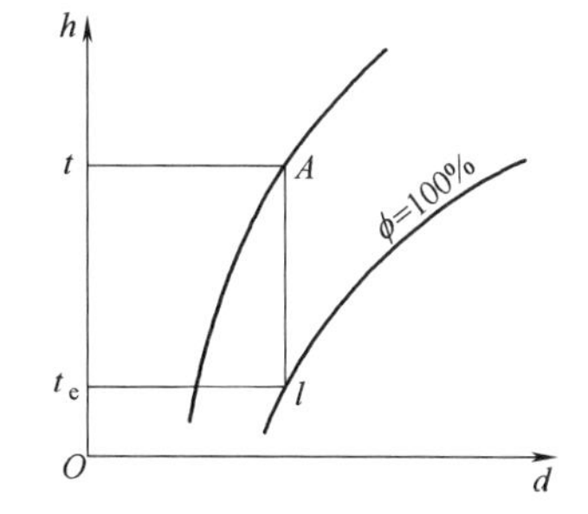

图 9-8　从焓-湿图上确定露点温度

⑥ 露点温度 t_e。在焓-湿图上确定某一状态点 A 的露点温度的方法如下：

如图 9-8 所示，当空气开始析出水珠时，说明已达到饱和状态，因此露点温度处在 $\phi=100\%$的饱和线上，并且空气在达到露点前的含湿量不变。从状态点 A 作等焓湿线与饱和线相交，交点 l 的温度即为露点温度 t_e。

(2) 分析空气状态变化过程

当空调器在工作时，空气流经空调器时，必然伴随着状态的变化，进行一系列的热力变化过程。

① 热湿比。湿空气自始态点 A 变化至终态点 B 的热力过程中，焓差和含湿量差之比值称为热湿比，用 k 表示

$$k=\frac{\Delta h}{\Delta d}=\frac{h_{\mathrm{B}}-h_{\mathrm{A}}}{d_{\mathrm{B}}-d_{\mathrm{A}}}\ (\mathrm{kJ/kg})$$

式中　k——热湿比，kJ/kg；

h_{A}，h_{B}——始终态湿空气的焓值，kJ/kg；

d_{A}，d_{B}——始终态湿空气的含湿量，kg/kg。

热湿比 k 表示了湿空气热力过程的方向和过程中热、湿交换特性。在 h-d 图上，k 为常数的湿空气过程是直线，k 就是该直线的斜率，所以也称 k 为角系数。k 相同的湿空气过程曲线（直线）都相互平行。所以在实用的 h-d 图中，取一基准点 A（常取 $h=0$、$d=0$ 点为基准点），以该点为起点，作出一系列定热湿比（角系数）线，如图 9-9 所示。

若已知湿空气热力过程的始点及热湿比 k 值，在 h-d 图中过始点作一直线平行于已知 k 值线，得到过程方向线，再由终态任意一个参数确定终点，由此得到过程线，并进行热力分析。热湿比 k 表示了湿空气热力过程的方向和过程中热湿交换特性。由上式可知，在定焓过程中，$\Delta h=0$，热湿比 $k=0$。在定含湿量过程中，$\Delta d=0$，若过程吸热，则 $k=+\infty$；若过程放热，则 $k=-\infty$。因此，定焓线与定含湿量线将 h-d 图分成四个区域，如图 9-9 所示。从两线交点 A 出发的热力过程线，终态点可落在四个不同的区域内，并具有如下特点：

在第Ⅰ区域内进行的过程，$\Delta h>0$，$\Delta d>0$，增焓、增湿过程，$k>0$；

在第Ⅱ区域内进行的过程，$\Delta h>0$，$\Delta d<0$，增焓、减湿过程，$k<0$；

在第Ⅲ区域内进行的过程，$\Delta h<0$，$\Delta d<0$，减焓、减湿过程，$k>0$；

在第Ⅳ区域内进行的过程，$\Delta h<0$，$\Delta d>0$，减焓、增湿过程，$k<0$。

② 等湿加热过程。图 9-10 所示为几种典型的空气状态变化过程。等湿加热是空调运行当中常用的空气处理、变化过程。例如，空调器的热泵运行或电加热器供暖时，室内空气流经室内机换热器或电加热器，温度升高，但含湿量没有变化，如图 9-10 中垂直向上的 AB 过程，$k=+\infty$。

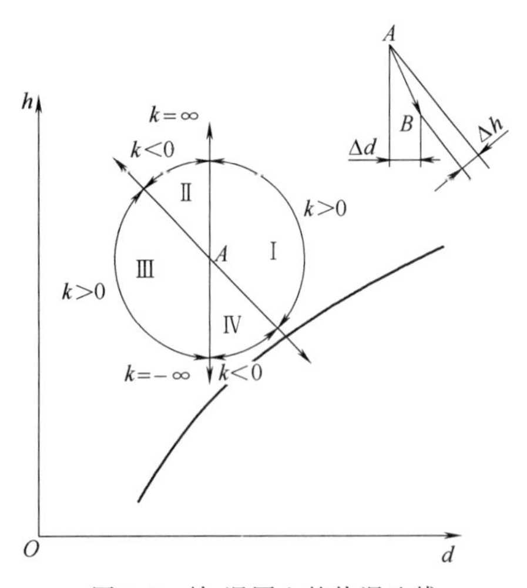

图 9-9　焓-湿图上的热湿比线

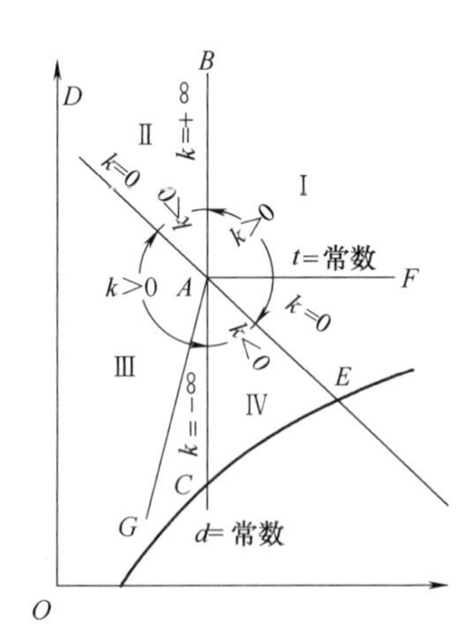

图 9-10　几种典型的空气状态变化过程

③ 等湿冷却过程。室内换热器作制冷运行时，如果室内空气流经室内换热器降温，但未发生凝露，即含湿量未发生变化，此过程为等湿冷却过程。如图 9-10 中垂直向下的 AC 过程，$k=-\infty$。

④ 等焓加湿和等焓减湿过程。这两种空气处理过程在空调器运行过程中一般不发生或不采用，过程线如图 9-10 中 AD 和 AE 过程。

⑤ 等温加湿过程。将水蒸气喷入处理的空气当中，当蒸汽质量较小且空气含湿量未超过饱和状态时，近似认为空气温度不变，含湿量和相对湿度增大，如图 9-10 中 AF 过程。

⑥ 减湿冷却过程。空调器作制冷运行时，室内空气流经蒸发器降温，如果空气在降温过程当中，发生凝露现象，则称为减湿冷却过程，其温度、含湿量、焓值均减少，$k>0$，如图 9-10 所示中 AG 过程。该过程是空调器运行中常见的空气处理和变化过程。

9.2.3 机房空调系统组成

机房空调除了上面详细介绍的制冷系统以外，还要对空气加热降温、加湿除湿、净化、降噪等处理。因此，完整的机房空调主要由 6 部分组成：供风子系统、加热子系统、加湿子系统、去（除）湿子系统、控制子系统、制冷子系统。

(1) 供风子系统

供风子系统的主要作用是强制换热，通常由电动机、风机和空气过滤网组成。

风机一般采用离心式风机，电动机与风机之间采用带传动或直连式驱动。在风道系统设置了空气过滤装置。

下送风在地板上开孔，将地板以下作为一个静压箱，在机架下方装有出风口，使经过空气调节的较低温度气体自下而上流过设备机架，将热量带走，这种送风方式是绝大部分机房所采用的气流组织方式。上送风与下送风相反，一般也采用天花板以上作为静压箱来处理，当有需要接风管时，风管不宜过长，应保证静压消耗小于 75Pa，如确实需要较长风管，则考虑采用增压风机系统来弥补。

(2) 加热子系统

在机房专用空调机组中，加热装置给通信机房补充温度以达到温度要求。加热装置一般采用电加热管。电加热管为低瓦数翅片式，具有过热安全保护装置。电加热管工作一般采用三级控制，以使能量得以合理利用。

(3) 加湿子系统

在机房专用空调机组中，加湿一般采用电极加湿系统或红外加湿系统。加湿系统给通信机房补充湿度以达到湿度要求。

(4) 去（除）湿子系统

在机房专用空调机组中，常采用两种方式进行除湿，即通过降低风机转速或减小制冷剂流过蒸发器的面积，使流经蒸发器的空气变成过冷，产生冷凝效果而除湿。

(5) 控制子系统

机房专用空调机组多采用微电脑控制系统，一般由传感元件、主控制板、辅助控制板、I/O 板（接口板）以及执行元件组成。

(6) 制冷子系统

制冷子系统是利用制冷剂在系统内连续不断地循环流动，在蒸发器、压缩机、冷凝器、膨胀阀等部件进行热力变化，将室内热量移到室外，为空调提供冷源。

9.2.4 机房空调系统分类

随着空调技术的发展，空调系统的种类日益增多，演变也很迅速。目前常见的分类方法如下：

(1) 按空气处理设备的集中程度分类

集中式空调系统：所有的空气处理设备全部集中在空调机房内。根据送风的特点，它又可分为单风道系统、双风道系统和变风量系统。

半集中式空调系统：除了安置在集中的空调机房内的空气处理设备外，还有分散在空调房间内的空气处理末端设备。这些末端设备是对进入空调房间之前的送风再进行一次处理的设备，如风机盘管机组、再热器等。

局部式空调系统（即空调机组）：这种机组的冷、热源，空气处理设备，风机和自动控制元件，全部集中在一个箱体内。它可根据需要灵活安置在空调房间内，如机房专用空调、柜式空调机等。

(2) 按采用新风量的大小分类

直流式系统：空调器所处理的空气全部是新风。送风在空调房间内进行热湿交换后，全部由排风管排到室外，没有回风管道。这种系统卫生条件好，但是耗能大，适用于散发有害气体而不宜使用回风的空调场所。

闭式系统：空调器处理的全部是再循环空气，不补充新风，这种系统能耗小，但卫生条件差。适用于只有温湿度调节要求，而无新风要求或者无法使用新风的空调场所。

混合式系统：空调器处理的空气由新风和回风混合而成，新风量占总的送风量10%～100%。这种系统兼有直流式系统和闭式系统的优点，应用较为普遍。

(3) 按送风量是否变化分类

变风量空调系统：通过改变送风量来保持一定的送风温度，适应室内负荷的变化，达到调节所需要的室内参数。

定风量空调系统：通常的集中式空调系统，风机的风量保持一定，通过改变水量改变送风温度，来调节室内的温湿度。

(4) 按照室外冷源的方式分

风冷空调：靠室外空气循环进行冷热交换的制冷系统，由压缩机、冷凝器、膨胀阀、蒸发器、风机及管道和控制系统等组成；制冷剂作为唯一传热媒介通过气、液相态变化吸收汽化潜热进行热交换；通过控制系统调节机房温、湿度。

水冷空调：靠冷却水蒸发为主，进行冷热交换的制冷系统，包括螺杆式或离心式冷水机、冷却塔、管道、换热器、循环水泵、室内机、阀门、控制系统等设施。

后续章节就按照这个分类，分别介绍风冷式机房空调系统和水冷式机房空调系统。

9.3 空调的制冷系统

无论是哪种空调系统，制冷系统是其核心，理解其基本原理和部件结构组成是学习某一具体空调系统的基础。

9.3.1 空调系统基本制冷原理

空调系统制冷循环包括压缩式制冷循环、吸收式制冷循环、吸附式制冷循环、蒸气喷射制冷循环及半导体制冷等。据不完全统计，目前世界上运行的制冷装置大约75%采用压缩式制冷循环，其核心原理是逆卡诺循环。空调系统通过蒸发器、压缩机、冷凝器、节流装置实现了这个循环，以达到制冷或供热的效果。

如图9-11所示，其工作过程如下：制冷剂在蒸发器中沸腾，蒸发温度低于被冷却物体或流体的温度，把热量传递给冷却介质（通常为水或空气）；低压、低温制冷剂蒸气被压缩机吸入和压缩为高压、高温的热蒸气后排至冷凝器；同时室外侧风扇吸入的室外空气流经冷凝器，使高压高温的制冷剂蒸气凝结为高压液体，带走制冷剂放出的热量；冷凝后的高温高压液体通过膨胀阀或其他节流元件进入蒸发器，制冷剂变成低温低压的状态，为在蒸发器中汽化吸热做准备。蒸发器内产生的过热蒸气又被压缩机吸入，进入下一个循环。这样周而复始继续下去，不断地将蒸发器周围介质的热量带走，从而获得低温，达到制冷的目的。

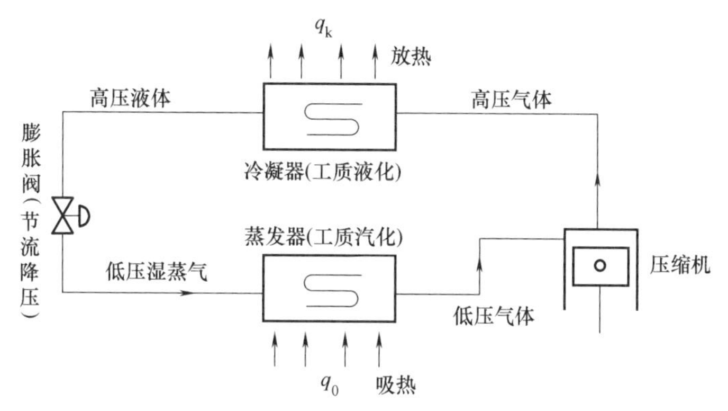

图 9-11　制冷循环的工作原理

制冷循环的过程分别为压缩过程、冷凝过程、节流过程以及蒸发过程。在整个循环过程中，制冷剂经过压缩机压力被提高，而经过膨胀阀，压力降低，因此从压缩机出口到膨胀阀入口为制冷系统的高压侧。从膨胀阀出口到压缩机入口为制冷系统的低压侧。整个循环过程中压力最低处为压缩机入口处，压力最高处为压缩机出口处，如图 9-12 所示。

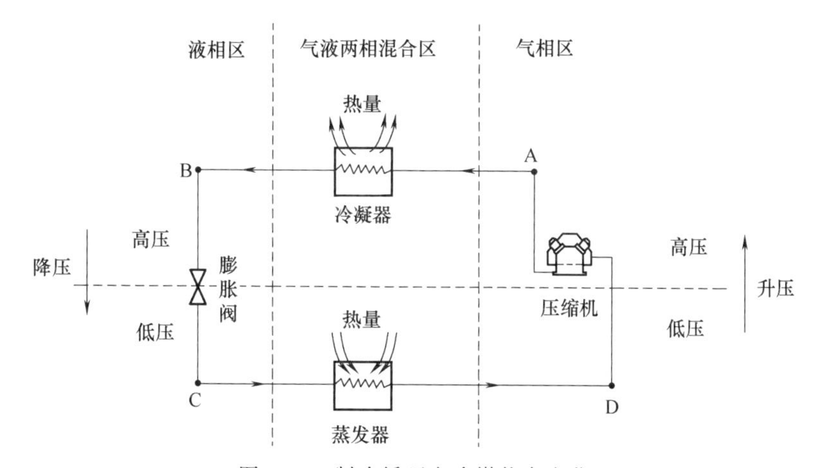

图 9-12　制冷循环中冷媒状态变化

需注意的是，制冷剂通过膨胀阀由高温高压变成低温低压，这个过程可以看成与外界隔绝，没有向外界传递能量，看似违反了热力学第一定律，能量不能守恒。其实，当制冷剂通过膨胀阀时，压力下降，会使得部分液体汽化，吸收大量的潜热，而只能从周围的液体吸收热量，剩余液体的温度下降。在经过膨胀阀之后，部分制冷剂有相变发生，并不违反能量守恒定律。离开膨胀阀出来的是气液混合物，混合物中的蒸气通常称为闪发蒸气。

对于空调的制冷循环来说，是将低温热源（房间）的热量传递到高温热源（室外环境介质）中，按照热力学第二定律，这个过程是不能自发地实现。要实现这一过程必须要消耗一定的电能或其他形式的能量。这一过程消耗了电能，借助压缩机的压力，提升系统吸收了热量的制冷剂的压力，高压的制冷剂温度比室外温度高许多，通过室外机风扇的对流作用向空气散热。这种利用高压和低压形态使热量“逆势”从冷区（数据中心）流向热区（夏天户外）的循环过程，就是逆卡诺循环制冷循环。从整体上看，制冷循环从温度低的地方吸热，到温度高的地方放热，形同水泵从水位低的地方吸水到水位高的地方放水，这一过程也称为“热泵循环”。

空调制冷循环的基本原理在各种空调单元中得到广泛运用，例如空调器、冷冻除湿机、空气能热水器、冷水机组等。

9.3.2 制冷系统的基本部件

蒸发器、压缩机、冷凝器、节流装置这四大部件，是空调系统的基本部件。

9.3.2.1 制冷压缩机

压缩机在制冷系统中主要用来压缩和输送制冷剂蒸气，使制冷剂进行制冷循环，由于它在制冷系统中占有重要地位，而且结构比较复杂，因此通常称为制冷系统的主机。制冷压缩机分类和结构示意图详见图 9-13。

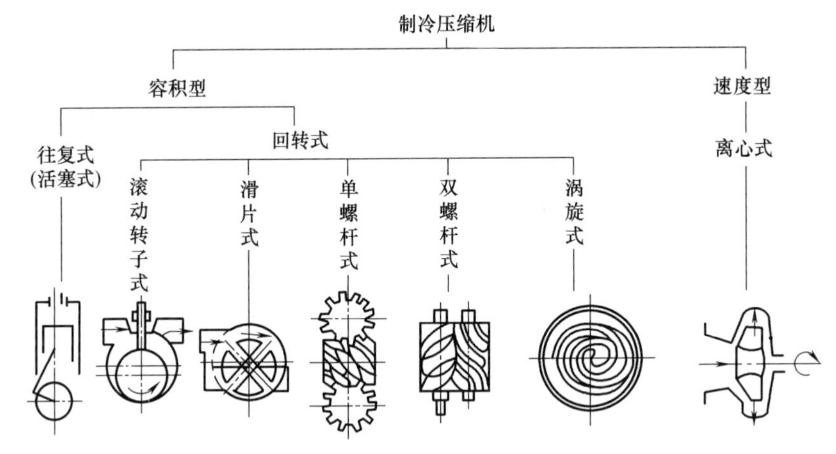

图 9-13 制冷压缩机分类和结构示意图

(1) 分类

制冷压缩机根据工作原理可分为容积型和速度型两类。

① 容积型压缩机：在容积型压缩机中，一定容积的气体先被吸入气缸里，继而在气缸中被强制缩小，压力升高，当达到一定压力时气体便被强制地从气缸排出。可见，容积型压缩机的吸排气过程是间隙进行的，其流动并非连续稳定的。

容积型压缩机按其压缩部件的运动特点可分为两种形式：活塞式和回转式。而后者又可根据压缩机的结构特点分为滚动活塞式（又称滚动转子式）、滑片式、螺杆式（包括双螺杆式、单螺杆式）和涡旋式等。在各类制冷设备中，活塞式和涡旋式制冷压缩机应用最为广泛。

② 速度型压缩机：在速度型压缩机中，气体压力的增长由气体的速度转化而来的，即先使气体获得一定的高速，然后再将气体的动能转化为压力能。可见，速度型压缩机中的压缩流程可以连续地进行，其流动是稳定的。制冷装置中应用的速度型压缩机主要是离心式制冷压缩机。

(2) 制冷压缩机的组成和原理

① 活塞式压缩机。活塞式压缩机的主要部件：机壳、电机、曲轴连杆、活塞、活塞环（包括气环和油环）、吸排气阀片、阀板等，其结构和工作过程类似于内燃机四冲程。

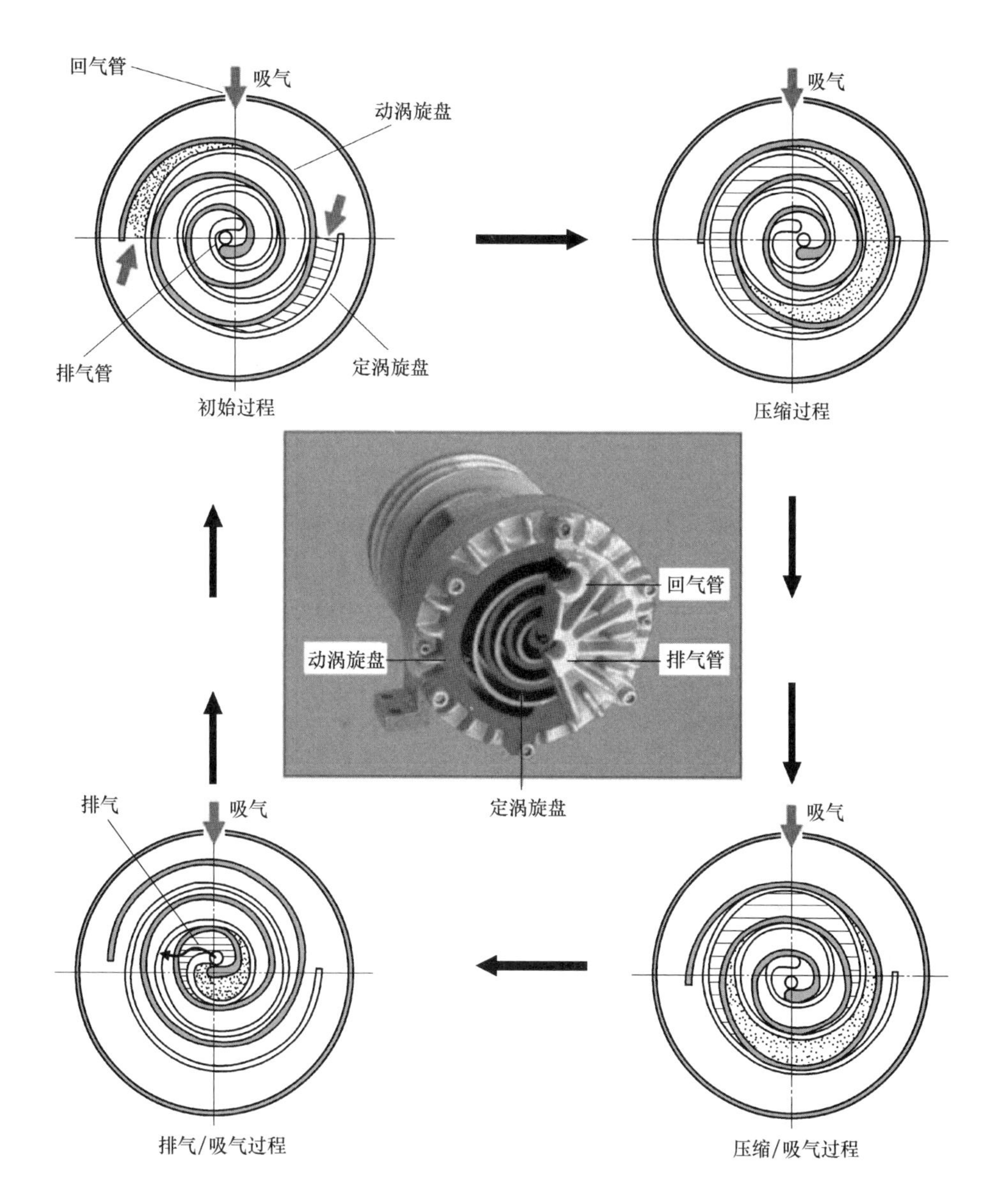

图 9-14 涡旋式压缩机的工作原理

活塞压缩机工作过程：压缩、排气、膨胀、吸气。

活塞式压缩机的工作原理：曲轴转动带动活塞往复运动，当活塞向下运动时，来自蒸发器的低压制冷剂气体被吸进气缸；当活塞向上运动时，气缸内气体被压缩而使体积减少，气体压力随之增加，最后气体被送至冷凝器。

② 涡旋式压缩机。涡旋式压缩机的独特设计，使其成为当今世界节能压缩机。涡旋式压缩机主要运行件涡盘只有龇合没有磨损，因而寿命更长，被誉为免维修压缩机。涡旋式压缩机运行平稳、振动小、工作环境宁静，又被誉为“超静压缩机”。涡旋式压缩机结构新颖、精密，具有体积小、噪声低、重量轻、振动小、能耗小、寿命长、输气连续平稳、运行可靠、气源清洁等优点，被誉为“新革命压缩机”和“无须维修压缩机”是风动机械理想动力源，广泛应用于通信、工业、医疗器械、食品等行业和其他需要压缩空气的场合。

涡旋式压缩机工作原理如图 9-14 所示，它由一个被偏心轴带动的动涡旋盘与一个固定不动的定涡旋盘相互配合，二者之间形成几对弯月形的工作容积。工作时定涡旋盘不动，偏心轴带动动涡旋盘进行回转的平面运动，使弯月形容积从外部逐渐向中心移动，且其容积逐渐缩小，分为初始过程、压缩过程、压缩/吸气过程、排气/吸气过程，如此周而复始。

图 9-15 为涡旋式压缩机的主要结构部件剖视图，定涡旋盘和动涡旋盘组成进行压缩气体的工作容积。工作时，气体从蒸发器出来被吸入压缩机的封闭壳体中，经吸气口进入工作容积。动涡旋盘依靠十字导向环的作用，由偏心轴带动做平面回转运动，对吸入气体进行压缩，经压缩后的气体，由静涡旋盘中心的排气口排出到全封闭壳体中的高压腔，再排出壳体。

图 9-16 为立式全封闭涡旋式压缩机总体结构图，在封闭壳体内，电动机安装在壳体的下部，壳体底部盛有润滑油，压缩泵体部分安装在壳体的上部。

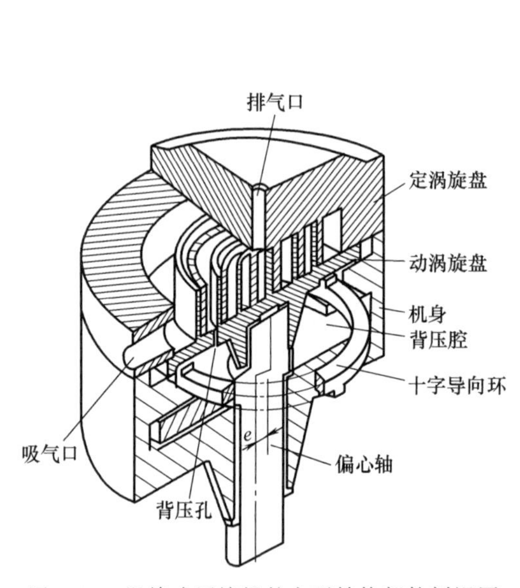

图 9-15　涡旋式压缩机的主要结构部件剖视图

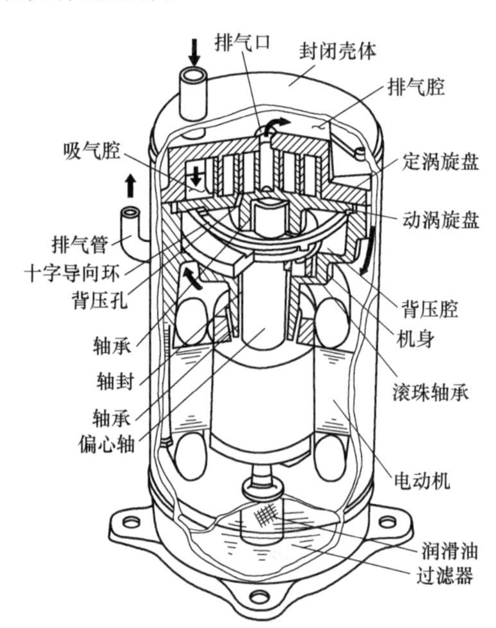

图 9-16　涡旋式压缩机总体结构图

润滑油从底部的过滤器进入压缩机偏心轴内的通道，依靠泵油片向上提升，并通过偏心轴上的油道，分别送入上、下轴承，再通过动涡旋盘的油路，流入动涡旋盘和定涡旋盘以及动涡旋盘与机身间的摩擦表面。

制冷换热器是制冷剂与水或空气等介质进行热交换设备，在制冷系统中主要是蒸发器和冷凝器。制冷剂向周围介质吸热的是蒸发器，而向周围介质放热的是冷凝器。

9.3.2.2 蒸发器

在制冷系统中冷却介质的效果反映在蒸发器上，因为液体制冷剂在蒸发器内沸腾汽化时，吸收与它接触的被冷却介质的热量，使其降温。如果被冷却的介质是空气，那么，蒸发器一方面降低空气的温度，另一方面如果蒸发器表面温度低于空气的露点温度，在含湿量不变的条件下，同样将空气中的水汽凝结出来，起到减湿作用，蒸发器的表面温度越低，减湿效果越大，因此，在冷气加除湿型的空调器就是用这个机理来降温除湿的。

(1) 蒸发器的类型和结构

蒸发器按冷却方式不同可分为两大类：一类是冷却液体的蒸发器，另一类是冷却空气的蒸发器。冷却液体的蒸发器在通信机房中很少使用，本小节不做介绍，仅对冷却空气的蒸发器予以说明。

① 机械吹拂式蒸发器。图 9-17 所示为氟利昂制冷系统采用的机械吹拂式蒸发器，其结构与风冷式冷凝器相似。不同的是：液态制冷剂在换热管中进行蒸发（冷凝器则是气态制冷剂在其中冷凝液化），故在入口处装有分液器。分液器有一个或两个，它的作用是将液态制冷剂均匀分配至各路换热管，充分利用蒸发器的传热面积。换热管一般采用 ϕ10～12mm 的紫铜管，管外壁穿套翅片。翅片采用厚度为 0.2～0.4mm 的铜（铝）薄板。换热管的组数为 4、6、8、12 等。

② 自然对流式蒸发器。自然对流式蒸发器没有强制空气流动的电风扇，靠蒸发器的金属表面与自然流动的空气进行热交换。这种蒸发器在电冰箱上有着广泛应用。

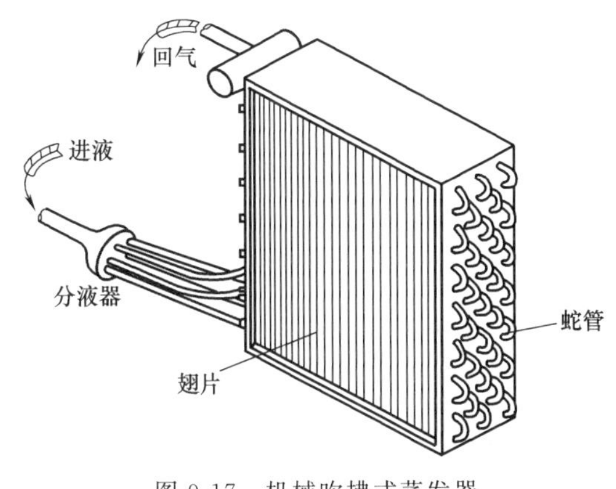

图 9-17 机械吹拂式蒸发器

(2) 蒸发器中制冷剂的吸热过程

当制冷剂节流后，由冷凝压力减压到蒸发压力，在节流过程中，只有小部分液态制冷剂变为蒸气，而大部分液态制冷剂来不及蒸发，因此，当湿蒸气进入蒸发器时，其蒸气的含量占 10%左右，其余都是液体。在相应压力下，大量沸腾，而温度并不改变。随着湿蒸气在蒸发器内流动与吸热，液态制冷剂逐渐蒸发为蒸气，蒸气含量越来越多，当蒸气流至蒸发器出口时，一般已变为干蒸气，由于蒸发温度总比室温低，存在传热温度差，干蒸气还会继续吸热。当蒸发器内全部蒸发为干蒸气时，在蒸发器末端的温度将继续上升，变成过热蒸气。因此，蒸发器的出口端总是处于过热蒸气区，但只占蒸发器很小一部分区域。

9.3.2.3 冷凝器

冷凝器又称散热器，它也是制冷系统主要热交换设备之一，它的作用是将压缩机排出的高压过热蒸气，经散热面冷却后凝结成液体，所放出的热量被冷却介质（水或空气）吸收后排至周围环境中。

冷凝器按其冷却介质可分为空气式、水冷式和蒸发式三大类。

(1) 空气式冷凝器

空气式冷凝器又称风冷式冷凝器，是以空气作为冷却介质的冷凝器。制冷剂在冷却管内流动，而空气则在管外掠过，吸收冷却管内制冷剂热量并散发于周围环境中。为加强空气传热性能，通常在管外加散热片，以增加空气侧的传热面积，同时采用通风机来加速空气流动，增强空气侧的传热效果。

风冷式冷凝器的冷凝效果差，但不用水，安装方便，多用于小型氟利昂制冷装置。风冷式冷凝器又分为强制对流式和自然对流式。

强制对流式冷凝器结构如图 9-18 所示，它是用铜管或铝管冲压出一定凸边的薄铜片或薄铝片，经过穿片、弯头焊接、胀管等工序制成。强制对流式冷凝器在机房空调机上应用最多。

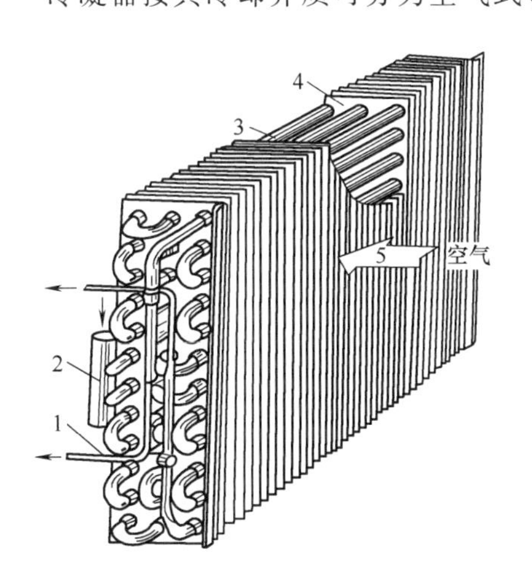

图 9-18 强制对流式冷凝器

1—液体制冷剂出口；2—制冷剂蒸气入口；3—冷却管；4—翅片；5—空气入口方向图

(2) 水冷式冷凝器

这类冷凝器是利用冷却水作为介质来吸取制冷剂蒸汽的热量，将高温高压气态制冷剂凝为液态制冷剂的换热器。冷却水可一次流过后排至下水道，也可经凉水塔冷却后循环使用，前者用水量大，不经济，后者广泛采用。它的冷却效果好，但需要冷却水循环设备。它有立式壳管式、卧式壳管式、套管式、浸水式等形式。

(3) 蒸发式冷凝器

蒸发式冷凝器以水和空气做冷却介质，以水的蒸发和空气的对流将热量散发。它的作用原理是：制冷系统中压缩机排出的过热高压制冷剂气体经过蒸发式冷凝器中的冷凝排管，使高温气态的制冷剂与排管外的喷淋水和空气进行热交换，温度升高的喷淋水蒸发变为气态，吸收潜热，再由空气的对流带走大量的热量。

9.3.2.4 节流装置（膨胀阀或毛细管）

节流装置是制冷系统四大部件之一，常见的空调可以使用毛细管实现节流，而机房专用空调往往使用控制精度更高的膨胀阀。膨胀阀装于储液器（或冷凝器）和蒸发器之间，作用是将高压制冷剂液节流降压，使制冷剂液一出阀孔就沸腾膨胀为湿蒸气，同时还用它调节制冷剂液的循环量，以适应系统制冷量变化的需要。

如图 9-19 所示，热力膨胀阀的顶部由密封箱盖波纹薄膜感温包和毛细管组成一个密闭容器，里面灌注氟利昂，成为感应机构。感应机构里灌注的制冷剂相同，也可以不同，例如，制冷系统使用 F-22，感温包可灌注 F-12 或 F-22，感温包用来感受蒸发器出口的过热蒸汽温度。毛细管作为密封箱与感温包的连接管，传递压力作用在膜片上。膜片受力后弹性形变性能很好，调节杆是用来调整膨胀阀门的开启过热度，在调试过程中用它来调节弹簧的弹力。传动杆顶在阀针座与传动盘之间传递压力，阀针座上装有阀针，用来开大或关小阀孔。

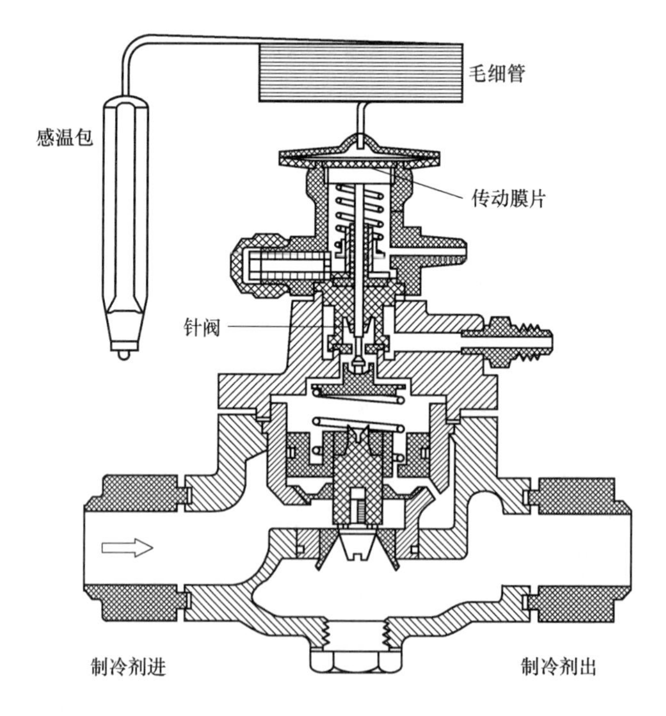

图 9-19　膨胀阀结构示意图

热力膨胀阀的工作原理：膨胀阀通过感温包感受蒸发器出口端过热度的变化，导致感温系统内（感温系统是由感温包、毛细管、传动膜片和传动波纹管这几种互相连通的零件所构成的密闭系统）充注物质产生压力变化，并作用于传动膜片上，促使膜片形成上下位移，再通过传动片将此力传递给传动杆而推动阀针上下移动，使阀门关小或开大，起到降压节流作用，以及自动调节蒸发器的制冷剂供给量并保持蒸发器出口端具有一定过热度，得以保证蒸发器传热面积的充分利用，以及减少液击冲缸现象的发生。

9.3.3 制冷系统的辅助设备

制冷系统的辅助设备在系统中既控制和调节制冷剂的循环量，又应调节冷却水的流量。辅助设备是用来改善制冷机的工作条件，延长制冷机的工作寿命，这些部件与设备在系统中都起着重要的作用。

(1) 制冷电磁阀

制冷电磁阀是制冷系统中一种重要的自动控制制冷剂通过或截止的部件。它通常与压缩机同接一个启动开关，以配合压缩机的开停而自动接通或切断输液。

(2) 截止阀

截止阀安装在制冷系统管路中，以手动控制阀芯的启闭以达到控制制冷剂通过或截止。

(3) 油分离器

从压缩机排出的高温高压制冷剂蒸气总会夹带部分雾状润滑油，经排气管进入冷凝器和蒸发器。在制冷系统中，冷凝器和蒸发器是两个主要交换器。若系统中不安装油分离器，就会在热交换器的传热表面形成油垢，增加其热阻，降低冷凝和蒸发的效果，导致产冷量下降。因此，在压缩机与冷凝器间的管路上应装油分离器，以便将油从制冷剂蒸汽中分离。

(4) 储液器

储液器是储存制冷剂液体的压力容器。它有两种用途：一是安装在制冷系统中以储存制冷循环中的制冷剂液体；二是作为备用储液器，供制冷设备填补制冷剂用。

(5) 过滤器与干燥过滤器

制冷系统各部件在出厂前虽经过严格清洗和干燥处理，但在安装管路时，管内会有一些焊渣和氧化皮黏结在接口周围；另外压缩机运行一段时间后也有部分金属皮粉被磨损下来，而其制冷剂本身也有一定数量的污泥，随着制冷剂的循环而遍及各系统。这种含杂质的制冷剂进入膨胀阀就会堵塞网孔；进入压缩机就会拉毛和刮伤气缸、吸排气阀等。因此，在制冷系统的储液器或冷凝器与膨胀阀之间的输液管上装设过滤器，用来清除制冷剂中杂质。

在氟利昂制冷系统中往往将干燥器和过滤器合为一体称为干燥过滤器。干燥过滤器安装在冷凝器与热力膨胀阀之间的管道上。它的作用是除去进入热力膨胀阀、电磁阀等阀件的固体杂质及水分，以防阀件小孔堵塞和水分的冻结，同时可减少系统中钢制设备及管道的腐蚀。当进口出口温差达1℃以上时，意味着需要更换过滤器。

(6) 四通换向阀

四通换向阀是一种用于控制制冷剂流向的器件，一般安装在空调的压缩机附近，可以通过改变压缩机送出制冷剂的流向改变空调系统的制冷和制热状态。

用在带热泵循环的空调器中，如图9-20所示为采用四通换向阀的典型循环系统。空调在进行制冷运行时，室内机换热器是作为蒸发器，室外机换热器是作为冷凝器。制冷剂由压缩机排出，先流经室外换热器，后经室内换热器，再返回压缩机。当空调器进行热泵供暖运转时，制冷剂由压缩机排出，先流经室内换热器，后流经室外换热器，再返回压缩机。换向阀起着由制冷运转转变到热泵供暖运转时，改变制冷剂流向的作用。

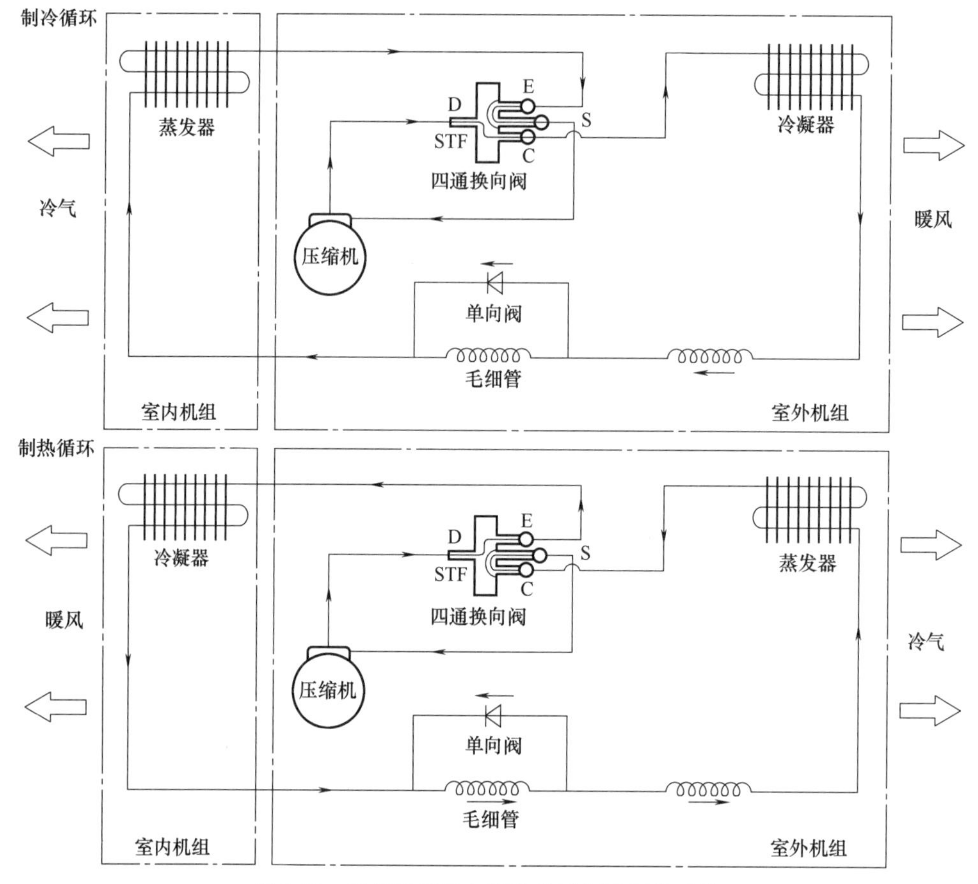

图 9-20　采用四通换向阀的典型制冷制热系统

四通换向阀由三部分组成：先导滑阀、主滑阀和电磁线圈，电磁线圈可以拆卸，先导滑阀与主滑阀焊接成一体。

如图 9-21（a）所示表示空调器制冷运转时四通换向阀的状态，此时电磁线圈处于断电

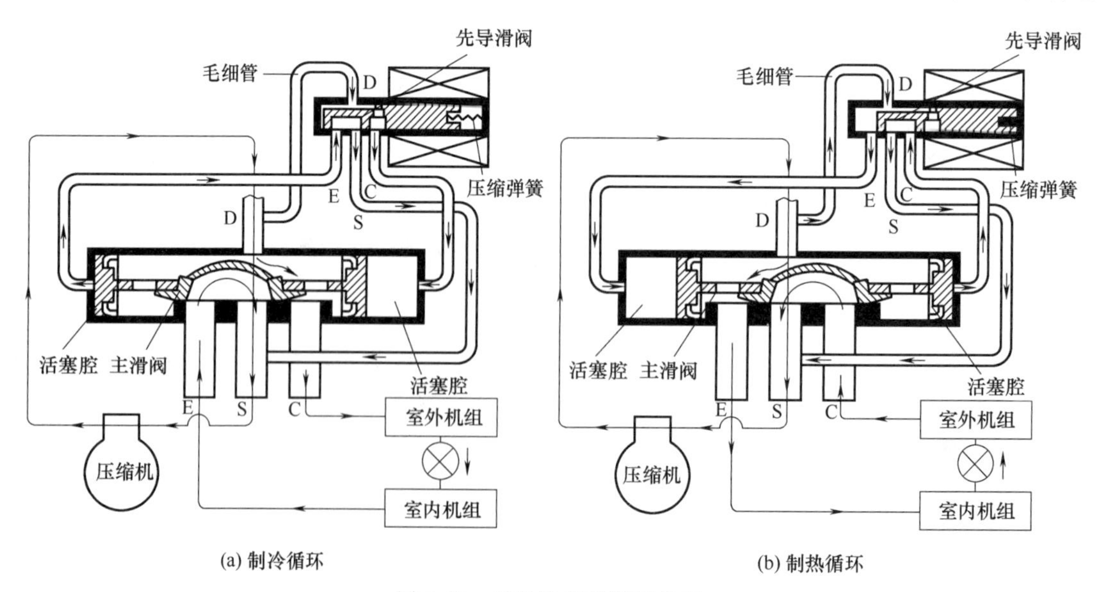

图 9-21　四通换向阀运行状态

状态。先导滑阀在压缩弹簧驱动下左移，高压气体进入毛细管后再进入活塞腔。另外，活塞腔的气体排出，由于活塞两端存在压差，活塞及主滑阀左移，使 E、S 接管相通，D、C 接管相通，于是形成制冷循环。

图 9-21（b）表示空调器在进行热泵运转时四通换向阀的状态，此时电磁线圈处于通电状态。先导滑阀在电磁线圈产生的磁力作用下克服压缩弹簧的张力而右移，高压气体进入毛细管后进入活塞腔。另外，活塞腔的气体排出。由于活塞两端存在压差，活塞及主滑阀右移，使 S、C 接管相通，D、E 接管相通，于是形成制热循环。

9.3.4 制冷系统主要控制部件

制冷系统的主要控制部件有压缩机电机、过载保护器、启动继电器、温度控制器、压力继电器等。

(1) 过载保护器

过载保护器的作用是保护电动机绕组不会因电流过大或温度过高而损坏。它分为过电流保护器和过热保护器，当电流过大，温度过高时，保护器自动断路。

(2) 温度控制器

空调机房的室温达到设定值时，温控器自动切断压缩机电路，停止制冷或制热。空调器中普遍采用压力式温控器。

(3) 压力继电器

压力继电器是将压力信号转变为电信号的转换装置，在制冷系统中，常用于过压（过高或过低）自动报警和保护。当制冷系统的压力超过压力继电器的设定压力时，继电器将发出电信号，通过控制电路发出警告信息，并进行动作保护。

(4) 启动继电器

启动继电器的作用是辅助压缩机和风扇电机启动，常用的启动继电器有重锤式启动器、PTC 启动器、电容启动器等。

9.3.5 制冷剂

在制冷系统中，完成制冷循环的工作介质称为制冷剂或制冷工质。

(1) 制冷剂的分类

目前，在压缩式制冷机中，广泛应用的制冷剂是氨（NH_3）、氟利昂和烃类。按照化学成分，制冷剂可以分为以下四类。①无机化合物。属于无机化合物的制冷剂有氨（R717）、水（R718）、空气（R719）、二氧化碳（R744）等。②烃类（碳氢化合物）。属于烃类的制冷剂有饱和碳氢化合物（甲烷、乙烷、丙烷等）和非饱和碳氢化合物（乙烯、丙烯等）。③卤代烃（氟利昂族）。氟利昂是饱和烃类（饱和碳氢化合物）的卤族衍生物的总称。④混合制冷剂。这类制冷剂包括共沸制冷剂和非共沸制冷剂两种。目前使用较多的共沸溶液是由两种以上氟利昂组成的混合物。

(2) 氟利昂的性质

氟利昂是烷类的衍生物，在氟利昂中，氢、氟、氯原子数对其性质影响很大。它们大多数是无毒的，没有气味，在制冷技术的温度范围内不燃烧、不爆炸，而且稳定性好，凝固点低。不含水分时，对金属无腐蚀作用。其缺点是单位容积制冷量较小，密度大，节流损失也大，热导率小，有明火时会分解成有毒的光气，易泄漏且不易发现，价格也较贵，目前只在中小型制冷装置中广泛采用。

R22 是目前机房空调广泛使用的氟利昂，属于中温制冷剂。在一个大气压强下，沸点为

−40.9℃，凝固点为−160℃，常态时是无色无味的气体，而且不燃烧不爆炸，在有铁存在情况下温度高达550℃时才会分解出有毒的光气。因此，检修制冷机时应避免在明火情况下排放带有氟利昂的空气。水在R22液体中的溶解度很小，而且随着温度的降低溶解度减小，制冷剂中溶解有水，流经膨胀阀时，温度降低，水在其中溶解度降低，部分水就会析出而结成冰块，堵塞膨胀阀和管道。所以，必须要求制冷剂的含水量不得大于0.0025%（按质量计），故系统加入制冷剂之前，必须进行干燥，并在操作运行时严防空气漏入系统。R22与润滑油能部分溶解，在高温时，与油无限溶解，当低于某一临界温度时，溶液分层。R22在制冷机正常工作的温度范围内，除含镁量大于2%的铝合金外，对所有金属均无腐蚀作用，但对有机物质，R22的腐蚀性很强，因此，它能使橡胶密封件膨胀，影响制冷机的密封性。

9.4 风冷式机房空调系统

9.4.1 风冷式风循环中央空调

风冷式风循环中央空调是一种常见的空调系统。系统借助空气流动（风）作为冷却和循环传输介质，从而实现温度调节。如图9-22所示，室外机借助空气流动（风）对制冷管路中的制冷剂进行降温或升温处理，将降温或升温后的制冷剂经管路送至室内机（风管机）中，由室内机（风管机）将制冷（或制热）后的空气送入风道，经风道中的送风口（散流器）将制冷或制热的空气送入各个房间或区域，从而改变室内温度，实现制冷或制热的效果。

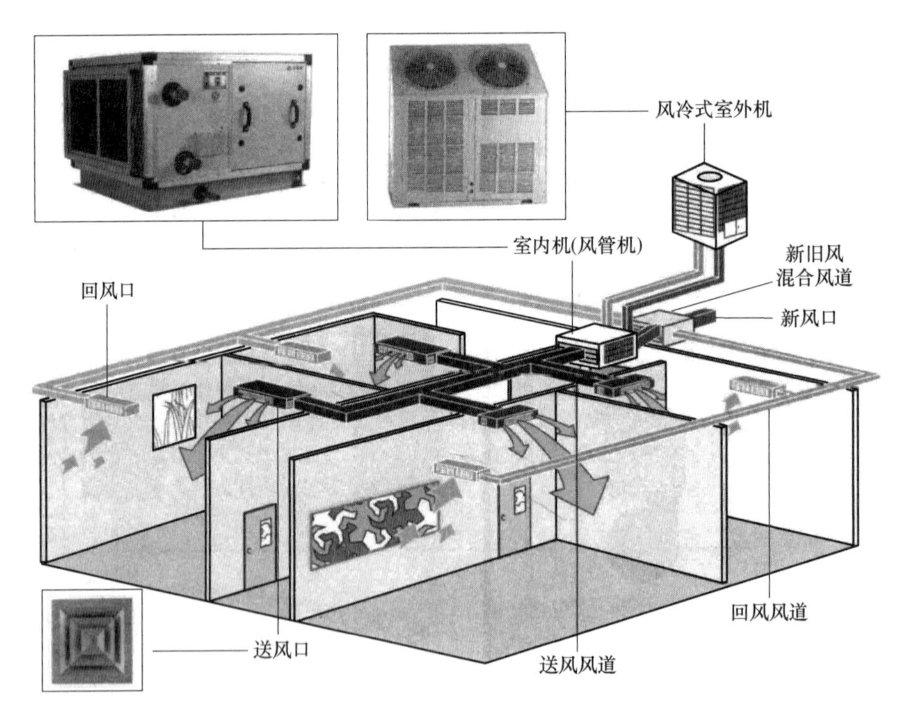

图9-22 风冷式风循环中央空调系统的结构分布

9.4.1.1 结构组成

为确保空气质量，许多风冷式风循环中央空调安装新风口、回风口和回风风道。室内空气回风口进入风道与新风口送入的室外新鲜空气混合后再送入室内，起到良好的空气调节作用。这种中央空调对空气需求量较大，要求风道截面积较大，占用建筑物空间也较大。此外，该中央空调的耗电量较大，有噪声，多数情况下应用在有较大空间建筑物中。如图 9-23 所示为其结构组成，主要由风冷式室外机、风冷式室内机、送风口（散流器）、室外风机、风道连接器、过滤器、新风口、回风口、风道以及风道中的风量调节阀等构成。

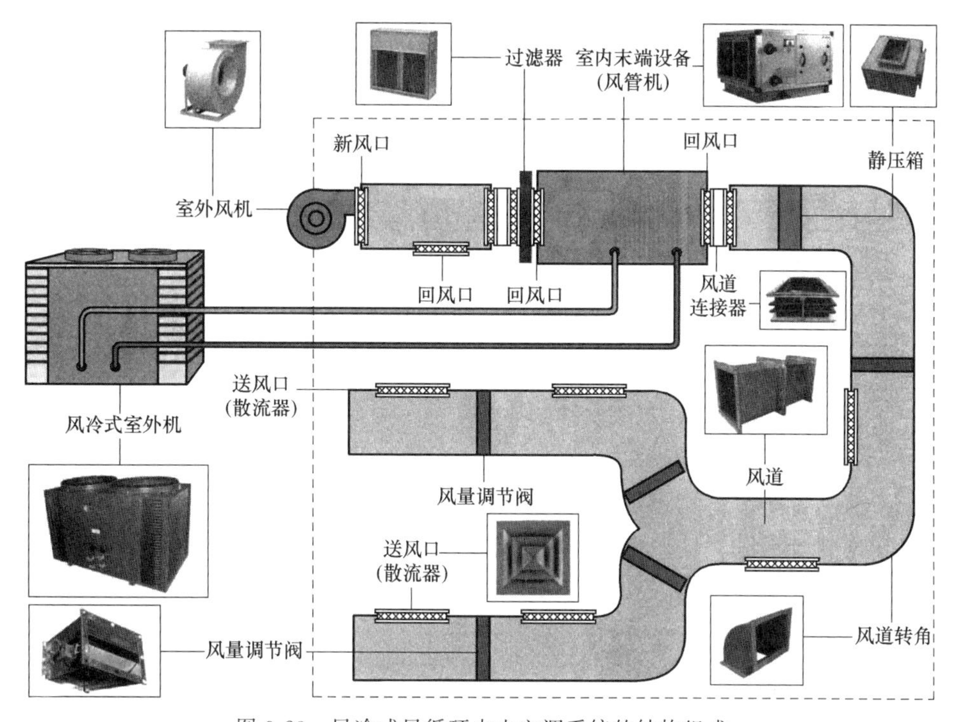

图 9-23　风冷式风循环中央空调系统的结构组成

(1) 风冷式室外机

如图 9-24 所示为风冷式室外机的实物外形。风冷式室外机采用空气循环散热方式对制冷剂降温，结构紧凑，可安装在楼顶及地面上。

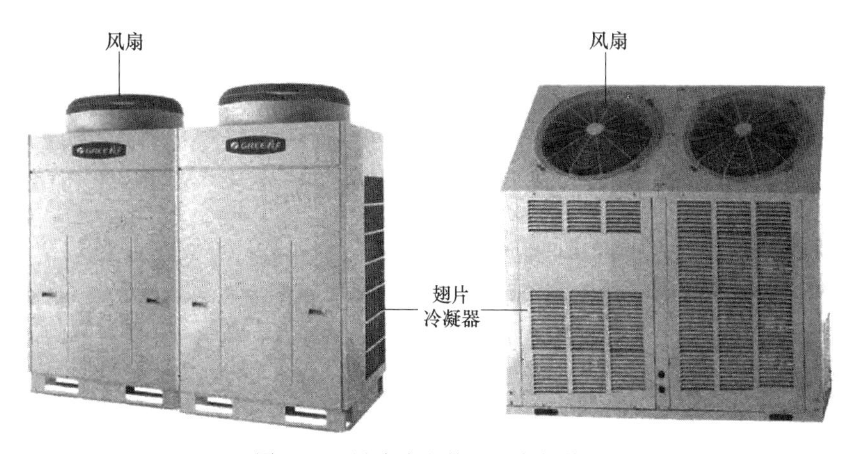

图 9-24　风冷式室外机的实物外形

(2) 风冷式室内机

如图 9-25 所示为风冷式室内机的实物外形图片。风冷式室内机（风管机）多采用风管

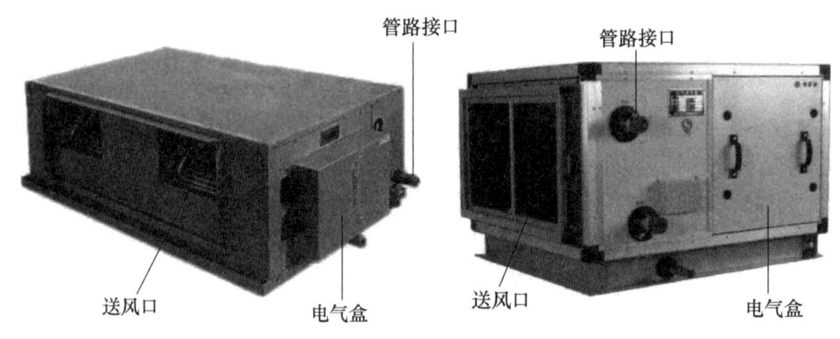

图 9-25　风冷式室内机的实物外形

式结构，主要由封闭的外壳将内部风机、蒸发器及空气加湿器等集成在一起，两端有回风口和送风口，由回风口将室内空气或由新旧风混合的空气送入风管机中，由风管机将空气通过蒸发器进行热交换，再由风管机中的加湿器对空气进行加湿处理，最后由送风口将处理后的空气送入风道中。

(3) 送风风道系统

风冷式中央空调系统由风管机（室内机）将升温或降温后的空气经送风口送入风道中，在风道中经静压箱降压，再经风量调节阀对风量进行调节后，将热风或冷风经送风口（散流器）送入室内。

① 送风风道。如图 9-26 所示为送风风道的实物外形。送风风道简称风管，一般由铁皮、夹芯板或聚氨酯板等材料制成。中央空调系统通过送风风道可有效地将风输送到出风口。

图 9-26　送风风道的实物外形

② 风量调节阀。如图 9-27 所示为风量调节阀的实物外形。风量调节阀简称调风门，是

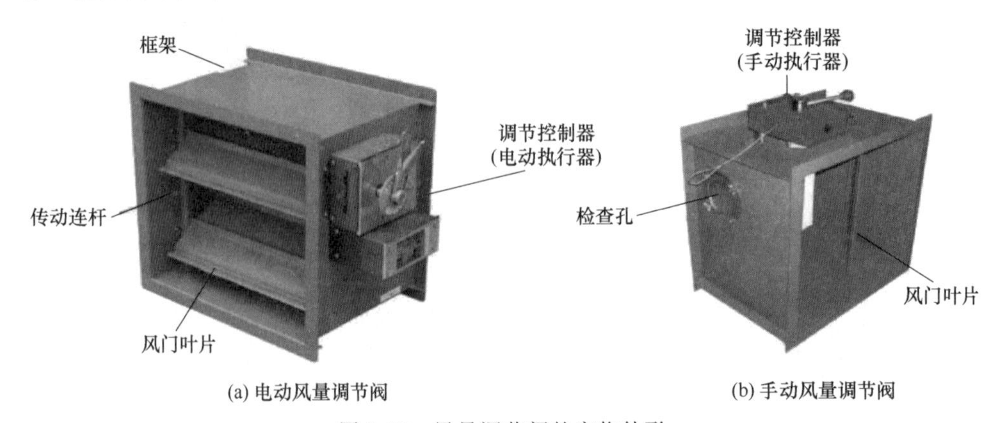

图 9-27　风量调节阀的实物外形

不可缺少的中央空调末端配件，一般用在中央空调送风风道系统中，用来调节支管的风量，主要有电动风量调节阀和手动风量调节阀。

③ 静压箱。如图 9-28 所示为静压箱的实物外形。静压箱内部由吸音减振材料制成，可起到消除噪声、稳定气流的作用，使送风效果更加理想。

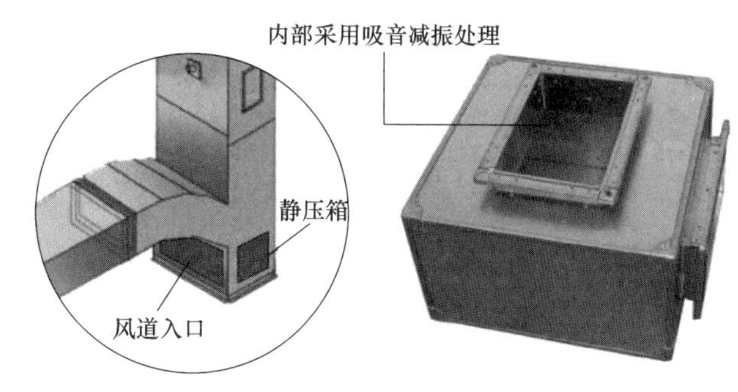

图 9-28　静压箱的实物外形

9.4.1.2　风冷式风循环中央空调的工作原理

风冷式风循环中央空调采用空气作为热交换介质完成制冷/制热循环。图 9-29 和图 9-30 为风冷式风循环中央空调的制冷原理。

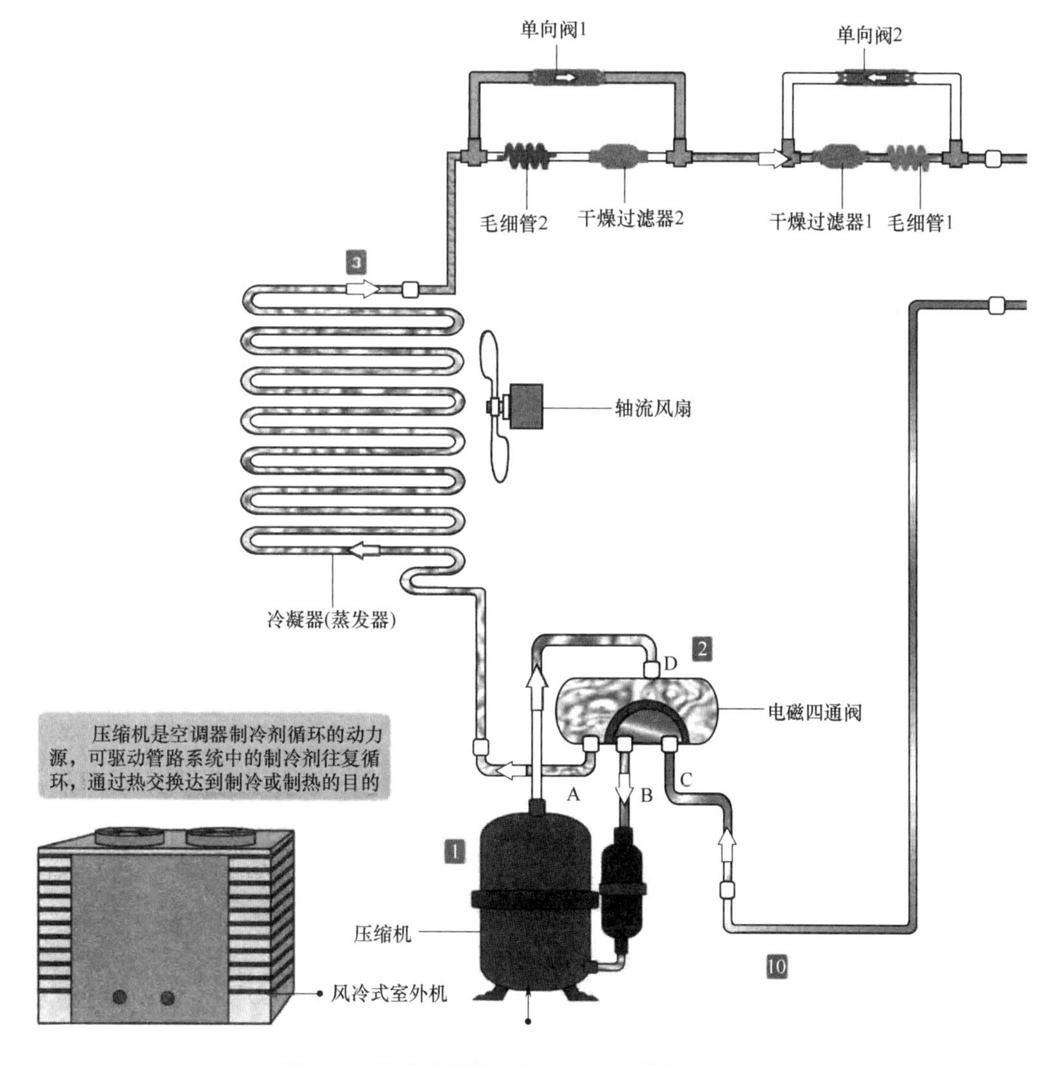

图 9-29　风冷式风循环中央空调的制冷原理（一）

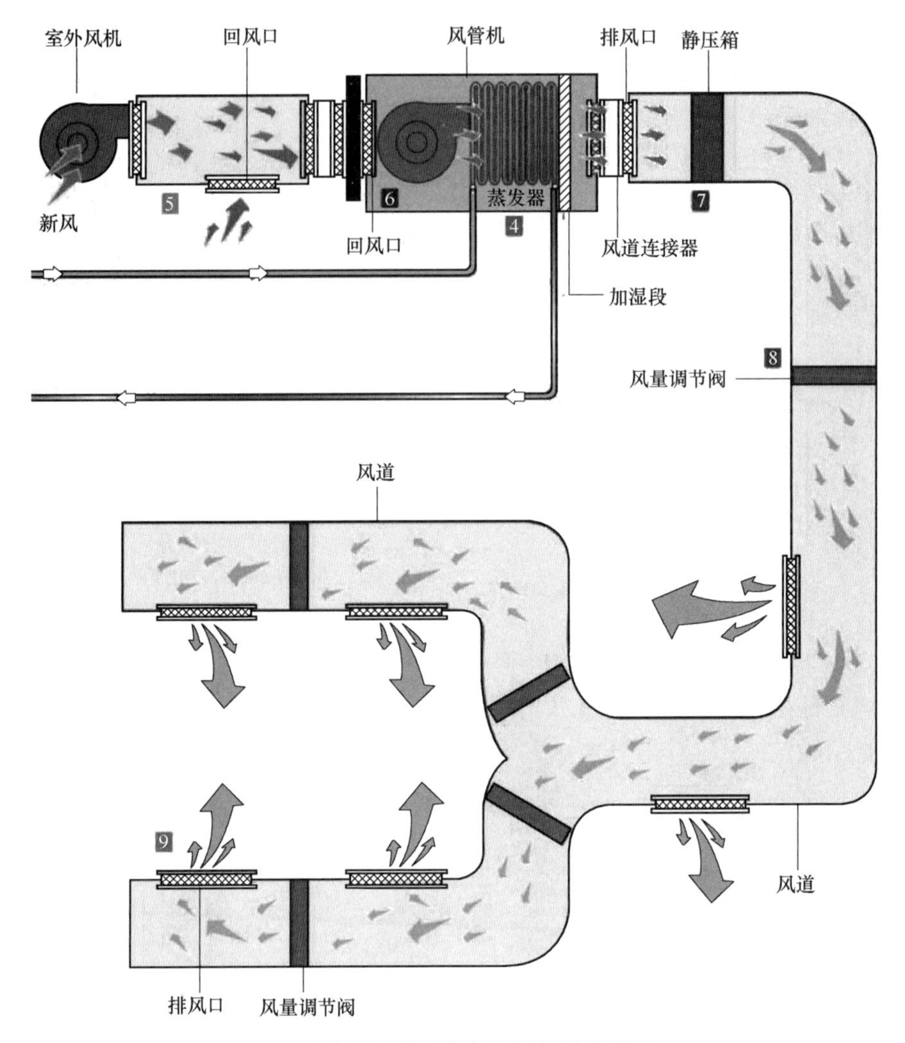

图 9-30 风冷式风循环中央空调的制冷原理（二）

① 当风冷式风循环中央空调开始制冷时，制冷剂在压缩机中被压缩，低温低压的制冷剂气体被压缩为高温高压的气体，由压缩机的排气口送入电磁四通阀中。

② 由电磁四通阀的 D 口进入，A 口送出，A 口直接与冷凝器管路连接，高温高压气态的制冷剂进入冷凝器中，由轴流风扇对冷凝器中的制冷剂散热。

③ 制冷剂经降温后转变为低温高压的液态制冷剂，经单向阀 1 后送入干燥过滤器 1 中滤除水分和杂质，再经毛细管 1 进行节流降压，输出低温低压的液态制冷剂。

④ 由毛细管 1 输出的低温低压液态制冷剂经管路送入室内风管机蒸发器中，为空气降温做好准备。

⑤ 室外风机将室外新鲜空气由新风口送入与室内回风口送入的空气在新旧风混合风道中混合。

⑥ 混合空气经过滤器将杂质滤除后送至风管机的回风口处，由风管机吹动空气，使空气与蒸发器进行热交换处理后变为冷空气，再经风管机中的加湿段进行加湿处理后由出风口送出。

⑦ 风管机出风口送出的冷空气经风道连接器进入风道中，由静压箱对冷空气进行静压处理。

⑧ 经静压处理后的冷空气在风道中流动，由风道中的风量调节阀调节冷空气的风量。

⑨ 调节后的冷空气经排风口后送入室内，使室内降温。

⑩ 蒸发器中的低温低压液态制冷剂通过与空气进行热交换后变为低温低压气态制冷剂，经管路送入室外机中，由电磁四通阀的C口进入，由B口送入压缩机中，开始下一次的制冷循环。

风冷式风循环中央空调的制热原理与制冷原理相似，不同之处是室外机中的压缩机、冷凝器与室内机中的蒸发器由产生冷量变为产生热量，通过室外机中的电磁四通阀通过控制电路控制，使内部滑块由B、C口移动至A、B口即可，让压缩机出来的高温制冷剂首先通过室内机，室内机的蒸发器就转为冷凝器对空气加热。

9.4.2 风冷式水循环中央空调

风冷式水循环中央空调是指室外机借助空气流动（风）对制冷管路中的制冷剂进行降温或升温处理，并将管路中的水降温（或升温）后送入室内末端设备（风机盘管）中与室内空气进行热交换，从而实现对空气的调节。

(1) 风冷式水循环中央空调的结构组成

如图9-31所示为风冷式水循环中央空调系统的结构组成，主要由风冷机组、室内末端设备（风机盘管）、膨胀水箱、冷冻水管路、冷冻水泵及闸阀组件和压力表等构成。

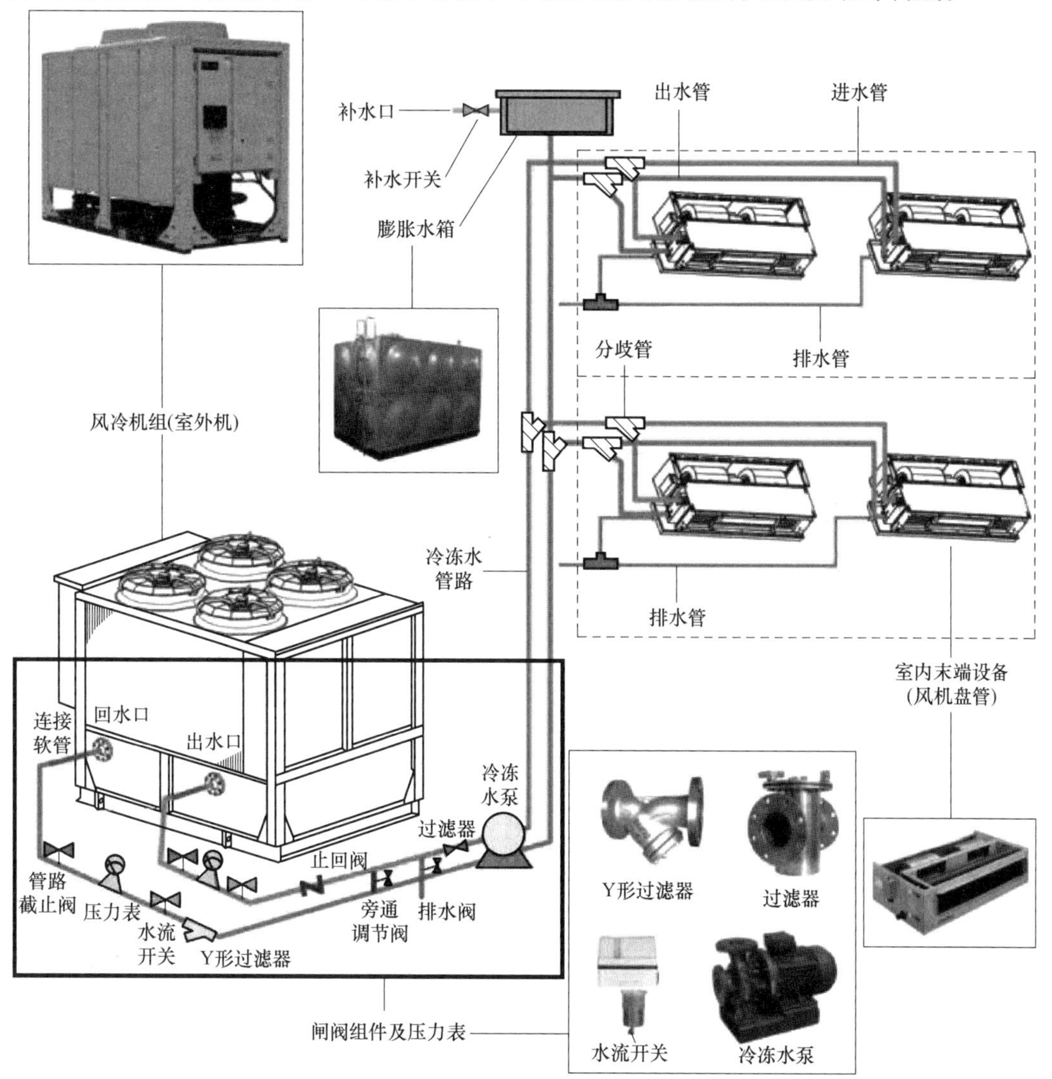

图9-31 风冷式水循环中央空调系统的结构组成

① 风冷机组（室外机）。如图 9-32 所示为风冷机组的实物外形图片。风冷机组是以空气流动（风）作为冷（热）源，以水作为供冷（热）介质的中央空调机组。

图 9-32　风冷机组（室外机）的实物外形

② 冷冻水泵。如图 9-33 所示为冷冻水泵的实物外形图片。冷冻水泵连接在风冷机组的末端，主要用于将风冷机组降温的冷冻水加压后送到冷冻水管路中。

图 9-33　冷冻水泵的实物外形

③ 闸阀组件及压力表。如图 9-34 所示为闸阀组件及压力表的实物外形。闸阀组件主要包括 Y 形过滤器、过滤器、水流开关、止回阀、旁通调节阀及排水阀等。

④ 风机盘管（室内机）。风机盘管是风冷式水循环中央空调的室内末端设备，主要利用风扇的作用使空气与盘管中的冷水（热水）进行热交换，并将降温或升温后的空气送出。

见图 9-35，风机盘管主要是由出水口、进水口、排气阀、凝结水出口、积水盘、管路接口支架、接线盒、回风箱、过滤网、风扇组件、电加热器（可选）、盘管、出风口等部分构成的。两管制风机盘管是比较常见的中央空调末端设备，在夏季可以流通冷水，冬季可以流通热水；而四管制风机盘管可以同时流通热水和冷水，可以根据需要分别对不同的房间进行制冷和制热。

⑤ 膨胀水箱。如图 9-36 所示为膨胀水箱的实物外形。膨胀水箱是风冷式水循环中央空调中非常重要的部件之一，主要用于平衡水循环管路中的水量及压力。

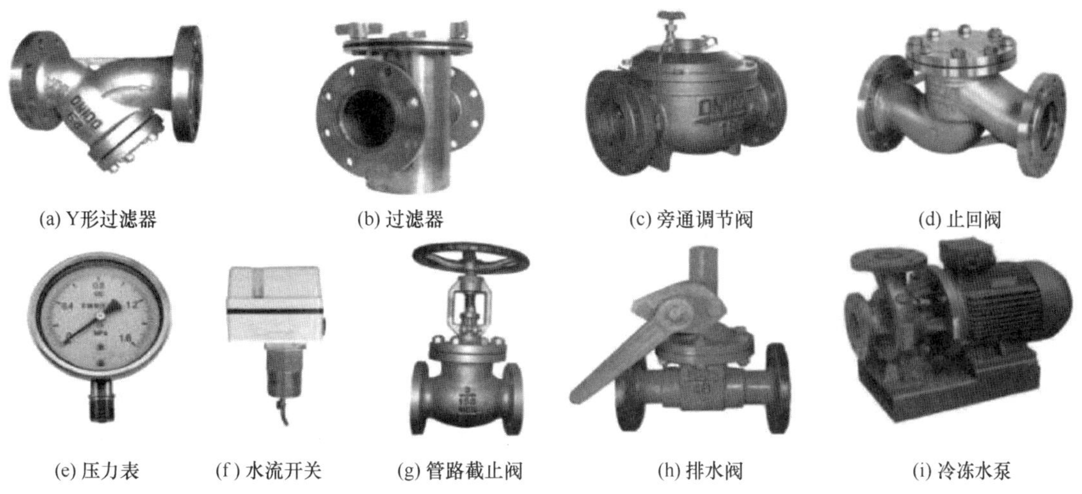

(a) Y形过滤器　(b) 过滤器　(c) 旁通调节阀　(d) 止回阀

(e) 压力表　(f) 水流开关　(g) 管路截止阀　(h) 排水阀　(i) 冷冻水泵

图 9-34　闸阀组件及压力表的实物外形

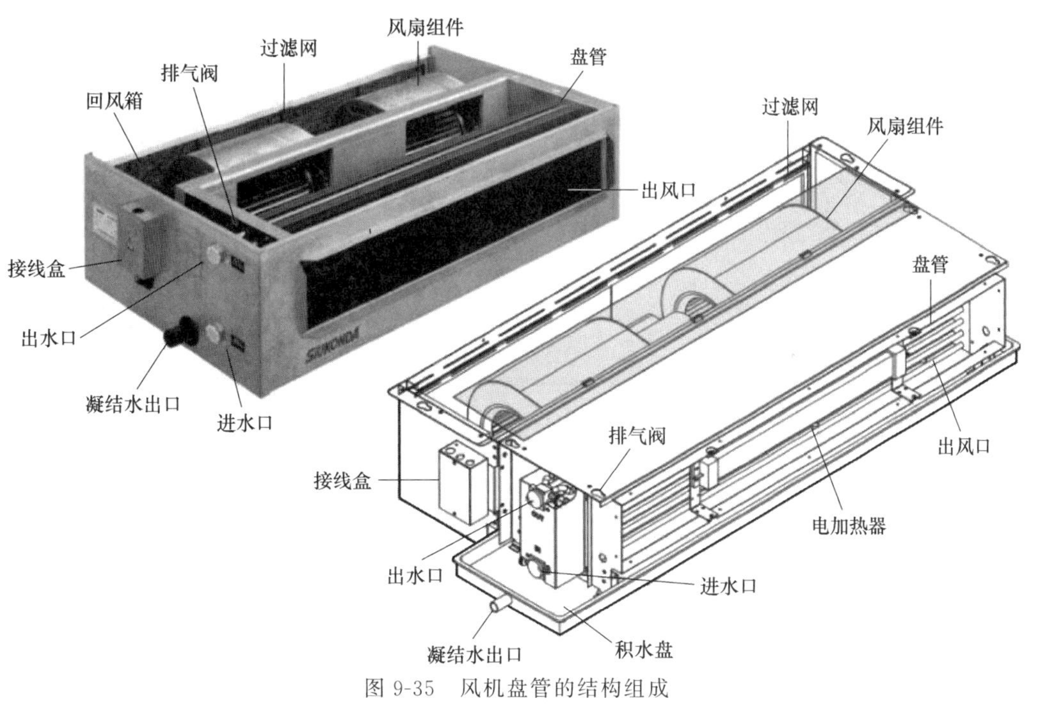

图 9-35　风机盘管的结构组成

方形膨胀水箱

圆柱形膨胀水箱

图 9-36　膨胀水箱的实物外形

(2) 风冷式水循环中央空调的制冷原理

如图 9-37 所示，风冷式水循环中央空调的工作原理与风循环中央空调基本相类似，不过是采用冷凝风机（散热风扇）对冷凝器进行冷却，并由冷却水代替空气作为热交换介质完成制冷/制热循环，室内由风机盘管再完成对空气的降温。

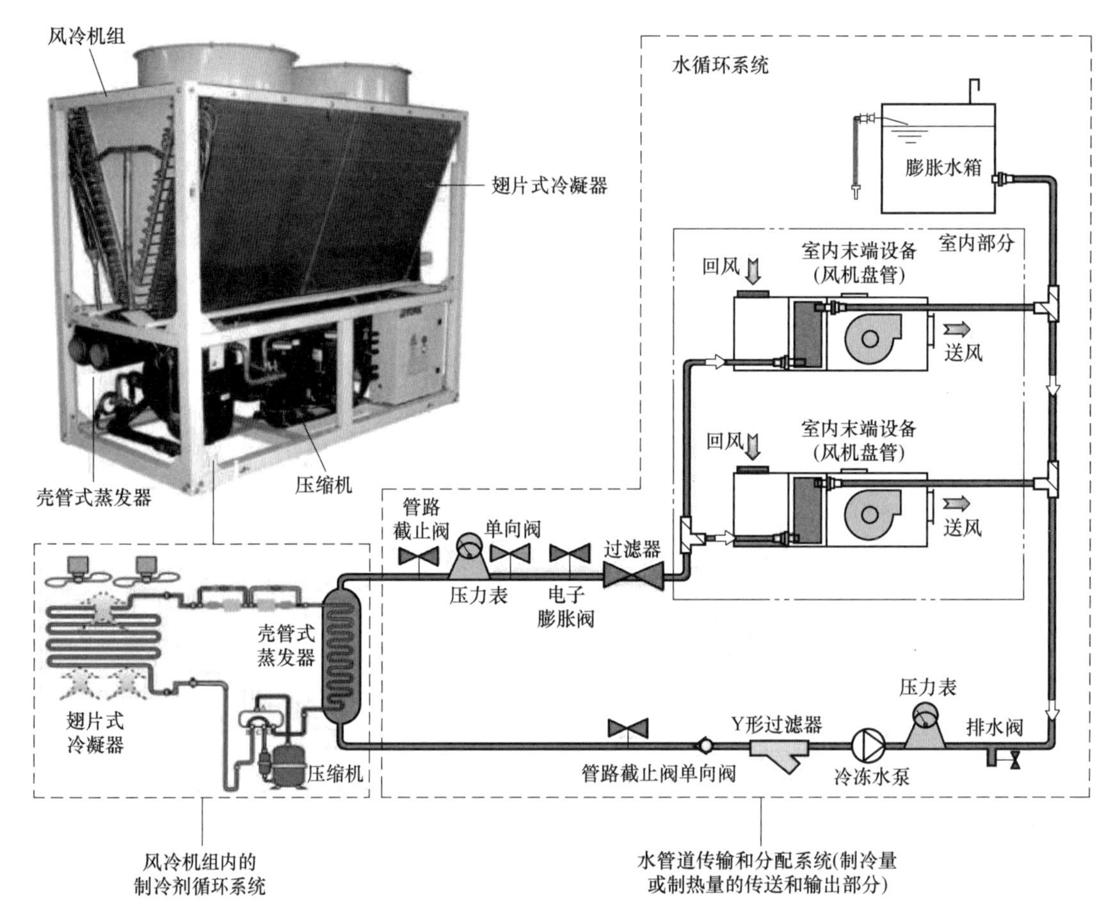

图 9-37　风冷式水循环中央空调的制冷原理

① 风冷式水循环中央空调制冷时，由室外机中的压缩机对制冷剂进行压缩，将制冷剂压缩为高温高压的制冷剂气体。

② 高温高压的气态制冷剂经制冷管路送入翅片式冷凝器中，由冷凝风机（散热风扇）吹动空气，对翅片式冷凝器中的空气降温，制冷剂由气态变成低温高压液态。

③ 低温高压的液态制冷剂由翅片式冷凝器流出进入制冷管路，电磁阀关闭，截止阀打开，制冷剂经制冷管路中的储液罐、截止阀、干燥过滤器后形成低温低压的液态制冷剂。

④ 低温低压的液态制冷剂进入壳管式蒸发器中，与水进行热交换，由壳管式蒸发器送出低温低压的气态制冷剂，再经制冷管路进入电磁四通阀送出，进入气液分离器后送回压缩机，由压缩机再次对制冷剂进行制冷循环。

⑤ 壳管式蒸发器中的制冷管路与循环的水进行热交换，经降温后由壳管式蒸发器的出水口送出，进入送水管路中经管路截止阀、压力表、水流开关、止回阀、过滤器及管路上的分歧管后，分别送入各个室内风机盘管中。

⑥ 由室内风机盘管与室内空气进行热交换对室内降温，水经风管机进行热交换后，经过分歧管循环进入回水管路，经压力表冷冻水泵、Y 形过滤器、单向阀及管路截止阀后，经

壳管式蒸发器的入水口送回管式蒸发器中，再次进行热交换循环。

⑦ 送水管路连接膨胀水箱，可防止管路中的水由于热胀冷缩使管路破损，在膨胀水箱上设有补水口，当循环系统中的水量减少时，可以通过补水口补水。

⑧ 室内机风机盘管中的制冷管路在进行热交换的过程中会形成冷凝水，由风机盘管上的冷凝水盘盛放，经排水管排出室外。

风冷式水循环中央空调的制热原理与制冷原理相似，不同之处是室外机的功能由制冷循环转变为制热循环。

风冷式水循环中央空调机组结构简单，故障少，维护工作量少，单机成本低；系统设计复杂，共用供水管路可能导致系统风险，在分期投入负载及设备时，需要提前做好系统预留设计，否则后期难以扩容，多采用在大型机房的情况。

以上两种水冷式空调属于中央空调系统，适用于大型机房，还有一种小型局部式风冷型精密空调，如图 9-38 所示。它看起来与家用柜机这种局部式空调相似，工作原理与前面的空调循环类似，不再赘述。它分为内机和外机，外机是风冷型，与家用柜机不同的是，压缩机却放置在室内主机里面，室内还设有加湿罐，它受机房空调的计算机板控制，当机房湿度低于设定湿度下限时，会自动启动加湿循环；当机房湿度高于设定湿度上限时，自动停止加湿，使机房温、湿度在正常范围内。

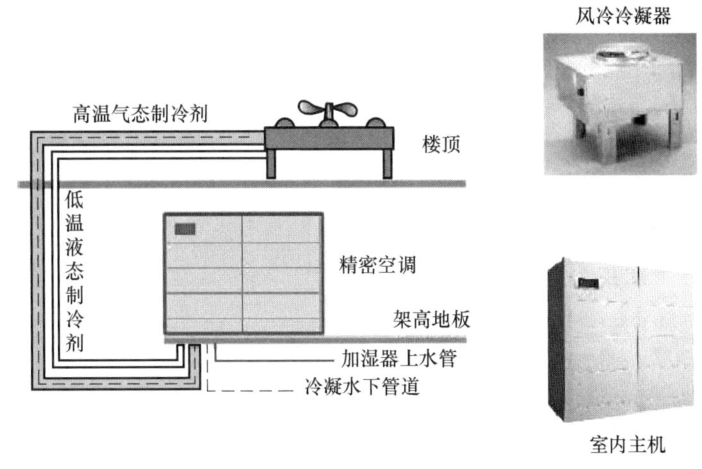

图 9-38　风冷型精密空调

这类风冷型机房空调，独立运行不属于中央空调，系统结构简单，占用机房空间少，扩容方便，但制冷剂管道不宜过长，适合室内机室外机接管长度＜60m、室外机低于室内机＜5m、室外机高于室内机＜20m 的安装条件，适用于中小型机房。

9.5　水冷式机房空调系统

9.5.1　总体架构

水冷系统分为冷却水循环和冷冻水循环两部分，如图 9-39 所示。冷却水循环部分主要是由冷却水塔和冷却水泵等构成。冷冻水循环部分由冷冻水泵、膨胀水箱以及空调末端设备构成。冷水机组是二者的结合部。制冷剂循环系统中的各种热交换过程都是通过水管路循环系统实现的。

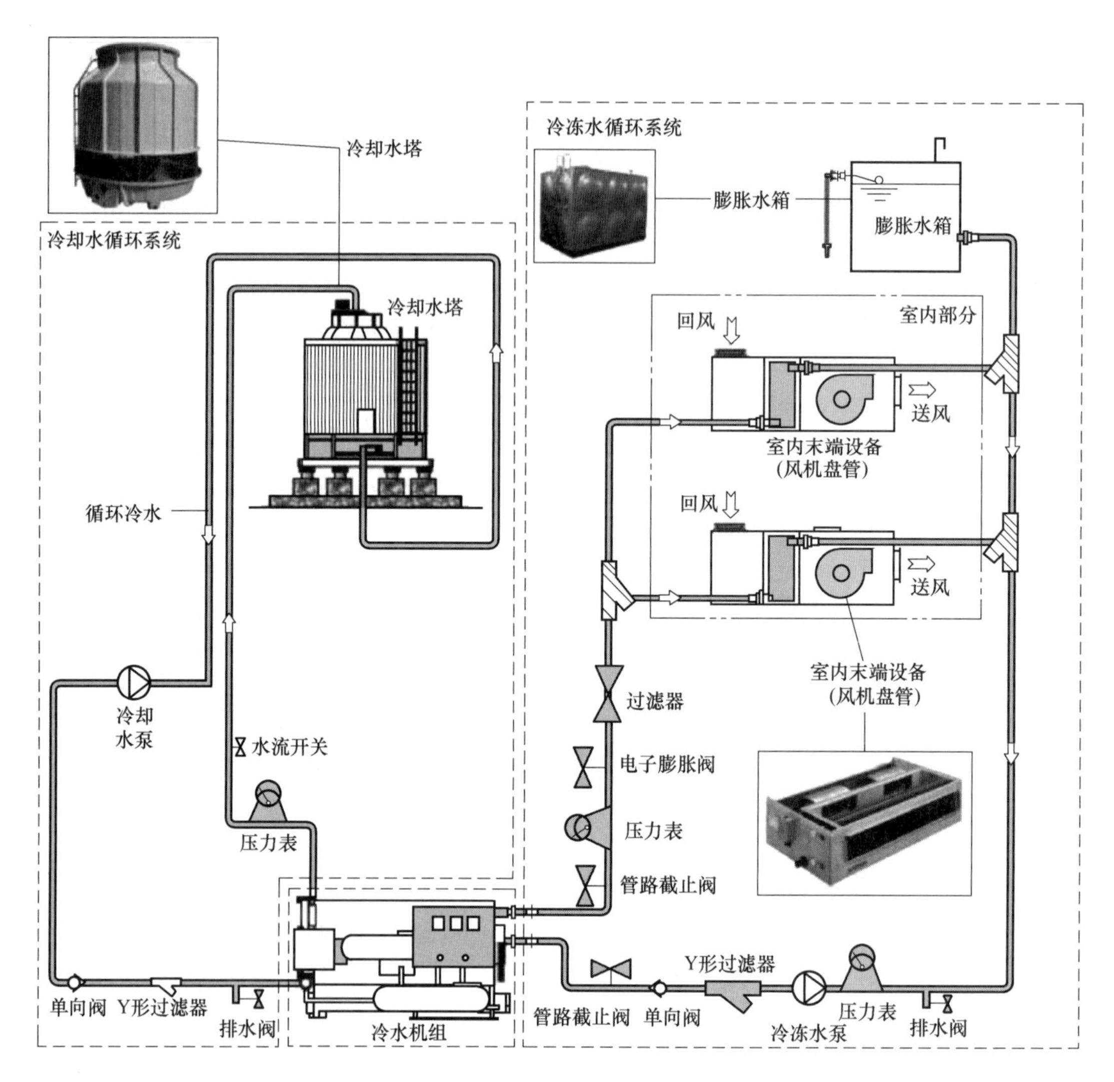

图 9-39　水冷式空调的结构组成

如果机房配备精密空调，其构成还有一个部件蓄冷罐，其作用主要是当空调供电中断时，为精密空调提供冷源。蓄冷装置提供的冷量包括蓄冷罐和相关管道内的蓄冷量及主机房内的蓄冷量。

为保证供水连续，避免单点故障，冷冻水供回水管路宜采用环形管网。当冷冻水系统采用双冷源时，冷冻水供回水管路可采用双供双回方式。

水冷式空调送风方式与之前的风冷压缩式系统变化不大，仅仅是末端内的冷却介质发生变化。由于大型数据中心的水冷式空调系统的电力负荷很大，一般需要为水冷式空调系统设计独立的配电室。随着能源的消耗，近年来大家逐渐对节能的问题重视起来，加之变频技术的成熟，变频一次泵系统和二次泵系统逐渐成为主流。

9.5.2 冷水机组

冷水机组是一种制造低温水（又称冷水、冷冻水或冷媒水）的制冷装置，其任务是为空调设备提供冷源，是水冷空调的核心。冷水机组是空调的“制冷源”，通往各个房间的循环水由冷水机组进行“内部热交换”降温为冷冻水。冷冻水可以通过冷水泵、管道及阀门送至中央空调系统的喷水室，表面式空冷器或风机盘管系统中，冷冻水吸收空气的热量后使空气得到降温降湿处理。

见图 9-40，冷水机组是把制冷压缩机、冷凝器、蒸发器、膨胀阀、控制系统及开关箱等组装在一个公共机座或框架上的制冷装置，是制冷压缩机系统的核心。冷水机组的制冷原理与压缩式制冷系统的冷凝器工作原理相同，也是通过制冷剂在冷水机组各个部件的蒸发器间循环来实现制冷降温的目的。不同的是蒸发器、冷凝器和压缩机的结构形式不同。在一般情况下，水冷式中央空调的蒸发器和冷凝器均采用壳管式，压缩机多为离心式和螺杆式。

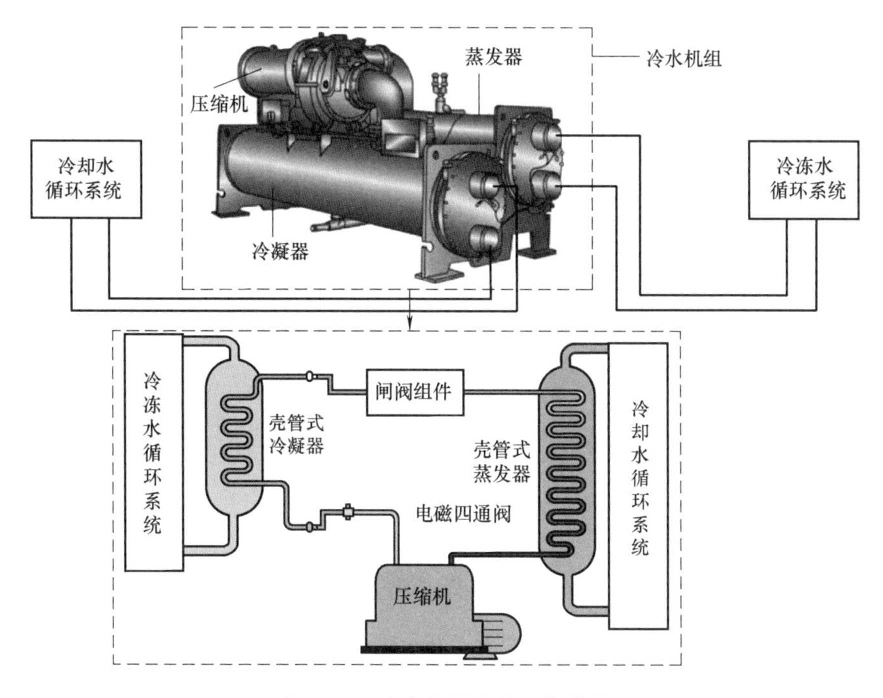

图 9-40　冷水机组及其工作循环

9.5.3 冷却水塔

冷却水塔是水冷式中央空调冷却水循环系统中的重要组成部分。冷却水塔是集合空气动力学、热力学、流体力学、化学、生物化学、材料学、静/动态结构力学及加工技术等多种学科为一体的综合产物。它是一种利用水与空气的接触对水进行冷却，并将冷却的水经连接管路送入冷水机组中的设备。冷却水塔主要由淋水装置、配水系统、通风设备及塔体等部件组成，如图 9-41 所示。

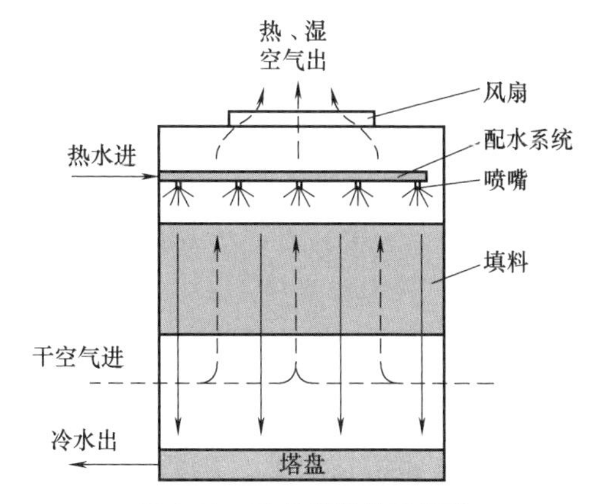

图 9-41　冷却塔结构示意图

工作过程如下：当干燥的空气经风机抽动后，由进风窗进入冷却水塔内，蒸汽压力大的高温分子向压力低的空气流动，热水由冷却水塔的入水口进入，经布水器后送至各布水管中，并向淋水填料中喷淋。当与空气接触后，空气与水直接进行传热形成水蒸气，水蒸气与新进入的空气之间存在压力差，在压力差的作用下进行蒸发，从而达到蒸发散热，即可将水中的热量带走，达到降温的目的。

(1) 冷却水塔的分类

① 根据在塔体内冷却介质是否与外界空气接触可分为开式冷却水塔和闭式冷却水塔。

② 根据在填料部冷却介质与空气的流动方向可分为横流式冷却水塔和逆流式冷却水塔，如图 9-42 所示。

逆流式冷却水塔中的水自上而下进入淋水填料，空气为自下而上吸入，两者流向相反，具有配水系统不易堵塞、淋水填料可以保持清洁不易老化、湿气回流小、防冻冰措施设置便捷、安装简便、噪声小等特点

横流式冷却水塔中的水自上而下进入淋水填料，空气自塔外水平流向塔内，两者流向呈垂直正交，一般需要较多填料散热，具有填料易老化，布水孔易堵塞、防冻冰性能不良等特点，优点为节能效果好、水压低、风阻小、无滴水噪声和风动噪声

(a) 逆流式冷却水塔

(b) 横流式冷却水塔

图 9-42　逆流式冷却水塔和横流式冷却水塔

(2) 冷却水塔选型

由于通信机房基本是常年稳定的冷负荷，按夏季工况选择的冷却水塔在冬季用作自然冷却时，要求其提供的冷却量要基本不变，因此采用冷却水塔供冷时，为了更好地节能，应尽量延长自然冷却时间，通常按冬季自然冷却工况选型，并对夏季极端湿球温度进行校核，以满足典型机房可靠性的要求。

9.5.4 水泵

冷冻水和冷却水的循环都是通过水泵进行的。离心式水泵具有 3 个主要部件，即叶轮、泵壳和轴封装置。

水泵的主要性能参数包括扬程、流量、转速、功率和效率。

① 扬程（压力）：泵加给每千克液体的能量称为扬程（或压力），亦即液体进泵前出泵后的压力差，用符号 H_e 表示。其单位为被输送液体的液柱高度 m（液柱），简写为 m。

② 流量：是指泵在单位时间内排出液体的体积，通常用符号 Q 表示，其单位为 m^3/h 或 L/min 等。

③ 有效功率：单位时间内液体由泵实际得到的功，称为有效功率，用符号 N_e 表示，单位是 kW。

④ 轴功率：泵从电动机得到的实际功率，其值应比液体实际得到的功率大，用符号 N_m 表示，单位为 kW。

⑤ 效率：有效功率与轴功率的比值，用 η 表示。离心泵 η 的取值范围为 0.6～0.85。

水泵的节能除采用变频装置外，应采用较大直径的管道，尽量减少管道长度和弯头，采用大半径弯头，减少换热器的压降等。冷冻机房、水泵、冷却塔、板式换热器和精密空调尽量设计安装在相近的高度以减少水泵扬程。

9.5.5 水处理设备

(1) 中央空调水系统中存在的问题

水冷式中央空调的循环水主要包括冷却水系统和冷冻水系统两部分，冷冻水系统一般封闭循环，而冷却水系统多为开放循环。由于水质的问题，如果不做处理的话，在两个系统中均能引起系统结垢、腐蚀、微生物危害等问题，间接地影响空调系统的制冷效果及能效。

① 结垢。在水循环过程中产生的水垢容易滞留管道内壁，不仅会阻碍水的流动，还会产生垢下腐蚀，降低热交换效率，增加空调的能耗，影响空调的制冷效果。

② 腐蚀。由于普通自来水中含有大量的溶解性气体，如氧气（O_2）、二氧化碳（CO_2）等，对金属都有一定的腐蚀作用。腐蚀会使管道穿孔及泄漏。并且腐蚀点经常被水垢等附着物体覆盖，不宜被发现，增加了维护和保养的困难。

③ 微生物。在水循环过程中还容易吸附一些微生物，特别是在冷却水系统中，由于是开放式循环，水直接和空气接触，而水的温度又特别适合微生物的滋生。如果未能及时控制，微生物将不断滋生，分泌出大量黏液，将水中杂质黏在一起，附着在管道中形成污垢。同样也会造成热交换效率降低，增加空调的能耗，严重的会造成管道堵塞。

(2) 中央空调水处理方法

① 化学方法。通过运用化学药剂使水达到一定的质量要求。药物中采用了缓蚀阻垢、杀菌灭藻等成分，阻止微生物的滋生、水垢的形成，还能减缓对管道的腐蚀，同时还要定期对系统进行清洗。

② 物理方法。通过一些电子水处理设备对水质进行改善。利用电子水处理器产生的高频交变电磁场，让水在经过水处理器时，物理性能发生改变，无法形成水垢，达到防垢、消菌灭菌的目的，减少水系统管道的腐蚀和结垢。

9.6 机房气流组织

9.6.1 机房气流组织种类

(1) 机房气流组织形式

气流组织优化的发展基本遵循了由不重视到重视，由无序到有组织，由远端送风到近端送风，由高功耗到低功耗的四个规律。

如图 9-43 所示，早期机房以地板下送风，自然回风为主，如图 9-43（a）所示。若无地板，则采用简单上送下回的形式，如图 9-43（b）所示。甚至有的小机房没有送风管道，表现为气流无序，机房空调功耗高，随着机房功率密度的提高，出现局部热点，机房高温事故频发。为了消除机房的热点，首先从改造送风效果最差的上送风机房开始，对冷风进行了精确送风改造，采用风管上送风，封闭冷通道的方法，如图 9-43（c）所示。机柜开始进行面对面、背对背排列，让冷风准确进入服务器内部，对设备进行制冷，后期新建机房普遍采用。图 9-43（d）所示采用的是地板下送风，进行冷通道封闭，实现气流精确送风的目的。这阶段表现为对机房气流进行了有序组织，普遍采用先冷设备后冷环境的方式，进行冷通道封闭，随着机房冷通道温度提升到 27℃，热通道及环境温度达到 33～36℃，机房人员工作环境温度升高，提升机房温度以节能的阻力非常大，难以开展节能工作。所以近年更多采用热通道封闭［见图 9-43（e）］或者列间空调的方式［见图 9-43（f）］，首先保证设备进风 27℃，机房工作人员的舒适性提高，热通道温度尽可能提高，机房侧大温差运行，以提高冷机效率和最大化地利用自然冷源。

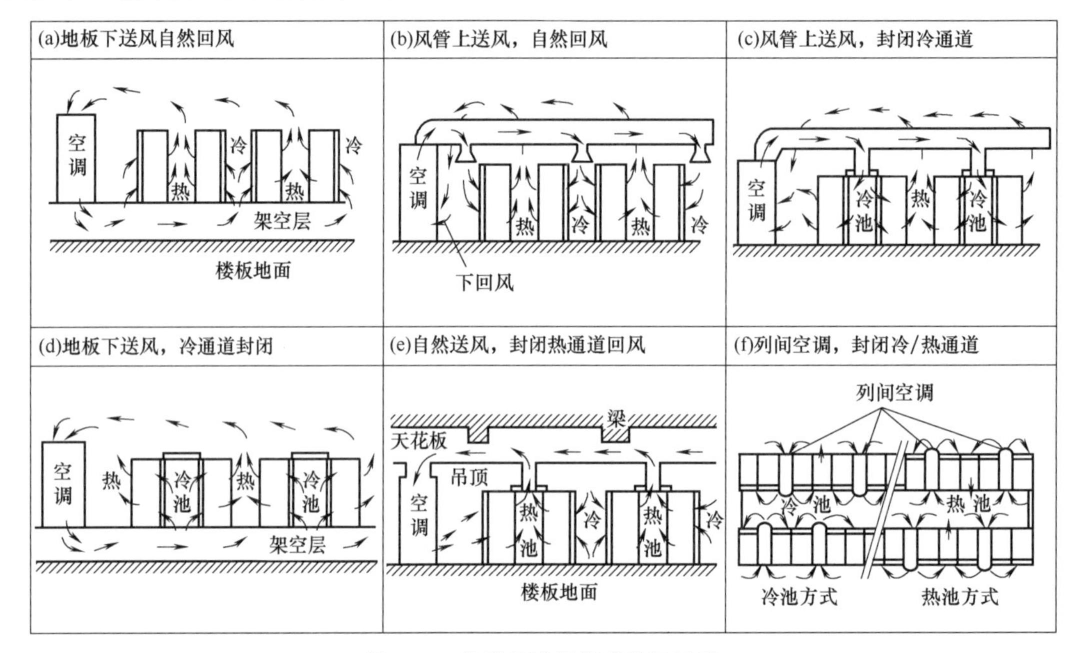

图 9-43　机房气流组织的发展历程

(2) 典型的机房气流组织形式

① 风管上送风方式、冷通道封闭形式。如图 9-44 所示，风管上送风方式是目前普遍采用的送风方式，可分为精确送风方式和非精确送风方式。精确送风通过风管、冷通道等把冷风直接输送至机柜内部进风口处，提高了机房专用空调的运行效率。符合“先冷设备、后冷环境”的原则，风管上送风方式应设置连通风管，保证任一台空调出现故障后，机房内部本出现明显的送风不均匀情况。有效地解决风帽上送风方式的送风，即距离过短及送风不均匀的问题。机房空调所需的加湿水管、冷凝水排水管布置明了，一旦有漏水现象能及时发现、排除。房间内没有活动地板，不易积尘，便于日常的维护管理。

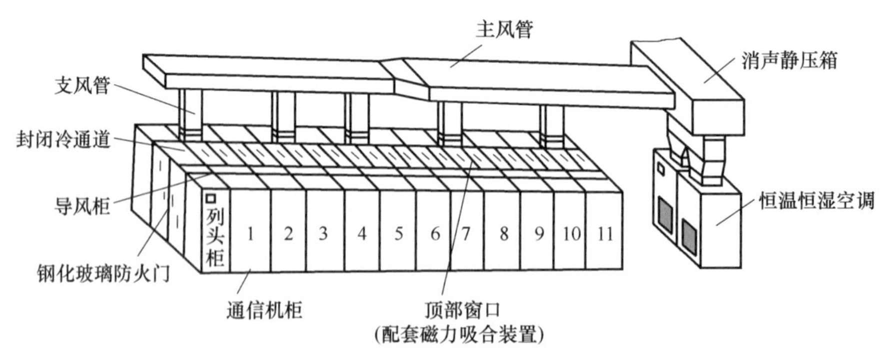

图 9-44　风管上送风方式、冷通道封闭形式

② 地板下送风方式、冷通道封闭形式。如图 9-45 所示，下送风方式是在机房布置架空地板，经过空调机组处理过的低温空气，从空调机底部送至机房的架空地板内，利用架空地

板形成的静压箱，输送到冷通道上布置的地板送风口，通过架空地板上的送风口进入机房和工艺机柜内，带走工艺设备热量，高温空气再从机房上部空间或者天花板回到空调机组进行冷却处理，下送风方式的地板送风口设置在冷通道上，空调的回风口应尽量和热通道对齐，以便热空气回流。

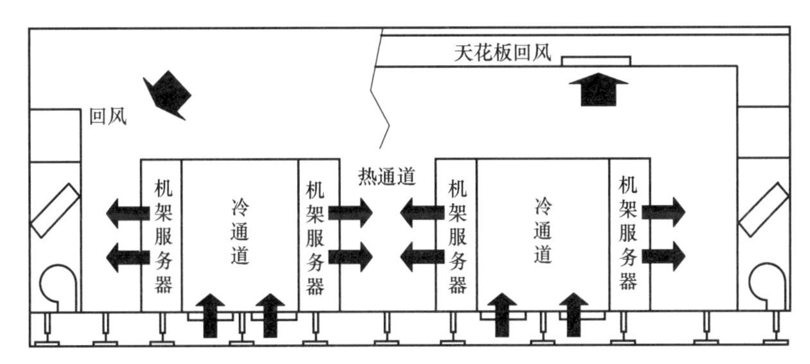

图 9-45　地板下送风方式、冷通道封闭形式

由于冷热空气通道有效隔离，且基本符合“先冷设备、后冷环境”的原则，所以下送风方式冷却效率较高，能有效解决机房局部过热问题。下送风方式送风均匀，当任一台空调室内机出现故障后，地板各送风口不应出现明显的送风不均匀情况。采用地板下送风方式时，宜采用上走线形式。地板下不应布放任何通信或电源线等相关线缆（消防用线缆除外）。在满足工艺净高要求的前提下，应根据建筑层高适当加大架空地板设置高度，但最小净高高度不得低于 350mm，如表 9-8 所示。

表 9-8　不同机房冷负荷密度下的架空地板高度

机房热密度级别	低密度机房	中密度机房		高密度机房		超高密度机房
机柜功率级别	低负荷机柜	中负荷机柜		高负荷机柜		超高负荷机柜
单机柜平均功率 P/kW	$P<3$	$3\leqslant P<4$	$4\leqslant P<5$	$5\leqslant P<6$	$6\leqslant P<8$	$P\geqslant 8$
架空地板最小高度 h/mm①	350	450	500	600	750	800

① 本表中架空地板的高度是指地板上表面至地面之间的垂直距离，含地板厚度。

机房布置架空地板采用不燃材料制成，应具有良好的防静电、防老化及防龟裂性能。架空地板的支架结构设计应满足抗震和设备的承重要求。具体设备间距应通过计算确定。

采用下送风方式，为避免楼板结露，应在保证核心机房温湿度的前提下，保证送风温度不能太低。送风温度应根据焓-湿图以保证不结露为目的进行设定。楼板保温可在楼板底面粘贴带隔气铝箔玻璃棉毡，对于密度为 24kg/m^3 的铝箔玻璃棉毡，其厚度约为 25mm 即可满足要求。

③ 地板下送风方式，热通道封闭回风。通过地板下送风把冷风输送至机柜附近，对热通道进行封闭，热通道封闭后热风直接回到空调，如图 9-46 所示。地板下送冷风，天花板热回风，节能高效，机房工作人员的舒适性提高。热通道温度尽可能提高，机房侧大温差运行，以提高冷机效率和最大化地利用自然冷源。但这种方式投资大，热风需强制抽风回到空调，不易施工。

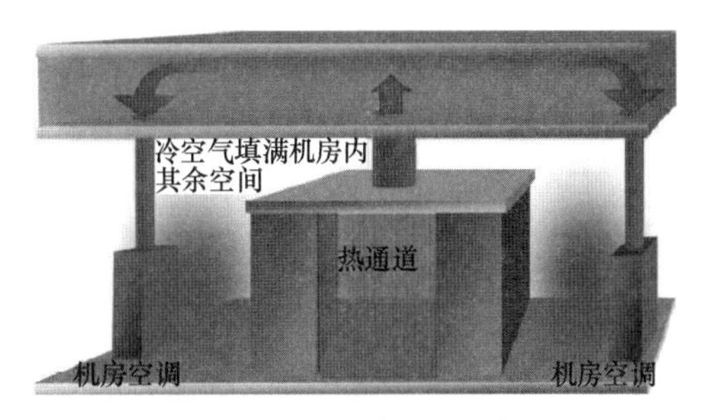

图 9-46　热通道封闭示意图

9.6.2 机房气流组织形式

(1) 机房气流组织规则

① 根据机房建筑平面、通信设备布置、空调室内外机布置、空调气流组织、气候特点合理排布机架布局。

② 冷量按需分配：将冷风直接送至设备或机柜进风口。

③ 送回分离，冷热隔绝：机房采用冷、热通道设计，机柜按“面对面、背对背”排列，送、回风严格分离，并做好地板、冷池（热池）、机柜盲板等密封设计，避免冷热混风。

④ 大风低速，就近制冷：合理设计风量，采用大风量送风，保证载冷量的同时，降低气流流速，减少动压损失。

⑤ 同时尽可能缩短送风距离，并确保回风直通顺畅，减少热风滞留，在提升送风效率的同时，降低风机能耗。

⑥ 提升温度，控制温差：尽可能提升机房空调设计温度值，控制合理的送回风温差，提高空调系统显热比和制冷效率。

(2) 机柜内部的气流组织形式

安装在机架中的电子设备自身通过从数据中心吸取环境空气来进行冷却。如果排放的热气返回到设备进气口，则会出现异常的过热情况。数据中心和网络机房的设计应避免设备吸收热空气，可以通过在机柜前端加装盲板的方式实现良好的气流组织。

如图 9-47 所示，如果机架中的任何垂直空间未装满组件，则组件之间的空隙会引起通过机架和整个组件的气流混流。在这些空隙装上盲板，用盲板填充机架中的垂直空间，可以保持正常气流的流向，阻挡热气流的回流。

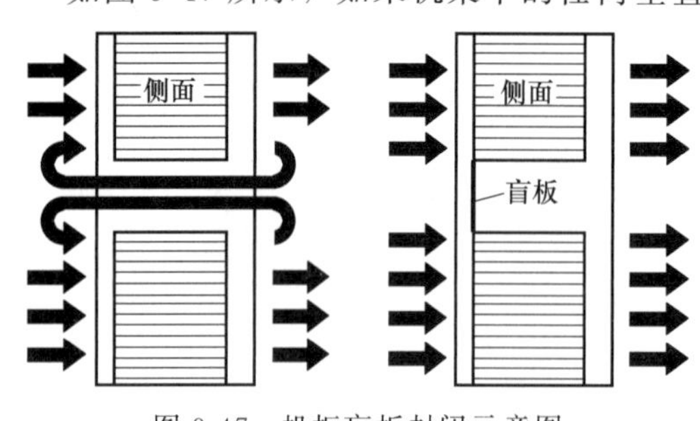

图 9-47 机柜盲板封闭示意图

实验显示，温度最低的服务器位于机架底部，不会受到使用盲板的影响。温度最高的服务器位于未利用的垂直机架空隙的正上方，安装了盲板可使其进口温度降低至少 11℃。使用气流管理盲板可以减少过热情况以及避免数据中心和网络机房内的“热区”问题的发生。当添加了气流管理盲板后，即使空调送风温度较高，也可获得相同的服务器进气口温度。

9.7 工程安装注意事项

9.7.1 专用空调机安装与操作

9.7.1.1 安装操作注意事项

(1) 风冷式空调机组

风冷式空调机组带有一个单独的风冷式冷凝器，制冷剂管道必须在现场进行连接。当接好电源和水源（加湿器用水）即可运转。

风冷式冷凝器应放置在室外安全且易于维修的地方，注意避免放置在公共通道及有积雪或积水的地方，若冷凝器一定要放在建筑物内，则必须配用风机。

为保证足够的风量，冷凝器需安装在清洁空气区并远离可能堵塞盘管的污物区。冷凝器与墙、障碍物或邻近的机组之间的距离要大于1m。冷凝器应水平安装，以保证制冷剂正常的流动与回流。

所有制冷管路均用铜管进行焊接，制冷剂管应采用隔振支座以防止振动传向建筑物。当垂直的立管高度超过 12m 时，应在每隔 12m 处的气管中设置一个存油弯。这些存油弯在停机时可将冷凝器的制冷剂和冷冻油汇集在一起，以保证运转时冷冻油的流动。在风冷式冷凝器的出入口的水平管段上应设置向上的反向弯，以防停机时制冷剂倒流。

安装在活动地板下的所有管道必须布置好，应采用对气流阻力最小的方案。要精心安排活动地板下面的管道以防止计算机房内任何地方气流的堵塞。在活动地板下安装管道时，要注意管道不能重叠。条件允许时，管道应与气流方向平行。

(2) 水冷式空调机组

水冷式空调机组是一台预先集装好的、完整的设备。空调机组中每个制冷循环回路均设一台水冷式冷凝器，将两个水冷式冷凝器的供水管和回水管分别连在一起，在安装时只需接上一个供水和回水管口即可。若在每台空调机的供水和回水管上安装手动的阀门，即可保证机组的常规检修或是紧急断水。

若冷凝器的冷却水的水质不好时，可在供水管路上加设净化过滤器。根据冷却水塔或其他水源的最低供水温度考虑是否需要对冷凝器供、回水管进行保温。

为保证紧急排水以及地板下的溢流，地板排水管应装有存水弯或“自由水位”的探测器，液体探测警报器也应装在活动地板下面。与风冷式机组类似，所有冷凝水的排水管和机组的排水管均应设置存水弯及坡度水管。

9.7.1.2 机组安装的具体事项

(1) 机房位置的选择

机房位置的选择应考虑诸多因素，其中主要包括机房要尽量靠近电子设备，应确保机房的安全，应将机房布置在建筑物的中心而不要布置在周边区。空调机组与室外的风冷式冷凝器、冷却水塔或干式冷却器应尽量靠近。计算机房应设在建筑物中不受室外温度及相对湿度影响的区域内。若所选择的位置有一面外墙，则玻璃窗的面积应保持最小，并应安装双层或 3 层玻璃以防冬季结露。

(2) 准备工作

当设计机房时，应考虑空调设备和电子设备本身的尺寸以及必要的操作维修间距。同时，还应考虑开门所占的空间、电梯容量以及能支撑所有设备的地板结构，也要考虑机房的配电及控制系统。

在初步规划时，要为机房的发展及空调系统的扩大留出足够的面积。机房应很好地隔热，并且必须具有密封的隔气层。吊顶设施的质量，若不理想，也不能很好地隔气，所以要注意将吊顶或吊顶静压室做成密封的。为了防潮，还应将橡胶或塑料底漆刷在砖墙或地板上。门的上下不要有缝隙，也不准安装通风的格栅。不密封的吊顶不能作为通风系统的一部分，所以安装在吊顶内，依靠室内排风进行冷却的灯具是不允许采用的。

室外的新风量不要过大，在满足卫生要求的条件下越少越好。因为新风太多会使空调系统的加热、冷却、加湿和减湿负荷相应增加。

(3) 空调系统的安装

室内机组可安装在可调的活动地板上。在机组下面必须加装一个支座，以保证承受机组的最大荷载。或者机组使用个单独的地板支架，这支架与活动地板的结构无关，它可先于地板之前安装。使用地板支架可使空调机组的安装、接管、验收等工作先于地板的安装，这样可以使地板下的接管、接线工作更为容易，节省时间。地板支架与邻近的活动地板是隔振的，可不用在机组下面的地板上开专门的通风孔。

机组安装的时候要考虑到周围的预留空间，如条件允许，在机组的左侧、右侧及前方留有约 800～1000mm 的操作空间。

所有的空调机均采用三相电源。空调机组的供电应与国家和当地的电力供应标准相一致。按照最小的允许压降选购合适的导线尺寸，以保证在有可能发生低电压或用电高峰期间的可靠运转。按照规范应在机组 2.5m 范围内安装一个手动电气断路开关。

空调机有上送及下送式两种送风方式。机组具有一定的设计风量，因而在空气回路应避免不正常的阻力。地板下气流送风的方式，在安装时要注意如下几点：

① 避免将机组安装在室内最低位置及长而窄的房间的端部，各机组不可靠得太近。

② 为减少空气循环的压力损失，应恰当地选定送风格栅以及开孔的活动地板。格栅上可调百叶风门伸至活动地板下时，不利于空气流动，所以要同时考虑地板高度和百叶风门高度以确定格栅的选型。

③ 在确定送风所需穿孔板和格栅的总数之前，应检查一些购来的地板规格。格栅和穿孔板的规格应以通风面积为主，而不是穿孔板或格栅的数目。

④ 穿孔板一般置于机房靠近硬件处。带有可调百叶风门的格栅用在主要考虑工作人员舒适的地方，诸如打印或其他工作区。允许工作人员为了舒适而调整风量，而不是为了设备的需要而调整。在高发热区，可使用带风门的格栅和穿孔板，但要特别小心，不要因为电缆乱堆、操作者感到不舒适或工作担心而关闭风门。

⑤ 活动地板应安装稳固、紧密，地板下面不要有许多诸如电缆沟过长的电缆以及管道等障碍物。

9.7.1.3 空调主机的操作

在准备开机之前，一定要保证空调机的安装完全符合要求。以下空调主机的启动步骤仅供参考。

① 由于在运输中可能有接线松动等情况，检查并紧固全部接线。

② 将一些线路中的保险丝断开，但不要断开风机和控制电压变压器的保险。

③ 将温度传感器和湿度传感器安装在与之连接的插座上。

④ 合上电源后，检查线路中总开关上的电压，线路电压一定要在额定工作电压规定的允许的范围之内。

⑤ 合上线路总开关并检查变压器上的次级电压，电压在规定范围：24V±2.5V（不同机型可能不同）。

⑥ 按下 ON 按钮，风机启动运转，ON 指示灯亮。

⑦ 定好温度、湿度值及正负差、报警参数及设置好其他控制功能。

⑧ 关掉总开关及总闸刀，此时 ON 按钮的指示灯应熄灭。重新装上原来拆卸下来的保险，接通电源，将总开关置于 ON 位置，并按下 ON 按钮，启动空调机。

9.7.2 水冷式空调操作与运行

(1) 操作人员必备知识

为了保证空调冷水机组的安全运行，避免事故的发生，操作人员必须具有中央空调操作的基本知识，严格按照机组的特点和操作程序进行操作，并监视机组的运行情况，定期做好记录，当发生故障时应及时采取对策。因此，冷水机组的操作工应经有关部门专门培训，并取得资格证书。

中央空调的操作人员必须具有以下基本知识：

① 制冷机组的制冷循环特点。
② 冷水和冷却水的作用与循环方式。
③ 往复式活塞和离心式制冷机结构及工作原理。
④ 蒸发器、冷凝器和冷却水塔的结构与用途。
⑤ 密闭电动机和增速器的构造。
⑥ 压缩机润滑系统作用与工作方式。
⑦ 制冷量调节的特点及调节方法。
⑧ 抽气回收装置和其他辅助设备的构造与作用。
⑨ 安全保护装置的设定值及整定方法。
⑩ 自控联锁装置的特点等。

中央空调的操作人员应通过认真阅读冷水机组的操作说明书，把理论知识与操作实践结合起来，对机组进行日常管理和维修。

(2) 冷水机组运行前的检查准备工作

① 机组每日开机前的检查与准备工作。冷水机组因每日作息制度要求、临时维修或其他原因需要短时停机，在再次启动运行前，必须认真填写和阅读运行记录，对于记录中反映的问题要仔细分析，出现故障及时进行修理。排除故障后，只有将因修理或停机需要而关闭的阀门打开后，才能按动复位按钮让机组重新投入运行。机组在运行中，应不断将运行记录参数与新机组首次运行的设计工况下的原始记录参数做比较。如果这些参数偏差超过一定值时，应寻找原因，采取对策。有的问题一时解决有困难，可以留待年度检修时处理。

② 机组年度开机前的检查与准备工作。开机运行前的准备工作一般可与年度维修保养的工作合并进行。除对检查中发现的问题予以重点排除外，可参照首次开机运行前的检查和准备步骤进行操作。应该指出的是，向机组和系统中补充制冷剂的工作，是在机组运转的情况下完成的。制冷剂的补给量，以规定工况下制冷压缩机吸入压力表所指示的压力和电流（电功率）达到机组规定的数值为合适。此外，要注意润滑油过滤网每年最少清洗一次，润滑油应每年全部换新。冷凝器和蒸发器都要进行清洗和水质处理。

(3) 冷水机组操作规范

空调用冷水机组，不论是活塞式还是离心式，运行操作总的原则是确保启动和安全运行。一般按如下程序操作：首先接通机组总电源，使各控制部分及保护线路处于待工作状态。然后启动冷水系统，其顺序为先启动空气处理系统的风机，后启动冷水泵；其次启动冷却水系统，顺序为冷却水泵、冷却水塔风机逐一启动；最后进入主机启动阶段，程序为先启动油泵，几分钟后才可启动压缩机。

机组运行操作人员在开机前，必须先查阅运行记录，了解上一班机组运行情况，发现问题及时向班组长报告情况，并提出具体的处理意见，以便及时集中力量对机组进行调整和修理，只有在机组完好无故障的情况下才能启动运行。

(4) 冷水机组的停机操作

空调用冷水机组使用的季节性很强，表现为间歇式工作的特点。因此，机组的停机可以分为手动停机和自动停机两种情况。

冷水机组因季节关系或定期维修而停止其制冷运行，为正常停机。这种停机一般用手动操作。而因机组控制部分发生故障，引起保护装置动作而停机，则称作自动停机（或称故障停机）。

9.8 维护注意事项

9.8.1 空调维护的基本要求

① 定期清洁各种空调设备表面，保持其表面无积尘、无油污；确保空调室（内）外机周围的预留空间不被挤占，保证（送）进、（回）排风畅通，以提高空调制冷（暖）效果和设备的正常运行；保持室内密封良好，气流组织合理和正压，必要时应具有送新风功能。

② 设备应有专用的供电线路，供电质量应符合相关要求。设备应有良好的保护接地。空调室外机电源线室外部分穿放的保护套管以及室外电源端子板、压力开关、温湿度传感器等的防水防晒措施应完好。

③ 空调的进、出水管路布放路由应尽量远离机房通信设备；检查管路接头处安装的水浸告警传感器是否完好有效；管路和制冷管道均应畅通、无渗漏、堵塞现象。

④ 使用的润滑油应符合要求，使用前应在室温下静置 24h 以上，加油器具应洁净，不同规格的润滑油不能混用。

⑤ 保温层无破损：导线无老化现象。定期检查和拧紧所有接点螺丝，尤其是空调机室外机架的加固与防蚀处理情况。

⑥ 空调系统应能按要求调节室内温、湿度，并能长期稳定工作；有可靠的报警和自动保护功能、来电自动启动功能。定期对空调系统进行工况检查，及时掌握系统各主要设备的性能、指标，并对空调系统设备进行有针对性的整修和调测，保证系统运行稳定可靠。

⑦ 充注制冷剂、焊接制冷管路时应做好防护措施，戴好防护手套和防护眼镜。

9.8.2 专用空调设备的维护

(1) 空气处理机的维护

① 风机转动部件无积尘、油污；带转动无异常摩擦、无异常噪声。

② 定期清洁过滤器和滤料器，检查其有无变形和损坏；检测干燥过滤器两端有无明显的温差。

③ 蒸发器翅片应无阻塞、无污痕。

④ 翅片水槽和冷凝水盘应干净无沉积物，冷凝水管应畅通。

⑤ 送、回风道及静压箱无漏风现象。

⑥ 检查空调机底部水浸情况。

⑦ 清洁冷凝沉淀物。

⑧ 必要时应测量出风口风速及温差。

(2) 风冷冷凝器的维护

① 风扇支座紧固，基墩不松动，无风化现象；清洁电机和风叶，扇叶转动正常、无抖动、无摩擦。

② 无异常摩擦、无异常噪声。

③ 定期测试风机的工作电流，检查风扇的调速机构是否正常。

④ 经常检查、清洁冷凝器的翅片，接线盒和风机内无进水。

⑤ 电机的轴承应为紧配合，发现扇叶摆动或转动异常时，应及时进行维修或更换。

(3) 压缩机部分的维护

① 检测高低压保护装置。

② 检测压缩机表面温度有无异常现象。

③ 定期观察液镜内制冷剂的流动情况。

④ 检查制冷剂管道固定位置有无松动或震动情况。

⑤ 检查制冷剂管道保温层。

⑥ 定期检查压缩机吸、排气压力。

(4) 加湿器部分的维修

① 保持加湿水盘和加湿罐的清洁，定期清除水垢。

② 检查电磁阀的动作、加湿负荷电流和控制器工作的情况。

③ 检查给、排水路是否畅通。

④ 检查加湿器电极、远红外管，保持其完好无损、无污垢。

⑤ 检查加湿负荷电流和加湿控制运行情况。

(5) 水冷式冷却系统的维护

① 冷却循环管路畅通，无破漏现象发生，各阀门动作可靠；定期清除冷却水池杂物及冷凝器水垢。

② 冷却水泵运行正常，无锈蚀，水封严密。

③ 冷却塔风机运行正常，水流畅通，播洒均匀。

④ 冷却水池自动补水、水位显示及告警装置完好。

(6) 电气控制部分的维护

① 检查报警器声、光告警是否正常，接触器、熔断器有无松动或损坏现象，电缆连接有无松动或接触不良现象。

② 检查电加热器的螺钉有无松动、热管有无积尘。

③ 用钳形电流表测试所有电机的负载电流、压缩机电流、风机电流测量数据与原始记录是否相符。

④ 检查所有电器触点和电子元器件有无损坏和变形。

⑤ 测量回风温度和相对湿度，偏差不得超出标准。

⑥ 校准仪表、仪器。

⑦ 测试设备绝缘。

(7) 专用空调设备维护周期及维护项目

专用空调设备的维护项目如表 9-9 所示。

表 9-9　专用空调设备的维护项目

序号	周期	项目
1	月	空气处理机：检查水浸情况、水浸告警系统是否正常
2		冷凝器：清洁设备表面；测试风机工作电流，检查风扇调速状况、风扇支座；检查电机轴承；检查、清洁风扇；检查、清洁冷凝器翅片
3		压缩机部分：检查和测试吸、排气压
4		加湿器部分：保持加湿水盘和加湿罐的清洁，清除水垢；检查电磁阀和加湿器的工作情况；检查给、排水路是否畅通
5		电气控制部分：检查报警器声、光告警，接触器、熔断器是否正常
6	季	空气处理机：检查和清洁风机的转动、带和轴承；清洁或更换过滤器；检查及修补破漏现象；清除冷凝沉淀物
7		冷却系统：检查冷却环管路，清洁冷却水池
8		压缩机部分：检测压缩机表面温度有无过冷、热现象；通过视镜检查并确定制冷剂情况是否正常
9		加湿器部分：检查加湿器电极、远红外管是否正常
10		电气控制部分：测量电机的负载电流、压缩机电流、风机电流是否正常

续表

序号	周期	项目
11	半年	空气处理机:检查和清洁蒸发器翅片
12		压缩机部分:测试高低压保护装置
13		加湿器部分:检查加湿器负荷电流和加湿器控制运行情况
14		电气控制部分:检查所有电气触点和电气元件;测试回风温度、相对湿度,并校正温度、湿度传感器
15	年	空气处理机:必要时应测量出风口风速及温差
16		冷却系统:检查冷却水泵,除垢;检查冷却风机是否正常;检查冷却水自动补水系统及告警装置是否完好
17		压缩机部分:检查制冷剂管道固定情况;检查并修补制冷剂管道保温层
18		电气控制部分:检查电加热器可靠性;检查设备保护接地情况;检查设备绝缘状况;校正仪表、仪器;检查和处理所有接点螺钉、机架

9.8.3 水冷系统冷机的维护

(1) 制冷机组的维护

① 制冷循环回路要保持足够量制冷剂，调节阀动作可靠，系统内无脏污、无结冰堵塞和渗漏现象。

② 压缩机与电机的同心度要符合技术指标，密封漏油不准超出规定指标，运转正常。

③ 能量调节部件灵活严密，指示准确。

④ 润滑油泵运行正常，油路畅通，油量足，无泄漏，定期检测润滑油品质、润滑油压力；设备停用期间每半月应启动一次油泵，运转 20～30min。

(2) 制冷系统的维护

① 制冷剂循环回路流量要充足，各支路分配均匀，压力和温度正常，自动补给装置完好；调节阀功能可靠，管路畅通无破漏现象。

② 制冷剂循环泵运行应正常，无锈蚀、水封严密。

③ 二次风除尘过滤装置要经常保持清洁，调节功能灵活可靠。

④ 定期检查风机电机的润滑情况及转动方向，保证足够的空气循环量。

⑤ 保证送、回风通道畅通。

(3) 冷却系统的维护

① 冷却循环管路要畅通，无破漏现象，各阀门动作可靠；定期清除冷却水池杂物及冷凝器水垢。

② 冷却水泵运行正常，无锈蚀，水封严密。

③ 冷却塔风机、播水器运行正常，水流畅通，播洒均匀。

④ 冷却水池自动补水、水位显示及告警装置完好。

⑤ 定期对冷却水质进行处理。

(4) 电机、配电及控制系统的维护

① 各电机运行正常，轴承润滑良好，绝缘电阻在 2MΩ 以上；所有接线牢固，负荷电流及温升符合要求。

② 熔断器及开关的规格应符合要求，温升不应超过标准。

③ 各种电器、控制元器件表面清洁，结构完整，动作准确，显示及告警功能完好。

(5) 设备操作与运行

① 严格遵照设备说明书要求，按程序开、关机。

② 掌握设备出现故障时的紧急停机方法和操作要求。

③ 设备长时间停用时，要将制冷剂压入冷凝器或储罐内，系统要保持正压；排净供冷及冷却系统用水，防止冬天冻坏管路；切断主配电盘电源。

④ 对于由压力开关控制的室外冷凝风机若需调整时，夏季可适当调低压力值，冬季可

适当调高压力值。

⑤ 设备运行时，维护人员应做如下工作。

听：设备有无异常震动与噪声。

嗅：有无异常气味。

摸：电机、高低压制冷管路、油路、电动控制元器件等温度是否正常，有无振荡现象。

看：设备有无打火、冒烟、破漏等现象发生；查看冷却水池水位是否合理。

巡视记录内容：高（低）压压力、油压、油温、能量调节装置数值、冷却水温、冷冻水温及系统负荷电流等有无异常情况。

(6) 冷机维护周期及维护项目

冷机的维护项目如表 9-10 所示。

表 9-10　冷机的维护项目

序号	周期	项目
1	月	清洁设备表面
2		清洁或更换新风、回风过滤器
3		检查风机带松紧度
4		疏通地漏
5		检查温控器工作状态(包括电动二通阀)
6		检查冷凝水接水盘排水是否畅通
7		检查水冷机组风机连接风管、水管是否有冷凝水
8		检查风机工作是否正常
9		清洁空调滤网
10		测量出风口风速及温度
11	季	清洁冷水塔
12		冷却水质处理
13		检测润滑油压力
14	半年	注油润滑风阀转轴
15		主电机轴承的维护

习题与思考题

1. 通信机房空气环境的要素是哪“四度”?
2. 写出机房发热量的计算步骤。
3. 空气的湿度有哪几种表达方式?
4. 空调的分类方式有哪些?
5. 简述机房专用空调与舒适性空调的不同点。
6. 简述机房专用空调的主要性能参数。
7. 简述压缩式空调系统的工作原理。
8. 简述水冷式空调系统的结构组成。
9. 中央空调水系统中存在的问题有哪些?
10. 简述典型机房的气流组织形式。
11. 简述冷水机组操作规范。
12. 简述空调主机的操作步骤
13. 简述空调维护基本要求。
14. 简述水冷系统冷机的月维护项目。
15. 简述水冷系统冷机制冷系统的维护内容。
16. 简述专用空调设备压缩机部分的维护内容。
17. 简述专用空调设备电气控制部分的维护内容。
18. 简述水冷系统冷机中电机、配电及控制系统的维护内容。

第10章 集中监控系统

随着计算机技术和通信技术的发展，通信电源系统的集中监控技术得到了飞速发展，其智能化程度不断提高，监控对象范围不断扩大，已经可以实现对通信局（站）内各种电源设备、空调设备及其环境进行实时监控，统一管理，从而有效提高了通信电源系统供电的可靠性，降低了运行维护成本。

10.1 集中监控系统的组成与要求

通信电源系统的集中监控，就是把同一通信枢纽内的各种电源设备、空调系统和外围系统的运行情况集中到一个监测中心，实行统一管理。在具体操作上，就是实行遥信、遥测和遥控，即所谓的“三遥”。

遥信：就是将正在运行的通信电源设备的各种状态，反映到监测中心。

遥测：就是根据遥信所获得的资料，去判断所发生的情况，或定期测试一些必要的技术数据，以便分析故障时参考。

遥控：就是远距离操作。

采用集中监控管理系统后，利用计算机及网络技术、软件工程、通信技术及测控技术等现代手段，可将通信局（站）电源系统的维护管理提高到一个新的水平，并将由供电故障而引起通信中断事故的概率降到最低程度。

10.1.1 监控系统的结构组成

集中监控系统的结构组成如图10-1所示。

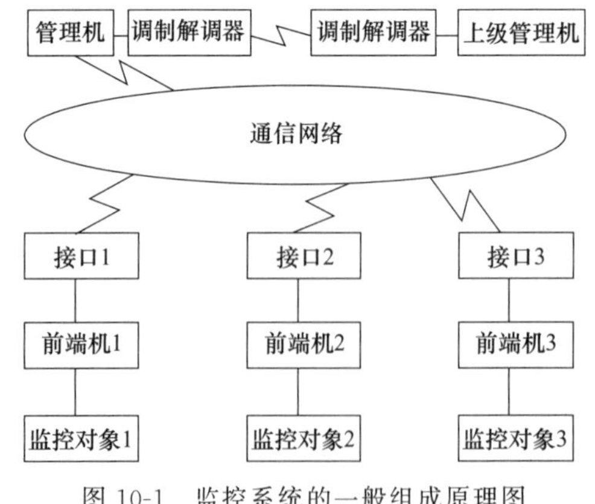

图10-1 监控系统的一般组成原理图

10.1.1.1 监控管理的对象及内容

集中监控系统监控管理的对象主要包括高、低压配电设备，柴油（油机）发电机，蓄电池组，整流配电设备，UPS，空调及其他环境条件等，其监控的内容详述如下。

(1) 高压配电设备

① 进线柜　遥测：三相电压/电流、有功电度、无功电度。遥信：开关状态、过电流（速断、接地、失压）跳闸告警。

② 出线柜　遥信：开关状态、过电流（接地、失压）跳闸告警、变压器过温告警。

③ 变压器　遥测：温度。

④ 母联柜　遥信：开关状态、过电流（速断）告警。

⑤ 直流操作电源柜　遥测：电压。遥信：故障告警。

(2) 低压配电设备

① 进线柜　遥测：三相电压、三相电流、频率、功率因数。遥信：开关状态、缺相（过压、欠压）告警。遥控：开关分合闸（可选）。

② 主要配电柜　遥信：开关状态、自动转换开关（ATS）工作状态。遥控：开关分合闸，自动转换开关（ATS）的转换（可选）。

③ 稳压器　遥测：输入电压、输入电流、输出电压、输出电流。遥信：故障告警。

④ 电容柜　遥信：补偿电容器工作状态（接入或断开）。

(3) 发电设备和储能设备（蓄电池组）

① 柴油发电机组　遥测：三相电压/电流、输出功率（转速）、水温、油压、启动电池电压。遥信：工作状态（运行停机）、工作方式（自动/手动）、自动转换开关（ATS）工作状态、过压（欠压、过载、油压低、水温高、频率/转速高、启动失败、启动电池电压低、油位低）告警。遥控：开/关机、紧急停机，ATS 转换（可选）。

② 太阳能供电系统　遥测：输出电压、电流，蓄电池充放电电流。遥信：太阳能方阵工作状态（投入/撤除）、输出过/欠电压告警、控制器告警。

③ 蓄电池组　遥测：每只蓄电池电压、蓄电池组充放电电流、标示电池温度。

(4) 整流配电设备

① 交流配电屏　遥测：输入电压/电流。遥信：主要开关的开关状态、故障告警。

② 整流器　遥测：各整流器（模块）输出电流。遥信：各整流器（模块）工作状态、浮充/均充状态、各整流器（模块）故障、监控模块告警。

③ 直流配电屏　遥测：直流输出电压、直流输出电流。遥信：直流输出过电压（欠电压）告警、熔丝断告警。

④ UPS　遥测：交流输入电压、直流输入电压、标示蓄电池电压（温度）、交流输出电压/电流、输出频率。遥信：同步/不同步状态、UPS/旁路供电、蓄电池放电电压低（市电故障、整流器故障、逆变器故障、旁路故障）告警。

⑤ 逆变器　遥测：直流输入电压、直流输入电流、交流输出电压、交流输出电流、输出频率。遥信：故障告警。

⑥ 直流-直流变换器　遥测：直流输入电压、直流输入电流、直流输出电压、直流输出电流。遥信：故障告警。

(5) 其他对象

① 分散空调设备（带智能接口）　遥测：电源电压、主机工作电流、回风温度、回风湿度。遥信：开/关机状态、设备告警。遥控：开/关机、温度/湿度设定（可选）。

② 环境条件　遥测：安装电源设备和空调设备的机房温度、湿度。遥信：机房烟雾、温湿度、水浸、门禁告警。

10.1.1.2　设备与监控机接口

通过接口电路，设备把要监测的数据送到监控机，进行分析、统计、打印等。监控机发出的控制指令通过接口电路送到设备，改变设备当前运行状态。

对于智能设备，如模块化高频开关电源、自动化柴油发电机组以及智能 UPS 等，如果这些智能设备和监控系统使用相同的通信协议，则可以由设备提供的监控接口直接通过串行口卡进入监控系统的主机。

对于常见的非智能设备，如蓄电池组和直流配电系统，可通过技术改造设计专门的智能监控接口设备，由这些智能监控接口设备通过串行口卡与监控主机通信。

对于不太常见的非智能设备，或者无法获得通信协议的智能设备，可以通过通用监控接口模块进行遥信、遥测和遥控。

10.1.1.3 前端机

前端机又称现场控制机，它通过接口直接与设备相连，负责测量各种模拟量，检测各种状态和告警信号送往管理机，并从管理机获得遥控指令，发出动作信息，控制现场设备，前端机一般与设备放在同一现场。

10.1.1.4 管理机

管理机又称上位机，安装在中央控制室，主要完成远距离操作、调度管理、收集和处理数据等任务。其基本功能有：

- 收集前端机的数据、状态及告警信息，将各种数据进行储存、记录；
- 在显示终端上输出实时运行数据、运行状态，并打印各种报表；
- 调度和管理下属各前端机，向前端机发出遥控操作命令；
- 利用通信功能，将各前端机送来的信息转送给上级监控中心。

10.1.1.5 通信网络

利用通信网络，可构成本机、近程、远程等多级监控相结合的分布式监控系统。多媒体技术已经广泛应用于监控系统，可以使整个系统图文并茂，令人耳目一新。例如有的监控系统利用语音进行故障报警，可以分析故障的部位，提出解决的方法，并提醒应携带的备件和维修用品；有的监控系统可以在屏幕上既可看到文字图表，又可切换出现场摄像头传来的真实画面，指导现场操作员的维修工作等。

10.1.2 监控系统的性能要求

(1) 实时控制性

实时性是指系统对外部事件的响应速度，系统响应速度的快慢是计算机监控系统的一个最重要的性能指标。集中监控系统对于被监控的对象发生的各种事件，如被监控设备的参数越限、危急事故（如火灾、偷盗等）、操作员下达的各种指令等都要求实时响应。

监控系统响应的实时性是双向的，即包括当监控对象状态出现异常时，系统进行响应（如报警等）的速度，以及当操作人员发出控制命令时，对被监控设备的操作执行（如启/停设备等）的速度。对于系统实时性的规定，应按系统对于最紧急事件所需的响应速度为指标，以确保系统在任何情况下具有保证设备安全运行的能力。另外，系统实时性的提高又是以系统运行维护费用增加（包括软件和硬件两方面的费用增长）为代价的。实时性的要求越高，则软件越复杂，同时硬件也越昂贵，因此需根据实际情况做出权衡。

系统实时性高低可从以下几方面考察：

① 是否采用实时多任务操作系统作为监控软件平台，如 Windows NT、OS/2 等；

② 是否使用多进程/多线程编程技术，使系统具有对大量异步并发事件的实时并行处理的能力；

③ 是否对于事件的处理采用优先级调度策略，保证紧急事件得到优先处理；

④ 是否采用多级报警系统结构，即在前端控制级和集中监控级均设置报警功能，从理论上说，报警检测机构越靠近故障源，则报警的实时性就越好；

⑤ 系统各级之间的数据通信是否采用高波特率的专线传输方式；

⑥ 是否盲目追求过高的数据精度，数据传输时间与数据的有效位数成正比，而与传输波特率成反比。

(2) 运行可靠性

监控系统设计中的另一个重要原则就是：监控系统本身的可靠性应大于任一被监控设备的可靠性，否则就无法达到通过引进监控系统而提高设备维护管理质量的目的。

提高系统可靠性的首要条件就是严格筛选监控系统内所有装置和元件（如计算机、传感器、变送器、数据采集、数据传输线路等），此外还可从硬件结构和软件设计两方面保证系统运行的可靠性。就硬件结构而言，系统硬件设备应满足下述基本要求：

① 系统硬件设备的总体结构应充分考虑安装、维护、扩充或调整的灵活性，应实现硬件模块化。设备应具有足够的机械强度和刚度，其安装固定方式应具有防震和抗震能力。应保证设备经常规的运输、储存和安装后，不产生破损、变形。

② 系统硬件设备应尽可能采用通用的计算机系统，要求选用的机型有较高的稳定性和可靠性，设备采用专用部件的比例应尽可能低。

③ 系统硬件设备应能适应安装现场温度、湿度及海拔等要求，应有可靠的抗雷击和过电压保护装置。

④ 监控系统的硬件设备应有很高的可靠性，监控模块（Supervision Module，SM）和监控单元（Supervision Unit，SU）的平均故障间隔时间（Mean Time Between Failure，MTBF）应不低于12年。

⑤ 监控系统硬件有故障时，不应影响被监控设备的正常工作。

⑥ 监控系统应具有很好的电气隔离性能，不得因监控系统而降低被监控设备的交直流隔离度、直流供电与控制系统的隔离度。

⑦ 监控模块（SM）应尽量采用直流−48V电源，其机箱外壳应接地良好，并具有抵抗和消除噪声干扰的能力。

监控系统可靠性高低可以从以下几方面考察：

① 是否采用递阶式集散型系统结构，前端控制计算机负责监控设备的局部控制，而集中监控级则在区域范围内对所有前端控制计算机进行集中监控管理。在进行大规模系统监控时，可将这一模式扩展到多级递阶结构。

② 是否采用硬件冗余技术，如双机后备模式等。

③ 是否设计有系统自诊断软件模块。系统自诊断软件模块可以对系统自身元件运行状态进行故障诊断，并在必要时切换后备子系统。

④ 监控软件是否采用模块化结构。软件模块化结构可以隔离某一软件缺陷向外界扩散，提高软件本身的可靠性。

(3) 用户友好性

集中监控系统是自动控制系统的一个分支，它与其他类型的自动控制系统相区别的一个特点是：操作人员是系统中不可缺少的一个组成部分，操作人员根据监控系统提供的信息进行故障排除和设备维护。从某种角度上可以说，被监控设备维护管理质量的好坏，取决于操作人员和监控系统之间信息交换的质量高低，也即取决于用户友好性能的高低。

对于通信设备集中监控系统而言，用户友好性可从以下方面考察：

① 是否为图形显示界面。人机系统理论研究显示，计算机图形和图像比单纯的文字和数据显示具有更大的信息量。数据显示若采用指针、曲线、棒图等，以各种颜色及其闪烁进行显示，以符号代替文字，以活动图像代替静止图像等，这些手段都有助于提高操作人员对于监视屏幕的注意力，减少在疲劳时的错误判断。

② 是否为鼠标和单触键（one touch key）控制。操作人员无须记忆复杂的计算机命令，减少了误操作，在紧急事故发生时，也大大加快了操作人员向系统发出指令的速度。

③ 是否采用多媒体技术。语音合成、音频播放、视频图像等计算机多媒体技术已进入相当成熟的阶段。在设备监视时采用视频图像，操作提示使用音频播放，故障发生时利用语音合成报警并通过移动电话寻呼高级维护人员等，经实际应用证明这些都是提高人机交互质量的有效措施，这也是新一代集中监控系统人机界面发展的必然趋势。

为此要求集中监控系统软件采用分层的模块化结构，便于系统功能的扩充和更新。监控中心（Supervision Center，SC）的计算机所采用的操作系统、数据库管理系统、网络通信协议和程序设计语言等必须是通用系统，且应与本地网管系统保持一致，以便于监控网络的统一规划和管理。

根据系统的功能要求，软件系统至少应能包括如图 10-2 所示的功能模块。

系统应在以下几个层次提供人机界面，以便于维护管理操作：

① 各监控单元（SU）应具有连接手提终端或 PC 的接口能力，通过该接口能够了解到监控模块所管辖范围的当前告警信息及设备运行状态。

② 在监控中心（SC）和监控站（Supervision Station，SS），应具有比较完善的管理功能，该处的人机界面可对所辖区域内的设备进行全面管理。

③ 对于常用的功能及操作，应提供菜单及命令两种执行方式。对于菜单方式，应有明确的在线提示或 Help 功能。

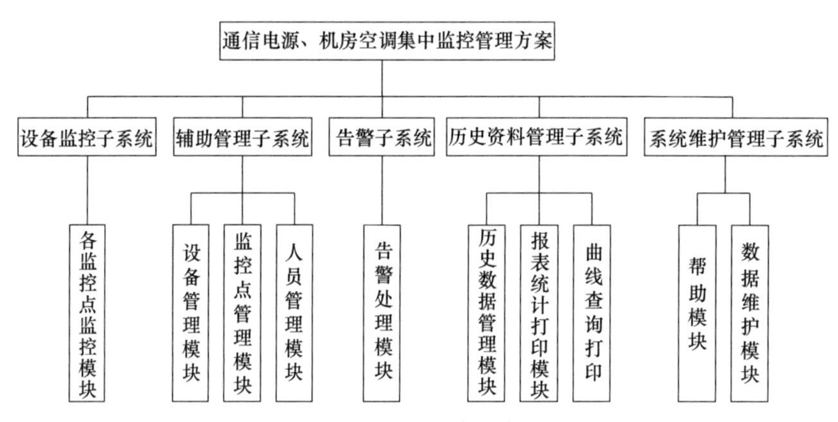

图 10-2　系统软件功能块

④ 监控中心（SC）和监控站（SS）接收到的故障告警信息应给予醒目的图形用户界面提示，如高亮或高反差色彩等，并应给出可闻声响辅助告警。

⑤ 汉字处理功能。系统必须具有汉字处理功能，屏幕显示、人机对话的提示及报表的打印要求采用汉字系统。

(4) 系统扩充性

监控系统应能满足无需软件编制人员的参与，用户可自行修改系统参数（如监控参数的报警限值、报警方式、报表格式、趋势显示范围、系统接线图内容、数据显示方式、操作人员安全等级等）。此外在一定范围内，用户还可以自行改变系统的硬件配置，如数据采集器、I/O 卡、传感/变送装置等，从而可自行改变或扩充被监控设备的数量和类型。

关于系统扩充性，从系统设计的角度可从以下几方面考察：

① 硬件配置时是否在数量上留有适当余量，这包括计算机内存和硬盘的容量及 I/O 通道数量等。在无法预见今后系统扩充规模的情况下，一般要考虑 20%～30%的发展余量。

② 是否采用可扩充性好的系统硬件结构，如采用递阶集散型系统等。设置前端控制计算机，数据采集采用总线传输方式等，均有利于在改变/扩充被监控设备数量或类型时，不

影响或尽量少影响系统其他部分的工作。

③ 监控软件是否具有良好的可扩充性。监控软件可采用各种新的软件扩充技术，如动态链接库（Dynamic Linked Library，DLL）、动态数据交换（Dynamic Data Exchange，DDE）、对象链接与嵌入（Object Link and Embedding，OLE）等进行编制，可在不改变原有软件内容的条件下扩充软件模块，从而有可能在不依赖于软件编制人员的情况下，由用户自行扩充软件功能（如增加新的设备接口等）。

（5）网络互连性

随着通信事业的高速发展，通信电源设备的集中监控技术也处于快速发展阶段。国内信息高速公路的建设，使整个社会的网络化、信息化成为必然。这种网络化趋势要求集中监控系统具备与异种机、异种操作系统、异种计算机网络进行数据交换的能力，或至少保留网络互连的接口，这就要求监控网络硬件接口的标准化以及网络通信协议的标准化。

10.1.3 监控系统的指标要求

相关国家标准和规范规定，通信局（站）供电集中监控系统应满足下述指标要求。

① 组成监控系统的各监控级应能实时监控其监控对象的状态，发现故障及时告警，从故障事件发生至反映到有人值守监控级的时间间隔不应大于30s。

② 各监控级应有多事件同时告警功能，告警准确度的要求为100%。

③ 系统的软、硬件应采用模块化结构，使之具有最大的灵活性和扩展性，以适应不同规模监控系统和不同数量监控对象的需要。

④ 监控系统的采用不应影响被监控设备的正常工作，不应改变具有内部自动控制功能的设备的原有功能。

⑤ 监控系统应具有良好的电磁兼容性。被监控设备处于任何工作状态下，监控系统应能正常工作，同时监控设备本身不应产生影响被监控设备正常工作的电磁干扰。

⑥ 监控系统应能监控具有不同接地要求的多种设备，任何监控点的接入均不应破坏被监控设备的接地系统。

⑦ 监控系统应具有自诊断功能，对数据紊乱、通信干扰等可自动恢复；对通信中断和软硬件故障等应能诊断出故障并及时告警；监控系统故障时，不应影响被监控设备的正常工作和控制功能。

⑧ 监控系统硬件应能在通信局（站）现有基础电源条件下不间断地工作。

⑨ 监控系统应具有良好的人机对话界面和汉字支持能力，故障告警应有明显清晰的可视可闻信号。

⑩ 测量精度：

- 直流电压应优于0.5%；
- 蓄电池单体电压测量误差应不大于±5mV；
- 其他电量应优于2%；
- 非电量一般应优于5%。

⑪ 可靠性指标：平均故障间隔时间（MTBF）应不小于10^5h。

10.2 通信接口与通信协议

在监控系统中，监控主机与现场监控器、现场监控器与被控设备以及被控设备之间，通过RS232、RS422、RS485等接口实现通信。

10.2.1 接口工作方式

通信接口的工作方式可分为两种，异步方式和同步方式。

(1) 异步通信方式

异步（数据）通信 ASYNC（Asynchronous Data Communication）：是指通信中两字符的时间间隔不固定，而在同一字符中的两个相邻代码间的时间间隔是固定的。异步通信的格式如图 10-3 所示。用一起始位（低电平，数字“0”状态）表示字符的开始，用停止位（高电平，数字“1”状态）表示字符的结束，在起始位和停止位之间是一个字符（由 n 位代码组成）及奇偶校验位。这种由起始位表示字符的开始、停止位表示字符的结束所构成的一串数据，叫做帧。平时不传输字符时，传输线一直处于高电平状态。一旦接收端测到传输线状态的变化——从高电平变为低电平（这意味着发送端已开始发送字符），接收端立即利用这个电平的变化，启动定时机构，按发送的速率顺序接收字符。待发送字符结束，发送端又使传输线处于高电平状态，直至发送下一个字符为止。

从图 10-3 可看出，异步方式中，每个字符含比特数相同。传送每个字符所用的时间由字符的起始位和终止位之间的时间间隔决定，为一固定值。起始位起到了使一个字符内的各比特同步的作用，由于各字符之间的间隔没有规定，可以任意长短，因此各字符间不同步。

异步方式实现简单，但传输效率低，因为每个字符都要补加专用的同步信息，即加上起始位和停止位，这样传输字符的辅助开销大。

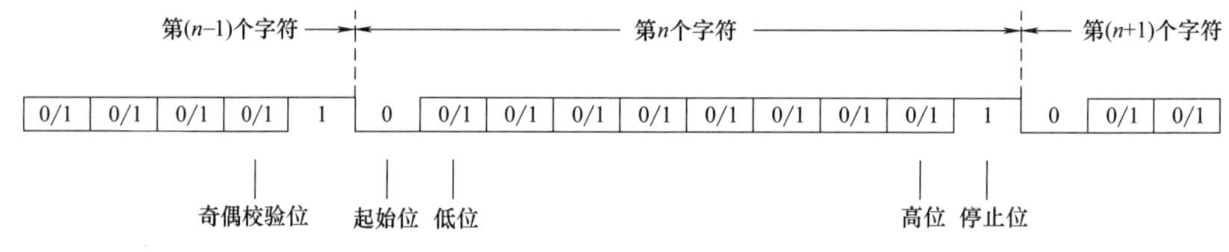

图 10-3　异步通信的格式

两个基本的概念：

• 字符的格式：即字符的编码形式，如奇偶校验、起始位和停止位的规定等。例如用 ASCⅡ码时，7 位为字符，1 位为校验位，1 位起始位及 1 位停止位，共十位为一帧。

• 波特率（Baud Rate)：即传送数据位的速率，用位/秒（bit/s）来表示。如设数据传送的速率为 120 字符/秒，每个字符（帧）包括 10 个数据位，则传送的波特率为：

$$10\times120\ 位/秒=1200\ 位/秒=1200\ 波特$$

则每一位传送的时间：

$$T_{\mathrm{d}}=1/1200\mathrm{ms}\approx0.833\mathrm{ms}$$

通常，异步通信的波特率在 50～9600 波特，高速的可达 19200 波特。异步通信允许发送端和接收端的时钟误差或波特率误差达 4%～5%。

(2) 同步通信

由于异步通信是按帧进行数据传送，每传送一个字符都必须配上起始位、停止位，这就使异步通信的有效数据传送速率降低 1/4～1/5。为了提高速度，就要求取消这些标志位，这就引出了另外一种通信方式——同步通信。

同步（数据）通信 SYNC（Synchronous Data Communication）是在数据块开始处设置 1 个（8bit）或 2 个（共 16bit）同步字符。同步字符之后可以连续地发送多个字符，每个字符不需任何附加位。因此，同步字符表示成组字符传送的开始，如图 10-4 所示。

发送前，发送端和接收端应先约定同步字符的个数及每个字符的代码，以使实现接收和发送的同步。同步的过程是：接收端检测发送端同步字符的模式，一旦检测到SYN，说明接收端已找到了字符的边界，接收端向发送端发确认信号，表示准备接收字符，发送瑞就开始逐个发送字符，直到控制字符再次出现即意味着一组字符传送结束。

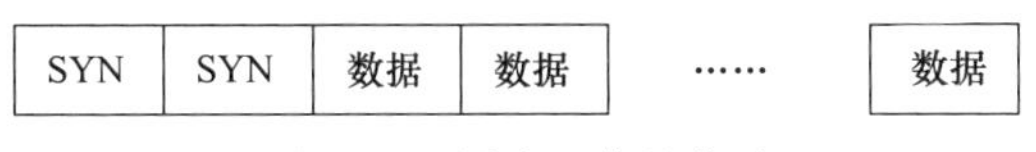

图 10-4　同步通信的格式

在串行数据线上，始终保持连续的字符，即使没有字符时，也要发送专用的“空闲”字符或同步字符。

同步通信的速度高于异步通信，可工作在几十至几十万波特，多用于字符信息块的高速传送，一般在发送几千个数据信息之后需要再进行一下同步。

同步传送的缺点是发送端和接收端较异步传送方式复杂，发送端要有发送同步字符的线路，接收端要有检测同步字符的线路。要求用精确的同步时钟来控制发送端和接收端之间的同步，因为发送端和接收端的一点小小的时钟差异，在长时间的通信时会产生累积误差，直至通信失败。并且同步传送时，任何字符间的间隔（停顿），都将使接收端在间隔以后接收的字符失去同步，产生错误。

（3）奇偶校验

在异步传输中，错误控制的最常见的格式是奇偶校验位的使用。

奇偶校验码是一种最简单的校验码。其编码规则是先将所要传送的数据码元分组，并且在每一组的数据后面附加一位校验位（冗余位），使得该组连冗余位在内的码字中“1”的个数为偶数（偶校验时）或奇数（奇校验时）。在接收端，则按相同的规律检查。如果发现不符，就说明有错误发生，只有“1”的个数仍然符合原定的规律，才认为传输正确（其实也有可能发生了成双的错误）。

在实际的数据传输中通常使用垂直奇偶校验，又称为垂直冗余检查（Vertical Redundancy Check，VRC)，或字符奇偶校验（Character Parity Check)，它对应每个字符增加一个额外位使字符中的1的总数为奇数或偶数，奇数或偶数依据使用的是奇校验还是偶校验而定。

当使用奇校验检查时，如果字符数据位中1的个数是偶数，奇偶校验位置1；如果字符数据位中1的个数是奇数，奇偶校验位置0。

当使用偶校验检查时，如果字符数据位中1的个数是偶数，奇偶校验位置0；如果字符数据位中1的个数是奇数，奇偶校验位置1。

常用于表示奇偶校验设置的两个附加术语是传号（mark）和空号（space)。当奇偶校验位置为传号状态时，奇偶校验位总是1；当为空号状态时，奇偶校验位总是为0。

例如，ASCⅡ字符“R”的位构成是1010010。由于字符“R”中有三个1位，则使用奇校验检查时，奇偶校验位为0；使用偶校验检查时，奇偶校验位为1，如表10-1所示。

表 10-1　奇偶校验格式

数据位	奇偶校验位(1/0)	校验方法
1010010	1	偶校验检查
1010010	0	奇校验检查

10.2.2　RS232 接口

在数据通信领域中，计算机、终端和计算机端口等统称为数据终端设备（Date Terminal Equipment，DTE)，相比之下调制解调器和其他通信设备统称为数据通信设备（Date

Communication Equipment，DCE)。DTE 和 DCE 之间数据交换的物理、电子的逻辑规则由端口标准指定。串行通信接口按电气标准及协议来分包括 RS232、RS422、RS485 以及 USB 等。RS232、RS422 与 RS485 标准只对接口的电气特性做出规定，不涉及接插件、电缆或协议。USB 是近几年发展起来的新型接口标准，主要应用于高速数据传输领域。

(1) 管脚定义

RS232 物理接口标准可分成 25 芯和 9 芯 D 型插座两种，均有针、孔之分。图 10-5 为 25 芯插座的引脚定义图。常用的 DB9 接口外形及针脚序号见图 10-6。DB9 及 DB25 两种串行接口的引脚信号定义见表 10-2。其中 TX（发送数据）、RX（接收数据）和 GND（信号地）是三条最基本的引线，可实现简单的全双工通信。DTR（数据终端就绪）、DSR（数据准备好）、RTS（请求发送）和 CTS（清除发送）是最常用的硬件联络信号。

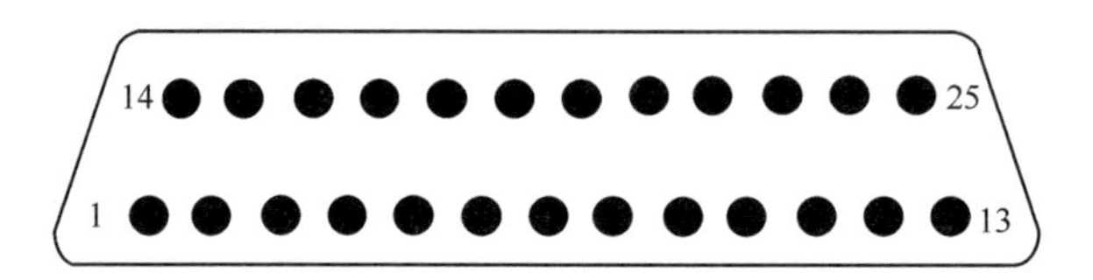

图 10-5　RS232 DB25D 型插座

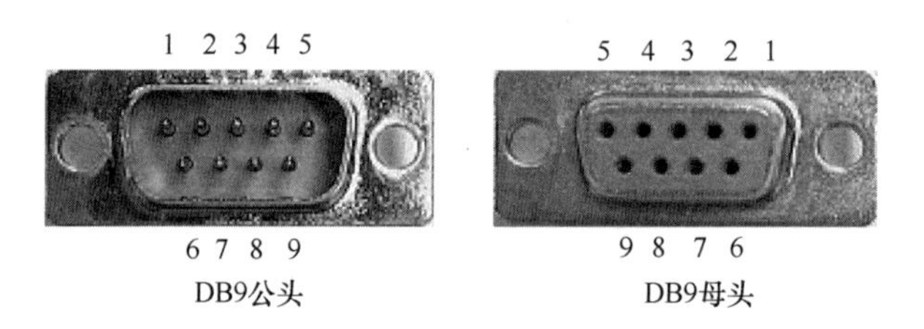

图 10-6　RS232 DB9 接口

表 10-2　RS232 接口中 DB9、DB25 引脚信号定义

9 针	25 针	信号名称	信号流向	简称	信号功能
3	2	发送数据(Transmit Data)	DTE➡DCE	TxD	DTE 发送串行数据
2	3	接收数据(Received Data)	DTE⬅DCE	RxD	DTE 接收串行数据
7	4	请求发送(Request To Send)	DTE➡DCE	RTS	DTE 请求切换到发送方式
8	5	清除发送(Clear To Send)	DTE⬅DCE	CTS	DCE 已切换到准备接收
6	6	数据设备就绪(Data Set Ready)	DTE⬅DCE	DSR	DCE 准备就绪可以接收
5	7	信号地(Signal Ground)		GND	公共信号地
1	8	载波检测 (Data Carrier Detect)	DTE⬅DCE	CD	DCE 已接收到远程载波
4	20	数据终端就绪(Data Terminal Ready)	DTE➡DCE	DTR	DTE 准备就绪可以接收
9	22	振铃指示(Ring Indicator)	DTE⬅DCE	RI	通知 DTE,通信线路已接通

(2) 技术特性

在 RS232C 标准中，信号电平采用负逻辑。即将－5～－15V 规定为逻辑状态“1”，而将＋5～＋15V 规定为“0”，显然此信号电平与常用的 TTL 电平不兼容。而在计算机接口芯片或接口电路中，很多采用 CMOS 或 TTL 电平，所以用 RS232C 总线进行串行通信时，一定要进行电平转换。

RS232 标准用于 0 至 20000bit/s 范围内一个 DTE 和 DCE 之间的串行数据传输。尽管标准限制 DTE 和 DCE 之间电缆长度为 50ft（大约为 15m)，但是由于数字数据的脉冲宽度与数据速率成反比，所以在低速率情况下通常可以超过这个 15m 的限制（宽脉冲比窄脉冲更不易失真）。当需要一条长于15m的电缆时，一般应使用低电容屏蔽式电缆并且在入网前进行严格测试以确保传输信号质量。

(3) 接线方式

RS232有三种典型的接线运用方式：

三线方式：即两端设备的串口只连接收、发、地三根线。一般情况下三线方式即可满足要求，如监控主机与采集器及大部分智能设备之间相连。

简易接口方式：两端设备的串口除了连接收、发、地三根线外，另外增加一对握手信号（一般是DSR和DTR）。具体需要哪对握手信号，需查阅设备接口说明。

完全口线方式：两端设备的串口9根线（或25根）全接。

此外，有些设备虽然需要握手信号，但并不需要真正的握手信号，可以采用自握手的方式，连接方法见图10-7所示。

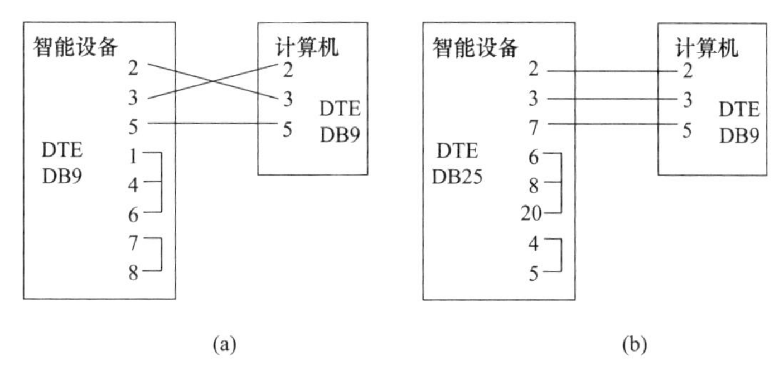

图10-7 RS232自握手的接线方式

10.2.3 RS422接口

RS422由RS232发展而来。为改进RS232通信距离短、速度低的缺点，RS422定义了一种平衡通信接口，将传输速率提高到10Mbit/s，并允许在一条平衡总线上连接最多10个接收器。RS422是一种单机发送、多机接收的单向、平衡传输规范。

RS422标准全称是“平衡电压数字接口电路的电气特性”，它定义了接口电路的特性。图10-8是典型的RS422四线接口。实际上还有一根信号地线，共5根线。由于接收器采用高输入阻抗和发送驱动器，具有比RS232更强的驱动能力，故允许在相同传输线上连接多个接收节点，最多可接10个节点。即一个主设备（Master），其余为从设备（Salve），从设备之间不能通信，所以RS422支持点对多的双向通信。

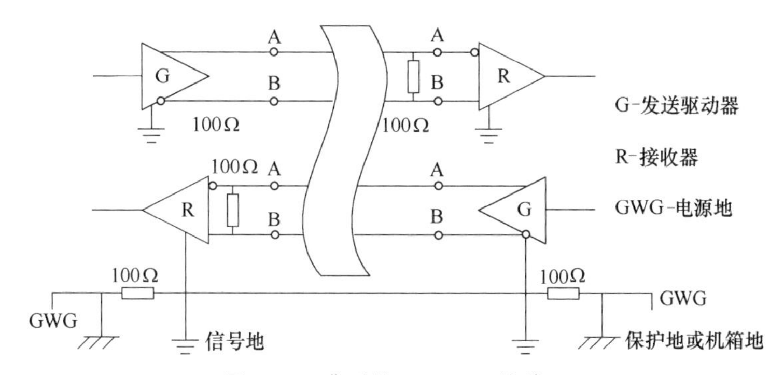

图10-8 典型的RS422四线接口

RS422的最大传输距离约为1200m，最大传输速率为10Mbit/s。其平衡双绞线的长度与传输速率成反比，在100Kbit/s速率以下，才可能达到最大传输距离。只有在很短的距离下才能获得最高速率传输。一般100m长的双绞线上所能获得的最大传输速率仅为1Mbit/s。

RS422接口的定义很复杂，一般只使用四个端子，其针脚定义分别为TX＋、TX－、RX＋和RX－，其中TX＋和TX－为一对数据发送端子，RX＋和RX－为一对数据接收端子，如图10-9所示。RS422采用了平衡差分电路，差分电路可在受干扰的线路上拾取有效信号，由于差分接收器可以分辨0.2V以上的电位差，因此可大大减弱地线干扰和电磁干扰的影响，有利于抑制共模干扰，传输距离可达1200m。

图10-9　RS422方式通信接口定义与接线

另外与RS232不同的是，在RS422总线上可以挂接多台设备组网，总线上连接的设备RS422串行接口同名端相接，与上位机则收发交叉，可以实现点到多点的通信，如图10-10所示，RS232只能实现点到点通信，不能组成串行总线。

通过RS422总线与计算机某一串口通信时，要求各设备的通信协议相同。为了在总线上区分各设备，各设备需要设置不同的地址。上位机发送的数据所有设备都能接收到，但只有地址符合上位机要求的设备响应。

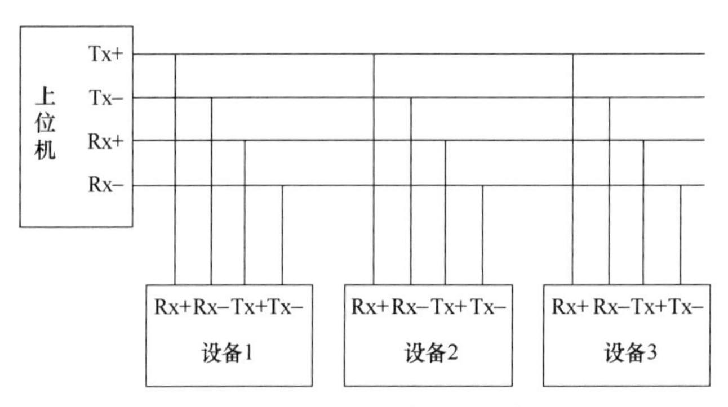

图10-10　RS422总线组网示意图

10.2.4　RS485接口

为了扩展应用范围，EIA（Electronic Industries Association，美国电子工业协会）在RS422的基础上制定了RS485标准，增加了多点、双向通信能力，通常在要求通信距离为几十米至上千米时，广泛采用RS485收发器。

RS485可与RS232C兼容，但不同的是RS485采用双端线传送信号，采用的是电压信号而不是采用数字信号。

RS485采用平衡驱动差分接收电路，其两条信号线绞合在一起，使串入两线的干扰信号几乎相等，互为抵消，又因发送端和接收端不共地，则无两地电压误差信号，所以RS485串行总线能允许更大的衰耗信号，有较强的抗噪声功能，有较高的数据传输速率，传输距离可达到1200m，最大传输速率达100Kbit/s。

RS485的电气规定大多与RS422相仿，如均采用平衡传输方式、均需在传输线上接终接电阻等。RS485可采用二线与四线方式，二线制可实现真正的多点双向通信。而采用四线连接时，与RS422一样只能实现点对多的通信，即只能有一个主设备，其余为从设备，但它比RS422有改进，无论四线还是二线连接方式总线上可连接多达32个设备。

RS485是RS422的子集，只需要DATA＋（D＋）、DATA－（D－）两根线。RS485

与 RS422 的不同之处在于 RS422 为全双工结构，即可以在接收数据的同时发送数据，而 RS485 为半双工结构，在同一时刻只能接收或发送数据，见图 10-11。

RS485 总线上也可以挂接多台设备，用于组网，实现点到多点及多点到多点的通信（多点到多点是指总线上所接的所有设备及上位机任意两台之间均能通信），如图 10-12 所示。

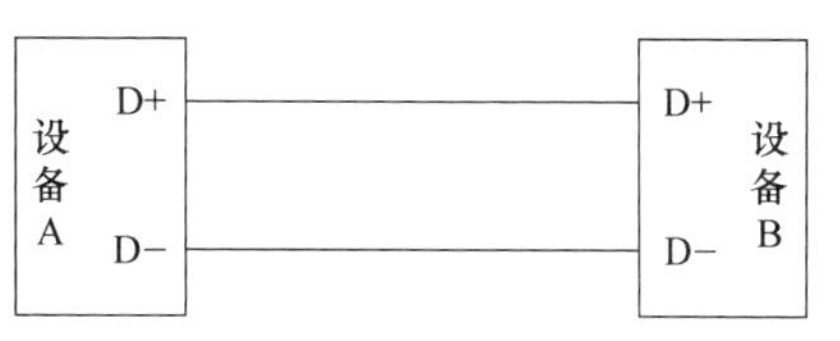

图 10-11　RS485 通信接口定义与接线

连接在 RS485 总线上的设备也要求具有相同的通信协议，且地址不能相同。在不通信时，所有的设备处于接收状态，当需要发送数据时，串口才翻转为发送状态，以避免冲突。

为了抑制干扰，RS485 总线常在最后一台设备之后接入一个 120Ω 的电阻。

很多设备同时有 RS485 接口方式和 RS422 接口方式，常共用一个物理接口，如图 10-13 中 RS485 的 D＋和 D－与 RS422 的 T＋和 T－共用。

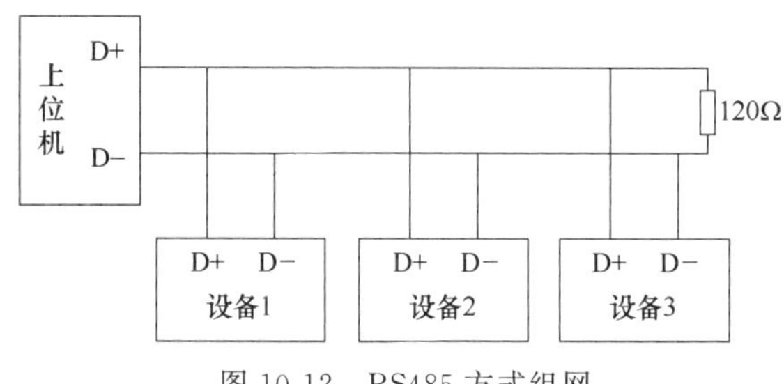

图 10-12　RS485 方式组网

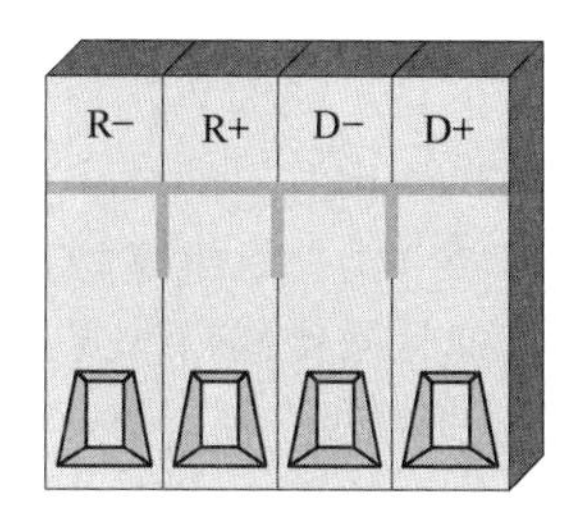

图 10-13　RS422/485 共用接口

10.3　传感器和变送器

传感器和变送器是电源集中监控系统中的两个核心器件，本节主要介绍在中达和中兴电源集中监控系统中需要用到的传感器和变送器的相关知识。

10.3.1　相关基本概念

传感器和变送器是监控系统进行前端测量的重要器件，它负责将被测信号检出、测量并转换成前端计算机能够处理的数据信息。一般认为，传感器是指能感受规定的被测量并按照一定的规律转换成可用输出信号的器件或装置，通常由敏感元件和转换元件组成。由于电信号易于被放大、反馈、滤波、微分、存储以及远距离传输等，加之目前电子计算机只能处理电信号，所以通常使用的传感器大多是将被测的非电量（物理的、化学的和生物的信息）转换为一定大小的电量输出。

有一些传感器主要用于探测物体的状态和事件的有无，其输出量通常是电路的通断、接点的开合、电量的有无，因此也常被称为探测器，如红外探测器、烟雾探测器等。由于传感器具有这种“探知”特性，很像昆虫的触头，因此也被形象地称为“探头”。

经过传感器转换以后输出的电量各式各样，有交流也有直流，有电压也有电流，而且大小不一，而一般 D/A 转换器件的量程都在 5V 直流电压以下，所以有必要将不同传感器输出的电量变换成标准的直流信号，具有这种功能的器件就是变送器。换句话说，变送器是能够将输入的被测的电量（电压、电流等）按照一定的规律进行调制、变换，使之成为可以传送的标准输出信号（一般是电信号）的器件。监控系统中使用的变送器的输出范围一般是 1～5V DC 或 4～20mA DC，也有的是 0～5V DC 或 0～10mA DC。变送器除了可以变送信号外，还具有隔离作用，能够将被测参数上的干扰信号排除在数据采集端之外，同时也可以避免监控系统对被测系统的反向干扰。

此外，还有一种传感器也常被简称为变送器，这种变送器实际上是传感器和变送器的结合，即先通过传感器部分将非电量转换为电量，再通过变送器部分将这个电量变换为标准电信号进行输出，如压力变送器、湿度变送器等。

由于监控系统中各种要测量的电量和非电量种类繁多，相应的传感器和变送器也各种各样，但根据它们转换后的输出信号性质，可分为模拟和数字两种。在监控系统中，各类传感器、变送器有如下几种：

(1) 数字信号传感器（变送器）

①离子感烟探测器，用于探测烟雾浓度。当烟雾达到一定的浓度时，给出对应的数字量报警信号。②微波双鉴被动式红外探测器，当其探测范围内，有人体侵入时，提供对应的继电器触点信号输出，给出对应的数字量报警信号。③玻璃破碎传感器，当玻璃被击碎时，提供对应的继电器触点信号输出，给出对应的数字量报警信号。④水淹传感器，当传感器被水淹住时，输出一个标准的TTL低电平信号。⑤门磁开关，门被打开时提供对应的继电器触点信号输出，给出对应的数字量报警信号。⑥手动报警开关，串接入供电电源，可给出对应手动报警信号（类似继电器触点信号输出）。

(2) 模拟信号传感器（变送器）

① 温湿度类变送器，可以测量环境温湿度，输出与环境温湿度呈线性关系的直流电压信号。②液位传感器，用于监控系统中测量水位、油位常用的传感器。③电量变送器，监测动力设备的各种运行参数，通常可测量高低压配电屏、发电机组（油机）的交流电压、交流电流、交流频率、功率、功率因数等信号，直流电压、直流电流等信号。通过电量变送器进行转换，可将电压、电流等强电信号转换成标准的4～20 mA直流信号输出。

(3) 智能电表变送器

智能电表是一种智能采集设备，是用来测量交流电压、交流电流、频率、（有功、无功）功率、功率因数的智能表，可以通过MISU（Monitoring Information Storage Unit，监控信息储存单元，多功能一体化监控设备）、EISU（Enhanced Intelligent Supervision Unit，增强智能型采集单元）直接纳入集中监控系统中来，以省去传感器、变送器及采集模块。

10.3.2 传感器

传感器通常由敏感元件和转换元件组成，如图10-14所示。其中敏感元件能直接感受或响应被测量，而转换元件则能够将敏感元件感受或响应的被测量转换成适于传输或测量的电信号。有的传感器可以直接通过敏感元件将感受到的被测量转换为电信号输出，这时可以省略变换元件，如热敏电阻、光敏电阻等；也有的传感器需要经过多次转换，才能够输出符合要求的电信号，这时就需要有多个转换元件来共同完成转换工作。

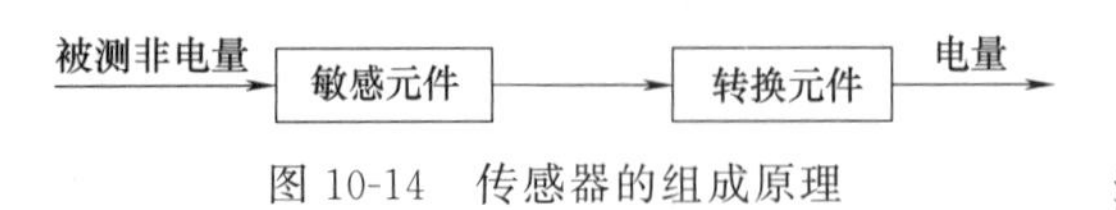

图10-14 传感器的组成原理

(1) 红外传感器

红外传感器包括被动式红外传感器和微波、红外双鉴传感器等。

① 被动式红外传感器工作原理。目前安全防范领域普遍采用热释电传感器制造的被动式红外传感器。热释电材料包括锆钛酸铅镧、硫酸三苷肽、透明陶瓷和聚合物薄膜等，当其表面的温度上升或下降，则该表面产生电荷，这种效应称为热释电效应。在用热释电材料制成的敏感元件上，涂上一层黑色表面，有良好的吸热性，当红外线照射时，热电体温度变化，极片发生变化，电极上产生电荷；当极片重

新达到平衡时，电极上的电压消失；当红外线撤离时，热电体的温度下降，极片向相反方向转化。

在制作敏感元件时，把两个极性相反的热释电敏感元件做在同一晶片上，这样由于环境的影响而使整个晶片产生温度变化时，两个传感元件产生的热释电信号相互抵消，起到补偿作用。热释电传感器在实际使用时，前面要安装透镜，通过透镜的外来红外线只会聚在一个传感元件上，产生的电信号不会被抵消。

热释电红外传感器作用的透镜采用菲涅耳透镜，实际上是一个透镜组，它上面的每一个单元透镜一般都只有一个不大的视场角。而相邻的两个单元透镜的视场既不连续，更不交叠，却都相隔一个盲区，这些透镜形成一个总的监视区域，当人体在这一监视区域中运动时，顺次地进入某一单元透镜的视场，又走出这一透镜的视场，热释电传感器对运动的人体一会儿看到，一会儿看不到，再过一会又看到，也就是说，热释电传感器对人体散发的红外线一会儿接收到，一会儿又接收不到，引起热释电传感器的温度不断变化，使其输出一个又一个相应的信号。

根据热释电传感器工作原理，只要热释电元件的温度发生变化，就会产生信号输出。因此，任何导致热释电元件温度变化的因素都会引起传感器报警。为了提高报警的可靠性，人们采取了多种措施。比如，为了降低环境温度变化的影响，采用双元或四元热释电传感器，使环境温度变化产生的输出互相抵消；为了提高白光干扰，采用双层滤光片等。

根据热释电传感器的特点，为了减少传感器的误报警，在安装热释电被动红外传感器时应注意以下几点：

- 传感器应避免安装在诸如空调出风口、暖气片附近等环境温度经常变化的场所；
- 传感器监视区域内应避免有热源；
- 传感器尽量避免对着有强光的窗口；
- 传感器监视区域内应避免出现小动物，如不可避免，应选用防小动物进入的透镜。

② 微波、红外双鉴传感器工作原理。微波、红外双鉴传感器是被动式红外传感器和微波传感器的组合，微波传感器根据多普勒效应原理来探测移动物体。传感器发射微波，微波遇到障碍物时被反射回传感器，当障碍物相对传感器运动时，则传感器接收到的反射波频率发生变化；当障碍物朝着传感器运动时，传感器接收到的反射波频率比发射波高；当障碍物远离传感器运动时，传感器接收到的反射波频率比发射波低，因此，传感器通过比较反射波和发射波的频率来探测是否有移动物体进入。微波只对移动物体响应，红外只对引起红外温度变化的物体响应，微波和红外双鉴传感器只有两者同时响应才会作出报警，因此大大提高了报警可靠性。

③ 三技术被动红外/微波带防宠物功能防盗探测器（DS835iT）。DS835iT 是一个探测性能很强的三技术被动红外/微波动态探测器，其外形结构如图 10-15 所示。它使用了先进的信号处理技术，提供了超高的探测和防误报性能。当有人通过探测区域时，探测器将自动探测区域内人体的活动。如有动态移动现象，它则向控制主机发送报警信号。因带有防宠物功能，探测器将会忽略对重 45kg 的狗，或两条 26kg 的狗，10 只以上的猫，昆虫或飞鸟活动的探测。

主要技术指标：

• 输入电源：6～15V DC，标准待机电流为 16mA DC（步测或报警时，耗电电流可达 35mA DC）。

• 报警继电器：静音操作常闭舌簧继电器。直流阻性负载时，两接点间最大为 28V DC、3W、125mA。并由继电器公共“C”脚上的 4.7Ω，0.5W 的电阻保护。不可使用电容性或电感性负载。

- 工作环境温度：−40～49℃。UL 认可的安装条件下，工作温度为 0～49℃。
- 微波频率：10.525 GHz（UL 认证）。
- 探测范围：标准 10.7m×10.7m。
- 防拆装置：常闭（带外壳）接点间的额定值为 28V DC，最大电流为 125mA。防拆回路与 24 小时防区连接，开盖后接通报警，如图 10-16 所示。

图 10-15　红外微波防盗探测器（DS835iT）

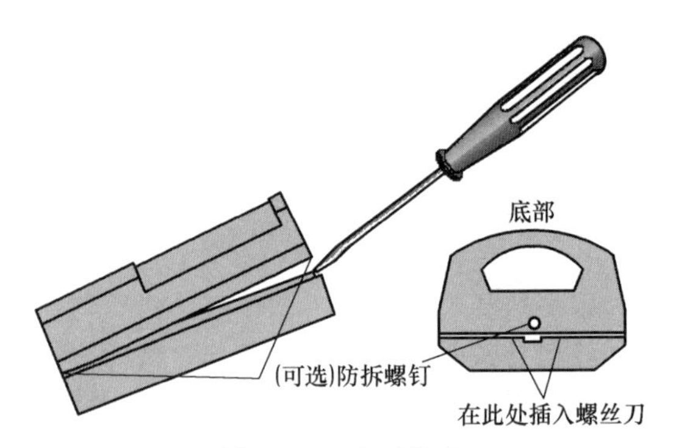

图 10-16　取下外壳

(2) 烟雾传感器

① 增强型 LH-94II-ZD 光电感烟雾探测器。增强型 LH-94II-ZD 光电感烟雾探测器采用先进模糊控制技术，能准确检测缓慢阴燃和有焰燃烧的可见烟雾 。

当烟雾浓度超过设定报警门限时，探测器持续检测 20s 后才报警。一旦检测到烟雾警情就一直保持报警状态：两指示灯持续点亮，继电器被吸合，直至报警复位键被按下或重新上电才能退出报警状态。结构上采取了防尘、防虫、金属屏蔽设计，增强了产品的稳定性。

其主要技术参数见表 10-3 所示。

表 10-3　LH-94II-ZD 烟雾传感器主要技术指标

项　　目	指　　标
供电电压/V	直流 24(18～30)
静态电流/mA	<8
报警电流/mA	<40
输出形式	继电器常开/常闭输出
输出触点容量	3A/125V AC 或 3A/28V DC
工作温度/℃	−10～+50
环境湿度/%	<95(无凝结)
执行标准	GB 4715—2005《点型感烟火灾探测器》
外形尺寸/mm×mm	ϕ112×41

其硬件接线见图 10-17。

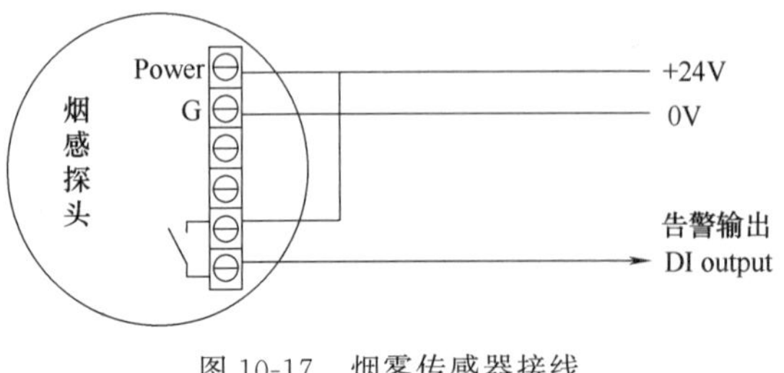

图 10-17　烟雾传感器接线

② JTY-GD-CA3302A 型光电感烟火灾探测器。JTY-GD-CA3302A 型光电感烟火灾探测器为超薄型结构设计，采用贴片技术及二线制无极性输入方式。其特点为抗干扰性强、耗电量低，使用安全可靠，是适用于多种场所的点型开关量感烟

火灾探测器。

其外形结构如图 10-18 所示，图 10-19 为其安装示意图。该探测器的探测室为人字形迷宫结构，能有效地探测出火灾初期阴燃阶段或生成以后产生的烟雾。当烟雾进入探测器，使光源产生散射，光接收元件感受到光强度，当达到预定阈值时，探测器响应火警信号，点亮自身的火灾确认灯（红色），并向外接设备输出报警信号。

图 10-18　光电感烟火灾探测器

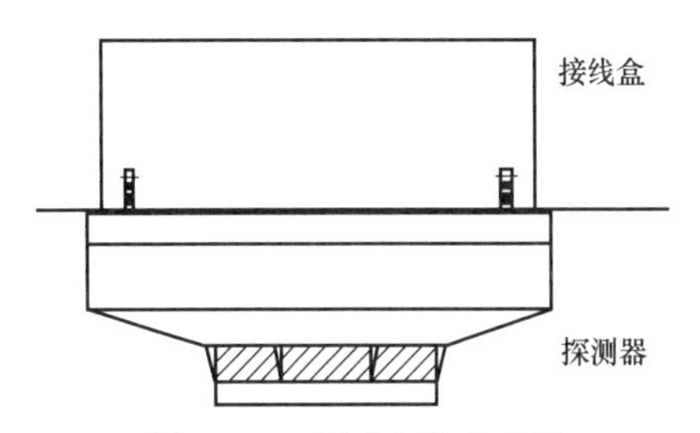

图 10-19　烟感安装示意图

(3) 门磁传感器

门磁开关结构比较简单，由一只磁控干簧管开关（门磁开关）和铁氧磁体组成，PS-1561 型门磁开关的结构如图 10-20（a）所示。其中干簧管由相距很近的两片软磁性金属簧片构成，形成一对常开触点。铁氧磁体通常安装在门的边缘；干簧管安装在与磁芯对应位置的门框上，并通过导线将其触点引出到检测电路中，如图 10-20（b）所示。平时门关闭时，磁体靠近干簧管，簧片被磁化而吸合，电路接通；而当门打开时，磁体远离干簧管，触点断开。这样检测电路便可通过触点开关的状态来判断门的开关状态。在智能门禁管理系统中，通常也利用这种门磁开关来判断门的开关状态。

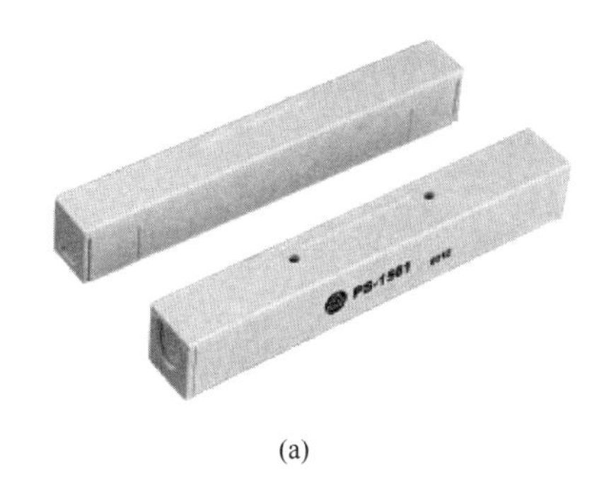

(a)

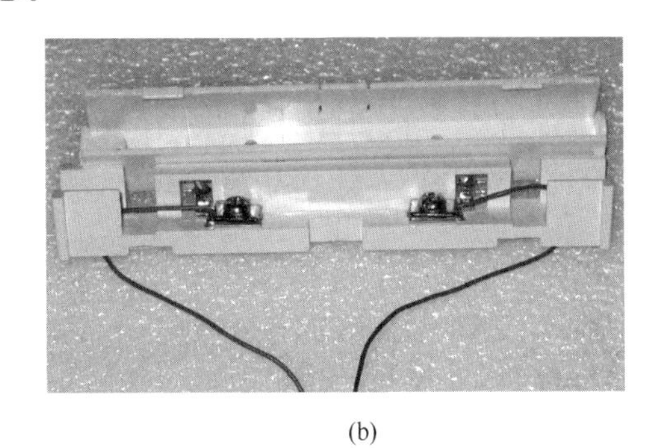

(b)

图 10-20　门磁（PS-1561）外形及其接线

HO-03F 门磁传感器外形结构如图 10-21 所示。

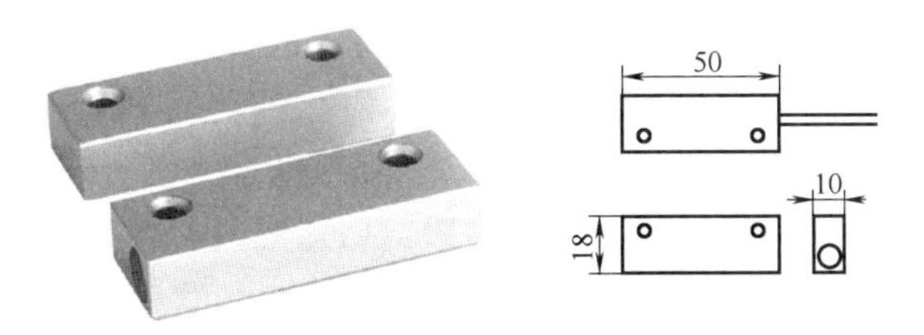

图 10-21　门磁示意图

其主要技术特点和参数：

- 输出方式：常开、常闭可选。

- 动作距离：≥42mm，≤58mm。
- 额定电流：500mA。
- 额定电压：100V DC。

(4) 温湿度传感器

① 工作原理。温湿度变送器采用进口温度、湿度传感器，通过精心设计的电子线路，将温度、湿度信号转换成标准的4～20mA的电流信号。

硬件接线见图10-22所示。

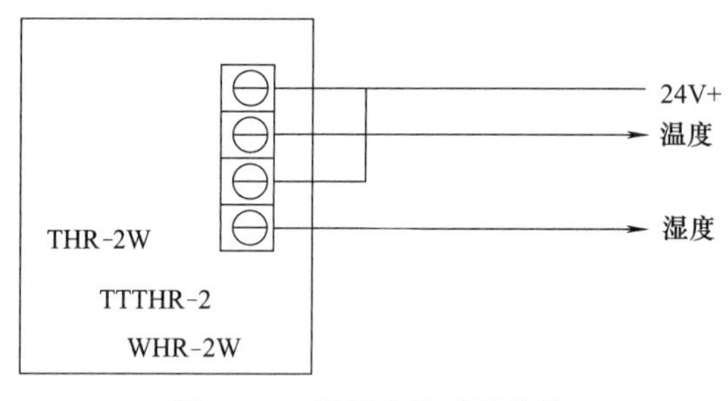

图10-22 温湿度传感器接线

② 技术参数。

- 供电电压：DC22～26V。
- 工作温度：－20～60℃。
- 精度：25℃时，温度±1℃，湿度±3%RH。
- 量测范围：温度－10～50℃，湿度0～100%RH。
- 输出形式：4～20mA。
- 负载阻抗：<1kΩ。

(5) 水浸侦测器

水浸侦测器包括电极式水浸探测器和光电式水浸探测器两种。

① 工作原理。水是一种强电解质，当水中溶有少量无机盐时，具有很强的导电能力，电极式水浸探测器就是根据水溶液的导电原理制成的。这种探测器的检测部件是敷设在有机玻璃片上的两片相互绝缘的不锈钢片，平时无水时，连接不锈钢片的电路断开；当有水时电路导通，发出告警。由于纯水是不导电的，因此这种探测器的最大缺点就是只能检测“脏”的水，对于如冷凝结露的水并不敏感。此外，若地面是潮湿的泥土，则必须把探测器架空，因为潮湿泥土的导电能力大大强于水。其硬件接线见图10-23所示。

② 性能特点。输入输出、供电电源完全隔离，安全可靠，输出采用继电器，并有LED工作状态指示；分体结构，可实现多点侦测；可自我判断故障，产生故障告警；供电电源接线反极性保护，探头输入接线无极性防反设计。

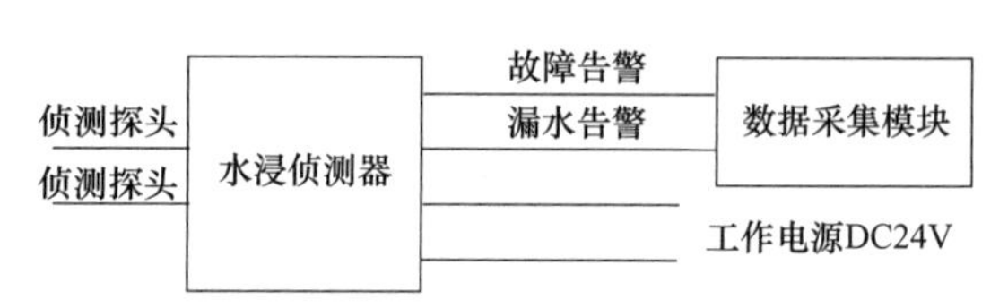

图10-23 水浸侦测器接线

③ 技术参数。供电电压：DC24V。工作温度：－40～85℃。工作湿度：0～95%。面板尺寸：76mm×68mm。最大耗电量：0.96W。报警输入电阻：<100kΩ。输出形式：高电平，继电器。

10.3.3 变送器

从组成上讲，变送器没有传感器中的敏感元件，但其结构却不比传感器简单。由于变送器所接收的是电信号，其输出端通常也是电信号，而这两种电信号既需要在量值上保持一定的函数关系，又不能直接相通，所以其隔离非常重要。通过隔离耦合的电信号再经过一系列的电路变换，变成大小、电气特性均符合要求的电信号送到输出端，如图10-24所示。

(1) 多功能电表

多功能电表又称电力采集模块，主要应用于各种控制与测量系统，可方便地测量三相电力线路的各类电量参数，降低系统成本，方便现场布线。其硬件接线见图10-25。

图 10-24　变送器的组成原理

功能特点：①测量三相四线的电压、电流、频率、功率因数、有功/无功功率、有功/无功电度；②RS232 和 RS422 接口通信；③采用 MODBUS 通信协议和中达协议。

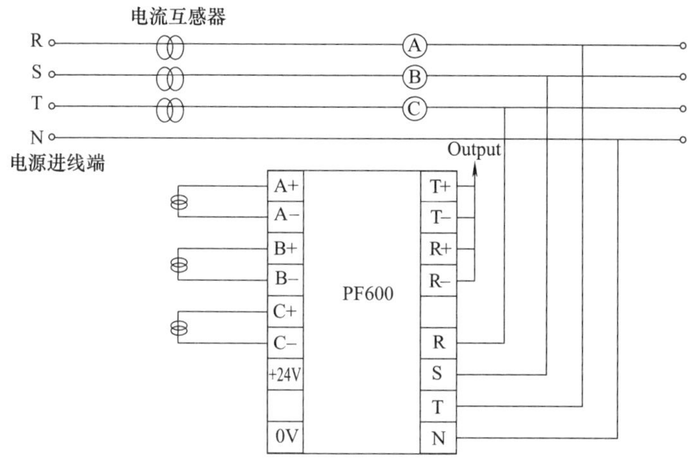

图 10-25　多功能电表接线示意图

(2) 交流电流变送器

WBI414F21-S-30A 型交流电流变送器的外形结构如图 10-26 所示，图 10-27 为其接线端子定义。产品采用特制隔离模块，对电网和电路中的交流电流进行实时测量，将其变换为直流电流输出；具有高精度、高隔离、宽频响、低漂移、低功耗、温度范围宽、抗干扰能力强等特点。该产品采用卡装式结构，端子接线，安装方便，适用于电源设备、电力网监测自动化系统、工控监测系统、铁路信号系统等。

图 10-26　交流电流变送器（WBI414F21-S-30A）

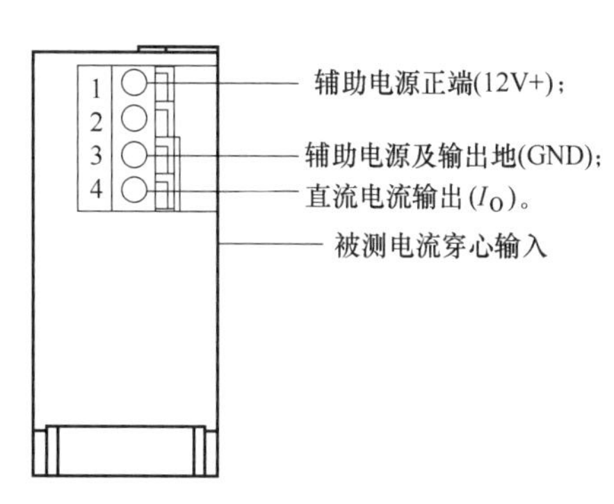

图 10-27　变送器端子定义图

(3) 交流电压变送器

WBV414L21-AS-500V 型交流电压变送器的实物图如图 10-28 所示，其端子定义图（俯视图）如图 10-29 所示。注意：图中未定义端子不能作他用。

WBV414L21-AS-500V 型交流电压变送器采用特制隔离模块，对电网和电路中的交流电压进行实时测量，将其变换为标准直流电流信号输出；具有高精度、高隔离、宽频响、低漂移、功耗低、温度范围宽、抗浪涌干扰能力等一系列优点。该产品同样采用卡装式结构，端子接线容易，安装也十分方便。

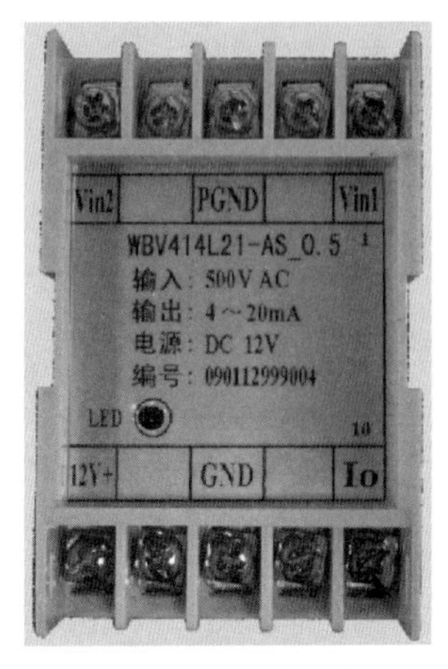

图 10-28　交流电压变送器实物图

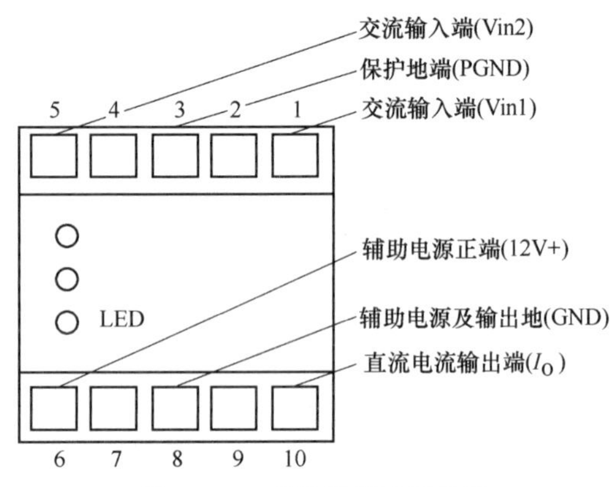

图 10-29　变送器端子定义图

10.4　典型监控系统介绍

中兴电源集中监控系统是现行通信局（站）系统中运用较多的全要素集中监控系统，为通信局（站）电源系统集中监控管理和运行维护提供了可靠保障。

10.4.1　硬件结构与应用

10.4.1.1　MISU

MISU（Monitoring Information Storage Unit，监控信息储存单元，多功能一体化监控设备）的基本功能是把所有监控信息储存起来，以便于历史数据分析，也便于其他应用系统对监控信息的访问。

(1) 整机外形

ZXM10 MISU 多功能一体化监控设备的整机外形尺寸为 440mm（长）×336mm（宽）×50mm（高、深），如图 10-30 所示。其外形部件的详细说明见表 10-4。

表 10-4　MISU 外形部件说明

序号	名称	说明
1	面板指示灯	有 5 个面板指示灯，由左至右的顺序分别是通信 34、通信 12、主通信、运行和电源。
2	电源开关	翘板开关，按下有白色圆点的一端即可打开 MISU 的电源
3	门板开关	用于卡紧门板
4	压线盖	可拆卸，用于保护 MISU 的外部接口

(2) 总体结构与工作原理

ZXM10 MISU 多功能一体化监控设备的总体结构框图如图 10-31 所示。

① MISU 由通信模块、通用监控模块和 4 个智能协议转换模块组成。

② 通信模块提供 1 个 RS232 接口作为维护配置接口。通过该接口，便携机可连接 MISU 对其进行参数设置。

③ 通信模块通过数字公务通道 V.11/RS232 接口/E1/以太网接口与中心通信机连接。

④ 4 个智能协议转换模块通过 3 个 RS485/RS422/RS232 智能接口和 1 个 RS232 智能接口对智能设备（例如开关电源、专业空调）进行协议转换。

⑤ 通用监控模块提供 16 路模拟输入 AI、10 路数据输入 DI 和 4 路数据输出 DO 控制。

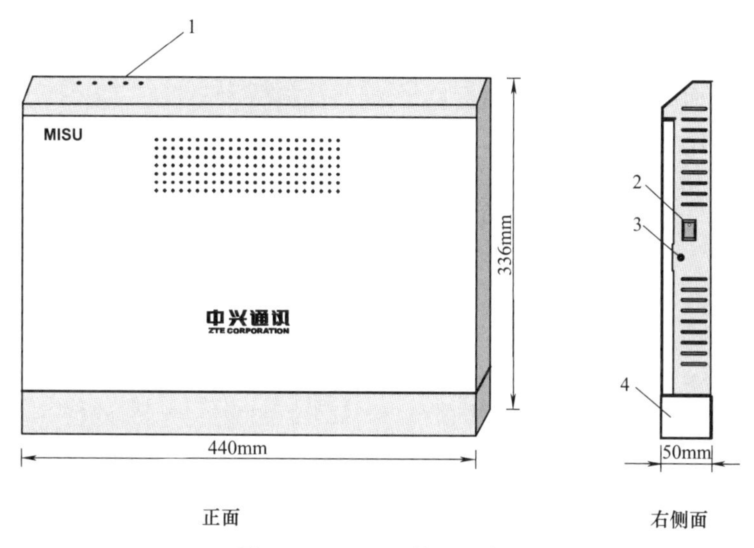

图 10-30　MISU 外形示意图

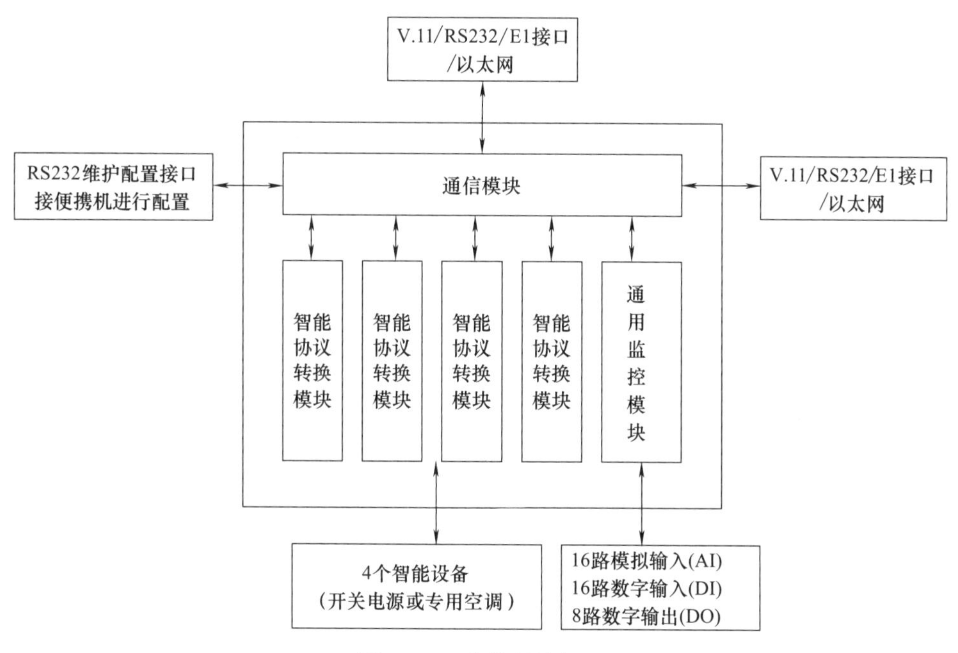

图 10-31　总体结构框图

ZXM10 MISU 多功能一体化监控设备为嵌入式微处理器系统。它可以实现对各种基站动力设备和环境监测信号的实时监测、报警处理，并根据应用要求作出相应的继电器接点输出控制。MISU 不断采集各种基站动力设备和环境的监测信号，并将监测信号处理成可供传输通道传送的实时监测和告警信息。一般情况下，MISU 不主动上报实时数据和告警信息，只有在通信机询问该模块时才上报这些实时数据和告警信息。

10.4.1.2　BMU（Battery Monitor Unit，电池监控单元）

（1）总体结构

ZXM10 BMU 的整机尺寸为 440mm（长）×300mm（宽）×40mm（高、深），整机外形

如图 10-32 所示。ZXM10 BMU 总体结构上由 1 块单板和 1 个外壳结构件组成。

① 外壳结构件由盒盖、盒体、走线罩、门轴等部件组成。盒盖上有 5 个面板指示灯，盒盖开关是盒体侧面的螺钉。

② 单板由螺钉固定在盒体内。单板即 BMUM 板（Battery Monitor Unit Main），ZXM10 BMU 用一块单板实现设备的所有功能。

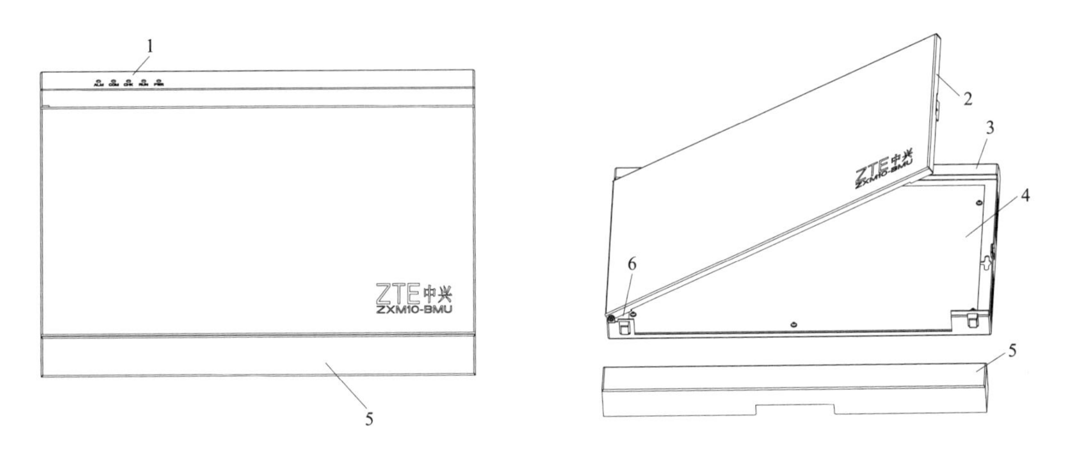

图 10-32 整机结构示意图

1—指示灯；2—盒盖；3—盒体；4—单板；5—走线罩；6—门轴

(2) 工作原理

ZXM10 BMU 采用－48V DC 电源供电。ZXM10 BMU 用一块单板实现设备的所有功能，工作原理框图如图 10-33 所示。

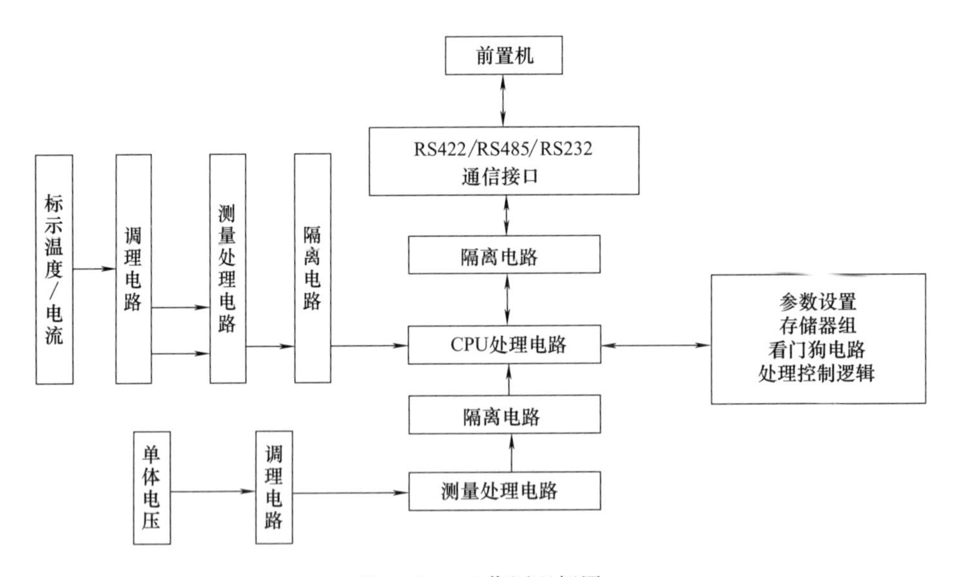

图 10-33 工作原理框图

① 模拟信号输入。蓄电池的单体电压、标示温度、电流等模拟输入信号经过各自的调理电路进行信号调整后，在测量处理电路处进行 12 位的 A/D 采样。采样输出的数字信号经过光耦隔离电路之后与 CPU 相连。

② 模拟采样。CPU 将读入的采样数据进行数字滤波和计算，得到真实的模拟输入信号值（即采样结果）。CPU 将采样结果暂存在单板的数据缓存区里。同时，CPU 实时刷新数据缓存区里的采样结果，等待前置机的扫描命令。

③ 上报采样结果。ZXM10 BMU 通过通信接口挂接在 RS422/RS485 总线上与前置机通信。前置机通过地址来识别 ZXM10 BMU，将其与总线上的其他设备区分开来。当前置机向 ZXM10 BMU 发出扫描命令时，CPU 即会实时上报数据缓存区里的采样结果。

10.4.1.3 HVBMU（High Voltage Battery Monitor Unit，高压电池监控单元）

（1）总体结构

ZXM10 HVBMU 的整机外形如图 10-34 所示。整机尺寸为 441mm（长）×380mm（宽）×51.7mm（高、深）。

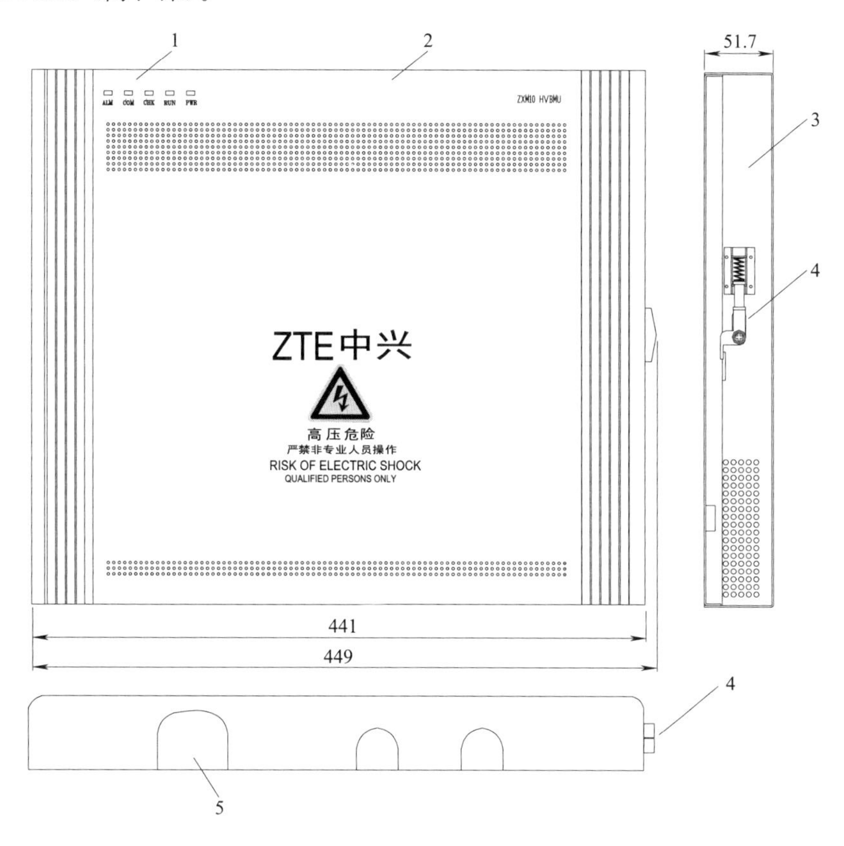

图 10-34 整机外形示意图

1—指示灯；2—盒盖；3—盒体；4—盒盖开关；5—出线孔

ZXM10 HVBMU 整机由 1 个机盒和 1 块单板组成。

① 机盒由盒体、盒盖、盒盖开关等部件组成。盒盖的左上角处有 5 个面板指示灯。

② 机盒内部结构如图 10-35 所示。

• 机盒内部有 1 块单板，即 HVBMUM 板（High Voltage Battery Monitor Unit Main），ZXM10 HVBMU 用一块单板实现设备的所有功能。

• 内部连线为盒体→盒盖的搭接线，共 2 根。

• 盒体下方有 3 个保护地螺钉（PE）。

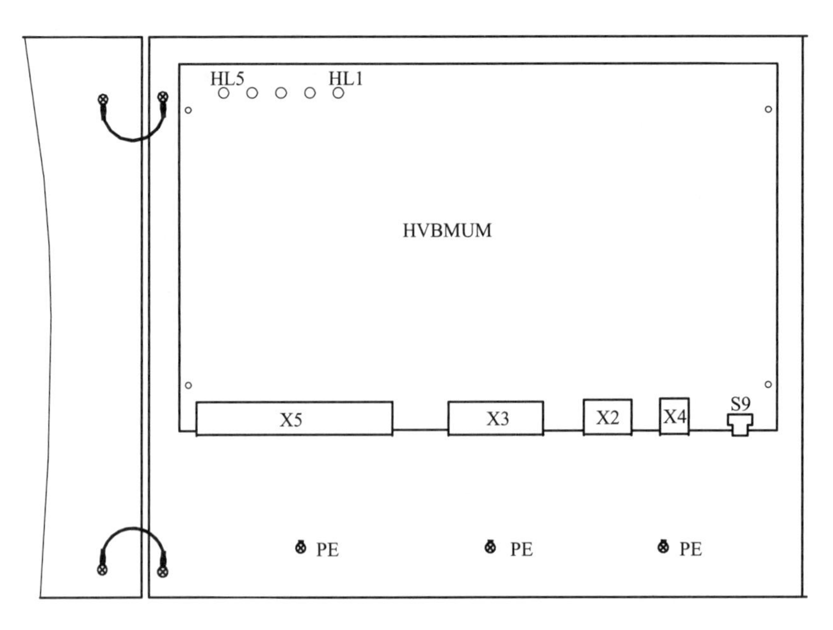

图 10-35　机盒内部结构示意图

(2) 工作原理

ZXM10 HVBMU 的工作原理框图如图 10-36 所示。ZXM10 HVBMU 采用－48V 直流电源，－48V DC 电源经过 DC/DC 二次电源转换之后供给主板。其工作原理与 ZXM10 BMU 完全相同，在此不再赘述。

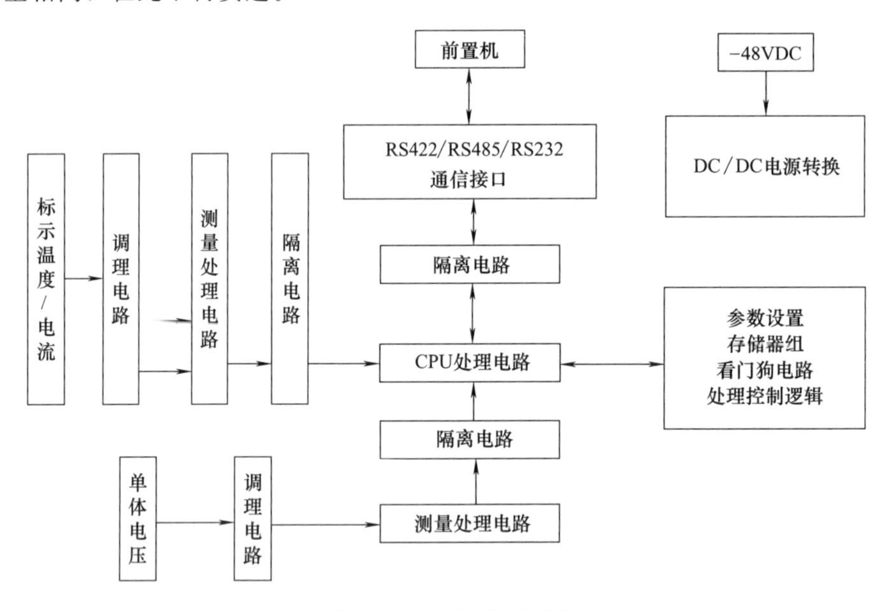

图 10-36　工作原理框图

10.4.1.4 PMU（Picture Management Unit，图片管理单元）

(1) 整机外形

ZXM10 PMU 多功能一体化监控设备的整机外形尺寸是 240mm（长）×200mm（宽）×32.5mm（高、深），如图 10-37 所示，其外形部件说明见表 10-5。

表 10-5　PMU 外形部件说明

序号	名称	说明
1	面板指示灯	BOOT 灯亮：电源正常，BOOT 正常； RUN 灯闪烁：模块正常运行； ALM 灯亮：告警产生
2	压线盖	可拆卸，用于保护 PMU 的外部接口

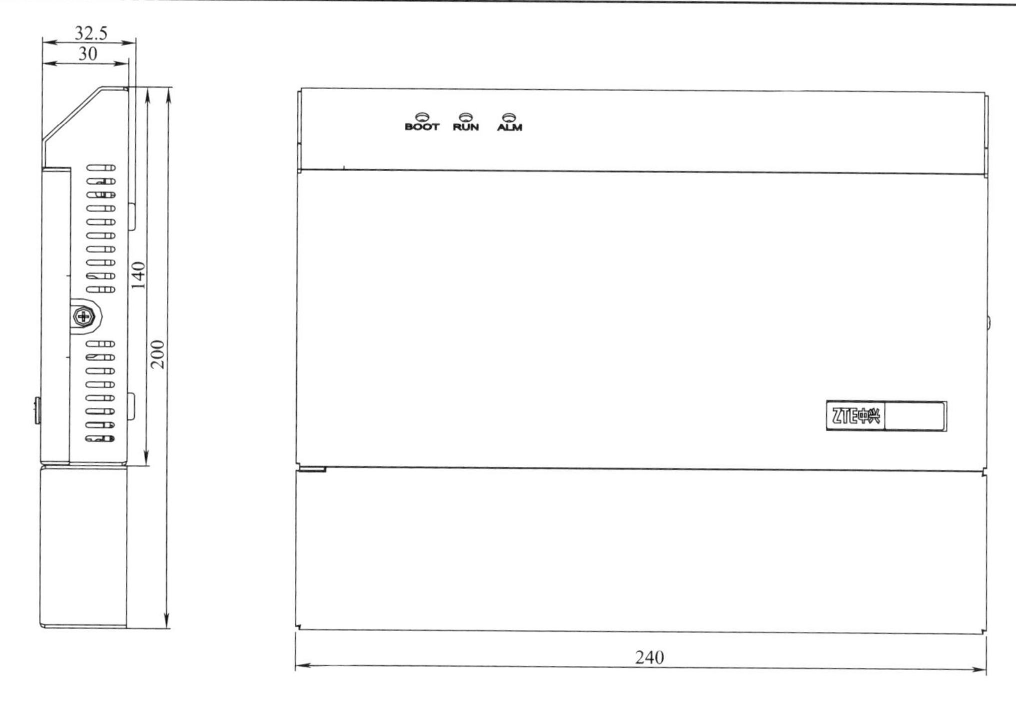

图 10-37　PMU 外形示意图

(2) 总体结构

ZXM10 PMU 图片管理单元的总体结构框图如图 10-38 所示。

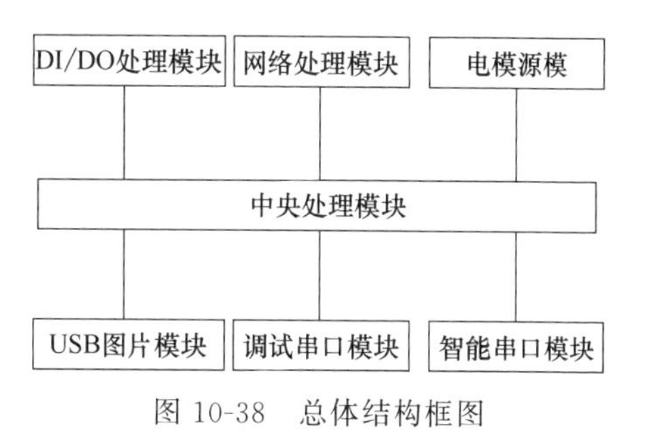

图 10-38　总体结构框图

(3) 工作原理

电源模块完成 PMU 所需电压转换；USB 图片模块完成图片采集及压缩处理；智能串口模块完成串口数据和 TCP/IP 网络的透明传输，提供 RS232/RS422/RS485 接口；DI/DO 模块可接入消防连动、红外、烟雾等告警，可提供 USB 电源控制及灯控开关等控制；调试串口模块提供调试信息管理接口，网络处理模块完成 TCP/IP 协议簇管理；中央处理模块提供系统初始化，操作系统，为其他模块提供支撑。

10.4.1.5 EISU（Enhanced Intelligent Supervision Unit，增强智能型采集单元）

(1) 产品结构

ZXM10 EISU 整机外形尺寸是 442mm（长）×320mm（宽）×43.6mm（高、深）（带挂墙安装板时尺寸：442 mm（长）×342.0mm（宽）×48.2mm（高、深）），其外形示意图分别如图 10-39 所示，表 10-6 给出了各部分名称及功能特点。

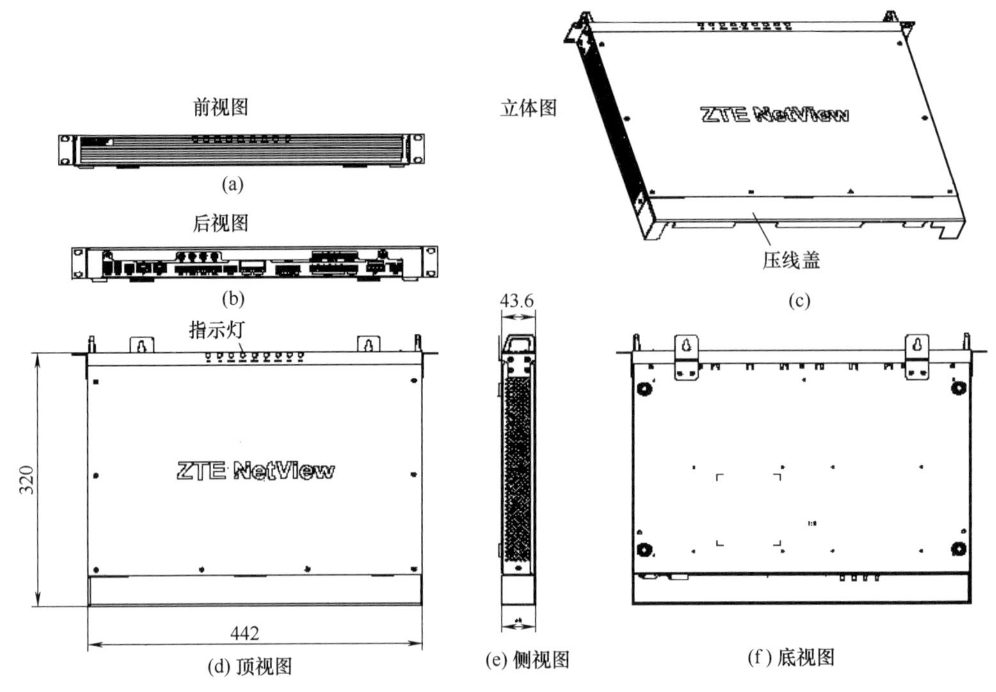

图 10-39 EISU 外形示意图

表 10-6 EISU 外形部件说明

名称	说明
面板指示灯	有 9 个面板指示灯，由左至右的顺序分别是电源、运行、主通信串口、串口 1～4 和 E1 连接指示灯 1～2
电源开关	翘板开关，按下有“1”的一端即可打开 EISU 的电源
压线盖	可拆卸，用于保护 EISU 的外部接口

(2) 总体结构

ZXM10 EISU 增强智能型采集单元的总体结构框图如图 10-40 所示。

① EISU 由 EISU 子卡（EISUP）、EISU 主板（EISUM）、EISU 采集扩展板（EISUS）、ETN 主板（ETNM）和 EISU 指示灯板（EISUL）5 块单板组成。

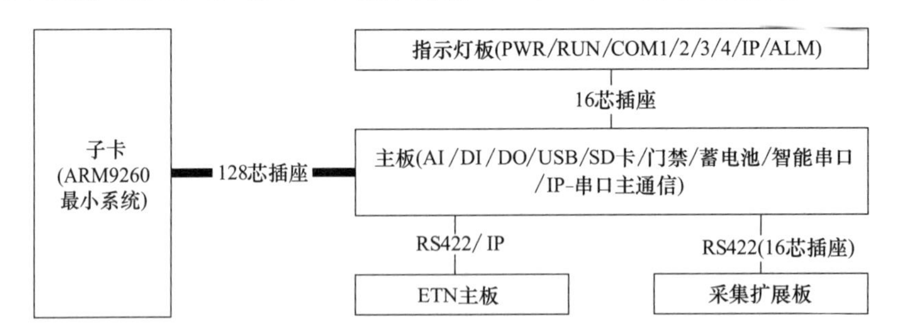

图 10-40 总体结构框图

② EISU 主板（EISUM）提供 1 路主通信串口（RS232/RS422）作为维护配置接口和一般智能串口。通过该接口，便携机可连接 EISU 对其进行参数设置（在不进行配置时可用做一般智能串口）。另外提供 4 路智能串口接口（1 路 RS232/RS422，1 路 RS232/RS422/RS485，2 路 RS232）对智能设备（例如开关电源、专业空调）进行协议转换。提供 4 路传

感器用+12V 电源、12 路通用 AI/DI 输入、2 路专用数据输入 DI、4 路数据输出 DO 控制，2 路蓄电池电压采集通道、1 路温度传感器专用通道、1 路烟感专用通道、1 路门禁专用 RS485 专用通道、2 路 USB host 接口（可用于连接摄像头等 USB 接口器件）、1 路 USB device 接口（可使 EISU 作为 USB 设备直接与 PC 机相连读取 SD 卡中的存储信息）、2 路 RJ45 以太网口（其中 1 路可用作主通信口对 EISU 进行维护配置）。

③ ETN 主板（ETNM）通过 RS422 或以太网口与 EISU 主板进行通信连接，并提供 2 路 E1 接口和 2 路 RJ45 以太网口，可通过数字公务通道 V.11/RS232 接口/ E1 接口与中心通信机进行连接。

④ EISU 子卡（EISUP）完成 CPU 最小系统电路，负责数据处理和图片存储等功能，通过 128 芯连接器完成 EISU 主板连接，为了减少干扰，抛弃原电缆连接方式，直接采用连接器对接。

⑤ EISU 采集扩展板（EISUS）通过内部接口 RS422 与主板连接，并提供 8 路通用 AI/DI 输入采集、2 路专用数据输入 DI 采集、4 路数据输出 DO 控制、2 路传感器用+12V 电源。

(3) 工作原理

ZXM10 EISU 增强智能型采集单元为嵌入式微处理器系统，集模拟量输入、开关量输出、电池采集、E1 接口到 IP 接口转换、传输等功能于一体。它可以实现对各种基站动力设备和环境监测信号的实时监测、报警处理，并根据应用要求做出相应的继电器接点输出控制。EISU 不断采集各种基站动力设备和环境的监测信号，并将监测信号处理成可供传输通道传送的实时监测和告警信息。一般情况下，EISU 不主动上报实时数据和告警信息，只有在通信机询问该模块时才上报这些实时数据和告警信息。

10.4.2 软件配置与操作

10.4.2.1 登录

单击计算机左下角的［开始］，选择［程序→中兴力维动环管理系统→业务台］，弹出业务台登录窗口，如图 10-41 所示。输入用户账号和密码，登录系统。

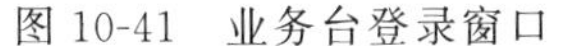
图 10-41 业务台登录窗口

图 10-42 业务台鉴权设置

首次登录业务台需要进行如图 10-42 所示的鉴权配置。

当连续 3 次输入错误密码后，该用户将被锁定，需要在配置台进行解锁。

［中心 ID］：业务台所在的监控中心的编号。

［节点 ID］：业务台的设备编号，可以从配置台中查询。

［鉴权地址］：鉴权台 IP 地址。

10.4.2.2 主界面介绍

业务台登录后主界面如图10-43所示。主界面分为菜单栏、工具栏、列表区、告警信息栏、详细信息区五个部分。单击全屏显示按钮 全屏设置，进入全屏显示模式，单击浮动提示框的<退出全屏>退出全屏模式。

图10-43 业务台主界面

10.4.2.3 查看实时数据

功能：查看台站与设备的实时数据。

在台站列表中双击要查看实时数据的局站或设备，显示当前局站或设备的实时数据信息，如图10-44所示。对于状态量可以直接单击<控制>按钮进行开关状态切换。

10.4.2.4 告警查询与处理

(1) 告警查询

① 查看告警提示浮动窗口。

菜单：[系统→告警提示设置]。

功能：当新告警产生时，系统自动弹出浮动窗口提示。若不选中任何级别，则不提示。

操作：单击勾选相应级别，可以同时勾选多个级别。

当告警消除后，系统不会自动提示。

系统默认不启动告警提示。

② 查看单个设备告警。在台站列表中双击要查看的设备，告警级别以不同的颜色显示，见图10-44。

红色：一级告警。

橙色：二级告警。

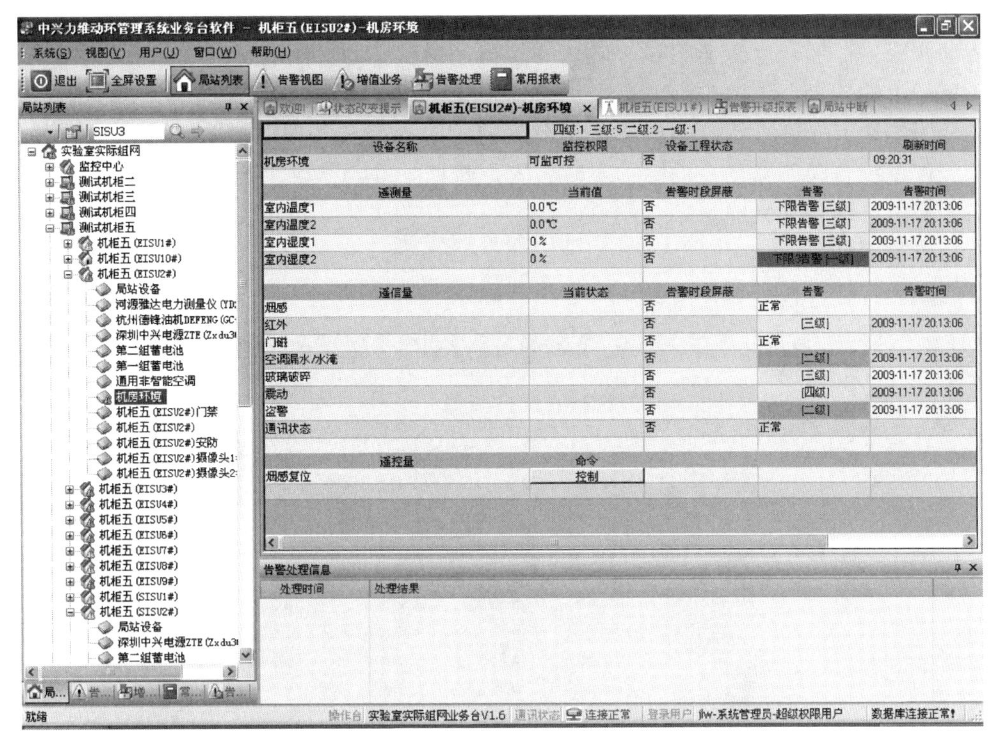

图 10-44 查看实时数据

黄色：三级告警。

蓝色：四级告警。

③ 按过滤条件查看告警统计。

功能：用户自定义过滤条件，查看满足过滤条件的告警统计。

快捷方式：[告警视图]。

菜单：[视图→工具栏→告警视图]。

④ 添加自定义过滤条件。添加单一过滤条件，操作步骤如下：

• 右击［单一告警视图］，在右键菜单中选择［添加］，弹出过滤条件设置窗口，如图 10-45 所示。

• 另外选择局站名称、设备类型、告警级别，输入过滤条件名称，单击＜确定＞保存设置。

• 单击过滤条件，查询满足条件的告警统计，如图 10-46 所示。

单击视图底端的页签，可分别显示该过滤条件下的活动告警、确认告警、消除告警、频繁告警信息。

报表顶端显示未消除告警的总数，

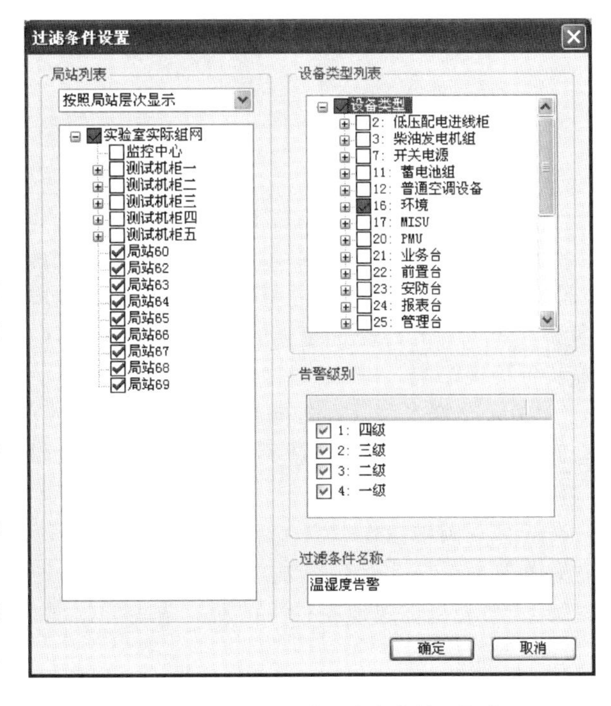

图 10-45 告警视图［过滤条件设置］窗口

包括活动告警（四级告警、三级告警、二级告警、一级告警）、确认告警、频繁告警的条数。

活动告警：已经产生未消除、未确认的告警。确认告警：用户已经确认的告警。频繁告警：频繁产生的告警。消除告警：已经消除的告警。在告警视图窗口右击，在右键菜单选择[设置]。不勾选＜允许系统自动删除已经消除的实时告警＞按钮，已消除告警保存并显示；勾选＜允许系统自动删除已经消除的实时告警＞按钮，并勾选告警级别，则相应告警等级的已消除告警由系统自动删除。

(2) 告警确认

功能：对告警进行有选择的确认或者全部确认。

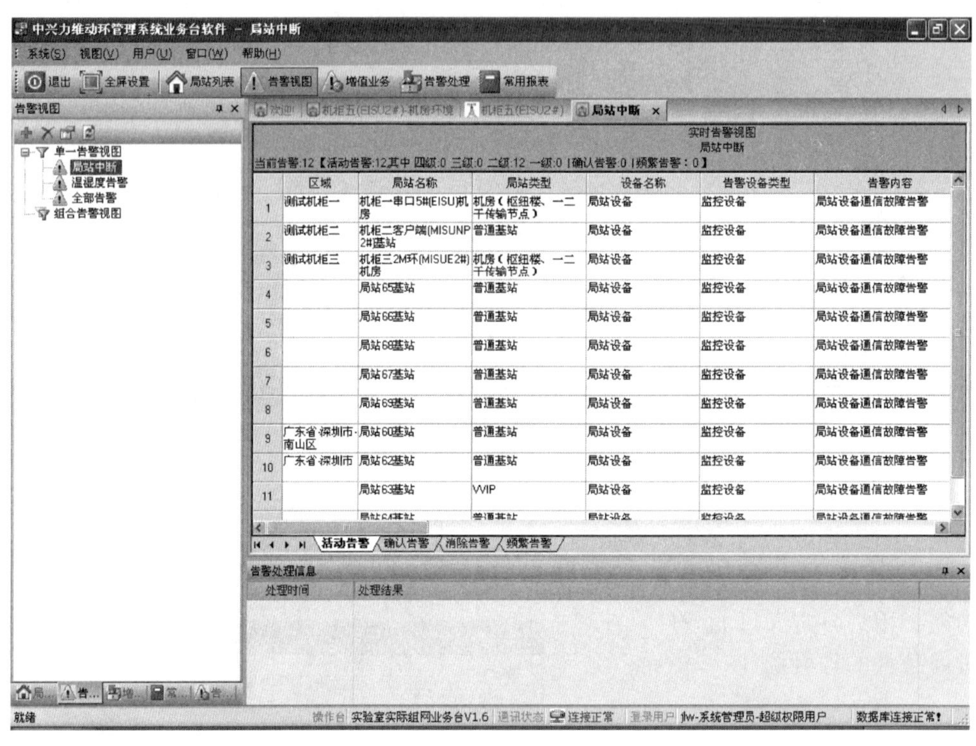

图 10-46 单一过滤条件告警视图

① 确认单条告警。在告警视图中右击未确认的告警，从右键菜单中选择［确认选中告警］，确认该条告警。确认后，当前的所有活动告警将转至确认告警视图中。

② 确认多条告警。在告警视图中按住＜Ctrl＞可选中多条告警，按住＜Shift＞键可片选多条告警，右击，从右键菜单中选择［确认选中告警］。确认后，当前所有活动告警将转至确认告警视图中。

③ 确认全部告警。在告警视图中右击任意一条未确认的告警，从右键菜单中选择［确认全部告警］，确认全部告警。确认后，当前的所有活动告警将转至确认告警视图中。

(3) 告警保存

在告警视图中按住＜Ctrl＞可选中多条告警，按住＜Shift＞键可片选多条告警，右击，从右键菜单中选择［保存选中告警］可将选中的告警导出到 Excel 文件保存。选择［保存所有告警］，可将当前过滤条件下的所有告警导出保存。

(4) 告警备注

功能：对某些告警进行备注，方便后期查询管理。

选中要备注的告警，右击，在右键菜单中选择［告警备注］，可能在弹出的备注窗口中输入要备注的信息，如图 10-47 所示。

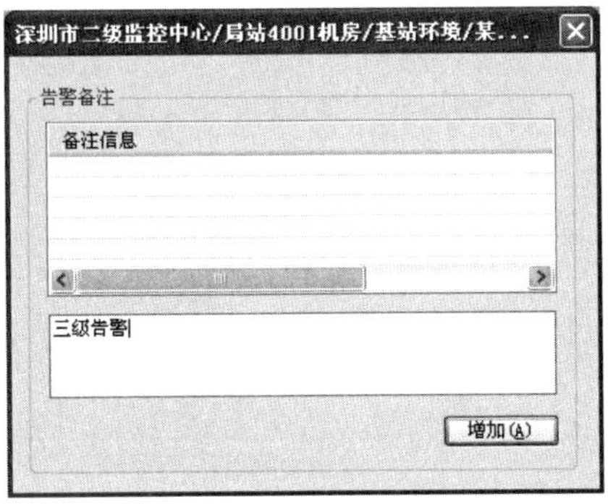

图 10-47　告警备注窗口

图 10-48　告警屏蔽设置窗口

(5) 告警屏蔽

功能：对不关注的告警进行屏蔽，告警屏蔽后不再显示或存储。

① 按时段屏蔽。在详细信息区右击要屏蔽的遥测或遥信量告警，然后从右键菜单中选择［告警时段屏蔽］，弹出［告警屏蔽设置］窗口，如图 10-48 所示。再拖动鼠标设置告警时间。告警屏蔽设置成功后，被屏蔽的监控量以橙色显示，如图 10-49 所示。

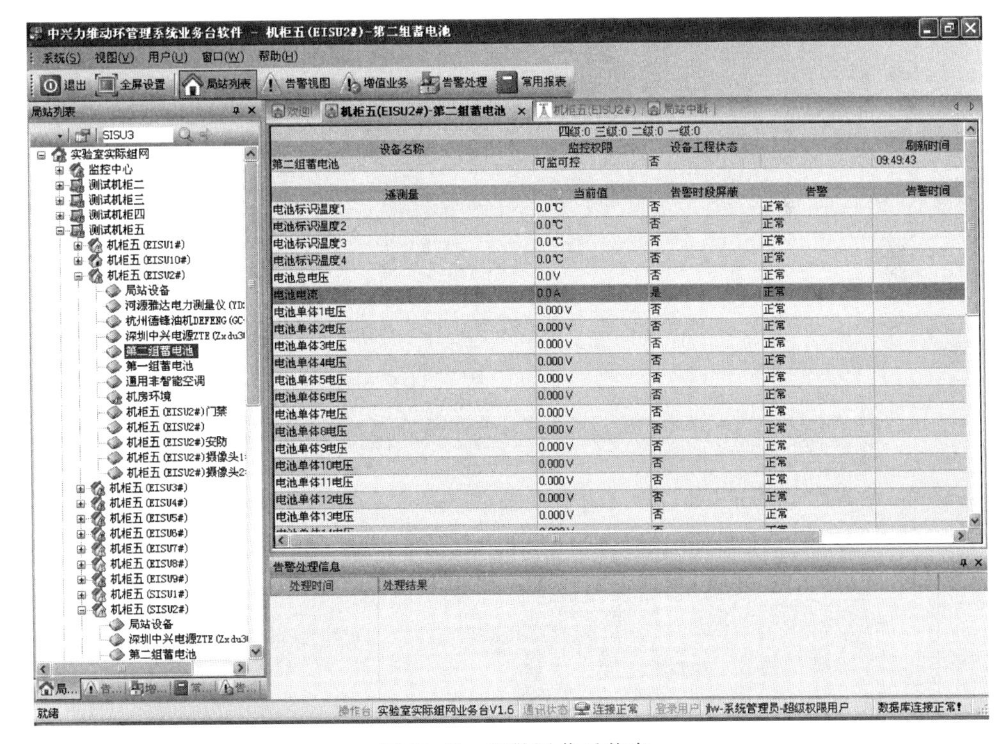

图 10-49　告警屏蔽后状态

告警屏蔽有三种方式。不屏蔽：不进行任何屏蔽。全屏蔽：屏蔽告警的显示，同时屏蔽告警的存储。屏蔽显示：屏蔽告警的显示，但存储该告警。

告警屏蔽以周为轮回的周期，以半小时为单位将一周分为 7×48＝336 个时间段，用户可以以拖动或单击的方式进行时间段的选择，选中区域以蓝色显示。单击相应的蓝色区域可以取消选择。系统将按照用户选定的方式和时间屏蔽告警。

② 工程屏蔽。功能：屏蔽设备告警。对设备或台站维护前，屏蔽与该设备或台站相关告警信息，则维护期间相应的告警信息不再上报；维护完成后取消告警屏蔽，恢复对设备或台站的监控。

• 设置工程屏蔽：在左侧设备列表中选择台站或设备，右击，选择［工程屏蔽］，弹出设置设备告警屏蔽窗口，如图 10-50 所示。［屏蔽类型］选择［全屏蔽］则屏蔽该设备所有告警信息，且不存储；［屏蔽类型］选择［屏蔽显示但存储］，则存储该设备的告警信息，但不上报告警。

• 取消工程屏蔽：在台站列表中双击要取消告警屏蔽的设备，查看设备的详细信息。在详细信息窗口右击，从右键菜单中选择［设置工程状态→取消］，则不再屏蔽该设备的相关告警信息。

③ 批量设置工程屏蔽。功能：批量设置局站或设备工程屏蔽。

批量设置局站工程屏蔽和批量设置设备工程屏蔽方法类似，以下以批量设置局站工程屏蔽为例进行说明。操作步骤如下：

• 点击菜单［系统→工程屏蔽→局站屏蔽］，弹出［批量设置局站屏蔽窗口］，如图 10-51 所示。

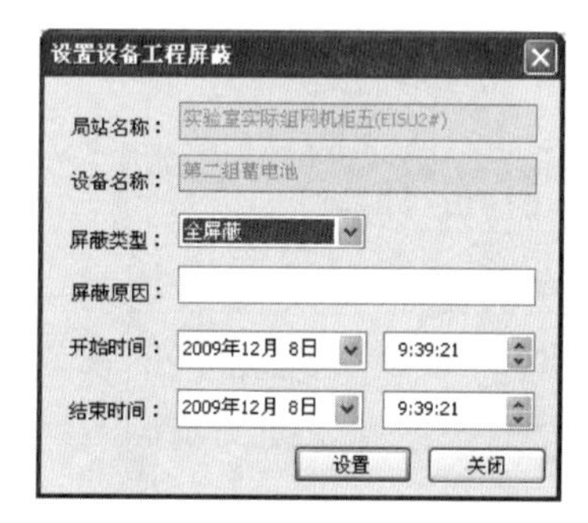

图 10-50　设置设备工程屏蔽窗口

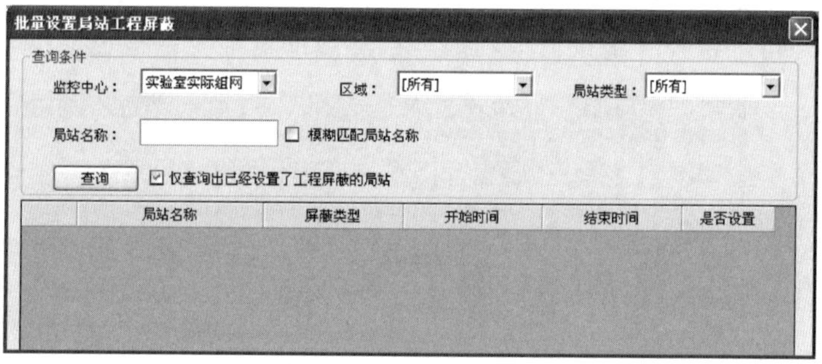

图 10-51　批量设置局站工程屏蔽窗口

• 设置查询条件（每次只能查询一个监控中心下的局站信息），查询局站，如图 10-52 所示。选择要设置的局站，右击，选择［设置屏蔽→设置选择局站］。

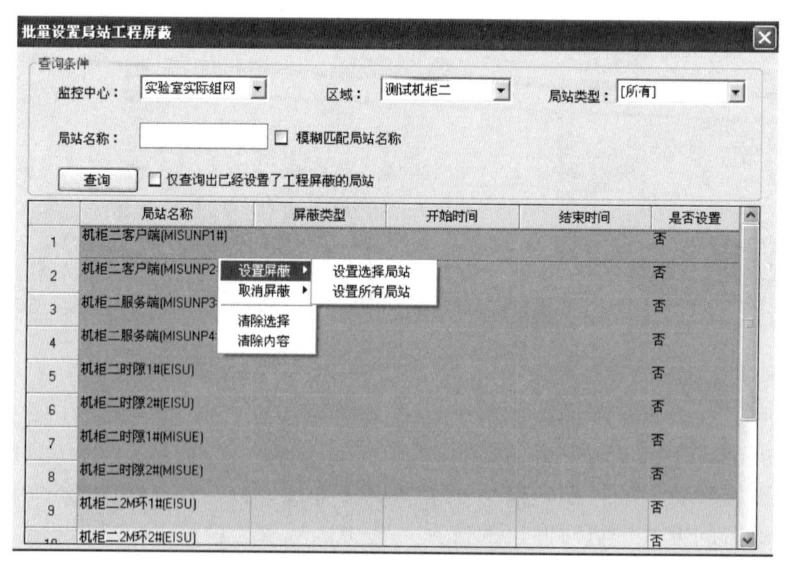

图 10-52　选择局站查询条件

• 弹出［批量设置屏蔽参数］窗口，如图 10-53 所示。设置屏蔽参数后，单击＜设置＞按钮，保存设置，批量设置完成。

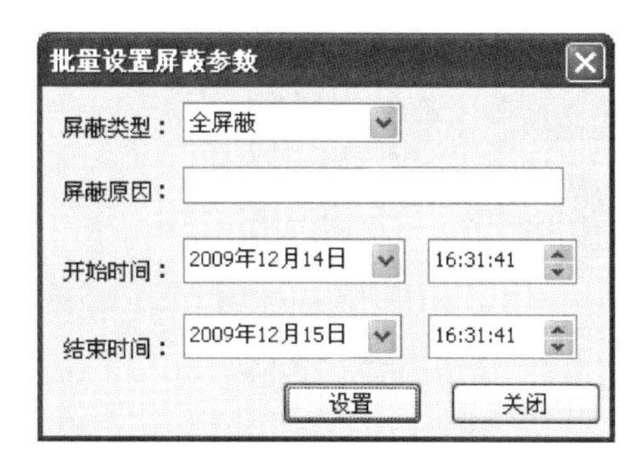

图 10-53　批量设置屏蔽参数窗口

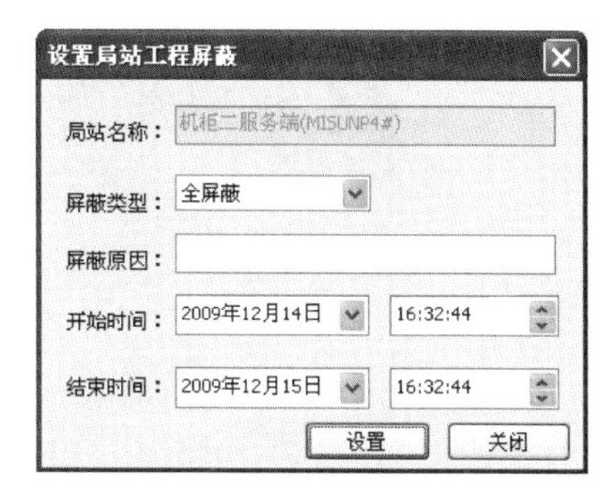

图 10-54　局站工程屏蔽设置窗口

• 通过在查询出的局站列表中，双击某个局站，可以在弹出的对话框中设置单个局站的工程状态，如图 10-54 所示。

④ 取消屏蔽。如图 10-55 所示，单击选择需要取消屏蔽的局站或设备，右击，在弹出的菜单中选择［取消屏蔽→取消选择局站］。

若要取消查询出的所有局站的工程状态，右击，在弹出的菜单中选择［取消屏蔽→取消所有局站］。

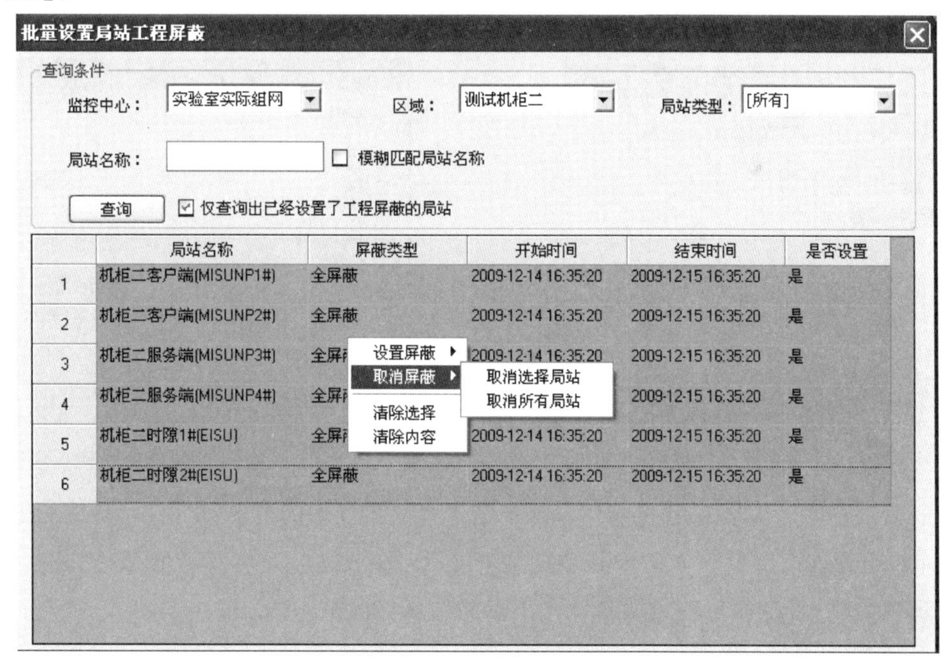

图 10-55　取消屏蔽窗口

(6) 告警处理

功能：当告警产生时可以选择四种处理方式提示，分别为声光告警箱、语音告警、简单语音告警、声卡告警。在告警消除或确认后，停止播放。

单击打开［视图→工具栏］，确保［告警处理］项呈高亮显示。单击列表区［告警处理］项，切换到告警处理窗口。

① 添加告警模块。

• 单击图标，进入加载告警模块动态库窗口，如图 10-56 所示。在业务台安装目录下选择告警箱模块，如声光告警模块“AlarmBox.dll”，单击＜打开＞按钮，加载模块。添加完成效果如图 10-57 所示。

图 10-56　加载告警模块动态库窗口

图 10-57　声光告警箱模块添加完成

图 10-58　过滤条件设置

• 选择过滤条件。告警处理模块只处理指定过滤条件下的告警。

在［告警处理］窗口单击选中告警模块，单击图标，弹出［过滤条件设置］窗口，如图 10-58 所示。勾选相应的过滤条件，单击＜确认＞按钮。

• 高级配置。在［告警处理］窗口单击选中告警模块，单击图标，设置进行配置，不同的告警模块需要进行不同的配置。

② 运行/停止告警处理模块。

• 设置启动方式。单击属性按钮，打开属性窗口，如图 10-59 所示。单击［启动方式］所在的记录栏，出现按钮，单击该按钮选择启动方式。

自动：系统启动时，告警处理模块自动运行。

手动：手动启动告警处理模块。

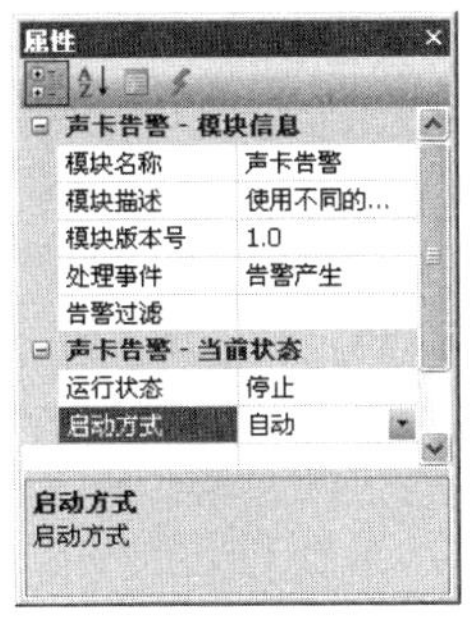

图 10-59 告警处理模块属性窗口

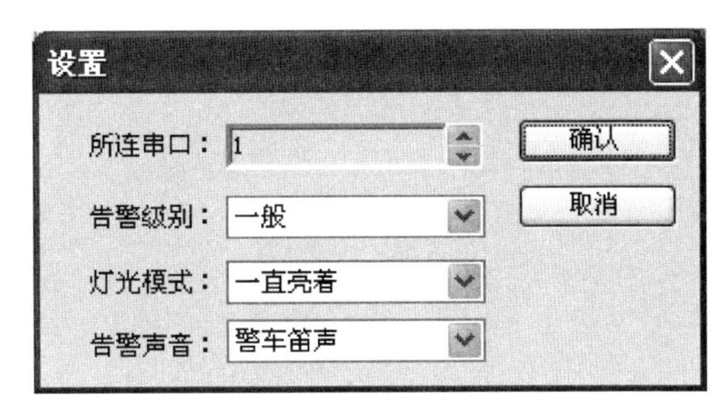

图 10-60 声光告警模块配置窗口

• 手动启动/停止告警处理模块。

运行：在［告警处理］窗口单击选中声卡告警，单击运行图标，运行模块。

停止：在［告警处理］窗口单击选中声卡告警，单击停止图标，停止模块运行。

③ 修改告警处理模块。选中要修改的告警处理模块，单击和图标，可以修改告警处理模块设置。

④ 删除告警处理模块。若告警处理模块为停止状态，选中要删除的模块，单击按钮删除。

若告警处理模块为运行状态，先停止该模块，再单击按钮删除。

⑤ 声光（Alarm Box）告警模块。

功能：当告警产生时，通过报警音和灯光闪烁提示告警。不同的告警等级可以设置成不同的声音和灯光闪烁方式。当告警被确认后，系统会静音。

条件：需要外接声光告警箱。

高级配置：在［告警处理］窗口单击选中声光告警模块，单击图标，弹出声光告警配置窗口，如图 10-60 所示。选择告警箱所连接串口，并为不同的告警级别设置不同的声光类型，单击＜确认＞按钮完成设置。对三个告警级别需要分别设置，先选择告警级别，再为级别选择灯光模式和告警声音。

习题与思考题

1. 什么叫军用通信电源系统的集中监控？对监控系统有哪些基本要求？

2. 在监控系统中，监控主机与现场监控器、现场监控器与被控设备、被控设备之间，一般通过什么样的接口实现通信？

3. 通信接口有哪两种工作方式？各有何特点？

4. 通信电源系统中的交直流配电设备，监控系统一般要“三遥”哪些项目？

5. 通信电源监控系统涉及的被监控对象包含哪些设备？

6. 简述 RS232 通信方式和 RS485 通信方式的基本原理。

7. 简述烟雾传感器的安装位置、安装方法。

8. 简述开关电源智能接口与 UPCU 对应的 RS232 接口脚位正确连线方式。

9. 画图连接烟雾复位 DO 界面、空调远程开关机 DO 界面的控制信号以及电源连线接入 UPC-48 控制量端子排；将温湿度传感器的信号输出接入 UPC-48 模拟量端子排。

10. 画图表示门磁连线过程以及温湿度传感器的连接过程。

参考文献

[1] 杨贵恒．柴油发电机组实用技术技能 [M]．2 版．北京：化学工业出版社，2022.
[2] 杨贵恒．电气工程师手册（供配电专业篇）[M]．2 版．北京：化学工业出版社，2022.
[3] 杨贵恒．通信电源系统考试通关宝典 [M]．北京：化学工业出版社，2021.
[4] 薛竞翔，郭彦申，杨贵恒．UPS 电源技术及应用 [M]．北京：化学工业出版社，2021.
[5] 杨贵恒．电子工程师手册（基础卷）[M]．北京：化学工业出版社，2020.
[6] 杨贵恒．电子工程师手册（提高卷）[M]．北京：化学工业出版社，2020.
[7] 杨贵恒，甘剑锋，文武松．电子工程师手册（设计卷）[M]．北京：化学工业出版社，2020.
[8] 张颖超，杨贵恒，李龙．高频开关电源技术及应用 [M]．北京：化学工业出版社，2020.
[9] 杨贵恒．电气工程师手册（专业基础篇）[M]．北京：化学工业出版社，2019.
[10] 强生泽，阮喻，杨贵恒．电工技术基础与技能 [M]．北京：化学工业出版社，2019.
[11] 严健，杨贵恒，邓志明．内燃机构造与维修 [M]．北京：化学工业出版社，2019.
[12] 杨贵恒．发电机组维修技术 [M]．2 版．北京：化学工业出版社，2018.
[13] 杨贵恒．噪声与振动控制技术及其应用 [M]．北京：化学工业出版社，2018.
[14] 强生泽，杨贵恒，常思浩．通信电源系统与勤务 [M]．北京：中国电力出版社，2018.
[15] 杨贵恒，张颖超，曹均灿．电力电子电源技术及应用 [M]．北京：机械工业出版社，2017.
[16] 杨贵恒，杨玉祥，王秋虹．化学电源技术及其应用 [M]．北京：化学工业出版社，2017.
[17] 杨贵恒．通信电源设备使用与维护 [M]．北京：中国电力出版社，2016.
[18] 杨贵恒．内燃发电机组技术手册 [M]．北京：化学工业出版社，2015.
[19] 杨贵恒，张海呈，张颖超．太阳能光伏发电系统及其应用 [M]．2 版．北京：化学工业出版社，2015.
[20] 韩雪涛．微视频全图讲解中央空调 [M]．北京：电子工业出版社，2018.
[21] 杨丽华．通信专业业务（动力环境）[M]．北京：人民邮电出版社，2018.
[22] 饶小毛，李茂勇，章异辉．通信机房动力系统设计与维护 [M]．北京：电子工业出版社，2015.
[23] 漆逢吉．通信电源 [M]．2 版．北京：北京邮电大学出版社，2020.
[24] 刘宝庆．现代通信电源技术及应用 [M]．北京：人民邮电出版社，2012.
[25] 裴云庆，杨旭，王兆安．开关稳压电源的设计和应用 [M]．2 版．北京：机械工业出版社，2020.
[26] 孙建新．内燃机构造与原理 [M]．2 版．北京：人民交通出版社，2009.
[27] 许绮川，樊啟洲．汽车拖拉机学（第一册）——发动机原理与构造 [M]．北京：中国农业出版社，2009.
[28] 高连兴，吴明．拖拉机汽车学（第一册）——发动机构造与原理 [M]．北京：中国农业出版社，2009.
[29] 李明海，徐小林，张铁臣．内燃机结构 [M]．北京：中国水利水电出版社，2010.
[30] 王勇，杨延俊．柴油发动机维修技术与设备 [M]．北京：高等教育出版社，2005.
[31] 方大千，朱征涛．实用电机维修技术 [M]．北京：人民邮电出版社，2004.
[32] 金续曾．中小型同步发电机使用与维修 [M]．北京：中国电力出版社，2003.
[33] 樊俊，陈忠，涂光瑜．同步发电机半导体励磁原理及应用 [M]．北京：水利电力出版社，1991.
[34] 周双喜，李丹．同步发电机数字式励磁调节器 [M]．北京：中国电力出版社，1998.
[35] 李基成．现代同步发电机励磁系统设计及应用 [M]．2 版．北京：中国电力出版社，2009.
[36] 陈永校，诸自强，应善成．电机噪声的分析和控制 [M]．杭州：浙江大学出版社，1987.
[37] 马大猷．噪声与振动控制手册 [M]．北京：机械工业出版社，2002.
[38] 赵玫，周海亭，陈光治，等．机械振动与噪声学 [M]．北京：科学出版社，2004.
[39] 吴炎庭，袁卫平．内燃机噪声振动与控制 [M]．北京：机械工业出版社，2005.
[40] 蔡进民，贺正岷，戚毅男．柴油电站设计手册 [M]．北京：中国电力出版社，1997.
[41] 赖广显．新型柴油发电机组 [M]．北京：人民邮电出版社，1999.
[42] 许乃强，陶东明．威尔信柴油发电机 [M] 组．北京：机械工业出版社，2006.
[43] 苏石川，刘炳霞．现代柴油发电机组的应用与管理 [M]．2 版．北京：化学工业出版社，2010.
[44] 赵新房．教你检修柴油发电机组 [M]．北京：电子工业出版社，2007.
[45] 赵文钦，黄启松，林辉．新编柴油汽油发电机组实用维修技术 [M]．福州：福建科学技术出版社，2007.
[46] 上海柴油机股份有限责任公司．135 系列柴油机使用保养说明书 [M]．4 版．北京：经济管理出版社，1995.
[47] 许乃强，蔡衍荣，庄衍平．柴油发电机组新技术及应用 [M]．北京：机械工业出版社，2018.
[48] 中国建筑标准设计研究院．国家建筑标准设计图集：柴油发电机组设计与安装 [M]．北京：中国计划出版社，2015.